D1669586

Rudolf Fleischmann

Einführung in die Physik

Rudolf Fleischmann

Einführung in die Physik

2., überarbeitete Auflage

Physik Verlag · Weinheim · 1980

Prof. Dr. Rudolf Fleischmann
Langemarckplatz 9
D-8520 Erlangen

1. Auflage 1973
2., überarbeitete Auflage 1980

Verlagsredaktion: Dr. Hans F. Ebel

Dieses Buch enthält 436 Abbildungen und 60 Tabellen.

CIP-Kurztitelaufnahme der Deutschen Bibliothek

Fleischmann, Rudolf:
Einführung in die Physik/Rudolf Fleischmann. –
2., überarb. Aufl. – Weinheim: Physik-Verlag, 1980.
ISBN 3-87664-046-6

Satz: Helmut Becker-Filmsatz, D-6232 Bad Soden/Ts.
Druck: Mono-Satzbetrieb D. Betz GmbH., D-6100 Darmstadt
Bindung: Klambt-Druck GmbH, D-6720 Speyer
Printed in West Germany

Grundlegende Fortschritte der Physik sind oft durch die Verbesserung oder die Neuschaffung von Begriffen erzielt worden.

W. Heisenberg

Vorwort zur 2. Auflage

Ziel des Buches ist es, dem Leser einen Überblick über die gesamte Physik zu vermitteln. Damit auch die 2. Auflage dieser Forderung gerecht werden kann, habe ich mich bemüht, den ursprünglichen Umfang nicht zu vergrößern. In dem Maße, wie Platz für Neues erforderlich war, wurden daher andere Abschnitte gekürzt. Nur das Register wurde gegenüber der 1. Auflage erweitert, um den behandelten Stoff noch besser aufzubereiten und das Nachschlagen zu erleichtern. Demselben Zweck dienen auch zahlreiche Verweise auf andere Abschnitte, die überall in den Text eingestreut sind. (Die oben auf den Seiten mitlaufenden drei- und vierstelligen Nummern dienen dem raschen Auffinden der Stellen.)

Inzwischen ist auf vielfach geäußerten Wunsch eine das Lehrbuch ergänzende Sammlung von Übungsaufgaben entstanden. (R. Fleischmann und G. Loos: „Übungsaufgaben zur Experimentalphysik · Mit vollständigen Lösungen". Physik Verlag 1978, taschentext 60.) Auf die zu einem Abschnitt des vorliegenden Buches passenden Aufgaben ist neben der Überschrift des Abschnittes mit der Abkürzung F/L und der Aufgabennummer des Übungsbuches hingewiesen.

An zahlreichen Stellen sind Berichtigungen und kleine Zusätze angebracht worden, zum Teil in den Legenden der Abbildungen. Umformuliert wurde der Abschnitt Linsenoptik (5.2) unter Berücksichtigung der neuen Normen; in der Wärmelehre (Kapitel 3) ist das Mol jetzt als Basisgröße behandelt. Aus wohlüberlegten Gründen, die nicht an dieser Stelle zu erörtern sind, wurde der ganze Abschnitt 9.5 (Grundlagen der Relativitätstheorie) durch einen neuen Text ersetzt. Zur Frage träge und schwere Masse (Gravitationsladung) wurde ein Abschnitt aus einer Arbeit von Einstein als Faksimile abgedruckt (9.5.10). Erhebliche Änderungen finden sich auch bei der Behandlung der Elastizität (1.5.2.2).

Die Setzung von Pfeilen über Vektoren wurde überprüft. Wenn der Pfeil weggelassen ist, bedeutet das Formelzeichen den Betrag. Auch die getarnte Division mit Vektoren ist nicht zulässig.

Mein Dank gilt allen Lesern und Kollegen, die mich auf Fehler, Mängel und Verbesserungsmöglichkeiten aufmerksam gemacht haben, dem Verlag danke ich für gute Zusammenarbeit.

Erlangen, im Dezember 1979 R. Fleischmann

Vorwort zur 1. Auflage

Das vorliegende Buch wendet sich an künftige Fachphysiker sowie an alle, die Physik als eine Grundlage ihres Wissenschaftsgebietes verwenden, schließlich an jeden, der die uns umgebende Natur verstehen will. Es nimmt insbesondere Rücksicht auf die Bedürfnisse des Studierenden. Die kurzen, auf grauem Rasterfeld stehenden Inhaltsangaben am Anfang der einzelnen Abschnitte ergeben einen Leitfaden des Gedankengangs; zusammen mit den Abbildungen und Legenden sind sie ein Repetitorium der Physik.

Das Buch entspricht dem Inhalt meiner Vorlesung Einführung in die Physik (Experimentalphysik) I und II. Die Abschnitte mit einem Stern brauchen von Studierenden der Physik (Diplom oder Lehramt) erst nach der Vorprüfung (Zwischenprüfung) studiert zu werden und können von Nebenfachstudenten (z. B. Chemikern) ausgelassen werden.

Stets werden zu den allgemeinen Formeln gerechnete Beispiele angegeben. Meist sind die Werte verwendet, die mit den in meiner Experimentalvorlesung gezeigten Anordnungen erhalten wurden. Sie sollen dem Leser Sicherheit geben, daß er die Formeln richtig verwendet. Gleichzeitig sind sie eine Anleitung zum korrekten Rechnen mit physikalischen Größen. Diese und weitere Beispiele vermitteln oft auch eine Vorstellung über Größenordnungen vorkommender Werte.

Um eine verständliche und eindeutig klare Formulierung habe ich mich sehr bemüht in der Hoffnung, irrige Auslegungen, wie ich sie aus Prüfungen kenne, möglichst unwahrscheinlich zu machen. Für Verbesserungsvorschläge bin ich allen Lesern dankbar, möglichst samt einer Ersatzformulierung. Im übrigen ist die Physik keineswegs eine abgeschlossene Wissenschaft.

Wer Physik „lernen“ will, muß zunächst grundlegende *Begriffe* kennen und deren präzise Definition.

Um Physik zu verstehen, braucht man Logik und kritisches Denken. Dabei ist die Mathematik der wichtigste Lehrmeister.

Bevor man über Fragen der Physik ernsthaft mitsprechen kann, muß man die beobachteten Tatsachen hinreichend kennen, ebenso wie die wichtigsten daraus gezogenen Folgerungen. Das vorliegende Buch hilft dazu. Mitdenken wird erwartet.

In der Physik interessiert man sich stets für quantitative Angaben, für Gleichungen, nicht bloß für Proportionalitäten. Man wünscht daher die physikalischen Größen zu messen. Das primäre *Meßverfahren* folgt stets aus der begrifflichen *Definition* der Größe, nicht umgekehrt!

Durch Klassenbildung bei physikalischen Größen gelangt man zu Dimensionen. Wenn die physikalische Dimension jeweils mit *eindeutiger* Bedeutung eingeführt wird und wenn man die Relationen zwischen Dimensionen auf ein mathematisches Konzept gründet, wie im vorliegenden Buch, dann bringen die Dimensionen eine leicht übersehbare Ordnung in die Physik (Näheres in Abschn. 9.1).

Technische Geräte („Apparate“) werden nicht besprochen. Wer das zugrunde liegende Prinzip eines Apparates verstanden hat, findet sich in der Vielzahl der sich schnell wandelnden Ausführungsformen leicht zurecht. Aus ähnlichen Überlegungen sind in den Abbildungen die variierbaren Begleitumstände wie Befestigungen, Stative oder dergleichen möglichst nur angedeutet oder ganz weggelassen.

Aus Prüfungen weiß ich, daß es bedauerlicherweise Studenten gibt, die dem Irrglauben anhängen, man würde durch Auswendiglernen von Einzelheiten zum Physiker. Einzelangaben sind daher im vorliegenden Buch zurückgedrängt, besonders, wo ich die Gefahr sehe, sie könnten als Lernstoff mißbraucht werden. Aus demselben Grund sind historische Bemerkungen stark beschränkt.

Die durch das Einheitengesetz von 1969 samt Ausführungsverordnungen von 1970 eingeführten Regelungen sind durchweg berücksichtigt. Natürlich sind auch veraltete und abgeschaffte Einheiten erwähnt, soweit sie dem Physiker verständlich bleiben müssen. Fast durchweg werden international empfohlene Formelzeichen verwendet. Für die Energie wird stets W geschrieben, das Formelzeichen E für elektrische Feldstärke.

Es gibt in der Physik einerseits viele unbezweifelbare Befunde, die voll verstanden, andererseits auch solche, die bis jetzt nur teilweise verstanden sind. Jeder, der es sich zutraut, ist aufgefordert, neue Zusammenhänge ausfindig zu machen und eine Lösung zu erarbeiten. An Leser, die dabei mitwirken wollen, wendet sich das Buch bevorzugt.

Dieses Buch betrachte ich als persönlichen Beitrag zur Reform meines Fachgebietes. Die wesentlichen Gesichtspunkte sind dabei:

1. Seit dem Michelson-Versuch (1886) ist zunehmend klar geworden, daß wir in einer Welt leben, in der es eine universelle *Grenzgeschwindigkeit* gibt. Daraus hat sich die spezielle Relativitätstheorie entwickelt, in der die pseudoeuklidische Metrik gilt. Nach meiner Meinung ist es an der Zeit, Begriffe (wie Impuls, Energie, Kraft, Masse), die dadurch beeinflußt werden, gleich bei ihrem ersten Auftreten relativistisch korrekt einzuführen. Das ist hier geschehen. Trotzdem steht natürlich zunächst der „klassische“ Grenzfall (für $v \ll c$) im Vordergrund.
2. Alle Gleichungen dieses Buches sind *einheiteninvariante* Größengleichungen. Das hat zur Folge einerseits, daß eindeutig festliegt, *welche* Naturkonstanten in den Gleichungen erforderlich sind, andererseits, daß man volle Freiheit in der Wahl der Einheiten hat, *ohne daß* die Form der Gleichungen dabei verändert wird (vgl. 9.3.4). Invarianz gegenüber Einheitenwahl sollte in der Physik ebenso selbstverständlich werden, wie Invarianz vieler Aussagen der analytischen Geometrie gegenüber Wahl des Koordinatensystems.
3. Kleine Unterschiede gegenüber der Darstellung in anderen Büchern wird der wenig vorgebildete Leser als zufällige Varianten der Formulierung ansehen. In Wirklichkeit sind sie Teil eines *Gesamtkonzepts* mit folgenden kennzeichnenden Punkten:

a) Die relativistischen Skalare (Lorentzskalare) haben eine Sonderstellung in der Physik; sie sind daher in der Systematik in den Vordergrund gestellt (vgl. Tab. 55).
b) Aussagen, die invariant gegenüber der Metrik, d. h. den g_{ik}, formuliert werden können, müssen ohne Benützung der euklidischen Metrik ausgedrückt werden, d. h. ohne stillschweigende Benützung des Begriffes orthogonal.
c) Aussagen aufgrund experimenteller Erfahrung und solche aufgrund mathematischer Logik werden deutlich auseinander gehalten.
d) Aussagen, die lediglich Raum und Zeit erfordern (Kinematik im ursprünglichen Sinn), werden von solchen der Dynamik sichtbar unterschieden.
4. Obwohl die in der Physik gebräuchliche Vektorrechnung dringend einer Reform bedarf, habe ich weitgehend deren überkommene Rezepte verwendet. Bei der Einführung der Produkte allerdings habe ich mich bemüht, den Weg zu einer mathematisch konsistenten Vektorrechnung nicht zu verbauen (vgl. 1.3.3.2). Auch heißt es stets korrekt: Ein orientiertes Flächenstück (z. B. auch Drehmoment usw.) wird „repräsentiert" durch einen (Orthogonal-) Vektor, *nicht* „ist" ein Vektor. Ähnlich wird bei D und B verfahren (vgl. 4.2.6.1 und 4.4.2.1).

Die neuartige Formulierung vieler Abschnitte des Buches stellt einen Beitrag auch zur Didaktik der Physik dar, siehe z. B. 6.1.4 (m/e) und folgende, oder 6.4.

Herrn Pohl sowie dem Springer-Verlag danke ich für die Erlaubnis, zahlreiche Abbildungen aus R. W. Pohl, Einführung in die Physik, Springer-Verlag, unverändert oder modifiziert zu verwenden. Dabei konnte ich mich bei Band 1, Mechanik, Akustik und Wärmelehre, auf die 17. Auflage 1969, bei Band 2, Elektrizitätslehre, auf die 20. Auflage 1967, bei Band 3, Optik und Atomphysik, auf die 12. Auflage 1967 stützen. Für die Abdruckgenehmigung einiger weiterer Bilder danke ich den in den Legenden der Abbildungen genannten Verlagen und dem Education Development Center.

Herr Dr. H. Wilsch, der viele Jahre mein Vorlesungsassistent war, hat mich bei der Formulierung des Textes laufend in sehr wertvoller Weise unterstützt. Ich danke ihm herzlich für seine Hilfe und seine Ausdauer und freue mich, daß durch seine kritischen Bemerkungen der Text an vielen Stellen verbessert werden konnte. Beim Entwurf der Abbildungen und Legenden hat er maßgebend mitgewirkt.

Diskussionen mit zahlreichen Fachkollegen haben die Darstellung an vielen Stellen des Buches beeinflußt. Ihnen allen danke ich und bitte um Verständnis, daß ich sie nicht einzeln aufzählen kann.

Besonderer Dank gebührt auch Frau E. Kobialka, die das Manuskript samt den zahlreichen Umformulierungen mit der Maschine geschrieben hat.

Erlangen, im Sommer 1972 R. Fleischmann

Inhaltsverzeichnis

1. Mechanik 1

1.1. Beobachten und Messen 1

1.1.1. Beobachtung und Beschreibung der Naturerscheinungen in der Physik .. 1
1.1.2. Kritik der Sinneswahrnehmung 4
1.1.3. Merkmal, Größe, Dimension 5

1.2. Kinematik (im ursprünglichen Sinn) 8

1.2.1. Raum und Zeit. Messen von Längen; Grundlagen der Zeitmessung; Zeitdauern und Uhrstände; Beobachtung schnell ablaufender Vorgänge 8
1.2.2. Geradlinige Bewegung. Geschwindigkeit, abgeleitete Größen und Einheiten; Verwendung von Einheiten beliebiger Quantität, einheiteninvariante Größengleichungen; Geradlinig gleichförmige Bewegung; Beschleunigung, gleichförmig beschleunigte Bewegung; Kinematik des freien Falls 14

1.3. Dynamik, Gravitation 21

1.3.1. Kraft, Impuls, Masse. Raum-Zeit-Geometrie (Kinematik), Dynamik, Mechanik; Kraft; Proportionalität von Kraft und Dehnung; Beschleunigung eines materiellen Körpers durch eine konstante Kraft; Kraft und Beschleunigung, Masse; Einheit der Kraft; Kraft und Zeit, Impuls, Impulserhaltung; Impulserhaltung, Bestimmung eines Massenverhältnisses 21
1.3.2. Gravitation. Gravitationsladung (schwere Masse), Gravitationsfeldstärke, Gewichtskraft; Träge Masse und Gravitationsladung; Gravitationsfeld eines materiellen Körpers, Gravitationskonstante; Masse der Erde 30
1.3.3. Richtungsabhängige Größen. Skalare, Vektoren, Tensoren; Skalares Produkt, äußeres Produkt, Vektorprodukt; Vektoraddition bei physikalischen Größen; Parallel und senkrecht zueinander stehende Vektorgrößen 34

1.3.4. Einfache Drehbewegung, lineare Schwingung, Kinematik der Drehbewegung; Dynamik der Drehbewegung, Radialkraft; Gewichtskraft und Radialkraft; Kinematik der linearen Schwingung; Dynamik der linearen Schwingung; Fadenpendel (Schwerependel); Zusammensetzung (Addition) von Schwingungen ... 42
1.3.5. Energie, Leistung, Wirkung. Energie (Arbeit) und Energieerhaltungssatz; Energieformen der Mechanik; Umwandlung von Energieformen; Potentielle und kinetische Energie; Gleichgewichte; Reibung, Energieerhaltung verallgemeinert; Leistung; Wirkung ... 56
1.3.6. Impulserhaltung beim Stoß. Stoß; Elastischer Stoß; Unelastischer Stoß 65

1.4. Dynamik der Drehbewegung, Bezugssysteme ... 71
1.4.1. Drehmoment, beschleunigte Drehbewegung. Drehmoment, Drillachse; Schwerpunkt; Kinematik der beschleunigten Drehbewegung ... 72
1.4.2. Trägheitsmoment, Drehschwingung. Dynamik der beschleunigten Drehbewegung, Trägheitsmoment; Drehschwingungen und Trägheitsmoment; Trägheitsmoment als Tensor, Hauptträgheitsachsen; Kinetische Energie bei der Drehbewegung ... 78
1.4.3. Drehimpuls, Kreisel. Drehimpuls; Symmetrischer Kreisel, Drehung um die Symmetrieachse; Symmetrischer und unsymmetrischer Kreisel, Nutation; Gegenüberstellung von Linear- und Drehbewegung; Erhaltung des Drehimpulses; Zentralbewegung, Keplersche Gesetze ... 85
1.4.4. Dynamik relativ zu verschiedenen Bezugssystemen. Relativitätsprinzip, Inertialsysteme; Geradlinig gleichförmige Bewegung, Grenzgeschwindigkeit, Geschwindigkeitsaddition; Übergang zu einem beschleunigten Bezugssystem; Die Erde als rotierendes Bezugssystem; Kreiselkompaß ... 97

1.5. Aufbau und Eigenschaften der Materie ... 104
1.5.1. Kristallgitter. Anziehende und abstoßende Kräfte zwischen Atomen und Molekülen; Mathematische Punktgitter; Beispiele von Gitterstrukturen; Atomgitter, Ionengitter usw. ... 105
1.5.2. Äußere Kräfte auf gasförmige, flüssige, feste Körper. Druck in Flüssigkeiten und Gasen (ohne Berücksichtigung der Schwerkraft); Normalspannungen und Schubspannungen in festen Körpern, Verformung; Dehnung und Biegung; Torsion; Dichte von festen, flüssigen, gasförmigen Substanzen; Kompressibilität; Druck in Abhängigkeit von der Höhe im Schwerefeld der Erde; Auftrieb; Dichtemessung von Flüssigkeiten ... 115
1.5.3. Grenzflächenspannung und Zähigkeit. Grenzflächenspannung; Kapillarröhren, Tropfenbildung; Ausbreitung auf Oberflächen („Spreitung“); Innere Reibung, Zähigkeit (dynamische Viskosität) ... 131

1.6. Dynamik der Flüssigkeiten und Gase, Fluiddynamik ... 137
1.6.1. Laminare und turbulente Strömung ... 137
1.6.2. Beschleunigungsarbeit und Reibungsarbeit (Reynoldssche Zahl) ... 140
1.6.3. Druck und Strömungsgeschwindigkeit (Bernoullische Gleichung) ... 142
1.6.4. Strömungswiderstand, Stokessches Gesetz ... 145
1.6.5. Zirkulation, Auftrieb eines Tragflügels ... 147

2. Schwingungslehre ... 150

2.1. Gedämpfte, erzwungene, gekoppelte Schwingungen ... 151
2.1.1. Gedämpfte Schwingungen, Dämpfung und Entdämpfung ... 151
2.1.2. Erzwungene Schwingungen ... 154
2.1.3. Anwendung erzwungener Schwingungen ... 156
2.1.4. Gekoppelte Schwingungen ... 157

2.2. Wellen in kontinuierlichen Medien, Eigenschwingungen ... 160
2.2.1. Fortpflanzung von Schwingungen längs eines linearen Gebildes, Wellen 160
2.2.2. Fortschreitende und stehende Wellen ... 161
2.2.3. Stehende Wellen, Eigenschwingungen ... 163
2.2.4. Druck- und Geschwindigkeitsverteilung in Luftsäulen ... 165
2.2.5. Messung der Schallgeschwindigkeit ... 166
2.2.6. Fortpflanzungsgeschwindigkeit von Schwingungen ... 168
2.2.7. Schwingungen flächenhafter und räumlicher Gebilde ... 171

2.3. Abstrahlung, Beugung, Interferenz ... 172
2.3.1. Abstrahlung, Erzeugung von ebenen Wellenbündeln ... 172
2.3.2. Überlagerung von Sinusschwingungen, Fourier-Reihe ... 174
2.3.3. Interferenz ... 178
2.3.4. Ausbreitung von Wellen nach dem Huygensschen Prinzip, Beugung ... 180
2.3.5. Beugung am Gitter ... 185
2.3.6. Beugung am Spalt ... 187

2.4. Reflexion, Streuung, Dispersion, Dopplereffekt ... 191
2.4.1. Reflexion und Streuung ... 191
2.4.2. Brechung, Totalreflexion ... 192
2.4.3. Interferometer ... 194
2.4.4. Dispersion ... 196
2.4.5. Phasen- und Gruppengeschwindigkeit ... 197
2.4.6. Dopplereffekt ... 197

2.5. Schallwellen, Schallwahrnehmung ... 198
2.5.1. Schallabstrahlung ... 198
2.5.2. Schallausbreitung, Schallschluckung ... 199
2.5.3. Ohr, Richtungshören ... 201
2.5.4. Töne, Klänge, Geräusche ... 203
2.5.5. Raumakustik ... 205

3. Wärmelehre ... 207

3.1. Temperatur, Wärmemenge, Entropie ... 207
3.1.1. Temperaturskala, Gasthermometer ... 208
3.1.2. Volumen- und Längenänderung bei Temperaturänderung ... 210
3.1.3. Abgeleitete Verfahren zur Temperaturmessung ... 211
3.1.4. Wärmemenge als Energie, elektrisches und mechanisches Wärmeäquivalent, Entropie ... 212

3.2. Wärmeleitung, Wärmekapazität, Umwandlungsenthalpie 214
3.2.1. Wärmeleitung in festen Körpern 214
3.2.2. Wärmekapazität und spezifische Wärmekapazität 216
3.2.3. Menge, Molekülmasse, Mol 218
3.2.4. Molare Wärmekapazitäten 220
3.2.5. Umwandlungsenthalpie, Unterkühlung und Überhitzung 221

3.3. Idealer und realer Gaszustand 223
3.3.1. Programm der kinetischen Gastheorie, Avogadrosche (Loschmidtsche) Konstante 223
3.3.2. Zustandsgleichung für den idealen Gaszustand, molares Volumen 224
3.3.3. Reale Gase, van der Waalssche Zustandsgleichung 227

3.4. Kinetische Bewegung der Atome und Moleküle 230
3.4.1. Druck auf die Wand eines gasgefüllten Gefäßes 230
3.4.2. Mittlere freie Weglänge 232
3.4.3. Diffusion 232
3.4.4. Osmose 235
3.4.5. Vakuum, Diffusionspumpen 236
3.4.6. Innere Reibung, Wärmeleitfähigkeit in Gasen 238
3.4.7. Molekularstrahlen, Messung der Geschwindigkeit von Atomen und Molekülen 239
3.4.8. Maxwellsche Geschwindigkeitsverteilung 240

3.5. Wärmekapazität und innere Energie 242
3.5.1. Innere Energie eines idealen einatomigen Gases 242
3.5.2. Molare Wärmekapazitäten $c_{m,p}$ und $c_{m,V}$, mechanisches Wärmeäquivalent 244
3.5.3. $c_{m,p}$ und $c_{m,V}$ von ein-, zwei-, mehratomigen Gasen und in festen Körpern; Freiheitsgrade 246

3.6. Hauptsätze der Wärmelehre, Entropie 249
3.6.1. Erster Hauptsatz 249
3.6.2. Reversible und irreversible Vorgänge 250
3.6.3. Reversible Zustandsänderungen idealer Gase 251
3.6.4. Ideale Wärmekraftmaschine (Carnotscher Kreisprozeß) 253
3.6.5. Zweiter Hauptsatz, Thermodynamische Temperaturskala 257
3.6.6. Kreisprozeß in umgekehrter Richtung (Wärmepumpe, Kältemaschine) . 258
3.6.7. Phasendiagramm, Clausius-Clapeyronsche Gleichung 259
3.6.8. Dritter Hauptsatz 262
3.6.9. Entropie als Basisgröße der Wärmelehre, Entropie und Wahrscheinlichkeit 263

4. Elektrizität und Magnetismus 267
4.1. Grundbeobachtungen, Existenz elektrischer und magnetischer Felder 267

4.2. Elektrische Ladung, elektrisches Feld, Stromkreis 269
4.2.1. Elektrische Ladung und Stromstärke. Zusammenhang der elektrischen Begriffe; Elektrischer Strom, Stromkreis; Einheit der elektrischen Ladung und der elektrischen Stromstärke; Erhaltung der elektrischen Ladung, ver-

zweigter Stromkreis; Zusammenhang zwischen elektrischen und magnetischen Erscheinungen; Drehspule im Magnetfeld 270

4.2.2. Elektrische Spannung. Elektrisches Feld, elektrische Spannung; Statische Voltmeter; Schaltung von Spannungsquellen (Addition und Subtraktion von Spannungswerten).. 278

4.2.3. Unverzweigter elektrischer Stromkreis, Materialeinfluß. Elektrischer Widerstand, elektrischer Leitwert; Ohmsches Gesetz; Spezifischer Widerstand, Leitfähigkeit; Leitfähigkeit, Stromdichte, Feldstärke; Anwendung von $U = R \cdot I$ auf Teile eines Stromkreises, Potentiometerschaltung 285

4.2.4. Verzweigter Stromkreis. Parallel- und Hintereinanderschaltung von Widerstandsdrähten; Umeichung von Strom- und Spannungsmessern; Brückenschaltung zur Widerstandsmessung; Zweiter Kirchhoffscher Satz ... 291

4.2.5. Elektrisches Feld, Kondensator. Stromstoß, Spannungsstoß; Messung einer Ladung, Galvanometer ballistisch verwendet; Elektrisches Feld eines Plattenkondensators, Erhaltung der elektrischen Ladung; Kapazität eines Kondensators; Kondensatorentladung über Widerstand, Zeitkonstante 295

4.2.6. Flächendichte der Ladung, Feldstärke, Influenz. Flächendichte der elektrischen Ladung (Verschiebungsdichte), elektrische Feldkonstante ε_0; Auseinanderziehen eines geladenen Plattenkondensators; Plattenkondensator mit Dielektrikum; Influenz, Verschiebungsfluß; Faraday-Käfig; Bandgenerator nach van de Graaff 303

4.2.7. Kraft und Energie im elektrischen Feld. Arbeit und Kraft; Energieinhalt eines Kondensators, Anziehungskraft zwischen den Platten; Energiedichte des elektrischen Feldes; Elektrisches Feld um eine punktförmige Ladung, Kapazität eines Kugelkondensators; Coulombsches Gesetz; Statischer elektrischer Dipol, elektrisches Moment; Arbeit und Leistung beim Ladungstransport 310

4.3. Ladungstransport in verschiedenen Medien........................ 319

4.3.1. Elektronen in Metallen, Halbleitern und im leeren Raum. Mechanismus des Ladungstransportes; Ladungsträger in Metallen (Elektronen); Glühemission von Elektronen; Elementarladung 319

4.3.2. Elektrizitätsleitung in flüssigen und festen Stoffen. Elektrolytische Dissoziation, Ionenleitung; Faradaysches Äquivalentgesetz, m/q von Ionen, Wertigkeit; Geschwindigkeit von Ladungsträgern, Beweglichkeit, Ladungsdichte; Dissoziationsgrad; Temperaturabhängigkeit der elektrischen Leitfähigkeit in festen Stoffen 325

4.3.3. Grenzschichten. Elektrische Felder in Grenzschichten, Kontaktpotential; Thermospannung 333

4.4. Magnetischer Fluß, magnetisches Feld, Induktionsvorgänge 336

4.4.1. Magnetisches Feld, Induktion. Elektrisches Feld, magnetisches Feld; Magnetische Feldlinien; Eichung von Galvanometern für elektrische Spannungsstöße; Elektromagnetische Induktion, elektromagnetische Feldkonstante γ_{em} 336

4.4.2. Magnetischer Fluß, magnetische Feldstärke. Magnetischer Fluß einer stromdurchflossenen Spule, Flußdichte; Varianten des Induktionsgesetzes; Magnetisches Moment, magnetische Feldstärke; Magnetische Feldstärke in einer langen Spule, elektrischer Strombelag; Addition von magnetischen Feldstärken; Magnetische Spannung, Integralform des 1. Verkettungsgesetzes; Zusammenhang zwischen B und H im materiefreien Raum, magnetische Feldkonstante μ_0 ... 346
4.4.3. Materie im Magnetfeld, Ferromagnetismus. Zusammenhang zwischen B und H in Eisen, Hysteresis; Atomare Vorgänge beim Ferromagnetismus; Permeabilität und Suszeptibilität; Dämpfung mit elektromagnetischen Mitteln, Wirbelstrom; Vorzeichenregeln für elektrische und magnetische Größen ... 359
4.4.4. Wechselseitige Induktion und Selbstinduktion. Koeffizient der wechselseitigen Induktion und der Selbstinduktion; Stromstärke in einem Kreis mit Selbstinduktivität ... 366
4.4.5. Kraft und Energie im magnetischen Feld, magnetisches Moment. Kraft auf einen magnetischen Dipol, inhomogenes Magnetfeld; Kraft auf einen stromdurchflossenen Leiter in einem Magnetfeld, Lorentzkraft; Hall-Effekt; Magnetisches Moment einer stromdurchflossenen Spule; Feld in der Umgebung eines magnetischen Dipols; Vektorpotential; Energieinhalt eines magnetischen Feldes ... 370
4.4.6. Maxwellsche Gleichungen, Überblick. Verschiebungsstrom, die vollständigen Verkettungsgleichungen; Maxwellsche Gleichungen (differentiell); Elektromagnetische Wellen ... 384
4.5. Wechselstrom, Wechselfelder ... 389
4.5.1. Wechselspannung und -strom. Erzeugung von Wechselspannung durch Induktion; Wechselspannung, Oszillograph; Addition von Wechselspannungen, Zeiger, Drehstrom; Effektivspannung und Effektivstromstärke; Transformator ... 389
4.5.2. Wechselstromkreis. Widerstand im Wechselstromkreis; Hintereinander- und Parallelschalten von Wechselstromwiderständen; Energie und Leistung bei Wechselstrom; Elektrischer Schwingkreis, Strom- und Spannungsresonanz ... 399
4.5.3. Hochfrequenz (HF), elektromagnetische Wellen. Hochfrequente Schwingungen; Resonanztransformator für hochfrequente Schwingungen (Tesla-Transformator); Offener Schwingkreis, Dipol, Verschiebungsstrom; Untersuchung des hochfrequenten Dipolfeldes, Nachweis der elektromagnetischen Wellen; Identität der elektromagnetischen Wellen und der Lchtwellen ... 407

5. Optik ... 421
5.1. Ausbreitung und Brechung von Licht ... 421
5.1.1. Abgrenzung des Gebietes Optik ... 421
5.1.2. Fortpflanzung des Lichtes, geometrische Optik ... 423
5.1.3. Fortpflanzungsgeschwindigkeit des Lichtes, Grenzgeschwindigkeit ... 423

5.1.4. Reflexion und Brechung, ortsabhängige Brechzahl ... 426
5.1.5. Prisma, Dispersion (Brechzahldispersion) ... 429

5.2. Linsen und optische Instrumente ... 431
5.2.1. Linsen ... 431
5.2.2. Abbildung durch dünne Linsen ... 432
5.2.3. Brechkraft von Linsen, dicke Linsen ... 436
5.2.4. Abbildungsfehler von Linsen, Blenden ... 437
5.2.5. Optische Instrumente ... 439
5.2.6. Vergrößerung in optischen Instrumenten ... 442

5.3. Licht als Wellenerscheinung ... 444
5.3.1. Wellennatur des Lichtes, Interferenz ... 444
5.3.2. Interferenz an dünnen Plättchen, Interferometer ... 446
5.3.3. Beugung und Interferenz von Lichtwellen ... 448
5.3.4. Beugung an Schichtgittern, Braggsche Reflexion ... 452
5.3.5. Einfluß der Beugung des Lichtes auf die mikroskopische Abbildung ... 454
5.3.6. Phasenkontrast-Mikroskopie ... 456

5.4. Polarisiertes Licht ... 457
5.4.1. Polarisation des Lichtes bei der Reflexion ... 457
5.4.2. Polarisieren durch Streuung ... 460

5.5. Doppelbrechung ... 461
5.5.1. Doppelbrechung in Kalkspat ... 461
5.5.2. Kalkspatplatte parallel zur Symmetrieachse, zirkular polarisiertes Licht 464
5.5.3. Lichteinfall in Richtungen nahe der optischen Achse ... 467
5.5.4. Doppelbrechung in Nichtkristallen ... 468
5.5.5. Zirkulare Doppelbrechung, Drehung der Polarisationsebene ... 469

5.6. Optisches Verhalten von nichtabsorbierenden und absorbierenden Stoffen ... 470
5.6.1. Strahlungsleistung, Photoelemente ... 470
5.6.2. Reflexion an Isolatoren, Einfluß von n, Phasenverschiebung ... 471
5.6.3. Absorption von Licht, Absorptionskoeffizient k ... 475
5.6.4. Phasendifferenz δ, Interferenz mit Amplitudenausgleich ... 476
5.6.5. Reflexion an absorbierenden Stoffen ... 478
5.6.6. n- und k-Bestimmung aus A_r und δ_r, Dicke dünner Schichten ... 479
5.6.7. Absorption und Dispersion, $n(\lambda)$ und $k(\lambda)$ ... 480

5.7. Temperaturstrahlung eines schwarzen Körpers (Hohlraumstrahlung) ... 482

5.8. Wahrnehmung des Lichtes mit dem Auge ... 486
5.8.1. Helligkeitsempfindung ... 486
5.8.2. Farbempfindung ... 487

5.9. Lichtgeschwindigkeit und Frequenz relativ zu bewegten Bezugssystemen ... 488
5.9.1. Lichtgeschwindigkeit (Michelson-Versuch) ... 488
5.9.2. Dopplereffekt ... 489

6. Atomphysik ... 490

6.1. Freie Elektronen ... 491
6.1.1. Übersicht ... 491

6.1.2. Selbständige Gasentladung bei vermindertem Druck ... 491
6.1.3. Beobachtungen an Kathodenstrahlen ... 493
6.1.4. Masse und Ladung eines Teilchens, hier eines Elektrons ... 494
6.1.5. Unabhängigkeit der elektrischen Ladung von der Geschwindigkeit und der kinetischen Energie der Teilchen ... 498
6.1.6. Energie, Masse, Impuls, Geschwindigkeit in der relativistischen Mechanik 499

6.2. Freie Ionen ... 502
6.2.1. Ionenstrahlen, Massenspektrometer ... 502
6.2.2. Isotopie ... 505
6.2.3. Relative Atommasse, Massendefekt ... 506

6.3. Wechselwirkung von Lichtquanten und Elektronen ... 508
6.3.1. Lichtelektrischer Effekt (Photoeffekt) ... 508
6.3.2. Quantenstruktur des Lichtes, Compton-Effekt, Paarbildung ... 511
6.3.3. Anregung und Ionisierung von Atomen durch Elektronenstoß ... 514

6.4. Spektren angeregter Atome ... 516
6.4.1. Spektrum von atomarem Wasserstoff ... 516
6.4.2. Spektralserien in Absorption, Energieterme ... 519
6.4.3. Wasserstoffgleiche Spektren, Moseleysches Gesetz ... 520
6.4.4. Wasserstoffähnliche Spektren, Quantenzahlen für die Energieniveaus ... 521

6.5. Ionisierende Strahlung ... 525
6.5.1. Nachweis ionisierender Strahlung, Stoßionisation ... 525
6.5.2. Röntgenstrahlen ... 530
6.5.3. Spektrale Zusammensetzung von Röntgenlicht ... 531
6.5.4. Absorption von energiereichen Photonen (Lichtquanten) beim Durchgang durch Materie, Pauli-Prinzip ... 534

6.6. Wellen als Teilchen und Teilchen als Wellen ... 537
6.6.1. Experimenteller Nachweis der de-Broglie-Wellenlänge, Notwendigkeit einer Wellenmechanik ... 537
6.6.2. Heisenbergsche Unschärferelation (Ungenauigkeitsrelation, Unbestimmtheitsrelation) ... 540

7. Kernphysik ... 541

7.1. Atome und Atomkerne ... 541
7.1.1. Durchgang von Elektronen durch Materie, Streuung von Röntgenstrahlen 542
7.1.2. Streuung von Ionenstrahlen in dünnen Folien, Existenz des Atomkerns . 543
7.1.3. Bremsung schneller geladener Teilchen ... 546
7.1.4. Streuung von schnellen Elektronen ... 547
7.1.5. Kernradius ... 548
7.1.6. Aufbau des Atoms, Rutherford-Bohrsches Atommodell ... 549
7.1.7. Die ungefähren Abmessungen der Atomkerne und Atome ... 552

7.2. Radioaktive und angeregte Kerne ... 552
7.2.1. Radioaktive Kerne ... 553
7.2.2. Radioaktiver Zerfall, Nachweis der Kernumwandlung ... 557

7.2.3. Halbwertzeit, Lebensdauer (Zerfallsreihen) 559
7.2.4. Angeregte Atomkerne 562
7.2.5. Linienbreite und Lebensdauer, Mößbauereffekt 564

7.3. Wechselwirkung und Eigenschaften von Atomkernen 566
7.3.1. Kernumwandlung und Kernanregung durch Stoß schneller Teilchen 566
7.3.2. Koinzidenzverfahren 569
7.3.3. Nachweis und Eigenschaften des Neutrons 571
7.3.4. Eigenschaften der Kerne, Aufbau aus Protonen und Neutronen 573
7.3.5. Langsame Neutronen, Messung ihrer Geschwindigkeit 576
7.3.6. Wirkungsquerschnitt (WQ) 578

7.4. Spezielle Kernprozesse, Kernspaltung 581
7.4.1. Kernumwandlungsprozesse allgemein 581
7.4.2. Kernumwandlungsprozesse mit langsamen Neutronen 583
7.4.3. Weitere ausgewählte Kernumwandlungsprozesse 586
7.4.4. Kernspaltung, Reaktor 588
7.4.5. Atombombe, Wasserstoffbombe 593
7.4.6. Energieproduktion in Sonne und Sternen 594
7.4.7. Erhaltungssätze bei Kernumwandlungsprozessen 595

7.5. Teilchenbeschleuniger 597
1. Ionenstrahlröhre und Hochspannung 597
2. Das Zyklotron 598
3. Linac 599
4. Synchrotron 600
5. Batatron 601

7.6. Strahlendosis, Strahlenschäden 603

8. Physik der Elementarteilchen 605

8.1. Vernichtungsstrahlung, Paarbildung 605
8.2. Elementarteilchen 608

9. Anhang 613

9.1. Physikalische Größen, Einheiten, Dimensionen 613
9.1.1. 27 Leitsätze zur quantitativen Beschreibung physikalischer Tatbestände 613
9.1.2. Beispiele zu 9.1.1 618

9.2. Historische Entwicklung der elektromagnetischen Begriffe 622
9.2.1. Begriffe und Größen der CGS-Systeme 622
9.2.2. Nichtrationale Größen in den CGS-Systemen 623
9.2.3. Das internationale System 624
9.2.4. Das Miesche Begriffsystem 625
9.2.5. Die gesetzlichen Einheiten seit 1970 (SI) 625

9.3. Übersicht über die gebräuchlichsten Größen 627
9.3.1. Physikalische Größen (Definitionen, Dimensionen, Einheiten) 627
9.3.2. Abzählen der erforderlichen Basiselemente 630
9.3.3. Feldkonstanten des elektromagnetischen Feldes 632
9.3.4. Beispiele zur Einheiteninvarianz 632
9.3.5. Umwandlung von Gleichungen in solche des CGS-Systems 634
9.3.6. Umwandlung von Einheiten in CGS-Einheiten 635

9.4. Zur Vektor- und Tensorrechnung 637
9.4.1. Vektoren und Tensoren (symmetrisch, antisymmetrisch) 637
9.4.2. Orientiertes Flächenstück (Bivektor) 639
9.4.3. $\partial v_i / \partial x_k$ in einem Vektorfeld 640

9.5. Postulate und experimentelle Grundlagen der speziellen Relativitätstheorie 643
9.5.1. Grundpostulate 643
9.5.2. Raumschiffe als Inertialsystem 644
9.5.3. Ereignis, Weltpunkt, „Zeit" 645
9.5.4. Gleichzeitigkeit, Synchronisieren von Uhren 645
9.5.5. Längenmessung, Entfernungsmessung 647
9.5.6. Relativbewegung (eindimensional) 647
9.5.7. Geschwindigkeits-Addition (klassisch und relativistisch) 648
9.5.8. Einsteinsches Geschwindigkeits-Additionsgesetz 649
9.5.9. Hauptaussagen der Relativitätstheorie 650
9.5.10. Träge Masse und schwere Masse (Gravitationsladung) 651

9.6. Periodensystem der chemischen Elemente, Atomkerne 654
9.6.1. Übersicht 654
9.6.2. Auffüllung der Elektronenhülle 655
9.6.3. Genaue relative Masse ausgewählter Nuklide 655
9.6.4. Halbwertzeit usw. für einige ausgewählte radioaktive Nuklide 656
9.6.5. Zur Energieerzeugung auf Sonne und Sternen 657

9.7. Naturkonstanten und dergleichen 657
9.7.1. Lorentzinvariante Konstanten 658
9.7.2. Weitere Konstanten 658
9.7.3. Größenordnungen und atomare Größen 659
9.7.4. Konstanten der Atomphysik 661

Stichwortverzeichnis 665

1. Mechanik

1. 1. Beobachten und Messen

1.1.1. Beobachtung und Beschreibung der Naturerscheinungen in der Physik

Die Aussagen der Physik gründen sich auf Beobachtungen von Naturvorgängen, sowie auf Denkprozesse zum Verarbeiten des Beobachteten. Die Physik strebt an, Einsicht in die Naturzusammenhänge zu erlangen.

Woher glauben die Physiker zu wissen, daß 1 cm^3 atmosphärische Luft bei Zimmertemperatur rund $30 \cdot 10^{18}$ Moleküle enthält und daß diese dauernd mit einer mittleren Geschwindigkeit der Größenordnung 500 m/s gegeneinander stoßen?

Wie kommen die Physiker zur Behauptung, daß ein Elektron, das mit 40 MeV in den DESY-Beschleuniger eintritt und ihn mit 6000 MeV verläßt, seine Masse im Verhältnis 1 : 150 vergrößert hat, daß dabei seine Geschwindigkeit aber nur im Verhältnis 1 : 1,00008 zugenommen hat?

Solche und ähnliche Fragen werden einem Physiker manchmal gestellt. Beruhen diese Aussagen auf vagen Vermutungen, oder auf schwer beweisbaren Theorien? Oder kann man Masse und Geschwindigkeit eines Elektrons wirklich so messen, wie man die Masse und Geschwindigkeit eines Autos feststellen kann? Die Antwort lautet: Man kann das wirklich messen, und in vielen Fällen sogar sehr genau.

Im vorliegenden Buch erfährt der Leser, wie man zu solchen Feststellungen kommt. Dabei stehen Verfasser und Leser gemeinsam vor den Rätseln der Natur. Manchmal gibt diese dem aufmerksamen und denkenden Beobachter einen Blick frei zu einer Teileinsicht. Solche Teileinblicke haben Wissenschaftler im Laufe von Jahrhunderten gesammelt, kritisch analysiert und großenteils verstanden. Die Folgerungen, die man daraus zieht, werden immer wieder kritisch überprüft, und man versucht sie auf mehreren voneinander unabhängigen Wegen zu bestätigen oder zu widerlegen.

Im Bereich der Physik wird ständig Neues entdeckt. Wissenschaftliche Zeitschriften und Handbücher wachsen ins Ungemessene. Bei dieser Überflut von Informationen ist es eine wichtige Aufgabe, diejenigen Teile der Physik auszuwählen und darzustellen, die jeder Physiker beherrschen muß, gleichviel, welchem Spezialgebiet er sich später zuwendet. Eine solche Auswahl ist hier getroffen.

Die Physik ist glücklicher daran als manche anderen Wissenschaftsgebiete, denn in der Physik läßt sich ziemlich leicht angeben, was zu den Grundlagen gehört. Auf jeden Fall gehören dazu die *Begriffe*. Um physikalische Zusammenhänge aussprechen zu können, muß man eine Reihe von Begriffen einführen, denen in der Sprache Worte zugeordnet werden. Besonders wichtig sind die auf Merkmale von Objekten bezogenen Begriffe (Merkmalbegriffe). Sie sind spezifisch physikalisch. Andere, wie etwa Vektor oder Tensor, sind der Mathematik entnommen. Wenn man Physik verstehen will, muß man vor allem die wichtigsten dieser Begriffe, ihre genaue Bedeutung sowie deren gegenseitige Abhängigkeit erfaßt haben.

Manche in der Physik betrachteten Merkmale, wie Geschwindigkeit oder Temperatur, kennt jeder aus dem täglichen Leben, andere, wie magnetisches Moment, Spin oder Entropie sind nur naturwissenschaftlich oder technisch Interessierten geläufig. Es wird sich herausstellen, daß man aus einigen wenigen Merkmalbegriffen unter bloßer Benützung der Multiplikation und Division das ganze System der Merkmalbegriffe aufbauen kann; diese wenigen bilden dann ein Basissystem im Sinn der Gruppentheorie. Damit hat man aber auch ein wichtiges Ordnungsprinzip, das die Übersicht wesentlich erleichtert (vgl. 9.1).

Die Physik befaßt sich mit dem *Beobachten* und dem *Verstehen* von Naturvorgängen. Die übrigen Naturwissenschaften, Medizin und Technik machen häufig Gebrauch von den Begriffsbildungen und den Erkenntnissen der Physik.

Beim Beobachten werden einerseits die Sinne verwendet, andererseits die verschiedenartigsten apparativen Hilfsmittel. Beobachtungen unter planmäßig herbeigeführten Bedingungen nennt man Experimente. Solche Experimente sind sozusagen Fragen an die Natur. Die Natur ist für den Physiker die höchste Autorität, d. h. nur durch Vergleich mit der Natur kann entschieden werden, ob eine physikalische Aussage richtig oder falsch ist.

In einem noch wenig erforschten Gebiet hat man zunächst nur spärliche Teilkenntnisse. In einem solchen Stadium der Erkenntnis werden Vermutungen (Hypothesen, Modelle) aufgestellt. Für den Physiker sind sie lediglich Hilfsmittel, um sinnvolle Fragestellungen zu finden, die durch Experimente entschieden werden können. Vermutungen und Modelle müssen aufgegeben werden, sobald zuverlässig beobachtete Tatsachen ihnen widersprechen.

Wer die Natur beobachtet, kommt bald zur Einsicht, daß sie durch streng gültige Gesetze geregelt wird, auch wenn diese oft nicht sofort erkennbar sind. In der Physik versucht man aus dem Erfahrungsmaterial Zusammenhänge von möglichst weittragender Bedeutung herauszulesen und dann Einzelgesetze, wie sie auf einem Teilgebiet gelten, zu einem System zusammenzufügen, ohne daß ein Widerspruch oder eine Lücke bleibt. Ein solches widerspruchsfreies und vollständiges System von Gesetzen nennt man eine *Theorie*. Die Maxwellsche Theorie der elektromagnetischen Erscheinungen (4.4.6) ist ein Beispiel dafür. Sie gilt, solange Quanteneffekte keine Rolle spielen.

Die Physik ist eine Wissenschaft, die zum kritischen Denken erzieht. Ein wichtiger Teil des Physikstudiums besteht gerade darin, die Beobachtungsverfahren und die daraus gezogenen Schlüsse *kritisch* zu *durchdenken*. Bevor man das tun kann, muß man sich selbstverständlich zuerst mit den beobachteten Tatbeständen hinreichend vertraut machen. Von diesen wird im vorliegenden Buch stets ausgegangen. Die Beobachtungen an Naturphänomenen können zu jeder Zeit und an jedem Ort wiederholt werden, wenn man sich die Beobachtungshilfsmittel beschafft und die aufzuwendende Mühe nicht scheut. Die experimentell festgestellten Tatsachen sind für den Physiker unantastbar, sofern das verwendete Beobachtungsverfahren aller Kritik standhält. Eine Theorie muß geändert werden, sobald ein einziges gesichertes Experiment dieser Theorie widerspricht, an Tatbeständen der Natur dagegen kann man nichts ändern.

Theoretische Physik und Experimentalphysik betrachten denselben Gegenstand aus zwei verschiedenen Blickrichtungen. Die theoretische Physik befaßt sich mehr mit den mathematischen Schlußweisen, die experimentelle Physik mehr mit den beobachtbaren Vorgängen. Der Fortschritt der Erkenntnis wird am besten gefördert, wenn diese beiden Zweige der Physik Hand in Hand arbeiten. Alle Theorien, die wir besitzen, scheinen nur Teilausschnitte aus einem umfassenden System zu sein, das uns noch nicht bekannt ist. Je weiter sich unser Wissen ausdehnt, um so zahlreicher ergeben sich Fragen, die gestellt, aber noch nicht experimentell beantwortet werden können. Für den Fortschritt der Physik ist es bedeutungsvoll, daß man die sinnvollen Fragestellungen findet.

Die Physik ist eine *quantitative* Wissenschaft. Sie hat zu tun mit materiellen und nichtmateriellen Objekten. Ein Objekt hat Merkmale. Die quantitativen Angaben über solche Merkmale nennt man „Größen". Mit solchen Größen kann man rechnen, jedenfalls wenn vom Sachbezug abstrahiert wird. Im Unterschied zum Rechnen mit Zahlen kann man Größen aber nur beschränkt addieren, dagegen unbeschränkt multiplizieren und dividieren.

Beispiel. 1 Newton mal 1 Meter = 1 Joule, aber 3 m + 4 s ergibt keine sinnvolle Größe.

Besondere Bedeutung für den Physiker hat die *Mathematik.* Die meisten physikalischen Gesetze werden durch *Gleichungen* zwischen physikalischen Größen wiedergegeben. Das Gleichheitszeichen darf ganz allgemein nur gesetzt werden, wenn die Gleichheitsaxiome erfüllt sind. Diese lauten:

1. Stets gilt $a = a$.
2. Aus $a = b$ folgt stets $b = a$.
3. Aus $a = b$ und $b = c$ folgt stets $a = c$.

In der Mathematik sagt man dafür auch: Die Gleichheit ist eine Relation, die reflexiv, symmetrisch und transitiv ist. Diese drei Aussagen legen fest, was das Gleichheitszeichen genau bedeutet; sie sind daher Axiome. Die Gleichheitsaxiome gelten nicht nur für Zahlen. Auch Gleichungen zwischen physikalischen Größen müssen diesen Vorschriften genügen. Die Gleichheitsaxiome verbieten insbesondere, daß man mehrdeutige Größen in Gleichungen einsetzt. Wenn man es doch tut, muß man auf Widersprüche gefaßt sein.

Die Mathematik dient dazu, lange Schlußketten zuverlässig durchzuführen. Außerdem liefert sie eine exakte abstrakte Sprache, in der physikalische Gesetze formuliert werden können. Dabei ist zu beachten: Fundamentale physikalische Gesetze kann man nur aus der Beobachtung der Natur entnehmen, sie lassen sich nicht etwa mathematisch beweisen.

Die Gesetze der Physik sind *einfach,* falls sie mit Hilfe angemessener Begriffe ausgedrückt werden. Aus der Geschichte der Physik kann man entnehmen: Was sich nicht einfach ausdrücken läßt, ist entweder nicht grundlegend wichtig oder noch nicht ganz verstanden. In der Physik lassen sich kompliziert erscheinende Zusammenhänge in eine Kette von ganz elementaren, nicht mehr weiter zerlegbaren Zusammenhängen auflösen. Wer diese elementaren Zusammenhänge beherrscht und darüber hinaus auch imstande ist, sie in neuartiger Weise zu kombinieren, kann oft Aufgaben lösen, die vorher unlösbar erschienen. Was er dazu braucht, sind neben zuverlässigen Kenntnissen in der Physik vor allem Fantasie und kritisches Denken.

Im Bereich Dynamik, Elektromagnetismus, Wärme gibt es 4 skalare physikalische Größen, die außerdem in der Natur gequantelt auftreten. Sie sind „relativistische Skalare", d. h. sie werden auch bei einer Lorentz-Transformation (1.4.4.1) nicht beeinflußt, sie werden daher auch „Lorentzskalare“ genannt. Es sind die folgenden: Wirkung, elektrische Ladung, magnetischer Fluß, Entropie. Sie werden in der Systematik sowie in Tab. 55 in den Vordergrund gestellt. Ihre gequantelten Werte sind: Plancksches Wirkungsquantum h, Elementarladung e, magnetisches Flußquant ϕ_0 und Boltzmann-Konstante k.

1.1.2. Kritik der Sinneswahrnehmung

Den Wahrnehmungen unserer Sinne darf man nicht kritiklos vertrauen.

Folgende Beispiele zeigen mögliche Fehler bei der Sinneswahrnehmung:

1. Schnell ablaufende Vorgänge. Der Lichteindruck im Auge wirkt für eine kurze Zeitdauer nach, bei schnell wechselnder Helligkeit mittelt das Auge darüber.

Beispiel: Zwei Glimmlampen, von denen die eine mit Gleichstrom, die andere mit Wechselstrom gespeist wird, scheinen gleichmäßig zu leuchten. Bewegt man die Lampen schnell hin und her, so sieht man bei der Gleichstromlampe ein gleichmäßiges, bei der Wechselstromlampe ein unterbrochenes Lichtband.

2. Machsche Streifen. Soeben wurde festgestellt, daß der Lichteindruck im Auge eine Zeitlang nachwirkt. Bei Betrachtung einer schnell rotierenden Scheibe der in Abb. 1a gezeichneten Form erhält das Auge eine Lichteinstrahlung mit einer Helligkeitsverteilung, wie in Abb. 1b dargestellt. Man erhält sie auch beim Messen mit einer Photozelle. Demnach erwartet man,

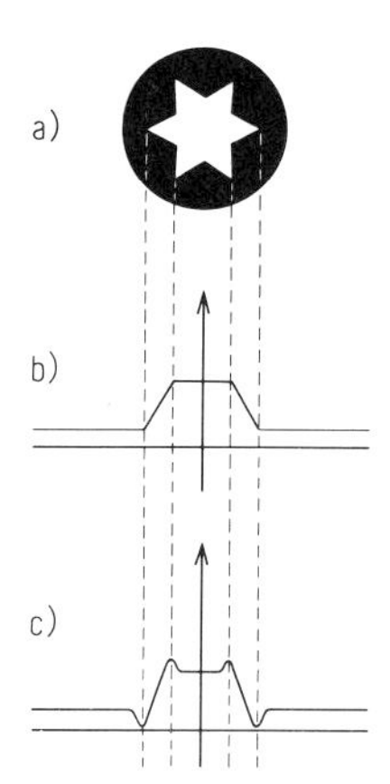

Abb. 1. Machsche Streifen.
a) Scheibe, die in schnelle Rotation versetzt wird.
b) Erwartete Helligkeitsverteilung bei Rotation der Scheibe.
c) Verteilung der Helligkeits-*Empfindung* bei Rotation der Scheibe.

außen einen gleichmäßig schwarzen Ring zu sehen, innen eine gleichmäßig weiße Kreisscheibe und dazwischen einen kontinuierlichen Übergang. Tatsächlich „sieht“ man außerdem an der Grenze des Übergangs im weißen Feld einen hellen, im schwarzen Feld einen dunklen Ring, d. h. eine Verteilung entsprechend Abb. 1c. Dieses von Mach erstmalig untersuchte Kontrastphänomen hat physiologische Ursachen; es hat schon oft Fehlbeobachtungen verursacht.

3. Farbwahrnehmung. Beleuchtet man eine weiße Wand unter Zwischenschaltung eines schattenwerfenden Gegenstandes mit einer elektrischen Glühlampe A (Abb. 2), so sieht man einen

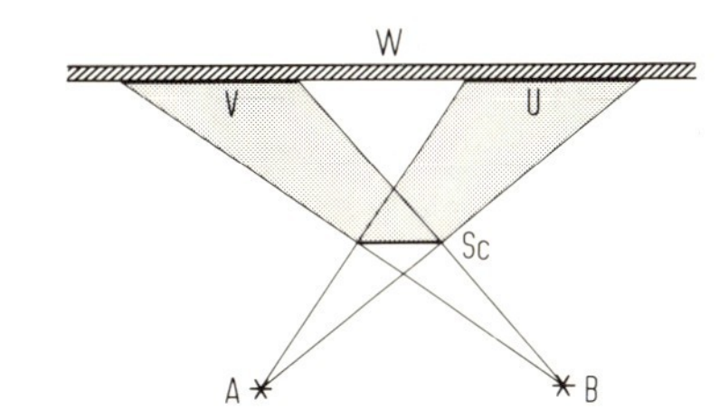

Abb. 2. Kritik der Sinneswahrnehmung.
A: Glühlampe, B: Gaslampe, Sc: Schirm, W: Wand, V: Schatten der Gaslampe, U: Schatten der Glühlampe. Auf der Wand: Schatten U erscheint bläulich-grün, Schatten V rötlich, obwohl beide Lampen „weißes" Licht aussenden.

„schwarzen" Schatten (U) im „weißen" Feld. Eine Gaslichtlampe B statt der Glühlampe liefert ein Ergebnis gleicher Art (Schatten V). Beleuchtet man jedoch mit beiden Lampen aus zwei verschiedenen Richtungen geleichzeitig, so empfindet das Auge den Schatten (U) als bläulich-grün, den Schatten (V) als rötlich. Merkwürdig ist dabei, daß die von A angestrahlte „weiße" Fläche (V) beim Einschalten von B ihre Farbe ändert, obwohl kein zusätzliches Licht von B dorthin kommt. Man erkennt daraus: der Farbeindruck des Feldes (V) wird durch das Licht beeinflußt, das von B auf die Umgebung der Fläche (V), das „Umfeld" von (V) trifft. Folgerung: Die Farbempfindung ist kein physikalischer, sondern ein physiologischer bzw. sinnespsychologischer Vorgang. Der Ausdruck „weißes" Licht hat keine definierte Bedeutung, er wird daher in der Physik vermieden. Licht einer Glühlampe nennt man Glühlicht.

4. Temperaturempfindung. Die Temperaturempfindung unserer Haut hängt von der Vorgeschichte ab. Das zeigt folgender Versuch: Je ein Gefäß enthalte Eiswasser (0 °C), Wasser von Zimmertemperatur (20 °C) und heißes Wasser mit 40 °C. Zunächst wird für ein paar Minuten die eine Hand in das Eiswasser, die andere ins heiße Wasser getaucht. Taucht man dann beide Hände gleichzeitig in das Wasser von Zimmertemperatur, so empfindet die eine Hand dieses als „warm", die andere als „kalt".

1.1.3. Merkmal, Größe, Dimension

Beim Messen werden Größen gleicher Dimension in ein Verhältnis gesetzt. Größen, deren skalare Beträge sich nur um einen Zahlenfaktor unterscheiden, bilden eine Klasse; eine solche Klasse nennt man eine (physikalische) Dimension.

In der Physik werden Merkmale von Objekten betrachtet (wie Masse, Volumen, Temperatur usw. eines Objektes). Objekte sind Merkmalträger. Eine Messung bezieht sich stets auf ein *Merkmal* eines Objekts.

Quantitative Angaben über Merkmale nennt man *Größen*. Eine (allgemeine) Größe ist eine Variable, die verschiedene Werte annehmen kann. Einen speziellen Wert einer solchen Variablen nennt man Größenwert (oder spezielle Größe). (Allgemeine und spezielle) Größen können ausgedrückt werden als Produkte aus Zahlen und Einheiten, wobei die letzteren selbst Größen sind. Größen sind invariant gegen Wahl des Betrages der Einheiten. Größen werden, insbesondere in Gleichungen, durch *kursiv* gedruckte Formelzeichen (Buchstabensymbole) wiedergegeben. Für die Wahl der Formelzeichen gibt es internationale Empfehlungen.

(Beispiele und Weiteres zu diesem Fragenkomplex in 9.1; 9.2; 9.3).

Messen heißt, eine vorgegebene Größe mit einer durch Vereinbarung festgelegten Größe gleicher Dimension und reproduzierbarer Quantität *in ein Verhältnis zu setzen.*

Manchmal liest man, Messen heiße „Vergleichen mit einer Einheit". Das ist nicht korrekt, denn der Vergleich liefert als Ergebnis nur größer, oder kleiner, oder gleich.

Die durch Vereinbarung festgelegte Größe von reproduzierbarer Quantität heißt „Einheit".

Beispiel. Als Einheit der Länge wird 1 m gewählt.

Das Ergebnis einer Messung ist eine Zahl (Verhältniszahl). Man nennt sie Zahlenwert (oder Maßzahl). Der Zahlenwert gibt an, welches Vielfache der als Einheit gewählten Größe die betrachtete Größe (der betrachtete Größenwert) ist. Der Zahlenwert ist also ein Verhältnis zwischen zwei Größen gleicher Art und es gilt die Gleichung

$$\text{Zahlenwert} = \frac{\text{Größenwert}}{\text{Einheit}}$$

oder

$$\text{Größenwert} = \text{Zahlenwert mal Einheit.}$$

Wenn es sich um variable Größen handelt, gilt (variable) Größe = (variable) Zahl mal Einheit.

Beispiel. 1,25 m ist ein Größenwert (eine spezielle Größe), 1,25 ist eine Zahl, die Einheit 1 m eine Größe. 1,25 m ist lediglich eine Abkürzung für das Produkt der Zahl 1,25 und der Größe 1 m.

Eine Länge kann auftreten als Länge, Breite, Höhe (z. B. einer Kiste), als Durchmesser (einer Kugel), als Abstand (zweier Punkte) usw.. Diese verschiedenen Längen unterscheiden sich durch den „Sachbezug". Eine Größe, losgelöst (abstrahiert) vom Sachbezug, nennt man eine *„physikalische Größe"*. In Gleichungen stehen physikalische Größen.

Man benötigt eine allgemeine Bezeichnung für die Einheit und auch für den Zahlenwert einer physikalischen Größe X. Nach den Normen des für physikalische Größen zuständigen „Normenausschuß Einheiten und Formelgrößen" (AEF) im Deutschen Institut für Normung (DIN) bedeutet $[X]$ die Einheit der Größe X, $\{X\}$ den Zahlenwert der Größe X, wobei gilt

$$X = \{X\} \cdot [X] \tag{1-1}$$

Dabei sind X und $[X]$ Größen, dagegen ist $\{X\}$ eine Zahl. Manchmal bezeichnet man den Zahlenwert $\{X\}$ auch mit λ. Da die eckige Klammer bedeutet: „Einheit von...", darf sie nur um allgemeine Zeichen gesetzt werden, wie l, t, Δt, v, Δv, nicht dagegen um Einheiten, wie 1 m, 1 s usw.

Physikalische Größen, die sich von einander nur um einen Zahlenfaktor unterscheiden bilden eine *Klasse* von Größen. Eine solche Klasse nennt man eine (physikalische) *Dimension*. Um sie zu bezeichnen, setzt man dim vor das Formelzeichen der Größe. Alle einer solchen Klasse dim X angehörenden Größen X lassen sich also in der Form $\lambda \cdot [X]$ mit $0 < |\lambda| < \infty$ ausdrücken, vgl. S. 615, 9.1.1, dort 12.

Einheit und Dimension sind unabhängig von Richtung und Sachbezug.

Größen gleicher physikalischer Dimension bilden einen eindimensionalen Vektorraum im Sinn der linearen Algebra, d. h. man kann sie addieren (subtrahieren) und mit einer Zahl multiplizieren. Eindimensional bedeutet: nur von *einer* Variablen abhängig. Eine Fläche ist

2-dimensional, der Raum 3-dimensional, das Raum-Zeit-Kontinuum 4-dimensional. Der soeben gebrauchte Begriff Dimension bedeutet Raumdimension und ist etwas anderes als die physikalische Dimension.

Da bei alleiniger Verwendung der Einheit oft unbequeme Zahlenwerte entstehen, führt man dezimale Teile oder Vielfache der Einheiten ein und bezeichnet sie durch vorgesetzte Buchstaben, die man *Vorsätze* nennt. Sie können vor jedes Einheitensymbol gesetzt werden. Die Tabelle 1 bringt in der ersten Zeile das vorzusetzende Buchstabensymbol (Vorsatzsymbol), in der nächsten Zeile die Zehnerpotenz, die damit ausgedrückt wird, in der dritten Zeile das Vorsatzwort, das durch das Buchstabensymbol abgekürzt wird, also die Vorsatzsilben.

Tabelle 1. Vorsätze zu Einheiten.

T	G	M	k	–	m	µ	n	p	f	a
10^{12}	10^{9}	10^{6}	10^{3}	1	10^{-3}	10^{-6}	10^{-9}	10^{-12}	10^{-15}	10^{-18}
Tera	Giga	Mega	kilo	–	milli	mikro	nano	pico	femto	atto

Außerdem ist gebräuchlich: centi für 10^{-2} mit dem Symbol c und deci für 10^{-1} mit dem Symbol d, ferner deka für 10^{1} (Symbol de) und hekto für 10^{2} (Symbol h).

Der Vorsatz ist ohne Zwischenraum vor das Kurzzeichen der Einheit zu setzen, z. B. 10^{3} m = 1 km, 10^{-15} m = 1 fm. Potenzexponenten bei zusammengesetzten Kurzzeichen beziehen sich auf das ganze Kurzzeichen. Im Druck werden Formelzeichen durch schräge Lettern, Einheitensymbole und Vorsätze durch steile Lettern wiedergegeben.

Beispiel. 1 cm² = 1 cm · 1 cm = 1 (cm)² = 10^{-4} m², nicht etwa c · m² = 10^{-2} m².

Für 1 Mikrometer schrieb man früher 1 μ, statt heute 1 μm = 10^{-6} m = 10^{-3} mm. Statt (früher) 1 mμ = $10^{-3} \cdot 10^{-6}$ m ist zu schreiben 1 nm = 10^{-9} m.

1 Femtometer = 1 fm = 10^{-15} m = 10^{-13} cm wird auch 1 Fermi genannt (Kurzzeichen 1 f oder 1 fm).

Die gesetzlichen Einheiten physikalischer Größen sind durch Bundesgesetz vom 2.7.69 (mit Ausführungsverordnungen) festgelegt und für den geschäftlichen Verkehr verbindlich vorgeschrieben. Zahlreiche alte Einheiten dürfen seit dem 1.1.78 nicht mehr verwendet werden. Die gesetzlichen Einheiten entsprechen dem „Internationalen Einheitensystem“, abgekürzt SI (Système international d'Unités), das auf Beschlüssen der alle 6 Jahre tagenden Generalkonferenz für Maß und Gewicht beruht. Diese Generalkonferenz ist die Vollversammlung der bevollmächtigten Vertreter der über 100 Signatarstaaten der Meterkonvention.

1.2. Kinematik (im ursprünglichen Sinn)*

1.2.1. Raum und Zeit

Die in der Physik betrachteten Tatbestände spielen sich in Raum und Zeit ab. Die Lage jedes Punktes eines Gegenstandes läßt sich mit Hilfe von *Orts*- und *Zeit*koordinaten ausdrücken. Im vorliegenden Kapitel wird gefragt, wie sich die Ortskoordinate als Funktion der Zeitkoordinate eines Punktes bei einfachen Bewegungen ändern kann. Ein „Punkt" kann dabei z. B. sein: Ein markierter Punkt eines fahrenden Autos, also eines materiellen Objekts, aber auch ein Schatten- oder ein Lichtpunkt, d. h. ein Punkt eines nichtmateriellen Objekts.

Die Bewegung eines Punktes kann geradlinig und gleichförmig, oder sie kann beschleunigt usw. sein.

1.2.1.1. Messen von Längen

Längen werden gemessen, indem man die Längeneinheit oder ihre dezimalen Bruchteile an der zu messenden Länge mehrfach abträgt.

Als Einheit der Länge ist international 1 Meter vereinbart und wird durch das Kurzzeichen („Einheitensymbol") 1 m bezeichnet. 1 m ist ungefähr 1/40000000 des Erdumfangs.

Die gesetzliche Definition von 1 m lautet: 1 m = 1650763,73 Vakuumwellenlängen der roten Linie des Übergangs $5d_5 \rightarrow 2p_{10}$ von Krypton 86. Früher war 1 m definiert als der Abstand zweier Striche auf dem in Paris seit 1799 aufbewahrten Normalmeterstab. Diese Definitionen sind innerhalb der früheren Meßgenauigkeit identisch.

Eine Länge kann gemessen werden, indem man die Längeneinheit, beispielsweise 1 m, oder Bruchteile davon (wie z. B. 1 mm = 10^{-3} m) an der zu messenden Länge mehrfach abträgt.

Beispiel. Die Länge einer Tischkante wird mit einem Maßstab der Länge 1 m gemessen, man findet z. B., daß sie 1 m + (2/10) m + (5/100) m = 1,25 · 1 m beträgt.

Die Länge ist das Ausgangsmerkmal (Basismerkmal) der Geometrie. Die Einheit 1 m wird von jetzt an als Basiseinheit verwendet.

Die Längenmessung ist eine besonders einfache physikalische Messung. Mit den besten mechanischen Hilfsmitteln läßt sich eine Länge mit Strichmaßstäben auf etwa 10^{-6} ihres Betrages bestimmen, mit optischen Interferenzmethoden, die auf dem Abzählen von Lichtwellenlängen beruhen, auf 10^{-8}.

Wenn die Längeneinheit 1 m festgesetzt ist, kann man daraus leicht eine Einheit der Fläche und eine Einheit des Volumens konstruieren. Ein Quadrat mit der Seitenlänge 1 m hat den Flächeninhalt 1 m · 1 m = 1 m^2. Ein Würfel mit der Seitenlänge 1 m hat das Volumen 1 m · 1 m · 1 m = 1 m^3. Als Formelzeichen für den Flächeninhalt wird international A ge-

---

* Das Gebiet Raum-Zeit-Geometrie nannte man früher Kinematik. In der physikalischen Literatur wird heute von Problemen der „Kinematik" gesprochen, wenn der Übergang vom Laborsystem zum Schwerpunktsystem hinsichtlich Impuls, kinetischer Energie,... gemeint ist.

Tabelle 2. Längen verschiedener Größenordnung.

1 parsec		$3 \cdot 10^{16}$ m
1 Lichtjahr		$9{,}46 \cdot 10^{15}$ m
Abstand Sonne–Erde		$0{,}15 \cdot 10^{12}$ m
Abstand Erde–Mond		$0{,}38 \cdot 10^{9}$ m
Erdumfang		$40{,}0 \cdot 10^{6}$ m
Auflösungsgrenze optischer Mikroskope	um	$0{,}5 \cdot 10^{-6}$ m
Ungefährer Atomabstand im Kristall	um	$5{,}0 \cdot 10^{-10}$ m
Radius des Wasserstoff-Atoms	etwa	$0{,}5 \cdot 10^{-10}$ m
Radius eines Atomkerns	um	$5 \cdot 10^{-15}$ m

braucht (für area). Soeben wurde also festgesetzt $[A] = 1\ \text{m}^2$ und $[V] = 1\ \text{m}^3$, wenn V als Formelzeichen für das Volumen gewählt wird. $10^{-3}\ \text{m}^3$ heißt auch 1 Liter (1 l).

Länge hat zu tun mit „nah“ und „fern“ (mit örtlichen Abständen), Zeit (Zeitdauer) hat zu tun mit „früher“ und „später“ (mit zeitlichen Abständen). Im vorliegenden Buch wird von Länge und Zeit ausgegangen, Länge und Zeit sind deshalb „Ausgangsgrößen“. Sie dienen als „Basisgrößen“ (vgl. dazu Anhang 9.1.1). Mit ihrer Hilfe werden „abgeleitete“ Größen definiert (z. B. Geschwindigkeit, Beschleunigung usw.).

1.2.1.2. Grundlagen der Zeitmessung

Zum Messen von Zeitdauern eignen sich gleichförmige oder periodische Bewegungsvorgänge. Einheit der Zeit ist 1 Sekunde, das ist $(24 \cdot 60 \cdot 60)^{-1}$ mittlerer Sonnentag.

Um Zeitdauern messen zu können, muß man imstande sein, gleichlange Zeitdauern zu reproduzieren. Solche erhält man durch:

1. Gleichförmige Drehbewegungen (insbes. die Erddrehung)
2. Schwingungen
   a) eines Pendels (Fadenpendel, Uhrpendel, Metronom)
   b) eines Drehpendels (Unruhe)
   c) einer Kristallplatte (Quarzuhr)
   d) eines Moleküls (Ammoniakuhr)
   e) Schwingungsdauer der elektromagnetischen Strahlung eines Spektralübergangs
3. Ausflugsvorgänge (Sanduhr, Entladungszeit eines Kondensators).

Das Fadenpendel und das Uhrpendel sind ortsfest. Das Drehpendel kann dagegen bewegt werden; daher gestattet es den Bau transportabler Uhren.

Zur Festlegung einer *Zeiteinheit* dient die Drehung der Erde, sie ist erkennbar durch die scheinbare Drehung des Sternhimmels um die Erde. Daß sich nicht der Himmel, sondern die Erde dreht, beweisen Beobachtungen an Pendeln und Kreiseln, vgl. 1.4.4.4. Die Zeitdauer zwischen zwei Meridiandurchgängen eines Fixsterns nennt man 1 Sterntag. Die Zeitdauer von einem Meridiandurchgang der *Sonne* bis zum nächsten heißt 1 Sonnentag. Der Sonnentag schwankt in seiner Dauer ein wenig in Abhängigkeit von der Jahreszeit (vgl. 1.4.3.6, Keplersche Gesetze) und ist im Mittel rund 4 Minuten länger als der Sterntag. 366,25/365,25

Sterntage nennt man einen mittleren Sonnentag. Dieser wird unterteilt in 24 Stunden zu je 60 Minuten zu je 60 Sekunden. Die damit erklärte Sekunde (Kurzzeichen 1 s) ist unsere normale Zeiteinheit. Es gilt: 1 mittlerer Sonnentag = 8600 s und 1 Sterntag = 86164 s.

Inzwischen hat man gelernt, atomare Schwingungsvorgänge zur Grundlage der Zeitmessung zu machen und zur Definition der Sekunde zu verwenden. Man kann z. B. eine Uhr konstruieren, die sich auf die Schwingungsdauer einer Molekülschwingung stützt (vgl. 1.2.1.3), oder eine, bei der die Frequenz eines bestimmten Übergangs zwischen zwei Niveaus im Atom eingeht (Cäsiumuhr). Durch Beschluß der Generalkonferenz der Meterkonvention wurde 1966 folgende *Definition* der Basiseinheit 1 Sekunde (1 s) eingeführt: 1 s = 9192631770 · T_0, wo T_0 die Periodendauer der dem Übergang zwischen den beiden Hyperfeinstrukturniveaus des Grundzustandes von Atomen des Nuklids ^{133}Cs entsprechenden Strahlung ist. Die so definierte Sekunde ist etwa 1000mal genauer reproduzierbar als die nach der früheren Definition. Beide Definitionen fallen innerhalb der früheren Meßgenauigkeit zusammen.

Neuerdings hat man festgestellt, daß die Drehung der Erde nicht vollkommen gleichmäßig ist. Wegen dieser Schwankungen gibt es in Zukunft für Präzisionszwecke zwei Zeitskalen

1. eine gleichlaufende Zeitskala der Cäsiumuhr
2. eine, die (auf etwa 1 Sekunde genau) an die tatsächliche Erddrehung angepaßt ist.

In der Skala 2 wird jeweils am Ende eines halben Jahres entweder 1 Sekunde oder 0 Sekunde eingeschoben oder 1 Sekunde ausgelassen („Schaltsekunde"), je nach der tatsächlichen Drehung der Erde während dieser Zeitspanne. Die Einzelheiten, wie das weltweit einheitlich durchzuführen ist, sind eine Angelegenheit der Normaleichinstitute (in der Bundesrepublik Deutschland Physikalisch-Technische Bundesanstalt (PTB), in USA Bureau of Standards und der entsprechenden Institute in anderen Ländern).

1.2.1.3. Zeitdauern und Uhrstände

Zeitdauern werden gemessen, indem man einerseits für den zu messenden Zeitabschnitt, andererseits für die Zeiteinheit die Anzahl der Schwingungen eines Oszillators (Pendel, Drehpendel) zählt und ins Verhältnis setzt. Die Differenz zweier Uhrstände muß nicht in jedem Fall gleich der Zeitdauer sein.

Eine *Uhr* besteht aus einem Oszillator, z. B. Pendel oder Unruhe oder Schwingquarz, und einer Vorrichtung, mit der die Anzahl der Schwingungen gezählt und angezeigt wird. Bei der Zählung kann man ein Räderwerk mit Zeigern verwenden, die über Skalen laufen. Diese Skalen werden gleich mit der Anzahl der verflossenen Sekunden, Minuten, Stunden beschriftet. Die unvermeidbare Dämpfung des Oszillators muß durch periodische Energiezufuhr ausgeglichen werden, vgl. 2.1.1 Entdämpfung.

Bei Quarzuhren dient ein Schwingquarz als Oszillator, bei Ammoniakuhren eine Eigenschwingung des NH_3-Moleküls, bei der Cäsiumuhr ein Niveauübergang im Cs-Atom. Die Anzeige geschieht über elektronische Untersetzer; vgl. dazu auch 6.5.1.9.

Man kann eine Uhr auch so bauen, daß sie durch einen ersten Knopfdruck zu laufen beginnt und durch einen zweiten am Ende des zu messenden Zeitabschnitts angehalten wird (Stoppuhr). Bei Quarzuhren u. dergleichen wird dabei nur die elektronische Zähleinrichtung geschaltet.

Um eine Zeitdauer zu bestimmen, muß bei normalen Uhren die Differenz zweier „Uhrstände“ gebildet werden, die Stoppuhr dagegen liefert direkt eine Zeitdauer.

Beispiel. Ein Vorgang, der um 9 h 27 min 30 s beginnt und um 9 h 34 min 50 s endet, hat 7 min 20 s gedauert.

Tabelle 3. Zeitdauern von verschiedener Größenordnung.

$6 \cdot 10^{-23}$ s = Zeitdauer, in der γ-Strahlung den Atomkern von Uran durchquert.
$41{,}89 \cdot 10^{-12}$ s = Schwingungsdauer der zur Zeitmessung verwendeten Schwingung des Ammoniakmoleküls
1 µs = Zeitdauer, in der das Licht 300 m zurücklegt
1 ms = Zeitdauer, in der der Schall (bei 20 °C) 33 cm zurücklegt.
10^3 s = $16^2/_3$ Minuten
10^6 s = 278 Stunden = 11,6 Tage
10^9 s = 31,8 Jahre
$31{,}557 \cdot 10^{15}$ s = 10^9 Jahre
1 Jahr = $31{,}557 \cdot 10^6$ s

Vor- oder Nachgehen einer Uhr. Von zwei Uhren A und B kann die eine gegenüber der anderen „vorgehen“ oder „nachgehen“. Das Wort „vorgehen“ (nachgehen) wird im täglichen Leben mit zwei vollkommen verschiedenen Bedeutungen gebraucht.

Wenn man sagt, die Uhr B geht gegenüber der Uhr A vor, so kann das bedeuten:

1. sie hat eine größere Uhrlaufgeschwindigkeit oder
2. sie hat einen vorgerückten Zeigerstand.

Zu Fall 1: Wenn die Pendelschläge einer genau gehenden Standuhr A mit 1 s Zeitabstand aufeinanderfolgen, die einer Uhr B vom selben Baumuster aber z. B. mit 0,99 s Zeitabstand (Pendel zu kurz eingestellt), dann geht Uhr B um $14^1/_2$ Minuten täglich vor. Der *Fall 2.* liegt vor, wenn zwei genau gehende Uhren Ortszeit zeigen, aber an Orten mit verschiedener geographischer Länge stehen. Wenn z. B. die Uhr in New York 10 Uhr zeigt, zeigt die Uhr in Frankfurt 16 Uhr.

Dieser Unterschied zwischen Uhrstanddifferenzen einerseits und Uhrlaufgeschwindigkeit andererseits spielt in der Relativitätstheorie eine Rolle (vgl. 1.4.4.1 und 9.5). Wer von New York nach London fliegt, muß seine Uhr um fünf Stunden vorstellen, er ist dadurch aber nicht um fünf Stunden älter geworden.

Den Unterschied zwischen Uhrstanddifferenzen und Zeitdauer veranschaulicht folgendes Beispiel:

Ein Raumfahrer auf Erdumlaufbahn kann die Dauer seines Fluges direkt erhalten, indem er die Differenz der entsprechenden Uhrstände (Zeitkoordinaten) seiner mitgeführten Uhr bildet. Er könnte sich aber auch die Uhrstände (Ortszeit) von überflogenen Bodenstationen über Funksprechverkehr geben lassen.

Alle Bodenuhren und die Uhr im Raumschiff gehen *gleich schnell.* Aber die Bodenuhren zeigen wegen ihrer unterschiedlichen geographischen Länge φ' *unterschiedliche* Zeitkoordinaten („Uhrstände“) t'. Das Raumschiff bewege sich von West nach Ost und umkreise die Erde in 90 min. Die geographische Länge φ' der Bodenstationen sei von West nach Ost gezählt, beginnend mit Greenwich $\varphi' = 0$, also z. B. Kalkutta $\varphi' = 90°$. Relativ zum Raumschiff ist die Zeitkoordinate t und es ist dauernd $\varphi \equiv 0$. Für die Koordinaten relativ zur

Erde, an denen sich das Raumschiff befindet, gilt (wie man sich durch Einsetzen leicht überzeugen kann):

$$\varphi' = -v^* \cdot t \text{ mit } v^* = 360°/90 \text{ min und}$$

$$t' = t - w^* \cdot \varphi', \text{ wo } w^* = 24 \text{ h}/360° = 1 \text{ h}/15°$$

1.2.1.4. Beobachtung schnell ablaufender Vorgänge

Schnell ablaufende Vorgänge werden beobachtbar, wenn man das, was zeitlich nacheinander geschieht, räumlich nebeneinander sichtbar macht. Periodische Vorgänge können durch Beleuchtung mit Wechsellicht zum scheinbaren Stillstand gebracht werden.

1. a) Linsenscheibe. Ein Lichtpunkt, der eine schnelle lineare Bewegung, z. B. eine Schwingung in vertikaler Richtung ausführt, wird durch eine Linse auf eine Projektionswand abgebildet. Man sieht einen vertikalen leuchtenden Strich. Verschiebt man die Abbildungslinse quer zur

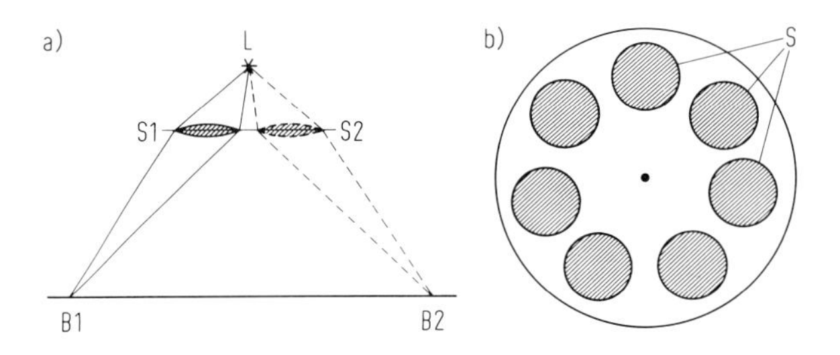

Abb. 3. Beobachtung eines schnell bewegten Lichtpunktes mit einer Linsenscheibe.
a) Einzelne, bewegte Linse. S1: in Stellung 1, S2: in Stellung 2 (später), L: Lichtpunkt, B1: Bild des Lichtpunktes, wenn Linse in Stellung 1, B2: Bild des Lichtpunktes, wenn Linse in Stellung 2 (später).
b) Linsenscheibe. S: Linsen. Die rotierende Linsenscheibewird senkrecht in den Strahlengang von a)eingefügt, so daß die Linsen der Scheibe nacheinander die Positionen S1 und S2 durchlaufen.

Projektionsrichtung in horizontaler Richtung, so wird das Bild in der Bildebene in horizontaler Richtung seitlich verschoben und der zeitliche Verlauf der schnellen Bewegung dadurch sichtbar (Abb. 3a). Am besten verwendet man eine rotierende Scheibe mit mehreren Linsen (Abb. 3b).

b) Drehspiegel. Die seitliche (horizontale) Verschiebung des Bildes kann man auch erzielen, indem man das Lichtbündel bei ruhender Linse mit Hilfe eines drehbaren Spiegels bewegt (Abb. 4). Das Bild auf der Wand für eine schnell schwingende punktförmige Lichtquelle ist in Abb. 5 wiedergegeben.

c) Kathodenstrahl-Oszillograph. Der Zeitverlauf einer schnell veränderlichen elektrischen Spannung wird beobachtbar, wenn durch sie ein Elektronenstrahl 1.) aus seiner Ruhestellung ausgelenkt wird (in Abb. 276 nach oben oder unten), 2.) in einer dazu senkrechten Richtung (von links nach rechts) mit Hilfe einer im Gerät erzeugten Sägezahnspannung mit einstell-

Abb. 4. Drehspiegel zur Beobachtung eines schnell bewegten Lichtpunktes.
a) L: Punktförmige Lichtquelle, St: Drehspiegel, W: Wand, B1: Bild zur Zeit $t = 0$, B2: späteres Bild. Nur der Mittelpunktstrahl ist gezeichnet. Der Einzelspiegel kann durch den Drehspiegel von Abb. 4b) ersetzt werden.
b) 6 Spiegel auf der Mantelfläche eines rotierenden Zylinders. Jeder der Spiegel übernimmt eine Zeitlang die Rolle des Drehspiegels von a).

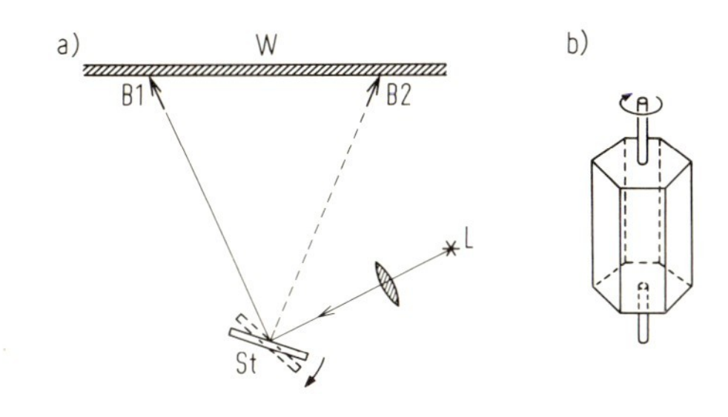

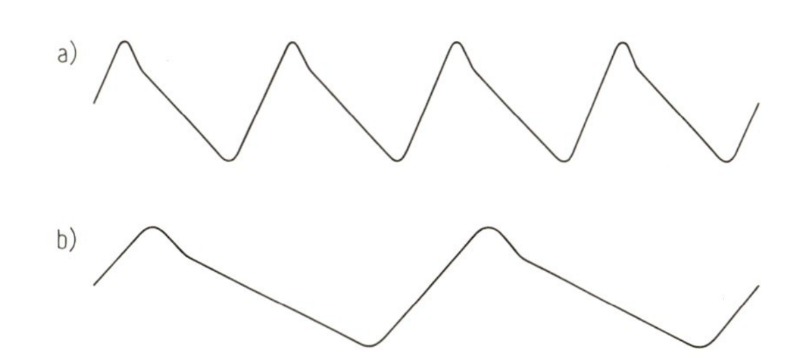

Abb. 5. Bild einer schnellschwingenden, punktförmigen Lichtquelle, entworfen mit der Linsenscheibe oder dem Drehspiegel.
a) Kleine Umlaufgeschwindigkeit der Linsenscheibe oder des Drehspiegels,
b) größere Umlaufgeschwindigkeit der Linsenscheibe oder des Drehspiegels.

barer Geschwindigkeit in regelmäßiger Zeitfolge abgelenkt wird. Auf dem Leuchtschirm wird der zeitliche Verlauf der Spannung aufgezeichnet. Man erhält ein Bild wie in Abb. 5 (vgl. 4.5.1.2, Kathodenstrahl-Oszillograph).

2. *Stroboskopische Beleuchtung*. Periodische Vorgänge kann man zum scheinbaren Stillstand bringen, indem man sie mit Lichtblitzen beleuchtet. Diese müssen periodisch in konstanten, dem Vorgang angepaßten Zeitabständen aufeinander folgen (stroboskopische Beleuchtung).

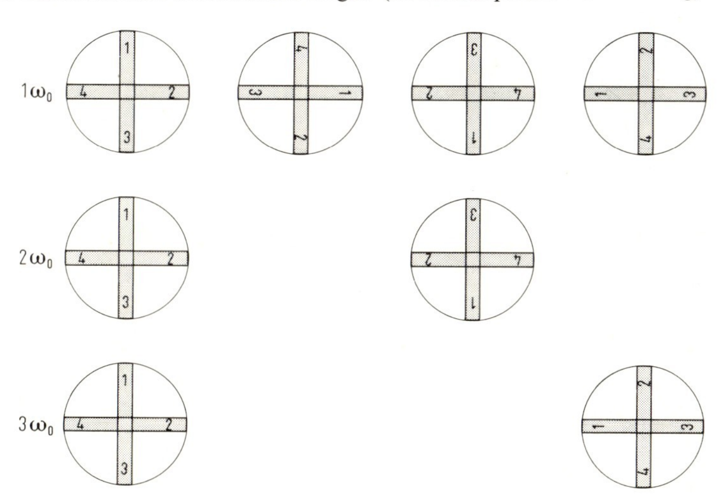

Abb. 6. Stroboskopische Beleuchtung eines rotierenden Speichenrades.
Die Beleuchtungsfrequenz wurde festgehalten, die Drehgeschwindigkeit des Rades im Verhältnis 1 : 2 : 3 (Zeile 1, 2, 3) geändert. Das Speichenrad (4 Speichen im Winkelabstand 90° voneinander) hat sich während einer Dunkelpause in Zeile 1 um 90°, in Zeile 2 um 180°, in Zeile 3 um 270° gedreht. Das Rad scheint jeweils stillzustehen.

Man unterbricht dazu z. B. das beleuchtende Lichtbündel durch eine rotierende Scheibe mit regelmäßig angeordneten Schlitzen. Es gibt elektronische Geräte, die periodische Lichtblitze mit leicht einstellbarer Frequenz erzeugen.

Ein rotierendes Speichenrad (Abb. 6) werde durch periodische Lichtblitze beleuchtet. Hat sich das Rad während einer Dunkelpause gerade um 1 oder 2 oder 3... Speichenabstände gedreht, so scheint es stillzustehen. Wird die Beleuchtungsfrequenz etwas vermindert (vermehrt), so erscheint das Rad jedesmal ein wenig weiter (weniger weit) gedreht. Dann scheint es sich langsam in der wirklichen Drehrichtung (gegen die wirkliche Drehrichtung) zu drehen. Die *höchste* Wechselfrequenz des Lichtes, bei der das Rad zu stehen scheint, ist die tatsächliche Frequenz der periodischen Bewegung. Das Analoge gilt bei stroboskopischer Beleuchtung von periodisch schwingenden Gebilden.

1.2.2. Geradlinige Bewegung

1.2.2.1. Geschwindigkeit, abgeleitete Größen und Einheiten

Für alle abgeleiteten Größen folgt das Meßverfahren aus ihrer Definition. Kohärente Einheiten sind solche, die ohne Zahlenfaktor aus den Ausgangseinheiten gewonnen werden, hier $[v] = [l]/[t]$.

Die Geschwindigkeit wird aus den Ausgangsgrößen Weg und Zeit abgeleitet. Sie kann nur relativ zu einem Bezugssystem angegeben werden.

Definition. Unter *Geschwindigkeit* $\vec{v}$ eines Punktes versteht man den Quotienten aus der vom Punkt zurückgelegten kleinen Wegstrecke $\Delta\vec{s}$ und der Zeitdauer Δt, die der Punkt zum Durchlaufen dieser Wegstrecke benötigt. Also

$$\vec{v} = \frac{\Delta\vec{s}}{\Delta t} \tag{1-2}$$

genauer:

$$\vec{v} = \lim_{\Delta t \to 0} \frac{\Delta\vec{s}}{\Delta t} = \frac{\mathrm{d}\vec{s}}{\mathrm{d}t} \tag{1-3}$$

$\vec{v}$ ist eine Vektorgröße, d. h. eine mit Richtung behaftete Größe. Den Betrag der Geschwindigkeit $\vec{v}$ bezeichnet man mit v oder $|\vec{v}|$ oder $|\mathfrak{v}|$.

Es gibt noch andere Größen, die aus Länge/Zeit gebildet werden. Ein Beispiel ist die Erneuerungsrate für Überlandleitungen, d. h. der Quotient (Länge einer Drahtleitung)/(Zeitdauer, nach der sie ersetzt werden muß). Diese Größe unterscheidet sich von der Geschwindigkeit durch den Sachbezug. Größen, mit denen man rechnet, werden losgelöst vom Sachbezug verwendet (9.1).

Die *Vektor*größe Geschwindigkeit hängt (wie *jede* Vektorgröße) von der Wahl des Bezugssystems ab und muß daher relativ zu einem bestimmten Bezugssystem angegeben werden. Als solches kann z. B. der Hörsaalboden verwendet werden, oder auch der Boden eines fahrenden Eisenbahnwagens usw.

Das direkte *Meßverfahren* für eine abgeleitete Größe folgt stets aus ihrer Definition. Im Fall der Geschwindigkeit hat man gemäß (1-2) eine (kurze) Weglänge zu messen, die der

Punkt zurücklegt, und durch die Zeitdauer zu dividieren, die er zum Durchlaufen dieser Weglänge braucht. Dieses Verfahren nach (1-2) liefert die mittlere Geschwindigkeit $\overline{v}$ (lies „v gemittelt") für den Zeitabschnitt Δt. Der Grenzwert nach (1-3) ergibt den Momentanwert der Geschwindigkeit v.

Wenn die Geschwindigkeit konstant ist, kann man setzen $v = l/t$. Ausführlich gemäß (1-1) geschrieben wird aus (1-3) dann

$$\{v\} \cdot [v] = \frac{\{l\} \cdot [l]}{\{t\} \cdot [t]} \tag{1-4}$$

Die *Einheiten* abgeleiteter Größen werden jeweils ohne Hinzufügen eines Zahlenfaktors gebildet („kohärente Einheiten"), also

$$[v] = \frac{[l]}{[t]} = \frac{1\ \text{m}}{1\ \text{s}} = 1\ \frac{\text{m}}{\text{s}}$$

Bildet man bei *allen* abgeleiteten Größen die Einheiten so, dann entsteht ein kohärentes Einheitensystem.

Es ist kohärent relativ zu den Ausgangseinheiten (Basiseinheiten). In einem kohärenten Einheitensystem folgen alle abgeleiteten Einheiten aus der Definition der Größe und aus den Basiseinheiten. Im folgenden werden durchweg kohärente Einheiten verwendet, abgesehen von wenigen Ausnahmen (Beispiel: 1 eV, vgl. S. 280). In einem Einheiten*system* gibt es stets nur eine einzige Einheit für eine Größe. Die Einheiten betreffen bei einer richtungsabhängigen Größe (Vektor) immer nur den Betrag, der eine skalare Größe ist. Über Skalar und Vektor vergleiche 1.3.3.

Einheiten der Ausgangsgrößen Länge, Zeit, Energie, elektrische Ladung, magnetischer Fluß, Temperatur, Gravitationsladung werden mit frei vereinbarten Quantitäten festgesetzt (zum Beispiel 1 m, 1 s, 1 J, 1 Cb*), 1 Wb, 1 K, 1 kg_s).

Bei einer Größe X kann der Zahlenfaktor $\{X\}$ alle Werte annehmen, für die gilt $0 < |\{X\}| < \infty$. Größen, die sich nur um einen Zahlenfaktor $\{X\}_1$, $\{X\}_2$ unterscheiden, haben nach 1.1.3 dieselbe *Dimension*. Die Dimension einer Größe wird durch Vorsetzen von dim vor das Formelzeichen ausgedrückt. Für die Dimension der Geschwindigkeit gilt nach (1-4) daher

$$\dim v = \frac{\dim l}{\dim t} = \dim \frac{l}{t} \tag{1-5}$$

Diese Dimension nennt man oft dim Geschwindigkeit (nach der am häufigsten vorkommenden Größe mit der Dimension Länge/Zeit, obwohl das nicht ganz korrekt ist). Geschwindigkeit und Erneuerungsrate haben dieselbe Dimension dim (l/t). Beide Größen können daher auch als Vielfaches von 1 m/s ausgedrückt werden.

Auch ein Lichtpunkt oder eine Schattenfigur kann sich mit einer bestimmten Geschwindigkeit bewegen. Der Begriff Geschwindigkeit setzt nicht die Bewegung materieller Körper voraus. Solche Begriffe bilden den Bereich der Raum-Zeit-Geometrie (Kinematik). Dazu gehören auch die Begriffe Beschleunigung, Winkelgeschwindigkeit und andere.

---

* Zur Schreibweise 1 Cb vgl. Fußnote zu 4.2.1.3

1.2.2.2. Verwendung von Einheiten beliebiger Quantität, einheiteninvariante Größengleichungen

Jede Größe läßt sich nach 1.1.3 als Produkt aus Zahlenwert und Einheit ausdrücken. Größengleichungen sind invariant gegen Wahl der Quantität der Einheiten, falls mehrdeutige Einheiten ausgeschlossen sind.

Größen können mit Hilfe von Einheiten *beliebiger* Quantität ausgedrückt werden. Wenn man zu Einheiten anderer Quantität übergeht, ändert sich lediglich die Aufteilung auf Zahlenwert und Einheit, also

$$X = \{X\} \cdot [X] = \{X/\alpha\} \cdot [\alpha X] \tag{1-6}$$

α ist eine Zahl, die alle Werte außer Null und unendlich annehmen kann. $[X]$, $[\alpha X]$, X sind Größen, dagegen sind $\{X\}$, $\{X/\alpha\}$, α Zahlen.

Diese Verschiebung eines Zahlenfaktors vom Zahlenwert zur Einheit oder umgekehrt soll bei der Größe Geschwindigkeit als Beispiel durchgeführt werden. Will man eine Geschwindigkeit nicht in der Einheit 1 m/s sondern 1 km/h ausdrücken, so hat man folgende Gleichungen zu beachten:

$$1\,\frac{\text{m}}{\text{s}} = \frac{1\text{ m}}{1\text{ s}}, \quad 1\text{ m} = 10^{-3} \cdot 1\text{ km}, \quad 1\text{ s} = \frac{1}{3600} \cdot 1\text{ h}.$$

Man setzt ein und faßt Zahlenwerte und Größen (Einheiten) für sich zusammen

$$1\,\frac{\text{m}}{\text{s}} = \frac{1\text{ m}}{1\text{ s}} = \frac{10^{-3} \cdot 1\text{ km}}{(1/3600) \cdot 1\text{ h}} = 3600 \cdot 10^{-3} \cdot \frac{1\text{ km}}{1\text{ h}} = 3{,}6\,\frac{\text{km}}{\text{h}}$$

1 m/s und 3,6 km/h sind dieselbe Größe in verschiedener Darstellung.

Gleichungen, in der die allgemeinen Formelzeichen Größen bedeuten, heißen Größengleichungen. Wenn in einer Gleichung *jede* Größe mit Hilfe von Einheiten beliebiger Quantität ausgedrückt werden darf, ohne daß die Gleichung ihre Gültigkeit verliert, nennt man sie eine *einheiteninvariante Größengleichung*. Alle Gleichungen in diesem Buch sind einheiteninvariante Größengleichungen, vgl. dazu 9.3.4.

Größengleichungen sind dann und nur dann einheiteninvariant, wenn die darin vorkommenden Größen (und auch deren Dimensionen und Einheiten) keine mehrdeutige Bedeutung haben (vgl. Anhang 9.2.1).

Der Gegensatz zu Größengleichungen sind *Zahlenwertgleichungen*. Gleichungen, in denen die allgemeinen Formelzeichen Zahlenwerte bedeuten, heißen Zahlenwertgleichungen. Diese Gleichungen hängen von der Wahl der Einheiten ab, ihr Gebrauch ist daher nicht zu empfehlen.

1.2.2.3. Geradlinig gleichförmige Bewegung

Die Bewegung eines Punktes nennt man geradlinig gleichförmig, wenn seine Geschwindigkeit nach Betrag und Richtung konstant bleibt.

Ein nichtmaterieller Punkt (z. B. Lichtpunkt an der Wand) kann eine geradlinig gleichförmige Bewegung ausführen. Es handelt sich daher um einen Vorgang der Raum-Zeit-Geometrie (Kinematik). Auch ein markierter Punkt eines materiellen Körpers kann sich geradlinig gleichförmig bewegen. Beispiel: Ein Punkt eines Wagens, der sich z. B. auf einer Luftkissenschiene (d. h. praktisch reibungsfrei) bewegt oder der von einem Synchronmotor längs einer Schiene bewegt wird.

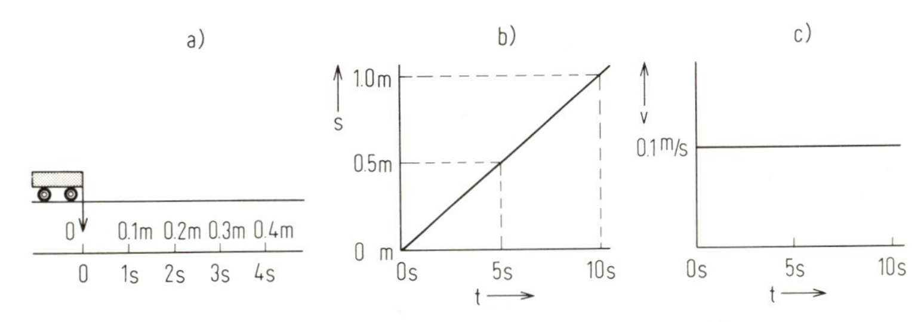

Abb. 7. Geradlinig gleichförmige Bewegung. Eine solche liegt vor, wenn der Zeiger am Wagen in gleichen Zeitabschnitten gleichlange Wegstrecken Δs durchläuft.

a) Ort des Pfeiles nach 0 s, 1 s, 2 s, . . .

b) Weg s als Funktion der Zeitdauer t

c) Geschwindigkeit v = const. während der ganzen Bewegung.

Beispiel. Der in Abb. 7 wiedergegebene Wagen hat die Wegstrecke s nach der Zeitdauer t zurückgelegt (vgl. Zeile 1 und 2 der folgenden Tabelle).

Tabelle 4. Geradlinig gleichförmige Bewegung.

s	0		0,2		0,4		0,6		0,8		1,0 m
t	0		2		4		6		8		10 s
$\bar{v} = \frac{\Delta s}{\Delta t}$		$\frac{0,2}{2}$		$\frac{0,2}{2}$		$\frac{0,2}{2}$		$\frac{0,2}{2}$		$\frac{0,2}{2}$	$\frac{\text{m}}{\text{s}}$
$v = \frac{ds}{dt}$		0,1		0,1		0,1		0,1		0,1	$\frac{\text{m}}{\text{s}}$

Aus den kurzen Wegstrecken Δs zwischen zwei Ablesungen und den zugehörigen Zeitabschnitten Δt wird jeweils die mittlere Geschwindigkeit $\bar{v} = \Delta s/\Delta t$ gebildet. Für alle zusammengehörigen Zeitabschnitte ergibt sich derselbe Wert, nämlich $v = 0,1$ m/s. Die Geschwindigkeit ist hier konstant. Eine solche Bewegung nennt man *geradlinig gleichförmig*.

Bei einer *gradlinig gleichförmigen* Bewegung kann man auch große Weg- und Zeitabschnitte zur Bestimmung der Geschwindigkeit verwenden; es gilt:

$$s = v \cdot t; \quad v = \frac{s}{t}; \tag{1-7}$$

Eine graphische Darstellung findet man in Abb. 7b und c.

1.2.2.4. Beschleunigung, gleichförmig beschleunigte Bewegung *F/L 1.1.1 u. 1.1.4*

Die Bewegung eines Punktes, bei der die Geschwindigkeit nicht konstant ist, bezeichnet man als ungleichförmig oder beschleunigt. Unter allen beschleunigten Bewegungen interessiert in diesem Kapitel die geradlinige, gleichförmig beschleunigte.

Definition: Unter Beschleunigung a versteht man den Quotienten aus der Änderung Δv der Geschwindigkeit eines Punktes und der Zeitdauer Δt, während der die Geschwindigkeitsänderung erfolgt, also

$$a = \frac{\Delta v}{\Delta t} \tag{1-8}$$

$$\text{genauer: } a = \lim_{\Delta t \to 0} \frac{\Delta v}{\Delta t} = \frac{\mathrm{d}v}{\mathrm{d}t} \tag{1-9}$$

Die Beschleunigung ist, wie die Geschwindigkeit, eine gerichtete Größe (Vektorgröße).

In diesem Paragraphen werden nur die geradlinigen Bewegungen behandelt, bei denen $\vec{v}$ und $\vec{a}$ übereinstimmende unveränderte Richtung haben. Weiteres folgt in 1.3.4.1 Gl. (1-44).

Aus der Definition von a folgt das Meßverfahren: Man messe für kleine Zeitabschnitte einerseits Δv, andererseits Δt. Division beider Werte ergibt die (mittlere) Beschleunigung $\overline{a}$ (lies: a gemittelt) während des Zeitabschnittes Δt. Als kohärente Einheit ergibt sich wegen (1-8)

$$[a] = \frac{[\Delta v]}{[\Delta t]} = \frac{1\ \mathrm{m/s}}{1\ \mathrm{s}} = 1\ \frac{\mathrm{m}}{\mathrm{s}^2}$$

Für die Dimension gilt $\dim a = \dim v / \dim t = \dim l / (\dim t)^2$. Bei der letzten Umformung wurde (1-5) benutzt. Eine Bewegung mit $a = \text{const.}$ heißt *gleichförmig beschleunigt* (oder auch *gleichmäßig beschleunigt*). Auch die Beschleunigung ist ein Begriff der Raum-Zeit-Geometrie.

Beispiel. Eine Kugel rolle auf einer schrägen Rinne ab, die Bewegung ihres Schattens werde nach den Sekundenschlägen eines Metronoms beobachtet. Der Mittelpunkt des Schattens bewege sich um den in Zeile 1 angegebenen Weg s in der in Zeile 2 angegebenen Zeitdauer t.

Tabelle 5. Gleichförmig beschleunigte Bewegung.

s	0		0,1		0,4		0,9		1,6		2,5		3,6	m
t	0		1		2		3		4		5		6	s
$\overline{v} = \frac{\Delta s}{\Delta t}$		$\frac{0,1}{1}$		$\frac{0,3}{1}$		$\frac{0,5}{1}$		$\frac{0,7}{1}$		$\frac{0,9}{1}$		$\frac{1,1}{1}$		m/s
v	0		0,2		0,4		0,6		0,8		1,0		1,2	m/s
$\overline{a} = \frac{\Delta v}{\Delta t}$		$\frac{0,2}{1}$		$\frac{0,2}{1}$		$\frac{0,2}{1}$		$\frac{0,2}{1}$		$\frac{0,2}{1}$		$\frac{0,2}{1}$		m/s²

In Zeile 3 sind die aus den Wegdifferenzen Δs und den Zeitdifferenzen Δt folgenden *mittleren* Geschwindigkeiten $\overline{v}$ eingetragen, jeweils für die Zeitpunkte $t = 0{,}5$ s, 1,5 s, 2,5 s usw. Die Geschwindigkeit ändert sich hier offenbar linear mit der Zeit. In Zeile 4 ist die Geschwindigkeit v für die Zeitpunkte 0 s, 1 s, 2 s usw. interpoliert. Wie Zeile 5 zeigt, wurde durch eine Bewegung gemäß Zeile 1 und 2 eine gleichförmig beschleunigte Bewegung realisiert. In diesem Fall verhalten sich die vom Punkt zurückgelegten Weglängen wie die Quadrate der dazu benötigten Zeitdauern.

Im Falle der geradlinig gleichförmig beschleunigten Bewegung gilt, wenn sie aus der Ruhe erfolgt (d. h. wenn $v = 0$ für $t = 0$)

$$a = \text{const} \tag{1-10}$$

$$v = a \cdot t \tag{1-11}$$

$$s = \frac{1}{2} a \cdot t^2 \tag{1-12}$$

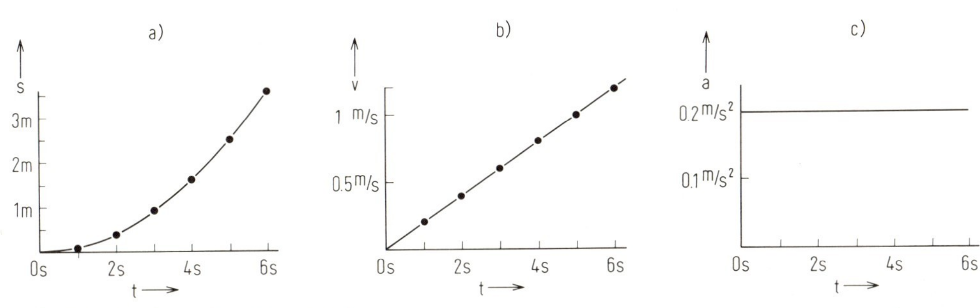

Abb. 8. Gleichförmig beschleunigte Bewegung.
a) Weg s,
b) Geschwindigkeit v
c) Beschleunigung a, jeweils als Funktion der Zeit t bei einer gleichförmig beschleunigten Bewegung.

Eine graphische Darstellung zu Tab. 5 gibt Abb. 8 a, b, c. In diesem Fall erhält man a aus

$$a = \frac{2 \cdot s}{t^2} \tag{1-12a}$$

Hat der bewegte Punkt jedoch für $t = 0$ bereits die Geschwindigkeit v_0, so gilt

$$v = v_0 + a \cdot t \tag{1-13}$$

und

$$s = v_0 \cdot t + \frac{1}{2} a t^2 \tag{1-14}$$

Allgemein ergeben sich die Geschwindigkeit v und die Beschleunigung a eines Punktes, der nach der Zeitdauer t den Weg $s(t)$ zurückgelegt hat, aus

$$\vec{v} = \frac{d\vec{s}}{dt} \tag{1-3}$$

$$\vec{a} = \frac{d\vec{v}}{dt} = \frac{d^2\vec{s}}{dt^2} \tag{1-9}$$

Man prüft durch Einsetzen leicht nach, daß die besprochenen Spezialfälle (1-10 bis 1-14) hierin enthalten sind.

Ein weiterer wichtiger Fall einer nichtgleichförmigen Bewegung ist die lineare Schwingung, die in 1.3.4 behandelt wird.

1.2.2.5. Kinematik des freien Falls

F/L 1.1.3

Ein nahe der Erdoberfläche frei fallender Körper führt eine gleichförmig beschleunigte Bewegung mit der „Fallbeschleunigung“ $a = 9{,}81\ \mathrm{m/s^2}$ aus.

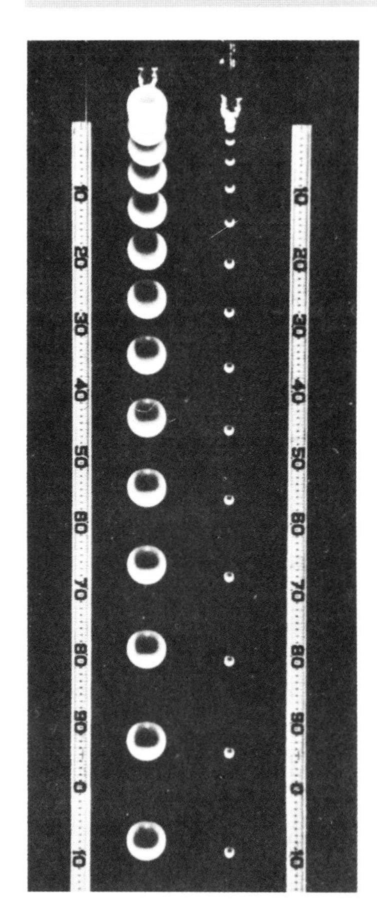

Abb. 9. Frei fallende Kugeln verschiedener Masse, stroboskopisch beleuchtet.
Die untere Kante der Kugeln wird jeweils zur Ortsbestimmung verwendet. Die Bewegung ist gleichförmig beschleunigt. (Aufnahme: Physical Science Study Committee [PSSC], D. C. Heath and Company, Lexington, Mass., 1965).

Abb. 9 zeigt zwei fallende Kugeln (unterschiedlicher Masse), die mit Lichtblitzen in 0,01 s Zeitabstand belichtet wurden. Man entnimmt daraus: In Zeitdauern, die sich von Fallbeginn gezählt wie 1 : 2 : 3 verhalten, stehen die Fallwege im Verhältnis 1 : 4 : 9. Daraus folgt: Die Fallbewegung eines materiellen Körpers ist gleichförmig beschleunigt, a hat einen konstanten Wert. Dies hat als erster Galilei (1564–1642) experimentell festgestellt.

Wenn bereits bekannt ist, daß die Fallbewegung gleichförmig beschleunigt ist, läßt sich der Wert ihrer Beschleunigung nach (1-12a) messen. Dazu muß ein Fallweg aus der Ruhe und die dafür erforderliche Zeitdauer bestimmt werden.
Man findet: Zur Falldauer $t = 0{,}5$ s gehört an der Erdoberfläche der Fallweg $s = 1{,}25$ m.

Experimentelles Beispiel: Bei der Messung der relativ kurzen Falldauer 0,5 s kann man eine Methode anwenden, die allgemeine Bedeutung hat: Durch regelmäßige Wiederholung verwandelt man einen unperiodischen Vorgang (hier den freien Fall) in einen periodischen: Aus einer elektrisch gesteuerten Vorrichtung fällt gleichzeitig mit dem Schlag eines Sekundenklopfers jeweils eine Stahlkugel. Man verändert die Fallhöhe so lange, bis der Aufschlag der Kugel zeitlich genau in die Mitte zwischen zwei Schläge des Sekundenklopfers fällt. Dann ist die Falldauer genau 0,5 s. Die Gleichmäßigkeit der Zeitabschnitte kann mit dem Ohr recht genau wahrgenommen werden.

Die Fallbeschleunigung (übliches Formelzeichen g) ist also

$$g = \frac{2\,s}{t^2} = \frac{2 \cdot 1{,}25\ \mathrm{m}}{(0{,}5\ \mathrm{s})^2} = 10\ \frac{\mathrm{m}}{\mathrm{s}^2}$$

Genauere Messungen ergeben $g = 9{,}81\ \mathrm{m/s^2}$ (man beachte jedoch 1.3.2, Unterschiede am Äquator und am Pol).

1.3. Dynamik, Gravitation

Soll die Geschwindigkeit eines materiellen Körpers, genauer sein *Impuls*, dem Betrage oder der Richtung nach geändert werden, so ist dazu eine *Kraft* erforderlich. Der Quotient aus Impuls und Geschwindigkeit liefert die *Masse* (träge Masse) des bewegten Körpers. Der bewegte Schatten hat keinen Impuls, denn er ist kein materieller Körper.

Alle materiellen Körper haben um sich ein (äußerst schwaches) *Gravitationsfeld* und ziehen jeden anderen materiellen Körper mit einer (äußerst schwachen) Gravitations-Kraft an. Diese Kraft kann ausgedrückt werden als das Produkt aus Gravitationsladung (schwere Masse) des angezogenen Körpers und der Gravitationsfeldstärke am Ort, an dem er sich gerade befindet. Da die Erde ein materieller Körper sehr großer Ausdehnung ist, ist die von der Erde herrührende Gravitationsfeldstärke und damit auch die Gravitationskraft eine auffällige Erscheinung. Die Gravitationskraft heißt auch Schwerkraft oder Gewichtskraft.

Es gibt auch periodische Bewegungen. Ein wichtiger Sonderfall ist die Bewegung eines Punktes auf einer Kreisbahn. Kompliziertere periodische Bewegungen können aus einfachen zusammengesetzt werden, insbesondere aus solchen in verschiedener Richtung, mit verschiedenen Frequenzen usw.

Zu den im Abschnitt 1.2 (Kinematik) definierten Begriffen Länge, Zeit, Geschwindigkeit, Beschleunigung kommen noch hinzu Frequenz, Winkelbeschleunigung usw. In 1.3 (Dynamik) kommen hinzu Impuls, Energie, Wirkung, Leistung.

1.3.1. Kraft, Impuls, Masse

1.3.1.1. Raum-Zeit-Geometrie (Kinematik), Dynamik, Mechanik

Begriffe (und Größen), die auch bei der Bewegung eines mathematischen Punktes auftreten können, gehören zur Raum-Zeit-Geometrie, solche, die die Existenz materieller Körper voraussetzen, zur Dynamik und Mechanik.

Geschwindigkeit und Beschleunigung gibt es auch bei der Bewegung eines mathematischen Punktes, eines Lichtpunktes oder eines Schattens. Solche Größen gehören zur Raum-Zeit-Geometrie*). In diesem Bereich gibt es nicht die Begriffe Kraft, Energie oder Impuls.

* vgl. Fußnote zu 1.2

Soll dagegen ein materieller Körper in Bewegung gesetzt werden, so ist dazu eine *Kraft* erforderlich. Kraft, Masse, Impuls, Energie sind Beispiele für Größen der *„Dynamik"*. Diese Größen setzen nicht voraus, daß die Schwerkraft existiert. Auch in einem Raumfahrzeug, das sich gerade am schwerefreien Punkt zwischen Mond und Erde befindet, können die Gesetze der Dynamik mühelos nachgeprüft werden.

Werden auch noch die Begriffe und Größen des Gravitationsfeldes einbezogen, so nennt man das Gebiet *Mechanik*.

Mit Raum-Zeit-Geometrie (Kinematik) befassen sich die Abschn. 1.2.2.3, 1.2.2.4, 1.3.3.3 und 1.3.4.2, mit Dynamik die Abschn. 1.3.1.2, 1.3.1.4, 1.3.3.4 und andere. Die Erscheinungen der Gravitation stehen in 1.3.2 im Vordergrund.

Beim Übergang von der Kinematik zur Dynamik wird ein neues Ausgangsmerkmal erforderlich. Als solches kommt in Frage z. B. Kraft, Masse oder Energie. Besser vorzeigen läßt sich eine Kraft, besser reproduzieren läßt sich eine Masse. Deshalb wird zunächst von der Kraft ausgegangen. Nach Einführung der Masse wird dann diese als Ausgangsgröße der Dynamik benutzt. Die Kraft ergibt sich dann aus Masse und Beschleunigung. Es hat jedoch Vorzüge, die Wirkung (1.3.5.8) als Basisgröße zu verwenden, vgl. Anhang 9.1.

1.3.1.2. Kraft

Eine Kraft ist imstande, materielle Körper zu beschleunigen. Durch eine Kraft wird eine Schraubenfeder gedehnt oder zusammengedrückt. Die Kraft wirkt stets in zwei entgegengesetzten Richtungen.

Eine Kraft kann unter anderem auftreten (Abb. 10)

a) zwischen zwei Punkten eines starren materiellen Körpers,
b) zwischen zwei beweglichen Körpern.

Eine Kraft läßt sich durch Dehnung einer Schraubenfeder sichtbar machen, allgemein durch Verformen (Biegen, Dehnen, Spannen) eines festen Körpers. Zum Messen einer Kraft setzt man eine Schraubenfeder in ein Gehäuse ein und versieht sie mit einer beschrifteten

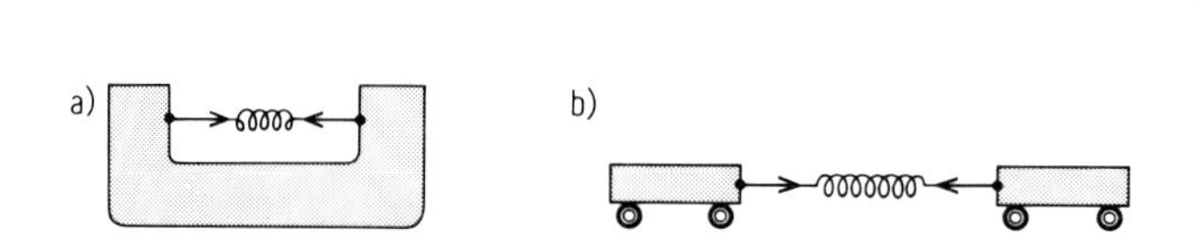

Abb. 10. Zwei Angriffspunkte einer Kraft.
Eine Kraft wirkt stets in zwei entgegengesetzten Richtungen,
a) z. B. zwischen zwei Punkten eines starren Körpers,
b) z. B. zwischen zwei beweglichen Körpern.

Skala, an der sich die Dehnung erkennen läßt. Da die Dehnung einer Schraubenfeder innerhalb gewisser Grenzen proportional der Kraft ist (siehe 1.3.1.3), entsteht so ein Kraftmesser („Dynamometer").

Eine Kraft wirkt stets gleichzeitig in entgegengesetzten Richtungen. Man sagt dafür auch: es wirken „zwei Kräfte in entgegengesetzter Richtung". Dabei ist Kraft = Gegenkraft.

Gemeint ist: vom einen Angriffspunkt der Kraft wirkt eine solche in der einen Richtung, dagegen vom anderen Angriffspunkt in entgegengesetzter Richtung.

Eine Kraft *muß relativ zu einem Bezugssystem* angegeben werden, ebenso wie eine Geschwindigkeit. Vergleiche dazu auch 1.4.4. Wirkt eine Kraft zwischen zwei frei beweglichen Körpern, dann werden diese relativ zueinander beschleunigt.

Abb. 11. Kraft = Gegenkraft. Dies ist daraus erkennbar, daß gleiche Dynamometer eine Dehnung von gleichem Betrag, aber entgegengesetzter Richtung zeigen.

Demonstration. Daß eine Kraft immer gleichzeitig in entgegengesetzten Richtungen wirkt, kann man im Bereich der Mechanik experimentell beweisen, a) mit 2 Dynamometern, b) mit Hilfe der Beschleunigung von zwei frei beweglich aufgestellten gleichartigen Körpern;
zu a) 2 gleichartig gebaute Dynamometer werden aneinander gehängt und auseinander gezogen (s. Abb. 11). Beide Skalen zeigen gleiche Dehnung.
zu b) Zwischen zwei gleichgebauten, durch einen Faden zusammengebundenen Wagen befindet sich eine zusammengedrückte Feder. Wird der Faden durchgebrannt, so werden die Wagen relativ zum Hörsaalboden beschleunigt und fahren relativ zu diesem „ruhenden" Bezugssystem mit entgegengesetzt gleichen Geschwindigkeiten auseinander.

Man kann als Bezugssystem aber auch einen der beiden Wagen wählen (Abb. 12). Die Wahl des Bezugssystems ist wichtig, insbesondere für den Richtungssinn, den man der Kraft zuordnet. Hier ist die Rede von der den anderen Wagen wegdrückenden Kraft.

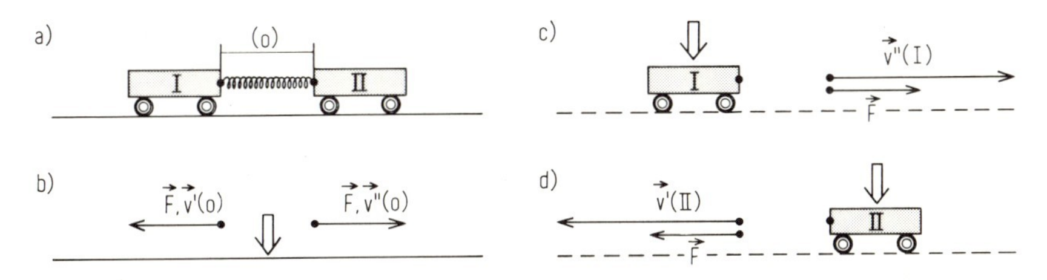

Abb. 12. Bedeutung des Bezugssystems für die Richtungen von Kräften und Geschwindigkeiten.
a) Ein Faden (0) hält die Wagen bei gespannter Feder zusammen. Nach dem Durchbrennen des Fadens fahren sie auseinander.
b) Bezugssystem 0 (Hörsaalboden): Die Kraft F wirkt nach beiden Seiten. Die Geschwindigkeiten relativ zum System sind $v'(0) \neq 0$, $v''(0) \neq 0$. Der hohle Pfeil bezeichnet das Bezugssystem.
c) Bezugssystem I (Wagen I): Relativ zum Wagen I ist die den anderen Wagen wegdrückende Kraft F nach rechts gerichtet. Die Geschwindigkeiten relativ zum System sind $v'(\text{I}) = 0$, $v''(\text{I}) \neq 0$.
d) Bezugssystem II (Wagen II): Relativ zum Wagen II ist die den anderen Wagen wegdrückende Kraft nach links gerichtet. Die Geschwindigkeiten relativ zum System sind $v'(\text{II}) \neq 0$, $v''(\text{II}) = 0$.

1.3.1.3. Proportionalität von Kraft und Dehnung

Die Längung x einer Schraubenfeder ist proportional der wirkenden Kraft F. Aufgrund dieser Tatsache kann man Kräfte mit dem Dynamometer in ein Verhältnis setzen („messen").

Das Formelzeichen F für Kraft rührt von engl. force her. Die Proportionalität von Kraft $\vec{F}$ und Längung $\vec{x}$ einer Schraubenfeder läßt sich mit mehreren gleichgebauten Dynamometern nachweisen. Zunächst werden jeweils zwei gleichgebaute Dynamometer aneinander gehängt und auseinandergezogen: Man beobachtet dann jeweils bei beiden Dynamometern gleiche Längung und schließt auf gleichen Betrag der Kraft.

Dann wird eines der Dynamometer (in Abb. 11 das rechte) durch zwei (bzw. n) zueinander parallele ersetzt (Abb. 13), die mit einem starren Bügel verbunden sind. Beim Ausziehen

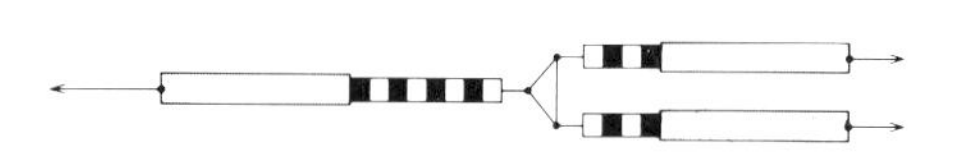

Abb. 13. Proportionalität zwischen Kraft und Dehnung einer Feder.
n-fache Kraft gibt n-fache Federdehnung, hier ist n = 2.

zeigt jedes der letzteren stets die Hälfte (bzw. $1/n$) der Dehnung des einzelnen (in Abb. 13 des linken) Dynamometers. Daraus ist zu folgern: n-fache Kraft liefert n-fache Federdehnung. Also gilt:

$$\vec{F} = -D \cdot \vec{x} \qquad (1\text{-}15)$$

Man nennt D „Federkoeffizient" der Feder. Für ihn ergibt sich als kohärente Einheit $[D] = [F]/[x] = 1\ \mathrm{N}/1\ \mathrm{m} = 1\ \mathrm{N/m}$ (vgl. 1.3.1.6). Für die Dimension gilt $\dim D = \dim F/\dim l$. Der Federkoeffizient wird teilweise auch „Richtgröße" genannt (oder veraltet „Federkonstante").

1.3.1.4. Beschleunigung eines materiellen Körpers durch eine konstante Kraft

Konstante Kraft F bewirkt bei einem frei beweglichen materiellen Körper konstante Beschleunigung a (gemäß 1.2.2.4). Wenn $F = 0$, dann ist auch $a = 0$.

Auf einen einzigen, horizontal beweglichen Wagen soll von einem mit dem Hörsaalboden starr verbundenen Befestigungspunkt eine konstante Kraft ausgeübt werden. Der Wagen führt dann eine gleichförmig beschleunigte Bewegung relativ zum Hörsaalboden aus. (Der Klotz der Masse m auf dem Wagen wird in 1.3.1.5 verändert.)

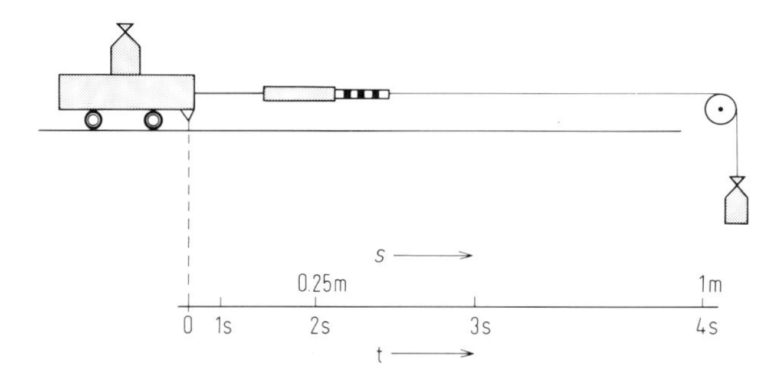

Abb. 14. Kraft und Beschleunigung.
Konstante Kraft F bewirkt konstante Beschleunigung $a = 2s/t^2$
s (kursiv) bedeutet den Weg, 1 s (steil) bedeutet eine Sekunde.

Experimenteller Beweis. Der Wagen soll sich relativ zur Schiene (Abb. 14) bewegen. Die Kraft auf den Wagen wird durch ein Gewichtsstück hervorgerufen und greift über Faden und Rolle am Wagen an. An einem in den Faden eingeschalteten Dynamometer erkennt man, daß die Kraft dabei konstant ist. Die folgende Tabelle enthält die von einem Wagen zurückgelegten Wegstrecken s und die zugehörigen Zeitdauern t unter der Voraussetzung, daß zur Zeit $t = 0$ der Wagen in Ruhe war.

Tabelle 6. Beschleunigung durch konstante Kraft.

Weg	s	0,25 m	1 m
Zeit	t	2 s	4 s
Beschleunigung	$a = 2\,s/t^2$	0,125 m/s²	0,125 m/s²

Also: a ist konstant. Auch bei allen analogen Beobachtungen zeigt sich: Konstante Kraft F bewirkt konstante Beschleunigung a.

Wenn keine Kraft auf den Körper wirkt, ist die Beschleunigung $a = 0$. Der Körper bleibt also in Ruhe oder behält eine evtl. bereits vorhandene geradlinig gleichförmige Bewegung bei (Galilei).

1.3.1.5. Kraft und Beschleunigung, Masse

Bei unveränderter Kraft $\vec{F}$ hängt die Beschleunigung $\vec{a}$ von einem Merkmal des beschleunigten Körpers ab, das man „träge Masse" (Formelzeichen m) oder kurz „Masse" des Körpers nennt. Dabei ist $m = F/a$.

Eine Kraft kann nur relativ zu einem Bezugssystem angegeben werden.

Wirkt auf denselben Körper (Wagen) eine Kraft $\vec{F}$ verschiedener Quantität, so erleidet er eine zu F proportionale Beschleunigung a, also

$$\vec{F} = m \cdot \vec{a} \tag{1-16}$$

Für den Körper, der beschleunigt werden soll, ist seine Masse m eine charakteristische Größe. Die experimentelle Beobachtung zeigt: m ist konstant, d. h. unabhängig von F und a einzeln, solange mit Geschwindigkeiten $v \ll c$ (1.4.4.1) experimentiert wird. Bei Geschwindigkeiten von der Größenordnung der Lichtgeschwindigkeit c ist m keineswegs konstant, (1-16) gilt nicht mehr, wohl aber $F = \mathrm{d}(mv)/\mathrm{d}t$, vgl. 1.3.1.7. Manche Physiker ziehen es vor, nur die Masse für $v = 0$ („Ruhemasse m_0") als Masse zu bezeichnen.

Definition. Due Quotienten $m = F/a$ nennt man (träge) Masse des Körpers. Da Körper mit demselben Betrag der Masse m gut reproduzierbar sind, verwendet man als Basisgröße der Dynamik bevorzugt die Masse und als Basiseinheit die Masseneinheit.

Von einem fortgeschrittenen Standpunkt aus wird die Masse durch den Quotienten Impuls/Geschwindigkeit definiert, vgl. 1.3.4.2.

Als Einheit der *(trägen) Masse m* wählt man die Masse eines in Paris aufbewahrten „Normalklotzes" und nennt sie 1 Kilogramm (Kurzzeichen 1 kg). Die Dimension der Masse (dim m) kann nicht mit Hilfe von dim l und dim t ausgedrückt werden. Sie muß daher als eine Ausgangsdimension verwendet werden. Der Vorsatz Kilo in 1 kg hat historische Gründe. Einheit der Masse im internationalen Einheitensystem ist 1 kg, nicht 1 g. Trotzdem werden aus systematischen Gründen mit Hilfe der Vorsätze gebildet

	1 μg	1 mg	1 g	1 kg	1 Mg
d. h.	10^{-9} kg	10^{-6} kg	10^{-3} kg	—	10^3 kg

1 Mg = 10^3 kg = 1 t (1 Tonne).

1 kg bedeutet in diesem Buch nur die Einheit der *trägen Masse m*, dagegen wird die Einheit der Gravitationsladung m_s (1.3.2.1) 1 Kilogramm-schwer (Kurzzeichen 1 kg_s) genannt. Zu m und m_s vgl. 9.6 (Zitat aus Einstein).

Unter Benutzung der Gl. (1-16) lassen sich Werte der Masse von materiellen Körpern in ein Verhältnis setzen: Wenn bei derselben wirkenden Kraft die Beschleunigung für zwei Körper im Verhältnis $a_1 : a_2$ steht, verhalten sich die Massen der beiden Körper wie $(1/m_1) : (1/m_2)$.

Also gilt:

$$a_1 : a_2 = (1/m_1) : (1/m_2) = m_2 : m_1 \tag{1-17}$$

Zum Beispiel kann man die Masse m eines Wagens messen, indem man einmal den Wagen allein und einmal mit einer bekannten Zusatzmasse M (z. B. 1 kg) durch dieselbe Kraft beschleunigt. Dann gilt:

$$a_1 : a_2 = (1/m) : 1/(m + M) = (m + M) : m = 1 + \frac{M}{m} \tag{1-17a}$$

Setzt man a_1/a_2 und $1 + M/m$ einander gleich, dann ergibt sich

$$m = \frac{M}{(a_1/a_2) - 1} \tag{1-17b}$$

Man erhält gute Meßgenauigkeit, wenn m und M ungefähr gleich groß sind.

Ein Körper aus einheitlichem Material (z. B. ein quaderförmiges Stück Kupfer) mit der Masse m nimmt ein bestimmtes Volumen V ein. Den Quotienten $m/V = \varrho$ nennt man „Dichte" des Materials, aus dem der Körper besteht.

1.3.1.6. Einheit der Kraft

Die mit den Basiseinheiten 1 m, 1 s, 1 kg des internationalen Einheitensystems kohärente Einheit der Kraft ist $1\ \mathrm{N} = 1\ \mathrm{kg} \cdot 1\ \mathrm{m/s^2}$.

Auf Grund des Gesetzes $F = m \cdot a$ konstruiert man die kohärente Krafteinheit $[F] = [m] \cdot [a]$. Mit Hilfe der bereits festgelegten Einheiten 1 $\mathrm{m/s^2}$ und 1 kg ergibt sich $[F] = 1\ \mathrm{kg} \cdot 1\ \mathrm{m/s^2}$; man nennt sie 1 Newton (Kurzzeichen: 1 N). Das ist also diejenige Kraft, die einem materiellen Körper der (trägen) Masse 1 kg die Beschleunigung 1 $\mathrm{m/s^2}$ erteilt. In dieser Einheit 1 N werden von nun an alle Dynamometer geeicht. Für die Dimensionen gilt

$$\dim F = \dim m \cdot \dim a = \dim m \cdot \dim l \cdot (\dim t)^{-2}.$$

Früher hießen 9,81 N auch 1 kilopond (1 kp), das ist die Gewichtskraft von 1 kg.

Die Krafteinheit 1 N wurde früher 1 Großdyn genannt. Daneben wurde häufig verwendet 1 dyn = = 1 g $\mathrm{cm/s^2}$. Dabei ist:

$$1\ \mathrm{N} = 1\ \mathrm{kg} \cdot \frac{\mathrm{m}}{\mathrm{s^2}} = 1000\ \mathrm{g}\,\frac{100\ \mathrm{cm}}{\mathrm{s^2}} = 10^5\ \mathrm{g}\,\frac{\mathrm{cm}}{\mathrm{s^2}}$$

Experimentelle Prüfung der Gl. (1-16): Mit dem in 1.3.1.4 beschriebenen Wagen werden verschiedene Beschleunigungsversuche ausgeführt, wobei einmal die wirkende *Kraft F*, dann durch Anhängen von Zusatzkörpern die *Masse m* des Wagens geändert wird. Die folgende Tabelle enthält in Zeile 1 bis 4 Meßwerte, in Zeile 5 und 6 daraus ausgerechnete Größen. Der Vergleich von Zeile 5 mit Zeile 6 bestätigt quantitativ $a = F/m$. Das bedeutet insbesondere auch: n-fache Kraft bei n-facher Masse ergibt dieselbe Beschleunigung wie einfache Kraft an einfacher Masse.

Tabelle 7. Kraft = Masse mal Beschleunigung

F	0,25 N	1,0 N	0,5 N	0,25 N
m	2 kg	2 kg	1 kg	0,5 kg
s	1 m	1 m	1 m	1 m
t	4 s	2 s	2 s	2 s
F/m	0,125 N/kg	0,5 N/kg	0,5 N/kg	0,5 N/kg
$a = 2\,s/t^2$	0,125 m/s²	0,5 m/s²	0,5 m/s²	0,5 m/s²

1.3.1.7. Kraft und Zeit, Impuls, Impulserhaltung

F/L 1.2.6 u. 1.2.10

Der Impuls $\vec{p} = \int \vec{F} \cdot \mathrm{d}t$ ist ein Vektor (3 Komponenten). Er hängt, wie die Geschwindigkeit, von der Wahl des Bezugssystems ab. Umgekehrt ist $\vec{F} = \mathrm{d}\vec{p}/\mathrm{d}t$. Für den Impuls gilt ein Erhaltungssatz.

Definition. Wirkt eine Kraft $\vec{F}$ auf einen materiellen Körper während einer bestimmten Zeitdauer $t = t_2 - t_1$, so ändert er seinen *Impuls* $\vec{p}$ um

$$\overrightarrow{\Delta p} = \vec{p}_2 - \vec{p}_1 = \int_{t_1}^{t_2} \vec{F} \cdot \mathrm{d}t \qquad \text{(1-18)}$$

wo $\vec{F}$ eine Funktion der Zeit sein kann (vgl. Abb. 14a). Der Impuls ist also ein Vektor, der

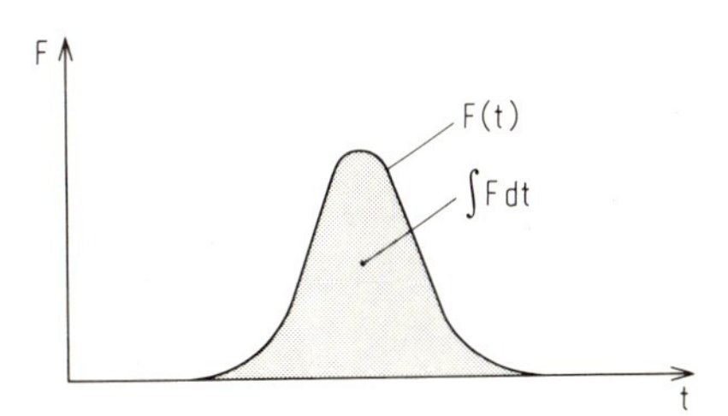

Abb. 14a. Impuls $p = \int F\,\mathrm{d}t$ bei zeitabhängiger Kraft. Die Funktion $F(t)$ ist durch die Randkurve gegeben. Die grau getönte Fläche entspricht dem Impuls. Nicht gezeichnet ist der Spezialfall F_0 = const. zwischen t_1 und t_2. In diesem Fall ist $\int F\,\mathrm{d}t = F_0 \cdot (t_2 - t_1)$. Dem entspricht im Diagramm die Fläche eines Rechtecks.

sich als Vektorsumme von infinitesimalen Vektoren $\vec{F}(t_i) \cdot (\mathrm{d}t)_i$ ergibt. Ist ein Körper relativ zu einem bestimmten Bezugssystem in Ruhe ($v = 0$), so hat er relativ zu diesem den Impuls $p = 0$. Der Impuls heißt engl. *momentum*.

Spezialfall. Es sei $\vec{F}$ nach Betrag und Richtung konstant und der Körper anfangs in Ruhe, dann gilt

$$\vec{p} = \vec{F} \cdot t \qquad \text{(1-18a)}$$

wobei $\vec{F}$ und $\vec{p}$ die gleiche Richtung haben.

Die kohärente Einheit des Impulses ergibt sich aus

$$[p] = [F] \cdot [t] = 1\ \mathrm{N\,s} = 1\ \mathrm{kg} \cdot \mathrm{m/s}$$

und seine Dimension aus

$$\dim p = \dim F \cdot \dim t$$

Setzt man $\vec{F} = m \cdot \mathrm{d}\vec{v}/\mathrm{d}t$ in (1-18) ein, so erhält man

$$\overrightarrow{\Delta p} = \vec{p}_2 - \vec{p}_1 = \int_{t_1}^{t_2} \vec{F} \cdot \mathrm{d}t = \int_{t_1}^{t_2} m \cdot \frac{\mathrm{d}\vec{v}}{\mathrm{d}t} \cdot \mathrm{d}t = \int_{\vec{v}_1}^{\vec{v}_2} m\,\mathrm{d}\vec{v} = m\vec{v}_2 - m\vec{v}_1 \qquad (1\text{-}19)$$

Dies gilt auch, wenn von $F = \mathrm{d}(mv)/\mathrm{d}t$ ausgegangen wird.
Ein Körper mit der Masse m, der die Geschwindigkeit $\vec{v}$ relativ zu einem Bezugssystem hat, hat den Impuls

$$\vec{p} = m\vec{v} \qquad (1\text{-}19\text{a})$$

relativ zu diesem Bezugssystem.

Mit Worten: Falls $\vec{v}_1 \parallel \vec{v}_2$, erhält man den zugeführten Impuls, indem man das Produkt aus der Masse des Körpers und der Differenz der End- und Anfangsgeschwindigkeit bildet.

Solange m konstant (unabhängig von v) ist, hat der Impuls gleiche Richtung wie die Geschwindigkeit. Diese Voraussetzung gilt bei $v \approx c$(vgl. 1.3.4.2) nicht mehr allgemein.

Aus (1-18) folgt

$$\vec{F} = \frac{\mathrm{d}\vec{p}}{\mathrm{d}t} \qquad (1\text{-}20)$$

Einsetzen von (1-19a) ergibt

$$\vec{F} = \frac{\mathrm{d}(\overrightarrow{mv})}{\mathrm{d}t} = m \cdot \frac{\mathrm{d}\vec{v}}{\mathrm{d}t} + \vec{v} \cdot \frac{\mathrm{d}m}{\mathrm{d}t} \qquad (1\text{-}20\text{a})$$

Diese Gleichung ist anzuwenden, wenn Geschwindigkeiten von der Größenordnung der Grenzgeschwindigkeit c auftreten. In diesem letzteren Fall ändert sich die Masse mit der Geschwindigkeit („relativistische Massenänderung", vgl. 6.1.6). Falls alle Geschwindigkeiten $v \ll c$ sind, entfällt das zweite Glied (außer bei der Rakete und ähnlichen Fällen, wo aus anderen als relativistischen Gründen eine Masseänderung auftritt).

$p = m \cdot v$ ist auch im relativistischen Bereich gültig, wo m merklich geschwindigkeitsabhängig ist.

Dann gilt allgemein $W_{\mathrm{kin}} = p^2/(m + m_0)$. Näheres in 6.1.6.

Mit Rücksicht auf 1.3.5 (Energie) und 1.3.8 (Wirkung) kann der Impuls auch ausgedrückt werden als Wirkung/Länge. Für die kohärente Einheit gilt auch $[p] = 1\ \mathrm{Ns} = 1\ \mathrm{Js/m}$.

Die Vektorsumme der einzelnen Impulse einer Gesamtheit physikalischer Objekte nennt man den Gesamtimpuls. Wirken zwischen den physikalischen Objekten einer Gesamtheit*) nur Kräfte innerhalb der Gesamtheit, nicht aber zwischen ihnen und der restlichen Umwelt, so nennt man die Gesamtheit abgeschlossen (z. B. Sonne und Planeten bilden in guter Näherung eine abgeschlossene Gesamtheit).

---

* Eine solche Gesamtheit wird oft auch ein „System" genannt, darf aber nicht mit dem Bezugssystem verwechselt werden.

Der *Impulserhaltungssatz* lautet: In einer abgeschlossenen Gesamtheit physikalischer Objekte bleibt der Gesamtimpuls nach Betrag und Richtung konstant, gleichviel, welche Kräfte *innerhalb* der Gesamtheit wirksam sind. Statt zu sagen, der Impuls bleibt konstant (ungeändert), sagt man auch, er bleibt „erhalten".

Der Impuls ist eine Vektorgröße. Er muß daher relativ zu einem Bezugssystem angegeben werden. Dieses kann ruhen oder geradlinig gleichförmig bewegt sein. Wenn der Impuls nach Betrag und Richtung erhalten wird, so bedeutet das Erhaltung für jede von drei aufeinander senkrechten Komponenten des Impulses. Der Impulserhaltungssatz liefert daher *drei* Bestimmungsgleichungen.

1.3.1.8. Impulserhaltung, Bestimmung eines Massenverhältnisses

Mit Hilfe des Impulserhaltungssatzes kann das Verhältnis der Massen zweier Körper (auch Elektronen, Lichtquanten, usw.) bestimmt werden.

Demonstration: Die beiden in 1.3.1.2 benutzten Wagen (Abb. 12) werden wieder mit zusammengehaltener, gespannter Feder verwendet. Bei Beginn des Versuches seien sie relativ zum Hörsaalboden in Ruhe. Wie in 1.3.1.2 betont, wirkt eine Kraft stets nach zwei entgegengesetzten Richtungen. Wird die Feder freigegeben, so wirkt auf den Wagen 1 die Kraft $\vec{F_1}$, auf den Wagen 2 die entgegengesetzt gleiche Kraft $\vec{F_2} = -\vec{F_1}$. Daher ist auch $\int \vec{F_2}\,dt = -\int \vec{F_1}\,dt$ und wegen (1-19 und 1-19a) $\vec{p_1} = -\vec{p_2}$, mit $\vec{p_1} = m\vec{v_1}$ und $\vec{p_2} = m\vec{v_2}$.

Mit anderen Worten: Die beiden Wagen erhalten entgegengesetzt gleiche Impulse. Vor dem Wirken der Kräfte war der Gesamtimpuls des aus beiden Wagen bestehenden Systems Null. Auch nach dem Wirken der Kräfte ist $\vec{p_1} + \vec{p_2} = 0$.

Die beiden Wagen fahren mit entgegengesetzt gleichen Impulsen auseinander, wobei

$$m_1\vec{v_1} + m_2\vec{v_2} = 0 \qquad (1\text{-}21)$$

ist.

1. Fall $m_1 = m_2$, dann ist $\vec{v_2} = -\vec{v_1}$

2. Fall $m_1 \neq m_2$, dann gilt $m_1 v_2 = -m_2 v_2$ oder $\frac{m_1}{m_2} = \frac{v_2}{v_1}$

Aus dem meßbaren Verhältnis der Geschwindigkeiten $v_2 : v_1$ kann man das Massenverhältnis $m_1 : m_2$ bestimmen.*)

Dies ist ein universell gültiges Verfahren, um das Verhältnis zweier Massen zu ermitteln. Es ist auch dann noch korrekt, wenn dabei Geschwindigkeiten von der Größenordnung der Lichtgeschwindigkeit auftreten.

Beispiel zu 1. $m_1 = m_2 = 10$ kg. Mit der um 14 cm gespannten Feder erhalten die beiden Wagen jeweils eine Geschwindigkeit vom Betrag 0,71 m/s. Jeder der beiden Wagen hat dann einen Impuls vom Betrag 7,1 kg m/s.

Beispiel zu 2. $m_1 = 10$ kg, $m_2 = 40$ kg (durch Aufsetzen von 30 kg auf den zweiten Wagen). Man beobachtet $v_1 = 0{,}9$ m/s, $v_2 = 0{,}22$ m/s. In Übereinstimmung mit (1-21) ist also innerhalb der Meßgenauigkeit $v_1/v_2 = 4/1$.

---

* Das Verfahren von 1.3.1.5 ist bei großen Geschwindigkeiten ($v \approx c$) nicht mehr verwendbar, bei kleinen Geschwindigkeiten ($v \ll c$) liefert es dasselbe Ergebnis wie (1-21).

1.3.2. Gravitation

1.3.2.1. Gravitationsladung (schwere Masse), Gravitationsfeldstärke, Gewichtskraft

Gewichtskraft F, Gravitationsladung m_s und Gravitationsfeldstärke H_g hängen durch die Gleichung $F = m_s \cdot H_g$ zusammen.

Alle materiellen Körper sind auf der Erde einer zum Erdmittelpunkt gerichteten Kraft F unterworfen (Schwerkraft). Sie rührt daher, daß am Ort des Körpers eine Gravitationsfeldstärke H_g herrscht und daß jeder materielle Körper eine Gravitationsladung m_s („schwere Masse") besitzt. Die Gravitationsladung ist eine neue Ausgangsgröße (Basisgröße).

Als Einheit der Gravitationsladung wird „1 Kilogramm-schwer" (Kurzzeichen 1 kg_s) festgesetzt. Das ist die Gravitationsladung des Normalklotzes in Paris, der gleichzeitig als Prototyp für die Masse 1 kg dient. 1 kg_s ist eine weitere Ausgangseinheit (Basiseinheit), dim m_s eine weitere Basisdimension. Über die Unterscheidung von m und m_s siehe S. 32, Fußnote und 9.6.

Die zum Erdmittelpunkt gerichtete Schwerkraft heißt Gewichtskraft (früher Gewicht). Mit dem in 1.3.1.6 in Newton geeichten Dynamometer läßt sich die Gewichtskraft eines Körpers der Gravitationsladung 1 kg_s bestimmen. Man findet an der Erdoberfläche 9,81 N. (Über den Einfluß der Erddrehung vgl. unten.)

Die Kraft 9,81 N wurde früher 1 Kilopond (1 kp) genannt. Die Verwendung von kp ist nach dem Einheitengesetz nicht mehr zulässig.

Definition: Der Quotient Gewichtskraft F/Gravitationsladung m_s heißt Gravitationsfeldstärke H_g.

$$H_g = \frac{F}{m_s} \tag{1-22}$$

Ihre kohärente Einheit ist

$$[H_g] = \frac{[F]}{[m_s]} = \frac{1\ \mathrm{N}}{1\ \mathrm{kg_s}} = 1\ \frac{\mathrm{N}}{\mathrm{kg_s}}$$

Ihre Dimension

$$\dim H_g = \frac{\dim F}{\dim m_s}$$

Ganz analog ist in 4.2.1 der Zusammenhang zwischen elektrischer Ladung, elektrischer Feldstärke und Kraft. Die Gravitationsfeldstärke hängt etwas von der geographischen Breite ab (vgl. 1.3.2.4). Sie scheint an der Erdoberfläche 9,81 N/kg_s zu betragen. In Wirklichkeit ist sie 9,83 N/kg_s. Denn neben der Gewichtskraft wirkt auf einen materiellen Körper infolge der Erddrehung eine, von der geographischen Breite φ abhängige Zentrifugalkraft (vgl. 1.3.2.4). Unter $\varphi = 50°$ erscheint durch sie die Gravitationsfeldstärke effektiv um $-0{,}02$ N/kg_s verändert.

Aus Messungen z. B. mit künstlichen Satelliten kann man ableiten, daß die Gravitationsfeldstärke der Erde mit der Entfernung vom Erdmittelpunkt abnimmt, und zwar außerhalb der Erdoberfläche proportional $1/r^2$. Im doppelten Abstand vom Erdmittelpunkt, das ist 6400 km über der Erdoberfläche, beträgt sie $1/4 \cdot 9{,}83$ N/kg$_s$, am Ort der Mondbahn $1^2/60^2 \cdot \cdot 9{,}83$ N/kg$_s$ = 0,00272 N/kg$_s$, da die Entfernung des Mondes rund 60 Erdradien (rund 384000 km) beträgt. An der Oberfläche des Mondes wirkt außerdem eine, von der Gravitationsladung des Mondes herrührende Gravitationsfeldstärke, die sich zu der von der Erde herrührenden vektoriell addiert. Auch umgekehrt macht sich eine Gravitationsfeldstärke des Mondes an der Erde geltend. Die Differenz im Betrag dieser beiden Werte der Feldstärke auf Vorderseite und Rückseite der Erde (vom Mond aus betrachtet) bewirkt die Gezeiten der Meere. Über vektorielle Addition vgl. 1.3.3.3.

Die Gravitationsfeldstärke an der Oberfläche der Sonne ist 28 mal so stark wie an der Erdoberfläche.

1.3.2.2. Träge Masse und Gravitationsladung

Masse und Gravitationsladung sind einander proportional. Die Proportionalitätskonstante hat einen universellen Wert.

Die Bestimmung einer (trägen) Masse m erfordert gemäß 1.3.1.5 eine *Beschleunigungsmessung*, die Bestimmung einer Gravitationsladung (schweren Masse) erfordert gemäß 1.3.2.1 eine (statische) *Kraftmessung im Schwerefeld* (eine „Wägung"). Experimentell findet man: Ein Körper mit n-facher träger Masse hat n-faches Gewicht, also auch n-fache Gravitationsladung; es gilt also das

Naturgesetz: Träge Masse und Gravitationsladung („schwere Masse") *sind einander proportional.* Bessel und Eötvös fanden experimentell: Der Proportionalitätsfaktor m/m_s hat einen universellen, von der chemischen Zusammensetzung des Körpers auf $1 : 10^{-8}$ unabhängigen universellen Wert. Neuerdings wurde von Dicke die Genauigkeit dieser Aussage auf $1 : 10^{-11}$ gesteigert. Bei der hier getroffenen Festlegung der Ausgangseinheiten gilt also

$$m/m_s = (1 \pm 10^{-11})\ \mathrm{kg/kg_s}. \tag{1-23}$$

Auch die (träge) Masse, die nach 6.1.4 oder 6.2.3 einer kinetischen oder sonstigen Energie zukommt, ist mit einer Gravitationsladung verbunden. Es gilt derselbe Proportionalitätsfaktor wie nach (1-23).

Gemäß (1-23) kann man also aus der Gravitationsladung eines Körpers auf seine (träge) Masse schließen und umgekehrt.*)

Weil (träge) Masse und Gravitationsladung einander proportional sind, folgt auch: Am selben Ort, also bei derselben Gravitationsfeldstärke, fallen alle Körper (im Vakuum, d. h. bei Ausschaltung des Luftwiderstandes) mit der gleichen Beschleunigung. Man kann dies aufgrund bereits besprochener Tatsachen leicht einsehen. Es gilt:

$$F = m_s \cdot H_g = m \cdot g \tag{1-24}$$

* In manchen Physikbüchern wird zwischen m und m_s nicht unterschieden, insbesondere wenn ausschließlich mit Zahlenwerten gerechnet wird. Masse und Gravitationsladung sind aber begrifflich voneinander verschieden. (1-23) ist nicht selbstverständlich, sondern ein Naturgesetz, es mußte einmal festgestellt und experimentell überprüft werden. Eine Äußerung dazu von A. Einstein ist im Originalwortlaut in 9.6 zitiert.

Man findet, daß die Fallbeschleunigung $g = m_s/m \cdot H_g$ für alle Körper denselben Wert hat. Daraus kann man schließen, daß auch der Quotient $m_s/m = 1\ kg_s/kg$ für beliebige Körper denselben Wert hat *und umgekehrt*.

1.3.2.3. Gravitationsfeld eines materiellen Körpers, Gravitationskonstante *F/L 1.3.1*

Jeder materielle Körper (jede Gravitationsladung) erzeugt in seiner Umgebung ein Gravitationsfeld.

Die Gravitationsfeldstärke H_g in der Umgebung eines materiellen Körpers der Gravitationsladung M_s ist umgekehrt proportional zum Quadrat des Abstands vom Körper. Es gilt

$$\vec{H}_g = f' \cdot \frac{M_s}{r^2} \cdot \frac{-\vec{r}}{|\vec{r}|} = 4\,\pi f' \cdot \frac{M_s}{4\pi\, r^2} \cdot \frac{-\vec{r}}{|\vec{r}|} \qquad (1\text{-}25)$$

Der Proportionalitätsfaktor f' ist eine universelle Konstante, sie wird Gravitationskonstante genannt*). Ihr Wert wird unten angegeben. $(-\vec{r}/|\vec{r}|)$ hat den Betrag 1 und beschreibt die Richtung des Feldstärkevektors (vgl. dazu 1.3.3.1 Vektoren).

In dieser einfachen Form gilt (1-25) füreinen kugelförmigen einheitlichen Körper. Jeder andere läßtsich in kleine Teile zerlegen; deren Wirkungen überlagern sich. Dann ergibt sich H_g an einem bestimmten Ort als Vektorsumme der Beträge, die von den kleinenTeilen herrühren. Bei einer Kugelschale mit dem Radius r_0 und auch für eine Vollkugel mit gleichmäßiger Massenverteilung verhält sich das Gravitationsfeld außerhalb, d. h. für $r \geq r_0$ gerade so, als ob die gesamte Gravitationsladung im Mittelpunkt vereinigt wäre. Diese Tatsache wird z. B. im unten stehenden Beispiel und in 1.3.2.4 ausgenützt.

Bringt man an einen Ort mit der Gravitationsfeldstärke H_g (erzeugt von der Gravitationsladung M_s) einen (anderen) Körper der Gravitationsladung m_s, so entsteht nach 1.3.2.1 die Kraft

$$\vec{F} = m_s \cdot \vec{H}_g$$

Durch Einsetzen von $\vec{H}_g$ folgt das Gravitationsgesetz:

$$\vec{F} = m_s \cdot f' \cdot \frac{M_s}{r^2} \cdot \frac{-\vec{r}}{|\vec{r}|} = f' \cdot \frac{m_s \cdot M_s}{r^2} \cdot \frac{-\vec{r}}{|\vec{r}|} \qquad (1\text{-}26)$$

Bezieht man sich auf ein mit M_s verbundenes Bezugssystem, dann ist F zur Gravitationsladung M_s hin gerichtet.

Nach (1-26) üben also zwei beliebige materielle Körper (Bleiklötze, Felsbrocken) eine – wenn auch schwache – anziehende Kraft aufeinander aus. Diese läßt sich im Laboratorium mit einer Drehwaage (Gravitationswaage) nachweisen (Schwingungsdauer z. B. 6 min). Man kann damit f' bestimmen.

---

* Aus systematischen Gründen wäre es besser $4\pi f' = f$ zu verwenden. Wichtig ist nur die Unterscheidung von f und f' im Formelzeichen. Die Analogie zum Coulombschen Gesetz (4.2.7.5) würde noch besser hergestellt, wenn $1/(\varphi \cdot 4\pi) = f'$ eingeführt würde, mit $\varphi = 1/(f' \cdot 4\pi) = 1/(4\pi \cdot 6{,}68 \cdot 10^{-11})\ kg_s \cdot kg_s/(J \cdot m) = 1{,}192 \cdot 10^9\ kg_s \cdot kg_s/(J \cdot m)$. Als Formelzeichen der Gravitationskonstanten wird neuerdings G empfohlen anstelle von hier f'.

Präzisionsmessungen ergeben

$$f' = 6{,}67 \cdot 10^{-11} \frac{\mathrm{m^3\,kg}}{\mathrm{s^2\,(kg_s)^2}} = 6{,}67 \cdot 10^{-11} \frac{\mathrm{N\,m^2}}{\mathrm{(kg_s)^2}} \tag{1-27}$$

Dann wird die (ungebräuchliche) Größe $f = 4\pi f' = 0{,}84 \cdot 10^{-9}\ \mathrm{N\,m^2/(kg_s)^2}$.

Beispiel einer Bestimmung von f'. Zwei kleine Bleikugeln (träge Masse je 10 g, Gravitationsladung je 10 g_s) befinden sich an zwei 0,025 m langen, in verschiedener Höhe angebrachten Seitenarmen eines vertikalen, an einem Faden drehbar aufgehängten Stabes (vgl. Abb. 15). Am Stab ist ein Spiegel befestigt. An diesem wird ein Lichtstrahl reflektiert und dieser dient als Zeiger (Lichtzeiger). Damit wird die Bewegung des Stabes und damit der kleinen Kugeln vergrößert sichtbar gemacht. Mit dem Lichtzeiger von z. B. 8 m Länge wird die Bewegung im Verhältnis 2 · 8 m/0,025 m = 640/1 vergrößert. Der Faktor 2 kommt herein, weil der reflektierte Strahl um den doppelten Drehwinkel abgelenkt wird. Stellt man den kleinen Bleikugeln jeweils eine große Bleikugel mit $M_s = 10\ \mathrm{kg_s}$ im Mittelpunktsabstand 0,09 m gegenüber, so führen die kleinen Kugeln zunächst eine gleichförmig beschleunigte Bewegung gegen die großen aus. Nach 1 min hat der Lichtzeiger 0,1 m zurückgelegt, die kleinen Kugeln 1/640 davon. Die Beschleunigung der kleinen Kugeln im Gravitationsfeld der großen beträgt nach (1-12a) also

$$a = \frac{2s}{t^2} = \frac{1}{640} \cdot \frac{2 \cdot 0{,}1\ \mathrm{m}}{(60\ \mathrm{s})^2} = 0{,}0865 \cdot 10^{-6}\ \frac{\mathrm{m}}{\mathrm{s^2}}$$

Für den Betrag der Kraft gilt:

$$m \cdot a = F = f' \cdot \frac{m_s \cdot M_s}{r^2} \tag{1-28}$$

also ergibt sich für die Gravitationskonstante

$$f' = a \cdot \frac{m}{m_s} \cdot \frac{r^2}{M_s} = 0{,}0865 \cdot 10^{-6} \cdot \frac{\mathrm{m}}{\mathrm{s^2}} \cdot \frac{0{,}01\ \mathrm{kg}}{0{,}01\ \mathrm{kg_s}} \cdot \frac{(0{,}09\ \mathrm{m})^2}{10\ \mathrm{kg_s}} = 7 \cdot 10^{-11} \frac{\mathrm{m^3 \cdot kg}}{\mathrm{s^2 \cdot (kg_s)^2}} \tag{1-28a}$$

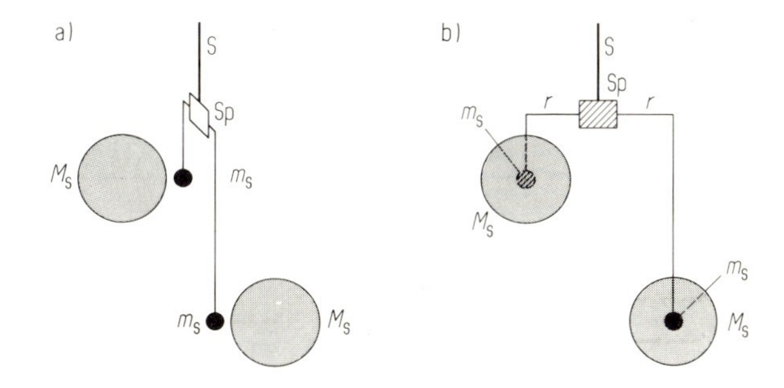

Abb. 15. Gravitationsdrehwaage (schematisch)
a) Von der Seite. Sp: Spiegel
b) Von vorn.
Die großen Pb-Kugeln mit $M_s = 10\ \mathrm{kg_s}$ grau getönt, die kleinen Kugeln an den Seitenarmen mit je $m_s = 10\ \mathrm{g_s}$ schwarz ausgefüllt bzw. gestrichelt, wenn verdeckt. Das Drehsystem („Drehwaage") hängt an einem dünnen Faden S, der bei der Bewegung der kleinen Kugeln (nach vorn bzw. hinten) verdrillt wird.

1.3.2.4. Masse der Erde

Bei bekannter Gravitationskonstante kann man aus der Gravitationsfeldstärke an der Erdoberfläche die Gravitationsladung M_s der Erde und nach 1.3.2.2 auch deren (träge) Masse M bestimmen.

Die Erde ist näherungsweise eine Vollkugel mit kugelsymmetrischer Massenverteilung. Hier ist 1.3.2.3 anwendbar. Für die Gravitationsfeldstärke an der Erdoberfläche gilt

$$9{,}81 \frac{\mathrm{N}}{\mathrm{kg_s}} = H_g = f' \cdot \frac{M_s}{r_0^2} \qquad \text{(1-29)}$$

mit $r_0 = 40\,000\ \mathrm{km} \cdot 1/2\pi = 6400\ \mathrm{km}$. Aus dieser Beziehung läßt sich die Gravitationsladung der Erde entnehmen zu

$$M_s = \frac{H_g \cdot r_0^2}{f'} = \frac{9{,}81 \frac{\mathrm{N}}{\mathrm{kg_s}} \cdot (6{,}4 \cdot 10^6\ \mathrm{m})^2}{6{,}68 \cdot 10^{-11}\ \mathrm{N\ m^2/kg_s^2}} = 6{,}0 \cdot 10^{24}\ \mathrm{kg_s}$$

Die Erde ist nicht genau kugelförmig, vielmehr verhalten sich die Erdradien zum Pol und zum Äquator etwa wie 300 : 301 (abgeplattetes Rotationsellipsoid). Daher hängt die Gravitationsfeldstärke H_g an der Oberfläche der Erde, wie schon in 1.3.2.1 erwähnt, etwas von der geographischen Breite ab. Die Gravitationskraft (also Gravitationsfeldstärke mal Gravitationsladung M_s), die von der Erde ausgeübt wird, nennt man Gewichtskraft.

Tabelle 8. Größenordnungen von Massenwerten.

	träge Masse	Gravitationsladung
Sonne	$2{,}0 \cdot 10^{30}$ kg	$2{,}0 \cdot 10^{30}\ \mathrm{kg_s}$
Erde	$6{,}0 \cdot 10^{24}$ kg	$6{,}0 \cdot 10^{24}\ \mathrm{kg_s}$
1 Liter Wasser	1 kg	$1\ \mathrm{kg_s}$
H-Atom	$1{,}67 \cdot 10^{-27}$ kg	$1{,}67 \cdot 10^{-27}\ \mathrm{kg_s}$

Das Verhältnis zwischen der Masse eines Wasserstoffatoms und der Masse von rund 30 Liter Wasser ist etwa ebenso groß, wie das Verhältnis zwischen der Masse von 30 Liter Wasser und der Masse der Sonne.

1.3.3. Richtungsabhängige Größen

1.3.3.1. Skalare, Vektoren, Tensoren

Die mathematischen Begriffe Skalar, Vektor, Tensor spielen in der Physik eine wichtige Rolle.

Skalare sind durch eine einzige Angabe bestimmt, z. B. Zahlen. Skalare physikalische Größen lassen sich nur dann addieren und subtrahieren, wenn sie außerdem zur selben physikalischen Dimension gehören. Skalare sind *unabhängig* von der Wahl des Bezugssystems.

Tensoren 1. Stufe nennt man *Vektoren*. Sie sind festgelegt durch einen *Betrag* und eine *Richtung*. Wie schon in 1.2.2.1 erwähnt, werden Vektoren durch Formelzeichen mit einem Pfeil darüber (oder auch durch Frakturbuchstaben) bezeichnet, wenn Betrag *und* Richtung ausgedrückt werden sollen. In diesem Buch werden aus systematischen Gründen Formelzeichen mit Pfeil bevorzugt. Der *Betrag* allein wird bezeichnet, indem man das Formelzeichen der Vektorgröße *ohne Pfeil* verwendet oder das Formelzeichen zwischen vertikale Striche („Absolutstriche") einschließt, z. B. v oder $|\vec{v}|$ oder $|\mathfrak{v}|$. Wenn es die Deutlichkeit erfordert, ist die Schreibweise $|\vec{v}|$ zweckmäßig. Der Betrag des Vektors verhält sich weitgehend wie eine skalare Größe.

Auch physikalische Vektorgrößen lassen sich nur dann addieren und subtrahieren, wenn sie derselben physikalischen Dimension angehören (über Dimension vgl. 9.1.1.).

Ein Vektor $\vec{X}$ läßt sich als Linearkombination aus Basisvektoren) ($\vec{e}_1$, $\vec{e}_2$, $\vec{e}_3$) ausdrücken:

$$\vec{x}=\sum_{i=1}^{3} x_i \cdot \vec{e}_i = x_1 \cdot \vec{e}_1 + x_2 \cdot \vec{e}_2 + x_3 \cdot \vec{e}_3$$

Anteile, in die der Vektor $\vec{x}$ zerlegt wird, hier die Produkte $x_i . \vec{e}_i$ heißen Komponenten des Vektors. Die Summe von Vektoren wird auch Resultante dieser Vektoren genannt. Die x_i heißen Koordinaten (relativ zu den gewählten Basisvektoren).

Vektoren $\vec{x}$, $\vec{y}$, $\vec{z}$, deren Koordinaten zu denselben Basisvektoren $\vec{e}_1$, $\vec{e}_2$, $\vec{e}_3$ gegeben sind, lassen sich addieren, indem man die entsprechenden Koordinaten addiert und jeweils mit den entsprechenden Basisvektoren multipliziert.

Ein *Tensor* zweiter Stufe T_{ij} ist im dreidimensionalen Raum durch 9 Koordinaten festgelegt, nämlich

$$\begin{matrix} \mathrm{T}_{11} & \mathrm{T}_{12} & \mathrm{T}_{13} \\ \mathrm{T}_{21} & \mathrm{T}_{22} & \mathrm{T}_{23} \\ \mathrm{T}_{31} & \mathrm{T}_{32} & \mathrm{T}_{33} \end{matrix}$$

Es gibt zwei Spezialfälle: Symmetrische Tensoren sind solche, bei denen $\mathrm{T}_{\mathrm{ij}} = \mathrm{T}_{\mathrm{ji}}$ ist, schiefsymmetrische (antisymmetrische) sind solche, bei denen $\mathrm{T}_{\mathrm{ij}} = -\mathrm{T}_{\mathrm{ji}}$ ist; in diesem Fall sind auch alle $\mathrm{T}_{\mathrm{ii}} = 0$ (Näheres in 9.4). Ein Tensor 2. Stufe tritt z. B. auf, wenn man einen Vektor als Linearfunktion eines anderen Vektors ausdrückt. Für die Koordinaten gilt dann

$$x_{\mathrm{i}} = \sum_{\mathrm{j}=1}^{3} \mathrm{T}_{\mathrm{ij}} y_{\mathrm{j}} \quad \text{oder symbolisch} \quad \vec{x} = \mathrm{T} \cdot \vec{y}$$

Dabei bezeichnet T einen Tensor. Man sagt auch, der Tensor T wird auf den Vektor $\vec{y}$ angewendet.

Beispiel. Zusammenhang zwischen Drehimpuls $\vec{L}$ und Winkelgeschwindigkeit $\vec{\omega}$, nämlich $\vec{L} = J \cdot \vec{\omega}$, vgl. 1.4.3.1.

---

* Basisvektoren müssen untereinander linear unabhängig sein, brauchen aber nicht senkrecht aufeinander zu stehen.

Anwendung auf die Physik. Physikalische Größen können Skalare, oder Vektoren, oder Tensoren sein.

Skalare sind z.B. die Zahlen, ferner physikalische Größen wie Wirkung, el. Ladung (nur bei dreidimensionaler nichtrelativistischer Beschreibung auch Energie, Ruhemasse).

Vektoren (Tensoren 1. Stufe) sind z. B. orientierte Strecke, Geschwindigkeit, Beschleunigung, Kraft u.a. In Zeichnungen werden sie durch Pfeile dargestellt.

Tensoren 2. Stufe
a) symmetrische Tensoren, Beispiel Trägheitsmoment (1.4.2)
b) schiefsymmetrische Tensoren (orientiertes Flächenstück = Flächenstück mit Umlaufsinn), Beispiel Drehmoment (1.4.1), vgl. auch 9.4.1 und 2.

Schiefsymmetrische Tensoren werden häufig durch einen auf dem Flächenstück orthogonalen Vektor gekennzeichnet, der als hohler Pfeil gezeichnet wird.

Skalare addieren sich wie Zahlen, Vektoren addieren und subtrahieren sich wie Pfeile (geometrische Addition). Abb. 16 zeigt die Addition mehrerer Vektoren (Streckenpolygon, „Vektorsumme"), siehe auch Abb. 142, S. 176.

1.3.3.2. Skalares Produkt, äußeres Produkt, Vektorprodukt

Bei Vektoren führt man drei Arten von Produkten ein:
das sog. Skalarprodukt: Vektor „mal" Vektor liefert Skalar
das sog. äußere Produkt (Dachprodukt): Vektor „mal" Vektor liefert Bivektor
das sog. Vektorprodukt: Vektor „mal" Vektor liefert Vektor.

Man unterscheidet folgende Arten von Produkten:

Tabelle 9. Produkte von Vektoren.

Benennung	Formelzeichen	Darstellung	Ergebnis	Spiegelungsfaktor
Skalarprodukt	$\vec{a} \cdot \vec{b} = \vec{b} \cdot \vec{a}$	$\vec{b}$ $\vec{a}$ b'	Skalar $\vec{a} \cdot \vec{b} = ab \cos(\vec{a}, \vec{b})$	+1
Dachprodukt	$\vec{a} \wedge \vec{b} = -\vec{b} \wedge \vec{a}$	$\vec{b}$ $\vec{a}$	orientiertes Flächenstück mit Umlaufsinn	+1
Vektorprodukt	$\vec{c} = \vec{a} \times \vec{b} = -\vec{b} \times \vec{a}$	$\vec{c}$ $\vec{b}$ $\vec{a}$	Vektor $\vec{c} \perp \vec{a}$ und $\perp \vec{b}$	−1

Unter dem *skalaren Produkt* (Skalarprodukt, inneren Produkt) zweier Vektoren $\vec{a}$ und $\vec{b}$ versteht man die skalare Größe

$$\vec{a} \cdot \vec{b} = |\vec{a}| \cdot |\vec{b}| \cdot \cos(\vec{a}, \vec{b}), \quad \text{(gesprochen: } a \text{ mal } b\text{)} \tag{1-31}$$

Das bedeutet: Betrag des einen Vektors mal Betrag der Projektion des zweiten Vektors auf den ersten oder umgekehrt.

Das skalare Produkt ist kommutativ, d.h. es gilt $\vec{a} \cdot \vec{b} = \vec{b} \cdot \vec{a}$, weil $\cos(\vec{a}, \vec{b}) = \cos(\vec{b}, \vec{a})$ ist.

Das äußere Produkt (Dachprodukt). Die Vektoren $\vec{a}$, $\vec{b}$, die nicht orthogonal zueinander zu sein brauchen, spannen eine orientierte Fläche auf (einen „Bivektor"). Orientiert heißt: Auch die *Reihenfolge* der Faktoren *wird bewertet* und dadurch ein Umlaufsinn festgelegt. Die orientierte Fläche wird gekennzeichnet durch das äußere Produkt (Dachprodukt) $\vec{a} \wedge \vec{b}$ (gesprochen: a Dach b). Es ist antikommutativ, d. h. es gilt $\vec{a} \wedge \vec{b} = -\vec{b} \wedge \vec{a}$. Das äußere Produkt $\vec{b} \wedge \vec{a}$ bezeichnet eine Fläche mit umgekehrtem Umlaufsinn wie $\vec{a} \wedge \vec{b}$. Das äußere Produkt ist ein schiefsymmetrischer Tensor (weiteres vgl. 9.4.1 und 2).

Das Vektorprodukt. Senkrecht auf dieser Fläche kann man einen *Orthogonalvektor* $\vec{c}$ errichten, man nennt ihn das Vektorprodukt $\vec{a} \times \vec{b}$ (Gesprochen: a Kreuz b) und versteht darunter

$$\vec{c} = \vec{a} \times \vec{b} \tag{1-32}$$

Das ist ein Vektor mit hohlem Pfeil.

1. mit dem Betrag $|\vec{c}| = |\vec{a}| \cdot |\vec{b}| \cdot \sin(\vec{a}, \vec{b})$
2. mit einer Richtung, die senkrecht auf der von $\vec{a}$ und $\vec{b}$ aufgespannten Ebene steht.
3. Die positive Richtung von $\vec{c}$ wird durch folgende Verabredung festgelegt: Die rechte Hand wird mit ausgestreckten Fingern in Richtung von $\vec{a}$ gelegt, die abgekrümmten Finger in Richtung von $\vec{b}$, dann gibt der abgespreizte Daumen die positive Richtung von $\vec{c}$ an („rechtshändige" Zuordnung des Vektorproduktes zum äußeren Produkt, *Rechte-Hand-Regel*).

Das Vektorprodukt ist antikommutativ. Es gilt $\vec{a} \times \vec{b} = -\vec{b} \times \vec{a}$, da $\sin(\vec{a}, \vec{b}) = -\sin(\vec{b}, \vec{a})$ ist.

Beachte. Wenn $\vec{a} \parallel \vec{b}$, so ist $\vec{a} \cdot \vec{b} = |\vec{a}| \cdot |\vec{b}|$

$$\vec{a} \times \vec{b} = 0$$

Wenn $\vec{a} \perp \vec{b}$, so ist $\vec{a} \cdot \vec{b} = 0$

$$|\vec{a} \times \vec{b}| = |\vec{a}| \cdot |\vec{b}|$$

Wenn die Richtung aller Basisvektoren umgekehrt wird (Spiegelung am Nullpunkt des Koordinatensystems), kehren die Koordinaten eines Vektors, also auch die des Vektorproduktes, ihr Vorzeichen um („Spiegelungsfaktor": -1). Das äußere Produkt hat den Spiegelungsfaktor $+1$. Er entsteht aus $(-1) \cdot (-1) = +1$. Auch das skalare Produkt hat den Spiegelungsfaktor $+1$.

Die äußere Multiplikation ist *assoziativ*, d. h. man darf mehrere Faktoren beliebig zusammenklammern. Das äußere Produkt mehrerer Faktoren (Vektoren) wird 0, z. B. wenn zwei oder mehrere der Faktoren übereinstimmen oder zueinander parallel sind, allgemein wenn sie voneinander linear abhängig sind.

Im Unterschied zum äußeren Produkt ist das Vektorprodukt *nicht* assoziativ, ebenso das skalare Produkt.

Beispiel. $(\vec{e_1} \times \vec{e_1}) \times \vec{e_2} = 0$, dagegen $\vec{e_1} \times (\vec{e_1} \times \vec{e_2}) = \vec{e_2}$.
Deshalb ist der Name Produkt eigentlich nicht berechtigt. Manche Mathematiker nennen daher das Vektorprodukt äußere Komposition, das Skalarprodukt innere Komposition.

Orientierung. Wenn in einem physikalischen Zusammenhang zwei oder drei Vektoren vorkommen, muß häufig auch deren Reihenfolge betrachtet werden.

Zwei Vektoren 1 und 2 spannen eine Ebene auf. Dabei gibt es zwei „Orientierungen", nämlich 1, 2 und 2, 1. Hier bedeutet „Orientierung" die *Reihenfolge* der Vektoren und damit auch den *Umlaufsinn* der aufgespannten Fläche.

Drei nichtkomplanare Vektoren 1, 2, 3 spannen ein Dreibein auf. Es gibt ebenfalls zwei Orientierungen, nämlich

einerseits 1, 2, 3 und zyklisch: 2, 3, 1 und 3, 1, 2,
andererseits 1, 3, 2 und zyklisch: 3, 2, 1 und 2, 1, 3.

Die erste dieser Orientierungen ist charakterisiert durch die drei Finger (1, 2, 3) der rechten Hand („rechtshändiges System"), die zweite durch die Finger (1, 3, 2) der rechten Hand, oder die Finger (1, 2, 3) der linken Hand („linkshändiges System").

1.3.3.3. Vektoraddition bei physikalischen Größen *F/L 1.1.5 u. 1.1.6*

Geschwindigkeit und Kraft sind Vektorgrößen.

Vektoren (Vektorgrößen) addieren sich wie Pfeile. Vektorgrößen müssen relativ zu einem Bezugssystem angegeben werden. Die Geschwindigkeit ist ein Beispiel einer Vektorgröße.

Demonstration. Die Vektoraddition von *Geschwindigkeiten* läßt sich mit einer vertikal verschiebbaren Tafel vorführen. Man kann bei ruhender Tafel z. B. 2 Sekunden lang mit einer bestimmten Geschwindigkeit an der Tafelentlang schreiten und einen Strich ziehen (horizontaler Pfeil). Man kann auch bei ruhender Kreide die Tafel 2 Sekunden lang mit konstanter Geschwindigkeit nach unten verschieben (vertikaler Pfeil).

Werden beide Bewegungen gleichzeitig ausgeführt, so entsteht auf der Tafel ein Pfeil, der die Geschwindigkeit der Kreide relativ zur Tafel angibt (Vektorsumme der beiden Geschwindigkeiten) (s.Abb. 16c).

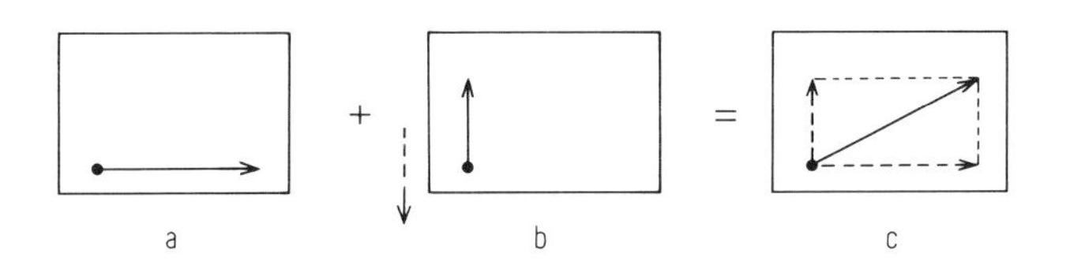

Abb. 16: Addition von Geschwindigkeiten.
Geschwindigkeit der Kreide relativ zur Tafel ausgezogen.
a) Tafel fest, Kreide nach rechts bewegt,
b) Kreide fest, Tafel nach unten bewegt,
c) beide Bewegungen zusammen ergeben die gezeichnete Bewegung der Kreide relativ zur Tafel.

Beachte. Das Vorzeichen der Geschwindigkeit hängt vom Bezugssystem ab. Die Vertikalgeschwindigkeit der Kreide relativ zur Tafel hat entgegengesetztes Vorzeichen wie die Geschwindigkeit der Tafel relativ zur Kreide.

Kräfte sind ebenfalls Vektoren. Für sie gilt die Vektoraddition wie oben. Ihre Addition zeigt Abb. 17 mit drei Dynamometern. Die Summe der drei Kräfte ergibt Null. Man sagt dann, die drei Kräfte sind im Gleichgewicht. Dabei ist die Vektorsumme von jeweils zwei Kräften der dritten Kraft entgegengesetzt gleich.

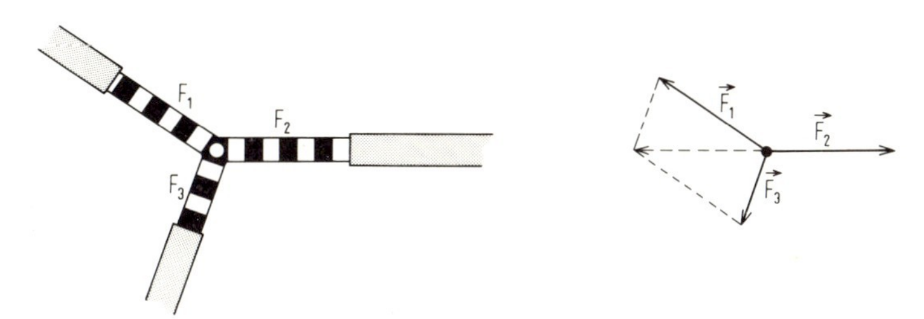

Abb. 17. Addition von Kräften (in einer Ebene).
Gleichgewicht herrscht, wenn $\sum_i \vec{F_i} = 0$, also $-\vec{F_1} = \vec{F_2} + \vec{F_3}$; $-\vec{F_2} = \vec{F_1} + \vec{F_3}$; $-\vec{F_3} = \vec{F_1} + \vec{F_2}$.
Rechts ist der Fall $-F_2 = \ldots$ dargestellt.

Ganz allgemein herrscht *Gleichgewicht,* wenn die *Vektorsumme* aller wirkenden Kräfte gleich Null ist, in Formelzeichen, wenn

$$\sum_i \vec{F_i} = 0 \tag{1-33}$$

Andernfalls müßte ein Körper, an dem diese Kräfte bzw. die Summe der Kräfte angreifen, eine beschleunigte Bewegung ausführen.

Nach 1.3.3.1 läßt sich jeder Vektor *zerlegen* in beliebig viele, beliebig gerichtete Komponenten (also Vektoren), die nur die Bedingung erfüllen müssen, daß ihre Vektorsumme wieder diesen Vektor ergibt (siehe Abb. 17). Man kann insbesondere nach den Koordinatenachsen zerlegen. An die Stelle von e_1 usw. tritt dann e_x usw.

Anwendung. Aus dem Betrag einer bekannten vertikalen Kraft kann man auf den Betrag einer unbekannten horizontalen Kraft schließen, wenn außerdem die *Richtung* der Resultierenden beider Kräfte bekannt ist (vgl. Abb. 18). Davon wird in 1.3.4.3 Gebrauch gemacht.

Für die Addition von Kräften $\vec{F_i}$ gilt wieder die Addition wie in (1-30) bei $\vec{a}$. Man zerlegt in drei linear unabhängige Komponenten. Linear unabhängig heißt: Der dritte Vektor liegt nicht in der

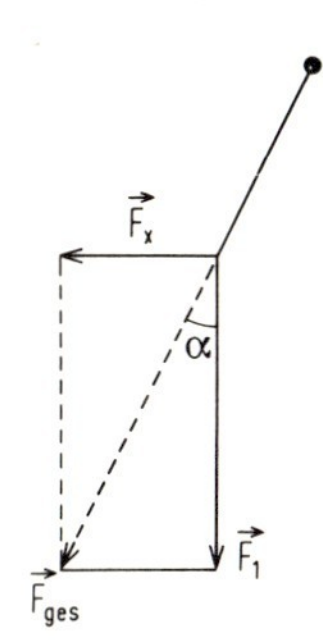

Abb. 18. Bestimmung einer unbekannten Kraft aus bekannten Teilkräften und Richtung der Gesamtkraft.
Der Betrag der unbekannten Kraft F_x ist gegeben durch $F_x = F_1 \cdot \tan\alpha$

durch die ersten beiden aufgespannten Ebene, läßt sich also nicht als Linearkombination der ersten beiden darstellen. Man zerlegt z. B. in Richtung der Koordinatenachsen (Abb. 19), also

$$\begin{aligned}\vec{F_i} &= \vec{F_{ix}} + \vec{F_{iy}} + \vec{F_{iz}} \\ \vec{F_i} &= F_{ix} \cdot \vec{e_x} + F_{iy} \cdot \vec{e_y} + F_{iz} \cdot \vec{e_z}\end{aligned} \qquad (1\text{-}34)$$

Dann addiert man die entsprechenden Komponenten und erhält

$$\vec{F_i} = (\sum_i F_{ix}) \cdot \vec{e_x} + (\sum_i F_{iy}) \cdot \vec{e_y} + (\sum_i F_{iz}) \cdot \vec{e_z} \qquad (1\text{-}35)$$

Gleichgewicht zwischen den Kräften F_i herrscht, wenn die Vektorgleichung $\sum_i \vec{F_i} = 0$ erfüllt ist.

Wenn ein Vektor $= 0$ ist, müssen auch seine Komponenten in Richtung der Koordinatenachsen einzeln $= 0$ sein. Also gelten für die Koordinaten die drei skalaren Gleichungen

$$\sum_i F_{ix} = 0; \quad \sum_i F_{iy} = 0; \quad \sum_i F_{iz} = 0$$

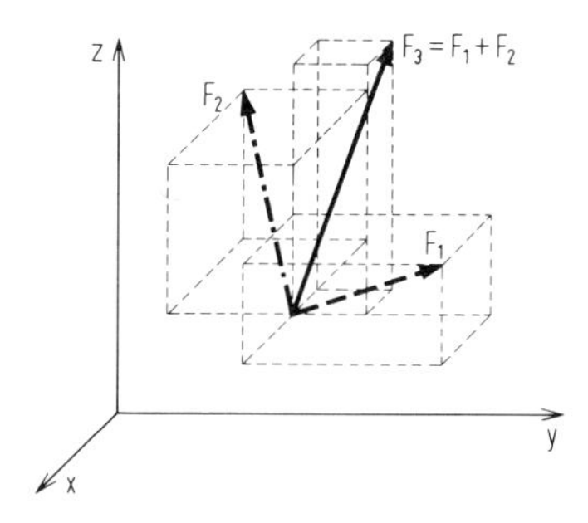

Abb. 19: Addition von Kräften im Raum.
Zur Addition von $\vec{F_1} + \vec{F_2} = \vec{F_3}$ werden $\vec{F_1}$ und $\vec{F_2}$ in Komponenten nach der x-, y-, z-Achse zerlegt und die gleichgerichteten Komponenten addiert. In der y-Richtung ist die Summenbildung von F_{1y} und F_{2y} angedeutet. Man erhält so die Komponenten von $\vec{F_3}$.

Eine Vektorgleichung ist (im dreidimensionalen Raum) immer äquivalent *drei skalaren* Gleichungen (im n-dimensionalen Raum n Gleichungen).

Zum Beispiel bedeutet: $\vec{F} = m \cdot \vec{a}$, daß für die Koordinaten relativ zur Basis $\vec{e_x}$, $\vec{e_y}$, $\vec{e_z}$ gilt

$$F_x = m \cdot a_x, \quad F_y = m \cdot a_y, \quad F_z = m \cdot a_z$$

Wenn die Basisvektoren orthogonal zueinander sind, ist damit

1. der Betrag $|\vec{F}| = m \cdot |\vec{a}|$ mit $|\vec{F}| = \sqrt{F_x^2 + F_y^2 + F_z^2}$ und analog für $|\vec{a}|$ und
2. die Richtung der Kraft durch zwei Richtungscosinus festgelegt. Der dritte Richtungscosinus folgt aus

$$\cos^2(\vec{F}, \vec{x}) + \cos^2(\vec{F}, \vec{y}) + \cos^2(\vec{F}, \vec{z}) = 1 \qquad (1\text{-}36)$$

Dabei ist $\cos(\vec{F}, \vec{x}) = \dfrac{|\vec{F_x}|}{|\vec{F}|}$

Da auch der Impuls $\vec{p} = \int \vec{F} \cdot \mathrm{d}t$ eine Vektorgröße ist (vgl. 1.3.1.7), kann man ihn in drei aufeinander senkrechte Komponenten zerlegen. Der Impulserhaltungssatz gilt dann für jede der drei Komponenten einzeln, also

$$\sum_i (\vec{p}_i)_{\text{anfang}} = \sum_i (\vec{p}_i)_{\text{ende}} \qquad i = 1, 2, 3$$

Der Impuls bleibt nach Betrag und Richtung ungeändert. Die Summe der drei Komponenten bedeutet den Gesamtimpuls. In einem abgeschlossenen System bleibt dieser erhalten. Dabei bedeutet System die Gesamtheit der materiellen Gebilde, die in die Betrachtung einbezogen werden.

Schon in 1.3.3.2 kamen gerichtete Größen vor (Vektorprodukt), die durch ein orientiertes Flächenstück beschrieben werden. Dem Flächenstück wird ein orthogonaler Vektor (*Hohlpfeil*!) zugeordnet, er vertritt das Flächenstück. Zu dieser Art von Größen gehören auch Winkel und Winkelgeschwindigkeit (1.3.4.1). An dieser Stelle muß darauf hingewiesen werden, daß *nur differentielle* Winkel unterschiedlicher Richtung (Drehachse) sich wie Vektoren addieren, nicht aber endliche.

1.3.3.4. Parallel und senkrecht zueinander stehende Vektorgrößen

Besteht zwischen zwei Vektorgrößen ein Zusammenhang, so sind zwei Sonderfälle besonders einfach:

a) Ihre Richtungen sind parallel zueinander
b) ihre Richtungen stehen senkrecht zueinander.

Als Beispiel werden Kraft und Impuls betrachtet.

Der Impuls kann nur relativ zu einem Bezugssystem angegeben werden.

Der Impuls $\vec{p} = m\vec{v}$ eines materiellen Körpers wird verändert, sobald eine Kraft $\vec{F}$ auf diesen einwirkt. Folgende Grenzfälle sollen untersucht werden.

a) $\vec{F} = 0$, dann ist $\vec{p} = \text{const.}$, Beschleunigung $\vec{a} = 0$,
Geschwindigkeit $\vec{v} = \text{const.}$
b) $\vec{F} \parallel \vec{p}$, Kraft parallel zum Impuls, vgl. 1.3.1.4 und 1.3.1.5,
c) $\vec{F} \perp \vec{p}$, Kraft senkrecht zum Impuls, vgl. 1.3.4.2.

Im Fall b), aber auch im Fall c) liegt eine beschleunigte Bewegung vor, vgl. 1.3.4.2.

Im Fall a) bleibt sowohl die Richtung als auch der Betrag des Impulses unverändert (1.3.1.4). Hierzu gehört als Spezialfall auch das statische Gleichgewicht $\sum_i \vec{F}_i = 0$ (vgl. 1.3.3.3), bei dem dauernd $\vec{p} = 0$ ist, relativ zum gewählten Bezugssystem.

Im Fall b) bleibt die Richtung des Impulses (der Geschwindigkeit) unverändert, der Betrag des Impulses (der Geschwindigkeit) ändert sich (1.3.1.4).

Im Fall c) ändert sich die Richtung des Impulses (der Geschwindigkeit), der Betrag des Impulses (der Geschwindigkeit) bleibt unverändert (siehe 1.3.4.2).

1.3.4. Einfache Drehbewegung, lineare Schwingung

1.3.4.1. Kinematik der Drehbewegung *F/L 1.1.7*

Bei einer Drehung mit $\vec{\omega} = \text{const.}$ hat ein Punkt, dessen Ort durch den Radiusvektor $\vec{\varrho}$ gekennzeichnet ist, auf seiner Bahn die Geschwindigkeit $\vec{v} = \vec{\omega} \times \vec{\varrho}$ und die Beschleunigung $\vec{a} = \vec{\omega} \times \vec{v}$. Wenn $\vec{\omega}$ nicht konstant ist, führt man die Winkelbeschleunigung $\vec{\alpha} = \mathrm{d}\,\vec{\omega}/\mathrm{d}t$ ein.

Die Überlegungen dieses Paragraphen setzen nicht die Existenz materieller Körper voraus, es handelt sich, wie in 1.2.2.3 und 1.2.2.4, um Raum-Zeit-Geometrie.

Ein räumliches Gebilde aus Punkten und geraden Linien (oder auch ein materieller Körper) kann um eine Achse gedreht werden. Zur Beschreibung dieses Vorgangs sind mehrere Größen erforderlich, nämlich Drehwinkel, Winkelgeschwindigkeit, Winkelbeschleunigung, ferner Frequenz und Kreisfrequenz. Diese müssen jetzt definiert und die Zusammenhänge zwischen ihnen angegeben werden.

(Teil)-Drehung U^* eines räumlich starren Gebildes um eine Achse. Eine volle Umdrehung U_0^* ist diejenige Drehung, die das Gebilde zum ersten Mal wieder zur Deckung mit seiner Ausgangsstellung bringt. Man kann Bruchteile der Umdrehung betrachten, z. B. $U_0^*/2$, $U_0^*/4$, $U_0^*/8, \ldots$. Eine beliebige Drehung U^* (d. h. beliebiger Bruchteil oder beliebiges Vielfache einer vollen Umdrehung U_0^*) läßt sich aus einer Summe solcher Bruchteile von U_0^* zusammensetzen. Den Winkel, der zum $1/(2\pi)$-fachen von U_0^* gehört, nennt man den (Dreh-)Winkel 1 radiant (1 rad). Der Winkel, der zur vollen Umdrehung gehört, heißt auch *Vollwinkel.*

Drehwinkel, Winkelgeschwindigkeit, Winkelbeschleunigung. Der Drehwinkel $\vec{\varphi}$ kann noch auf eine andere Weise definiert werden: Ein Punkt P, mit dem orthogonalen Abstand r von der Drehachse – man nennt diesen kurz „Radius" –, bewegt sich auf einem Kreisbogen und legt bei einer vollen Umdrehung den Weg $U = 2\pi\, r$ zurück, vgl. Abb. 20a.

Definition. Der *Drehwinkel* φ ist bestimmt durch den Quotienten aus Länge s des Kreisbogens, den P bei der Drehung zurücklegt, und der Länge r des Radius. Sein Betrag ist also

$$\varphi = \frac{s}{r} \quad \text{oder} \quad \mathrm{d}\varphi = \frac{\mathrm{d}s}{r}$$

Der Betrag des Winkels ist so normiert, daß zu einer vollen Umdrehung U_0^* der Drehwinkel 2π gehört, entsprechend dem Umfang $U = 2\pi\, r$ („Bogenmaß"). Man kann ihn auch so normieren, daß zur vollen Umdrehung 360° gehören (Winkelmessung in Grad).

Für die Dimension gilt $\dim \varphi = \dfrac{\dim b}{\dim l} = \dim \text{Zahl}$.

Eine Drehung kann schneller oder langsamer erfolgen, d. h. mit unterschiedlicher Winkelgeschwindigkeit.

Definition. Unter *Winkelgeschwindigkeit* $\vec{\omega}$ versteht man die Änderung des Drehwinkels $\mathrm{d}\,\vec{\varphi}$ mit der Zeit t. Es gilt:

$$\vec{\omega} = \lim_{\Delta t \to 0} \frac{\overrightarrow{\Delta\varphi}}{\Delta t} = \frac{\mathrm{d}\vec{\varphi}}{\mathrm{d}t} \tag{1-37}$$

Ihre kohärente Einheit folgt aus $[\omega] = 1/[t] = 1\ s^{-1}$ und für die Dimension $\dim \omega = (\dim t)^{-1}$.

Die Winkelgeschwindigkeit $\vec{\omega}$ kann sich auch zeitlich ändern.

Definition. Die Änderung der Winkelgeschwindigkeit mit der Zeit nennt man *Winkelbeschleunigung* $\vec{\alpha}$. Es gilt

$$\vec{\alpha} = \frac{d\vec{\omega}}{dt} \tag{1-38}$$

Für die kohärente Einheit gilt: $[\alpha] = [\omega]/[t] = 1\ s^{-1}/1\ s = 1\ s^{-2}$ und für die Dimension $\dim \alpha = (\dim t)^{-2}$.

Der Winkel $\vec{\varphi}$, die Winkelgeschwindigkeit $\vec{\omega}$, die Winkelbeschleunigung $\vec{\alpha}$ sind gerichtete Größen, genauer *schiefsymmetrische Tensoren.* Sie können durch einen Vektor in der Drehachse gekennzeichnet werden, daher sind hohle Pfeile gezeichnet. Die positive Richtung dieser Pfeile wird nach der Rechte-Hand-Regel festgelegt (vgl. Vektorprodukt, 1.3.3.2).

Auch $\vec{\alpha}$ ist ein schiefsymmetrischer Tensor, der *durch einen Vektor gekennzeichnet* werden kann. Wenn $\vec{\omega}$ zeitlich zu- oder abnimmt, ohne dabei seine Richtung zu ändern, so ist $\vec{\alpha}$ parallel oder antiparallel zu $\vec{\omega}$.

Eine Drehung mit $\vec{\omega} = \text{const.}$ nennt man *gleichförmig;* dann ist $\vec{\alpha} = 0$. Bei einer solchen Drehung benötigt der Punkt P zu einer vollen Umdrehung die Zeit T (Umlaufsdauer).

Frequenz und Kreisfrequenz. Die Frequenz und die Kreisfrequenz sind skalare Größen.

Definition. Das Reziproke der Umlaufsdauer T nennt man *Frequenz* ν, also

$$\nu = 1/T \tag{1-39}$$

Die kohärente Einheit der Frequenz ist dann

$$[\nu] = 1/[T] = 1/1\ s = 1\ s^{-1}$$

und $\dim \nu = (\dim t)^{-1}$.

Für $1\ s^{-1}$ gebraucht man bei Frequenzen auch den Ausdruck 1 Hertz (abgekürzt 1 Hz).

Definition. Das 2π-fache der Frequenz ν nennt man *Kreisfrequenz* ω, also

$$\omega = \frac{2\pi}{T} = 2\pi\nu \tag{1-40}$$

Sie wird ebenfalls in der Einheit $1\ s^{-1}$ ausgedrückt und hat ebenfalls die Dimension $(\dim t)^{-1}$. Der Betrag einer Winkelgeschwindigkeit ist eine Kreisfrequenz.

Beispiel: Eine Drehbewegung mit der Frequenz $\nu = 10\ s^{-1}$ hat die Kreisfrequenz $\omega = 62{,}83\ s^{-1}$.

Statt eine Drehbewegung durch $\vec{\varphi}$, $\vec{\omega}$, $\vec{\alpha}$ zu beschreiben, kann man *auch* Weg $d\vec{s}$, Geschwindigkeit $\vec{v}$, Beschleunigung $\vec{a}$ eines Punktes auf seiner Kreisbahn betrachten.

Geschwindigkeit und Beschleunigung eines Punktes auf einem drehenden Gebilde. Ein Punkt P mit dem Radialabstand r von der Drehachse legt bei einer gleichförmigen Drehbewegung den Weg $U = 2\pi\, r$ (Umfang) in der Zeit T (Umlaufsdauer) zurück. Für den Betrag seiner Bahngeschwindigkeit erhält man also

$$v = \frac{U}{T} = \frac{2\pi}{T} \cdot r = \omega \cdot r \tag{1-41}$$

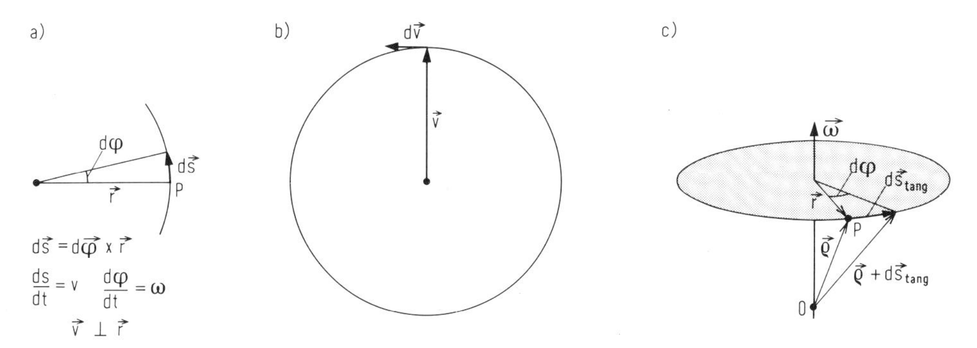

Abb. 20: Bewegung eines Punktes auf einer Kreisbahn.

a) Wegdiagramm: gezeichnete Strecken bedeuten Wege oder Längen. Der Punkt P bewegt sich in der Zeit $\mathrm{d}t$ um das Wegstück $\mathrm{d}s$, dem entspricht eine Drehung um den Winkel $\mathrm{d}\varphi$.

b) Zugehöriges Geschwindigkeitsdiagramm: eingezeichnet ist die momentane Geschwindigkeit $\vec{v}$ des Punktes P im selben Augenblick wie in a) und ihre infinitesimale Änderung $\mathrm{d}\vec{v}$ im anschließenden Zeitintervall $\mathrm{d}t$. Es gilt $\mathrm{d}\vec{v}/\mathrm{d}t = \vec{a}$; dabei ist $\vec{a} \perp \vec{v}$.

c) Der Nullpunkt 0 des Koordinatensystems liegt nicht in der Ebene der Kreisbahn. Der Punkt P bewegt sich $\perp \vec{\varrho}$ und $\perp \vec{r}$. Es ist $\mathrm{d}\vec{s}_{\text{tang}}/\mathrm{d}t = \vec{v}$. Hier beschreibt $\vec{\omega}$ ein Flächenstück, daher ist ein hohler Pfeil gezeichnet.

Man führt den Radiusvektor $\vec{\varrho}$ von einem festen Punkt 0 der Drehachse (vgl. Abb. 20c) ein. Während eines kleinen Zeitabschnittes $\mathrm{d}t$ bewegt sich der Punkt P um eine (gerichtete) Wegstrecke $\mathrm{d}\vec{s}_{\text{tang}}$, die senkrecht steht auf dem Radiusvektor $\vec{\varrho}$ und senkrecht zu $\vec{r}$ (daher der Index „tangential“). Wenn der Punkt diese Wegstrecke durchlaufen hat, ist aus dem Vektor $\vec{\varrho}$ der Vektor $\vec{\varrho} + \mathrm{d}\vec{s}_{\text{tang}}$ geworden. Die tangentiale Wegstrecke läßt sich mit Hilfe des Drehwinkels und des Radiusvektors ausdrücken, wobei auch $\mathrm{d}\vec{\varphi}$ durch einen Vektor parallel zur Drehachse beschrieben wird, dieser ist also parallel zu $\vec{\omega}$. Nun sei $\mathrm{d}\vec{s}$ statt $\mathrm{d}\vec{s}_{\text{tang}}$ geschrieben:

$$\mathrm{d}\vec{s} = \mathrm{d}\vec{\varphi} \times \vec{\varrho} \tag{1-42}$$

Setzt man links $\mathrm{d}\vec{s} = \vec{v} \cdot \mathrm{d}t$ ein und rechts $\mathrm{d}\vec{\varphi} = \vec{\omega} \cdot \mathrm{d}t$, so entsteht nach Kürzen mit $\mathrm{d}t$

$$\vec{v} = \vec{\omega} \times \vec{\varrho} \tag{1-43}$$

$\vec{v}$ ist die *Bahngeschwindigkeit* des Punktes *P*. Durch dieses Vektorprodukt wird auch die Richtung von $\vec{v}$ im Zusammenhang mit $\vec{\omega}$ und $\vec{\varrho}$ richtig wiedergegeben.

Eine weitere wichtige Beziehung findet man, indem man diesen Ausdruck für die Bahngeschwindigkeit nach der Zeit differenziert. Dann ergibt sich die *Beschleunigung* $\vec{a}$ des Punktes P auf seiner Bahn.

$$\vec{a} \underset{\text{def}}{=} \frac{\mathrm{d}\vec{v}}{\mathrm{d}t} = \frac{\mathrm{d}}{\mathrm{d}t}(\vec{\omega} \times \vec{\varrho}) = \left(\frac{\mathrm{d}}{\mathrm{d}t}\vec{\omega}\right) \times \vec{\varrho} + \vec{\omega} \times \left(\frac{\mathrm{d}}{\mathrm{d}t}\vec{\varrho}\right)$$

Falls es sich um eine *gleichförmige* Drehbewegung handelt, wenn also $\vec{\omega}$ = const., also $\mathrm{d}\vec{\omega}/\mathrm{d}t = \vec{\alpha} = 0$ ist, erhält man die „Coriolisbeschleunigung“

$$\vec{a} = \frac{\mathrm{d}\vec{v}}{\mathrm{d}t} = \vec{\omega} \times \frac{\mathrm{d}}{\mathrm{d}t}\vec{\varrho}\ \text{, also} \tag{1-44}$$

$$\vec{a} = \vec{\omega} \times \vec{v}$$

In 1.2.2.4 wurde die *Beschleunigung* definiert durch $a = \mathrm{d}v/\mathrm{d}t$. Damals kam nur der Fall $\vec{a} \parallel \vec{v}$ vor. Hier wird die Definition erweitert, sie lautet für die Zukunft:

$$\vec{a} \underset{\text{def}}{=} \frac{\mathrm{d}\vec{v}}{\mathrm{d}t} \tag{1-45}$$

Im Fall (1-44) ändert $\vec{v}$ nur seine Richtung, sein Betrag dagegen bleibt konstant. Aufgrund (1-45) wird auch diese Geschwindigkeitsänderung als „Beschleunigung“ bezeichnet. Die Beschleunigung $\vec{a}$ (nach 1-44) hat eine Richtung senkrecht zu der von $\vec{\omega}$ und $\vec{v}$ aufgespannten Ebene und fällt mit der Richtung von $\vec{r}$ zusammen (evtl. bis auf ein Vorzeichen). Es handelt sich um eine *Radial*beschleunigung. Sie darf nicht mit der Winkelbeschleunigung $\vec{\alpha}$ (die hier = 0 ist) verwechselt werden.

Der Betrag von $\vec{v}$ ergibt sich aus (1-43) zu

$$v = \omega \cdot \varrho \cdot \sin(\vec{\omega}, \vec{\varrho}) = \omega \cdot r \tag{1-41 a}$$

Dabei steht $\vec{r} \perp \vec{v}$. Dann gilt für die Beträge

$$v = \omega \cdot r \quad \text{oder} \quad \omega = \frac{v}{r}$$

Aus (1-44) entsteht dann für den Betrag der radialen Beschleunigung

$$a_\mathrm{r} = \omega \cdot v = \omega^2 \cdot r = \frac{v^2}{r} \tag{1-46}$$

$\vec{a}_\mathrm{r}$ ist zur Drehachse gerichtet (in Richtung $-\vec{r}$).

Die Beziehung (1-44) erweist sich allgemeiner verwendbar als für eine gleichförmige Drehbewegung (vgl. dazu 1.4.4.3 Corioliskraft).

Diese Überlegungen der Kinematik, bei denen es weder Kraft noch Masse gibt, werden in 1.3.4.2 auf die Bewegung materieller Körper angewendet.

1.3.4.2. Dynamik der Drehbewegung, Radialkraft *F/L 1.1.8*

Damit ein materieller Körper sich auf einer Kreisbahn bewegen kann, muß dauernd eine Kraft in radialer Richtung auf ihn wirken.

Im vorausgehenden Paragraphen wurde gezeigt: Ein Punkt, der auf einer Kreisbahn gleichförmig umläuft, macht eine *beschleunigte* Bewegung, und zwar ist die *Radialbeschleunigung*

$$\vec{a}_\mathrm{r} = \vec{\omega} \times \vec{v} \tag{1-44}$$

In Übereinstimmung mit der Erwartung aufgrund von $F = m \cdot a$ zeigt sich experimentell: Damit ein materieller Körper auf einer Kreisbahn (also in beschleunigter Bewegung, Beschleunigung a_r) gehalten werden kann, muß auf ihn eine Kraft F_r in radialer Richtung zur Drehachse hin wirken, und zwar gilt

$$\vec{F}_r = m \cdot \vec{a}_r = m \cdot \vec{\omega} \times \vec{v} = \vec{\omega} \times m\vec{v} = \vec{\omega} \times \vec{p} \tag{1-47}$$

Die *radiale Kraft* hat den Betrag

$$F_r = m \cdot v^2/r = m\,\omega^2 r \tag{1-47a}$$

Der Quotient F_r/a_r ergibt nach (1-47a) eine Masse, und zwar erhält man denselben Betrag der Masse wie aus einem Beschleunigungsversuch, bei dem $\vec{v} \| \vec{F}$ ist. Das ist keineswegs selbstverständlich und ist auch nur für $v \ll c$ richtig. Bei $v \lessapprox c$ muß man unterscheiden zwischen der longitudinalen Masse, die sich aus F/a für $\vec{v} \| \vec{F}$ ergibt, und der transversalen Masse, die man aus F_r/a_r erhält. Für $v \ll c$ gilt longitudinale Masse = transversale Masse. Mit der Geschwindigkeit v nimmt die longitudinale Masse schneller zu als die transversale Masse, vgl. dazu 6.1.4.

Bei einer Kraft ist immer wichtig, relativ zu welchem *Bezugssystem* sie angegeben wird. Im eben besprochenen Fall sind die beiden Angriffspunkte der Kraft 1.) der Drehmittelpunkt und 2.) der Schwerpunkt des umlaufenden Körpers. Wenn man das (drehfreie) Koordinatensystem des Hörsaalbodens als Bezugssystem verwendet, wirkt eine zum Drehmittelpunkt gerichtete Kraft, die man „Radialkraft" nennt. Wählt man jedoch als Bezugssystem die sich drehende Scheibe, so ist die radiale Kraft vom Drehmittelpunkt weggerichtet und man nennt sie „Zentrifugalkraft" (vgl. auch 1.4.4.1.2b Bezugssystem).

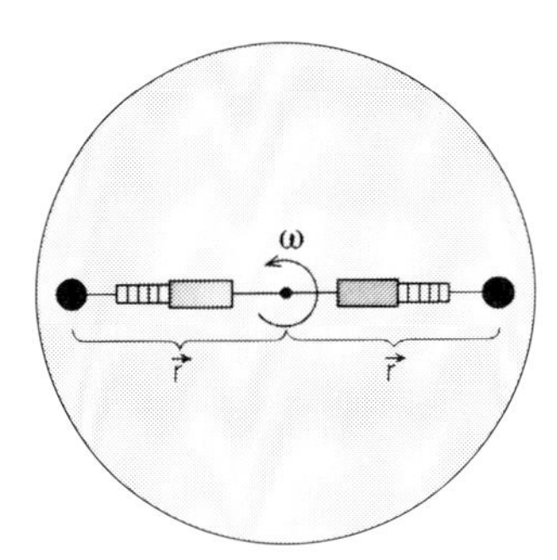

Abb. 21. Nachweis der Radialkraft.
Beide Dynamometer zeigen eine radiale, relativ zum drehenden Bezugssystem nach außen gerichtete Kraft an.

Demonstration. Auf einer Kreisscheibe befinden sich zwei Kugeln, die unter Zwischenschalten je eines Dynamometers mit dem Drehmittelpunkt verbunden sind (s. Abb. 21). Bei konstanter Winkelgeschwindigkeit zeigen die Dynamometer eine Kraft in radialer Richtung und mit konstantem Betrag an.

1.3.4.3. Gewichtskraft und Radialkraft

F/L 1.2.4

Hängen materielle Körper an einem Faden an einem umlaufenden Rad, so kann man aus dem Neigungswinkel des Fadens das Verhältnis Gewichtskraft/Zentrifugalkraft und daraus m_s/m bestimmen.

An einem Karussell (Abb. 22) seien kleine Körper bestimmter Masse an gleich langen Fäden aufgehängt. Der Abstand von der Drehachse ist r. Bei der Drehung werden die Körper nach außen abgelenkt. (Dabei wird r etwas vergrößert). Sowohl im Ruhezustand als auch während der Drehung wirkt auf jeden dieser Körper die Gewichtskraft (1.3.2.1)

$$\vec{F}_v = m_s \cdot \vec{H}_g \tag{1-22a}$$

Während der Drehung wirkt – bezogen auf das drehende Bezugssystem – außerdem die Zentrifugalkraft

$$\vec{F}_r = m \cdot \vec{a} \tag{1-47}$$

in radialer Richtung nach außen.

Abb. 22. Bestimmung der Radialbeschleunigung.
Auf einen Körper (Masse m), der an einem sich drehenden Rad (Fahrradfelge) hängt, wirkt die vertikale Schwerkraft $\vec{F}_v$ und die radiale Zentrifugalkraft $\vec{F}_r$. Die Resultierende aus beiden Kräften hat den Neigungswinkel α gegen die Vertikale. Daraus läßt sich das Verhältnis $F_v : F_r$ entnehmen.

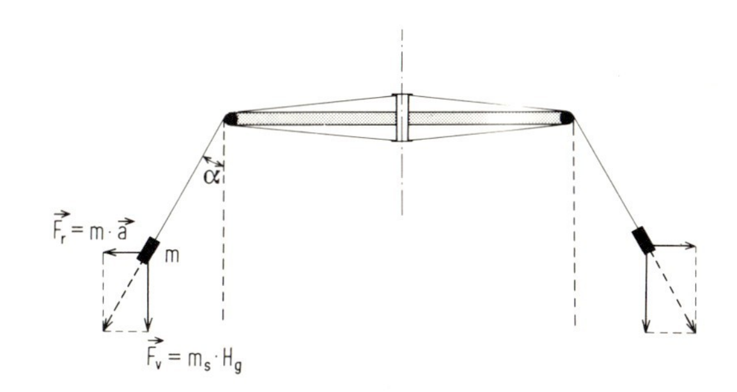

Die Richtung der resultierenden Gesamtkraft soll bestimmt werden. Sie wirkt in der Richtung des Aufhängefadens, wobei gilt

$$\tan \alpha = \frac{F_r}{F_v} = \frac{m\,a}{m_s\,H_g} \tag{1-48}$$

In den Quotienten stehen nur Beträge. Der Auslenkwinkel α wird gemessen.
Nach (1-24) gilt:

$$H_g = \frac{m}{m_s} \cdot g,$$ Einsetzen in (1-48) ergibt daher

$$\tan \alpha = \frac{m \cdot a}{m \cdot g} = \frac{a}{g} \tag{1-48a}$$

Demonstration. Die folgende Tabelle 10 enthält für bestimmte Umlaufdauern T (Zeile 3) die experimentell bestimmten Größen r, U, v, ω, sowie das Produkt $\omega \cdot v = a$.

Tabelle 10. Radialbeschleunigung bei Drehbewegung.

r	0,40	0,42	0,45	m
$U = 2\pi r$	2,52	2,65	2,83	m
T	2,0	1,5	1,0	s
$U/T = v$	1,26	1,77	2,83	m/s
$2\pi/T = \omega$	3,14	4,20	6,28	s^{-1}
$a = \omega \cdot v$	4,0	7,4	17,8	m/s^2
$a = g \cdot \tan\alpha$	4,0	7,4	17,8	m/s^2

Man entnimmt den letzten beiden Zeilen, daß die aus $a = \omega \cdot v$ folgenden radialen Beschleunigungen mit den aus dem Auslenkwinkel α experimentell abgeleiteten Beschleunigungen übereinstimmen. (1-48a) ist damit experimentell bestätigt.

Wenn man das Experiment mit Körpern verschiedener chemischer Natur wiederholt, stellt man fest: Der Auslenkungswinkel α ist unabhängig von der chemischen Natur. Das ist im Prinzip eine experimentelle Prüfung des Gesetzes über die Proportionalität von m und m_s, denn derselbe Winkel α kann sich nach (1-48) nur ergeben, wenn m/m_s für alle Stoffe denselben Wert hat. Eine genauere Prüfung ist mit 1.3.4.6 (Pendel) möglich.

Beispiel. Ein Raumfahrzeug umkreist die Erde längs des Äquators in der Höhe 255 km. Welche Zeitdauer T benötigt es zum Umkreisen?

Die Antwort ergibt sich aus $mv^2/r' = m \cdot g'$; $v = \omega r'$; $\omega = 2\pi/T$. Dabei ist $g' = 9{,}81\ m/s^2 \cdot (R/r')^2$, wo $R = 40000\ km/2\pi = 6370$ km und $r' = R + 255$ km. Einsetzen ergibt $g' = 9{,}81\ m/s^2 \cdot 0{,}92 = 9{,}02\ m/s^2$; $v = 7{,}7 \cdot 10^3$ m/s; $\omega = 1{,}165 \cdot 10^{-3}\ s^{-1}$; $T = 5{,}4 \cdot 10^3$ s $= 90$ min.

Die Wirkung der Radialkraft erkennt man auch in folgendem Versuch: Eine dünne Pappscheibe wird durch schnelle Rotation so versteift, daß man mit ihr Pappe und weiches Holz durchschleifen kann.

Nur solange eine zentrale Kraft wirkt, kann sich ein materieller Körper auf einer Kreisbahn bewegen. Beim Aufhören der Kraft bewegt er sich tangential geradlinig weiter.

Beispiel. Von einem Schleifstein fliegen die abgeriebenen Partikel als Funken tangentialab.

1.3.4.4. Kinematik der linearen Schwingung

Der seitliche Schatten eines Stabes, der auf einem Rad eine gleichförmige Kreisbewegung mit der Winkelgeschwindigkeit $\vec{\omega}$ durchläuft, führt eine zeitlich sinusförmige Schwingung („lineare Schwingung“) mit der Kreisfrequenz ω aus.

Beispiel. An einem Rad wurde im Abstand r von der Drehachse ein Stift S parallel zur Drehachse befestigt und von der Seite auf eine parallel zur Drehachse liegende Ebene projiziert (Abb. 23). Wenn das Rad eine *gleichförmige Drehbewegung* (1.3.4.1) ausführt, dann führt der Schatten des Stiftes eine zeitlich sinusförmige Schwingung („*lineare Schwingung*“ oder „harmonische Schwingung“) aus. Das ist eine spezielle, beschleunigte Bewegung. Die in 1.3.4.1 definierten Größen T, $v = 1/T$, $\omega = 2\pi/T$ lassen sich sowohl auf die Kreisbewegung als auch auf die lineare Schwingung anwenden. Der Umlaufsdauer T entspricht die Schwingungsdauer (Periodendauer) T.

Abb. 23. Zusammenhang zwischen gleichförmiger Kreisbewegung und linearer Schwingung.
a) Experimentelle Anordnung. Sc: Schirm senkrecht zur Zeichenebene, R: Projektionsrichtung, S: Stift senkrecht zur Zeichenebene.
b) Zusammenhang zwischen Auslenkung x des Stiftes und Zeit t. Es ist $x(t) = r \cdot \sin \omega t$.

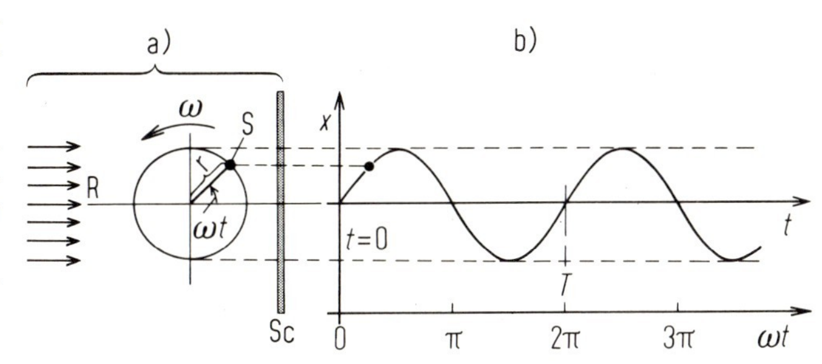

Aus Abb. 23 sieht man, daß die Auslenkung x des Schattens von S wiedergegeben wird durch

$$x = r \cdot \sin \varphi \tag{1-49}$$

Dabei ist $r = A$ die Maximalauslenkung des Schattens und*)

$$\varphi = \omega \cdot t, \text{ mit } \varphi = 0 \text{ für } t = 0. \tag{1-50}$$

Einsetzen ergibt $x = A \cdot \sin \omega t$ (harmonische Schwingung) (1-49a)

Die Maximal-Auslenkung A nennt man Amplitude der Schwingung. $\varphi = \omega t$ nennt man Phasenwinkel oder kurz Phase. Im Augenblick des *Nulldurchgangs* ($x = 0$) bewegen sich der Stift auf seiner Kreisbahn einerseits und der Schatten andererseits parallel zueinander und haben daher gleiche *Geschwindigkeit*, nämlich

$$v = \omega \cdot r \text{ mit } r = A \tag{1-51}$$

(vgl. dazu die nachfolgende Abb. 26).

Die lineare Schwingung ist eine *beschleunigte* Bewegung. Dabei ist die Beschleunigung

$$\vec{a} = -\omega^2 \cdot \vec{x} \tag{1-52}$$

Beweis. Aus (1-49a) erhält man gemäß der Definition von v und a durch Differenzieren

$$\vec{v} = \frac{d\vec{x}}{dt} = \vec{A} \cdot \omega \cos \omega t \tag{1-53}$$

und

$$\vec{a} = \frac{d\vec{v}}{dt} = \frac{d^2\vec{x}}{dt^2} = -\vec{A} \cdot \omega^2 \cdot \sin \omega t \tag{1-54}$$

Der Vergleich von (1-49a) und (1-54) liefert (1-52).

Auch $x = A \cdot \cos \omega t$ (1-49b)

ist eine Lösung. Man gelangt zu ihr, wenn die Zeitphase ωt ersetzt wird durch $\omega t + (\pi/2)$, wenn also lediglich der Zeitnullpunkt verschoben wird.

* Allgemein müßte es heißen $\varphi - \varphi_0 = \omega(t - t_0)$, dabei ist φ_0 der Winkel im Zeitpunkt t_0.

Phasendifferenz. Auf dem Rad werden zwei Stifte an verschiedenen Punkten mit den Winkeln φ_1 und φ_2 angebracht und von der Seite projiziert. Beim Drehen des Rades entstehen im Schattenbild zwei Schwingungen gleicher Frequenz (Abb. 24). Der Winkel zwischen Stift Nr. 1, Drehmittelpunkt und Stift Nr. 2 heißt „Phasendifferenz“ oder „Phasenverschiebung“ δ.

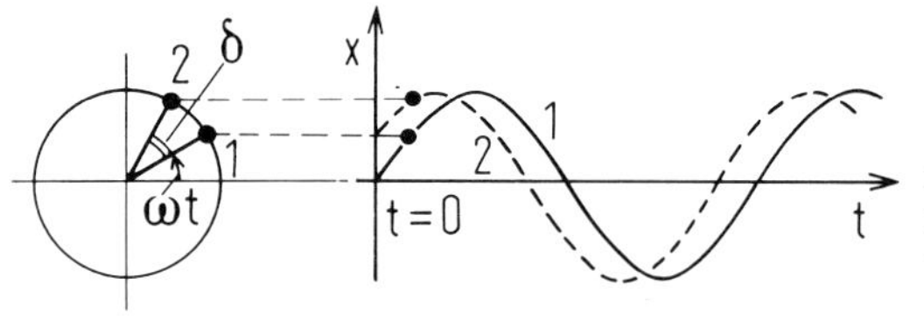

Abb. 24. Phasenverschiebung
Die Schwingung 2 ist der Schwingung 1 um die Phasendifferenz δ voraus, hier gilt: $x_1 = A \cdot \sin \omega t$, $x_2 = A \cdot \sin(\omega t + \delta)$.

Wenn Schwingung Nr. 1 durch $x_1 = A \sin \omega t$ wiedergegeben wird, dann wird Schwingung Nr. 2 beschrieben durch $x_2 = A \cdot \sin(\omega t + \delta)$ mit $\delta = \varphi_2 - \varphi_1$. Ist $\delta = 0°$, so nennt man die beiden Schwingungen gleichphasig, ist $\delta = 180°$, so erfolgen die Schwingungen gegenphasig.

Die kinematischen Aussagen dieses Abschnitts sollen nun auf materielle Körper angewandt werden.

1.3.4.5. Dynamik der linearen Schwingung *F/L 3.1.1*

Bei der linearen Schwingung eines materiellen Körpers gilt $\omega^2 = D/m$.

Ein frei beweglicher *materieller Körper* mit der Masse m erfährt durch eine Kraft $\vec{F}$ eine Beschleunigung $\vec{a}$, gemäß $\vec{F} = m \cdot \vec{a}$. Wenn der Körper eine lineare Schwingung nach 1.3.4.2 ausführen soll, wenn also nach Gl. (1-52) $\vec{a} = -\omega^2 \cdot \vec{x}$ sein soll, muß auf ihn eine Kraft

$$\vec{F} = m \cdot \vec{a} = m \cdot (-\omega^2) \cdot \vec{x} \tag{1-55}$$

wirken, d. h. eine rücktreibende Kraft proportional der Auslenkung $\vec{x}$. Eine solche läßt sich realisieren mit einer Schraubenfeder (1.3.1.3), für die ja gilt:

$$\vec{F} = -D \cdot \vec{x}. \tag{1-56}$$

Ein materieller Körper führt immer dann eine harmonische Schwingung nach (1-49a) aus, wenn eine rücktreibende Kraft proportional zur Auslenkung wirkt.
Gleichsetzen von (1-55) und (1-56) liefert dann $m \cdot (-\omega^2) = -D$ oder

$$\omega^2 = \frac{D}{m} \tag{1-57}$$

Zum selben Ergebnis kommt man auch, wenn man aus $\vec{F} = m \cdot \vec{a} = m \cdot \mathrm{d}^2 x/\mathrm{d}t^2$ und $\vec{F} = -D\vec{x}$ die folgende Differentialgleichung löst

$$m \frac{\mathrm{d}^2 x}{\mathrm{d}t^2} = -D \cdot x \tag{1-58}$$

Durch Heranziehen der Gleichung (1-57) kann man ein *Massenverhältnis* bestimmen. Verwendet man dieselbe Feder, so gilt $(\omega_1)^2 : (\omega_2)^2 = 1/m_1 : 1/m_2$.

Die Gleichung (1-57) läßt sich auf schwingungsfähige Gebilde anderer Art übertragen (vgl. 1.3.4.4, 1.3.4.6 und 1.4.2.2).

Demonstration.

1. Ein möglichst reibungsfrei horizontal beweglicher Körper werde zwischen zwei gespannten Dynamometerfedern gehalten. Nach Auslenkung aus der Ruhelage um die Amplitude A führt er eine lineare Schwingung aus. Man nennt die Anordnung auch ein horizontales Federpendel (Abb. 25).

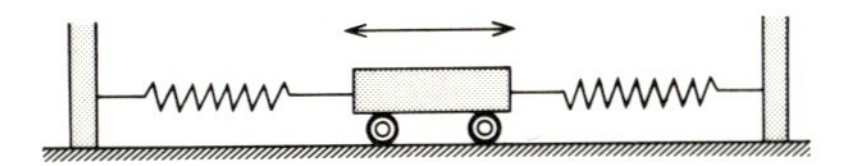

Abb. 25. Horizontales Federpendel.
Die Gewichtskraft hat keinen Einfluß auf die Schwingung.
Der Pfeil deutet die Auslenkung nach links und rechts an.

2. Ein Körper, der an einer Schraubenfeder aufgehängt ist, führt nach der Auslenkung um A eine lineare Schwingung aus (vertikales Federpendel). Wird er zusammen mit dem Stift S am Rad von Abb. 23 von der Seite projiziert (Abb. 26), so kann man durch passende Wahl der *Umlaufsdauer* des Rades und der *Schwingungsweite* des Körpers erreichen, daß beide Schattenbilder sich synchron bewegen: Die Auslenkung als Funktion der Zeit stimmt für beide Bewegungen überein. Die Beziehung (1-54) läßt sich für das verwendete Federpendel quantitativ prüfen.

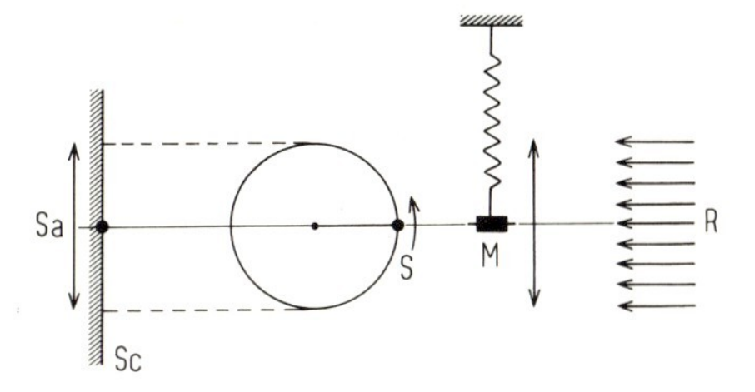

Abb. 26. Vertikales Federpendel.
Schatten des Stiftes S und Schatten des Pendelkörpers M führen eine synchrone Bewegung aus. Im gezeichneten Augenblick stimmt die Geschwindigkeit des Stiftes mit der des Pendels überein. Sa: Schatten des Stiftes und des Pendelkörpers M, Sc: Wand, R: Projektionslicht.

Beispiel. Gegeben sei eine Feder mit $D = 6{,}3$ N/0,2 m $= 31{,}5$ N/m und ein Pendelkörper der Masse 0,8 kg. Man beobachtet die Schwingungsdauer $T = 1{,}0$ s, d. h. es ist $\omega = 6{,}28\ \mathrm{s}^{-1}$ und $\omega^2 = 39{,}5\ \mathrm{s}^{-2}$. Andererseits ergibt $D/m = 31{,}5$ N/m/0,8 kg $= 39{,}4\ \mathrm{s}^{-2}$, da 1 N = 1 kg m s^{-2}. Also ist $\omega^2 = D/m$ erfüllt. Mit $m = 0{,}2$ kg beobachtet man $T = 0{,}5$ s, also $\omega^2 \approx 160\ \mathrm{s}^{-2}$. Die Beziehung $(\omega_1)^2 : (\omega_2)^2 = 1/m_1 : 1/m_2$ ist erfüllt.

1.3.4.6. Fadenpendel (Schwerependel)

Ein an einem dünnen Draht im Schwerefeld der Erde aufgehängter kleiner Körper macht nach geringer Auslenkung aus der Ruhelage eine nahezu lineare Schwingung (Fadenpendel). Dabei hängen Kreisfrequenz und Schwingungsdauer nicht von der Masse des Körpers ab.

Ein Fadenpendel erfährt bei Auslenkung $\vec{x}$ aus der Ruhelage eine rücktreibende Kraft $\vec{F}$, die für kleine x nahezu proportional der Auslenkung ist, also $\vec{F} \approx -D \cdot \vec{x}$. Solange diese Beziehung gilt, führt der Pendelkörper eine lineare Schwingung aus.

Beispiel: Bei der Pendellänge $L = 4{,}0$ m und einem Pendelkörper mit der Masse 0,6 kg liest man für $x = 0{,}5$ m an einem Dynamometer $F = 0{,}74$ N ab. Also ist $D = 0{,}74$ N/0,5 m $= 1{,}48$ N/m. Die Schwingungsdauer des Pendels beträgt $T = 4{,}0$ s. Daher ist $\omega = 2\pi/4\ \mathrm{s} = 1{,}57\ \mathrm{s}^{-1}$; $\omega^2 = 2{,}44\ \mathrm{s}^{-2}$. Andererseits ist $D/m = (1{,}48$ N/m)/0,6 kg $= 2{,}47\ \mathrm{s}^{-2}$. Gleichung (1-57) ist also innerhalb der Meßgenauigkeit erfüllt.

Man kann für das Fadenpendel die Richtgröße D auch mit Hilfe der Pendellänge L und der Gravitationsfeldstärke H_g (bzw. der Fallbeschleunigung g) ausdrücken. Auf den Pendelkörper P wirkt vertikal nach unten die Gewichtskraft $F_\downarrow = m_s \cdot H_g = m \cdot g$,

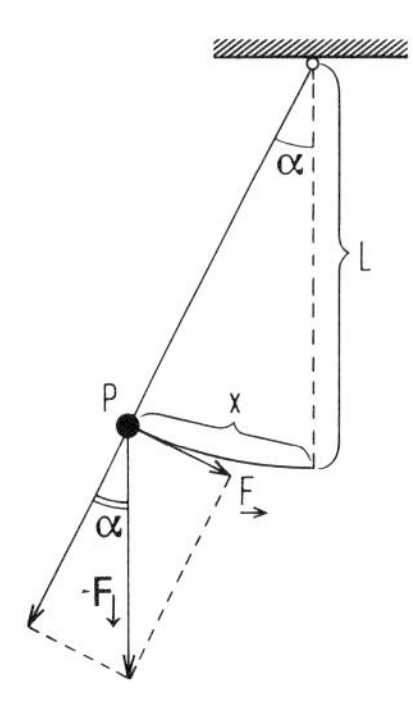

Abb. 27. Fadenpendel (Schwerependel).
Ein Körper P hängt an einem Faden und befindet sich im Schwerefeld der Erde. Die rücktreibende Kraft $F_\rightarrow$ ist proportional sin α, d. h. für kleine Auslenkwinkel näherungsweise proportional α. Es gilt: $F_\downarrow = m_s \cdot H_g = m \cdot g$.

außerdem bei Auslenkung horizontal die rücktreibende Kraft $-F_\rightarrow$. Nach Abb. 27 gilt für kleine Auslenkung x näherungsweise die Beziehung $x : L = -F_\rightarrow : F_\downarrow$, also gilt

$$-F_\rightarrow = \frac{m_s \cdot H_g}{L} \cdot x = -D \cdot x \tag{1-59}$$

Nach (1-24) ist dabei $H_g = m/m_s \cdot g$. Setzt man D in (1-57) ein, so entsteht

$$\omega^2 = \frac{m\,g}{m\,L} = \frac{g}{L} \tag{1-60}$$

Wegen $\omega = 2\pi/T$ erhält man daraus durch Umordnen auch

$$T = 2\pi \sqrt{\frac{L}{g}} \tag{1-60a}$$

Die Schwingungsdauer eines Fadenpendels hängt also für einen festen Ort der Erdoberfläche nur von der Pendellänge L ab, ist aber *unabhängig* von der Masse des Pendelkörpers. 4-fache Fadenlänge liefert doppelte Schwingungsdauer. Aus Schwingungsdauer und Länge eines Fadenpendels kann man im Prinzip die Fallbeschleunigung g am jeweiligen Beobachtungsort bestimmen (vgl. 1.3.2.1, S. 30), und zwar viel genauer als nach 1.2.2.5, S. 20.

Beachte: (1-59, 1-60, 1-60a) sind Näherungsformeln für *kleine* Schwingungsweite. Größere Auslenkung hat etwas größere Schwingungsdauer zur Folge.

1.3.4.7. Zusammensetzung (Addition) von Schwingungen

Wenn zwei lineare Schwingungen addiert werden, kommt es auf die Richtung der Schwingungen relativ zueinander an, weiter auf die Frequenz und die Amplitude jeder der beiden Schwingungen und auf die Phasendifferenz zwischen ihnen.

Werden zwei lineare Schwingungen addiert, so sind folgende vier Fälle der Überlagerung wichtig:

a) Zwei *parallel* gerichtete lineare Schwingungen mit gleicher Frequenz und Amplitude, aber verschiedener Phase.

b) Zwei *parallel* gerichtete lineare Schwingungen mit etwas verschiedener Frequenz („Schwebung").

c) Zwei *senkrecht zueinander* gerichtete Schwingungen der gleichen Frequenz und Amplitude, wobei die Phasendifferenz jeweils konstanten Wert haben soll.

d) Zwei *senkrecht zueinander* gerichtete Schwingungen mit Frequenzen, die in einem einfachen rationalen Verhältnis, z. B. 2 : 3 oder 2 : 5, stehen. Sie können zu einem bestimmten Zeitpunkt mit frei wählbarer Phasendifferenz beginnen.

Zu a). Zwei gleich gebaute, vertikal schwingende Federpendel werden durch eine leichte Stange verbunden und deren Mittelpunkt an die Wand projiziert. Die *Auslenkung* dieses Mittelpunktes P ist die Hälfte der Summe beider Auslenkungen (Auslenkung nach oben und

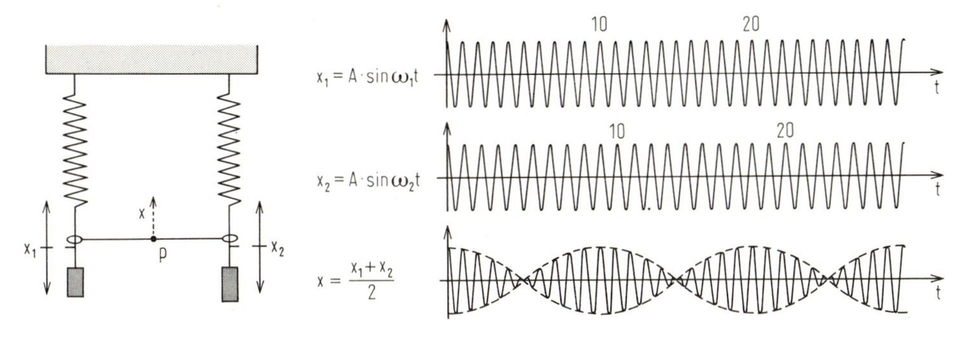

Abb. 28: Schwebung.
Experimentelle Anordnung: Der Mittelpunkt P der leichten Stange wird um $A/2$ ausgelenkt, wenn nur das eine Pendel schwingt. Wenn beide schwingen, addieren sich die halben Auslenkungen beider Pendel unter Berücksichtigung des Vorzeichens.

unten unterscheiden sich im Vorzeichen). Werden beide Pendel gleichphasig (bzw. gegenphasig) angeregt, so schwingt der Mittelpunkt mit der Amplitude $(A_1 + A_2)/2$ (bzw. $(A_1 - A_2)/2$). Ist insbesondere $A_1 = A_2$, so schwingt bei gegenphasiger Anregung der Mittelpunkt überhaupt nicht, die Gesamtamplitude ist Null, man sagt, es erfolgt „Auslöschung durch Interferenz".

Zu b). Die *Frequenz* des einen der beiden Pendel werde durch Anhängen eines kleinen Körpers verkleinert. Die Pendel haben dann die Kreisfrequenzen ω_1 und $\omega_2 \lesssim \omega_1$. Sie werden mit derselben Amplitude A angeregt. Dann beobachtet man periodische Zu- und Abnahme der

Amplitude des Mittelpunktes. Er führt eine „Schwebung" aus (vgl. Abb. 28). Die Auslenkung als Funktion der Zeit ist dann

$$\frac{A}{2} \cdot (\sin \omega_1 t + \sin \omega_2 t) = A \cdot \cos \left(\frac{\omega_1 - \omega_2}{2} t \right) \cdot \sin \left(\frac{\omega_1 + \omega_2}{2} t \right) \tag{1-61}$$

Der zweite Faktor rechts beschreibt eine Schwingung mit der Kreisfrequenz $\approx \omega_1 \approx \omega_2$, der erste Faktor eine langsame Amplitudenänderung (in Abb. 28 gestrichelt) mit der Schwebungsfrequenz $\omega_s = (\omega_1 - \omega_2)/2$.

Umgekehrt kann man aus einer periodisch zu- und abnehmenden Amplitude *auf* eine *Überlagerung* von zwei Schwingungen mit nur wenig verschiedener Frequenz *schließen.*

Zu c). Addition zweier zueinander *senkrecht* gerichteter Schwingungen *gleicher* Frequenz und Amplitude bei *konstantem* Phasenunterschied:

Eine Schwingung in der einen Richtung $\vec{x} = \vec{A}_x \cdot \sin \omega t$ und eine Schwingung in der dazu senkrechten Richtung $\vec{y} = \vec{A}_y \cdot \sin (\omega t + \delta)$ ergeben eine resultierende Auslenkung, wie in Abb. 29 für einen bestimmten Zeitpunkt dargestellt. In den Sonderfällen $\delta = 0°$

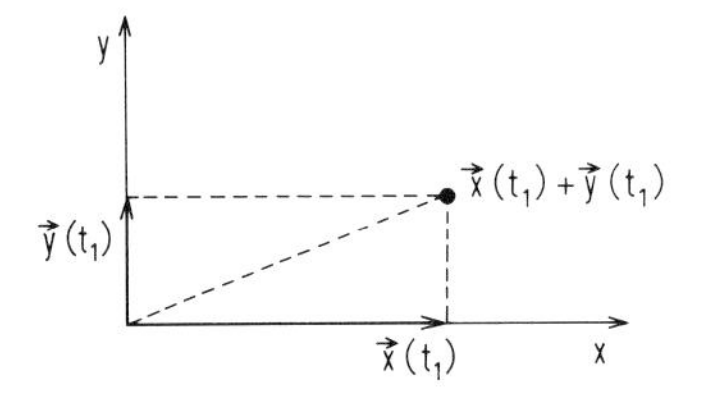

Abb. 29. Addition zweier zueinander senkrecht gerichteter Schwingungen (Vektoraddition, Superposition).
Nach dem gezeichneten Diagramm kann die resultierende Auslenkung $\vec{x}(t_1) + \vec{y}(t_1)$ für beliebige Zeitpunkte t_1 ermittelt werden. $\vec{x}(t_1)$ ist die Auslenkung der einen Schwingung in x-Richtung. $\vec{y}(t_1)$ die der anderen in y-Richtung, beide zum Zeitpunkt t_1.

und $\delta = 180°$ entsteht eine lineare Schwingung, bei anderen Phasenverschiebungen führt die resultierende Auslenkung eine elliptische oder eine zirkulare Schwingung aus, wie in Abb. 30 gezeichnet. Man beachte auch den Umlaufsinn! Man sieht, daß eine Kreisbewegung aus zwei linearen Schwingungen gleicher Amplitude mit 90° Phasenverschiebung zusammengesetzt werden kann.

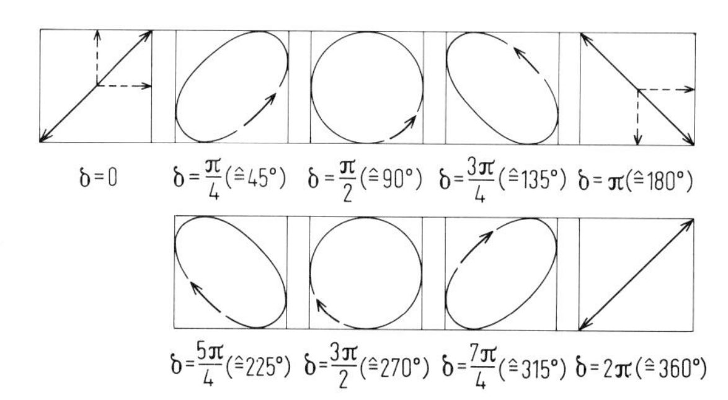

Abb. 30. Resultierende Schwingungen für Phasenverschiebungen δ von 0 bis 2π. Bei $\delta = 0$ und $\delta = \pi$ sind die beiden Auslenkungen $x(t)$ und $y(t)$ gestrichelt bei Maximalauslenkung eingezeichnet. Es entsteht eine lineare Schwingung. Bei $\delta = \pi/2$ ergibt sich eine linkszirkulare, bei $\delta = 3\pi/2$ eine rechtszirkulare, bei Zwischenwerten eine elliptische Schwingung.

Falls die Amplituden der beiden Schwingungen *nicht* den gleichen Betrag haben, $|A_x| \neq |A_y|$, dann müssen die Figuren Abb. 30 nach der einen Richtung gedehnt werden. Aus dem einhüllenden Quadrat wird ein Rechteck. Auch bei $\delta = 90°$ entsteht dann eine Ellipse.

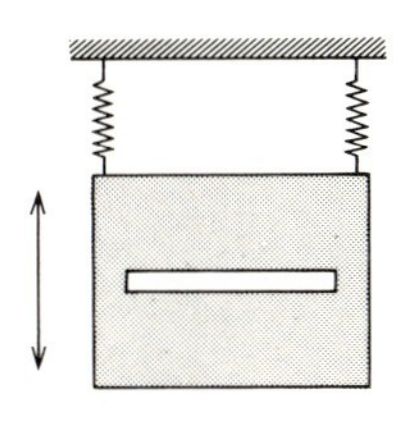

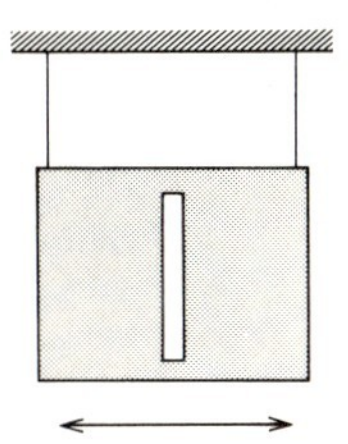

Abb. 31. Anordnung zur Vektoraddition von zwei aufeinander senkrechten linearen Schwingungen.
Die Platten werden hintereinander angeordnet und von hinten beleuchtet. Der Kreuzungspunkt der beiden Schlitze führt die resultierende Schwingung aus.

Die Überlagerung läßt sich experimentell realisieren (Abb. 31), wenn man z. B. eine Platte mit vertikalem Schlitz, die an 2 Fäden als Schwerependel schwingt, und eine Platte mit horizontalem Schlitz, die als vertikales Federpendel schwingt, hintereinander aufstellt. Durch Beleuchtung von hinten erhält man einen Lichtpunkt, der die zusammengesetzte Schwingung ausführt (Vektorsumme der beiden Auslenkungen). Wenn ein geringer Unterschied in der Schwingungsdauer besteht, werden die Figuren der Abb. 30 nacheinander durchlaufen.

zu d). Die Addition von zwei senkrecht zueinander gerichteten Schwingungen mit Frequenzen, die in einem einfachen *rationalen* Verhältnis zueinander stehen, liefern geschlossene Linien („Lissajous-Figuren"). Die Kurven für $\omega_1 : \omega_2 = 2 : 3$ und für verschiedene Phasenverschiebungen zeigt Abb. 32.

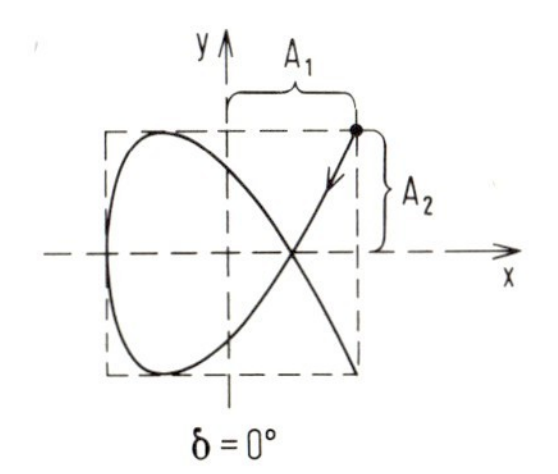

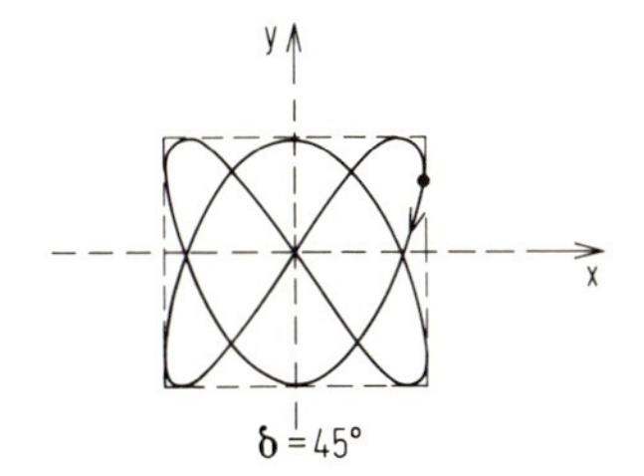

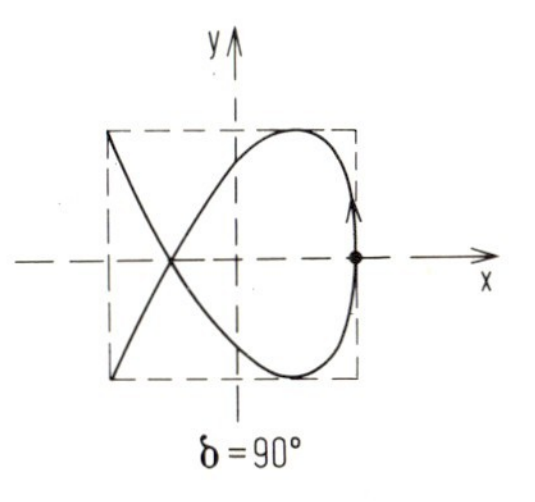

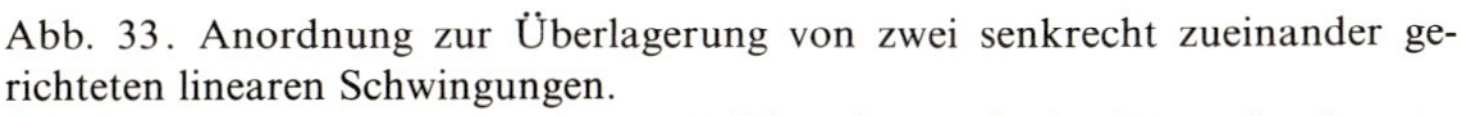

Abb. 32. Überlagerung von zwei senkrecht zueinander gerichteten Schwingungen mit (einfachem) rationalem Frequenzverhältnis, wobei in allen Fällen gilt $x = A_1 \cdot \sin(2\,\omega t + \pi)$, $y = A_2 \cdot \sin(3\,\omega t + \pi + \delta)$. Nur δ ist geändert.
Gezeichnet sind die resultierenden Schwingungen (Lissajous-Figuren) für das Frequenzverhältnis $\omega_1 : \omega_2 = 2 : 3$ bei drei Phasenverschiebungen.

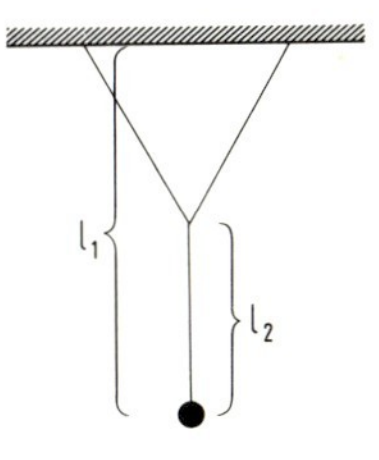

Abb. 33. Anordnung zur Überlagerung von zwei senkrecht zueinander gerichteten linearen Schwingungen.
Das Pendel schwingt senkrecht zur Zeichenebene mit der Länge l_1, dagegen parallel zur Zeichenebene mit der Länge l_2. Das wird durch die bifilare Aufhängung der Länge $l_1 - l_2$ ermöglicht.

Die Überlagerung läßt sich z. B. mit dem in Abb. 33 gezeigten zusammengesetzten Pendel realisieren. Dieses Pendel ist oben „bifilar" (zweifädig) aufgehängt. Senkrecht zur Ebene der Aufhängefäden schwingt es mit der ganzen Länge l_1. Setzt man es im unteren Teil in der Ebene der Aufhängefäden in Schwingung, so schwingt es mit der Länge l_2. Durch passende Wahl von $l_1 : l_2$ wird zum Beispiel $\omega_1 : \omega_2 = 2 : 3$ eingestellt. Die Kurvenbahn kann mit einem Sandstreuer unter dem Pendelkörper leicht aufgezeichnet werden. Das Ergebnis zeigt Abb. 32.

Vergrößerung einer der beiden Amplituden ergibt Dehnung der Figur in der entsprechenden Schwingungsrichtung, Änderung des Verhältnisses von $\omega_1 : \omega_2$ liefert andere Kurven, ebenso die Änderung der Phasendifferenz zwischen beiden Schwingungen.

Diese auf den ersten Blick verhältnismäßig komplizierten Schwingungsformen lassen sich also in einfacher Weise auf zwei lineare Schwingungen zurückführen.

1.3.5. Energie, Leistung, Wirkung

1.3.5.1. Energie (Arbeit) und Energieerhaltungssatz

Das skalare Produkt aus Kraft $\vec{F}$ in der Wegrichtung und Weg $d\vec{s}$ nennt man Energie, genauer $W = \int \vec{F} \cdot d\vec{s}$. Die Energie (insbesondere die kinetische Energie) hängt wie der Impuls von der Wahl des Bezugssystems ab. Die gesamte Energie in einer abgeschlossenen Gesamtheit bleibt erhalten.

Definition. Eine Kraft $\vec{F}$ greife an einem materiellen Körper an und dieser bewege sich dabei um das (vektorielle) Wegstück $d\vec{s}$. Das skalare Produkt aus Kraft $\vec{F}$ und Weg $d\vec{s}$ bzw. das Integral darüber nennt man dann die aufgewendete „Arbeit“ oder „Energie“ W, also

$$\Delta W = \int \vec{F} \cdot d\vec{s} = \int |\vec{F}| \cdot |d\vec{s}| \cdot \cos(\vec{F}, d\vec{s}) \tag{1-62}$$

Anders ausgedrückt: Arbeit ist das Produkt aus Kraftkomponente in der Wegrichtung (also $|F| \cdot \cos(\vec{F}, d\vec{s})$) und zurückgelegtem Weg. Die Energie ist eine skalare Größe bei dreidimensionaler Beschreibung, sie ist aber relativistisch nicht invariant.

Spezialfall. Unter der Voraussetzung, daß $\vec{F}$ nach Betrag und Richtung konstant und der Weg $\vec{s}$ geradlinig ist, wird aus (1-62)

$$\Delta W = |\vec{F}| \cdot |\vec{s}| \cdot \cos(\vec{F}, \vec{s}). \tag{1-62a}$$

Für die Dimension gilt dim W = dim F · dim l.

Auf Grund der Definition (1-62) erhält man als kohärente Einheit der Arbeit

$$[W] = [F] \cdot [s] = 1\ \text{N} \cdot 1\ \text{m} = 1\ \text{kg} \cdot \text{m}^2/\text{s}^2 = 1\ \text{J}$$

Für 1 N · m führt man die Bezeichnung 1 Joule (1 J) ein (international genormte Aussprache Dschûl).

Wie in der Elektrizitätslehre 4.2.7.7 besprochen wird, gilt außerdem 1 Joule = 1 Wattsekunde = 1 Volt-Amperesekunde oder unter Benutzung der üblichen Kurzzeichen

$$1\ \text{J} = 1\ \text{Ws} = 1\ \text{VAs}$$

Mit der Umrechnung 1 kWs = 1000 Ws und 3600 s = 1 h ergibt sich 1 kWh = 3600000 Ws = 3600000 Nm = 3600000 J = 3,6 MJ (3,6 Megajoule).

Für die Arbeit gilt wie für den Impuls ein *Erhaltungssatz*, ein weiterer Erhaltungssatz wird beim Drehimpuls (1.4.3.5) auftreten. Eine Kraft parallel zur Geschwindigkeit ändert Impuls *und* Energie, eine Kraft senkrecht zur Geschwindigkeit ändert den Impuls, nicht aber die Energie.

Der *Energieerhaltungssatz* lautet: In einer abgeschlossenen Gesamtheit von physikalischen Objekten ist der gesamte Energieinhalt konstant. „Die Energie bleibt erhalten“.

Die Energie ist eine skalare Größe (bei dreidimensionaler Betrachtung). Der Energieerhaltungssatz liefert daher nur *eine einzige* Bestimmungsgleichung. Er gilt natürlich nur dann unbeschränkt, wenn man alle möglichen Energieformen (und auch die Äquivalenzenergie der Masse) einbezieht. Dabei ist noch folgender Umstand wichtig:

Die Wärmeenergie unterscheidet sich von *allen* anderen Energieformen dadurch, daß sie oft nur zu einem Bruchteil in irgendwelche anderen Energieformen umgewandelt werden kann (vgl. 3.6.5), Genaueres 3.6.9 (Entropie).

1.3.5.2. Energieformen der Mechanik

F/L 1.1.2, 1.2.1 u. 1.2.3

In der Mechanik treten folgende Energieformen auf:

1. Gravitationsenergie (d.h. Hubarbeit = Gewicht · Hubhöhe) $(m_s \cdot H_g) \cdot h = m \cdot g \cdot h$.
2. Spannarbeit einer Schraubenfeder $(1/2) \cdot D x^2$,
3. kinetische Energie eines bewegten materiellen Körpers $(1/2) \cdot m v^2$.
4. Reibungsarbeit.

Über weitere Energieformen vgl. 4.2.7 elektrische Energie, 4.4.5 magnetische Energie, 6.3.3 und 7.2.4 Anregungsenergie von Atomen und Atomkernen.

Hubarbeit. Beim Hub in vertikaler Richtung (hier F = Gewicht) ist

$$\vec{F} \parallel \mathrm{d}\vec{s}, \quad \text{also} \quad \cos(\vec{F}, \mathrm{d}\vec{s}) = 1.$$

Durch Einsetzen von $F = m_s \cdot H_g = m \cdot g$ erhält man:

$$\Delta W = \int_0^h \vec{F} \cdot \mathrm{d}\vec{s} = m_s \cdot H_g \cdot h = m \cdot g \cdot h \tag{1-63}$$

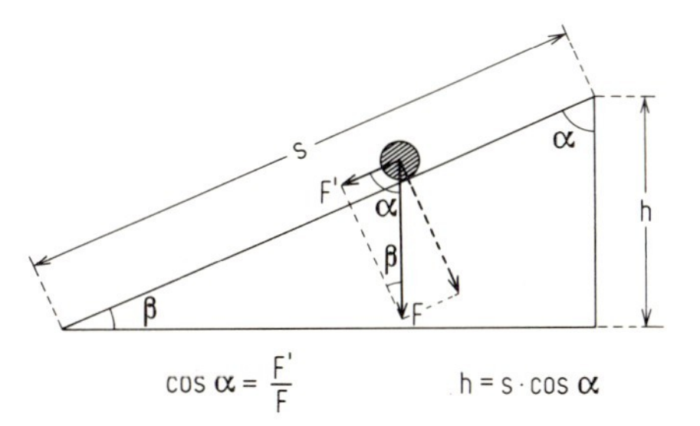

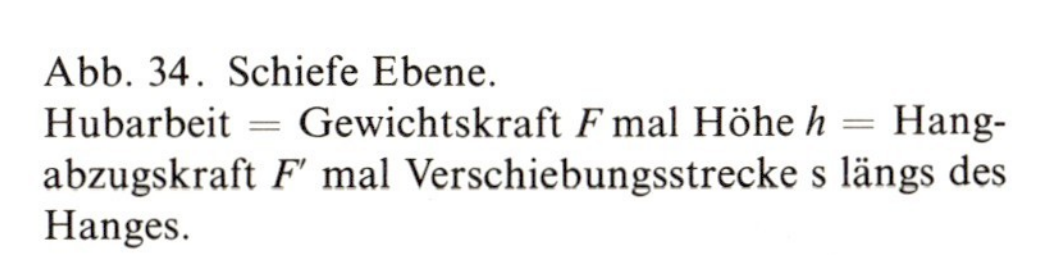
Abb. 34. Schiefe Ebene.
Hubarbeit = Gewichtskraft F mal Höhe h = Hangabzugskraft F' mal Verschiebungsstrecke s längs des Hanges.

Beim Hub entlang einer schiefen Ebene mit dem Neigungswinkel β (vgl. Abb. 34) gilt:

$$\Delta W = F \cdot s \cdot \cos\alpha; \quad \text{mit} \quad \alpha = \text{Winkel}(\vec{F}, \mathrm{d}\vec{s}) = 90^\circ - \beta.$$

Dabei ist $F' = F \cdot \cos\alpha$ die Komponente der Kraft in Wegrichtung, oder $s \cdot (\cos\alpha) = h$ ist die Projektion des Weges in die Kraftrichtung. Beim Hub längs einer schiefen Ebene wirkt eine schwächere Kraft längs eines größeren Weges.

Beispiel. An einem Körper der schweren Masse (Gravitationsladung) $m_s = 50\ g_s$ wirkt die Gewichtskraft $F = m_s \cdot H_g = 0{,}05\ kg_s \cdot 9{,}81\ N/kg_s = m \cdot g = 0{,}05\ kg \cdot 9{,}81\ m/s^2 = 0{,}49\ N = 0{,}05\ kp$. Bei einer Hubhöhe 1,2 m ist die Hubarbeit $0{,}05\ kp \cdot 1{,}2\ m = 0{,}06\ kp \cdot m = 0{,}49\ N \cdot 1{,}2\ m \approx 0{,}6\ Nm$.

Wird derselbe Körper auf einer schiefen Ebene mit der Neigung $\beta = 30°$ um $h = 1{,}2$ m gehoben, dann ist der Weg auf der schiefen Ebene $s = 1{,}2\ m/\sin\beta = 2{,}4$ m, da $\sin 30° = 1/2$ ist. Die Komponente der Gewichtskraft parallel zur schiefen Ebene beträgt $F \cdot \sin\beta$, also ist die Hubarbeit $= (0{,}49\ N \cdot 1/2) \cdot 2{,}4\ m \approx 0{,}6\ Nm$, wie vorhin.

Spannarbeit. Bei der Dehnung einer Feder wirkt eine Kraft $\vec{F}$. Ihr Betrag ändert sich linear mit der Längung $\vec{x}$, hierbei sind Kraft und Weg parallel zueinander. Es gilt $\vec{F} = -D \cdot \vec{x}$. Daher ergibt sich für das Entspannen der Feder von $x = l$ bis $x = 0$ die Arbeit

$$W = \int_l^0 \vec{F}\,d\vec{s} = -\int_l^0 Dx \cdot dx = (1/2)Dx^2 \Big|_0^l = (1/2)Dl^2 \tag{1-64}$$

vgl. dazu Abb. 35. Die zum Spannen der Feder aufgewendete Arbeit entspricht der grau getönten Fläche.

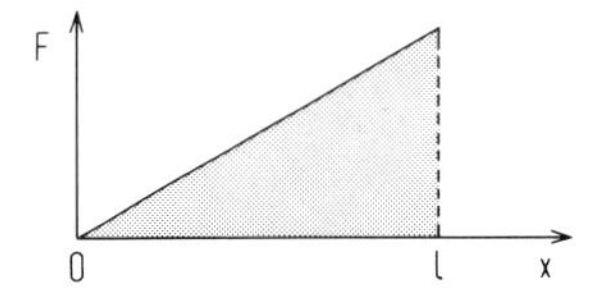

Abb. 35. Spannen einer Feder. Die Arbeit beim Spannen beträgt: $\int_0^l D \cdot x \cdot dx = (1/2) \cdot D \cdot l^2$.

Beispiel. Eine Feder mit $D = 1{,}4\ N/0{,}1\ m = 14\ N/m$ ist um $l = 0{,}30$ m gedehnt. Beim Entspannen leistet sie die Arbeit

$$W = 1/2 \cdot 14{,}0\ N/m \cdot (0{,}30\ m)^2 = 0{,}63\ Nm = 0{,}63\ Ws.$$

Beschleunigungsarbeit. Bei der Beschleunigung eines materiellen Körpers durch eine Kraft längs eines Weges gibt es zwei Grenzfälle

a) $\vec{v} \parallel \vec{a}$ (geradlinige Bewegung)
b) $\vec{v} \perp \vec{a}$ (Kreisbewegung)

Fall a). Mit $\vec{v} \parallel \vec{a}$ ist auch $\vec{F} \parallel d\vec{s}$, also $\cos(\vec{F}, d\vec{s}) = 1$. Die bei der Beschleunigung geleistete Arbeit ist $W = \int \vec{F}\,d\vec{s}$. Durch Einsetzen von $\vec{F} = m\,d\vec{v}/dt$, von $d\vec{s} = \vec{v} \cdot dt$ und $(d\vec{v}/dt)\,dt = d\vec{v}$ erhält man

$$\Delta W = W_1 - W_2 = \int_{v_0}^{v_1} mv \cdot dv = 1/2 \cdot mv_1^2 - 1/2 \cdot mv_0^2 \tag{1-65}$$

Die Arbeit, die zur Beschleunigung eines materiellen Körpers aus der Ruhelage ($v_0 = 0$) auf die Geschwindigkeit v aufgewandt worden ist, nennt man kinetische Energie $W_k = 1/2 \cdot mv^2$ dieses Körpers.

Es sei schon hier darauf hingewiesen, daß diese Gleichung *nicht* allgemein gilt, sondern nur für den Grenzfall $v \ll c$. Um die korrekte Gleichung $W_{kin} = m^2 v^2/(m + m_0)$ zu erhalten, muß man von (1-19a) ausgehen und gelangt zu den in 6.1.6 besprochenen Gleichungen (6-6 und 6-10). Näheres dort.

Fall b). Damit ein Körper eine Kreisbahn bei konstanter Geschwindigkeit durchlaufen kann, muß auf ihn nach 1.3.4.2 in radialer Richtung dauernd eine Kraft wirken. Mit $\vec{v} \perp \vec{a}$ ist auch $\vec{F} \perp d\vec{s}$, also $\cos(\vec{F}, d\vec{s}) = 0$. Die Radialkraft leistet daher keine Arbeit.

Ebenso wie die Geschwindigkeit hängt die kinetische Energie im Fall a) von der Wahl des Bezugssystems ab. Vergleiche Beispiel 4.

Größenordnungen von Energien.
1. Ein Bergsteiger (Masse 75 kg) steigt von Meereshöhe auf einen 5000 m hohen Berg. Seine Gewichtskraft ist 75 kp = 9,81 N/kg$_s$ · 75 kg$_s$ = 9,81 m/s^2 · 75 kg = 735 N.
Die erforderliche Hubenergie beträgt 735 N · 5000 m = 3680000 Nm ≈ 1 kWh.
2. Ein Eisenbahnzug, aus einer Lokomotive (Masse 150000 kg) und 8 Wagen (Masse je 45000 kg) bestehend, soll aus der Ruhe auf eine Reisegeschwindigkeit von 72 km/h = 20 m/s beschleunigt werden. Die reine Beschleunigungsarbeit beträgt (1/2) · 510 · 10^3 kg · (20 m/s)^2 ≈ 10^8 Ws = 100 MWs ≈ 27 kWh.
3. Ein Überseedampfer der Masse 10000 t und einer Geschwindigkeit von 15 Knoten (= Seemeilen/Stunde) = 28 km/h = 7,7 m/s benötigt an reiner Beschleunigungsenergie rund 83 kWh.
4. Eine Kiste mit der Masse 1000 kg, die sich in einem Eisenbahnzug befindet, der mit der konstanten Geschwindigkeit 20 m/s fährt, hat relativ zur Erde die kinetische Energie (1/2) · 1000 kg · (20 m/s)^2 = = 200000 J, dagegen relativ zum Eisenbahnzug die kinetische Energie Null.

1.3.5.3. Umwandlung von Energieformen *F/L 3.1.2*

Hubarbeit, Spannarbeit, Beschleunigungsarbeit können wechselseitig ineinander umgewandelt werden. In einer abgeschlossenen Gesamtheit ist die Summe dieser Energien konstant, sofern von der Reibung abgesehen werden kann.

a) Spannarbeit kann in kinetische Energie umgewandelt werden (und umgekehrt).

Ein großer Wagen (Abb. 36) wird beim Entspannen einer zusammengepreßten Matratzenfeder (Energieinhalt $(1/2) D l^2$) in Bewegung gesetzt. Das Widerlager der Feder ist mit

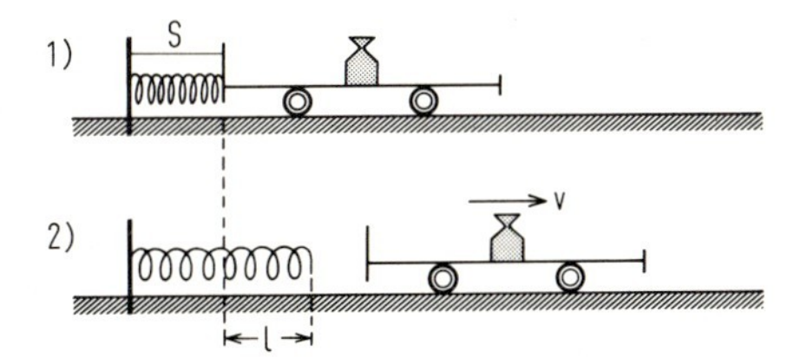

Abb. 36. Umwandlung von Spannarbeit in kinetische Energie.
Die Spannarbeit im Zustand 1) beträgt $(1/2) D \cdot l^2$ und ist gleich der kinetischen Energie im Zustand 2), nämlich $(1/2) m v^2$.

dem Erdboden fest verbunden. Durch Entspannen der Feder erhält der Wagen die kinetische Energie $(1/2) m v^2 = (1/2) D l^2$, relativ zum Bezugssystem Erdboden, die Spannarbeit wird in kinetische Energie verwandelt.

Beispiel: Masse des Wagens m = 10 kg (bzw. 40 kg nach Aufsetzen von 30 kg); die Feder (D = 40 N/8 cm = = 500 N/m) wird um l = 14 cm zusammengepreßt. Die Feder enthält dann nach Gl. (1-64) die Spannarbeit (1/2) · 500 N/m · (0,14 m)^2 = 5 Nm. Nach Freigabe der Feder legt der Wagen die Strecke s = 2 m in t = 2 s (bzw. in 4 s) zurück. Die Tabelle enthält die Versuchsergebnisse.

Tabelle 11. Kinetische Energie aus Spannarbeit.

Masse des Wagens	Geschwindigkeit	$W_{kin} = (1/2)\,mv^2$
10 kg	$\frac{2\ \mathrm{m}}{2\ \mathrm{s}} = 1\ \frac{\mathrm{m}}{\mathrm{s}}$	$(1/2) \cdot 10\ \mathrm{kg} \cdot \left(1\ \frac{\mathrm{m}}{\mathrm{s}}\right)^2 = 5\ \mathrm{Nm}$
40 kg	$\frac{2\ \mathrm{m}}{4\ \mathrm{s}} = 0{,}5\ \frac{\mathrm{m}}{\mathrm{s}}$	$(1/2) \cdot 40\ \mathrm{kg} \cdot \left(0{,}5\ \frac{\mathrm{m}}{\mathrm{s}}\right)^2 = 5\ \mathrm{Nm}$

Ergebnis: Die Spannarbeit 5 Nm wird in kinetische Energie verwandelt.

b) Spannarbeit kann in Hubarbeit verwandelt werden (und umgekehrt).

Ein Wagen ist durch einen über eine Rolle laufenden Faden mit einem Gewichtsstück (Masse $m = 50$ g) verbunden (siehe Abb. 37). Neben der Schiene ist eine Schraubenfeder montiert, die am Wagen angereift und nach dem Entspannen sich vom Wagen löst. In der

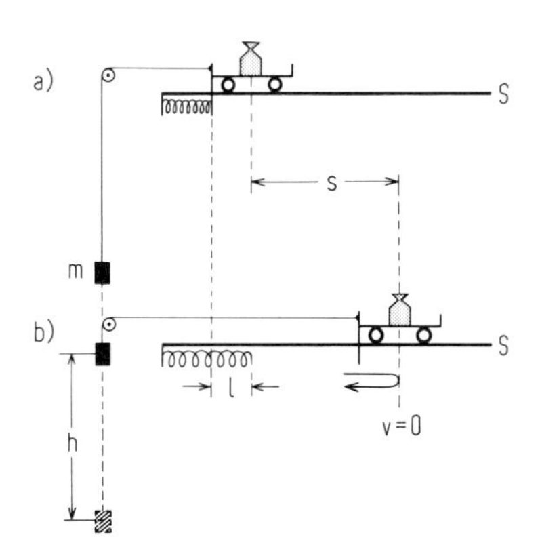

Abb. 37. Umwandlung von Spannarbeit in Hubarbeit. S: Schiene.
a) Die Feder ist gespannt und der Wagen noch festgehalten. Nach Loslassen des Wagens entspannt sich die Feder und der Wagen bewegt sich nach rechts. Dabei wird das Gewichtstück (Masse m) gehoben.
b) Im Umkehrungspunkt (bei $v = 0$) gilt: $m \cdot g \cdot h = (1/2) D \cdot l^2$ und $h = s$.

Ausgangsstellung des Wagens ist die Feder gespannt. Nach Loslassen wird der Wagen in Bewegung gesetzt und kommt nach der Strecke s für einen Augenblick zur Ruhe. In diesem Augenblick ist das Gewichtsstück um $h = s$ gehoben, und die Spannarbeit der Feder sowie die kinetische Energie sind Null. Anschließend setzt sich der Wagen in umgekehrter Richtung in (beschleunigte) Bewegung. Nun wird Hubarbeit zunächst wieder in kinetische Energie verwandelt usw.

Beispiel. In der Ausgangsstellung sei die Feder ($D = 14$ N/m) um $l = 0{,}3$ m zusammengedrückt. Wie in 1.3.5.2 berechnet, enthält sie die Spannarbeit $W = 0{,}63$ Ws. Die Hubarbeit am Gewichtsstück mit $m = 50$ g ist nach 1.3.5.2 zu 1) $W = 0{,}6$ Nm $= 0{,}6$ Ws. Es gilt: Hubarbeit = Spannarbeit (der geringe Unterschied rührt von Reibungsverlusten her).

Wiederholt man den Versuch mit vergrößerter Masse durch Anhängen von Metallklötzen an den Wagen, so ändert sich zwar der zeitliche Ablauf der Bewegung, der Wagen erreicht aber *denselben* Umkehrpunkt. Spannarbeit und Hubarbeit sind unverändert.

Die Beispiele a) und b) beziehen sich auf vollständige Umwandlung einer Energieform in eine zweite. Beim Wagen der Abb. 37 und ebenso beim vertikalen Federpendel 1.3.4.5, Abb. 26, könnte man ausrechnen, daß für jeden Zeitpunkt der Bewegung gilt: Spannarbeit + + Hubarbeit + kinetische Energie = const.

Ergebnis: Die gesamte mechanische Energie bleibt erhalten.

1.3.5.4. Potentielle und kinetische Energie

Kraftfelder, für die das Wegintegral $\int_{P_0}^{P} \vec{F}\, d\vec{s}$ vom Wege unabhängig ist, haben ein Potential.

Bewegt sich ein materieller Körper, auf den Kräfte wirken, von einem Punkt (Ort) P_0 zu einem Punkt (Ort) P, so wird bei dieser Bewegung die Arbeit $\int_{P_0}^{P} \vec{F}\, d\vec{s}$ geleistet. Hineingesteckte Arbeit wird positiv, frei werdende Arbeit negativ gezählt. Nach 1.3.5.1 gilt:

$$\int_{P_0}^{P} \vec{F} \cdot d\vec{s} = \frac{m}{2} v_P^2 - \frac{m}{2} v_{P_0}^2 \qquad (1\text{-}66)$$

Man kann von einem Punkt P_0 meist auf beliebig vielen verschiedenen Wegen zum Punkt P gelangen. Viele ortsabhängige Kräfte haben die Eigenschaft, daß das Wegintegral der Kraft (1-66 links) vom Weg (Abb. 38) *unabhängig* ist. In diesem Fall hängt der Wert des

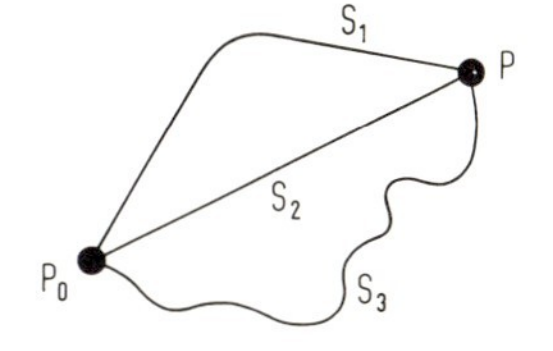

Abb. 38: Potentielle Energie als Wegintegral über eine Kraft. S_1 : bedeutet Weg 1, ebenso S_2 : Weg 2 usw., Wenn $-\int_{P_0}^{P} F \cdot ds$ auf allen Wegen denselben Wert liefert, so ist $-\int_{P_0}^{P} F\, ds$ bei festgehaltenem P_0 eine Funktion von P allein und wird potentielle Energie genannt.

Integrals nur von der Wahl des Anfangs- und Endpunktes des Integrationsweges, nämlich von P_0 und P ab. Das Kraftfeld ist dann „wirbelfrei". Dann kann man eine potentielle Energie W_p relativ zum Ort P_0 angeben und definieren durch

$$-\int_{P_0}^{P} \vec{F} \cdot d\vec{s} = W_p(P) \qquad (1\text{-}67)$$

Dann ist auch die kinetische Energie eine Funktion des Ortes, also

$$(1/2) m v_P^2 = W_k(P) \qquad (1\text{-}68)$$

Ortsabhängige Kräfte, die nicht wirbelfrei sind, treten auf z. B. in 1.5.3.4, S. 136.

Meist wird die potentielle Energie von einem willkürlich wählbaren Ausgangspunkt P_0 gezählt, der auch im Unendlichen liegen kann.

Beispiel. Hubarbeit vom Fußboden des Laboratoriums, oder vom Meeresniveau. Bei elektrischer Energie 4.2.7.4 bezieht man sich dagegen auf einen Punkt in unendlicher Entfernung. Beispiele für potentielle Energien sind: Gravitationsenergie (Hubarbeit), elektrostatische Energie, Spannarbeit.

Wenn man W_p (P) und W_k (P) aus (1-67) und 68) einsetzt und das Potential von P_0 aus zählt, schreibt sich die Gleichung (1-66)

$$W_p(P) + W_k(P) = W_k(P_0) = \text{const.} \qquad (1\text{-}69)$$

Mit den Bezeichnungen U für W_p und T für W_k lautet sie

$$U + T = \text{const} \tag{1-69a}$$

Mit Worten: Die Summe der kinetischen und potentiellen Energie ist konstant (wenn die Reibung ausgeschlossen ist). Dies ist eine spezielle Form des Energieerhaltungssatzes.

Beispiele: Freier Fall (potentielle Energie = Gravitationsenergie), horizontales Federpendel (potentielle Energie = Spannarbeit), vertikales Federpendel (potentielle Energie = Hubarbeit + Spannarbeit).

Neben der potentiellen Energie führt man das Potential ein: Gravitationsenergie/Gravitationsladung nennt man Gravitationspotential Φ_s. Dabei ist dim W/dim m_s = dim Φ_s. Elektrische Energie/elektrische Ladung nennt man elektrisches Potential φ usw. Dabei ist dim W/dim Q = dim φ. Potentialdifferenz gegenüber dem Potential der Erde heißt Spannung U. Das Potential ist wie die potentielle Energie eine Funktion des Ortes und wird von einem wählbaren Ausgangspunkt gezählt.

Felder, in denen man jedem Punkt ein eindeutiges Potential zuordnen kann, nennt man *Potentialfelder*. Es gibt auch Kraftfelder, in denen das Wegintegral

$$\int_{P_0}^{P} \vec{F} \cdot \mathrm{d}\vec{s}$$

vom Weg *abhängig* ist (Ringfelder). Solche Felder haben kein Potential. Beispiel 4.4.1.2, insbes. Abb. 245.

1.3.5.5. Gleichgewichte

Ein materieller Körper in einem Kraftfeld (Schwerefeld, elektrisches Feld, magnetisches Feld, usw.) kann sich im stabilen, labilen oder indifferenten Gleichgewicht befinden.

Eine Kugel im Schwerefeld auf einer nach oben konkaven Unterlage (Abb. 39a) wird bei einer Auslenkung aus ihrer Ruhelage durch eine Komponente des Gewichtes wieder in die Ruhelage zurückgezogen. Man sagt, sie befindet sich im *„stabilen Gleichgewicht"*.

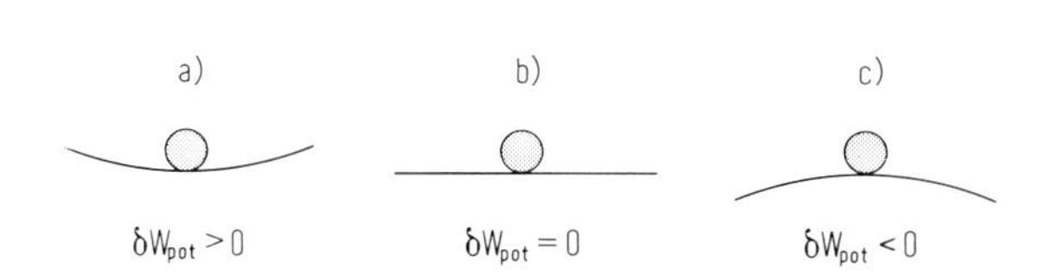

Abb. 39. Gleichgewicht.
a) Stabiles,
b) indifferentes,
c) labiles Gleichgewicht.
δW_{pot} = Änderung der potentiellen Energie bei einer kleinen Verrückung des Körpers.

Eine Kugel auf einer horizontalen Ebene (Abb. 39b) bleibt nach Verrückung aus der bisherigen Lage stets kräftefrei liegen. Sie befindet sich im *„indifferenten Gleichgewicht"*.

Eine Kugel, die sich auf einer nach unten konkaven Unterlage (Abb. 39c) im obersten Punkt der Fläche befindet, wird bei geringster Auslenkung durch eine Komponente der Gewichtskraft aus der Ausgangslage weggezogen. Sie befindet sich im *„labilen Gleichgewicht"*.

Allgemein gilt: Ein materieller Körper befindet sich im stabilen, indifferenten bzw. labilen Gleichgewicht, wenn seine potentielle Energie bei einer geringen Verrückung zunimmt, gleichbleibt bzw. abnimmt. Verrückungen nach allen Seiten müssen betrachtet werden.

1.3.5.6. Reibung, Energieerhaltung verallgemeinert *F/L 1.2.2*

Zur Reibung tragen viele verschiedenartige Vorgänge bei, insbesondere innere Reibung, Andrehen von Wirbeln in Flüssigkeiten, sowie Gasen und Abstrahlung.

In der Formulierung von 1.3.5.4 gilt der Energieerhaltungssatz nur bei reibungsfreien Vorgängen (Beispiel: Bewegung im Vakuum, Planetenbewegung).

Durch unvermeidbare Einflüsse wird bei Bewegungsvorgängen in unserer Umgebung jeweils ein Teil der Energie in Wärmeenergie verwandelt (zu Wärmeenergie, vgl. 3.5). Diese Einflüsse faßt man unter dem Sammelnamen „Reibung" zusammen. Zur Reibung tragen bei: Innere Reibung in Flüssigkeiten und Gasen (1.5.3.4), Abschaben von Teilen eines festen Körpers, Verformen, Übergang kinetischer Energie an benachbarte materielle Körper, auch an Luft, Verschiebung elektrischer Ladung in Materie und viele andere Vorgänge.

Beispiel. Der Luftwiderstand beim schnellen Bewegen eines Gegenstandes (Blatt Papier, Auto, Flugzeug) rührt davon her, daß die (unsichtbaren) Luftmoleküle zur Seite geschoben, d. h. beschleunigt werden müssen. Ihre kinetische Energie geht in Wärmeenergie über.

Bei jedem mechanischen, elektrischen oder sonstigen Vorgang, bei dem Reibung (Erwärmung) eintritt, wird nicht nur Wärmemenge Q, sondern auch neue (unzerstörbare!) Entropie Q/T erzeugt und damit der Entropiegehalt der beteiligten Stoffe erhöht. T ist die (absol.) Temperatur, bei der die Entropie entstanden ist.

Beispiel. Wenn man Blei durch Hämmern verformt, erwärmt es sich. Dabei wird im Endeffekt kinetische Energie in Wärmeenergie Q („Wärmemenge") verwandelt und dadurch neue Entropie Q/T erzeugt.

Wenn Wärmeenergie aus anderen Energieformen entsteht, gilt allgemein:

$$U + T + Q = \text{const.}$$

Dabei gilt die Einschränkung: In der Regel kann Wärmeenergie nur *teilweise* in andere Energieformen umgewandelt werden, vgl. 3.6.5 zweiter Hauptsatz der Wärmelehre.

Nur im Fall der Reibung in Flüssigkeiten oder in Gasen ist die Reibungskraft eine wohldefinierte Größe, vgl. 1.5.3.4. In diesem Fall erhält man bei mäßiger Geschwindigkeit, d. h. solange keine Wirbel angeregt werden, eine zur Geschwindigkeit proportionale Reibungskraft

$$F_r = -c \cdot v,$$

vgl. 1.5.3.4 Innere Reibung in Flüssigkeiten (Stokes), 1.6.2 Flüssigkeitsströmung, 2.1.1 Dämpfung einer Schwingung.

Abstrahlung. Auch mechanische Schwingungen (beliebiger Frequenz) führen Energie weg (z. B. Erschütterung des Stativs oder Fundaments, auch Schallschwingungen).

1.3.5.7. Leistung

Unter Leistung P versteht man Energie/Zeit.

Definition. Den Quotienten aus Energie W und Zeit t, in der diese Energie aufgewendet wird, nennt man Leistung P.

$$P = W/t \quad \text{bzw} \quad \mathrm{d}W/\mathrm{d}t$$

Für die kohärente Einheit der Leistung folgt:

$$[P] = \frac{[W]}{[t]} = \frac{1\,\text{Nm}}{1\,\text{s}} = 1\,\frac{\text{Nm}}{\text{s}} = 1\,\frac{\text{J}}{\text{s}} = 1\frac{\text{Ws}}{\text{s}} = 1\,\text{W}$$

Durch Vorsätze (vgl. 1.1.3) bildet man 1 μW, 1 mW, 1 kW, 1 MW.
Für die Dimension gilt dim P = dim W/dim t

Beispiel:
1. Mit einer kleinen Pumpe können 1 000 m³ Wasser in einigen Tagen in ein Wasserreservoir hochgepumpt werden, mit einem Pumpwerk dagegen in wenigen Minuten. Trotz gleicher „Arbeit" ist die „Leistung" verschieden.
2. Ein Mensch kann kurzzeitig eine Leistung von über 1 kW erzielen: Eine Person mit der Masse 75 kg (Gewichtskraft 75 · 9.81 N)

$$75 \cdot 9{,}81\ \text{N} \cdot \frac{6\ \text{m}}{3\ \text{s}} = 1{,}46\ \text{kW}.$$

Tabelle 12. Werte der Leistung beim Gehen und Radfahren.

Fußgänger bei normaler Gangart	5 km/h	65 W
schneller Fußgänger	7 km/h	200 W
langsamer Radfahrer	9 km/h	30 W
Radfahrer	18 km/h	120 W

Im täglichen Leben werden Wattsekunde und Watt (bzw. kWh und kW) häufig miteinander verwechselt. Die Stromrechnung bezieht sich auf die gelieferte *Energie*, also of kWh. Eine Überlandleitung ist für eine bestimmte maximale *Leistung* ausgelegt, also z. B. für 10 000 kW.

1.3.5.8. Wirkung

Die Wirkung ist eine skalare Größe, die in der Natur gequantelt auftritt.

Definition. Das Produkt Impuls p · Weg l nennt man Wirkung S, genauer

$$S = \int p \cdot \mathrm{d}l \qquad (1\text{-}72)$$

Für die kohärente Einheit gilt:

$$[S] = [p] \cdot [l] = 1\ \text{Ns} \cdot 1\ \text{m} = 1\ \text{Nsm} = 1\ \text{Js}$$

Für die Dimension gilt:

$$\dim S = \dim p \cdot \dim l$$

$dS = p \cdot dl$ ist die „Verkürzte Wirkung". Allgemein ist die Wirkung durch

$$dS = p \cdot dl - (W_k + W_p)\,dt$$

definiert. Somit hat auch $\int W\,dt$ die Dimension einer Wirkung, wobei W die Energie bedeutet. Auch das Produkt aus Drehimpuls (1.4.3.1) und Winkel ergibt Wirkung.

Die Wirkung S kann eine Funktion von Ort und Zeit sein. S ist die *einzige* skalare Größe der Dynamik.

In der Natur tritt die physikalische Größe Wirkung immer in ganzzahligen Vielfachen von $h = 6{,}62 \cdot 10^{-34}$ Js auf. h heißt Planck'sche Konstante oder auch Wirkungsquantum. Auch der Drehimpuls (1.4.3.1) ist gequantelt.

1.3.6. Impulserhaltung beim Stoß

1.3.6.1. Stoß

Die Erhaltung des Impulses wirkt sich besonders deutlich beim Stoß aus. Sowohl beim elastischen als auch beim unelastischen Stoß wird der Impuls erhalten.

Im folgenden wird der Stoß zweier materieller Körper behandelt. Nur während der Berührung entsteht eine Kraft $F(t)$ zwischen den beiden Körpern während einer kurzen Zeit. Der Impuls der beteiligten Körper ändert sich dabei um $\int F(t)\,dt$.

Ein Stoß heißt elastisch, wenn die gesamte *kinetische* Energie der am Stoß beteiligten Körper erhalten wird, d. h. ungeändert bleibt ($\Delta W_k = 0$), er heißt *unelastisch*, wenn sie sich vermindert ($\Delta W_k \neq 0$). Die verschwundene kinetische Energie wird in den folgenden Beispielen in Wärmeenergie verwandelt, in manchen atomphysikalischen Beispielen in Anregungsenergie.

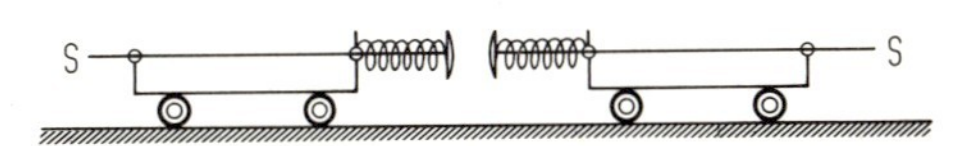

Abb. 40. Elastischer Stoß zwischen Wagen. An den Wagen befinden sich gefederte Puffer, die mittels der Stangen S geführt sind. (Die Stangen S sind relativ zu den Wagen verschiebbar.)

Zur experimentellen Untersuchung des Stoßvorgangs werden an zwei Wagen elastisch gefederte Puffer angebracht (Abb. 40). Der erste Wagen bewege sich mit konstanter Geschwindigkeit auf den ruhenden zweiten Wagen zu. Sobald sich die Puffer berühren, wirkt zwischen den Wagen eine zeitlich veränderliche Kraft (wie in Abb. 14a), sie ist an der Zusammendrückung der Federn erkennbar. Der übertragene Impuls ergibt sich im Diagramm Abb. 14a aus der schraffierten Fläche.

Bemerkung: Die folgenden Beobachtungen können ausgeführt werden mit reibungsfrei gelagerten Schlitten auf einer Schiene mit ausströmender Luft (Gaspolster) oder mit pendelartig aufgehängten Stahlkugeln. Im letzteren Fall darf man nur den Impuls im Augenblick des Durchgangs durch die Ruhelage betrachten und einen Stoß nur in diesem Augenblick zulassen. Bei einem solchen Pendel sind Höchstauslenkung x_0 und Geschwindigkeit v_0 im Augenblick des Nulldurchgangs nach (1.5.1) durch $v_0 = \omega \cdot x_0$ verbunden. Im Nulldurchgang ist der Impuls daher $m v_0$.

Zunächst soll nur der *zentrale Stoß* zwischen Kugeln betrachtet werden. Das ist ein solcher, bei dem die Impulsrichtung und damit auch die Geschwindigkeitsrichtung mit der Verbindungslinie beider Kugelmittelpunkte zusammenfällt. Der Stoß zwischen Stahlkugeln verläuft wie bei den beiden Wagen, nur ist die zeitlich veränderliche Kraft sehr viel stärker, wirkt jedoch nur während einer sehr viel kürzeren Zeitdauer.

1.3.6.2. Elastischer Stoß

F/L 1.2.9

Die Geschwindigkeiten nach einem elastischen Stoß ergeben sich aus der Erhaltung des Gesamtimpulses und der gesamten *kinetischen* Energie.

Im folgenden werden die Geschwindigkeiten und Impulse relativ zum Hörsaalboden angegeben. Beim *elastischen* Stoß bleiben Impuls *und* kinetische Energie erhalten.

Bevorzugt werden drei Fälle behandelt: 1) $m_1 = m_2$, 2a) $m_1 \gg m_2$, 2b) $m_1 \ll m_2$.

1. Fall. Zentraler elastischer Stoß zwischen Kugeln (Wagen) *gleicher Masse* ($m_1 = m_2 = m$).
a) Eine bewegte Kugel trifft mit der Geschwindigkeit v_1 gegen eine ruhende ($v_2 = 0$). Die stoßende Kugel bleibt stehen, die gestoßene bewegt sich mit der Geschwindigkeit v_1 weiter (Abb. 41 a).
Impuls vor dem Stoß: $m\, v_1 + 0$
Impuls nach dem Stoß: $0 + m\, v_1$
Kinetische Energie *vor und nach* dem Stoß: $(1/2) m \cdot v_1^2$. Gesamtimpuls und kinetische Energie bleiben erhalten.
b) Zwei Kugeln treffen mit Geschwindigkeiten von gleichem Betrag, aber entgegengesetzter Richtung aufeinander, d. h. $v_1 = -v_2$. Nach dem Stoß haben sie ihre Bewegungsrichtungen umgekehrt (Abb. 41 b). Die Summe der beiden Impulse ist vor und nach dem Stoß unverändert $= 0$. Es ist

$$m \cdot v_1 + m \cdot (-v_1) = 0 .$$

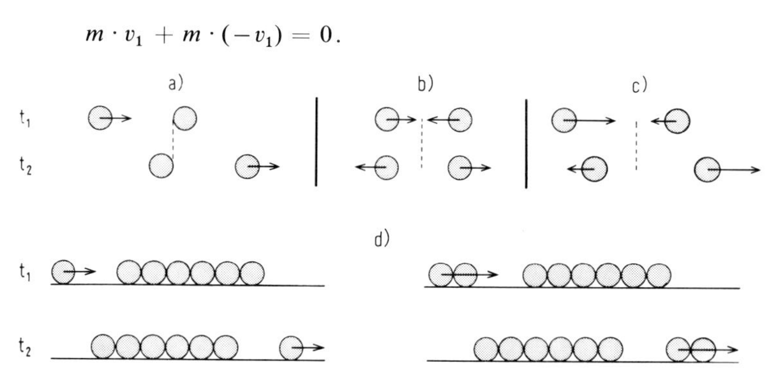

Abb. 41. a, b, c, d. Elastischer Stoß zwischen Kugeln gleicher Masse. Die Pfeile geben die Geschwindigkeiten bzw. die Impulse wieder: in der oberen Zeile jeweils vor dem Stoß (Zeitpunkt t_1), in der unteren nach dem Stoß (Zeitpunkt t_2). Um die Reibung auszuschalten, kann man die Kugeln auf Luftkissenschiene lagern, oder sie einzeln bifilar (ähnlich wie Abb. 33 oberer Teil) aufhängen.

Die Summe der kinetischen Energien vor und nach dem Stoß ist

$$(1/2)m \cdot v_1^2 + (1/2)m \cdot (-v_1)^2 = \frac{2m \cdot v_1^2}{2}$$

Gesamtimpuls und kinetische Energie bleiben erhalten.

c) Die linke Kugel hat größere Geschwindigkeit (größeren Impuls), die rechte dagegen kleinere Geschwindigkeit (kleineren Impuls) mit entgegengesetzter Richtung. Die Kugeln tauschen ihren Impuls aus (Abb. 41 c).

d) Kugelreihe: Auf eine Reihe von Kugeln übereinstimmender Masse m (Abb. 41 d) prallt eine einzelne Kugel (Masse m, Geschwindigkeit v_1). Nur die letzte Kugel am entgegengesetzten Ende der Reihe wird mit der Geschwindigkeit v_1 weggestoßen, denn die erste stößt auf die zweite nach 1 a) die zweite auf die dritte usw. Läßt man zwei Kugeln aufprallen, so bewegen sich die zwei letzten Kugeln weg usw.

Bemerkung. Da sowohl Energie als auch Impuls erhalten werden, ist es unmöglich, daß etwa nur eine Kugel mit der doppelten Geschwindigkeit am Ende der Reihe weggestoßen wird.

2. Fall. Zentraler elastischer Stoß bei Kugeln (Wagen) mit *sehr verschiedener Masse* (vgl. Tab. 13).

a) Die Masse der stoßenden Kugel sei sehr groß gegen die der gestoßenen ($m_1 \gg m_2$). Die kleine gestoßene Kugel fliegt mit rund der doppelten Geschwindigkeit davon (kleinerer Impuls wegen kleiner Masse), während die große Kugel (großer Impuls) ihre Geschwindigkeit kaum ändert.

b) Die Masse der stoßenden Kugel sei sehr klein gegen die der gestoßenen ($m_1 \ll m_2$). Die Geschwindigkeit und der Impuls der stoßenden Kugel wird umgekehrt, ihr Impuls ändert sich also um $2\,m_1\,v_1$, die gestoßene Kugel übernimmt diesen Impuls, hat aber wegen ihrer großen Masse nur eine sehr kleine Geschwindigkeit. Die gestoßene Kugel großer Masse erhält also den doppelten Impuls der stoßenden.

Geschwindigkeit und Impuls vor und nach einem zentralen Stoß (1. und 2. Fall) sind in folgender *Übersicht* dargestellt.

Tabelle 13. Geschwindigkeiten und Impulse beim zentralen elastischen Stoß.

	m_1 =	m_2	$m_1 \gg$	m_2	$m_1 \ll$	m_2
Geschwindigkeit vor dem Stoß	$\vec{v}_1$	0	$\vec{v}_1$	0	$\vec{v}_1$	0
nach dem Stoß	0	$\vec{v}^*$	$\vec{v}_1^*$	$\vec{v}_2^*$	$\overleftarrow{v_1}^*$	$\vec{v}_2^*$
Aussage	$\vec{v}_2^* = \vec{v}_1$		$\vec{v}_1^* \approx \vec{v}_1$;	$\vec{v}_2^* \approx 2\vec{v}_1$	$\vec{v}_1^* \approx -\vec{v}_1$;	$\vec{v}_2^* \approx 0$
Impuls vor dem Stoß	$\overrightarrow{mv_1}$	0	$\overrightarrow{m_1 v_1}$	0	$\overrightarrow{m_1 v_1}$	0
nach dem Stoß	0	$\overrightarrow{mv_2^*}$	$\overrightarrow{m_1 v_1^*}$	$\overrightarrow{m_2 v_2^*}$	$\overleftarrow{m_1 v_1^*}$	$\overrightarrow{m_2 v_2^*}$
Aussage: Gesamtimpuls vor dem Stoß = Gesamtimpuls nach dem Stoß						

Die Geschwindigkeitswerte v_1^* und v_2^* nach dem *elastischen* Stoß kann man aus der Erhaltung von Impuls *und* kinetischer Energie berechnen. Wenn sich der Körper der Masse m_2 vor dem Stoß in Ruhe befindet ($v_2 = 0$), gelten im Fall des zentralen Stoßes die Gleichungen

$$(1/2) m_1 v_1^2 = (1/2) m_1 (v_1^*)^2 + (1/2) m_2 (v_2^*)^2 \quad \text{(Erhaltung der kinetischen Energie)} \qquad (1\text{-}73)$$

$$m_1 v_1 = m_1 v_1^* + m_2 v_2^* \quad \text{(Erhaltung des Impulses)} \qquad (1\text{-}74)$$

Durch Umformen von (1-73) und (1-74) folgt

$$m_1 (v_1^2 - v_1^{*2}) = m_2 v_2^{*2} \quad \text{bzw.}$$

$$m_1 (v_1 + v_1^*) \cdot (v_1 - v_1^*) = m_2 v_2^{*2} \qquad (1\text{-}73\text{a})$$

$$m_1 (v_1 - v_1^*) = m_2 v_2^* \qquad (1\text{-}74\text{a})$$

Division von Gl. (1-73a) durch Gl. (1-74a) ergibt:

$$(v_1 + v_1^*) = v_2^* \qquad (1\text{-}75)$$

(1-74a) und (1-75) sind zwei Gleichungen mit zwei Unbekannten.

Einsetzen von (1-75) in (1-74a) ergibt:

$$v_1^* = \frac{m_1 - m_2}{m_1 + m_2} v_1 \qquad (1\text{-}76)$$

Einsetzen von (1-76) in (1-75) ergibt

$$v_2^* = \frac{2 m_1}{m_1 + m_2} v_1 \qquad (1\text{-}77)$$

Man überzeugt sich leicht, daß die Fälle der Tab. 13 damit in Einklang sind.

Die Gl. (1-73) und (1-74) lassen sich leicht auch auf den nachfolgenden 3. und 4. Fall übertragen, wenn man Gl. (1-74) als Vektorgleichung für die Impulse bzw. Geschwindigkeiten ansetzt.

3. Fall. Nicht zentraler elastischer Stoß zwischen Kugeln.
Beim nicht zentralen Stoß zwischen Kugeln (Abb. 42) verlaufen alle Bewegungen immer in einer Ebene. Der Impuls wird zweckmäßig in Komponenten parallel und senkrecht zum Impuls des stoßenden Körpers ($p_\parallel$, $p_\perp$) zerlegt. Für jede der Komponenten bleibt der Impuls erhalten. Es gilt also $(p_\parallel)_0 = (p_\parallel)_1 + (p_\parallel)_2$ und $(p_\perp)_1 + (p_\perp)_2 = 0$. Darin ist $(p_\parallel)_0$ der Impuls der stoßenden Kugel vor dem Stoß; der Index 1 bzw. 2 bezieht sich auf die Kugeln nach dem Stoß.

Kugeln gleicher Masse bewegen sich nach dem nichtzentralen elastischen Stoß unter 90° zueinander. Um dies einzusehen, zerlegt man den Impuls parallel und senkrecht zur Verbindungslinie der Kugelmittelpunkte im Augenblick des Stoßes. Auch bei atomaren und elementaren Teilchen (z. B. α-Teilchen, Elektronen, Mesonen usw.) gibt es elastische Stöße. Auch hier bewegen sich Teilchen gleicher Masse nach dem Stoß unter 90° zueinander, vgl. Abb. 43.

4. Fall. Elastischer Stoß einer Kugel gegen einen Körper mit sehr großer Masse und ebener Begrenzungsfläche.

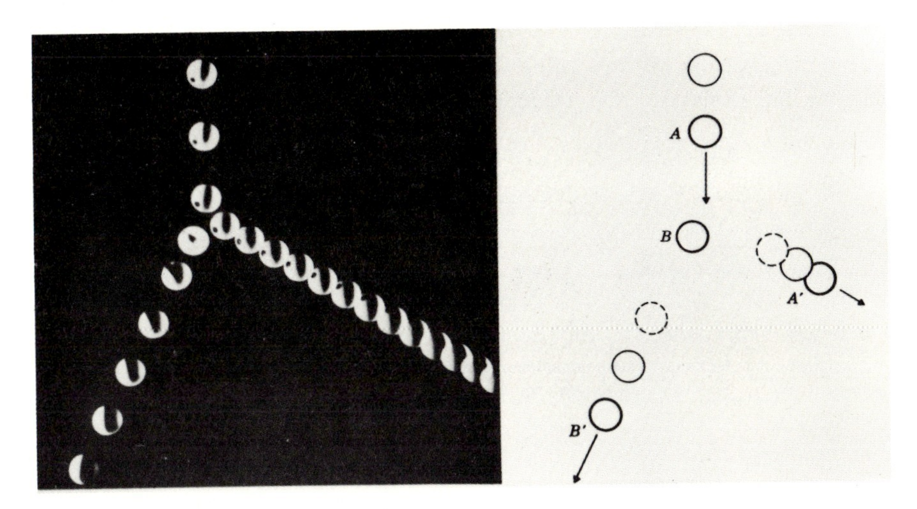

Abb. 42. Nichtzentraler elastischer Stoß von Kugeln.
Stoß einer Kugel A gegen eine Kugel B gleicher Masse mit Lichtblitzen in konstanten Zeitabständen wiederholt beleuchtet. Aus den Abständen der Kugelbilder und dem Zeitabstand der Lichtblitze kann man die Geschwindigkeiten entnehmen. Die Vektorsumme der Impulse nach dem Stoß ist gleich dem Impuls vor dem Stoß. (Aufnahme: Physical Science Study Committee [PSSC], D. C. Heath and Company, Lexington, Mass., 1965).

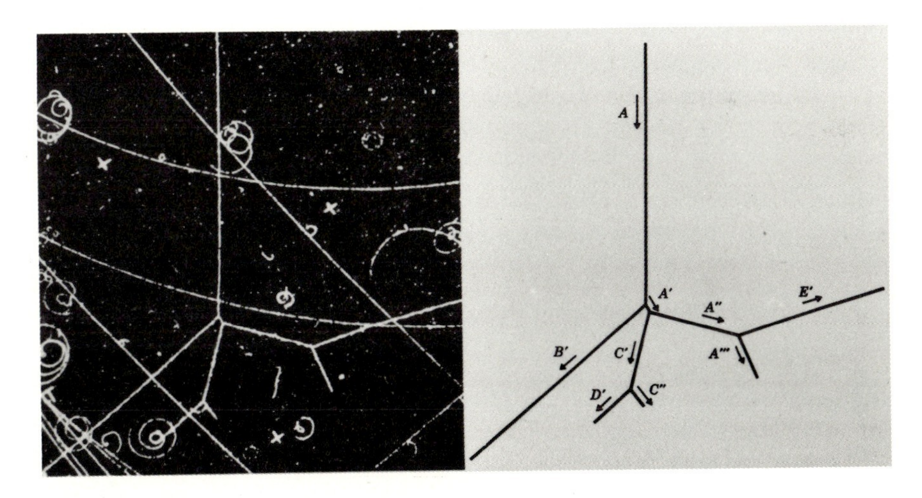

Abb. 43. Bläschenkammeraufnahme in flüssigem Wasserstoff: Stoß von Protonen.
Das von oben kommende Proton A setzt durch Stoß ein anderes Proton in Bewegung. Eines von beiden entweicht nach links (bezeichnet mit B′), das andere bewegt sich nach rechts und stößt erneut usw.
Beachte: Nach einem Stoß zwischen ununterscheidbaren Teilchen wie Protonen läßt sich nicht angeben, welches das stoßende und welches das gestoßene Teilchen war. Der Winkel zwischen den Stoßpartnern nach dem Stoß weicht im Bild von 90° ab, wenn die Stoßebene nicht mit der Bildebene zusammenfällt. (Aufnahme: Lawrence Radiation Laboratory, Univ. of California)

Beim elastischen Stoß gegen eine starre ebene Wand (Stahlplatte) bleibt die zur Wand parallele Komponente des Impulses $p_{\parallel}$ ungeändert, die dazu senkrechte Komponente $p_{\perp}$ kehrt dagegen ihre Richtung um. Dadurch wird Einfallswinkel = Reflexionswinkel (Abb. 44).

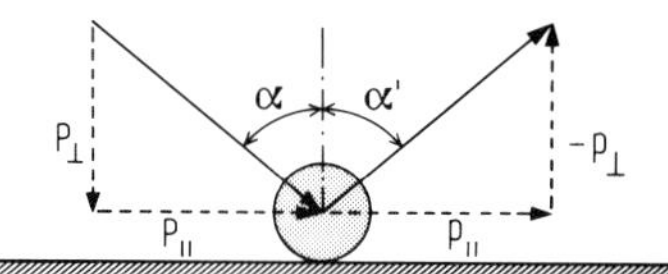

Abb. 44. Elastische Reflexion einer Kugel an einer ebenen Fläche.
Einfallswinkel α = Reflexionswinkel α'. Die Impulskomponente $p_{\parallel}$ bleibt unverändert, $p_{\perp}$ kehrt seine Richtung um. Die Kugel ist im Augenblick des Stoßes gezeichnet.

Die Wand übernimmt die Impulsänderung des stoßenden Körpers, d. h. $2\ p_{\perp}$, da $\vec{p_{\perp}}$ in $-\vec{p_{\perp}}$ übergeht. Bei einer Mauer oder Felswand ist allerdings deren Geschwindigkeitsänderung wegen ihrer großen Masse unmerklich.

1.3.6.3. Unelastischer Stoß

F/L 1.2.7 u. 1.2.8

Beim unelastischen Stoß wird ein Teil der kinetischen Energie (u. U. die ganze) in andere Energieformen (meist Wärme) verwandelt.

Ein Stoß heißt nach 1.3.5.8 unelastisch, wenn die *kinetische* Energie des Gesamtsystems nach dem Stoß kleiner ist als vor dem Stoß, er ist vollkommen unelastisch, wenn die bei Impulserhaltung maximal mögliche kinetische Energie in andere Energieformen (insbesondere in Wärmeenergie) übergeführt wird. Die hier besprochenen Gesetze des Stoßes gelten auch für atomare Teilchen, z. B. für Elektron und Atom, vgl. 6.3.3, oder Elektron und Molekül. Zu den anderen Energieformen gehört insbesondere Anregungsenergie.

Im folgenden werden wieder die bifilar aufgehängten Kugeln verwendet. Auf die eine Kugel wird in der Gegend der Stoßstelle Plastilin aufgeklebt, um den Stoß *unelastisch* zu machen. Er kann u. U. vollkommen unelastisch sein.

Fall: $m_1 = m_2 = m$

a) Die erste Kugel hat die Geschwindigkeit v_1, die zweite ruht. Nach dem Stoß bewegen sich beide Kugeln gemeinsam mit halber Geschwindigkeit.

Der Gesamtimpuls vor dem Stoß: $m \cdot v_1 + 0$

nach dem Stoß: $2 \cdot m \cdot \frac{v_1}{2}$

Der Impuls ist also erhalten.

Die kinetische Energie beträgt vor dem Stoß: $(1/2)m \cdot v_1^2 + 0$

nach dem Stoß: $2 \cdot (1/2) \cdot m \cdot (v_1/2)^2 = (1/4) \cdot m \cdot v_1^2$.

In diesem Fall wird die *Hälfte* der kinetischen Energie in Wärmeenergie verwandelt.

b) Die beiden Kugeln sollen sich mit Geschwindigkeiten von entgegengesetzter Richtung aber gleichem Betrag aufeinander zu bewegen, d. h. $v_1 = -v_2$.

Experimentell findet man: Durch den Stoß kommen beide Kugeln zum Stillstand.

Gesamtimpuls vor dem Stoß $m \cdot v_1 + m \cdot (-v_1) = 0$,
Gesamtimpuls nach dem Stoß $= 0$.

Die kinetische Energie des Systems vor dem Stoß: $W_k = 2 \cdot (1/2) \cdot m \cdot v_1^2$,
nach dem Stoß aber $W_k = 0$.

Der Impuls ist erhalten, die kinetische Energie dagegen nicht. Sie wurde in diesem Spezialfall *vollständig* in Wärmeenergie verwandelt (vollkommen unelastischer Stoß).

Fall: $m_1 \ll m_2$
Ein kleiner, schnell bewegter Körper trifft auf einen großen und bleibt daran kleben oder darin stecken. Sein Impuls geht auf den großen Körper über (genauer auf den entstehenden Gesamtkörper), dessen Masse groß, dessen Geschwindigkeit klein und meßbar ist. Auf diese Weise kann man den Impuls des stoßenden Körpers messen und (wenn seine Masse bekannt ist) seine Geschwindigkeit vor dem Stoß bestimmen.

Beispiel: Eine Pistolenkugel wird in einen Sandkasten geschossen, der pendelartig aufgehängt ist (Kreisfrequenz ω). Der *Umkehr*ausschlag x_0 wird beobachtet, man sagt, das Pendel wird „ballistisch" verwendet. Nach Gl. (1-51) ergibt sich die Geschwindigkeit v_0 des Sandkastens nach eben erfolgtem Stoß aus $v_0 = \omega \cdot x_0$.

Bei jedem Stoß zwischen materiellen Körpern (auch wenn er nahezu elastisch erfolgt), wird ein kleiner Bruchteil der kinetischen Energie in andere Energieformen verwandelt (Wärme, Schallschwingungen, Luftkonvektion und Wirbel). Ein unelastischer Stoß braucht nicht vollkommen unelastisch zu sein. Bei Elementarteilchen gibt es auch vollkommen elastische Stöße.

In 1.3.6 wurden Geschwindigkeiten relativ zum Hörsaalboden verwendet. Man könnte sie auch auf ein Koordinatensystem beziehen, das mit dem Massenmittelpunkt = Schwerpunkt (1.4.1.2) der am Stoß beteiligten Körper verbunden ist („Schwerpunktsystem"). Relativ zu diesem ist die Summe der Impulse = 0. In der Physik der Atomkerne und der Elementarteilchen werden häufig Geschwindigkeiten und Impulse relativ zum Schwerpunkt verwendet.

1.4. Dynamik der Drehbewegung, Bezugssysteme

Bei einem *rotierenden* materiellen Körper (Kreisel) treten Erscheinungen auf, die zunächst überraschend erscheinen. Sie ergeben sich zwangsläufig, wenn man das Verhalten kleiner Teilstücke dieses Körpers betrachtet und das Verhalten des Gesamtkörpers daraus zusammensetzt. Drehimpuls und Drehmoment werden durch hohle Pfeile dargestellt.

Geschwindigkeit, Kraft und andere physikalische Größen hängen davon ab, relativ zu welchem *Bezugssystem* sie angegeben werden. Alle Naturgesetze haben dieselbe Form relativ zu *allen* geradlinig gleichförmig gegeneinander bewegten Bezugssystemen.

In unserer Welt existiert eine *Grenzgeschwindigkeit* ($3 \cdot 10^8$ m/s) relativ zu allen Bezugssystemen. Diese Erkenntnis wurde zwischen 1886 und 1905 gewonnen. Überraschenderweise hängt auch die Masse eines Körpers davon ab, relativ zu welchem Bezugssystem sie angegeben wird, allerdings merklich erst dann, wenn die Geschwindigkeit des Körpers nicht mehr klein gegenüber der Grenzgeschwindigkeit ist.

1.4.1. Drehmoment, beschleunigte Drehbewegung

1.4.1.1. Drehmoment, Drillachse

Zwei entgegengesetzt gleiche Kräfte in einem Abstand voneinander ergeben ein Drehmoment $\vec{M} = \vec{r} \times \vec{F}$. Es wird durch einen Vektor gekennzeichnet, der senkrecht steht auf der durch den Abstandsvektor und die Kräfte aufgespannten Ebene. Drehmoment mal Winkel = Arbeit (Energie).

Zwei Kräfte $\vec{F_0} = -\vec{F}$ mit gleichem Betrag aber entgegengesetzter Richtung in einem Abstand voneinander bilden ein Kräftepaar. Kraft mal senkrechter Abstand von der Gegenkraft heißt Drehmoment $\vec{M}$ des Kräftepaares. Sei P_1 der Angriffspunkt der einen Kraft F_0, P_2 der Angriffspunkt der anderen Kraft F und $\vec{r}$ der Vektor von P_1 nach P_2, so gilt daher

$$\vec{M} = \vec{r} \times \vec{F} \tag{1-78}$$

Sein Betrag ist $M = r \cdot F \sin(\vec{r}, \vec{F})$. Das Drehmoment heißt engl. *torque*.

Der senkrechte Abstand („Kraftarm") ist $a = r \cdot \sin(\vec{r}, \vec{F})$, vgl. Abb. 45. Das Drehmoment wird gemäß 1.3.3.2 (Vektorprodukt) durch einen Vektor gekennzeichnet, der auf

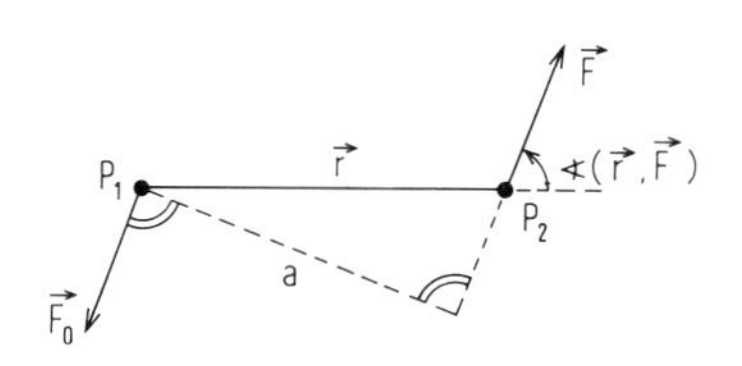

Abb. 45. Drehmoment. Ein Kräftepaar $\vec{F_0}$, $\vec{F}$ im senkrechten Abstand $a = |\vec{r}| \cdot \sin(\vec{r}, \vec{F})$ voneinander hat ein Drehmoment $\vec{M} = \vec{r} \times \vec{F}$ vom Betrage $|\vec{M}| = |\vec{r}| \cdot |\vec{F}| \cdot \sin(\vec{r}, \vec{F})$. Bezugspunkt ist dabei P_1. Das Drehmoment läßt sich durch ein orientiertes Flächenstück (vgl. 9.4.2) beschreiben. Oft ersetzt man es durch einen Orthogonalvektor darauf. Im vorliegenden Fall ist dieser nach vorn gerichtet.

der durch $\vec{r}$ und $\vec{F}$ aufgespannten Ebene senkrecht steht. Wie bei jedem Vektorprodukt bestimmt die *Reihenfolge* der Faktoren den Drehsinn.

In Abb. 45 ist P_1 Bezugspunkt. Das Drehmoment wird nicht geändert, wenn man einen beliebigen Bezugspunkt P_0 wählt. Wenn $\vec{r_1} = \overrightarrow{P_0P_1}$ und $\vec{r_2} = \overrightarrow{P_0P_2}$ ist, erhält man

$$\vec{M} = \vec{r_1} \times \vec{F_1} + \vec{r_2} \times \vec{F_2} \tag{1-78a}$$

Wegen $\vec{r} = \vec{r_2} - \vec{r_1}$ gelangt man wieder zur obigen Formel (1-78).

Für die kohärenten Einheiten gilt

$$[M] = [r] \cdot [F] = 1 \text{ m} \cdot 1 \text{ N} = 1 \text{ N} \cdot \text{m} = 1 \text{ J}$$

Es ergibt sich die gleiche Einheit wie bei der Energie. Die Energie ist eine skalare Größe, das Drehmoment eine gerichtete Größe. Wie schon in 1.2.2.1 erwähnt, betreffen die Einheiten immer *nur den Betrag*.

Zur Beobachtung eines Drehmoments eignet sich eine drehbare Achse, die durch eine Spiralfeder in einer festen Ausgangslage gehalten wird. Man nennt sie „Drillachse". Zwei Drehmomente haben denselben Betrag, wenn sie an derselben Drillachse denselben Drehwinkel hervorrufen. Es stellt sich heraus, daß dabei der Drehwinkel innerhalb gewisser Grenzen proportional dem Drehmoment ist. Das ergibt sich aus folgenden Beobachtungen:

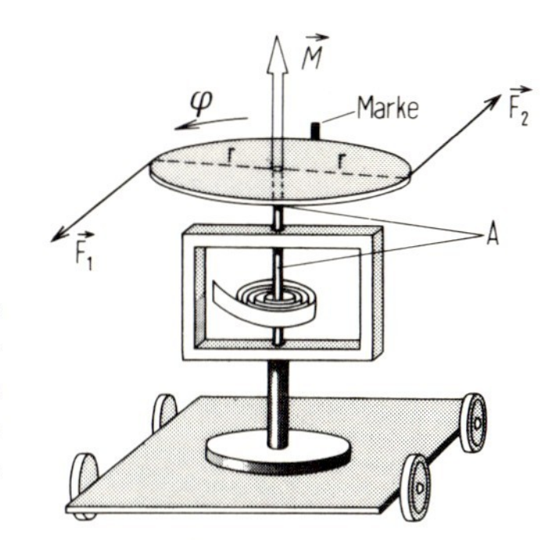

Abb. 46. Drillachse zur Messung von Drehmomenten. A drehbare Achse, an der die Spiralfeder befestigt ist. Das Drehmoment verdrillt die Spiralfeder, bewegt den Wagen aber nicht. Der Zeiger am Rad der Scheibe dient zur Messung des Drehwinkels φ. Die Zugfäden greifen tangential an der Scheibe an. Der Fuß der Drillachse ist fest mit dem Wagen verbunden. Der Wagen hat Gummiräder.

Auf die Drillachse (Abb. 46) wird eine Kreisscheibe mit abrollbarem Faden gesetzt und die Drillachse auf einem Wagen mit vier Gummirädern montiert. In den folgenden Absätzen 1, 2, 3 sollen zwei entgegengesetzt gleiche Kräfte in der Fahrtrichtung verwendet werden. Der Wagen fährt nicht weg, wenn beide Kräfte einander entgegengesetzt gleich sind.

1. Greifen die beiden Kräfte an der Drehachse an, so heben sie sich auf, Wagen und Drillachse werden nicht beeinflußt. Kein Drehmoment (in Abb. 47 nicht gezeichnet).

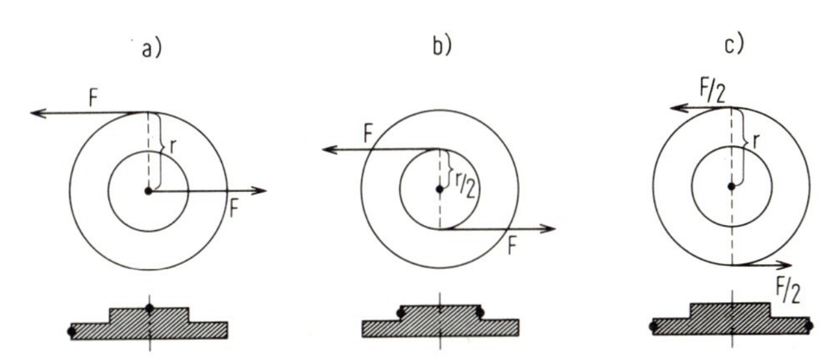

Abb. 47. Verschiedene Kräftepaare mit gleichem Drehmoment. In allen drei gezeichneten Fällen herrscht dasselbe Drehmoment. Es gilt: $\vec{r} \times \vec{F} = 2 \cdot (\vec{r}/2 \times \vec{F}) = 2 \cdot (\vec{r} \times \vec{F}/2)$.

2. Die eine Kraft greift in der Achse an, die zweite tangential mit dem Abstandsvektor $\vec{r}$ von der Drehachse (Abb. 47a). Dadurch dreht sich die Drillachse um den Winkel φ. Für das Drehmoment gilt

$$\vec{M} = 0 \times \vec{F} + \vec{r} \times \vec{F} = \vec{r} \times \vec{F}$$

3. Läßt man zwei Kräfte vom gleichen Betrag mit den Abstandsvektoren $+r/2$ und $-r/2$ angreifen, so ergibt sich dasselbe Drehmoment wie bei 2. (Abb. 47b).
4. Wenn man die Kräfte um den Faktor n verkleinert und den Abstandsvektor um den Faktor n vergrößert, beobachtet man denselben Drehwinkel φ, dann herrscht dasselbe Drehmoment. Abb. 47c (hier n = 2).

Weiter findet man experimentell: n-fache Kraft in gleichem Abstand oder gleiche Kraft in n-fachem Abstand, also n-faches Drehmoment ergibt n-fachen Drehwinkel oder als Formel

$$M = -D^* \cdot \varphi \qquad (1\text{-}79)$$

Die Proportionalitätskonstante D^* nennt man „Winkelrichtgröße“ oder auch „Richtmoment“ der Drillachse.

Messung von D^* einer bestimmten Drillachse:

Die Kraft $F = 4{,}5$ N wirke im Abstand $r = 0{,}1$ m, die Gegenkraft dagegen in der Achse. Dadurch werde eine Verdrehung $\varphi = 2\pi$ hervorgerufen. Dann ist

$$M = 0{,}1 \text{ m} \cdot 4{,}5 \text{ N} = 0{,}45 \text{ Nm und}$$

$$D^* = M/(2\pi) = 0{,}45 \text{ Nm}/(2\pi) = 0{,}072 \text{ Nm}.$$

Das durch die äußeren Kräfte ausgeübte und das von der verdrillten Spiralfeder in der Drillachse ausgeübte Drehmoment sind einander entgegengesetzt gleich, $\vec{M_1} = -\vec{M_2}$. Die Summe beider Drehmomente ist 0, es herrscht Gleichgewicht.

Statt Drehung um eine *feste* Achse gibt es auch Drehung um eine *momentane* Drehachse. Bei einem rollenden Zylinder z. B. ist dies die Auflagelinie A. Geht bei der Fadenrolle (Abb. 48) die Kraftrichtung, d. h. die rückwärtige Verlängerung des gezogenen Fadens (in Abb. 48 gestrichelt) durch die momentane Drehachse, so ist das Drehmoment auf die Rolle

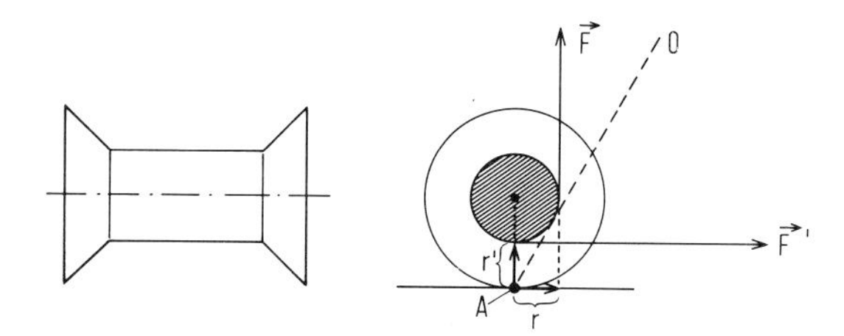

Abb. 48. Garnrolle. Die Auflagelinie A ist momentane Drehachse. Das Drehmoment $\vec{r} \times \vec{F}$ hat entgegengesetztes Vorzeichen (Richtungssinn) wie $\vec{r}' \times \vec{F}'$. Eine Kraft in Richtung 0 (gestrichelt) geht durch die momentane Drehachse und ergibt kein Drehmoment.

$= 0$. Bei steilerer Kraftrichtung z. B. bei F ist der Kraftarm r wirksam, bei flacherer Richtung, z. B. bei F' ist r' wirksam. In diesen beiden Fällen hat das Drehmoment entgegengesetzten Drehsinn. Zieht man in steiler Richtung, so entfernt sich die Rolle, zieht man in flacher Richtung, so kommt sie heran.

Gleichgewicht herrscht immer dann, wenn die Vektorsumme aller wirksamen Drehmomente $= 0$ ist, also wenn $\sum \vec{M_i} = \sum_i (\vec{r_i} \times \vec{F_i}) = 0$ ist.

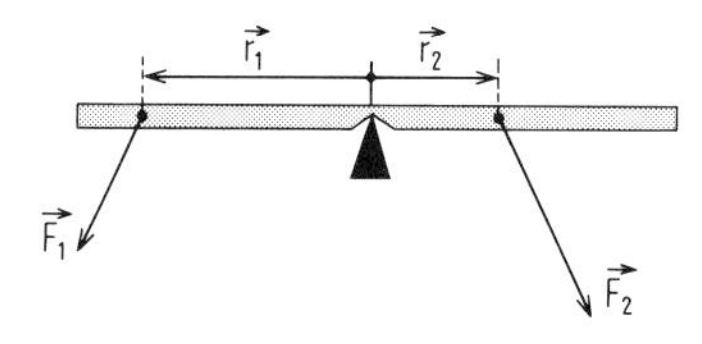

Abb. 49. Gleichgewicht der Drehmomente an einem Balken. Ein Balken ruht auf einer Schneide. Der Balken ist im Gleichgewicht, wenn $(\vec{r_1} \times \vec{F_1}) + (\vec{r_2} \times \vec{F_2}) = 0$ ist.

Beispiel: Ein Balken (Abb. 49) sei in einer Mittelachse drehbar gelagert. An Punkten mit den Radiusvektoren $\vec{r_1}, \vec{r_2}, \ldots$ wirken Kräfte $\vec{F_1}, \vec{F_2} \ldots$. Es herrscht Gleichgewicht, wenn $\sum_i \vec{r_i} \times \vec{F_i} = 0$ ist.

Waage: Im speziellen Fall können vertikale Kräfte (durch Gewichtsstücke mit den Gewichtskräften („Gewichten“) $G_1, G_2, \ldots$ hervorgerufen) an einem horizontalen Balken angreifen.

Bei der einfachen Balkenwaage wird $-\vec{r_1} = +\vec{r_2}$ gewählt. Dann herrscht Gleichgewicht, wenn die Gewichte einander gleich sind, also $G_1 = G_2$. Wegen $G = m_s \cdot H_g = m \cdot g$ sind dann auch die Massen einander gleich, somit können mit der Waage Massen bestimmt werden.

In modernen chemischen Präzisionswaagen wird der zu wägende Körper der Masse m in einem Abstand $-r_1$ angehängt. Zum Ausgleich werden z. B. Gewichtsstücke der Masse 10 g im Abstand $r_1 \cdot a/10$; der Masse 1 g im Abstand $r_1 \cdot b/10$; ferner 0,1 g im Abstand $r_1 \cdot c/10$; 0,01 g im Abstand $r_1 \cdot d/10$ usw. in Form von Reitern angehängt, bis Gleichgewicht eintritt. Die Masse des zu wägenden Körpers beträgt dann

$$m = 10\,\text{g} \cdot \frac{a}{10} + 1\,\text{g} \cdot \frac{b}{10} + 0{,}1\,\text{g} \cdot \frac{c}{10} + 0{,}01\,\text{g} \cdot \frac{d}{10}$$

Beide genannten Waagen arbeiten also mit Drehmomentkompensation.

Bei manchen Mikrowaagen geschieht die Kompensation elektromagnetisch durch Regulieren einer elektrischen Stromstärke. Diese wird mit Hilfe elektronischer Zusatzgeräte automatisch aufgesucht. Der Kompensationsstrom ist proportional dem aufgelegten Gewicht. Der elektrische Ausgang der Geräte erlaubt Weiterverarbeitung der Meßdaten (z. B. Ausdrucken des Gewichts).

Hebel: Ein Balken, der nahe dem einen Ende unterstützt wird, kann als Hebel gebraucht werden (Abb. 50). Für die Drehmomente gilt $\vec{r_1} \times \vec{F_1} = \vec{r_2} \times \vec{F_2}$. Falls $\vec{r_1} \perp \vec{F_1}$ usw., gilt für die Beträge $F_2 = F_1 \cdot r_1/r_2$.

Mit einer kleinen Kraft F_1 kann eine große Kraft F_2 ausgeübt werden, wenn $r_1 \gg r_2$.

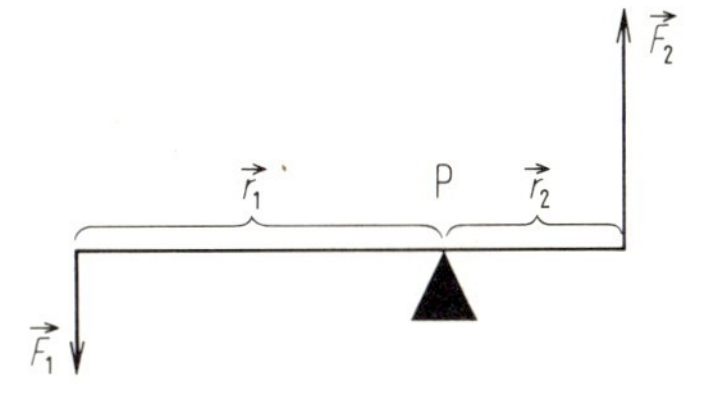

Abb. 50. Hebel. Kleine Kraft am langen Hebelarm ergibt große Kraft am kurzen Hebelarm. Für die Drehmomente gilt: $\vec{r_1} \times \vec{F_1} = \vec{r_2} \times \vec{F_2}$. Auf die am Auflagepunkt P wirkenden Kräfte wird hier nicht eingegangen.

Zwischen *Drehmoment und Arbeit* besteht die Beziehung: Drehmoment mal Drehwinkel = Arbeit (Energie). Um das einzusehen, kann man eine Anordnung wie Abb. 46 benützen.

Durch den Mittelpunkt einer Scheibe gehe eine Drehachse, an der ein *konstantes* Drehmoment wirkt (realisierbar z. B. bei einem Elektromotor, der Reibung überwinden muß, oder auch bei der Anordnung 1.4.2.1, Abb. 51). Der Elektromotor soll dazu verwendet werden, um durch Aufrollen eines Fadens eine Last zu heben. Während dieser Bewegung wirkt das Drehmoment $\vec{M} = \vec{r} \times \vec{F}$. Wenn der Faden um die Strecke s verschoben worden ist, hat sich die Scheibe um den Winkel φ gedreht, wobei gilt $\varphi/2\pi = s/(2r\pi)$, also: Der Winkel φ verhält sich zum Winkel 2π wie s zum Umfang $2r\pi$ der Scheibe, somit auch

$$\varphi = s/r.$$

Die dabei geleistete Arbeit $F \cdot s$ hat den Betrag

$$W = r \cdot F \cdot (s/r) = M \cdot \varphi.$$

Dasselbe gilt für den differentiellen Weg $\mathrm{d}s$ und den differentiellen Winkel $\mathrm{d}\varphi$, auch dann, wenn M nicht konstant, sondern eine Funktion des Winkels φ ist, also

$$W = \int M(\varphi) \cdot \mathrm{d}\varphi$$

Spezialfälle:

Falls das Drehmoment M prop. φ ist, wie in (1-79), dann wird

$$W = \int_0^{\varphi} M \cdot \mathrm{d}\varphi = \int_0^{\varphi} D^* \cdot \varphi \cdot \mathrm{d}\varphi = D^* \cdot \varphi^2/2.$$

An vielen Stellen der Physik kommt vor $M = M_0 \cos\varphi$ und es interessiert die Arbeit bei Drehung von $\varphi = 0$ bis $\varphi = \pi/2$; dann wird

$$W = \int_0^{\pi/2} M_0 \cdot \cos\varphi \cdot \mathrm{d}\varphi = M_0\,(-\sin\varphi)\Big|_0^{\pi/2} = M_0 \cdot (-1)$$

1.4.1.2. Schwerpunkt

Alle Körper haben einen Punkt, relativ zu dem das Gesamtdrehmoment im Schwerefeld der Erde gleich 0 ist. Er wird Schwerpunkt oder Massenmittelpunkt genannt.

Bei einem starren Körper im Schwerefeld, der in einem beliebigen Punkt unterstützt und in diesem Punkt drehbar ist, gibt jedes Massenelement $\mathrm{d}m$ einen seiner Masse und seinem Radiusvektor relativ zum Unterstützpunkt entsprechenden Beitrag zum Gesamtdrehmoment. Bei jedem Körper gibt es einen Punkt, bezüglich dessen die Summe aller Teildrehmomente verschwindet. Dieser Punkt heißt „Massenmittelpunkt" (engl. center of mass) oder „Schwerpunkt". Man findet diesen Punkt durch folgende Überlegung:

Ein starrer Körper sei in einem beliebigen Punkt drehbar befestigt und aus seiner Ruhelage (im Schwerefeld) ausgelenkt. Auf ihn wirkt dann ein Drehmoment. Gesucht wird ein Punkt, in dem die ganze Masse m vereinigt werden müßte, um bei der Auslenkung dasselbe Drehmoment zu ergeben. Man überzeugt sich leicht, daß das Drehmoment relativ zu diesem Punkt (Schwerpunkt) gleich 0 ist.

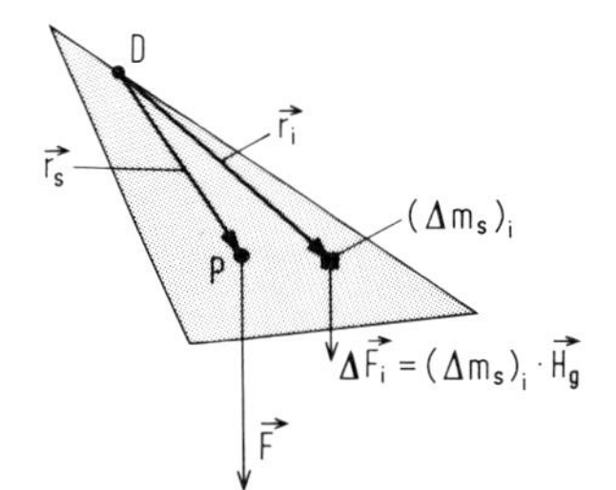

Abb. 50a. Schwerpunkt eines Körpers. D ist der Aufhängepunkt = Drehpunkt. $\vec{r}_s$ ist der Ortsvektor zum Schwerpunkt P, $\vec{r}_i$ der zu einem beliebigen Teilstück $(\Delta m_s)_i$. Es muß gelten: $m_s \cdot \vec{r}_s \times \vec{H}_g = \sum (\Delta m_s)_i \cdot \vec{r}_i \times \vec{H}_g$.

Um das einzusehen, denkt man sich den Körper mit der Gravitationsladung m_s bzw. der Masse m zerlegt in kleine Teile $(\Delta m_s)_i$ bzw. $(\Delta m)_i$, die sich an den durch $\vec{r}_i$ bezeichneten Orten befinden (Abb. 50a). $\vec{r}_s$ entspricht dem Ort des gesuchten Schwerpunktes bzw. Massenmittelpunktes.

$$\sum_{(i)} (\Delta m_s)_i \cdot \vec{r_i} \times \vec{H_g} = m_s \cdot \vec{r_s} \times \vec{H_g} \qquad \text{mit} \sum_{(i)} (\Delta m_s)_i = m_s \tag{1-81}$$

$$\sum_{(i)} (\Delta m)_i \cdot \vec{r_i} \times \vec{g} = m \cdot \vec{r_s} \times \vec{g} \qquad \text{mit} \sum_{(i)} (\Delta m)_i = m \tag{1-82}$$

Links enthält m_s bzw. m den Index i, rechts steht nur m_s bzw. m. Da die Gravitationsfeldstärke $\vec{H}_g$ bzw. die Fallbeschleunigung $\vec{g}$ für alle Teile des Körpers übereinstimmt, sind auch die linken Faktoren einander gleich und es gilt

$$r_s = \sum_{(i)} (\Delta m_s)_i \cdot \vec{r_i}/m_s \quad \text{(Schwerpunkt)} \tag{1-81a}$$

$$r_s = \sum_{(i)} (\Delta m)_i \cdot \vec{r_i}/m \quad \text{(Massenmittelpunkt)} \tag{1-82a}$$

durch bloßes Umordnen von (1-81 und 1-82) ergibt sich

$$\sum_{(i)} (\vec{r_i} - \vec{r_s}) \times (\Delta m_s)_i \cdot \vec{H_g} = 0 \tag{1-83a}$$

$$\sum_{(i)} (\vec{r_i} - \vec{r_s}) \times \Delta m_i \cdot \vec{g} = 0 \tag{1-83b}$$

In Worten: Wenn der Radiusvektor vom Schwerpunkt = Massenmittelpunkt gezählt wird, ergibt sich das Gesamtdrehmoment 0; bei Unterstützung im Schwerpunkt befindet sich der Körper im indifferenten Gleichgewicht.

Geht man zu einem Körper mit kontinuierlicher Massenverteilung über, so sind die Summen in (1-81a) durch Integrale zu ersetzen und man erhält

$$\vec{r_s} = \int \vec{r} \cdot \mathrm{d}m_s / \int \mathrm{d}m_s = \int \vec{r} \cdot \mathrm{d}m / \int \mathrm{d}m \tag{1-81b u. 1-82b}$$

Der damit (im ersten Teil der Gleichung) gefundene *Schwerpunkt* ist gleichzeitig *Massenmittelpunkt*. Dieser wird durch folgende Bedingung festgelegt: Ein starrer Körper wird nur dann beschleunigt, *ohne* gleichzeitig in Drehung versetzt zu werden, wenn die Kraft im Massenmittelpunkt angreift.

Gleichgewicht: Wird ein starrer Körper im Gravitationsfeld der Erde an einem beliebigen Punkt aufgehängt, so dreht sich der Körper, bis der Schwerpunkt unter dem Aufhängepunkt liegt. Dann ist das Drehmoment auf den Körper = 0. Um den Schwerpunkt experimentell zu bestimmen, hängt man den Körper an zwei verschiedenen Punkten nacheinander auf; dann gehen die rückwärtigen Verlängerungen des Aufhängefadens durch den Schwerpunkt (Schnittpunkt der beiden Geraden).

Oft läßt sich bei Körpern mit homogener Massenverteilung durch Symmetriebetrachtungen ein geometrischer Ort für den Schwerpunkt finden, z. B. muß bei Rotationskörpern, wie Kegel, Zylinder usw. der Schwerpunkt auf der Achse liegen, beim Quader (Würfel) auf den Raumdiagonalen, bei einem Dreieck auf der Verbindungslinie zwischen einer Ecke und der Mitte der gegenüberliegenden Seite. Der Schnittpunkt solcher geometrischer Örter liefert den Schwerpunkt. Bei einer Kugel (auch Hohlkugel) mit gleichmäßiger Massenbelegung fällt der Schwerpunkt mit dem Mittelpunkt der Kugel (Hohlkugel) zusammen.

1.4.1.3. Kinematik der beschleunigten Drehbewegung

Wenn der von einem Rad abrollende Faden eine gleichförmig beschleunigte lineare Bewegung macht, führt das Rad eine gleichförmig beschleunigte Drehbewegung aus.

Von einem Rad mit einem Radius r wird ein Faden abgerollt (Abb. 51). Am Faden sei eine Marke angebracht. Wenn die Marke sich um den Weg x mit der Geschwindigkeit $\vec{v}$ und der Beschleunigung $\vec{a}$ bewegt, dreht sich das Rad um den Winkel φ mit der Winkelgeschwindigkeit ω und der Winkelbeschleunigung α. Dabei gilt

$$\varphi = x/r$$

$$\omega = v/r \qquad [\omega] = [v]/[l] = (1\ \text{m/s})/1\ \text{m} = 1\ \text{s}^{-2}$$

$$\alpha = a/r \qquad [\alpha] = [a]/[l] = (1\ \text{m/s}^2)/1\ \text{m} = 1\ \text{s}^{-2}$$

Diese Überlegungen setzen nicht die Existenz materieller Körper voraus. Sie lassen sich an der Bewegung des Schattens von Rad und Marke durchführen. Es handelt sich also um kinematische Beziehungen. Wenn die Marke oder ihr Schatten eine gleichförmig beschleunigte lineare Bewegung mit $s = (1/2)at^2$; $v = at$; $a = \text{const.}$ macht, dann führt das Rad oder sein Schatten eine gleichförmig beschleunigte Drehbewegung aus mit

$$\varphi = (1/2)\alpha t^2; \qquad \omega = \alpha t; \qquad \alpha = \text{const.} \tag{1-84}$$

1.4.2. Trägheitsmoment, Drehschwingung

1.4.2.1. Dynamik der beschleunigten Drehbewegung, Trägheitsmoment *F/L 1.4.1 u. 1.4.5*

Ein konstantes Drehmoment $\vec{M}$ bewirkt an einem materiellen Körper eine zu $\vec{M}$ proportionale konstante Winkelbeschleunigung $\vec{\alpha}$. Es gilt $\vec{M} = J \cdot \vec{\alpha}$. Man nennt $J = \int r^2 \cdot \mathrm{d}m$ das Trägheitsmoment des Körpers relativ zur vorgegebenen Drehachse.

Ein starrer, materieller Körper wird aus der Ruhe nur dann in Drehung versetzt, wenn ein von 0 verschiedenes Drehmoment (Kräftepaar) auf ihn wirkt. Es soll jetzt gezeigt werden, daß ein *konstantes* Drehmoment eine gleichförmig beschleunigte Drehbewegung ($\alpha = \text{const.}$) bewirkt. Vorerst sollen nur zylindersymmetrische Körper und Drehbewegungen um die Zylinderachse betrachtet werden.

Experiment: Auf einem Fahrradvorderrad (Abb. 51) ist auf der Felge (Abstand $r = 0{,}33$ m von der Achse) ein Faden aufgerollt. Gleichzeitig trägt das Rad im selben Abstand r ein Band aus Blei, mit Felge 7,6 kg. Der Faden überträgt eine konstante Kraft F (Gewichtsstück über

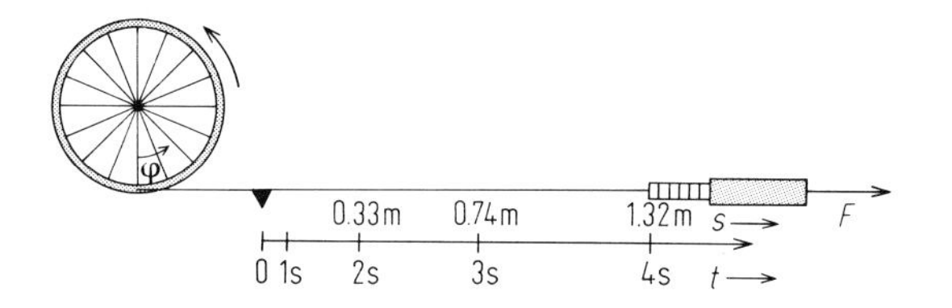

Abb. 51. Beschleunigte Drehbewegung eines Rades. Während der Zeitdauer t (Zeitmarken 1 s = 1 Sekunde usw.) legt die Marke den Weg x zurück (Wegmarken 0,33 m usw.).

Umlenkrolle, hier $F = 1{,}25$ N). Der Betrag der Kraft läßt sich an einem zwischengeschalteten Dynamometer ablesen. Die Gegenkraft $-F$ wirkt an der Drehachse des Rades. Dieses Kräftepaar hat das Drehmoment

$$\vec{M} = \vec{r} \times \vec{F}, \quad \text{hier also} \quad M = 0{,}33\ \text{m} \cdot 1{,}25\ \text{N} = 0{,}42\ \text{Nm}.$$

Nach der Zeitdauer t hat die Marke des Fadens den Weg x zurückgelegt und das Rad hat sich um den Winkel φ gedreht. Wie die Tabelle zeigt, führt das Rad eine gleichförmig beschleunigte Drehbewegung aus.

Tabelle 14. Gleichförmig beschleunigte Drehbewegung.

t	x	φ	$x = 1/2\ at^2$	$\varphi = 1/2\ \alpha t^2$
1 s	0,0825 m	$1/25 \cdot 2\pi$	$1/2\ a \cdot 1\ \text{s}^2$	$1/2\ \alpha \cdot 1\ \text{s}^2$
2 s	0,33 m	$4/25 \cdot 2\pi$	$1/2\ a \cdot 4\ \text{s}^2$	$1/2\ \alpha \cdot 4\ \text{s}^2$
3 s	0,74 m	$9/25 \cdot 2\pi$	$1/2\ a \cdot 9\ \text{s}^2$	$1/2\ \alpha \cdot 9\ \text{s}^2$
4 s	1,32 m	$16/25 \cdot 2\pi$	$1/2\ a \cdot 16\ \text{s}^2$	$1/2\ \alpha \cdot 16\ \text{s}^2$
5 s	2,06 m	$25/25 \cdot 2\pi$	$1/2\ a \cdot 25\ \text{s}^2$	$1/2\ \alpha \cdot 25\ \text{s}^2$

$1/2\ a \cdot 1\ \text{s}^2$ bedeutet $(1/2) \cdot a \cdot 1\ \text{s}^2$ usw.

Aus den beobachteten Werten entnimmt man

$$a = \frac{2 \cdot x}{t^2} = 2 \cdot 2{,}06\ \text{m}/(5\ \text{s})^2 = 0{,}164\ \text{m/s}^2$$

$$\alpha = \frac{2 \cdot \varphi}{t^2} = 2 \cdot 2\pi \cdot /(5\ \text{s})^2 = 0{,}50\ \text{s}^{-2}$$

Es gilt $a = \alpha \cdot r$ oder eingesetzt $0{,}164\ \text{m/s}^2 \approx 0{,}5\ \text{s}^{-2} \cdot 0{,}33\ \text{m}$.

Am Ende der 5. Sekunde ist

$$v = at = 0{,}164\ \text{m/s}^2 \cdot 5\ \text{s} = 0{,}82\ \text{m/s}$$

$$\omega = \alpha t = 0{,}50\ \text{s}^{-2} \cdot 5\ \text{s} = 2{,}5\ \text{s}^{-1}$$

und es ist

$$a = \alpha \cdot r$$

$$v = \omega \cdot r$$

Alle Experimente zeigen, daß ein *konstantes* Drehmoment eine dazu proportionale *konstante* Winkelbeschleunigung ergibt. Es gilt

$$\vec{M} = J \cdot \vec{\alpha}. \tag{1-85}$$

Definition. Den Quotienten $J = M/\alpha$ nennt man Massenträgheitsmoment, kurz Trägheitsmoment, des Körpers zur vorgegebenen Achse. Als kohärente Einheit folgt:

$$[J] = \frac{[M]}{[\alpha]} = \frac{1\ \text{Nm}}{1\ \text{s}^{-2}} = 1\ \frac{\text{kg} \cdot \text{m}}{\text{s}^2} \cdot \frac{\text{m}}{\text{s}^{-2}} = 1\ \text{kg} \cdot \text{m}^2$$

Für die Dimension gilt

$$\dim J = \frac{\dim M}{\dim \alpha} = \dim (W \cdot t^2)$$

Beispiel. Das am Rad wirkende Drehmoment $M = 0{,}42$ Nm ergibt die Winkelbeschleunigung $\alpha = 0{,}50\,\mathrm{s}^{-2}$. Das Trägheitsmoment dieses Rades um die gegebene Drehachse beträgt daher

$$J = 0{,}42\ \mathrm{Nm}/0{,}50\ \mathrm{s}^{-2} = 0{,}84\ \mathrm{kg} \cdot \mathrm{m}^2$$

Das Trägheitsmoment läßt sich auch aus der Massenverteilung relativ zur vorgegebenen Drehachse berechnen.

Beim obigen Rad sind die Verhältnisse besonders einfach, denn dort befindet sich der weit überwiegende Teil der Masse des Rades in Form eines Bleiringes und Felge (zusammen $m = 7{,}6$ kg) am Umfang des Rades im Abstand $r = 0{,}33$ m von der Drehachse. Die Beschleunigung erfolgt offenbar so, wie wenn auf den abgewickelten Bleiring die Kraft F wirken würde. Dann wäre $\vec{F} = m \cdot \vec{a}$. Multipliziert man beiderseits von links vektoriell mit $\vec{r}$ und geht zu den Beträgen über, so erhält man (wegen $a = \alpha \cdot r$)

$$M = r \cdot F = r \cdot m \cdot a = m r^2 \alpha \tag{1-86}$$

Durch Vergleich mit $M = J \cdot \alpha$ folgt

$$J = m \cdot r^2 \tag{1-87}$$

Beispiel. Beim obigen Rad ist also $a = 1{,}25\ \mathrm{N}/7{,}6\ \mathrm{kg} = 0{,}164\ \mathrm{m/s^2}$ und $J = m \cdot r^2 = 7{,}6\ \mathrm{kg} \cdot (0{,}33\ \mathrm{m})^2 = 0{,}84\ \mathrm{kg} \cdot \mathrm{m}^2$ in Übereinstimmung mit obiger Messung, die sich auf die Definition von J gestützt hat.

Man kann sich jeden Körper zusammengesetzt denken aus (zur Drehachse konzentrischen) *Ringbereichen* (Zylinderschalen) mit dem Radius r_i und der Masse $\Delta m_i = \varrho \cdot \Delta V_i$, wo ϱ die in 1.3.1.5 erwähnte Dichte des Materials und ΔV_i das Volumen bedeutet, in dem Δm_i enthalten ist. Für das gesamte Trägheitsmoment ergibt sich daher

$$J = \sum (\Delta m_i \cdot r_i^2) = \lim_{\Delta V \to 0} \sum \varrho_i\, \Delta V_i \cdot r_i^2 = \int r^2 \varrho\, \mathrm{d}V = \int r^2\, \mathrm{d}m \tag{1-87a}$$

Beispiel. Ein Körper sei aus drei konzentrischen Ringen (Masse je 1 kg) mit den Ringradien 1,0 m, 0,5 m und 0,1 m zusammengesetzt. Dann setzt sich sein Trägheitsmoment aus folgenden Anteilen zusammen:

$1\ \mathrm{kg} \cdot (1\ \mathrm{m})^2 = 1\ \mathrm{kg} \cdot \mathrm{m}^2$
$1\ \mathrm{kg} \cdot (0{,}5\ \mathrm{m})^2 = 0{,}25\ \mathrm{kg} \cdot \mathrm{m}^2$ und
$1\ \mathrm{kg} \cdot (0{,}1\ \mathrm{m})^2 = 0{,}01\ \mathrm{kg} \cdot \mathrm{m}^2$
zusammen $= 1{,}26\ \mathrm{kg} \cdot \mathrm{m}^2$

In 1.4.1.2 wurde bei der Einführung des Massenmittelpunktes der Ausdruck $\sum m_i \vec{r_i} \times \vec{g}$ für einen ausgedehnten materiellen Körper ersetzt durch $(\vec{r_s} \cdot \sum m) \times \vec{g}$. In ähnlicher Weise kann man hier das Trägheitsmoment irgend eines Körpers relativ zu einer vorgegebenen Drehachse ausdrücken als Produkt aus der ganzen Masse $\sum m = M$ des Körpers und einem passend gewählten effektiven Radius r_t, dem sogenannten „Trägheitsradius", der so gewählt wird, daß $M \cdot r_t^2$ gerade J ergibt, also

$$J = r_t^2 \cdot \left(\sum m\right) \underset{\mathrm{def}}{=} \int r^2\, \mathrm{d}m \tag{1-87b}$$

Beispiel:
1. Für den Körper aus den drei konzentrischen Ringen ergibt sich der Trägheitsradius aus 3 kg $\cdot r_t^2 =$ $= 1{,}26$ kg $\cdot$ m^2. Das ergibt $r_t = 0{,}65$ m.
2. Das Rad mit Pb-Ring ($m = 7{,}6$ kg, $r = 0{,}33$ m) hat dann $J = 7{,}6$ kg $\cdot$ (0,33 m)^2 = 0,83 kg m^2. Die Nabe ($m \approx 0{,}4$ kg) trägt fast nichts bei, weil der zugehörige Abstand r sehr klein ist, auch nicht die Speichen, weil ihre Massen klein sind.

1.4.2.2. Drehschwingungen und Trägheitsmoment

F/L 2.1.2

Für Drehschwingungen eines Körpers auf einer Drillachse gilt $\omega^2 = D^*/J$. Damit kann man das Trägheitsmoment J auf einfache Weise messen.

Ein materieller Körper wird auf eine Drillachse gesetzt, aus der Ruhestellung ausgelenkt und losgelassen. Er führt dann Drehschwingungen aus. Wie im vorausgehenden Paragraphen geht man von einem zylindrischen Körper (z. B. einem Kreisring) aus, bei dem Drehachse, Achse der Drillachse und Symmetrieachse des in Drehschwingungen versetzten Körpers zusammenfallen.

Für eine lineare Schwingung gilt: $F = -D \cdot x$ und $\omega^2 = D/m$. Man stellt sich einen zylindrischen Körper vor und unter x die Länge eines abgerollten Fadens (Abb. 51). Setzt man in die erste Gleichung D aus der zweiten Gleichung ein und multipliziert von links vektoriell mit $\vec{r}$, so entsteht

$$\vec{r} \times \vec{F} = -\omega^2 \cdot m \cdot \vec{r} \times \vec{x}.$$

Geht man zum Betrag über und berücksichtigt $x = \varphi \cdot r$, so erhält man

$$M = r \cdot F = -\omega^2 \cdot m\, r^2 \cdot \varphi$$

Der Vergleich mit $M = -D^* \cdot \varphi$ ergibt für die Winkelrichtgröße

$$D^* = \omega^2 \cdot m\, r^2$$

Beachtet man 1.4.1.3 (Trägheitsmoment zusammengesetzt aus Ringbereichen), so folgt

$$\omega^2 = D^*/J = D^*/\sum_i m_i r_i^2 \qquad (1\text{-}88)$$

Je größer das Trägheitsmoment ist, desto kleiner ist die Kreisfrequenz ω, bzw. desto größer die Schwingungsdauer T. Gegenüberstellung von (1-57) und (1-88) zeigt: Beim Übergang von der linearen Schwingung zur Drehschwingung wird m durch J ersetzt und D durch D^*.

Das Trägheitsmoment kann also auf folgende Weise bestimmt werden:

a) auf Grund der Beziehung $M = J \cdot \alpha$ (vgl. 1.4.2.1)
b) für einfach geformte Körper durch Berechnung
$J = \sum r_i^2 \cdot m_i = \int r^2 \cdot \varrho \cdot \mathrm{d}V$ (vgl. 1.4.1.3)
c) mit der Drillachse aus $J = D^*/\omega^2$.

Beispiele zu c)
1. Auf die Drillachse wird ein schmaler Träger aufgesetzt mit zwei Körpern (Masse m jeweils 1 kg) im Abstand 10 cm von der Drillachse entfernt. Der Balken wird einmal mit den aufgesetzten Körpern und

einmal ohne sie in Schwingung versetzt. Bei Benutzung der Drillachse mit $D^* = 0{,}072$ Nm (1.4.1.1) und der Anordnung Abb. 52 erhält man folgendes Ergebnis

	T	ω	ω^2	$J = D^*/\omega^2$
Balken mit m	3,3 s	$1{,}90\ \mathrm{s}^{-1}$	$3{,}62\ \mathrm{s}^{-2}$	$\dfrac{0{,}072\ \mathrm{Nm}}{3{,}62\ \mathrm{s}^{-2}} = 0{,}02\ \mathrm{kg} \cdot \mathrm{m}^2$
Balken ohne m	0,6 s	$10{,}5\ \mathrm{s}^{-1}$	$111\ \mathrm{s}^{-2}$	$\dfrac{0{,}072\ \mathrm{Nm}}{111\ \mathrm{s}^{-2}} = 0{,}0006\ \mathrm{kg} \cdot \mathrm{m}^2$

Der Beitrag des Balkens kann also unberücksichtigt bleiben.

Die Berechnung nach (1-87a) ergibt $J = 2\ \mathrm{kg} \cdot (0{,}10\ \mathrm{m})^2 = 0{,}02\ \mathrm{kg\ m}^2$. Beide Werte stimmen innerhalb der Meßgenauigkeit überein.

2. das in 1.4.2.1, Abb. 51 benutzte Fahrrad-Vorderrad mit Bleiring ergibt bei Drehschwingungen um die Radachse die Schwingungsdauer $T = 21{,}5$ s, also $\omega = 0{,}292\ \mathrm{s}^{-1}$ und $\omega^2 = 0{,}085\ \mathrm{s}^{-2}$. Für das Trägheitsmoment folgt $J = 0{,}072\ \mathrm{Nm}/0{,}085\ \mathrm{s}^{-2} = 0{,}84\ \mathrm{kg} \cdot \mathrm{m}^2$. Damit stimmen die in den Beispielen von 1.4.2.1 bestimmten Werte überein.

3. Ein zylindrischer Eisen*ring* (Masse 2 kg, Radius innen 11,2 cm, außen 13,2 cm, Dicke 1,8 cm) ergibt $T = 4{,}2$ s, also $J = 0{,}032\ \mathrm{kg} \cdot \mathrm{m}^2$.

4. Ein massiver Eisen*zylinder* (Masse 2 kg, Durchmesser 8,5 cm, Höhe 2,2 cm) liefert dagegen $T = 1{,}4$ s, also $J = 0{,}0036\ \mathrm{kg} \cdot \mathrm{m}^2$.

Unter die Drehschwingungen fällt auch die Schwingungsdauer eines Pendels mit irgendwie verteilter Masse (physisches Pendel). Man erhält ω^2 wie oben aus D^*/J.

Dem physischen Pendel mit der Kreisfrequenz ω kann man ein Fadenpendel zuordnen, das dieselbe Schwingungsdauer besitzt. Seine Länge heißt die „reduzierte Pendellänge" l_r des physischen Pendels. Sie folgt aus $\omega^2 = g/l_r$.

Aufgabe: Man zeige, daß die für das Fadenpendel (1.3.4.6) gültige Gleichung

$$\omega^2 = \frac{m_s H_g}{l \cdot m} = \frac{g}{l}$$

als Spezialfall von $\omega^2 = D^*/J$ aufgefaßt werden kann.

1.4.2.3. Trägheitsmoment als Tensor, Hauptträgheitsachsen

Das Trägheitsmoment ist ein Tensor 2. Stufe, der sich durch drei Hauptträgheitsmomente für körperfeste aufeinander senkrechte Achsen kennzeichnen läßt.

Zunächst werden nur *Drehachsen* betrachtet, *die durch den Schwerpunkt gehen.* Sie dürfen jedoch beliebige Richtung haben. Das Trägheitsmoment eines irgendwie gestalteten Körpers hat für verschiedene solche Drehachsen im allgemeinen unterschiedliche Werte. Es gibt eine Achsenrichtung, für die man einen maximalen, und eine Achsenrichtung, für die man einen minimalen Wert des Trägheitsmomentes erhält. Sie sind dadurch ausgezeichnet, daß bei Drehung um diese Achse die Trägheitskräfte gerade ausgeglichen sind, d. h. bei der Drehung tritt keine Rückwirkung auf die Achsenlager ein. Sie werden *Hauptträgheitsachsen* genannt und stehen senkrecht aufeinander. Auch die auf den beiden senkrechte Drehachse ist eine Hauptträgheitsachse.

Bei Drehung um eine beliebige andere Achse durch den Schwerpunkt ergibt die Summe der Trägheitskräfte im Körper eim Drehmoment mit einer Richtung senkrecht zur Drehachse. Darauf kann hier nicht eingegangen werden.

Das Trägheitsmoment ist ein symmetrischer Tensor 2. Stufe. Die Werte des Trägheitsmomentes für die Hauptträgheitsachsen seien J_1, J_2, J_3. Sie lassen sich nach (1.4.2.1) durch die Trägheitsradien r_{t1}, r_{t2}, r_{t3} kennzeichnen.

Für die übrigen Achsen durch den Schwerpunkt lassen sich die Trägheitsmomente in Übereinstimmung mit den experimentellen Meßwerten wie folgt erhalten: Vom Schwerpunkt aus trägt man jeweils in Richtung der Hauptträgheitsachsen das Reziproke der Hauptträgheitsradien auf. Dadurch wird ein dreiachsiges Ellipsoid mit $1/r_{t1}$, $1/r_{t2}$, $1/r_{t3}$ als Hauptachsen vollständig bestimmt (Trägheitsellipsoid von Poinsot). Wird vom Schwerpunkt aus in Richtung einer beliebigen Drehachse x (durch den Schwerpunkt) eine Gerade gezogen, so durchstößt sie das Trägheitsellipsoid an einem bestimmten Punkt. Die Länge Schwerpunkt-Durchstoßpunkt gibt $1/r_{tx}$ und damit J_x.

Es gibt Körper (Zylinder, Quader mit quadratischer Grundfläche, usw.), bei denen zwei Hauptträgheitsmomente einander gleich sind; bei Kugeln, Würfeln, usw. stimmen alle drei überein. Die meisten Körper haben jedoch drei voneinander verschiedene Hauptträgheitsmomente.

Beispiel. Ein massiver Quader aus Holz ($m = 1{,}25$ kg, $l = 20$ cm, $b = 12$ cm, $h = 6$ cm) wird auf den Balken 1.4.2.2 Beispiel 1, gesetzt und für die drei Symmetrieachsen durch den Schwerpunkt wird die Schwingungsdauer T gemessen. Es ergibt sich $5 \cdot T = 10$ s, 8 s, 5 s. Die Hauptträgheitsmomente sind daher $0.0072 \text{ kg} \cdot \text{m}^2$; $0{,}0047 \text{ kg} \cdot \text{m}^2$ und $0{,}0018 \text{ kg} \cdot \text{m}^2$.

Trägheitsmoment eines Körpers relativ zu einer Drehachse, die nicht durch den Schwerpunkt geht.

Sei J_s das Trägheitsmoment für eine Achse durch den Schwerpunkt, dann beträgt es für eine dazu parallele Achse im Abstand a vom Schwerpunkt

$$J_{ges} = J_s + m_{ges} \cdot a^2$$

wo m_{ges} die Masse des Körpers ist (*Satz von Steiner*).

Beispiel. Auf die Drillachse ($D^* = 0{,}072$ Nm) werden zwei Eisenzylinder (Masse je 1 kg, Radius 4,25 cm, Höhe 2,2 cm) übereinander in der Mitte aufgesetzt. Als Schwingungsdauer mißt man $T_1 = 1{,}15$ s. Daraus folgt für das Trägheitsmoment $J_1 = 2{,}42 \cdot 10^{-3} \text{ kg m}^2$. Werden nun die beiden Zylinder im Abstand $a = 0{,}1$ m von der Drehachse auf dem Balken befestigt (Abb. 52), so erhält man als Schwingungsdauer $T_2 = 3{,}5$ s. Das Trägheitsmoment ist dann $J_2 = 22{,}3 \cdot 10^{-3} \text{ kg m}^2$.

Mit Hilfe des Steinerschen Satzes findet man andererseits:

$$J' = J + m \cdot a^2 = 2{,}42 \cdot 10^{-3} \text{ kg m}^2 + 2 \cdot 1 \text{ kg} \cdot (0{,}1 \text{ m})^2 = 22{,}4 \cdot 10^{-3} \text{ kg m}^2$$

in guter Übereinstimmung mit dem Experiment.

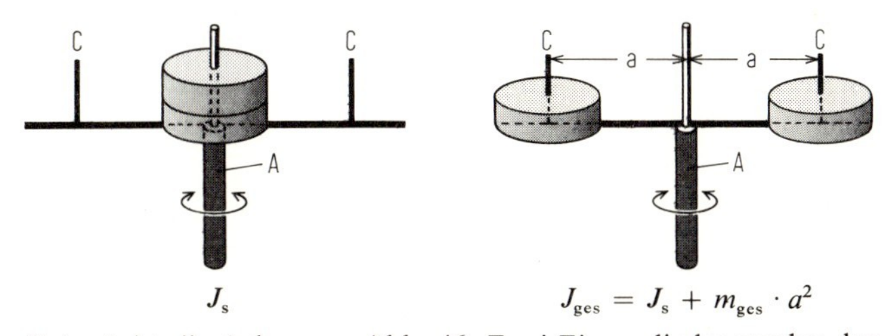

Abb. 52. Beispiel zum Steinerschen Satz. A ist die Achse von Abb. 46. Zwei Eisenzylinder werden das eine Mal auf die Verlängerung von A gesetzt, das andere Mal auf die beiden Stifte C, C, die sich im Abstand a von A befinden.

1.4.2.4. Kinetische Energie bei der Drehbewegung

F/L 1.4.2 u. 1.4.4

Bei der Drehbewegung ist die kinetische Energie $W_{kin} = (1/2) \cdot J \cdot \omega^2$.

Bei linearer Bewegung ist die kinetische Energie $W_{kin} = (1/2) m v^2$, für den Fall der Drehbewegung gilt

$$W_{kin} = (1/2) \cdot J\omega^2. \tag{1-90}$$

Man sieht das ein, wenn man sich einen rotierenden Körper aus Ringen zusammengesetzt denkt (1.4.1.3) und $v_i = \omega \cdot r_i$ einsetzt. Für den einzelnen Ring (Masse m_i, Geschwindigkeit v_i) ist $W_{kin} = (1/2) m_i v_i^2 = (1/2) m_i r_i^2 \omega^2 = (1/2) J_i \omega^2$. Berücksichtigt man $J = \sum J_i$, so folgt $W_{kin} = (1/2) J \omega^2$, denn beim starren Körper stimmt ω für alle Ringbereiche überein.

Beispiel. Für die kinetische Energie der Rotation des weiter oben benutzten Rades mit Bleiring bei einer Umlaufsdauer $T = 0{,}6$ s erhält man

$$W_{kin} = (1/2) \cdot 0{,}84 \text{ kg m}^2 \cdot (10{,}5 \text{ s}^{-1})^2$$
$$= 46{,}3 \text{ kg} \cdot \text{m}^2/\text{s}^2 = 46{,}3 \text{ Nm} = 46{,}3 \text{ J}.$$

Ein rollendes Rad führt neben der Rotationsbewegung eine lineare Bewegung des Schwerpunktes aus. Ganz allgemein gilt: Die kinetische Energie der linearen Bewegung des Schwerpunktes und die kinetische Energie der Drehbewegung erweisen sich als additiv.

Demonstration: Ein Hohlzylinder aus Eisen und ein Vollzylinder aus Aluminium, die in ihrer Masse und in ihrem Außendurchmesser übereinstimmen, beginnen gleichzeitig auf einer schiefen Ebene abzurollen. Dabei muß nicht nur der Schwerpunkt linear beschleunigt werden, sondern außerdem der Körper in beschleunigte Drehung versetzt werden. Die Umfangsgeschwindigkeit ωr und die Schwerpunktgeschwindigkeit v stimmen beim Rollen überein (Rollbedingung). Der Hohlzylinder hat das größere Trägheitsmoment, daher läuft er langsamer die schiefe Ebene hinab als der Vollzylinder.
Trägheitsmoment des Hohlzylinders $J_H = m \cdot r^2$ (in der Näherung Innenradius $\approx$ Außenradius = r)
Trägheitsmoment des Vollzylinders $J_V = (1/2) m \cdot r^2$

Der Energieerhaltungssatz lautet in diesem Fall, wenn man die potentielle Energie vom Ausgangspunkt der Bewegung zählt

$$-W_p = W_{kin\,rot} + W_{kin\,Schwerp.}$$

Aufgabe: Man prüfe nach, daß für den Hohlzylinder gilt: $W_{kin\,rot}/W_{kin\,Schwerp.} = 1:1$ und für den Vollzylinder $W_{kin\,rot}/W_{kin\,Schwerp.} = 1:2$

1.4.3. Drehimpuls, Kreisel

1.4.3.1. Drehimpuls *F/L 1.4.3*

$\vec{L} = \int \vec{M} \cdot \mathrm{d}t = \int \vec{r} \times \mathrm{d}\vec{p}$ nennt man Drehimpuls. Ein Körper, der sich um eine Hauptträgheitsachse mit dem Trägheitsmoment J dreht, hat den Drehimpuls $\vec{L} = J \cdot \vec{\omega}$

Ein punktförmiger materieller Körper bewege sich mit dem Impuls $\vec{p} = m\vec{v}$ an einem Bezugspunkt P vorbei (Abb. 53). Der Radiusvektor vom Bezugspunkt zum Körper sei $\vec{r}$.

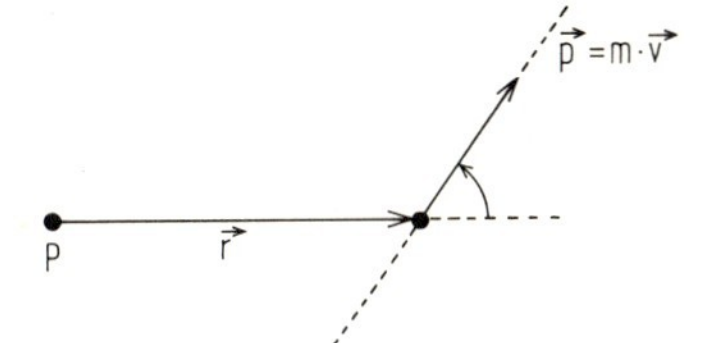

Abb. 53. Drehimpuls. Der Drehimpuls relativ zum Punkt P ist $\vec{L} = \vec{r} \times \vec{p}$, sein Betrag ist $|\vec{L}| = |\vec{r}| \cdot |\vec{p}| \cdot \sin(\vec{r}, \vec{p})$. Der Drehimpuls läßt sich kennzeichnen durch einen Vektor, der senkrecht steht auf der von $\vec{r}$ und $\vec{p}$ aufgespannten Ebene.

Dann nennt man

$$\vec{L} = \vec{r} \times \vec{p} = \vec{r} \times m\vec{v} \tag{1-91}$$

den Drehimpuls des punktförmigen Körpers relativ zum Bezugspunkt. Es gilt auch $\vec{L} = \int \vec{M} \cdot \mathrm{d}t$, weil $\vec{M} = \vec{r} \times \vec{F}$ und $\mathrm{d}\vec{p} = \vec{F} \cdot \mathrm{d}t$ ist.

Der Drehimpuls wird auch Impulsmoment, engl. "angular momentum" genannt. In 1.4.3.5 wird gezeigt: In einem abgeschlossenen System bleibt der Drehimpuls erhalten. Das ist grundlegend auch für 1.4.3.6.

Da der Drehimpuls aus $\vec{r}$ und $\vec{p}$ gebildet wird und diese beiden Größen ein orientiertes Flächenstück aufspannen, kann er durch ein solches gekennzeichnet werden, s. 9.4.2 und 1.3.3.2. Meist wird ihm ein Vektor senkrecht zu diesem Flächenstück zugeordnet. In den folgenden Abb. wird ein solcher als Hohlpfeil gezeichnet, ähnlich wie beim Drehmoment (Abb. 45).

Sehr oft hat man es mit einem Drehimpuls um eine Achse zu tun, wobei $\vec{r}$ und $m\vec{v}$ senkrecht zu einander stehen. Für einen dünnen Ringzylinder, der sich um seine Symmetrie-

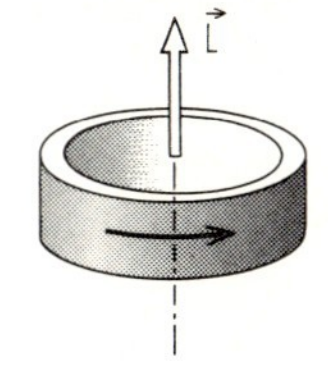

Abb. 54. Drehimpuls eines rotierenden Ringes. Der Drehimpuls läßt sich kennzeichnen durch einen Vektor in Richtung der Drehachse (hier zusammenfallend mit der Symmetrieachse). In diesem Spezialfall ist $|\vec{L}| = r \cdot m \cdot v$. Der Drehimpuls ist in Abb. 54 durch einen hohlen Pfeil wiedergegeben.

achse dreht (Abb. 54) ist der Betrag des Drehimpulses leicht anzugeben. Die Umfangsgeschwindigkeit des Ringes sei $\vec{v}$. Jedes kleine Teilstück der Masse $\mathrm{d}m = \varrho \cdot \mathrm{d}V$ mit $V =$ Volumen, $\varrho =$ Masse/Volumen hat den Linearimpuls $(\mathrm{d}m) \cdot \vec{v}$ und trägt zum Drehimpuls $\vec{r} \cdot \mathrm{d}m \times$ $\times \vec{v} = \vec{r} \times \mathrm{d}\vec{p}$ bei. Der Drehimpuls des Ringes hat daher den Betrag $\int r \cdot \mathrm{d}p = r \cdot mv$ und wegen $v = \omega \cdot r$ auch $L = r^2 m\omega = J\omega$ (nach (1-87)). Ebenso wie das in 1.4.2.1 eingeführte Trägheitsmoment $\sum \Delta m_i r_i^2$ läßt sich auch der Drehimpuls aus $\sum \Delta m_i r_i^2 \omega$, d.h. aus Ringbereichen zusammensetzen.

Die kohärente Einheit ergibt sich aus $[r] \cdot [p] = 1\ \text{m} \cdot 1\ \text{kg m/s} = 1\ \text{kg m}^2/\text{s} = 1\ \text{Js} = 1\ \text{Ws}^2$. Für die Dimension gilt $\dim L = \dim l \cdot \dim p = \dim (W \cdot t)$. Der Drehimpuls hat also gleiche Dimension und Einheit wie die Wirkung S (1.3.5.8). Es gilt $L \cdot \varphi = S$.

Beispiel. Das Rad von 1.4.2.1 werde auf die Umlaufdauer $T = 0{,}6$ s gebracht, dann ist seine Winkelgeschwindigkeit $\omega = 2\pi/T = 10{,}5\ \text{s}^{-1}$ und sein Drehimpuls $L = J \cdot \omega = 0{,}84\ \text{kg m}^2 \cdot 10{,}5\ \text{s}^{-1} = 8{,}8\ \text{kg m}^2/\text{s}$.

In 1.3.1.7 wurde gezeigt: Die zeitliche Änderung eines linearen Impulses $\vec{p}$ ist eine Kraft $\vec{F}$. In Formelzeichen

$$\vec{F} = \frac{\mathrm{d}\vec{p}}{\mathrm{d}t} = \frac{\mathrm{d}(m\vec{v})}{\mathrm{d}t}$$

Jetzt wird gezeigt: Die zeitliche Änderung eines Drehimpulses $\vec{L}$ ist ein Drehmoment $\vec{M}$. In Formelzeichen

$$\vec{M} = \frac{\mathrm{d}\vec{L}}{\mathrm{d}t} \tag{1-92}$$

Begründung:

$$\vec{L} = \sum \vec{r}_\mathrm{i} \times \vec{p}_\mathrm{i}$$

$$\frac{\mathrm{d}\vec{L}}{\mathrm{d}t} = \sum_{(\mathrm{i})} \left(\frac{\mathrm{d}\vec{r}_\mathrm{i}}{\mathrm{d}t} \times \vec{p}_\mathrm{i} + \vec{r}_\mathrm{i} \times \frac{\mathrm{d}\vec{p}_\mathrm{i}}{\mathrm{d}t} \right)$$

Das erste Glied ergibt 0, denn nach Einsetzen von $\vec{p}_\mathrm{i} = m\,\mathrm{d}\vec{r}_\mathrm{i}/\mathrm{d}t$ treten zwei Vektoren mit derselben Richtung im Vektorprodukt als Faktoren auf. Das zweite Glied ergibt $\vec{r}_\mathrm{i} \times \vec{F}_\mathrm{i} = \vec{M}_\mathrm{i}$, also $\mathrm{d}\vec{L}/\mathrm{d}t = \vec{M}$.

Man kann sich weiter überzeugen, daß

$$\vec{M} = \frac{\mathrm{d}\vec{L}}{\mathrm{d}t} = \frac{\mathrm{d}(\overrightarrow{J\omega})}{\mathrm{d}t} \tag{1-93}$$

auch dann gültig ist, wenn das Trägheitsmoment von der Zeit abhängt (vgl. 1.4.3.5d).

Integration von (1-93) ergibt: Zur Änderung eines Drehimpulses muß ein Drehmoment während einer gewissen Zeitdauer wirken. Quantitativ gilt:

$$\int \vec{M} \cdot \mathrm{d}t = \Delta \vec{L}. \tag{1-94}$$

Beispiel. Am Rad 1.4.2.1 war ein Drehmoment $1{,}25\ \text{N} \cdot 0{,}33\ \text{m}$ während einer Zeitdauer $t = 5$ s wirksam. Nach dieser Zeit war der Drehimpuls des Rades $L = 1{,}25 \cdot 0{,}33 \cdot 5\ \text{Nms} = 2{,}06\ \text{Nms}$, wobei die Bewegung von $L = 0$ ausging. Am Ende hatte es die Winkelgeschwindigkeit $\omega = 2{,}5\ \text{s}^{-1}$. Über $L = J \cdot \omega$ berechnet, ergibt sich $L = 0{,}84\ \text{kg m}^2 \cdot 2{,}5\ \text{s}^{-1} = 2{,}10\ \text{Nms}$, also innerhalb der Meßgenauigkeit Übereinstimmung.

Bisher wurde der Spezialfall $\vec{M} \parallel \vec{L}$ betrachtet. Außerdem war $\vec{M} \parallel \vec{\omega}$. Der allgemeine Fall wird in 1.4.3.2(a, b) besprochen werden.

Man kann folgende Gleichungen für Linear- und Kreisbewegung einander gegenüberstellen

$\vec{p} = \int \vec{F} \cdot \mathrm{d}t$	$\vec{L} = \int \vec{M} \cdot \mathrm{d}t$
$\vec{p} = m \cdot \vec{v}$	$\vec{L} = J \cdot \vec{\omega}$
$\vec{F} = \dfrac{\mathrm{d}\vec{p}}{\mathrm{d}t}$	$\vec{M} = \dfrac{\mathrm{d}\vec{L}}{\mathrm{d}t}$

Diese Gleichungen erweisen sich als allgemein gültig; sie gelten auch dann, wenn sich die Masse bzw. das Trägheitsmoment ändert und $\vec{M}$ nicht parallel zu $\vec{L}$ oder $\vec{\omega}$ ist.

Größenordnungen von Drehimpulsen: Verschiedene Elementarteilchen haben einen für sie charakteristischen unveränderlichen Drehimpuls (Eigendrehimpuls), der ein ganzzahliges oder halbzahliges Vielfaches von $\hbar = h/2\pi$ ist. Für das Elektron, Proton, Neutron beträgt er

$$L = 1/2 \cdot \hbar = 1/2 \cdot \frac{6{,}626 \cdot 10^{-34}\ \mathrm{J\,s}}{2\pi} = 0{,}527 \cdot 10^{-34}\ \mathrm{J\,s}$$

Streng genommen ist $h/2$ die Komponente in der Quantisierungsrichtung, vgl. dazu 6.4.4, insbes. Quantenzahl s.

Falls die Erde konstante Dichte hätte, wäre ihr Drehimpuls, berechnet aus Masse (1.3.2.4), Radius und Winkelgeschwindigkeit, $0{,}75 \cdot 10^{34}$ kg m²/s. In Wirklichkeit ist er kleiner, da die Dichte des Erdinnern größer ist als die Dichte der Oberflächengesteine.

1.4.3.2. Symmetrischer Kreisel, Drehung um die Symmetrieachse *F/L 1.4.8 u. 1.4.9*

Der Drehimpuls $\vec{L}$ eines Kreisels ändert sich nach der Beziehung $\Delta \vec{L} = \int \vec{M} \cdot \mathrm{d}t$. Charakteristisch sind zwei Fälle:

$\Delta \vec{L} \parallel \vec{L}$ und $\Delta \vec{L} \perp \vec{L}$

Einen drehbaren Körper, der in einem Punkt festgehalten wird, nennt man einen Kreisel. Seine Drehung erfolgt um eine (momentane) Drehachse, die im allgemeinen Fall im Körper wandert. Im folgenden soll nur der Fall betrachtet werden, daß der festgehaltene Punkt der Schwerpunkt des Körpers ist und daß der Körper eine Symmetrieachse besitzt (symmetrischer Kreisel). Sein Trägheitsellipsoid ist dann rotationssymmetrisch ($J_2 = J_3$). Ein Kreisel mit dem Drehimpuls 0 möge drehfreier Kreisel genannt werden.

Das Verhalten des Kreisels ist leicht verständlich, wenn man den Drehimpuls und das Drehmoment (Kräftepaar) durch *Vektorpfeile* repräsentiert und diese Pfeile addiert.

Wenn man vom drehfreien Kreisel ausgeht, sollen zwei Fälle betrachtet werden:

1. Auf den ruhenden Kreisel wirkt ein Kräftepaar $\vec{F_1}$, $\vec{F_2}$ nach Abb. 55. Beide Kräfte greifen *senkrecht* zur Symmetrieachse $P_1 P_2$ an: Es wirkt ein Drehmoment, das senkrecht in die Zeichenebene hinein, d.h. nach hinten gerichtet ist. *Der Kreisel wird gekippt* (Drehimpulspfeil nach hinten).

2. Auf den ruhenden Kreisel wirkt ein Kräftepaar ähnlich wie in Abb. 47b. Beide Kräfte greifen an den Speichen an: Es herrscht ein Drehmoment *in der* Symmetrie achse $P_1 P_2$ (Hauptträgheitsachse). *Der Kreisel wird angedreht.* Es entsteht L, wie in Abb. 55 gezeichnet.

Wenn der Kreisel einmal nach 2. *in Rotation* versetzt worden ist, bleibt sein Drehimpuls $\vec{L} = J \cdot \vec{\omega}$ nach Richtung und Betrag erhalten, solange auf ihn kein Drehmoment wirkt.

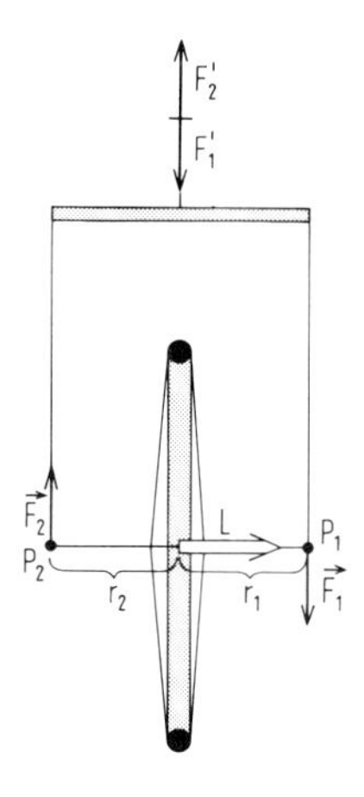

Abb. 55. Richtungsänderung des Drehimpulses (Präzession). Der Fahrradkreisel mit Achse P_2P_1 rotiert und hat damit den Drehimpuls $\vec{L}$. Auf ihn wirkt ein Drehmoment $\vec{M} = (\vec{r_1} \times \vec{F_1}) + (\vec{r_2} \times \vec{F_2})$. Der Drehmomentpfeil $\vec{M}$ (nicht gezeichnet) ist nach hinten gerichtet. $d\vec{L} = \vec{M} \cdot dt$ wird zum Pfeil $\vec{L}$ vektoriell addiert. Also bewegt sich der Punkt P_1 nach hinten, der Punkt P_2 nach vorn.

Sind jedoch (anders als gezeichnet) $\vec{F_1}$ nach hinten, $\vec{F_2}$ nach vorn gerichtet, dann wirkt ein Drehmoment mit Achse parallel zur Richtung $F_1' = F_2'$. Die Spitze des Drehimpulspfeils L bewegt sich dadurch nach oben. Die Art der Aufhängung (zwei Fäden, Tragstange parallel zur Kreiselachse) läßt diese Kippung zu.

Wirkt jedoch ein Drehmoment, so sind besonders zwei Grenzfälle interessant: das Drehmoment steht parallel oder senkrecht zum bereits vorhandenen Drehimpuls, d. h.

Fall a) $\vec{M} \parallel \vec{L}$

Fall b) $\vec{M} \perp \vec{L}$

Fall a) betrifft das *Andrehen* und das *Abbremsen* des Kreisels: Die *Richtung* des Drehimpulses bleibt unverändert, der Betrag des Drehimpulses wird größer oder kleiner, je nachdem das wirksame Drehmoment (Pfeil) $\vec{M}$ gleiches oder entgegengesetztes Vorzeichen hat wie der bereits vorhandene Drehimpuls (Pfeil) $\vec{L}$, wobei gilt

$$\Delta\vec{L} = \int \vec{M} \cdot dt. \tag{1-94}$$

Fall b) betrifft die sogenannte *Präzession* des Kreisels. Der *Betrag* des Drehimpulses bleibt unverändert, nur seine Richtung ändert sich. Auch hier ist $\Delta\vec{L} = \int \vec{M} \cdot dt$. Man muß nur beachten, daß $\vec{L}$ und $\vec{M}$ durch Vektoren repräsentiert werden. Die Spitze des Drehimpulsvektors (im Diagramm Abb. 56) läuft auf einem Kreis um. Der Kreisel „präzediert" (= schreitet fort), er führt eine „Präzessionsbewegung" aus.

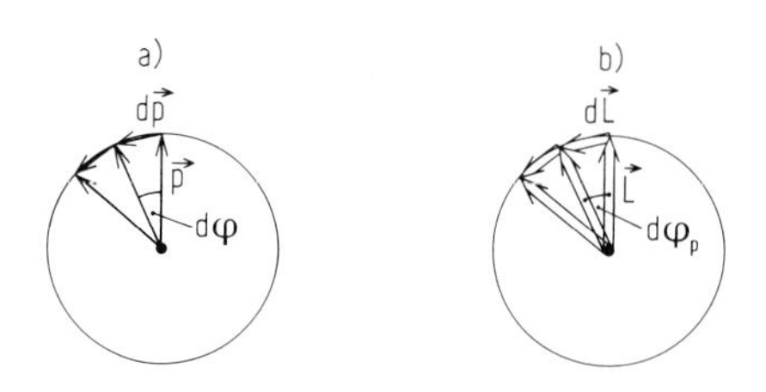

Abb. 56. Umlauf des linearen Impulses und des Drehimpulses.
a) Während ein Körper der Masse m auf einer Kreisbahn umläuft, wirkt auf ihn eine zum Drehmittelpunkt gerichtete Kraft $\vec{F}$ (nicht gezeichnet). Während der Zeitdauer dt ändert sich der Impuls $\vec{p}$ dieses Körpers um $d\vec{p} = \vec{F} \cdot dt = d\vec{\varphi} \times \vec{p}$. Das ist analog zu Gl. (1-47).
b) Auf einen sich drehenden Körper mit dem Drehimpuls $\vec{L}$ soll ein Drehmoment $\vec{M}$ wirken (nicht gezeichnet). Während der Zeitdauer dt ändert sich dadurch der Drehimpuls $\vec{L}$ dieses Körpers um $d\vec{L} = \vec{M} \cdot dt = d\varphi_P \times \vec{L}$.

Demonstration: Die Änderung des Drehimpulses durch ein Drehmoment läßt sich zeigen mit einem Fahrradkreisel, der gemäß Abb. 55 aufgehängt ist. Er sei mit horizontaler Achse in Drehung versetzt und zwar so, daß die Bahngeschwindigkeit der Felge oben aus der Zeichenebene heraus, unten in die Zeichenebene hinein gerichtet ist. Der Drehimpuls des Kreisels wird dann durch einen Pfeil in der Drehachse von links nach rechts beschrieben. Ein Kräftepaar (F links nach oben und F rechts nach unten) ist ein Drehmoment, das sich kennzeichnen läßt durch einen Pfeil von vorn nach hinten.

$\int \vec{M} \cdot \mathrm{d}t = \Delta \vec{L}$ ist zum vorhandenen Drehimpulsvektor zu addieren. Daher wird die Spitze des Drehimpulspfeils nach hinten verlagert.

Der quantitative Ablauf ergibt sich aus folgender Gegenüberstellung:

Umlauf des Linearimpulses bei der Drehbewegung eines Körpers auf einer Kreisbahn

$\vec{p} = m\vec{v}$ *ändert Richtung,*

Wegen $\dfrac{\mathrm{d}\varphi}{\mathrm{d}t} = \omega = \dfrac{2\pi}{T}$

wobei T = Umlaufsdauer,

gilt: $\vec{F} = \vec{\omega} \times \vec{p}$ (1-47)

Umlauf des Drehimpulses bei der Präzessionsbewegung eines (rotierenden) Kreisels

$\vec{L} = J\vec{\omega}$ *ändert Richtung,*

Wegen $\dfrac{\mathrm{d}\varphi_p}{\mathrm{d}t} = \omega_p = \dfrac{2\pi}{T_p}$

wobei T_p = Präzessionsumlaufsdauer

gilt: $\vec{M} = \omega_p \times \vec{L}$ (1-95)

Beispiel: Der Kreisel wird mit der Umlaufsdauer $T = 0{,}6$ s in Drehung versetzt. Nach 1.4.3.1 beträgt sein Drehimpuls dann 8,8 kg m²/s. Ein konstantes Drehmoment M wird erzeugt, indem man 0,3 m vom Mittelpunkt (Schwerpunkt) des Kreisels entfernt ein Gewichtstück der Masse 1 kg (Kraft 9,81 N) anhängt. Die Gegenkraft wirkt im Aufhängedraht. Also ist $M = 0{,}3\ \mathrm{m} \cdot 10\ \mathrm{N} = 3\ \mathrm{Nm}$. Man beobachtet als Präzessionsumlaufdauer $T_p = 19$ s, also $\omega_p = 2\pi/19\ \mathrm{s} = 0{,}34\ \mathrm{s}^{-1}$.

Andererseits berechnet man:

$$\omega_p = M/L = 3\ \mathrm{Nm}/8{,}8\ \mathrm{kg\ m^2\ s^{-1}} = 0{,}34\ \mathrm{s}^{-1}.$$

Erwartung und Beobachtung stimmen überein.

Bisher hieß es: wenn auf einen Kreisel ein Drehmoment $\vec{M} \perp \vec{L}$ wirkt, ändert der Drehimpuls $\vec{L}$ seine Richtung: $\vec{M}$ war vorgegeben, $\mathrm{d}\vec{L}/\mathrm{d}t$ die Folge. Man kann aber auch einem Kreisel eine Richtungsänderung aufzwingen, dann reagiert er mit einem Drehmoment: das heißt $\mathrm{d}\vec{L}/\mathrm{d}t$ wird vorgegeben, $\vec{M}$ ist die Folge.

Beispiel. 1. Freihändiges Fahrradfahren. Vorder- und Hinterrad eines rollenden Fahrrads sind Kreisel. Wenn sich das Fahrrad z. B. nach links neigt, entsteht ein Drehmoment, durch das sich das Vorderrad nach links einschlägt, so daß sich das Fahrrad wieder aufrichtet.

2. Kollergang. Läßt man einen zylindrischen Mühlstein auf einer Kreisbahn rollen (Abb. 57), so wird laufend der Drehimpuls des Mühlsteins der Richtung nach geändert. Daher wird ein Drehmoment, d.h. Kräftepaar ausgeübt, dessen eine Kraft im Punkt C nach oben wirkt. Die andere Kraft ist gleichgerichtet mit der Gewichtskraft des Steines. Der Auflagedruck auf die Unterlage wird dadurch beträchtlich verstärkt.

3. Präzession der Erdachse: Infolge der täglichen Drehung um ihre Achse ist die Erde abgeplattet (1.3.2.4). Sie hat die Gestalt einer Kugel mit aufgelegtem „Wulst". Da die Erdachse nicht senkrecht steht zur Bahn der Erde um die Sonne, sondern 23° gegen diese Richtung geneigt ist, bewirkt die Anziehungskraft der

Sonne auf diesen Wulst ein aufrichtendes Drehmoment (Momentpfeil senkrecht zur Erdachse). Die Erde (der Drehimpulspfeil der Erde) führt daher eine Präzession aus. Ihre Präzessionsumlaufdauer beträgt rund 14000 Jahre.

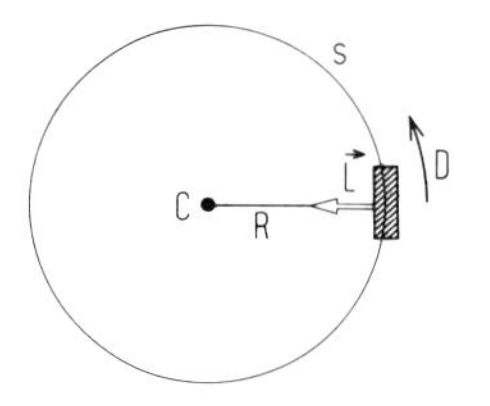

Abb. 57. Kollergang. Rollender Mühlstein (Drehimpuls $\vec{L}$) von oben betrachtet. Der Mühlstein rollt an einer Führungsstange R geführt um das Zentrum C des Rollweges *s*. Der Pfeil D gibt die Rollrichtung an. Der Auflagedruck des Mühlsteines wird vermehrt.

1.4.3.3. Symmetrischer und unsymmetrischer Kreisel, Nutation

Wenn bei einem im Schwerpunkt unterstützten Kreisel die Richtung der Symmetrieachse mit der Richtung von $\vec{L}$ nicht übereinstimmt, erfolgt eine sogenannte Nutationsbewegung der Symmetrieachse um die raumfeste Richtung von $\vec{L}$ herum.

Beim Kreisel nach 1.4.3.2, Fall a) stimmt die Richtung des Drehimpulspfeils mit der Richtung der Symmetrieachse des Kreisels überein. Der allgemeinere Fall (symmetrischer Kreisel, bei dem diese beiden Richtungen nicht zusammenfallen) läßt sich realisieren durch einen Stoß gegen die Kreiselachse (entfernt vom Schwerpunkt). Dadurch wirkt auf den Kreisel kurzzeitig ein Drehmoment mit einer von $P_1 P_2$ (Abb. 55) verschiedenen Achse. Der Kreisel gerät dann in eine torkelnde Bewegung um die raumfeste Richtung des Drehimpulses. Diese fällt aber nicht mehr mit der Symmetrieachse des Kreisels zusammen. Die Symmetrieachse

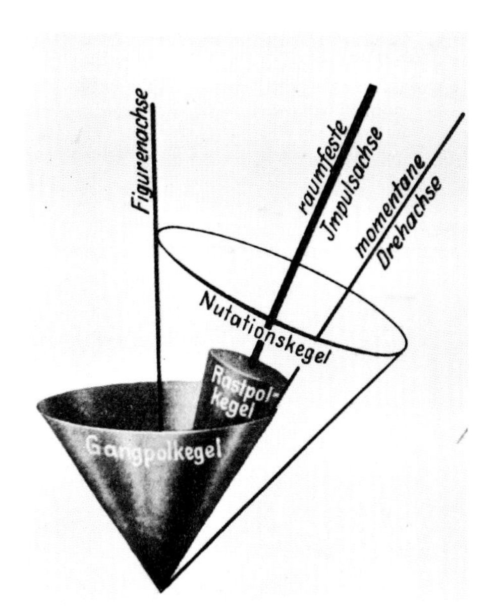

Abb. 58. Nutation des Kreisels. Der (gedachte) Gangpolkegel rollt auf dem (gedachten) Rastpolkegel ab. Der Gangpolkegel ist mit dem Kreisel, der Rastpolkegel mit dem Hörsaalboden fest verbunden zu denken. (Nach Pohl I, S. 74, Abb. 144.) Dargestellt ist der Fall des abgeplatteten Kreisels entsprechend Abb. 59a.

(und die momentane Drehachse) wandern vielmehr je auf einem Kreiskegel um die raumfeste Drehimpulsachse herum. Man spricht von einer *Nutationsbewegung*.

Quantitativ läßt sich die Bewegung des symmetrischen Kreisels dann beschreiben durch das Abrollen von zwei in Abb. 58 gezeichneten Kegeln. Der mit der Figurenachse verbundene körperfeste Kegel (Gangpolkegel) rollt auf dem mit der Drehimpulsachse verbundenen raumfesten Kegel (Rastpolkegel) ab. Die Berührungslinie stellt die momentane Drehachse dar. Nur beim symmetrischen Kreisel liegen diese drei Achsen in einer Ebene. Die Lage der drei Achsen zueinander ergibt sich, wenn man den Drehimpuls L aus den Komponenten von ω und aus J_1 und J_2 konstruiert, Abb. 59.

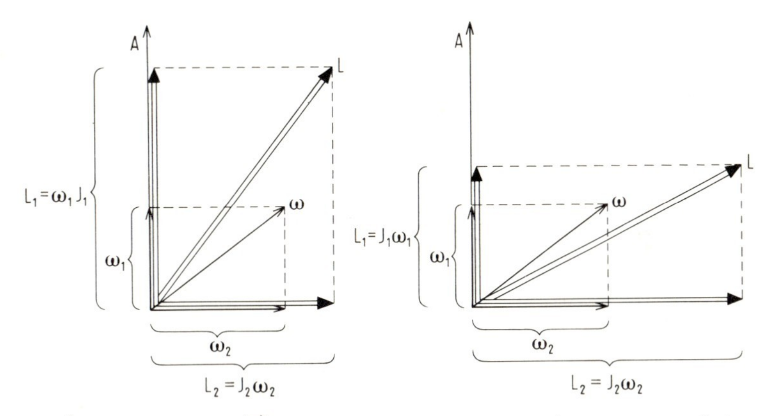

Abb. 59. Drehimpulsachse $\vec{L}$, Symmetrieachse $\vec{A}$ und momentane Drehachse $\vec{\omega}$ beim symmetrischen Kreisel. Die Zusammensetzung der Komponenten von $\vec{\omega}$ und $\vec{L}$ ist dargestellt.
a) Wenn $J_1 > J_2$, so ergibt sich die Reihenfolge $\vec{A}$, $\vec{L}$, $\vec{\omega}$ (abgeplatteter Kreisel).
b) Wenn $J_1 < J_2$, so ergibt sich die Reihenfolge $\vec{A}$, $\vec{\omega}$, $\vec{L}$ (verlängerter Kreisel).

Wirkt auf einen solchen nutierenden Kreisel außerdem noch ein Drehmoment, z. B. mit einer Achse senkrecht zum Drehimpuls, so präzediert die Drehimpulsachse. Mit ihr präzediert der in Abb. 61 gezeichnete Rastpolkegel. Die Nutationsbewegung der Figurenachse ist dieser Präzessionsbewegung überlagert.

Wird ein materieller Körper (z. B. ein Quader) um eine Symmetrieachse rotierend in die Luft geworfen, so führt er eine Rotation um eine „freie" Achse aus (Rotation ohne Lagerung der Achsen). Er ist dann ein Beispiel eines unsymmetrischen Kreisels.

Bei der Rotation um die Trägheitsachse mit dem größten oder dem kleinsten Trägheitsmoment ist die Rotation „stabil", bei Rotation um die Trägheitsachse mit dem mittleren Trägheitsmoment ist sie dagegen „instabil". Das letztere bedeutet: Kleine Abweichungen zwischen Drehimpulsachse und Symmetrieachse werden durch die Deviationsmomente vergrößert, es entsteht eine Schlingerbewegung. Stabil heißt dagegen: die Abweichungen werden nicht vergrößert.

Demonstration. Ein Quader mit verschiedenfarbigen Seitenflächen wird nacheinander um die drei Hauptträgheitsachsen rotierend in die Luft geworfen. Beim Wiederauffangen sind die Farben nur im Fall einer stabilen Bewegung unvertauscht.

Bei beträchtlicher Abweichung der Drehachse von der Impulsachse geht die Drehung in eine stabile Rotation des Körpers um die Achse mit dem größten Trägheitsmoment über, wenn die Halterung (Aufhängung) dies erlaubt. Dann steckt bei vorgegebener Winkelgeschwindigkeit die maximale kinetische Energie im Körper.

Beispiel. Ein Stab (oder eine Scheibe) wird an einer Kette aufgehängt und der Aufhängepunkt durch einen Motor in schnelle Rotation versetzt. Der zuerst vertikal hängende Stab (oder die Scheibe) rotiert schließlich in einer horizontalen Ebene, vgl. Abb. 59a.

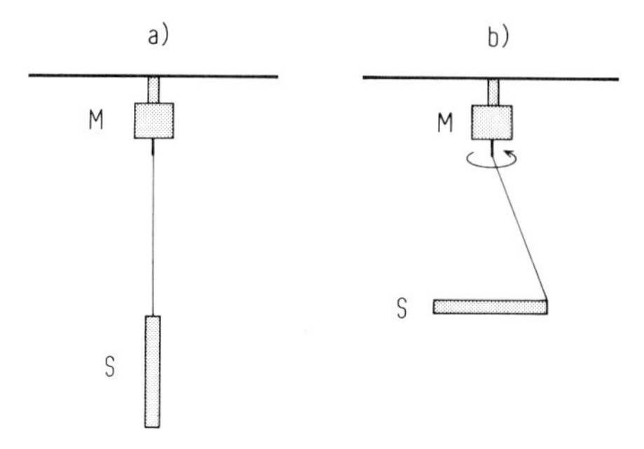

Abb. 59a. Rotation um die Achse des größten Trägheitsmoments. M: Motor, S: Stab; a) vor Beginn der Drehung, b) Endzustand bei genügend schneller Rotation des an einem Ende aufgehängten Stabes. Momentanbild im Augenblick der Querstehens.

Die Achse des größten Trägheitsmoments liegt beim Stab senkrecht zu seiner Längsausdehnung, bei der Scheibe senkrecht zur Scheibenfläche. Abb. 59b beschreibt auch den Endstand bei Rotation einer Kreisscheibe in Seitenansicht.

1.4.3.4. Gegenüberstellung von Linear- und Drehbewegung

Bei der Linearbewegung und Drehbewegung entsprechen einander folgende Größen und Beziehungen:

Tabelle 15. Gegenüberstellung von Linear- und Drehbewegung.

Linearbewegung		Drehbewegung	
Weg	$\vec{s}$	Winkel	$\vec{\varphi}$
Geschwindigkeit	$\vec{v}$	Winkelgeschwindigkeit	$\vec{\omega}$
Beschleunigung	$\vec{a}$	Winkelbeschleunigung	$\vec{\alpha}$
Kraft	$\vec{F}$	Drehmoment	$\vec{M}$
Masse	m	Trägheitsmoment	J
Größen der linken und rechten Spalte sind durch folgende Beziehungen verknüpft: $\vec{s} = \vec{\varphi} \times \vec{r}$, $\vec{v} = \vec{\omega} \times \vec{r}$, $\vec{a} = \vec{\omega} \times \vec{v}$, $\vec{M} = \vec{r} \times \vec{F}$, $\vec{L} = \vec{r} \times \vec{p}$			
Impuls	$\vec{p} = \int \vec{F}\,\mathrm{d}t = m\vec{v}$	Drehimpuls	$\vec{L} = \int \vec{M} \cdot \mathrm{d}t = J \cdot \vec{\omega}$
allgemein gilt	$\vec{F} = \frac{\mathrm{d}\vec{p}}{\mathrm{d}t}$	allgemein gilt	$\vec{M} = \frac{\mathrm{d}\vec{L}}{\mathrm{d}t}$
für Kreisbahn gilt	$\vec{F} = \vec{\omega} \times \vec{p}$	für Präzession	$\vec{M} = \vec{\omega}_p \times \vec{L}$
kinet. Energie	$W_k = \frac{1}{2} m v^2$	kinet. Energie	$W_k = \frac{1}{2} J \omega^2$
Schraubenfeder	$\vec{F} = -D \cdot \vec{x}$	Spiralfeder	$\vec{M} = -D^* \cdot \vec{\varphi}$
lineare Schwingung	$\omega^2 = D/m$	Drehschwingung	$\omega^2 = D^*/J$

1.4.3.5. Erhaltung des Drehimpulses

F/L 1.4.6 u. 1.4.7

Analog zum Impulserhaltungssatz 1.3.1.7 gilt auch für den Drehimpuls ein Erhaltungssatz.

Für den Gesamtdrehimpuls in einer abgeschlossenen Gesamtheit physikalischer Objekte gilt der Erhaltungssatz:

In einer abgeschlossenen Gesamtheit (hier in einer solchen, auf die keine Drehmomente von außen wirken) ist $\mathrm{d}\vec{L}/\mathrm{d}t = \vec{M} = 0$, also $\vec{L} = \text{const.}$ Mit anderen Worten: Der *Gesamtdrehimpuls* der Gesamtheit bleibt nach Betrag und Richtung *erhalten*, gleichviel, welche inneren Kräfte wirken (z. B. die Anziehungskräfte im Planetensystem 1.4.3.6).

Der Drehimpulserhaltungssatz hat eine wichtige Stellung in der Physik, man kennt keine Ausnahme. Er spielt in der Atomphysik einschließlich Kernphysik und Physik der Elementarteilchen eine große Rolle. Der Gesamtdrehimpuls ist die Vektorsumme der Einzeldrehimpulse. Darin sind enthalten Bahndrehimpuls und Eigendrehimpuls.

Beispiel. Die Erde hat auf Grund ihres Umlaufs um die Sonne einen Bahndrehimpuls, auf Grund ihrer Drehung um die Nord-Süd-Achse einen Eigendrehimpuls.

Bei einer abgeschlossenen Gesamtheit aus zwei drehbaren Körpern muß deshalb gelten:

$$\vec{L}_1 + \vec{L}_2 = J_1\vec{\omega}_1 + J_2\vec{\omega}_2 = \text{const.} \tag{1-96}$$

Da der Drehimpuls durch eine Vektorgröße repräsentiert werden kann, gilt der Erhaltungssatz für jede Komponente. Wenn $\vec{L}_x$, $\vec{L}_y$, $\vec{L}_z$ die Komponenten in Richtung der Koordinatenachsen sind, gelten daher die *drei* Gleichungen:

$$(L_1)_x + (L_2)_x = L_x = \text{const.},$$

dazu je eine analoge Gleichung mit Indizes y statt x, sowie mit z statt x.

Im folgenden wird ein Drehstuhl benützt, der nur um die vertikale Achse drehbar ist. Die damit angestellten Beobachtungen beziehen sich nur auf die Erhaltung der *Vertikalkomponente* (z-Komponente) L_z des Drehimpulses. Die folgenden Beobachtungen zeigen, daß die z-Komponente des Gesamtdrehimpulses erhalten bleibt.

Demonstration. Eine Person auf dem annähernd reibungsfrei gelagerten Drehstul (Abb. 60) hat bezüglich Drehungen um die vertikale Drehachse keine Verbindung mehr zum Hörsaalboden. Sie hält bei einigen der folgenden Experimente einen Fahrradkreisel in Händen. Drehschemel + Person und Kreisel bilden zusammen das Gesamtsystem.

Folgende Experimente werden ausgeführt (Abb. 61):

a) Von der Versuchsperson auf dem Drehstuhl wird der Kreisel mit Kreiselachse parallel zur *Drehstuhlachse* angedreht. Dann gerät die Person mit dem Stuhl in Drehung mit entgegengesetztem Drehsinn. Der Gesamtdrehimpuls, hier L_z, ist dauernd gleich 0.

b) Wird der Kreisel mit *horizontaler Achse* (senkrecht zur Drehachse des Drehstuhls) angedreht, so bleibt der Stuhl in Ruhe, denn der Drehschemel zeigt nur die Vertikalkomponente des Drehimpulses an. Dauernd ist $L_z = 0$.

c) Der Versuchsperson wird ein rotierender Kreisel mit Drehimpuls L_0 mit vertikaler Achse überreicht. Der Drehstuhl bleibt in Ruhe. Im System ist jetzt ein Drehimpuls vorhanden.

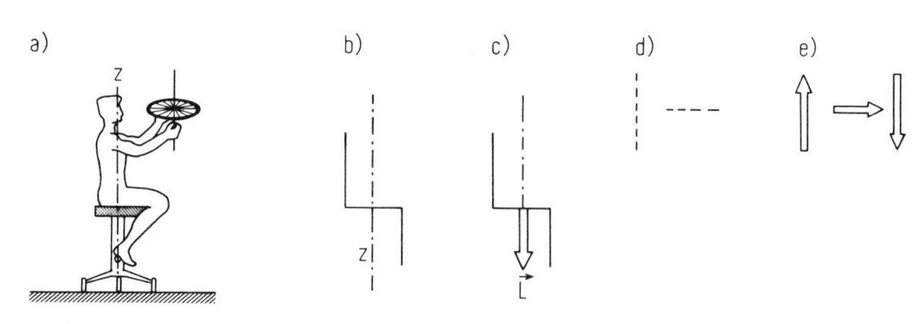

Abb. 60. Versuchsanordnung mit Drehschemel. Diese Anordnung a) wird in Abb. 61 in der folgenden Weise schematisiert:
b) Drehschemel mit Versuchsperson, Drehachse z gestrichelt, bedeutet Schemel und Person drehfrei.
c) Wie b), jedoch mit Drehimpuls: Wenn Schemel und Versuchsperson sich um die Achse z drehen, ist $\vec{L}$ der Drehimpuls dieses Systems.
Daneben ist jeweils die Drehachse des Kreisels wie in 60d), sein Drehimpuls wie in 60e) dargestellt.

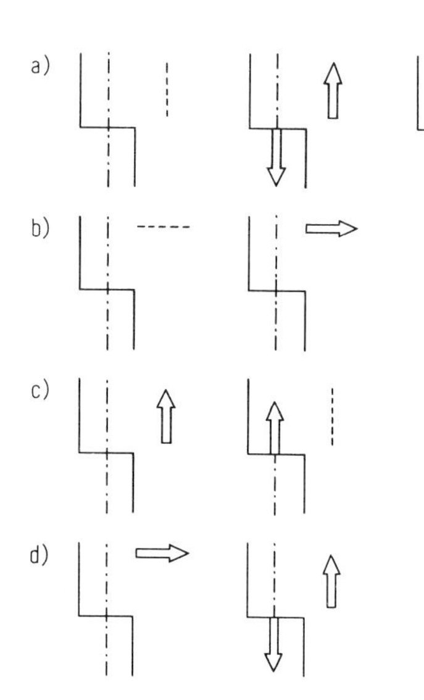

Abb. 61. Erhaltung des Drehimpulses. In allen vier Fällen a), b), c), d) bleibt die Vertikalkomponente des Gesamtdrehimpulses konstant.
a) Kreiselachse vertikal
Bild 1: Vor dem Andrehen
Bild 2: die Versuchsperson hat den Kreisel angedreht Stuhl und Kreisel drehen sich entgegengesetzt.
Bild 3: die Versuchsperson hat den Kreisel wieder abgebremst.
Dauernd ist $\sum \vec{L_z} = 0$
b) Kreiselachse horizontal
Bild 1: Vor dem Andrehen
Bild 2: die Versuchsperson hat den Kreisel angedreht
Dauernd ist $\sum \vec{L_z} = 0$
c) Der rotierende Kreisel wird mit vertikaler Achse übergeben.
Bild 1: Nach Übergabe enthält das System den Drehimpuls $\vec{L_0} = \vec{L_z}$
Bild 2: die Versuchsperson hat den Kreisel abgebremst, der Drehimpuls $\vec{L_0} = \vec{L_z}$ ist auf das Gesamtsystem übergegangen.
Von der Übergabe an ist der Drehimpuls des Systems $\vec{L_0} = \vec{L_z}$. Dauernd ist $\sum \vec{L_z} = \text{const.}$
d) Der rotierende Kreisel wird mit horizontaler Achse übergeben.
Bild 1: Auch nach Übergabe ist $L_z = 0$
Bild 2: Die Versuchsperson hat den Kreisel in die Vertikale gekippt. Der Kreisel dreht sich mit unveränderter Winkelgeschwindigkeit, jetzt mit vertikaler Achse; die Versuchsperson hat entgegengesetzte Drehrichtung.
Dauernd ist $\sum \vec{L_z} = 0$

Wird der Kreisel von der Versuchsperson abgebremst, dann dreht sich der Drehstuhl (Abb. 61c). Drehstuhl + Versuchsperson haben den Drehimpuls L_0 übernommen. Vom Überreichen an ist $L_z = L_0$.

d) Der Drehimpulserhaltungssatz gilt auch für einen drehbaren Körper mit veränderlichem Trägheitsmoment: Die Versuchsperson nimmt in jede Hand ein 2 kg-Stück und wird mit angezogenen Armen von außen in Drehung versetzt. Streckt die Versuchsperson die Arme aus, so wird das Trägheitsmoment des Systems größer, die Winkelgeschwindigkeit kleiner. Es gilt

$$L = J \cdot \omega = J_1 \cdot \omega_1 = \text{const.}$$

e) Die Versuchsperson sitzt auf dem ruhenden Drehstuhl ($L_z = 0$). Sie streckt eine Hand mit dem 2 kg-Stück aus, bewegt sie (bzw. den Arm) ausgestreckt zur Seite, zieht sie an und wiederholt diese Bewegungen mehrmals (Abb. 62). Der Drehstuhl hat sich um einen gewissen

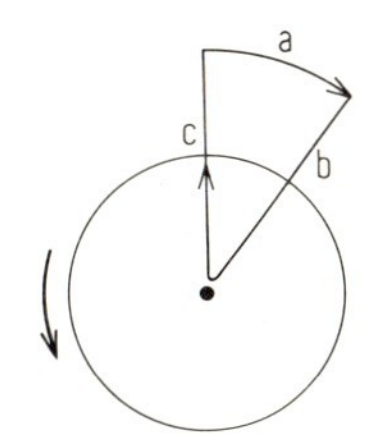

Abb. 62. Drehung eines abgeschlossenen Systems. Ein Körper mit der Masse m wird entlang der gezeichneten Bahn a b c bewegt, der Drehschemel bewegt sich mit entgegengesetztem Drehsinn, solange der Körper auf dem Bahnstück a bewegt wird. Dauernd ist $\sum \vec{L}_z = 0$

Winkel entgegengesetzt zur Bewegung des Armes gedreht. Während der Bewegung sind Einzeldrehimpulse vorhanden, die Vektorsumme ist jedoch Null.

Man sieht: In einem abgeschlossenen System ist ohne äußeres Drehmoment also eine *Drehung* um einen *Winkel* möglich, *nicht* aber eine Änderung des Gesamt*drehimpulses*.

f) Bei ruhendem Drehstuhl ($L_z = 0$) wird der sich drehende Kreisel mit horizontaler Achse übergeben. Sein Drehimpuls vom Betrag L_0 steht senkrecht zur z-Richtung, L_z ist dann nach wie vor gleich Null. Wird der Kreisel in die Vertikale *gekippt*, dann dreht sich der Stuhl, denn dem Drehimpuls wurde eine Richtungsänderung aufgezwungen; er reagierte mit einem Drehmoment, das die Versuchsperson während des Kippens deutlich wahrnimmt und das den Drehstuhl in Bewegung setzt. L_z für das Gesamtsystem ist nach wie vor gleich Null, jedoch steckt $+L_z$ im Kreisel und $-L_z$ im übrigen System, wobei $|\vec{L}_z| = |\vec{L}_0|$ ist. Beim Zurückkippen des Kreisels steht der Stuhl wieder, beim Kippen in entgegengesetzte Richtung bewegen sich Drehstuhl und Versuchsperson in entgegengesetzter Richtung wie vorher. Man kann also einen Drehimpuls übertragen ohne den Kreisel abzubremsen und kann ihn auch wieder zurückübertragen. Ein Drehmoment, dessen Pfeil senkrecht zum Drehimpulspfeil steht, ändert den Drehimpuls des Kreisels, nicht aber seine kinetische Energie.

1.4.3.6. Zentralbewegung, Keplersche Gesetze

F/L 1.3.2 u. 1.3.3

Die Bewegung der Planeten ist eine Zentralbewegung um die Sonne. Die Summe der Bahndrehimpulse bleibt erhalten.

Die Untersuchung der Planetenbewegung hat viel zur Erforschung der Gesetze der Mechanik beigetragen. Zwischen der Sonne und jedem der Planeten wirkt die (anziehende) Gravitationskraft

$$\vec{F} = f' \frac{m_s M_s}{r^2} \frac{\vec{r}}{|\vec{r}|}$$

Sie hat zur Folge, daß:

jeder Planet (oder auch Komet) eine Zentralbewegung um den gemeinsamen Massenmittelpunkt von Planet (Komet) und Sonne als Zentrum ausführt (*1. Keplersches Gesetz*).

Da die Masse der Sonne um drei Zehnerpotenzen größer ist als die aller Planeten, fällt der „Massenmittelpunkt" des Systems mit dem Massenmittelpunkt der Sonne nahezu zusammen. Die Anziehungskraft der Planeten untereinander kann in guter Näherung vernachlässigt werden. Deshalb kann die Bewegung jedes Planeten als eine Zentralbewegung um die Sonne angesehen werden.

Sei $\vec{r}$ der Vektor vom gemeinsamen Massenmittelpunkt zum Planeten und sei $\vec{F}$ die Anziehungskraft zwischen Sonne und Planet, dann ist $\vec{M} = \sum \vec{r} \times \vec{F} = 0$, da $\vec{r} \parallel \vec{F}$ ist. Damit ist auch $\Delta \vec{L} = \int \vec{M} \cdot \mathrm{d}t = 0$. *Der Drehimpuls bleibt unverändert*. Dies gilt für alle Zentralkräfte. Da der Massenmittelpunkt innerhalb der Sonne liegt, ist damit gleichwertig das

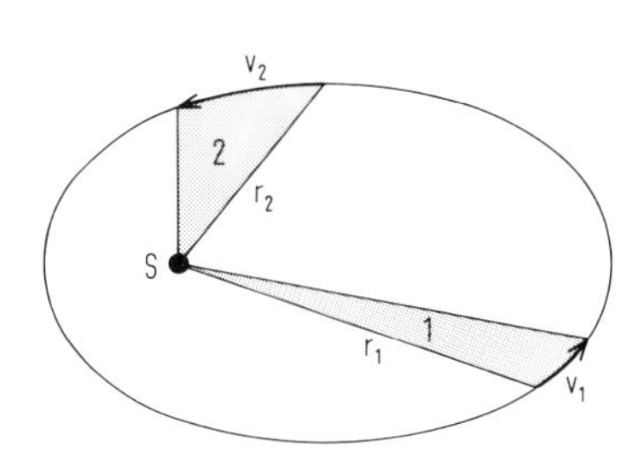

Abb. 63. Zweites Keplersches Gesetz. Der Spezialfall: Sonne S und ein einziger Planet werden betrachtet. Der Drehimpuls des Planeten relativ zur Sonne S ist längs seiner ganzen Bahn konstant. Da die Masse der Sonne wesentlich größer ist als die Masse des Planeten, ist damit gleichbedeutend: Der Leitstrahl überstreicht in gleichen Zeiten gleiche Flächen (Dreieck 1 = Dreieck 2). Der Deutlichkeit halber ist eine stark exzentrische Ellipse gezeichnet (kommt bei Kometen vor!). Die Bahnen der Planeten sind fast kreisförmig (Exzentrizität sehr gering). Unter Exzentrizität versteht man den Quotienten (Abstand der beiden Brennpunkte voneinander)/(Länge der großen Achse).

2. Keplersche Gesetz: Der von der Sonne zum Planeten gezogene Leitstrahl (Fahrstrahl) überstreicht in gleichen Zeiten gleiche Flächen („Flächensatz"), siehe Abb. 63.

Dies folgt aus der *Erhaltung des Drehimpulses* des Planeten, also aus

$$\vec{r_1} \times m\vec{v_1} = \vec{r_2} \times m\vec{v_2} \tag{1-97}$$

Dividiert man durch m und multipliziert mit $\mathrm{d}t$, so entsteht für die Beträge

$$r_1 \cdot v_1 \cdot \mathrm{d}t \cdot \sin(\vec{r_1}, \vec{v_1}) = r_2 \cdot v_2 \cdot \mathrm{d}t \cdot \sin(\vec{r_2}, \vec{v_2})$$

Das ist jeweils das Doppelte der in Abb. 63 eingezeichneten, nahezu dreieckigen Flächenstücke.

Die Planetenbahnen sind nahezu Kreise. Bei der Ellipsenbahn der Erde beträgt der Quotient kleine Achse durch große Achse 0,99986, beim Planeten Merkur 0,978 63.

Als Bahnen sind alle Kegelschnitte (Kreis, Ellipse, Parabel, Hyperbel) zulässig. Kometen bewegen sich auf Ellipsen oder Hyperbeln mit der Sonne als Brennpunkt. Hat ein Planet Monde, so steht er im Brennpunkt der Bahn der zu ihm gehörenden Monde.

Wegen der schwach elliptischen Bahn der Erde um die Sonne ist die Dauer eines Sonnentages jahreszeitlich etwas verschieden (vgl. 1.2.1.2). Die Erde befindet sich in der Gegenwart am 8. Januar in größter Sonnennähe, am 10. Juli in größter Sonnenferne. Nach etwa 7000 Jahren ist es umgekehrt wegen der Präzession der Erdachse, vgl. 1.4.3.2, Beispiel 3.

3. Keplersches Gesetz: Die Quadrate der Umlaufzeiten zweier Planeten verhalten sich wie die dritten Potenzen der großen Halbachsen ihrer Bahnen.

Beweis: Für die Zentralkraft gilt

$$F = m \cdot a = f' \cdot \frac{m_s M_s}{r^2}$$

Bei den nahezu kreisförmigen Planetenbahnen kann man setzen:

$$a = \omega \cdot v = \omega^2 r, \quad \text{mit} \quad \omega = 2\pi/T$$

Durch Einsetzen und Umordnen folgt:

$$\frac{T^2}{r^3} = \frac{4\pi^2 m}{f' \cdot m_s \cdot M_s} = \text{const.} \tag{1-98}$$

Aus dieser Gleichung kann man die Gravitationsladung (schwere Masse) M_s der Sonne erhalten.

Aufgabe. Man berechne M_s durch Einsetzen des Radius der Erdbahn $r = 150 \cdot 10^9$ m, der Umlaufsdauer der Erde $T = 1$ Jahr, $m/m_s = 1$ kg/kg$_s$ und f' aus 1.3.2.3.
Man zeige, daß die Bahngeschwindigkeit der Erde 30 km/s beträgt.

Beispiel. Ein Raumfahrzeug in 255 km Höhe über der Erdoberfläche umkreist nach Beispiel 1.3.4.3 die Erde in $T_1 = 90$ min. Es befindet sich im Abstand $r_1 = (6370 + 255)$ km $= 6625$ km vom Erdmittelpunkt. In welcher Höhe über der Erde (in welchem Abstand r_2 vom Erdmittelpunkt) muß sich ein Nachrichtensatellit befinden, wenn er die Erde in einem mittleren Sonnentag ($T_2 = 86400$ s) umkreisen soll, sodaß er feste Position relativ zur Erdoberfläche einhält?

Man überlegt: $(T_2 : T_1)^2 = (r_2 : r_1)^3$; $T_2 : T_1 = 16 : 1$; $(r_2 : r_1)^3 = 256 = (6{,}35)^3$. Also $r_2 = 6{,}35 \cdot r_1 = 4{,}2 \cdot 10^7$ m. Der Satellit muß sich in der Höhe $(42 - 6{,}370) \cdot 10^6$ m $= 35{,}630 \cdot 10^6$ m $= 35630$ km befinden.

1.4.4. Dynamik relativ zu verschiedenen Bezugssystemen

1.4.4.1. Relativitätsprinzip, Inertialsysteme

Relativ zu geradlinig gleichförmig gegeneinander bewegten Bezugssystemen gelten alle Naturgesetze in unveränderter Form.

Kraft, Geschwindigkeit usw. müssen, wie betont, relativ zu einem Bezugssystem angegeben werden: Der Zusammenhang zwischen Kraft, Masse, Beschleunigung läßt sich sowohl vom ruhenden als auch vom bewegten Bezugssystem beschreiben.

Wie im folgenden näher ausgeführt, sehen die Naturvorgänge (Naturgesetze) zwar von einem sich drehenden und von einem drehfreien System verschieden aus (vgl. 1.4.4.3), dagegen gelten relativ zu geradlinig gleichförmig bewegten Bezugssystemen *alle* Naturgesetze unverändert. Diese Aussage nennt man „*Relativitätsprinzip*". Für Mechanik und Elektrodynamik war dieses um 1900 experimentell erkannt worden. A. Einstein postulierte 1905 die volle Gültigkeit auf *allen* Gebieten der Physik und machte das Relativitätsprinzip zu einem Grundpfeiler seiner speziellen *Relativitätstheorie*. Ihre andere Grundlage ist die gleich noch zu besprechende Existenz einer universellen Grenzgeschwindigkeit.

Einsteins spezielle Relativitätstheorie bezieht sich auf Raum, Zeit, Dynamik, Elektrodynamik, seine allgemeine Relativitätstheorie auf die Erscheinungen der Gravitation.

Das Relativitätsprinzip läßt sich auch so formulieren: Es ist unmöglich, von zwei (drehfreien) geradlinig gleichförmig gegeneinander bewegten Bezugssystemen das eine als ruhend zu bezeichnen. Es gibt keine absolute Bewegung. (Weiteres in 9.5.)

Allerdings muß man Längenkoordinaten, Zeitkoordinaten, Impuls, Energie, Masse vom einen System auf das andere transformieren. Die „Wirkung" (1.3.5.8) bleibt dagegen invariant. Dasselbe gilt für nur wenige andere Größen (vgl. 1.1.1). Für die Diskussion dieser und ähnlicher Fragen ist es zweckmäßig, den Begriff Inertialsystem einzuführen.

Definition: Jedes Bezugssystem, in dem ein Körper sich jeweils geradlinig mit konstanter Geschwindigkeit weiterbewegt, wenn er vom gleichen Punkt aus nach verschiedenen (nicht in einer Ebene liegenden) Richtungen fortgeschleudert und dann sich selbst überlassen bleibt, ist ein *Inertialsystem.*

Beispiel: Kopernikus hat in die Astronomie ein Bezugssystem eingeführt, das gegen den Schwerpunkt des Planetensystems ruht und mit Hilfe von Richtungen zu gewissen Fixsternen räumlich festgelegt ist. Dieses Bezugssystem ist mit großer Genauigkeit ein Inertialsystem.

1.4.4.2. Geradlinig gleichförmige Bewegung, Grenzgeschwindigkeit, Geschwindigkeitsaddition

Es gibt eine endliche Grenzgeschwindigkeit *c*. Diese Tatsache führt zum Einsteinschen Geschwindigkeitsadditionsgesetz.

In der Welt, in der wir leben, gibt es eine *Grenzgeschwindigkeit* (engl. ultimate speed), nämlich $c = 3 \cdot 10^8$ m/s. Sie fällt zusammen mit der Fortpflanzungsgeschwindigkeit des Lichtes im materiefreien Raum. Dies ist ein experimenteller Befund (vgl. 6.1.4, Tab. 42). Dies hat zur Folge, daß bei der Addition von Geschwindigkeiten v_1 und v_2 die Grenzgeschwindigkeit c nie überschritten werden kann. Wie Einstein 1905 fand, lautet das Additionsgesetz

$$v_{\text{ges}} = c \cdot \frac{v_1/c + v_2/c}{1 + (v_1 \cdot v_2)/c^2}.$$

Weiteres dazu in 9.5.

Die Existenz der endlichen Grenzgeschwindigkeit c hat zur Folge, daß beim Übergang von einem Bezugssystem S zu einem zu S geradlinig gleichförmig mit der Geschwindigkeit v bewegten System S′ außer den Ortskoordinaten auch die Zeitkoordinaten transformiert werden müssen (vgl. 9.5), und zwar nach der von Lorentz schon 1892 aus optischen Untersuchungen aufgestellten Transformation

$$x' = (x - v\,t) \cdot 1/\sqrt{1 - (v/c)^2}$$

$$t' = (t - (v/c^2) \cdot x) \cdot 1/\sqrt{1 - (v/c)^2}.$$

Darin bedeutet v die Relativgeschwindigkeit von S′ gegen S, weiter sind x und t die Koordinaten relativ zu S, dagegen x' und t' die Koordinaten relativ zu S′.

Alle physikalischen Vorgänge können entweder relativ zum Bezugssystem S oder zu S′ ausgedrückt werden, und man findet relativ zu beiden genau die gleichen Naturgesetze.

Beispiel. Aus einem Atomkern am Ort A wird ein Neutron mit der Geschwindigkeit v ausgesandt, bewegt sich geradlinig zu einem anderen Atomkern am Ort B und wird dort absorbiert. A befindet sich am einen Ende eines starren Stabes, B am anderen Ende. System S ruht relativ zu A und B, System S′ relativ zum Neutron. Relativ zu S′ bleibt das Neutron ständig am Koordinaten-Nullpunkt $x' = 0$. Vgl. dazu 9.5.

Wie man zeigen kann, ist das Bestehen der Lorentz-Transformation gleichwertig mit der Aussage:

Die Ausbreitungsgeschwindigkeit c des Lichtes im materiefreien Raum hat in jeder Richtung relativ zu jedem der geradlinig gleichförmig gegeneinander bewegten Bezugssysteme S, S′, . . . denselben Betrag.

Diese Tatsache wurde zum ersten Mal etwa 1885 experimentell von Michelson festgestellt. Er zeigte, daß die Lichtgeschwindigkeit *in* Richtung der Bewegung der Erde um die Sonne und *senkrecht* dazu gleichen Betrag hat. Eine Interferenzanordnung, mit der das beobachtet werden kann, wird in 5.9 beschrieben.

Im Jahre 1964 wurde ein wichtiges Experiment ausgeführt, das besonders deutlich die Existenz einer Grenzgeschwindigkeit zeigt und dessen Ergebnis anders ist, als man nach den Erfahrungen aus dem täglichen Leben erwartet. Wenn nämlich aus einem Auto, das mit der Geschwindigkeit $\vec{v}_1$ fährt, ein Stein mit der Geschwindigkeit $\vec{v}_2$ relativ zum Auto in Fahrtrichtung geschleudert wird, hat er relativ zur Straße die Geschwindigkeit $\vec{v}_1 + \vec{v}_2$. Wenn dagegen von einem schnell bewegten π°-Meson ein Lichtquant ausgesandt wird, ist es anders. Man findet, daß die nach vorn, d. h. in der Flugrichtung der π°-Mesonen, ausgesandten Lichtquanten dieselbe Geschwindigkeit (rel. Laborsystem) haben, wie Lichtquanten aus einer ruhenden Lichtquelle. Näheres in 5.1.3.

Auch das Experiment mit den Steinen, die aus dem Auto geworfen werden, steht in Übereinstimmung mit der Lorentztransformation, da in diesem Fall $v \ll c$ ist.

Die Grenzgeschwindigkeit gilt für Bewegung eines stofflichen Objekts, für Transport von Energie und für Übertragung eines Informationssignals. Dagegen kann ein Lichtpunkt, der auf einen Schirm fällt, sich auch mit Überlichtgeschwindigkeit bewegen.

Beispiel. Ein Laserstrahl wird auf den Mond gerichtet und dann um eine feste Achse senkrecht zur Strahlrichtung mit $\omega = 1\ \mathrm{s}^{-1}$ gedreht. Dann bewegt sich der Lichtfleck auf dem Mond mit $v > c$.

1.4.4.3. Übergang zu einem beschleunigten Bezugssystem *F/L 1.2.5*

Relativ zu beschleunigten Bezugssystemen treten Trägheitskräfte auf, im gleichförmig drehenden System Corioliskraft $-2m\,\vec{\omega} \times \vec{v}'$ und Zentrifugalkraft $+\,m \cdot \omega^2 \cdot r$.

Es gibt zwei Fälle beschleunigter Bewegung:

a) Geradlinig beschleunigte Bewegung,
b) Drehbewegung des einen Systems gegenüber dem anderen.

Relativ zum beschleunigten System treten in beiden Fällen Kräfte auf – sogenannte „Trägheitskräfte“ –, die relativ zum unbeschleunigten System nicht vorhanden sind. Ein Drehsystem ist immer als solches erkennbar, weil in ihm Trägheitskräfte wirksam sind (vgl. 1.4.4.2), auch wenn es sich um eine gleichförmige Drehung handelt.

Zu a): Beschleunigte lineare Bewegung eines Bezugssystems relativ zu einem anderen. Alle Geschwindigkeiten werden $\ll c$ vorausgesetzt.

System S „ruhend“

Die Geschwindigkeit eines Körpers relativ S sei: v

Dann ist:

Impuls relativ S: $\vec{p} = m\vec{v}$

Kraft relativ S: $\vec{F} = \mathrm{d}\vec{p}/\mathrm{d}t$

System S′ bewegt mit v_k gegen S

die Geschwindigkeit des Körpers relativ S′ sei: v'

Dann ist:

Impuls relativ S′: $\vec{p}\,' = m\vec{v}\,'$

Kraft relativ S′: $\vec{F}' = \mathrm{d}\vec{p}\,'/\mathrm{d}t$

Zusammenhang:

$$\vec{v} = \vec{v}\,' + \vec{v}_k$$

$$m\vec{v} = m\vec{v}\,' + m\vec{v}_k$$

$$\vec{F} = \vec{F}' + m\frac{\mathrm{d}\vec{v}_k}{\mathrm{d}t} \tag{1-100}$$

oder umgeordnet:

$$\vec{F}' = \vec{F} - m\frac{\mathrm{d}\vec{v}_k}{\mathrm{d}t}$$

Ergebnis: Geht man vom System S zum System S′ über, dann kommt zur Kraft $\vec{F}$ noch die Trägheitskraft $-m\,\mathrm{d}\vec{v}_k/\mathrm{d}t$. Ist jedoch $\vec{v}_k = \text{const.}$ (geradlinige, gleichförmige Bewegung von S und S′ gegeneinander), dann treten keine Trägheitskräfte auf.

Beispiel. In der anfahrenden Straßenbahn (System S′) empfindet man die Trägheitskräfte, gleichviel ob man sitzt, steht oder sich bewegt. Geht man während des Anfahrens nach vorn, so hat man das Gefühl, als stiege man bergaufwärts. Alle Kräfte können nur relativ zu einem Bezugssystem angegeben werden.

Zu b): Auch hier werden alle Geschwindigkeiten $\ll c$ vorausgesetzt. Das System S′ soll sich gegenüber dem System S *gleichförmig* drehen; dann ist $\vec{v}_k = \vec{\omega} \times \vec{r}$ für einen beliebigen Punkt mit dem Radiusvektor $\vec{r}$ vom Koordinatenanfangspunkt, wobei sich dieser auf der Drehachse des Systems S′ befinden soll. In diesem Fall ist daher

$$\vec{v} = \vec{v}\,' + \vec{\omega} \times \vec{r} \tag{1-101}$$

Nun ist

$$\vec{v} = \frac{\mathrm{d}\vec{r}}{\mathrm{d}t} \quad \text{und} \quad \vec{v}\,' = \frac{\mathrm{d}'\vec{r}}{\mathrm{d}t},$$

wo $\mathrm{d}'/\mathrm{d}t$ die zeitliche Ableitung relativ zu den Koordinaten des gestrichenen Systems bedeutet. Aus (1-101) wird daher

$$\frac{\mathrm{d}\vec{r}}{\mathrm{d}t} = \frac{\mathrm{d}'\vec{r}}{\mathrm{d}t} + \vec{\omega} \times \vec{r} \tag{1-102}$$

Diese Gleichung setzt die zeitliche Ableitung eines Vektors $\vec{r}$ im System S mit derjenigen im System S′ in Beziehung. Die Differentiationsvorschrift lautet also formal

$$\frac{\mathrm{d}}{\mathrm{d}t} = \frac{\mathrm{d}'}{\mathrm{d}t} + \omega \times \tag{1-103}$$

Differenziert man Gleichung (1-102) nochmals nach dieser Vorschrift und multipliziert mit m, dann entsteht

$$m \frac{d\vec{v}}{dt} = m \frac{d'}{dt} \left(\frac{d'\vec{r}}{dt} + \vec{\omega} \times \vec{r} \right) + m\vec{\omega} \times \left(\frac{d'\vec{r}}{dt} + \vec{\omega} \times \vec{r} \right)$$

oder

$$m \frac{d^2\vec{r}}{dt^2} = m \frac{d^{2'}\vec{r}}{dt^2} + 2\,m\, \vec{\omega} \times \frac{d'\vec{r}}{dt} + m\vec{\omega} \times (\vec{\omega} \times \vec{r})$$

Man erhält schließlich

$$m \frac{d'^2\vec{r}}{dt^2} = m \frac{d^2\vec{r}}{dt^2} - 2\,m\,(\vec{\omega} \times \vec{v}\,') + m\omega^2\vec{r} \tag{1-104}$$

da $\vec{\omega} \times (\vec{\omega} \times \vec{r}) = \vec{\omega} \times \vec{v}_k = -\omega^2\vec{r}$ ist, falls $\vec{\omega} \perp \vec{r}$. Das heißt:

Relativ zum System S' erfährt ein Körper mit der Relativgeschwindigkeit $\vec{v}\,'$ eine Kraft $-2\,m\vec{\omega} \times \vec{v}\,'$ (Corioliskraft) und außerdem – gleichviel ob $v' = 0$ oder $v' \neq 0$ – eine Zentrifugalkraft $+m\omega^2 r = m\,v^2/r$.

Die Corioliskraft wirkt nur auf relativ zum Drehsystem bewegte Körper. Sie steht senkrecht zur Bewegungsrichtung ($\vec{v}\,'$) und senkrecht zur Winkelgeschwindigkeit $\vec{\omega}$ des Systems. Sie verschwindet, wenn sich der Körper parallel zur Drehachse des rotierenden Systems bewegt. In diesem Fall ist nur die Zentrifugalkraft wirksam. Diese ist proportional ω^2 und proportional dem Abstand von der Drehachse (Radiusvektor $\vec{r}$).

Beispiel.

1. Bei ruhender Scheibe führe eine Kugel eine geradlinig gleichförmige Bewegung quer zur Scheibe aus. In einem zweiten Versuch durchlaufe die Kugel denselben Weg bei rotierender Scheibe. Die Scheibe dreht sich unter der Kugel weg. Für den ruhenden (drehfreien) Beobachter ist die Bewegung der Kugel ungeändert. Ein Beobachter im rotierenden Bezugssystem beobachtet jedoch die in Abb. 64 gezeichnete gekrümmte Bahnkurve. Die gekrümmte Bahn relativ zur Drehscheibe ist nur unter dem Einfluß der Coriolis-Kraft (bezogen auf die Drehscheibe) möglich.

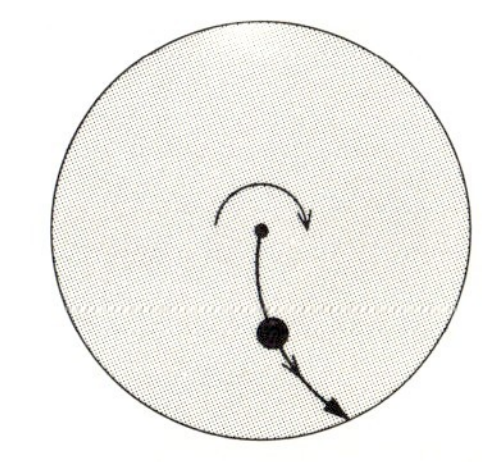

Abb. 64. Rotierendes Bezugssystem. Eine Kugel bewegt sich in radialer Richtung relativ zum drehfreien System geradlinig (nicht gezeichnet) und kräftefrei. Sie beschreibt relativ zur rotierenden Scheibe (Bild) eine gekrümmte Bahn. Kräfte können *nur relativ zu einem Bezugssystem* angegeben werden. Die Corioliskraft (sprich Coríolis-) existiert relativ zum drehenden Bezugssystem, relativ zum drehfreien existiert sie dagegen nicht.

2. Auf die in 1. erwähnte Scheibe wird ein Fadenpendel mit dem Aufhängepunkt in der Drehachse gestellt. Das Fadenpendel wird angestoßen und dann die Scheibe in gleichförmige Drehung versetzt. Vom ruhenden Bezugssystem (Hörsaalboden) aus gesehen behält das Pendel seine Schwingungsrichtung im Raum bei. Für einen Beobachter im rotierenden Bezugssystem dreht sich dagegen die Schwingungsebene des Pendels unter dem Einfluß der Coríolis-Kraft. Der Pendelkörper beschreibt die in Abb. 65 gezeichnete Rosettenbahn (je nach den Anfangsbedingungen gilt 65a oder 65b).

3. Sitzt ein Beobachter auf einem rotierenden Drehstuhl, so führt von ihm aus gesehen ein Hörer im Hörsaal eine Kreisbewegung mit der Bahngeschwindigkeit $\vec{v}_H$ um den Drehstuhl aus. Dabei ist $\vec{v}_H = -\vec{v}_k$, dann sind zwei Kräfte wirksam. Radial nach außen wirkt auf den Hörer die Zentrifugalkraft $\vec{F}_z = -m\vec{\omega}$

$\times \vec{v}_k = +m\vec{\omega} \times \vec{v}_H$, dagegen radial nach innen die Coriolis-Kraft $\vec{F}_c = -2\,m\vec{\omega} \times \vec{v}_H$. Das ergibt zusammen die nach innen gerichtete „Radialkraft"

$$\vec{F} = \vec{F}_z + \vec{F}_c = -m\vec{\omega} \times \vec{v}_H = -m\omega^2 r$$

Relativ zum Drehsystem wirkt also die nach 1.3.4.3 erforderliche Radialkraft.

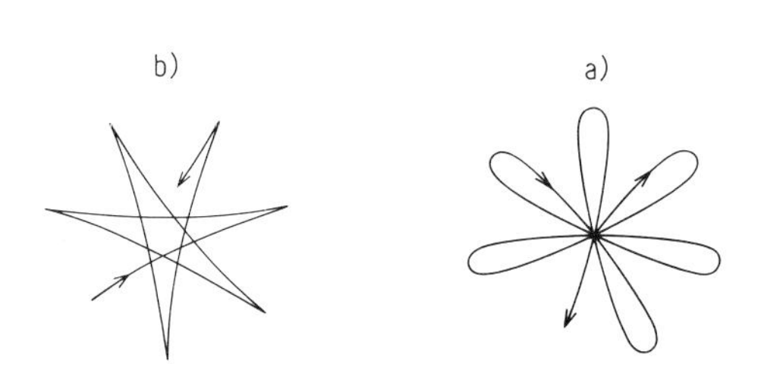

Abb. 65. Bahn eines Pendelkörpers relativ zu einem rotierenden Bezugssystem.
a) Fadenpendel im drehfreien System ausgelenkt, losgelassen und relativ zum rotierenden System betrachtet. Das Pendel schwingt relativ zum drehfreien System in einer Ebene, relativ zum drehenden System in einer Rosettenbahn.
b) Fadenpendel im drehenden System ausgelenkt und losgelassen. Das Pendel schwingt relativ zum drehfreien System in einer schmalen Ellipse, relativ zum rotierenden System in einer sternförmigen Bahn. Im Augenblick des Loslassens hat es relativ zum drehfreien System die Geschwindigkeit $\vec{v} = \vec{\omega} \times \vec{r}$, wenn $\vec{r}$ die Auslenkung ist.

1.4.4.4. Die Erde als rotierendes Bezugssystem

Die Erdoberfläche (Hörsaalboden) ist ein rotierendes Bezugssystem. Der Hörsaalboden dreht sich unter der konstant bleibenden Schwingungsebene eines Fadenpendels hinweg.

Foucaultscher Pendelversuch. Ein Pendelkörper an einem langen Draht („Fadenpendel") wird genau in einer Ebene in Schwingungen versetzt. Dann dreht sich die Erde darunter weg, ähnlich wie in Beispiel 2 in 1.4.4.3.

Zum Nachweis wird eine Bogenlampe genau in die Schwingungsebene gestellt, dann bleibt der Schatten des Fadens an der Wand immer genau an derselben Stelle und der Schatten des Pendelkörpers bewegt sich lediglich auf- und abwärts. Nach einiger Zeit (z. B. 2 Minuten) hat sich die Pendelschwingung relativ zum Hörsaalboden bereits merklich gedreht: der Schatten des Fadens bewegt sich bei der einen Halbschwingung etwas nach links, bei der anderen Halbschwingung etwas nach rechts. Nach einer Stunde hat sich die Schwingungsebene aus der Richtung AB in die Richtung A′B′ gedreht (Abb. 66). Man verschiebt die Bogenlampe, bis

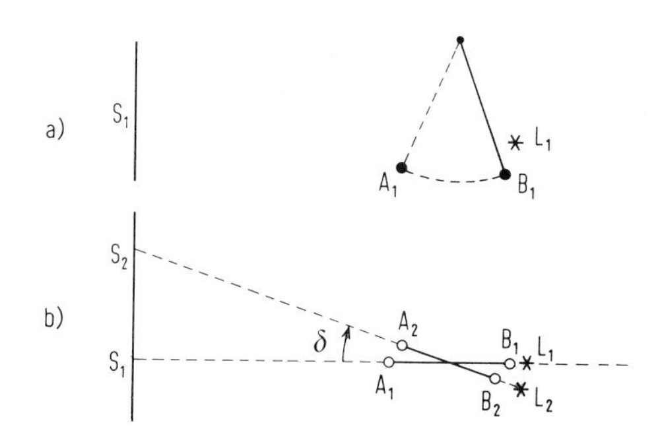

Abb. 66. Foucaultscher Pendelversuch.
a) Seitenansicht: Eine Bogenlampe L in der Schwingungsebene A_1 B_1 des Pendels wirft einen Schatten. Der Schatten S_1 des Pendelfadens scheint still zu stehen. Eine Abnahme der Amplitude bleibt ohne Einfluß.
b) Aufsicht: Nach einiger Zeit hat sich der Hörsaalboden unter dem Pendel gedreht (Schwingungsamplitude durch Reibung vermindert). Verschiebt man die Bogenlampe L vom Ort L_1 solange, bis der Schatten (S_2) des Fadens wieder still zu stehen scheint, (Ort L_2), so läßt sich der Drehwinkel δ messen. Länge des Pendels $\gtrsim 3$ m, Masse des Pendelkörpers $\gtrsim 3$ kg.

sie wieder in der Schwingungsebene steht, und mißt den Winkel δ. Unter der geographischen Breite $\varphi = 53{,}5°$ (Hamburg) beträgt die Drehung 12°/Std., am Pol wäre sie 15°/Std., am Äquator dreht sich die Schwingungsebene nicht.

Windablenkung. In einem ruhenden Bezugssystem würde die Luft aus einem Hochdruckgebiet geradlinig abströmen. Für einen Beobachter auf der rotierenden Erde unterliegt die Luft jedoch dem Einfluß der Coriolis-Kraft. Der Wind wird in nördlichen Breiten nach rechts (vgl. Abb. 67), in südlichen Breiten nach links abgelenkt.

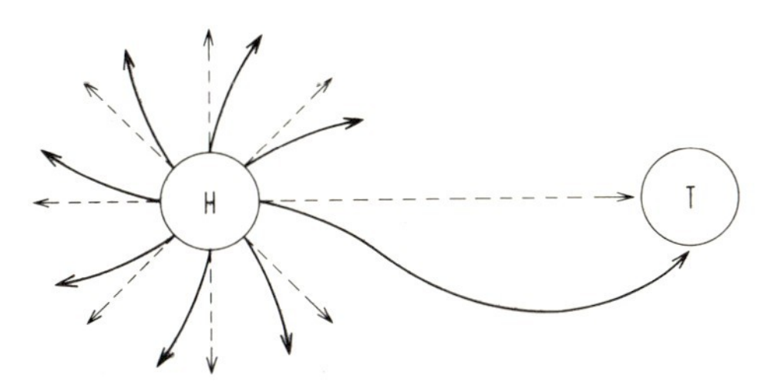

Abb. 67. Windablenkung durch die Corioliskraft. Luft, die auf drehfreier Erde geradlinig aus einem Hochdruckgebiet abströmen würde, wird durch die Corioliskraft abgelenkt; auf der nördlichen Halbkugel nach rechts (schematisch).

1.4.4.5. Kreiselkompaß

Unter dem Einfluß der Coriolis-Kraft stellt ein frei beweglich montierter Kreisel auf der rotierenden Erde seine Achse parallel zur Erdachse.

Modellversuch zum Kreiselkompaß. Ein Kreisel wird in „kardanischer" Aufhängung gelagert, d. h. seine Achse kann jede beliebige Lage im Raum annehmen (Abb. 68). Der Kreisel sei mit vertikaler Achse in Drehung versetzt (ω_K), und die Anordnung Abb. 68 auf den um eine vertikale Achse drehbaren Drehschemel gesetzt. Dieser kann mit der Winkelgeschwindigkeit (ω_D) gedreht werden. Dann wird die Stellung der Kreiselachse durch die Rotation des Drehschemels nicht beeinflußt (Abb. 69a).

Weicht jedoch die Richtung der Drehachse des Kreisels von der des Drehschemels ab, so wirkt die Coriolis-Kraft (Abb. 69b) auf alle bewegten Teile des Kreisels solange, bis der Drehimpulspfeil des Kreisels ($J\vec{\omega}_K$) gleichsinnig parallel zur Winkelgeschwindigkeit $\vec{\omega}_D$ des Drehschemels steht. Dann ergeben die Coriolis-Kräfte kein Drehmoment mehr auf den Kreisel.

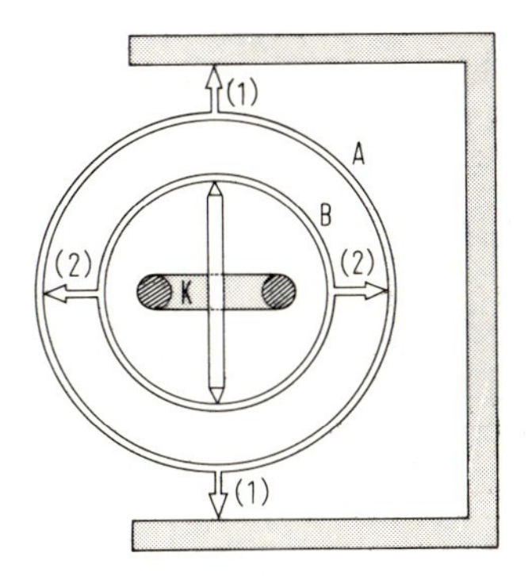

Abb. 68. Kardanische Aufhängung eines Kreisels. Ring A ist drehbar um eine vertikale Achse (1). In seinem Innern ist ein Ring B montiert, der sich um eine zu (1) senkrechte Achse (2) drehen kann. Im Ring B befinden sich Lager für den Kreisel K, dessen Achse senkrecht zu (2) steht. (Hier in Stellung parallel zu (1) gezeichnet).

Obwohl der Kreisel bei feststehender Halterung drei Freiheitsgrade der Einstellung hat, darf die Halterung bei der gezeichneten Kreiselstellung nur um zwei Achsen, nämlich (1) (1) oder (2) (2) gedreht werden, ohne daß dies die Kreiseleinstellung beeinflußt. Wird die Halterung jedoch um eine zur Zeichenebene senkrechte Achse gedreht (man kann sie (3) (3) nennen), dann wird auf den Kreisel ein Drehmoment ausgeübt. Bei fortlaufender Drehung um (3) (3) stellt er sich schließlich gleichsinnig parallel zu dieser ihm aufgezwungenen Drehung.

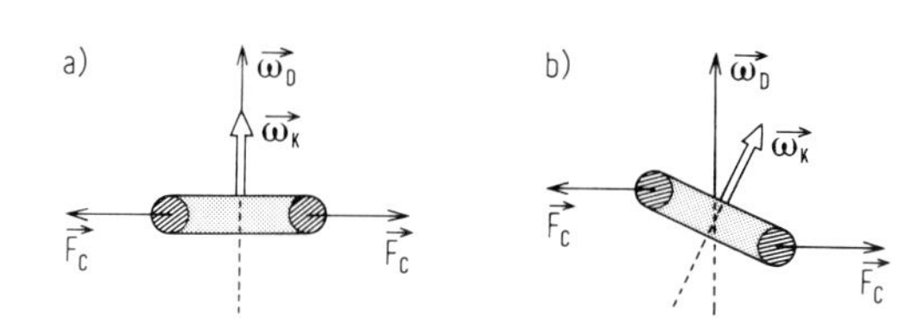

Abb. 69. Kreisel auf einem rotierenden Bezugssystem (z. B. Erde). Ein Kreisel in kardanischer Aufhängung (Winkelgeschwindigkeit $\vec{\omega}_K$) befindet sich auf einem sich drehenden System (Drehschemel oder rotierende Erde, nicht gezeichnet), dessen Winkelgeschwindigkeit $\vec{\omega}_D$ ist.

a) $\vec{\omega}_K \parallel \vec{\omega}_D$. Die Corioliskräfte $\vec{F}_C = -2 \cdot m (\vec{\omega}_D \times \vec{v}_K)$ üben kein Drehmoment auf den Kreisel aus.

b) $\vec{\omega}_K$ nicht $\parallel \vec{\omega}_D$. Die Corioliskräfte $\vec{F}_C$ üben ein Drehmoment auf den Kreisel aus.

Weicht die Richtung der Drehachse des Kreisels von der des Drehschemels ab und wird die Bewegungsmöglichkeit der Kreiselachse beschränkt, so stellt sie sich auf einen möglichst kleinen Winkel zwischen der Kreiselachse und der Achse des rotierenden Systems (Drehschemels) ein.

Anwendung. Ein sorgfältig gelagerter Kreisel mit hohem Drehimpuls, der sich wie in Abb. 68 bewegen kann, stellt seine Achse parallel zur Erdachse, gestattet also die Nord-Süd-Richtung *und* die geographische Breite, an der er sich befindet, zu bestimmen. Für die Navigation benötigt man nur die Nord-Süd-Richtung, daher wird ein Kreisel benutzt, der durch Federn soweit gefesselt ist, daß sich seine Achsenrichtung nur parallel zur Erdoberfläche verlagern kann (Kreiselkompaß).

Auf einem Schiff zeigt der Kreisel in die Achse der *tatsächlichen* Bewegung, die sich aus der Bewegung infolge Rotation der Erdoberfläche und Bewegung relativ zur Erdoberfläche zusammensetzt. Bewegt sich ein Schiff auf einem Breitenkreis, so zeigt der Kreiselkompaß genau richtig, bewegt es sich dagegen z. B. in nördlicher Richtung (Abb. 70), dann stimmt die Achse der tatsächlichen Bewegung nicht mit der Erdachse überein. Man spricht von einer „Mißweisung" des Kreiselkompasses. Da man die Geschwindigkeit des Schiffes und deren Richtung relativ zur Erdachse in der Regel kennt, kann man aus dieser und der Kompaßanzeige mit rechnerischen Methoden (Korrektionstafeln) leicht auf die exakte Nordrichtung schließen.

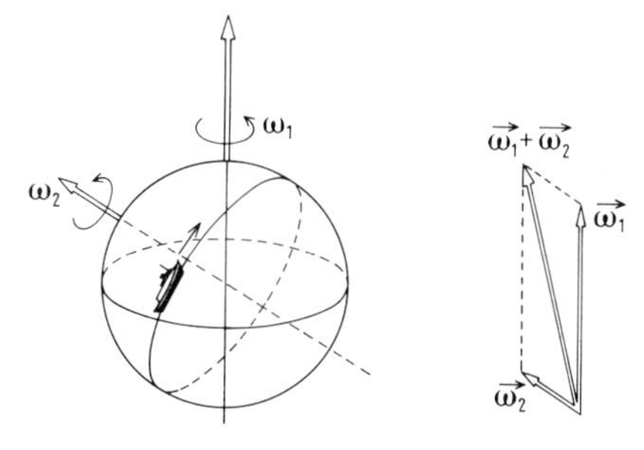

Abb. 70. Mißweisung eines Kreiselkompasses. Der Kreiselkompaß stellt sich parallel zur Achse der tatsächlichen Bewegung des Schiffes $(\vec{\omega}_1 + \vec{\omega}_2)$ ein. $\vec{\omega}_1$: Winkelgeschwindigkeit der Erdrotation, $\vec{\omega}_2$: Winkelgeschwindigkeit bei der Bewegung des Schiffes relativ zur Erde.

1.5. Aufbau und Eigenschaften der Materie

Die chemischen Elemente können im *festen, flüssigen* oder *gasförmigen* Zustand auftreten, je nach der Temperatur, bei der sie sich befinden; dasselbe gilt für Verbindungen chemischer Elemente, solange sie sich (bei hohen Temperaturen) nicht zersetzen.

In festen Körpern sind die Atome in *Kristallgittern* angeordnet. Die wichtigsten Einsichten in die Gitterstruktur erhält man aus der Reflexion von Röntgenstrahlbündeln (Wellenlänge λ der Größenordnung 0,1 nm) an Kristallen (5.3.4). Bei solchen Untersuchungen steckt die Information in den *Winkeln* ϑ, unter denen die Reflexe auftreten, und in deren *Intensitäten* I. Auch Reflexe von Elektronen oder Neutronenstrahlen können untersucht und herangezogen werden.

Zwischen Atomen (und Molekülen) herrscht eine anziehende und eine abstoßende Kraft. Auch in Flüssigkeiten und Gasen macht sich dies bemerkbar. Im Kristallgitter besteht insgesamt Gleichgewicht aller Kräfte.

Gase erfüllen den ihnen zur Verfügung gestellten Raum eines Gefäßes gleichmäßig. Sie bestehen aus Atomen (Molekülen) in freier Bewegung. Sie üben *Druck* auf alle Begrenzungswände aus. Auch in Flüssigkeiten sind die Atome (Moleküle) gegeneinander beweglich. Im Gravitationsfeld der Erde üben Gase und Flüssigkeiten aufgrund ihres Gewichtes Druck auf die Begrenzungswände aus, eine Flüssigkeit bildet eine horizontale Oberfläche. Die atmosphärische Luft hat eine charakteristische Höhenschichtung und bedarf „oben" keiner begrenzenden Wand.

In *strömenden* Flüssigkeiten und Gasen können zusätzliche orts- und zeitabhängige Kräfte (bzw. Druckspannung, Schubspannung) auftreten, die sich vor allem in den Begrenzungsflächen auswirken.

1.5.1. Kristallgitter

1.5.1.1. Anziehende und abstoßende Kräfte zwischen Atomen und Molekülen

Zwischen Atomen einer chemisch einheitlichen Substanz, z. B. zwischen Atomen chemischer Elemente, gibt es relativ langreichweitige Anziehungskräfte und kurzreichweitige Abstoßungskräfte.

Die Kraft zwischen zwei Atomen, die sich im Abstand r voneinander befinden, läßt sich in brauchbarer Näherung wiedergeben durch

$$F = \frac{A}{r^{\mathrm{m}}} - \frac{B}{r^{\mathrm{n}}} \tag{1-105}$$

wobei $\mathrm{n} < \mathrm{m}$ ist (n und m brauchen nicht ganzzahlig zu sein) (Abb. 71). Die Kraft wird also dargestellt als Summe einer anziehenden und einer abstoßenden Kraft, z. B. kann $\mathrm{n} = 2{,}6$ und $\mathrm{m} = 10$ oder 11 sein. Gleichgewicht zwischen der anziehenden und abstoßenden Kraft besteht je nach der betrachteten Atomart in Entfernungen r in der Größenordnung 20 nm bis 60 nm. Im festen Aggregatzustand befinden sich die Atome in Gleichgewichtsentfernung r_0 voneinander. Der Elastizitätsmodul E (Dehnungsmodul), der Temperaturausdehnungskoeffizient usw. hängen ab von $\mathrm{d}F/\mathrm{d}r$ an der Stelle $F = 0$, d.h. dort, wo $A/r^{\mathrm{m}} = B/r^{\mathrm{n}}$. Man vergleiche dazu die Tangente durch die 0-Stelle der Funktion $F(r)$ in Abb. 71.

Die meisten Atome sind unterschiedlich aufgebaut und sind zum großen Teil nicht kugelsymmetrisch (6.1, Schalenstruktur usw.). Sie haben verschiedenes n und m in (1-105) und bilden im festen Zustand verschiedenartige Kristallgitter. Auskünfte über die anziehenden und abstoßenden Kräfte zwischen Atomen und Molekülen erhält man auch aus dem Verhalten realer Gase (vgl. 3.3.3, van der Waalssche Gleichung). Bei Ionenkristallen überwiegen elektrostatische Kraftwirkungen, bei homöopolarer Bindung Kräfte der sog. Austauschwechselwirkung.

Bei *chemisch einheitlichen* festen Stoffen (Gegensatz: Mischungen aus mehreren Bestandteilen wie z. B. Glas) bilden die Atome im festen Aggregatzustand Kristallgitter. In der Regel bestehen feste Stoffe aus einer Vielzahl von Kristalliten (kleinen Kristallen), oder Mikrokristalliten (äußerst kleinen Kristallen). Man nennt dies „mikrokristalline Struktur". Eine solche ist besonders an Schliff- oder Ätzflächen unter einem Mikroskop meist leicht erkennbar. Unter gewissen Entstehungsbedingungen (langsame Erstarrung, langsame Ausscheidung aus wässeriger Lösung) entstehen makroskopische Kristalle, d. h. solche mit Seitenlängen von der Größenordnung Millimeter oder Zentimeter. Es gibt auch chemisch nichteinheitliche Stoffe (Mischungen), die Kristalle bilden.

Die Besonderheiten von Gittern versteht man am besten, wenn man zuerst mathematische Punktgitter und Gitterstrukturen betrachtet.

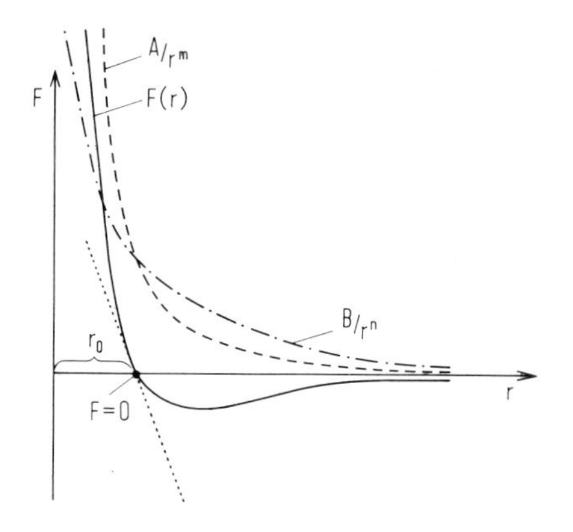

Abb. 71. Kraft zwischen zwei Atomen. $F = (A/r^m) - (B/r^n)$, wo r der Abstand zwischen beiden Atomen ist. Im Gleichgewichtsabstand $r = r_0$ wird $F = 0$. Die Steigung $\mathrm{d}F/\mathrm{d}r$ an dieser Stelle geht bei der elastischen Verformung ein. Der Exponent für die Abstoßung ist meist groß, er kann z. B. $m = 10$ sein, der für die Anziehung ist dagegen viel kleiner, z. B. $n = 2{,}6$.

1.5.1.2. Mathematische Punktgitter

Punktgitter lassen sich in sieben Systeme einteilen. Ineinander gestellte Punktgitter bilden Gitterstrukturen. Diese lassen sich in 32 Punktgruppen bzw. in 230 Raumgruppen einteilen, die sich ebenfalls in die sieben Systeme einordnen lassen. Diese Einteilung richtet sich nach den Symmetrieelementen und ist ein Problem der Mathematik.

Für die Klassifizierung von Gittern kommt es auf die Anordnung von (mathematischen) Punkten an. Wenn man diese Punkte mit Atomen, mit Ionen, mit Molekülen, mit Radikalen besetzt, gelangt man zu einem Atomgitter, Ionengitter usw.

Gitter unterscheiden sich einerseits durch die Abstände zwischen den Punkten, andererseits durch ihre Symmetrieelemente, nämlich Symmetrieebenen, Symmetriepunkte (Inversionspunkte), Symmetrieachsen usw.

Ein lineares Punktgitter entsteht, wenn man einen Punkt entlang einer geraden Linie immer wieder um dieselbe Strecke $\vec{a}$ (Translationsvektor) in derselben Richtung verschiebt. Ein ebenes Punktgitter (Flächengitter) entsteht, wenn man das lineare Punktgitter in einer von $\vec{a}$ verschiedenen Richtung immer wieder um den Translationsvektor $\vec{b}$ verschiebt, ein räumliches Punktgitter (Raumgitter), in dem man das Flächengitter um einen Translationsvektor $\vec{c}$ verschiebt, der nicht in der von $\vec{a}$ und $\vec{b}$ aufgespannten Ebene liegt. Ein solches Raumgitter ist perspektivisch in Abb. 72 dargestellt. Die Vektoren $\vec{a}$, $\vec{b}$, $\vec{c}$ spannen eine Elementarzelle auf.

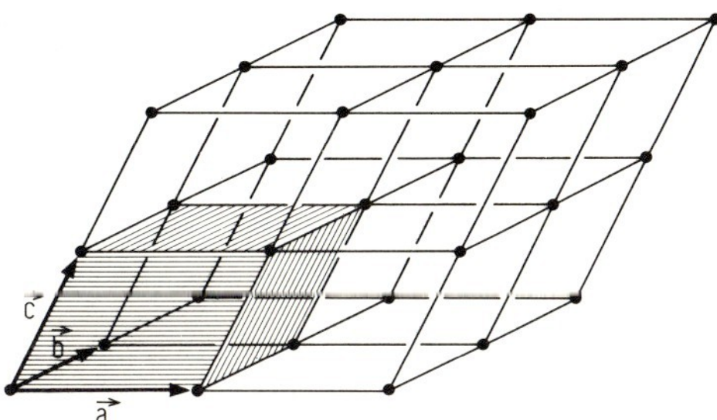

Abb. 72. Räumliches Punktgitter. Ausschnitt eines räumlichen Punktgitters (perspektivisch). Die Vektoren $\vec{a}$, $\vec{b}$, $\vec{c}$ spannen eine (räumliche) Elementarzelle auf.

Definition. Eine räumliche *Elementarzelle* ist ein kleinster Volumenbereich samt einem oder mehreren Gitterpunkten, dessen lückenlose Aneinanderfügung in den drei Raumrichtungen den ganzen Raum einfach, aber auch vollständig überdeckt und dabei das Gitter liefert. Man nennt die Elementarzelle auch Basiszelle.

Wenn der Elementarzelle genau ein Punkt zugeordnet werden kann, z. B. der Ausgangspunkt von $\vec{a}$, $\vec{b}$, $\vec{c}$, nennt man ein solches Gitter ein *primitives* Punktgitter P. Insgesamt gilt: Von einem beliebigen Ausgangspunkt eines (primitiven) Punktgitters gelangt man zu den übrigen Punkten, indem man diesen Punkt um

$$\vec{x} = p \cdot \vec{a} + q \cdot \vec{b} + r \cdot \vec{c} \qquad (1\text{-}106)$$

verschiebt mit $p = 0, 1, 2, 3, \ldots$
$q = 0, 1, 2, 3, \ldots$
$r = 0, 1, 2, 3, \ldots$

wobei p, q, r unabhängig voneinander gewählt werden können. $\vec{x}$ ist also eine Linearkombination aus den Translationsvektoren $\vec{a}$, $\vec{b}$, $\vec{c}$.

Relativ zum Ausgangspunkt kann man jeden anderen Punkt des primitiven Punktgitters P jeweils durch seine „*Koordinaten*" p, q, r festlegen.

Bei der Translation einer Elementarzelle um $\vec{a}$ oder $\vec{b}$ oder $\vec{c}$ oder um eine Linearkombination (1-106) fällt jeder Punkt immer genau auf einen schon im Gitter vorhandenen Punkt. Ein (unendlich ausgedehntes) Gitter kommt jeweils zur vollständigen Deckung mit sich selbst.

Bemerkung. In Raumgittern können Elementarzellen verschiedener Form gewählt werden; sie müssen nur gleiches Volumen aufspannen (in Flächengittern gleichen Flächeninhalt, vgl. Abb. 73). Man wählt diejenige Elementarzelle, bei der die Abstände der Seitenflächen (Netzebenen) groß sind.

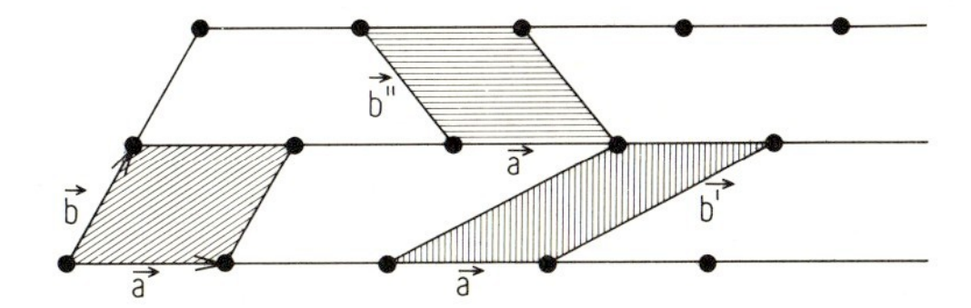

Abb. 73. Elementarzellen in einem flächenhaften Punktgitter. Drei Beispiele von Elementarzellen sind gekennzeichnet.

Aus dem Bildungsgesetz eines primitiven Punktgitters (1-106) folgt: Im räumlichen Punktgitter legen die drei Punkte (a, 0, 0); (0, b, 0); (0, 0, c) eine Ebene fest.

Durch (jeweils) drei Punkte mit den Achsenabschnitten p a, q b, r c, wo p, q, r unabhängig voneinander Werte 0, 1, 2, 3,... annehmen können, ist je eine Netzebene bestimmt. Alle dazu parallelen Ebenen kann man durch $\nu p : \nu q : \nu r$, mit $\nu =$ ganzzahlig kennzeichnen. Durch das Zahlenverhältnis p : q : r (Weißsche Koeffizienten) ist also eine Parallelschar von Netzebenen festgelegt. Der Koeffizient ∞ tritt auf, wenn eine Netzebenenschar eine Koordinatenachse nicht schneidet.

Bei realen Kristallen, wie sie in 1.5.1.4 behandelt werden, können diese Netzebenen als äußere Begrenzungsflächen eines Kristalls auftreten. Als „Gesetz der rationalen Indizes" bezeichnet man die Aussage, daß die durch Kristallflächen auf den Achsen erzeugten Abschnitte sich zueinander verhalten wie rationale einfache Zahlen.

Statt der Weißschen Koeffizienten verwendet man jedoch fast ausschließlich die Millerschen Indizes, die eine Beziehung zu den *Abständen zwischen den Netzebenen* einer Netzebenenschar haben. Diese Abstände gehen bei der Braggschen Reflexion (5.3.4) ein. Man erhält die Millerschen Indizes aus den Weißschen Koeffizienten, indem man deren reziproke Werte bildet und diese durch Multiplikation mit dem Hauptnenner in ganze Zahlen verwandelt.

Beispiel. Eine Netzebenenschar habe die Weißschen Koeffizienten 2 : 3 : 4. Die reziproken Werte lauten 1/2 : 1/3 : 1/4. Multiplikation mit dem Hauptnenner 12 ergibt die Millerschen Indizes 6 : 4 : 3. Der Schar mit den Koeffizienten 2 : 3 : ∞ entsprechen die Indizes 3 : 2 : 0. Aus unendlich wird hier Null.

Die Millerschen Indizes werden nebeneinander in runde Klammern gesetzt. Auch sie bezeichnen Netzebenenscharen, also im eben besprochenen Beispiel (6 4 3), allgemein (h k l). Wird ein Index überstrichen, so bedeutet das, daß er von einem negativen Weißschen Koeffizienten abgeleitet wurde.

Beim kubisch primitiven Gitter bezeichnet (1 1 1) die Ebene im ersten Quadranten, die senkrecht auf einer Würfeldiagonale steht, und ($\bar{1}$ 1 1) die entsprechende Ebene im zweiten Quadranten (Abb. 74) Die drei Würfelflächen sind dann (0 0 1), (0 1 0), (1 0 0).

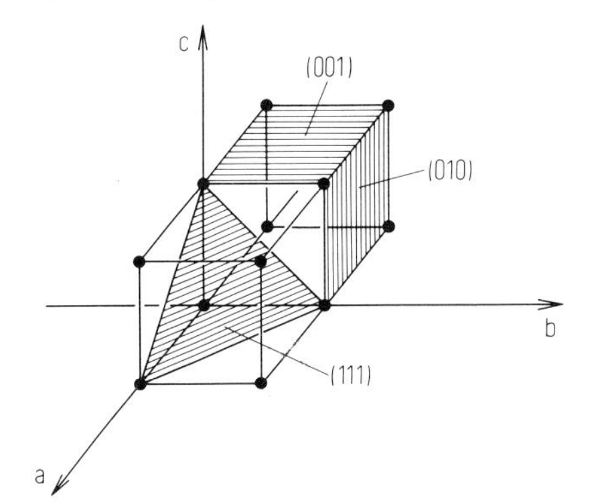

Abb. 74. Netzebenen im kubisch primitiven Gitter (perspektioisch). Drei Beispiele von Netzebenen mit zugehörigen Millerschen Indizes sind eingezeichnet. Die Netzebene ($\bar{1}$11) wird von den zwei Punkten des eingezeichneten Dreiecks auf der b- und c-Achse und dem hintersten Punkt auf der a-Achse aufgespannt.

Unter einem *primitiven Punktgitter* versteht man – wie erwähnt – ein solches Gitter, das nur einen einzigen Punkt in der Elementarzelle enthält. Man kann mehrere primitive Gitter ineinander schachteln. Die Ineinanderschachtelung von n primitiven Gittern nennt man eine *Gitterstruktur*. Die Elementarzelle einer solchen Gitterstruktur enthält dann n Punkte, vgl. Beispiele in 1.5.1.3.

Zunächst sollen nur primitive Punktgitter klassifiziert werden. Sie lassen sich nach ihrer Symmetrie in sieben Gitter*systeme* einteilen. Bei Besetzung der Punkte mit Atomen (1.5.1.4) werden daraus die sieben Kristallsysteme. Die Symmetrie stellt Bedingungen an die Basisvektoren $\vec{a}$, $\vec{b}$, $\vec{c}$, z. B., daß sie dem Betrag nach gleich oder verschieden voneinander sind, daß sie rechtwinkelig oder unter bestimmten Winkeln zueinander stehen. Man muß danach folgende Gittersysteme unterscheiden:

(In der folgenden Zusammenstellung sind die Beträge der Basisvektoren $\vec{a}$, $\vec{b}$, $\vec{c}$ voneinander verschieden, wenn nicht ausdrücklich a = b usw. angegeben ist. Der Winkel zwischen $\vec{b}$ und $\vec{c}$ wird mit α, der zwischen $\vec{c}$ und $\vec{a}$ mit β, der zwischen $\vec{a}$ und $\vec{b}$ mit γ bezeichnet.)

Tabelle 16. Gittersysteme

1. Kubisch	a = b = c	$\alpha = \beta = \gamma = 90°$
2. tetragonal	a = b, c	$\alpha = \beta = \gamma = 90°$
3. rhombisch (orthorhombisch)	a, b, c	$\alpha = \beta = \gamma = 90°$
4. monoklin	a, b, c	$\alpha = \gamma = 90°, \beta \neq 90°$
5. triklin	a, b, c	$\alpha \neq 90°, \beta \neq 90°, \gamma \neq 90°$
6. hexagonal (sechszählige Hauptachse)	a = b, c	$\alpha = \beta = 90°, \gamma = 120°$
7. rhomboedrisch (= trigonal)	a = b = c	$\alpha = \beta = \gamma \neq 90°$

Man kann ein unendlich ausgedehntes Punktgitter (es kann auch geschachtelt sein) durch folgende Operationen mit sich zur vollständigen Deckung bringen:

1. Translation,
2. Spiegelung an einer Ebene,
3. Spiegelung an einem Punkt, „Inversion“
4. Drehung um eine Achse.

Ferner durch zusammengesetzte Operationen, nämlich

5. Drehinversion (Drehung + Inversion an einem Punkt),
6. Schraubung (Drehung + Translation),
7. Gleitspiegelung (Spiegelung an einer Ebene + Translation).

Spiegelebenen, Spiegelpunkte (auch Inversionspunkte genannt), Drehachsen, Drehinversionsachsen, Schraubenachsen und Gleitspiegelebenen nennt man „*Symmetrieelemente*“.

Definition: Gitter heißen gleichwertig hinsichtlich einer Symmetrieoperation, wenn diese Operation sie vollständig in sich überführt.

Beispiel. Hat eine Gitterstruktur ein Inversionszentrum, so sind alle Punkte im Raum paarweise gleichwertig (relativ zur Inversion). Dies ist z. B. bei der Diamantstruktur erfüllt.

Die Elementarzellen verschiedenartiger Gitter unterscheiden sich durch Art und Anzahl der vorhandenen Symmetrieelemente. Da ein Raumgitter als Aneinanderfügung von Elementarzellen aufgefaßt werden kann, wiederholen sich diese Symmetrieelemente in jeder Elementarzelle, bilden also Scharen.

Beispiel. Enthält die Elementarzelle eine Spiegelebene, so enthält das Gitter eine Parallelschar von Spiegelebenen, entsprechend den aneinander gefügten Elementarzellen.

Die Symmetrieelemente bedeuten im einzelnen:

2. *Spiegelung an einer Ebene (Spiegelebene, Symmetrieebene).* Die würfelförmige Elementarzelle eines kubisch primitiven Gitters hat 9 Spiegelebenen (Abb. 75), beim triklinen Gitter gibt es überhaupt keine Spiegelebene. Die zu beiden Seiten der Spiegelebene liegenden, sich entsprechenden Flächen, Kanten usw. sind gleichwertig (relativ zur Spiegelung).

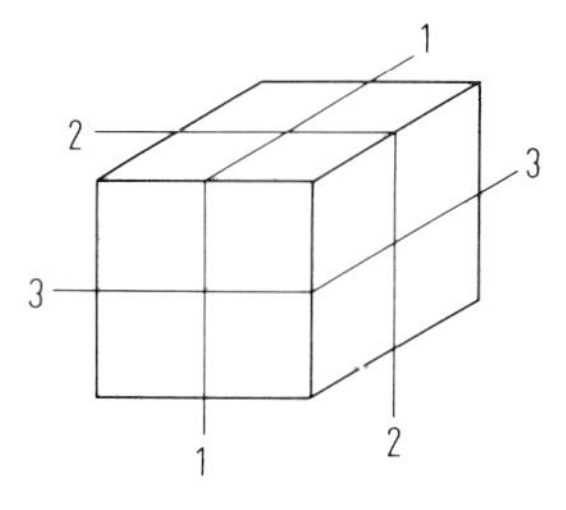

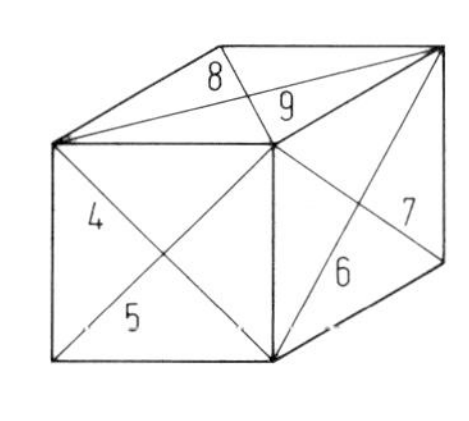

Abb. 75. Spiegelebenen im kubisch primitiven Gitter. Das kubisch primitive Gitter hat 9 Spiegelebenen, davon 3 in den Mitten (1, 2, 3), 6 in den Flächendiagonalen (4 bis 9). Die Symmetrieebenen stehen durchwegs *senkrecht* zu Würfelflächen. (Nur die Schnittlinien der Symmetrieebenen mit den sichtbaren Flächen sind gekennzeichnet).

3. *Spiegelung an einem Punkt, Inversion.* In gewissen Strukturen gibt es eine Schar von geometrischen Punkten mit folgender Eigenschaft: Zieht man von einem dieser Punkte einen Vektor zu einem Punkt der Gitterstruktur (Vektor $\vec{r}$), dann führt auch der Vektor $-\vec{r}$ zu einem (schon vorhandenen) Punkt der Struktur. Man nennt eine solche Struktur dann punktsymmetrisch, sie besitzt ein Inversionszentrum (Symmetriezentrum). Ein primitives Punktgitter P besitzt immer mindestens ein Inversionszentrum.

Beispiel: Im kubischen primitiven Gitter ist z. B. auch der Schnittpunkt der Raumdiagonalen, der nicht mit einem Gitterpunkt besetzt ist, ein Inversionszentrum (Abb. 76).

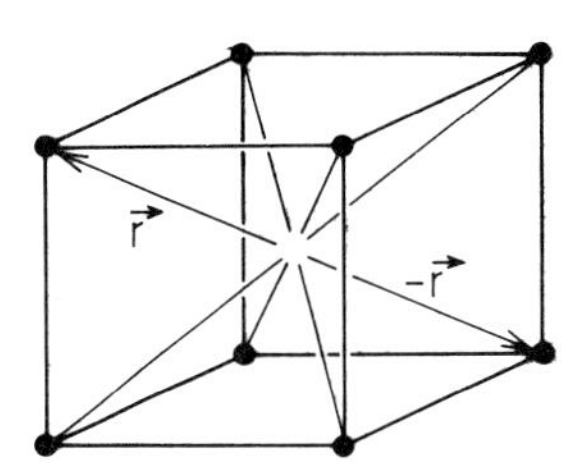

Abb. 76. Inversionszentren im kubisch primitiven Gitter. Der Schnittpunkt der Raumdiagonalen (hier nicht mit einem Gitterpunkt besetzt) ist ein Inversionszentrum. Außerdem gibt es hier weitere Inversionszentren, z. B. die Eckpunkte, Kantenmitten und Flächenmitten (nicht eingezeichnet).

4. *Drehung um eine Achse.* Man kann durch eine Elementarzelle eine Gerade legen und diese als Drehachse verwenden. Dann kann es vorkommen, daß ein Gitter nach einer Drehung um 180°, 120°, 90°, 60°, also um 1/2, 1/3, 1/4, 1/6 von 360° sich vollständig überdeckt. Man drückt das aus, indem man sagt, das Gitter habe eine zwei-, drei-, vier-, sechszählige Symmetrieachse. (Selbstverständlich kommt *jedes* Raumgitter bei der Drehung um 360° zur vollständigen Deckung mit sich selbst). Auch die Drehachsen bilden Scharen.

Ein räumliches Punktgitter kommt definitionsgemäß durch Translationen nach (1-106) zur Deckung mit sich selbst. Man kann mathematisch beweisen, daß mit der Deckung des Gitters bei Translation nur Drehachsen mit Zwei-, Drei-, Vier-, Sechszähligkeit verträglich sind.

Es gibt noch drei zusammengesetzte Operationen, nämlich

5. *Drehinversion, d. h. Drehung + Inversion am Punkt*
6. *Schraubung, d. h. Drehung + Translation*
7. *Gleitspiegelung, d. h. Spiegelung an einer Ebene + Translation*

Drehung, Drehinversion und Schraubung lassen sich gut übersehen, wenn man die Elementarzelle in einen Zylinder stellt (Zylinderachse zusammenfallend mit Dreh-, Drehinversion, Schraubachse) und alle Gitterpunkte von der Achse aus auf den Zylinderumfang projiziert (Projektionsrichtung von der Achse nach außen und zwar senkrecht zur Achse). Erfolgt dies bei einem kubisch primitiven Gitter, so erhält man Abb. 77a). In diesem Fall fällt die Zylinderachse mit einer vierzähligen Drehachse (Symbol □) des Gitters zusammen.

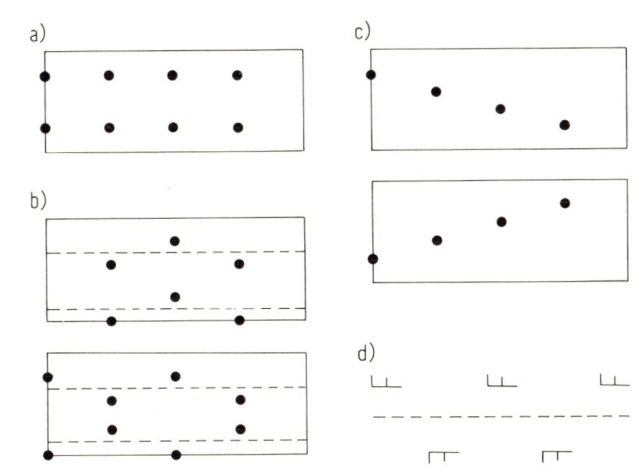

Abb. 77. Abwicklung von Elementarzellen (auf einen umgebenden Zylinder projiziert). Abwicklung einer Gitterzelle mit
a) vierzähliger Drehachse
b, b′) vierzähliger Drehinversionsachse
c, c′) vierzähliger Schraubachse
d) Gleitspiegelebene: ein Motiv wiederholt sich regelmäßig verschoben und gespiegelt zu einer Ebene.

Wenn die Punkte gleichmäßig nach oben und unten von der gestrichelten Ebene abweichen, liegt eine Drehinversionsachse vor (Abb. 77b). Die Inversion erfolgt an einem Punkt auf der Drehachse. Man dreht um $1/4 \cdot 360°$. Eine Gerade durch den Inversionspunkt, der sich auf der Achse und der gestrichelten Ebene befindet, führt dann auf einen Punkt des Gitters. Wenn die Punkte in der Abwicklung systematisch um denselben Betrag immer nur nach oben oder immer nur nach unten verschoben sind, liegt eine (hier vierzählige) Schraubachse vor (Abb. 77c). Die Translation erfolgt parallel oder antiparallel zur Drehachse. Es gibt Rechtsschraubung und Linksschraubung. Bei der Rechtsschraubung erfolgt die Translation in der Richtung des Daumens der rechten Hand, wenn die Drehung in der Richtung der gekrümmten Finger der rechten Hand erfolgt. Es gibt zwei-, drei-, vier-, sechszählige Dreh-, Drehinversions-, Schraubachsen. Die Gleitspiegelung ergibt sich aus Abb. 77d. Soviel über die Symmetrieelemente.

Verschiedene (primitive) Punktgitter P unterscheiden sich nach Art und Anzahl der in der Elementarzelle vorhandenen Symmetrieelemente. Nach diesen werden die Gitter eingeteilt in sieben Systeme. Stellt man verschiedene Punktgitter ineinander, dann erhält man – wie schon erwähnt – Gitterstrukturen. Bei diesen kann man aufgrund der Symmetrieelemente 32 Punktgruppen unterscheiden, zu denen es insgesamt 230 Raumgruppen gibt.

Bei ineinander gestellten Punktgittern kann $a = b = c$, $\alpha = \beta = \gamma = 90°$ sein. Trotzdem kann die Struktur durch die Art der Füllung der Elementarzelle durch unterschiedliche Atome aufgrund der Klassifikation nach Symmetrieelementen zum triklinen System gehören.

Die vier erstgenannten Symmetrieelemente lassen sich aus der äußeren Form des Kristalls ableiten. Zieht man sie heran, so kann man die Gitter der genannten sieben Systeme in insgesamt 32 Punktgruppen unterteilen (11 Gruppen mit, 21 Gruppen ohne Inversionspunkt).

Die zwei zuletzt genannten Symmetrieelemente, nämlich Schraubung und Gleitspiegelung, machen sich nur in der Elementarzelle geltend. Nimmt man diese beiden Symmetrieelemente hinzu, so ergibt sich eine Unterteilung von ineinander gestellten Gittern in genau 230 Raumgruppen. Das ist das Ergebnis einer Klassifizierung nach Symmetrieelementen, d. h. einer rein mathematischen Untersuchung über Gitterstrukturen. Dieses Ergebnis wurde zwischen 1890 und 1895 unabhängig voneinander von dem Mineralogen Federow und dem Mathematiker Schönfließ abgeleitet.

1.5.1.3. Beispiele von Gitterstrukturen

Das Ineinanderschachteln primitiver Punktgitter ist besonders übersichtlich bei kubischen Strukturen. Durch dichteste Kugelpackung kann eine hexagonale und eine kubische Struktur erhalten werden.

Das Ineinanderstellen (Ineinanderschachteln) primitiver Punktgitter und die Besetzung der Punkte mit Atomen sei an folgenden Beispielen demonstriert:

Kubische Punktgitter.

1. Bei einem primitiven kubischen Gitter (bei dem nur die Würfelecken besetzt sind) sollen zusätzlich die Mitten der Raumdiagonalen besetzt werden. Die Elementarzelle enthält dann *zwei* Punkte. Bei der Translation nach (1-106) entsteht ein *raumzentriertes* kubisches Gitter (Abb. 78a). Es besteht in der Schachtelung zweier primitiver kubischer Gitter ineinander. Die Koordinaten der Punkte in einer Elementarzelle sind dann*)

$$(0, 0, 0); \quad (1/2, 1/2, 1/2)$$

2. Man kann aber auch in der Elementarzelle des primitiven kubischen Gitters die Mitten der Flächendiagonalen besetzen. Dann entsteht ein *flächenzentriertes* kubisches Gitter (Abb. 78b).

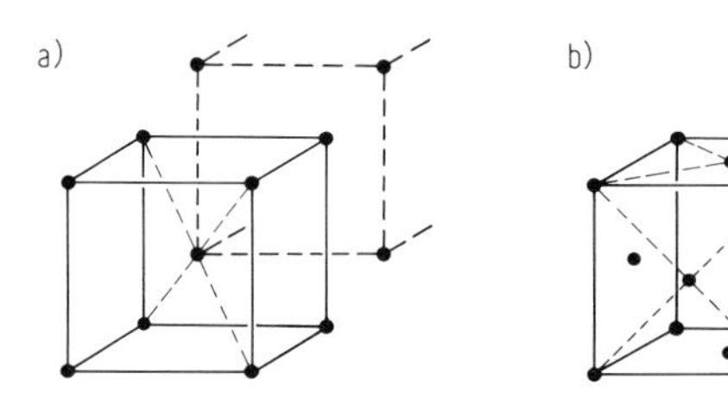

Abb. 78. Raumzentrierte und flächenzentrierte kubische Gitter.
a) Kubisch raumzentriertes Gitter, entstanden aus Originalgitter und einem um die halbe Raumdiagonale verschobenen gleichartigen Gitter.
b) Kubisch flächenzentriertes Gitter, entstanden aus Originalgitter und 3 um die halbe Flächendiagonale verschobenen gleichartigen Gittern. (Nur die Diagonalen der Vorderflächen sind eingezeichnet).

Die Koordinaten der Punkte in der Elementarzelle sind dann*)

$$(0, 0, 0); \quad (0, 1/2, 1/2); \quad (1/2, 0, 1/2); \quad 1/2, 1/2, 0)$$

* Durch geschickte Wahl der Basisvektoren kann man dieses Gitter auch als einfach primitives Gitter interpretieren.

3. Man kann in der Elementarzelle des flächenzentrierten kubischen Gitters noch zusätzlich vier Punkte besetzen. Sie sollen die Koordinaten haben

(1/4, 1/4, 1/4); (1/4, 3/4, 3/4); (3/4, 1/4, 3/4); 3/4, 3/4, 1/4)

Dadurch entsteht ein kubisches Gitter mit acht Gitterpunkten in der Elementarzelle („Diamantstruktur"). Wenn man alle Gitterpunkte mit Kohlenstoffatomen besetzt, entsteht ein Diamantkristall. Auch graues Zinn hat Diamantstruktur.

In ähnlicher Weise kann man in den anderen Systemen zusätzliche Punkte in die Elementarzelle einführen. Darauf wird hier nicht eingegangen.

Dichteste Kugelpackung (hexagonal und kubisch).

4. a) und b): Ein flächenzentriertes kubisches Gitter, dessen Raumdiagonale vertikal ausgerichtet wird, zeigt in den Ebenen, die durch die Mitten der Flächendiagonalen gebildet werden, eine Dreieckstruktur. Die Punkte bestimmen jeweils gleichseitige Dreiecke. Sie liegen senkrecht zur Raumdiagonalen, also bei obiger Ausrichtung horizontal. Werden diese Punkte mit Kugeln besetzt, deren Radius dem halben Abstand der Punkte entspricht, so entsteht eine ebene dichteste Kugelpackung. Jede Kugel dieser Ebene ist von sechs gleichartigen ringförmig umgeben.

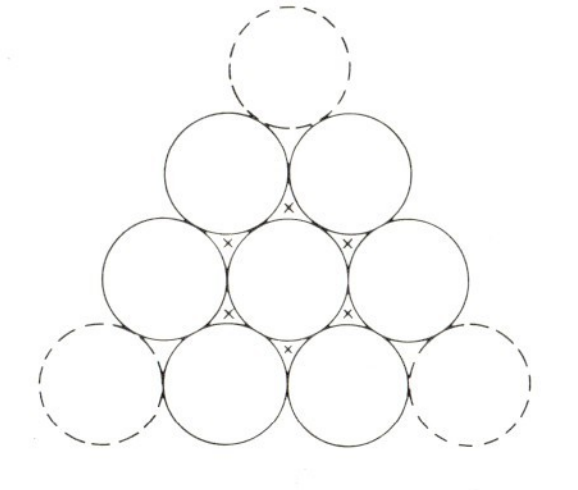

Abb. 79. Flächenhafte, dichteste Kugelpackung. Die zentrale Kugel ist von 6 benachbarten umgeben. Es sind 6 Vertiefungen vorhanden (durch kleine Kreuze bezeichnet). Die Anordnung ist durch 3 weitere Kugeln (gestrichelt) zu einem Dreieck ergänzt.

Man ergänzt das Sechseck durch Anlegen von drei Kugeln zu einem Dreieck gemäß Abb. 79 und betrachtet zunächst eine zentrale Kugel dieser Ebene mit den sechs benachbarten Kugeln. Um die zentrale Kugel entstehen von oben betrachtet sechs Vertiefungen. Wenn man in einer darüber liegenden Ebene wieder gleichartige Kugeln in flächenhaft dichtester Packung legen will, kann aus Platzgründen nur jede zweite Vertiefung belegt werden. Man legt in die Lücken um die Mittelkugel der ersten Schicht drei Kugeln und ergänzt zum Dreieck nach Abb. 80 (zweite Schicht).

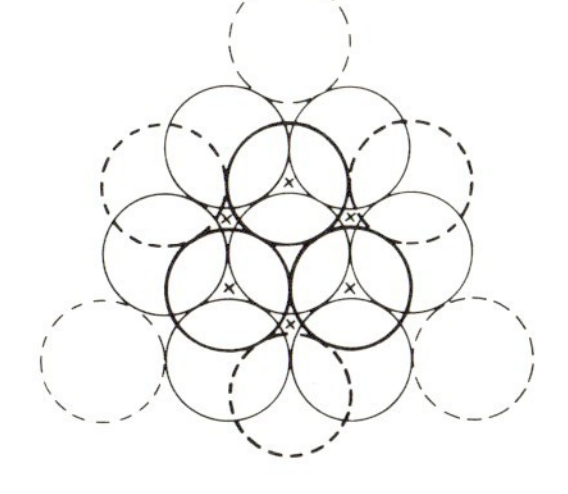

Abb. 80. Dichteste Kugelpackung. Nur in jede zweite Vertiefung der unteren Schicht kann eine Kugel der zweiten Schicht gelegt werden. Drei Kugeln (dick ausgezogen), sind durch 3 weitere (dick gestrichelt) zu einem Dreieck ergänzt.

Jetzt kann man in einer dritten Schicht entweder

a) in die Mitte eine Kugel legen und weiter bauen, dann liegen die Kugeln der dritten Schicht jeweils senkrecht *über Kugeln* der ersten Schicht (Abb. 81 a), oder

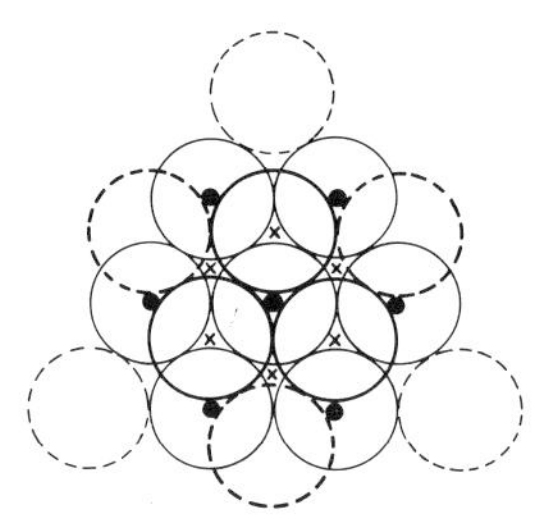

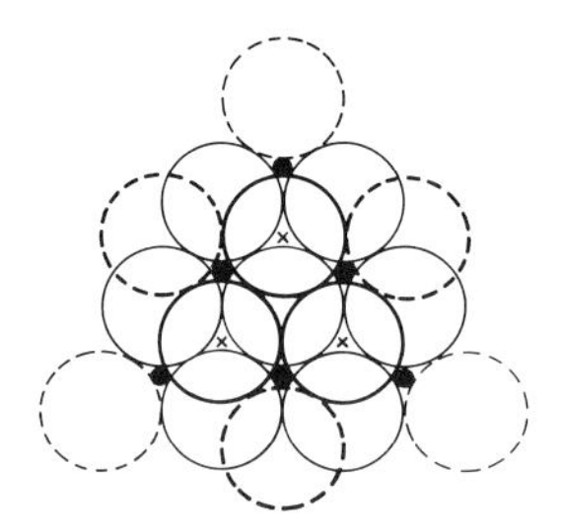

Abb. 81. a) Dichteste Kugelpackung, zweistufig. Die Kugeln der dritten Schicht liegen senkrecht über Kugeln der ersten Schicht. Die Schichtabfolge ist ABAB.... In der Zeichnung sind von den Kugeln der dritten Schicht nur die Mittelpunkte markiert.
b) Dichteste Kugelpackung, dreistufig. Die Kugeln der dritten Schicht liegen senkrecht über den Lücken der ersten Schicht. Die Schichtabfolge ist ABCABC.... In der Zeichnung sind von den Kugeln der dritten Schicht nur die Mittelpunkte markiert.

b) man kann in der dritten Schicht ein Dreieck auflegen (Abb. 81 b), dann liegen die Kugeln der dritten Schicht senkrecht *über Lücken* der ersten Schicht. Legt man dann in einer vierten Schicht eine Kugel auf, so liegt sie senkrecht über einer Kugel der ersten Schicht.
Fall a) nennt man hexagonal-dichteste Kugelpackung. Sie hat hexagonale Symmetrie und die Schichtabfolge AB.
Fall b) nennt man kubisch-dichteste Kugelpackung. Sie hat die Schichtabfolge ABC. Die kubisch dichteste Kugelpackung ist identisch mit dem kubisch-flächenzentrierten Gitter.

1.5.1.4. Atomgitter, Ionengitter usw.

Jedem Kristall läßt sich eine Gitterstruktur zuordnen. Die Symmetrieelemente der Struktur lassen sich teils aus der äußeren Form der Kristalle, teils aus Beugungsexperimenten mit Röntgen- oder Elektronenstrahlen bestimmen.

Bei physikalischen Vorgängen und Tatbeständen soll man sich, wenn irgend möglich, immer sofort eine Vorstellung machen, in welchen Größenordnungen sie ablaufen. Es wird sich zeigen, daß der Abstand zweier Gitterebenen oder der Abstand benachbarter Atome im Kristallgitter von der Größenordnung $a = 0{,}5$ nm $= 5$ Å ist. Das bedeutet, daß in 1 μm^3 eines Kristalls $\approx 10^{10}$ Atome enthalten sind.

Begründung: In einem primitiven kubischen Gitter ist jedem Gitterpunkt eine Elementarzelle vom Volumen a^3 zugeordnet. Wenn $a = 0{,}5$ nm $= 0{,}5 \cdot 10^{-9}$ m, dann ist $a^3 = 0{,}125 \cdot 10^{-27}$ m^3 $= 1{,}25 \cdot 10^{-28}$ m^3. Nun ist 1 µm^3 $= 10^{-18}$ m^3 und enthält 10^{-18} m$^3/1{,}25 \cdot 10^{-28}$ m^3 $= (4/5) \cdot 10^{10}$ Atome.

Bisher war nur von Strukturen die Rede, die aus mathematischen Punkten bestehen. Wenn man die Punkte in einer Elementarzelle mit Atomen, Ionen, Molekülen, Radikalen besetzt, dann entstehen Kristallstrukturen.

Bei einem Kristallgitter ist für die Zähligkeit das Aufeinandertreffen gleichartiger Atome Bedingung. Durch Besetzung von Gitterpunkten mit verschiedenen Atomarten wird die „Symmetrie" des Gitters gegenüber dem mathematischen Punktgitter vermindert, d. h. aus einer vierzähligen Drehachse wird z. B. eine zweizählige (vgl. auch S. 111 unten).

Mathematische Punktgitter, die hinsichtlich einer Symmetrieoperation gleichwertig sind, sind bei Besetzung mit unterschiedlichen Atomarten nicht mehr gleichwertig, wenn beim Ausführen der Symmetrieoperation nicht mehr durchweg dieselben Atomarten aufeinanderfallen.

Ein primitives kubisches Gitter aus mathematischen Punkten mit dem Translationsvektor $\vec{a}$ (Gitterperiode $\vec{a}$) kommt mit sich zur Deckung, wenn man es parallel zu einer Würfelkante um $\vec{a}$ verschiebt. Werden die Punkte in Richtung der Würfelkante jedoch abwechselnd mit Atomen XYXY... besetzt (Beispiel: Na, Cl), dann führt erst eine Translation um $2\vec{a}$ (und Vielfache davon) zur vollständigen Deckung des Gitters mit sich selbst. Die so entstandene Struktur kann als Schachtelung zweier flächenzentrierter kubischer Gitter aus Na und aus Cl angesehen werden, wobei die beiden ineinandergeschachtelten Gitter um $\vec{a}$ gegeneinander verschoben sind und die Gitterperiode des Gesamtgitters jetzt $2\vec{a}$ beträgt.

Die Gitterstruktur eines Kristalls läßt sich mit Hilfe der Braggschen Reflexion von Röntgenstrahlen (5.3.4) untersuchen. Der Winkel, unter dem ein Reflex beobachtet wird, hängt ab vom Abstand d der Netzebenen voneinander. Der Reflexionsbruchteil unter diesem Winkel hängt ab von der Verteilung und relativen Lage der Atome zwischen Netzebenen, die gegenüber einer Translation gleichwertig sind, außerdem davon, wieviel Elektronen jeweils in den Atomen vorhanden sind. Diese Anzahl der Elektronen ist bekanntlich bei neutralen Atomen gleich der Ordnungszahl (vgl. 7.1.1 und 7.3.3 Atombau).

Die in 1.5.1.2 genannten zusammengesetzten Symmetrieelemente 5 und 6 lassen sich aus der äußeren Form der Kristalle nicht ablesen. Diese Symmetrieelemente machen sich nur in der Elementarzelle geltend und sind – wenn überhaupt eindeutig – nur durch Beugung durchdringender Strahlung (Röntgen-, Neutronen-, Elektronenstrahlung), d. h. durch Bragg-Reflexion experimentell feststellbar. Dadurch gelingt es meist, für einen gegebenen Kristall seine Zugehörigkeit zu einer der 230 Raumgruppen nachzuweisen.

Dafür, daß Braggsche Reflexion n-ter Ordnung unter einem Glanzwinkel α_n erfolgt, ist (vgl. 5.3.4) die Beziehung maßgebend $2\,d \cdot \sin \alpha_n = n \cdot \lambda$. Man führt einen geeignet normierten Vektor senkrecht zu den Netzebenen ein mit einem Betrag, der proportional $1/d$ ist, den sogenannten „reziproken Vektor". Jeder Netzebenenschar entspricht also ein solcher Vektor. Wenn man die reziproken Vektoren von einem Koordinaten-Nullpunkt aufträgt, ergibt sich für jede Netzebenenschar ein Punkt im „reziproken Gitter", der gleichzeitig eine solche Orientierung des Kristalls relativ zu einem Röntgenbündel kennzeichnet, bei der Braggsche Reflexion möglich ist.

1.5.2. Äußere Kräfte auf gasförmige, flüssige, feste Körper

1.5.2.1. Druck in Flüssigkeiten und Gasen (ohne Berücksichtigung der Schwerkraft)

Der Druck $p = F/A$ wirkt in Flüssigkeiten und Gasen allseitig.

Ein Gefäß mit mehreren zylindrischen Ansätzen und jeweils darinnen beweglich, aber dicht sitzenden Kolben (Abb. 82) sei vollständig mit einer Flüssigkeit (z. B. Wasser, Öl) gefüllt. Wird auf den Kolben 1 mit der Querschnittsfläche A_1 eine Kraft F_1 ausgeübt, dann

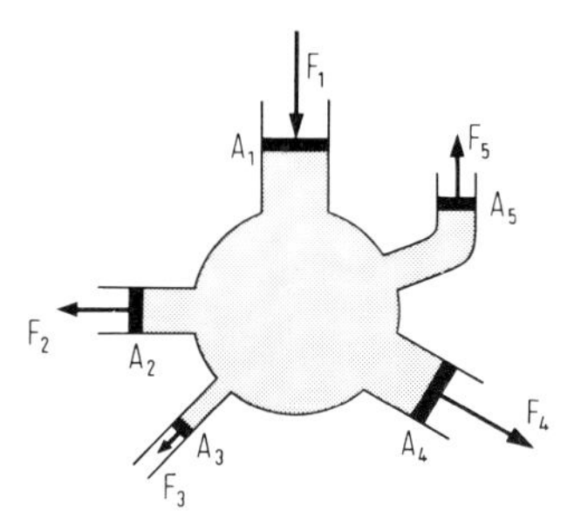

Abb. 82. Allseitigkeit des Druckes in Flüssigkeiten und Gasen. Der Druck senkrecht zur Oberfläche ist nach allen Richtungen gleich, es gilt $p = (F_i/A_i)$.

beobachtet man an allen übrigen Kolben (2, 3, 4,...) eine nach außen wirkende Kraft F_2, F_3, F_4,... . Dabei ist

$$\frac{F_1}{A_1} = \frac{F_2}{A_2} = \dots \tag{1-107}$$

Das Analoge beobachtet man, wenn das Gefäß mit einem Gas gefüllt ist.

Definition: Der Quotient *Kraft F/Fläche A,* wo F senkrecht auf A steht, wird *Druck p* genannt. Also $p = F/A$.

Der Druck breitet sich in einer Flüssigkeit (oder in einem Gas) allseitig aus und wirkt stets nach allen Richtungen und immer senkrecht zur Oberfläche. Der Druck wird daher auch Normalspannung genannt. In einer ruhenden Flüssigkeit gibt es keine Schubspannung (über Schubspannung vgl. 1.5.2.2), nur in einer bewegten Flüssigkeit kann eine solche als Folge der inneren Reibung auftreten (vgl. 1.5.3.4).

Die Allseitigkeit des Druckes wird bei der hydraulischen Presse (s. Abb. 83) ausgenutzt. Mit einem Stempel der kleinen Querschnittsfläche A_1 wird der Druck p mit Hilfe einer kleinen Kraft F_1 erzeugt. Der Stempel mit der großen Querschnittsfläche A_2 wird zwar durch densel-

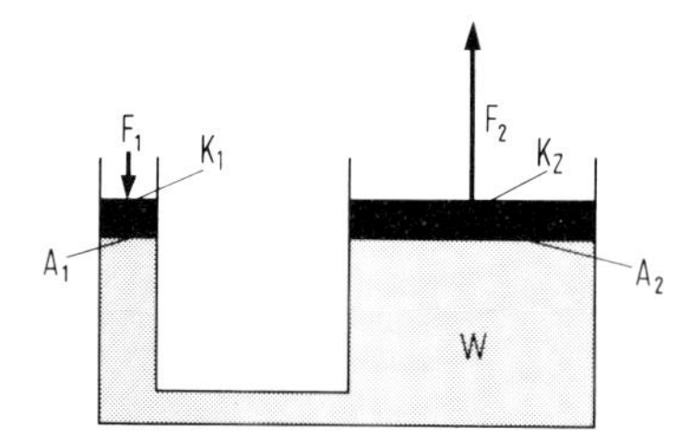

Abb. 83. Prinzip der hydraulischen Presse. K_1: Kolben der Fläche A_1; K_2: Kolben der Fläche A_2; W: Wasser oder Öl. Da der Druck auf die Fläche A_1 gleich dem Druck auf die Fläche A_2 ist, gilt: $p = F_1/A_1 = F_2/A_2$. Die Kraft auf den Kolben K_2 beträgt daher $F_2 = (A_2/A_1) \cdot F_1$.

ben Druck, aber mit der viel größeren Kraft $F_2 = p \cdot A_2$ nach außen gedrückt. Es gilt $F_1/F_2 = A_1/A_2$, d. h. gleicher Druck bewirkt verstärkte Kraft, entsprechend der vergrößerten Querschnittsfläche.

Für die kohärente Einheit des Druckes gilt

$$[p] = \frac{[F]}{[A]} = \frac{1\ \text{N}}{1\ \text{m}^2} = 1\ \frac{\text{N}}{\text{m}^2} = 1\ \text{Pascal, (Kurzzeichen: Pa)}$$

1 MPa (Megapascal) $= 10^6$ Pa $= 1$ N/mm^2

Tabelle 17. Weitere Druckeinheiten

1 bar = 10 N/cm^2 = 10^5 N/m^2 = 10^5 Pa = 1,10296 at = 0,98692 atm
1 mbar = 100 N/m^2 = 100 Pa
1 at = 1 kp/cm^2 = 0,980665 bar ≡ 1 technische Atmosphäre
1 atm = 1,01325 bar = 1,033227 at = 760 Torr ≡ 1 physikalische Atmosphäre
1 Torr = 1 mm Hg-Säule = (1/760) atm = 133,322 Pa = 1,33322 mbar
1 Torr = 1,33322 mbar; 1 mbar = 0,75 Torr
1 Pa ≈ 0,1 mm Wassersäule; 760 Torr = 1,01325 bar = 1013, 25 mbar

Außer dem Pa sind auch 1 bar und 1 mbar gesetzliche Einheiten. Alle übrigen Einheiten sind künftig nicht mehr zugelassen.

Der Druck in einer Flüssigkeit oder in einem Gas kann gemessen werden mit Hilfe eines „Manometers". Im einfachsten Fall besteht dieses aus einem U-förmigen Rohr, das mit einer Flüssigkeit gefüllt ist. Der Flüssigkeits- oder Gasbehälter, dessen Druck bestimmt werden soll, ist mit dem einen Schenkel des U-Rohres verbunden. Die Flüssigkeitssäule im anderen Schenkel überragt die im ersten um die Höhe h. Dann ist der Druck der Säule mit dieser Höhe h gleich dem Überdruck in dem zu messenden Volumen.

Die Höhe h, die den Druck anzeigt, ist unabhängig von der Querschnittsfläche des Manometerrohres, denn mit dem Querschnitt A nimmt die Gewichtskraft G der Flüssigkeitssäule zu. Der Druck $p = G/A$ bleibt jedoch unverändert, denn man kann die Gewichtskraft auch ausdrücken durch $G = A \cdot \varrho \cdot h \cdot g$. Durch Einsetzen ergibt sich $p = \varrho \cdot h \cdot g$.

Man kann den Druck auch relativ zum leeren Raum messen: Ein U-Rohr wird in der Stellung (Abb. 84a) vollständig mit Quecksilber gefüllt. Beim Aufrichten (Abb. 84b) entsteht rechts ein luftleerer Raum. Eine solche Vorrichtung nennt man ein Quecksilber-Barometer (Torricelli). Der Druck der Atmosphäre hält einer Hg-Säule von 760 mm Höhe das Gleichgewicht. Dann ist $p = 760$ Torr $= \varrho \cdot h \cdot g = 13{,}595$ g/cm$^3 \cdot 760$ mm $\cdot\, 9{,}81$ m/s$^2 = 101\,325$ N/m$^2 = 1{,}01325$ bar $= 1$ atm. Jedoch hängt p von der Wetterlage und der Meereshöhe ab.

Über den Druck in verschiedener Tiefe einer Flüssigkeit im Schwerefeld vgl. 1.5.2.7.

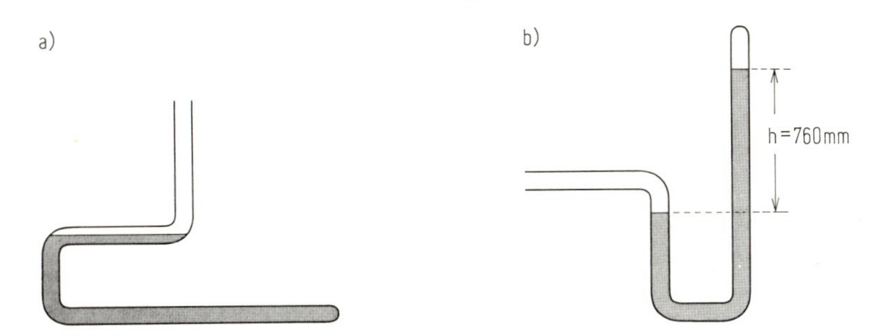

Abb. 84. Quecksilberbarometer.
a) Stellung zur Füllung des U-Rohres mit Quecksilber. Dann wird nach links gekippt.
b) Stellung zur Messung des äußeren Luftdruckes. Rechts oben ist ein luftleerer Raum entstanden. Die Quecksilbersäule der Höhe h hält dem äußeren Luftdruck das Gleichgewicht („Barometer").

1.5.2.2. Normalspannungen und Schubspannungen in festen Körpern, Verformung

F/L 1.5.4 u. 2.1.1

Das elastische Verhalten von homogenen Stoffen läßt sich durch vier Stoffwerte kennzeichnen: Elastizitätsmodul E, Schubmodul G, Kompressionsmodul K und Poissonzahl μ.

Wenn Kräfte auf einen materiellen Körper wirken, wird er verformt. Relativ schwache Kräfte bewirken eine „elastische" Verformung, d.h. eine solche, die nach Aufheben der Kraft wieder *ganz* zurückgeht, stärkere eine solche, die *nicht ganz* zurückgeht, noch stärkere eine *auffällige* Formänderung, wie beim Verbiegen eines Drahtes.

Man stelle sich einen Würfel aus durchsichtigem Material vor, etwa aus Plexiglas, in dessen Inneren ein scharf begrenzter *kugel*förmiger Bereich (etwa durch Einfärben) erkennbar ist. Wenn äußere Kräfte einwirken, wird daraus im allgemeinsten Fall ein *drei*achsiges *Ellipsoid.* Bei Kompression durch gleichen Druck von allen Seiten („hydrostatischer Fall") gilt: „Kugel bleibt Kugel."

In elastisch verformten Körpern treten zwei Arten von Spannungen auf: Normalspannung σ und Schubspannung τ (Abb. 85a und b). Die Verformung läßt sich durch die „Dehnung" ε und die „Schiebung" γ beschreiben, s. unten.

Nur der *ein*achsige Fall (Dehnen oder Stauchen eines Stabes) und der reine Schubspannungsfall (*zwei*achsiger Fall), bei dem in einer Richtung gedehnt und in einer dazu senkrechten gestaucht wird, werden hier behandelt.

Gegeben sei ein fester Körper in Form eines quaderförmigen Stabes mit der Länge l und der Querschnittsfläche A (Abb. 85a). Auf den Stab, der am einen Ende fest eingespannt sei, wirke eine Kraft $F_\uparrow$ parallel zur Längsrichtung, d.h. senkrecht zur Fläche A. Dadurch erfährt er eine Dehnung ε, vgl. (1-109).

Normalspannung. Der Quotient aus Kraft $F_\uparrow$ parallel zur Längsrichtung einerseits und Querschnittsfläche A andererseits, wobei die Kraft auf A senkrecht steht, heißt *Normalspannung* σ. Die Kraft $F_\uparrow$ auf die Fläche A verteilt ergibt

$$\sigma = F_\uparrow / A \tag{1-108}$$

Für kleine Dehnungen ε gilt: Normalspannung σ und Dehnung ε sind einander proportional (Hookesches Gesetz), dann ist

$$\sigma = E \cdot \varepsilon \quad \text{mit} \quad \varepsilon = \Delta l_\uparrow / l \tag{1-109}$$

E heißt Elastizitätsmodul. Das Hookesche Gesetz sagt also aus $E = \text{const.}$; das gilt aber nur für kleine Dehnungen (z.B. 0,01%). Wenn man die Zugspannung σ über einen bestimmten Wert („Elastizitätsgrenze") hinaus erhöht, wird der Körper bleibend gereckt. Derjenige Wert von σ, nach dessen Anwendung eine Reckung um 0,2% der ursprünglichen Länge zurückbleibt, wird durch Verabredung als Fließgrenze ($\sigma_{0,2}$) bezeichnet. Bei weiterer Erhöhung der Spannung wird schließlich die Bruch- oder Zerreißgrenze erreicht. Elastizitäts- und Fließgrenze hängen vom Material ab; bei Stahl z.B. liegen sie viel höher als bei Kupfer.

Das Hookesche Gesetz gilt nur für die (reinelastische) Verformung, die zu einer (reversiblen) Veränderung der Atomabstände führt. Es gilt nicht, wenn während der Dehnung atomare (molekulare) Umordnungsvorgänge eintreten. Bei diesen kann auch eine Zeitabhängigkeit hereinkommen, weil Umordnungsvorgänge endliche Zeit brauchen.

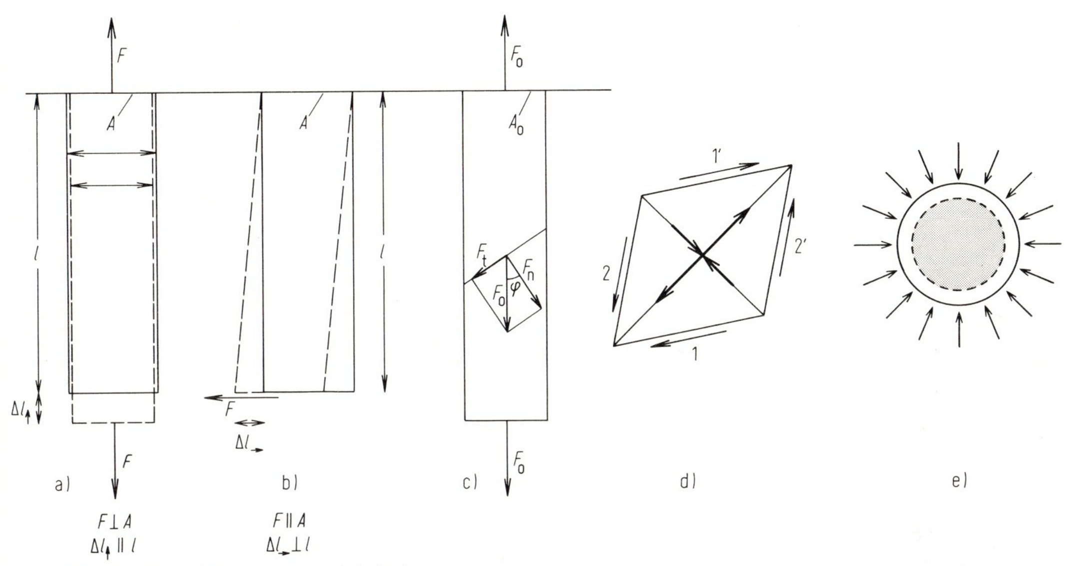

Abb. 85. Normalspannung und Schubspannung.
a) Einachsiger Zug: Die Kraft F wirkt *parallel* zu l (senkrecht zur Querschnittsfläche A). Es herrscht eine Zugspannung senkrecht („normal") zur Querschnittsfläche, eine „Normalspannung σ".
b) Schubspannung: Die Kraft F wirkt *senkrecht* zu l (parallel zur Querschnittsfläche A). Es wirkt eine Schubspannung. Diese Zeichnung dient nur dazu, die Lage von F, Δl, und l zu zeigen. Über die wirksamen Kräfte vgl. Teilfigur d).
c) Normalspannung und Schubspannung: Beim einachsigen Zug tritt außer der Normalspannung auch Schubspannung auf. Gezeichnet sind in einer schräg gestellten Schnittebene Normalkraft F_n unter dem Winkel φ und Schubkraft F_t unter $90° - \varphi$ relativ F_0.
d) Reiner Schubspannungsfall: Die Schubkräfte 1 und 1′ ergeben ein Drehmoment, die Schubkräfte 2 und 2′ ein entgegengesetztes. Die Summe der Momente ist Null.
e) Kompression: Der Druck p wirkt allseitig senkrecht zur Oberfläche. Dazu wird der Körper in eine Flüssigkeit eingetaucht und auf diese der Druck p ausgeübt.

Poissonzahl μ. Ein gedehnter Stab wird nicht nur länger, sondern auch dünner (Abb. 85a). Die relative Verkleinerung der Querabmessungen, d.h. der Quotient Breitenabnahme/ursprüngliche Breite („Querkontraktion"), wird mit ε_q bezeichnet. Diese Größe ist proportional zur Dehnung ε, also

$$\varepsilon_q = \mu \cdot \varepsilon \tag{1-110}$$

μ heißt Poissonzahl, auch Koeffizient der Querkontraktion. μ kann nur Werte zwischen 0 und 0,5 annehmen. Meist liegen die Werte zwischen 0,25 und 0,5.

Trotz der Querkontraktion hat die Dehnung immer eine *Volumenvergrößerung* zur Folge. Der Grenzfall $\mu = 0{,}5$ bedeutet Fehlen einer Volumenänderung bei Zug oder Druck; er ist bei Flüssigkeiten weitgehend verwirklicht.

Schubspannung. Eine Kraft $F_{\rightarrow}$, die tangential zur Fläche A angreift, nennt man Schubkraft. Durch sie werden die Kanten eines Stabes, die vor dem Wirken der Kraft senkrecht zu Fläche A stehen um $\Delta l_{\rightarrow}/l = \gamma$ gekippt. Jedem Flächenelement ist dann ein flächenproportionaler Teil der Kraft zuzuordnen. Der Quotient (Kraft im Flächenelement)/(Fläche des Flächenelements) heißt Schubspannung τ, daher gilt in Abb. 85b

$$\tau = F_{\rightarrow}/A \qquad (1\text{-}111)$$

Für kleine Schiebungen γ gilt

$$\tau = G \cdot \gamma \quad \text{mit} \quad \gamma = \Delta l_{\rightarrow}/l \qquad (1\text{-}112)$$

G heißt Schubmodul (Winkelsteifigkeit).

Diese Beschreibung ist aber unvollständig. Der in Abb. 85b gezeichnete Verformungszustand kann nur bestehen, wenn auch in den anderen beiden Flächen Schubspannungen wirken. Nur dann besteht auch ein Momenten-Gleichgewicht. Dieser Tatbestand ist in Abb. 85c dargestellt.

Für Zug- *und* Schubspannung ist die kohärente Einheit

$$[\sigma] = [\tau] = [F]/[A] = 1\ \text{N}/1\ \text{m}^2 = 1\ \text{N/m}^2 = [p] = 1\ \text{Pa} = 10^6\ \text{N/mm}^2.$$

Für die Dimensionen gilt (da nur Beträge eingehen)

$$\dim F/\dim A = \dim p = \dim \sigma = \dim \tau.$$

In elastisch verformter Materie gibt es keinen Spannungszustand mit Schubspannungen ohne gleichzeitig auftretende Normalspannungen. Es gibt auch keine Normalspannungen ohne Schubspannungen, mit Ausnahme des in Abb. 85e beschriebenen hydrostatischen Spannungszustandes.

Um das einzusehen, betrachten wir einen Schnitt durch den Stab unter dem Winkel φ (Abb. 85c). Man denkt sich den auf der einen Seite der Schnittebene liegenden Teil abgetrennt. Um den Restteil im selben Verformungszustand zu halten wie vor dem Schnitt müssen am freigelegten Teil – auf der ganzen Schnittfläche verteilt – Kräfte angebracht werden. In einem Punkt P ergibt sich dann eine anzubringende Spannung, die nicht senkrecht zur Schnittfläche wirkt; sie kann in eine Normalspannung und eine Schubspannung zerlegt werden.

Im Fall der Abb. 85c muß die Zug*kraft* F_0 in eine Normalkomponente $F_n(\varphi)$ und eine tangentiale Komponente $F_t(\varphi)$ zerlegt werden. Um daraus die Normalspannung und die Schubspannung zu bekommen, muß mit der Schnitt*fläche* $A(\varphi) = A_0/\cos\varphi$ dividiert werden. Man erhält

Normalspannung $\quad \sigma(\varphi) = F_n(\varphi)/A(\varphi) = \sigma_0 \cos^2\varphi$

Schubspannung $\quad \tau(\varphi) = F_t(\varphi)/A(\varphi) = \sigma_0 \sin\varphi \cos\varphi$

Diese Normal- und Schub*spannung* herrscht in jedem Punkt der Schnittfläche.

Dieser Fall ist der *einachsige* oder lineare *Spannungszustand.* Der Maximalwert von τ als Funktion von φ wird bei $\varphi = 45°$ erreicht; dabei ist

$$|\sigma| = |\tau| = (1/2) \cdot \sigma_0.$$

Kompression. Setzt man einen homogenen Körper einem allseitigen Druck p aus, indem man ihn etwa in eine Flüssigkeit einbettet und diese unter Druck setzt, dann gilt für seine relative Volumenänderung $\Delta V/V$

$$p = K \cdot (-\vartheta), \quad \text{mit} \quad \vartheta = \Delta V/V \qquad (1\text{-}113)$$

K heißt Kompressionsmodul.

In der Elastizitätstheorie wird gezeigt, daß zwischen E, G, K, μ die Beziehungen bestehen

$$E = 2\,G\,(1 + \mu) \quad \text{und} \quad E = 3\,K\,(\ - 2\,\mu) \qquad (1\text{-}114\text{a/b})$$

Aus je zwei dieser Größen kann man die anderen beiden berechnen. Aus. Gl. (1-113) ergeben sich für μ die Grenzen $0 < \mu < 0{,}5$. Setzt man diese Grenzen in Gl. (1-114b) ein, so folgt

$$E/3 < G < E/2 \qquad (1\text{-}115)$$

Als Beispiel für die Größenordnungen seien die Werte der 4 Konstanten für eine gewöhnliche Stahlsorte angegeben: $E = 212\,500$ N/mm², $G = 83\,000$ N/mm², $K = 161\,000$ N/mm², $\mu = 0{,}28$. Gl. (1-114a/b) sind erfüllt.

Beispiel. Ein Draht aus Stahl (Länge 4 m, $2r = 0{,}2$ mm, $A = 0{,}0314$ mm² $= 3{,}14 \cdot 10^{-8}$ m²) wird durch die Kraft 5 N um $\Delta l = 3$ mm gedehnt. Halbe Kraft bewirkt halbe Längenänderung Δl. Man erhält daraus für diese Stahlsorte

$$E = \sigma/\varepsilon = (5\ \mathrm{N}/0{,}0314\ \mathrm{mm}^2)/(3 \cdot 10^{-3}\ \mathrm{m}/4\ \mathrm{m}) = 212\,300\ \mathrm{N/mm}^2.$$

1.5.2.3. Dehnung und Biegung

Bei der Biegung eines Körpers gibt es gedehnte Bereiche, gestauchte Bereiche und dazwischen eine Fläche ohne Längenänderungen.

Ein Stab wird nur dann gebogen, wenn ein Biegemoment auf ihn wirkt (vgl. Abb 86). Er wird z. B. auf der konvexen Halbseite gedehnt, auf der konkaven Halbseite gestaucht. Dazwischen liegt eine „neutrale Faser", d. h. eine Fläche, in der keine Normalspannungen wirken.

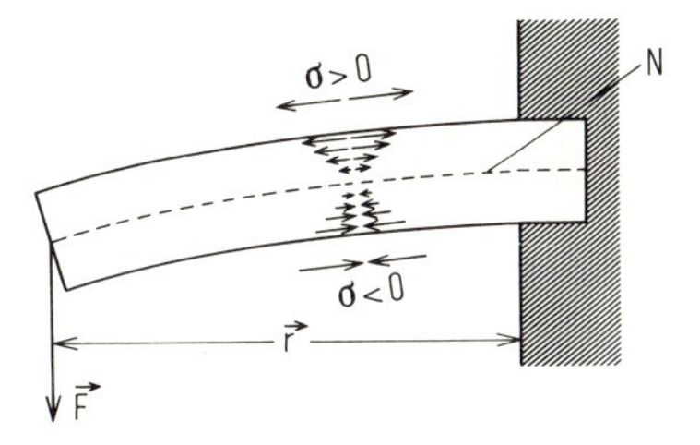

Abb. 86. Biegung eines einseitig freien Balkens. Auf den Balken wirkt das Biegemoment $\vec{M} = \vec{r} \times \vec{F}$. Oberhalb der neutralen Faser N herrscht Zugspannung $\sigma > 0$, die Fasern werden gedehnt; unterhalb herrscht Druckspannung $\sigma < 0$, die Fasern werden gestaucht.

Bei einunddemselben Stab erhält man unterschiedliche Verbiegungen, je nach den Randbedingungen (Aufliegen der Enden, Einspannen an einem Ende, Einspannen an beiden Enden) (Abb. 87).

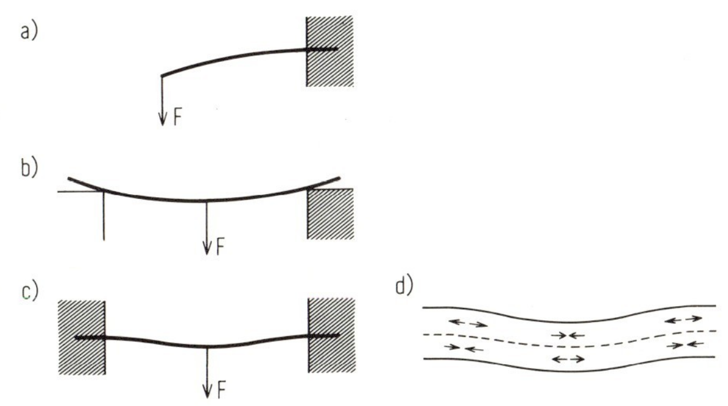

Abb. 87. Biegung eines Stabes bei unterschiedlichen Randbedingungen.
a) Ein Ende frei, das andere eingespannt.
b) Beide Enden frei aufliegend.
c) Beide Enden fest eingespannt.
d) Spannungsverteilung im Fall c) (nur die Spannungsrichtung, nicht die Querverteilung ist angedeutet).

Die Spannungsverteilung kann man in einem durchsichtigen Material mit optischen Hilfsmitteln sichtbar machen, weil ein homogener Körper unter mechanischer Spannung optisch doppelbrechend wird (Einzelheiten siehe Optik 5.5.4a). Man beobachtet mit Glühlicht zwischen gekreuzten Polarisatoren. Dann wird infolge der Doppelbrechung im Bereiche kleiner Spannungen das Gesichtsfeld aufgehellt, im Bereiche größerer Spannungen treten Interferenzfarben auf. Spannungsfreie Bereiche (neutrale Fasern) bleiben dagegen dunkel.

1.5.2.4. Torsion

F/L 1.5.5

Die Torsion eines Drahtes (Stabes, Zylinders) ist eine zylindersymmetrische Scherverformung um seine Achse.

Wird ein zylindrisches Rohr am einen Ende fest eingespannt und am anderen Ende verdreht, und zwar durch ein Drehmoment, dessen Achse parallel ist zur Zylinderachse (vgl. Abb. 88), so wirkt eine Schubverformung auf jeden achsenparallelen Streifen der Wand.

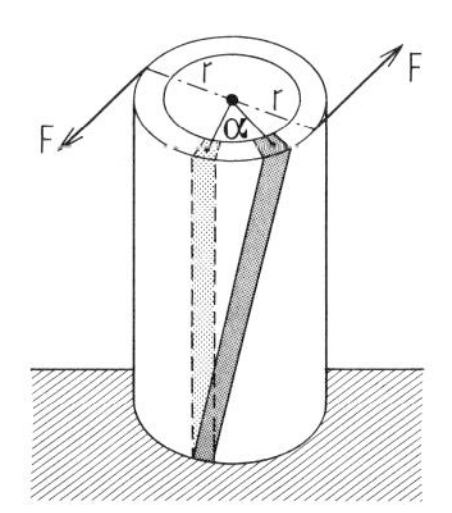

Abb. 88. Torsion eines zylindrischen Rohres. Ein zylindrisches Rohr mit einem Markierungsstreifen wird durch ein Drehmoment $\vec{M} = 2(\vec{r} \times \vec{F})$ um den Winkel α tordiert. Ein solches Moment heißt Torsionsmoment.

Einen massiven Stab (oder einen Draht) kann man zusammengesetzt denken aus einer kontinuierlichen Folge konzentrischer Rohre, bei denen die Scherung proportional ihrem Radius ist.

Die mathematische Durchführung ergibt: Wird ein Draht vom Radius r und der Länge l durch ein Drehmoment M um den Winkel α verdreht (tordiert), so gilt:

$$M = \frac{\pi}{2} \cdot G \cdot \frac{r^4}{l} \cdot \alpha = D^* \cdot \alpha \tag{1-116}$$

Man kann den Schubmodul G bestimmen, indem man D^* und die Abmessungen des Drahtes (Stabes) mißt. Zur Messung von D^* kann man den Draht wie eine Drillachse verwenden und einen Körper mit bekanntem Trägheitsmoment J daran in Drehschwingungen versetzen. Aus $\omega^2 = D^*/J$ erhält man D^* und aus (1-116) den Torsionsmodul G.

1.5.2.5. Dichte von festen, flüssigen, gasförmigen Substanzen

Unter der Dichte eines Körpers versteht man den Quotienten aus seiner Masse und seinem Volumen.

Materielle Körper können trotz übereinstimmender Masse sehr verschiedenes Volumen einnehmen. Deshalb führt man das Merkmal „Dichte“ ein.

Definition: Die Dichte ϱ eines Körpers ist der Quotient (Masse des Körpers m)/(Volumen dieses Körpers V). Also

$$\varrho = m/V \tag{1-117}$$

Die kohärente Einheit ergibt sich hieraus zu

$$[\varrho] = \frac{[m]}{[V]} = \frac{1\ \text{kg}}{1\ \text{m}^3} = 1\ \frac{\text{kg}}{\text{m}^2}$$

Für die Dimension gilt $\dim \varrho = \frac{\dim m}{\dim l^3}$.

Man beachte, daß gilt: $1\ \frac{\text{g}}{\text{cm}^3} = 1\,000\ \frac{\text{kg}}{\text{m}^3}$.

Aus der Definition folgt das Meßverfahren: Man bestimmt Masse und Volumen des Körpers und bildet den Quotienten daraus. Auf die Masse kann man aus dem Gewicht des Körpers schließen (vgl. 1.3.2.2, $G = m \cdot g$). Das Volumen kann man bei einem regelmäßig geformten Körper aus seinen Abmessungen erhalten, bei einem unregelmäßig geformten z. B. aus dem Auftrieb nach 1.5.2.8. Die Dichte ist bei festen Körpern und Flüssigkeiten nur wenig, bei Gasen stark von Temperatur und Druck abhängig.

Beispiel. Ein Aluminiumzylinder ($r = 2$ cm, $h = 4$ cm, also $V = (2\ \text{cm})^2 \cdot \pi \cdot 4\ \text{cm} = 50\ \text{cm}^3$) hat die Masse $m = 135$ g. Daraus folgt $\varrho = 135\ \text{g}/50\ \text{cm}^3 = 2{,}7\ \text{g/cm}^3$.

Die Dichte von *Flüssigkeiten* läßt sich bestimmen, indem man ein Gefäß mit bekanntem Volumen füllt und mit einer Differenzwägung (Gefäß mit Flüssigkeit minus Gefäß ohne Flüssigkeit) die Masse der Flüssigkeit bestimmt. Für Wasser erhält man

$$\varrho = 1\ \text{g/cm}^3 = 1\,000\ \text{kg/m}^3.$$

Dies ist kein Zufall, denn die Masseneinheit 1 g wurde (durch den französischen Nationalkonvent in den Jahren 1795 und 1799) innerhalb der damaligen Meßgenauigkeit gleich der Masse von 1 cm³ Wasser bei 4 °C (Dichtemaximum) gewählt. Das 1000-fache davon, also 1 kg, wurde durch einen Klotz aus Pt-Ir verkörpert (vgl. 1.3.1.5) und dient heute als Einheit der Masse und der Gravitationsladung.

Die Dichte von *Gasen* hängt stark von Druck und Temperatur ab. Sie ist z. B. für Luft beim Druck 1 atm und Zimmertemperatur etwa 1000 mal geringer als die von Wasser. Sie kann mit einem evakuierbaren Glaskolben gemessen werden.

Meßbeispiel. Gegeben sei ein kugelförmiger Kolben (Durchmesser $2\,r = 20$ cm, also $V = 4/3 \cdot r^3\,\pi = 4{,}2$ l). Sein Gewicht wird einmal im evakuierten, einmal im luftgefüllten Zustand bestimmt. Aus der Differenz beider Wägungen erhält man die Masse der Luft im Kolben ($m = 5$ g). Die Dichte der Luft bei Atmosphärendruck und Zimmertemperatur beträgt daher $\varrho = 5\ \text{g}/4{,}2\ \text{l} = 1{,}2\ \text{g/l} = 1{,}2\ \text{kg/m}^3$.

In 3.3.2 wird gezeigt, daß die *Dichte* der verschiedenen Gase bei gleichem Druck und gleicher Temperatur nur von der *Molekülmasse* abhängt, die für jeden Stoff einen festen Wert hat. Die Stoffmenge 1 mol (s. 3.2.3) hat die Masse $M_r \cdot 1$ g. Man verwendet die *molare Masse* $m_m = M_r \cdot \frac{1\ \text{g}}{1\ \text{mol}}$. Deren Zahlenwert M_r heißt *relative Molekülmasse* (früher Molekulargewicht). Für die Dichte gilt dann, weil die Stoffmenge 1 mol die Masse $M_r \cdot 1$ g hat und das Normvolumen 22,4 Liter (s. 3.2.3) einnimmt

$$\varrho = \frac{\{M\} \cdot 1\ \text{g}}{22{,}4\ \text{l}} \quad \text{bei } 0\ °\text{C},\ 1013\ \text{mbar}$$

In 3.3.2 wird das Reziproke der Dichte unter dem Namen spezifisches Volumen $V_s = 1/\varrho = V/m$ definiert und vor allem in die Zustandsgleichung von Gasen eingeführt.

Tabelle 18. Dichte verschiedener Stoffe.

Wasser*)	1,00 g/cm³	Benzol	0,8786 g/cm³		
		Glyzerin	1,2604 g/cm³		
Aluminium	2,70 g/cm³	Wasserstoff**)	$0{,}0899 \cdot 10^{-3}$ g/cm³	M_r	= 2,0156
Eisen	7,87 g/cm³	Luft	$1{,}29 \cdot 10^{-3}$ g/cm³	$M_{r,\,eff}$	= 28,96
Quecksilber	13,546 g/cm³				
Gold	19,291 g/cm³	Xenon	$5{,}89 \cdot 10^{-3}$ g/cm³	M_r	= 131,3

* bei 4 °C, ** Dichte der Gase bei 0 °C, 1013,25 mbar

1.5.2.6. Kompressibilität

Die Kompressibilität (Zusammendrückbarkeit) $q = 1/K$ ist sehr klein für feste Körper, klein für Flüssigkeiten, relativ groß bei Gasen.

Wird der Druck geändert, so ändert sich ihr Volumen.

Definition. Das Reziproke des in (1-113) definierten Kompressionsmoduls, d.h. $q = 1/K$, wird Kompressibilität oder Zusammendrückbarkeit genannt.

Ein Körper mit geringer Kompressibilität q hat einen hohen Kompressionsmodul K und umgekehrt.

Die Zusammendrückbarkeit ist klein bei festen Körpern und Flüssigkeiten, weil die Moleküle bereits eng benachbart liegen. Bei Gasen sind die Moleküle dagegen weit im Raum verteilt, vgl. dazu 3.4.2 (freie Weglänge). Infolge der großen Molekülabstände spielen bei Gasen die zwischenmolekularen Kräfte meist keine Rolle mehr (vgl. dazu 3.3.3 Aggregatzustände und 3.6.7 Clausius-Clapeyron'sche Gleichung).

Die Zusammendrückbarkeit eines Gases kann in einem Hohlzylinder z. B. aus Metall untersucht werden, in dem das zu untersuchende Gas durch einen genau passenden Kolben abgeschlossen ist, ähnlich einer Fahrradpumpe (Luftsäule der Länge l, Querschnittsfläche A, Volumen $A \cdot l$). Vermehrung des Drucks auf den Kolben Δp vermindert das Volumen der Luftsäule um $\Delta V = A \cdot \Delta l$. Diese Volumenänderung kann wie eine elastische Verformung gemäß 1.5.2.2 behandelt werden (hier keine Querkontraktion!). Nach Gl. (1-113) gilt:

$$-\frac{\Delta V}{V} = \frac{1}{K} \cdot p = \frac{\Delta l}{l} \tag{1-118}$$

wo K als Kompressionsmodul der Luftsäule bezeichnet werden kann. Es ergeben sich bei Gasen zwei verschiedene Werte von K, je nachdem man die Volumenänderung sofort nach der Druckänderung feststellt oder erst nach einer gewissen Zeitdauer (vgl. dazu Abb. 89). Wird nämlich der Druck im Kolben um Δp vergrößert, so vermindert sich das Volumen V_0 auf V_1, gleichzeitig aber erhöht sich dabei die Temperatur des eingeschlossenen Gases. Im Verlauf einer gewissen Zeit erniedrigt sich die Temperatur durch Wärmeableitung (3.2.1) an die Umgebung wieder auf den Ausgangswert der Temperatur. Dabei verkleinert sich das Volumen bis zum Endzustand V_2. Die (momentane) Volumenänderung von V_0 auf V_1 ohne Ausglei-

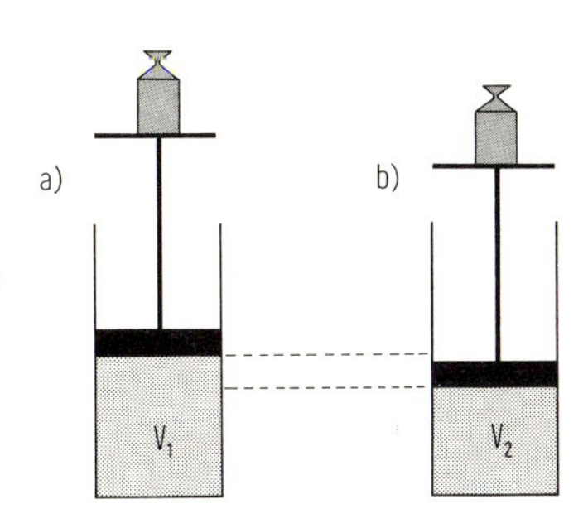

Abb. 89. Kompression von Gasen.
a) Volumen V_1 des Gases sofort nach der Druckänderung (Aufsetzen des Gewichtstücks). Die Temperatur des Gases hat sich dabei erhöht.
b) Nach einiger Zeit hat sich die Temperatur des Gases (durch Wärmeableitung) auf die Ausgangstemperatur erniedrigt. Das Volumen ist kleiner geworden: $V_2 < V_1$. Der Druck ist gegenüber a) unverändert.

chung der Temperatur nennt man eine *adiabatische**) Zustandsänderung, die Volumenänderung V_0 auf V_2 (nach Abwarten des Temperaturausgleichs) nennt man eine *isotherme* Zustandsänderung. Für die letzte gilt

$$p \cdot V = \text{const. (Boyle-Mariotte)} \tag{1-119}$$

Für die adiabatische Zustandsänderung gilt, wie in 3.6.3 abgeleitet wird, dagegen**)

$$p/p_0 = (V/V_0)^{\varkappa} \tag{1-120}$$

wo $\varkappa = c_p/c_v$ ist. Hierbei ist c_p die spezifische Wärmekapazität des Gases bei konstant gehaltenem Druck, c_v die bei konstant gehaltenem Volumen (vgl. 3.5.3). Aus der Gleichung (1-119) folgt

$$\mathrm{d}p \cdot V + p \cdot \mathrm{d}V = 0 \quad \text{oder} \quad \frac{\mathrm{d}V}{V} = -\frac{\mathrm{d}p}{p} \tag{1-119a}$$

Aus (1-120) folgt

$$\mathrm{d}(p/p_0) \cdot (V/V_0)^{\varkappa} + (p/p_0) \cdot \varkappa \cdot (V/V_0)^{\varkappa-1} \cdot \mathrm{d}(V/V_0) = 0 \text{ oder } \frac{\mathrm{d}V}{V} = -\frac{\mathrm{d}p}{\varkappa \cdot p} \tag{1-120a}$$

Vergleicht man Gl. (1-119a) mit Gl. (1-110), so erhält man für isotherme Kompression $K = p$, und mit Gl. (1-120a) für adiabatische Kompression $K = \varkappa \cdot p$. Die Konstante $\varkappa$ hat für einatomige (ideale) Gase den Wert 5/3, für zweiatomige Gase den Wert 7/5, für mehratomige Gase den Wert 8/6 (vgl. 3.5.3).

Die Elastizität für adiabatische Kompression läßt sich z. B. mit der Schwingung eines Körpers in einem auf einen Glaskolben aufgesetzten zylindrischen Präzisionsglasrohr untersuchen, vgl. Abb. 90. Ein in das Glasrohr passendes zylindrisches Metallstück C (Masse m)

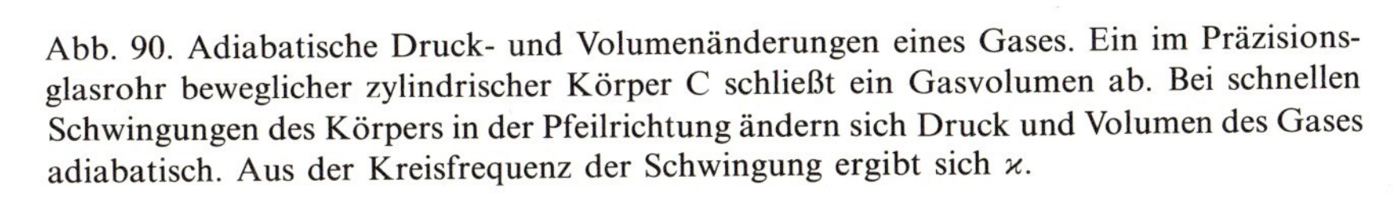

Abb. 90. Adiabatische Druck- und Volumenänderungen eines Gases. Ein im Präzisionsglasrohr beweglicher zylindrischer Körper C schließt ein Gasvolumen ab. Bei schnellen Schwingungen des Körpers in der Pfeilrichtung ändern sich Druck und Volumen des Gases adiabatisch. Aus der Kreisfrequenz der Schwingung ergibt sich $\varkappa$.

* Zustandsänderung ohne Hindurchtreten von Wärmemenge durch die begrenzenden Wände. Es wird mehr und mehr gebräuchlich „adiabat" zu sagen statt „adiabatisch".
** V/V_0 ist eine Zahl; man kann sie – im Unterschied zu einer physikalischen Größe – in eine gebrochene Potenz erheben.

schließt das Gasvolumen ab. Um diesen Körper nach oben oder unten um die Strecke Δx zu verrücken, ist die Kraft $F = -D \cdot \Delta x$ erforderlich. Nach Auslenken aus der Ruhelage (z. B. durch Anstoßen) schwingt der Körper mit der Kreisfrequenz ω, wobei $\omega^2 = D/m$. Unter Berücksichtigung von $F = p \cdot A$ und Gl. (1-110) und Gl. (1-120a) ergibt sich $\varkappa$.

Die Elastizität der Luft bei adiabatischer Zustandsänderung spielt auch bei der Schallausbreitung eine wichtige Rolle. Denn hierbei tritt zeitlich und räumlich wechselnd Druckerhöhung und Druckerniedrigung auf.

Wenn man ein Gas zusammendrückt, muß Arbeit geleistet werden. Sie geht in Wärmemenge über (3.5.2). Im Fall der Luftsäule erhält man für die Energie

$$\mathrm{d}W = F \cdot \mathrm{d}l = p \cdot A \cdot \mathrm{d}l = p \cdot \mathrm{d}V \qquad (1\text{-}121)$$

Man kann zeigen, daß diese Formel allgemein gilt, nicht nur bei zylindrischem Volumen. Die Kompressionsarbeit ergibt sich durch Integration von Gl. (1-121).

1.5.2.7. Druck in Abhängigkeit von der Höhe im Schwerefeld der Erde *F/L 1.5.2*

Der Druck in der Tiefe $-h$ einer Flüssigkeit oder eines Gases ergibt sich durch Integration von $\mathrm{d}p = -\varrho g \cdot \mathrm{d}h$.

Der Druck in einer Flüssigkeitssäule ist der Quotient aus dem Gewicht G der Säule und deren Querschnitt A. Eine Flüssigkeitssäule der Höhe H übt auf die Bodenfläche einen

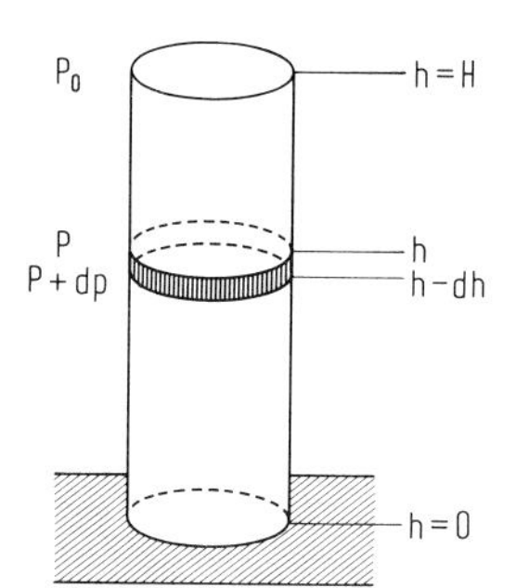

Abb. 91. Druck in einer Flüssigkeitssäule. Jede Schicht der Flüssigkeitssäule liefert zum Druck den Beitrag $\mathrm{d}p = \varrho \cdot g \cdot \mathrm{d}h$. In der Flüssigkeit ($\varrho$ = const.) gilt: $p = p_0 + \varrho \cdot g\,(H - h)$.

Druck $p = G/A$ aus, wo $G = A \cdot \varrho \cdot g \cdot H$ ist (Abb. 91). Zu diesem Druck trägt jede Schicht der Höhe $\mathrm{d}h$ bei und zwar

$$\mathrm{d}p = \varrho \cdot g \cdot \mathrm{d}h \qquad (1\text{-}122)$$

1. *Flüssigkeit*. In einer Flüssigkeit ist in weiten Druckbereichen die Dichte nahezu unabhängig vom Druck p, also kann ϱ = const. gesetzt werden (vgl. 1.5.2.6). Wenn an der Flüssigkeitsoberfläche $h = H$ der Druck p_0 herrscht, so gilt, wenn die Tiefe $l = (H - h)$ zunimmt:

$$\int_{p_0}^{p} \mathrm{d}p = -\varrho \int_{H}^{h} g \cdot \mathrm{d}h$$

$$p - p_0 = +\varrho \cdot g \cdot (H - h)$$

$$p = p_0 + \varrho \cdot g \cdot (H - h)$$

Beispiel. An der Oberfläche eines Sees herrscht der Luftdruck $p_0 = 1$ atm $= 1{,}033$ kp/cm^2 $= 1{,}01 \cdot 10^5$ N/m^2. In der Wassertiefe $H - h = +\ 10$ m ist der Druck $\approx 2\,p_0$, denn $p = p_0 + 1000\ \mathrm{kg/m^3} \cdot 9{,}81\ \mathrm{m/s^2} \cdot (+\ 10\ \mathrm{m}) = p_0 + 9{,}81 \cdot 10^4\ \mathrm{N/m^2} \approx p_0 + 1\ \mathrm{kp/cm^2} \approx 2\ \mathrm{kp/cm^2} \approx 2\,p_0$.

2. *Gas.* In Gasen, z. B. in der Atmosphäre, hängt die Dichte ϱ vom Druck p ab und damit auch von der Höhe h über der Meeresoberfläche (vgl. 1.5.2.6 Kompressibilität). Die Lufttemperatur in der Atmosphäre nimmt in der Regel mit der Höhe ab. Sieht man davon ab und setzt näherungsweise konstante Temperaturen in allen Höhen voraus, dann kann man die Druckabnahme mit der Höhe einfach ableiten wie folgt: Bei isothermer Kompression von Gasen gilt:

$$\varrho : \varrho_0 = p : p_0 \text{ ; also } \varrho = \varrho_0 \cdot p/p_0$$

Damit lautet Gl. (1-122)

$$\mathrm{d}p = -\ \varrho_0 \cdot \frac{p}{p_0} \cdot g \cdot \mathrm{d}h \qquad (1\text{-}123)$$

Diese Gleichung läßt sich integrieren, und man erhält

$$p = p_0 \cdot e^{-\varrho_0 \cdot g \cdot h/p_0} \qquad (1\text{-}124)$$

Wir leben auf dem Boden eines Luftozeans. Der Druck in ihm nimmt mit zunehmender Höhe h über der Meeresoberfläche nach Gl. (1-124) ab.

Begründung. Gl. (1-123) ergibt nach Umordnung

$$\frac{\mathrm{d}p}{p} = -\frac{\varrho_0 \cdot g}{p_0}\,\mathrm{d}h$$

Integration ergibt

$$\ln \frac{p}{p_0} = -\ h \cdot \frac{\varrho_0 \cdot g}{p_0}$$

Nach p aufgelöst erhält man Gl. (1-124).

Gl. (1-124) wird barometrische Höhenformel genannt.

Beispiel. Luftdruck in 4000 m Höhe über Meeresniveau. Mit $p_0 = 1$ atm $= 10{,}1 \cdot 10^4$ N/m^2, $\varrho_0 = 1{,}2$ kg/m^3 erhält man

$$p = p_0 \cdot \exp\left(-\ \frac{1{,}2\ \mathrm{kg} \cdot 9{,}81\ \mathrm{m}}{\mathrm{m^3}\quad \mathrm{s^2}} \cdot \frac{4 \cdot 10^3\ \mathrm{m}}{9{,}81 \cdot 10^4\ \mathrm{N/m^2}}\right) = p_0 \cdot \mathrm{e}^{-0{,}48} \approx 0{,}6 \cdot p_0$$

Der Druck in 4000 m Höhe beträgt also etwa 60% des Druckes in der Höhe des Meeresniveaus.

Barometer. Der Luftdruck kann gemessen werden mit einem „Barometer“ nach Torricelli (1643) (vgl. 1.5.2.1). Daneben werden heute möglichst luftleer gepumpte Dosen aus Metall benutzt, deren eine Wand (Membran) leicht elastisch verbiegbar ist. Durch einen Bügel wird die verbiegbare Membran in der Ausgangslage gehalten. Ändert sich der Außendruck, so wird die Membran solange deformiert, bis die Verbiegungskräfte dem veränderten Außendruck das Gleichgewicht halten. Die Bewegung der Membran wird über einen Zeiger sichtbar gemacht.

1.5.2.8. Auftrieb *F/L 1.5.1*

Auf einen Körper wirkt beim Eintauchen in eine Flüssigkeit (Gas) eine Auftriebskraft („Auftrieb"), die gleich dem Gewicht der verdrängten Flüssigkeit (bzw. des verdrängten Gases) ist.

In einem zylindrischen Gefäß (Querschnittsfläche A), das mit einer Flüssigkeit (Dichte ϱ_{fl}) bis zur Höhe h_0 gefüllt ist, ist die Kraft F auf die Bodenfläche = Gewichtskraft der Flüssigkeit = Masse der Flüssigkeit mal Erdbeschleunigung, also

$$F = h_0 \cdot A \cdot \varrho_{\mathrm{fl}} \cdot g$$

Daher ist der Druck am Boden

$$p = F/A = h_0 \cdot \varrho_{\mathrm{fl}} \cdot g$$

Weiter stellt man auch hier fest: In einer Flüssigkeit wirkt der Druck p stets allseitig (vgl. 1.5.2.1). In der Tiefe h beträgt er, wenn p_0 der Luftdruck auf der Oberfläche ist:

$$p - p_0 = l \cdot \varrho_{\mathrm{fl}} \cdot g \tag{1-125}$$

wo l den Vertikalabstand von der Flüssigkeitsoberfläche bedeutet. Der Querschnitt der Flüssigkeit in verschiedener Höhe darf dabei beliebig sein, vgl. Abb. 92.

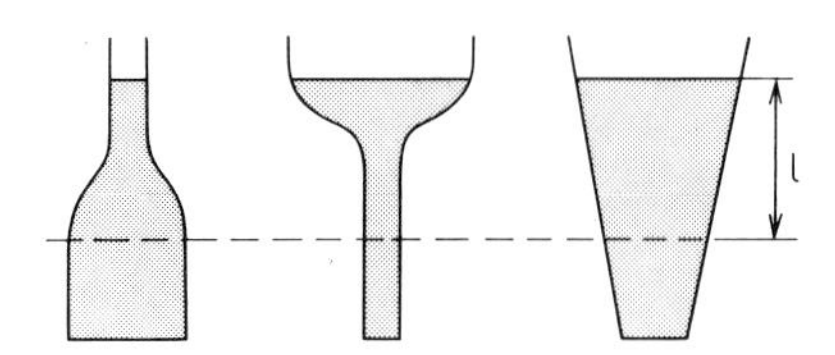

Abb. 92. Unabhängigkeit des Drucks von der Gefäßform. In gleichen Tiefen l herrscht jeweils derselbe Druck.

Ein Körper, der an einer Federwaage (in Luft) hängt, übt die Kraft $F = G$ (Gewichtskraft) aus. Wird der Körper in eine Flüssigkeit getaucht, so zeigt die Federwaage die kleinere Kraft F' an. Die Kraft $F - F'$ heißt „*Auftrieb*" („Auftriebskraft"). Es zeigt sich, daß der Auftrieb gleich der Gewichtskraft der verdrängten Flüssigkeit ist (Archimedes).

Archimedes sollte „zerstörungsfrei" prüfen, ob eine goldene Krone wirklich ganz aus Gold bestehe. Er hängte (an einem Faden) die Krone an den einen Balken einer Waage und stellte mit Goldbarren am anderen Balken das Gleichgewicht her. Auch nach dem Untertauchen beider Gegenstände unter Wasser blieb die Waage im Gleichgewicht. Die Krone war also wirklich ganz aus Gold. Quantitativ gilt: 1000 g Gold verdrängen 1/19,3 · 1 l; 1000 g Messing verdrängen 1/8,3 · 1 l, also (Auftrieb von Gold) $\neq$ (Auftrieb von Messing).

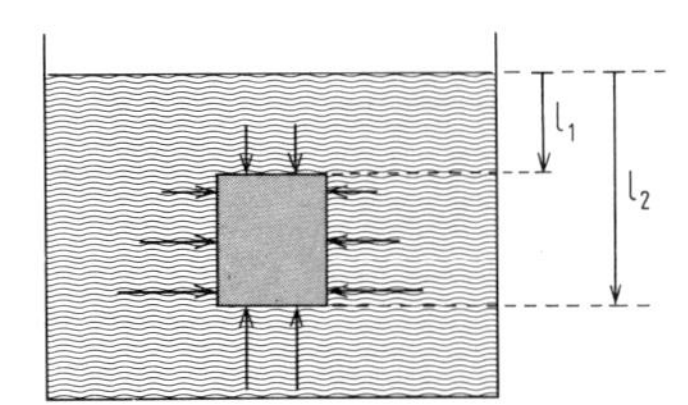

Abb. 93. Auftrieb eines untergetauchten Körpers. Der Druck auf die Seitenflächen hebt sich auf. Die Auftriebskraft ist gleich dem Gewicht der verdrängten Flüssigkeit.

Das kann man auf folgende Weise für einen zylindrischen Körper leicht einsehen (vgl. Abb. 93). Der Druck in einer Flüssigkeit wirkt allseitig und stets senkrecht zur Oberfläche. Für alle seitlichen Flächenstücke in derselben Tiefe heben sich die darauf wirkenden Kräfte auf. Auf die Bodenfläche wirkt die Kraft F_2, auf die Deckfläche F_1.

$$F_1 = p_1 \cdot A = l_1 \cdot \varrho_{fl} \cdot g \cdot A$$
$$F_2 = p_2 \cdot A = l_2 \cdot \varrho_{fl} \cdot g \cdot A$$

Auftrieb $F_1 - F_2 = (l_1 - l_2) \cdot A \cdot \varrho_{fl} \cdot g = m_{fl} \cdot g =$
= Gewichtskraft der verdrängten Flüssigkeit.

Zum selben Ergebnis gelangt man, wenn man statt eines Quaders oder eines Zylinders einen Körper beliebiger Gestalt in parallel zur Flüssigkeitsoberfläche liegende Schichten zerlegt und obige Überlegungen für jede der einzelnen Schichten wiederholt.

Auftrieb in Gasen. Auch in einem Gas erfährt ein Körper einen Auftrieb. Man hat in den Formeln von 1.5.2.8 lediglich ϱ_{fl} durch ϱ_{Gas} zu ersetzen. Der Auftrieb in Luft muß z. B. bei Präzisionswägungen berücksichtigt werden, da Gewichtsstücke und gewogene Substanz bei übereinstimmender Masse verschiedenes Volumen haben und dadurch verschiedenen Auftrieb erfahren.

10 g Messing (z. B. Gewichtsstück) erfährt in atmosphärischer Luft einen Auftrieb, der die Masse um 1,44 mg vermindert erscheinen läßt, 10 g Platin um 0,54 mg, 10 g Magnesium um 6,9 mg, 10 g Natriumchlorid um 5,5 mg.

Eine Anwendung des Auftriebs in Luft ist der Luftballon.

Beispiel. 22400 l H_2 (0 °C, 1 atm) haben die Masse 2 kg, also das Gewicht 2 kp = 2 kg · 9,81 m/s², dagegen haben 22400 l Luft (0 °C, 1 atm) das Gewicht 28,7 kp. Der Auftrieb von 22400 l H_2 in Luft beträgt daher 28,7 kp. Die Tragfähigkeit eines Ballons mit diesem Volumen ist die Differenz Auftrieb minus Eigengewicht. Letzteres ist also 2 kp H_2 + Ballonhülle. Die (bequeme) Einheit 1 kp = 9,81 N ist im geschäftlichen Verkehr nicht mehr zulässig.

Aus dem Auftrieb in einer Flüssigkeit mit bekannter Dichte läßt sich das Volumen des eingetauchten Körpers bestimmen, oder bei bekanntem Eintauchvolumen die Dichte der Flüssigkeit.

Beispiel. Ein Aluminiumklotz mit dem Gewicht $G = 135$ p (gemessen in Luft mit der Federwaage) übt auf die Waage nach dem Eintauchen in Wasser ($\varrho = 1$ g/cm³) nur mehr das Gewicht $G' = 85$ p aus. Der Auftrieb beträgt daher 50 p $= V \varrho_{fl} \cdot g$. Das Volumen des verdrängten Wassers und damit auch das Volumen des Aluminiumklotzes ist also 50 cm³, (1 p = $9{,}81 \cdot 10^{-3}$ N).

1.5.2.9. Dichtemessung von Flüssigkeiten

Zwischen der Dichte einer Flüssigkeit und der Eintauchtiefe eines Aräometers besteht ein einfacher Zusammenhang.

Vorbemerkung. Ein Körper (z. B. Zylinder, Schiff) schwimmt nur dann stabil in vertikaler Stellung, wenn sein Schwerpunkt tiefer liegt als der Schwerpunkt der verdrängten Flüssigkeit (1.4.1.2). Daraus folgt: Wenn ein zylindrischer Körper in vertikaler Stellung schwimmen soll, dann muß ein genügender Teil seiner Masse sich nahe seinem unteren Ende befinden.

Der schwimmfähige Körper (Masse m) taucht bis zur Tiefe h ein, d. h. soweit, bis die Gewichtskraft der verdrängten Flüssigkeit, nämlich $\varrho_{f1} \cdot V \cdot g$, gleich der Gewichtskraft des Schwimmkörpers $m \cdot g$ wird. Dann ist auch die Masse m des Schwimmkörpers gleich der Masse $\varrho_{f1} \cdot V$ der verdrängten Flüssigkeit. Für die schwimmenden Körper gilt also dem Betrage nach

$$m \cdot g = \varrho_{f1} \cdot V \cdot g. \tag{1-126}$$

Beim zylindrischen Körper ist $V = h \cdot A$, wo A der Querschnitt des Zylinders ist.

Aus Gl. (1-126) folgt: $\varrho_{f1} = \dfrac{m}{V}$.

und weiter für ein und denselben zylindrischen Schwimmkörper in Flüssigkeiten mit den Dichten ϱ_1 und ϱ_2

$$\varrho_1/\varrho_2 = h_2/h_1 .$$

Große Flüssigkeitsdichte ergibt kleine Eintauchtiefe und umgekehrt.

Beispiel. Mit einem Zylinder mit Masse $m = 400$ g, $2\,r = 4{,}2$ cm, $A = 13{,}8$ cm^2 beobachtet man in Wasser die Eintauchtiefe $h_1 = 29$ cm, in Kochsalzlösung die Eintauchtiefe $h_2 = 26$ cm. Also gilt für Wasser

$$\varrho_{H_2O} = 400\ \text{g}/(13{,}8\ \text{cm}^2 \cdot 29\ \text{cm}) = 1{,}0\ \text{g/cm}^3$$

Dagegen gilt für die Lösung

$$\varrho_L = 1\,\frac{\text{g}}{\text{cm}^3} \cdot \frac{29}{26} = 1{,}12\ \text{g/cm}^3$$

Der Unterschied in der Eintauchtiefe läßt sich vergrößern, wenn man einen Schwimmkörper mit einer oben angesetzten langen dünnen zylindrischen Spindel verwendet (Abb. 94). Schon eine kleine Änderung des Eintauchvolumens führt dann zu einer beträchtlichen Änderung der Eintauchtiefe. Auf der Spindel kann eine geeichte Dichteskala angebracht werden. Die Dichte der Flüssigkeit kann dann an der Flüssigkeitsoberfläche sofort abgelesen werden („Aräometer").

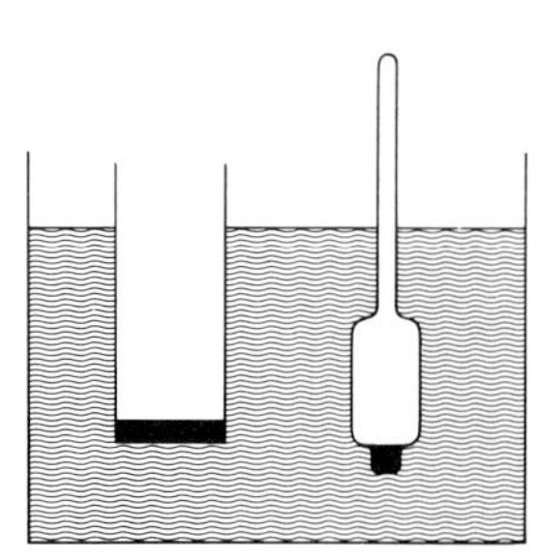

Abb. 94. Dichtemessung von Flüssigkeiten. Zylinder bzw. Meßspindel tauchen so tief ein, bis die Gewichtskraft der verdrängten Flüssigkeit gleich der Gewichtskraft des Zylinders bzw. des Schwimmkörpers mit Spindel ist.

1.5.3. Grenzflächenspannung und Zähigkeit

1.5.3.1. Grenzflächenspannung

F/L 1.5.3

Zur Vergrößerung der Oberfläche einer Flüssigkeit ist Arbeit erforderlich. Diese ist proportional dem Flächeninhalt der neugebildeten Oberfläche. Der Proportionalitätsfaktor heißt Grenzflächenspannung ζ. Er hängt auch vom umgebenden Gas ab.

Zwischen den Molekülen einer Flüssigkeit herrschen Anziehungskräfte, wie in 1.5.1.1 erwähnt, vgl. auch 3.3.3. Bei einem Molekül im Innern einer Flüssigkeit sind die an ihm angreifenden Kräfte im Gleichgewicht. Ein Molekül an der Oberfläche erfährt jedoch eine in das Innere der Flüssigkeit weisende Kraft, außerdem wirkt auch in der Oberfläche eine zusammenziehende Kraft (Abb. 95). Die ins Innere der Flüssigkeit weisende Kraft muß beim Verdampfen überwunden werden (3.2.5).

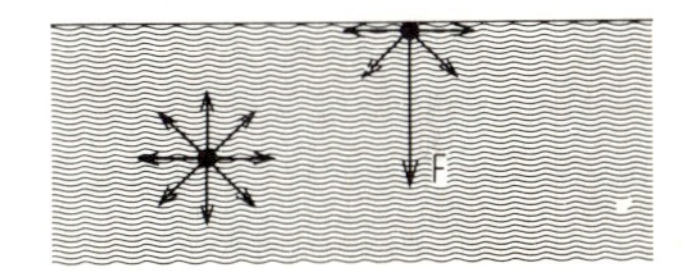

Abb. 95. Molekül an einer Flüssigkeitsoberfläche. Ein Molekül im Innern einer Flüssigkeit wird allseitig von umgebenden Molekülen angezogen (vgl. 1.5.1.1). Ein Molekül an der Oberfläche wird nur halbseitig angezogen. In diesem Fall ergibt sich eine ins Innere gerichtete (Gesamt-)Kraft F.

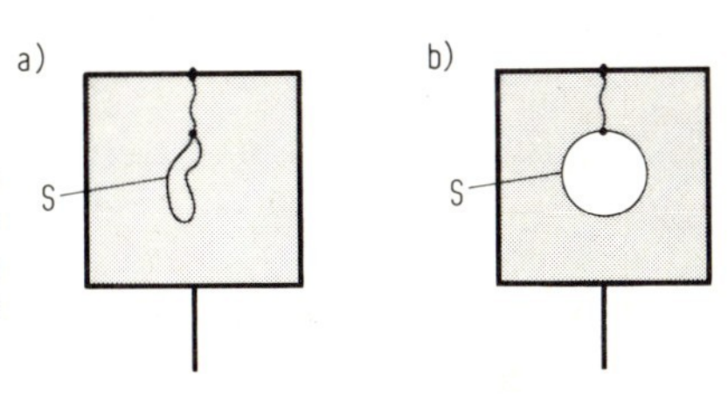

Abb. 96. Grenzflächenspannung an einer Flüssigkeitsmembran. Die Flüssigkeitsmembran ist grau getönt. Im Fall a) ist sie auch innerhalb der Schlinge S vorhanden, im Fall b) nicht. Durch die Oberflächenspannung wird die Schlinge S kreisförmig aufgespannt.

Beispiel. In der Ebene einer Flüssigkeitsmembrane (Wasser) hängt eine Fadenschlinge (schmal nach unten), vgl. Abb. 96. Wird die Wasserhaut im Innern der Schlinge zerstört, so wird die Schlinge durch die Grenzflächenspannung in der Außenmembrane kreisförmig aufgespannt. Die verbleibende Außenmembrane bildet so die kleinste Oberfläche aus, die bei den vorgegebenen Rändern möglich ist.

Die Vergrößerung der Oberfläche einer Flüssigkeit erfordert Arbeit W, weil neue Moleküle an die Oberfläche (Grenzfläche) gebracht werden müssen. Das sieht man an der Flüssigkeitsmembrane Abb. 97 (U-förmiger Drahtbügel mit leicht verschiebbarem Steg). Um den

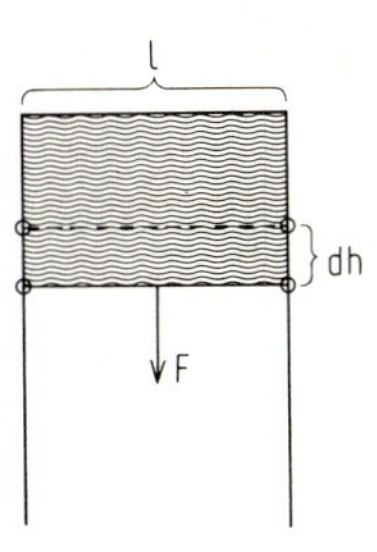

Abb. 97. Arbeit beim Vergrößern einer Flüssigkeitsoberfläche. Zur Vergrößerung einer Flüssigkeitsoberfläche ist die Arbeit $\mathrm{d}W = \zeta \cdot \mathrm{d}A = F \cdot \mathrm{d}h$ erforderlich. Dabei ist die neu gebildete Fläche $\mathrm{d}A = \mathrm{d}A$ (Vorderseite) $+ \mathrm{d}A$ (Rückseite) $= 2 \cdot l \cdot \mathrm{d}h$. Als Formelzeichen für die Grenzflächenspannung (Oberflächenspannung) wird neuerdings σ statt ζ empfohlen.

Bügel nach außen (in Richtung dh) zu verschieben, ist eine Kraft F erforderlich. Sie ist proportional der Bügellänge l, aber *unabhängig* davon, wie weit der Bügel schon verschoben worden ist. Das ist also grundsätzlich anders, als bei der Dehnung einer Gummimembrane, bei der die anzuwendende Kraft mit der Dehnung zunimmt.

Definition: Den Quotienten aus der Arbeit W, die zur Neubildung von Oberfläche (Grenzfläche) erforderlich ist, und der neugebildeten Fläche A nennt man spezifische Oberflächenarbeit ζ (oder Koeffizient der Grenzflächenspannung, oder auch Kapillarkonstante), also

$$\zeta = \frac{W}{A} = \frac{\mathrm{d}W}{\mathrm{d}A} = \frac{F}{l} \tag{1-127}$$

denn $F \cdot \mathrm{d}h = \mathrm{d}W$ und $\mathrm{d}h \cdot l = \mathrm{d}A$.

Für die kohärente Einheit folgt:

$$[\zeta] = \frac{[W]}{[A]} = \frac{1\ \mathrm{Nm}}{1\ \mathrm{m}^2} = 1\ \frac{\mathrm{N}}{\mathrm{m}} \left(= \frac{10^5\ \mathrm{dyn}}{10^2\ \mathrm{cm}} = 10^3\ \frac{\mathrm{dyn}}{\mathrm{cm}} \right)$$

Für die Dimension:

$$\dim \zeta = \frac{\dim W}{\dim A}$$

ζ ist charakteristisch für die *Grenzschicht* zwischen Flüssigkeiten und umgebendem Gas und sollte besser Koeffizient der Grenzflächenspannung genannt werden.

Die Grenzflächenspannung wirkt sich aus

1. in Flüssigkeitslamellen (z. B. Seifenblase)
2. in einer Flüssigkeitsoberfläche (Steighöhe in Kapillaren, vgl. unten; bei Insekten, die auf dem Wasser laufen)
3. bei der Tropfenbildung (ζ beeinflußt die Tropfengröße).

Bei 1 entsteht eine doppelseitige Flüssigkeitslamelle, bei 2 und 3 eine einseitige.

Der Koeffizient der Grenzflächenspannung kann z. B. mit obiger Anordnung mit U-förmigem Draht und Bügel gemessen werden. Man muß die doppelte Länge des Bügels einsetzen, weil zwei Oberflächen wirksam sind. Also gilt $\zeta = F/(2l)$.

Die störende Reibung am Rand des Steges entfällt, wenn ein ringförmiger Bügel in eine Flüssigkeitsoberfläche eintaucht und parallel zu sich herausgezogen wird, vgl. Abb. 98a u. b.

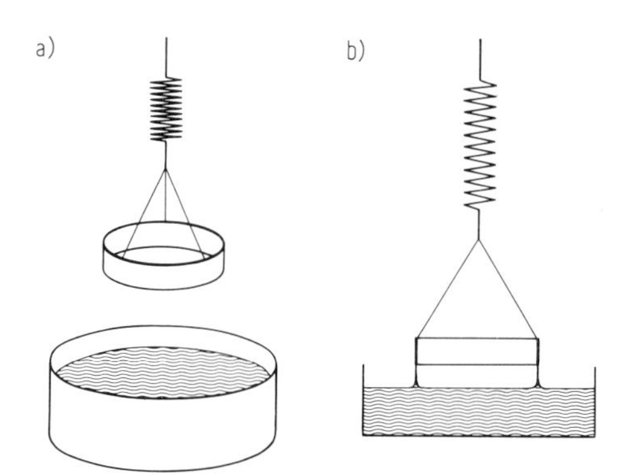

Abb. 98. Messung der Grenzflächenspannung. a) Ein Ring mit geringem Gewicht (Blechdicke des Ringes in der Abbildung stark übertrieben) hängt an einer Feder und wird durch drei Fäden parallel zur Flüssigkeitsoberfläche gehalten. b) Querschnitt durch die Anordnung. Nach dem Eintauchen zieht man den Ring hoch, dabei entsteht (kurzzeitig) eine Membran, in der die Kraft $F = \zeta \cdot 2\,U$ wirkt.

Er wird dann durch die Grenzflächenspannung festgehalten. Zur Messung von ζ zieht man an der Feder, bis der Ring schließlich aus der Oberfläche eine Membrane herauszieht (Abb. 98b), die bald darauf abreißt. Aus der Federdehnung im Augenblick des Abreißens kann die Kraft in der Membrane quantitativ bestimmt werden.

Beispiel. Um einen Ring mit dem Durchmesser $2\,r = 16$ cm von einer Wasseroberfläche in Luft abzureißen, ist die Kraft 7,5 p $\approx$ 0,075 N erforderlich. Da am Ring eine innere und eine äußere Oberfläche hängt, ist als Berührungslänge $l = 2 \cdot U$ einzusetzen. Der Koeffizient der Grenzflächenspannung ist daher

$$\zeta = \frac{F}{l} = \frac{0{,}075\ \mathrm{N}}{1{,}00\ \mathrm{m}} = 0{,}075\ \frac{\mathrm{N}}{\mathrm{m}}.$$

Präzisionsmessungen ergeben $\zeta = 72{,}5 \cdot 10^{-3}$ N/m.

Wird Ätherdampf über die Flüssigkeitsoberfläche gebracht, so genügt bereits eine geringere Kraft, um den Ring von der Oberfläche abzureißen.

Folgerung. ζ hängt sowohl von der Flüssigkeit als auch vom umgebenden Gas oder Dampf ab. ζ macht also eine Aussage über die Grenzflächenspannung zwischen zwei Medien, hier einer Flüssigkeit und einem Gas.

Auch an der Berührungsfläche zwischen zwei nicht mischbaren Flüssigkeiten tritt eine Grenzflächenspannung auf (Beispiel: Glycerin–Wasser). Bei der Vergrößerung der Berührungsfläche zwischen einem festen Körper und einer Flüssigkeit muß im Fall einer nicht benetzenden Flüssigkeit Arbeit aufgewendet werden, im Fall einer benetzenden Flüssigkeit wird Arbeit frei. Ganz allgemein ist für jede Berührungsfläche zwischen zwei Medien 1 und 2 ein Koeffizient der Grenzflächenspannung ζ_{12} durch Gl. (1-127) definiert.

1.5.3.2. Kapillarröhren, Tropfenbildung

Die Grenzflächenspannung bestimmt die Steighöhe von Flüssigkeiten in Kapillaren, ferner die Tropfengröße bei vorgegebener Austrittsöffnung.

Taucht man eine Kapillare in eine Flüssigkeit, so stößt deren Oberfläche mit der Wand längs einer Grenzlinie zusammen, der Winkel zwischen Oberfläche und Wand heißt Randwinkel ϑ. Er bestimmt sich aus den Grenzflächenspannungen der drei Grenzflächen: Flüssigkeit–Luft, Flüssigkeit-Glas und Glas-Luft, Abb. 99. Dabei ist zu unterscheiden zwischen benetzenden Flüssigkeiten (bei Glas z. B. Wasser), für die $0° < \vartheta < 90°$ ist, und nicht benetzenden Flüssigkeiten (bei Glas z.B. Quecksilber) mit $90° < \vartheta < 180°$. Wird der Randwinkel $\vartheta = 0°$, so spricht man von vollkommener Benetzung. Dabei sind sehr saubere Oberflächen vorausgesetzt.

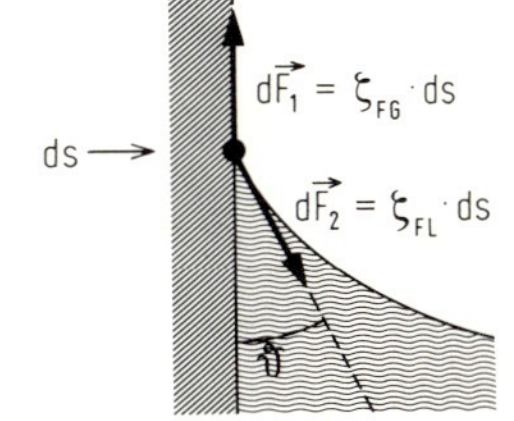

Abb. 99. Randwinkel der Oberfläche einer benetzenden Flüssigkeit in einer Kapillare. Gezeichnet sind die Kräfte auf ein Stück ds der Grenzlinie (senkrecht zur Zeichenebene). ζ_{FG} ist die Oberflächenspannung der Grenzfläche Flüssigkeit-Glas, ζ_{FL} die der Grenzfläche Flüssigkeit-Luft. (ζ_{GL} ist vernachlässigt, da sehr klein.) Für die Vertikalkomponenten der Kraft muß Gleichgewicht herrschen: $\zeta_{FG} \cdot \mathrm{d}s = \zeta_{FL} \cdot \mathrm{d}s \cdot \cos\vartheta$.

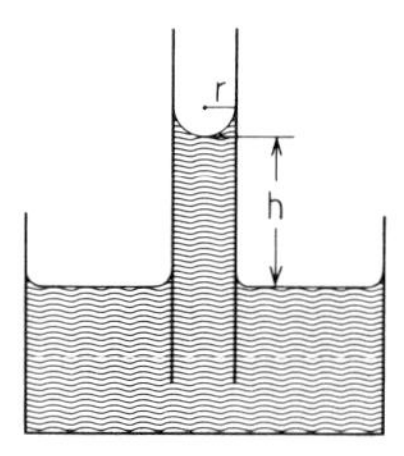

Abb. 100. Steighöhe in Kapillarröhren. Es herrscht Gleichgewicht zwischen $\zeta \cdot 2\,r\,\pi$ und dem Gewicht der Flüssigkeitssäule $r^2\pi \cdot h \cdot \varrho \cdot g$.

Taucht man eine Glaskapillare mit sauberen Oberflächen in eine benetzende Flüssigkeit (z. B. Wasser), so stellt sich der Flüssigkeitsspiegel innen höher ein als außen (Abb. 100). Dabei herrscht Gleichgewicht zwischen der durch die Grenzflächenspannung entlang der Begrenzungslinie ausgeübten Kraft und dem Gewicht der anhängenden Flüssigkeitssäule:

$$\zeta \cdot 2\,r\pi = V \cdot \varrho \cdot g = r^2 \cdot \pi \cdot h \cdot \varrho \cdot g$$

also

$$\zeta = \frac{1}{2}\,rh\varrho g \tag{1-128}$$

Diese Gleichung kann zur Messung von ζ benutzt werden.

Beispiel. In Luft beobachtet man in einer wassergefüllten Kapillare mit dem Radius 1,3 mm die Steighöhe $h = 12$ mm. Daraus erhält man für ζ wiederum 0,075 N/m = 75 dyn/cm.

Durch Umordnen von Gl. (1-128) folgt:

$$r \cdot h = \frac{2\,\zeta}{g\varrho}$$

Das Produkt aus Radius und Steighöhe ist für eine bestimmte Grenzschicht (Flüssigkeit-Glas) konstant (vgl. dazu Abb. 101).

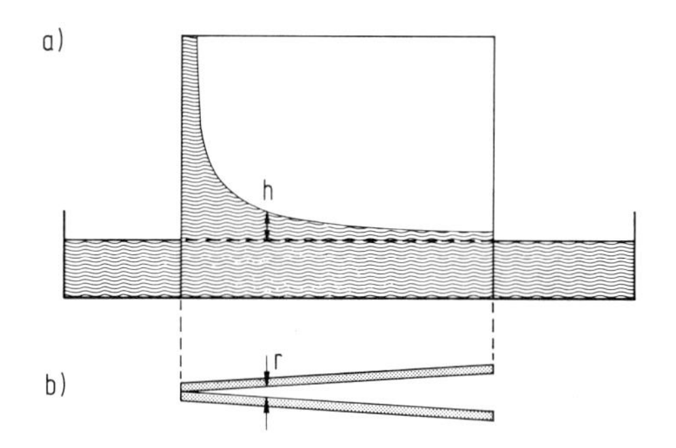

Abb. 101. Steighöhe zwischen zwei Platten mit keilförmigem Zwischenraum. Zwei sorgfältig gereinigte rechtwinklige Glasplatten, die sich längs einer vertikalen Seitenkante berühren und einen kleinen Keilwinkel bilden, sind unten in eine Flüssigkeit getaucht (a) Seitenansicht, b) Aufsicht, jedoch mit stark übertriebenem Keilwinkel). Die Flüssigkeit steigt beim Plattenabstand r bis zur Höhe h. Dabei ist $r \cdot h = \text{const}$. Die Randlinie der Flüssigkeit ist eine Hyperbel.

Auch die *Tropfengröße* bei einer benetzenden Flüssigkeit ergibt sich aus einer Gleichgewichtsbedingung. Ein Tropfen hängt an der Ausflußöffnung, solange er durch die Grenzflächenspannung noch getragen werden kann. Dabei ist ζ mal (Umfang des Ausflußrohres) = Gewicht des Tropfens beim Ablösen, also (mit der brauchbaren Näherung $r_{\text{Rohr}} = r_{\text{Kugel}}$)

$$2\,r\pi\zeta = \frac{4}{3}\,r^3\pi\varrho g \tag{1-128a}$$

Bei gleichmäßigem Zuströmen fallen Tropfen bestimmter Größe in regelmäßiger Folge ab. In Ätheratmosphäre beobachtet man eine schnellere Tropfenfolge als in Luft. Die Tropfen sind entsprechend kleiner, weil ζ kleiner ist. Man erkennt auch hier, daß die Grenzflächenspannung vom umgebenden Gas (Dampf) abhängt.

1.5.3.3. Ausbreitung auf Oberflächen („Spreitung")

Stoffe mit endständigen OH-Gruppen bilden auf Wasser u. U. monomolekulare Schichten.

Es gibt Stoffe, deren Moleküle endständige OH-Gruppen enthalten (z. B. Ölsäure) und die nicht mit Wasser mischbar sind. Solche Stoffe breiten sich auf einer genügend großen Wasseroberfläche solange aus, bis nur mehr eine Schicht das Wasser bedeckt, die nur *ein* Molekül dick ist („monomolekulare" Schicht). Ursache: Endständige OH-Gruppen haben eine besondere Affinität zu Wasser; deshalb richten sich alle Moleküle senkrecht zur Wasseroberfläche aus, vgl. Abb. 102.

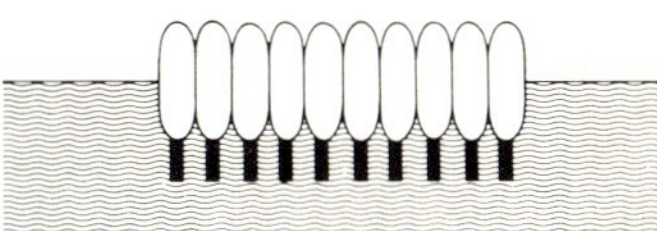

Abb. 102. Spreitung. Schematische Darstellung einer einlagigen Molekülschicht. Die endständigen OH-Gruppen werden ins Innere des Wassers gezogen (Zeichnung grob schematisch).

Demonstration. Eine hinreichend große Wasseroberfläche sei mit Talkum oder dergleichen eingestäubt, eine winzige Menge Ölsäure wird aufgebracht. Sie dehnt sich sofort aus und schiebt dabei das Pulver vor sich her. Wenn die Wasseroberfläche genügend groß und die aufgebrachte Menge genügend klein ist, bildet sich eine monomolekulare Schicht. Versucht man (z. B. durch Blasen) den Fleck einzuengen, so stellt man fest, daß er eine definierte Fläche ausfüllt, die erst bei Anwendung stärkerer Kräfte vermindert werden kann.

Wenn die Anzahl der Moleküle in der aufgebrachten Ölsäure bekannt ist, läßt sich aus der Fläche der monomolekularen Schicht der Querschnitt der einzelnen Moleküle ermitteln. Man muß dabei Gebrauch machen von der Kenntnis, daß $M_r \cdot 1$ g aus $6{,}06 \cdot 10^{23}$ Molekülen bestehen, wo M_r die relative Molekülmasse ist (vgl. 3.3.2).

1.5.3.4. Innere Reibung, Zähigkeit (dynamische Viskosität) *F/L 1.5.6*

Wenn Schichten einer Flüssigkeit gegeneinander verschoben werden, wirkt zwischen ihnen eine Kraft und es wird dabei Arbeit gegen die „innere Reibung" (Zähigkeit, Viskosität) geleistet.

In der Anordnung Abb. 103 befinde sich eine Flüssigkeit zwischen zwei Platten, von denen die eine ruht und die andere parallel dazu mit der Geschwindigkeit v_0 bewegt wird. Nun haftet die Flüssigkeit an den Begrenzungsflächen. Die Flüssigkeitsschicht, die unmittelbar an die bewegte Platte grenzt, erhält dabei die Geschwindigkeit v_0, die an die ruhende Platte grenzende hat die Geschwindigkeit 0. Für die dazwischen liegenden Schichten fällt die in y-Richtung liegende Geschwindigkeit beim Fortschreiten in x-Richtung linear von v_0

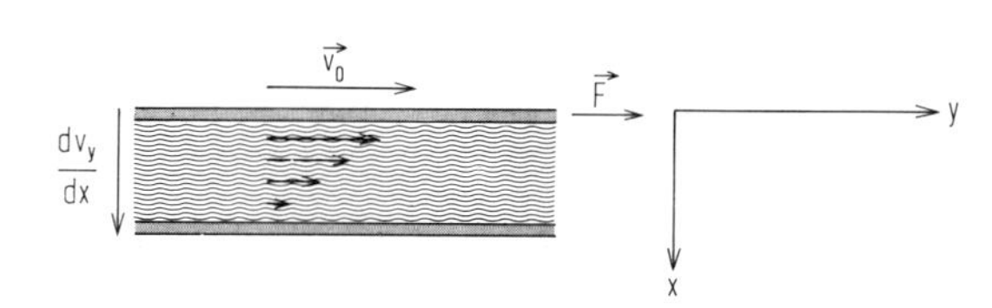

Abb. 103. Geschwindigkeitsgefälle in einer Flüssigkeit zwischen bewegten Platten. Das Geschwindigkeitsgefälle zwischen den beiden Platten kann nur aufrecht erhalten werden, solange eine Schubspannung wirkt. Gezeichnet ist ein Ausschnitt aus den sehr langen Platten. Die Kraft F greift am Ende der oberen Platte an. (Grundplatte fest montiert!)

auf Null ab: Senkrecht zu v herrscht ein konstantes Geschwindigkeitsgefälle („Quergefälle") vom Betrag $\mathrm{d}v_y/\mathrm{d}x$. Damit eine solche Bewegung in Materie aufrecht erhalten werden kann, muß dauernd eine Kraft F parallel zur Richtung der Geschwindigkeit v ausgeübt werden. Dann herrscht zwischen den Begrenzungsplatten die Schubspannung $\tau = F/A$, wobei A die Fläche der verschobenen Platte ist.

Definition: In einer Parallelströmung heißt der Quotient aus Schubspannung τ und Geschwindigkeitsgefälle $|\mathrm{d}v_y/\mathrm{d}x|$

$$\text{also} \qquad \eta = \frac{\tau}{|\mathrm{d}v_y/\mathrm{d}x|} \tag{1-129}$$

(dynamische) Viskosität, früher auch „Koeffizient der inneren Reibung" oder „Zähigkeit". Für die kohärente Einheit von η folgt:

$$[\eta] = \frac{[F]\cdot[x]}{[A]\cdot[v]} = \frac{1\ \mathrm{N}\cdot 1\ \mathrm{m}\cdot\mathrm{s}}{1\ \mathrm{m}^2\cdot 1\ \mathrm{m}} = 1\,\frac{\mathrm{N\,s}}{\mathrm{m}^2} = 1\,\frac{\mathrm{kg}}{\mathrm{m\,s}} = 10\,\frac{\mathrm{g}}{\mathrm{cm}\cdot\mathrm{s}}$$

Experimentell findet man: die Schubspannung ist proportional dem Geschwindigkeitsgefälle, das heißt bei konstanter Temperatur ist η eine Materialkonstante. Bei Flüssigkeiten nimmt η mit Erhöhung der Temperatur stark ab, etwa proportional $\exp(-\varepsilon/kT)$.

Bei dieser Strömung mit Quergefälle der Geschwindigkeit und bei einer Drehströmung spielt sowohl $\partial v_i/\partial x_j + \partial v_j/\partial x_i$, als auch $\operatorname{rot} v = \partial v_i/\partial x_j - \partial v_j/\partial x_i$ eine Rolle. Andererseits ist es interessant, daß bei der Strömung nach Abb. 103, obwohl keine sichtbare „Drehung" auftritt, $\operatorname{rot} v \neq 0$ ist, vgl. dazu 9.4.3.

Die Meßvorschrift für η folgt – wie stets – aus der Definition. Verwendet man dabei zwei parallele ebene Platten, so stören Randeffekte. Diese lassen sich weitgehend ausschalten mit einer zylindersymmetrischen Versuchsanordnung Abb. 104a. In ein ringförmiges Gefäß,

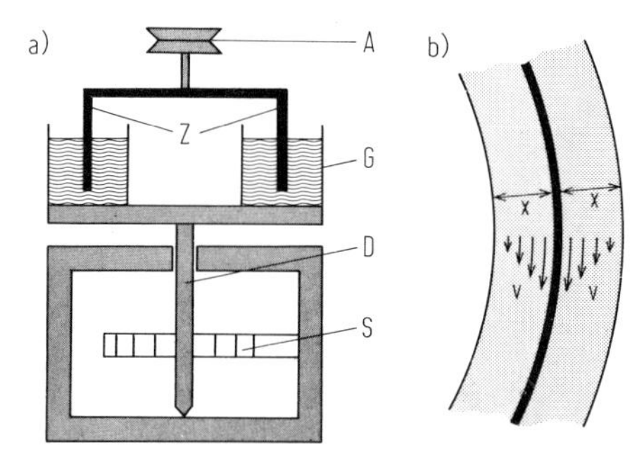

Abb. 104. Messung der (dynamischen) Viskosität. a) Die Drillachse D mit der Spiralfeder S trägt das Gefäß G mit der Flüssigkeit. In diese taucht der Zylinder Z mit Drehantrieb A (Halterung nicht gezeichnet). b) Aufsicht (Teilausschnitt, stark vergrößert). v_0 sei die Geschwindigkeit der eingetauchten Zylinderfläche. Die Geschwindigkeit v der Flüssigkeitsschichten nimmt nach außen bzw. innen hin ab. Bei dieser rotationssymmetrischen Anordnung werden Störungen durch Randeffekte weitgehend vermieden.

das auf einer Drillachse steht, taucht ein drehbarer Zylinder, dessen Achse mit der Achse der Drillachse zusammenfällt. Wenn er gleichförmig gedreht wird, wird durch die innere Reibung das Ringgefäß bis zu einem bestimmten Drehwinkel ausgelenkt. Dabei sei die Geschwindigkeit der Zylinderoberfläche v_0. Die Geschwindigkeitsverteilung der Flüssigkeit zeigt Abb. 104b. Am rotierenden Zylinder wirkt ein Drehmoment $\vec{r}_{zyl} \times \vec{F}$, die Drillachse kann durch ein entgegengesetzt gleiches Drehmoment $\vec{r}_{zyl} \times (-\vec{F})$ in die Ausgangsstellung zurückgeführt werden. Man beachte, daß nach *beiden* Seiten des sich drehenden Zylinders ein Quergefälle auftritt.

Beispiel. Für ein bestimmtes Pflanzenöl bei Zimmertemperatur findet man mit $v_0 = 0{,}5$ m/s und einer bewegten eingetauchten Zylinderfläche (Innen- und Außenseite zusammen) $A = 10^{-2}$ m² und beiderseits $x = 4$ mm eine Kraft $F = 2{,}5$ N. Also folgt

$$\eta = \frac{F \cdot x}{A \cdot v_0} = \frac{2{,}5\ \mathrm{N} \cdot 4 \cdot 10^{-3}\ \mathrm{m}}{10^{-2}\ \mathrm{m}^2 \cdot 0{,}5\ \mathrm{m/s}} = 2{,}0\,\frac{\mathrm{N\ s}}{\mathrm{m}^2} = 2{,}0\,\frac{\mathrm{kg}}{\mathrm{m \cdot s}} = 20\,\frac{\mathrm{g}}{\mathrm{cm \cdot s}}$$

Man kann η auch mit Hilfe der Strömung einer Flüssigkeit durch eine Kapillare bestimmen, siehe 1.6.2 (Beschleunigungsarbeit und Reibungsarbeit).

Neben der dynamischen Zähigkeit η gibt es die kinematische Zähigkeit ν. Sie ist definiert als Quotient η/ϱ, wo ϱ die Dichte (1.5.2.5) ist.

Die innere Reibung zwischen Flüssigkeitsschichten besteht in der Übertragung eines Impulses, der in v-Richtung liegt, von einer Schicht in eine Nachbarschicht (also in einer zu v senkrechten Richtung). Es handelt sich um Diffusion des Impulses, vgl. dazu 3.4.6.

1.6. Dynamik der Flüssigkeiten und Gase, Fluiddynamik

Für Flüssigkeiten und Gase wird der Oberbegriff Fluide eiggeführt. Es gibt laminare und turbulente Strömungen.

In einem strömenden Fluid herrscht in Gebieten erhöhter Strömungsgeschwindigkeit ein verminderter Druck und umgekehrt.

Das Strömungsfeld um einen Tragflügel ist die Überlagerung einer Parallelströmung und einer Zirkulationsströmung, wobei an der Oberseite des Tragflügels die Strömungsgeschwindigkeit erhöht, der Druck vermindert ist. An der Unterseite ist es umgekehrt.

1.6.1. Laminare und turbulente Strömung

Langsame Strömungen von Flüssigkeiten und Gasen sind laminar (wirbelfrei), schnelle sind turbulent.

Laminare Strömung, Stromlinien. Eine sehr langsame („schleichende“) Strömung läßt sich durch Stromlinien beschreiben (und wird in Abb. 105 und 106 durch Stromfäden sichtbar gemacht). Diese schneiden oder berühren sich nirgends; die Strömung ist *laminar*.

Demonstration. Aus je einer Vorratskammer für gefärbtes und ungefärbtes Wasser tritt Flüssigkeit durch kleine Löcher mit regelmäßigem Abstand in eine flache Küvette. Es entsteht das Stromlinienbild Abb. 105. In diese Küvette bringt man Hindernisse und beobachtet die dann entstehenden Strömungen. Abb. 106a, b, c, d, e zeigen Hindernisse, die wirbelfrei umströmt werden. Auf der Vorder- und Rückseite hat die Strömung gleichartigen Verlauf. Zu jedem dieser Hindernisse gibt es je einen Punkt, an dem die Strömung sich verzweigt bzw. sich ver-

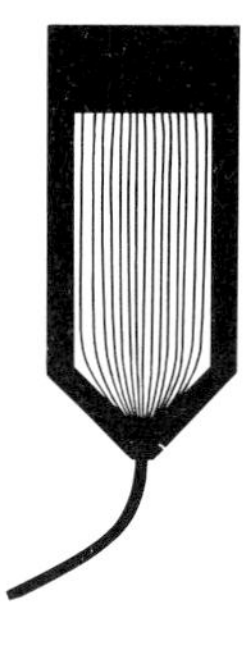

Abb. 105. Küvette zur Untersuchung von Stromlinien (nach Pohl). Laminare Strömung ohne Hindernis (parallele Stromlinien in einer flachen Küvette, unten Abfluß, oben hintereinander zwei Vorratsgefäße (Pohl I, S. 142, Abb. 254). In Abb. 105 und 106 liegt Potentialströmung vor. Eine solche ist (nach Definition) wirbelfrei.

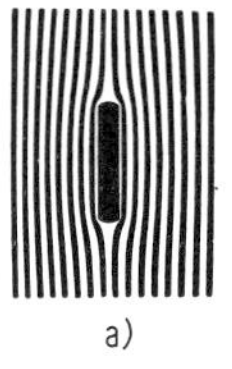

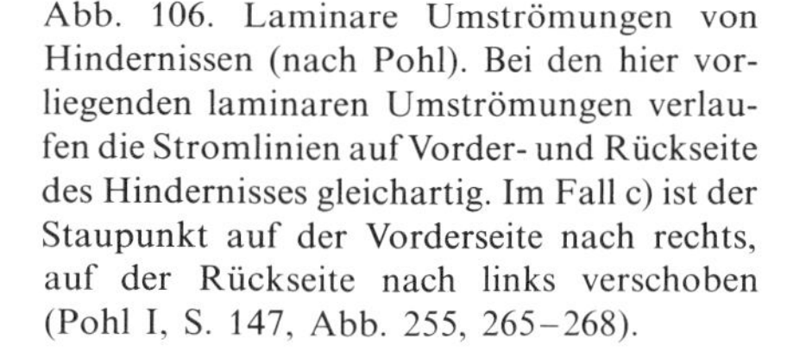

Abb. 106. Laminare Umströmungen von Hindernissen (nach Pohl). Bei den hier vorliegenden laminaren Umströmungen verlaufen die Stromlinien auf Vorder- und Rückseite des Hindernisses gleichartig. Im Fall c) ist der Staupunkt auf der Vorderseite nach rechts, auf der Rückseite nach links verschoben (Pohl I, S. 147, Abb. 255, 265–268).

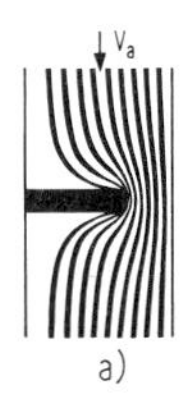

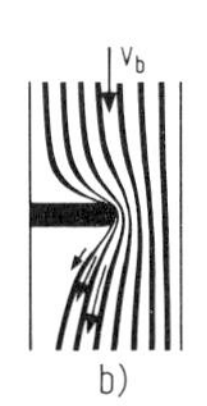

Abb. 107. Übergang von laminarer zu turbulenter Strömung (schematisch). Strömungsgeschwindigkeit in der anlaufenden Strömung $v_a < v_b < v_c < v_d$. Im Fall a) (kleine Strömungsgeschwindigkeit) wird das Hindernis laminar umströmt. Im Fall b) ($v_b > v_a$) entsteht auf der Rückseite ein „toter Raum". Zwischen diesem und der strömenden Flüssigkeit besteht ein Geschwindigkeitsgefälle wie in Abb. 103 („Grenzschicht"). Im Fall c) ($v_c \gg v_a$) sind bereits Wirbel angeregt. Die Strömung ist turbulent. Fall d) Karmansche Wirbelstraße. Bei sehr hoher Strömungsgeschwindigkeit werden periodisch Wirbel mit jeweils entgegengesetztem Drehsinn abgelöst (schematisch). Da v_d sehr groß ist, folgen die Wirbel in Wirklichkeit in größeren Abständen als gezeichnet aufeinander.

einigt (Staupunkt). Überall, wo die Stromlinien enger zusammen gedrängt sind, herrscht erhöhte Strömungsgeschwindigkeit, denn durch jeden Gefäßquerschnitt muß dieselbe Durchflußrate $\mathrm{d}V/\mathrm{d}t$ hindurch treten. Auch in Abb. 107a herrscht laminare Strömung.

Turbulente Strömung. Bei höherer Strömungsgeschwindigkeit wird die Flüssigkeit durch das Hindernis zur Seite geschleudert, Abb. 107b. Dadurch entsteht auf der Rückseite zunächst ein toter Raum, außerdem ein Geschwindigkeitsfeld mit Quergefälle („Grenzschicht"). Infolge der inneren Reibung werden darin Wirbel angeregt. Eine von Wirbeln durchsetzte Strömung nennt man turbulent, Abb. 107c.

Beachte: Die Wirbelanregung hängt stark vom Verhältnis Reibungsarbeit zu Beschleunigungsarbeit ab. Ohne innere Reibung gibt es keine Wirbelanregung.

Zur Demonstration dient ein Strömungskanal mit Korkpulver oder Aluminiumflitter im Wasser. In diesen Kanal wird ein rechteckiger Modellkörper gebracht. Bei mäßiger Strömungsgeschwindigkeit bildet sich hinter dem Hindernis ein „toter Raum" aus mit einer „Grenzschicht", wie in Abb. 107b. Die Flüssigkeit im toten Raum bleibt nahezu in Ruhe. Bei Erhöhung der Strömungsgeschwindigkeit zieht sich der tote Raum in die Länge, und an der „Grenzschicht" werden zunehmend Wirbel angeregt; bei weiterer Geschwindigkeitserhöhung wird die ganze Flüssigkeit auf der Rückseite des Hindernisses von Wirbeln erfaßt, Abb. 107c. Bei einem Hindernis in der Mitte des Strömungskanals beobachtet man links und rechts vom rechteckigen Hindernis eine Strömung, die man durch Spiegelung der Abb. 107c an ihrer linken Grenze erhält. Bei noch höheren Strömungsgeschwindigkeiten löst sich abwechselnd ein rechtsdrehender, ein linksdrehender usw. Wirbel periodisch ab (Karmansche Wirbelstraße), Abb. 107d.

Bisher wurde die Strömung von einem *mit dem Hindernis fest verbundenen* Bezugssystem aus betrachtet. Man kann sich aber auch auf ein *mit der Flüssigkeit verbundenes* System beziehen. Dieser Fall liegt vor, wenn man die Bewegung eines Hindernisses in einer anfänglich ruhenden Flüssigkeit beobachtet.

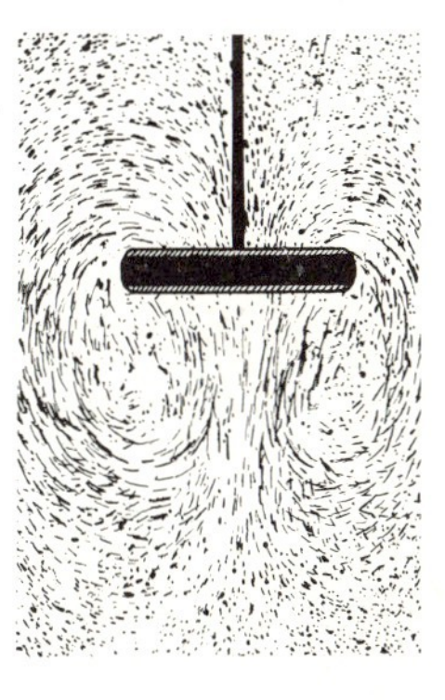

Abb. 108. Anfahrwirbel. Ein Hindernis wird in einer anfänglich ruhenden Flüssigkeit in Bewegung gesetzt, im Bild nach oben. Es entstehen zwei gegensinnige Wirbel (nach Pohl I, S. 155, Abb. 285).

Fall 1. Rechteckiges Hindernis in einer flachen Küvette, Abb. 108. Setzt man das Hindernis ruckartig in nicht zu langsame Bewegung, so sieht man, daß eine links-rechts-symmetrische Umströmung einsetzt und zwei gegensinnige Wirbel gebildet werden. Der Drehimpuls der Flüssigkeit, der bei Beginn Null war, bleibt „erhalten", denn die Vektorsumme der Drehimpulse beider Wirbel ist Null.

Fall 2. Hindernis mit einem Querschnitt nahezu von Tropfenform, jedoch mit zur Seite gebogener Spitze (Tragflächenprofil), Abb. 109. Dieses Hindernis wird mit dem stumpfen Ende voraus ruckartig in Bewegung gesetzt und nach gleichförmiger Bewegung wieder angehalten. Beim *Anfahren* wird im Fall der Abb. 109a ein linksdrehender Wirbel abgelöst. Eine sorgfältige Untersuchung zeigt, daß das Hindernis während der Bewegung in einem zum Anfahr-

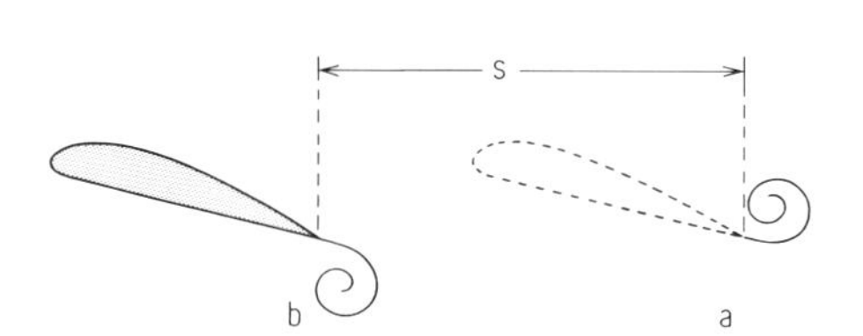

Abb. 109. Tragflügelprofil beim Anfahren und Anhalten (schematisch). Das Tragflügelprofil wurde aus der Ruhestellung a um die Fahrstrecke s bis zur Stellung b bewegt und in dieser Stellung angehalten. Anfahr- und Anhaltewirbel haben entgegengesetzten Drehsinn. Während der Bewegung wird das Profil entgegen dem Drehsinn des Anfahrwirbels umströmt. Der Gesamtdrehimpuls der Flüssigkeit ist dauernd $= 0$.

wirbel entgegengesetzten Sinn umströmt wird. Diese Umströmung führt beim *Anhalten* zur Ablösung eines rechtsdrehenden Wirbels. Abb. 109b zeigt die Strömung kurz nach dem Anhalten, nach einer Fahrstrecke, die etwa dem Abstand zwischen Anfahr- und Anhaltewirbel entspricht. Dauernd ist die Summe der Drehimpulse der Flüssigkeit Null.

Für die Strömung in Gasen gilt grundsätzlich dasselbe wie für Strömungen in Flüssigkeiten. In Gasen wird die Strömung jedoch erst bei sehr viel größeren Geschwindigkeiten turbulent, weil (vgl. 1.6.2) der Quotient ϱ/η viel kleiner ist als in Wasser (z. B. in Luft fünfzehnmal).

1.6.2. Beschleunigungsarbeit und Reibungsarbeit (Reynoldssche Zahl)

Flüssigkeits- und Gasströmungen verhalten sich bei gleichem $Re = \varrho \cdot v \cdot l/\eta$ geometrisch gleichartig. Bei Verkleinerung von Re (Verminderung von v) gehen sie bei einem bestimmten Re_{krit} von turbulenter in laminare Strömung über.

Damit eine laminare oder turbulente Strömung aufrecht erhalten werden kann, muß wegen der inneren Reibung Arbeit aufgewendet werden. Man kann fragen: Unter welchen Bedingungen verlaufen Strömungen um Hindernisse in verschiedenen Flüssigkeiten und Gasen und bei verschiedenen Geschwindigkeiten gleichartig? Reynolds entdeckte 1883, daß dies vom Verhältnis Beschleunigungsarbeit/Reibungsarbeit, von der Geschwindigkeit und von den Längenabmessungen der betrachteten Anordnung abhängt, genauer von

$$Re = \frac{\varrho v l}{\eta} \qquad (1\text{-}130)$$

Dabei bedeutet ϱ die Dichte, v die Geschwindigkeit, η den Zähigkeitskoeffizienten der strömenden Flüssigkeit. l ist eine für die Abmessungen des Hindernisses und des Strömungskanals charakteristische Länge, die sich für verschiedene Anordnungen nicht allgemein angleichen). Re hat die Dimension einer reinen Zahl und wird Reynoldssche Zahl genannt. Wenn Re einen kritischen Wert unterschreitet, geht die turbulente Strömung in eine laminare über.

Wenn $Re < Re_{\text{krit}}$ ist, ist die Strömung bestimmt laminar. Dabei ist lediglich Arbeit gegen die innere Reibung zu leisten. Die Arbeit wird in Wärme übergeführt.

Für $Re > Re_{\text{krit}}$ ist die Strömung im allgemeinen turbulent, dann ist neben der Reibungskraft erhebliche Beschleunigungsarbeit zum Andrehen von Wirbeln zu leisten. Die in die Beschleunigung gesteckte Arbeit wird schließlich durch innere Reibung in Wärme verwandelt.

Beispiel. Für ein Rohr mit kreisförmigem Querschnitt ist $Re_{krit} = 2320$, wenn man für l den Rohrdurchmesser einsetzt, oder 1150, wenn l den Rohrradius bedeutet.

Ein wichtiger Fall ist die Strömung von Flüssigkeiten durch Röhren (Innenradius r_0) von kreisförmigem Querschnitt. In engen Röhren ist die Strömung laminar. Die Geschwindigkeit der Flüssigkeit ist an der Wand Null und hat die in Abb. 110 gezeigte Verteilung. Die

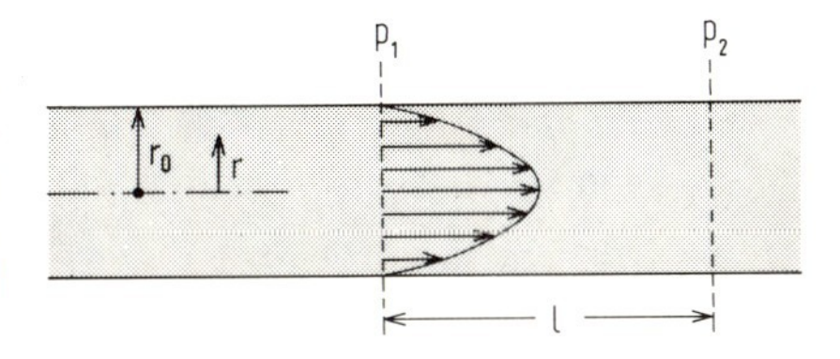

Abb. 110. Laminare Flüssigkeitsströmung durch ein zylindrisches Rohr. Eingezeichnet ist die Verteilung der Geschwindigkeit gemäß Gl. (1-131). Auf der Strecke l fällt der Druck p_1 auf p_2 ab. Um die Strömung aufrecht zu erhalten, muß dauernd Arbeit geleistet werden. Diese Arbeit wird durch die innere Reibung in Wärme überführt.

Flüssigkeit bewegt sich ähnlich wie viele ineinander gesteckte Zylinder, die gegeneinander gleiten. Man kann ausrechnen und experimentell bestätigen, daß gilt:

$$\frac{\mathrm{d}V}{\mathrm{d}t} \text{ ist proportional dem Druckgefälle } \frac{p_1 - p_2}{l}$$

und proportional r^4 (*nicht* etwa proportional dem Rohrquerschnitt $r_0^2\,\pi$). Quantitativ gilt bei laminarer Strömung für die Geschwindigkeit im Abstand r von der Rohrachse:

$$v = \frac{1}{4\eta} \cdot \frac{p_1 - p_2}{l}\,(r_0^2 - r^2) \qquad \text{(1-131)}$$

und für die Durchflußrate

$$\frac{\mathrm{d}V}{\mathrm{d}t} = \frac{\pi}{8\eta} \cdot \frac{p_1 - p_2}{l} \cdot r_0^4 \qquad \text{(1-132)}$$

(Hagen-Poisseuillesches Gesetz).

Begründung. Auf die in Abb. 110 zum Querschnitt bei p_1 gehörige Fläche wirkt die Kraft $F = r^2\pi(p_1 - p_2)$. Bei der Reibung entsteht die Schubspannung $F/(2r\pi l) = \eta \cdot \mathrm{d}v/\mathrm{d}r$. Einsetzen von F aus der ersten in die zweite Gleichung ergibt

$$-\eta \cdot 2r\pi l \cdot \frac{\mathrm{d}v}{\mathrm{d}r} = r^2\pi\,(p_1 - p_2).$$

Durch Umordnen entsteht

$$-\frac{\eta \cdot 2l}{(p_1 - p_2)} \cdot \int \mathrm{d}v = \int r\,\mathrm{d}r,$$

also $$-\frac{\eta \cdot 2l}{(p_1 - p_2)} \cdot v = \frac{r^2}{2} + \text{const.}$$

Die Konstante ergibt sich aus der Randbedingung: Die Flüssigkeit haftet an der Wand, d. h. es ist $v = 0$ für $r = r_0$. Daher ergibt sich die Konstante aus $0 = r_0^2/2 + \text{const.}$, und damit Gl. (1-131).

Die Durchflußrate Gl. (1-132) ergibt sich aus

$$\frac{v}{t} = \int_0^{r_0} v(r) \cdot 2\pi\, r\, \mathrm{d}r$$

$$= \left\{\frac{p_1 - p_2}{4\eta\, l} \cdot 2\,\pi\right\} \cdot \int_0^{r_0} (r_0^2 - r^2)\, r\, \mathrm{d}r = \left\{\frac{p_1 - p_2}{4\eta\, l} \cdot 2\,\pi\right\} \left(r_0^2 \cdot \frac{r^2}{2} - \frac{r^4}{4}\right) \Bigg|_{r=0}^{r=r_0}$$

Man kann η aus Gl. (1-132) bestimmen, wenn die übrigen Größen gemessen sind.

Wählt man den Rohrradius viel größer, so kann bei den dann größeren Geschwindigkeiten die Bewegung turbulent werden. Mit Einsetzen der Turbulenz nimmt die Durchflußrate stark ab.

Die Abhängigkeit der (laminaren) Durchflußrate $\mathrm{d}V/\mathrm{d}t$ mit r_0^4 ist in der Medizin von besonderer Bedeutung: Gesteigerte Muskeltätigkeit erfordert stärkere Durchblutung. Dazu werden die Kapillaren erweitert, d. h. r_0 vergrößert.

Beispiel. Eine Röhre mit doppeltem Radius liefert unter sonst ungeänderten Verhältnissen 16-fache Durchflußrate.

1.6.3. Druck und Strömungsgeschwindigkeit (Bernoullische Gleichung) *F/L 1.5.8*

In einem Strömungsfeld ist der Gesamtdruck konstant, solange die innere Reibung vernachlässigbar klein ist. Dann gilt: Gesamtdruck = statischer Druck + Staudruck = const. Wenn die innere Reibung sich auswirkt, nimmt der Gesamtdruck ab.

Eine Flüssigkeit mit $\eta \neq 0$ ströme laminar durch ein Rohr mit *konstantem* Querschnitt. Dann fällt in ihr der Druck linear mit der Rohrlänge l ab, denn nach Gl. (1-132) gilt:

$$(p_0 - p_1) = \left(\frac{8\eta}{\pi \cdot r_0^4} \cdot \frac{\mathrm{d}V}{\mathrm{d}t}\right) \cdot l \tag{1-133}$$

vgl. dazu Abb. 111.

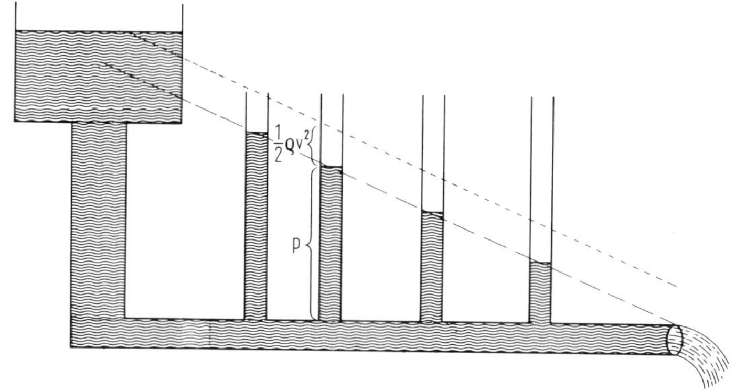

Abb. 111. Statischer Druck längs eines durchströmten Rohres mit konstantem Querschnitt. Die Manometer zeigen den statischen Druck, der gemäß Gl. (1-133) abfällt. Der Gesamtdruck ist um $(1/2)\,\varrho \cdot v^2$ höher, vgl. Gl. (1-134a). Den Abfall des Gesamtdruckes zeigt die obere gestrichelte Linie.

Das Produkt Druck mal Querschnittfläche ist eine Kraft; durch sie wird die Flüssigkeit gegen die innere Reibung in konstanter (stationärer) Bewegung gehalten. Die dabei geleistete mechanische Arbeit (also Kraft mal Weg) wird in Wärme verwandelt. Der mit Hilfe aufgesetzter Manometer gemessene Druck wird *statischer* Druck genannt.

Strömt eine Flüssigkeit (η klein, aber $\neq 0$) durch ein Rohr mit *wechselndem* Querschnitt, so wird an Stellen mit kleinerem Querschnitt die Strömungsgeschwindigkeit größer und der Druck kleiner (Abb. 112). Quantitativ ergibt sich der Zusammenhang zwischen (statischem) Druck und Strömungsgeschwindigkeit aus dem Energieerhaltungssatz unter der Voraussetzung, daß die Strömung horizontal verläuft (d. h. ohne Einfluß der Schwerkraft).

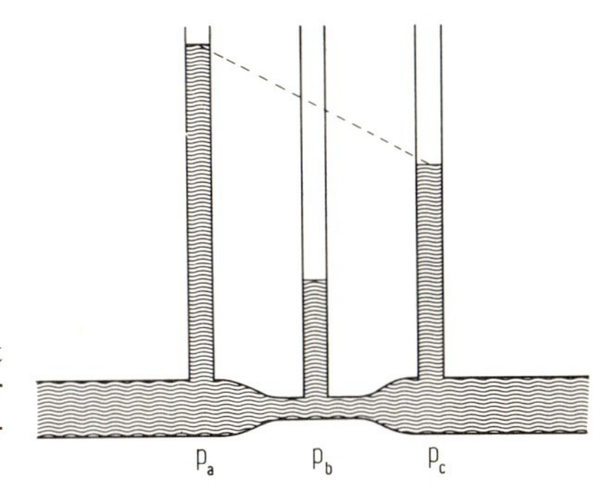

Abb. 112. Statischer Druck längs eines durchströmten Rohres mit wechselndem Querschnitt. In ein Ausflußrohr nach Art von Abb. 111 wird eine Engstelle eingebaut. In dieser ist die Strömungsgeschwindigkeit erhöht, dagegen der statische Druck p_b gegenüber $(p_a + p_c)/2$ erniedrigt um $(1/2)\,m\,(v_b^2 - v_a^2) = (1/2)m(v_b^2 - v_c^2)$. Der Abfall von $p_a \to p_c$ rührt wie in Abb. 111 vom Einfluß der inneren Reibung her. Hier ist der Fall dargestellt, daß die Reibungsarbeit *nicht* vernachlässigt werden kann.

Solange die Reibungsarbeit vernachlässigt werden kann, gilt: Die Summe aus der potentiellen Energie (Volumenarbeit) $p \cdot V$ (vgl. 1.5.2.6) und der kinetischen Energie (Beschleunigungsarbeit) $(1/2) \cdot mv^2$ (vgl. 1.3.5.2) ist konstant.

Vor der Rohrverengung sei der statische Druck p_0, die Strömungsgeschwindigkeit v_0, *in* der Verengung sei der statische Druck p, die Strömungsgeschwindigkeit v. Dann gilt:

$$(p - p_0) \cdot V + \frac{1}{2}\,m\,(v_0^2 - v^2) = 0 \tag{1-134}$$

Ordnet man um und dividiert durch das Volumen, so entsteht:

$$p + \frac{\varrho}{2}\,v^2 = p_0 + \frac{\varrho}{2}\,v_0^2 = p_{\text{ges}} = \text{const} \tag{1-134a}$$

(Bernoullische Gleichung)

Wenn die Reibungsarbeit nicht vernachlässigt werden kann (wie bei allen wirklichen Flüssigkeiten), dann nimmt außerdem p_{ges} längs des Rohres gemäß Gl. (1-133) ab. p nennt man den statischen Druck, $(1/2)\varrho v^2$ Staudruck und $p_{\text{ges}} = p + (\varrho/2)v^2$ heißt Gesamtdruck.

Der statische Druck kann leicht gemessen werden hinter einer Öffnung, an der die Strömung seitlich vorbei streicht, der Gesamtdruck in einem Rohr, das direkt angeströmt wird. Wie man das ausführt zeigt Abb. 113: Ein Rohr mit ringförmigem Schlitz entlang dem Umfang zeigt den statischen Druck an („Drucksonde") (Abb. 113a), ein (zylindrisches) Rohr, das von der Stirnfläche her angeströmt wird (Abb. 113b) den Gesamtdruck („Pitot-Rohr"). Der Unterschied zwischen beiden Druckwerten ergibt den Staudruck (Abb. 113c) („Prandtlsches Staurohr").

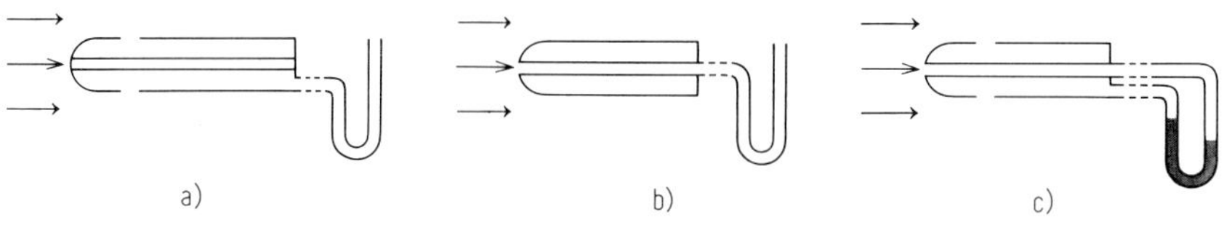

Abb. 113. Drucksonden.
a) Drucksonde (statischer Druck)
b) Pitot-Rohr (Gesamtdruck)
c) Staurohr von Prandtl (Staudruck).
Die drei Sonden sind in Wirklichkeit kleiner als die Manometer.
Ein Barometer zeigt den statischen Druck. In einer Windströmung ist der Gesamtdruck *höher* als der statische Druck. Die 3 Sonden werden vor allem in Windkanälen mit $p \gtrless$ Atmosphärendruck benötigt. An den punktierten Stellen der Zeichnung können Schläuche eingefügt werden. In a) und b) ist keine Manometerflüssigkeit eingezeichnet.

Demonstration. In einem kleinen offenen Windkanal nimmt die Strömungsgeschwindigkeit mit zunehmender Entfernung von der Ausblaseöffnung des Kanals langsam ab, die Strömung verbreitert sich, wobei Luft, die vorher ruhte, mit in die Strömung einbezogen wird. Man mißt mit dem Prandtlschen Staurohr und beobachtet eine ziemlich scharfe Grenze zwischen strömender und ruhender Luft. Das ist nach 1.6.1 zu erwarten, da η von Luft etwa 100 mal kleiner ist als in Wasser.

Beispiele.
1. Strömt Luft zwischen zwei Flächen der in Abb. 114 in Seitenansicht gezeichneten Gestalt hindurch, so entsteht nach Gl. (1-134a) zwischen ihnen verminderter statischer Druck und dadurch eine nach innen gerichtete Kraft, die mit dem Dynamometer sichtbar gemacht werden kann, wenn die eine Fläche beweglich montiert wird.

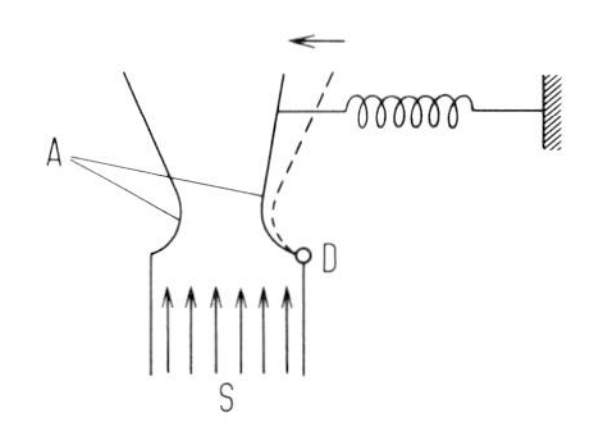

Abb. 114. Verminderter Druck bei Einengung des Strömungsquerschnitts. S: Richtung der Strömung, D: Drehachse senkrecht zur Zeichenebene. Zwischen den Flächen A (Blechen) entsteht erhöhte Strömungsgeschwindigkeit und damit verminderter Druck. Das bewegliche Blech wird nach innen gezogen.

2. Ein zylindrisches Rohr mit einer Einschnürung wird vom Gas durchströmt. An der Rohreinschnürung beobachtet man eine Druckverminderung um $p = (1/2)\varrho v^2$, aus der man die Strömungsgeschwindigkeit und die Durchflußrate bestimmen kann. Man nennt das eine „Venturi-Düse". Die Verhältnisse sind analog zu Abb. 112.
3. Bei Sturmgeschwindigkeit von $v = 180$ km/h $= 50$ m/s ist der Staudruck $(1/2)\varrho v^2 = 1/2 \cdot 1{,}3$ kg/m^3 $\cdot$ $\cdot\, 2\,500$ m^2/s^2 $= 1620$ N/m^2 $= 0{,}016$ atm $\approx 0{,}017$ at $= 0{,}017$ kp/cm^2. Die Gasdichte erhöht sich im Verhältnis 1,0114:1, weil man wegen adiabatischer Zustandsänderung mit Gl. (1-120) rechnen muß. Nach Gl. (1-119) würde man (unkorrekt!) 1,016:1 erhalten.

Man bedenke jedoch, daß bei dieser Windgeschwindigkeit auf eine Hauswand von 10 m $\cdot$ 10 m $=$ $= 10^6$ cm^2 die Kraft 0,017 kp/cm^2 $\cdot\, 10^6$ cm^2 $= 17 \cdot 10^3$ kp ($= 17$ „Tonnen") ausgeübt wird.

Im Zimmer eines Hauses, das diesem Sturmwind ausgesetzt ist, ist $v = 0$, daher ist statischer Druck $=$ Gesamtdruck. Dieser wird vom Barometer angezeigt.

1.6.4. Strömungswiderstand, Stokessches Gesetz *F/L 1.5.7*

Für den Strömungswiderstand einer Kugel bei laminarer Umströmung gilt das Stokessche Gesetz. Bei turbulenter Strömung hängt der Strömungswiderstand von Körpern entscheidend von der Gestalt der Rückseite ab.

Wird ein Körper relativ zu einer Flüssigkeit (Gas) bewegt, so erleidet er einen Strömungswiderstand. Für den Fall *laminarer* Strömung tritt eine Kraft F_r auf („Strömungswiderstand"). Für eine Kugel ist diese leicht anzugeben. Sie hängt vom Radius r der Kugel, vom Koeffizienten η der inneren Reibung der Flüssigkeit und von der Relativgeschwindigkeit v zwischen Kugel und Flüssigkeit ab. Wie sich mit rechnerischen Methoden zeigen und experimentell bestätigen läßt, gilt das *Stokessche Gesetz:*

$$F_r = 6\pi \cdot \eta \cdot r \cdot v \tag{1-135}$$

Läßt man die Kugel in einer zähen Flüssigkeit fallen, so erreicht sie nach kurzer Zeit konstante Fallgeschwindigkeit v_0. In diesem „stationären" Bewegungszustand ist $|F_r|$ gleich $|F|$, wo $|F|$ = Gewichtskraft − Auftrieb, also $V\varrho_K g - V\varrho_{fl} g$ ist. Dabei ist $V = (4/3)\pi r^3$ das Volumen, ϱ_K die Dichte der Kugel, ϱ_{fl} die Dichte der Flüssigkeit. Dann gilt

$$|F| = (4/3) r^3 \pi \cdot (\varrho_K - \varrho_{fl}) \cdot g \tag{1-136}$$

Durch Gleichsetzen von $|F|$ mit $|F_r|$ für $v = v_0$ und Umordnen ergibt sich η der Flüssigkeit zu

$$\eta = \frac{2\, r^2 \,(\varrho_K - \varrho_{fl})\, g}{9\, v_0} \tag{1-137}$$

Man kann damit η messen.

Andererseits erhält man durch Umordnen

$$r^2 = \frac{9\, v_0 \cdot \eta}{2\,(\varrho_K - \varrho_{fl})} \cdot g \tag{1-138}$$

Man kann diese Beziehung bei bekanntem η dazu verwenden, den Radius sehr kleiner Kügelchen zu bestimmen. Davon macht man Gebrauch beim Versuch von Millikan zur Bestimmung der Elementarladung, vgl. 4.3.1.4.

Beim Umströmen eines Hindernisses ändern die Flüssigkeitsschichten fortgesetzt ihren Impuls. Falls das Umströmen *turbulent* geschieht, entsteht in einer Flüssigkeit mit kleiner innerer Reibung ein erheblicher Strömungswiderstand. Er ist im Wesentlichen durch die Wirbelanregung auf der *Rückseite* des Hindernisses bestimmt. Füllt man den (bei mäßiger Strömungsgeschwindigkeit auftretenden) toten Raum aus, so wird die Wirbelbildung weitgehend unterdrückt und dadurch der Strömungswiderstand vermindert (Stromlinienform des Hindernisses, „Tropfenform", vgl. Abb. 115).

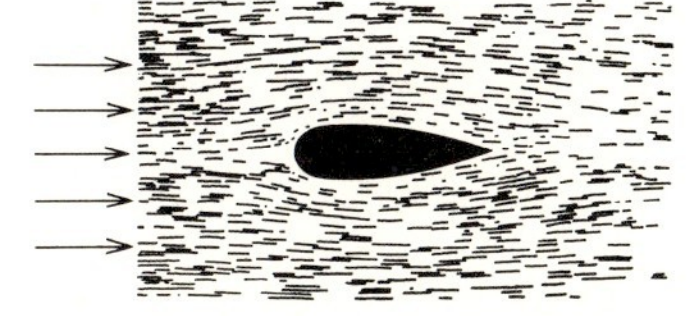

Abb. 115. Vermeidung von Wirbelbildung (Tropfenform). Bei langgestreckter Form eines Hindernisses reichen die geringen, innerhalb der Flüssigkeit auftretenden Kräfte aus, um die strömende Flüssigkeit am Ende des Hindernisses wieder zusammenzuführen. (Nach Pohl I, S. 156, Abb. 287.)

Demonstration: Der Unterschied des Strömungswiderstandes läßt sich leicht vorführen in einer vertikalen Luftströmung, die sich nach oben verbreitert; in dieser vermindert sich die Strömungsgeschwindigkeit mit schwach divergierenden Strömungslinien. Probekörper mit demselben Gewicht und derselben Querschnittsfläche werden leicht beweglich auf eine vertikale Schnur aufgefädelt und über die Ausblaseöffnung eines vertikal gestellten Strömungskanals (Abb. 116) gestellt. Je größer ihr Strömungswiderstand ist, um so weiter werden sie durch den Luftstrom in Gebiete mit kleinerer Strömungsgeschwindigkeit nach oben mitgenommen. Man kann z. B. zwei Halbkugeln (Abb. 116b und c) verwenden; sie werden getrennt durch die Strömung in großer Höhe gehalten (Abb. 116e). Schiebt man die beiden Halbkugeln zusammen, so wird ihr Strömungswiderstand erheblich vermindert. Die Vollkugel (Abb. 116d) rutscht am Faden herab. Den geringsten Strömungswiderstand hat ein Körper von Tropfenform (Abb. 116a).

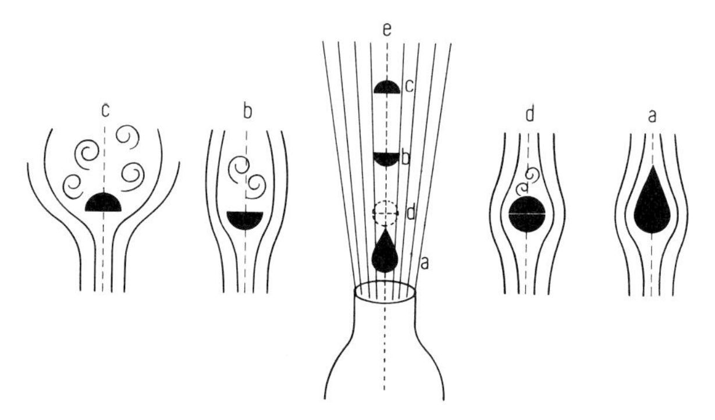

Abb. 116. Strömungswiderstand als Folge der Wirbelanregung durch das Hindernis. Die Hinderniskörper werden an einem Draht (gestrichelt gezeichnet) aufgefädelt. Im Falle a) ist die Umströmung fast wirbelfrei. Im Falle b) entstehen Wirbel hinter dem Hindernis, im Falle c) jedoch in einem wesentlich größeren Volumen, im Falle d) in einem kleineren Volumen.

Auch ohne Tropfenform kann man u. U. den Strömungswiderstand stark vermindern, wenn man die Rückseite (z. B. eines Autos) so gestaltet, daß ein mit dem Hindernis fest verbundener walzenförmiger Luftwirbel entsteht, der den vorbeistreichenden Wind auf eine stromlinienartige Bahn lenkt (Beispiel: Abreißheck eines Automobils).

Den geringsten Strömungswiderstand hat ein Körper mit Tropfenform, dessen stumpfes Ende der Strömung entgegen gerichtet ist.

Die Kraftwirkungen auf ein Hindernis infolge des Strömungswiderstandes lassen sich auch wie folgt zeigen: Ein leichter Zelluloidball schwebt frei in der vertikalen Strömung. Beim Schwenken des Luftstromes wandert er mit, ohne aus der Strömung herauszufallen. Man sieht: Bei schrägem Luftstrom liefert die unsymmetrische Verteilung auch eine ins Innere der Strömung gerichtete Kraftkomponente.

1.6.5. Zirkulation, Auftrieb eines Tragflügels

F/L 1.5.9

Ein Tragflügel in einer Strömung erfährt einen Auftrieb, sofern er zusätzlich zirkular umströmt wird. Auf der Oberseite entsteht dabei Unterdruck, auf der Unterseite geringer Überdruck. Außerdem wirkt auf ihn ein Strömungswiderstand.

Um einen Zylinder (Radius r), der mit der Oberflächengeschwindigkeit v_{zir} rotiert, entsteht eine kreisförmige Strömung (Abb. 117), weil die Zylinderoberfläche infolge der in-

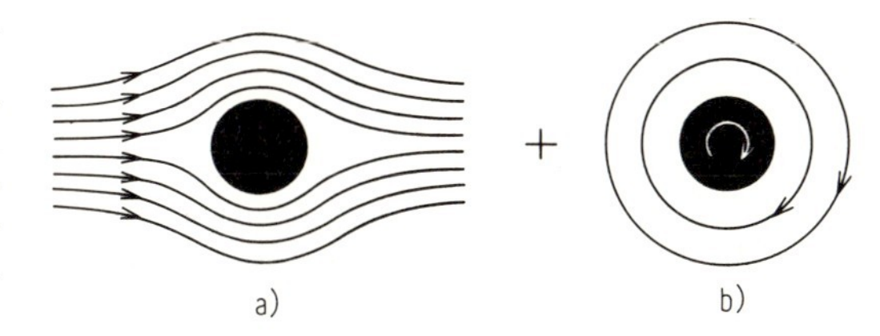

Abb. 117. Überlagerung einer parallelen und einer zirkularen Strömung.
a) Der nicht rotierende Zylinder wird umströmt ähnlich wie das Hindernis in Abb. 106d.
b) Sobald der Zylinder rotiert, entsteht zusätzlich eine zirkulare Strömung. Die Strömungsgeschwindigkeiten aus a) und b) addieren sich dann vektoriell (nicht gezeichnet).

neren Reibung die Luft mitnimmt. Diese zirkulare Strömung läßt sich charakterisieren durch die Zirkulation (Wirbelstärke)

$$\Gamma = \oint v \cdot \mathrm{d}s = 2\,\pi\, r\, v_{zir} \tag{1-139}$$

Steht die Achse eines solchen rotierenden zylindrischen Körpers senkrecht zu einer Strömung mit der Geschwindigkeit v_{str}, dann erfährt der Körper eine Kraft, deren Richtung senkrecht zur Zylinderachse und senkrecht zur Geschwindigkeit der Strömung steht (entdeckt von Magnus 1852). Dies ist auf Grund der Bernoullischen Gleichung verständlich, denn auf der einen Seite des Zylinders entsteht erhöhte Strömungsgeschwindigkeit und daher Unterdruck, auf der anderen verminderte Geschwindigkeit und daher Überdruck. Der Zylinder wird nach der einen Seite gezogen.

Beispiel. Sei $v_{str} = 5$ m/s, $v_{zir} = 3$ m/s, dann ist der Druck auf der einen Seite $p_1 - \varrho/2 \cdot \{(5+3)\,(\mathrm{m/s})\}^2$, auf der anderen Seite $p_1 - \varrho/2 \cdot \{(5-3)\,(\mathrm{m/s})\}^2$. Man sieht, relativ zum mittleren Druck $p_1 - \varrho/2 \cdot (5\ \mathrm{m/s})^2$ herrscht auf der einen Seite starker Unterdruck, auf der anderen schwacher Überdruck.

Ohne Begründung sei angegeben: Auf einen rotierenden Zylinder der Länge l wirkt in einer zur Zylinderachse senkrechten Parallelströmung $\vec{v}_{str}$ die Kraft

$$\vec{F} = (\varrho\, \vec{v}_{str}) \times (\Gamma \cdot \vec{l}) = \vec{v}_{str} \times (\Gamma \cdot \varrho \cdot \vec{l}) \tag{1-140}$$

Demonstration. Ein Zylinder aus Pappe (Achse horizontal) wird katapultartig in horizontaler Richtung weggeschleudert und dabei gleichzeitig in Rotation versetzt (Abb. 118). Beim gezeichneten Drehsinn steigt seine Flugbahn steil an.

An einem Tragflügelmodell, dessen Querschnitt nach Abb. 109a unsymmetrisch ist, löst sich an der Rückseite des Tragflügels einmalig ein *Anfahrwirbel* mit dem Drehimpuls L_0 ab, sobald das Modell relativ zur Flüssigkeit (Gas) in Bewegung gesetzt wird (das runde Ende des Tragflügelmodells wird angeströmt). Da der gesamte Drehimpuls im Gas nach wie vor Null ist, wird gleichzeitig der Tragflügel umströmt mit dem Drehimpuls $-L_0$.

Am Tragflügel kommt die dauernde Umströmung ohne Bewegen der Oberflächenhaut durch die unsymmetrische Strömungsverteilung zustande, solange der Tragflügel relativ

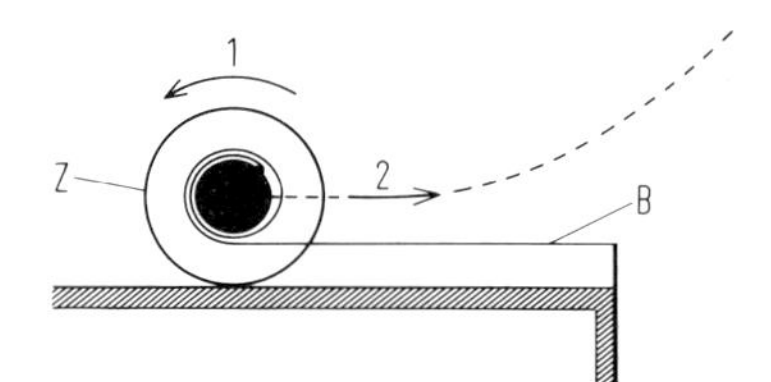

Abb. 118. Querkraft auf einen zirkular umströmten Körper in einer Parallelströmung. Das eine Ende des Gummibandes B wird um den Zylinder Z gewickelt. Dann spannt man das Gummiband und läßt los. Der Zylinder wird fortgeschleudert und gleichzeitig in Rotation versetzt. Dabei entsteht (relativ zum Zylinder) eine Überlagerung einer parallelen und zirkularen Strömung und dadurch eine Kraft nach oben, die Flugbahn steigt an. Pfeil 1 gibt die Richtung der Drehung und damit der zirkularen Umströmung des Zylinders, Pfeil 2 gibt die Flugrichtung des Zylinders. Sie ist entgegengesetzt zur Strömungsrichtung der Luft (relativ zum Zylinder). Der schwarz gezeichnete Zylinder trägt auf beiden Seiten je eine Scheibe aus Hartpapier.

zur Flüssigkeit bzw. Atmosphäre bewegt ist. Bei ihr entsteht oben erheblicher Unterdruck, unten geringer Überdruck, wie beim obigen Zahlenbeispiel. Beim Abschalten der Strömung wird ein *Anhaltewirbel* abgelöst mit dem Drehimpuls $-L_0$ und die Umströmung der Tragfläche hört auf. Verschiedenes Vorzeichen von L_0 bedeutet entgegengesetzten Drehsinn.

Die Kräfte, die auf ein Tragflügelmodell wirken, kann man mit einer sogenannten Zweikomponentenwaage messen. Mit ihr kann man die Kraft F_A in vertikaler Richtung (Auftrieb) und die Kraft F_W in horizontaler Richtung (Fahrtwiderstand) bestimmen. Je nach dem Anstellwinkel φ (vgl. Abb. 119) erhält man, z. B. mit einem ungeeichten Dynamometer in Skalenteilen (Sktl), relative Werte für F_A und F_W.

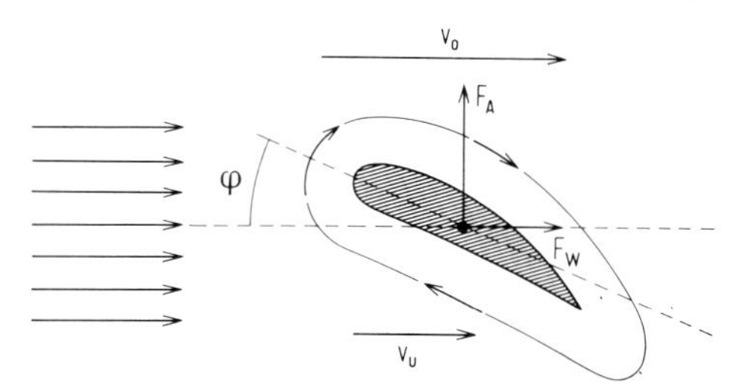

Abb. 119. Auftrieb eines Tragflügels. Erhöhte Strömungsgeschwindigkeit auf der Oberseite v_0 ergibt Unterdruck, verminderte Strömungsgeschwindigkeit v_u auf der Unterseite ergibt Überdruck. Nach Ablösung des Anfahrwirbels (Abb. 109) wird der Tragflügel wie angedeutet dauernd umströmt. Bei kleinem Anstellwinkel φ bleibt die Strömung nahezu laminar. Auftriebskraft F_A und Fahrtwiderstand F_W sind eingezeichnet.

Tabelle 19. Tragfläche bei unterschiedlichen Anstellwinkeln.

Anstellwinkel φ	Auftrieb F_A	Fahrtwiderstand F_W	F_A/F_W
0°	1 Sktl.	1 Sktl.	1
10°	9 Sktl.	1 Sktl.	9
20°	20 Sktl.	3,5 Sktl.	≈ 6
30°	30 Sktl.	9 Sktl.	≈ 3,5

Auftrieb und Strömungswiderstand steigen im betrachteten Winkelbereich mit dem Anstellwinkel, das Verhältnis F_A/F_W durchläuft dagegen ein Maximum (Optimum).

An den äußeren Enden eines Tragflügels lösen sich während seiner Umströmung *Wirbelschnüre* ab. Sie sind mit einer kleinen Propellersonde nachweisbar. Zum Andrehen dieser Wirbel ist Energie erforderlich. Je größer das Volumen der Umströmungswirbel ist, desto mehr Energie steckt darin. Lange, zu den Enden schmäler werdende Tragflächen führen wegen des kleineren Wirbelvolumens die geringste Wirbelenergie weg.

Wirbelringe. Oben wurde gezeigt, daß beim Anströmen einer Kante ein Wirbel entsteht. Bei ruckartigem Ausströmen von Luft aus einem kreisförmigen Loch entsteht daher ein Wirbelring.

Demonstration. Mit einem zylindrischen Gefäß, dessen Rückseite aus einer Membran besteht und das an der Vorderseite ein kreisförmiges Loch hat, kann man Wirbelringe erzeugen, wenn das Innere des Gefäßes mit Rauch gefüllt ist. Bei jedem Klopfen gegen die rückseitige Membran tritt ein Wirbelring aus.

Bei handlichen Abmessungen und kräftigem Klopfen gegen die Membran bewegen sich die Wirbelringe senkrecht zur kreisförmigen Öffnung geradlinig einige Dezimeter weit und vermögen dann noch eine Kerze auszublasen oder ein Blatt Papier zu bewegen.

2. Schwingungslehre

Ein *einzelner* materieller Körper, der durch eine rücktreibende Kraft $F = - D \cdot x$ in seiner Lage gehalten wird, kann in eine „harmonische" Schwingung versetzt werden. Die Schwingung besteht aus einer zeitlich periodischen Veränderung seiner Ortskoordinate, sie hat eine bestimmte Frequenz und kann ungedämpft oder gedämpft verlaufen. Ein *System* aus zwei, oder mehreren oder vielen materiellen Körpern, die jeweils durch eine elastische Kraft gekoppelt sind (z. B. auch ein Kristallgitter) hat in der Regel mehrere Schwingungsmöglichkeiten mit unterschiedlichen Schwingungsfrequenzen. Besonders übersichtlich ist ein lineares Gebilde mit kontinuierlicher Massenverteilung, z. B. Gummischlauch, Stab. Es kann *transversale* und *longitudinale* Schwingungen ausführen.

In einem *Kontinuum* (fest, flüssig oder gasförmig) pflanzen sich Schwingungen räumlich und zeitlich fort. So ist es in einem mechanischen linearen Kontinuum (Luftsäule, gespanntes Seil), einem flächenhaften (z. B. Wasseroberfläche) oder räumlichen Kontinuum (z. B. atmosphärische Luft, Wasser eines Sees). In einem Kontinuum mit Begrenzungen gibt es *Eigenschwingungen* (z. B. Orgelpfeife, Saite, Metallplatte). In einem unbegrenzten Kontinuum breiten sich Schwingungen als orts- und zeitabhängige *Wellen* aus (z. B. Schallwellen in Luft, Wasser, Metall usw.). Die Ausbreitungserscheinungen solcher Wellen (insbesondere auch in einem räumlichen Kontinuum) lassen sich mit Hilfe des Huygensschen Prinzips quantitativ beschreiben. Dieselben Ausbreitungsgesetze gelten auch für elektromagnetische Wellen (Radarwellen, Licht, Röntgenstrahlen). Bei diesen handelt es sich um ein zeitlich veränderliches elektromagnetisches Feld, das sich räumlich fortpflanzt.

Eine beliebige periodische Schwingung läßt sich in eine Reihe von Sinusschwingungen zerlegen, deren Frequenzen Vielfache einer Grundfrequenz sind (Fourier-Analyse). Ein unperiodischer Vorgang läßt sich durch ein Fourier-Integral beschreiben.

2.1. Gedämpfte, erzwungene, gekoppelte Schwingungen

2.1.1. Gedämpfte Schwingungen, Dämpfung und Entdämpfung *F/L 3.1.4*

Lineare Schwingungen eines einmal ausgelenkten und sich selbst überlassenen materiellen Körpers sind gedämpft. Bei phasenrichtiger periodischer Energiezufuhr kann man ungedämpfte Schwingungen erhalten.

Die Begriffe der Schwingungslehre, die im Zug der Überlegungen von 1.3.4 eingeführt wurden, seien noch einmal übersichtlich zusammengestellt:

Eine sinus-Schwingung wird auch eine harmonische Schwingung genannt. Die maximale Auslenkung einer solchen heißt Amplitude oder auch Scheitelwert. Der kürzeste Zeitabschnitt, nach welchem eine Schwingung sich periodisch wiederholt, heißt Schwingungsdauer oder Periodendauer T. Das Reziproke davon, nämlich $1/T$, heißt Frequenz (Formelzeichen ν oder f). Wenn die Frequenz im Gegensatz zur Kreisfrequenz $\omega = 2\pi\nu$ vorkommt, nennt man sie Periodenfrequenz. Die Kreisfrequenz ω heißt auch Winkelfrequenz (engl. angular frequency). Die Periodenfrequenz gibt die durchlaufenen Vollkreise je Zeit an, die Winkelfrequenz den durchlaufenen Winkel (im Bogenmaß) je Zeit. Aus einer sinus-Schwingung wird durch Phasenverschiebung um $\varphi = 90°$ ($\hat{=}\ \pi/2$) eine cosinus-Schwingung. Die Zeit $t = \varphi/\omega$, die dem Phasenwinkel entspricht, heißt Phasenzeit.

Am Beginn soll wieder eine Betrachtung stehen, bei der nur die Existenz des Raumes und zeitlicher Bewegungen nichtmaterieller Punkte vorausgesetzt wird (Beispiel: Bewegung eines Lichtpunktes auf einer Wand, wie in 1.2.2.3).

Eine Schwingung ist *ungedämpft*, wenn der Quotient von zwei gleichsinnig aufeinander folgenden maximalen Auslenkungen jeweils denselben Wert ergibt. Beispiel: In 1.3.4.4 war $x = x_0 \cdot \cos\omega\,(t - t_0)$.

Es gibt auch Schwingungen, bei denen dieser Quotient < 1 ist. Man nennt sie *gedämpfte Schwingungen*. Eine charakteristische Größe ist ihr Dämpfungsverhältnis.

Definition. Unter dem Dämpfungsverhältnis D_A versteht man das Verhältnis zweier gleichsinnig aufeinander folgender Maximalauslenkungen („Amplituden") A_1, A_2, also $D_A = A_1/A_2$

Nach dieser Definition ist dim D_A = dim Zahl.

Definition. Der natürliche Logarithmus von D_A heißt logarithmisches Dekrement $\Lambda = \ln D_A$. Es gilt auch hier dim Λ = dim Zahl. Für eine *ungedämpfte* Schwingung ist $D_A = 1$, d. h. $\Lambda = 0$.

Dann gilt für die Auslenkung x als Funktion der Zeit bei einer *gedämpften* Schwingung:

$$x = x_0 \cdot e^{-\Lambda \frac{t}{T}} \cdot \left\{\cos\omega\,(t - t_0) + \frac{\Lambda}{2\pi} \cdot \sin\omega t\right\} \tag{2-1}$$

Auch bei der gedämpften Schwingung versteht man unter der Schwingungsdauer T die Zeitdauer von einer Maximalauslenkung bis zur nächsten gleichsinnigen. T hängt hier etwas vom Dämpfungsverhältnis D_A ab.

Diese Begriffe der Raum-Zeit-Geometrie sollen jetzt auf die Dynamik eines materiellen Körpers angewendet werden: Bei der linearen Schwingung eines materiellen Körpers (Masse m) kommt zu der rücktreibenden Federkraft $F = -D \cdot x$ noch eine Reibungskraft F_r hinzu. Wenn diese proportional der augenblicklichen Geschwindigkeit v des schwingenden Körpers und entgegengesetzt zu $\vec{v}$ gerichtet ist, wenn also gilt $\vec{F}_r = -c \cdot \vec{v}$, dann ist das Dämpfungsverhältnis für alle aufeinander folgenden Schwingungen dasselbe. Eine solche Dämpfung läßt sich realisieren, wenn der Körper in einem Gas oder in einer Flüssigkeit schwingt und in seiner Umgebung die Strömung durchweg laminar bleibt. Eine weitere Möglichkeit wird unten bei der Demonstration erwähnt (Wirbelstrom).

In diesem Fall ist

$$\omega^2 = \omega_0^2 - \delta^2. \tag{2-2}$$

Dabei ist $\omega_0^2 = D/m$ (wie bei der ungedämpften Bewegung) und

$$\delta = \frac{c}{2\,m} = \frac{\Lambda}{T} = \frac{\Lambda}{2\pi} \cdot \omega \tag{2-3}$$

Setzt man Gl. (2-2) in Gl. (2-3) ein und ordnet um, so ergibt sich

$$\omega = \omega_0 / \sqrt{1 + (\Lambda/2\pi)^2}$$

oder (2-2a)

$$T = T_0 \cdot \sqrt{1 + (\Lambda/2\pi)^2}$$

das heißt, die Schwingungsdauer nimmt mit zunehmender Dämpfung ein wenig zu.

Die Anwendung auf elektrische Schwingungen ist in 4.5.2.4 besprochen.

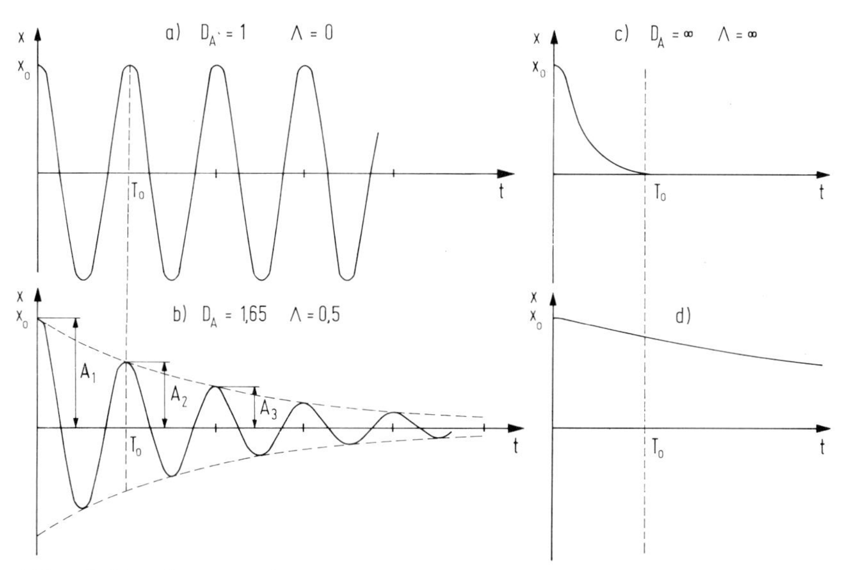

Abb. 120. Ungedämpfte und gedämpfte Schwingung.
a) Ungedämpfte Schwingung. b) Gedämpfte Schwingung. c) Aperiodischer Grenzfall. Der Schwinger beginnt bei $t = 0$ mit $v = 0$ (horizontale Tangente). Die Reibungskraft ist proportional v. Meßtechnisch wird häufig eine gerade noch periodische Schwingung anstelle des aperiodischen Grenzfalles verwendet. d) Aperiodisches Kriechen.

Für gedämpfte Schwingungen gilt die Differentialgleichung

$$m \frac{d^2 x}{dt} = -D \cdot x - c \frac{dx}{dt} \tag{2-4}$$

Sie entsteht aus Gl. (1-58), wenn man die zu $v = dx/dt$ proportionale Reibungskraft hinzufügt.

Die Lösung für die Anfangsbedingungen $x(t = 0) = x_0$ und $(dx/dt)_{t=0} = 0$ lautet:

$$x(t) = \frac{x_0}{\lambda_2 - \lambda_1} (\lambda_2 e^{\lambda_1 t} - \lambda_1 e^{\lambda_2 t}) \tag{2-4a}$$

wo

$$\lambda_{1.2} = -\delta + \sqrt{\delta^2 - \omega_0^2} = -\delta + i\sqrt{\omega_0^2 - \delta^2}$$

Wenn $\delta^2 < D/m$ gilt, wird aus Gl. (2-4a) die noch periodische Lösung Gl. (2-1).

Aufgabe. Man prüfe durch Einsetzen, daß Gl. (2-1) diese Differentialgleichung erfüllt.

Für $\delta^2 = (c/2m)^2 < D/m$ ist die (gedämpfte) Schwingung periodisch, für $\delta^2 = (c/2m)^2 > D/m$ geht die Auslenkung aperiodisch, d. h. ohne Durchschwingen durch Null, in die Ruhe-

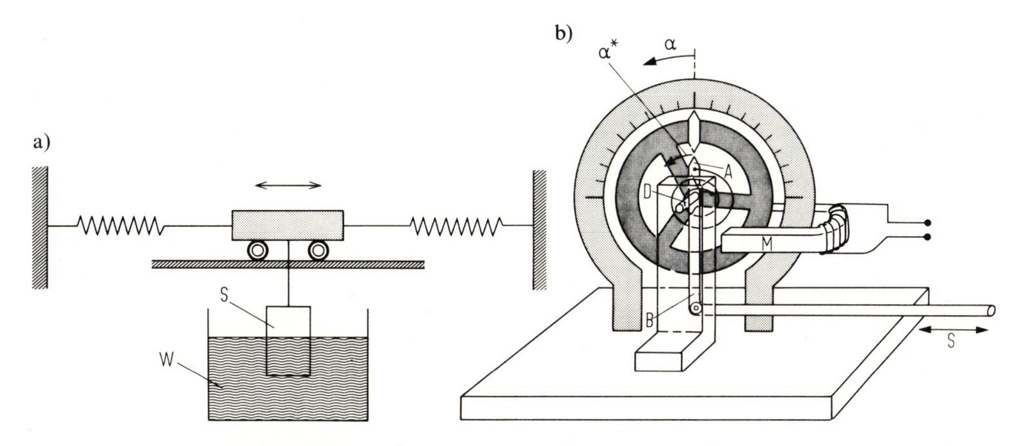

Abb. 121. Horizontal- und Dreh-„pendel" mit Dämpfung.
a) Horizontalpendel, S: Blechstreifen in reibender Flüssigkeit W.
b) Drehpendel mit elektromagnetischer Dämpfung (nach Pohl). Eine Stange AB ist in D drehbar. An ihr ist die Spiralfeder des Drehpendels im Punkt A befestigt. Sie kann durch die Stange S in Bewegung gesetzt werden. In 2.1.1 bleibt sie in der Ruhestellung, in 2.1.2 wird sie mit der Kreisfrequenz ω hin und her bewegt. Dabei wird der Punkt A um den Winkel α^* ausgelenkt. Ein Elektromagnet M umfaßt den Drehkörper aus Aluminium (dunkel getönt), bei dessen Bewegung Wirbelströme entstehen. (Pohl I, S. 182, Abb. 351.)

lage zurück. Große Bedeutung für Meßinstrumente hat der sog. *aperiodische Grenzfall*, der durch geeignete Wahl des Dämpfungsverhältnisses erreicht werden kann. Für diesen gilt

$$\delta^2 = (c/2m)^2 = D/m = \omega_0^2 = (2\pi/T_0)^2 = (\Lambda/T)^2 \tag{2-3}$$

Die 3 Fälle sind in Abb. 120 b, c, d dargestellt.

Bei Schwingungen mit *äußerer Reibung* (Holzklotz zwischen Schraubenfedern ähnlich zu Abb. 121a, aber auf Holzplatte gleitend) führt die gedämpfte Schwingung Abb. 120b unter Umständen zu einer Endauslenkung $y_e \neq 0$, nämlich dann, wenn bei y_e die rücktreibende Kraft die Ruhereibung nicht mehr überwindet.

Demonstration.
1. Das Horizontalpendel Abb. 25 wird mit einem Blechstreifen versehen, dessen Ebene in der Bewegungsrichtung liegt und der in zähe Flüssigkeit eintaucht, Abb. 121a. Durch verschiedene Eintauchfläche und verschiedene Zähigkeit der Flüssigkeit kann man das Dämpfungsverhältnis einstellen.

2. Ein Drehpendel bestehe aus einer mit Skala versehenen Plexiglasscheibe mit einem Aluminiumring, der sich zwischen den Polschuhen eines Elektromagneten bewegt (Abb. 121b). Durch Wahl der Stromstärke in der Magnetwindung lassen sich verschiedene feste Dämpfungsverhältnisse D_A einstellen (vgl. dazu 4.4.3.4 Wirbelstrom). Bei der Wirbelstromdämpfung ist die dämpfende Kraft exakt proportional v. Man kann insbesondere auch den aperiodischen Grenzfall realisieren.

Entdämpfung. Wenn man einen gedämpft schwingenden Körper die inzwischen verlorene kinetische Energie periodisch und phasenrichtig zuführt, kann man ihn in ungedämpfte Schwingung versetzen („Entdämpfung"). Wenn diese Energienachlieferung vom schwingenden Körper selbst gesteuert wird, spricht man von „Selbststeuerung" (Gegensatz: Fremdsteuerung).

Beispiel. a) Mechanische Selbststeuerung: Beim Uhrpendel wird durch die besondere Formgebung der Zähne des Steigrades jeweils ein antreibender Impuls phasenrichtig auf das Pendel übertragen.
b) Elektromagnetische Selbststeuerung: Bei einem schwingenden System (z. B. Klöppel einer elektrischen Klingel), wird jeweils bei maximaler Auslenkung ein elektrischer Kontakt geschlossen. Dadurch wird ein Elektromagnet kurze Zeit erregt, der Klöppel beschleunigt und das System dadurch periodisch angestoßen. Durch den Einfluß der Selbstinduktion geschieht das zeitlich verzögert (vgl. 4.4.4.2) und damit einigermaßen phasenrichtig.

2.1.2. Erzwungene Schwingungen

F/L 3.1.5

Ein schwingungsfähiges System (Eigenfrequenz ω_0, Dämpfungsverhältnis D_A) kann mit beliebiger Frequenz ω und beliebiger Anregungsamplitude A^* zu einer erzwungenen Schwingung mit der Amplitude A angeregt werden. Dabei sind A/A^* und die Phasenverschiebung φ zwischen anregender und erzwungener Schwingung jeweils eine charakteristische Funktion von ω/ω_0 und D_A. Die Phasenverschiebung φ kann Werte zwischen 0° und 180° annehmen.

Ein schwingungsfähiges Gebilde (Federpendel, Drehpendel) – es soll kurz als Resonator bezeichnet werden –, habe nur eine einzige Eigenfrequenz ω_0, ferner das Dämpfungsverhältnis D_A und es befinde sich zunächst in Ruhe (Beispiel Abb. 121b).

Bei den Überlegungen dieses Paragraphen ist vorausgesetzt, daß der Resonator *nicht* auf die erregende Schwingung *zurückwirkt*. Das ist anders als in 2.1.4.

Das schwingungsfähige Gebilde kann zu Schwingungen angeregt werden, indem man eine auslenkende Kraft darauf periodisch wirken läßt. (*Beispiel:* Beim Federpendel im Schwerefeld kann der Aufhängepunkt periodisch nach oben und unten bewegt werden, beim Schwerependel kann der Aufhängepunkt in seitliche Richtung bewegt werden). Die Anregung kann mit unterschiedlichen Frequenzen ω erfolgen, wo $0 \ll \omega \ll \infty$ ist, jedoch soll zunächst stets dieselbe Anregungsamplitude A^* gewählt werden.

Das schwingungsfähige Gebilde gelangt dadurch zu „erzwungenen" Schwingungen mit der Frequenz ω, aber – nach einer gewissen Einschwingdauer – mit der von A^* verschiedenen stationären Amplitude A. Wird A^* vergrößert, so vergrößert sich A proportional dazu. Daher ist in Abb. 122a A/A^* aufgetragen. Dieser Quotient hängt in charakteristischer Weise von ω/ω_0 und von D_A ab (Abb. 122b). Bei dieser Auftragung ist die Funktion zugleich gültig für *alle* A^* und *alle* ω_0. Aus (2-3) folgt $\delta/\omega_0 = (\ln D_A/(2\pi)) \cdot (\omega/\omega_0)$.

Die Amplitude im Resonanzfall soll mit A_{max} bezeichnet werden. Man nennt $A_{max}/A^* = \varrho$ *Resonanzüberhöhung*. Hervorgerufen wird die Amplitudenvergrößerung durch die *Phasenverschiebung* φ. Bei der Resonanzfrequenz bleibt die erregte Schwingung um $\pi/2 \mathrel{\hat=} 90°$ hinter der erregenden Kraft zurück. Dadurch wird dem schwingungsfähigen Gebilde während der *ganzen* Periodendauer Energie *zugeführt*. Die Schwingung wird stationär, wenn die während einer Periode zugeführte Energie gleich dem Verlust durch Reibung ist, im Fall von 4.5.3 auch durch Abstrahlung.

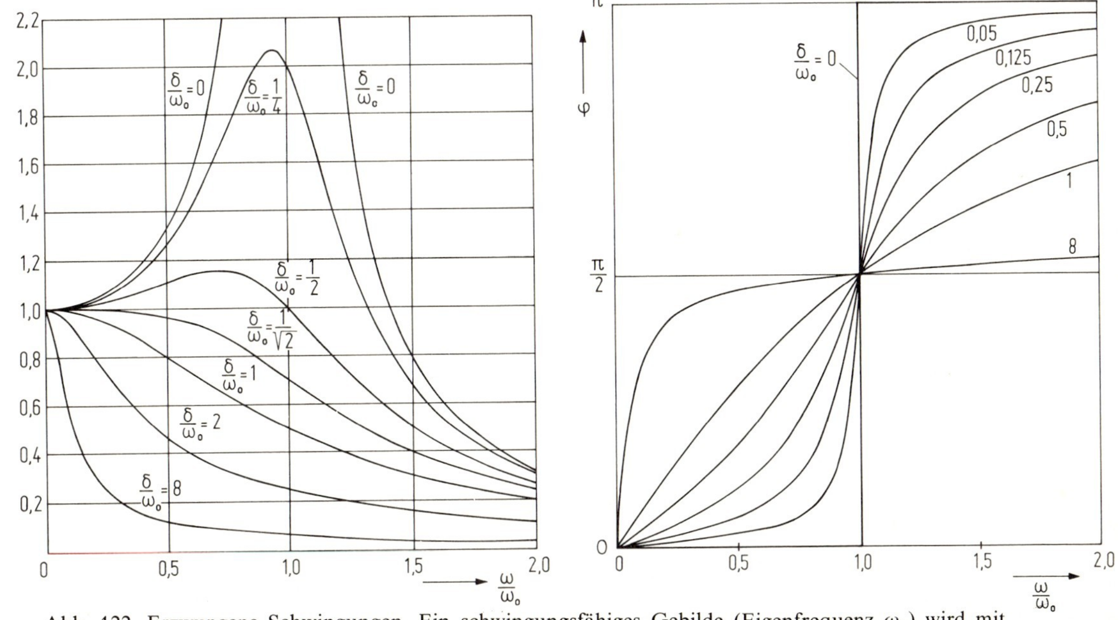

Abb. 122. Erzwungene Schwingungen. Ein schwingungsfähiges Gebilde (Eigenfrequenz ω_0) wird mit verschiedenen Frequenzen ω zur Schwingung angeregt.
a) Amplitude A der erzwungenen Schwingung als Funktion der anregenden Frequenz ω bei verschiedenen Dämpfungsverhältnissen. Anstelle von D_A ist $\delta/\omega_0 = \{(\ln D_A)/(2\pi)\} \cdot (\omega/\omega_0)$ verwendet. Aufgetragen ist A/A^* gegen ω/ω_0.
b) Phasenverschiebung φ zwischen anregender und erzwungener Schwingung bei verschiedenen Dämpfungsverhältnissen.

Amplitudenresonanz. Bei kleiner Dämpfung ($D_A \gtrsim 1$) erhält man in der Umgebung von $\omega = \omega_0$ ein ausgeprägtes Maximum, d.h. A/A^* wird sehr groß; es tritt „Resonanz" ein.

Für $\omega \to 0$ geht $A/A^* \to 1$, für $\omega \to \infty$ geht $A/A^* \to 0$. Mit zunehmendem Dämpfungsverhältnis wird A/A^* für alle Werte von ω kleiner, d. h. Kurven für stärkere Dämpfung liegen durchweg unter denen für geringere Dämpfung. Mit zunehmender Dämpfung wird das Resonanzmaximum niedriger und wandert langsam, bis zur Frequenz 0.

Als aperiodischen Grenzfall bezeichnet man denjenigen, bei dem keine Schwingung mehr auftritt, sondern gerade schon aperiodische Bewegung, d. h. wenn $\delta/\omega_0 = 1$ ist.

Bei erzwungener Schwingung interessiert der Fall, bei dem die Resonanzkurve gerade kein Maximum mehr hat. Das tritt ein, wenn $\delta/\omega_0 = 1/\sqrt{2}$ ist, vgl. Abb. 122a. Dann ist die erzwungene Amplitude über einen großen Frequenzbereich nahezu unabhängig von ω, und zwar ist $A/A^* \approx 1$ für $\omega \lesssim \omega_0$. Ein Meßgerät (Beispiel: Schleife eines Schleifenoszillographen), das zu erzwungenen Schwingungen angeregt wird, zeigt dann die Anregungsamplitude unterhalb ω_0 unverzerrt an; man strebt daher großes ω_0 an.

Energieresonanz. Außer der hier betrachteten Ausschlagsamplitude (Amplitudenresonanz) kann man sich auch für die kinetische Energie beim Nulldurchgang W des Systems in Abhängigkeit von der Anregungsfrequenz interessieren. Man erhält dann die sogenannte Energieresonanzkurve. Für $\omega \rightarrow 0$ geht $W/W^* \rightarrow 0$. Die Kurve ist sonst ähnlich zu Abb. 122a, jedoch verschiebt sich das Maximum nicht mit δ/ω_0.

Phasenunterschied. Zwischen der erzwungenen und erzwingenden Schwingung besteht ein Phasenunterschied φ, dessen Abhängigkeit von ω/ω_0 und D_A bzw. von δ/ω_0 in Abb. 122b wiedergegeben ist. φ kann Werte zwischen 0° (für $\omega \ll \omega_0$) bis zu 180° (für $\omega \gg \omega_0$) annehmen. $\varphi = 0°$ bedeutet gleichsinnige, $\varphi = 180°$ gegensinnige Schwingung. Für $\omega/\omega_0 = 1$ (Resonanzfall) ist $\varphi = 90°$. Wie die Abbildung zeigt, hängt φ auch erheblich von δ/ω_0 ab.

Beispiele. Lineare Schwingung: Der Befestigungspunkt eines Federpendels (1.3.5.4, Abb. 26) wird periodisch in Richtung der Feder ausgelenkt. Das Dämpfungsverhältnis kann vergrößert werden, indem man den Pendelkörper in eine Flüssigkeit eintauchen läßt.

Drehschwingungen. Bei einem Drehpendel (2.1.1, Abb. 121 b) mit relativ kleiner Eigenfrequenz ω_0 wird der Befestigungspunkt der Spiralfeder mit der variablen Frequenz ω bewegt. Die Winkelamplitude α^* des Erregers und die erzwungene Winkelamplitude α können mit Hilfe eines Zeigers abgelesen und die Phasenverschiebung leicht beobachtet werden. Durch Wahl der Stromstärke im Elektromagneten kann man verschiedene Dämpfungsverhältnisse einstellen. Mit dem Gerät können die Kurven Abb. 122a und b sehr gut ausgemessen werden.

2.1.3. Anwendung erzwungener Schwingungen

Erzwungene Schwingungen werden in vielen Meß- und Nachweisinstrumenten verwendet.

1. $\omega < \omega_0$; bei geeigneter Dämpfung kann die anregende Amplitude fast unverändert wiedergegeben werden. Bei einem Registriergerät, das mit $\delta/\omega_0 \approx 1/\sqrt{2}$ gedämpft ist, ist für $\omega < \omega_0$ nahezu $A = A^*$, d. h. A/A^* ist nahezu unabhängig von der Anregungsfrequenz.

Beispiel. Schleifenoszillograph: Eine von Wechselstrom (4.5.1.2) durchflossene Drahtschleife in einer geeigneten Dämpfungsflüssigkeit und im magnetischen Feld eines permanenten Magneten wird zu erzwungenen Schwingungen angeregt. Die Bewegung der Schleife wird durch ein leichtes, mit der Schleife verbundenes Spiegelchen sichtbar gemacht.

2. $\omega = \omega_0$; *Zungenfrequenzmesser:* Ein Halter mit mehreren Stahlzungen, deren Frequenzen eine Stufenleiter bilden, wird zu erzwungenen Schwingungen angeregt (z. B. durch die Erschütterungen eines Motors). Diejenige Zunge, deren Frequenz der Anregungsfrequenz (z. B. Umlauffrequenz des Motors) am nächsten liegt, erreicht die größte Amplitude.

Solche Zungenfrequenzmesser werden z. B. für den Nachbarbereich der Frequenz des technischen Wechselstroms ($50\ s^{-1}$ in Europa, $60\ s^{-1}$ in USA) gebaut. Die Anregung erfolgt in diesem Fall durch kleine Elektromagnete.

3. $\omega \gg \omega_0$; ein *Seismograph* besteht im wesentlichen aus einem Klotz mit großer Masse, der – in zwei Punkten unterstützt – durch relativ schwache Federn in seiner Ruhelage gehalten wird (Abb. 123). Bei Erdbeben führt dieser Klotz Schwingungen relativ zur Haltevorrichtung und damit zur Erde aus. Während die Erde bebt, bleibt er zunächst stehen und wird dann durch die Haltefedern bewegt. Man braucht je einen Seismographen für zwei aufeinander senkrechte Horizontalrichtungen (z. B. Nord-Süd und Ost-West).

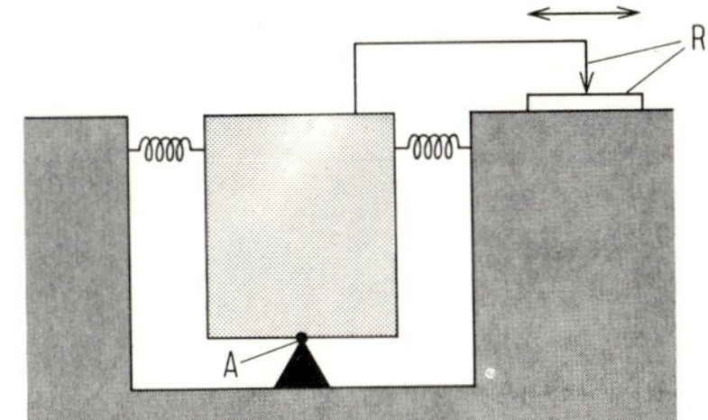

Abb. 123. Seismograph (schematisches Modell) für die eine Horizontalkomponente. Seitenansicht. Der hintere Auflagepunkt (A′) ist durch den vorderen (A) verdeckt. R: Zeiger (verschiebt sich seitlich) und Registrierstreifen (wird nach hinten verschoben).

2.1.4. Gekoppelte Schwingungen

F/L 3.1.3

Zwei gekoppelte Schwinger haben eine symmetrische und eine antisymmetrische Eigenschwingung.

Zwei schwingungsfähige materielle Gebilde (a und b) mit derselben Eigenfrequenz ω_0 werden durch eine Kopplungsfeder miteinander verbunden. Sie bilden dann ein schwingungsfähiges *System.* Die Schwingung des einen *wirkt* auf die Schwingung des anderen *zurück.* Das ist der wesentliche Unterschied gegenüber den erzwungenen Schwingungen (2.1.2). Das System hat *zwei* Eigenschwingungen; die eine davon ist symmetrisch (gleichphasig), die andere antisymmetrisch (gegenphasig). Die Frequenzen der symmetrischen sollen mit ω_1, die der antisymmetrischen mit ω_2 bezeichnet werden, die Amplitude der symmetrischen Schwingung mit A_1, die der antisymmetrischen Schwingung mit A_2. Jede denkbare Schwingung dieses Systems läßt sich daraus additiv zusammensetzen (linear superponieren). Die Auslenkung y_a bzw. y_b der einzelnen Gebilde beträgt dann bei geeigneter Wahl des Zeitnullpunktes

$$y_a = A_1 \cdot \sin \omega_1 t + A_2 \cdot \sin \omega_2 t \qquad (2\text{-}5)$$

$$y_b = A_1 \cdot \sin \omega_1 t + A_2 \cdot \sin (\omega_2 t + 180°)$$

Drei Fälle sollen betrachtet werden:

1. *Gekoppelte Schwerependel* (Abb. 124)
2. *Gekoppelte* Drehpendel (Abb. 126)
3. *Gekoppelte Linear- und Drehpendel.*

Bei 1. und 2. werden zwei gleichgebaute schwingungsfähige Gebilde vorausgesetzt (gleiche Masse bzw. gleiches Trägheitsmoment, gleiche Frequenz, wenn jedes für sich allein schwingt).

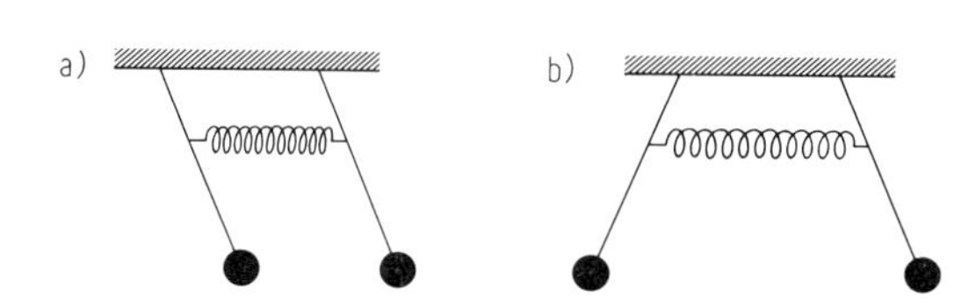

Abb. 124. Gekoppelte Schwerependel.
a) Symmetrische Eigenschwingung. Beide Pendel werden zur Zeit $t = 0$ in gleicher Richtung ausgelenkt und losgelassen: Phasenverschiebung zwischen beiden Pendeln 0°.
b) Antisymmetrische Eigenschwingung. Beide Pendel werden zur Zeit t = 0 in entgegengesetzter Richtung ausgelenkt und losgelassen: Phasenverschiebung zwischen beiden Pendeln 180°.

1. Zwei Schwerependel Abb. 124 mit gleicher Kreisfrequenz ω_0 (gleicher Pendellänge) seien durch Schraubenfedern nahe ihrem Aufhängungspunkt verbunden.
a) Die *symmetrische* Schwingung ($A_1 \neq 0,\ A_2 = 0$) entsteht, indem man beide Pendel in derselben Richtung um denselben Betrag auslenkt und dann gleichzeitig freigibt (Abb. 124a). Dabei ist die beobachtete Frequenz ω_1 gleich der Frequenz ω_0 jedes der beiden Pendel in ungekoppeltem Zustand, weil die Feder bei der beschriebenen Bewegung nicht gedehnt wird. Gl. (2-5) gilt, wenn als Zeitnullpunkt ($t = 0$) der Augenblick gewählt wird, in dem beide Pendel durch die Ruhelage gehen.
b) Wenn man beide Pendel in entgegengesetzter Richtung um denselben Betrag auslenkt und dann gleichzeitig freigibt, Abb. 124b, entsteht eine *antisymmetrische* Schwingung des Systems ($A_1 = 0,\ A_2 \neq 0$) mit der Kreisfrequenz ω_2. Dabei ist $\omega_2 > \omega_1$, denn beim Auseinanderschwingen wird die Feder gedehnt, so daß eine zusätzliche rücktreibende Kraft entsteht. (Wahl des Zeitnullpunktes wie unter a).

Die Frequenz der symmetrischen und die der antisymmetrischen Schwingung unterscheiden sich um so mehr, je fester die Kopplung zwischen beiden Pendeln ist.
c) Ein sehr charakteristischer Vorgang entsteht, wenn nur das eine Pendel angestoßen wird. Durch die Kopplungsfeder wird dann das zweite mehr und mehr in Schwingung versetzt. Das erste kommt schließlich zur Ruhe und wird anschließend wieder durch das zweite in Bewegung gesetzt usw.

Die Schwingungsamplitude eines Pendels nimmt hier jeweils zu und ab, Abb. 125. Kinetische Energie geht dabei von einem Pendel auf das andere über. Es gilt Gl. (2-5) mit $A_1/2 = A_2/2 = A/2$.

Bekanntlich gilt folgende mathematische Umformung

$$\sin\alpha + \sin\beta = \sin\frac{\alpha+\beta}{2}\cdot\cos\frac{\alpha-\beta}{2} \tag{2-6}$$

Dann kann man Gl. (2-5) umformen in

$$\begin{aligned} y_a &= A\cdot\cos\frac{\omega_1-\omega_2}{2}t\cdot\sin\frac{\omega_1+\omega_2}{2}t \\ y_b &= A\cdot\cos\left(\frac{\omega_1-\omega_2}{2}t - 90^\circ\right)\cdot\sin\left(\frac{\omega_1+\omega_2}{2}t + 90^\circ\right) \end{aligned} \tag{2-7}$$

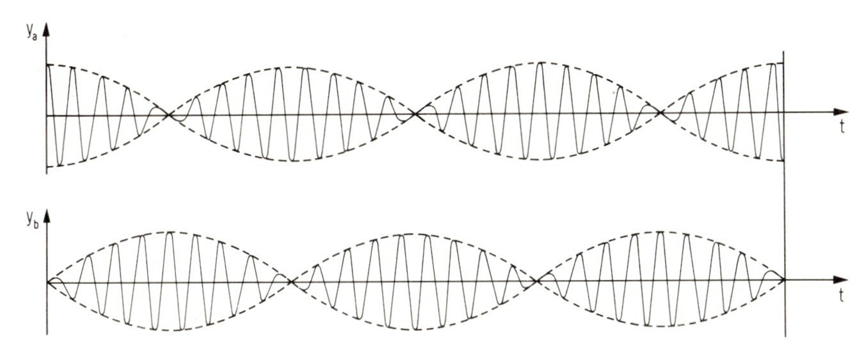

Abb. 125. Schwingungsverlauf gekoppelter Pendel. Nur Pendel a wird zur Zeit $t = 0$ ausgelenkt und losgelassen (Auslenkung y_a). Infolge der Kopplung gerät auch Pendel b in Schwingung. Die Auslenkung zur Zeit $t = 0$ ist $y_b = 0$. Die Phasenverschiebung zwischen beiden Pendeln ist hier 90°. Die Auslenkungen als Funktion der Zeit sind ausgezogen, die Zu- und Abnahme der Amplituden ist durch die gestrichelte Hüllkurve angedeutet.

Der Faktor sin (...) beschreibt den zeitlichen Verlauf der Schwingung, cos (...) beschreibt die Amplitudenänderung.

Eine solche Zu- und Abnahme der Amplituden trat bereits in der Kinematik bei der Schwebung (1.3.4.7) auf. Immer wenn man eine Schwebung feststellt, kann man schließen, daß sie von der Überlagerung von zwei Schwingungen mit etwas von einander verschiedenen Frequenzen herrührt.

Gekoppelte Drehpendel. Zwei gleiche Aluminiumstäbe seien am selben torsionsfähigen Draht befestigt und zwar in gleichen Abständen von den Drahtenden, vgl. Abb. 126. Bei gleichphasiger Drehung der Aluminiumstäbe, d. h. bei symmetrischer Schwingung, macht das Draht-

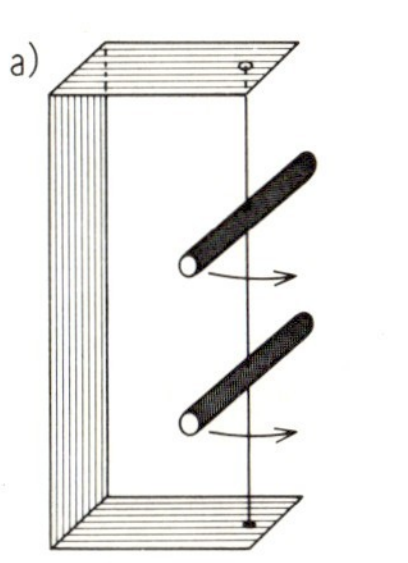

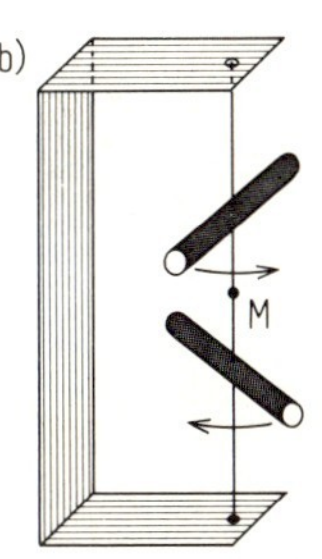

Abb. 126. Gekoppelte Drehpendel (perspektivisch). Obere und untere Halterung sind starr miteinander verbunden.
a) Symmetrische Schwingung,
b) antisymmetrische Schwingung.

stück zwischen den Aluminiumstäben die Drehung mit, ohne in sich tordiert zu werden. Bei der antisymmetrischen Schwingung bleibt dagegen der Mittelpunkt M des Drahtes in Ruhe. Wenn man beliebig anregt und den Mittelpunkt mit zusammengedrückten Fingern oder mit einer Klammer festzuhalten versucht, wird der symmetrische Anteil der Schwingung abgedämpft, der antisymmetrische Anteil bleibt übrig.

Gekoppeltes Linear- und Drehpendel. Ein Körper, der an einer Schraubenfeder hängt, kann entweder zu linearen Schwingungen (in vertikaler Richtung) oder zu Drehschwingungen angeregt werden. Beim Drehen wird das freie Ende einer Schraubenfeder etwas gedreht. Dadurch entsteht eine Kopplung zwischen der linearen und der Drehschwingung. Man erhält analoge

Verhältnisse wie unter 1 a, b, c beschrieben. Die lineare Schwingung geht in die Drehschwingung über und umgekehrt.

Bemerkung. Statt durch elastische Kräfte wie oben, kann man zwei Pendel auch koppeln, indem der Aufhängepunkt des einen Pendels durch das andere bewegt wird (Beschleunigungskopplung).

Beispiel. Glocke und Klöppel. Sonderfall: Wenn der Schwerpunkt des Klöppels mit dem Schwerpunkt der Glocke übereinstimmt, schwingen beide, als ob sie starr verbunden wären.

Ein System, das aus mehr als zwei schwingungsfähigen Gebilden zusammengesetzt ist, hat mehrere Eigenfrequenzen.

2.2. Wellen in kontinuierlichen Medien, Eigenschwingungen

2.2.1. Fortpflanzung von Schwingungen längs eines linearen Gebildes, Wellen

Ein lineares Gebilde kann einerseits zu transversalen, andererseits zu longitudinalen Schwingungen angeregt werden.

Viele gleiche Federpendel hintereinander ergeben ein *lineares Gebilde* (Abb. 127). Bei immer feinerer Unterteilung entsteht im Grenzfall ein lineares Gebilde mit kontinuierlicher Massenverteilung und ortsunabhängigem Elastizitätsmodul (Beispiel: Ausgezogener Gummischlauch).

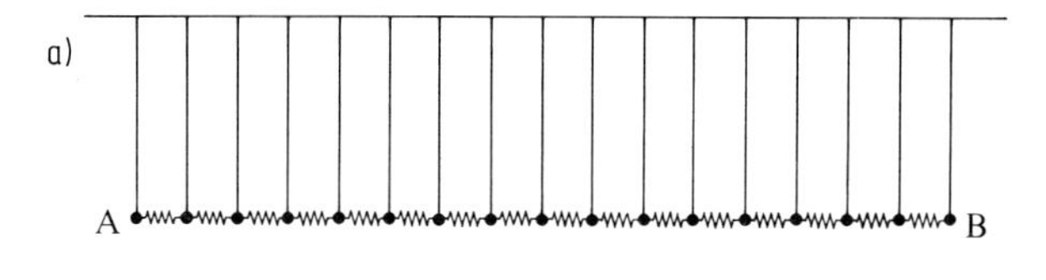

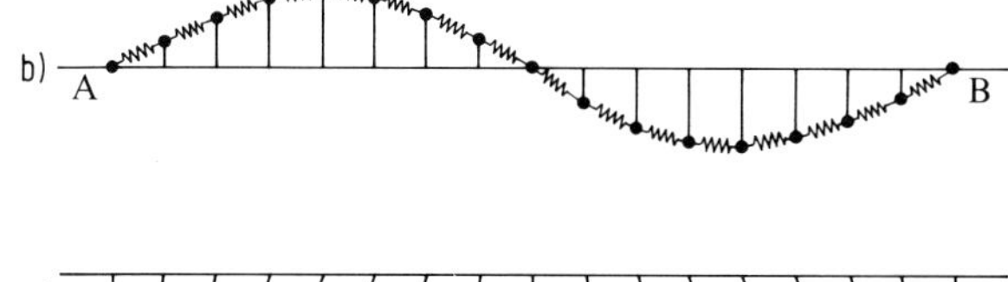

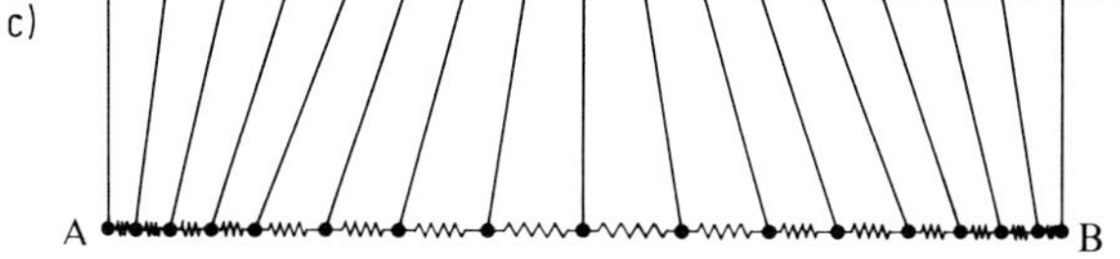

Abb. 127. Schwingungen eines linearen Gebildes. Kugeln sind an Fäden aufgehängt, um die Schwerkraft auszuschalten. Die „Elementarpendel" sind durch (weiche) Kopplungsfedern verbunden.
a) Seitenansicht, Anordnung in Ruhe
b) Transversale Anregung (von oben gesehen
c) longitudinale Anregung (Seitenansicht).

Ein solches kann einerseits zu transversalen Schwingungen (Abb. 127b), andererseits zu longitudinalen Schwingungen (Abb. 127c) angeregt werden. *Transversal* nennt man die Schwingung, wenn die Auslenkung senkrecht zu AB, *longitudinal*, wenn sie parallel zu AB erfolgt. Transversale Schwingungen nennt man auch „Querschwingungen", longitudinale auch „Längsschwingungen". Wenn sich solche Schwingungen längs eines linearen, flächenhaften oder räumlichen Gebildes örtlich fortpflanzen, spricht man von Wellen.

Transversale Schwingungen (Querwellen) nennt man *linear polarisiert*, wenn die Auslenkung (örtlich und zeitlich) stets in derselben Ebene erfolgt. Diese Ebene wird Polarisationsebene genannt*). Bei der linear polarisierten (Transversal-) Welle ändert sich also der Betrag der Auslenkung mit der Zeit, aber die Auslenkungs*richtung* bleibt ungeändert.

Es gibt außerdem die *zirkular polarisierte Welle*. Bei einer solchen ist der Betrag der Auslenkung konstant, aber die Richtung der Auslenkung ändert sich, und zwar gilt $\alpha = \omega t$, wo α der Winkel zwischen einer festen Richtung und der Momentanrichtung der Auslenkung ist, wobei beide Richtungen immer in einer Ebene senkrecht zur Fortpflanzungsrichtung der Wellen liegen.

Bei *longitudinalen* Schwingungen ist keine Querebene ausgezeichnet, daher gibt es bei ihnen *keine Polarisation*. In Luftsäulen sind nur Längsschwingungen möglich. Schallwellen, auch solche in der freien Luft, sind Längsschwingungen in Fortpflanzungsrichtung.

Die Aussagen über Wellenfortpflanzung, Eigenschwingung und dergleichen gelten sowohl für transversale, als auch für longitudinale Wellen mit alleiniger Ausnahme der Polarisation von Transversalwellen.

2.2.2. Fortschreitende und stehende Wellen

Die örtliche und zeitliche Abhängigkeit der Auslenkung einer in x-Richtung fortschreitenden Welle wird wiedergegeben durch $y = A \cdot \sin(\omega t - kx)$. Die Überlagerung einer hin- und einer rücklaufenden Welle ergibt eine stehende Welle.

Wird ein sehr langes lineares Gebilde (z. B. langer ausgezogener Gummischlauch) am freien Ende ruckartig transversal ausgelenkt, so läuft eine Auslenkung (Auslenkungsstoß) mit einer gewissen Ausbreitungsgeschwindigkeit v das Gebilde entlang. Erreicht der Aus-

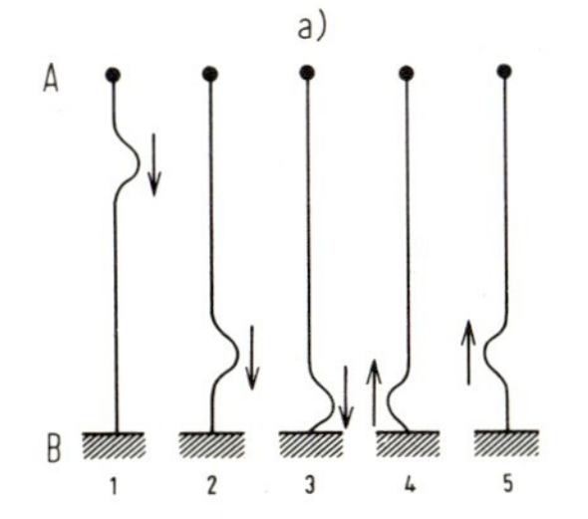

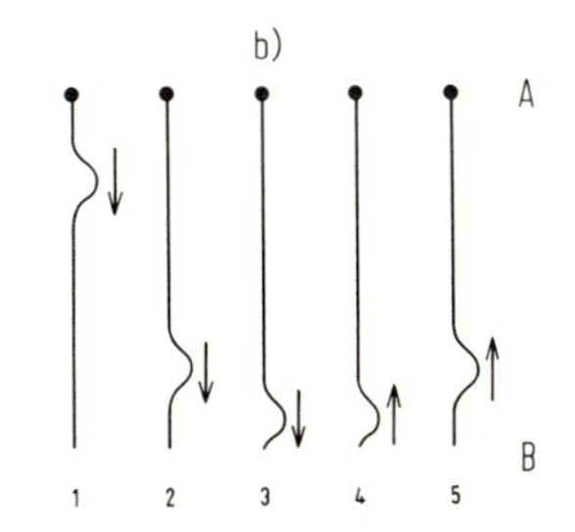

Abb. 128. Reflexion eines Auslenkstoßes. Ein vertikaler Gummischlauch wird zu Beginn bei A ruckartig ausgelenkt. Der Auslenkungsstoß läuft zum Ende B.
Zeitpunkt 1: Auslenkungsstoß von A weggelaufen.
Zeitpunkt 2 und 3: Auslenkungsstoß kurz vor B.
Zeitpunkt 4 und 5: Auslenkungsstoß nach Reflexion bei B.
a) unteres Ende fest: Reflexion mit Phasenumkehr
b) unteres Ende frei: Reflexion ohne Phasenumkehr.

* Bei elektromagnetischen Wellen bedarf es einer zusätzlichen Festsetzung, ob die Ebene der *elektrischen* Feldstärke, oder die dazu senkrechte der *magnetischen* Feldstärke als Polarisationsebene bezeichnet werden soll, vgl. 5.4.1, Fußnote.

lenkungsstoß das Ende des linearen Gebildes, so wird er mit der Phasenverschiebung $\delta = 0°$ reflektiert, wenn dieses *Ende frei beweglich* ist (freies Ende eines hängenden Gummischlauches, Abb. 128b), er wird dagegen mit *Phasenverschiebung* $\delta = 180°$ reflektiert, falls dieses *Ende festgehalten* ist (Abb. 128a).

Man kann sich an jedem Punkt eines Gebildes
a) für die Auslenkung $y(t)$,
b) für die Auslenkungsgeschwindigkeit $\dot{y}(t)$
interessieren. Wenn man das Gebilde am einen Ende zeitlich periodisch auslenkt um

$$y = A \cdot \sin \frac{2\pi}{T} t \quad \text{(harmonische Schwingung)} \tag{1-49a}$$

dann beobachtet man eine fortschreitende Welle. Das Argument des Sinus, d. h. die Phase ändert sich für einen *festen Ort* um 2π, wenn $t/T = 1, 2, 3, \ldots$, also $t = T, 2\,T \ldots$ ist (Abb. 129a).

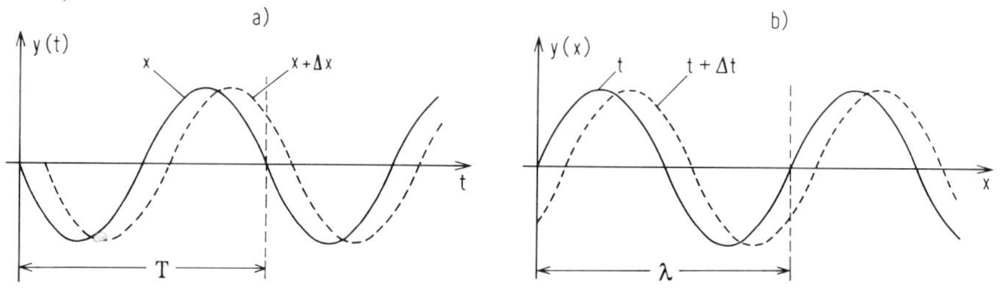

Abb. 129. Örtliche und zeitliche Verteilung der Auslenkung y bei einer fortschreitenden Welle.
a) Auslenkung als Funktion der Zeit an den Orten x und $x + \Delta x$
b) Auslenkung als Funktion des Ortes zu den Zeitpunkten t und $t + \Delta t$.

Eine fortschreitende harmonische Welle pflanzt sich mit einer gewissen Geschwindigkeit v fort. Offenbar ist die Wellenlänge λ der Weg, um den die Auslenkung während einer Schwingungsdauer T weiterrückt, also ist

$$v = \lambda/T \qquad \text{oder} \qquad v = \lambda \cdot \nu \tag{2-8}$$

in Worten: Frequenz ν multipliziert mit der Wellenlänge λ ergibt die Ausbreitungsgeschwindigkeit v.

In irgend einem *festen Zeitpunkt*, und zwar wenn das Argument des Sinus in Gl. (1-49a) 0 oder 2π oder 4π oder ..... ist, hat die fortlaufende Welle eine *örtlich periodische* Verteilung

$$y = -A \cdot \sin \frac{2\pi}{\lambda} \cdot x \tag{2-9}$$

Das Argument dieses Sinus ändert sich um 2π, 4π, ..., wenn $x/\lambda = 1, 2, 3, \ldots$ ist, also wenn $x = \lambda, 2\lambda, \ldots$ ist (Abb. 129b). Bekanntlich setzt man $2\pi/T = \omega$. Außerdem führt man ein: $2\pi/\lambda = k$ („Betrag des Wellenvektors").

Die Auslenkung y an einem anderen Ort mit der Koordinate x zum Zeitpunkt t erhält man durch Addition der Phasen. Wegen $\sin(-\alpha) = -\sin\alpha$ ist daher

$$y = A \cdot \sin\left(\frac{2\pi}{T} t - \frac{2\pi}{\lambda} \cdot x\right) = A \cdot \sin(\omega t - kx) \tag{2-10}$$

Diese Gleichung gibt die Auslenkung für eine fortschreitende eindimensionale Welle längs eines linearen Gebildes nach Ort und Zeit wieder. Die Gl. (2-10) gilt auch für eine zwei- oder dreidimensionale Welle in Richtung x (vgl. 2.2.7); sie genügt der Differentialgleichung

$$\frac{\partial^2 y}{\partial t^2} = v^2 \cdot \frac{\partial^2 y}{\partial x^2} \tag{2-11}$$

wo v die Fortpflanzungsgeschwindigkeit der Wellen ist. Die allgemeine Lösung dieser Gleichung ist $y = f(t - x/v) + g(t + x/v)$, wo f und g beliebige Funktionen sind.

Eine allgemeinere Wellengleichung ist in 2.3.1, Gl. (2-21) angegeben.

2.2.3. Stehende Wellen, Eigenschwingungen

F/L 3.2.1

Bei linearen Gebilden endlicher Länge L gibt es Eigenschwingungen, die wesentlich von den Randbedingungen abhängen.

Ein sehr langes lineares Gebilde (z. B. Schlauch, Seil) mit einem festen Ende Q wird am anderen Ende P *periodisch* ausgelenkt. Wenn die Auslenkung das Ende Q erreicht, wird sie reflektiert. Am Ort Q haben einlaufende und reflektierte Welle dauernd Phasenverschiebung 180°. Die reflektierte Welle überlagert sich der hinlaufenden und es ergibt sich eine stehende Welle, bei der am Ort Q und in Abständen $\lambda/2$, $2\lambda/2$, $3\lambda/2$ davon Bewegungsknoten auftreten. Das ist verständlich, wenn man sich klar macht, daß die schon beim Übergang von Gl. (2-5) zu Gl. (2-7) verwendete Umformung Gl. (2-6) ergibt

$$A \cdot \sin(\omega t - kx) + A \cdot \sin(\omega t + kx) = 2A \cdot \cos(-kx) \cdot \sin \omega t \tag{2-12}$$

Die Amplitude, also $2A \cdot \cos(-kx)$, ist ortsfest, die Auslenkung ändert sich zeitlich mit der Kreisfrequenz ω. Es ist eine „stehende Welle" entstanden (Abb. 130).

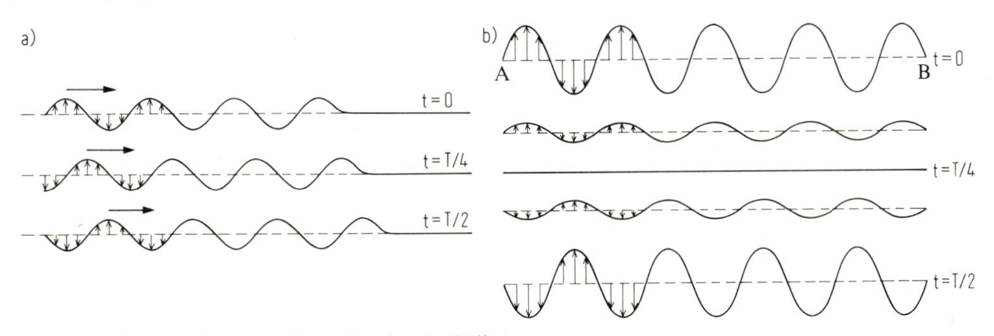

Abb. 130. Fortschreitende Welle und stehende Welle.
a) Fortschreitende Welle im Zeitabstand 0, $T/4$, $T/2$.
b) Stehende Welle im Zeitabstand 0, ..., $T/4$, ..., $T/2$. Bei $t = 0$, $T/2$, ... steckt nur potentielle, bei $t = T/4$ nur kinetische Energie im Schlauch.

Fall: Zwei feste Enden: Nun soll ein lineares Gebilde zwischen zwei festen Enden A und B mit einer endlichen Länge L betrachtet werden. Wenn in L entweder 1/2, 2/2, 3/2, ... n/2 Wellenlängen λ hineinpassen, so ist die zweimal reflektierte Schwingung genau phasengleich zur ursprünglichen (Phasenverschiebung $2 \cdot 180°$). Dann entsteht eine „*Eigenschwingung*" (stehende Welle) des linearen Gebildes mit *zwei festen Enden*. Das ist der Fall, wenn (Abb. 131a) erfüllt ist

$$\frac{\lambda}{2} = \frac{L}{n+1} \text{ (zwei Enden fest)} \tag{2-13}$$

oder anders geschrieben, wenn

$$\frac{\lambda}{4} = \frac{L}{2n+2} \tag{2-14}$$

mit der Laufzahl $n = 0, 1, 2, \ldots$ ist. Hierunter fallen z. B. Schwingungen einer gespannten Saite. Der Grundschwingung wird die Laufzahl $n = 0$ zugeordnet. Die Laufzahl $n = 0,1,2,\ldots$ ist hier die Anzahl der Knoten zwischen den Enden.

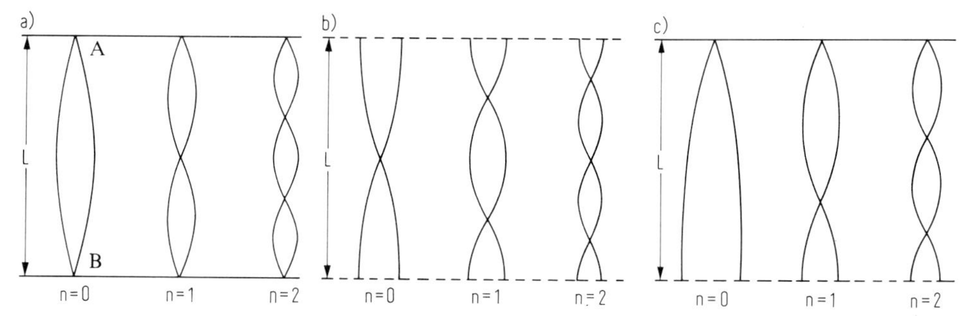

Abb. 131. Eigenschwingungen eines linearen Gebildes für drei verschiedene Randbedingungen.
a) Mit zwei festen Enden (z. B. Schlauch, Violinsaite).
b) Mit zwei freien Enden.
c) Mit einem freien Ende.

Bei allen linearen Gebilden endlicher Länge entstehen Eigenschwingungen. Die Bedingungen „Ende frei" oder „Ende fest" sind Beispiele für verschiedene „*Randbedingungen*".

Nach Gl. (2-8) gilt $\lambda \cdot \nu = v$, also folgt aus Gl. (2-13)

$$\nu = \frac{v}{2L}(n+1)$$

oder

$$\omega = \frac{2\pi v}{2L}(n+1) = \frac{2\pi v}{4L}(2n+2)$$

Das lineare Gebilde mit zwei Enden fest hat demnach unbegrenzt viele, aber diskrete Eigenfrequenzen, für die gilt

$$\omega_0 : \omega_1 : \ldots : \omega_n = 2 : 4 : 6 : \ldots : (2n+2)$$

Der Eigenfrequenz ω_n entsprechen n Knotenpunkte im Abstand $\lambda/2$.

Fall: Zwei freie Enden: Bei den Eigenschwingungen eines linearen Gebildes mit *zwei freien* Enden (vgl. Abb. 131b) gilt wie bei zwei festen Enden

$$\frac{\lambda}{2} = \frac{L}{n+1} \quad \text{oder} \quad \frac{\lambda}{4} = \frac{L}{2n+2} \quad \text{(zwei Enden frei)}, \tag{2-14a}$$

n = 0 ist wieder die Grundschwingung, jedoch ist hier die Anzahl der Knoten bei der Grundschwingung 1, bei der n-ten Oberschwingung n + 1. Es gilt dasselbe Verhältnis $\omega_0 : \omega_1 : \omega_2 : \ldots$ wie bei zwei festen Enden. Hierunter fallen Schwingungen von Luftsäulen mit zwei offenen Enden (offene Pfeife).

Der Eigenfrequenz ω_n entsprechen n + 1 Knoten im Abstand $\lambda/2$. Bei der Grundschwingung befindet sich je ein Knoten im Abstand $\lambda/4$ von beiden Enden.

Fall: Ein festes, ein freies Ende: Bei einem linearen Gebilde mit einem *festen* und einem *freien* Ende wird die Schwingung am freien Ende ohne Phasenumkehr reflektiert. Eine solche Schwingung ist realisierbar z. B. mit einem hängenden Schlauch (oder Seil oder Schraubenfeder). Dann gilt (Abb. 131c)

$$\frac{\lambda}{4} = \frac{L}{2n+1} \quad \text{Laufzahl } n = 0, 1, 2, \ldots \text{ (ein Ende frei)}. \tag{2-15}$$

n = 0 ist wieder die Grundschwingung. In diesem Fall ist $\omega_0 : \omega_1 : \omega_3 : \ldots = 1 : 3 : 5 : \ldots : (2n+1)$. ω_n hat n Knotenpunkte. Die Grundfrequenz mit zwei freien Enden ist halb so groß wie mit einem festen und einem freien Ende. Hierunter fallen Schwingungen von Luftsäulen mit einem offenen Ende (gedeckte Pfeife).

Was in Abb. 131 für transversale Schwingungen gezeichnet ist, gilt auch für longitudinale Schwingungen, vgl. Abb. 132. Ersatzweise trägt man in Zeichnungen auch longitudinale Auslenkung nach der Seite auf.

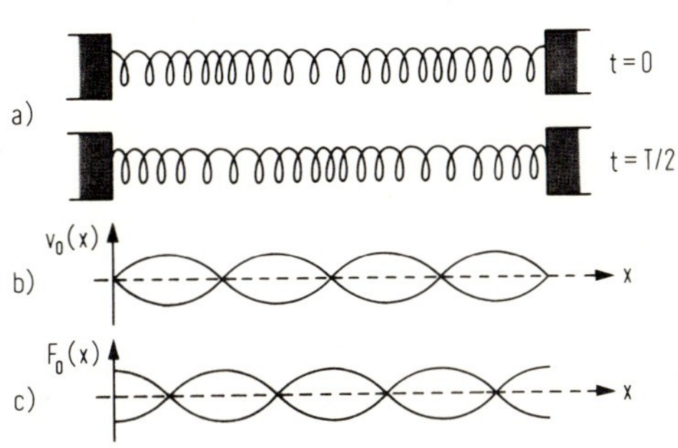

Abb. 132. Longitudinalschwingung in einer Schraubenfeder.
a) Schematische Darstellung der Schraubenfeder in Maximalauslenkung für 2 Zeitpunkte.
b) Örtliche Verteilung der Geschwindigkeitsamplitude $v_0(x)$.
c) Örtliche Verteilung der Kraftamplitude $F_0(x)$.
Es gilt: $v(x, t) = v_0(x) \cdot \sin \omega t$ bzw. $F(x, t) = F_0(x) \cdot \sin(\omega t + \pi/2)$.

2.2.4. Druck- und Geschwindigkeitsverteilung in Luftsäulen *F/L 3.2.2*

Bei einer longitudinalen Eigenschwingung einer Gassäule kann man die Geschwindigkeitsverteilung und die Druckverteilung untersuchen.

Longitudinale Wellen lassen sich z. B. in einer langen Schraubenfeder erhalten. Dabei kann man sich *entweder* für die Geschwindigkeit kleiner Teilstücke (z. B. einer Windung) interessieren *oder* für die elastische Kraft zwischen benachbarten Teilstücken (zwischen zwei benachbarten Windungen). In Abb. 132 ist für zwei Augenblicke ein Bild der schwingenden

Feder gezeichnet und dazu die örtliche Verteilung der Geschwindigkeitsamplitude und der Kraftamplitude.

Analog sind die Verhältnisse in einer Luftsäule. Man hat hier zu fragen nach der Verteilung der Geschwindigkeits- und der Druckamplitude. Abb. 133a′ zeigt für Eigenschwingungen die Verteilung der Geschwindigkeitsamplitude ausgezogen und Abb. 133b′ dasselbe für die zugehörige Druckamplitude längs einer schwingenden Luftsäule. Das Geschwindigkeitsminimum fällt auf das Druckmaximum und umgekehrt. Die Geschwindigkeitsverteilung kann durch Staubverteilung (Kundtsche Staubfiguren, Abb. 133a), die Druckverteilung im Rubensschen Flammenrohr Abb. 133b sichtbar gemacht werden.

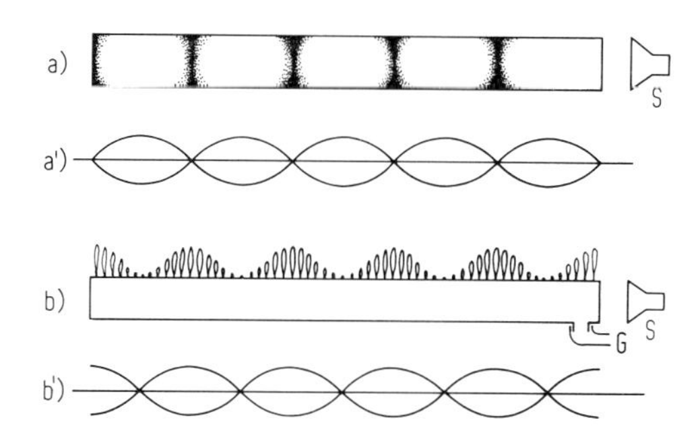

Abb. 133. Verteilung der Geschwindigkeits- und Druckamplitude in einer schwingenden Luftsäule.
a) Kundtsche Staubfiguren (quadratischer Querschnitt der Röhre!), S: Schallquelle.
a′) Verteilung der Geschwindigkeitsamplitude.
b) Rubenssches Flammenrohr, G: Leuchtgasanschluß, S: Schallquelle.
b′) Verteilung der Druckamplitude.

Demonstration.
1. Rubenssches Flammenrohr (Druckverteilung): Ein langes, einseitig starr verschlossenes, mit Leuchtgas gefülltes Metallrohr ist auf der Oberseite in gleichmäßigen Abständen mit Bohrungen versehen, aus denen man kleine Flammen brennen läßt. Auf der anderen Seite ist es durch eine leichte, die Schwingung nicht beeinflussende Membrane abgeschlossen und kann mit verschiedenen Frequenzen angeregt werden (z. B. mit Hilfe einer ausziehbaren Orgelpfeife, deren Schwingungsfrequenz durch Ausziehen verändert werden kann). Bei passender Frequenz erhält man eine Eigenschwingung, deren Druckverteilung durch die Höhen der Flammen angezeigt wird.

2. Kundtsche Staubfiguren (Geschwindigkeitsverteilung): In einem durchsichtigen Rohr lassen sich die Geschwindigkeitsknoten sichtbar machen, indem man feinen Staub im Rohr verstreut. Dieser wird vom bewegten Gas mitgenommen und sammelt sich schließlich an den Geschwindigkeitsknoten in Abständen von $\lambda/2$ an.

3. Eine lange *Schraubenfeder*, wie Abb. 132, kann ebenfalls zu longitudinalen Eigenschwingungen angeregt werden. In ihr lassen sich die Ausbreitungsvorgänge leicht übersehen, vgl. 2.2.6.

4. Auch in einem festen Körper (Metallstab) kann man longitudinale Schwingungen anregen, vgl. unten Messingstab, Schallgeschwindigkeit (2.2.5).

2.2.5. Messung der Schallgeschwindigkeit

Die Schallgeschwindigkeit v kann aus $v = \lambda \cdot \nu$ bestimmt werden.

Durch Bestimmung der Frequenz ν einer Stimmgabel und der Wellenlänge λ der dadurch in einer Luftsäule angeregten Schwingung kann man die Fortpflanzungsgeschwindigkeit des Schalls (z. B. in Luft) nach der Beziehung $\lambda/T = v = \lambda \cdot \nu$ ermitteln. Die Schallgeschwindigkeit in Luft ergibt sich zu 343 m/s, in Kohlensäure zu 264 m/s bei Zimmertemperatur.

Bestimmung der Frequenz einer Stimmgabel: Ein dünnes Drähtchen wird an der einen Zinke einer Stimmgabel als Schreibstift befestigt. Die Stimmgabel wird angeschlagen und mit dem Drähtchen eine sich gleichförmig drehende berußte Scheibe kurz berührt. Aus der Periodenlänge l der aufgezeichneten Schwingung und der Geschwindigkeit v_s der Scheibe relativ zum Berührungspunkt ergibt sich die Frequenz aus v_s/l.

Beispiel. Bei einer Stimmgabel für den Kammerton a′ erhält man $\nu = 440\ \mathrm{s}^{-1}$.

Bestimmung der Wellenlänge bei Ausbreitung der Schwingung in Luft: Man verändert die Länge L einer Luftsäule solange, bis durch die Schwingung der Stimmgabel ($\nu = 440\ \mathrm{s}^{-1}$) eine Eigenschwingung (n = 0, 1, 2, ...) der Luftsäule angeregt wird. Ein vertikales einseitig offenes Rohr kann bis zu einstellbarer Höhe mit Wasser gefüllt werden, Abb. 134. Die Gassäule im Rohr (Länge L) wird durch die darübergehaltene Stimmgabel zu einer Eigenschwingung erregt, wenn die Eigenschwingungsbedingung Gl. (2-15) erfüllt ist, also für $L = (1/4)\,\lambda$, $(3/4)\,\lambda$.... Man hört dann den Ton jeweils mit vergrößerter Lautstärke.

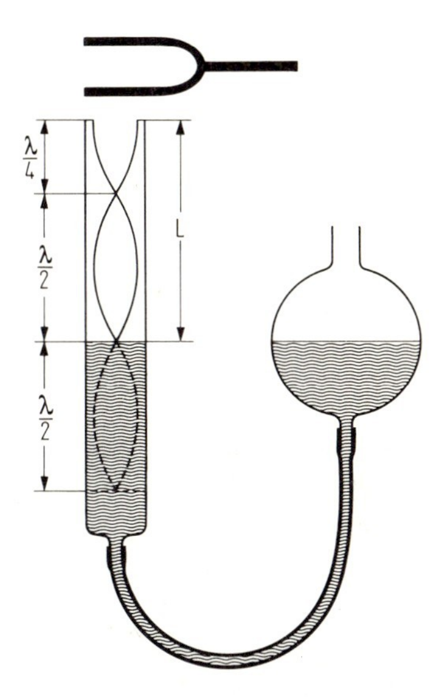

Abb. 134. Bestimmung der Wellenlänge für Schwingungen einer Stimmgabel. Die Schwingungen einer Stimmgabel erzeugen in einer Luftsäule stehende Schallwellen. Gezeichnet ist der Fall n = 1, angedeutet sind auch die Fälle n = 0 und n = 2 (gestrichelte Linie). Im Unterschied zu Abb. 131c wird hier die *Länge der Luftsäule* geändert und die Frequenz bleibt konstant.

Beispiel. Mit *Luft* im Rohr erhält man mit obiger Frequenz Resonanz für $L = 18$ cm, 57 cm, 96 cm, ..., daher ist in Luft $\lambda/2 = (57 - 18)\ \mathrm{cm} = (96 - 57)\ \mathrm{cm} = 39\ \mathrm{cm}$.

Mit *Kohlensäure* im Rohr findet man $\lambda'/2 = 30\ \mathrm{cm}$.

Die Rohrlänge mit der Grundschwingung mit n = 0 (im Beispiel 18 cm) ist nicht genau $\lambda/4$, weil sich am offenen Rohrende die Querschnittsänderung der Luftsäule als Randstörung bemerkbar macht.

Dann gilt in *Luft* bei Zimmertemperatur

$$v = \lambda \cdot \nu = 2 \cdot 0{,}39\ \mathrm{m} \cdot 440\ \mathrm{s}^{-1} = 343\ \mathrm{m/s},$$

in *Kohlensäure* bei Zimmertemperatur

$$v' = \lambda' \cdot \nu = 2 \cdot 0{,}30\ \mathrm{m} \cdot 440\ \mathrm{s}^{-1} = 264\ \mathrm{m/s}.$$

Die Schallgeschwindigkeit in Luft bei 20 °C beträgt 343 m/s (vgl. 2.2.6).

Auf ähnliche Weise kann man die *Schallgeschwindigkeit* in *Metall* messen (Abb. 135): Ein Messingstab der Länge L_{st} wird in der Mitte eingeklemmt und durch Reiben in Längsrichtung mit Hilfe eines Lederlappens zu longitudinalen Schwingungen, gemäß Gl. (2-14a), beide Enden frei, in der Grundschwingung angeregt. Dann ist $L_{st} = \lambda''/2 = \lambda_{Ms}/2$.

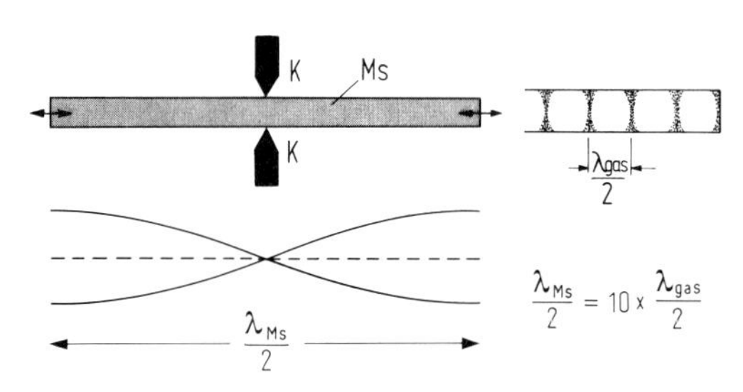

Abb. 135. Bestimmung der Schallgeschwindigkeit in einem Messingstab. Ms: Messingstab in der Mitte bei KK eingeklemmt. Der Stab schwingt *longitudinal* (vgl. die Enden der Doppelpfeife); statt dessen ist darunter die Auslenkung (der Darstellbarkeit wegen) transversal aufgetragen.
Aus $v = \nu \cdot \lambda$ folgt bei fester Frequenz:
$v_{Ms} : v_{Gas} = \lambda_{Ms} : \lambda_{Gas}$.
Gezeichnet ist $\lambda_{Ms} : \lambda_{Luft} = 10 : 1$

Zur Bestimmung der Frequenz überträgt man die Schwingung des Metallstabes auf eine Gassäule (Luftsäule) und bestimmt die Wellenlänge λ im Gas mit Hilfe der Kundtschen Staubfiguren. Wenn man die Fortpflanzungsgeschwindigkeit in Luft v_0 bereits kennt, ergibt sich die Frequenz ν aus v_0/λ und die Fortpflanzungsgeschwindigkeit in Messing aus

$$v'' = \nu \cdot \lambda'' = v_0 \cdot \frac{\lambda''}{\lambda}$$

Anschließend kann man die Luft durch andere Gase ersetzen und die Fortpflanzungsgeschwindigkeit in diesen bestimmen.

Beispiel. Mit einem Messingstab der Länge $L_{st} = 30$ cm, also $\lambda'' = 60$ cm ergibt sich der Abstand zweier Knoten im Kundtschen Rohr zu 3,0 cm, also $\lambda = 6{,}0$ cm. Somit ist die Ausbreitungsgeschwindigkeit von Schall in *Messing*

$$v'' = 344\,\frac{\text{m}}{\text{s}} \cdot \frac{60\text{ cm}}{6\text{ cm}} = 3{,}44 \cdot 10^3\,\frac{\text{m}}{\text{s}}$$

2.2.6. Fortpflanzungsgeschwindigkeit von Schwingungen

Die Fortpflanzungsgeschwindigkeiten longitudinaler Schwingungen in einem linearen Gebilde mit kontinuierlicher Massenverteilung (Stab, Gassäule) hängt von dessen Dichte ϱ und von seinem Elastizitätsmodul E ab. Es gilt $v = \sqrt{E/\varrho}$.

Bei longitudinaler Auslenkung einer Schraubenfeder werden die einzelnen Schwingungen durch die Nachbarwindungen in Bewegung gesetzt. Die Fortpflanzungsgeschwindigkeit v hängt von zwei Einflüssen ab:

a) von der Starrheit der Feder,
b) von der Masse je Windung.

Kleinere Masse je Windung und größere Richtgröße D ergeben größere Fortpflanzungsgeschwindigkeit.

Bei einem linearen Gebilde mit kontinuierlicher Massenverteilung wird die Ausbreitungsgeschwindigkeit v durch dessen Elastizitätsmodul E und Dichte ϱ bestimmt. Den qualitativen Zusammenhang kann man durch folgende Dimensionsbetrachtung erhalten:

dim (E/ϱ) = dim (l^2/t^2) (Einsetzen analog Tab. 55, S. 628). Rechts steht also das Quadrat einer Geschwindigkeit. Untenstehende Rechnung und die experimentelle Erfahrung zeigen, daß für die Fortpflanzungsgeschwindigkeit v tatsächlich gilt:

$$v^2 = \frac{E}{\varrho} \tag{2-16}$$

also ohne einen Zahlenfaktor. Über einen solchen kann man durch eine Dimensionsbetrachtung keine Aussage machen. Für die Anwendung auf die Gase siehe unten Gl. (2-19).

Man kann zeigen, daß sein muß

$$\varrho \cdot \frac{\partial^2 y}{\partial t^2} = E \cdot \frac{\partial^2 y}{\partial x^2} \quad \text{(Wellengleichung)} \tag{2-17}$$

Begründung. An Punkten, die sich durch die Ortskoordinate x unterscheiden, unterscheidet sich auch die Auslenkung y und auch die Druck- (Zug-) Spannung σ.

Man betrachtet (vgl. Abb. 136) eine Schicht der Dicke $\mathrm{d}x$ (in der Ausbreitungsrichtung), deren Begrenzungsebenen die Ortskoordinaten x bzw. $x + \mathrm{d}x$ haben. Bei der Auslenkung y vergrößert sich auch $\mathrm{d}x$, und zwar erfolgt eine Dehnung gemäß $\mathrm{d}y/\mathrm{d}x = \sigma/E$. Dem Ort x entspricht die Auslenkung

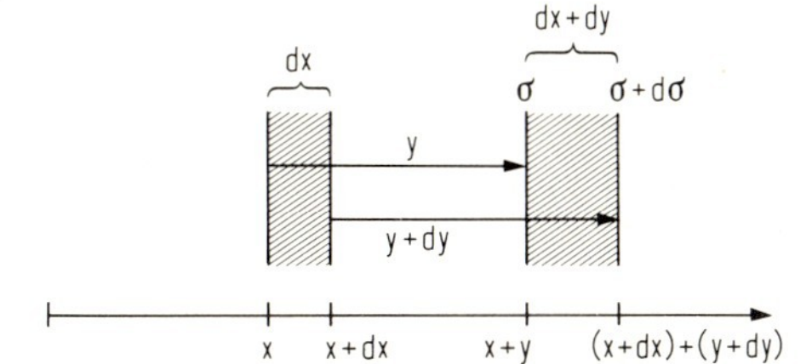

Abb. 136. Zur Ableitung der Wellengleichung. Eine Schicht der Dicke $\mathrm{d}x$ macht eine Auslenkung y und wird dabei um $\mathrm{d}y$ gedehnt. Es gilt: $\mathrm{d}y = (\mathrm{d}y/\mathrm{d}x) \cdot \mathrm{d}x$.

y, dem Ort $x + \mathrm{d}x$ die Auslenkung $y + (\partial y/\partial x) \cdot \mathrm{d}x$. Am linksseitigen Ende der verschobenen Schicht herrscht die Spannung

$$\sigma = E \frac{\partial y}{\partial x},$$

denn ∂y ist die Änderung der Dicke $\mathrm{d}x$. Am rechtsseitigen Ende dagegen herrscht die Spannung

$$\sigma + \mathrm{d}\sigma = E \frac{\partial\,(y + (\partial y/\partial x)\,\mathrm{d}x)}{\partial x} = E \frac{\partial y}{\partial x} + E \frac{\partial^2 y}{\partial x^2}\,\mathrm{d}x$$

Also

$$\mathrm{d}\sigma = E \frac{\partial^2 y}{\partial x^2}\,\mathrm{d}x \tag{2-18}$$

In der Schicht befindet sich die Masse $\varrho \cdot A \cdot \mathrm{d}x$; sie wird beschleunigt durch die Differenz $\mathrm{d}\sigma$ der Spannung zwischen den beiden Enden. Auf sie wirkt die Kraft $\mathrm{d}\sigma \cdot A$ und bewirkt die Beschleunigung $\partial^2 y/\partial t^2$, d. h. es gilt

$$(\varrho \cdot A\,\mathrm{d}x) \frac{\partial^2 y}{\partial t^2} = \mathrm{d}\sigma \cdot A = E \cdot \frac{\partial^2 y}{\partial x^2}\,\mathrm{d}x \cdot A$$

Kürzt man links und rechts $\mathrm{d}x \cdot A$, so entsteht Gl. (2-17).

Setzt man in die Wellengleichung die Gleichung der fortschreitenden Welle Gl. (2-10)

$$y = A \cdot \sin(\omega t - kx) = A \cdot \sin \frac{2\pi}{\lambda}(vt - x)$$

ein, so folgt

$$v^2 = \frac{E}{\varrho}$$

Die Wellengleichung wird erfüllt durch jede beliebige Funktion der Form $y = f(x \pm vt)$. Sie gilt für longitudinale und transversale Auslenkung und kann auch auf elektromagnetische Wellen übertragen werden.

Beispiel. Wellenstoß, Abb. 128.

Beispiel. Die Fortpflanzungsgeschwindigkeit für longitudinale Schwingungen (d. h. die Schallgeschwindigkeit) in Messing ergibt sich mit

$$E = 100 \cdot 10^9 \text{ N/m}^2$$

und

$$\varrho = 8{,}4 \text{ g/cm}^3 = 8{,}4 \cdot 10^3 \text{ kg/m}^3$$

aus

$$v^2 = \frac{100 \cdot 10^9 \text{ N/m}^2}{8{,}4 \cdot 10^3 \text{ kg/m}^3} = 11{,}9 \cdot 10^6 \text{ m}^2/\text{s}^2$$

zu

$$v = 3{,}45 \cdot 10^3 \text{ m/s}.$$

Das Ergebnis aus der Messung 2.2.5 und dieser Berechnung stimmen überein.

Bei der Schallausbreitung in *Gasen* erfolgen die schnell aufeinander folgenden Kompressionen und Expansionen adiabatisch. Nach 1.5.2.6 ist daher einzusetzen $E = \varkappa \cdot p$. Damit ergibt sich

$$v_{\text{gas}} = \sqrt{\frac{\varkappa p}{\varrho}} \qquad \text{(2-19)}$$

Da beim Gas bei konstanter Temperatur die Dichte ϱ proportional dem Druck p ist, hängt die Schallgeschwindigkeit v *nicht vom Gasdruck* ab, *wohl aber* von der *Temperatur*, denn

$$\frac{p}{\varrho} = \frac{p_0}{\varrho_0} \cdot \frac{T}{T_0}, \text{ folglich } v = v_0 \sqrt{\frac{T}{T_0}} \qquad \text{(2-20)}$$

Wenn $T - T_0$ klein ist, gilt näherungsweise

$$v = v_0 + \left(\frac{v_0}{2\,T_0}\right) \cdot (T - T_0) \qquad \text{(2-20a)}$$

Begründung. Man kann Gl. (2-19) mit Berücksichtigung von Gl. (2-20) umschreiben in

$$v_{\text{gas}} = \sqrt{\frac{\varkappa p_0}{\varrho_0}} \cdot \sqrt{\frac{T - T_0 + T_0}{T_0}}$$

Setzt man $(T - T_0)/T_0 = \varepsilon$ und berücksichtigt $(1 + \varepsilon)^{1/2} \approx 1 + 1/2 \cdot \varepsilon$, so folgt Gl. (2-20a).

Beispiel. Für Luft ist $\varkappa = 7/5 = 1{,}40$ (vgl. 3.5.3)

$$\varrho = 1{,}29 \text{ kg/m}^3 \quad \text{bei} \quad p = 10{,}13 \cdot 10^4 \frac{\text{N}}{\text{m}^2} = 760 \text{ Torr} \quad \text{und} \quad T = 273 \text{ K}$$

also

$$v_0^2 = \frac{1{,}4 \cdot 10{,}13 \cdot 10^4 \text{ N/m}^2}{1{,}29 \text{ kg/m}^3} = 11{,}0 \cdot 10^4 \frac{\text{m}^2}{\text{s}^2}$$

$$v_0 = 331 \frac{\text{m}}{\text{s}} \quad \text{bei} \quad T = 273 \text{ K} \quad \text{oder} \quad 0\,°\text{C}.$$

Einsetzen in (2-20a) ergibt

$$v = 331 \frac{\text{m}}{\text{s}} + 0{,}606 \frac{\text{m/s}}{\text{K}} (T - T_0)$$

Beispiel. Die Schallgeschwindigkeit in Luft beträgt bei 20 °C

$$v = 331 \text{ m/s} + 12 \text{ m/s} = 343 \text{ m/s}$$

Bei 600 °C ergibt sich aus Gl. (2-19) und Gl. (2-20)

$$v = 331 \text{ m/s} \cdot \sqrt{\frac{873}{273}} = 592 \text{ m/s}$$

2.2.7. Schwingungen flächenhafter und räumlicher Gebilde

Auch bei flächenhaften (räumlichen) Gebilden gibt es Eigenschwingungen, die sich durch zwei (drei) Laufzahlen („Quantenzahlen") kennzeichnen lassen. Es gibt Knotenlinien (Knotenflächen).

Ein flächenhafter, aber nicht unbedingt ebener Metallkörper (z. B. Metallplatte, Becher, Glocke) sei im Mittelpunkt fest eingeklemmt und dadurch dort ein Geschwindigkeitsknoten erzwungen. Auch eine solche Nebenbedingung nennt man eine „Randbedingung". Der Metallkörper werde zu Eigenschwingungen angeregt durch Anstreichen mit einem Geigenbogen unter Festhalten eines weiteren Punktes am Rand. Dadurch wird ein Knotenpunkt erzwungen. Außer Knotenpunkten gibt es jetzt „Knotenlinien" (Abb. 137). Aufge-

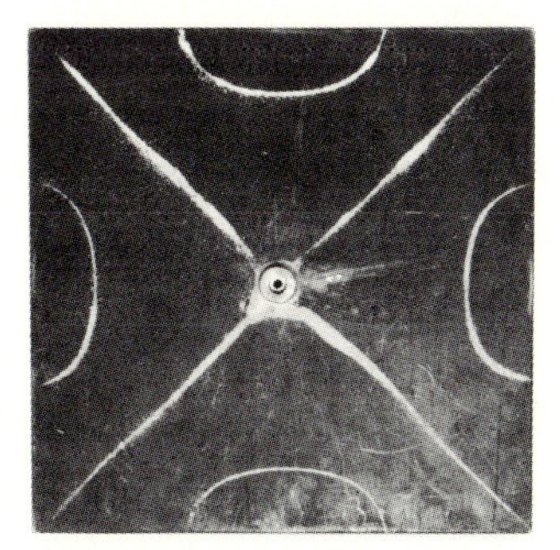

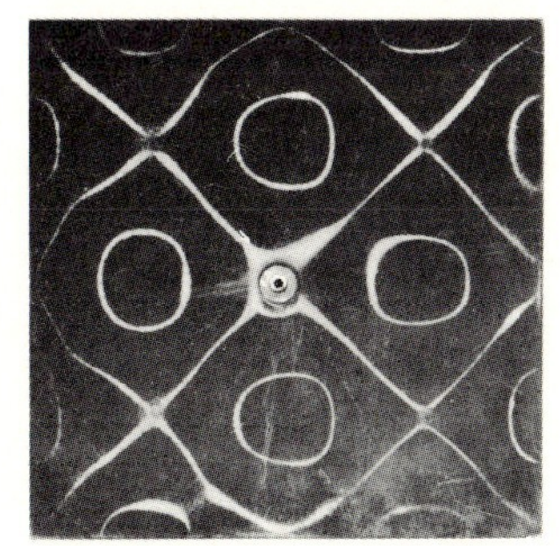

Abb. 137. Schwingungen flächenhafter Gebilde. Gezeigt sind Schwingungen einer quadratischen Platte, die im Mittelpunkt festgeklemmt ist. Die Knotenlinien von drei willkürlich ausgewählten Eigenschwingungen sind durch den aufgestreuten Sand sichtbar gemacht.

streuter feiner Sand sammelt sich auf ihnen und macht sie dadurch sichtbar. Durch Festhalten eines anderen Randpunktes oder geeignet gewählter anderer Randpunkte kann man andere Eigenschwingungen erhalten. Die Eigenfrequenzen hängen außer von der Form (kreisförmige, quadratische ebene Platte, Becherglas, s. Abb. 137) und weiteren Randbedingungen auch noch von der Massenverteilung des flächenhaften Körpers ab (z. B. bei der Glocke).

Die Eigenschwingungen lassen sich numerieren (durch Laufzahlen kennzeichnen). Um beim *linearen* Gebilde die Eigenschwingungen mit den Eigenfrequenzen ω_i zu numerieren, braucht man nach 2.2.3 eine *einzige* Laufzahl ($i = 0, 1, 2, \ldots$), bei *flächenhaften* Gebilden gibt es Eigenfrequenzen, die sich durch *zwei* Laufzahlen (i, j) kennzeichnen lassen, bei *räumlichen* Gebilden sind *drei* Laufzahlen erforderlich.

Die Laufzahlen werden in der Quantentheorie Quantenzahlen genannt. Bei einem Atom liegt eine räumliche Verteilung gewisser physikalischer Größen (elektrische Feldstärke, Ladung, Energiedichte, . . .) vor. Auch dort sind Eigenschwingungen möglich, die sich mit Hilfe von Quantenzahlen kennzeichnen lassen, vgl. 6.4.4.

2.3. Abstrahlung, Beugung, Interferenz

2.3.1. Abstrahlung, Erzeugung von ebenen Wellenbündeln

Durch Reflexion von Kreis- (Kugel-) Wellen an geeignet geformten Flächen lassen sich ebene Wellenbündel herstellen.

Als Ursache für die Abnahme der Amplituden und des Energieinhalts eines schwingenden Systems, etwa einer Blattfeder, oder der Zinken einer Stimmgabel, wurde bisher nur die Reibung besprochen. In ihnen steckt kinetische Energie. Es können longitudinale oder transversale oder, bei elektrisch geladenen (4.5.3.3) schwingenden Körpern, elektromagnetische Wellen ausgesandt werden. Im vorliegenden Kapitel werden zwei Beispiele behandelt, ein drittes folgt in 4.5.3.4 (Elektr. Dipol).

1. Zunächst werden *Querwellen* (Transversalwellen) *entlang einer Wasseroberfläche* betrachtet. Ihre Besonderheit ist, daß sie in einer Ebene verlaufen. Berührt ein Stift die Oberfläche des Wassers in der Wasserwellenwanne (Abb. 138) und wird er durch einen Motor periodisch mit der Auslenkung $x(t)$ auf- und abbewegt, so erhält man auf der Wasseroberfläche ein System von weglaufenden Kreiswellen um das Erregungszentrum. Mit solchen Wasserwellen wird ein Teil der nachfolgenden Untersuchungen ausgeführt.

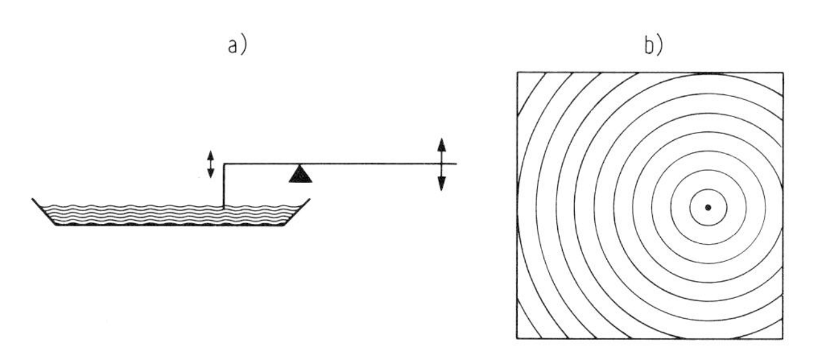

Abb. 138. Erzeugung von Wasseroberflächenwellen.
a) Seitenansicht der Wanne und des bewegten Stiftes.
b) Aufsicht, Verteilung der Wellenmaxima (schematisch).

An einer starren Wand werden die Wellen reflektiert (Abb. 139a). Stellt man ein (punktförmiges) Erregungszentrum in den Brennpunkt einer parabolischen Wand, die senkrecht zur Wasseroberfläche steht und groß ist im Vergleich zur Wellenlänge, so entsteht durch Reflexion ein „ebenes" Wellenbündel (Abb. 139b), dessen Breite gleich der Breite der parabolischen Wand ist. Es heißt „eben", weil die Wellenfronten parallele, gerade Linien senkrecht zur Fortpflanzungsrichtung sind.

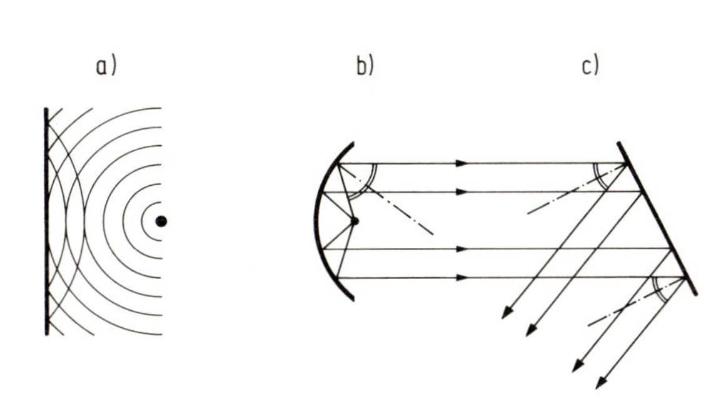

Abb. 139. Reflexion von Wasseroberflächenwellen.
In a) sind Wellenfronten gezeichnet, in b) und c) dagegen die darauf senkrechten Linien in Fortpflanzungsrichtung („Strahlen").
a) Reflexion an einer ebenen Wand.
b) Reflexion an einer parabolischen Wand. Dadurch entsteht ein ebenes Bündel.
c) Reflexion eines ebenen Wellenbündels an einer Ebene. Es gilt Einfallswinkel = Reflexionswinkel. Einfalls- bzw. Reflexionswinkel ist der Winkel zwischen der Normalen der reflektierenden Ebene und der Fortpflanzungsrichtung des einfallenden bzw. auslaufenden Wellenbündels.

Wird an einer ebenen, senkrecht zur Wasseroberfläche stehenden Fläche ein ebenes Wellenbündel reflektiert, so ist dabei Einfallswinkel = Reflexionswinkel, vgl. Abb. 139c (Reflexion eines ebenen Wellenbündels).

2. Als zweites Beispiel werden *Längswellen* (longitudinale Wellen) in Luft betrachtet, die sich räumlich ausbreiten. Stellt man ein nahezu punktförmiges Erregungszentrum in den Brennpunkt eines Paraboloidspiegels (als Näherung genügt ein sphärischer Spiegel), so entsteht ein räumliches ebenes Wellenbündel, dessen Querschnitt gleich dem Querschnitt des Spiegels ist. Die Wellen heißen eben, weil die Wellenfronten parallele Ebenen senkrecht zur Fortpflanzungsrichtung sind. Als Erregungsquelle dient z. B. eine Galtonpfeife. Sie wird mit Druckluft angeblasen und in den Brennpunkt des Spiegels gestellt („Schallscheinwerfer"). An einer ebenen, nicht parallel zur Fortpflanzungsrichtung liegenden Fläche wird ein Wellenbündel reflektiert. Wieder ist Einfallswinkel = Reflexionswinkel. Dabei liegen die Fortpflanzungsrichtungen des einfallenden und des reflektierten Bündels, sowie die Normale der reflektierenden Fläche in einer Ebene.

Der Schallstrahl kann auf folgende Weise nachgewiesen werden: Man lenkt ihn tangential von der einen Seite auf eine Wasseroberfläche und läßt ihn am anderen Ende an einem Blech reflektieren, s. Abb. 140. Dann überlagert sich ähnlich wie bei der Welle auf einem linearen Gebilde (2.2.2) das einfallende und reflektierte Bündel zu einer *stehenden Welle*. In einer solchen sind im Abstand einer halben Wellenlänge Druckunterschiede vorhanden, die eine Wellung der Wasseroberfläche bewirken. Diese kann durch Projektion mit einer Bogenlampe sichtbar gemacht werden, Abb. 140b.

Die folgenden Beobachtungen an Wasserwellen und Schallwellen lassen sich leicht auf jede Art der Wellenausbreitung, insbesondere auch auf elektromagnetische Wellen, übertragen.

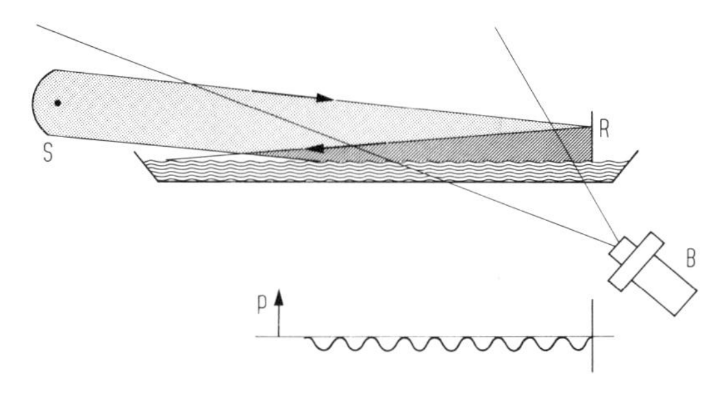

Abb. 140. Nachweis stehender Schallwellen in der Wasserwellenwanne.
a) Versuchsanordnung. S: Schallquelle mit Parabolspiegel, R: Reflektor, B: Bogenlampe. Die entlang der Wasseroberfläche hin- und rücklaufenden Schallwellen überlagern sich zum stehenden Wellenfeld. Dadurch wird die Wasseroberfläche gewellt.
b) Verteilung des Druckes p über der Oberfläche ($p = p_{\text{ges}} - (1/2)\,\varrho v^2$). Dabei muß v^2 über die Zeit gemittelt werden.

Ohne Begründung sei mitgeteilt, daß für die Ausbreitung der Wellen allgemein*) gilt:

$$\frac{\partial^2 f}{\partial t^2} = v^2 \sum_{i=1}^{3} \frac{\partial^2 f}{\partial x_i^2} \tag{2-21}$$

Gegenüber der eindimensionalen Wellengleichung Gl. (2-11) steht lediglich rechts eine Summe von zweiten Ableitungen nach den drei Ortskoordinaten. Die Auslenkungsamplitude y in Gl. (2-11) ist jetzt mit dem Formelzeichen f bezeichnet. Bei elektromagnetischen Wellen bedeutet dies eine elektrische und eine magnetische Feldstärke.

2.3.2. Überlagerung von Sinusschwingungen, Fourier-Reihe

Die Addition von vielen sinus-Schwingungen gleicher Frequenz, aber mit verschiedenen Phasen ergibt eine sinus-Schwingung gleicher Frequenz. Jede beliebige periodische Funktion kann als Summe von sinus-Schwingungen mit Frequenzen ω, 2ω, 3ω, ... mit bestimmten Amplituden und Phasen dargestellt werden.

Dieser Paragraph enthält nur angewandte Mathematik. Auf den hier besprochenen Zusammenhängen beruhen die Untersuchungen in 2.3.3.

Überlagerung von Schwingungen gleicher Frequenzen, unterschiedlicher zeitlich fester Phase. Wenn sich zwei Schwingungen gleicher Frequenz und (zunächst auch) gleicher Amplitude überlagern, dann sind zwei Fälle charakteristisch:

a) Die Schwingungen überlagern sich gleichphasig (Phasenunterschied $\delta = 0°$),
b) sie überlagern sich gegenphasig (Phasenunterschied $\delta = 180°$).

Im Fall a) trifft Maximum mit Maximum zusammen und Minimum mit Minimum. Wenn die Schwingungen außerdem übereinstimmende Amplituden haben, dann erhält man $A \cdot \sin \omega t + A \cdot \sin(\omega t + 0°) = 2\,A \sin \omega t$, also eine Wellenerregung mit doppelter Amplitude. Im Fall b) trifft jeweils ein Maximum, das von der einen Schwingung herrührt, auf ein negatives Maximum der anderen. Wenn die Amplituden beider Schwingungen außerdem

* Für Wasseroberflächenwellen (Schwerewellen) jedoch nur unter Voraussetzung großer Wassertiefe näherungsweise.

einander gleich sind, entsteht $A \cdot \sin \omega t + A \cdot \sin (\omega t + 180°)$, also ist die Wellenerregung dauernd gleich Null, vgl. Abb. 145.

Bei der Überlagerung von mehreren Schwingungen gleicher Frequenz mit verschiedener Amplitude und Phasenverschiebung entsteht eine sinusförmige Schwingung mit einer bestimmten Phasenverschiebung gegenüber den Teilschwingungen. In Formelzeichen

$$\sum_i A_i \cdot \sin (\omega t + \delta_i) = A^* \cdot \sin (\omega t + \delta^*) \tag{2-22}$$

Man kann die resultierende Amplitude A^* und die resultierende Phase δ^* mit Hilfe eines „*Zeigerdiagramms*" ermittelt. Dazu sei daran erinnert, daß sich der zeitliche Verlauf einer linearen Schwingung (auch die der Wellenauslenkung) erhalten läßt als seitliche Projektion eines auf einem Kreis umlaufenden Zeigers (vgl. 1.3.4.7, lineare Schwingung). Die Länge des Zeigers (Kreisradius) gibt dabei die Amplitude, der Drehwinkel die Phase der Schwingung wieder. Zwei Schwingungen mit verschiedener Amplitude und der Phasendifferenz δ lassen sich darstellen durch zwei verschieden lange Zeiger, die um den Winkel δ gegeneinander verdreht sind. Die Überlagerung (Addition) der beiden Schwingungen erhält man, indem man erst die beiden Zeiger projiziert und die Auslenkungen dann (mit Berücksichtigung des Vorzeichens) addiert, oder aber auch, indem man erst die Vektorsumme beider Zeiger bildet und den resultierenden Zeiger projiziert, vgl. Abb. 141.

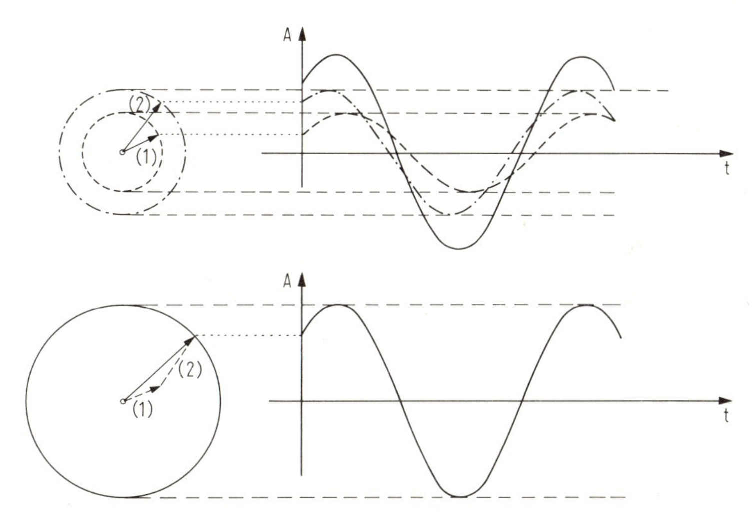

Abb. 141. Zeigerdiagramm zur Addition sinusförmiger Schwingungen gleicher Frequenz. Erst die Zeiger projizieren, dann die Projektionen addieren ergibt dasselbe wie erst die Zeiger addieren und dann projizieren.

Abb. 142 zeigt die Addition der Zeiger für die Überlagerung von mehreren Schwingungen gleicher Amplitude und Frequenz mit einer jeweils konstanten Phasenverschiebung zwischen je zwei Schwingungen.

Bemerkenswert ist der Fall der Addition zweier Wellen mit übereinstimmender Amplitude A_0 und der Phasendifferenz $\delta = 120°$. Sie ergeben eine Welle mit der Amplitude A_0 und der Phasendifferenz $\delta = \pm 60°$ gegenüber beiden Teilwellen (vgl. Abb. 142b).

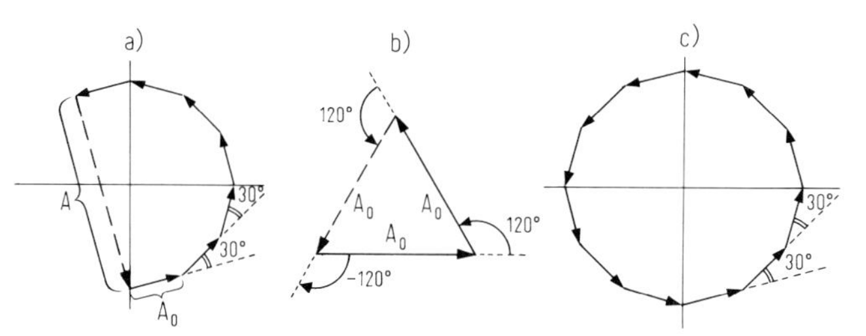

Abb. 142. Anwendung des Zeigerdiagramms.
a) Sieben Wellen mit Amplituden $A_1 = A_2 = \ldots = A_7$ und jeweils Phasendifferenzen $\delta = 30^\circ$ ergeben eine Welle mit Amplitude A und der Phasenverschiebung 90° relativ zur ersten Welle.
b) Zwei Wellen jeweils mit der Amplitude A_0 und der Phasendifferenz $\delta = 120^\circ$ ergeben wieder eine Welle mit der Amplitude A_0. Ihre Phase ist gegen die beiden Ausgangswellen um $+60^\circ$ bzw. -60° verschoben.
c) Die Vektorsumme von z. B. 12 Zeigern mit jeweils $\delta = 30^\circ$ ergibt 0 (Auslöschung durch Interferenz).

Abb. 142c zeigt die Auslöschung durch Interferenz beim Zusammenwirken von n Schwingungen jeweils mit der Phasenverschiebung 360°/n.

Es gibt den Fall, daß Teilwellen sich mit kontinuierlich zunehmender Phasenverschiebung addieren. Das ist bei einem Spalt der Fall, wenn man aus schräger Richtung beobachtet. **Bei einem Spalt der Breite B trägt jedes Teilstück $\mathrm{d}x$ zur Amplitude A_0 den Teilbetrag $c\,\mathrm{d}x$** bei, wobei $A_0 = c \cdot B$ ist. In Richtung $\alpha = 0$ addieren sich alle Beiträge gleichphasig. Wenn dagegen $\alpha \neq 0$ ist, addieren sie sich mit Phasenverschiebung. Zählt man die Phasendifferenzen δ von $x = 0$ an, so ist

$$\delta = \left(\frac{2\pi}{\lambda} \sin \alpha\right) \cdot \Delta x.$$

Addieren aller Beiträge ergibt für die Gesamtamplitude unter dem Winkel α

$$\int_0^B c \cos\left\{\left(\frac{2\pi}{\lambda} \sin \alpha\right) x\right\} \cdot \mathrm{d}x = c \cdot \left. \frac{\sin\left\{\left(\frac{2\pi}{\lambda} \sin \alpha\right) \cdot x\right\}}{\frac{2\pi}{\lambda} \sin \alpha} \right|_{x=0}^{x=B}$$

Erweitert man mit B und führt $y = 2\pi/\lambda \sin \alpha$ ein, so entsteht die Amplitudenverteilung

$$A = A_0 \cdot \frac{\sin y}{y} \tag{2-23}$$

Die Intensitätsverteilung ist dann proportional $A_0^2\,(\sin y/y)^2$, vgl. Abb. 158.

Überlagerungen von Schwingungen mit unterschiedlichen Frequenzen. Bisher wurden Sinusschwingungen überlagert, die gleiche Frequenz ω, aber verschiedene Phasen hatten. Durch Überlagerung von Sinusschwingungen mit den Kreisfrequenzen ω, 2ω, $3\omega, \ldots$ bei verschiedenen Amplituden und mit Phasendifferenz 0° und 180° lassen sich *alle periodischen* Funktionen einer einzigen Variablen in Form einer unendlichen Reihe darstellen. Ihre Auslenkung hat also den zeitlichen Verlauf

$$f(t) = \sum_{\mathrm{n}=1}^{\infty} A_\mathrm{n} \cdot \sin(\mathrm{n} \cdot \omega \cdot t + \delta_\mathrm{n}) \quad \text{(Fourier-Reihe)} \tag{2-24}$$

Beispiel. Die Dreieckskurve in Abb. 143a läßt sich zusammensetzen aus Frequenzen ω, 3ω, 5ω, 7ω, mit Amplituden, die sich wie $1 : (1/3)^2 : (1/5)^2 : (1/7)^2 : \ldots$ verhalten (Abb. 143b) und mit Phasenwinkeln, die abwechselnd 0° und 180° betragen. Die Annäherung an die Dreiecksform ist um so besser, je mehr Glieder der Reihe berücksichtigt werden.

In Abb. 144d ist eine gedämpfte Schwingung gezeichnet. In Abb. 144a, b, c wird diese Schwingung bereits nach 2, 5, 8 Perioden erneut angestoßen. Dadurch entsteht ein neuer

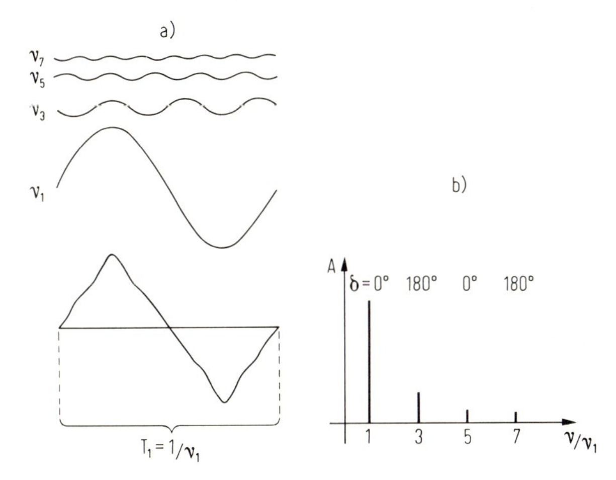

Abb. 143. Zusammensetzung einer Dreieckskurve aus Sinusschwingungen (in Anlehnung an Pohl).
a) Zusammensetzung einer dreiecksähnlichen Schwingungskurve aus (vier) Sinusschwingungen, deren Frequenzen sich wie 1 : 3 : 5 : 7 verhalten.
b) (Doppelte) Amplituden A der Sinusschwingungen aus a) als Funktion ihrer Frequenz. Die Phasen relativ zur Grundschwingung sind angegeben.
Statt $\omega = 2\pi\nu$ ist ν verwendet.

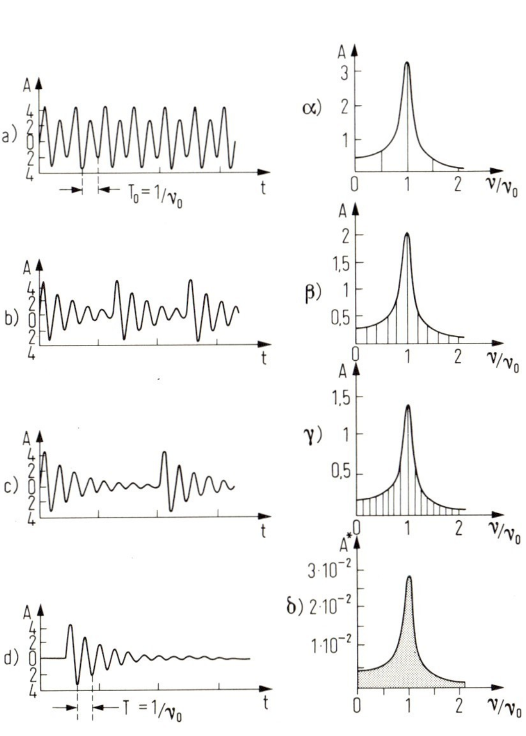

Abb. 144. Frequenzanalyse einer gedämpften Schwingung (nach Pohl). Eine gedämpfte Schwingung der Frequenz ν_0 wird erneut angestoßen
a) nach je zwei Schwingungen
b) nach je fünf Schwingungen
c) nach je acht Schwingungen
d) nur einmal.
Amplituden und Frequenzen der Sinusschwingungen, die in den Schwingungen a), b), c), d) enthalten sind:
α) Es treten auf die Frequenzen $1/2\ \nu_0$, $2/2\ \nu_0$, $3/2\ \nu_0$, $4/2\ \nu_0$, ...
β) Es treten auf die Frequenzen $1/5\ \nu_0$, $2/5\ \nu_0$, $3/5\ \nu_0$, ...
γ) Es treten auf die Frequenzen $1/8\ \nu_0$, $2/8\ \nu_0$, $3/8\ \nu_0$, ...
δ) Alle Frequenzen $\nu > 0$ treten auf mit entsprechend kleinen Amplituden („kontinuierliches Spektrum"). Hier gilt $A^* = \mathrm{d}A/\mathrm{d}(\nu/\nu_0)$
Für alle Fälle gilt dieselbe Hüllkurve. (Pohl I, S. 169, Abb. 317 A–H.)

periodischer Vorgang. Seine Auslenkung läßt sich durch eine Fourier-Reihe wiedergeben. Die Amplituden der Glieder der Fourier-Reihe sind in Abb. 144α, β, γ angegeben.

Wenn nach jeder k-ten Periode angeregt wird, läßt sich die Schwingung aus Sinusschwingungen der Frequenzen $n \cdot \omega_0/k$ zusammensetzen, wobei $n = 1, 2, 3, \ldots$ Die Amplituden ergeben sich aus der Abb. 144α, β, γ. Hohe Frequenzen sind mit geringeren Amplituden beteiligt. Die Hüllkurve ist gleich der Kurve Abb. 122 mit dem der gedämpften Schwingung Abb. 144d entsprechendem Dämpfungsverhältnis (δ/ω_0 klein).

Die einmal angestoßene unperiodische Schwingung, das ist also ein unperiodischer Vorgang, läßt sich durch Überlagerung von Sinusschwingungen mit unendlich vielen Schwingungen, die ein kontinuierliches Frequenzspektrum erfüllen, wiedergeben (Fourier-Integral), Abb. 144d und δ.

In diesem Abschnitt wurden mathematische Zusammenhänge erläutert, im folgenden werden sie in der Physik angewendet.

2.3.3. Interferenz

Unter Interferenz versteht man die Überlagerung von Wellen gleicher Frequenz und fester Phasenbeziehung. Stets überlagern sich die Wellen*auslenkungen*, nicht die Intensitäten, die den Quadraten der Auslenkungen proportional sind.

Wellen, die von verschiedenen Erregungszentren herrühren, können an einem bestimmten Beobachtungsort überlagert sein. Bei zwei Wellen mit übereinstimmender Frequenz sind zwei Grenzfälle möglich:

a) Zwei Wellen mit derselben Amplitude A überlagern sich am Beobachtungspunkt „gleichphasig" (Phasenunterschied $\delta = 0°$). Dann ergeben sie die Summe $2\,A \sin \omega t$ („Verstärkung durch Interferenz").

b) Zwei Wellen (Amplitude A) überlagern sich am Beobachtungsort „gegenphasig" (Phasenunterschied $\delta = 180°$). Dann ergeben sie $A \cdot \{\sin \omega t + \sin(\omega t + 180°)\} = 0$ („Auslöschung durch Interferenz"). Abb. 145.

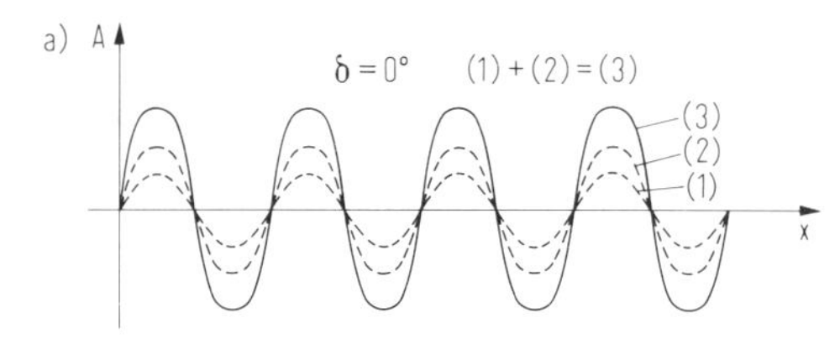

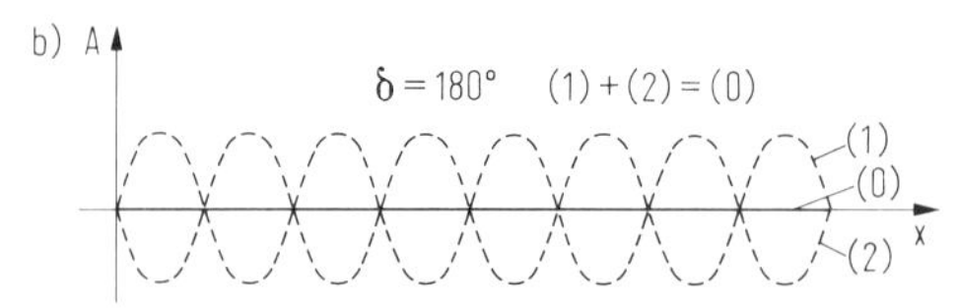

Abb. 145. Überlagerung von Wellen (Interferenz). a) Gleichphasige Überlagerung ($\delta = 0°$ jedoch unterschiedliche Amplituden): Verstärkung durch Interferenz, b) Gegenphasige Überlagerung ($\delta = 180°$ aber übereinstimmende Amplituden): völlige Auslöschung durch Interferenz.

Zwei Wellenamplituden überlagern sich im Beobachtungspunkt mit einer Phasendifferenz δ, dann erhält man die bei der Überlagerung entstehende Amplitude A^* mit der Phasenverschiebung δ^* nach dem Phasendiagramm Abb. 142. Zur Phasendifferenz am Beobachtungsort können drei Ursachen beitragen:

1. Die Erregungszentren schwingen mit Phasendifferenz,
2. die überlagerten Wellenzüge haben verschiedene Wegstrecken zurückgelegt,
3. die überlagerten Wellen durchlaufen gleichlange Wege in Medien mit unterschiedlicher Ausbreitungsgeschwindigkeit.

Zwei punktförmige *Erregungszentren,* die mit gleicher Amplitude und gleichphasig schwingen, erzeugen ein Wellenfeld (Interferenzfeld). Auf der Mittelsenkrechten der Verbindungsstrecke der beiden (gleichphasig schwingenden) Erregungszentren herrscht die Phasendifferenz $\delta = 0°$. Dort addieren sich die Amplitudenbeträge zur doppelten Amplitude, ebenso an Orten mit Wegdifferenzen λ, $2\lambda, \ldots$ (Abb. 146). An Orten mit den Wegdifferenzen $(1/2)\,\lambda$, $(3/2)\,\lambda$, $(5/2)\,\lambda, \ldots$ (also mit Phasendifferenzen 180°) addieren sich die Amplituden zu Null. Doppelte Amplitude bzw. Auslöschung erhält man jeweils auf Hyperbeln mit den Erregunszentren als Brennpunkten, denn eine Hyperbel ist der geometrische Ort für Punkte mit konstanter Wegdifferenz Δ von zwei vorgegebenen (Brenn-) Punkten.

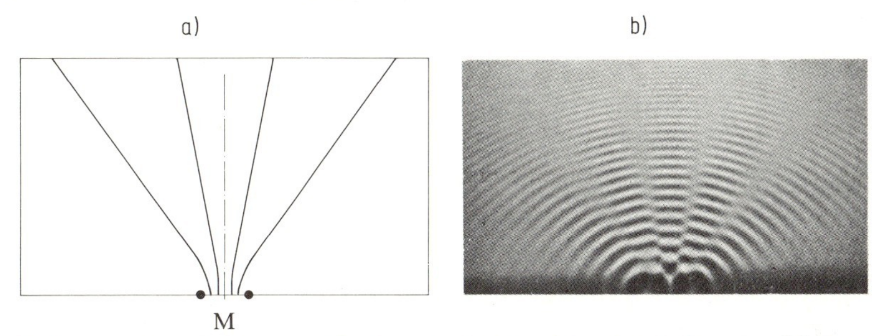

Abb. 146. Interferenzfeld von zwei punktförmigen Zentren. Auslöschung durch Interferenz auf den gezeichneten Linien. In großer Entfernung gilt für die Richtung der Maxima (D Abstand der Zentren):

$$\sin \alpha_m = \frac{m\,\lambda}{D}$$

a) Schematische Zeichnung. Die punktförmigen Zentren sind die Brennpunkte der gezeichneten Hyperbeln.
b) Wasseroberflächenwellen hinter einem Doppelspalt.

Beschränkt man sich auf Aussagen über das Verhalten *im großen Abstand* von den Erregungszentren, so lassen sich die Hyperbeln durch ihre Asymptoten (Grenztangenten) ersetzen. Diese gehen durch den Punkt M (Mitte zwischen beiden Zentren). Auf den Grenztangenten tritt Auslöschung ein, wenn die Wegunterschiede $\pm 1/2\,\lambda$, $\pm 3/2\,\lambda, \ldots \pm(m - 1/2)\,\lambda$ mit $m = 1, 2, 3, \ldots$ sind. Das tritt auf unter Winkeln α_m, für die gilt

$$\sin \alpha_m = (m - 1/2)\,\frac{\lambda}{D} \qquad \text{mit } m = 1, 2, 3, \ldots, \tag{2-25}$$

wo D der Abstand der beiden Erregungszentren ist. α_m sind die Winkel zwischen der Mittelsenkrechten und der Grenztangente, m nennt man die „Ordnung“ der Auslöschung. Die Auslöschungsrichtung 1. Ordnung liegt also bei *zwei* getrennten Wellenzentren bei $\sin \alpha_1 =$

$= 1/2 \cdot \lambda/D$. Anders ist es bei einer kontinuierlichen Folge von Erregungszentren auf einer Strecke zwischen zwei Punkten, siehe 2.3.6.

Das Interferenzfeld wird durch D und λ bestimmt. Falls $D \ll \lambda/2$, geht eine Kreiswelle aus wie von einem einzigen Erregungszentrum. Ist $D = \lambda/2$, dann liegt die erste Auslöschungsrichtung beim Winkel $\pm 90°$. Wird der Abstand D der beiden Erregunszentren vergrößert oder die Wellenlänge λ verkleinert, so schiebt sich das ganze Interferenzsystem zu kleineren Winkel zusammen, und höhere Ordnungen treten auf.

2.3.4. Ausbreitung von Wellen nach dem Huygensschen Prinzip, Beugung

Die Gesetze der Wellenausbreitung, insbesondere alle Beugungserscheinungen, lassen sich quantitativ durch Anwendung des Huygensschen Prinzips beschreiben.

Es ist leicht zu verstehen, daß von einem einzelnen Erregungszentrum Kugelwellen (Kreiswellen) ausgehen. Es macht aber zunächst Schwierigkeit einzusehen, warum ein Lichtbündel (Parallelbündel) zusammen bleibt und scharfkantige Schatten wirft, obwohl das Licht eine Wellenerscheinung ist. In 2.3.5/2.3.6 wird gezeigt werden, daß darin kein Widerspruch enthalten ist, sondern daß die zweite Aussage aus der ersten notwendig folgt.

Als Vorbereitung soll eine Reihe von Wellenausbreitungserscheinungen beschrieben werden. Sie lassen sich leicht in der Wasserwellenwanne vorführen.

Verschieden breite Erregungszentren.

a) Von *einem* punktförmigen Erregungszentrum gehen Kreiswellen aus. Als Erregungszentrum dient wie in 2.3.1 ein zeitlich periodisch auf- und abbewegter Stift, der in die Wasseroberfläche eintaucht.

b) Wenn Kreiswellen von *zwei* punktförmigen Erregungszentren im Abstand D ausgehen, so überlagern sich die von beiden Zentren ausgehenden Wellen. In gewissen Richtungen löschen sie sich durch Interferenz aus, in anderen verstärken sie sich (vgl. Abb. 146 und 2.3.3).

c) Werden *viele* Erregungszentren längs einer Geraden örtlich periodisch nebeneinander angeordnet und gemeinsam zeitlich periodisch auf und ab bewegt, so erhält man ein Wellenfeld wie in Abb. 147.

Abb. 147. Wellenfeld einer diskreten Folge von Erregungszentren (Wasseroberflächenwellen). Die Wellen, die von den einzelnen Erregungszentren herrühren, überlagern sich und ergeben das abgebildete Wellenfeld. Man vergleiche dazu auch Abb. 155.

d) Ein zeitlich periodisch auf und ab bewegter Blech*streifen* der Breite B, der in die Oberfläche eintaucht, stellt eine kontinuierliche Folge von Erregungszentren dar, Abb. 148a (schräg zur Wellenwanne von links her photographiert, sodaß die (gleichmäßigen) Wellenabstände durch die Perspektive mit zunehmender Entfernung kleiner erscheinen).

Beachte: Stets überlagern sich Auslenkungen, nicht Intensitäten. Letztere sind proportional dem Quadrat der Amplitude.

Bei der Erregung mit einer kontinuierlichen Folge von Zentren (Fall d) kommt es auf das Verhältnis der Breite zur Wellenlänge λ, also B/λ an.

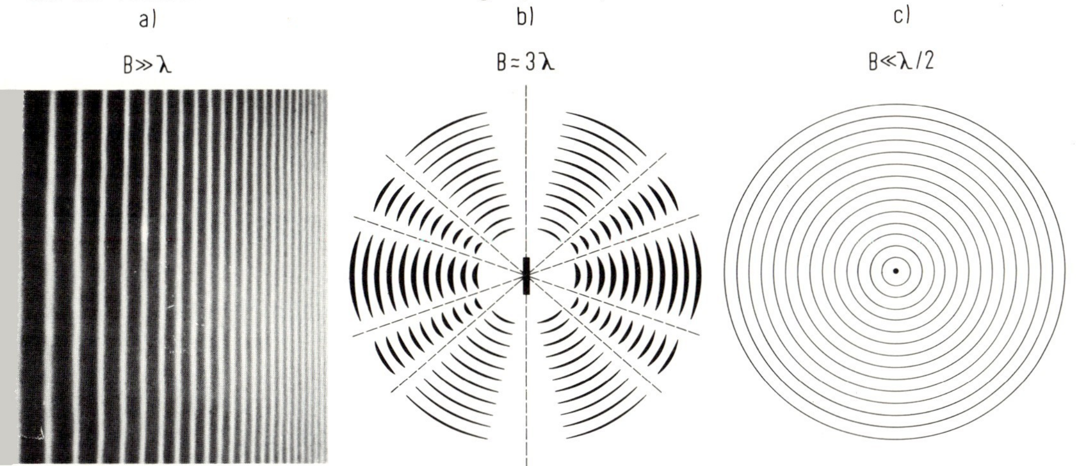

Abb. 148. Wellenfeld einer kontinuierlichen Folge von Erregungszentren. Ein schwingender Blechstreifen der Breite B, der in die Wasseroberfläche eintaucht, liefert eine kontinuierliche Folge von Erregungszentren. Man erhält verschiedene Wellenfelder, je nachdem
a) $B \gg \lambda$
b) $B \approx 3\lambda$
c) $B \ll \lambda/2$
Das Nahfeld ist nicht gezeichnet.

Fall d_1). Ist B/λ sehr groß, so beobachtet man eine Wellenausbreitung mit geradlinigen Rändern, wenigstens in großer Entfernung (ebene Welle). (Abb. 148a)

Fall d_2). Ist die Breite des Streifens ein geringes Vielfaches der Wellenlänge (z. B. $B \approx 3\lambda$), so beobachtet man in großer Entfernung außer dem mittleren, sich verbreiternden Bündel abwechselnd Auslöschungsgebiete der Amplitude und Maxima der Amplitude seitlich nebeneinander. (Abb. 148b)

Fall d_3). Ist die Breite des Streifens klein gegen die Wellenlänge ($B \ll \lambda/2$), so erzeugt der Streifen eine Kreiswelle wie in a), denn er ist zu einem „Punkt" geworden. (Abb. 148c)

Verschieden breite Öffnungen. Bisher – d. h. vom Fall d) an – wurde ein Wellenfeld durch einen periodisch *bewegten Streifen* der Breite B erzeugt. Man kann aber auch von einer *Öffnung* von der Breite B des Streifens ausgehen und ein ebenes Wellenbündel dagegen anlaufen lassen. Hinter der Öffnung erhält man dann in Fortpflanzungsrichtung ein Wellenfeld wie beim periodisch bewegten Streifen (Abb. 149).

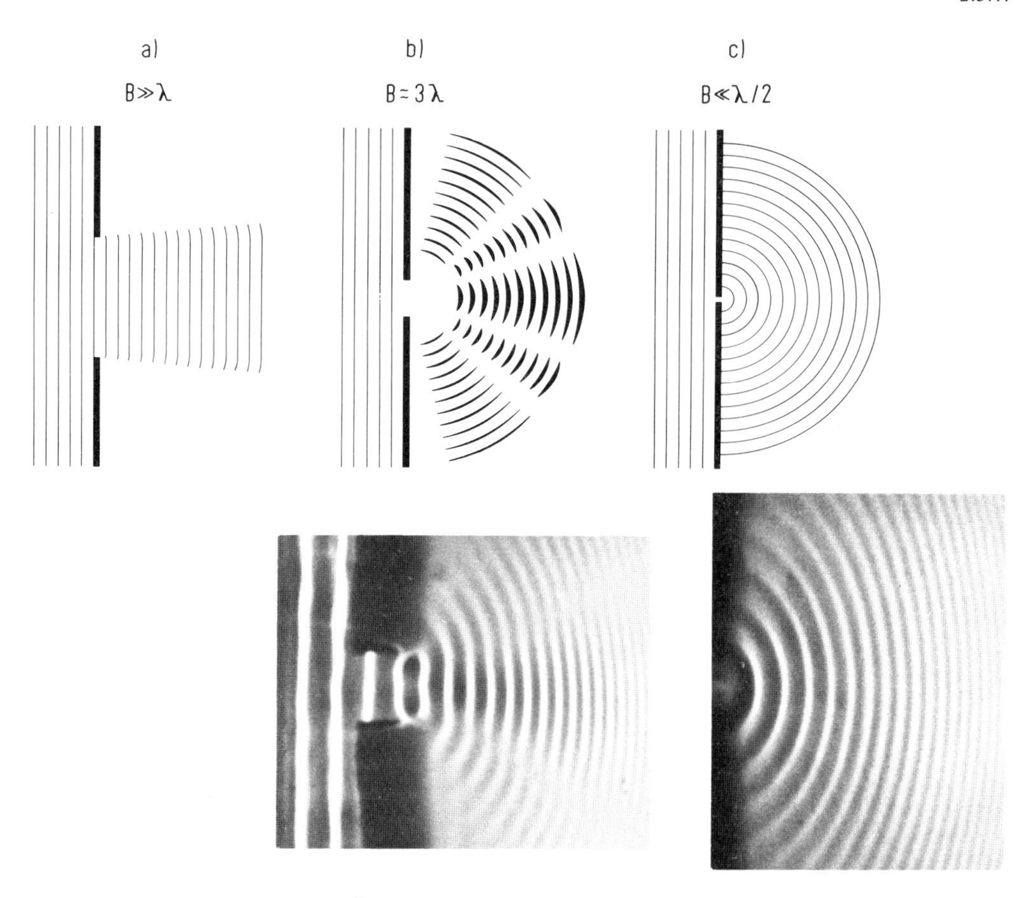

Abb. 149. Wellenfeld hinter einer Öffnung der Breite B (Spalt). Eine ebene Welle trifft auf eine Wand mit einer Öffnung. Gezeigt sind die Fälle
a) $B \gg \lambda$
b) $B \approx 3\,\lambda$
c) $B \ll \lambda/2$
Im Fall b) beachte man die Phasenverschiebung zwischen aufeinander folgenden Beugungsordnungen. Das (kompliziertere) Nahfeld ist nicht gezeichnet.

e) Wenn die Breite der Öffnung (des „Spaltes") klein gegen die Wellenlänge ist ($B \ll \lambda/2$), geht eine Kreiswelle aus. Dieser Spalt wirkt als „punktförmiges" Erregungszentrum. (Abb. 149c).

f) Zwei solche Spalte im Abstand D erzeugen ein Wellenfeld mit gleicher Lage der Maxima und Minima wie bei den Stiften in obigem Fall b) (Abb. 146).

g) Eine Folge von vielen räumlich periodisch angeordneten Spalten erzeugt ein Wellenfeld wie der Rechen im Fall c) (Abb. 147).

h_1) Ein von einer ebenen Welle getroffener Spalt mit einer Breite B, die groß ist gegen die Wellenlänge ($B \gg \lambda$), läßt – analog zu Fall d_1 – ein geradlinig und parallel begrenztes Wellenbündel durch, die Ränder werfen einen „Schatten" (Abb. 149a).

h_2) Schließlich beobachtet man hinter einem Spalt, dessen Breite mit der Wellenlänge vergleichbar ist ($B \approx 3\lambda$), wiederum ein Wellenfeld mit einem zentralen, sich verbreiternden Bündel, neben dem seitlich weitere Bündel getrennt durch Auslöschungslinien auftreten (Abb. 149b).

Eine Öffnung, die von einer ebenen Welle getroffen wird, liefert also dasselbe Wellenfeld wie eine kontinuierliche Folge von Erregungszentren, d.h. ein Blechstreifen (Abb. 150a).

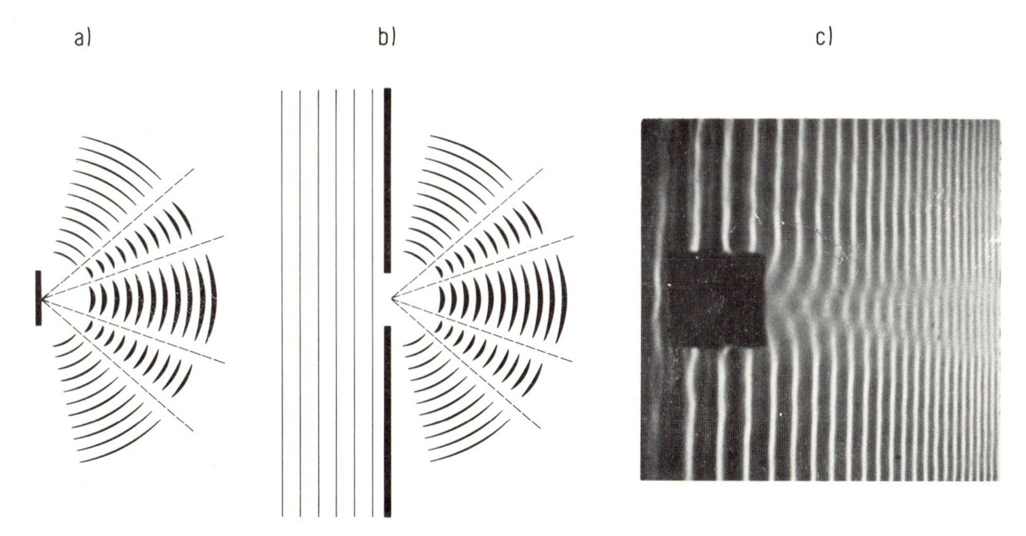

Abb. 150. Vergleichbare Fälle bei der Ausbreitung von Wellen. ($B \approx 3\,\lambda$).
a) Linear und kontinuierlich angeordnete Erregungszentren.
b) Spalt getroffen von ebener Welle.
c) Lineares Hindernis getroffen von ebener Welle.
b) und c) sind zueinander komplementär.
Das Wellenfeld nahe dem Erregungszentrum ist kompliziert und wird hier nicht besprochen.

Läßt man nun eine ebene Welle gegen ein *Hindernis* von der Breite der oben verwendeten Spaltöffnung laufen, so beobachtet man dahinter in Fortpflanzungsrichtung ein Wellenfeld, welches dem hinter der Spaltöffnung *komplementär* ist (Abb. 150b, c). Das bedeutet: Addiert man Punkt für Punkt die Amplituden der komplementären Wellenfelder, so ergibt sich das Wellenfeld der ebenen Welle, wie man es bei ungestörter Ausbreitung erhalten würde.

Beachte. Dies gilt nur bei Überlagerung der Amplituden, nicht etwa der Intensitäten.

Von einem sehr kleinen ($B \ll \lambda/2$) Hindernis geht eine Kreiswelle (Kugelwelle) aus. Dies ist der Elementarvorgang der *Streuung*.

Ergebnis, Huygensches Prinzip.

Alle geschilderten Beobachtungen, ferner Reflexion und Brechung, lassen sich quantitativ beschreiben durch das *Huygenssche Prinzip*. Dieses lautet:

Jeder direkt erregte oder von einer Welle getroffene Punkt des Mediums, in dem sich die Wellen ausbreiten können, wird selbst wieder zum Ausgangspunkt einer Kreis- bzw. Kugelwelle (Elementarwelle). Die Amplituden dieser Elementarwellen addieren sich entsprechend ihrem Phasenunterschied. – Alle oben besprochenen Fälle a bis h für Erregungszentren und für Öffnungen folgen daraus.

Dieses Prinzip gilt für alle Wellenvorgänge, insbesondere auch für elektromagnetische Wellen (Lichtwellen). Bei diesen tritt an die Stelle der Auslenkung y bzw. f die elektrische und magnetische Feldstärke senkrecht zur Fortpflanzungsrichtung der Wellen, bei Materiewellen die Amplitude der ψ-Funktion, deren Quadrat eine Wahrscheinlichkeitsdichte beschreibt (siehe 6.6.1). Auch Punkte des Raumes, in denen *keine* Materie vorhanden ist, können dabei Wellenzentren sein.

Die Wellenerregung in einem beliebigen Punkt P (vgl. Abb. 151a und b) ergibt sich durch Addition aller Elementarwellen, die von den Punkten des Erregers bzw. der Spaltöffnung herkommend in P einlaufen*).

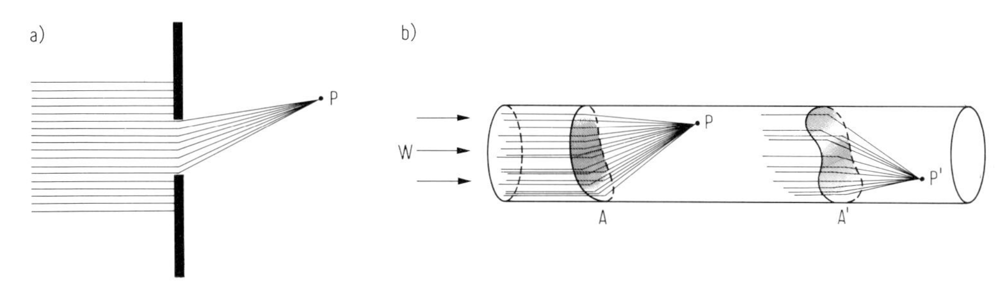

Abb. 151. Zum Huygenssches Prinzip. W: einfallendes Wellenbündel, P bzw. P′: Beobachtungsort. Die Wellenerregung in einem beliebigen Punkt P bzw. P′ ergibt sich durch phasenrichtige Addition aller Elementarwellen, die im Fall
a) von der Öffnung in einer Wand,
b) von einem beliebigen Querschnitt A bzw. A' des Bündels herkommen. Die Querschnittsfläche braucht nicht eben zu sein (im Bild durch Schattieren angedeutet).

Dabei ist zu beobachten, daß die Elementarwellen verschieden lange *Laufwege* R haben und deshalb untereinander phasenverschoben in P ankommen. Sie haben außerdem auch verschieden stark verminderte *Amplituden*. Denn bei räumlichen Wellen nimmt das Quadrat der Amplitude proportional $1/R^2$ ab, bei Kreiswellen längs einer Ebene dagegen proportional $1/R$.

Aus dem Huygensschen Prinzip folgt überraschenderweise (Fall d_1 und h_1), daß Wellenbündel, deren Durchmesser $\gg \lambda$ ist, nahezu geradlinig begrenzt sind (vgl. dazu 2.3.6). Das Auftreten von Abweichungen von der geradlinigen Begrenzung nennt man *Beugung*. Verwunderlich ist also nicht die kugelförmige Wellenausbreitung von einem Punkt (Beugung), sondern die scharfe Begrenzung eines Bündels, das breit ist im Vergleich zu der Wellenlänge.

Zwei Beobachtungsarten. Alle Beugungserscheinungen können grundsätzlich auf zwei verschiedene Weisen beobachtet werden. Bei der einen Beobachtungsart läßt man die Wellen

---

* Man kann sogar eine beliebige Fläche durch das Bündel legen und alle Punkte, die gleichzeitig dem Bündel und der Fläche angehören, als Erregungszentren betrachten. Man beachte, daß diese Punkte nicht gleichphasig schwingen. Ihre Amplitude und Phase bestimmt sich dabei aus der Erregung durch das einlaufende Bündel. Die von diesen Punkten der Fläche ausgehenden Elementarwellen ergeben im Punkt P dieselbe Wellenerregung, wie im oben besprochenen Fall. Gl. (2-21) bleibt immer erfüllt.

sich ungehindert ausbreiten und beobachtet in genügend *großer Entfernung* (benannt nach *Fresnel*; räumlich ausgedehntes Interferenzfeld). Man kann aber auch, besonders bei Licht, das Erregungszentrum durch Verwendung von Linsen in eine *Bildebene* abbilden. Dann beobachtet man die Beugungsordnungen neben dem Bild der Quelle. Diese Beobachtungsart wird besonders in der Optik häufig verwendet (vgl. 5.3.3). Sie wird nach *Frauenhofer* benannt: ebenes Interferenzfeld in der Bildebene.

In den folgenden Paragraphen werden die besonders wichtigen Fälle der Beugung am Gitter und Spalt näher beschrieben.

2.3.5. Beugung am Gitter

Bei der Beugung am Gitter erhält man Maxima in Richtungen, für die gilt $\sin \alpha_m = m \cdot \lambda/d$, wo d die Gitterkonstante ist. Bei Gittern mit vielen Strichen sind die Maxima scharf begrenzt, zwischen ihnen ist keine Wellenerregung vorhanden.

Ein Gitter ist eine Folge von sehr vielen Spalten, die räumlich periodisch im Abstand d (von Spaltmitte zu Spaltmitte) voneinander angeordnet sind. d wird Gitterkonstante, oft auch Gitterperiode genannt. Zunächst soll die Breite B der Spalte sehr klein vorausgesetzt werden gegenüber dem Spaltabstand d, also $B \ll d$.

Trifft eine ebene Welle aus senkrechter Richtung auf ein solches Gitter, so werden die Spalten zu gleichphasig schwingenden Wellenerregungszentren. Hinter dem Gitter entsteht ein Interferenzfeld. Dafür gilt im großen Abstand: In einer Richtung, für die der Wegunterschied für die Wellen aus zwei aufeinander folgenden Öffnungen jeweils genau $m \cdot \lambda$ ist, mit $m = 0, 1, 2, \ldots$, addieren sich alle Teilwellen gleichphasig, verstärken sich also. m nennt man Beugungs-„ordnung". Aus dem Dreieck PQR ($m = 1$) Abb. 152 entnimmt man für diesen Fall

$$\sin \alpha_m = \frac{m \cdot \lambda}{d} \tag{2-26}$$

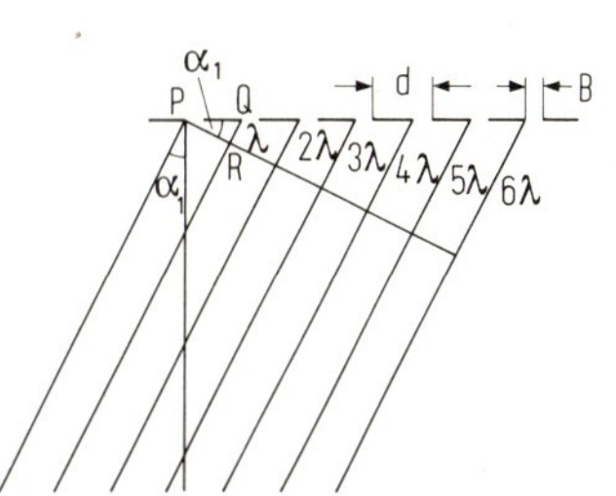

Abb. 152. Beugung am Gitter. Ein Gitter, bestehend aus Spalten der Breite B im Abstand d, wird von einem Parallelbündel (von oben) getroffen. Unter dem Winkel α_1 überlagern sich die von den einzelnen Spalten herrührenden Teilwellen gleichphasig.

Unter Winkeln, die nur wenig von α_m abweichen, löschen sich alle Teilwellen vollständig durch Interferenz aus. Dadurch werden die Maxima hinter Gittern mit großer Strichzahl äußerst scharf (Abb. 153a).

Man sieht das auf folgende Weise ein:

Es sei ein Gitter gegeben, das aus 1000 Spalten aufgebaut ist. Zur leichteren Diskussion sei noch ein 1001. Spalt hinzugefügt, der nach Bedarf abgedeckt werden kann. Unter einem Winkel, bei dem der Wegunterschied zwischen den Wellen des 1. und des 1001. Spaltes gerade

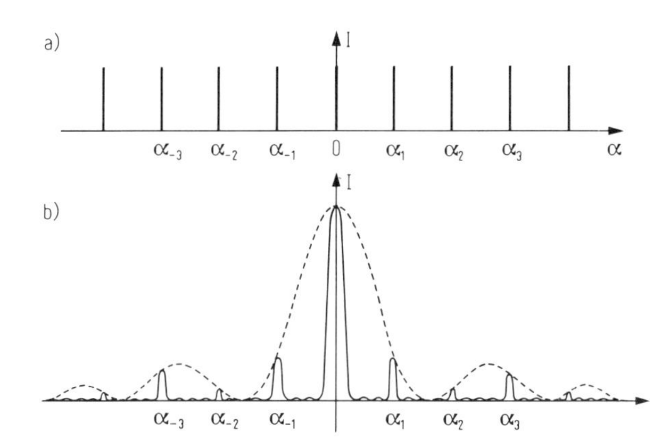

Abb. 153. Intensitätsverteilung bei der Gitterbeugung.
a) Spaltbreite B klein gegen Spaltabstand d. Man erhält scharfe, engbegrenzte Richtungen für die Beugungsmaxima (I = Intensität).
b) Spaltbreite B nicht klein gegen Spaltabstand d. Die Hüllkurve entspricht der Beugungsverteilung eines Spaltes der Breite B. Wenn $B = d/\text{m}$ mit m ganzzahlig ist, hat die m-te, (2m)-te,... Ordnung die Intensität Null.

1000 λ betragen würde, addieren sich die Amplituden aller Teilwellen in dieser Richtung. Beträgt der Wegunterschied zwischen den beiden genannten Spalten jedoch nur 999 λ, dann löschen sich die von der linken Hälfte des Gitters kommenden und die von der rechten Hälfte des Gitters kommenden aus. Denn die vom n-ten und vom (500 + n)-ten Spalt des Gitters kommenden Beiträge sind dann um $\lambda/2$ gegeneinander verschoben, n läuft von 1 bis 500, siehe Abb. 154. Ist der Wegunterschied zwischen den Teilwellen vom 1. und 1001. Spalt $(1000 - k) \cdot \lambda$, dann kann das Gitter in 2k Bereiche unterteilt werden; die Teilwellen von je 2 aufeinander folgenden Bereichen löschen sich aus. Unter allen Winkeln, die von α_m verschieden sind, herrscht daher Auslöschung (Abb. 154).

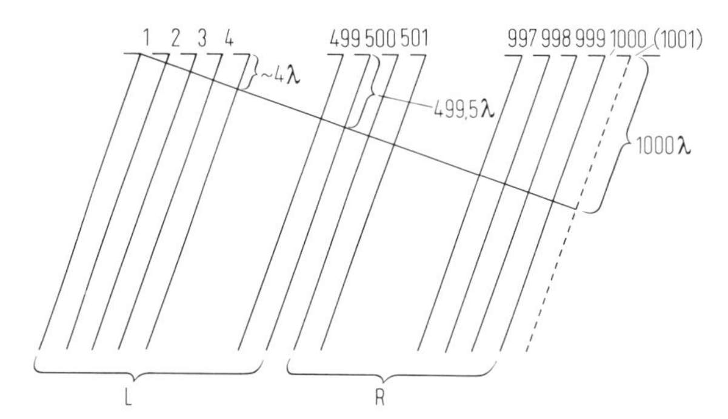

Abb. 154. Beugung an einem Gitter mit sehr vielen Spalten. Angedeutet ist ein Gitter mit 1000 Spalten. Es wird eine Richtung betrachtet, für die der Gangunterschied zwischen der Teilwelle aus dem 1. Spalt und der Teilwelle aus dem (gedachten) 1001. Spalt gerade $1000 \cdot \lambda$ ist. Dann sind die Beiträge des n-ten und des (500 + n)-ten Spaltes genau gegenphasig. Die linke Bündelhälfte L (kommend von Spalt 1 bis 500) und die rechte Bündelhälfte R (kommend von Spalt 501 bis 1000) löschen sich genau aus.

Exakt gilt diese Überlegung für unendlich viele Gitterspalte. Bei Gittern mit nur wenig Spalten treten zwischen den durch die Bedingung $\sin \alpha_m = m \cdot \lambda/d$ bestimmten Hauptmaxima noch Nebenmaxima auf. Ist N die Anzahl der Gitterspalte, dann erhält man (N − 2) Nebenmaxima, deren Intensität jedoch mit zunehmendem N sehr stark abnimmt.

Die Amplituden der verschiedenen Beugungsordnungen hängen vom Verhältnis der Gitterkonstante d zur Breite B der Spalte ab. Ist die Spaltbreite B nicht klein gegen die Gitterkonstante d, so erhält man anstelle der Intensitätsverteilung in Abb. 153a die in Abb. 153b. Beträgt die Spaltbreite $B = d/\text{m}$, wobei m eine ganze Zahl ist, so fällt jeweils das Maximum m-ter, 2m-ter, 3m-ter Ordnung aus.

Beispiele.

1. *Oberflächenwellen.* Eine ebene Welle ($\lambda \approx 2$ cm) trifft auf ein Gitter (Rechen, Spaltabstand 4,4 cm, Spaltbreite 0,5 cm). Man beobachtet das Wellenfeld der Abb. 155, vgl. auch Abb. 147 für den Nahbereich.

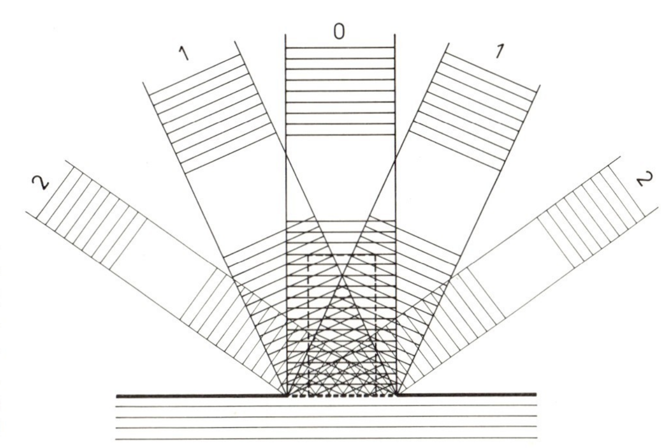

Abb. 155. Beugung von Wasseroberflächenwellen an einem Gitter (schematisch). Eine von unten einlaufende ebene Welle (Wellenlänge $\lambda \approx 2$ cm) trifft auf ein Gitter mit Spalten der Breite 0,5 cm. Die Spaltmitten haben den Abstand 4,4 cm. Hinter dem Gitter sind Lage und Breite der Bündel schematisch angedeutet. Der gestrichelt umgrenzte Bereich entspricht dem Wellenfeld in Abb. 147. In Wirklichkeit sind die Bündel nicht so scharf begrenzt!

2. *Schallstrahlen.* Man verwendet das Schallbündel der Galtonpfeife (2.3.1) und ein Holzgitter mit Spaltabständen 4,4 cm, Spaltbreiten 0,5 cm und beobachtet den Schallstrahl mit der Wasserwanne. Das Maximum erster Ordnung tritt (links und rechts) unter $\alpha_1 = 24°$, das Maximum zweiter Ordnung unter $\alpha_2 = 54°$ zum zentralen Maximum auf. Die Wellenlänge des verwendeten Schallstrahls ergibt sich aus

$$\lambda = d \cdot \sin \alpha_1 = 4{,}4 \text{ cm} \cdot 0{,}405 = 1{,}8 \text{ cm}$$

$$2\lambda = d \cdot \sin \alpha_2 = 4{,}4 \text{ cm} \cdot 0{,}81 = 3{,}6 \text{ cm},$$

also

$$\lambda = 1{,}8 \text{ cm}.$$

3. *Licht.* Da die Wellenlänge von sichtbarem Licht von der Größenordnung 0,5 μm ist, verwendet man Strichgitter auf Glas mit vielen tausend Strichen und der Gitterkonstanten d um 0,01 mm und kleiner. Dann werden die Richtungen der Maxima äußerst scharf begrenzt. Vergleiche dazu 5.3.3.2d.

4. *Röntgenstrahlen.* Wenn ein enges Bündel Röntgenstrahlen durch einen Kristall (z. B. Steinsalzkristall) gesandt wird, erhält man Beugungsgebiete, aus denen man die Gitterstruktur der Kristalle ableiten kann, vgl. dazu 5.3.4.

2.3.6. Beugung am Spalt

F/L 3.2.7 u. 3.2.8

Bei der Beugung an einem Spalt beobachtet man Auslöschung durch Interferenz unter Richtungen, für die gilt $\sin \alpha_m = m \cdot \lambda / B$.

Bei dem eben besprochenen Gitter mit 1000 Strichen löschen sich in einem weit entfernten Beobachtungspunkt alle Elementarwellen durch Interferenz aus, wenn der Beobachtungspunkt so liegt, daß zum 1. und 1001. Spalt gerade ein Wegunterschied $1000\,\lambda$ besteht; dann liefern nämlich linke Hälfte und rechte Hälfte des Gitters gegenphasige Beiträge. Bei einem Spalt der Breite B liefern die beiden Spalthälften in bestimmten Richtungen gegenphasige Beiträge, und zwar wenn man ihn (aus großer Entfernung) von einem Punkt betrachtet, für den der Wegunterschied von den Spalträndern λ, 2λ, 3λ usw. beträgt. Dieser Fall der Auslöschung liegt vor unter den Winkeln $\alpha_1, \alpha_2, \alpha_3, \ldots$ zur Mittelsenkrechten, wobei für die Winkel gilt

$$\sin \alpha_m = \frac{m \cdot \lambda}{B} \tag{2-27}$$

Dazwischen gibt es Maxima. Deren Amplituden nehmen mit zunehmendem α_i ab, wie unten gezeigt wird. Auslöschungs- und Verstärkungsgebiete liegen aber anders als bei zwei Wellenzentren (z. B. zwei Spalten) deren Abstand der Breite des jetzt betrachteten Spaltes gleich ist. Der Spalt, d. h. eine von ebenen Wellen getroffene Öffnung der Breite B, kann als kontinuierliche Folge von Wellenzentren betrachtet werden, von denen Kugelwellen ausgehen. Es handelt sich um den Fall, der auf S. 176 behandelt wurde.

Gl. (2-27) kann man folgendermaßen einsehen: Man denkt sich im Fall m = 1 den Spalt in *zwei* gleiche Teile geteilt, Abb. 156a. Die von den Punkten*) a und b der beiden Spalthälften ausgehenden Wellen haben in Richtung α_1 den Gangunterschied $\lambda/2$, löschen

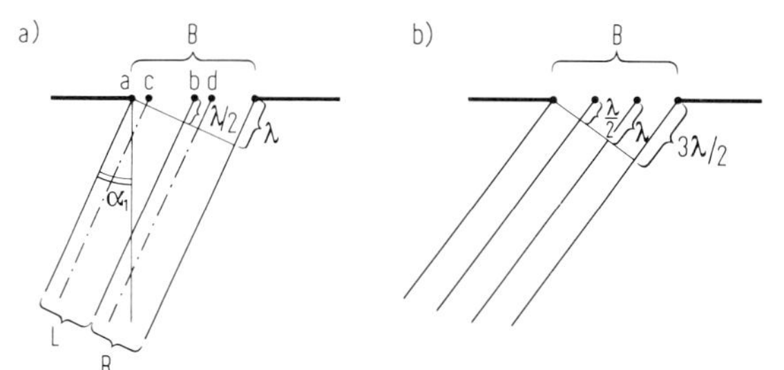

Abb. 156. Beugung am Spalt.
a) Der Wegunterschied der von den Spalträndern ausgehenden Teilwellen beträgt $1 \cdot \lambda$. Die beiden Teilbündel L und R löschen sich aus.
b) Der Wegunterschied der von den Spalträndern ausgehenden Teilwellen beträgt $(3/2) \cdot \lambda$. Zwei der eingezeichneten drei Teilbündel löschen sich aus, eines bleibt übrig.

sich also aus. Dasselbe gilt für Wellen, die von je zwei um den gleichen Betrag von a und b aus nach rechts verschobenen Punkten ausgehen, z. B. von c und d usw. *Alle* von den beiden Spalthälften ausgehenden Elementarwellen löschen sich also in Richtung α_1 gerade durch Interferenz aus.

Für beliebiges ganzzahliges m denkt man sich den Spalt in 2 m Teile unterteilt. Auf je zwei aufeinanderfolgende unter den 2 m Teilstücken (also das 1. und 2., das 3. und 4., usw.) sind dann die Überlegungen wie bei m = 1 anwendbar. Auch in den Richtungen α_m löschen sich die Beiträge aller Elementarwellen des Spaltes aus.

In der nachfolgenden Tabelle ist angegeben, unter welchen Winkeln die erste, zweite, dritte Auslöschung liegt, wenn die Spaltbreite 3λ bzw. 100λ beträgt (vgl. Abb. 157).

Tabelle 20. Beugung am Spalt, Auslöschungsrichtungen.

Auslöschungswinkel für	$B = 3\lambda$	$B = 100 \cdot \lambda$
α_1	18,5°	35′
α_2	41° 50′	1° 9′
α_3	90°	1° 43′

* Statt Punkt besser Linienelement der Breite dx mit dem Beitrag zur Amplitude $c \cdot dx$, vgl. 2.3.2, Ableitung von (2-23).

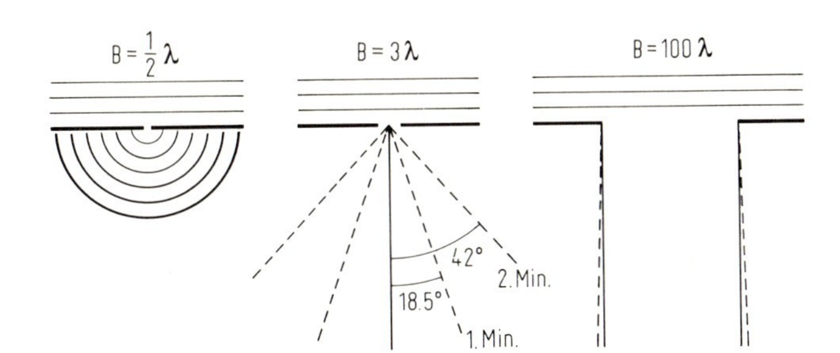

Abb. 157. Lage der Minima bei der Beugung am Spalt. Bei $B = (1/2)\lambda$ liegt das erste Beugungsminimum unter 90°, bei $B = 3\,\lambda$ unter 18,5°, bei $B = 100\,\lambda$ unter $\approx (1/2)°$.

Nun soll die Lage und vor allem die Amplitude der *Maxima* untersucht werden.

Maxima treten auf an einem Punkt, an dem der Wegunterschied von den Spalträndern $3/2\,\lambda$, $5/2\,\lambda$, $7/2\,\lambda, \ldots$ $(2m+1)\,\lambda/2$ beträgt. Um das einzusehen, unterteilt man den Spalt in 3, 5, 7,... (2m + 1) Abschnitte (Abb. 156b), dann löschen sich 2, 4, 6,... 2m der Abschnitte aus. Nur 1/3, 1/5, 1/7,...,1/m der Breite des Spaltes trägt zur Amplitude bei. Die Strahlungsleistungen verhalten sich daher wie 1/9, 1/25, 1/49..., $(1/m)^2$. Allgemein gilt für die Richtung des Beugungsmaximums m-ter Ordnung

$$\sin\alpha_m = \frac{(2m+1)}{2}\,\frac{\lambda}{B}, \quad \text{wobei } m = 1, 2, 3, \ldots \text{ ist.}$$

Normiert man die Amplitude in Richtung der Mittelsenkrechten des Spaltes auf 1, so erhält man durch Summation über die Beiträge der einzelnen Wellenzentren den gesamten Amplitudenverlauf hinter dem Spalt. Unter einer Richtung, für die der Wegunterschied $\Delta = 1/2\,\lambda$ ist, ergibt sich $2/\pi = 0{,}6038$. Die Amplituden in den Richtungen mit $\Delta = 3/2\,\lambda$, $5/2\,\lambda, \ldots$ sind $2/\pi \cdot 1/3$, $2/\pi \cdot 1/5, \ldots$ Diese Werte sind in der folgenden Tabelle zusammengestellt, vgl. auch Abb. 158. Gebiete, die an dieselbe Auslöschungsrichtung grenzen, schwingen gegenphasig. Die Kurven entsprechen der in 2.3.2 abgeleiteten Amplitudenverteilung Gl. (2-23).

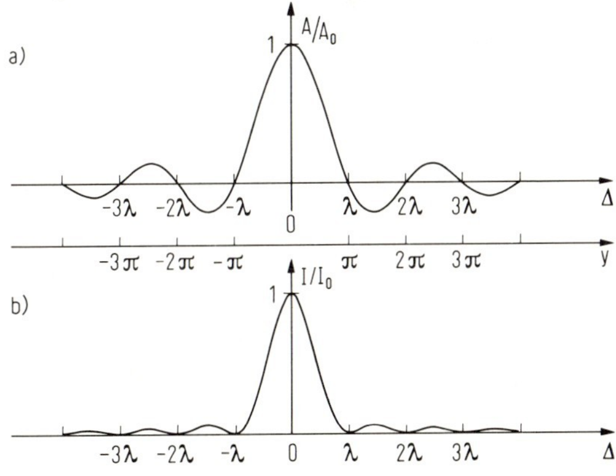

Abb. 158. Amplituden- und Intensitätsverteilung bei der Spaltbeugung.

a) Amplitudenverteilung $A/A_0 = \dfrac{\sin y}{y}$

b) Relative Intensitätsverteilung

$I/I_0 = \left(\dfrac{\sin y}{y}\right)^2$, vgl. dazu Gl. (2-23).

Δ ist der Wegunterschied der Randstrahlen; y ist in 2.3.2 erklärt.

Wie schon in 2.3.6 betont, folgt aus dem Huygensschen Prinzip, daß Bündel, die breit sind gegenüber der Wellenlänge, scharfkantige Begrenzungen haben. Dies sieht man auch, wenn man sich für einen breiten Spalt die Lage der Beugungsmaxima ausrechnet. Das erste Maximum tritt dann erst in sehr großem Abstand vom Spalt aus dem zentralen Maximum 0-ter Ordnung (dem direkten Bündel) aus. Wegen des schnellen Intensitätsabfalls der Beu-

Tabelle 21. Beugung am Spalt, Amplituden der Maxima.

$\Delta =$	0	$\frac{1}{2}\lambda$	λ	$\frac{3}{2}\lambda$	2λ	$\frac{5}{2}\lambda$
Intensität			Minimum	Maximum	Minimum	Maximum
Amplitude	1	$\frac{2}{\pi}$	0	$\frac{1}{3}\left(\frac{2}{\pi}\right)$	0	$\frac{1}{5}\left(\frac{2}{\pi}\right)$
rel. Ampl.	$\frac{\pi}{2}$	1	0	$\frac{1}{3}$	0	$\frac{1}{5}$
rel. Intens.	1	$\frac{4}{\pi^2} \approx 0{,}4$	0	0,045	0	0,016

Begründung in 2.3.2, Gl. (2-23).

gungsmaxima höherer Ordnung lassen sich diese nur mit äußerst empfindlichen experimentellen Methoden nachweisen. Das Bündel erscheint scharf begrenzt (vgl. dazu Tab. 20 und 21).

Beispiel. Bei einer Wellenlänge $\lambda = 1$ cm und einer Spaltbreite $B = 1$ m, also $B = 100\ \lambda$, ist das erste Beugungsmaximum erst in $l = 67$ m Entfernung aus dem direkten Bündel, also der 0-ten Ordnung, vollständig ausgetreten. Beweis: $\tan \alpha = B/l \approx \sin \alpha = (3/2)\ \lambda/B$, also $B/l = (3/2)\ \lambda/B$ oder $l = 2\ B^2/(3\ \lambda)$. Einsetzen ergibt $2\ (100\ \text{cm})^2/(3 \cdot 1\ \text{cm}) \approx 67$ m.

Beispiele zur Beugung.

1. *Oberflächenwellen.* In der Wellenwanne trifft eine ebene Welle ($\lambda = 2$ cm) auf eine Wand mit einem Spalt der Breite $B = 3\lambda$. Man beobachtet das Wellenfeld der Abb. 130b.

2. *Schallstrahlen.* Ein Schallbündel trifft auf einen Spalt. Man kann die Schall-Leistung z. B. mit einem Schallradiometer in den verschiedenen Richtungen messen, der Intensitätsverlauf ist wie in Abb. 158b. Hinter einer Türöffnung wird Schall großer Wellenlänge stark abgebeugt und breitet sich hinter der Tür nach allen Seiten aus, Schall kleiner Wellenlänge wird dagegen nahezu geometrisch begrenzt. Die Schallwellenlängen sind in Abb. 166 angegeben.

3. *Licht.* Zur genauen Durchführung des Experiments vgl. 5.3.3. Man erhält die gleiche Amplituden- und Intensitätsverteilung. Nun hat Rotfilterlicht $\lambda \approx 0{,}6\ \mu$m. Um ein Beugungsfeld wie in Abb. 150b zu bekommen, wäre also ein Spalt der Breite 0,0018 mm erforderlich. Vgl. Abb. 338a.

4. *Materiewellen.* Obwohl Elektronen Teilchen sind mit bestimmter Masse (Ausdehnung, Ladung), verhält sich ein Elektronenbündel wie ein Wellenstrahl mit der Wellenlänge $\lambda = h/mv$ (de Broglie-Wellenlänge). Darin bedeutet m die Masse des Elektrons, v seine Geschwindigkeit. Im Nenner steht also der Impuls der Teilchen. Alle bewegten materiellen Teilchen zeigen diese Welleneigenschaften. Daher wurde die klassische Mechanik erweitert zur Wellenmechanik. Für Elektronen mit der kinetischen Energie 15000 eV beträgt die Wellenlänge $\lambda = 0{,}101$ Å, für 150 eV dagegen 1,01 Å usw.; die Beugung an einem *Spalt* ist daher nicht leicht nachzuweisen. Vgl. dazu jedoch 6.6.1, Abb. 396, Beugung an einem Kristallgitter.

2.4. Reflexion, Streuung, Dispersion, Dopplereffekt

2.4.1. Reflexion und Streuung

An der Grenze zweier Medien wird ein Bruchteil der Wellenamplitude reflektiert. Der übrige Teil dringt in das zweite Medium ein.

Trifft eine Welle auf die Grenzfläche zwischen zwei Medien, so wird ein Bruchteil der Wellenamplitude reflektiert, in gewissen Fällen sogar die gesamte Wellenamplitude. Für den reflektierten Bruchteil gilt:

Einfallswinkel α = Reflexionswinkel α' (Reflexionsgesetz)

vgl. Abb. 139. Der Einfallswinkel ist, wie in 2.4.2 definiert, der Winkel zwischen Ausbreitungsrichtung des einfallenden Bündels und Lot auf die Trennfläche. Das Entsprechende gilt für den Reflexionswinkel. Beide Winkel werden vom Lot aus gezählt und haben daher entgegengesetztes Vorzeichen.

Schallstrahlen mit einer gerade noch hörbaren Frequenz (2.5.2) und ein dazu paralleler Lichtstrahl treffen auf einen Spiegel (z. B. Glasspiegel). Beide Strahlen werden entsprechend $\alpha = \alpha'$ reflektiert, wie man experimentell leicht nachprüfen kann. Hörer, die den Lichtstrahl auf sich gerichtet sehen, vernehmen den Schallstrahl mit großer Lautstärke.

Im Unterschied zur Brechung (2.4.2) hängt der *reflektierte* Bruchteil der Amplitude (und auch der reflektierte Bruchteil der Strahlungsleistung) nicht nur von den Ausbreitungsgeschwindigkeiten v_1, v_2, sondern auch von weiteren Materialeigenschaften ab:

a) Bei Schallwellen sind dies die Dichten ϱ_1 und ϱ_2. Bei senkrechtem Einfall ($\alpha = 0°$) läßt sich der reflektierte Bruchteil leicht angeben. Für die reflektierte Amplitude beträgt er

$$A_R = \frac{\varrho_1 v_1 - \varrho_2 v_2}{\varrho_1 v_1 + \varrho_2 v_2} \tag{2-28}$$

und für die reflektierte Leistung

$$R = (A_R)^2 \tag{2-29}$$

Beispiel. An einer Wand aus heißer Luft (erzeugt durch eine Reihe von Bunsenbrennern, $T_1 = 20$ °C, $T_2 = 600$ °C) werden bei senkrechtem Einfall rund 7% der Schallstrahlungsleistung reflektiert.

Begründung. Man dividiert in Gl. (2-28) oben und unten durch $\varrho_1 v_1$ und setzt $\varrho_2/\varrho_1 = T_1/T_2$ und $v_2/v_1 = \sqrt{T_2/T_1}$; man erhält $A_R = 0{,}42/1{,}58 = 0{,}266$ und $(A_R)^2 \approx 0{,}07$, vgl. 2.2.6, letztes Beispiel.

An einer ebenen starren Wand werden Wasserwellen, ebenso Schallwellen vollständig reflektiert. Die Unebenheiten der Wand müssen klein gegenüber der Wellenlänge sein.

Begründung. Wegen $\varrho_2 v_2 \gg \varrho_1 v_1$ ergibt sich aus Gl. (2-28) und Gl. (2-29) $R \approx 1$.

b) Für Lichtwellen und senkrechtem Einfall ($\alpha = 0°$) gilt für die Amplituden

$$A_R = \frac{n-1}{n+1}. \qquad \text{Dabei ist } n = \frac{v_1}{v_2}. \tag{2-28a}$$

Für die Strahlungsleistung gilt

$$R = (A_r)^2 = \frac{(n-1)^2}{(n+1)^2} \tag{2-29a}$$

Über Lichtreflexion an nichtabsorbierenden Medien vgl. 5.6.2, an absorbierenden Medien 5.6.5.

Streuung. An Hindernissen, deren Ausdehnung klein ist im Vergleich zur Wellenlänge, werden Wellen gestreut. Diese Hindernisse werden dann Ausgangszentren von Kreis- bzw. Kugelwellen (vgl. 2.3.4 unter a)). Die Streuung spielt bei elektromagnetischen Wellen, insbesondere bei sichtbarem Licht, und auch bei Schallwellen eine große Rolle, vgl. 2.5.2. Bei einer Vielzahl von Hindernissen überlagern sich die Streubeiträge der Hindernisse (Huygenssches Prinzip). Trifft ein Wellenbündel (Schallbündel, Lichtbündel) auf eine rauhe Oberfläche, deren Unebenheiten von der Größenordnung einer Wellenlänge und darüber sind, so wird das Bündel diffus reflektiert.

2.4.2. Brechung, Totalreflexion

F/L 3.3.1

Fällt ein ebenes Wellenbündel schräg auf eine Trennfläche zwischen zwei Medien, in denen sich die Wellen mit verschiedener Geschwindigkeit ausbreiten, so wird das eindringende Bündel gebrochen. Auch dies folgt aus dem Huygensschen Prinzip.

Trifft ein Parallelbündel *schräg* auf einen breiten Spalt, so durchsetzt es ihn geradlinig (2.3.4, Fall h_1). Dies folgt natürlich ebenfalls aus dem Huygensschen Prinzip. In diesem Fall werden die Punkte der Spaltöffnung mit einer zur Spaltbreitenkoordinate x proportionalen Phasenverschiebung angeregt. Solche Wellenzentren mit kontinuierlich zunehmender Phasenverschiebung liefern ein Parallelbündel, das schräg zur Spaltebene wegläuft.

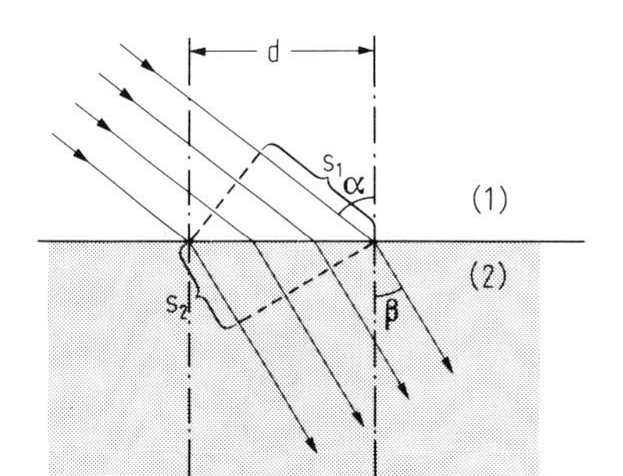

Abb. 159. Brechung von Wellen. Im Medium 1 ist die Ausbreitungsgeschwindigkeit v_1 größer als die Ausbreitungsgeschwindigkeit v_2 im Medium 2. Es gilt: $s_1 = d \cdot \sin\alpha; s_2 = d \cdot \sin\beta$; $s_1 = v_1 \cdot \Delta t$; $s_2 = v_2 \cdot \Delta t$; und $\sin\alpha/\sin\beta = s_1/s_2 = v_1/v_2 = n_{12}$.

Solche phasenverschobenen Wellenzentren im Spalt erhält man auch, wenn nach Abb. 159 ein Medium kleinerer Ausbreitungsgeschwindigkeit (für den Fall des Lichtes z. B. Glas) den Raum hinter dem Spalt ausfüllt. Durch die dort geringere Ausbreitungsgeschwindigkeit der Wellen ergibt sich eine andere Proportionalitätskonstante zwischen Koordinate und Phasenverschiebung. Ihr entspricht ein anderer Winkel, unter dem das Bündel von der Spaltebene wegläuft. Aus dem Bild entnimmt man

$$\frac{\sin\alpha}{\sin\beta} = \frac{v_1}{v_2} = n_{12} \tag{2-30}$$

Diese Erscheinung nennt man Brechung des Wellenbündels. Man nennt α den Einfallswinkel, β den Brechungswinkel. – Das Brechungsgesetz Gl. (2-30) wurde von Snellius 1680 zuerst bei Licht gefunden. Das Verhältnis $v_1/v_2 = n_{12}$ nennt man Brechzahl für den Übergang vom Medium 1 zum Medium 2.

Wasserwellen. Die Ausbreitungsgeschwindigkeit von Wasseroberflächenwellen hängt im seichten Wasser etwas von der Tiefe des Wassers ab. Man kann die Brechung mit Hilfe eines Flachwasserprismas beobachten.

Schallstrahlen. Aus einem Holzrahmen, der mit dünnem Stoff bespannt ist, läßt sich ein Prisma herstellen. Wenn es mit Luft gefüllt ist (und in Luft steht), wird ein hindurchgehender Schallstrahl nicht beeinflußt. Er wird nach 2.3.1 in einer Wellenwanne nachgewiesen. Wird das Prismeninnere jedoch mit Kohlensäure gefüllt, dann wird das Bündel gebrochen (Abb. 160).

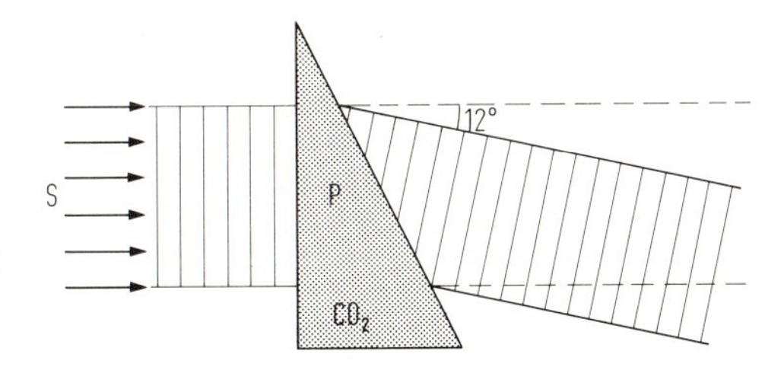

Abb. 160. Brechung eines Schallstrahles. S: Schallstrahl, P: Prisma mit CO_2-Füllung. Bei Füllung des Prismas mit Luft bleibt der Schallstrahl unabgelenkt.

Es wandert aus der Wellenwanne heraus. Wird der Schallwerfer gedreht, so kann das Bündel wieder an die alte Stelle in der Wellenwanne zurückgebracht werden.
Im Prisma (Abb. 160) mit dem Prismenwinkel $\varphi = 30°$ erhält man für Luft-Kohlensäure eine Ablenkung um 10,5°, also $\sin(30° + 10{,}5°)/\sin 30° = 1{,}3$.
Andererseits findet man (vgl. 2.2.5):

$$\frac{v\,(\text{Luft})}{v\,(\text{Kohlensäure})} = \frac{343\ \text{m/s}}{264\ \text{m/s}} = 1{,}3$$

Für die Brechung an der Grenze Wasser/Luft gilt dagegen:

$$\frac{v\,(\text{Luft})}{v\,(\text{Wasser})} = \frac{1}{4{,}4}$$

Am Rand eines schnell fließenden Flusses ist das Mahlgeräusch der Steine nur unter einem kleinen Winkel $\beta \lesssim 13°$ vom Flußrand hörbar, Abb. 161.

Totalreflexion. Das Brechungsgesetz lautet:

$$\frac{\sin\alpha}{\sin\beta} = \frac{v_1}{v_2}$$

Wenn $v_2 > v_1$ ist, d. h. wenn das Medium 1 die kleinere Ausbreitungsgeschwindigkeit hat,

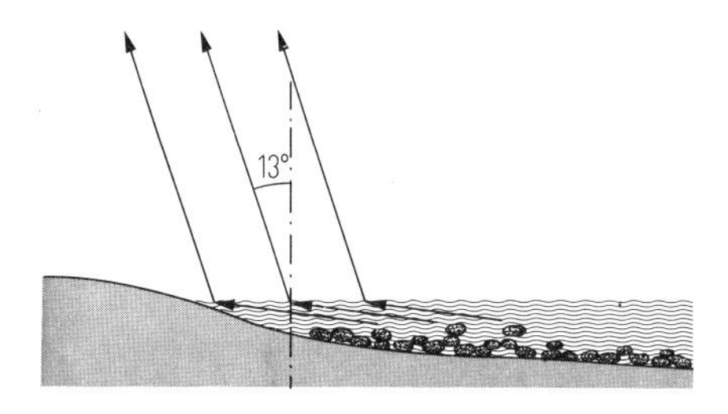

Abb. 161. Brechung eines Schallstrahls an der Grenze Wasser/Luft. Selbst bei einem Einfallswinkel $\alpha \approx 90°$ des Schallstrahls (Mahlgeräusch des Gerölls in einem Fluß) beträgt der Brechungswinkel nur $\beta \approx 13°$.

so gibt es einen Einfallswinkel α_T, bei dem der Brechungswinkel $\beta = 90°$ wird. Bei Einfallswinkeln $\alpha \geq \alpha_T$ erfolgt Totalreflexion, die Welle dringt nicht in das Medium 2 ein. Dabei gilt für $\alpha > \alpha_T$ das Reflexionsgesetz $\alpha = \alpha'$. Der Grenzwinkel der Totalreflexion α_T ergibt sich aus

$$\sin \alpha_T = \frac{v_1}{v_2}$$

Die Erscheinung der Totalreflexion läßt sich am einfachsten mit Lichtwellen demonstrieren (vgl. 5.1.4).

2.4.3. Interferometer

Interferometer spalten Wellenbündel in Teilbündel auf und bringen diese zur Interferenz. Aus dem Interferenzfeld kann man auf den Zusammenhang zwischen Wellenlänge, Phasenverschiebung und Laufweg der Teilbündel schließen.

Spaltet man eine Welle in zwei Teilwellen auf und läßt sie verschiedene Wege durchlaufen (oder gleiche Wege in Medien mit verschiedener Fortpflanzungsgeschwindigkeit), so erhält man nach Wiedervereinigung der beiden Teilbündel Interferenz. Ein Gerät, das die Interferenz zwischen Teilbündeln ausnützt, nennt man ein *Interferometer*. Unter gewissen Voraussetzungen kann man bei bekannter Phasenverschiebung damit die Wellenlänge, bei bekannter Wellenlänge die Phasenverschiebung der beiden Teilwellen messen. Den Bereich, in dem die beiden Teilbündel überlagert werden, nennt man Interferenzfeld.

Es gibt Interferometer, bei denen bei Phasenverschiebung

a) das Interferenzfeld *quer* zur Strahlrichtung und
b) solche, bei denen die Teilbündel *in* Ausbreitungsrichtung verschoben werden.

Die Phasenänderung entsprechend *einer* Wellenlänge entspricht dem Übergang Verstärkung-Auslöschung-Verstärkung. Die meisten Interferometer liefern (bei Licht) ein System von hellen und dunklen Streifen.

Mit Hilfe eines Schallstrahls und der Wasserwanne als Nachweisinstrument (2.3.1) läßt sich die Schallwellenlänge messen. Wie erwähnt, wird ein Schallstrahl an einem Aluminiumblech, das senkrecht zur Ausbreitungsrichtung steht, unter Phasenumkehr reflektiert (vgl. 2.2.2). Einfallende und reflektierte Welle überlagern sich zu einer stehenden Welle.

Besteht das reflektierende Blech aus zwei Teilen, von denen der eine in Richtung zur Schallquelle hin verschoben werden kann, so erhält man zwei, im allgemeinen gegeneinander versetzte Streifensysteme von stehenden Wellen. Geht man von einer Stellung aus, in der keine Versetzung vorhanden ist, und verschiebt die eine Wand in Strahlrichtung um ganze Vielfache der halben Wellenlänge, so verschwindet die Versetzung zwischen den Streifensystemen jeweils wieder. Man kann so die Wellenlänge messen (Abb. 162).

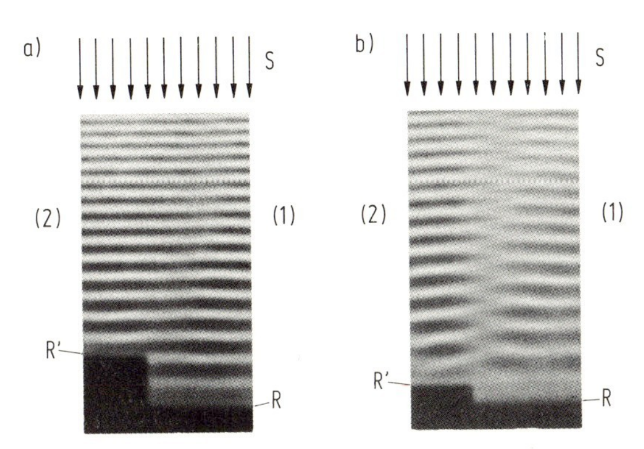

Abb. 162. Messung der Schallwellenlänge mit Hilfe von stehenden Wellen. S: Schallstrahl, R und R′ Reflexionswände, R′ verschiebbar. Die stehenden Schallwellen werden mit der Wasserwanne sichtbar gemacht.
Im Fall b) ist das zweite Streifensystem gegen das erste um eine halbe Wellenlänge versetzt, im Fall a) dagegen nicht.

Wenn beim Verschieben der Reflexionswände um die Strecke s die Versetzung m-mal verschwindet, so gilt

$$s = \mathrm{m} \cdot \frac{\lambda}{2}.$$

Beispiel. Für den hier verwendeten Schallstrahl der Galtonpfeife findet man m = 10 bei $s = 9$ cm; die Wellenlänge ist also 1,8 cm.

Schall. Interferometer nach b): Der Schall durchläuft ein Rohr, das in zwei U-förmige Bügel verzweigt und wieder zusammengeführt ist. Die Länge des einen Bügels kann wie bei einer Posaune verändert werden (Abb. 163), wenn sich die Längen beider Schallwege um λ unterscheiden, verstärken sich beide Anteile bei der Überlagerung, wenn sie sich um $(1/2)\,\lambda$, $(3/2)\,\lambda$, $(5/2)\,\lambda$ unterscheiden, löschen sich beide Teilwellen aus.

Licht. Interferenzen nach a): Zweispaltinterferenzen 5.3.3.2c;
nach b): Jamin-Interferometer 5.3.2.

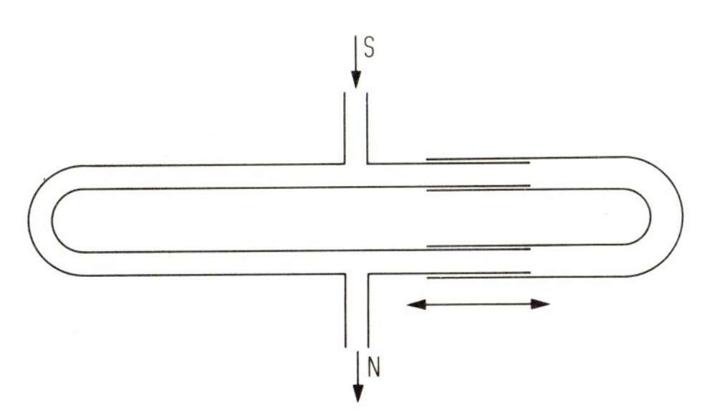

Abb. 163. Interferometer für Schallwellen. S: einfallende Schallschwingung, N: zum Nachweisgerät. Der rechte Schallweg kann posaunenartig verlängert oder verkürzt werden.

2.4.4. Dispersion

Die Ausbreitungsgeschwindigkeit einer Welle hängt in materiellen Medien von der Frequenz bzw. Wellenlänge ab.

Definition. Hängt in einem Medium die Ausbreitungsgeschwindigkeit von der Wellenlänge ab, so nennt man $\mathrm{d}v/\mathrm{d}\lambda$ Geschwindigkeitsdispersion. Die kohärente Einheit ist $[v]/[l] = 1\ \mathrm{s}^{-1}$, die Dimension $\dim v/\dim l = (\dim t)^{-1}$.

Fall a). Flüssigkeitsoberflächenwellen. Die rücktreibende Kraft für die Oberflächenwellen in Flüssigkeiten rührt von zwei Ursachen her:

1. von der Schwerkraft (Schwerewellen)
2. von der Grenzflächenspannung (Kapillarwellen).

Die Ausbreitungsgeschwindigkeit der Flüssigkeitsoberflächenwellen ist von der Wellenlänge abhängig. Die Ausbreitungsgeschwindigkeit hat ein Minimum, das für Wasser bei $\lambda = 1{,}5$ cm liegt (vgl. Abb. 164). Bei genügender Flüssigkeitstiefe gilt

$$v = \sqrt{\frac{g \cdot \lambda}{2\pi} + \frac{2\pi \cdot \zeta}{\lambda \cdot \varrho}} \qquad (2\text{-}31)$$

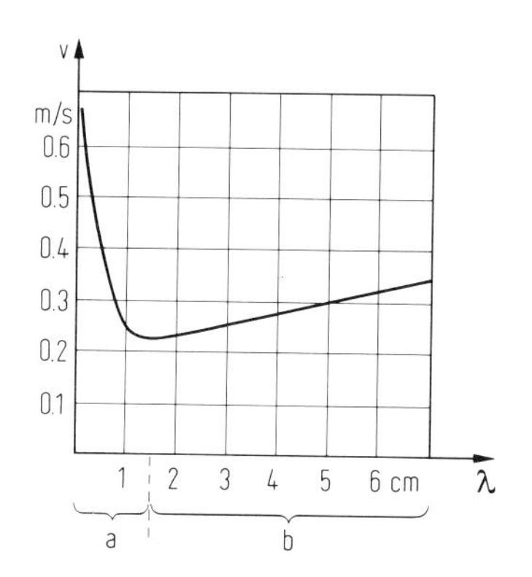

Abb. 164. Ausbreitungsgeschwindigkeit (Phasengeschwindigkeit) v der Wasseroberflächenwellen als Funktion der Wellenlänge. Für Wellenlängen im Bereich a rührt die rücktreibende Kraft überwiegend von der Grenzflächenspannung her, im Bereich b von der Schwerkraft. Als Formelzeichen für die Grenzflächenspannung wird neuerdings σ statt ζ empfohlen.

Dabei ist g die Fallbeschleunigung, ζ der Koeffizient der Grenzflächenspannung, ϱ die Dichte der Flüssigkeit. Das erste Glied rührt von 1. her und ist bei großen Wellenlängen wirksam, das zweite von 2. und macht sich bei kleinen Wellenlängen geltend. Die Geschwindigkeit der Schwerewellen nach 1. hängt auch von der Flüssigkeitstiefe ab; bei sehr geringen Flüssigkeitstiefen ist sie kleiner.

Bemerkung. Die Flüssigkeitsoberflächenwellen sind *nicht* genau sinusförmig, da sie nicht von elastischen Kräften herrühren. Die Gl. (2-11 bzw. 2-21) gilt für sie nur näherungsweise.

Fall b). Schallwellen. Die Schallgeschwindigkeit ist nach Gl. (2-19) unabhängig von der Wellenlänge. Es gibt also im Regelfall keine Dispersion. Bei hohen Frequenzen jedoch können in gewissen Molekülen innere Schwingungen angeregt werden, dann wird die Schallgeschwindigkeit abhängig von der Wellenlänge. (Beispiel: CO_2 bei Wellenlängen unter 2,5 mm).

Fall c). Lichtwellen. Bei Licht spielt die Größe $\mathrm{d}n/\mathrm{d}\lambda$ eine wichtige Rolle. Sie wird Brechzahldispersion (oft kurz Dispersion) genannt. Sie ist die Ursache der Spektralzerlegung von Licht durch ein Prisma (vgl. 5.1.5).

Die kohärente Einheit ist Zahl/$[l]$ = 1 m^{-1}, die Dimension dim Zahl/dim l = $(\dim l)^{-1}$.

2.4.5. Phasen- und Gruppengeschwindigkeit

In Medien mit Geschwindigkeitsdispersion unterscheidet sich die Ausbreitung von Sinuswellen und die von Wellengruppen.

Wenn die Ausbreitungsgeschwindigkeit eines Wellenvorgangs von der Wellenlänge abhängt, muß man unterscheiden zwischen der Ausbreitungsgeschwindigkeit der *Phase* für einen Wellenvorgang mit einheitlicher Wellenlänge (Phasengeschwindigkeit v) und der Ausbreitungsgeschwindigkeit einer *Wellengruppe* (Gruppengeschwindigkeit v'), die durch Überlagerung mehrerer Wellenzüge mit verschiedener Frequenz entsteht.

Der Unterschied zwischen Phasen- und Gruppengeschwindigkeit läßt sich mit Wasseroberflächenwellen zeigen. Jedes Mal, wenn ein Tropfen Wasser auf die Oberfläche fällt, breitet sich eine Wellengruppe kreisförmig um diesen Punkt aus. Während des Fortschreitens treten am Ende der Gruppe neue Wellen auf, während gleichzeitig an der Wellenfront gleichviele Wellen absterben. Die Gruppe als Ganzes bleibt nahezu erhalten. Ihre Gruppengeschwindigkeit v' hängt von der Geschwindigkeitsdispersion $\mathrm{d}v/\mathrm{d}\lambda$ ab. Die Gruppengeschwindigkeit v' kann größer oder kleiner sein als die Phasengeschwindigkeit v. In Wasser gilt für $\lambda \approx 5$ cm in guter Näherung $v' = 0{,}5\ v$, für $\lambda \approx 2$ cm dagegen $v' = 1{,}5\ v$. Allgemein ist der Zusammenhang zwischen Phasen- und Gruppengeschwindigkeit

$$v' = v - \lambda \frac{\mathrm{d}v}{\mathrm{d}\lambda} \qquad (2\text{-}32)$$

Es kann vorkommen, daß v und v' entgegengesetztes Vorzeichen haben. Die Fortpflanzungsgeschwindigkeit von Licht einheitlicher Wellenlänge im materiefreien Raum oder in durchsichtiger Materie (z. B. Glas) ist die Geschwindigkeit, mit der gleiche Phasen, z. B. das Wellenmaximum, fortschreiten. Die Fortpflanzungsgeschwindigkeit ist also eine Phasengeschwindigkeit. (Über Signalgeschwindigkeit vgl. 5.6.7.)

2.4.6. Dopplereffekt

F/L 3.2.3, 3.2.4 u. 3.2.5

Die Relativgeschwindigkeiten zwischen Medium, Quelle, Empfänger üben einen Einfluß auf die vom Empfänger wahrgenommene Frequenz aus.

Die Wellenerregung pflanzt sich in einem Medium fort, und zwar mit der Geschwindigkeit v_0. Bisher wurde vorausgesetzt, daß sowohl das Erregungszentrum als auch der Schwingungsempfänger relativ zum Medium ruhen. Wenn sich die Quelle oder der Empfänger oder beide relativ zum Medium bewegen, wird die Frequenz der Welle nach unterschiedlichen Ausbreitungsrichtungen hin unterschiedlich beeinflußt.

Der Empfänger sei relativ zum Medium in Ruhe. Wenn die Quelle die Frequenz ν aussendet und sich mit der Geschwindigkeit v_Q relativ zum Medium bewegt, ist die Wellenlänge

a) bei Bewegung in Ausbreitungsrichtung verkleinert auf $\lambda' = \lambda - \lambda\, v_Q/v_0$
b) bei Bewegung entgegengesetzt zu ihr vergrößert auf $\lambda' = \lambda + \lambda v_Q/v_0$

Der relativ zum Medium ruhende Empfänger erhält die Frequenz $\nu' = v_0/\lambda'$. Sie ist im Fall a) $\nu' = \nu/(1 - v_Q/v_0)$ im Fall b) $\nu' = \nu/(1 + v_Q/v_0)$. In eine Reihe entwickelt erhält man

$$\nu' = \nu\left(1 \mp \frac{v_Q}{v_0}\right)^{-1} = \nu\left(1 \pm \frac{v_Q}{v_0} + \left[\frac{v_Q}{v_0}\right]^2 \pm \ldots\right) \tag{2-33}$$

Beispiel. Den Unterschied der Frequenzen im Fall a) und b) kann man beim Vorbeifahren einer pfeifenden Lokomotive oder eines hupenden Autos beobachten.

Ist dagegen die Quelle in Ruhe und bewegt sich der Empfänger mit der Geschwindigkeit v_E auf die Quelle zu oder weg, dann wirkt auf diesen die Frequenz

$$\nu' = \nu\,(1 \pm v_E/v_0)\,. \tag{2-34}$$

Gl. (2-33) und (2-34) haben in erster Näherung gleiche Form.
Alle Spezialfälle lassen sich zusammenfassen in der Gl.

$$\frac{1}{\nu'}\,(\vec{v_0} - \vec{v_E}) = \frac{1}{\nu}\cdot(\vec{v_0} - \vec{v_Q}) \tag{2-35}$$

Diese Erscheinung nennt man „*Dopplereffekt*". Gl. (2-35) gilt auch, wenn Quelle und Empfänger sich gleichzeitig relativ zum Medium bewegen.

Im Fall der Bewegung eines Schallsenders gilt Gl. (2-33). Für Licht gilt dagegen, vgl. 5.9.2 und 9.5.9:

$$\nu' = \nu\left(1 \pm \frac{v}{c}\right)\Big/\sqrt{1 - \frac{v^2}{c^2}} = \nu\cdot\left(1 \pm \frac{v}{c} + \frac{1}{2}\,\frac{v^2}{c^2} \pm \ldots\right) \tag{2-36}$$

Dabei ist v die Relativgeschwindigkeit zwischen Quelle und Empfänger, auf die es hier allein ankommt. Das obere Vorzeichen gilt bei Annäherung.

2.5. Schallwellen, Schallwahrnehmung

2.5.1. Schallabstrahlung

F/L 3.2.6

Verschiedene schallerzeugende Schwinger strahlen auf Grund von Interferenzerscheinungen schlecht ab. Die Abstrahlung kann verbessert werden durch Kopplung mit anderen Systemen.

Eine schwingende Saite erzeugt jeweils auf der einen Seite der Auslenkung ein Druckmaximum, auf der entgegengesetzten ein Druckminimum. Diese beiden eng benachbarten Wellenerregungsgebiete schwingen um 180° gegeneinander phasenverschoben. Die weglaufenden Wellen löschen sich fast vollständig durch Interferenz aus. Bei einer Stimmgabel sind die Verhältnisse ähnlich (vgl. dazu Abb. 145b).

Die Schallabstrahlung der Stimmgabel wird jedoch wesentlich verbessert, wenn man die eine Zinke gemäß Abb. 165 zwischen zwei feste Platten stellt. Dadurch entsteht ein Umweg für die nach hinten weglaufenden Wellen gegenüber den nach vorn weglaufenden, und die Interferenz wird (teilweise) verhindert.

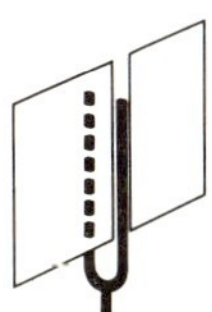

Abb. 165. Abstrahlung durch Verhindern der Interferenzauslöschung bei einer Stimmgabel. Vorder- und Rückseite einer Zinke sind gegenphasig schwingende Erregungszentren. Bei der (perspektivisch) gezeichneten Anordnung werden nach rechts nur Schallwellen abgestrahlt, die von der Vorderseite der Zinke herrühren. Sie werden kaum durch Interferenz mit Schallwellen von der Rückseite abgeschwächt.

Andere schwingungsfähige Systeme haben von vornherein eine bessere Schallabstrahlung, z. B. eine schwingende Membran. Auch hier entsteht z. B. auf der Vorderseite ein Druckmaximum, auf der Rückseite ein Druckminimum oder umgekehrt. Zwischen beiden Druckamplituden herrscht ein Phasenunterschied 180°. Die von hinten kommende Wellenerregung muß jedoch gegenüber der von der Vorderseite ausgehenden Welle einen Umweg zurück legen und erhält dadurch eine zusätzliche Phasenverschiebung. In der Richtung senkrecht zur Membran haben die Anteile eine von $\delta = 180°$ verschiedene Phasenverschiebung. In Richtungen längs der Fläche der Membran dagegen bleibt $\delta = 180°$ (Auslöschung). Wenn der Hohlraum hinter der Membran durch einen Kasten abgeschirmt wird, strahlt sie nach vorn gut ab.

Bei einer einseitig offenen, schwingenden Luftsäule ist nur das offene Ende Wellenzentrum. Dadurch ist Interferenz nicht möglich, die Abstrahlung ist gut.

Die Abstrahlung von schlecht abstrahlenden Schwingern wird verbessert, wenn man besser strahlende durch sie zu erzwungenen Schwingungen anregt (z. B. Saite-Geigenkasten, Stimmgabel-Resonanzkasten usw.).

Beispiel. Wird eine Stimmgabel auf einen einseitig offenen, quaderförmigen Holzkasten montiert und die Stimmgabel angeschlagen, dann überträgt sie Schwingungen auf den Kasten und erregt die einseitig offene Luftsäule in ihm zu erzwungenen Schwingungen. Falls die Länge des Kastens so gewählt ist, daß Resonanz zwischen der Stimmgabel und der Luftsäule in der Grundschwingung besteht, hört man den Ton kräftig. Füllt man den Resonanzkasten dagegen mit Kohlensäure, so stimmt die Eigenfrequenz der Gassäule (vgl. 2.2.5) nicht mehr mit der Frequenz der Stimmgabel überein, man hört den Ton nur mehr schwach.

2.5.2. Schallausbreitung, Schallschluckung

Schallstrahlen (räumliche Wellen) werden gebeugt, reflektiert, gebrochen, absorbiert, gestreut.

Die Wellenlängen von (sichtbarem) Licht liegen in der Gegend von 0,5 nm. Daher kann die Beugung von Licht nur an sehr engen Öffnungen und sehr kleinen Hindernissen beobachtet werden. Die Wellenlänge von Schall liegt dagegen in der Gegend von 0,5 bis 5,0 m (Frequenzbereich der Sprechstimme), diese Wellenlängen sind vergleichbar mit den Abmessungen von Gegenständen des täglichen Lebens. Daher ist die Beugung von Schall eine alltägliche Erscheinung. Für Schall mit großer Wellenlänge *(kleiner Frequenz)* ist eine Türöffnung ein enger Spalt. Solcher Schall breitet sich daher hinter einer Türöffnung *allseitig* aus. Schall *hoher Frequenz* bildet dagegen einen *eng begrenzten* Schallstrahl.

Beispiel. Geräusche eines Sandstrahlgebläses oder eines Schleifsteins, die hauptsächlich hohe Frequenzen enthalten, breiten sich hinter einer Fenster- oder Türöffnung als scharf begrenztes Bündel aus.

Bei einer schwingenden Membran (Durchmesser $2\,r$) hängt die Richtungsverteilung der abgestrahlten Schall-Leistung von der Frequenz des Schalls ab, ähnlich wie bei einem Spalt oder einer Öffnung gleicher Abmessung. Wellenlängen, die $\gtrsim 2\,r$ sind (tiefe Töne), werden allseitig abgestrahlt. Wellenlängen, die klein gegen $2\,r$ sind (hohe Töne), werden bevorzugt nach vorne abgestrahlt. Beim Bau von Lautsprechern muß das berücksichtigt werden.

Schallschluckung. An einer glatten Steinwand wird der größte Teil der auftreffenden Schall-Leistung reflektiert, ein kleiner Bruchteil aber verschluckt (und dabei in Wärme verwandelt). Man nennt diese Erscheinung ,,Schallschluckung". An anderem Material, z. B. an einem Teppich, wird unter Umständen ein erheblicher Bruchteil verschluckt. Er hängt außerdem von der Frequenz des auftreffenden Schalls ab, wie die folgende Tabelle zeigt.

Tabelle 22. Einige Werte der ,,Schallschluckung" (verschluckte/einfallende Leistung).

Frequenz	Schluckung von Beton, Marmor	Schluckung von Teppich
$128\ s^{-1}$	0,01	0,04
$512\ s^{-1}$	0,015	0,15
$2084\ s^{-1}$	0,02	0,52

Absorption im Medium. In einer Schallwelle wechselt Verdichtung und Verdünnung zeitlich und räumlich. In Ausbreitungsrichtung haben Verdünnungs- und Verdichtungsstellen den Abstand $\lambda/2$. Zwischen ihnen herrscht ein Temperaturunterschied, denn während der Verdichtung ist die Temperatur etwas erhöht gegenüber der mittleren Temperatur, während der Verdünnung etwas erniedrigt. Zwischen diesen Stellen (im Abstand $\lambda/2$) tritt *Wärmeleitung* auf. Wenn λ klein ist (Frequenz groß), ist das Temperaturgefälle groß, die Wärmeableitung daher groß.

Die Druckänderung im Gas erfolgt also nicht mehr rein adiabatisch, sondern unter teilweiser Wärmeabfuhr. Ein Schallbündel (Parallelbündel, d. h. ebene Welle) mit der Energiestromdichte [Strahlungsintensität = Energie/(Fläche × Zeit)] wird dann beim Fortschreiten auf dem Weg x vom Anfangswert I_0 auf I geschwächt. Dabei gilt $I = I_0 \cdot e^{-mx}$. Nähere Untersuchung ergibt: Der Absorptionskoeffizient m ist proportional dem Quadrat der Frequenz. In der folgenden Tabelle wird die Entfernung angegeben, nach der die Strahlungsleistung I_0 einer ebenen Welle in trockener Luft auf 1/e, also auf den Wert $0{,}368 \cdot I_0$ abgefallen ist. Sie ist für vier Frequenzen angegeben. Hohe Frequenzen werden stark absorbiert.

Tabelle 23. Zur Schallabsorption in Luft.

Frequenz	$16\ s^{-1}$	$512\ s^{-1}$	$4096\ s^{-1}$	$20{,}000\ s^{-1}$
Entfernung	400 000 km	385 km	6,0 km	0,25 km

Beispiel. Nach einem Blitzschlag sind in großer Entfernung nur mehr die niedrigen Frequenzen (tiefen Töne) hörbar (dumpfes Grollen, im Gegensatz zu dem sehr hellen Krachen bei einem nahen Einschlag).

Bei höherer Frequenz kann die Schallwelle außerdem durch Anregung innerer Schwingungen in den Molekülen des von der Schallwelle durchsetzten Gases gedämpft werden.

Beispiel. CO_2 bei $\nu \gtrsim 100000\ \mathrm{s}^{-1}$ oder $\lambda = 3{,}4$ mm.

Bei räumlicher Ausbreitung (Kugelwelle) nimmt die Strahlungsleistung außerdem mit $1/r^2$ ab. Es gilt

$$I = \frac{I_0}{r^2} \cdot \mathrm{e}^{-mx}. \qquad (2\text{-}37)$$

Zur Schallausbreitung in der Atmosphäre. In einem geschichteten Medium, in dem die Ausbreitungsgeschwindigkeit sich kontinuierlich ändert (Temperaturänderung in der Atmosphäre, Brechzahländerung bei Licht) breitet sich ein Wellenbündel krummlinig aus, auch wenn seine Ausbreitungsrichtung parallel oder nahezu parallel der Schichtung liegt.

In der Atmosphäre gibt es oft kontinuierlich sich ändernde Temperaturunterschiede zwischen verschiedenen Luftschichten, z. B. im Winter über der kalten Bodenschicht eine Warmluftschicht oder umgekehrt im Sommer. In einer solchen Zone breitet sich die Wellenerscheinung krummlinig aus (vgl. dazu Optik 5.1.4). Auch dies folgt aus dem Huygensschen Prinzip: Der Schallstrahl bzw. Lichtstrahl wird nach oben oder nach unten gebogen, siehe Abb. 315, S. 429.

Reflexion von Schall, Echolot. Ein Schallstrahl, der im Meer in die Tiefe gesandt wird, wird am Meeresboden reflektiert und kommt nach einer gewissen Laufzeit an die Wasseroberfläche zurück. Aus der Laufzeit, den ein kurzer Schallimpuls für die beiden Wege benötigt, kann man auf die Tiefe an der betreffenden Stelle schließen (Echolot).

Brechung eines Schallstrahls. Beim Übergang von Wasser zu Luft oder umgekehrt wird ein Schallstrahl gebrochen. Man beobachtet das an dem mahlenden Geräusch der Steine in einem schnell fließenden Wasser. Dieses Geräusch ist nur bis zur Kante des Wasserbeckens hörbar, Abb. 161.

Streuung von Schall. Da die Wellenlängen von Schall einer Sprechstimme von der Größenordnung 1 m sind, wirkt hierfür ein Gegenstand mit Abmessungen der Größenordnung $\lesssim 0{,}5$ m als Streuzentrum, d. h. Zentrum einer Kugelwelle.

2.5.3. Ohr, Richtungshören

Das Ohr kann einen weiten Frequenzbereich und große Lautstärkeunterschiede erfassen. Der Laufzeitunterschied von Schall zu beiden Ohren reicht aus, die Richtung des ankommenden Schalls festzulegen.

Die Schall*empfindung* ist Gegenstand der Physiologie und Sinnespsychologie, nicht der Physik. Verschiedene Frequenzen werden als Töne verschiedener Tonhöhe, verschiedene Strahlungsleistungen als verschiedene Lautstärken empfunden, soweit sie im ***hörbaren*** Frequenzbereich liegen. Es genügt für den Physiker zu wissen, welche Aufgaben das Ohr zu lösen imstande ist.

Das Ohr des Menschen nimmt Luftschwingungen von $16\,s^{-1}$ bis $20\,000\,s^{-1}$ wahr; mit dem Lebensalter sinkt die obere Grenze zu kleineren Frequenzen. Das Tonintervall zwischen zwei Tönen, deren Frequenzen sich um den Faktor 2 unterscheiden, nennt man eine Oktave. Die Frequenzen aufeinander folgender Töne unserer temperierten Tonleiter verhalten sich wie $\sqrt[12]{2}$ (12 Töne in einer Oktave). Temperiert bedeutet: Gleiches Frequenzverhältnis für aufeinanderfolgende Töne. Die Frequenzen und Wellenlängen einiger in der Musik verwendeter Töne sind aus Abb. 166 zu entnehmen. Unserer Tonleiter wird üblicherweise der Kammerton a ($\nu = 440\,s^{-1}$) zugrunde gelegt. Der Hörbereich erstreckt sich über rund 10 Oktaven, denn $20\,s^{-1} \cdot 2^{10} \approx 20\,000\,s^{-1}$. Mit den Fingerspitzen kann man noch niedrigere Frequenzen fühlen, z. B. an einer Tischplatte, Fensterscheibe, oder dgl.

$\nu =$	64	128	256	512	1 024	s^{-1}
$\lambda =$	5,3	2,65	1,32	0,66	0,33	m

Abb. 166. Frequenz und Wellenlänge einiger Töne. Die tiefen Töne (hohen Töne) haben Wellenlängen, die groß (klein) gegen die Abmessungen von Türöffnungen usw. sind. Daher rührt die in 2.5.2 besprochene Art der Ausbreitung.

Schallschwingungen gleicher Strahlungsleistung/Fläche, d. h. gleicher Energie/(Fläche mal Zeit) werden vom Ohr mit sehr verschiedener Lautstärke wahrgenommen. Die Empfindlichkeit des Ohres hängt stark von der Frequenz ab; sie hat ein Maximum im Bereich zwischen 1 000 und 2 000 s^{-1}. Die untere Grenze der Hörbarkeit nennt man den Schwellenwert. Er liegt für die Frequenz 1 000 s^{-1} bei der Strahlungintensität 10^{-15} W/cm^2 = 10^{-11} W/m^2 (vgl. dazu Abb. 167.

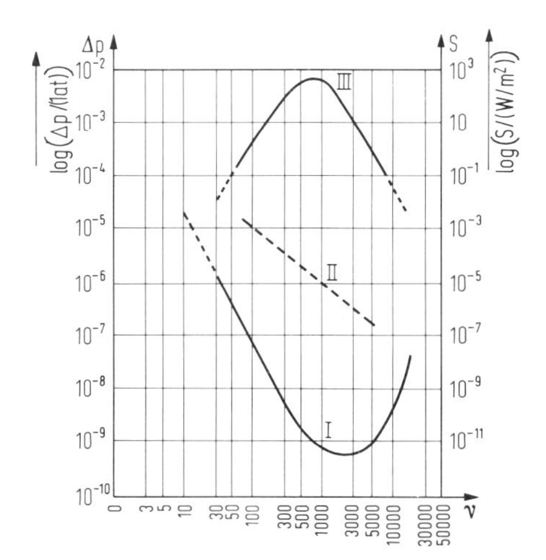

Abb. 167. Zur Schallempfindung des Ohres (nach Pohl). An der Ordinate ist rechts aufgetragen: S: Schalleistung/Fläche in W/cm^2, links Δp: Luftdruckänderung in der Schallwelle in at; als Abszisse die Frequenz ν in s^{-1}. – Alle Maßstäbe logarithmisch. Kurve I gibt den Schwellenwert in Abhängigkeit von der Frequenz wieder. Schalleistungen unterhalb dieser Grenzwertkurve werden nicht gehört.
Kurve II: Gleiche Lautstärkeempfindung bei Schalleistungen, die der normalen Sprache entsprechen, für verschiedene Frequenzen.
Kurve III beschreibt die Grenze des Einsatzes der Schmerzempfindung, d. h. Schalleistungen über dieser Grenzwertkurve werden als schmerzhaft empfunden.

Die Lautstärkeempfindung steigt mit dem Logarithmus der Strahlungsleistung („Weber-Fechnersches Gesetz"), also weit *unter*proportional zur Leistung. Auf diese Weise ist das Ohr bei 1 000 bis 2 000 s^{-1} imstande, Strahlungsleistungen im Verhältnis von $1 : 10^{14}$

noch zu erfassen. Einen solchen Bereich kann kein bekanntes technisches Gerät auf einmal bewältigen.

Das menschliche Ohr kann außerdem bei Schwingungen, die mehrere überlagerte Frequenzen enthalten, eine Frequenzanalyse, wie in 2.3.2 besprochen, in außerordentlich kurzer Zeit vornehmen. Die Analyse im Ohr erfolgt im sogenannten Cortischen Organ. Sein wesentlicher Bestandteil ist eine spiralig aufgespannte Membran (Länge 34 mm, Breite 0,04 bis 0,5 mm). Sie wird zu charakteristischen erzwungenen Schwingungen angeregt. Deren Amplitudenverteilung wird dann von Nervenfasern abgetastet und an das Gehirn weitergeleitet. Das ist eine Leistung, die mit heutigen technischen Mitteln nur mit einem großen instrumentellen Aufwand möglich ist.

Richtungshören. Das Hören mit zwei Ohren ermöglicht, die Richtung zu ermitteln, aus der Schallwellen kommen. Das Richtungshören beruht auf dem Laufzeitunterschied der Schallwellen zu den beiden Ohren. Trifft ein akustisches Signal erst auf das eine, kurze Zeit später auf das andere Ohr, so wird der geringe Zeitunterschied des Eintreffens wahrgenommen. Der Laufzeitunterschied ist Null, wenn der Schall gerade von vorne oder von hinten einfällt. Der größte Laufzeitunterschied, der auftreten kann, ergibt sich aus dem Quotienten Ohrabstand (≈ 20 cm)/Schallgeschwindigkeit (340 m/s). Die durch den Ohrabstand gegebene Laufzeit beträgt daher etwa 600 μs für Schallschwingungen, die von der Seite kommen. Die untere Wahrnehmungsgrenze für diese geringen Zeitunterschiede liegt bei 30 μs. Innerhalb dieses Bereiches ist das Gehirn imstande, aus dem Zeitunterschied den Winkel zu entnehmen, unter dem der Schall den Beobachter erreicht.

2.5.4. Töne, Klänge, Geräusche

Klänge und Geräusche sind Mischungen aus mehreren Tönen; das Ohr analysiert deren Frequenzen samt Strahlungsleistungen.

Man unterscheidet zwischen Tönen, Klängen und Geräuschen. Unter einem Ton versteht man die Sinneswahrnehmung, die von einer einheitlichen Sinusschwingung ausgelöst wird. Eine solche läßt sich kennzeichnen durch die Frequenz ν und die Amplitude A. Die Intensität [= Energie/(Fläche mal Zeit)] ist proportional zu A^2. Tiefen Tönen entsprechen kleine, hohen Tönen große Frequenzen. Wie stark sie im Ohr wahrgenommen werden, hängt noch von der Empfindlichkeitsverteilung (Abb. 167) ab.

Unter einem Klang versteht man eine Überlagerung von einigen Tönen. Auch hier kann man die Überlegungen von 2.3.2 anwenden. Klänge werden also dargestellt durch eine Summe verschiedener Sinusschwingungen fester Frequenz und Amplitude.

Eine Mischung von sehr vielen verschiedenen Tönen nennt man ein Geräusch, meistens sind in Geräuschen viele hohe Frequenzen enthalten.

Werden Schwingungen verschiedener Frequenz überlagert, so hängt die Schwingungsform (zeitlicher Verlauf der Auslenkung) außer von der Frequenz und Amplitude auch von der Phasendifferenz zwischen den einzelnen Schwingungen ab (siehe Abb. 168). Das Ohr nimmt jedoch nur die Frequenzen und die Amplituden wahr, spricht aber auf *Phasenunterschiede nicht* an. Dies wurde von Georg Simon Ohm gefunden, dem Entdecker des Ohmschen

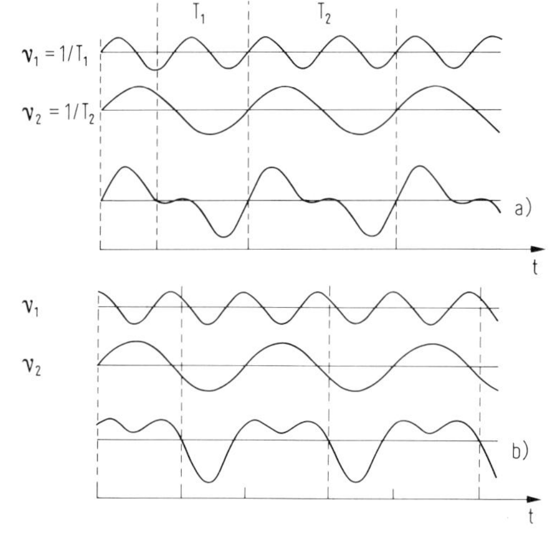

Abb. 168. Einfluß der Phase bei der Addition zweier Sinusschwingungen (nach Pohl I, S. 166, Abb. 311/2).
a) Schallschwingung, zusammengesetzt aus zwei Einzelschwingungen mit den Frequenzen ν_1 und ν_2.
b) Wie a), jedoch mit anderer Phasenverschiebung. Das Ohr stellt in beiden Fällen das Vorhandensein der Frequenzen ν_1 und ν_2 fest. Es kann zwischen a und b nicht unterscheiden.

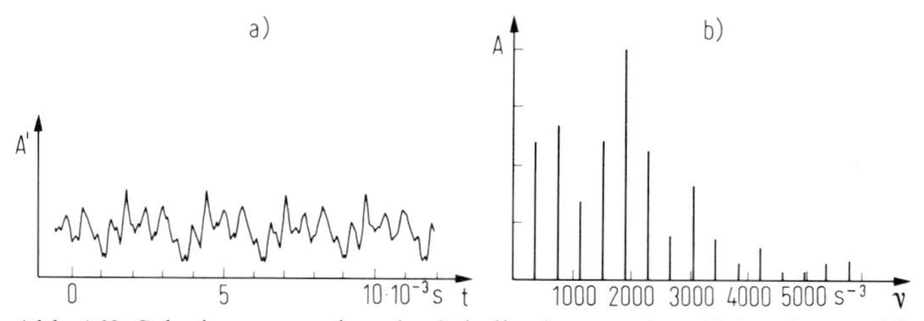

Abb. 169. Schwingungsanalyse des Schalls, der von einer Geige abgestrahlt wird (nach Backhaus, Z. techn. Phys. *8*, 509 [1927]).
a) Schwingungskurve, A': z. B. Ausgangsspannung eines Kondensatormikrophons.
b) Frequenzen ν und Amplituden A („Spektrum"), der im „Geigenklang" enthaltenen Sinusschwingungen.

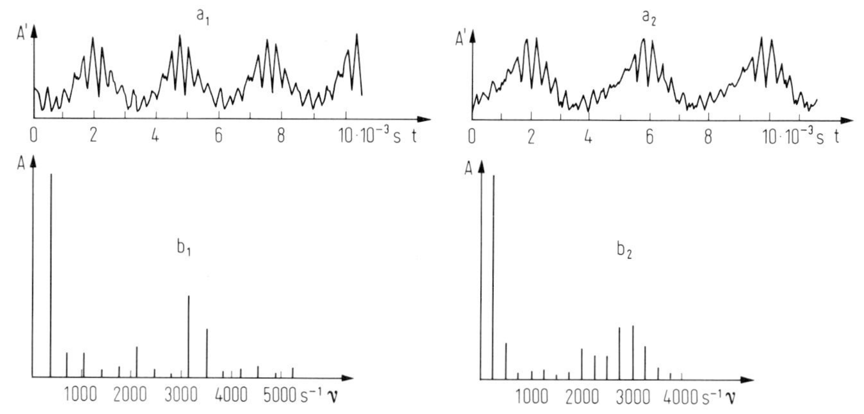

Abb. 170. Schwingungsanalyse eines Vokals (nach F. Trendelenburg, Wiss. Veröff. a. d. Siemenskonzern III/2, S. 43–66, 1924).
a_1: Schwingungskurve des Vokals i einer Frauenstimme in hoher Tonlage,
b_1: zugehöriges Frequenz- und Amplitudenspektrum, Grundfrequenz 350 s^{-1};
a_2, b_2 wie a_1, b_1, jedoch in tiefer Tonlage, Grundfrequenz 250 s^{-1}.

Gesetzes der Elektrizitätslehre. Das Ohr vermag die beiden Schwingungsformen der Abb. 168a und b nicht zu unterscheiden. Wenn Klänge und Geräusche des hörbaren Frequenzbereichs auf ein Ohr treffen, werden lediglich Frequenzen und Amplituden festgestellt. Wenn sie zeitversetzt auf beide Ohren treffen, so erfolgt die Meldung an das Gehirn je nach der Richtung, aus der der Schall kommt, um 30 bis 600 μs zeitversetzt. Dadurch kann man die Richtung erkennen (Richtungshören, Stereowiedergabe bei Schallplatten usw.).

In Abb. 169 ist der Schwingungsverlauf eines Geigenklangs angegeben und dazu das darin enthaltene Frequenzspektrum. In Abb. 170 ist ein Vokal analysiert. Vokale sind gekennzeichnet durch feste Begleitfrequenzen; diese sind für den betreffenden Vokal typisch und werden „Formanten" genannt. Daneben enthält das Frequenzspektrum des Vokals eine Hauptfrequenz, die die Tonhöhe wiedergibt, in der er gesprochen wird. Das Ohr analysiert, wie erwähnt, nach Frequenzen und erkennt den Vokal an den Formanten.

2.5.5. Raumakustik

Für die „Akustik" in Räumen sind zwei Einflüsse wesentlich:

1. Nachhall, abhängig von Reflexion und Absorption bzw. Schallschluckung an den Wänden,
2. Überlagerung von direktem und reflektiertem Schall, abhängig von der Geometrie des Raumes.

Eine Schallwelle pflanzt sich von einer punktförmigen Quelle aus nach allen Seiten hin kugelsymmetrisch fort, und zwar bei Zimmertemperatur mit der Schallgeschwindigkeit 340 m/s.

Zu Fall 1. In einem geschlossenen Raum wird die von einer Schallquelle abgegebene Schallenergie durch vielfache Reflexion weitgehend auf den ganzen Raum verteilt, jedoch wird bei jeder Reflexion ein gewisser Bruchteil verschluckt. Das Produkt aus Schallschluckungsgrad und Zahl der Reflexionen bestimmt die *Nachhalldauer*. Zu langer Nachhall verdirbt die „Akustik" des Saales.

Für die Nachhalldauer ist die geometrische Form des Saales von untergeordneter Bedeutung. Man kennzeichnet die Nachhalldauer durch die Zeit, innerhalb derer die Druckamplitude vom 10^{+3}-fachen Wert des Schwellendrucks der Hörschwelle auf den Schwellendruck absinkt. Die Nachhallzeit ist proportional dem Volumen des Raumes und umgekehrt proportional der (mittleren) Schallschluckung der Wände. Ist die Schallschluckung zu klein, d. h. die Nachhalldauer zu groß, dann klingen Musikvorträge verwaschen und die Silben eines gesprochenen Wortes heben sich zu wenig vom Nachhall ab. Ist die Schallabsorption zu groß, dann klingen Musikvorträge stumpf und die Sprachverständlichkeit wird durch die geringe Lautstärke gestört. Zu große Nachhalldauer kann durch genügende Dämpfung (Hartfaserplatten mit Löchern, dahinter Glaswolle, oder durch Teppiche) herabgesetzt werden.

Zu 2. Es kann vorkommen, daß ein direktes und ein reflektiertes Schallbündel, die von derselben Schallerregung herrühren, zeitversetzt auf das Ohr treffen. Der zeitliche Abstand zweier Silben bei normaler Redegeschwindigkeit ist etwa 1/5 Sekunde. Ist die Zeitdifferenz zwischen direktem Schall und reflektiertem Schall ungefähr ebenso groß, dann hört man eine Silbe noch einmal in die nächste hinein. Das ist der Fall, wenn eine gut reflektierende Wand einen Schallumweg von etwa 34 m, entsprechend einer Laufzeit 1/10 Sekunde, bewirkt. Ist dagegen die Zeitdifferenz viel kleiner als etwa 1/10 Sekunde, so wirkt die Überlagerung schallverstärkend, die Verständlichkeit wird verbessert.

Vom akustischen Standpunkt ist ein Saal mit dem in Abb. 171a bezeichneten Grundriß ungünstig, denn es treten starke, zeitlich verschobene Reflexe auf. Einen akustisch günstigen Saal stellt Abb. 171b im Grundriß dar. Der Hörer wird überwiegend vom direkten Schall getroffen.

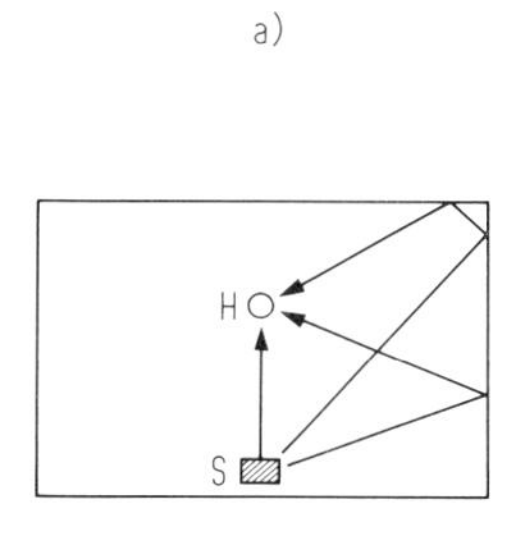

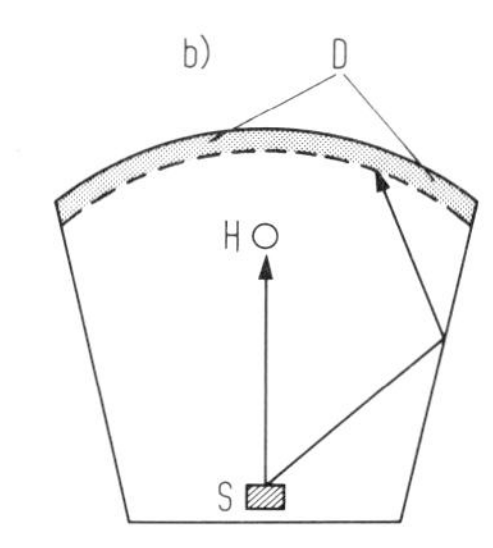

Abb. 171. Zur Akustik von Sälen. S: Sprecher, H: Hörer, D: Dämpfungsplatten (Grautönung).
a) Schlechte Akustik, jede Silbe gelangt auch reflektiert und durch Umweg verspätet zum Ohr des Hörers.
b) Gute Akustik, jede Silbe wird nur einmal vernommen.

3. Wärmelehre

Wärmemenge ist statistisch verteilte Energie der einzelnen Atome (Moleküle). Diese Energieform kann, im Unterschied zu allen anderen, nicht mehr vollständig in andere Energieformen umgewandelt werden. Wärmemenge ist ein anderer Ausdruck für Wärmeenergie.

Die einzelnen Atome bzw. Moleküle („Teilchen") im Innern fester, flüssiger oder gasförmiger Stoffe befinden sich in *ständiger* Bewegung. In einem Gas bewegt sich ein Teilchen geradlinig, bis es mit einem Nachbarteilchen zusammenstößt. Das folgt aus Beobachtungen an Atom- und Molekularstrahlen. Im Gas, in der Flüssigkeit, oder im festen Körper ist der *Impuls* der Teilchen nach Richtung und Betrag statistisch verteilt, ebenso deren kinetische *Energie*. Sie macht den wesentlichen Teil der „Wärmemenge" aus.

Man stellt nun fest:

1. Statistisch verteilte kinetische Energie kann nur *teilweise* in kinetische Energie mit gleichgerichtetem Impuls, in mechanische, in elektrische Energie, oder in Hubenergie verwandelt werden. In Übereinstimmung mit den Gesetzen des elastischen Stoßes bedeutet das aber auch:
2. Wärmeleitung (Abführung von Wärmemenge) kann *von selbst* nur vom wärmeren Körper zum kälteren vor sich gehen. Transport von Wärmemenge vom kälteren zum wärmeren Körper (Kühlmaschine) erfordert stets einen Aufwand mechanischer oder elektrischer Energie.

Ein charakteristischer Begriff der Wärmelehre ist die Entropie*). Sie ist eng verknüpft mit der nur teilweisen Umwandelbarkeit der Wärmemenge in andere Energieformen.

3.1. Temperatur, Wärmemenge, Entropie

In der Wärmelehre müssen zunächst zwei grundlegende Begriffe auseinandergehalten werden: Temperatur T und Entropie S_{th}. Wenn einem Körper der Temperatur T die Wärmemenge $\mathrm{d}Q$ zugeführt wird, hat er damit die Entropie $\mathrm{d}S_{\text{th}} = \mathrm{d}Q/T$ erhalten.

---

* Entropie kann mit „Verwandlungsinhalt" übersetzt werden. Dieses Wort trifft den Inhalt des Begriffes aber nur sehr beschränkt. Als Formelzeichen für Entropie ist hier S_{th} (th für thermisch) verwendet, um sie von der Wirkung S zu unterscheiden. Wenn nur thermische Begriffe vorkommen, kann th entfallen.

3.1.1. Temperaturskala, Gasthermometer

Aus der relativen Volumenausdehnung schwer verflüssigbarer Gase und der Festlegung des Temperaturschrittes 1 Kelvin (früher 1 Grad) erhält man eine Temperaturskala (Gasthermometer).

Der Begriff Temperatur kann mit „Warmheitsgrad" umschrieben werden und ist auf Grund der Empfindungen heiß und kalt entstanden. Die Haut des Menschen besitzt je eine Art von Wahrnehmungsorganen. Die einen sprechen auf eine niedrigere, die anderen auf eine höhere Temperatur als Körpertemperatur an.

In der Physik ist es notwendig, Temperaturdifferenzen und Temperaturverhältnisse zu messen. Zwar läßt sich auf verschiedene Weise erkennen, ob die Temperatur T_2 eines Körpers höher ist als die Temperatur T_1 eines anderen Körpers, jedoch mußte man erst eine Möglichkeit finden, Temperaturdifferenzen $\Delta T = T_2 - T_1$ und Temperaturverhältnisse T_2/T_1 zu definieren und zu messen.

Das Volumen *fast aller* Gase dehnt sich genau *im selben* Verhältnis aus, wenn man ihre Temperatur von T_1 auf T_2 erhöht und dabei den Druck p des Gases konstant hält. Dann kann die Volumenänderung $\Delta V = V_2 - V_1$, bzw. die relative Volumenänderung $\Delta V/V$ eines Gases zur Messung einer Temperaturdifferenz $\Delta T = T_2 - T_1$ oder eines Temperaturverhältnisses T_2/T_1 verwendet werden. Dabei ist $V = V_1$ das Ausgangsvolumen der verwendeten Gasportion. Man setzt

$$\Delta V/V = \gamma \cdot \Delta T \qquad \text{wenn} \qquad p = \text{const.} \tag{3-1}$$

Nun muß noch der Temperaturschritt und damit γ festgelegt und der Begriff „ideales Gas" eingeführt werden.

Der Übergang von der Schmelztemperatur des Eises („Eispunkt") zur Siedetemperatur von Wasser (bei einem äußeren Luftdruck 1 physikal. Atm. = 1013,25 mbar) („Siedepunkt") ist ein leicht reproduzierbarer Temperaturschritt. Das *Volumen* von Wasserstoff- oder Heliumgas, aber auch von Luft und vielen anderen Gasen dehnt sich bei diesem Temperaturschritt um den Faktor 373,15/273,15 aus, also um $\Delta V/V = 100/273{,}15$, vorausgesetzt, daß man den Druck p des Gases konstant hält. Den Temperaturschritt, der nur 1/100 dieser Ausdehnung bewirkt, nämlich 1/273,15, nennt man 1 Kelvin, Kurzzeichen 1 K, früher 1 Grad (1 grd), denjenigen, der eine Ausdehnung um 100/273,15 bewirkt, also 100 K. Damit ist die Einheit des Temperaturschrittes festgelegt. Man erhält

$$\gamma = 1/(273{,}15\ \text{K}) = 3{,}66 \cdot 10^{-3}\ \text{K}^{-1} \tag{3-1a}$$

Gase, bei denen das Ausdehnungsverhältnis $\Delta V/V$ für denselben Temperaturschritt *unabhängig* von der gewählten Gasart und *unabhängig* vom Temperaturbereich ist, befinden sich im idealen Gaszustand, man nennt sie kurz „*ideale Gase*", vgl. dazu auch 3.3.2. Alle (realen) Gase nähern sich dem idealen Gaszustand bei genügend hoher Temperatur und genügend niedrigem Druck, er ist der Grenzfall des realen Gaszustandes. Gase, die erst bei sehr tiefer Temperatur verflüssigt werden können, wie Wasserstoff, Helium, Luft usw., befinden sich bei Zimmertemperatur und Atmosphärendruck praktisch im idealen Gaszustand.

Weiter zeigt sich, daß bei der Erwärmung eines Gases vom Eispunkt auf den Siedepunkt des Wassers auch der *Druck* aller dieser Gase um denselben Faktor 373,15/273,15 steigt, vorausgesetzt, daß man ihr Volumen konstant hält. Im idealen Gaszustand gilt mit dem obigen Wert von γ auch

$$\Delta p/p = \gamma \cdot \Delta T, \quad \text{wenn} \quad V = \text{const.} \tag{3-2}$$

Da ideale Gase bei konstant gehaltenem Druck ihr Volumen je Kelvin um 1/273,15 vergrößern (verkleinern), sollte ihr Volumen bei 273,15 K unter dem Eispunkt zu Null werden. Dies ist zwar nicht der Fall, denn die Gase verwandeln sich bei genügend tiefer Temperatur in Flüssigkeiten, sie „kondensieren" und erstarren schließlich mit endlichem Volumen (vgl. 3.3.3). Dennoch ist – wie sich herausstellen wird – der Temperaturpunkt 273,15 K unter dem Eispunkt die tiefste überhaupt mögliche Temperatur $T = 0$ Kelvin.

Eine Temperatur T, die vom absoluten Nullpunkt aus gezählt wird, heißt „absolute Temperatur". Die Werte dieser Temperaturskala bezeichnet man mit K (Kelvin), früher mit °K (Grad Kelvin). Der Eispunkt hat dann die Temperatur 273,15 K, der Siedepunkt des Wassers die Temperatur 373,15 K (Abb. 172). Dann ist für ideale Gase

$$V_2/V_1 = T_2/T_1 \tag{3-3}$$

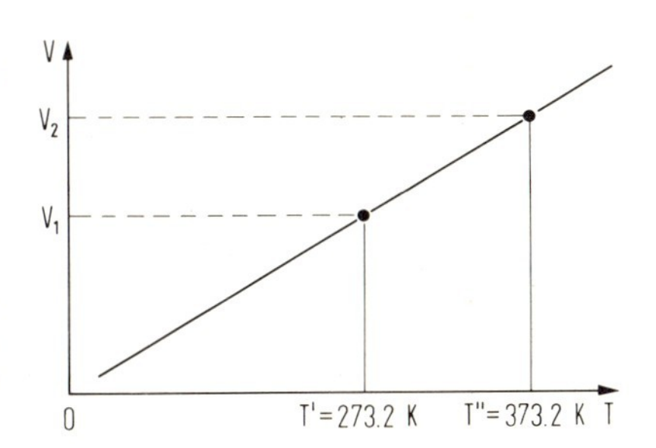

Abb. 172. Temperaturabhängigkeit eines Gasvolumens bei konstant gehaltenem Druck.
Es gilt:

$$\frac{dV}{dT} = \text{const.} \cdot V_1 = \frac{1}{273{,}15\ \text{K}} \cdot V_1$$

Die so gewonnene Temperaturskala erweist sich als gute Näherung der (endgültigen) thermodynamischen Temperaturskala. Statt „absolute" Temperatur sagt man heute besser „thermodynamische Temperatur".

Eine Vorrichtung, die die Druckänderung bei konstantem Volumen bzw. die Volumenänderung eines idealen Gases bei konstantem Druck zur Temperaturmessung verwendet, wird „Gasthermometer" genannt. Bevorzugt verwendet wird die Druckänderung bei konstantem Volumen, denn sie ist bei Gasen bequemer und mit größerer Genauigkeit meßbar, als die Volumenänderung bei konstantem Druck. In der Nähe von $T = 0$ müssen andere Verfahren zur Temperaturmessung verwendet werden.

Die Gl. (3-1, 2, 3) legen das primäre Meßverfahren für Temperaturen vorläufig fest. Man kann Temperaturen T damit in ein Verhältnis setzen.

Später wird diese Temperaturdefinition ersetzt werden durch eine andere, die frei ist von den Eigenschaften irgend eines materiellen Körpers (z. B. Gases). Sie wird gegründet auf den Wirkungsgrad einer sogenannten „idealen" Wärmekraftmaschine (3.6.4). Man erhält dann die sogenannte *thermodynamische Temperaturskala* (3.6.5). Sie stimmt aber mit der eben eingeführten nahezu überein. Über die Unterschiede der beiden Temperaturskalen vgl. Tab. 28. Man ersetzt den (älteren) Ausdruck „absolute" Temperatur am besten stets durch „thermodynamische" Temperatur.

Neben der thermodyn. Temperaturskala wird die sogenannte Celsius-Skala verwendet. Die Celsius-Temperatur ist $\vartheta = T - 273{,}15\ \text{K} = T - T_0$, wobei $T_0 = 273{,}15$ K ist. Ihre Werte werden mit °C bezeichnet. Die Temperatur des Eispunktes, nämlich 273,15 K, entspricht

0 °C und die Siedetemperatur von Wasser bei 1013,25 mbar (= 760 Torr), nämlich 373,15 K, entspricht 100 °C.

Die thermodyn. Temperaturen werden mit Kelvin, Kurzzeichen K, die Celsiustemperaturen mit °C bezeichnet. Auch für Temperaturdifferenzen wird K (statt früher Grad, kurz grd) gebraucht.

Beispiel: Die Differenz der Temperatur von siedendem Wasser und der Temperatur von Wasser mit der Zimmertemperatur 20 °C beträgt 80 K. Die (absolute) Temperatur von flüssigem Sauerstoff beträgt 80 K.

Man darf nicht schreiben 373,15 K = 100 °C, weil sich etwas Falsches ergibt, wenn man diese „Gleichung" links und rechts mit der selben Zahl multipliziert. Statt dessen schreibt man 373,15 K ≙ 100 °C.

Der Quotient zweier thermodyn. Temperaturen hat einen physikalischen Sinn (und ist einheiteninvariant), der Quotient von zwei Celsiustemperaturen dagegen nicht. Jedoch gilt für Temperaturdifferenzen

$$[\Delta T] = [\Delta \vartheta] = 1\ \text{K} \qquad (\text{früher 1 grd}).$$

In der folgenden Tabelle sind einige wichtige und gut reproduzierbare Temperaturwerte angegeben (1,01325 bar = 1 physikal. atm = 760 Torr).

Tabelle 24. Temperaturfixpunkte.

	Siedepunkt von Helium bei 1 013,25 mbar	−268,94 °C	≙	4,21 K
*)	Siedepunkt v. Wasserstoff bei 1 013,25 mbar	−252,87 °C	≙	20,28 K
	Sublimationspunkt v. CO_2 b. 1 013,25 mbar	− 78,53 °C	≙	194,62 K
*)	Schmelzpunkt von Zink	419,58 °C	≙	692,73 K
*)	Schmelzpunkt von Gold	961,93 °C	≙	1 235,08 K
	Schmelzpunkt von Wolfram	2400 °C	≙	2 673,15 K

Die mit *) gekennzeichneten Werte gehören zu den Internationalen Fixpunkten der Temperaturskala.

Mit den heute verfügbaren experimentellen Methoden können Temperaturen um 80 K auf ±0,05 K, Temperaturen um 1 300 K auf ±0,5 K, solche um 2 300 K auf ±4 K genau gemessen werden.

Die Temperatur und, wie sich zeigen wird, die Entropie können nicht durch andere (z. B. mechanische) Größen ausgedrückt werden (vgl. 3.6.5), eine von beiden muß daher als unabhängige Ausgangsgröße (Basisgröße) behandelt werden, vgl. dazu 3.6.8 und 9.3.1.

3.1.2. Volumen- und Längenänderung bei Temperaturänderung *F/L 2.1.1*

Beim Erhöhen ihrer Temperatur dehnen sich alle Substanzen im Regelfall aus (feste wenig, flüssige stärker, gasförmige sehr stark).

Außer gasförmigen Substanzen vergrößern auch flüssige und feste Substanzen ihr Volumen beim Erhöhen ihrer Temperatur. Hier gilt näherungsweise

$$\Delta V/V = \gamma' \cdot \Delta T \tag{3-4}$$

Für Gase ist – wie besprochen – der Volumenausdehnungskoeffizient $\gamma' = \gamma = 1/273{,}15$ K und ist weitgehend stoffunabhängig, bei Flüssigkeiten ist γ' wesentlich kleiner als bei Gasen, ist aber stoff- und temperaturabhängig; für feste Stoffe schließlich ist er sehr viel kleiner und ebenfalls von Stoffart und Temperatur abhängig.

In Ausnahmefällen kann in kleinen Temperaturbereichen das Volumen mit steigender Temperatur abnehmen. Das ist der Fall bei Wasser zwischen 0 °C und 4 °C.

Grundsätzlich hängt die Volumenausdehnung ΔV bei allen Substanzen auch vom äußeren Druck ab (vgl. dazu 3.3.2, 3.3.3 und 3.6.7). Im vorliegenden Abschn. 3.1.2 wird stets konstant gehaltener Druck vorausgesetzt.

Die Volumenausdehnung von Flüssigkeiten wird sehr oft zur Temperaturmessung (Interpolation von Temperaturwerten zwischen Eichwerten) verwendet, so in den üblichen Thermometern mit Quecksilber, Alkohol, usw.

Ein wichtiger Sonderfall ist die Volumenausdehnung fester, z. B. stabförmiger Körper. Die relative Längenausdehnung eines festen Körpers $\Delta l/l$ und seine Volumenausdehnung $\Delta V/V$ hängen in einfacher Weise zusammen. Bei einem würfelförmigen Körper ist $V = l^3$. Für jeweils kleine (infinitesimale) ΔV, Δl, ΔT folgt hieraus $\Delta V = 3l^2$, also

$$V(1 + \Delta V/V) = V(1 + \gamma \Delta T) = l^3 (1 + 3\,\Delta l/l),$$

also

$$\Delta l/l = \alpha \cdot \Delta T \qquad \text{mit} \qquad \alpha = (1/3) \cdot \gamma .$$

Beispiele:
Für ideale Gase ist $\gamma = 3{,}66 \cdot 10^{-3}\ \mathrm{K}^{-1}$
für Fe mit 0,5% C $\alpha = 9 \cdot 10^{-6}\ \mathrm{K}^{-1}$
für Al $\alpha = 23 \cdot 10^{-6}\ \mathrm{K}^{-1}$.

Beispiel: Vernietet oder verlötet man zwei Streifen verschiedener Metalle (Eisen und Kupfer) aufeinander, so bewirkt die verschiedene Ausdehnung der beiden beim Erwärmen eine Krümmung des Streifens (Bimetall-Thermometer).

3.1.3. Abgeleitete Verfahren zur Temperaturmessung

Die elektrischen Materialkonstanten materieller Körper hängen von der Temperatur ab. Diese Abhängigkeit kann zur Temperaturmessung herangezogen werden. Auch die Gesamtstrahlung (5.7) kann man bei genügend hoher Temperatur benützen.

1. Temperaturabhängigkeit des elektrischen Widerstandes.
Der elektrische Widerstand eines Metalls nimmt mit steigender Temperatur zu, der eines Halbleiters (bei Zimmertemperatur und darüber) nimmt dagegen mit steigender Temperatur ab (vgl. 4.3.2.5).

Beispiel: Erwärmt man eine stromdurchflossene Eisendrahtspule z. B. mit einem Bunsenbrenner, so geht (bei konstant gehaltener Spannung) die Stromstärke im Stromkreis erheblich zurück. Der Widerstand des Drahtes hat also zugenommen. Aus der Widerstandsänderung kann man auf die Temperatur schließen. (Widerstands-Thermometer). Die Anordnung muß mit Hilfe eines Gasthermometers geeicht werden.

2. Thermospannung.
Nach 4.3.3.1 und 4.3.3.2 entstehen an der Grenze Metall a - Metall b und Metall b - Metall a Kontaktspannungen mit entgegengesetzten Vorzeichen, die sich bei übereinstimmender Temperatur aufheben, bei unterschiedlicher Temperatur der Kontaktstellen („Lötstellen") a - b

und b - a aber eine elektrische Spannung ergeben („Thermospannung“). Wird eine der beiden Kontaktstellen auf einer festen Temperatur gehalten (z. B. auf der Temperatur des schmelzenden Eises), so läßt sich die Temperatur der anderen Kontaktstelle aus der auftretenden elektrischen Spannung bestimmen. Eine solche Vorrichtung nennt man ein Thermoelement. Es muß mit einem Gasthermometer oder mit einem bereits geeichten anderen Thermometer geeicht werden.

Die Wärmekapazität (3.2.2) von Thermoelementen ist sehr klein. In Verbindung mit empfindlichen Galvanometern können damit auch sehr kleine Temperaturdifferenzen bequem gemessen werden.

3. Pyrometer.
Die recht hohen Temperaturen glühender Körper können aus der Glühhelligkeit mit sogenannten *Pyrometern* bestimmt werden. Folgender Versuch zeigt das Prinzip: Vor einem glühenden Blech, dessen Temperatur bestimmt werden soll, befindet sich eine elektrisch geheizte dünne Drahtschleife. Durch Änderung der durch den Draht fließenden Stromstärke kann man dessen Temperatur solange variieren, bis die Helligkeit des Drahtes sich nicht mehr von der des Bleches abhebt. Da die Glühhelligkeit mit der Temperatur ansteigt, kann man aus der Stromstärke durch die Drahtschleife auf die Temperatur des Bleches schließen. Auf die erforderliche Eichung kann hier nicht eingegangen werden (vgl. dazu 5.7).

3.1.4. Wärmemenge als Energie, elektrisches und mechanisches Wärmeäquivalent, Entropie

Zur Erhöhung der Temperatur einer Substanz muß eine bestimmte Wärmemenge zugeführt werden. Wärmemenge ist eine Form der Energie. Ein Körper, der Wärmemenge aufnimmt, erhöht auch seine Entropie.

Durch das Einheitengesetz von 1969 wurde die Kalorie abgeschafft. Zum Verständnis vieler Tabellenwerke und sonstiger Bücher muß man jedoch ihre Bedeutung und Herkunft auch in der Zukunft kennen. Daher sind im folgenden neue und alte Einheiten in der Regel nebeneinander angeführt. Definition 1 erklärt die alte, Definition 2 die neue Einheit.

Definition 1: Die zum Erwärmen von 1 g bzw. 1 kg Wasser um 1 Kelvin (genau von 14,5 °C auf 15,5 °C) erforderliche Wärmeenergie („Wärmemenge“) wird 1 Kalorie (1 cal) bzw. 1 Kilokalorie (1 kcal) genannt.

Man kann elektrische Energie in Wärmeenergie (Wärmemenge) verwandeln: Das geschieht, wenn ein elektrischer Strom durch einen (normalleitenden*) Draht fließt: Aus 4,18 J entsteht 1 cal, aus 1 J entsteht 0,238 cal. Ebenso kann man mechanische Arbeit W in Wärmemenge Q verwandeln.

Definition 2: Die aus der elektrischen oder mechanischen Energie 1 J entstehende Wärmemenge heißt ebenfalls 1 J und ist die kohärente Einheit der Wärmemenge.

Der Vorgang der Umwandlung von elektrischer Energie in Wärmeenergie ist dadurch aber nur unzureichend beschrieben. In Materie, die so Wärmemenge aufnimmt, wird näm-

---

* Bei Temperaturen von wenigen K werden manche Stoffe supraleitend, vgl. 4.2.7.7.

lich „Entropie" S_{th} erzeugt*) (vgl. 3.6.4 bis 3.6.8). Die Entropieänderung ergibt sich hier aus $\Delta S_{th} = \int_{T_0}^{T_0+\Delta T} \mathrm{d}Q/T$, wo T die absolute Temperatur ist, bei der die Wärmemenge $\mathrm{d}Q$ aufgenommen wurde. Es stellt sich heraus, daß die Entropie zwar *erzeugt, aber nicht vernichtet* werden kann. Es ist allerdings möglich, Entropie von einer Stelle mit niedrigerer Temperatur an eine Stelle mit höherer Temperatur zu „pumpen", dazu muß aber Arbeit aufgewendet werden. Damit hängt zusammen, daß Wärmeenergie nur teilweise in andere Energieformen verwandelt werden kann. (3.6.5, zweiter Hauptsatz). Bei der Wärmeleitung (3.2.1) entsteht von selbst zusätzliche Entropie.

Unter *Wärmemenge* versteht man eine Energieform, welche die Grenze zwischen zwei materiellen Körpern allein als Folge eines Temperaturunterschieds zwischen den beiden Körpern, passieren kann. Eine bessere Definition erfordert Heranziehen des Begriffes Entropie, der in 3.6.9 auf die universelle Entropiekonstante k und auf eine Wahrscheinlichkeit zurückgeführt wird.

Erfolgt die Energieänderung eines Systems aus materiellen Körpern nur in der Form von Wärmeenergie, so ist $\mathrm{d}Q = T \cdot \mathrm{d}S_{th}$. Der Faktor T heißt thermodynamische Temperatur.

Bei Umwandlungen, bei denen die Entropie ungeändert bleibt (das sind sog. adiabatische, d.h. „isentrope" Umwandlungen, vgl. 3.3.2, Gl. (3-13)), gilt unbeschränkt

$$1\ \mathrm{J} = 0{,}238\,846\ \mathrm{cal} \qquad \text{oder} \qquad 1\ \mathrm{cal} = 4{,}1868\ \mathrm{J}\,.$$

Durch Einsetzen auf der rechten Seite kann man leicht nachrechnen, daß auch gilt

$$\frac{4{,}1868\ \mathrm{J}}{1\ \mathrm{cal}} = 1{,}163 \cdot 10^{-3}\ \frac{\mathrm{kWh}}{\mathrm{kcal}} = \frac{1\ \mathrm{kWh}}{860{,}4\ \mathrm{kcal}}$$

Messung der Umwandlung elektrischer Energie in Wärmemenge: Man bringt einen Tauchsieder der Leistung 560 W (d. h. 220 V und 2,55 A) in ein Becherglas mit z. B. 500 g Wasser von 20 °C (also $T = 293$ K) und läßt den Strom 60 s lang fließen. Nach dem Abschalten und Umrühren ist die Wassertemperatur 25 °C. Sie hat sich um 15 K erhöht. Nach obiger Definition beträgt die aufgenommene Wärmemenge 500 g · 1 cal/(g K) · 15 K = 7500 cal = = 31300 J. Die vom Tauchsieder abgegebene elektrische Energie beträgt 560 W · 60 s = = 33600 J. Daraus findet man: 1 J ergibt 0,22 cal. Der gemessene Wert ist etwas zu klein, da gleichzeitig auch das Gefäß, in dem das Wasser sich befindet, Wärmeenergie aufnimmt und ein kleiner Teil der Wärmemenge nach außen abgeleitet wird.

Mit dieser Umwandlung von elektrischer Energie in Wärmeenergie ist die im Wasser enthaltene Entropie erhöht worden, und zwar näherungsweise um 33600 J/295,5 K $\approx$ 114 J/K. Mit Hilfe elektrischer Energie kann man eine genau definierte Wärmemenge leicht innerhalb kurzer Zeit an einer gewünschten Stelle zuführen. Dieses Verfahren wird im folgenden mehrfach benützt.

Wärmemenge ist – wie betont – eine Form der Energie. Es wird sich zeigen (3.5.1), daß sie *statistisch* verteilte kinetische Energie der Atome (Moleküle) ist. Der Entropieinhalt hängt damit eng zusammen (3.6.8).

Man kann Wärmemenge auch aus mechanischer Arbeit erhalten.

---

* Zum Formelzeichen S_{th} vgl. Fußnote S. 207.

Beispiel: Hämmert man einen Bleiklotz kräftig, so wird er verformt und dabei erwärmt (Nachweis mit dem Thermoelement).

Beispiel: Ein Geschoß aus 0,2 kg Blei mit der Temperatur 20 °C wird mit einer katapultartigen Vorrichtung auf die Geschwindigkeit 100 m/s gebracht. Nach kurzem Weg trifft es senkrecht auf eine Stahlplatte von 20 °C, kommt auf dieser zur Ruhe unter gleichzeitiger Deformierung zu einem flachen Gebilde mit der Temperatur 58,5 °C. Die kinetische Energie $(1/2) \cdot 0{,}2\ \text{kg} \cdot 10000\ \text{m}^2/\text{s}^2 = 1000\ \text{J}$ ist in die Wärmeenergie 1 000 J übergegangen. Dadurch wird die Temperatur des Bleis – um 38,5 K – erhöht (vgl. 3.2.2, Gl. (3-8)). Gleichzeitig wird der Entropieinhalt des Bleis etwa um 1 000 J/312 K = 3,2 J/K erhöht.

Ein Stoß ist unelastisch (1.3.6.3), wenn dabei *kinetische* Energie verschwindet. Dafür entsteht eine Wärmemenge, die genau der verschwundenen kinetischen Energie entspricht. Bei jeder unelastischen Verformung fester Körper wird mechanische Arbeit in Wärmemenge verwandelt, auch bei der äußeren Reibung und bei der inneren Reibung von Flüssigkeiten (1.6.2) und Gasen (3.4.6). Wenn ein Rührer längere Zeit in einer zähen Flüssigkeit gedreht wird, erwärmt sich die Flüssigkeit. Aus 1 J = 1 Nm entstehen dabei 0,2388 cal. Mit dieser Umwandlung mechanischer Energie in Wärmeenergie entsteht zusätzlich Entropie in den beteiligten materiellen Körpern.

3.2. Wärmeleitung, Wärmekapazität, Umwandlungsenthalpie

Bringt man materielle Körper, die sich auf unterschiedlicher Temperatur befinden, durch innige Berührung in Wärmekontakt, so geht Wärmemenge vom wärmeren Körper zum kälteren über. Diesen Vorgang nennt man „Wärmeleitung". Die Wärmemenge, die der eine Körper abgibt, ist gleich der Wärmemenge, die der andere Körper aufnimmt, falls keine mechanische Arbeit geleistet wird (Energieerhaltung). Wird jedoch Arbeit geleistet, so sind der 1. und 2. Hauptsatz (3.6.1, 3.6.5) zu beachten.

3.2.1. Wärmeleitung in festen Körpern

F/L 2.1.3

Wärmeenergie („Wärmemenge") geht von selbst nur von einem Ort mit höherer Temperatur zu einem mit niedrigerer Temperatur über. Dabei entsteht gleichzeitig neue Entropie.

Befinden sich Bereiche eines festen Körpers auf verschiedener Temperatur, so findet zwischen diesen Bereichen mit der Zeit ein Temperaturausgleich durch Wärmeleitung statt. Zwischen Punkten mit von einander verschiedenen Temperaturen (T_1, T_2) wird dabei die Wärmemenge ΔQ in der Zeit Δt fortgeleitet. Dabei wird gleichzeitig Entropie erzeugt.

Definition: $\mathrm{d}Q/\mathrm{d}t$ heißt Wärmestrom; seine kohärente Einheit ist

$$\frac{[Q]}{[t]} = \frac{1\ \text{J}}{1\ \text{s}} = 1\ \text{J/s}\ (= 0{,}239\ \text{cal/s}).$$

Besonders einfach sind die Verhältnisse an einem stabförmigen Körper mit dem Querschnitt A, der Länge l, der Temperatur T_2 am einen Ende und T_1 am anderen Ende, dabei sei $T_2 > T_1$.

Definition: $q = 1/A \cdot \mathrm{d}Q/\mathrm{d}t$ heißt *Wärmestromdichte*. Ihre kohärente Einheit ist

$$[q] = \frac{[Q]}{[A] \cdot [t]} = 1 \frac{\mathrm{J}}{\mathrm{m}^2\,\mathrm{s}} = 1 \frac{\mathrm{W}}{\mathrm{m}^2} \left(= 0{,}239 \frac{\mathrm{cal}}{\mathrm{m}^2\,\mathrm{s}}\right)$$

Mit dem Wärmestrom ist Entropieerzeugung verbunden (Quelldichte von Entropie).

Definition: grad $T = (\mathrm{d}T/\mathrm{d}x)_{\max}$ heißt Temperaturgefälle (Temperaturgradient). Seine kohärente Einheit ist

$$\frac{[T]}{[l]} = \frac{1\,\mathrm{K}}{1\,\mathrm{m}} = 1 \frac{\mathrm{K}}{\mathrm{m}}$$

Versuch zur Wärmeleitung: Zwei in ihren Abmessungen übereinstimmende Metallstäbe aus zwei verschiedenen Materialien (z.B. Kupfer und Eisen) werden am oberen Ende auf der Temperatur des siedenden Wassers gehalten, während das untere Ende jeweils in ein Becherglas mit ebensoviel Wasser von Zimmertemperatur getaucht ist. Die Temperaturerhöhung ΔT des Wassers nach einer bestimmten Zeitdauer Δt wird gemessen und die vom Wasser aufgenommene Wärmemenge ausgerechnet, Abb. 173.

Definition: Der Quotient λ aus Wärmestromdichte q und Temperaturgefälle grad T heißt Wärmeleitfähigkeit. λ ergibt sich somit aus der Gleichung

$$q = -\lambda \cdot \operatorname{grad} T \qquad \text{oder} \qquad \lambda = \frac{1}{A} \cdot \frac{\mathrm{d}Q}{\mathrm{d}t} \cdot \left(\frac{\mathrm{d}T}{\mathrm{d}x}\right)^{-1} \tag{3-5}$$

Beispiel: Wärmeleitung in einem Eisenstab zwischen $T_2 = 100$ °C und $T_1 \approx 20$ °C. In beiden Fällen ist Länge $\Delta x = 9{,}0$ cm, Durchmesser $2r = 3{,}0$ cm, Querschnittsfläche $A = 7{,}1\ \mathrm{cm}^2$. Der Eisenstab taucht in ein Becherglas, das 100 g Wasser mit $T_1 = 20$ °C Anfangstemperatur enthält. Nach $\mathrm{d}t = 60$ s ist die Wassertemperatur auf 25 °C gestiegen. Der Temperaturunterschied zum siedenden Wasser ist $\{100 - (20 + 25)/2\}$ K $= 77{,}5$ K. Aus dem oberen Gefäß ist in 60 s die Wärmemenge $Q = 100\ \mathrm{g} \cdot 4{,}18\ \mathrm{J/(g \cdot K)} \cdot 5\ \mathrm{K} = 2090\ \mathrm{J}$ in das untere Gefäß geflossen. Der Wärmestrom beträgt 2090 J/60 s = 34,8 J/s. Damit ergibt sich für Eisen

$$\lambda_{\mathrm{Fe}} = \frac{1}{7{,}1\ \mathrm{cm}^2} \cdot 34{,}8\ \mathrm{J/s} \cdot \frac{9\ \mathrm{cm}}{77{,}5\ \mathrm{K}} = 0{,}572\ \mathrm{J/(cm \cdot s \cdot K)} = 57{,}2\ \mathrm{W/(K \cdot m)}$$

Durch das Eisen wurden $Q = 2090\ \mathrm{J} = 500\ \mathrm{cal}$ abgeleitet. Für Kupfer liefert eine analoge Messung $Q = 8500\ \mathrm{J} = 2000\ \mathrm{cal}$. Die Wärmeleitfähigkeit λ_{Cu} ist wesentlich größer als λ_{Fe}.

Gl. (3-5) gilt nur innerhalb von einheitlichem Material. An Grenzflächen, z.B. zwischen Metall und Flüssigkeit, tritt ein Temperatursprung auf. Er macht sich z.B. bei Kupfer/Wasser stark geltend. Für Grenzflächen führt man daher einen „Wärmeübergangskoeffizienten" ein.

Entropieerzeugung. Jeder irreversible Vorgang (Wärmeleitung, Mischung durch Diffusion, Reibung, usw.) erzeugt neue Entropie.

Beispiel: Bei der Anordnung Abb. 173 „fließt" jeweils in 60 s die Wärmemenge $Q = 2090$ J aus dem oberen Gefäß in das untere (Erhaltung der Energie). Damit fließt aus dem oberen Gefäß die Entropie 2090 J/373 K heraus, in das untere dagegen 2090 J/295,5 K hinein. Die in den beiden Wärmebehältern zusammen vorhandene Entropie hat um $-5{,}75\ \mathrm{J/K} + 7{,}07\ \mathrm{J/K} = 1{,}32\ \mathrm{J/K}$ zugenommen.

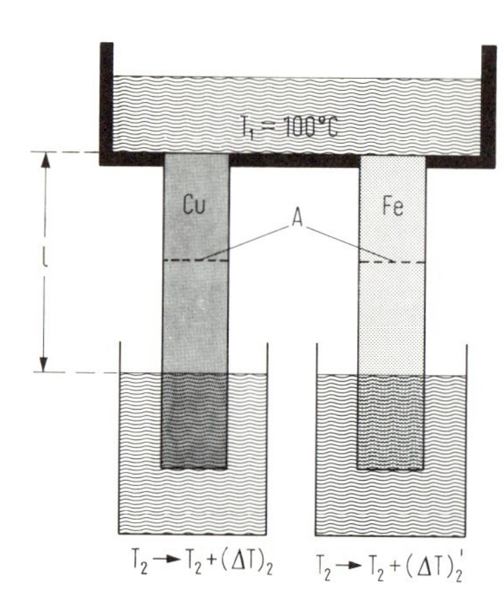

Abb. 173. Wärmeleitung in stabförmigen Körpern. Ein Cu-Stab leitet unter gleichen Bedingungen eine größere Wärmemenge pro Zeit vom Wärmebehälter der Temperatur T_1 in einen anderen Wärmebehälter der niedrigeren Temperatur T_2 als ein Fe-Stab. Beide Stäbe haben den Querschnitt A und leiten über die Länge l.

Zwischen *Wärme*leitfähigkeit und *elektrischer* Leitfähigkeit besteht bei Metallen weitgehende Proportionalität (Wiedemann-Franzsches Gesetz).

Größenordnungen für Wärmeleitfähigkeit und elektrisches Leitfähigkeit

Silber:	$\lambda = 4{,}28$ W/(K · m)	$\varkappa = 66 \cdot 10^6\ (\Omega \cdot \text{m})^{-1}$
Eisen	$\lambda = 0{,}74$ W/(K · m)	$\varkappa = 11{,}5 \cdot 10^6\ (\Omega \cdot \text{m})^{-1}$
Luft:	$\lambda = 0{,}00025$ W/(K · m)	

Wenn die Wärmeleitfähigkeit in Flüssigkeiten oder Gasen gemessen werden soll, muß der Wärmetransport über die Umgebung vermieden werden.

3.2.2. Wärmekapazität und spezifische Wärmekapazität

F/L 2.1.4

Soll die Temperatur einer Substanz der Masse m um ΔT erhöht (erniedrigt) werden, so muß eine bestimmte Wärmemenge ΔQ zugeführt (abgeführt) werden. $\Delta Q/\Delta T = C_w$ heißt Wärmekapazität, $1/m \cdot C_w = c$ heißt spezifische Wärmekapazität der Substanz.

Voraussetzung: Zunächst sollen vorerst nur Temperaturbereiche zugelassen werden, in denen die vorkommenden Substanzen ihren Aggregatzustand oder ihre Kristallmodifikation nicht ändern. Weiteres folgt in 3.2.4 (Umwandlungswärme).

Sei ΔQ die Wärmemenge, die einem Körper zugeführt werden muß, um seine Temperatur um ΔT zu erhöhen. Dann findet man experimentell: Um die Temperatur dieses Körpers um $x \cdot \Delta T$ zu erhöhen, ist näherungsweise die Wärmemenge $x \cdot \Delta Q$ erforderlich. Mit anderen Worten: Die Änderung der Wärmemenge und Temperaturänderung sind (in mäßigen Temperaturbereichen) einander proportional. Der Proportionalitätsfaktor wird *Wärmekapazität* des Körpers genannt und soll mit C_w bezeichnet werden, um sie von der elektrischen Kapazität C im Formelzeichen zu unterscheiden.

Definition:

$$C_w = \frac{\Delta Q}{\Delta T} \tag{3-6}$$

heißt Wärmekapazität. Ihre kohärente Einheit ist also

$$[C_w] = [Q]/[T] = 1\ \mathrm{J}/1\ \mathrm{K} = 1\ \mathrm{J/K}$$

Die Wärmekapazität von 1 kg Wasser beträgt $C_w = 4{,}18$ kJ/K. Mit der veralteten Einheit 1 kcal = 4,18 kJ war dann $C_w = 1$ kcal/K.

Wenn die Wärmemenge $\Delta Q = C_w \cdot \Delta T$ bei der absoluten Temperatur T zugeführt wird, so ist damit die Entropie des Wärme aufnehmenden Körpers um

$$\Delta S = \int_{T_0}^{T_0 + \Delta T} C_w \,\mathrm{d}T/T \tag{3-7}$$

erhöht worden, mit $T_0 < T < (T_0 + \Delta T)$.

Der absolute Nullpunkt der Temperatur ($T = 0$ K) ist nicht exakt erreichbar. Seine Umgebung sei vorerst von der Betrachtung ausgeklammert (vgl. dazu 3.6.7).

Experimentell stellt man fest: Die Wärmekapazität C_w ist der Masse m des Körpers proportional und hängt außerdem vom Material ab.

Definition: Den Quotienten aus Wärmekapazität C_w und Masse m eines Körpers, also

$$c = C_w/m \tag{3-6a}$$

nennt man *spezifische Wärmekapazität* des Materials (früher „spezifische Wärme"). Als kohärente Einheit dafür ergibt sich

$$[c] = [C_w]/[m] = 1\ \mathrm{J/(kg \cdot K)}$$

Die spezifische Wärmekapazität von Wasser ist daher 4,18 J/(g · K). Durch Zusammenfassen der beiden Definitionsgleichungen (3-6) und (3-6a) erhält man:

$$\Delta Q = m \cdot c \cdot \Delta T \tag{3-8}$$

oder durch Umordnen:

$$c = \frac{1}{m} \cdot \frac{\Delta Q}{\Delta T} \tag{3-8a}$$

Zur Messung der spezifischen Wärmekapazität hat man also zu messen: m, ΔQ, ΔT. Dazu bringt man einen Körper bestimmter Wärmekapazität $m_1 \cdot c_1$ und Temperatur T_1 in eine Flüssigkeit mit anderer Temperatur T_2 und bekannter Wärmekapazität $m_2 \cdot c_2$. Man wartet den Temperaturausgleich ab und mißt die sich einstellende Mischtemperatur T_m. Sie liegt zwischen T_1 und T_2. Die vom einen Körper abgegebene Wärmemenge ΔQ_1 ist dann dem Betrag nach gleich der vom anderen Körper aufgenommenen ΔQ_2. Dabei kann $T_1 > T_2$ oder $T_2 > T_1$ sein. Wegen Erhaltung der Energie ist $|\Delta Q_1| = |\Delta Q_2|$. Durch Einsetzen von

$$Q_1 = m_1 \cdot c_1 \cdot (T_1 - T_m) \qquad \text{und} \qquad Q_2 = m_2 \cdot c_2\,(T_m - T_2)$$

ergibt sich eine Gleichung mit der zu bestimmenden spezifischen Wärmekapazität c_1 als Unbekannte.

Um von Wärmeverlusten nach außen möglichst frei zu sein, verwendet man Gefäße („Kalorimeter") mit guter Wärmeisolierung. Außerdem soll deren Wärmekapazität klein und bekannt sein.

Beispiel: Zur Bestimmung der spezifischen Wärmekapazität von Kupfer c_{Cu} werden 500 g Kupfer (m_1) durch Eintauchen in siedendes Wasser auf $T_1 = 100$ °C erwärmt und dann in 250 g Wasser (m_2) von $T_2 = 20$ °C getaucht. Dann stellt sich die Mischtemperatur $T_m = 32$ °C ein. Vom Kupfer wird abgegeben: $\Delta Q_1 = 500 \text{ g} \cdot c_{Cu} \cdot (100 - 32)$ K. Vom Wasser wird aufgenommen $\Delta Q_2 = 250 \text{ g} \cdot 4{,}18 \text{ J/(g K)} \cdot (32 - 20)$ K also $c_{Cu} = \{250 \text{ g} \cdot 4{,}18 \text{ J/(g K)} \cdot 12 \text{ K}\}/(500 \text{ g} \cdot 68 \text{ K}) = 0{,}368 \text{ J/(g K)}$. Der gemessene Wert ist etwas zu klein. Bei einer genauen Messung müßte man nämlich berücksichtigen: Die vom Wassergefäß aufgenommene Wärmemenge, Strahlungs- und Wärmeleitungsverluste an die Umgebung, sowie gegebenenfalls die Temperaturabhängigkeit der spezifischen Wärmekapazität (vgl. 3.2.3).

3.2.3. Stoffmenge, Molekülmasse, Mol

1 mol ist eine „Stoffmenge", die aus ebensoviel Teilchen besteht, wie Atome in 12 g des Reinnuklids (Reinisotops) ^{12}C enthalten sind. 1 mol hat die Masse $M_r \cdot 1$ g mit $M_r =$ = relative Molekülmasse; sofern es ein Gas ist, nimmt es das Volumen 22,4 l (bei 0 °C und 1,01325 bar) ein. Die Teilchenzahl/mol beträgt $N_A = 6{,}022 \cdot 10^{23}$ mol^{-1}. Die Masse von Atomen und Molekülen wird in Vielfachen von 1 u = $1{,}6605 \cdot 10^{-24}$ g angegeben, die Stoffmenge in Vielfachen von 1 mol.

In der Chemie interessiert man sich dafür, welche Gasportionen miteinander reagieren, ohne daß ein Rest übrig bleibt, z. B. Wasserstoffgas mit Chlorgas, Wasserstoffgas mit Sauerstoffgas usw. Aus Gründen, die am Ende dieses Abschnittes verständlich werden, betrachtet man seit den Jahren um 1900 bevorzugt 22,4 l Gas, wobei das Volumen auf Normzustände bezogen sei, d.h. 0 °C, 1013,25 mbar („Normvolumen"). Man findet

1. 22,4 l H_2 + 22,4 l Cl_2 verwandeln sich in 44,8 l HCl
2. 22,4 l H_2 + 11,2 l O_2 verwandeln sich in 22,4 l H_2O

(Hier kann davon abgesehen werden, daß beide Reaktionen explosiv verlaufen.)

Schon um 1850 hat Avogadro vermutet, daß im Fall 1) jeweils 1 Molekül und 1 Molekül, im Fall 2) 1 Molekül und (1/2) Molekül reagieren. Daraus schloß er, daß gleiche (Norm-) Volumina gleichviele Moleküle enthalten, und er konnte die *Anzahl* der Moleküle in 1 cm^3 angeben (Loschmidt bezog sich um 1900 auf 22,4 l). In den Jahren um 1910 bis 1930 gelang es nachzuweisen, daß Avogadros ursprünglich hypothetische Aussagen genau der Wirklichkeit entsprechen (vgl. 3.3.1 und 7.2.3). Gleiche Anzahlen von Molekülen nennt man heute gleiche „Stoffmengen".

Man interessiert sich weiter für die Masse solcher Gasportionen. Dazu mißt man die Gasdichte $\varrho = m/V$ und erhält daraus $m = \varrho \cdot V$. Für gleiche Volumina (falls Temperatur und Druck übereinstimmen) stehen die Werte der Masse von H_2, O_2, Cl_2, HCl, H_2O im Verhältnis 2 : 32 : 70 : 36,5 : 18. Diese Zahlen sind „relative Molekülmassen" M_r, und zwar sind sie schon ungefähr so normiert, wie es heute üblich ist. Man kann weitere Gase wie CO, CO_2, usw. und festen Kohlenstoff einbeziehen. Wenn man dann noch beachtet, daß manchmal 1 Molekül mit (1/2) Molekül reagiert usw., gelangt man zu den „relativen Atommassen" A_r. Deren Werte für (1/2) H_2 : C : (1/2) O_2 : (1/2) Cl_2 : Xe stehen im Verhältnis 1 : 12 : 16 : : 35,5 : 131,3. Seit etwa 1960 werden die relativen Atommassen, die man früher Atomgewichte nannte, auf das Reinisotop ^{12}C normiert. Nach 7.2 kann man N_A in einem Sonderfall durch Auszählen von α-Teilchen und aus der Abnahme der Masse eines Radiumpräparates erhalten.

Eine Stückzahl gleichartiger Gegenstände nennt man bekanntlich eine Menge. Man überträgt diesen Begriff auf die „*Stoffmenge*“ n (früher Molzahl genannt). Diese ist ein Maß für die *Anzahl* der in der betrachteten Stoffportion enthaltenen Teilchen (Moleküle, Atome).

Die Stoffmenge n wird (neben der Temperatur) in der Wärmelehre zur *Basisgröße* erklärt. Sie wird in Vielfachen der *Basiseinheit* 1 mol angegeben.

Definition: Eine Stoffmenge, die aus ebenso vielen molekularen Teilchen besteht wie 12,000 g ^{12}C (relative Molekülmasse $M_r = 12$) heißt 1 Mol (Einheitenzeichen mol). Für die Teilchenzahl gilt $N_A = 6{,}022 \cdot 10^{23}\ \text{mol}^{-1}$. Wie man die Teilchenzahl bzw. N_A bestimmt, wird in 3.3.1 besprochen. Auf einem ganz andern Weg (Auszählung) ergibt sie sich nach 7.2.3. Die molare Teilchenzahl N_A nennt man Avogadrosche Konstante. $n \cdot N_A$ liefert die Teilchenzahl der Stoffmenge n.

Ergebnis: 1 mol besteht aus $6{,}022 \cdot 10^{23}$ Teilchen (Molekülen). Bei einer Substanz mit der relativen Molekülmasse M_r hat es die Masse $M_r \cdot 1$ g und nimmt, falls die Substanz sich im gasförmigen Zustand befindet, bei der Normaltemperatur 0 °C und dem Normaldruck 1,01325 bar das molare Normvolumen $V_{mn} = 22{,}4$ l ein.

1 Molekül hat dann die Masse $m = M_r \cdot 1\ \text{g}/6{,}022 \cdot 10^{23} = M_r \cdot 1{,}6605 \cdot 10^{-24}$ g. Wenn das Molekül aus einem einzigen Atom besteht, ist $M_r = A_r$. Die Masse 1 u $= 1{,}6605 \cdot 10^{-24}$ g ist (1/12) der Masse eines ^{12}C-Atoms und dient als atomare Bezugsmasse. 1 u ist näherungsweise gleich der Masse des leichtesten Atoms ^{1}H, vgl. 6.2.3.

Die Bezeichnung 1 u rührt her von unified atomic mass. Früher gab es nämlich eine physikalische und eine chemische Skala der relativen Atommassen, sie wurden bezogen auf $^{16}O = 16{,}000$ bzw. O (natürl.) $= 16{,}000$. Durch Übergang auf $^{12}C = 12{,}000$ konnten die beiden Skalen vereinigt werden.

Da man $6 \cdot 10^{23}$ Moleküle nicht abzählen kann, bestimmt man bei festen und flüssigen Körpern die Masse (bzw. Gewichtskraft), bei Gasen das Normalvolumen und rechnet die atomare (molekulare) Stückzahl bzw. die Stoffmenge aus.

Das mol kann auch für Gemische mit wohldefinierter Zusammensetzung gebraucht werden, so z. B. einerseits für Reinisotope, andererseits für natürliche Isotopengemische.

Die Stoffmenge läßt sich nur dann ausrechnen, wenn die chemische Zusammensetzung hinreichend bekannt ist. Für einen Felsbrocken würde ihre Berechnung eine quantitative Analyse voraussetzen.

Spezifische und stoffmengenbezogene Großen

Dividiert man eine für eine Stoffportion kennzeichnende Größe (wie Volumen, Wärmekapazität, innere Energie, Entropie) durch die Masse m der Stoffportion, so nennt man diesen Quotienten eine *spezifische* Größe (Formelzeichen meist Kleinbuchstabe mit Index s).

Dividiert man eine solche Größe durch die Stoffmenge n, so heißt der Quotient *stoffmengenbezogene* oder *molare* Größe (Formelzeichen meist Kleinbuchstabe mit Index m).

Zur Umrechnung dient die molare Masse $m_m = m/n = M_r \cdot 1$ g/mol.

Beispiele: Sei die Wärmekapazität C_w, dann heißt $c = C_w/m$ spezif. Wärmekapazität mit der Einheit $[c] = 1\ \text{J}/(\text{g} \cdot \text{K})$ und $c_m = C_w/n$ molare Wärmekapazität mit der Einheit $[c_m] = 1\ \text{J}/(\text{mol} \cdot \text{K})$. Weiter ist $c_m/c = m/n = m_m$.

3.2.4. Molare Wärmekapazitäten

Die molare Wärmekapazität eines festen Stoffes (für nicht zu kleine T) beträgt 25 J/(mol · K).

Unterschiedliche Stoffe haben sehr unterschiedliche spezifische Wärmekapazitäten c. So ist z. B. c_{Pb} nur rund $(1/30) \cdot c_{\mathrm{Wasser}}$. Die folgende Tab. 25 enthält in Zeile 3 die spezif. Wärmekapazitäten c für einige chemische Elemente bei Zimmertemperatur, in Zeile 2 die molaren Massen m_{m} und in Zeile 4 die molaren Wärmekapazitäten $c_{\mathrm{m}} = c \cdot m_{\mathrm{m}}$.

Tabelle 25. Spezifische und molare Wärmekapazitäten verschiedener Stoffe bei $T = 273$ K.

Element	Al	Fe	Cu	Pb
molare Masse m_{m}	26,98	55,85	63,54	207,21 g/mol
spez. Wärmekapazität c	0,892	0,46	0,376	0,13 J/(g · K)
molare Wärmekapazität c_{m}	24,1	25,1	23,9	26,9 J/(mol · K)

Man sieht: Die spezifische Wärmekapazität c einer Substanz ist um so kleiner, je größer deren molaren Masse m_{m} (bzw. relative Atommasse A_{r}) ist. Die molare Wärmekapazität c_{m} beträgt (vgl. unten) bei genügend hohen thermodynamischen Temperaturen durchweg 25 J/(mol · K) (Dulong-Petitsche Regel); früher nannte man sie „Atomwärme“ bzw. „Molwärme“.

In 3.5.2/3 wird die Wärmekapazität von Gasen behandelt. Man findet: Die molare Wärmekapazität $c_{\mathrm{m,V}}$ eines einatomigen Gases bei konstantem Volumen V ergibt sich zu 12,5 J/(mol · K), also halb so groß wie beim festen Körper. Eine Begründung dafür folgt in 3.5.3.

Die bisherige Aussage über feste Körper gilt nur für genügend hohe Temperaturen ($T \gtrsim 300$ K). Wenn $T \to 0$ geht, strebt die Wärmekapazität aller Stoffe gegen Null.

Bei festen Körpern für Temperaturen nahe 0 K ist die (molare, spezif.) Wärmekapazität proportional zu T^3. Mit steigender Temperatur nähert sie sich asymptotisch dem Wert 25 J/(mol · K). Einige Stoffe (z. B. Diamant), vor allem solche mit großer mechanischer Härte, erreichen diesen Wert erst weit oberhalb der Zimmertemperatur.

Wichtig ist auch das Integral der Wärmekapazität über die Temperatur. Es liefert die „innere Energie“ $U = \int_0^{T_2} C_{\mathrm{V}} \cdot \mathrm{d}T$ bei der thermodynamischen Temperatur T_2.

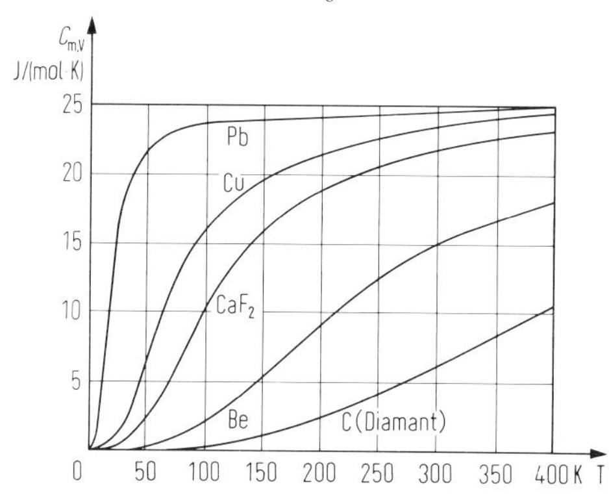

Abb. 174. Die molare Wärmekapazität $c_{\mathrm{m,V}}$ als Funktion der Temperatur T. Die Kurven steigen nach einem charakteristischen Temperaturgesetz zum Grenzwert ≈ 25 J/(mol · K). Für $T \to 0$ strebt die Wärmekapazität (auch die molare und spezifische) gegen Null.

Führt man einer Substanz bei konstantem Volumen V eine Wärmemenge Q zu, dann dient sie ausschließlich zur Erhöhung der inneren Energie U. Bei $V = \text{const.}$ gilt $\mathrm{d}Q = \mathrm{d}U$.

3.2.5. Umwandlungsenthalpie, Unterkühlung und Überhitzung *F/L 2.1.5*

Will man einen chemisch einheitlichen Stoff vom festen in den flüssigen oder vom flüssigen in den gasförmigen Zustand umwandeln, so muß Wärmeenergie zugeführt werden. Für solche Vorgänge bei konstantem Druck spielt die Enthalpie eine maßgebende Rolle.

Fast alle chemisch reinen Stoffe (Gegensatz: Gemische) können sich im festen, flüssigen oder gasförmigen Zustand befinden, manche auch in unterschiedlichen Kristallmodifikationen. Das ist in unterschiedlichen Temperaturbereichen der Fall. Diese Zustände nennt man verschiedene „Phasen".

Zahlreiche Vorgänge (Umwandlungen) laufen unter konstantem Druck ab ($p = \text{const.}$), aber unter Volumenausdehnung, so insbes. das Verdampfen einer Flüssigkeit im offenen Gefäß bei der Siedetemperatur. Dabei muß eine Volumenarbeit $p \cdot V$ geleistet werden, d.h. eine Arbeit zum Zurückschieben von Luft gegen den Druck der Atmosphäre, um das Volumen für das entstehende Gas („Dampf") freizumachen.

Zur Behandlung von Zustandsänderungen, bei denen Volumenarbeit geleistet wird, führt man eine neue Größe ein, die *Enthalpie* $H = U + pV$. Sie ist eine Zustandsgröße, d.h. sie beschreibt eine Eigenschaft einer Stoffmenge, ähnlich wie Masse, Druck, Temperatur, Volumen. Differentiell gilt

$$\mathrm{d}H = \mathrm{d}U + p \cdot \mathrm{d}V + V \cdot \mathrm{d}p \tag{3-9}$$

Im Fall $p = \text{const.}$ ist der letzte Summand gleich Null, entfällt also.

Im folgenden interessieren zunächst die Phasenübergänge fest – flüssig (Schmelzen und Erstarren), flüssig – gasförmig (Verdampfen und Kondensieren). Diese Phasenübergänge erfolgen jeweils bei konstanter Temperatur; sie erfordern Zuführen (bei Umkehren Abführen) von Wärmemenge. Beim Übergang flüssig – gasförmig dient die zugeführte Wärmeenergie ganz offenkundig einerseits zur Erhöhung der inneren Energie, andererseits zum Leisten einer Volumenarbeit. Man interessiert sich daher für die Schmelzenthalpie (früher Schmelzwärme) und die Verdampfungsenthalpie (früher Verdampfungswärme).

Für den Phasenübergang fest – gasförmig (Sublimieren und Desublimieren) gelten analoge Aussagen.

Die Schmelztemperatur hängt nur sehr wenig, die Siedetemperatur stark vom äußeren Druck ab. Das entspricht der geringen Volumenänderung beim Schmelzen, der großen beim Sieden (Verdampfen), vgl. dazu auch 3.6.7 (Phasendiagramm), S. 259.

Beispiele: Die Schmelztemperatur von Eis beträgt bei 1 bar 100 °C, bei 1090 bar −10 °C. – Die Siedetemperatur von Wasser beträgt bei 1 bar 100 °C, bei 10 bar 180,7 °C, bei 100 bar 312 °C. – Festes CO_2 hat bei −78,5 °C einen Sublimationsdruck von 1000 mbar. Eis hat bei 0 °C einen Dampfdruck (Sublimationdruck) von 6,1 mbar, bei −20 °C von 1,02 mbar. Auch Schnee kann daher (ungeschmolzen) „verdampfen" (sublimieren).

Wärmemengen, die bei Phasenumwandlungen zugeführt oder abgegeben werden, ohne daß sich die Temperatur ändert, nennt man auch *latente Wärmen*.

Meist betrachtet man die *spezif. Schmelzenthalpie* (Schmelzwärme) und die *spezif. Verdampfungsenthalpie*

Beispiel: Die spezif. Schmelzenthalpie von Wasser beträgt 334 J/g. Die spezif. Verdampfungsenthalpie von Wasser bei 1 bar und 100 °C beträgt 2260 J/g. Diese große Aufnahme von Wärmeenergie beim Verdampfen von Wasser kann technisch für Kühlzwecke benutzt werden.

Entropieinhalt: Wenn 1 g Eis von 0 °C in Wasser von 0 °C verwandelt wird, hat sich sein Entropieinhalt um 335 J/273 K = 1,23 J/K erhöht. Ähnlich ist es, wenn Wasser von 100 °C in Wasserdampf von 100 °C (373 K) verwandelt wird. Allerdings muß hierbei $\mathrm{d}S_{\mathrm{th}} = (\mathrm{d}U + p\,\mathrm{d}V)/T$ verwendet werden. Zu $p\,\mathrm{d}V$ vgl. (3-39), zu S_{th} vgl. 3.6.8.

Beispiel: Messung der Schmelzwärme x durch *Mischung:* Gegeben seien drei Proben a) 100 g Eis von 0 °C, b) 100 g Wasser von 0 °C, c) 100 g Wasser von 100 °C. Mischt man die Proben b) und c), so beobachtet man als Mischtemperatur 50 °C, mischt man a) und b), so ist die Mischtemperatur 0 °C. Überraschend ist das Ergebnis beim Mischen von a) und c), nämlich 10 °C. Die Wärmemenge, die das heiße Wasser abgegeben hat, und diejenige, die das Eis (und das Schmelzwasser) aufgenommen haben, sind einander gleich, also $100\text{ g} \cdot 4{,}18\text{ J/(g}\cdot\text{K)} \cdot (100 - 10)\text{ K} = 100\text{ g} \cdot x + 100\text{ g} \cdot 4{,}18\text{ J/(g}\cdot\text{K)} \cdot (10 - 0)\text{ K}$; also $x = 334$ J/g.
Verfahren mit *Wärmezufuhr:* Einer Mischung aus 250 g Wasser (0 °C) + 250 g Eis (0 °C) wird eine bestimmte Wärmemenge (z. B. mit einem Tauchsieder) zugeführt und danach festgestellt, wie viel Eis von 0 °C sich in Wasser verwandelt hat. Man findet wieder $x = 334$ J/g.
Um die Verdampfungswärme des Wassers beim Druck 1 bar zu messen, genügt bereits folgende einfache Anordnung: Man setzt ein Becherglas mit Wasser auf eine Tafelwaage und erhitzt mit einem Tauchsieder (560 W) zum Siedepunkt (100 °C). Bei weiterer Wärmezufuhr wird in jeweils 40 s jeweils 10 g Wasser in den gasförmigen Zustand verwandelt und geht in die Zimmerluft. Die Verdampfungsenthalpie von Wasser ist daher $Q/m = 560\text{ W} \cdot 40\text{ s}/10\text{ g} = 2240$ J/g.

Unter besonderen Umständen können Flüssigkeiten unter den Schmelzpunkt abgekühlt werden, ohne daß sie erstarren *(Unterkühlung)*, oder über den Siedepunkt erhitzt werden, ohne daß sie sich in Dampf verwandeln (Überhitzung, *Siedeverzug*).

Eine *unterkühlte Flüssigkeit* beginnt zu erstarren, sobald man einen kleinen Kristall derselben Substanz hineinwirft. Bei diesem Übergang aus dem flüssigen in den festen Zustand wird die Schmelzwärme für die jeweils erstarrte Menge frei, und die unterkühlte Flüssigkeit erwärmt sich dadurch bis zum Schmelzpunkt. (Beobachtung mit Hilfe eines hineingebrachten Thermoelements.)

Beispiel: Geschmolzenes Fixiernatron (Natriumthiosulfat, Schmelzpunkt 48,5 °C) läßt sich leicht bis unter Zimmertemperatur unterkühlen. Wirft man einen kleinen Kristall der gleichen Substanz hinein, so wirkt er als Kristallisationskeim. Die Kristallisation geht umso schneller vor sich, je besser die dabei entstehende Wärme abgeführt wird.

Der Siedeverzug tritt häufig auf bei reinen Flüssigkeiten (z. B. bei Wasser, aus dem durch längeres Kochen die gelöste Luft ausgetrieben ist). Dann tritt das Sieden plötzlich und stoßweise auf. Zur Abhilfe fügt man der Flüssigkeit z. B. poröse Körperchen aus Porzellan (sogenannte Siedesteinchen) zu.

Eine Substanz, die höhere Temperatur hat als ihre Umgebung, gibt an diese durch Konvektion, Wärmeleitung und Wärmestrahlung dauernd Wärmemenge ab; damit sinkt die Temperatur der Substanz mit der Zeit ab (Abkühlungskurve). Wird beim Abkühlen einer flüssigen (geschmolzenen) Substanz die Erstarrungstemperatur erreicht, so bleibt die Temperatur der Probe konstant, bis die Erstarrungsenthalpie (Schmelzenthalpie mit negativem Vorzeichen) abgegeben ist.

Die Umwandlungsenthalpie, die bei Änderung der Kristallmodifikation frei wird, kann man z. B. leicht bei der Legierung 25% Zinn, 25% Blei, 50% Wismuth (Rosesche Legierung) beobachten. Der Schmelzpunkt dieser Legierung liegt bei 96 °C, ihr Umwandlungspunkt bei 70 °C (Abb. 175).

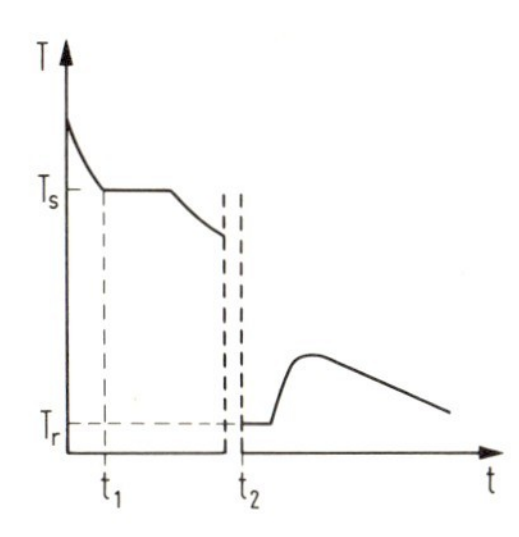

Abb. 175. Umwandlungsenthalpie beim Umkristallisieren.
Man läßt die geschmolzene Legierung in einem Glasrohr in Luft abkühlen. Bei 96 °C erstarrt sie. Wenn sie eine Temperatur zwischen 96° und 70° erreicht hat, wird sie – etwa in kaltem Wasser – schnell abgekühlt („abgeschreckt"). Dann überläßt man sie – in Luft – sich selbst. Innerhalb weniger Minuten erwärmt sie sich um mehr als 10° und das Glasrohr wird gesprengt. Die Substanz ist unter Volumenvergrößerung in ein anderes Kristallgitter (andere Phase) übergegangen, Umwandlungsenthalpie wurde frei. Zur Temperaturmessung verwendet man ein Thermoelement.

Die Aussagen über Umwandlungsenthalpien gelten auch für Legierungen und Gemische, jedoch scheiden nichteutektische Legierungen schon vor dem endgültigen Erstarren feste Bestandteile aus.

3.3. Idealer und realer Gaszustand

Der ideale Gaszustand ist der Grenzfall des realen Gaszustandes für den Fall, daß das Eigenvolumen der Moleküle sowie die zwischen den Molekülen auf Abstand wirkenden Kräfte vernachlässigbar klein sind und die Stoßprozesse elastisch ablaufen.

3.3.1. Programm der kinetischen Gastheorie, Avogadrosche (Loschmidtsche) Konstante

Beobachtungen zeigen, daß sich die Moleküle in einem Gas dauernd in schneller, regelloser Bewegung befinden und sich in erster Näherung wie kleine, starre, vollkommen elastische Kugeln verhalten. Für die molare Teilchenzahl ergibt sich $N_A = 6{,}022 \cdot 10^{23}$ mol^{-1}.

Kleine, im Mikroskop gerade noch sichtbare Teilchen führen fortgesetzt eine unregelmäßige Bewegung aus, die von dem Botaniker Brown 1827 erstmalig beobachtet wurde und daher *Brownsche Bewegung* genannt wird. In der Mitte des vorigen Jahrhunderts wurde vermutet, daß die Bewegung eines solchen *sichtbaren* Teilchens zustande kommt durch den Stoß sehr vieler (unsichtbarer) Moleküle, die sehr viel kleinere Masse, aber größere Geschwindigkeit haben als das sichtbare Teilchen. Diese Vermutung konnte in den Jahren 1910–1930 experimentell bestätigt werden, und es konnte insbesondere die Geschwindigkeitsverteilung der Moleküle mit Hilfe von Molekularstrahlen im Hochvakuum quantitativ ausgemessen werden (vgl. 3.4.8).

Wenn man die Gesetze des elastischen Stoßes (1.3.6.2) auf diese Moleküle und auf die kleinen im Mikroskop sichtbaren Teilchen anwendet, stellt sich heraus, daß die sichtbaren (1) und unsichtbaren (2) Teilchen übereinstimmende mittlere kinetische Energie haben, in Formelzeichen:

$$\frac{1}{2} m_1 \overline{v_1^2} = \frac{1}{2} m_2 \overline{v_2^2} \tag{3-10}$$

Diese Gleichung ergibt sich auch auf einem anderen Weg in 3.5.1, dort aus (3-30). Die mittlere Geschwindigkeit von sehr kleinen Teilchen, die sich in einer Flüssigkeit oder in einem Gas befinden und unter dem Mikroskop noch *sichtbar* sind, kann man bestimmen, und zwar aus ihrer mittleren Ortsversetzung mit der Zeit (Einstein, Smoluchowski etwa 1905). Die Geschwindigkeit v_2 der *unsichtbaren*, sehr viel kleineren Flüssigkeits- bzw. Gasmoleküle kann man am Molekularstrahl messen, s. 3.4.7 (Stern und Mitarbeiter um 1925). Da man die Masse m_1 mikroskopisch sichtbarer Teilchen aus ϱ und ihrem Volumen bestimmen kann, ergibt sich aus (3-9) schließlich die Masse m_2. So erhält man z. B. für die Moleküle von H_2 die Masse $3{,}3 \cdot 10^{-24}$ g. Daraus folgt: 2 g H_2 bestehen aus $6{,}022 \cdot 10^{23}$ Molekülen. Durch ähnliche Messungen an anderen Gasen und Dämpfen findet man den schon in 3.2.3 mitgeteilten Zusammenhang: **$M_r \cdot 1$ g einer beliebigen Substanz mit einheitlichem M_r bestehen aus $6{,}022 \cdot 10^{23}$ Molekülen, ihre molare Molekülzahl ist $N_A = 6{,}022 \cdot 10^{23}$ mol^{-1}.**

Wenn man weiß, daß die Moleküle eines Gases in ständiger Bewegung sind, kann man die Gasgesetze leicht verstehen und quantitative Aussagen ableiten z. B. über den Druck, den ein Gas auf die Wände ausübt, über die mittlere freie Weglänge, welche bei Transportphänomenen (Wärmeleitung, Diffusion, ...) eine Rolle spielt, über die Häufigkeit der vorkommenden Geschwindigkeiten (Maxwellsche Geschwindigkeitsverteilung), über die kinetische Energie, die insgesamt in einem Gas enthalten ist (innere Energie), und vieles andere mehr.

Zur Veranschaulichung der Vorgänge in einem Gas eignet sich ein Modellgas aus gleichartigen Kugeln, die durch einen schnell hin und her gehenden Stempel dauernd in Bewegung gehalten werden (Abb. 176).

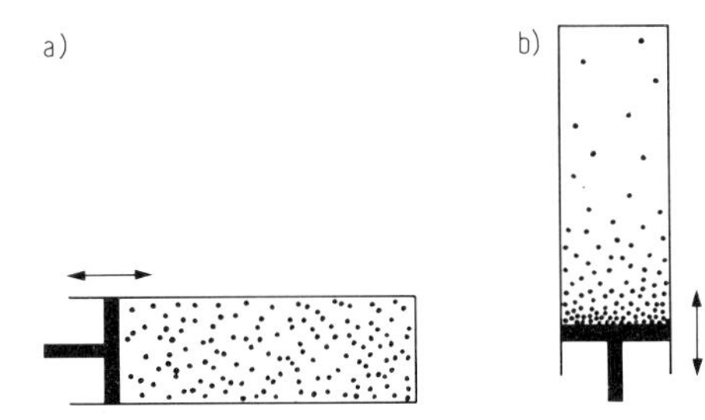

Abb. 176. Modellgas. Momentanbild eines Modellgases aus Stahlkugeln. Der Pfeil beschreibt die Hin- und Herbewegung des Stempels.
a) Flache Küvette horizontal gelagert, kein Einfluß der Schwerkraft.
b) Vertikale Anordnung: Infolge der Schwerkraft ergibt sich eine Dichteschichtung wie in der Atmosphäre.

3.3.2. Zustandsgleichung für den idealen Gaszustand, molares Volumen *F/L 2.2.1 u. 2.2.4*

Der thermodynamische Zustand eines idealen Gases ist durch die Angabe von Stoffmenge n, Druck p, Volumen V und Temperatur T vollständig beschrieben, und zwar gilt die Zustandsgleichung

$$p \cdot V = n \cdot R \cdot T$$

Dabei ist n die Stoffmenge, $R = 8{,}314$ J/(mol · K) die universelle (molare) Gaskonstante.

Statt der Stoffmengen n kann man auch deren Masse $m = n \cdot m_m$ einführen. Dann benötigt man die spezifische Gaskonstante $R_s = R/m_m$ und es gilt

$$p \cdot V = m \cdot R_s \cdot T$$

Bei genügend hoher Temperatur und genügend niedrigem Druck gilt für *alle* Gase derselbe Zusammenhang zwischen Druck p, Volumen V und Temperatur T, nämlich

$$p \cdot V = n \cdot R \cdot T \tag{3-11}$$

(vgl. 3.1.1, Abb. 172). Dabei ist n die Stoffmenge der betrachteten Gasportion. Solange Gase dieses Gesetz befolgen, nennt man sie *ideale Gase*. Bei tieferen Temperaturen und höherem Druck zeigen die wirklichen Gase gewisse Abweichungen davon (vgl. 3.3.3, *Reale Gase*).

Wie die nähere Untersuchung ergibt, kann man ein Gas als ideales Gas ansehen, wenn das Eigenvolumen seiner Moleküle gegenüber dem Volumen, welches das Gas einnimmt, verschwindend klein ist und wenn zwischen den Gasmolekülen keine auf den Abstand wirkenden Kräfte sich geltend machen. Das ist gerade der Fall bei genügend hoher Temperatur und genügend niedrigem Druck.

Beispiel: Gase wie Sauerstoff, Stickstoff, Wasserstoff, Helium, die erst bei sehr tiefen Temperaturen ($\lesssim$ 90 K) verflüssigt werden können, verhalten sich bereits bei Zimmertemperatur und beim Druck 1 atm in sehr guter Näherung wie ein ideales Gas.

Wie schon erwähnt, nimmt 1 mol eines idealen Gases bei 0 °C ($\triangleq$ 273 K) und 1013,25 mbar = $101{,}325 \cdot 10^3$ Pa das Volumen 22,4 l = $22{,}4 \cdot 10^{-3}$ m³ = $V_{mn} \cdot 1$ mol ein. V_{mn} heißt molares Normvolumen. Allgemein ist das molare Volumen $V_m = V/n$. Die (molare) Gaskonstante ist demnach $R = 8{,}314$ J/(mol · K), denn $(101{,}325 \cdot 10^3 \text{ Pa} \cdot 22{,}4 \cdot 10^{-3} \text{ m}^3/\text{mol})/273 \text{ K} = 8{,}314$ J/(mol · K). Man nennt R auch *allgemeine Gaskonstante*. Zur Teilchenzahl s. 3.3.1 und 3.5.1 (letzter Abschnitt), sowie 3.2.3.

Beispiel: 1 g Gold ($A_r = 197$) besteht aus $(1/197) \cdot 6{,}02 \cdot 10^{23}$ Atomen.

Daraus folgt: Die Dichte ϱ eines Gases bei 0 °C und 1013,25 mbar läßt sich ausdrücken durch

$$\varrho = \frac{M_r \cdot 1\,\text{g}}{22{,}4\,\text{l}} \tag{3-12}$$

Definition: Den Quotienten

$$\frac{\text{Volumen } V}{\text{Masse } m} = \frac{1}{\varrho} = V_s$$

nennt man spezifisches Volumen V_s.

---

* Das spezifische Volumen ist hier mit V_s bezeichnet (statt dem in der Norm empfohlenen v), um an anderen Stellen, z. B. 3.4 und 3.5, eine Verwechslung mit der Geschwindigkeit v zu vermeiden.

Dann wird aus Gl. (3-11) für alle Gase im idealen Gaszustand

$$p \cdot V_s = R_s \cdot T \quad \text{(Zustandsgleichung der idealen Gase)} \tag{3-11a}$$

R_s hat den Wert

$$R_s = R/m_m = \left(8{,}314 \frac{\text{J}}{\text{mol} \cdot \text{K}}\right) \cdot \left(\frac{\text{mol}}{M_r \cdot 1\,\text{g}}\right) = \frac{8{,}314}{M_r} \frac{\text{J}}{\text{g} \cdot \text{K}}$$

Ferner ist dim R_s = dim (spezifische Wärmekapazität). Das Produkt $m \cdot R_s$ hat die dim Wärmekapazität (vgl. 3.5.1) = dim S_{th}.

Die drei Größen p, V_s, T beschreiben den „Zustand" eines Gases vollständig, d. h. sie hängen nicht von der Vorgeschichte des Gases ab oder von der Art und Weise, wie der augenblickliche Druck, das augenblickliche Volumen usw. erreicht worden sind. Größen mit dieser Eigenschaft nennt man *Zustandsgrößen*. Ein Diagramm, das den Zusammenhang zwischen solchen Zustandsgrößen darstellt, nennt man ein Zustandsdiagramm. Weitere Zustandsgrößen sind Entropie und innere Energie u. a.

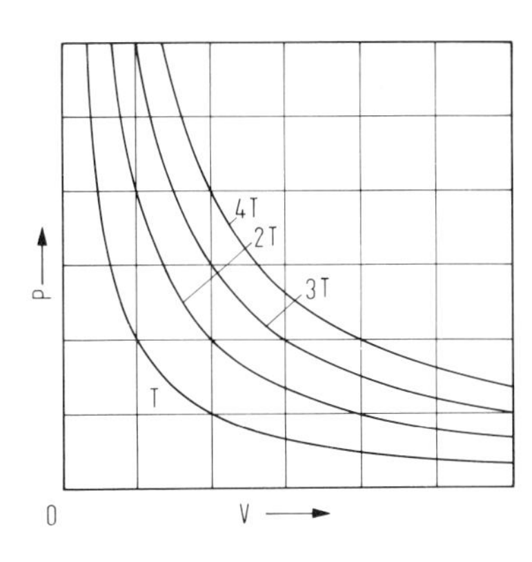

Abb. 177. p-V-Diagramm für ideale Gase. Die Isothermen sind Hyperbeln. Gezeichnet sind Isothermen für Temperaturen $T_1 : T_2 : T_3 : T_4 = T : 2T : 3T : 4T$

In Abb. 177 ist p in Abhängigkeit von V aufgetragen. Eine Kurve, die sich auf einen solchen Funktionszusammenhang bei konstanter Temperatur bezieht, wird eine *Isotherme* genannt. Für ideale Gase ergibt sich im Diagramm eine Hyperbel. Dieser Spezialfall

$$p \cdot V = \text{const.} \quad \text{für} \quad T = \text{const.} \tag{3-13a}$$

wird auch Boyle-Mariottesches Gesetz genannt. Es gilt für „isotherme Zustandsänderung". Aus dem Diagramm entnimmt man auch, daß für konstanten Druck V proportional T ist.

Diese Aussage ist ein Gegenstück zur Gl. (3-2), S. 209.

Ein Vorgang, eine Umwandlung heißt

isotherm, wenn die Temperatur konstant bleibt,
isochor, wenn das Volumen konstant bleibt,
isobar, wenn der Druck konstant bleibt,
isenthalp, wenn die Enthalpie konstant bleibt,
isentrop, wenn die Entropie konstant bleibt.

Ein Beispiel zum letzteren ist die nachfolgende Gl. (3-13b).

Bei einer Zustandsänderung, bei der keine Wärmemenge vom Gas an die Umgebung abgegeben oder aufgenommen wird (adiabatische Zustandsänderung), ändert sich die Gastemperatur in charakteristischer Weise, aber die Entropie des Gases bleibt ungeändert (isentrope Zustandsänderung). Dabei gilt

$$p/p_0 = (V_0/V)^{\varkappa} \quad \text{(Adiabatengleichung)} \tag{3-13b}$$

Weiteres in 3.6.3, vgl. auch 3.6.9, Entropie als Basisgröße.

Die allgemeine Gasgleichung (Zustandsgleichung für den idealen Gaszustand) in der Form von Gl. (3-10a), in der das spezifische Volumen V_s vorkommt, läßt sich leicht zur Gasgleichung realer Gase erweitern.

3.3.3. Reale Gase, van der Waalssche Zustandsgleichung *F/L 2.2.7*

Die Zustandsgleichung für reale Gase lautet:

$$\left(p + \frac{a}{V_s^2}\right) \cdot (V_s - b) = R_s T$$

Die Materialkonstanten a bzw. b rühren her von den Anziehungskräften zwischen den Molekülen bzw. von deren endlichem Eigenvolumen.

Die Zustandsgleichung idealer Gase in der Form (3-10a) gilt – wie erwähnt – für den Grenzfall, daß a) die Moleküle als punktförmig betrachtet werden können und b) keine in ihre Umgebung wirkenden Kräfte aufeinander ausüben. Zu a): In Wirklichkeit (reales Gas) haben die Moleküle ein endliches Volumen. Deshalb muß vom spezifischen Volumen, das man beobachtet, das (spezifische) Eigenvolumen der Moleküle abgezogen werden. Zu b): Wie in 1.5.1.1 erwähnt, ziehen sich die Moleküle bei kleinem Abstand r an. Diese Kräfte werden van-der-Waals-Kräfte genannt. Sie sind sehr kurzreichweitig und können, je nach dem gewählten Gas (und dessen Temperatur), näherungsweise proportional $1/r^5$ bis $1/r^{12}$ gesetzt werden. Sie machen sich am stärksten geltend bei kleinem spezifischen Volumen (d. h. bei hohem Druck) und bei niedriger Temperatur. Die Anziehungskräfte verursachen einen zusätzlichen Druck (Binnendruck) p_i, der vom spezifischen Volumen $V_s = 1/\varrho$ abhängt, und zwar ist er proportional $1/V_s^2$. Die Proportionalitätskonstante, die für das betrachtete Gas charakteristisch ist, soll mit a bezeichnet werden.

Komprimiert man ein Gas, so erhöht sich sein Druck. Bei einer bestimmten festgehaltenen Temperatur kann bei bestimmtem Druck (und einem bestimmten spezifischen Volumen) der Fall eintreten, daß das Gas „kondensiert"; d. h. bei weiterer Verminderung des Volumens verwandelt sich das Gas in eine *Flüssigkeit*. Trotzdem bleibt der Druck konstant. Erst wenn alles Gas in Flüssigkeit verwandelt ist, muß zu weiterer Volumenverminderung der Druck stark vermehrt werden (geringe Kompressibilität der Flüssigkeit!) (Abb. 178). Dieses Verhalten realer Gase bei genügend niedrigen Temperaturen wird in guter Näherung beschrieben durch die Zustandsgleichung von van der Waals

$$\left(p + \frac{a}{V_s^2}\right) \cdot (V_s - b) = R_s \cdot T \tag{3-14}$$

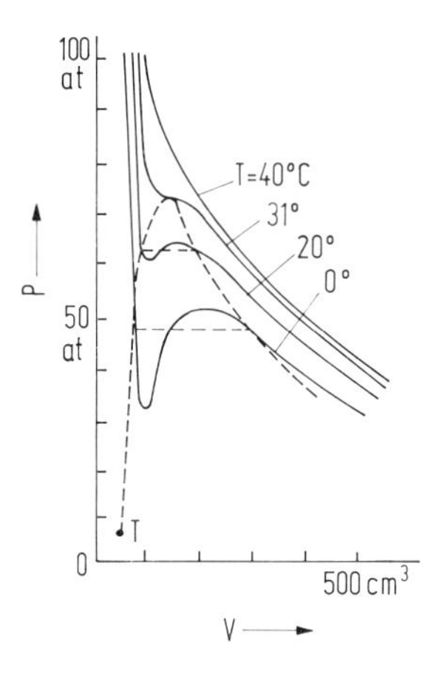

Abb. 178. pV-Diagramm für reale Gase. Die eingezeichneten Isothermen beziehen sich auf CO_2. Die gestrichelte Kurve umgrenzt den Kondensationsbereich. Die Umwandlung von Gas zu Flüssigkeit erfolgt bei konstantem Druck entlang der gestrichelten horizontalen Geraden. T ist der Tripelpunkt (vgl. 3.6.7). Die Kurven sind mit etwa 1,5 mol aufgenommen. 1 mol hat beim kritischen Punkt das Volumen 95,7 cm³.

Dabei bedeutet $p_i = a/V_s^2$ den Binnendruck und b das 4-fache spezifische Eigenvolumen der Moleküle. Als Eigenvolumen ist dasjenige anzusehen, das die Moleküle als Kugeln in dichtester Packung annehmen würden (vgl. 1.5.1.3).

Zur Beschreibung realer Gase sind also außer der spezifischen Gaskonstanten R_s zwei, von der Natur der einzelnen realen Gase abhängige Konstanten a und b notwendig.

Nach der van der Waalsschen Gleichung ist für festgehaltene Temperaturen der Druck p eine Funktion dritten Grades von V_s. Im pV_s-Diagramm haben die Isothermen mit einer parallel zur Abszisse gezogenen Geraden 1 oder 3 Schnittpunkte. Im Bereich, in dem 3 Schnittpunkte auftreten, d. h. bei hinreichend niedriger Temperatur, werden die Isothermen nicht voll realisiert, vielmehr verwandelt sich das Gas, wie erwähnt, in eine Flüssigkeit entlang einer horizontalen Geraden (gestrichelt) im Diagramm. Dabei ist die Fläche zwischen dem oberen Kurventeil und der Geraden gleich der Fläche zwischen der Geraden und dem unteren Kurventeil (Maxwellsche Regel). Daß dies so sein muß, kann man aufgrund des zweiten Hauptsatzes einsehen. Flüssigkeit und Gas werden durch den Kondensationsbereich getrennt (vgl. Abb. 178). Während der Kondensation kann man eine Grenze zwischen Flüssigkeit und Gas beobachten.

Geht man zu höheren Temperaturen über, so wird dieses Gebiet immer schmaler und schrumpft schließlich zu einem Punkt zusammen. Dieser „kritische Punkt" ist gekennzeichnet durch den kritischen Druck p_k, das kritische spezifische Volumen $(V_s)_k = 1/\varrho_k$ und die kritische Temperatur T_k des Gases. Bei Temperaturen oberhalb T_k unterscheiden sich der flüssige und gasförmige Zustand nicht mehr. Wenn man das Gas zuerst auf genügend hohe Temperatur $T > T_k$ bringt, dann komprimiert, dann wieder abkühlt, kann man das Gas in Flüssigkeit verwandeln, ohne daß dabei irgendwann eine Grenze zwischen Flüssigkeit und Gas auftritt.

Abb. 178 zeigt die Isothermen speziell für Kohlendioxid. Für diese Substanz ist

$$T_k = 304{,}3\ \text{K} \mathrel{\hat{=}} 31{,}1\ ^\circ\text{C}$$
$$p_k = 7{,}35 \cdot 10^6\ \text{N/m}^2$$
$$(V_s)_k = 2{,}18 \cdot 10^{-3}\ \text{m}^3/\text{kg}$$
$$\varrho_k = 1/(V_s)_k = 460\ \text{kg/m}^3 = 0{,}460\ \text{g/cm}^3$$
$$a = 188\ (\text{N/m}^2) \cdot (\text{m}^3/\text{kg})^2$$
$$b = 0{,}97 \cdot 10^{-3}\ \text{m}^3/\text{kg}$$

Am kritischen Punkt hat die Isotherme eine horizontale Wendetangente, d. h. dort ist die erste und zweite Ableitung des Druckes nach dem Volumen gleich Null. Durch diese beiden Bedingungen erhält man zwei Bestimmungsgleichungen, die zusammen mit Gl. (3-14) den Zusammenhang zwischen p_k, $(V_s)_k$, T_k und a, b, R_s herstellen.

$$\frac{dp}{dV_s} = -\frac{R_s T}{(V_s - b)^2} + \frac{2a}{V_s^3} = 0 \tag{3-15}$$

$$\frac{d^2p}{dV_s^2} = \frac{2R_s T}{(V_s - b)^3} - \frac{6a}{V_s^4} = 0 \tag{3-16}$$

Aus (3-15) und (3-16) folgt $(V_s)_k = 3\,b$. Durch Einsetzen von $(V_s)_k$ in (3-15) ergibt sich

$$T_k = \frac{8a}{27\,b \cdot R_s}$$

Setzt man beide Werte in (3-14) ein, so entsteht

$$p_k = \frac{R_s \cdot T_k}{(V_s - b)} - \frac{a}{V_s^2} = \frac{a}{27\,b^2}$$

und durch weiteres Einsetzen

$$\frac{p_k\,(V_s)_k}{T_k} = \frac{3}{8} R_s$$

Beispiel: Setzt man obige Werte für CO_2 ein, so ergibt sich

$$T_k = \frac{8\,a}{27\,b \cdot R_s} = 302\text{ K} \qquad \text{statt} \qquad 304{,}3\text{ K}$$

$$p_k = \frac{a}{27\,b^2} = 7{,}4 \cdot 10^6\text{ Pa} \qquad \text{statt} \qquad 7{,}35 \cdot 10^6\text{ Pa}$$

$$(V_s)_k = 3\,b = 2{,}91 \cdot 10^{-3}\,\frac{\text{m}^3}{\text{kg}} \qquad \text{statt} \qquad 2{,}18 \cdot 10^{-3}\,\frac{\text{m}^3}{\text{kg}}$$

Bekanntlich ist 1 Pa = 1 N/m² und 10^5 Pa = 1 bar. Die van der Waalssche Gleichung ist also eine gute Näherung, aber keine exakte Wiedergabe.

Setzt man a, b und R_s in die van der Waalssche Zustandsgleichung ein und führt „reduzierte" p, V_s, T ein durch die Abkürzungen $p_{red} = p/p_k$, $(V_s)_{red} = (V_s)/(V_s)_k$ und $T_{red} = T/T_k$, so läßt sich die van der Waalssche Gleichung in der Form schreiben

$$\left(p_{red} + \frac{3}{(V_s)_{red}^2}\right) \cdot \left((V_s)_{red} - \frac{1}{3}\right) = \frac{8}{3} \cdot T_{red} \tag{3-17}$$

In dieser Form ist die Gleichung für alle realen Gase in guter Näherung gültig. Die Anziehungskräfte zwischen den Molekülen realer Gase sind die Ursache dafür, daß man diese Gase durch adiabatische Expansion verflüssigen kann, vgl. 3.6.3.

Wenn Volumen und Temperatur genügend hoch über den kritischen Werten liegen (und bei vielen Abschätzungen), kann man reale Gase in guter Näherung als ideale Gase behandeln.

3.4. Kinetische Bewegung der Atome und Moleküle

Die Atome und Moleküle eines Gases, einer Flüssigkeit, eines festen Körpers sind in ständiger Bewegung. Ihre statistisch verteilte Geschwindigkeit hängt von der Temperatur ab. Verschiedene Phänomene, wie Diffusion u. a. hängen damit zusammen.

3.4.1. Druck auf die Wand eines gasgefüllten Gefäßes

In einem Gas stoßen fortgesetzt Moleküle gegen die Gefäßwände und üben so eine Kraft auf diese aus.

Trifft ein Teilchen mit dem Impuls*) $\vec{G} = m \cdot \vec{v}$ senkrecht auf eine starre Wand und wird es elastisch reflektiert, dann besitzt es nach dem Stoß den Impuls $-m \cdot \vec{v}$. Seine Impulsänderung beträgt somit $\Delta \vec{G} = 2\,m\vec{v}$, dabei gilt

$$\Delta \vec{G} = \int \vec{F} \cdot \mathrm{d}t \qquad \text{oder} \qquad \frac{\mathrm{d}\vec{G}}{\mathrm{d}t} = \vec{F} \tag{1-18, 1-20}$$

Stoßen Δn Teilchen je Zeitintervall Δt elastisch gegen eine Wand, so wird auf diese eine Kraft ausgeübt.

$$F = \frac{\mathrm{d}G}{\mathrm{d}t} = \frac{\Delta n}{\Delta t} \cdot 2\,m \cdot v \tag{3-18}$$

Kraft F je Fläche A ergibt den Druck

$$p = \frac{F}{A} = \frac{2\,mv \cdot \Delta n}{A \cdot \Delta t} \tag{3-19}$$

Modellversuch: Aus einer geeigneten Vorrichtung („Kugeltropfer") fallen in regelmäßiger Folge Stahlkugeln in eine schräge Rinne und treffen schließlich in horizontaler Richtung mit der Geschwindigkeit 2,4 m/s auf die drehbar gelagerte Stahlplatte S auf, an der sie reflektiert werden, Abb. 179. Während der Zeit $\Delta t = 30$ s werden Kugeln mit der Gesamtmasse $M = \Delta n \cdot m = 0{,}75$ kg reflektiert. Dabei wirkt auf die Platte an der Aufprallstelle eine nahezu konstante Kraft $F = 2\,\Delta n \cdot mv/\Delta t$, die mit einem

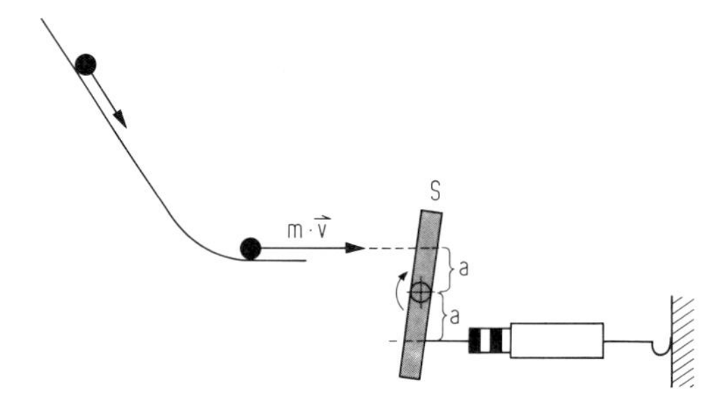

Abb. 179. Kraft auf eine Wand durch Stöße von Stahlkugeln (Modellversuch). Die Kugeln (Anzahl Δn) übertragen pro Zeitintervall Δt einen bestimmten Impuls ΔG auf die Wand S. Dies ergibt eine Kraft $F = \Delta G/\Delta t$, die vom Dynamometer angezeigt wird. Dabei ist $\Delta G = \Delta n \cdot (2mv)$. Die Platte S ist in der Mitte um eine Achse senkrecht zur Zeichenebene frei drehbar. Die Kraft durch die stoßenden Teilchen und die Kraft vom Dynamometer wirken im selben Abstand a und halten sich im Gleichgewicht.

* In diesem Abschnitt wird der Impuls mit G, der Druck mit p bezeichnet, eine Anzahl von Teilchen n, bzw. Δn.

Dynamometer gemessen wird. Man erwartet also für die Kraft

$$F = \frac{2\,\Delta n\, m v}{\Delta t} = \frac{2 \cdot 0{,}75\ \text{kg} \cdot 2{,}4\ \text{m/s}}{30\ \text{s}} = 0{,}12\ \text{kg m/s}^2 = 0{,}12\ \text{N}.$$

Das stimmt mit der gemessenen Kraft überein.

Bewegen sich sehr viele Teilchen mit einer Geschwindigkeit v senkrecht auf eine Wand zu, so gelangen in der Zeitdauer $\Delta t = t_2 - t_1$ nur solche Teilchen bis zur Wand, die sich zum Zeitpunkt t nicht weiter als $\Delta s = v \cdot \Delta t$ von der Wand entfernt befinden. Die Anzahl Δn der Teilchen, die in der Zeitdauer Δt auf die Fläche A auftreffen, erhält man aus der Teilchendichte N_V (Zahl der Teilchen je Volumen) mal dem Volumen $A \cdot \Delta s$. Falls sich also alle Teilchen senkrecht zur Fläche A bewegen und dieselbe Geschwindigkeit v haben, ergibt sich

$$\Delta n = N_V \cdot A \cdot v \cdot \Delta t \tag{3-20}$$

In Wirklichkeit bewegen sich die Teilchen in einem Gas (oder Modellgas, Abb. 176) statistisch in allen Richtungen. Jedes Teilchen ist gleichberechtigt und kann jeden Energiewert unabhängig von allen anderen annehmen: Man nennt das „Boltzmann-Statistik". (Anders ist es bei der Fermi-Statistik, vgl. 4.3.1.2.) Im Mittel bewegt sich dann in einem würfelförmigen Kasten je 1/6 der Teilchen senkrecht auf jede der sechs Begrenzungswände zu. Auf ein Flächenstück der Fläche A treffen daher in der Zeit Δt

$$\Delta n = \frac{1}{6} N_V \cdot A \cdot v \cdot \Delta t \tag{3-20a}$$

Teilchen.

Auch die Beträge der Geschwindigkeit sind für die Teilchen eines Gases nicht einheitlich (vgl. 3.4.8). In obige Formel ist daher ein geeigneter Mittelwert für die Geschwindigkeit einzusetzen. Durch eine Integration, auf die hier nicht eingegangen werden kann, ergibt sich

$$\mathrm{d}n = \frac{1}{6} N_V v_m A \cdot \mathrm{d}t \tag{3-20b}$$

wo $v_m = \sqrt{\overline{v^2}}$ die aus der mittleren kinetischen Energie abgeleitete „mittlere" Geschwindigkeit (3.4.8) ist.

Durch Einsetzen von $\mathrm{d}n$ in Gl. (3-19) erhält man wegen $N_V \cdot m = \varrho$ schließlich für den Druck

$$p = \frac{1}{3} N_V m \cdot v_m^2 = \frac{2}{3} \cdot \frac{1}{2} \varrho v_m^2 \tag{3-21}$$

In einem Gas*gemisch* ist die Teilchendichte N_V die Summe der Teilchendichten $(N_V)_i$ der verschiedenen Anteile des Gemisches. Wenn man in Gl. (3-21) $(N_V)_i$ anstelle von N_V einsetzt, erhält man den sogenannten Partialdruck p_i des Anteils. Der Gesamtdruck p_{ges} ist also wegen $N_V = \sum (N_V)_i$ gleich der Summe der Partialdrücke, also $p_{ges} = \sum p_i$.

Beispiel: In Luft ist N_1 (Stickstoff) : N_2 (Sauerstoff) : N_3 (Argon) = 79 : 20 : 1. Beim Gesamtdruck 1000 mbar betragen die Partialdrücke $p_1 = 790$ mbar; $p_2 = 200$ mbar, $p_3 = 10$ mbar.

3.4.2. Mittlere freie Weglänge

F/L 2.2.5.

Die „mittlere freie Weglänge" ist der Mittelwert der Laufstrecken von Gasmolekülen zwischen zwei Stößen.

Jedes einzelne Molekül stößt in einem Gas nach einer gewissen Wegstrecke mit einem anderen zusammen. Der Mittelwert der (geradlinigen) Laufstrecke zwischen zwei Zusammenstößen heißt „mittlere freie Weglänge" λ.

Diese mittlere freie Weglänge hängt von der Zahl der vorhandenen Moleküle je Volumen, sowie von deren Radius ab. Es gilt

$$\lambda = \frac{1}{\sqrt{2}}\,\frac{m}{\varrho}\cdot\frac{1}{4\pi r^2} \tag{3-22}$$

Dabei ist m die Masse eines Moleküls, ϱ ist die Dichte des Gases (proportional dem Druck p) und r der Radius der Moleküle; $d^2 \cdot \pi = 4\pi\, r^2$ ist die bei einer Begegnung von zwei Molekülen „gesperrte" Fläche, d. h. der „Wirkungsquerschnitt" für einen Stoß ($d = 2r$).

Tabelle 26. Mittlere freie Weglänge für Stickstoff.

Für Stickstoff gilt (bei Zimmertemperatur)			
p	1000 mbar	1 mbar	10^{-3} mbar
λ	0,04 μm	0,04 mm	40 mm

3.4.3. Diffusion

Infolge der Molekularbewegung diffundieren Gase ineinander. Die Diffusionsgeschwinkeit ist um so größer, je kleiner die Molekülmasse ist.

Wird in einem Raum mit dem Gas 2 ein Gas 1 unter Bedingungen frei gesetzt, die keine Konvektion erzeugen, so läßt sich das Gas 1 nach einiger Zeit im gesamten Raum nachweisen.

Beispiel:

1. Gas großer Dichte ist in einem Gefäß überschichtet mit Gas kleiner Dichte. Zwischen beiden Gasen befindet sich anfangs eine horizontale Trennwand, die dann vorsichtig herausgezogen wird.
2. Langsames Verdampfen eines Flüssigkeitstropfens (Dampf = Gas 1) in Gas 2.

Diesen Vorgang der Verteilung und Ausbreitung ohne Konvektion nennt man *Diffusion*. Die Moleküle des Gases (1) bewegen sich unter fortgesetzten Zusammenstößen mit den Molekülen (Atomen) des Gases (2), sie „diffundieren".

Bei der Diffusion von zwei Gasen in einander nimmt ihr Entropieinhalt zu, da der Vorgang irreversibel ist (vgl. 3.6.9). Mit der Zeit können sich so die Moleküle des Gases (1) weit von ihrem Ausgangspunkt entfernen. Auch Moleküle des Gases (2) gelangen in gleicher Weise zu entfernten Punkten (freie Diffusion). Beide Gase mischen sich.

Auch in Flüssigkeiten und festen Körpern können sich Teilchen durch Diffusion ausbreiten, z. B. Lithiumatome in einem Germaniumkristall, oder auch Neutronen in Graphit.

Die Konvektion läßt sich besonders gut vermeiden bei der Diffusion durch enge Poren (Effusion): Bringt man einen porösen Tonzylinder, der mit Luft gefüllt und mit einem Manometer verbunden ist (Abb. 180), in eine Wasserstoff-Gas-Atmosphäre, in der bei Beginn derselbe Druck herrschen soll wie im Innern des Tonzylinders, dann entsteht im Tonzylinder schnell zunehmend ein beträchtlicher Überdruck, der aber mit der Zeit wieder auf Null absinkt (Abb. 181a).

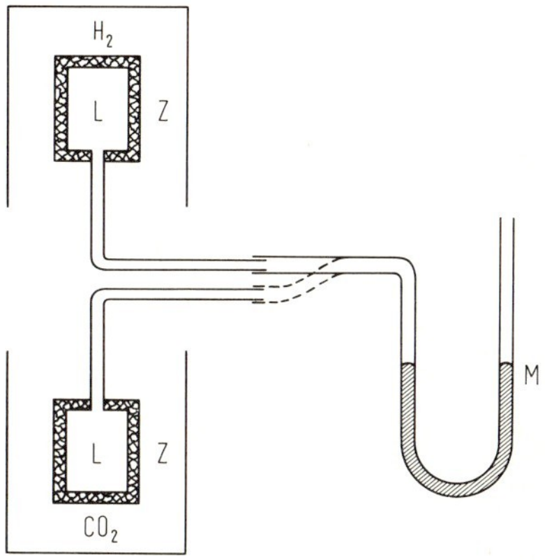

Abb. 180. Anordnung zum Nachweis der Diffusion durch enge Poren (Effusion). M: Manometer, L: Luft. Der Tonzylinder Z kann entweder in ein Gefäß mit H_2 oder in ein Gefäß mit CO_2 gebracht werden. Da H_2 leichter ist als Luft, muß das Gefäß mit Öffnung nach unten verwendet werden.

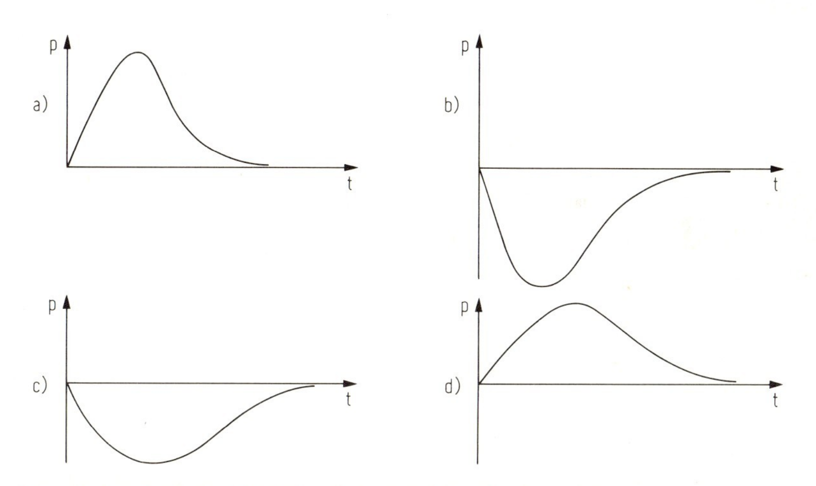

Abb. 181. Druck im Tonzylinder der Abb. 180 als Funktion der Zeit (schematisch).
a) H_2 (außen) diffundiert schneller ins luftgefüllte Innere des Zylinders, als die Luft nach außen.
b) H_2 (aus dem Gemisch im Inneren des Zylinders, entstanden durch den Vorgang a) diffundiert schneller aus dem Inneren heraus, als Luft hinein.
c) CO_2 (außen) diffundiert langsamer ins luftgefüllte Innere, als Luft nach außen.
d) CO_2 (aus dem Gemisch im Inneren des Zylinders, entstanden durch den Vorgang c) diffundiert langsamer aus dem Inneren heraus, als Luft hinein.

Eine chemische Analyse der Gase innerhalb und außerhalb des Zylinders zeigt dann:

1. H_2 ist in das Innere des Zylinders gelangt, Luft nach außen.

2. Solange im Zylinder Überdruck herrscht, ist das Mischungsverhältnis Luft/H_2 im Innern kleiner als außen.
3. Nach Abklingen des Überdrucks herrscht innen und außen dasselbe Mischungsverhälnis. Bringt man den Zylinder anschließend in Luftumgebung, dann erfolgt der umgekehrte Vorgang, Abb. 181b.

Aus diesen Betrachtungen ist zu schließen: Wasserstoffmoleküle und Moleküle der Luft diffundieren durch die Poren des Tonzylinders, aber mit verschiedener Diffusionsgeschwindigkeit. Wasserstoff diffundiert schneller als die Bestandteile von Luft. Dies beruht auf den unterschiedlichen Molekularmassen, denn für die mittleren kinetischen Energien gilt (1.3.5.4).

$$\frac{1}{2} m_1 \overline{v_1^2} = \frac{1}{2} m_2 \overline{v_2^2} = \frac{1}{2} m_3 \overline{v_3^2} = \ldots \tag{3-10}$$

Demnach ist kleinere Molekularmasse mit größerer Molekulargeschwindigkeit verknüpft und umgekehrt.

Diese Molekulargeschwindigkeit haben die Moleküle zwischen zwei Stößen. Größere (mittlere) Molekulargeschwindigkeit hat auch größere Diffusionsgeschwindigkeit zur Folge, da der Diffusionsweg sich aus der Hintereinanderschaltung vieler freier Weglängen mit statistischer Richtungsverteilung zusammensetzt.

Bringt man den luftgefüllten Tonzylinder dagegen in eine CO_2-Atmosphäre, so entsteht im Tonzylinder ein Unterdruck, der mit der Zeit wieder verschwindet, Abb. 181c. Bringt man den Zylinder anschließend in Luft, so ergibt sich der umgekehrte Vorgang Abb. 181d. Durch Beobachtungen dieser Art kann man sofort erkennen, ob ein Gas größere oder kleinere Molekularmasse als Luft hat.

Die Diffusion kann mit einem Modellgas (große, kleine Kugeln, Trennwand mit Öffnung) demonstriert werden.

Demonstration: In einem Teilraum werden kleinere, in dem anderen größere Kugeln eingefüllt, sie werden mit Hilfe der Stempel so in Bewegung gehalten, daß die mittlere kinetische Energie je Teilchen („Temperatur") in beiden Teilräumen gleich groß ist (Abb. 182a). Wird die Zwischenwand so weit geöffnet, daß beide Kugelsorten hindurchtreten können, so findet bei bewegten Stempeln laufend ein Austausch der Kugeln zwischen den beiden Teilräumen statt. Im Endzustand herrscht Gleichverteilung der beiden Kugelsorten (Abb. 182b).

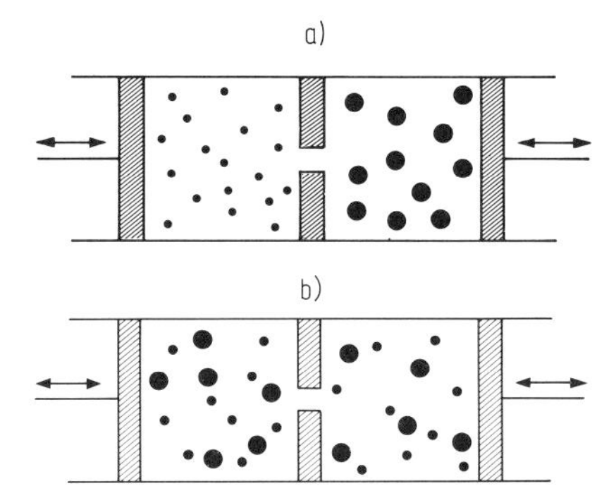

Abb. 182. Diffusion eines Modellgases (Momentbilder). Linke und rechte Wand werden mit kleiner Amplitude in Richtung der Doppelpfeile schnell hin und her bewegt.
a) Anfangszustand: links nur kleine Kugeln (Anzahl N_1), rechts nur große Kugeln (Anzahl N_2).
b) Endzustand (bei gleichgroßen Teilräumen): links $N_1/2$ kleine, $N_2/2$ große Kugeln; rechts $N_1/2$ kleine, $N_2/2$ große Kugeln.

Die verschiedene Effusionsgeschwindigkeit von Teilchen mit verschiedener Molekularmasse verschiebt bei Isotopengemischen das Konzentrationsverhältnis der Isotope. Auf diese Weise kann man die Uranisotope ^{235}U und ^{238}U durch oft wiederholte Diffusion (Effusion) von UF_6 trennen.

3.4.4. Osmose

Sind Lösungen verschiedener Konzentration, aber mit gleichem Lösungsmittel durch eine nur für Moleküle des Lösungsmittels durchlässige Wand getrennt, so diffundiert Lösungsmittel aus der verdünnten in die konzentrierte Lösung und erhöht dort den Druck (Osmose), bis der *Partial*druck des *Lösungsmittels* auf beiden Seiten der Wand gleich geworden ist. Für die gelösten Moleküle gilt die Zustandsgleichung idealer Gase.

Die Moleküle einer Lösung verhalten sich in ihrer statistischen kinetischen Bewegung ganz ähnlich wie die Moleküle in einem Gemisch aus zwei Gasen. Der Druck auf die Gefäßwände ist gleich der Summe der *Partial*drücke von Lösungsmittel und gelöster Substanz.

Es gibt nun sogenannte halbdurchlässige Wände (semipermeable Membranen), durch welche große Moleküle einer gelösten Substanz nicht hindurch gehen, wohl aber die Moleküle des Lösungsmittels. Dann diffundiert das Lösungsmittel durch diese Wand. Dabei gleicht sich der *Partial*druck des Lösungsmittels auf beiden Seiten aus, und der Gesamtdruck in der Lösung steigt auf der Seite der gelösten Substanz. Dieser Vorgang heißt Osmose. Der Überdruck (Druck auf der Seite der Lösung minus Druck auf der Seite des reinen Lösungsmittels) ist der „osmotische Druck", er ist gleich dem Partialdruck der gelösten Substanz.

Bei nicht zu großer Konzentration gilt für den gelösten Stoff auch die Zustandsgleichung $p_L \cdot V = m_L \cdot R_s T$, d.h. der osmotische Druck ist gleich dem Druck, den die Moleküle des gelösten Stoffes auf die Wand ausüben würden, wenn sie den Raum als Gas erfüllen würden (van't Hoff), vgl. dazu Gl. (3-11a). Der osmotische Druck zweier Lösungen ist dann gleich groß, wenn in beiden Lösungen die gleiche Anzahl Moleküle pro Volumen gelöst ist.

Das Verständnis der Vorgänge bei der Osmose erleichtert folgender *Modellversuch:* In der Anordnung Abb. 183 füllt man die beiden Teilräume mit verschieden großen Kugeln

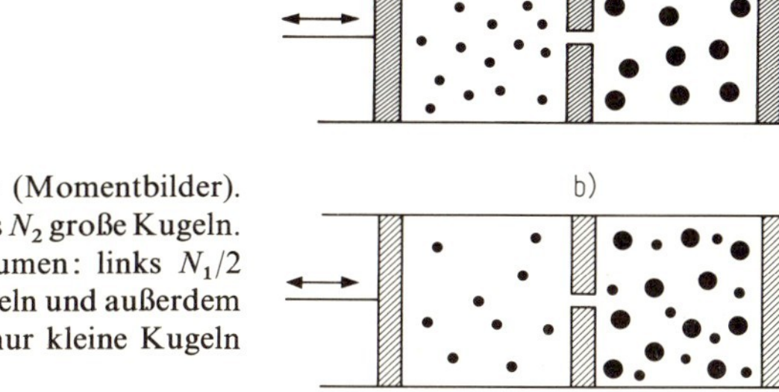

Abb. 183. Modellversuch zur Osmose (Momentbilder). a) Anfangszustand: links N_1 kleine, rechts N_2 große Kugeln. b) Endzustand bei gleichgroßen Teilräumen: links $N_1/2$ kleine Kugeln, rechts alle N_2 großen Kugeln und außerdem $N_1/2$ kleine Kugeln. Die Öffnung läßt nur kleine Kugeln durchtreten, sie ist „halbdurchlässig".

und öffnet die Zwischenwand gerade so weit, daß nur die kleinere Kugelsorte hindurch treten kann („halbdurchlässige Öffnung"). Nach einiger Zeit haben sich die kleinen Kugeln gleichmäßig auf beide Räume verteilt, während sich die großen nach wie vor in der einen Hälfte befinden. Im Endzustand ist der „Partialdruck" der kleinen Kugeln in beiden Räumen gleich groß. Auf der einen Seite tritt jedoch zusätzlich der „Partialdruck" der großen Kugeln auf.

Experimentelle Anordnung: Eine Glasglocke, die oben mit einem Steigrohr (Manometer) versehen und unten mit einer halbdurchlässigen Membran abgeschlossen ist (s. Abb. 184), wird mit wässeriger Zuckerlösung gefüllt und in reines Wasser gebracht. Im Steigrohr steigt

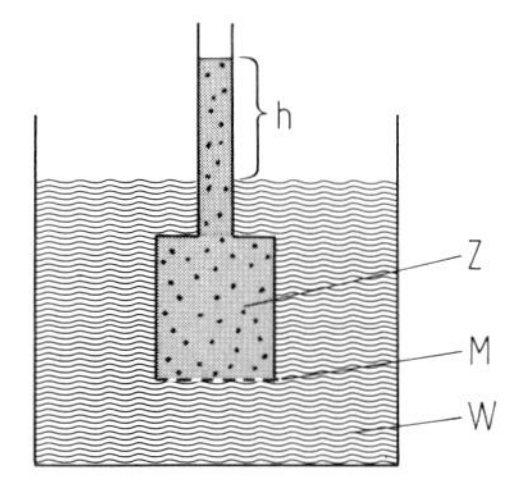

Abb. 184. Osmose. Z: Zuckerlösung, M: halbdurchlässige Membran, W: Wasser (Lösungsmittel).

die Flüssigkeit nach einiger Zeit bis zu einer Gleichgewichtshöhe h. Der Druck der Flüssigkeitssäule der Höhe h ist der osmotische Druck der in der Lösung enthaltenen gelösten Substanz.

Eine halbdurchlässige Membran bildet sich z. B. an einem Kaliumcyanoferrat-Kristall in einer stark verdünnten Kupfersulfatlösung. Durch Eindiffundieren von Wasser entsteht in der Kaliumcyanoferrat-Lösung, die hinter der Membran eingeschlossen ist, ein Überdruck, so daß die Membran schließlich platzt. An der Rißstelle bildet sich sofort eine neue Membran usw., dabei entstehen schlauchartige Gebilde, die durch Osmose fortgesetzt reißen und weiter wachsen.

Wurzeln von Bäumen sprengen u. U. Felsen. Dies ist eine Auswirkung des osmotischen Druckes.

3.4.5. Vakuum, Diffusionspumpen

Zum Evakuieren eines Gefäßes dienen Drehschieberpumpen, Diffusionspumpen und Getterpumpen.

Ein (nahezu) gasfreier leerer Raum wird Vakuum genannt. Um einen Raum, der mit Gas von Atmosphärendruck ($\approx$ 1 bar = 1000 mbar) gefüllt ist, zu evakuieren, verwendet man Pumpen. Mit mechanischen *Drehschieberpumpen* (Abb. 185) lassen sich Drucke bis herab zu 10^{-1} bis etwa 10^{-3} mbar erreichen. Sie arbeiten gegen Atmosphärendruck und auch noch höhere Drucke.

Früher waren vielfach Wasserstrahlpumpen im Gebrauch: Ein Wasserstrahl, der in ein verengtes Rohr gerichtet ist, wird turbulent gemacht. Darin wird ein Gemisch von Luftblasen und Wasser weggeführt. Die Pumpe wirkt gegen Atmosphärendruck und liefert als Mindestdruck etwa 20 mbar (Dampf-

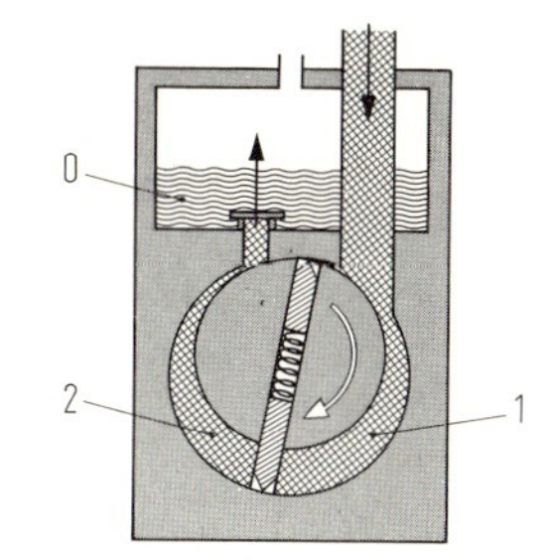

Abb. 185. Drehschieberpumpe. Ein exzentrischer Rotor führt zwei Schieber, die durch Federkraft an die Außenwand gedrückt werden. Luft strömt in den Raum 1 ein. Nach Drehung des Rotors um rund 180° befindet sie sich im Raum 2 und wird anschließend durch das abdichtende Öl 0 hindurch ausgestoßen.

druck von Wasser bei Zimmertemperatur), wobei u. U. ein noch kleinerer Partialdruck der Luft erreicht werden kann.

Zur Erzeugung eines Vakuums besser als 10^{-3} mbar sind *Diffusionspumpen* erforderlich. Eine solche Pumpe beginnt je nach Bauart erst unterhalb von etwa 0,1 bis 10 mbar zu wirken. Sie ist in Abb. 186 schematisch dargestellt. Es handelt sich um eine dreistufige Diffusionspumpe. Zum Verständnis genügt es, das innerste aufsteigende Rohr und die oberste Kappe zu betrachten. Eine Flüssigkeit („Treibmittel"), die bei Zimmertemperatur einen

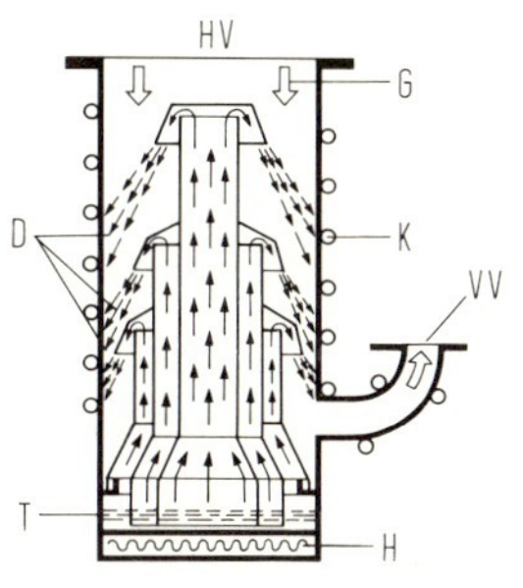

Abb. 186. Diffusionspumpe, 3-stufig (schematisch). HV: Hochvakuumseite (nur der Anschlußflansch ist gezeichnet), G: eindiffundierendes, abzupumpendes Gas, D: strömender Öldampf, K: Kühlschlange, T: Treibmittel (Öl), H: elektrische Heizung, VV: zum Vorvakuum.
Der Öldampf strömt aus den umlenkenden Kappen schräg nach unten, nimmt das eindiffundierte Gas mit und wird an der gekühlten Wand wieder kondensiert.

niedrigen Dampfdruck besitzt (z. B. Quecksilber 10^{-3} mbar, Apiezon-Öl $<10^{-6}$ mbar) wird im Treibmittelgefäß zum Sieden gebracht. Die Richtung des im innersten Rohr zunächst nach oben strömenden Dampfes wird in einer Kappe umgekehrt. In den jetzt nach unten strömenden Dampf diffundiert das auszupumpende Gas, wird von der Strömung mitgeführt und in Richtung Vorvakuum gedrückt. Das ist möglich bis zu einem Gegendruck von wenigen millibar. Die weiteren gezeichneten Stufen arbeiten genau so, wie die eben beschriebene. Wie man sieht, sind alle Stufen hintereinander geschaltet. Man kann jetzt gegen einen größeren Vorvakuumdruck (z. B. 10 mbar) anpumpen. Der Dampf des Treibmittels wird an der gekühlten Außenwand kondensiert und in das Siedegefäß zurückgeleitet. Zum Erzeugen des Vorvakuums braucht man ein Vorpumpe (Drehschieberpumpe).

Das Treibmittel hat einen – wenn auch geringen – Dampfdruck. Um diesen von dem zu evakuierenden Gefäß fernzuhalten, schaltet man zwischen Pumpe und Vakuumgefäß eine Kühlfalle. In dieser wird Dampf des Treibmittels festgefroren und gelangt nicht in das zu evakuierende Gefäß. Je niedriger der Druck im Vorvakuumgefäß ist, desto höher ist die Pumpleistung, denn je höher der Druck im Vorvakuumgefäß, desto größer ist auch die Rückdiffusion von Gas aus dem Vorvakuum in das Hauptvakuum.

Unter Hochvakuum versteht man heute Drücke unterhalb 10^{-3} mbar. Meist ist dann die mittlere freie Weglänge der Gasteilchen größer als die Gefäßabmessungen. Der erzielbare Minimaldruck hängt nicht nur von den Eigenschaften der Pumpe (insbesondere der Pumpleistung), sondern auch von der Gasabgabe der inneren Gefäßwände ab (z. B. von adsorbierten Schichten) oder von Verunreinigungen, die an den Wänden haften und Dampfdrücke haben, die größer sind als der gewünschte Druck.

Unterhalb von 10^{-6} mbar läßt sich der Druck mit Hilfe von *Getterpumpen* weiter erniedrigen. Sie enthalten große Oberflächen aus einem Material (z. B. Ti), an dem auftreffende Gasatome oder Moleküle adsorbiert werden. In den Pumpen befindet sich eine Vorrichtung, die fortgesetzt neues Adsorbermaterial auf die Oberfläche aufdampft und damit frische adsorbierende Oberflächen herstellt.

In *Ionengetterpumpen* wird das Gas ionisiert und die Ionen durch ein elektrisches Feld beschleunigt. Beim Auftreffen auf die Oberfläche der Pumpe dringen sie in das Material der Oberfläche ein und werden darin festgehalten.

Bei *Turbomolekularpumpen* wird Gas durch Zentrifugalscheiben weggeschleudert. Man erreicht Drücke um 10^{-7} mbar.

3.4.6. Innere Reibung, Wärmeleitfähigkeit in Gasen

Die Koeffizienten der inneren Reibung und der Wärmeleitfähigkeit von Gasen (η und σ) sind *unabhängig* vom Druck, solange die mittlere freie Weglänge λ der Gasmoleküle kleiner ist als die Gefäßabmessungen. η und σ sind proportional dem Druck p, solange λ groß ist gegen die Gefäßabmessungen.

Diffusion, innere Reibung und Wärmeleitung gehen auf die in 3.3.1 beschriebene Bewegung der Atome bzw. Moleküle zurück. Diffusion bewirkt eine Wanderung von Masse m, innere Reibung eine Wanderung von Impuls mv, Wärmeleitung eine Wanderung von kinetischer Energie $(1/2)mv^2$. Bei der inneren Reibung und der Wärmeleitung wird neue Entropie erzeugt (3.6.9). (Statt Koeffizient der inneren Reibung sagt man auch Viskosität.)

Innere Reibung und Wärmeleitung in Gasen sind unabhängig vom Druck, solange die mittlere freie Weglänge λ der Gasmoleküle kleiner ist als die Gefäßabmessungen. Das ist meist bei Drücken oberhalb von 10^{-2} mbar der Fall. Wenn die freie Weglänge jedoch groß ist, sind η, σ und λ proportional p. Dies läßt sich zunächst für die Wärmeleitung zwischen 2 Körpern (Wänden), zwischen denen sich verdünntes Gas befindet, wie folgt einsehen: Bei ganz niedrigen Drücken, bei denen die freie Weglänge groß gegen den Abstand der Körper ist, ist die übertragene kinetische Energie proportional der *Anzahl* der Moleküle, die vom wärmeren zum kälteren Körper (Wand) fliegen, also proportional zu p. Bei größerer Gasdichte (Druck) dagegen, wenn Zusammenstöße der Gasmoleküle im Gasraum häufig werden, ist $\lambda \sim 1/p \sim 1/\varrho$, also $\varrho \cdot \lambda = \text{const}$. Die Wärmeleitfähigkeit (Formelzeichen hier ausnahmsweise σ) hängt von diesem Produkt ab. Sie ist daher bei hinreichend großem Druck unabhängig von der Dichte und damit unabhängig vom Druck.

Die analoge Überlegung gilt auch für den Koeffizienten η der inneren Reibung.

Experimentelle Demonstration zur Wärmeleitung: Feste Kohlensäure wird in ein doppelwandiges Glasgefäß eingefüllt, dessen Zwischenraum mit einer Diffusionspumpe evakuiert werden kann. Infolge der Wärmeleitung durch das Gas von der äußeren Wand zur inneren Wand (und Wärmestrahlung) verdampft laufend viel Kohlensäure, wenn der Druck zwischen den Wänden größer ist als ungefähr 1 mbar, dagegen wenig Kohlensäure, wenn der Druck kleiner ist als 10^{-2} mbar. Wärmeenergie kann nicht mehr in der Form von kinetischer Energie von Gasatomen transportiert werden, wenn Gasatome nicht mehr in genügender Anzahl vorhanden sind.

Ein Draht, der sich in einem evakuierbaren Gefäß befindet, wird elektrisch geheizt, und zwar mit einer solchen Leistung, daß er im Hochvakuum gerade glüht. Bei Gegenwart von Gas glüht er nicht mehr. Er erreicht nur niedrigere Temperatur, da Wärmeenergie durch das Gas abgeleitet wird.

Demonstration zur inneren Reibung: Die Amplitude eines zur Schwingung angestoßenen Blättchens nimmt im Hochvakuum nur sehr langsam ab, in Gas ist die Schwingung dagegen stark gedämpft.

Hinweis: Die Wärmeleitung spielt bei der Schalldämpfung eine wichtige Rolle, vgl. 2.5.2, S. 200.

3.4.7. Molekularstrahlen, Messung der Geschwindigkeit von Atomen und Molekülen

Die Geschwindigkeit von Gasatomen (Molekülen) kann an Atomstrahlen (Molekularstrahlen) gemessen werden.

Mit abnehmendem Druck (Gasdichte) wird die mittlere freie Weglänge der Moleküle immer größer. Ist die mittlere freie Weglänge groß gegen die Gefäßdimensionen (d. h. bei Hochvakuum), so finden kaum noch Zusammenstöße der Gasmoleküle untereinander statt. Sie bewegen sich dann geradlinig von Gefäßwand zu Gefäßwand. Gasmoleküle oder -atome, die von außen durch eine feine Öffnung in einen solchen hochevakuierten Raum eintreten, fliegen geradlinig weiter. Ein enges Bündel, das man daraus ausblenden kann, nennt man einen Atomstrahl (Molekularstrahl). Auch verdampfende Atome fliegen geradlinig weiter.

Die Geschwindigkeit der Teilchen im Molekular- oder Atomstrahl kann z. B. mit der folgenden Versuchsanordnung (O. Stern, 1920) bestimmt werden. Sie macht Gebrauch von Gl. (1-101): Konzentrisch um einen Heizdraht, von dem z. B. Silber wegdampft, befinden sich zwei gleichachsige, starr miteinander verbundene Zylinder, von denen der innere (Radius r)

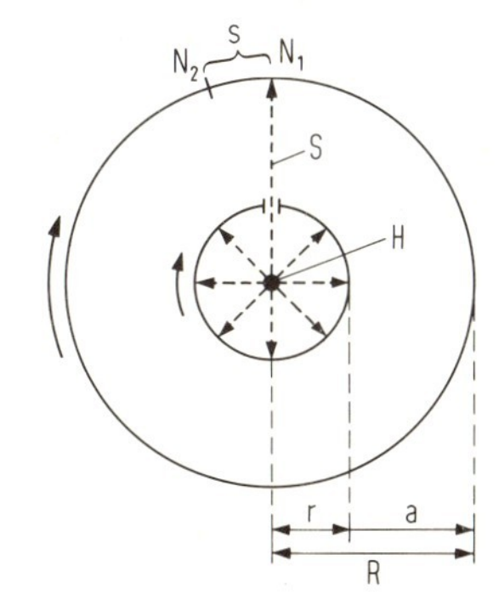

Abb. 187. Bestimmung der Geschwindigkeit von Atomen eines Silberatomstrahls. Die beiden Zylinder sind von oben betrachtet gezeichnet. Sie befinden sich im Innern eines (nicht gezeichneten) hoch evakuierten Gefäßes. Der Heizdraht H, an dem Silber haftet, befindet sich in der gemeinsamen Achse beider Zylinder. Wenn der Draht geheizt wird, laufen Silber-Atome geradlinig nach allen Seiten weg. Bei einem ersten Experiment sind die Zylinder in Ruhe (drehfrei). Atome gelangen zum Punkt N_1. Beim zweiten Experiment befinden sich beide Zylinder in gemeinsamer schneller Drehung in Pfeilrichtung um die Zylinderachse. Atome gelangen jetzt zu N_2.

einen schmalen achsenparallelen Spalt besitzt (vgl. Abb. 187). Die durch diesen hindurchtretenden Silberatome schlagen sich auf dem äußeren Zylinder (Radius R) in der Verlängerung der Verbindungsgeraden Glühdraht-Schlitz nieder. Wenn beide Zylinder gemeinsam mit der Winkelgeschwindigkeit ω um den Glühdraht als Achse rotieren, dreht sich der äußere Zylinder um die Strecke $s = s(v)$ weiter, während die Silberatome der Geschwindigkeit v die Wegstrecke $a = R - r$ vom inneren zum äußeren Zylinder zurücklegen. Die Geschwindigkeit ergibt sich also aus:

$$v = \frac{a}{s} \cdot \omega \cdot R \tag{3-23}$$

Man erhält keinen scharf begrenzten Niederschlag. Daraus geht hervor: Die Teilchen im Atomstrahl haben eine Geschwindigkeitsverteilung (vgl. 3.4.8). Die Häufigkeitsverteilung für die Geschwindigkeit der Atomstrahlteilchen ergibt sich aus der Dicke der niedergeschlagenen Silberschicht in Abhängigkeit von s.

3.4.8. Maxwellsche Geschwindigkeitsverteilung *F/L 2.2.6 u. 2.3.4*

Die Geschwindigkeiten der Moleküle eines Gases kommen mit einer Häufigkeitsverteilung vor, die allein von der Temperatur des Gases und von der Masse der Moleküle abhängt (Maxwellsche Geschwindigkeitsverteilung).

Im vorangegangenen Abschnitt wurde gezeigt, daß die (Silber-) Atome eines Atomstrahls eine Geschwindigkeitsverteilung besitzen, und wie diese gemessen werden kann. *Dieselbe* Geschwindigkeitsverteilung ergibt sich experimentell bei *allen* Gasen, lediglich der Maßstab der Geschwindigkeitsachse in Abb. 188a unterscheidet sich.

In einem Gas ändert sich die Geschwindigkeit jedes einzelnen Moleküls fortgesetzt nach Betrag und Richtung durch Zusammenstöße mit anderen Molekülen und durch Stöße gegen die Gefäßwand. Trotzdem hat eine Gesamtheit von sehr vielen Molekülen in jedem Augenblick eine wohl definierte Häufigkeitsverteilung der Geschwindigkeiten, und zwar für alle Gase immer genau dieselbe, wenn man die Geschwindigkeit relativ zu ihrer häufigsten Geschwindigkeit ausdrückt. Diese Geschwindigkeitsverteilung wurde durch Benützung der Stoßgesetze und statistischer Überlegungen schon von Maxwell (1859) berechnet, bevor sie experimentell untersucht und die Übereinstimmung des Maxwellschen Berechnungsergebnisses mit der Wirklichkeit nachgewiesen werden konnte.

Für die Anzahl $\mathrm{d}N$ der Moleküle, deren Geschwindigkeit innerhalb eines infinitesimal kleinen Geschwindigkeitsbereichs v bis $v + \mathrm{d}v$ liegt, gilt (bei Boltzmann-Statistik)

$$\frac{\mathrm{d}N}{N} = \frac{4}{\sqrt{\pi}} \left(\frac{v}{v_\mathrm{h}}\right)^2 \cdot \mathrm{e}^{-(v/v_\mathrm{h})^2} \cdot \mathrm{d}\left(\frac{v}{v_\mathrm{h}}\right) \tag{3-24}$$

mit

$$v_\mathrm{h} = \sqrt{\frac{2\,k\,T}{m}}$$

(Maxwellsche Geschwindigkeitsverteilung).

Dabei ist N die Gesamtzahl der Moleküle, m die Masse der einzelnen Moleküle, T die thermodyn. Temperatur des Gases und k die Boltzmannsche Konstante, vgl. dazu 3.5.1. Diese Geschwindigkeitsverteilung hat ein Maximum bei $v = v_\mathrm{h}$. Man nennt v_h häufigste Geschwindigkeit. In Abb. 188b ist als Abszisse v/v_h gewählt.

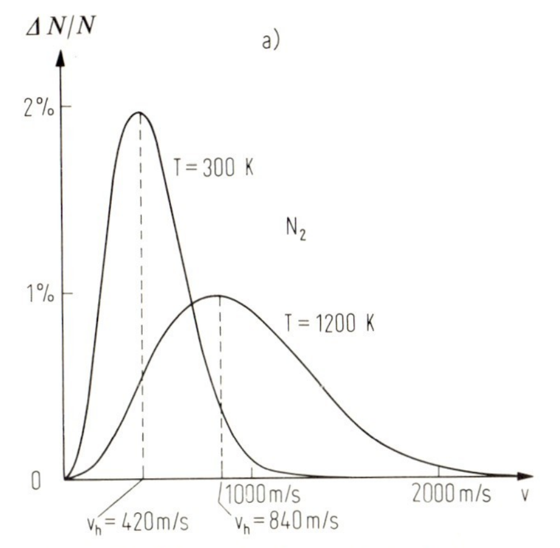

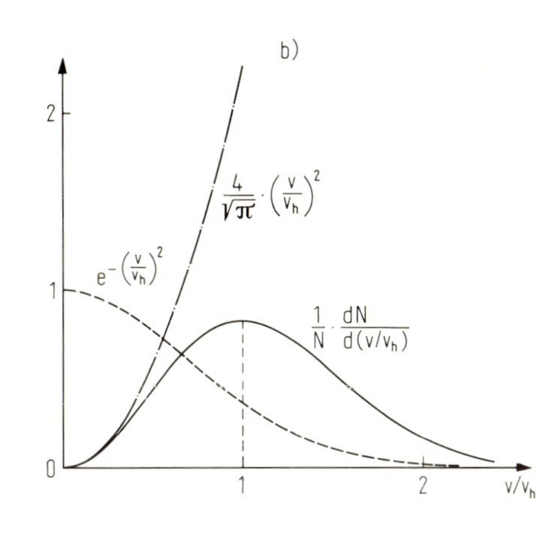

Abb. 188. Maxwellsche Geschwindigkeitsverteilung.
a) Die Geschwindigkeitsverteilung ist für N_2 und zwei Temperaturen ($T_1 = 300$ K und $T_2 = 1200$ K) aufgetragen. Die Geschwindigkeiten verhalten sich in diesen zwei Fällen wie 1 : 2, die kinetischen Energien wie 1 : 4. Als Ordinate ist aufgetragen der Bruchteil der Moleküle, die eine Geschwindigkeit innerhalb des Intervalls v bis $(v + 10$ m/s) haben.
b) Die Geschwindigkeitsverteilung Gl. (3-24) gilt für *alle* Gase und Temperaturen, lediglich v_h muß entsprechend gewählt werden. In b) ist $(1/N) \cdot \{dN/d(v/v_h)\}$ dargestellt. Man erhält diese Kurve durch Multiplikation der abfallenden Kurve $\exp\{-(v/v_h)^2\}$ und der ansteigenden Kurve $(4/\sqrt{\pi}) \cdot (v/v_h)^2$.

Bis auf Konstanten läßt sich diese Verteilungsfunktion als Produkt aus einer Parabel und einer Exponentialkurve darstellen, vgl. Abb. 188b. In Abb. 188a ist die Geschwindigkeitsverteilung für zwei verschiedene Temperaturen aufgetragen. Man erkennt, daß bei höherer Temperatur höhere Geschwindigkeiten (höhere kinetische Energien) häufiger werden. Da

$$\frac{1}{N} \cdot \frac{dN}{d\,(v/v_h)}$$

als Funktion von v/v_h aufgetragen ist, ergibt die Integration nach der Geschwindigkeit bei jeder Temperatur $N/N = 1 = 100\%$. Diese Integration bezieht sich auf Abb. 188b.

Manche physikalischen Gesetzmäßigkeiten hängen vom Mittelwert der Impulse mv, andere vom Mittelwert der kinetischen Energie $(1/2)mv^2$ ab. Für die Mittelwerte schreibt man $m\bar{v}$ bzw. $(1/2)\, m\overline{v^2}$.

a) Aus dem Mittelwert der absoluten Beträge der Impulse $|m\bar{v}|$ leitet man die „durchschnittliche" Geschwindigkeit v_d der Teilchen ab. Wegen

$$|m\bar{v}| = m|\bar{v}| = m \cdot v_d$$

erhält man v_d für ein einheitliches (ungemischtes) Gas als arithmetisches Mittel aus allen Geschwindigkeitsbeträgen, also

$$v_d = |\bar{v}| = \frac{\sum_{i=1}^{N} |v_i|}{N} \tag{3-25}$$

b) Aus der mittleren kinetischen Energie $\overline{(1/2)\, m v^2}$ leitet man die „mittlere" Geschwindigkeit v_m ab. Wegen

$$\overline{\frac{1}{2}\, m v^2} = \frac{1}{2}\, m(\overline{v^2}) = \frac{1}{2}\, m v_m^2$$

erhält man v_m aus

$$v_m^2 = \overline{v^2} = \frac{\sum_{i=1}^{N} (v_i)^2}{N} \quad \text{und} \quad v_m = \sqrt{\overline{v^2}} = \sqrt{\frac{\sum_{i=1}^{N} (v_i)^2}{N}} \tag{3-26}$$

Die Bildung dieser Mittel erfordert eine Integration über die Maxwellsche Geschwindigkeitsverteilung.

Es zeigt sich, daß gilt

$$v_d^2 = \frac{4}{\pi} \cdot v_h^2\,; \qquad v_d = \frac{2}{\sqrt{\pi}} \cdot v_h \tag{3-25a}$$

und

$$v_m^2 = \frac{3}{2} \cdot v_h^2\,; \qquad v_m = \sqrt{\frac{3}{2}} \cdot v_h \tag{3-26a}$$

Also ist

$$v_d \approx 1{,}13 \cdot v_h \qquad \text{und} \qquad v_m \approx 1{,}22 \cdot v_h$$

3.5. Wärmekapazität und innere Energie

Der Wärmeinhalt besteht bei Gasen im wesentlichen in der kinetischen Energie der Atome (Moleküle). Die innere Energie ist bei allen Stoffen eine Zustandsgröße.

3.5.1. Innere Energie eines idealen einatomigen Gases

Ein einatomiges ideales Gas hat die molare Wärmekapazität $(3/2)\,R$ und enthält die molare innere Energie $(3/2)\,RT$. Ein Molekül hat im Mittel die kinetische Energie $(1/2) m v_m^2 = (3/2) k\,T$. Zu jedem Freiheitsgrad gehört $(1/2) k\,T$. Ein einatomiges Gas hat 3 Freiheitsgrade.

Da die Moleküle eines (idealen) Gases sich in dauernder Bewegung befinden, besitzen sie kinetische Energie. Setzt man zunächst *einatomige* Moleküle voraus und summiert die kinetischen Energien aller Moleküle einer vorgegebenen Gasmenge, so erhält man den gesamten Inhalt an kinetischer Energie. Im Fall des idealen Gases ist das gleichzeitig die sogenannte „innere Energie" des Gases. (Über andere Fälle vgl. 3.5.3.) Man beachte, daß sich dabei die einzelnen Teilchen statistisch in den verschiedensten Richtungen bewegen. Eine exakte Berechnung der Inneren Energie unter Verwendung von Integrationen über die Geschwindigkeits- und Richtungsverteilung der Moleküle liefert das schon erwähnte Ergebnis

$$p = \frac{1}{3} N_V \cdot m \cdot v_m^2 \tag{3-21}$$

Dabei ist N_V die Anzahl der Teilchen/Volumen, m die Masse eines Teilchens. Der Index m bei v bezeichnet die „mittlere" Geschwindigkeit nach Gl. (3-21) und (3-26). Multipliziert man diese Gl. (3-21) mit dem spezifischen Volumen $V_s = 1/\varrho$, so entsteht

$$p \cdot V_s = \frac{1}{3} v_m^2 = \frac{2}{3} \cdot \frac{1}{2} v_m^2 \tag{3-27}$$

Andererseits gilt für ideale Gase

$$p \cdot V_s = R_s \cdot T \tag{3-11 a}$$

Gleichsetzen von Gl. (3-27) und Gl. (3-11a) liefert

$$\frac{2}{3} \cdot \frac{1}{2} v_m^2 = R_s T$$

$$\frac{1}{2} v_m^2 = \frac{3}{2} R_s T \tag{3-28}$$

Multipliziert man mit der molaren Masse m_m, so entsteht links die molare innere Energie (d. h. der molare Wärmeinhalt) eines Mols

$$\frac{1}{2} \cdot m_m \cdot v_m^2 = m_m \cdot \frac{3}{2} R_s T = \frac{3}{2} R T \tag{3-29}$$

Man vergleiche Gl. (3-11 und 11a). Hier ist $(3/2) R$ die molare Wärmekapazität $c_{m,V}$, $(3/2) R_s$ ist die spezifische Wärmekapazität c_V des betreffenden einatomigen Gases, jeweils bei konstant gehaltenem Volumen V, vgl. dazu 3.5.2.

Gl. (3-29) besagt: Die kinetische Energie der Moleküle ist unabhängig vom Druck des Gases und nimmt proportional der absoluten Temperatur zu.

Für $T = 0$ sollte die kinetische Energie der Moleküle $= 0$ sein. In Wirklichkeit findet man experimentell jedoch eine kleine Nullpunktsenergie. Dem trägt die Quantenmechanik Rechnung.

Dividiert man Gl. (3-29) durch die Avogadrosche (Loschmidtsche) Konstante $N_A = 6{,}02 \cdot 10^{23}\ \text{mol}^{-1}$, so entsteht

$$\frac{1}{2} m v_m^2 = 3 \cdot \frac{1}{2} k T \tag{3-30}$$

Man bildet

$$k \underset{\text{def}}{=} R/N_A = 8{,}314\ \text{J} \cdot (\text{mol} \cdot \text{K})^{-1}/6{,}022 \cdot 10^{23}\ \text{mol}^{-1} = 1{,}38 \cdot 10^{-23}\ \text{J/K}$$

und nennt k Boltzmannsche (Entropie-) Konstante. Sie ist ein Quantum der Entropie und ist Lorentz-invariant. Mit einem gewissen Recht kann man sie als Wärmekapazität je Molekül ansehen. Man beachte jedoch 3.5.3 (Freiheitsgrade).

Beispiel: Für Stickstoff (rel. Molekülmasse $M_r = 28$), $m = 28 \cdot 1{,}66 \cdot 10^{-27}$ kg und Zimmertemperatur $T = 293$ K ist $v_h = 417$ m/s; $v_d = 482$ m/s; $v_m = 509$ m/s; $(1/2)\, m v_m^2 = 6{,}05 \cdot 10^{-21}$ J $= 0{,}038$ eV $\approx$ $\approx (1/25)$ eV.

Molare und spezifische Wärmekapazität von einatomigen idealen Gasen sind *unabhängig* von der Temperatur.

Die Wärmeenergie eines solchen Gases besteht allein in der kinetischen Energie der Moleküle (vgl. 3.3.1). Diese können sich nach drei aufeinander senkrechten Raumrichtungen bewegen. Die Impulskomponenten nach den drei Richtungen sind unabhängig von einander. Man spricht von *drei Freiheitsgraden* der Bewegung. Auch die kinetische Energie der Moleküle läßt sich auf die drei Freiheitsgrade aufteilen. Von der kinetischen Energie je mol, nämlich $(3/2)\, RT$, trifft dann ein Drittel auf jeden Freiheitsgrad. Daher wird jedem Freiheitsgrad als molare Wärmekapazität $(1/2) R$ zugeordnet.

Die Beziehung (3-10) folgt aus (3-30) und kann natürlich auch auf die Moleküle einer Gasmischung angewendet werden.

Fügt man einem Gas wesentlich größere Teilchen ($m_2 \gg m_1$) zu, so bewegen sich diese entsprechend der größeren Masse nur mit wesentlich kleinerer Geschwindigkeit v_2. Die Bewegung solcher Teilchen kann man an einem unter dem Mikroskop noch sichtbaren Teilchen in Flüssigkeiten oder Gasen beobachten. Es handelt sich um die in 3.3.1 erwähnte Brownsche Molekularbewegung. Wie dort schon erwähnt, wird die Geschwindigkeit v_1 über den Sternschen Versuch (3.4.7) und v_2 unter dem Mikroskop bestimmt, und zwar aus der Verschiebungsstrecke, die das Teilchen auf seinem Zickzackweg während einer bestimmten Zeitdauer zurücklegt. Wenn man m_2 kennt, kann man $m_1 = m_2\, (\overline{v_2^2/v_1^2})$ angeben. Die Avogadrosche (Loschmidtsche) Konstante N_A ergibt sich dann aus $m_1 \cdot N_A = m_m$ zu $N_A = 6{,}022 \cdot 10^{23}\,\mathrm{mol}^{-1}$.

3.5.2. Molare Wärmekapazitäten $c_{m,p}$ und $c_{m,V}$, mechanisches Wärmeäquivalent

Die molare Wärmekapazität $c_{m,p}$ eines idealen Gases bei konstant gehaltenem Druck und die molare Wärmekapazität $c_{m,V}$ bei konstant gehaltenem Volumen unterscheiden sich um $R = c_{m,p} - c_{m,V}$.

Die Stoffmenge n eines idealen Gases soll erwärmt werden. Besonders übersichtlich sind die folgenden zwei Grenzfälle:

a) Das Volumen V des Gases wird dabei konstant gehalten, d. h. das Gas wird in ein z. B. zylindrisches Gefäß mit starren Wänden und *un*beweglichem Kolben eingeschlossen. Beim Erwärmen steigt der Druck des Gases.

b) Der Druck p des Gases wird dabei konstant gehalten, d. h. das Gas wird in ein z. B. zylindrisches Gefäß mit einem *beweglichen* Kolben eingeschlossen. Beim Erwärmen nimmt sein Volumen zu, es dehnt sich aus und leistet mechanische Arbeit gegen den äußeren Druck, der auf den Kolben wirkt.

Man findet experimentell: Um das Gas um den Temperaturunterschied ΔT zu erwärmen, muß im Fall b) eine größere Wärmemenge zugeführt werden als im Fall a).

Grund: Zum Verschieben des Kolbens gegen den äußeren Luftdruck im Fall b) muß mechanische Arbeit aufgewendet werden.

Weiter stellt sich heraus $c_{m,p} - c_{m,V} = R$. Dabei ergibt sich R aus Gl. (3-11) mit Spezialisierung $p = \text{const.}$, also aus $p \cdot \Delta V = n \cdot R \cdot \Delta T$. Man sieht das ein durch folgende Betrachtung:

zu a) $c_{m,V} = \Delta Q_1/(n \cdot \Delta T)$ ist die molare Wärmekapazität bei konstantem Volumen V. Um die Temperatur der Stoffmenge n um ΔT zu erhöhen, muß also die Wärmemenge $\Delta Q_1 = n c_{m,V} \cdot \Delta T$ zugeführt werden. Das Gas dehnt sich dabei voraussetzungsgemäß nicht aus, sein Druck erhöht sich. (Gleichzeitig ist die Entropie um $\Delta S_{th} = \int n c_{m,V} \cdot dT/T$ vermehrt worden.)

Die spezifische Wärmekapazität bei konstantem Volumen wird mit c_V bezeichnet; es ist $C_V = m \cdot c_V = n \cdot c_{m,V}$.

zu b): $C_p = \Delta Q_2/\Delta T$ ist die molare Wärmekapazität bei konstantem Druck. Der Druck des eingeschlossenen Gases und der Druck außen stimmen dauernd überein, während das Volumen des Gases beim Erwärmen zunimmt (beweglicher Kolben). Um die Temperatur der Stoffmenge n um ΔT zu erhöhen, muß in diesem Fall die Wärmemenge $\Delta Q_2 = n c_{m,p} \cdot \Delta T$ zugeführt werden. Das Gas dehnt sich um ΔV aus, es leistet dabei gegen den äußeren Druck p eine mechanische Arbeit

$$\Delta W = p \cdot \Delta V \tag{3-31}$$

(In diesem Fall ist die Entropie um $\Delta S_{th} = \int (C_V dT + pV \cdot dT)/T$ vermehrt worden.)

Die spezifische Wärmekapazität bei konstantem Druck wird mit c_p bezeichnet; es ist $C_p = m \cdot c_p = n \cdot c_{m,p}$.

Beispiel: Für 1 mol und die Temperaturerhöhung $\Delta T = 1$ K ist die Volumenänderung $\Delta V = (1/273) \cdot 22{,}41$ (0 °C, 1013,25 mbar) $= 0{,}082 \cdot 10^{-3}$ m³. Bei $p = 1013{,}25$ mbar (= 1 atm) $= 1{,}013\ 10^5$ N/m ist die Arbeit bei der Ausdehnung also $\Delta W = 1{,}013\ 10^5\ \text{N/m}^2 \cdot 0{,}082 \cdot 10^{-3}\ \text{m}^2 = 8{,}3\ \text{Nm} = 8{,}3$ J.

Die dem Gas zugeführte Wärmemenge $\Delta Q_2 = C_p \cdot \Delta T$ ist, trotz derselben Temperaturänderung ΔT, um $\Delta Q_2 - \Delta Q_1$ größer als beim Erwärmen des Gases ohne Leisten einer Arbeit gegen den äußeren Druck.

In 3.1.4 wurde gezeigt, daß mechanische Arbeit in Wärmemenge verwandelt werden kann. Im vorliegenden Fall wird die Wärmemenge

$$\Delta Q_2 - \Delta Q_1 = (C_p - C_V) \cdot \Delta T \tag{3-32}$$

in mechanische Arbeit

$$\Delta W = p \cdot \Delta V = n \cdot R \cdot \Delta T \tag{3-33}$$

verwandelt. Gleichsetzen der beiden rechten Seiten ergibt dann

$$C_p - C_V = n \cdot R \quad \text{und} \quad c_{m,p} - c_{m,V} = R \tag{3-34}$$

Einsetzen der Werte, die man beim Erwärmen der Stoffmenge n eines idealen Gases erhält, führt zum

Mechanischen Wärmeäquivalent: Wenn die Stoffmenge n eines idealen Gases um 1 K erwärmt wird, entsteht bei der Ausdehnung bei konstantem Druck die mechanische Arbeit $n \cdot 8{,}3$ J (vgl. obiges Beispiel). Andererseits ist dazu die Wärmemenge $(C_p - C_V) \cdot 1$ K $= n \cdot 8{,}3$ J verbraucht worden in Übereinstimmung mit 3.1.4. Danach ist auch 8,3 J = 1,98 cal.

Umgekehrt erhöht sich die Temperatur eines Gases, wenn man es zusammendrückt, vgl. 3.6.3.

3.5.3. $c_{m,p}$ und $c_{m,V}$ von ein-, zwei-, mehratomigen Gasen und in festen Körpern; Freiheitsgrade

Bei Gasen mit f Freiheitsgraden ist die molare Wärmekapazität $c_{m,V} = f \cdot R/2$. Bei beliebigen Stoffen wird zugeführte Wärmemenge in innere Energie und in Arbeit umgesetzt. Nur bei idealen Gasen ist die innere Energie gleich der kinetischen Energie der Moleküle. Im festen Zustand haben Atome 6 Freiheitsgrade.

Die spezifische Wärmekapazität c_p (auch die Wärmekapazität C_p) bei konstantem Druck läßt sich leicht messen: Das zu untersuchende Gas durchströmt ein Rohr. An einer Stelle wird durch elektrisches Heizen laufend eine bestimmte Wärmemenge pro Zeit zugeführt. Aus der Temperaturänderung ΔT vor und nach der Heizung und aus Masse/Zeit des hindurchgeströmten Gases ergibt sich die spezifische Wärmekapazität bei konstantem Druck.

Zur direkten Messung von c_V und $c_{m,V}$ bei konstantem Volumen müßte man sehr dickwandige Gefäße benutzen, deren Wärmekapazität größer wäre als die des zu untersuchenden Gases. Nun läßt sich aber $c_p/c_V = c_{m,p}/c_{m,V} = \varkappa$ messen. Diese Größe spielt bei der adiabaten Zustandsänderung von Gasen eine Rolle, vgl. dazu 3.6.3.

Die für C_p, C_V, C_p/C_V und $C_p - C_V$ bei Zimmertemperatur gemessenen Werte sind in der folgenden Tabelle für einige Gase angegeben. Dabei ist $C_p = c_{m,p} \cdot 1$ mol und $C_V = c_{m,V} \cdot 1$ mol.

Für ein einatomiges Gas (He, Ar) findet man also die molare Wärmekapazität $c_{m,V} \approx 12{,}5$ J/(mol · K) = (3/2) · R, bei zweiatomigen Gasen (N_2, O_2) ist $c_{m,V} \approx 20{,}8$ J/(mol · K) = (5/2) · R, bei mehr $c_{m,V} \approx 25$ J/(mol · K) = (6/2) · R und $c_{m,p} - c_{m,V} = R = 8{,}3$ J/(mol · K).

$C_p/C_V = c_{m,p}/c_{m,V}$ für ein-, zwei-, drei- und mehratomige hat die Werte 5/3, 7/5, 8/6.

Diese Tatsachen lassen sich folgendermaßen verstehen: Bei *ein*atomigen Molekülen und idealem Gaszustand steckt die Energie ausschließlich in der Translationsbewegung.

Diese Moleküle haben – wie erwähnt – *drei Freiheitsgrade* der *Translation*, d. h. sie können einen Impuls in der x-, y-, z-Richtung haben.

Bei zwei- und mehratomigen Molekülen kann zusätzlich kinetische Energie in der Rotation der Moleküle stecken. *Zwei*atomige Moleküle können zusätzlich um eine Achse durch ihren Schwerpunkt rotieren und können daher zusätzliche kinetische Energie aufneh-

Tabelle 27. Wärmekapazitäten für $n = 1$ mol ($C_p = c_{m,p} \cdot 1$ mol, $C_V = c_{m,V} \cdot 1$ mol).

Element	C_p in J/K	C_p in cal/K	C_V in J/K	C_V in cal/K	$C_p - C_V$ in J/K	$C_p - C_V$ in cal/K	$\varkappa = C_p/C_V$
He	20,7	4,96	12,45	2,98	8,28	1,98	1,666
Ar	20,7	4,96	12,45	2,98	8,28	1,98	1,666
N_2	29,2	6,98	20,8	4,99	8,32	1,99	1,40
O_2	29,1	6,97	20,8	4,99	8,28	1,98	1,40
CO_2	37,2	8,89	28,6	6,84	8,57	2,05	1,30
CH_4	36,1	8,64	27,6	6,60	8,52	2,04	1,31

Näherungsweise gilt für ein-, zwei-, mehratomige Gase in cal/K:

	C_p	C_V	$C_p - C_V$	$\varkappa$
einatomig	5	3	2	5/3 = 1,666
zweiatomig	7	5	2	7/5 = 1,40
mehratomig	8	6	2	8/6 = 1,333

men. Ihre Rotation kann um zwei Drehachsen erfolgen. Sie besitzen *zwei Freiheitsgrade der Rotation*. Die beiden Drehachsen stehen senkrecht auf der Verbindungslinie der beiden Atome des Moleküls und senkrecht zueinander. Der Energieinhalt solcher Moleküle beträgt dann je mol 5/2 RT, je Molekül 5/2 kT. Eine Rotation um die dritte mögliche Achse, nämlich um die Verbindungsachse der beiden Atome, liefert keinen Beitrag (Rotationsenergie $1/2\, J\omega^2 \approx 0$ wegen $J \approx 0$. Eine bessere Begründung liefern die Regeln der Quantisierung). *Drei- und mehratomige Moleküle besitzen drei Freiheitsgrade der Rotation*. Bei ihnen ist für *drei* aufeinander senkrechte Drehachsen jeweils $J \neq 0$. Für dreiatomige Gase beträgt der Energieinhalt je mol 6/2 RT, je Molekül 6/2 kT.

Was bisher gesagt wurde, gilt für Moleküle im idealen Gaszustand. Bei realen Gasen kommt noch potentielle Energie aufgrund der Anziehungskräfte zwischen den Molekülen hinzu. Daher ist auch potentielle Energie als Korrektur zu berücksichtigen (vgl. 3.3.3). Sie trägt auch zur inneren Energie bei. Bei festen Körpern verdoppelt sich dadurch der Energieinhalt (siehe unten).

Bei höherer Temperatur können zwei- oder mehratomige Gase auch noch zu Schwingungen angeregt werden, sie haben zusätzliche Schwingungsfreiheitsgrade. Zu diesem Schluß gelangt man zunächst aufgrund der Beobachtung, daß C_V mit zunehmender Temperatur steigt. Näher kann hier darauf nicht eingegangen werden.

Diese Erfahrungen lassen sich zusammenfassen: Bei einem idealen Gas trägt jedes Teilchen je Freiheitsgrad $(1/2) \cdot kT$ zum Energieinhalt und damit zu C_V bei. Der Energieinhalt je Molekül beträgt dann $f \cdot (k/2)T$, der Energieinhalt je mol $f \cdot (R/2) \cdot T$, wo f die Anzahl der Freiheitsgrade des Moleküls ist.

Wie schon erwähnt (3.2.4), wird

$$U = \int_0^{T_2} C_V \cdot \mathrm{d}T \tag{3-35}$$

innere Energie genannt. Sie enthält auch die Beiträge der potentiellen Energie. Diese Definition gilt bei realen Gasen und festen Stoffen. C_V ist bei diesen natürlich nicht mehr unabhängig von T. In der Nähe des absoluten Nullpunktes kann ein reales Gas nicht mehr durch den Grenzfall „ideales Gas" angenähert werden.

Für ein ideales Gas würde das die Entropie ergebende Integral [Gl. (3-52)] den Wert unendlich ergeben, wenn man als untere Grenze $T = 0$ einsetzt.

Fester Körper: In einem (idealen) Gas sind die Moleküle frei beweglich, dann ist ihre Wärmeenergie ausschließlich kinetische Energie (3.5.1). Anders ist es bei einem festen Körper, z. B. bei einem Kristall.

Die einzelnen Atome werden dort durch eine Kraft, die mit der Auslenkung zunimmt (vgl. 1.5.1.1), in die Ruhelage zurückgezogen. Bei ihrer Auslenkung muß potentielle Energie aufgewendet werden. Es stellt sich heraus, daß jede Eigenschwingung jeweils zwei Freiheitsgrade mit einem Betrag $(1/2)\,k\,T$ besitzt, einen für kinetische, einen für potentielle Energie.

Begründung: Die elastisch gebundenen Teilchen führen näherungsweise eine harmonische Schwingung (1.3.4.5) aus. In einer solchen setzt sich die Gesamtenergie aus kinetischer und potentieller Energie zusammen. Im zeitlichen Mittel steckt gleichviel Energie in $1/2\,D\overline{x^2}$ und in $1/2\,m\overline{v^2}$.

In einem festen Körper haben die Atome daher $3 \cdot 2 = 6$ Freiheitsgrade. Außerdem ist für feste Körper $C_V \approx C_p$. Die molare Wärmekapazität eines einatomigen Gases ist $(3/2)R \approx 12{,}5$ J/(mol · K), die molare Wärmekapazität eines festen Körpers bei genügend hoher Temperatur daher $(6/2)R \approx 25$ J/(mol · K) (Dulong-Petitsche Regel), wie schon in 3.2.4 angegeben.

Unter Verwendung des Begriffes „innere Energie" kann man die oben beschriebenen Tatsachen auch folgendermaßen zusammenfassen und auf andere Stoffe als ideale Gase erweitern.

Erwärmt man ein Gas bei konstant gehaltenem *Volumen*, z. B. von der Temperatur T_1 auf die Temperatur T_2, so wird durch die zugeführte Wärmemenge ΔQ_1 allein die innere Energie um ΔU des Gases erhöht. Anders ist es, wenn man von T_1 auf T_2 erwärmt, aber bei konstant gehaltenem *Druck*. Dann wird ein Teil der zugeführten Wärmemenge ΔQ_2, nämlich $\Delta Q_2 - \Delta Q_1$, in mechanische Arbeit ΔW verwandelt. In beiden Fällen wird die innere Energie um denselben Betrag erhöht. Zur inneren Energie gehört

1. die kinetische
2. die potentielle Energie

der Moleküle, wobei letztere von den Kräften zwischen den Molekülen herrührt. Dann ist

$$\mathrm{d}Q_1 = C_V \cdot \mathrm{d}T \quad \text{und} \quad C_V \cdot \mathrm{d}T = \mathrm{d}U \tag{3-36a, b}$$

$$\mathrm{d}Q_2 = C_p \cdot \mathrm{d}T \quad \text{und} \quad C_p \cdot \mathrm{d}T = \mathrm{d}U + p \cdot \mathrm{d}V \tag{3-36c, d}$$

Für die Differenz erhält man

$$\mathrm{d}Q_2 - \mathrm{d}Q_1 = (C_p - C_V) \cdot \mathrm{d}T = \mathrm{d}W = p \cdot \mathrm{d}V = n \cdot R \cdot \mathrm{d}T$$

Was hier für Gase abgeleitet wurde, gilt ganz allgemein. Wird einem Stoff eine Wärmemenge $\mathrm{d}Q$ zugeführt, so dient diese einerseits dazu, die innere Energie zu erhöhen, andererseits dazu, äußere Arbeit $\mathrm{d}W = p \cdot \mathrm{d}V$ zu leisten. Es gilt also

$$\mathrm{d}Q = \mathrm{d}U + \mathrm{d}W \tag{3-37}$$

Man kann daher die innere Energie auch definieren durch (3-37) umgeordnet

$$\mathrm{d}U = \mathrm{d}Q - \mathrm{d}W$$

In 3.2.5 wurde die Enthalpie H eingeführt. Zieht man die dortige Gl. (3-9) und die Gl. (3-37) heran, so gelangt man zu den beiden einander gleichwertigen Aussagen

$$\mathrm{d}Q = \mathrm{d}U + \mathrm{p} \cdot \mathrm{d}V$$

$$\mathrm{d}Q = \mathrm{d}H - V \cdot \mathrm{d}p$$

In manchen Darstellungen werden diese beiden Gl. als Formulierungen des 1. Hauptsatzes bezeichnet.

3.6. Hauptsätze der Wärmelehre, Entropie

Die drei Hauptsätze befassen sich mit der Umwandlung von Wärmeenergie in andere Energieformen und mit der Entropie.

3.6.1 Erster Hauptsatz

Die innere Energie ist eine Zustandsgröße.

In 3.5.1 wurde die innere Energie eines idealen Gases mit Hilfe der kinetischen Bewegung im Gas eingeführt. In 3.5.3 wurde sie ganz allgemein für beliebige Stoffe durch die Gl. (3-35) definiert. Für die innere Energie gilt ein Naturgesetz; es wird *1. Hauptsatz der Wärmelehre* genannt. Es soll in drei Formulierungen wiedergegeben werden.

Formulierung a): Die innere Energie U ist eine *Zustandsgröße*. Das bedeutet: Durchläuft ein Stoff, ausgehend von einem Zustand p_0, V_0, T_0 der Reihe nach verschiedene Zustände p_i, V_i, T_i, wobei jeweils Arbeit geleistet oder hineingesteckt und außerdem Wärme zu- oder abgeführt werden kann, bis er sich wieder im Ausgangszustand p_0, V_0, T_0 befindet, so ist die innere Energie dieselbe wie am Anfang. Man schreibt dafür:

$$\oint \mathrm{d}U = 0 \tag{3-38}$$

Formulierung b): Bei einem Kreisprozeß ist die Summe aller zu- und abgeführten Arbeiten gleich der Summe aller zu- und abgeführten Wärmemengen. In Formelzeichen lautet dies:

$$\oint \mathrm{d}Q = \oint \mathrm{d}W \tag{3-38a}$$

Formulierung c): Ein Perpetuum Mobile erster Art ist unmöglich.

Dabei versteht man unter einem Perpetuum Mobile erster Art eine periodisch (d. h. im Kreisprozeß) arbeitende Vorrichtung, die Arbeit leistet, ohne daß irgendwo Energie irgendeiner Form (Wärmemenge, mechanische, elektrische, chemische... Energie) im gleichen Betrag verschwindet.

Trotz ihrer äußerlichen Verschiedenheit sind die drei Formulierungen einander gleichwertig. Der 1. Hauptsatz gilt für alle Stoffe, nicht nur für Gase.

3.6.2. Reversible und irreversible Vorgänge

Reversible Vorgänge sind solche, die auch in umgekehrter Richtung durchführbar sind, irreversible solche, die überhaupt nicht *vollständig* rückgängig gemacht werden können.

In der Physik muß zwischen reversiblen und irreversiblen Vorgängen unterschieden werden.

Definition: Ein *reversibler* Vorgang ist ein solcher, der ebensogut auch in umgekehrter Richtung durchgeführt werden oder ablaufen kann. Man nennt ihn daher „umkehrbar".

Definition: Ein *irreversibler* Vorgang ist einer, der nicht umkehrbar ist.

Das bedeutet nicht nur, daß er in umgekehrter Richtung nicht von selbst ablaufen kann, sondern darüber hinaus, daß es *überhaupt kein* Verfahren in der Welt gibt, um den Ausgangszustand *vollständig* wiederherzustellen. Vollständig heißt, daß auch *überall* in der Natur derselbe Zustand herrscht, wie bei Beginn des Vorgangs. Einen Körper, der sich durch Wärmeleitung abgekühlt hat, kann man natürlich wieder auf die Ausgangstemperatur bringen, aber dann sind Änderungen („Kompensationen") anderswo zurückgeblieben. Man muß dazu z. B. mechanische Arbeit W, ausdrücklicher als Produkt von Gewichtskraft mal Hubhöhe im Schwerefeld in Wärmemenge verwandeln.

Beispiele für reversible Vorgänge:

a) Verwandlung von kinetischer Energie in potentielle Energie und umgekehrt (z. B. beim schwingenden Pendel).

b) Alle „quasistatisch" geführten Vorgänge.

Quasistatische Vorgänge sind z. B. der Übergang einer Wärmemenge ohne endliche Temperaturdifferenz oder der Transport von Gasen ohne endliche Druckdifferenz. Allgemein gilt: Bei quasistatischen Zustandsänderungen werden nur Gleichgewichtszustände durchlaufen, wobei aufeinanderfolgende sich voneinander nur infinitesimal unterscheiden. Unter Gleichgewichtszustand wird dabei ein Zustand verstanden, der ohne äußere Einwirkung unverändert bestehen bleibt.

Bei reversiblen Vorgängen bleibt die Summe der Entropien aller Teilsysteme konstant.

Beispiele für irreversible Vorgänge:

a) Abbremsen eines bewegten Körpers durch Reibung. Dabei wird die kinetische Energie in Wärmemenge umgewandelt.

b) Wird die Trennwand zwischen zwei Behältern, von denen der eine mit einem Gas gefüllt, der andere evakuiert ist, entfernt, so dehnt sich das Gas adiabatisch aus, bis es die beiden Behälter gleichmäßig erfüllt.

c) Die beiden Behälter von b) seien mit verschiedenen Gasen von gleichem Druck gefüllt. Nach Entfernung der Trennwand diffundieren diese Gase ineinander.

d) Übergang von Wärme von einem warmen auf einen kalten Körper durch Wärmeleitung.

Keiner dieser Vorgänge kann vollständig rückgängig gemacht werden, ohne daß irgendwo sonst eine Veränderung bleibt.

Die Entropie von Teilsystemen kann erniedrigt werden, jedoch einzig und allein dadurch, daß mindestens ebensoviel Entropie an eine andere Stelle in der Welt transportiert wird. Entropie ist *unzerstörbar,* aber vermehrbar.

3.6.3. Reversible Zustandsänderungen idealer Gase

F/L 2.2.2 u. 2.2.3

Eine isotherme Zustandsänderung eines idealen Gases ist eine solche, bei der seine Temperatur und damit seine innere Energie konstant bleibt. Eine adiabatische Zustandsänderung ist dagegen eine, bei der keine Wärmemenge zu- oder abgeführt wird.

Besonders wichtig sind die rein isothermen und die rein adiabatischen Zustandsänderungen (Abb. 189). Wie erwähnt gilt (3-37) und auch

$$\Delta Q = \Delta U + \Delta W \tag{3-37a}$$

In der Wärmelehre ist es der häufigste Fall, daß durch Volumenänderung entgegen einem Druck Arbeit ΔW übertragen wird.

a) Isotherme Zustandsänderung ($\Delta U = 0$, $T = \text{const.}$, Stoffmenge n).
Da die innere Energie U eines idealen Gases nur von der Temperatur T abhängt, gilt $\Delta U = 0$ und damit nach Gl. (3-37a)

$$\Delta Q = \Delta W \tag{3-38b}$$

Die zu- bzw. abgeführte Wärmeenergie wird bei isothermer und quasistatischer Durchführung *vollständig* in mechanische Arbeit umgewandelt und auch umgekehrt. Dabei gilt:

$$\Delta Q = \Delta W = \int_{V_1}^{V_2} p \cdot \mathrm{d}V \tag{3-39}$$

Man erhält

$$\int_{V_1}^{V_2} p \cdot \mathrm{d}V = \int_{V_1}^{V_2} \frac{nRT}{V} \cdot \mathrm{d}V = nRT \cdot \ln(V_2/V_1) \tag{3-40}$$

Der Entropieinhalt des Gases wird geändert um $\Delta Q/T$, vgl. 3.6.8.

b) Adiabatische Zustandsänderung ($\Delta Q = 0$)
Eine Zustandsänderung ohne Zu- oder Abfuhr von Wärmeenergie heißt adiabatisch, hier gilt also: $\Delta Q = 0$ und damit nach Gl. (3-37)

$$\mathrm{d}U + \mathrm{d}W = 0 \tag{3-37a}$$

Die bei der adiabatischen Kompression (Expansion) eines Gases aufgewandte (geleistete) Arbeit erhöht (erniedrigt) allein die innere Energie. Der Entropieinhalt des Gases bleibt ungeändert. Die adiabatische Zustandsänderung ist „isentrop“ (3.3.2).

$$\Delta W = \int_{V_1}^{V_2} p \cdot \mathrm{d}V$$

$$\Delta W = \int_{T_1}^{T_2} \mathrm{d}U = \int_{T_1}^{T_2} C_V \cdot \mathrm{d}T = C_V \cdot (T_2 - T_1) \tag{3-41}$$

Daraus kann man die Adiabatengleichung (1-120) $(p/p_0)(V/V_0)^\varkappa = 1$ ableiten(vgl. S. 125).

Man setzt (3-41) in (3-37a) ein und bezieht sich auf differentielle Temperatur- und Volumenänderungen. Dann entsteht

$$C_V \cdot dT + p \cdot dV = 0$$

Berücksichtigt man weiter, daß nach der allgemeinen Gasgleichung gilt $p = nRT/V$ und daß weiter gilt

$$C_p - C_V = nR \quad \text{und ferner} \quad C_p = \varkappa \cdot C_V,$$

also

$$C_V = \frac{nR}{\varkappa - 1},$$

so entsteht durch Einsetzen und Umordnen

$$\frac{dT}{T} + (\varkappa - 1) \cdot \frac{dV}{V} = 0$$

Integration ergibt

$$\ln (T_2/T_1) + (\varkappa - 1) \cdot \ln (V_2/V_1) = 0$$

Also

$$T_1/T_2 = (V_2/V_1)^{\varkappa - 1} \tag{3-42}$$

Beim Vergrößern des Volumens nimmt die Temperatur ab. Benutzt man wieder $pV = nRT$, so kann man dies umformen zu

$$p_1/p_2 = (V_2/V_1)^{\varkappa} \tag{3-13}$$

Das Volumen des Endzustandes bei einer adiabatischen Zustandsänderung erhält man aus (3-42) zu

$$V_2 = V_1 \cdot (T_1/T_2)^{\frac{1}{\varkappa - 1}} \tag{3-42a}$$

Joule-Thomson-Effekt, isenthalper Drosseleffekt.
Bei der (irreversiblen) Ausdehnung eines *idealen* Gases ins Vakuum wird keine Arbeit geleistet und keine Wärmemenge zugeführt. Die innere Energie des Gases bleibt unverändert. Bei *realen* Gasen (besonders bei hohem Druck) spielen jedoch die gegenseitigen Anziehungskräfte und das Eigenvolumen der Moleküle eine merkliche Rolle. Bei Volumenvergrößerung (Expansion) muß eine Arbeit gegen die Anziehungskräfte (den Binnendruck) geleistet werden. Diese wird der kinetischen Energie der Moleküle entnommen. Deshalb erniedrigt ein reales Gas auch ohne äußere Arbeitsleistung bei der Expansion seine Temperatur. Das tritt jedoch erst bei genügend tiefen Temperaturen (unterhalb der „Inversionstemperatur") ein.

Die Ausdehnung ohne Arbeitsleistung (etwa durch einen porösen Pfropfen, oder ein nicht ganz geschlossenes Ventil) nennt man *Drosselung*. Bei einer solchen bleibt die *Enthalpie* des Gases konstant („isenthalper Drosseleffekt"), jedoch wird neue Entropie erzeugt. Dieser Vorgang bildet die Grundlage des Luftverflüssigungsverfahrens von Linde.

Neben der isothermen und adiabatischen Zustandsänderung sind noch von Bedeutung: Die isochore Zustandsänderung, d. h. eine solche, bei der das Volumen konstant bleibt, also auch keine mechanische Arbeit geleistet wird, und die isobare Zustandsänderung, das ist eine solche, bei der der Druck konstant bleibt. Alle genannten Zustandsänderungen sind Spezialfälle. Es sind beliebig viele Zustandsänderungen möglich, die weder rein isotherm, noch rein adiabatisch, noch rein isobar, noch rein isochor sind.

3.6.4. Ideale Wärmekraftmaschine (Carnotscher Kreisprozeß)

F/L 2.3.3

Beim reversibel geführten Carnotschen Kreisprozeß wird Wärmeenergie zum Bruchteil $\eta = (T_2 - T_1)/T_2$ in mechanische Arbeit umgewandelt.

Beachte: T_2 ist die höhere, T_1 die niedrigere Temperatur. Geleistete Arbeit und zugeführte Wärmemenge werden positiv gezählt.

Nun soll eine „ideale Wärmekraftmaschine" besprochen werden. Man versteht darunter eine in einem Kreisprozeß, d. h. periodisch arbeitende Maschine, die einem Wärmespeicher mit der (höheren) Temperatur T_2 bei jedem Umlauf eine Wärmemenge Q_2 entnimmt ($Q_2 < 0$) und eine kleinere Wärmemenge Q_1 (> 0) an einen Wärmespeicher mit (niedrigerer) Temperatur T_1 abgibt, wobei mechanische Arbeit geleistet wird.

Unter einem *Wärmespeicher* (Wärmereservoir) der Temperatur T versteht man ein System aus materiellen Körpern, das Energie in Form von Wärmemenge bei *konstanter* Temperatur abgibt oder aufnimmt.

Obwohl der Begriff Entropie erst in 3.6.8 und 9 abschließend besprochen werden kann, sei an dieser Stelle schon folgendes ausgesprochen: Es wird sich herausstellen, daß jede Zufuhr oder jeder Entzug eines Energiebetrages ΔQ zu (von) einem Wärmespeicher notwendig mit der Zufuhr bzw. dem Entzug eines Entropiebetrages $\Delta S_{th} = \Delta Q/T$ verbunden ist, und umgekehrt jede Entropieänderung ΔS_{th} notwendig mit der ihr proportionalen Energieänderung $\Delta Q = T \cdot \Delta S_{th}$. Der Faktor T ist die absolute Temperatur.

Alle Wärmemengen müssen vom Speicher auf das Arbeitsmittel quasistatisch, d. h. reversibel übertragen werden. Das bedeutet: Die Wärme muß so langsam vom Wärmespeicher auf den Arbeitsstoff übertragen werden, daß innerhalb der Maschine keine Temperaturunterschiede auftreten und daß nirgends Wärmemengen zwischen Maschinenteilen mit unterschiedlicher Temperatur durch Wärmeleitung übergehen. Weil diese Betriebsweise den Grenzfall der realisierbaren Maschinen darstellt, nennt man sie *„ideale" Wärmekraftmaschine.* Sie wurde von Carnot 1824 erdacht. Es stellt sich heraus, daß sie den höchsten überhaupt erreichbaren Wirkungsgrad für die Umwandlung von Wärmeenergie in mechanische Arbeit ergibt. Jede nicht ideal betriebene Maschine ergibt einen kleineren Wirkungsgrad.

Auch mit Hilfe der idealen Maschine kann nur ein Teil der Wärmemenge Q_2 in Arbeit verwandelt werden. Diese teilweise Umwandlung von Wärmemenge erfolgt so, daß gleichzeitig Wärmemenge (nämlich der andere Teil von Q_2) aus dem Wärmespeicher mit der höheren

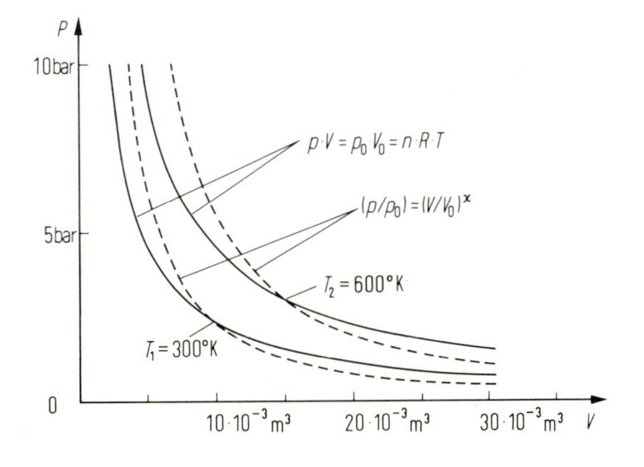

Abb. 189. Isotherme und adiabatische Zustandsänderung. Die Kurve der adiabatischen Zustandsänderung fällt steiler ab, da bei der Ausdehnung die Temperatur sinkt.
Isotherm (T = const.): $(p_2/p_1) \cdot (V_2/V_1) = 1$
Adiabat ($\Delta Q = 0$): $(p_2/p_1) \cdot (V_2/V_1)^{\varkappa} = 1$
Gas auf zwei Adiabaten (gestrichelt) unterscheidet sich um einen festen Entropiebetrag ΔS_{th}. T_1 und T_2 beziehen sich nur auf die ausgezogenen Kurven der isothermen Zustandsänderung.
Der Einfachheit halber ist mit $\varkappa = 1{,}5$ gerechnet. Das entspricht einer Mischung aus ein- und zweiatomigem Gas. Gas auf zwei Adiabaten (gestrichelt) unterscheidet sich um einen festen Entropiebetrag ΔS_{th}.

Temperatur (T_2) in den Speicher mit der niedrigeren Temperatur (T_1) überführt wird. Mit anderen Worten: $\eta \cdot Q_2$ wird in Arbeit verwandelt, $(1 - \eta)\, Q_2$ wird lediglich in den Wärmespeicher mit der niedrigeren Temperatur überführt. Die folgende Betrachtung macht Aussagen über den Wirkungsgrad η einer idealen Wärmekraftmaschine, also insbes. über η_{ideal}.

Als wesentlicher Teil der Wärmekraftmaschine wird ein zylindrischer Gasbehälter mit einem dicht schließenden, beweglichen Kolben benötigt. Ideales Gas sei der Arbeitsstoff. Der Zylinder kann abwechselnd mit dem Wärmespeicher (2) der Temperatur T_2 bzw. dem Wärmespeicher (1) der Temperatur T_1 in Wärmekontakt gebracht werden, wobei wie gesagt $T_2 > T_1$ vorausgesetzt ist. Die Wärmespeicher sollen so beschaffen sein, daß durch Wärmeabgabe an sie oder durch einen Wärmeentzug aus den Speichern deren Temperatur nicht geändert wird. Außerdem sollen – wie erwähnt – alle Zustandsänderungen des Gases quasistatisch, d. h. reversibel, erfolgen.

Der Kreisprozeß umfaßt vier Schritte:

eine isotherme Expansion $V_1 \to V_2$ mit $T_2 = \text{const.}$, Q_2 wird aufgenommen ($Q_2 < 0$);
eine adiabatische Expansion $V_2 \to V_3$ und $T_2 \to T_1$;
eine isotherme Kompression $V_3 \to V_4$ mit $T_1 = \text{const.}$, Q_1 wird abgegeben ($Q_1 > 0$);
eine adiabatische Kompression $V_4 \to V_1$ und $T_1 \to T_2$

(vgl. Abb. 189 und Abb. 190a, b und das in 3.6.9 erläuterte Temperatur-Entropie-Diagramm Abb. 190c).

Nach dem vierten Schritt ist der Ausgangszustand des Gases wieder hergestellt, wenn $V_1 : V_2 = V_4 : V_3$ gewählt wird. Ein Prozeß, der diese vier Zustandsänderungen durchläuft, heißt Carnotscher Kreisprozeß. Bei den isothermen Schritten wird der Entropieinhalt des Arbeitsgases geändert, bei den adiabatischen nicht. Nun im einzelnen:

1. Schritt: Der Zylinder wird in Wärmekontakt mit dem Wärmebehälter (2) (Temperatur T_2) gebracht. Das Gas soll quasistatisch eine Wärmemenge Q_2 aufnehmen und sich isotherm um

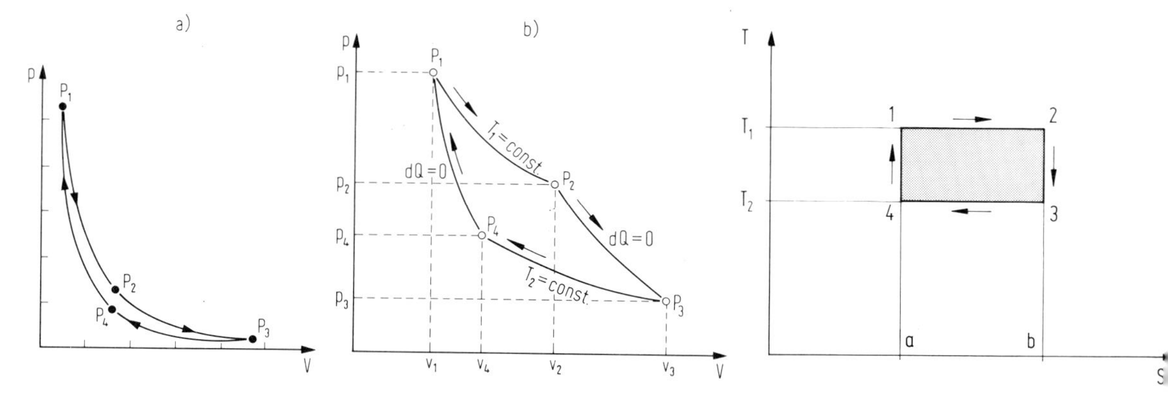

Abb. 190. Carnotscher Kreisprozeß.
Aus einem Wärmebehälter der höheren Temperatur wird Wärme aufgenommen, an einen Wärmebehälter der niedrigeren Temperatur wird Wärme abgegeben.
a) Unverzerrte Darstellung im p-V-Diagramm,
b) schematische Darstellung zur Erleichterung der Übersicht,
c) im Temperatur-Entropie-Diagramm, vgl. dazu 3.6.9. (Q_1 ergibt sich aus 1 2 b a, $-Q_2$ aus 3 4 a b.)

das Volumen $\Delta V = V_2 - V_1$ ausdehnen. Die dabei geleistete Arbeit ist nach Gl. (3-38b) und (3-40):

$$W_1 = R \cdot T_2 \cdot \ln (V_2/V_1) \tag{3-40a}$$

Da es sich um eine *isotherme* Expansion handelt, wird die vom Gas aufgenommene Wärmemenge *vollständig* in mechanische Arbeit übergeführt, d. h.

$$W_1 = Q_2 \tag{3-40b}$$

2. Schritt: Die Verbindung zum Wärmespeicher (2) wird unterbrochen. Man läßt das Gas sich adiabatisch entspannen, bis es die Temperatur T_1 erreicht hat. Sein Volumen ändert sich dabei von V_2 auf V_3. Die mechanische Arbeit $A_2 > 0$ bei der adiabatischen Entspannung wird der inneren Energie des Gases entnommen. Sie beträgt nach Gl. (3-41):

$$W_2 = C_V \cdot (T_2 - T_1) \tag{3-41a}$$

Das Volumen V_3 ist nach Gl. (3-42a)

$$V_2 : V_3 = (T_2 : T_1)^{\frac{1}{\varkappa - 1}} \tag{3-42b}$$

3. Schritt: Das Gas wird in Wärmekontakt mit dem Wärmebehälter (1) (Temperatur T_1) gebracht und isotherm und quasistatisch bis zum Volumen V_4 komprimiert und dabei die Wärmemenge Q_1 an den Wärmebehälter abgegeben. Das Volumen V_4 wird so gewählt, daß die Adiabate durch den Punkt P_4 gleichzeitig durch den Ausgangspunkt P_1 geht. Dazu muß

$$V_2/V_1 = V_3/V_4 \tag{3-43}$$

gewählt werden, denn es muß gelten

$$V_4 = V_1 \cdot (T_1 : T_2)^{\frac{1}{\varkappa - 1}} \tag{3-42c}$$

Für die mechanische Arbeit ergibt sich analog wie beim 1. Schritt

$$W_3 = -R T_1 \cdot \ln (V_3/V_4) \tag{3-40c}$$

(Das negative Vorzeichen bedeutet, daß die Arbeit hineingesteckt werden muß).

Da es sich um eine *isotherme* Kompression handelt, wird die aufgewendete mechanische Arbeit *vollständig* in Wärmeenergie umgewandelt, d. h.

$$W_3 = Q_1 \tag{3-40d}$$

Die dabei erzeugte Wärmemenge Q_1 wird vom Gas an den Wärmebehälter (1) (Temperatur T_1) abgegeben. Die innere Energie des Arbeitsgases bleibt (beim hier vorausgesetzten idealen Gas) ungeändert.

4. Schritt: Die Verbindung zum Wärmebehälter (1) wird unterbrochen und das Gas adiabatisch von V_4 auf V_1 komprimiert. Es besitzt dann die Temperatur T_2. Bei der adiabatischen Kompression wird die innere Energie des Gases vermehrt

$$W_4 = - C_V(T_2 - T_1) = - W_2 \tag{3-41b}$$

Der Ausgangszustand ist wieder hergestellt, der Kreisprozeß abgeschlossen. Wärmeenergie wurde beim ersten Schritt vom Gas aufgenommen, beim dritten Schritt vom Gas abgegeben. Beim zweiten Schritt hat sich die innere Energie des Gases erniedrigt, beim vierten Schritt ist sie zum ursprünglichen Wert zurückgekehrt. Insgesamt wurde dem Wärmebehälter der Temperatur T_2 eine Wärmemenge Q_2 entzogen und dem Wärmebehälter der Temperatur T_1 eine Wärmemenge $Q_1 < Q_2$ zugeführt. Die Differenz $Q_2 - Q_1$ wurde in Arbeit verwandelt. Die gesamte, gewonnene mechanische Arbeit ist:

$$\begin{aligned} W &= W_1 + W_2 + W_3 + W_4 = \\ &= nRT_2 \cdot \ln(V_2/V_1) + C_V \cdot (T_2 - T_1) - nRT_1 \cdot \ln(V_3/V_4) - C_V \cdot (T_2 - T_1) \quad (3\text{-}44) \\ &= nR \cdot \{\ln(V_2/V_1)\} \cdot (T_2 - T_1) \end{aligned}$$

wegen

$$V_2/V_1 = V_3/V_4$$

Diese gewonnene mechanische Arbeit ist nach dem ersten Hauptsatz der Wärmelehre ($\oint \mathrm{d}\,U = 0$) gleich der Wärmemenge $Q_2 - Q_1$, also

$$W = \Delta Q = Q_2 - Q_1 \tag{3-45}$$

Definition: Unter dem Wirkungsgrad einer Wärmekraftmaschine oder eines Kreisprozesses versteht man das Verhältnis der gewonnenen mechanischen Arbeit W zur zugeführten Wärmemenge Q_2, also

$$\eta \underset{\text{def}}{=} \frac{W}{Q_2} = \frac{Q_2 - Q_1}{Q_2} \tag{3-46}$$

Diese Definition kann bei beliebig geführten Prozessen und allen Arbeitsstoffen herangezogen werden.

Bei allen technischen Wärmekraftmaschinen treten irreversible Prozesse auf (Wärmeleitung, Reibung), die den Wirkungsgrad der Maschine verringern; außerdem kann der Kreisprozeß nicht quasistatisch durchgeführt werden.

Bei dem oben behandelten Kreisprozeß war ideales Gas und quasistatischer Verlauf vorausgesetzt. Man nennt dies einen *idealen* Kreisprozeß und seinen Wirkungsgrad den idealen Wirkungsgrad η_{ideal}.

Setzt man in Gl. (3-46) die Werte von Q_2 und Q_1 nach Gl. (3-40a, b, c, d) ein, so erhält man

$$\eta_{\text{ideal}} = \frac{nR(T_2 - T_1)}{nRT_2} = \frac{T_2 - T_1}{T_2} \tag{3-47}$$

Man beachte, daß der ideale Wirkungsgrad allein durch die absoluten Temperaturen der beiden Wärmebehälter bestimmt wird.

Beim idealen Carnotprozeß bleibt die Summe der Entropien beider Behälter ungeändert, vgl. 3.6.6 und 3.6.9.

3.6.5. Zweiter Hauptsatz, Thermodynamische Temperaturskala

F/L 2.3.1

Wärmeenergie kann innerhalb eines abgeschlossenen Systems in einer periodisch wirkenden Vorrichtung niemals vollständig in mechanische Arbeit verwandelt werden. Es gibt keine periodisch wirkende Wärmekraftmaschine, die einen besseren Wirkungsgrad hat als der ideale Carnotsche Kreisprozeß.

Beachte: T_2 ist die höhere, T_1 die niedrigere Temperatur.

Der zweite Hauptsatz der Wärmelehre befaßt sich mit der Umwandlung von Wärme in mechanische Energie (Arbeit); er gilt auch für die Umwandlung von Wärme in eine andere Energieform (elektrische Energie, Hubarbeit). Der erste Hauptsatz der Wärmelehre spricht keine Beschränkung der Umwandlung von Wärmeenergie in mechanische Arbeit bei einem Kreisprozeß aus. Dagegen sagt der zweite Hauptsatz aus (1. Formulierung):

Es gibt keinen Kreisprozeß mit einem Wirkungsgrad besser als

$$\eta_{\text{ideal}} = \frac{T_2 - T_1}{T_2} \tag{3-47}$$

Der 2. Hauptsatz ist ein Erfahrungssatz, der in allen seinen Folgerungen bestätigt wurde. Er gilt für jeden denkbaren Kreisprozeß und jeden beliebigen Stoff als Arbeitsmittel.

Ein Metallstab, der sich seiner Länge nach auf derselben Temperatur befindet und von seiner Umgebung wärmemäßig isoliert ist, hat einen bestimmten Wärmeinhalt $\int C_w \, \mathrm{d}T$. Wie man zeigen kann, sagt der 2. Hauptsatz aus (2. Formulierung): Niemals kann das eine Ende eines Stabes von selbst wärmer werden und dafür das andere entsprechend kälter, auch wenn dabei der gesamte Wärmeinhalt des Stabes unverändert bleiben würde. Dieses Endergebnis kann vielmehr nur unter Zufuhr mechanischer Arbeit erreicht werden.

Eine den obigen gleichwertige Formulierung des zweiten Hauptsatzes lautet (3. Formulierung):

Es ist unmöglich, durch eine periodisch wirkende Maschine fortgesetzt Wärmeenergie in mechanische Arbeit überzuführen, ohne daß eine sonstige Änderung zurückbleibt.

Bei einer isothermen, quasistatischen Expansion kann Wärmemenge einmalig vollständig in mechanische Arbeit überführt werden. Dabei ist aber das Volumen des Arbeitsgases größer geworden als es vorher war, vgl. (3-40a).

Eine Wärmekraftmaschine, die einen höheren Nutzeffekt ergibt als der ideale Carnotsche Kreisprozeß, könnte Wärmeenergie in Arbeit umwandeln, lediglich durch Abkühlen eines Wärmebehälters (etwa des Weltmeeres). Eine solche Maschine nennt man ein Perpetuum mobile zweiter Art. Der 2. Hauptsatz sagt dann aus (4. Formulierung):

Ein Perpetuum mobile zweiter Art ist unmöglich.

Eine 5. Formulierung folgt in 3.6.8. Man kann zeigen, daß alle diese Formulierungen völlig gleichwertig sind.

Mit Hilfe des idealen Wirkungsgrades kann auch die *Temperaturskala* unabhängig von einer speziellen Thermometersubstanz festgelegt werden. Man erhält auf diese Weise die sog. thermodynamische Temperaturskala (T_{therm}). Sie weicht geringfügig von der eines wasserstoffgefüllten Gasthermometers (T_{H_2}) ab. Durch Messungen an Wasserstoff (van der Waalssche Kräfte (3.3.3), Joule-Thomson-Effekt, vgl. 3.6.3) kann man diese Korrekturen bestimmen und kann dann die thermodynamische Temperatur T_{therm} mit H_2-Gasthermometern erhalten (Tab. 28).

Tabelle 28. Wasserstoff-Gasthermometer und thermodynamische Temperaturskala.

T_{therm}	−200 °C 73 K	0 °C 273 K	50 °C 323 K	300 °C 573 K	1 000 °C 1 273 K
$T_{therm} - T_{H_2}$	0,045 K	0 K	0,000 41 K	0,015 K	0,038 K

Die charakteristischen Größen der Wärmelehre sind – wie betont – Entropie und Temperatur. Leider ist es nur auf Umwegen möglich, den gesamten (absoluten) Entropieinhalt einer vorgegebenen Stoffportion für eine bestimmte Temperatur T anzugeben, obwohl dieser einen genau definierten Wert hat. Man kann zeigen, daß aus der Änderung des *Energie*inhalts und der Änderung des *Entropie*inhalts einer Stoffportion ihre absolute Temperatur T folgt. Es gilt nämlich

$$\mathrm{d}Q/\mathrm{d}S_{th} = T \tag{3-48}$$

vgl. dazu 3.6.9.

Diese Gleichung ist die Grundlage für die in 9.3.1, Tab. 56 verwendete Beziehung $\dim Q = \dim T \cdot \dim S_{th}$.

3.6.6. Kreisprozeß in umgekehrter Richtung (Wärmepumpe, Kältemaschine) *F/L 2.3.2*

Eine umgekehrt betriebene ideale Carnot-Maschine entnimmt einem Behälter (1) (mit der niedrigeren Temperatur T_1) die Wärmemenge Q_1 und überträgt die Wärmemenge $A + Q_1 = Q_2$ an den Behälter (2). Mit T_1 = Außentemperatur wirkt sie als Wärmepumpe, mit T_2 = Zimmertemperatur als Kältemaschine.

Beachte: T_2 ist die höhere, T_1 die niedrigere Temperatur.

Der ideale Carnotsche Kreisprozeß läßt sich umkehren. Auch dann bleibt die gesamte Entropie beider Behälter bei quasistationärem Betrieb unverändert.

Wenn man die Schritte von 3.6.4 in der umgekehrten Reihenfolge 4, 3, 2, 1 durchführt, wird dem Wärmebehälter (1) niedrigerer Temperatur T_1 die Wärmemenge Q_1 entnommen, Entropie beider Behälter bei quasistationärem Betrieb unverändert.
es wird Arbeit W zugeführt und dem Wärmebehälter (2) höherer Temperatur T_2 die Wärmemenge Q_2 zugeführt. Eine Vorrichtung, die das tut, nennt man eine *Wärmepumpe.*

Die Wärmemenge Q_1 muß hierbei durch Zufuhr von Arbeit auf $Q_1 + W = Q_2$ aufgestockt werden. Der aus (1), Temperatur T_1 entnommene *Entropie*betrag wird durch die Wärmepumpe auf höhere Temperatur T_2 „gehoben" und, seinem Betrag nach unverändert, in (2) hineingeschoben.

Hätte man dagegen durch elektrische Heizung dem Behälter (2) die Wärmemenge Q_2 zugeführt, so hätte man $W' = Q_2$, also einen viel höheren Betrag an elektrischer Arbeit zuführen müssen. Dabei wäre die ganze Entropie Q_2/T_2 neu erzeugt worden.

Beispiel: Sei (1) ein Wärmebehälter auf Temperatur T_1 der Umgebung (z. B. Wasser eines Sees) und sei $T_1 = 273$ K ($\triangleq 0$ °C). Der Heizkessel einer Zentralheizung soll mit Hilfe der Wärmepumpe auf $T_2 = 343$ K ($\triangleq 70$ °C) gehalten werden. Dann ist $W/Q_2 = (T_2 - T_1)/T_2 = 70\,\mathrm{K}/343\,\mathrm{K} = 1/4{,}9$. Durch Aufwenden der Arbeit 1 J kann man die Wärmemenge 4,9 J an (2) zuführen.

Mit einer Wärmepumpe kann man energiesparend heizen.

Wählt man T_2 als Temperatur der Umgebung (oder des Kühlwassers), so wirkt die Anordnung als *Kältemaschine*. Die üblichen Kühlaggregate in Kühlschränken arbeiten allerdings nach einem anderen Prinzip. Bei ihnen wird Verdampfung, Kondensation, Absorption verwendet.

3.6.7. Phasendiagramm, Clausius-Clapeyronsche Gleichung *F/L 2.1.6*

Die Grenzen zwischen dem festen, flüssigen und gasförmigen Zustand einer Substanz hängen vom Druck und von der Temperatur ab (Phasendiagramm). Dampfdruck und Verdampfungswärme einer Flüssigkeit sind eine Funktion der Temperatur.

Jede chemisch einheitliche Substanz kann fest, flüssig oder gasförmig auftreten je nach Temperatur und Druck, unter denen sie sich befindet. Viele Substanzen kristallisieren in verschiedenen Temperatur- und Druckbereichen im festen Zustand in verschiedenen Gittern. Diese Aggregat- und Kristallisationszustände heißen „Phasen".

Zwei „Punkte", gekennzeichnet durch Temperatur und Druck, spielen eine wichtige Rolle: der kritische Punkt" (3.3.3), bei dem der Unterschied zwischen Flüssigkeit und Gas verschwindet, und der „*Tripelpunkt*". Bei diesem sind alle drei Aggregatzustände fest, flüssig, gasförmig gleichzeitig möglich.

Beispiel: Für Wasser liegt der kritische Punkt bei $T_k = 547{,}3$ K und $p_k = 221{,}36 \cdot 10^5$ N/m², der Tripelpunkt bei $T_{tr} = 273{,}16$ K ($\triangleq 0{,}01$ °C.) Bei diesem Punkt ist Wasserdampf mit dem Druck 6,10 mbar (= 4,58 Torr) im Gleichgewicht mit Wasser und Eis. Oberhalb des Tripelpunktes existieren nebeneinander flüssige und gasförmige Phase, unterhalb feste und gasförmige, siehe Abb. 191 („Zustands- oder Phasendiagramm").

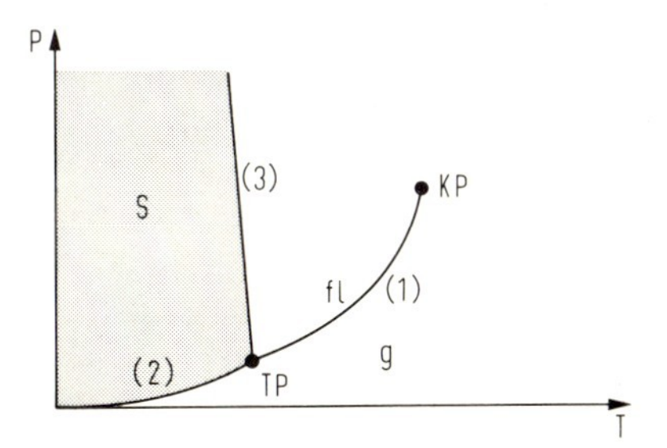

Abb. 191. Phasendiagramm (p-T-Abhängigkeit der Phasen, schematisch, p nicht maßstäblich). S: feste, fl: flüssige, g: gasförmige Phase, TP: Tripelpunkt, KP: kritischer Punkt, (1) Dampfdruckkurve, (2) Sublimationsdruckkurve, (3) Schmelzdruckkurve. Gezeichnet ist der Fall wie beim Wasser. Dieses zieht sich beim Schmelzen um etwa 9% zusammen, daher ist Kurve (3) schwach nach links geneigt. Die meisten Stoffe dehnen sich beim Schmelzen aus, dann neigt sich Kurve (3) nach rechts.

Beim Übergang von einer Phase in eine andere ändert sich stets das Volumen. Im Regelfall hat ein Körper in der festen Phase ein kleineres Volumen als in geschmolzenem Zustand. Zu den Ausnahmen gehört Wasser. Es dehnt sich beim Erstarren aus, infolgedessen schwimmt Eis auf dem Wasser.

Der Schmelzpunkt hängt schwach vom Druck ab, der Siedepunkt stark. Die Verdampfungswärme nimmt ab, je näher man der kritischen Temperatur kommt.

Übergang von der flüssigen zur gasförmigen Phase:
Die Siedetemperatur T_s eines Stoffes hängt stark vom Druck ab, vgl. Abb. 178. Über einen Kreisprozeß kann man diese Abhängigkeit finden. Es stellt sich heraus, daß die Dampfdruckänderung $\mathrm{d}p/\mathrm{d}T$ verknüpft ist mit der Verdampfungsenthalpie λ, der Volumenänderung $(V_a - V_b)$ beim Verdampfen sowie mit der Siedetemperatur (Sättigungstemperatur) T_s, und zwar durch die Gl. (3-50). Deren Ableitung ist ein schönes Beispiel für die Anwendung des zweiten Hauptsatzes.

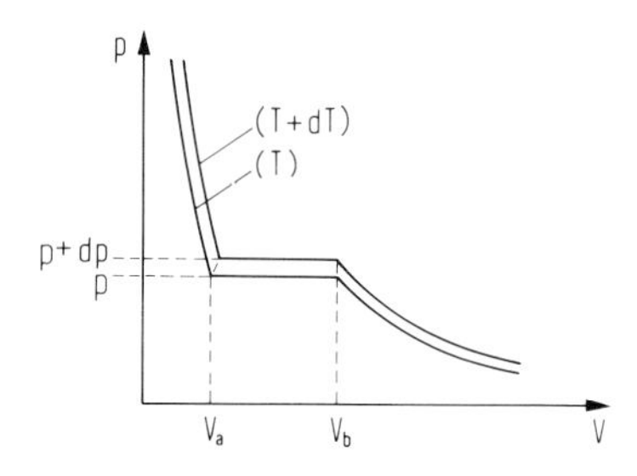

Abb. 192. Zur Clausius-Clapeyronschen Gleichung. Im pV-Diagramm (ähnlich wie Abb. 178) sind Isothermen eingetragen für T und $T + \mathrm{d}T$: Gas vom Volumen V_b wird beim Druck p in Flüssigkeit vom Volumen V_a verwandelt und beim Druck $p + \mathrm{d}p$ vom Volumen V_a' zum Volumen V_b' zurückverwandelt.

Man betrachte im p-V-Diagramm die Isothermen zu den Temperaturen T und $T + \mathrm{d}T$ (vgl. Abb. 192). Das Gas mit dem Volumen V_b und der Temperatur T wird bei konstantem Druck kondensiert und nimmt schließlich als Flüssigkeit das Volumen V_a ein. Diese Kondensation (beim Druck p) setzt die Verdampfungsenthalpie λ frei. Dabei ist die Arbeit $W_1 = p(V_a - V_b)$ aufgewendet worden. Die Flüssigkeit wird nun auf die Temperatur $T + \mathrm{d}T$ gebracht und bei dem Druck $p + \mathrm{d}p$ unter Aufwenden der Verdampfungsenthalpie λ (genau: $\lambda - \mathrm{d}\lambda$) vollständig verdampft. Dabei wird die Arbeit $W_2 = (p + \mathrm{d}p)(V_a' - V_b')$ frei. Dann wird das Gas um $\mathrm{d}T$ abgekühlt. Damit ist der Kreisprozeß abgeschlossen. Für den Wirkungsgrad η dieses Kreisprozesses erhält man (vgl. 3.6.4)

$$\eta = \frac{(T + \mathrm{d}T) - T}{T} = \frac{\mathrm{d}T}{T} = W/\lambda \tag{3-49}$$

Dabei gilt: $W = W_2 - W_1 = (p + \mathrm{d}p) \cdot (V_a' - V_b') - p \cdot (V_a - V_b)$ und weiter $V_a' \to V_a$ und $V_b' \to V_b$ mit $\Delta T \to 0$. Man erhält

$$\frac{\mathrm{d}T}{T} = \frac{\mathrm{d}p\,(V_a - V_b)}{\lambda} \tag{3-50}$$

Diese Gleichung wurde von Clausius-Clapeyron aufgestellt. Sie gibt die Änderung des Sättigungsdruckes p bei Änderung der Temperatur T wieder, bzw. die Änderung der Siedetemperatur T_s bei Änderung des äußeren Druckes p.

Im allgemeinen ist das Volumen der Flüssigkeit V_a wesentlich kleiner als das Volumen des Gases V_b, so daß V_a in (3-50) vernachlässigt werden kann. Zur weiteren Umformung muß die Zustandsgleichung des Gases benützt werden. Aus Gründen der Einfachheit wird als Näherung die ideale Gasgleichung benutzt. Man erhält

$$V_b = nR \cdot T/p$$

Einsetzen liefert

$$\frac{\mathrm{d}p}{p} = -\frac{\lambda}{nR} \cdot \frac{\mathrm{d}T}{T^2}$$

Integrieren ergibt (solange λ hinreichend konstant ist)

$$\ln p/p_0 = -\lambda/(nR) \cdot (1/T - 1/T_0) \quad (3\text{-}51)$$

Diese Gleichung beschreibt den Zusammenhang zwischen Dampfdruck und Temperatur. Die graphische Darstellung dieses Zusammenhangs heißt Dampfdruckkurve, Abb. 191, Kurve (1). Wenn man $\ln(p/p_0)$ gegen $1/T$ aufträgt, ergibt sich $\lambda/(nR)$ aus der Tangente an die Kurve.

Beispiel zur Dampfdruckkurve: Bei Aceton ergeben sich bei Temperaturen zwischen −70 °C und 18 °C Drücke zwischen 0,5 und 228 mbar. Man bringt die Substanz in ein Kölbchen und schließt ein geeignetes Manometer an. Das Manometer und Verbindungsrohr zum Kölbchen müssen sich immer auf höherer Temperatur befinden als die Flüssigkeit, sonst verdampft Substanz im Kölbchen und schlägt sich an den kälteren Stellen nieder.

Wie man aus dem p-V-Diagramm (Abb. 178 und 192) und der Existenz der kritischen Temperatur schließen kann, ist die Verdampfungsenthalpie keine Konstante, sondern hängt von der Temperatur ab. Die Verdampfungsenthalpie λ geht gegen Null, wenn T gegen T_{krit} geht.

Als Beispiel seien die Verdampfungsenthalpie und der *Sättigungsdruck vom Wasser* bei verschiedenen Werten der Temperatur angegeben:

Tabelle 29. Verdampfungsenthalpie und Sättigungsdruck vom Wasser.

Temperatur T	0 °C	100 °C	200 °C	300 °C	350 °C	T_k = 374,2 °C
Verdampfungs-enthalpie L_v	2530 J/g	2250 J/g	1935 J/g	1400 J/g	888 J/g	0
Sättigungsdruck p	6,1 mbar	1,013 bar	16,1 bar	86,1 bar	174,6 bar	220,4 bar

1 atm = 1,01325 bar; 1 bar = 1000 mbar = 10^5 Pa; 2250 J/g = 538,9 cal/g

Von der Verdampfungsenthalpie λ dient der größte Teil als „innere" Verdampfungswärme λ_i zur Überwindung der molekularen Anziehungskräfte. Der andere Teil findet sich wieder als „äußere" Verdampfungswärme λ_a in der Arbeit $W = \int p \cdot \mathrm{d}V$, die der entstehende Dampf gegen Außendruck leistet.

Beispiel: Für Wasser von 100 °C (p = 1 atm) ist λ = 2250 J/g, λ_i = 2080 J/g und λ_a = 170 J/g, also nur rund 1/13 von λ.

Die Clausius-Clapeyronsche Gleichung gilt auch für alle anderen Phasenumwandlungen, insbes. für die Umwandlung fest-flüssig, oder für Umwandlungen zwischen zwei festen Phasen (vgl. 3.2.5). Man muß die Verdampfungs- durch die Umwandlungsenthalpie ersetzen. Gl. (3-50) gibt dann die Änderung der Schmelztemperatur bei Änderung des Druckes wieder, vgl. Abb. 191, Kurve (2). Den Übergang vom festen in den gasförmigen Zustand (bei Temperaturen unterhalb des Tripelpunktes) nennt man Sublimation; auch hierbei gilt Gl. (3-50).

3.6.8. Dritter Hauptsatz

Der Entropieinhalt S_{th} eines *abgeschlossenen* Systems kann nie abnehmen. Bei $T = 0$ ist für alle Substanzen $S_{th} = 0$.

Die *Entropie* ist der charakteristische Begriff der Wärmelehre. Sie ist invariant gegenüber einer Lorentztransformation (das ist anders als bei Energie oder Temperatur). Sie ist *unzerstörbar,* kann jedoch vermehrt werden. Ein Wärmebehälter enthält nicht nur eine bestimmte Energie (Wärmemenge), sondern auch eine bestimmte Entropie. Eine Wärmepumpe (3.6.6) ist auch eine Entropiepumpe. Ebenso wie man Energiedichte = Energie/Volumen einführt, kann man sich auch für Entropie/Volumen interessieren.

Der Entropieinhalt eines Systems (Gase, Flüssigkeiten, feste Körper) bei der Temperatur T_0 ist eine Zustandsgröße (über Zustandsgrößen vgl. 3.6.1). Ihr Differential ist gleich der bei einer reversiblen Zustandsänderung des Systems aufgenommenen Wärmemenge $\mathrm{d}Q_{rev}$, dividiert durch die absolute Temperatur T, bei der diese Wärmemenge aufgenommen wurde. Es gilt

$$S_{th} = \int_0^{T_0} \frac{\mathrm{d}Q_{rev}}{T} = \int_0^{T_0} \frac{\mathrm{d}U + p\,\mathrm{d}V}{T} \tag{3-52}$$

Dabei wurde Gl. (3-37) benützt. Statt Entropieinhalt sagt man meist abgekürzt Entropie. Hier ist $T_1 = 0$ K gesetzt und $T_2 = T_0$. Für ihre kohärente Einheit gilt

$$[S_{th}] = [Q]/[T] = 1 \text{ J}/1 \text{ K} = 1 \text{ J/K} = 0{,}24 \text{ cal/K}$$

Damit der Absolutwert der Entropie eines Systems angegeben werden kann, muß insbesondere der Wert S_{th} beim Nullpunkt der absoluten Temperatur bekannt sein.

Über den Nullpunkt der Entropie S_{th} macht der *dritte Hauptsatz* der Wärmelehre eine Aussage. Experimentell hat man gefunden: Mit $T \to 0$ strebt die spezifische Wärmekapazität $C_V \to 0$, vgl. 3.2.3, Abb. 174. Diese und andere Befunde lassen sich im dritten Hauptsatz der Wärmelehre zusammenfassen. Eine Formulierung dieses Hauptsatzes lautet: *Die Entropie S_{th} einer einheitlichen festen oder flüssigen Substanz strebt gegen Null, wenn die absolute Temperatur T gegen Null strebt* (Nernstsches Theorem, 3. Hauptsatz).

Für ein Mol eines idealen Gases soll sein Entropieinhalt nach Gl. (3-52) ausgerechnet werden. Benutzt man Gl. (3-35) und (3-40) und integriert, so ergibt sich für $T > 0$.

$$S_{th} = C_V \cdot \ln (T_2/T_1) + nR \cdot \ln (V_2/V_1) \tag{3-53}$$

Der Betrag des Integrals (3-52) von $T = 0$ bis $T_1 \gtrsim 0$ ist sehr klein, da C_V mit $T \to 0$ wie $T^3 \to 0$ geht (vgl. 3.2.4). Bei $T \approx 0$ K gibt es kein ideales Gas mehr!

Bei einem idealen, umkehrbaren Kreisprozeß ist die gesamte Entropieänderung gleich Null. Es gilt nämlich:

$$\Delta S_{th} = (\Delta S_{th})_2 + (\Delta S_{th})_1 = Q_2/T_2 - Q_1/T_1 = 0 \tag{3-54}$$

wie aus Gl. (3-46) und (3-47) folgt.

Bei nicht umkehrbaren Prozessen (3.2.1 Wärmeleitung und 3.6.2) nimmt die Entropie eines abgeschlossenen Systems stets zu.

Der Entropiebegriff erlaubt somit eine 5. Formulierung des zweiten Hauptsatzes, vgl. 3.6.5:

Bei umkehrbaren Prozessen ist die Entropieänderung gleich Null, in allen anderen nimmt die Entropie zu; stets gilt für ein *abgeschlossenes* Gesamtsystem $\Delta S_{th} \geqq 0$.

3.6.9. Entropie als Basisgröße der Wärmelehre, Entropie und Wahrscheinlichkeit *F/L 4.1.4*

In die ideale Wärmekraftmaschine fließt ein Entropiestrom bei höherer Temperatur ein und verläßt sie *ungeändert* bei niedrigerer Temperatur; die Wärmeenergie dagegen nimmt dabei ab. Bei der Wärmeleitung nimmt der Inhalt an Entropie zu (Neuerzeugung von Entropie), die Wärmeenergie bleibt dagegen konstant.

Beachte: T_2 ist die höhere, T_1 die niedrigere Temperatur.

Wie erwähnt, ist die Entropie unzerstörbar, sie kann insgesamt nur zunehmen, jedoch niemals abnehmen. Zwar kann der Entropieinhalt eines Stücks Material (auch eines Wärmebehälters) vermindert werden, aber *nur* dadurch, daß die aus einem Behälter herausgenommene Entropie in einen anderen Behälter überführt wird, z. B. durch eine Wärmepumpe/Kältemaschine (3.6.5). Dazu muß Arbeit aufgewendet werden.

Bei irreversiblen Vorgängen wird neue Entropie erzeugt, vgl. unten.

Den Entropieinhalt eines Körpers bei der Temperatur T_0 erhält man, indem man S_{th} nach Gl. (3-52) bildet. C_V muß dazu im ganzen Bereich vom absoluten Nullpunkt der Temperatur bis zu T_0 bekannt sein (vgl. dazu Abb. 174).

Beispiel: 1 kg Wasser von 0 °C enthält die absolute Entropie $(S_{th})_{abs} = 3\,550$ J/K. Dann hat 1 mol ($\hat{=}$ 18 g) $(S_{th})_{abs} = 64{,}0$ J/K.

Reversible Vorgänge: Die Verhältnisse in einer reversiblen Wärmekraftmaschine (3.6.4) kann man auch so beschreiben: Aus dem Behälter (2) heraus fließt bei der (höheren) Temperatur T_2 ein Entropiestrom $\mathrm{d}S_{th}/\mathrm{d}t$ in die Maschine hinein und bei der (niedrigeren) Temperatur T_1 mit unverändertem Betrag aus der Maschine heraus und in den Behälter (1) hinein. Die beiden Behälter zusammen bilden ein abgeschlossenes System. Ihre Gesamtentropie, d. h. die Summe ihrer Entropieinhalte bleibt *unverändert.*

Die aus (2) herausfließende *Wärmeenergie* ist $\Delta Q_2 = \Delta S_{th} \cdot T_2$, die in (1) einströmende Wärmemenge ist $\Delta Q_1 = \Delta S_{th} \cdot T_1$. Die Differenz $\Delta Q_2 - \Delta Q_1$ wird in Arbeit (mechanische, elektrische Energie) umgewandelt. Die von der Wärmekraftmaschine abgegebene Leistung ist dann

$$\frac{\mathrm{d}W}{\mathrm{d}t} = \frac{\mathrm{d}S_{th}}{\mathrm{d}t} \cdot (T_2 - T_1) \qquad (3\text{-}55)$$

Beispiel: Eine ideale Dampfmaschine werde zwischen Wärmebehältern mit $T_2 = 493$ K und $T_1 = 293$ K betrieben. Wenn der Entropiestrom 100 J/(s · K) aus (2) heraus und in (1) hineinfließt, gibt die Maschine die Leistung ab 100 J/(s · K) 200 K = 20000 J/s = 20 kW.

In Abb. 190 wurde der *ideale Carnotprozeß* im *p-V*-Diagramm wiedergegeben. Man kann ihn aber auch in einem Entropie-Temperatur-Diagramm auftragen (T-S_{th}-Diagramm).

S_{th} ist ebenso wie T eine Zustandsgröße. Die Zweige $2 \rightarrow 3$ und $4 \rightarrow 1$ des Prozesses verlaufen, wie betont, bei jeweils konstanter Entropie. Man erhält daher ein höchst einfaches Diagramm (Abb. 190c). Nun ist $\mathrm{d}S_{th} = \mathrm{d}Q/T$, also $\mathrm{d}Q = T \cdot \mathrm{d}S_{th}$ und auch $T = \mathrm{d}Q/\mathrm{d}S_{th}$. Daher beschreibt die Fläche unter $T = \mathrm{f}(S_{th})$ zwischen zwei Werten von S_{th}, deren Differenz ΔS_{th} genannt wird, eine Wärmeenergie $Q = \int T \cdot \mathrm{d}S_{th}$. Im Fall der Abb. 190c ist $T = $ $= \mathrm{const.}$, daher ergibt sich für den Übergang $1 \rightarrow 2$ der Wert $T_1 \cdot \Delta S_{th} = Q_2$, für $3 \rightarrow 4$ der Wert $-T_1 \cdot \Delta S_{th} = -Q_1$, und das grau getönte Rechteck ergibt den in Arbeit W umgewandelten Teil der Wärme*energie,* nämlich $W = (T_2 - T_1) \cdot \Delta S_{th} = Q_2 - Q_1$. Wie man aus der Abb. weiter abliest, ist $Q_2 : Q_1 = T_2 : T_1$, weil die Rechtecke gleich breit sind und ihre Flächen sich wie ihre Höhen verhalten. Weiter gilt $\Delta S_{th} = Q_2/T_2 = Q_1/T_1$. Man liest auch sofort ab: $\eta = W/Q_2 = (T_2 - T_1)/T_2$.

Mit Hilfe von $T = dQ/\mathrm{d}S_{th}$ läßt sich T definieren, *ohne* daß man die Eigenschaften einer bestimmten Substanz (Thermometerflüssigkeit, Gas) heranzuziehen braucht.

Ein *beliebiger umkehrbarer* Kreisprozeß wird im T-S_{th}-Diagramm durch eine geschlossene Kurve wiedergegeben. Die umschlossene Fläche bedeutet wieder die in Arbeit umgewandelte Wärmemenge.

Bei der Wärmepumpe (3.6.5) wird Entropie Q_1/T_1 aufgenommen. Da die Entropie niemals abnimmt (2. Hauptsatz, 5. Formulierung) muß im Kreisprozeß dem Behälter (2) ebensoviel Entropie zugeführt werden, wie aus (1) entnommen wurde, sonst ist der Prozeß nicht möglich. Die an (2) bei T_2 abzugebende Entropie kann man nur beschaffen, indem man Q_1 auf Q_2 aufstockt, sodaß $Q_2/T_2 = (Q_1 + W)/T_1$ wird.

Irreversible Vorgänge: Eine wirkliche Maschine arbeitet jedoch nie ideal. Behälter (2) usw. verliert $\mathrm{d}Q/\mathrm{d}t$ insbesondere durch Wärmeleitung, Abgabe von Wärme an die Luft und dergl.

Die Wärmeleitung ist ein irreversibler Prozeß. Bei ihm bleibt die Wärmemenge ungeändert, die Entropie des Gesamtsystems nimmt dagegen zu. In 3.2.1 wurde ein Beispiel betrachtet: Behälter (2) auf der Temperatur $T_2 = 373$ K ($\triangleq 100$ °C) wird durch einen zylindrischen Metallstab verbunden mit Behälter (1), der sich auf der Temperatur $T_1 = 293$ bis 298 K ($\triangleq 20$–25 °C) befindet. Der Wärmestrom $\mathrm{d}Q/\mathrm{d}t = 34{,}8$ J/s wird vom Behälter (2) abgegeben und vom Behälter (1) aufgenommen. Die Summe der Wärmeenergien in (2) + (1) ist konstant geblieben. Bei diesem Vorgang gibt der Behälter (2) den Entropiestrom $1 \cdot \mathrm{d}Q/(T_2 \cdot \mathrm{d}t)$ ab, Behälter (1) nimmt $1 \cdot \mathrm{d}Q/(T_1 \cdot \mathrm{d}t)$ auf. Dieser ist *größer*, denn $T_2 > T_1$. Die Entropie beider Behälter zusammen hat zugenommen, und zwar während 60 s um

$$34{,}8\ \frac{\mathrm{J}}{\mathrm{s}} \cdot \left(\frac{1}{(293 + 2{,}5)\ \mathrm{K}} - \frac{1}{373\ \mathrm{K}}\right) \cdot 60\ \mathrm{s}$$

$$= 34{,}8\ \mathrm{J/s} \cdot 0{,}71 \cdot 10^{-3}\ \mathrm{K}^{-1} \cdot 60\ \mathrm{s} = 1{,}482\ \mathrm{J/K}$$

Entropie und Wahrscheinlichkeit: In manchen Abschnitten der Wärmelehre (z. B. Diffusion) interessiert man sich für das Vorhandensein oder Nichtvorhandensein eines Teilchens in einem Volumenabschnitt. Dann liegt es nahe, Wahrscheinlichkeitsbetrachtungen anzustellen. Man kann z. B. fragen: Wieviele Möglichkeiten gibt es, um N Teilchen auf zwei (gleiche) Volumina zu verteilen? Wieviele „Verteilungszustände" gibt es und wie kann man sie abzählen? Außerdem tritt dann der Begriff „statistisches Gewicht des Verteilungszustandes" auf, er wird weiter unten erläutert. Das statistische Gewicht wird auch thermodynamische Wahrscheinlichkeit genannt und mit w bezeichnet, w ist eine große Zahl.

Ludwig Boltzmann konnte zeigen, daß man die Entropie einer Stoffportion ausdrücken kann durch

$$S_{\text{th}} = k \cdot \ln w \qquad (3\text{-}56)$$

Darin ist $k = R/N_A = 1{,}38 \cdot 10^{-23}$ J/K eine universelle Konstante (Entropiekonstante, Boltzmann-Konstante) und ln w der natürliche Logarithmus des statistischen Gewichts w für den gesamten Zustand. R ist die Gaskonstante je mol (3.3.2) und N_A die Teilchenzahl je mol (Avogadro-Konstante). k wird daher manchmal Gaskonstante je Molekül genannt. Sie ist die maßgebende Quantelungskonstante der Entropie.

Die gesamte Entropie mehrerer Stoffportionen ist die *Summe* ihrer einzelnen Entropiebeträge, das zugehörige statistische Gewicht dagegen das *Produkt* ihrer statistischen Gewichte.

Um den Begriff *Verteilungszustand* zu erläutern, möge von einem ganz einfachen Fall ausgegangen werden. Wenn man *eine* Münze wirft, kann sie auf zwei Weisen fallen: sie kann Kopf (K) oder Adler (A) zeigen*). Wirft man zwei Münzen (Nr. 1 und Nr. 2), so können sie auf genau 4 unterschiedliche Weisen fallen, und zwar KK, KA, AK, AA. Drei Münzen können KKK, KAK, AKK, AAK; KKA, KAA, AKA, AAA ergeben. Da jede der Münzen entweder K oder A zeigen kann, gibt es bei N Münzen 2^N Verteilungsmöglichkeiten, z. B. bei $N = 10$ ist $2^N = 1024$.

Diese Überlegungen lassen sich auf Teilchen (Moleküle) und auf Teilvolumina V_1 und V_2 (statt K und A) übertragen. Beispielsweise sollen $N = 10$ Teilchen verteilt werden und zwar sollen N_1 Stück in V_1 gebracht werden, $N_2 = N - N_1$ Stück in V_2. Die möglichen Verteilungen sind in Tab. 29a untereinander in Zeile 1 und 2 hingeschrieben.

Tabelle 29a. Mögliche Verteilungen von $N = N_1 + N_2 = 10$ Teilchen auf zwei Volumenteile, statistisches Gewicht w.

N_1	0	1	2	3	4	5	6	7	8	9	10
N_2	10	9	8	7	6	5	4	3	2	1	0
w	1	10	45	120	210	252	210	120	45	10	1

Was versteht man unter dem *statistischen Gewicht* eines solchen Verteilungszustandes N_1, N_2? Bisher war nur von Stückzahl in V_1 und V_2 die Rede. Es kam nicht darauf an, *welche* der Teilchen in V_1 oder in V_2 waren, die Teilchen konnten beliebig gewählt werden. Werden die N Teilchen durchnumeriert, etwa als Teilchen a, b, c, d, ..., so kann man verschiedene Reihenfolgen (Permutationen) unterscheiden. Bei N Teilchen gibt es $N! = 1 \cdot 2 \cdots (N\text{-}1) \cdot N$ Permutationen. (N! lies: N Fakultät).

Daß N Teilchen N! Permutationen ergeben, ist leicht einzusehen: Zwei Teilchen liefern die Permutationen ab, ba. Kommt ein weiteres Teilchen hinzu, so kann es vor das erste, vor das zweite... eingefügt werden und dann noch hinter das letzte, und zwar bei jeder bereits hingeschriebenen Permutation: cab, acb, abc, cba, bca, bac. Mit vier Teilchen entstehen aus der ersten Dreier-Permutation dcab, cdab, cadb, cabd und analog bei den übrigen. Das erste Teilchen liefert nur eine einzige Möglichkeit der Anordnung, Hinzufügen des zweiten liefert

---

* Auf der dem Adler entgegengesetzten Seite zeigte in den Sechzigerjahren eine unserer Münzen den Kopf von Max Planck. Die Gegenseite zu Adler (A) darf daher in einem Physikbuch mit Kopf (K) bezeichnet werden.

zweimal soviel, des dritten dreimal, des N-ten N-mal soviele. Für $N = 10$ ist z. B. $N! = 3\,628\,800$.

Man denke sich alle $N!$ Permutationen hingeschrieben und von einer Permutation jeweils die ersten N_1 Teilchen ins Teilvolumen V_1 gebracht, die übrigen ins Teilvolumen V_2 und für alle anderen der $N!$ Permutationen sei ebenso verfahren. Unter den Verteilungen sind dann $N_1!$ Fälle, in denen sich die N_1 Teilchen in V_1 lediglich durch andere Reihenfolge unterscheiden, ohne daß ein Teilchen zwischen V_1 und V_2 ausgetauscht worden wäre. Außerdem sind es $N_2!$ Fälle, in denen dasselbe für die N_2 Teilchen in V_2 gilt. Daraus folgt: Es gibt gerade $N!/(N_1! \cdot N_2!) = w$ Permutationen, bei denen N_1 Stück in V_1 und N_2 Stück in V_2 sind. Diese Anzahl der Permutationen nennt man das *statistische Gewicht* w der Verteilung N_1, N_2. In Tab. 29a sind die Werte von w in Zeile 3 für jede darüber stehende Verteilung N_1, N_2 angegeben.

Beispiel: Für $N_1 = 2$, $N_2 = 8$ erhält man w aus der allgemeinen Formel zu

$$1\cdot2\cdot3\cdot4\cdot5\cdot6\cdot7\cdot8\cdot9\cdot10/(1\cdot2\cdot1\cdot2\cdot3\cdot4\cdot5\cdot6\cdot7\cdot8) = 9\cdot10/(1\cdot2) = 45$$

Überlegungen dieser Art führen zu der Einsicht: *Jeder nichtumkehrbare Vorgang ist ein Übergang von einem Zustand mit geringerem statistischen Gewicht zu einem solchen mit größerem statistischen Gewicht.*

Auch auf Größen, die kontinuierlich veränderlich sind, wie Geschwindigkeit, Impuls, kinetische Energie der Teilchen, kann man solche statistischen Überlegungen anwenden. Verfeinerte Unterteilung ergibt eine vergrößerte Anzahl von möglichen Zuständen. Bei der Entropie ist die für die Unterteilung maßgebende Größe die Boltzmannkonstante k. Sie bestimmt die Anzahl der zu unterscheidenden Zustände und damit indirekt die Wahrscheinlichkeit w.

Nach astronomischen Befunden dehnt sich das Weltall ständig aus. Da die Entropie unzerstörbar, aber vermehrbar ist, nimmt der Entropieinhalt der Welt ständig zu. Trotzdem nimmt die Volumen*dichte* der Entropie nach unserer heutigen Kenntnis ständig *ab*. Frühere Vermutungen, daß die Welt einem „Wärmetod" zustrebt, sind daher fraglich geworden.

Man weiß heute, daß es Teilchen und Antiteilchen gibt (vgl. 8.1 u. 2). Ob die Entropie durch die Vernichtung von Teilchen mit Antiteilchen auch *vermindert* werden kann und der zweite Hauptsatz für diesen Fall modifiziert werden muß, ist ein wissenschaftliches Problem, auf das hier nicht eingegangen werden kann.

4. Elektrizität und Magnetismus

4.1. Grundbeobachtungen, Existenz elektrischer und magnetischer Felder

Magnetische Felder lassen sich durch ein Drehmoment auf einen Magneten, elektrische Felder durch eine Kraft auf eine elektrische Ladung nachweisen.

Vor der Besprechung quantitativer Gesetze über elektrische und magnetische Erscheinungen müssen zwei Existenzaussagen gemacht werden. Sie lauten:

a) Es gibt magnetische Felder.
b) Es gibt elektrische Felder.

Weiter stellt sich heraus: Eine elektrische Ladung ist von einem elektrischen Feld umgeben, ein Magnet von einem magnetischen Feld.

Zu a) Magnetisches Feld, Magnet. Magnete (magnetische Dipole) sind Körper, die sich in die Richtung der magnetischen Feldstärke einstellen, wenn man sie frei drehbar lagert. Man verwendet dabei zweckmäßigerweise längliche Magnete (Magnetnadeln, Stabmagnete).

Dreht man den Magneten aus seiner Gleichgewichtslage heraus, dann wirkt auf ihn ein Drehmoment: Er sucht sich wieder in die Gleichgewichtslage einzustellen. Daß auf der Erdoberfläche ein magnetisches Feld herrscht, geht aus folgender Beobachtung hervor: Lagert man einen Magneten mit vertikaler Achse drehbar, so stellt er sich in eine Richtung ein, die in Europa ungefähr mit der geographischen Nord-Süd-Richtung zusammenfällt. Dann nennt man das nach Norden zeigende Ende Nordpol, das entgegengesetzte Ende Südpol des Magneten.

Definition. An einem Ort des Raumes, an dem ein Drehmoment auf einen Magneten nachzuweisen ist, herrscht eine „magnetische Feldstärke". Ein Raumbereich, in dem eine magnetische Feldstärke vorhanden ist, heißt ein „magnetisches Feld".

Der magnetische Feldzustand ist eine Eigenschaft des materiefreien und des materieerfüllten Raumes. Die magnetische Feldstärke ist eine Funktion des Ortes, wobei jedem Wert der magnetischen Feldstärke zusätzlich eine Richtung zugeordnet ist. Die Feldstärke ist also eine Vektorgröße.

Als Richtung der magnetischen Feldstärke wird diejenige definiert, in die das im magnetischen Erdfeld nach Norden zeigende Ende (der „Nordpol") einer drehbar gelagerten Magnetnadel gezogen wird.

Ein Magnet ist von einem magnetischen Feld umgeben. Man kann es nachweisen, indem man in seine Nähe einen zweiten Magneten (Magnetnadel) bringt. Diese stellt sich, wenn sie drehbar gelagert ist, in die Richtung derjenigen magnetischen Feldstärke ein, die am Ort dieser drehbaren Magnetnadel herrscht.

Für die Kraft zweier Magnete aufeinander gilt allgemein: Gleichnamige Pole (Nordpol und Nordpol oder Südpol und Südpol) stoßen einander ab, ungleichnamige Pole (Nordpol und Südpol) ziehen einander an.

Unmagnetisches weiches Eisen (vgl. 4.4.3.1) wird von jedem der beiden Pole angezogen. Es erfährt eine Kraft im (inhomogenen) magnetischen Feld (4.4.5.1). Wie in der Mechanik ist auch hier Kraft gleich Gegenkraft und Drehmoment gleich Gegendrehmoment.

Durch Einschieben eines geerdeten Metallblechs (z. B. aus Messing, Kupfer, Aluminium usw., aber nicht aus Eisen, Kobalt, Nickel) bleibt das magnetische Feld (merklich) unbeeinflußt und ebenso die Kraftwirkung zwischen Magneten. Geerdet heißt: Durch einen Metalldraht mit der Erde verbunden.

Zu b) Elektrisches Feld, elektrische Ladung. Man kann kristallinen Schwefel schmelzen und auf eine Aluminiumplatte gießen. Nach dem Erkalten läßt er sich leicht abheben. Auf der so hergestellten Schwefelplatte befindet sich *elektrische Ladung.* Nähert man der Schwefelplatte ein leichtbewegliches Plättchen aus Metall oder Nichtmetall, dann wird das Plättchen angezogen (Abb. 193). Dies ist in gewisser Hinsicht analog der Kraft eines Magneten auf

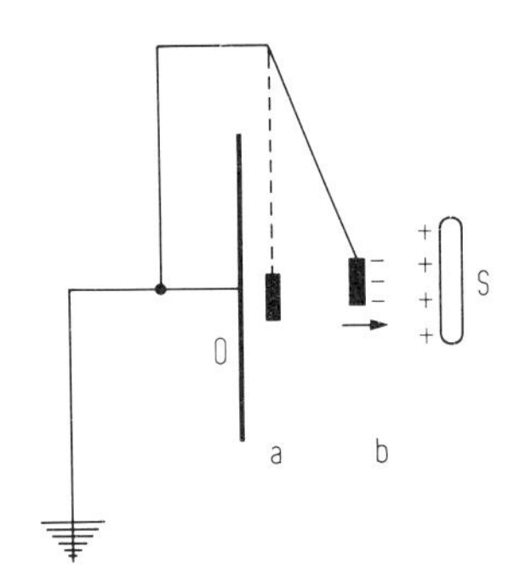

Abb. 193. Nachweis der Kraftwirkungen im elektrischen Feld mit einem Plattenpendel. Die Schwefelplatte S ist von einem elektrischen Feld umgeben.
a) Pendel vor der Annäherung von S (nirgends freie Ladungen)
b) Pendel nach der Annäherung von S (auch auf 0 etwas negative Ladung).
Das Pendelplättchen aus Metall ist über einen dünnen Metalldraht mit der Erde und der geerdeten Platte 0 verbunden.
Über das Entstehen der Ladung auf der Schwefelplatte vgl. 4.3.3.1.

unmagnetisches Eisen in einem (inhomogenen) magnetischen Feld. Daraus folgt: Ähnlich wie ein Magnet von einem magnetischen Feld umgeben ist, so ist eine elektrische Ladung von einem elektrischen Feld umgeben. Auf der Erdoberfläche herrscht, wie erwähnt, überall ein magnetisches Feld, dagegen ist im Regelfall kein elektrisches Feld nachweisbar.

Definition. An einem Ort des Raumes, in dem eine elektrische Ladung eine Kraft erfährt, herrscht eine „elektrische Feldstärke". Ein Raumbereich, in dem eine elektrische Feldstärke vorhanden ist, heißt ein „elektrisches Feld".

Die elektrische Feldstärke ist – ebenso wie die magnetische – eine Eigenschaft, die an jedem Punkt des materiefreien und des materieerfüllten Raumes vorhanden sein kann. Die elektrische Feldstärke ist eine Vektorgröße, d. h. jedem Wert, den sie annehmen kann, ist zusätzlich eine Richtung zugeordnet.

Zum Nachweis des elektrischen Feldes in der Umgebung einer elektrischen Ladung kann man eine zweite elektrische Ladung in das Feld einer ersten bringen. Dann wirkt das die erste Ladung umgebende Feld auf die zweite Ladung, bzw. das die zweite Ladung umgebende Feld auf die erste Ladung. Zwischen beiden Ladungen beobachtet man eine Kraft. Mit anderen Worten: Im elektrischen Feld wirkt auf eine Ladung eine Kraft.

Ein Modell eines Generators nach van de Graaff (genaue Beschreibung 4.2.6.6) besteht aus einer isoliert aufgestellten Metallkugel, in die ein endloses Band über Rollen herein und heraus führt. Wird das Band bewegt, so wird die Kugel aufgeladen und trägt nach kurzer Zeit Ladung wie die Schwefelplatte. Mit Hilfe des Bandes wird nämlich Ladung, die bei der Berührung der Isolierrolle mit dem Band erhalten wird, auf die Kugel befördert. In der Umgebung der Kugel herrscht dann ein starkes elektrisches Feld.

Gegeben sei eine geladene Kugel (1. Kugel), z. B. die große des van-de-Graaff-Modells, und eine ungeladene kleinere Kugel (2. Kugel), die an einem Nylonfaden hängt. Wird die 2. Kugel mit der 1. berührt und wieder entfernt, so erweist sich die 2. Kugel auch als geladen. Von der 1. Kugel ist Ladung auf die 2. Kugel übergegangen. Man kann das nachweisen durch Kraftwirkung auf ein leicht bewegliches Plättchen. Weiter findet man: 1. und 2. Kugel *stoßen einander ab*. Das Experiment führt mit zwei gleich großen Kugeln natürlich zum gleichen Ergebnis.

Es gibt aber auch den Fall, daß zwei (auf andere Weise aufgeladene) Kugeln *einander anziehen*. Berührt man in diesem Fall die eine Kugel mit der anderen, dann kann es sein, daß nach der Berührung keine Ladung mehr vorhanden ist. Daraus erkennt man, daß es zwei Arten von Ladung gibt. Man nennt die eine positiv (+), die andere negativ (—). Zwei Ladungen gleichen Vorzeichens nennt man gleichnamig, zwei Ladungen mit entgegengesetztem Vorzeichen ungleichnamig. Mit Hilfe dieser Begriffe lassen sich die experimentellen Erfahrungen über Anziehung und Abstoßung folgendermaßen zusammenfassen:

> Gleichnamige elektrische Ladungen stoßen einander ab, ungleichnamige elektrische Ladungen ziehen einander an.

Schiebt man ein *geerdetes* Metallblech (z. B. aus Messing) zwischen die Schwefelplatte S von Abb. 193 und das bewegliche Blättchen ein, dann verschwindet die Kraft zwischen ihnen. Anders ausgedrückt heißt das: Man kann das Feld abschirmen. Weiteres in 4.2.6.5. Das ist ein charakteristischer Unterschied gegenüber dem magnetischen Feld. Ein solches kann man mit Hilfe eines Messingblechs nicht abschirmen.

Ein (zeitlich konstantes) elektrisches und ein (zeitlich konstantes) magnetisches Feld kann man superponieren, ohne daß sich die beiden Felder gegenseitig beeinflussen oder stören.

4.2. Elektrische Ladung, elektrisches Feld, Stromkreis

Alle materiellen Körper enthalten *elektrische Ladung*, und zwar ebensoviel negative (nämlich in den Elektronen) wie positive (nämlich in den Atomkernen). Elektrische Ladung wird örtlich *verschoben* (elektrischer Strom, elektrische Polarisation), sobald eine elektrische Feldstärke an dem Ort herrscht, an dem sie sich befindet. In Elektrolytlösungen werden Ionen verschoben, in Metallen Elektronen. Charakteristische Größen sind dabei außer der elektrischen Ladung: elektrische Stromstärke und deren Flächendichte, elektrische Spannung und deren Gefälle und zahlreiche andere.

In der Umgebung eines Körpers, der überschüssige elektrische Ladung Q trägt (z. B. mehr positive als negative), herrscht ein elektrisches Feld mit der (elektrischen) *Feldstärke* E. Ein elektrisches Feld kann innerhalb und außerhalb von materiellen Körpern vorhanden sein. Wird ein zweiter Körper, der selbst Ladung q trägt, in das erwähnte Feld gebracht, dann wirkt auf ihn eine Kraft $F = q \cdot E$.

4.2.1. Elektrische Ladung und Stromstärke

4.2.1.1. Zusammenhang der elektrischen Begriffe

Ausgehend von der elektrischen Ladung und von den Größen der Mechanik lassen sich alle übrigen elektrischen Größen schrittweise definieren. Der elektrische Strom besteht in der Triftbewegung von Ladung (Ladungsträgern).

Ein elektrisches Feld herrscht auch zwischen den beiden Anschlußklemmen eines Akkumulators, einer Anodenbatterie und dergleichen. Ein so hergestelltes elektrisches Feld ist im Unterschied zu dem der oben besprochenen Schwefelplatte zeitlich konstant und leicht reproduzierbar, sogar quantitativ.

Das elektrische Feld bleibt auch bestehen, wenn man die beiden Pole eines Akkumulators mit Hilfe eines langen Metalldrahtes verbindet. Wenn man das tut, ist ein Stromkreis hergestellt. In einem solchen wird Ladung verschoben, es fließt ein *elektrischer Strom*.

Wie in 7.1.3 ausgeführt wird, weiß man heute, daß die Materie aufgebaut ist aus Atomen und diese wiederum aus (positiv geladenen) Atomkernen und (negativ geladenen) Elektronen. Im Normalfall (elektrisch ungeladen) ist in einem Atom *gleichviel* positive und negative Ladung vorhanden und die Materie daher nach außen elektrisch neutral.

Die Elektronen sind gewöhnlich *gebunden*, d. h. sie können sich nicht merklich von den Atomkernen entfernen. In Metallen sind jedoch ein oder zwei Elektronen je Atom *beweglich*. Wenn und solange eine elektrische Feldstärke im Innern eines Metalls herrscht, wirkt eine Kraft auf die Ladung dieser Elektronen und veranlaßt sie zu einer Triftbewegung: Es fließt ein elektrischer Strom. In diesem Spezialfall besteht er in der Triftbewegung von Elektronen (Abb. 194a). Nicht nur die Triftbewegung von Elektronen, sondern auch die Triftbewegung anderer Ladungsträger (Ionen in Flüssigkeiten, Gasen und im Vakuum) stellt einen elektrischen Strom dar. Ionen sind Atome mit überschüssiger Ladung. Es gibt Ionen mit positiver Überschußladung (positive Ionen) und Ionen mit negativer Überschußladung (negative Ionen).

In Metallsalzlösungen besteht der elektrische Strom in der Triftbewegung je einer „Wolke" negativer und positiver Ionen gegeneinander (Abb. 194b). In solchen Lösungen werden dadurch Ionen an die Elektroden bewegt, sie können dort in elektrisch ungeladene Atome verwandelt und abgeschieden werden. Charakteristisch ist dabei das Verhältnis m/e der Ionen, d. h. das Verhältnis der Masse $\nu \cdot m$ der abgeschiedenen Materie und der Ladung $\nu \cdot e$, deren Verschiebung die Abscheidung bewirkt hat. Die Verschiebung von Elektronen

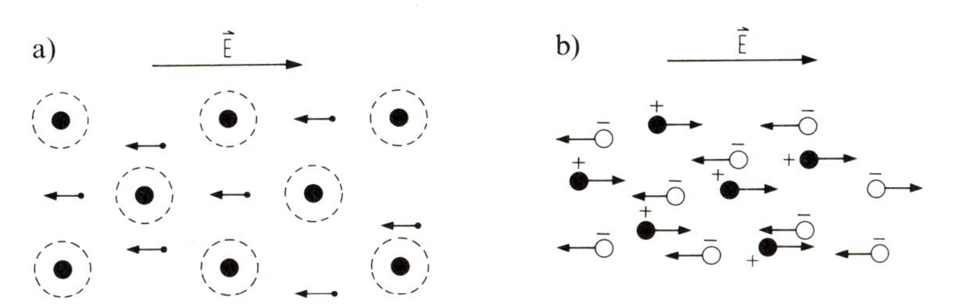

Abb. 194. Triftbewegung von elektrischen Ladungen.
a) Etwa 10^{10}-fach linear vergrößertes Bild eines Metalls. Die dicken Punkte sind Atomkerne, die punktierten Ringe stellen schematisch die Elektronenhülle dar, die einfachen Punkte sind freie (d. h. bewegliche) Elektronen. Die Atome gehören einem Kristallgitter an. Nur wenn die elektrische Feldstärke $\vec{E}$ verschieden von Null ist, triften die Elektronen mit der Geschwindigkeit $\vec{v}$. Die Richtung von $\vec{E}$ ist nach Definition die Bewegungsrichtung positiver Ladungsträger.
b) Etwa 10^{10}-fach linear vergrößertes Bild einer Metallsalzlösung in Wasser. Die Wassermoleküle sind nicht gezeichnet, die Pfeile geben die Triftgeschwindigkeit der Ionen an. Ausgefüllte Punkte mit Pluszeichen bedeuten positive Ionen, Ringe mit Minuszeichen bedeuten negative Ionen. Mit und ohne Bewegung der Ionen ist die Lösung nach außen elektrisch neutral.

in ein Metall hinein oder aus dem Metall heraus hinterläßt dagegen keine Spuren an den Elektroden (vgl. 4.3.1.3 Glühemission). An dieser Stelle wird von der evtl. Erhitzung und Verdampfung beim Auftreffen eines starken Elektronenstrahls (kinetische Energie der Teilchen und Stromstärke groß) abgesehen.

Damit ein Körper aufgeladen wird, damit also ein Überschuß an positiver oder negativer Ladung auf ihm entsteht, muß Ladung *verschoben* werden. Ein negativ geladener Körper trägt einen Überschuß an Elektronen, ein positiv geladener Körper zu wenig Elektronen (relativ zum ungeladenen Normalzustand). Diese Aussage gilt für eine Metallkugel genauso wie für einzelne Ionen.

Im Rest dieses Abschnitts wird ein kurzer Überblick gegeben, wie einige grundlegende Begriffe und Größen der Elektrizitätslehre schrittweise definiert werden können. Die quantitative Formulierung folgt später.

Die elektrische Ladung Q wird als Basisgröße gewählt. Sie erweist sich als *skalare* Größe, auch gegenüber relativistischen Transformationen. Sie tritt in der Natur stets *gequantelt* auf (4.3.1). Mit der elektrischen Ladung Q ist im folgenden stets die (durch einen Querschnitt) *verschobene* Ladung gemeint. Mit ihrer Hilfe lassen sich die übrigen Begriffe der Elektrizitätslehre definieren. Ihre Einheit wird, wie schon gesagt, aus der Abscheidung entladener Ionen festgelegt.

Man führt dann die elektrische Stromstärke I ein durch folgende

Definition. Der Quotient aus durchgegangener („verschobener") elektrischer Ladung Q und Zeitdauer t, während der der Durchgang erfolgt ist, nennt man *elektrische Stromstärke I*, also

$$\boxed{I = Q/t,} \quad \text{allgemeiner} \quad \boxed{I = \mathrm{d}Q/\mathrm{d}t} \tag{4-1}$$

Für die Dimension gilt

$$\dim I = \dim Q / \dim t \tag{4-1a}$$

Bringt man einen geladenen Körper (Ladung Q) in ein elektrisches Feld, so erfährt er eine Kraft F. Durch die Gleichung $F = Q \cdot E$ wird die *elektrische Feldstärke* E definiert: $E = F/Q$.

Wird elektrische Ladung Q von einer Feldbegrenzung zur anderen gebracht (z. B. von der einen Anschlußklemme eines Akkumulators zur anderen), so wirkt auf die Ladung Q die Kraft F längs eines Weges l, und es wird Arbeit W geleistet. Bei einem Plattenkondensator (Plattenabstand l) ist, wenn F längs des Weges konstant ist,

$$W = F \cdot l \quad \text{und} \quad W = Q \cdot E \cdot l$$

Die Gleichung gilt aber auch, wenn Ladung innerhalb eines Metalldrahtes von der einen Anschlußklemme des Akkumulators zur anderen verschoben wird. Daraus wird die *elektrische Spannung* U definiert:

$$U = W/Q \tag{4-2}$$

Dabei ist natürlich $U = E \cdot l$, falls E längs des Weges l konstant ist.

In (4.2.3) und (4.2.5) werden weitere abgeleitete Größen eingeführt, z. B. elektrischer Widerstand R (eines Drahtes), Leitvermögen $\varkappa$ (eines bestimmten Metalls), Kapazität C (eines Kondensators), Flächendichte der verschobenen elektrischen Ladung D, usw. Mit Hilfe dieser Begriffe können die Erscheinungen der Elektrizitätslehre quantitativ beschrieben werden.

4.2.1.2. Elektrischer Strom, Stromkreis

Im unverzweigten Stromkreis herrscht in jedem Querschnitt dieselbe Stromstärke.

Dadurch, daß man die beiden Pole eines Akkumulators oder einer sonstigen Spannungsquelle durch einen Metalldraht verbindet, hat man einen *Stromkreis* hergestellt. Nun kann man einen Teil des Metalldrahtes durch eine Lösung ersetzen, in welche die Drahtenden eintauchen. Speziell kann man ein Gefäß mit verdünnter Schwefelsäure verwenden und Drahtenden aus Platin. Die eingetauchten Drähte oder Bleche nennt man Elektroden, das Ganze eine Zersetzungszelle (vgl. Abb. 195). Solange der Stromkreis nicht unterbrochen ist und eine Spannungsquelle enthält, entwickeln sich Bläschen an den Elektroden. Die nähere Untersuchung zeigt: An der einen Elektrode entwickelt sich Wasserstoff, an der anderen Sauerstoff („elektrolytische Wirkung des elektrischen Stromes“). Der Durchgang von Ladung wird dadurch sichtbar.

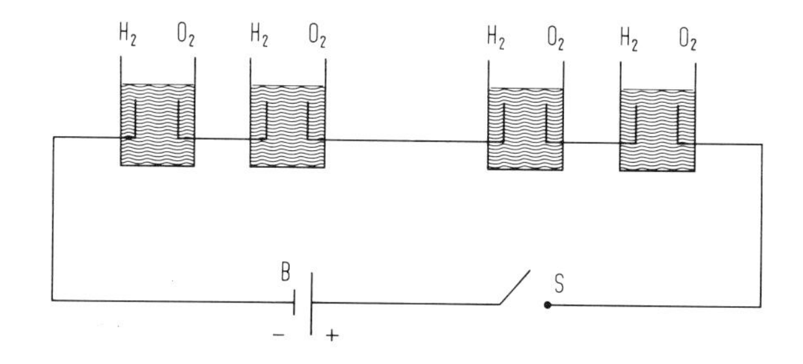

Abb. 195. Unverzweigter Stromkreis. B: Spannungsquelle (Batterie, Akkumulator): In allen Zellen wird bei geschlossenem Schalter S gleichviel Gas abgeschieden, d. h. die Stromstärke ist im ganzen Kreis dieselbe.

Durch den Leitungsdraht und durch die Zersetzungszelle fließt ein *„elektrischer Strom"*. Dabei werden im Draht Elektronen, in der Lösung dagegen Ionen bewegt. Wenn die Ionen an die Elektroden gelangen, werden sie in der Regel in elektrisch ungeladene Atome verwandelt und abgeschieden. Dies ist eine sichtbare und meßbare Wirkung der Verschiebung von Ladung. An den Elektroden sind aber auch Sekundärreaktionen möglich. Durch solche kann unter Umständen Material einer Elektrode in Lösung gehen (vgl. 4.3.2.2).

Definition. Diejenige elektrische Größe, welche die Abscheidung (abgeschiedene Masse) bestimmt, wird elektrische Ladung genannt. Diejenige elektrische Größe, durch welche die Abscheidungsrate (Masse/Zeit) bestimmt wird, nennt man elektrische Stromstärke.

Vertauscht man die Anschlüsse am Akkumulator, so wird auch die Abscheidung an den Elektroden der beschriebenen Zersetzungszelle (O_2 und H_2) vertauscht. Daraus folgt: Der elektrische Strom hat einen „Richtungssinn". Man nennt den Pol, an welchem Sauerstoff abgeschieden wird, den positiven Pol, +Pol (lies „Pluspol") oder „Anode", denjenigen, an welchem Wasserstoff auftritt, den negativen Pol, −Pol, oder „Kathode". Dies ist eine verabredete Festsetzung. Als positiven Pol des Akkumulators bezeichnet man denjenigen, der direkt mit der Anode der Zersetzungszelle verbunden ist, als negativen Pol den anderen. Gleichfalls durch Verabredung wird als Richtungssinn des Stromes derjenige festgelegt, der vom positiven Pol einer Stromquelle über den *äußeren* Verbindungsdraht zum negativen Pol der Stromquelle führt. Das ist die Bewegungsrichtung positiver Ladungsträger (+Ionen).

Schaltet man mehrere gleichgebaute Zersetzungszellen (Abb. 195) *hintereinander*, so wird in jeder *gleichviel* Gas abgeschieden. Bei Unterbrechung des Stromkreises an irgendeiner Stelle hört die Gasentwicklung in *allen* Zellen *gleichzeitig* auf. Daraus muß man schließen: Im ganzen unverzweigten Stromkreis herrscht dieselbe Stromstärke. Das gilt auch, wenn man, wie es in 4.2.1.6 geschieht, ein Drehspulamperemeter mit den Zersetzungszellen hintereinander schaltet.

4.2.1.3. Einheit der elektrischen Ladung und der elektrischen Stromstärke

Die Einheit der elektrischen Ladung 1 Cb wird mit Hilfe der Abscheidung festgelegt, die Einheit der elektrischen Stromstärke durch die Abscheidungsrate.

Die verschobene elektrische Ladung Q wird als Basisgröße verwendet. Daher muß die Einheit $[Q]$ der elektrischen Ladung ihrer Quantität nach willkürlich festgesetzt werden. Das geschieht durch folgende

Verabredung: Unter der Ladung 1 Coulomb, abgekürzt 1 Cb*), versteht man diejenige elektrische Ladung, die beim Durchgang durch eine verdünnte Schwefelsäurelösung an Platin-Elektroden 0,116 cm^3 H_2 und 0,058 cm^3 O_2 abscheidet, die Volumina gemessen bei 0 °C und 1013,25 mbar.

Vom Volumen dieser Gase kann man mit Hilfe der Dichte leicht zu ihrer Masse übergehen: 0,116 cm^3 $H_2 \triangleq 10{,}35 \cdot 10^{-6}$ g H_2 und 0,058 cm^3 $O_2 \triangleq 82{,}5 \cdot 10^{-6}$ g O_2.

* Nach den Normen der IUPAP wird empfohlen 1 Coulomb mit 1 C abzukürzen. Im vorliegenden Buch ist trotzdem 1 Cb geschrieben, um die leichte Verwechslung von C und C zu vermeiden und insbesondere z. B. Gleichung (4-24b) nicht in der Form schreiben zu müssen $[C] = 1$ C/1 V.

Eine λ-mal größere Ladung ist eine solche, die das λ-fache abscheidet.

Wie in Gl. (4-1) bereits definiert, ist $I = \mathrm{d}Q/\mathrm{d}t$. Als kohärente Einheit folgt

$$[I] = [Q]/[t] = \frac{1\,\mathrm{Cb}}{1\,\mathrm{s}} = 1\,\frac{\mathrm{Cb}}{\mathrm{s}} = 1 \text{ Ampere, Kurzzeichen } 1\,\mathrm{A} \tag{4-1b}$$

Zu 1 A gehört also die Volumenabscheidungsrate 0,116 $\mathrm{cm^3/s}$ H_2 usw. und die Massenabscheidungsrate $1{,}035 \cdot 10^{-5}$ g/s H_2 usw. Eine λ-mal größere Stromstärke ist eine solche, die eine λ-mal größere Abscheidungsrate ergibt.

Umgekehrt gilt auch $Q = \int I \cdot \mathrm{d}t$. Wenn elektrischer Strom der Stromstärke I eine Zeit $\mathrm{d}t$ lang auf einen Körper (Metallkugel) geflossen ist, dann trägt dieser Körper die Ladung $\mathrm{d}Q = I \cdot \mathrm{d}t$. Unter realisierbaren Bedingungen fließt in diesem Fall ein Strom nur während eines sehr kurzen Zeitintervalls, da ein solcher Körper nur eine beschränkte (Überschuß-) Ladung aufnehmen kann. Weiteres siehe 4.2.5.4.

In der vorliegenden Darstellung wird Q definiert und $I = Q/t$ abgeleitet. Man kann es auch umgekehrt machen. Dann wird I definiert und $\int I \cdot \mathrm{d}t = Q$ abgeleitet. So geschieht es in vielen Darstellungen nach dem Vorbild von Mie und Pohl. Daher wird 1 Cb oft auch 1 Amperesekunde (1 As) genannt*).

Nach 4.2.1.2 fließt durch hintereinander geschaltete Zersetzungszellen immer die gleiche elektrische Stromstärke. Durch einen jeden Querschnitt wird also in jedem Zeitabschnitt gleichviel Ladung verschoben. Ersetzt man in einer der Zersetzungszellen von Abb. 195 das Platin der Elektroden und die verdünnte Schwefelsäure durch Silber und Silbersalzlösung (z. B. $AgNO_3$), so wird beim Durchgang von 1 Cb in dieser Zelle 1,118 11 mg Ag aus Ag^+ am negativen Pol (Kathode) abgeschieden und jeweils ebensoviel am Pluspol (Anode) aufgelöst.

Läßt man 96 500 Cb**) hindurchgehen, so werden 107,88 g Ag aus einer einwertigen Silbersalzlösung abgeschieden.

Die Definition von 1 Cb mit Hilfe der Abscheidung von Ag bedeutet die Festsetzung des Verhältnisses von Masse m/ Ladung e der Silberionen auf den Wert

$$\frac{m}{e} = \frac{1{,}118\,11 \cdot 10^{-3}\,\mathrm{g}}{1\,\mathrm{Cb}} = \frac{107{,}88\,\mathrm{g}}{96\,500\,\mathrm{Cb}} \text{ für Ag} \tag{4-3}$$

Weiteres darüber folgt in 4.3.2.2.

Bis zum Jahr 1948 war 1 A = 1 Cb/s gesetzlich mit Hilfe der Silberabscheidungsrate definiert. Die heutige Definition ist damit gleichwertig, benützt (wegen besserer Reproduzierbarkeit) jedoch die Kraft zwischen zwei stromdurchflossenen Drähten.

Für die elektrische Ladung gilt ein Erhaltungssatz (4.2.1.4 und 4.2.5.3): *Die gesamte elektrische Ladung bleibt erhalten.* Damit gleichwertig ist der Satz: Positive Ladung und negative Ladung kann nur gegeneinander verschoben werden, die Summe aus beiden bleibt in einem abgeschlossenen System erhalten. Jede Überschußladung muß vorher verschoben worden sein, z. B. Atom → Ion, Ion → Atom, oder auch auf die Kugel des van-de-Graaff-Modells. Zur Beseitigung der Überschußladung muß sie zurückverschoben werden.

---

* Im Internationalen Einheitensystem (SI) ist das Ampere Basiseinheit.

** Näherungswert; Präzisionswert in 9.7.1 und 9.7.2.

4.2.1.4. Erhaltung der elektrischen Ladung, verzweigter Stromkreis

In einem Verzweigungspunkt ist $\Sigma\, i_\nu = 0$.

In einem Stromverzweigungspunkt einer Stromschaltung (Abb. 196) gilt:

$$\sum i_\nu = 0, \tag{4-4}$$

in Worten: In einem Verzweigungspunkt („Knoten") p oder p′ ist die Summe der Stromstärken i_ν gleich 0; hinzufließende Stromstärken werden positiv, wegfließende negativ gezählt.

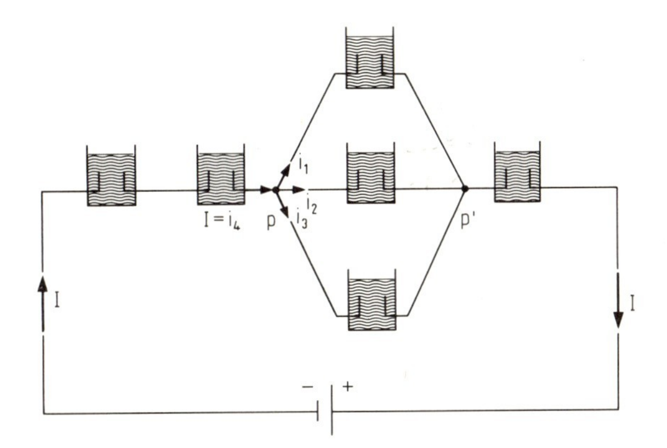

Abb. 196. Stromverzweigung, 1. Kirchhoffscher Satz. Im Knoten gilt: $\sum i_\nu = 0$; Hier ist $i_1 + i_2 + i_3 = I = i_4$
Im Knoten p verzweigt sich der Strom, im Knoten p′ vereinigen sich die Teilströme.

Diese Aussage heißt auch *1. Kirchhoffscher Satz*. Kurz formuliert bedeutet sie: Was zufließt, fließt auch ab.

Man kann den Kirchhoffschen Satz nach der Zeit integrieren. Dann entsteht

$$\sum \int_{t_1}^{t_2} i_\nu \,\mathrm{d}t = \sum Q_\nu = 0 \tag{4-4a}$$

Dies bedeutet*): Im Stromverzweigungspunkt können Ladungen weder gespeichert noch vernichtet werden (Erhaltung der Ladung).

4.2.1.5. Zusammenhang zwischen elektrischen und magnetischen Erscheinungen

Ein stromdurchflossener Draht ist von einem magnetischen Feld umgeben.

In der Nachbarschaft einer *bewegten* Ladung (z. B. auch einer solchen, die sich unsichtbar innerhalb eines Metalldrahtes bewegt), herrscht ein magnetisches Feld. Diese Tatsache wurde 1820 von Oersted entdeckt. Dadurch wird es möglich, die elektrische Stromstärke auf einfache Weise zu messen (Drehspulamperemeter, vgl. 4.2.1.6).

* Die Verhältnisse sind wie in einer verzweigten Wasserleitung. Wasser, das in den Zuleitungsrohren zum Verzweigungspunkt hinfließt, muß durch die übrigen Rohre wegfließen.

Beobachtung

1. Man bringt eine Draht (bzw. ein Glasrohr gefüllt mit Elektrolytlösung, oder eine Glimmröhre) über eine drehbar gelagerte Magnetnadel (Draht parallel zur Magnetnadel). Wird der Draht (Glasrohr, Glimmröhre) vom elektrischen Strom durchflossen, so wird die Magnetnadel gedreht, sie erfährt dann ein Drehmoment. Kehrt man die Stromrichtung im Draht um, dann wird die Magnetnadel im entgegengesetzten Sinn gedreht (vgl. Abb. 197).

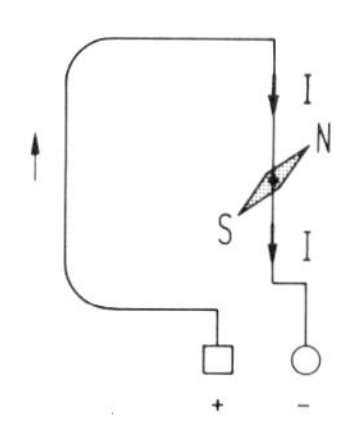

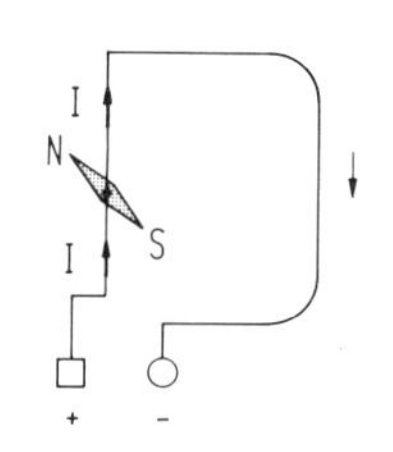

Abb. 197. Magnetfeld um einen stromdurchflossenen Draht. Der Draht wird über die Magnetnadel gehalten. Der Drehsinn der Auslenkung kehrt sich um, wenn die Stromrichtung umgekehrt wird.

2. Umgekehrt übt ein Magnetfeld auf ein stromdurchflossenes Drahtstück eine Kraft aus. Zur Demonstration dient ein leichtbeweglich aufgehängtes Drahtstück (Abb. 198). Mit dem Richtungssinn des Stromes kehrt sich die Kraftrichtung um. Solche Kraftwirkungen werden in Elektromotoren und in Meßgeräten nutzbar gemacht.

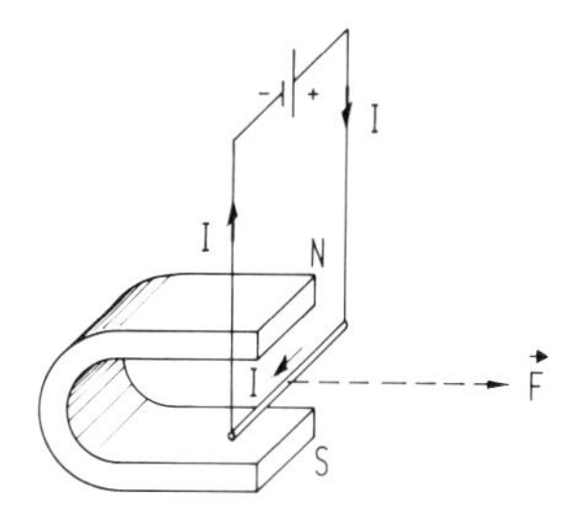

Abb. 198. Kraft auf einen stromdurchflossenen Leiter in einem Magnetfeld. Die Kraftrichtung kehrt sich um, wenn die Stromrichtung umgekehrt wird. Die vertikalen Drahtstücke (Drahtgeflecht) bestehen aus weichem Material, das der Kraft nachgibt und hängen an einem (nicht gezeichneten) Stativ. Sie sind mit den Anschlußklemmen eines Akkumulators verbunden.

Folgerung. In der Umgebung eines stromdurchflossenen Leiters herrscht ein magnetisches Feld. Zum quantitativen Zusammenhang vgl. 4.4.2.6.

Man beachte: Die Stromstärke wird mit Hilfe der Abscheidung *definiert*. Die Kopplung (Verkettung) von elektrischer Stromstärke und magnetischer Spannung ist dagegen ein *Naturgesetz* (4.4.2.6).

Das magnetische Feld um einen langen geraden stromdurchflossenen Draht ist zylindersymmetrisch. Man kann jedoch einen Draht auch zu einer langen zylindrischen Spule wickeln. Wird die Spule vom elektrischen Strom durchflossen, dann herrscht in ihrem Inneren ein nahezu homogenes Magnetfeld. Auch in der Umgebung der Spule herrscht ein magnetisches Feld. Seine räumliche Verteilung ist dem in der Umgebung eines Stabmagneten recht ähnlich. Die Spulenachse entspricht dabei der Stabachse.

4.2.1.6. Drehspule im Magnetfeld

Eine von der Stromstärke *I* durchflossene Spule verhält sich wie ein Magnet und erfährt in einem Magnetfeld ein Drehmoment proportional *I*.

Wird eine stromdurchflossene Spule in ein konstantes (homogenes) magnetisches Feld gebracht, so erfährt sie ein *Drehmoment*. Um das sichtbar zu machen, wird sie an einem Torsionsfaden hängend montiert (Abb. 199a). Das Drehmoment der Spule ist am größten, wenn die Spulen*achse* senkrecht zur Richtung der magnetischen Feldstärke des eben erwähnten (homogenen) magnetischen Feldes steht. Es stellt sich heraus, daß dieses Drehmoment

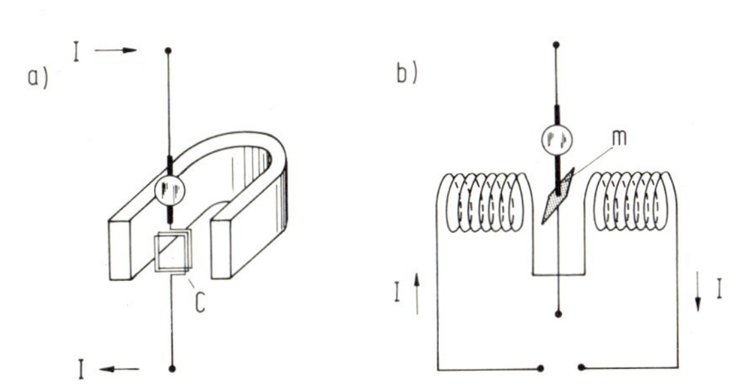

Abb. 199. Stromdurchflossene Spule bzw. Magnetnadel im magnetischen Feld (Meßgeräte).
a) Stromdurchflossene Spule C in einem permanenten Magnetfeld (Drehspulgalvanometer, Milliamperemeter).
b) Magnetnadel m im magnetischen Feld einer stromdurchflossenen Spule.
Mit C bzw. m ist ein Spiegel fest verbunden und an einem Torsionsdraht aufgehängt. Ein am Spiegel reflektiertes Lichtbündel dient als „Lichtzeiger".

streng proportional der nach 4.2.1.2/3 meßbaren elektrischen Stromstärke ist. Daher kann man damit die elektrische Stromstärke messen. Dazu wird anstelle einer Zersetzungszelle von Abb. 195 das Drehspulinstrument in den Stromkreis eingeschaltet und nach 4.2.1.3 geeicht. Im folgenden wird zuerst ein korrektes, dann das übliche Verfahren besprochen.

Die eben gemachten Aussagen lassen sich wie folgt experimentell prüfen: Zu Beginn des Versuches wird die *Achse* der stromlosen Spule senkrecht zur magnetischen Feldrichtung orientiert. Läßt man nun den zu messenden elektrischen Strom durch die Drehspule fließen, so sucht sie sich (genau wie eine Magnetnadel) mit ihrer Achse parallel zur Feldrichtung des äußeren Magnetfeldes zu drehen. Dabei wird der Aufhängefaden verdreht. Durch Rückdrehen des oberen Fadenendes um einen bestimmten Drehwinkel kann auf die Spule ein so starkes Drehmoment ausgeübt werden, daß die Spulenachse wieder *in die Ausgangsstellung* zurück gebracht wird. Dabei ist nach 1.4.1.1 der Rückdrehwinkel proportional zum Drehmoment.

Dies ist ein korrektes Verfahren, weil hier für jeden Wert der Stromstärke Spule und Magnetfeld in dieselbe relative Lage zueinander gebracht werden. Experimentell findet man, wie das folgende Meßbeispiel beweist: n-fache Stromstärke benötigt n-faches Rückdrehmoment (n-fachen Rückdrehwinkel), vgl. Meßbeispiel, Tab. 30

Tabelle 30. Rückdrehwinkel und Stromstärke.

Stromstärke *I*	0,002 A	0,004 A	0,006 A	0,008 A
Rückdrehwinkel	15°	30°	45°	60°

Kehrt man die Stromrichtung um, so muß der Aufhängefaden in entgegengesetztem Drehsinn verdrillt werden.

Übliches Verfahren. Statt dieses korrekten Verfahrens verwendet man regelmäßig das folgende: Durch geeignete Formgebung des magnetischen Feldes wird erreicht, daß die magnetische

Feldrichtung auch bei Drehung der Spule möglichst genau senkrecht zur Spulenachse liegt. Das obere Fadenende bleibt fest. Beim Stromdurchgang erfährt die Spule ein Drehmoment M und dreht sich aus der Ausgangslage heraus, der Aufhängefaden wird verdrillt. Für nicht zu große Stromstärken ist dann der Drehwinkel der Spule proportional zur Stromstärke.

Beim üblichen Drehspul-Galvanometer hängt dabei die Spule an einem Draht- oder Metallband, und ihre Drehung wird durch einen Lichtzeiger beobachtet. Mit solchen Galvanometern kann man je nach Bauart Stromstärken bis herab zu etwa 10^{-11} A messen und damit z. B. zeigen, daß das in 4.1 erwähnte van-de-Graaff-Modell bei bewegtem Band Strom liefert. Beim Drehspul-Amperemeter ist die Spule auf Spitzen gelagert, und ihre Drehung wird durch einen mit der Spule verbundenen Zeiger sichtbar gemacht. Das Rückdrehmoment $-M^* = M$ wird im ersten Fall durch die Verdrillung des Fadens, im letzteren durch eine Spiralfeder erzeugt, also

$$M \sim \varphi \sim I \tag{4-5}$$

Ähnliche Anordnungen. Grundsätzlich kann man eine stromdurchflossene Spule stets durch einen Magneten (Magnetnadel) ersetzen und umgekehrt. Zwei der vier in Betracht kommenden Fälle zeigt Abb. 199a und b.

a) Entspricht dem üblichen Drehspul-Galvanometer. (Der zu messende Strom wird durch die Drehspule geschickt.)
b) Entspricht dem kaum mehr gebräuchlichen Nadel-Galvanometer. (Der zu messende Strom wird durch die Feldspule geschickt).
c) Ersetzt man in a) den Permanentmagneten durch eine stromdurchflossene Spule, so erhält man bei geeigneter Schaltung ein Instrument zum Messen der Leistung von Wechselstrom.
d) Mit der Magnetnadel am Torsionsdraht aus b) kann man auch magnetische Feldstärken in der Umgebung von Permanentmagneten messen.

4.2.2. Elektrische Spannung

4.2.2.1. Elektrisches Feld, elektrische Spannung

Ein elektrisches Feld wird gekennzeichnet durch Angaben über folgende Einzelmerkmale: Elektrische Feldstärke E, elektrische Spannung U, Flächendichte der verschobenen Ladung D, Ladung Q auf der Feldbegrenzung, Energiedichte w.

Zunächst werden die elektrische Feldstärke E und die elektrische Spannung U betrachtet, und zwar bevorzugt in einem elektrischen Feld zwischen zwei einander gegenüber gestellten parallelen Metallplatten mit hinreichend großer Fläche und einem Abstand, der klein ist relativ zu den Abmessungen der Platte.

Eine elektrische Spannung (Potentialdifferenz) U zwischen zwei Körpern, die einander direkt gegenüber stehen, läßt sich am Vorhandensein einer Kraftwirkung zwischen ihnen erkennen (vgl. Pendelplättchen und 4.2.7.2). Zunächst möge (Abb. 200) das elektrische Feld zwischen einer nach 4.1 hergestellten Schwefelplatte S und einer ihr gegenüber gestellten geerdeten Metallplatte bzw. einem beweglichen Metallplättchen betrachtet werden. Die Kraft

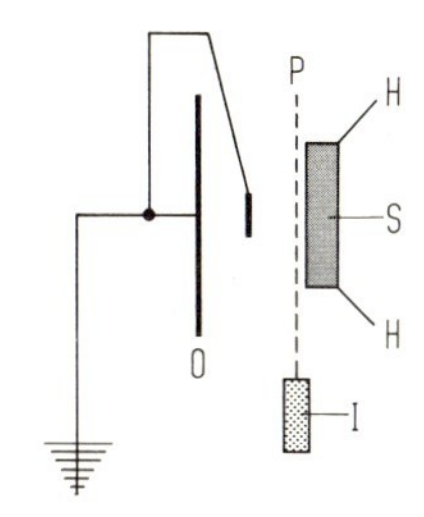

Abb. 200. Elektrisches Feld zwischen einer geerdeten Platte und einer aufgeladenen Schwefelplatte. 0: Erdplatte, P: isolierte Platte, S: Schwefelplatte, I: Isolator, H: Halter.
Die Kraft zwischen S und dem Pendel wird nicht beeinflußt, wenn die isolierte Platte P eingebracht wird. (Falls jedoch die Platte P geerdet wird, fließt elektrische Ladung ab und das elektrische Feld zwischen 0 und P verschwindet).

auf das Plättchen wird nicht merklich beeinflußt, wenn man vor die Schwefelplatte S eine *isoliert* montierte, vorher elektrisch ungeladene Metallplatte P gleicher Fläche bringt. Zwischen der Platte P und der geerdeten Platte 0 herrscht dann ebenfalls ein elektrisches Feld (vgl. dazu auch 4.2.6.4). Wenn P geerdet ist (wie es 4.1 vorkam), dann ist die Kraft auf das Plättchen = 0, das elektrische Feld der Platte S ist abgeschirmt.

Auch wenn man die Platte P direkt an eine technische Spannungsquelle anschließt, erhält man zwischen P und 0 ein elektrisches Feld. Es ist konstant und ohne Mühe genau reproduzierbar (Abb. 201). Im folgenden wird daher ausschließlich ein solches elektrisches Feld zwischen Metallplatten verwendet. Die beiden Platten werden Feldplatten genannt.

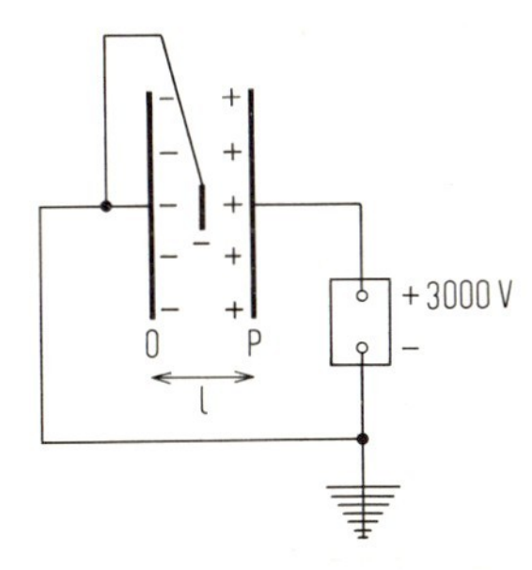

Abb. 201. Nachweis einer elektrischen Spannung durch die Kraft auf ein Pendelplättchen. 0: Erdplatte, P: Spannungsplatte, l: Plattenabstand. Wenn das Pendelplättchen über einen Draht mit der Erde verbunden ist, so erfährt es an jeder Stelle des Raumes zwischen 0 und P eine Kraft und wird sichtbar ausgelenkt. Das zeigt: Im ganzen Raum zwischen den Platten herrscht ein elektrisches Feld.

Auf das Pendelplättchen wirkt eine Kraft F. *Auf* dem Plättchen sitzt dann eine elektrische Ladung Q (vgl. 4.2.5.3), *am Ort* des Plättchens herrscht eine „elektrische Feldstärke" E.

Definition. Unter der *elektrischen Feldstärke* $\vec{E}$ versteht man

$$\vec{E} = \vec{F}/Q \tag{4-6}$$

umgekehrt gilt:

$$\vec{F} = Q \cdot \vec{E} \tag{4-7}$$

Wenn n-fache Kraft auf dieselbe Ladung wirkt, herrscht am betreffenden Punkt n-fache Feldstärke.

Die kohärente Einheit der elektrischen Feldstärke ist daher wegen (4-6)

$$[E] = \frac{[F]}{[Q]} = \frac{1\,\mathrm{N}}{1\,\mathrm{Cb}} = 1\,\frac{\mathrm{N}}{\mathrm{Cb}} \tag{4-6a}$$

Die elektrische Feldstärke $\vec{E}$ ist eine Vektorgröße, da auch die Kraft $\vec{F}$ eine Vektorgröße, dagegen Q ein Skalar ist. Die Richtung von $\vec{E}$ ist gleich der Richtung von $\vec{F}$, wenn Q eine Ladung positiven Vorzeichens ist, dagegen entgegengesetzt, wenn Q eine Ladung negativen Vorzeichen ist. Ladung bedeutet hier immer Überschußladung.

Wenn man eine Ladung Q zwischen die Feldplatten bringt, so können auf den Platten Ladungen verschoben (vgl. 4.2.5.3) und dadurch das elektrische Feld zwischen den Platten verändert werden, vgl. dazu 4.2.6.4. Wenn Q sehr klein ist, kann man die Änderungen der elektrischen Feldstärke $\vec{E}$ jedoch in erster Näherung vernachlässigen.

Solche Komplikationen entfallen dagegen vollständig, wenn im elektrischen Feld eine positive Ladungs*wolke* und eine negative Ladungs*wolke* gegeneinander bewegt werden. Das ist aber der Normalfall im Innern eines Metalls (dort sind Plusladungen in den Atomkernen unbeweglich, Elektronen mit Minusladungen beweglich) und in einer Elektrolytlösung (dort sind Plus-Ionen und Minus-Ionen beweglich). Dieser Normalfall wird durch Abb. 194 und Abb. 236, S. 329 näher erläutert. Man dividiert Gl. (4-7) durch das Volumen V und erhält so

$$\frac{F}{V} = \frac{Q}{V} \cdot E$$

Weiteres dazu in 4.3.2.1 und 4.3.2.3 (Dissoziation, Ionenbeweglichkeit).

Einen Bereich des Raumes, in dem die Feldstärke nach Betrag und Richtung überall *denselben* Wert hat, nennt man ein *homogenes* Feld. Ein solches herrscht, wie erwähnt, z. B. zwischen zwei planparallelen Platten (Feldplatten), solange ihr Abstand klein ist gegenüber ihren Abmessungen (Länge und Breite, bzw. Durchmesser), vgl. Plattenkondensator 4.2.5.3.

Wird (die auf einem Plättchen sitzende) Ladung Q von der Feldplatte A zur Feldplatte B bewegt und wirkt eine konstante Kraft $\vec{F}$ längs des Weges $\vec{l}$, dann beträgt die geleistete Arbeit

$$W = \vec{F} \cdot \vec{l}, \qquad \text{allgemein} \qquad \mathrm{d}W = \vec{F} \cdot \mathrm{d}\vec{l} \tag{1-62a}$$

Definition. Unter der *elektrischen Spannung U* versteht man den Quotienten

$$\boxed{U = W/Q} \tag{4-2}$$

Wenn eine positive Ladung ($Q > 0$) von A nach B bewegt wird, werden W und U positiv, im umgekehrten Fall negativ; die Spannung hat also ein *Vorzeichen*. Es ist $U_{AB} = -U_{BA}$. Falls jeweils dieselbe Ladung Q überführt wird, ist aus n-facher Arbeit W auf n-fache Spannung U zu schließen. Eine Messung nach dieser Definition kann erst in 4.2.7.7 durchgeführt werden. Sie benutzt gegeneinander verschobene Ladungswolken, nicht die Bewegung eines geladenen Plättchens.

Nach (4-2) ist die kohärente Einheit der elektrischen Spannung

$$\boxed{[U] = [W]/[Q] = 1\ \mathrm{J}/1\ \mathrm{Cb} = 1\ \mathrm{J/Cb} = 1\ \mathrm{V}} \tag{4-2a}$$

Diese Einheit 1 J/Cb nennt man 1 Volt, Kurzzeichen 1 V.

Wenn ein elektrisch geladenes Teilchen mit der Ladung $1{,}6 \cdot 10^{-19}$ Cb (z. B. Elektron, Proton, vgl. 4.3.1.4) gegen die Spannung 1 V verschoben wird, muß dazu die Energie $1{,}6 \cdot 10^{-19}$ J aufgewendet werden. Dieser Energiebetrag spielt in der Atom- und Kernphysik eine wichtige Rolle. Man nennt ihn 1 eV (gelesen: 1 e-Volt oder auch 1 Elektronenvolt). Dabei steht e für Elementarladung. Es ist also

$$1\ \text{eV} = 1{,}6 \cdot 10^{-19}\ \text{Cb} \cdot 1\ \text{V} = 1{,}6 \cdot 10^{-19}\ \text{J}$$

vgl. auch: Gesetzliche Einheiten 9.2.5.

Setzt man Gl. (4-7) in Gl. (1-62a) ein und berücksichtigt Gl. (4-2), so folgt (falls E längs des Weges l einen konstanten Wert hat):

$$U = E \cdot l \tag{4-8}$$

und

$$[E] = \frac{[U]}{[l]} = \frac{1\ \text{V}}{1\ \text{m}} = 1\ \frac{\text{V}}{\text{m}} = 1\ \frac{\text{J/Cb}}{\text{m}} = 1\ \frac{\text{N}}{\text{Cb}} \tag{4-8a}$$

in Übereinstimmung mit (4-6a). Allgemeiner gilt:

$$E = -\text{grad}\ U \quad \text{und} \quad U = \int E \cdot \text{d}s$$

Wie später gezeigt wird (z. B. für eine Punktladung, 4.2.7.4), läßt sich die Feldstärke E als Funktion des Ortes angeben und ebenfalls die Arbeit W, die aufgewendet werden muß, um eine Ladung Q aus dem Unendlichen an diesen Punkt zu bringen. Wird sie durch die Ladung Q dividiert, so erhält man das elektrische Potential dieses Punktes. Es ist sozusagen die Spannung gegenüber dem Unendlichen. Das absolute elektrische Potential der Erde ist schwer meßbar und spielt meßtechnisch keine Rolle, man setzt daher oft Spannung = Potentialdifferenz gegen Erde.

Die Arbeit, die beim Überführen einer Ladung von einem Punkt A zu einem Punkt B aufgewendet werden muß, läßt sich unter Verwendung von Gl. (4-2) auch ausdrücken:

$$W = Q \cdot U \tag{4-2b}$$

Dividiert man Gl. (4-2b) durch die Zeitdauer t, während der W aufgewendet wird, so ergibt sich die *Leistung P* aus

$$\frac{W}{t} = \frac{Q}{t} \cdot U$$

Wegen $P = W/t$ und $I = Q/t$ gilt also auch

$$P = I \cdot U \tag{4-9}$$

In Worten: Die Leistung beim Durchgang von elektrischem Strom durch einen Leiter ist das Produkt aus Stromstärke mal Spannung.

Durch sorgfältige Messungen (unter Heranziehen der Überlegungen von 4.2.3.5) hat man festgestellt, daß das sogenannte Weston-Normalelement bei 20 °C die Spannung 1,01865 Volt liefert. Dieser Spannungswert ist gut reproduzierbar und wird deshalb oft zu Eichzwecken herangezogen.

Mit etwa 100 mal kleinerer Fehlergrenze (nämlich $\approx 10^{-8}$) läßt sich 1 V neuerdings unter Verwendung eines (supraleitenden) „Josephson-Kontakts" reproduzieren. Zur Wirkungsweise s. z. B. D. Kamke/I. Krämer, Physikalische Grundlagen der Maßeinheiten, Teubner (Studienbücher Physik) 1977.

4.2.2.2. Statische Voltmeter

Statische Voltmeter sind Spannungsmeßinstrumente, deren Anzeige auf der Kraft $\vec{F} = Q \cdot \vec{E}$ beruht.

In statischen Voltmetern befindet sich isoliert montiert ein bewegliches Blättchen (Platinfaden), welches die Ladung Q trägt, in einem elektrischen Feld der Feldstärke $\vec{E}$. Das Blättchen erfährt also die Kraft $\vec{F} = Q \cdot \vec{E}$ und wird dadurch ausgelenkt. Bei statischen Voltmetern bleibt der Ausschlag bestehen, wenn man die Verbindung zur Spannungsquelle unterbricht.

Es gibt statische Voltmeter mit oder ohne Hilfsfeld. Abb. 202a, b, c zeigt einige einfache statische Voltmeter ohne Hilfsfeld, und zwar zwei Ausführungsformen eines Blättchenvoltmeters und ein Braunsches Voltmeter (drehbarer Zeiger).

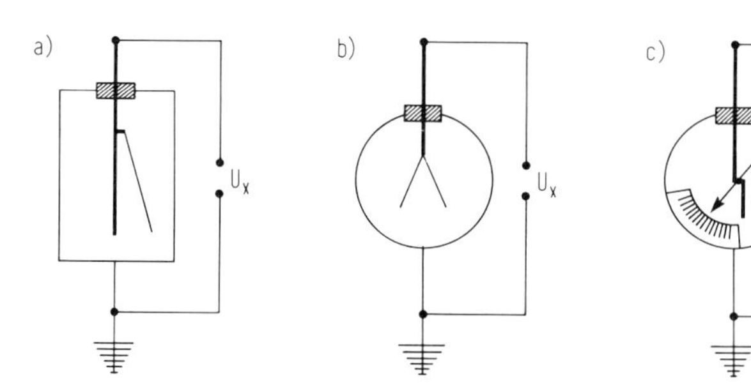

Abb. 202. Statische Voltmeter. a) Blättchenvoltmeter (Stift und Blättchen) b) Blättchenvoltmeter (zwei Blättchen) c) Braunsches Voltmeter (drehbarer Zeiger). Meßbereich für a) und b) einige 100 Volt, für c) einige 1000 Volt. Bei diesen Instrumenten (ohne Hilfsfeld) ist der Anschlag nicht proportional zur anliegenden Spannung.

Ein Multizellular-Voltmeter, das ebenfalls kein Hilfsfeld benötigt, besteht aus mehreren drehbaren, halbkreisförmigen Platten a zwischen mehreren festen Platten b (vgl. Abb. 203). Liegt Spannung zwischen den drehbaren Platten a und den festen Platten b, dann werden die Platten a zwischen die Platten b hereingezogen (Drehmoment $\vec{M}$). Eine Spiralfeder an der Achse wird dabei gespannt (rücktreibendes Drehmoment $\vec{M}^*$) und die Verdrehung (für $\vec{M} = -\vec{M}^*$) durch den Zeiger angezeigt. Ein solches Instrument (Meßbereich von etwa 50–300 V) wird im folgenden zur Messung von elektrischen Spannungen verwendet.

Statische Voltmeter ohne Hilfsfeld sind auch zum Messen von Wechselspannung (4.5.1.4) und Hochfrequenz (4.5.3.1) geeignet.

Ein statisches Voltmeter mit Hilfsfeld (Einfadenvoltmeter) ist in Abb. 204 wiedergegeben: Zwei Feldplatten sind mit den beiden Polen einer in der Mitte geerdeten Spannungs-

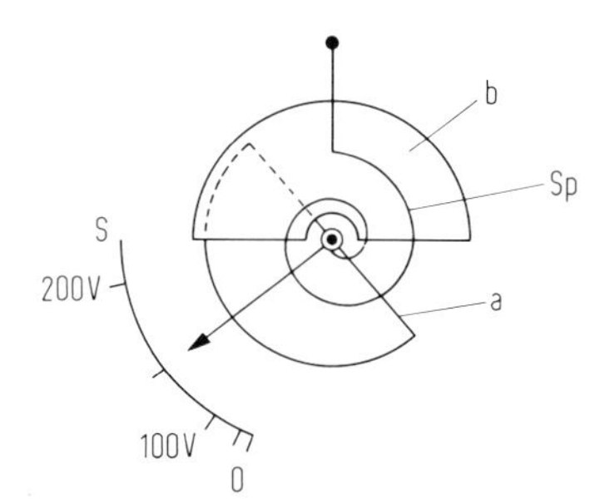

Abb. 203. Multizellular-Voltmeter. Grundriß, schematisch. a: drehbare Platten mit Drehachse und Zeiger, b: feste Platten, Sp: Spiralfeder, S: Skala. Die festen Platten haben gleichmäßige Abstände (z. B. 2 mm), die drehbaren Platten tauchen jeweils in die Zwischenräume ein.

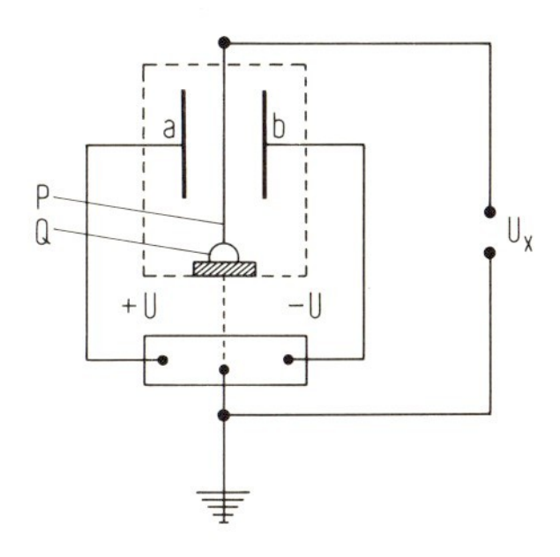

Abb. 204. Einfadenvoltmeter (mit Hilfsfeld). a und b: Feldplatten, P: Platinfaden, Q: Quarzbügel, U_x: zu messende Spannung, $+U$, $-U$: Spannungen für das elektrische Hilfsfeld. Man kann $+U = +50$ V und $-U = -50$ *V* wählen. Der Faden wird durch ein Mikroskop mit Meßskala im Okular beobachtet. Die Empfindlichkeit wird hauptsächlich mit Hilfe der Fadenspannung eingestellt (man hebt oder senkt die Platte unter dem Quarzbügel mit einer Stellschraube), sie kann z. B. 0,1 $V \mathrel{\hat{=}} 1$ Sktl. betragen.

quelle verbunden. An der Platte a liegt $+U$ (relativ zur Erde), an der Platte b liegt $-U$. Anstelle eines Metallblättchens verwendet man einen dünnen Platinfaden, der unten durch einen isolierenden Quarzbügel festgehalten und schwach gespannt wird. Der Platinfaden befindet sich in der Mitte zwischen den Feldplatten. Legt man zwischen die Mitte der Batterie (Erde) und den Platinfaden eine Spannung U_x, so wird der Faden seitlich ausgelenkt. Seine Auslenkung ist – innerhalb gewisser Grenzen – proportional U_x. Kehrt man das Vorzeichen von U_x um, so kehrt sich auch die Ausschlagsrichtung um. Durch Verringern der Drahtspannung wird das Gerät so empfindlich, daß damit kleine Spannungen bis herab zu 0,1 V oder auch 0,01 V gemessen werden können. Solche Geräte eignen sich nur zur Messung von Gleichspannung.

Wie später gezeigt wird (4.2.6.4), bekommt der Faden eine Ladung Q, die proportional U_x ist. Da sich diese Ladung in einem Feld der Feldstärke $\vec{E}$ befindet, wirkt auf sie die Kraft $\vec{F} = Q \cdot \vec{E}$.

Mit Hilfsfeld ist $Q \sim U_x$, $\vec{E} =$ const. (Batterie), also $F \sim U_x$,
ohne Hilfsfeld ist $Q \sim U_x$, $E \sim U_x$, also $F \sim U_x^2$.

Daher ist der Ausschlag eines Instruments ohne Hilfsfeld (z. B. des Multizellular-Voltmeters) unabhängig vom Vorzeichen der Spannung und steigt quadratisch mit dem Wert der Spannung Abb. 205b. Mit der Schaltung Abb. 205a kann man trotzdem nahezu spannungsproportionale Ausschläge erhalten, die vom Vorzeichen von U abhängen: Man mißt mit Vorspannung, d. h. man legt z. B. 200 V $\pm$ U_x an das Instrument und zieht von der angezeigten Spannung wieder 200 V ab. Die Vorspannung liegt zweckmäßig zwischen Erde und Instrument.

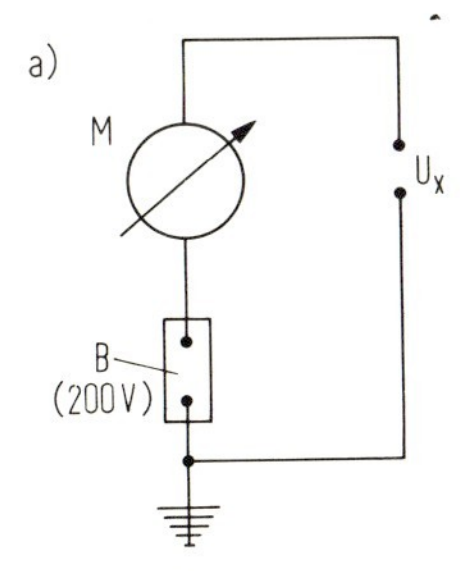

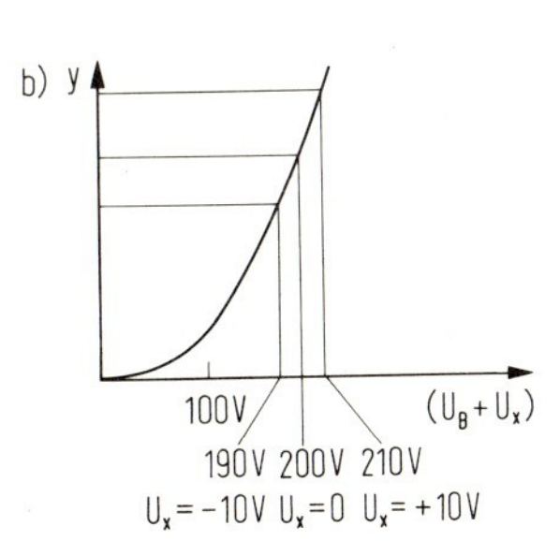

Abb. 205. Statisches Voltmeter mit Vorspannung.
a) M: Multizellularvoltmeter, B: Batterie, z. B. mit der Spannung 200 Volt.
b) Zeigerausschlag y aufgetragen gegen Gesamtspannung ($U_B + U_x$); dabei ist die Ausschlagsänderung Δy nahezu proportional der Spannungsänderung ΔU.

4.2.2.3. Schaltung von Spannungsquellen (Addition und Subtraktion von Spannungswerten)

Bei gleichsinnig hintereinander geschalteten Spannungsquellen (d. h. +Pol der ersten mit −Pol der zweiten verbunden usw.) addieren sich die Spannungswerte.

Nach 4.2.2.1 ist die elektrische Spannung eine mit Vorzeichen behaftete Größe. Man kann Spannungsquellen gleichsinnig oder gegensinnig hintereinander schalten, und man kann sie parallel schalten (vgl. Abb. 207a, b, c).

Zwischen den Punkten A und B seien n Spannungsquellen gleichsinnig *hintereinander* geschaltet mit den Anschlußpunkten 1, 2,... n. Wird eine Ladung Q von A nach B überführt, so muß dazu die Arbeit

$$W = W_1 + W_2 + \ldots + W_n \tag{4-10}$$

aufgewendet werden, wo W_1 die Arbeit für die Überführung von 1 nach 2 bedeutet, W_2 die von 2 nach 3 usw. Abb. 206.

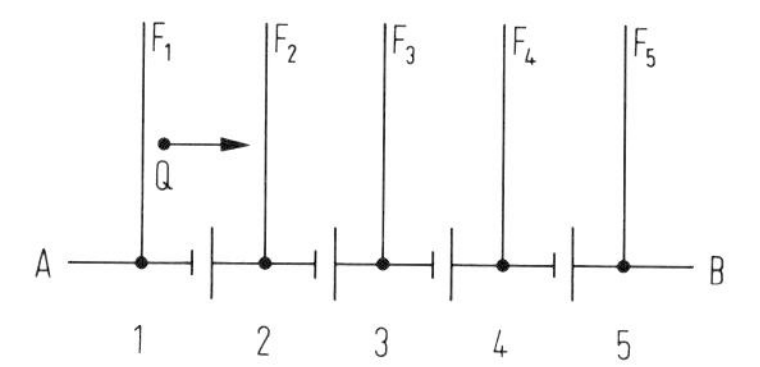

Abb. 206. Zur Addition von Spannungen beim Hintereinanderschalten. F_1 bis F_5 : Feldplatten. Bei der Überführung der Ladung Q von einer Feldplatte zur nächsten wird jeweils Arbeit aufgewendet (oder die Arbeit wird frei, je nach Vorzeichen von Ladung und Spannung).

Die elektrische Spannung ist daher nach (4-2)

$$\begin{aligned} U &= \frac{W}{Q} = \frac{W_1}{Q} + \frac{W_2}{Q} + \ldots + \frac{W_n}{Q} \\ &= U_1 + U_2 + \ldots + U_n \end{aligned} \tag{4-11}$$

Daher gilt allgemein:

Gleichsinnig hintereinander geschaltete Spannungsquellen mit den Spannungswerten $U_1, U_2, \ldots, U_n$ ergeben als Gesamtspannung $U = U_1 + U_2 + \ldots + U_n$. (Abb. 207a zeigt den Spezialfall gleicher Spannungsquellen.)

Eine gegensinnig geschaltete Spannungsquelle ist wegen des umgekehrten Vorzeichens ihrer Spannung abzuziehen (vgl. Abb. 207b).

Durch Hintereinanderschalten von Spannungsquellen entsteht eine Skala von Spannungswerten. Damit kann man ein statisches Voltmeter eichen. Spannungen von 100 V lassen sich durch Hintereinanderschalten von Taschenlampenbatterien herstellen („Anodenbatterie"), solche von 200 V oder 300 V durch Hintereinanderschalten von Anodenbatterien. Die Skala des Multizellularvoltmeters (Abb. 203) wird mit den entsprechenden Spannungswerten beschriftet.

Spannungsquellen darf man nur dann *parallel* schalten, wenn sie denselben Spannungswert haben, weil sonst Kurzschlußströme fließen würden (Abb. 207c). Beim Parallelschalten ist dann $W_1 = W_2 = \ldots = W_n$ und

$$U_{ges} = \frac{W_1}{Q} = \frac{W_2}{Q} = \ldots \tag{4-11 a}$$

Also: Mehrere parallel geschaltete, gleiche Spannungsquellen liefern denselben Spannungswert wie eine einzelne. (Man kann jedoch aus ihnen insgesamt höhere Stromstärken entnehmen als aus einer einzelnen.)

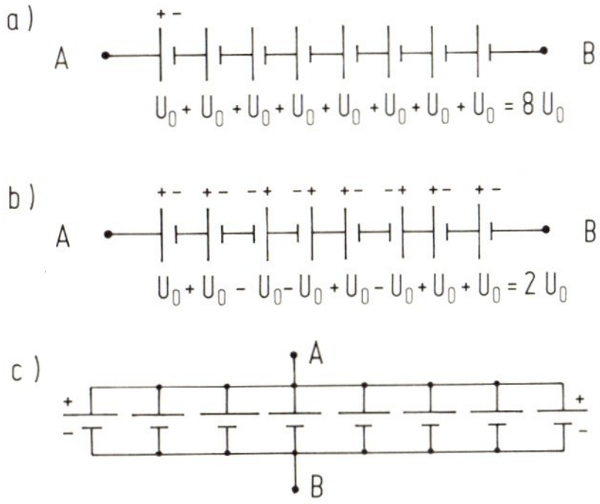

a) A B $U_0 + U_0 + U_0 + U_0 + U_0 + U_0 + U_0 + U_0 = 8\,U_0$

b) A B $U_0 + U_0 - U_0 - U_0 + U_0 - U_0 + U_0 + U_0 = 2\,U_0$

c) A B

Abb. 207. Zusammenschalten von Spannungsquellen.
a) Acht Spannungsquellen (jede mit U_0) gleichsinnig hintereinander geschaltet, Spannung $U_{AB} = 8\,U_0$.
b) Fünf Spannungsquellen gleichsinnig, drei Spannungsquellen gegensinnig hintereinander geschaltet. Spannung $U_{AB} = (5-3)\,U_0 = 2\,U_0$.
c) Parallelschalten gleichartiger Spannungsquellen. Zwischen A und B herrscht dieselbe Spannung U_0 wie zwischen den Klemmen einer einzelnen Spannungsquelle U_0.

4.2.3. Unverzweigter elektrischer Stromkreis, Materialeinfluß

4.2.3.1. Elektrischer Widerstand, elektrischer Leitwert

In einem Stromkreis hängt die Stromstärke I von der angelegten Spannung U und dem elektrischen Widerstand $R = U/I$ ab. Den Kehrwert des Widerstandes R nennt man Leitwert $G = 1/R$.

In einem Stromkreis aus einer Spannungsquelle der Spannung U und einem geeigneten langen Metalldraht fließt ein elektrischer Strom mit der Stromstärke I. Gesucht wird ein Zusammenhang zwischen der Stromstärke I, die *durch* den *Draht*, allgemein durch den Leiter, fließt, und der Spannung U, die *zwischen* seinen beiden *Endpunkten* liegt. Zur Messung von U wird das geeichte Multizellularvoltmeter (Abb. 203) verwendet, zur Messung von I ein geeichtes Drehspulamperemeter (vgl. 4.2.1.3, 4.2.1.6, 4.2.4.2).

Definition. Den Quotienten aus der Spannung U zwischen den Endpunkten und der Stromstärke I durch den Draht nennt man den elektrischen *Widerstand R* des Drahtes (Leiters), also

$$\boxed{R = U/I.} \tag{4-12}$$

Man beachte, daß dies eine Definition, kein Naturgesetz ist. Für die Dimensionen gilt

$$\dim R = \dim U / \dim I. \tag{4-12a}$$

Als kohärente Einheit ergibt sich

$$[R] = \frac{[U]}{[I]} = \frac{1\,\mathrm{V}}{1\,\mathrm{A}} = 1\,\frac{\mathrm{V}}{\mathrm{A}} = 1\ \text{Ohm, abgekürzt}\ 1\,\Omega. \tag{4-12b}$$

Beispiel. An einen Draht wird $U = 300$ V gelegt und $I = 0{,}006$ A gemessen. Der Draht hat dann den Widerstand $R = 300\ \mathrm{V}/0{,}006\ \mathrm{A} = 50000\ \mathrm{V/A} = 50000\ \Omega$.

Definition. Den Quotienten $G = I/U$ nennt man den *elektrischen Leitwert* des Leiters. Da $R = U/I$ ist, gilt

$$G = 1/R. \tag{4-13}$$

Für die Dimensionen gilt

$$\dim G = \dim I/\dim U = 1/\dim R \tag{4-13a}$$

Als kohärente Einheit erhält man

$$[G] = [I] \,/\, [U] = 1 \text{ A}/1 \text{ V} = 1 \text{ Siemens, abgekürzt } 1 \text{ S}. \tag{4-13b}$$

Aus der Definition folgt: $1 \text{ S} = 1\ \Omega^{-1}$.

4.2.3.2. Ohmsches Gesetz

Für Metalle und Halbleiter, die auf konstanter Temperatur gehalten werden, gilt R = const.

Das Ohmsche Gesetz lautet: Der in 4.2.3.1 definierte Widerstand $R = U/I$ ist konstant, d. h. unabhängig von der angelegten Spannung U oder der hindurchgehenden Stromstärke I. Das Ohmsche Gesetz gilt z. B. bei Metallen, wenn sie auf konstanter Temperatur gehalten werden.

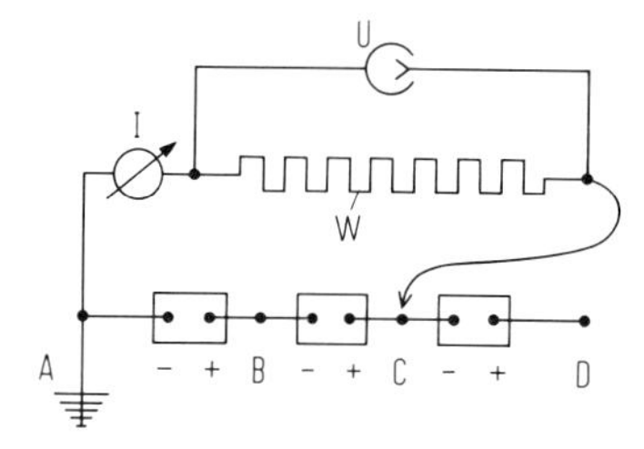

Abb. 208. Bestimmung des Widerstandes R eines Drahtes. U: Voltmeter, I: Amperemeter, W: Widerstandsdraht, $U_{AB} = U_{BC} = U_{CD} = 100$ V.

Beispiel (s. Abb. 208): An den Draht (4.2.3.1) wird mit Hilfe hintereinandergeschalteter Anodenbatterien eine Spannung U gelegt und die zugehörige Stromstärke I bestimmt.

Die folgende Tab. 31a enthält zusammengehörige Meßwerte.

Tabelle 31 a. Widerstand bei konstanter Temperatur.

U =	100 V	200 V	300 V
I =	0,002 A	0,004 A	0,006 A
$U/I = R$ =	50000 Ω	50000 Ω	50000 Ω

Zeile 1 und 2 sind die gemessenen Werte, Zeile 3 enthält den daraus errechneten Widerstand. Es ergibt sich hier durchweg derselbe Widerstandswert.

Das Ohmsche Gesetz *gilt* für Metalle („metallische Leiter“) und für elektronische Halbleiter (4.3.2.5) bei fester Temperatur, ferner für elektrolytische Leiter, falls eine an den Elektroden möglicherweise auftretende Spannung elektrochemischer Natur (Polarisationsspannung) von der von außen angelegten Spannung vorher abgezogen worden ist.

Das Ohmsche Gesetz *gilt nicht* für Gasentladungsröhren, Vakuumröhren (Glühkathodenröhre, Röntgenröhre) oder wenn beim Stromdurchgang durch einen Leiter die Temperatur des Leiters wesentlich erhöht wird.

Beispiel: Bei einer Glühlampe (6 Watt) für 4 V ergab sich:

Tabelle 31 b. Widerstand bei sich ändernder Temperatur.

U	=	1 V	2 V	3,5 V
I	=	0,23 A	0,31 A	0,42 A
R	=	4,35 Ω	6,45 Ω	8,35 Ω

In solchen Fällen müssen neben der Angabe des Widerstandswertes die Betriebsbedingungen (angelegte Spannung, Temperatur) aufgeführt werden. Die graphische Darstellung des Zusammenhanges $U = f(I)$ heißt Stromspannungskurve („Kennlinie", vgl. Abb. 209a und b). Falls das Ohmsche Gesetz gilt, ist die Kennlinie eine Gerade durch den Koordinaten-Nullpunkt.

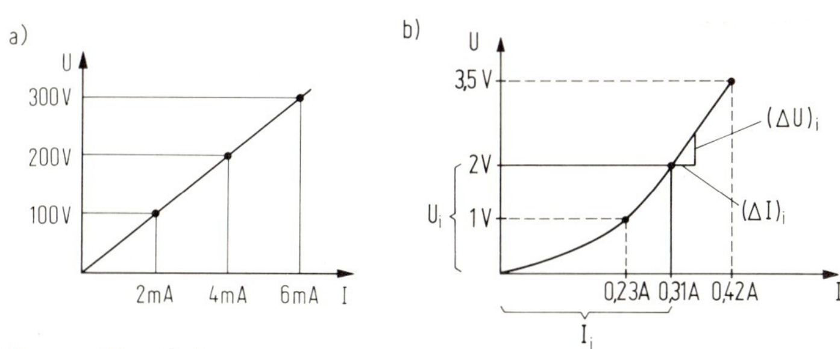

Abb. 209. Strom-Spannungs-Kurven, Kennlinien.
a) Metalldraht mit konstanter Temperatur. Graphische Darstellung der Tabelle 31a, Ohmsches Gesetz ist erfüllt: $R = U/I = \mathrm{d}U/\mathrm{d}I = \text{const}$. Die Kennlinie ist eine Gerade.
b) Glühlampe. Graphische Darstellung der Tabelle 31b. Ohmsches Gesetz ist *nicht* erfüllt. Verschiedene Punkte der Kennlinie definieren unterschiedliche Widerstandswerte: $R_i = (U_i/I_i)$. Differenzieller Widerstand $R_{\text{diff}} \approx (\Delta U_i/\Delta I_i)$.

Allgemein gilt:

$$\mathrm{d}U = \mathrm{d}(R \cdot I) = R \cdot \mathrm{d}I + I \cdot \mathrm{d}R \qquad (4\text{-}14)$$

Bei Gültigkeit des Ohmschen Gesetzes ist $\mathrm{d}R = 0$, das zweite Glied entfällt dann. Andererseits kann beim Widerstandsthermometer I konstant gehalten und aus der Änderung von R auf die Temperatur geschlossen werden.

4.2.3.3. Spezifischer Widerstand, Leitfähigkeit

Der Widerstand R eines Drahtes hängt von seiner Länge l, seiner Querschnittfläche A und einer Materialkonstanten σ ab. σ heißt spezifischer Widerstand, $\varkappa = 1/\sigma$ heißt Leitfähigkeit. Es gilt $R = \sigma \cdot l/A = (1/\varkappa) l/A$.

Untersucht man den Widerstand R von Drähten (allgemein von Elektrizitätsleitern) verschiedener Länge l, verschiedener Querschnittsfläche A und aus einheitlichem Material, so findet man

$$\boxed{R = \sigma \frac{l}{A}} \tag{4-15}$$

d. h. der Widerstand eines Elektrizitätsleiters ist proportional seiner Länge l und umgekehrt proportional seiner Querschnittsfläche A.

Definition. $\sigma = R \cdot A/l$ nennt man den *spezifischen Widerstand* des verwendeten Materials. Solange das Ohmsche Gesetz gilt, ist er eine Materialkonstante.

Für die Dimensionen gilt

$$\dim \sigma = \dim R \cdot \dim A/\dim l. \tag{4-15a}$$

Als kohärente Einheit ergibt sich

$$[\sigma] = [R] \cdot \frac{[A]}{[l]} = 1\,\Omega \cdot \frac{1\text{ m}^2}{1\text{ m}} = 1\,\Omega \cdot \text{m} = 100\,\Omega \cdot \text{cm} \tag{4-15b}$$

Tabelle 32. Widerstand und Abmessungen.

	Länge l	Querschnittsfläche A	$R = \frac{U}{I}$	$\sigma = R \cdot \frac{A}{l}$
Kupferdraht	1 m	$1\text{ mm}^2 = 10^{-4}\text{ m}^2$	(1/60) Ω	
	60 m	1 mm^2	1 Ω	$1{,}68 \cdot 10^{-8}\,\Omega \cdot \text{m}$
	60 m	$0{,}25\text{ mm}^2$	4 Ω	
Eisendraht	1 m	1 mm^2	(1/12) Ω	$8{,}4 \cdot 10^{-8}\,\Omega \cdot \text{m}$

Gl. (4-15) läßt sich daraus bestätigen.

Der spezifische Widerstand verschiedener Substanzen kann sich bis zu einem Faktor 10^{24} unterscheiden, vgl. Tab. 33.

Tabelle 33. Spezifischer Widerstand σ.

Metallische Leiter:	Ag	$1{,}55 \cdot 10^{-8}\,\Omega \cdot \text{m}$
	Cu	$1{,}68 \cdot 10^{-8}\,\Omega \cdot \text{m}$
	Fe	$8{,}4 \cdot 10^{-8}\,\Omega \cdot \text{m}$
	Hg	$94{,}0 \cdot 10^{-8}\,\Omega \cdot \text{m}$
Elektrolytische Leiter:	NaCl (geschm.)	$0{,}273 \cdot 10^{-2}\,\Omega \cdot \text{m}$
Elektronische Halbleiter:	CuO	$2{,}1 \cdot 10^{4}\,\Omega \cdot \text{m}$
Isolatoren:	NaCl (fest)	$1 \cdot 10^{15}\,\Omega \cdot \text{m}$
	Bernstein	$10^{16}\,\Omega \cdot \text{m}$

In Metallen und elektronischen Halbleitern erfolgt die Elektrizitätsleitung durch Elektronen, vgl. 4.3.2.5, bei elektrolytischen Leitern durch Ionen, vgl. 4.3.2.1.

Stoffe mit kleinem spezifischen Widerstand (z. B. Metalle) nennt man „Leiter", solche mit sehr hohem spezifischen Widerstand (z. B. Bernstein) „Isolatoren". Zwischen Leitern und Isolatoren stehen (elektronische) Halbleiter (z. B. CuO) und elektrolytische Leiter (z. B. NaCl, geschmolzen); sie unterscheiden sich von den Metallen auffällig durch die verschiedene Temperaturabhängigkeit ihres Widerstandes (vgl. 4.3.2.5).

Definition. Der Kehrwert des spezifischen Widerstandes σ heißt *Leitfähigkeit*

$$\varkappa = \frac{1}{\sigma} \tag{4-16}$$

Als kohärente Einheit ergibt sich

$$[\varkappa] = \frac{1}{[\sigma]} = 1\ \Omega^{-1} \cdot \mathrm{m}^{-1} = 1\ \frac{\mathrm{S}}{\mathrm{m}} \tag{4-16a}$$

4.2.3.4. Leitfähigkeit, Stromdichte, Feldstärke

Zwischen Stromdichte j, Feldstärke E und Leitfähigkeit $\varkappa$ gilt der Zusammenhang $j = \varkappa \cdot E$.

Führt man in die Definitionsgleichung für den Widerstand $R = U/I$ den spezifischen Widerstand σ ein (4-15), so erhält man nach Umordnen $U/l = \sigma \cdot I/A$.

Definition. Den Quotienten aus der elektrischen Stromstärke I und der Querschnittsfläche A, durch die der Strom fließt, nennt man *elektrische Stromdichte j* (Flächendichte der elektrischen Stromstärke), also*)

$$j = I/A \tag{4-17}$$

Für die Dimension gilt

$$\dim j = \frac{\dim I}{\dim A} \tag{4-17a}$$

Als kohärente Einheit ergibt sich

$$[j] = \frac{[I]}{[A]} = \frac{1\ \mathrm{A}}{1\ \mathrm{m}^2} = 1\ \frac{\mathrm{A}}{\mathrm{m}^2} \tag{4-17b}$$

Aus Gl. (4-12), (4-15) und (4-17) folgt wegen $\sigma = 1/\varkappa$ und wegen $E = U/l$ durch Einsetzen und Umordnen schließlich

$$j = \varkappa \cdot E \tag{4-18}$$

Das Ohmsche Gesetz (4.2.3.2) läßt sich dann auch ausdrücken durch $\varkappa$ = const. anstelle von R = const. Gl. (4-18) ist anwendbar bei der Triftbewegung von Ladungswolken gegenein-

* Neuerdings wird als Formelzeichen J empfohlen.

ander in festen und flüssigen Leitern, nicht jedoch, wenn sich Elektronen oder Ionenbündel durch Vakuum bewegen, weil dann der Begriff Leitfähigkeit nicht mehr anwendbar ist. Weiteres folgt in 4.3.1.3.

4.2.3.5. Anwendung von $U = R \cdot I$ auf Teile eines Stromkreises, Potentiometerschaltung

Den Zusammenhang $U = R \cdot I$ kann man auch auf Teilstücke eines Stromkreises anwenden.

Da die Stromstärke I in einem (unverzweigten) Stromkreis überall denselben Wert hat, gilt $U_{AB} = I \cdot R_{AB}$ oder $U_{BC} = I \cdot R_{BC}$ usw. (Abb. 210).

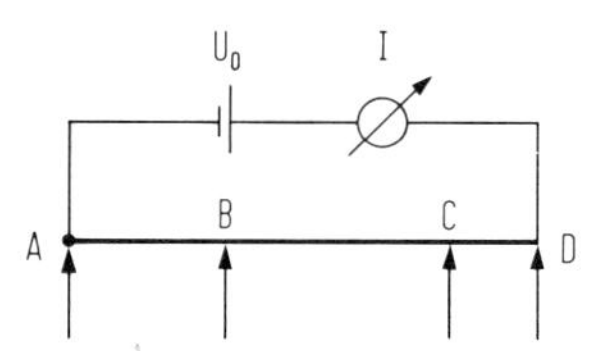

Abb. 210. Spannungsabfall in einem unverzweigten Stromkreis. Es gilt: $U_{AB} + U_{BC} + U_{CD} = U_{AD}$.

Wendet man dies auf einen einheitlichen Draht an (A = const., σ = const.), so folgt, wenn man Gl. (4-15) einsetzt und $U_{AD} = U_{AB} + U_{BC} + U_{CD}$ berücksichtigt

$$U_{AB} = I \cdot \left(\sigma \cdot \frac{1}{A}\right) \cdot l_{AB}$$

Dabei gilt $U_{AB}/U_{AC} = l_{AB}/l_{AC}$ usw., wo U_{AC} die zwischen A und C am Draht liegende Spannung und l_{AC} die Länge des Drahtes zwischen A und C ist.

Während man durch Hintereinanderschalten von Spannungsquellen (4.2.2.3) nur eine Skala von *diskreten* Spannungswerten erhält, kann man mit der Schaltung (Abb. 211) kontinuierlich veränderliche Bruchteile der Spannung U_0 (z. B. der Spannung eines Akkumulators) herstellen und zwischen A und S abgreifen. Man nennt diese Schaltung „Potentiometerschaltung". Statt eines einfachen Drahtes kann dabei auch eine einlagige Spule mit Schleifkontakt verwendet werden.

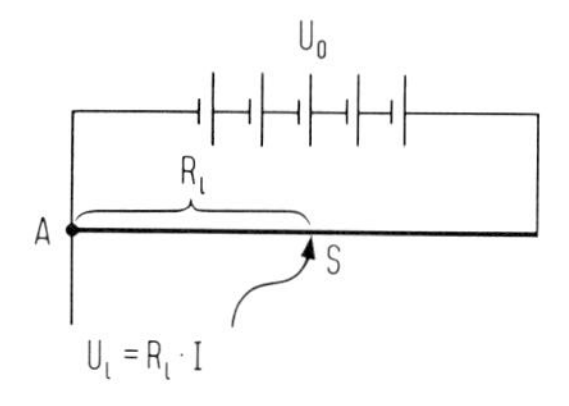

Abb. 211. Potentiometerschaltung. Durch das Verschieben des Schleifkontaktes S erhält man zwischen A und S kontinuierlich veränderliche Spannungswerte. U_l ist proportional R_l proportional l_{AS}.

4.2.4. Verzweigter Stromkreis

4.2.4.1. Parallel- und Hintereinanderschaltung von Widerstandsdrähten *F/L 4.1.2. u. 4.1.3*

Beim Hintereinanderschalten addieren sich die Widerstandswerte, beim Parallelschalten die Leitwerte.

Man kann Widerstände hintereinander („in Serie", „in Reihe") schalten oder parallel schalten (vgl. Abb. 212). Um zu verstehen, welchen Gesamtwiderstand man dadurch erhält, geht man von zwei Tatsachen aus (vgl. 4.2.2.3 und 4.2.1.4):

a) Gesamtspannung $U = U_1 + U_2 + \ldots + U_n$ bei Hintereinanderschaltung
b) Gesamtstromstärke $I = I_1 + I_2 + \ldots + I_n$ bei Parallelschaltung.

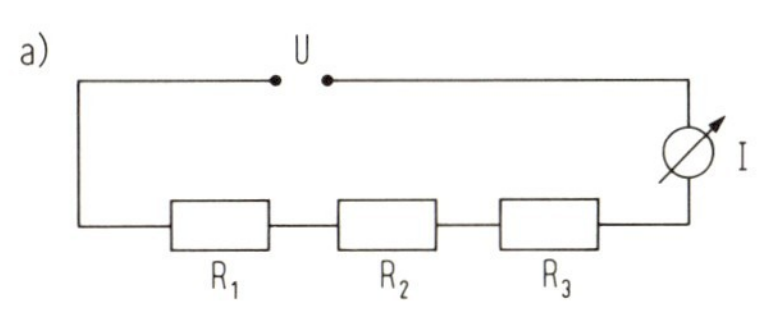

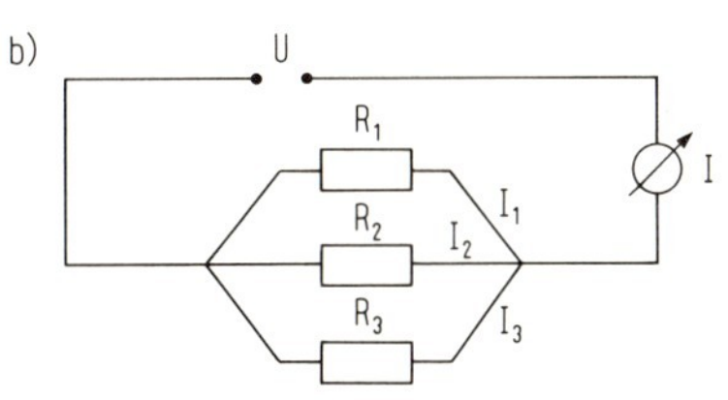

Abb. 212. Reihen- und Parallelschaltung von Widerständen.
a) Reihenschaltung von Widerständen:

$R_{ges} = R_1 + R_2 + R_3$.

b) Parallelschaltung von Widerständen:

$$\frac{1}{R_{ges}} = \frac{1}{R_1} + \frac{1}{R_2} + \frac{1}{R_3}$$

Zu a). Im ganzen (unverzweigten) Stromkreis herrscht dieselbe Stromstärke.

Zu b). Zwischen dem Verzweigungs- und Wiedervereinigungspunkt mehrerer Teilströme herrscht in allen Zweigen dieselbe Spannung.

Aus a) folgt:

$$U = U_1 + U_2 + \ldots + U_n = R_1 \cdot I + R_2 \cdot I + \ldots + R_n \cdot I$$
$$= (R_1 + R_2 + \ldots + R_n) \cdot I = R_{ges} \cdot I$$

Aus b) folgt:

$$I = I_1 + I_2 + \ldots + I_n = \frac{U}{R_1} + \frac{U}{R_2} + \ldots + \frac{U}{R_n}$$
$$= U \cdot \frac{1}{R_{ges}} = U \cdot \left(\frac{1}{R_1} + \frac{1}{R_2} + \ldots + \frac{1}{R_n}\right) = U \cdot (G_1 + G_2 + \ldots + G_n)$$

Also gilt:

Bei Hintereinanderschaltung $$R_{ges} = R_1 + R_2 + \ldots + R_n \qquad (4\text{-}19)$$

Bei Parallelschaltung $$G_{ges} = G_1 + G_2 + \ldots + G_n \qquad (4\text{-}20)$$

oder $$\frac{1}{R_{ges}} = \frac{1}{R_1} + \frac{1}{R_2} + \ldots + \frac{1}{R_n} \qquad (4\text{-}20a)$$

Experimentelle Prüfung für n = 2.

In Abb. 213 geben die Pfeile diejenigen Punkte an, zwischen denen die Spannung U herrscht (eingestellt wird). I ist die Stromstärke im Draht (vor dem Verzweigungspunkt).

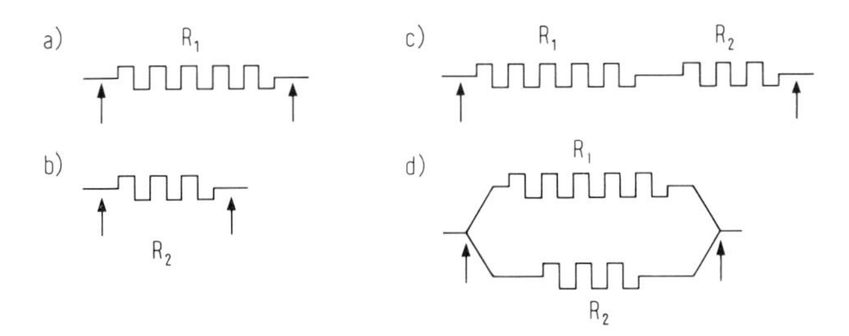

Abb. 213. Zur Messung des Gesamtwiderstandes bei Reihen- und Parallelschaltung.
a) bzw. b) R_1 bzw. R_2 einzeln.
c) Bei Reihenschaltung addieren sich die Widerstandswerte.
d) Bei Parallelschaltung addieren sich die Leitwerte.

Tabelle 34. Zusammenschaltung von Widerständen.

Widerstand	U	I	$R = \frac{U}{I}$	$G = \frac{I}{U} = \frac{1}{R}$
a) R_1	200 V	0,1 A	2000 Ω	$0{,}5 \cdot 10^{-3}$ S
b) R_2	200 V	0,4 A	500 Ω	$2 \cdot 10^{-3}$ S
c) Hintereinander	200 V	0,08 A	2500 Ω	$0{,}4 \cdot 10^{-3}$ S
d) Parallel	200 V	0,5 A	400 Ω	$2{,}5 \cdot 10^{-3}$ S

4.2.4.2. Umeichung von Strom- und Spannungsmessern

Mit Hilfe des Ohmschen Gesetzes und des 1. Kirchhoffschen Satzes lassen sich statische Voltmeter zur Messung von Stromstärken, und Milliamperemeter zur Spannungsmessung heranziehen.

a) Stromstärkemessung mit Hilfe eines statischen Voltmeters. Der zu messende Strom geht durch einen Leiter (Metalldraht) mit bekanntem Widerstand R. Die daran liegende Spannung U wird am Einfadenvoltmeter abgelesen (Abb. 214). Aus U und R ergibt sich $I = U/R$.

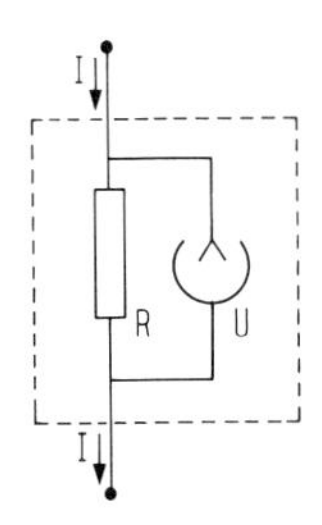

Abb. 214. Stromstärkemessung mit statischem Voltmeter. Die Stromstärke I erhält man aus $I = U/R$.

Beispiel: Mit $R = 10^9\ \Omega$ bis 10^{13} Ohm und einem statischen Voltmeter für 0,1 bis 1 Volt lassen sich sehr geringe Stromstärken um 10^{-10} A bis 10^{-13} A messen, jedoch nur in solchen Fällen, in denen die Stromstärke durch den zugeschalteten Widerstand nicht beeinflußt wird (vgl. unten „Sättigungsstrom" 4.3.1.3). Daher kann man damit z. B. schwache Thermoströme nicht messen.

Wegen der fast momentanen Einstellung des Einfadenvoltmeters eignet sich diese Schaltung auch zur Messung schneller zeitlicher Änderungen der elektrischen Stromstärke.

Beispiel: Die Stromstärke durch ein Autoscheinwerferlämpchen (vgl. 4.2.3.2, Beispiel Tab. 31 b) nimmt kurz nach dem Einschalten wieder stark ab, da der Widerstand des Glühdrahtes mit der Temperatur des Drahtes erheblich zunimmt. Bei Stromstärken um 1 A kann man $R = 1\ \Omega$ verwenden.

b) Spannungsmessung mit Milliamperemeter. Schaltet man ein Milliamperemeter und einen geeigneten Draht (Widerstandswert R_0) hintereinander, so ist die Spannung U an den Klemmen A und B (vgl. Abb. 215) durch den Widerstand R des Stromkreises ($R = R_0 +$ Innenwiderstand des Milliamperemeters) bestimmt. Quantitativ gilt $U = R \cdot I$ („Stromdurchflossenes Voltmeter"). Die Skala des Milliamperemeters wird dann mit den Spannungswerten U beschriftet.

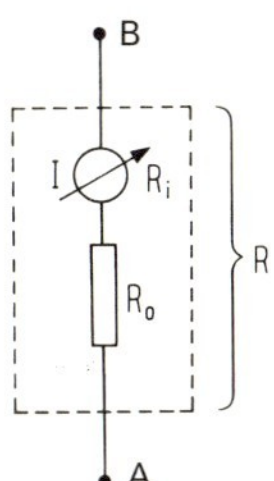

Abb. 215. Spannungsmessung mit Stromstärkemeßgerät. Die Spannung U erhält man aus $U = I \cdot R = I(R_0 + R_i)$.

Beispiel. Mit einem Milliamperemeter (Endausschlag 2 mA) kann man mit $R = 50\ \text{k}\Omega$, $100\ \text{k}\Omega$, $500\ \text{k}\Omega$ usw. Spannungen bis 100 V, 200 V, 1000 V usw. messen (Drehschalter). Solche Vielfachmeßinstrumente werden viel benützt.

Stromdurchflossene Voltmeter können *nur* bei solchen Spannungsquellen benutzt werden, die sich nicht sofort erschöpfen, dagegen sind statische Voltmeter in jedem Fall verwendbar (vgl. 4.2.2.2).

c) Meßbereichsänderung von Strommessern. Ein für eine bestimmte Stromstärke I_0 gebautes Milliamperemeter (Innenwiderstand R_0) wird zur Messung höherer Stromstärken verwendbar, wenn man einen Draht mit niedrigem Widerstandswert (R_s) parallel schaltet, durch den dann ein (evtl. großer) Teil (I_s) der Gesamtstromstärke I geleitet wird. Ein solcher parallel geschalteter Draht wird Nebenschluß (englisch: Shunt) genannt (vgl. Abb. 216). Dabei muß nach 4.2.4.1 gelten $R_s \cdot I_s = R_0 \cdot I_0$ und $I = I_0 + I_s$.

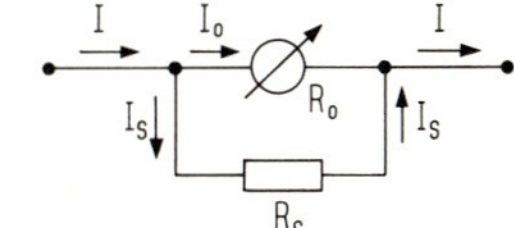

Abb. 216. „Shunt" zur Erweiterung des Meßbereiches von Amperemetern. Es gilt: $R_s \cdot I_s = R_0 \cdot I_0$ und $I = I_0 + I_s$.

Beispiel. Ein Milliamperemeter mit dem Endausschlag 1 mA und dem Innenwiderstand $R_0 = 50\ \Omega$ wird zur Messung der 1000 mal größeren Stromstärke 1 A verwendbar, wenn im Nebenschluß ein Widerstand $R_s = 50\ \Omega \cdot 1/999 \approx 0{,}05\ \Omega$ liegt.

d) Vergrößerung des Meßbereichs eines Spannungsmessers. Um die Spannung einer technischen Spannungsquelle mit z. B. 3000 V messen zu können, werden 9 MΩ und 1 MΩ hintereinander zwischen 3000 V und Erde geschaltet. Am 1 MΩ-Widerstand liegt dann 1/10 der Gesamtspannung, nämlich 300 V. Diese Spannung kann mit einem statischen Voltmeter gemessen werden.

Beachte. Meßinstrumente für die Stromstärke sollen einen möglichst kleinen inneren Widerstand haben, Spannungsmeßinstrumente einen sehr großen (oder unendlichen).

4.2.4.3. Brückenschaltung zur Widerstandsmessung

F/L 4.1.1

Mit der Brücken-Schaltung (Abb. 217) kann das Verhältnis zweier Widerstandswerte mit Hilfe eines Längenverhältnisses bestimmt werden.

Ein unbekannter Widerstandswert R_x kann wie folgt gemessen werden (Abb. 217): Der zu messende Widerstand R_x und ein bekannter Widerstand R_1 sind hintereinander geschaltet; parallel zu beiden liegt ein ausgespannter Widerstandsdraht (sein Widerstandswert ist wie beim Potentiometer (4.2.3.5) proportional l). Der Punkt P wird durch einen

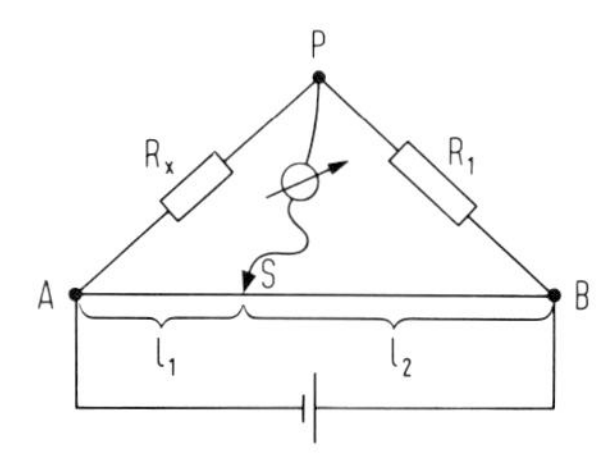

Abb. 217. Wheatstone-Brücke. Der Schleifkontakt S am Brückendraht AB wird solange verschoben, bis das zwischen P und S liegende Brückeninstrument 0 zeigt. Dann herrscht am Schleifkontakt S und am Punkt P dieselbe Spannung und es gilt: $R_1 : R_x = l_1 : l_2$.

„Brückendraht" (Wheatstonesche Brücke) über einen Schleifkontakt mit dem gespannten Widerstandsdraht verbunden. Durch Verschieben des Schleifkontaktes sucht man denselben Spannungswert auf, der auch am Punkt P herrscht. Man erkennt das an einem als „Nullinstrument" verwendeten Spannungs- oder Strommesser, der das Fehlen einer Spannung erkennen läßt. Dieses Instrument braucht nicht geeicht zu sein. Dann gilt:

$$U_1 : U_2 = l_1 : l_2 = R_1 : R_x = R_{l_1} : R_{l_2} \tag{4-21}$$

Zweckmäßigerweise wählt man R_1 von ähnlichem Betrag wie R_x, weil dann der relative Meßfehler am kleinsten wird.

4.2.4.4. Zweiter Kirchhoffscher Satz

Die Summe aller Spannungen in einer Masche ist Null.

In verzweigten Stromkreisen kann man Strommaschen herausgreifen. Eine Masche ist ein aus Teilstücken (Zweigen) bestehender geschlossener Weg (Abb. 218). Die Stromstärken in den einzelnen Teilstücken sind in der Regel voneinander verschieden. Jedes Teilstück

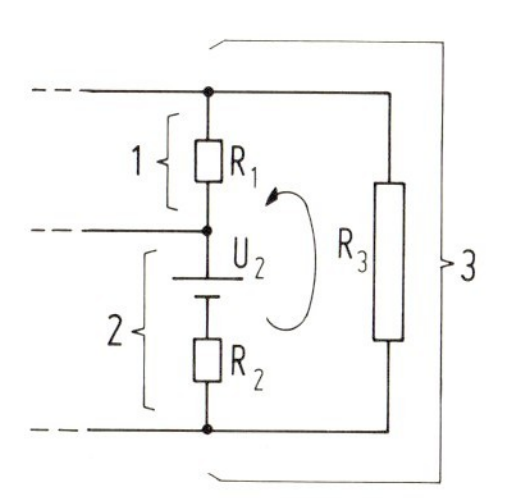

Abb. 218. Zum 2. Kirchhoffschen Satz. Beispiel einer Masche, hier bestehend aus 3 Teilstücken. Es gilt: $\sum_{\nu=1}^{3}(U_\nu - R_\nu \cdot i_\nu) = 0$. (Teil einer Schaltung für stabilisierte Gleichspannung am Verbraucher R_3.) Der Pfeil bezeichnet den willkürlich vorgegebenen Umlaufsinn.

kann eine Spannungsquelle (Batterie) enthalten. Die Spannung zwischen den Endpunkten eines Teilstückes ist $U_\nu - R_\nu \cdot i_\nu$. Dabei ist U_ν die Spannung einer Spannungsquelle, R_ν der Widerstand, i_ν die Stromstärke im ν-ten Teilstück. Die Summe aller Spannungen in einer Masche, d. h. auf einem geschlossenen Weg ist Null, in Formelzeichen:

$$\sum_\nu (U_\nu - R_\nu i_\nu) = 0 \tag{4-22}$$

Zur Festlegung des Vorzeichens der Summanden wird in der Masche willkürlich ein Umlaufsinn vorgegeben. Ist die Stromstärke in einem Teilstück bereits bekannt, so wird sie positiv gezählt, wenn sie mit dem vorgegebenen Umlaufsinn übereinstimmt; andernfalls wird sie negativ gezählt. Die Spannungsquellen werden als positiv festgelegt, wenn sie für sich allein einen Strom in Richtung des vorgegebenen Umlaufsinns erzeugen würden. Ergibt sich nach Auflösen der Gleichungen z. B. für die Stromstärke in einem Teilstück ein negativer Wert, so bedeutet das: Der Strom fließt dort entgegengesetzt zum obigen Umlaufsinn.

4.2.5. Elektrisches Feld, Kondensator

4.2.5.1. Stromstoß, Spannungsstoß

Die Begriffe elektrischer Stromstoß und elektrischer Spannungsstoß werden eingeführt.

Im folgenden wird oft ein Produkt elektrische Stromstärke mal Zeit, genauer $\int I \cdot \mathrm{d}t$, und ein Produkt elektrische Spannung mal Zeit, genauer $\int U \cdot \mathrm{d}t$, auftreten. Daher sollen diese Begriffe jetzt eingeführt werden.

Definition: Das Integral $\int_{t_0}^{t_1} I(t) \cdot \mathrm{d}t$ (im Sonderfall $I \cdot t$, wenn I während der Zeitdauer $t_1 - t_0$ konstant ist), nennt man einen (elektrischen) ***Stromstoß***. Da nach 4.2.1.1 die Stromstärke definiert ist durch $I = \mathrm{d}Q/\mathrm{d}t$, ist $\int_{t_0}^{t_1} I \cdot \mathrm{d}t = \Delta Q$, das ist die *Ladung*, die durch einen Leiterquerschnitt im Zeitintervall von t_0 bis t_1 hindurchgegangen ist.

Für die Dimensionen gilt daher

$$\dim\left(\int I \cdot \mathrm{d}t\right) = \dim I \cdot \dim t = \dim Q \tag{4-1a}$$

Für die Einheiten gilt

$$\left[\int I \cdot \mathrm{d}t\right] = [I] \cdot [t] = 1\ \mathrm{A} \cdot 1\ \mathrm{s} = 1\ \mathrm{Cb}. \tag{4-1b}$$

Die Größe Q ist ein Skalar relativ zu Transformationen der Länge und Zeit auch im Bereich der vierdimensionalen relativistischen Physik. Der Begriff Stromstoß wird meist dann verwendet, wenn $t_1 - t_0$ klein ist, also ein elektrischer Strom nur während sehr kurzer Zeit fließt. In 4.2.5.2 wird ein Instrument mit der Empfindlichkeit 1 Sktl. ≙ 5,8 nCb besprochen.

Definition: Das Integral $\int_{t_0}^{t_1} U \cdot \mathrm{d}t$ nennt man einen elektrischen *Spannungsstoß* S_s, also

$$\boxed{S_e = \int_{t_0}^{t_1} U \cdot \mathrm{d}t} \tag{4-23}$$

S_e ist eine neue physikalische Größe. Im folgenden wird dieses Formelzeichen jedoch meist durch $\int U \cdot \mathrm{d}t$ ersetzt, weil S_e in anderen Büchern nicht üblich ist.

Für die Dimensionen gilt

$$\dim\left(\int U \cdot \mathrm{d}t\right) = \dim U \cdot \dim t \tag{4-23a}$$

Für die Einheiten gilt

$$\left[\int U \cdot \mathrm{d}t\right] = [U] \cdot [t] = 1\ \mathrm{V} \cdot 1\ \mathrm{s} = 1\ \mathrm{J/Cb} \cdot 1\ \mathrm{s} = 1\ \mathrm{Js/Cb} \tag{4-23b}$$

Diese Größe kommt u. a. in 4.3.1.2 vor, sie ist ein Skalar auch gegenüber relativistischen Transformationen der Länge und Zeit.

Wenn ein Spannungsstoß $\int U \cdot \mathrm{d}t$ an die Endpunkte eines Drahtes mit dem Widerstand R gelegt wird, geht ein Stromstoß $\int I \cdot \mathrm{d}t = 1/R \cdot \int U \cdot \mathrm{d}t$ durch den Draht hindurch. In der Physik kommen auch Spannungsstöße vor zwischen zwei Punkten, die nicht durch einen Widerstandsdraht verbunden sind. In 4.4.1.3 wird ein Instrument mit 1 Sktl ≙ 30 μVs und ein unempfindlicheres, aber schnell messendes mit 1 Sktl ≙ 1 500 μVs besprochen werden.

4.2.5.2. Messung einer Ladung, Galvanometer ballistisch verwendet *F/L 4.2.2*

Die in einem kurzen Zeitintervall durch ein Galvanometer verschobene Ladung $\Delta Q = Q - Q_0 = \int_{t_0}^{t_1} I \cdot \mathrm{d}t$ läßt sich mit Hilfe des Stoßausschlages eines Galvanometers messen.

In 4.1 wurde eine Metallkugel (van-de-Graaff-Modell) aufgeladen und gezeigt, daß dann in ihrer Umgebung ein elektrisches Feld vorhanden ist. Die Ladung war vorher mit Hilfe der Bewegung eines Bandes auf die Kugel verschoben worden. Man kann diese Ladung über ein Galvanometer zur Erde abfließen lassen. Dabei macht der Lichtzeiger eine Bewegung bis zu einem Maximalausschlag und kehrt wieder auf Null zurück (Abb. 219). Diesen Maximalausschlag nennt man einen *Stoßausschlag* (ballistischen Ausschlag). Am einfachsten sind die Verhältnisse, wenn die Ladung in einem Zeitraum abfließt, der klein ist im Vergleich zur Zeitdauer, bis zu der das Maximum des Galvanometerausschlags erreicht wird. Der Galvanometerausschlag ist dann proportional der abgeflossenen Ladung $\Delta Q = \int_{t_0}^{t_1} I \cdot \mathrm{d}t$. Nach dem Abfließen ist die Kugel nicht mehr geladen; die auf der Kugel zuerst vorhandene Ladung wurde (zur Erde) zurückverschoben.

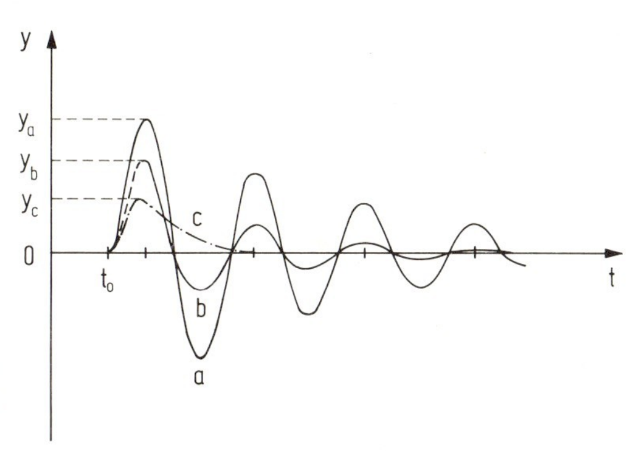

Abb. 219. Stoßausschlag eines Galvanometers. Gezeichnet ist die Auslenkung y des Lichtzeigers eines Galvanometers als Funktion der Zeit, wenn zur Zeit t_0 ein kurzer Stromstoß durch das Galvanometer gegangen ist. Der Stoßausschlag y_a, y_b, y_c hängt von der Galvanometerdämpfung ab. Kurve a gilt, wenn das Galvanometer schwach gedämpft ist, Kurve b, wenn es mäßig, c wenn es stark gedämpft ist. Es handelt sich um gedämpfte Schwingungen wie bei Abb. 120. Man vergleiche auch 4.4.3.4.

Die Proportionalität von kurzdauerndem Stromstoß und Stoßausschlag sieht man leicht ein. Durch einen kurzen Stromstoß wird die Galvanometerspule ruckartig in Drehung versetzt; sie erhält ein Drehmoment während einer bestimmten Zeit, also einen Drehimpuls ΔL (Drehstoß), und schwingt aus. Das Drehmoment M ist der Stromstärke proportional (vgl. 4.2.1.5 und 4.4.5.4), also ist auch $M \cdot \mathrm{d}t \sim I \cdot \mathrm{d}t$. Weiter gilt nach 1.4.3.1, wenn $\varphi_{\text{Anfang}} = \varphi_{\text{Ruhezustand}}$

$$\int M \cdot \mathrm{d}t = \Delta L \text{ und } \Delta L = J \cdot \frac{2\pi}{T} \cdot (\varphi_{\text{Umkehr}} - \varphi_{\text{Anfang}}),$$

wo J das Trägheitsmoment der Drehspule, T deren Schwingungsdauer, φ der Drehwinkel der Spule ist; daher gilt

$$\varphi_{\text{Umkehr}} - \varphi_{\text{Anfang}} \sim \Delta L \sim \int I \cdot \mathrm{d}t$$

Um das Galvanometer für die ballistische Messung elektrischer Ladung zu eichen, kann man eine kleine konstante und bekannte Stromstärke für eine kurze*) Zeitdauer τ durch ein Galvanometer mit relativ langer Schwingungsdauer T fließen lassen (z. B. nach Kurve 1 in Abb. 220) und beobachtet den zugehörigen Stoßausschlag. Zu diesem Zweck legt man eine (konstante) Spannung U für eine kurze Zeitdauer $t - t_0$ an den Galvanometerkreis, der einen hinreichend großen Widerstand enthält. Wirksam ist dann ein Spannungsstoß $\int U \cdot \mathrm{d}t$, der im Galvanometerkreis einen Stromstoß $\int I \cdot \mathrm{d}t = \int (1/R) \cdot U \cdot \mathrm{d}t$ erzeugt. Bei diesem *Eich*verfahren hängt der Stromstoß durch das Galvanometer vom Widerstand ab, nicht jedoch beim Abfließen einer vorgegebenen Ladung über das Galvanometer (4.2.5.3). Der Stoßausschlag hängt unter der Voraussetzung $\tau \ll T$ nicht vom genauen Zeitverlauf ab,

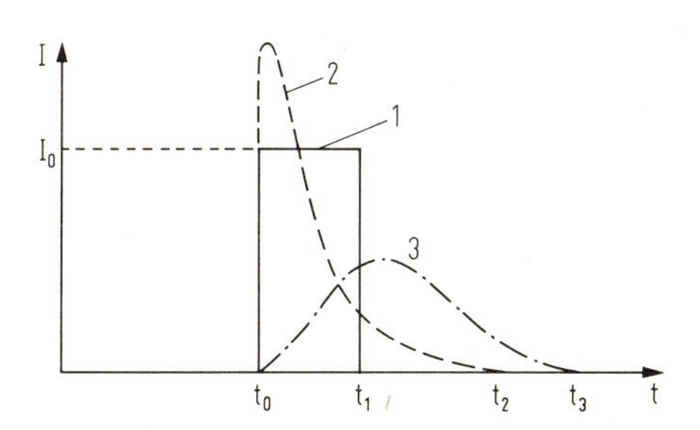

Abb. 220. Stromstöße. $\Delta Q = \int_{t_0}^{t_1} I \, \mathrm{d}t$. Die Stromstöße 1,2,3 führen zum selben Stoßausschlag, wenn $I(t)$ im Diagramm jeweils denselben Flächeninhalt einschließt, wie in der Abb. tatsächlich gezeichnet.

* „Kurz" heißt $\tau \ll T$. Wenn $\tau = 0{,}1 \cdot T$, dann ist der Ausschlag um den Bruchteil 0,016 zu klein, wenn $\tau = 0{,}2 \cdot T$, dann um 0,064.

sondern nur vom Flächeninhalt im I-t-Diagramm (Kurve 2,3). Eine geeignete Schaltung zeigt Abb. 221. Im folgenden wird ein Galvanometer verwendet, für das gilt 1 Sktl. (Stoßausschlag) ≙ 5,8 nCb.

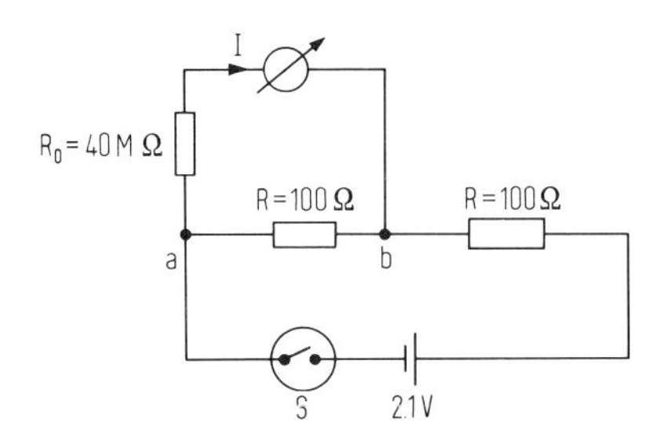

Abb. 221. Eichschaltung für Stoßgalvanometer. S: Zeitschalter. R_0 muß genügend groß sein, damit bei dieser Eichung und der späteren Verwendung bei offenem Stromkreis (z. B. Kondensator) dieselbe Dämpfung herrscht.

Experimentelles Beispiel. Ein Galvanometer mit einer Schwingungsdauer größer als 5 s wird über $R = 40$ MΩ an a und b gelegt. Der Stromkreis wird für die Dauer von z. B. 1 s (Zeitschalter!) geschlossen. Der angelegte Spannungsstoß beträgt dann $\int U \cdot dt = 2{,}1$ V · 1 s = 2,1 Vs. Dadurch fließt im Galvanometerkreis die konstante Stromstärke $I = U/R$ für die Dauer von 1 s. Dabei ist $I = 2{,}1$ V/(40 · 10^6 V/A) = 52,5 · 10^{-9} A = 52,5 nA. In dem Galvanometer, das im folgenden verwendet wird, bewirkt dieser Stromstoß 9 Sktl. (Stoßausschlag). Also entspricht 1 Sktl. (Stoßausschlag) 52,5 nCb/9 = 5,8 nCb.

Trotz gleicher abfließender Ladung ergibt sich innerhalb gewisser Grenzen ein unterschiedlicher Stoßausschlag je nach der Dämpfung im Galvanometerkreis, vgl. Abb. 219. Daher kommt es darauf an, bei der Eichung und bei der Messung dieselbe Dämpfung im Galvanometerkreis zu haben. Das ist bei der obigen Eichung und bei der Verwendung in 4.2.5.3 und 4 usw. der Fall.

4.2.5.3. Elektrisches Feld eines Plattenkondensators, Erhaltung der elektrischen Ladung

Damit zwischen zwei Platten ein elektrisches Feld entsteht, muß Ladung von der einen Platte zur anderen verschoben werden. Elektrisches Feld *zwischen* zwei Platten erfordert Ladung *auf* den Platten.

Im Normalzustand ist Materie elektrisch neutral. Sie enthält in jedem makroskopischen Volumenteil ebenso viel negative wie positive Ladung. Jede nach außen wirksame Ladung rührt von einem Überschuß der einen Ladungsart gegenüber der anderen her. Die Überschußladung muß vorher verschoben worden sein.

Die folgenden Beobachtungen sind grundlegend wichtig für das Verständnis der Vorgänge im elektrischen Feld.

Ladung auf den Feldplatten. Zwei Feldplatten stehen einander auf Isolierstützen direkt gegenüber. Platte 0 („Erde") sei geerdet. Zwischen Platte P („Potential") und 0 liegt ein statisches Voltmeter (Multizellular-Voltmeter von 4.2.2.2). Folgende Versuche werden ausgeführt (Abb. 222):

a) Platte P wird mit +300 V verbunden. Das Multizellular-Voltmeter (4.2.2.2) zeigt 300 V. Alle Punkte der Platte P sind auf derselben Spannung.

b) Die Verbindung der Batterie zur Platte P wird *unterbrochen.* Der Ausschlag des statischen Voltmeters bleibt bestehen, das elektrische Feld zwischen den Platten P und 0 ist *unverändert*, wie im Fall a).

c) Platte P wird über das empfindliche Galvanometer von 4.2.5.2 mit Erde verbunden. Die Spannung am Multizellular-Voltmeter verschwindet dabei fast momentan, gleichzeitig fließt durch das Galvanometer ein Stromstoß $\Delta Q = Q - Q_0$ ab. Im vorliegenden Fall ist $Q_0 = 0$, d. h. die Ladung fließt vollständig ab.

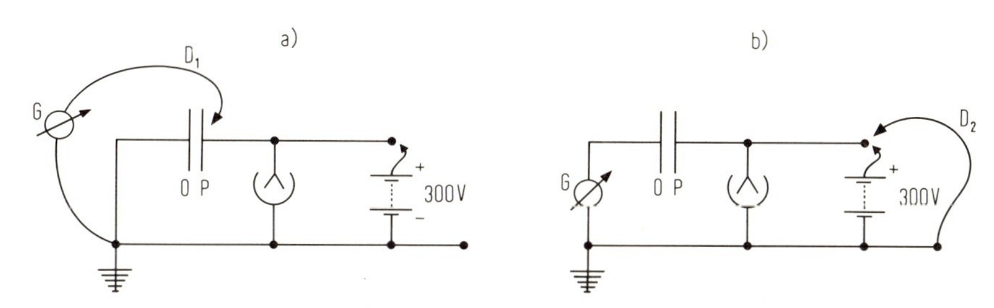

Abb. 222. Messung der Ladung auf Kondensatorplatten.
a) Versuchsanordnung zu a, b, c im Text
b) Versuchsanordnung zu d, e, f im Text
G: Stoßgalvanometer D_1, D_2: Drähte.
Abstand der Platten $l = 5$ mm, Seitenlänge der quadratischen Platten $b = 31{,}6$ cm. Es gilt also $l \ll b$.

Ergebnis. Auf der feldbegrenzenden Platte P sitzt elektrische Ladung, wenn zwischen ihr und der Platte 0 elektrische Spannung herrscht. Wenn die Ladung vollständig abgeflossen ist, herrscht auch keine Spannung mehr zwischen den Platten.

Wiederholt man alle Versuche, wobei man aber −300 V an P legt, statt +300 V, so erhält man bei c) einen Stoßausschlag in entgegengesetzter Richtung, verglichen mit dem ursprünglichen Versuch. Die (verschobene) Ladung besitzt also ein Vorzeichen. Es kann aus der Ausschlagrichtung des Galvanometers entnommen werden.

Weiter stellt sich heraus: Auf der dauernd geerdeten Platte 0, die von der anderen Seite das Feld begrenzt, sitzt elektrische Ladung, wenn die ihr gegenüberstehende Platte P vom Erdpotential auf ein positives oder negatives Potential gebracht ist. Zum Nachweis wird das Galvanometer in diejenige Leitung gelegt, welche die Platte 0 mit der Erde verbindet (vgl. Abb. 222b), und folgende Beobachtungen werden ausgeführt:

d) Wird +300 V an Platte P gelegt, so beobachtet man am Galvanometer einen Stoßausschlag von 9 Sktl. (≙ 52,5 nCb). Es fließt positive Ladung weg von 0, bzw. negative Ladung hin auf 0.

e) Unterbricht man die Verbindung zwischen der auf Isoliermaterial montierten Platte P und der Spannungsquelle, so bleibt das ohne Wirkung.

f) Wird P geerdet, dann beobachtet man einen gegenüber Fall d) entgegengesetzten Stoßausschlag von 9 Sktl. am Galvanometer. Es fließt positive Ladung hin auf 0, bzw. negative weg von 0.

Ergebnis. Beim Anlegen einer Spannung $+U$ an Platte P fließt eine Ladung $+Q$ hin zu P und gleichzeitig eine Ladung $+Q$ weg von der Erdplatte 0. Ein elektrisches Feld entsteht also nur, wenn Ladung von der einen Platte zur anderen verschoben worden ist.

In 4.2.6.4 wird experimentell gezeigt, daß die Ladung fast vollständig auf der *Feld*seite der Platte P bzw. der Platte 0 sitzt.

Durch diese Beobachtungen ist experimentell nachgewiesen, was bereits in 4.2.1 mitgeteilt wurde: *Jede* nach außen merkbare Ladung eines materiellen Körpers ist ***Überschuß*-**ladung, d. h. Überschuß der Ladung der Atomkerne gegenüber der Ladung der Elektronen oder umgekehrt. Wenn $+Q$ hinzufließt oder wenn $-Q$ abfließt, liegt nach Betrag und Vorzeichen dieselbe Ladungsverschiebung vor.

In Metallen werden nur Elektronen verschoben. Beim Aufladen geht der Stromkreis von der Platte 0 über die Erdleitung zum Minuspol der Batterie, weiter zu deren Pluspol und schließlich an die Platte P. Durch das Feld zwischen den Platten wird der Stromkreis sozusagen geschlossen. Ein zeitlich veränderliches elektrisches Feld (z. B. das zwischen den Platten P und 0) verhält sich wie ein elektrischer Strom, obwohl zwischen den Platten keine Ladung bewegt wird (4.5.3.3, Verschiebungsstrom).

Schaltet man einen Widerstand von z. B. 10 MΩ in die Galvanometerleitung ein und wiederholt dann die Versuche a), b), c), d), e), f), so ergibt sich genau derselbe Stoßausschlag. Das zeigt, daß beim Entladen ein *Strom*stoß $\int I \cdot \mathrm{d}t$ entsteht, nicht etwa ein *Spannungs*stoß $\int U \cdot \mathrm{d}t$ (vgl. dazu 4.4.1.3). Über den zeitlichen Verlauf der Stromstärke bei c), d), f), vgl. 4.2.5.2 und 5.

Quantitatives. Wenn man die Versuche a), b), c) wiederholt, jedoch ohne daß das statische Voltmeter zu den Feldplatten parallel geschaltet ist (diese Versuche mögen mit a′, b′, c′ bezeichnet werden), so ist die abfließende Ladung beim Versuch c′ dem Betrag nach erheblich kleiner als beim Versuch c), und zwar ist sie dann dem Betrag nach gleich der verschobenen Ladung beim Versuch d), nämlich 9 Sktl., und hat natürlich entgegengesetztes Vorzeichen (vgl. oben f)). Bei den Versuchen d), e), f) macht es dagegen keinen Unterschied, ob Platte P mit dem Voltmeter verbunden ist oder nicht. Bei den Versuchen c′), d), f) erhält man den Stoßausschlag 9 Sktl. (≙ 52,5 nCb), wenn 300 V angelegt werden.

Daraus folgt: Nicht nur auf den Feldplatten P und 0, sondern auch auf den Platten des Voltmeters sitzt Ladung. Andererseits gilt stets: Für Ladung, die auf der einen Platte zufließt, fließt von der Gegenplatte gleichviel Ladung ab.

Aus obigen und den in 4.2.6.5 besprochenen Experimenten ergibt sich der schon in 4.2.1.4 im anderen Zusammenhang erwähnte.

***Erhaltungssatz* für elektrische Ladung: Die Summe aller Ladungen eines abgeschlossenen Systems bleibt erhalten, d.h. $\sum_i Q_i = \text{const.}$ Mit anderen Worten: Die *Summe* aus positiven und negativen Ladungen kann nicht verändert werden. Ladungen können nur verschoben werden.**

Beispiel. Liegt zwischen den Feldplatten Spannung (Fälle a′, b′, d, e, auch a, b), so ist die Ladungssumme auf ihnen $+Q + (-Q) = 0$, genau so wie ohne Spannung zwischen den Feldplatten.

4.2.5.4. Kapazität eines Kondensators

Die Kapazität eines Kondensators ist $C = Q/U$.

Eine feste Plattenanordnung wie Abb. 222 nennt man einen Kondensator. Wenn die Spannung U daran liegt, ist eine Ladung Q verschoben worden; dann trägt die eine Platte eine Ladung $+Q$, die andere die Ladung $-Q$.

Definition. Den Quotienten aus der (verschobenen) Ladung Q und der Spannung U nennt man *Kapazität* C des Kondensators. Also:

$$C = Q/U \tag{4-24}$$

C ist konstant, solange die gegenseitige Stellung der Platten (und das Medium zwischen ihnen) nicht geändert wird.

Für die Dimension gilt: $\dim C = \dim Q / \dim U$. (4-24a)

Als kohärente Einheit der Kapazität ergibt sich

$$[C] = [Q]/[U] = \frac{1\ \mathrm{Cb}}{1\ \mathrm{V}} = 1\ \frac{\mathrm{Cb}}{\mathrm{V}} = 1\ \text{Farad, abgekürzt } 1\ \mathrm{F} \tag{4-24b}$$

Beim Plattenkondensator (4.2.5.3) trägt die Platte P auf der *Innen*seite, die 0 gegenüber steht, eine Ladung Q_1. Man nennt Q_1/U wechselseitige Kapazität der Platten P und 0. Beim Versuch d, e, f von 4.2.5.3 geht Q_1/U allein ein. Auch auf der *Außen*seite der Platte P sitzt Ladung Q_2, da ihr die Zimmerwände gegenüber stehen und diese geerdet sind. Wegen des großen Abstandes ist Q_2 meist viel kleiner als Q_1 und kann oft unberücksichtigt bleiben. Stets ist natürlich $Q_1/U + Q_2/U = C_{\mathrm{gesamt}}$. Bei einer isolierten Platte *zwischen zwei* Erdplatten liefert Q_1/U und Q_2/U denselben Beitrag zur Kapazität (vgl. unten Abb. 227b).

Kondensatoren können z. B. auch durch konzentrische Zylinder oder durch konzentrische Kugeln gebildet werden (Zylinder- bzw. Kugelkondensatoren).

Technische Kondensatoren enthalten – jeweils durch Isolierschichten getrennt – Metallfolien in der Folge OPOP...OPO. Die Metallfolien auf isolierendem Material werden dann gewickelt und haben jeweils einen gemeinsamen Anschluß an alle Schichten O und an alle Schichten P. Kondensatoren mit veränderlichem Wert der Kapazität gibt es z. B. als Drehkondensatoren mit einer Bauart ähnlich Abb. 203.

1. Beispiel. Der Plattenkondensator Abb. 222 hat, vgl. 4.2.5.3, Fall a) und b), die (wechselseitige) Kapazität

$$C = \frac{Q}{U} = \frac{52{,}5 \cdot 10^{-9}\ \mathrm{Cb}}{300\ \mathrm{V}} = 175 \cdot 10^{-12} \frac{\mathrm{Cb}}{\mathrm{V}} = 175\ \mathrm{pF}$$

2. Beispiel. Kapazität C eines technischen Kondensators. Man verfährt wie bei 4.2.5.3. Verwendet man die Spannung 6,3 V, so erhält man 10,8 Skalenteile Stoßausschlag, entsprechend $63 \cdot 10^{-9}$ Cb. Daher

$$C = \frac{Q}{U} = \frac{63 \cdot 10^{-9}\ \mathrm{Cb}}{6{,}3\ \mathrm{V}} = 10 \cdot 10^{-9}\ \mathrm{F} = 0{,}01 \cdot 10^{-6}\ \mathrm{F} = 0{,}01\ \mu\mathrm{F}$$

Experimentell zeigt sich auch hier: durch Einschalten eines Widerstandes von 10 MΩ in den Galvanometerkreis wird der Stoßausschlag nicht beeinflußt. (Das gilt jedoch nicht mehr beim Einschalten von z. B. 1000 MΩ, vgl. 4.2.5.5.)

Die Gesamtkapazität C zweier hintereinander (in Reihe, in Serie) geschalteter Kondensatoren mit den Kapazitäten C_1 und C_2 (Abb. 223a) ergibt sich aus

$$\frac{1}{C} = \frac{1}{C_1} + \frac{1}{C_2} \tag{4-25}$$

Begründung. Die verschobene Ladung stimmt überein, und es ist $U_{\mathrm{AB}} + U_{\mathrm{BC}} = U_{\mathrm{AC}}$ und

$$\frac{U_{\mathrm{AC}}}{Q} = \frac{U_{\mathrm{AB}}}{Q} + \frac{U_{\mathrm{BC}}}{Q}$$

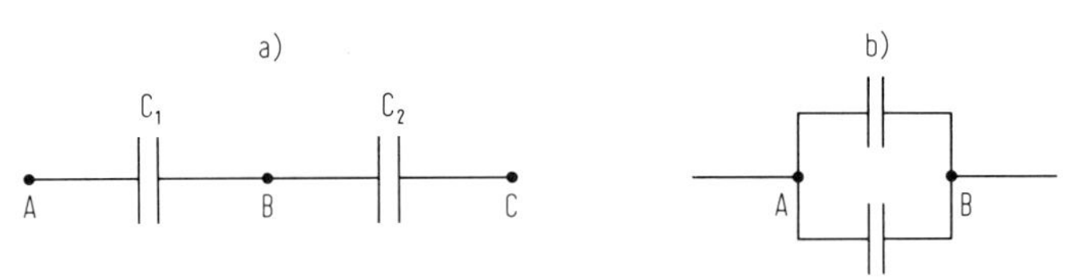

Abb. 223. Reihen- und Parallelschaltung von Kondensatoren.
a) Hintereinanderschaltung von Kondensatoren. $U_{AB} + U_{BC} = U_{AC}$. Die verschobene *Ladung* in beiden Kondensatoren stimmt überein.
b) Parallelschaltung von Kondensatoren. $Q_1 + Q_2 = Q$. Die *Spannung* an beiden Kondensatoren stimmt überein.

Beim Parallelschalten von Kondensatoren (Abb. 223b) gilt dagegen

$$C = C_1 + C_2 \qquad (4\text{-}26)$$

Begründung. Hier ist $Q_1 + Q_2 = Q$, außerdem stimmt U überein.

4.2.5.5. Kondensator-Entladung über Widerstand, Zeitkonstante *F/L 4.1.6 u. 4.1.7*

Ein Kondensator entlädt sich über einen Widerstand mit der Zeitkonstanten $\tau = R \cdot C$.

In 4.2.1–4.2.4 diente ein Akkumulator als Spannungsquelle, in diesem Abschnitt tritt ein geladener Kondensator an seine Stelle.

Wird ein Kondensator der Kapazität C über einen Widerstand mit sehr großem Widerstandswert R (Hochohmwiderstand) entladen (Abb. 224), so fällt die Spannung U am Konden-

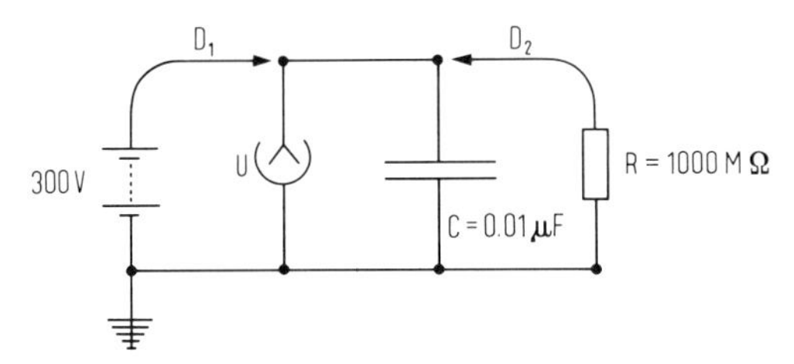

Abb. 224. Messung der Entladungsdauer eines Kondensators. Durch (kurzes) Berühren mit dem Draht D_1 wird aufgeladen. Nach Anschluß von D_2 fällt die Spannung U exponentiell mit der Zeit t ab.

sator exponentiell mit der Zeit ab und proportional dazu die Ladung $C \cdot U$ auf den Kondensatorplatten. Der zeitliche Verlauf läßt sich kennzeichnen durch die Zeitdauer τ, in der die Spannung U vom Wert U_0 auf den Bruchteil $(1/\mathrm{e}) \cdot U_0$ absinkt. τ heißt Zeitkonstante oder Abklingzeit. Dabei ist e = 2,7182818 .. die Basis des sogen. natürlich logarithmischen Systems. Es gilt

$$\tau = R \cdot C \qquad (4\text{-}27)$$

Mit U nimmt auch $Q = C \cdot U$ und $I = -\mathrm{d}Q/\mathrm{d}t$ mit der Zeitkonstanten τ ab.

Die Beziehung $\tau = R \cdot C$ gestattet es, R bei bekanntem C, oder C bei bekanntem R durch Messung von τ zu bestimmen.

Begründung. $I = U/R$, $I = -\,\mathrm{d}Q/\mathrm{d}t$, $\mathrm{d}Q = C \cdot \mathrm{d}U$. Durch Einsetzen der ersten und dritten Gleichung in die zweite entsteht

$$\frac{\mathrm{d}U}{U} = -\mathrm{d}t \cdot \frac{1}{RC}$$

Integration liefert

$$\ln (U/U_0) = -(t - t_0) \cdot \frac{1}{RC} \text{ oder}$$

$$\frac{U}{U_0} = \exp\left(-\frac{t - t_0}{RC}\right)$$

Die Spannung am Kondensator fällt exponentiell mit der Zeit ab. Diejenige Zeit $(t - t_0)$, nach der $U/U_0 = e^{-1}$ wird, ist die Abklingzeit τ. Also muß gelten $e^{-1} = e^{-\tau/RC}$, woraus sich ergibt $\tau = RC$.

Beispiel: Zur Prüfung dieser Beziehung wird der technische Kondensator (zweites Beispiel 4.2.5.4) auf $U_0 = 300$ V aufgeladen und zum Zeitpunkt t_0 über $R = 1000$ MΩ geerdet. In diesem Fall ist $U_0 \cdot 1/e = 300 \text{ V} \cdot 0{,}368 = 110$ V. Experimentell findet man $\tau = 10$ s. Dies entspricht der Erwartung: $\tau = RC = 10^9 \text{ V/A} \cdot 10^{-8} \text{ Cb/V} = 10$ s, denn 1 Cb = 1 A · 1 s.

Nachträglich kann man sich überzeugen, daß die Abklingzeit τ der Stromstärke bei der Messung der Ladung in 4.2.5.3 und 4 auch mit eingeschaltetem Widerstand 10 MΩ wesentlich kleiner war als die Schwingungsdauer T des Galvanometers ($T \approx 10$ s). In 4.2.5.4 war

$$\tau = 10 \text{ M}\Omega \cdot 175 \text{ pF} = 1{,}75 \cdot 10^{-3} \text{ s},$$

und $\tau = 10 \text{ M}\Omega \cdot 0{,}01\ \mu\text{F} = 0{,}1$ s.

4.2.6. Flächendichte der Ladung, Feldstärke, Influenz

4.2.6.1. Flächendichte der elektrischen Ladung (Verschiebungsdichte), elektrische Feldkonstante ε_0

Elektrische Ladung erzeugt in ihrer Umgebung ein elektrisches Feld; dabei hat D/E im materiefreien Raum einen universellen konstanten Wert ε_0.

Man kann die Versuche in 4.2.5.3 mit variierter Fläche der Platten wiederholen. Dann ergibt sich: Die verschobene Ladung ist (bei unveränderter Spannung und unverändertem Plattenabstand) proportional der Plattenfläche.

Definition: Den Quotienten aus (verschobener) Ladung Q und Fläche A der Platte nennt man *Verschiebungsdichte D*. Damit gleichbedeutend ist „Flächendichte der verschobenen Ladung", also

$$D = Q/A \quad \text{bzw} \quad D = \mathrm{d}Q/\mathrm{d}A \tag{4-28}$$

Beachte: Q ist ein Skalar. Das Flächenstück A ist kein Skalar, man muß ihm eine Richtung im Raum zuordnen, nämlich die seiner Flächennormalen. Daher wird D oft wie ein Vektor behandelt mit einer Richtung parallel zur Flächennormalen von A. Eigentlich ist D ein schiefsymmetrischer Tensor.

Als kohärente Einheit der Verschiebungsdichte ergibt sich

$$[D] = \frac{[Q]}{[A]} = \frac{1\ \text{Cb}}{1\ \text{m}^2} = 1\ \frac{\text{Cb}}{\text{m}^2} \tag{4-28a}$$

Befindet sich also Ladung *auf* den Platten eines Kondensators, so ist die Flächendichte der verschobenen Ladung (Verschiebung) gegeben durch $D = Q/A$. Andererseits herrscht dann *zwischen* den Platten eine elektrische Feldstärke $E = U/l$. Die Feldstärke E und die Flächendichte der Ladung, also D auf den Feldbegrenzungen, sind streng miteinander gekoppelt. Die Ladung auf der Oberfläche von Leitern (Metallen) verteilt sich im Gleichgewicht immer so, daß $\vec{E}$ senkrecht zur Leiteroberfläche steht. Dies gilt für alle Leiteroberflächen, auch wenn sie gewölbt sind (also nicht nur bei parallelen Platten).

Definition. $D/E = \varepsilon$ heißt (absolute) Dielektrizitätskonstante.

Naturgesetz. Im materiefreien Raum (Vakuum) hat ε einen universellen konstanten Wert ε_0; er wird „elektrische Feldkonstante" genannt. ε_0 tritt immer dort auf, wo von einer Ladung übergegangen wird zu dem von ihr erzeugten elektrischen Feld, insbesondere von der Flächendichte D der Ladung zur Feldstärke E in Richtung der Flächennormalen.

Wegen der Zuordnung zwischen Flächenstück und Orthogonalvektor ist ε eigentlich ein Tensor. Solange die Beträge von D und E einander proportional sind, wie z. B. im materiefreien Raum, kann ε bzw. ε_0 wie ein Skalar behandelt werden.

Zur Messung von ε_0 kann ein Plattenkondensator aus 4.2.5.3 (Abb. 222) und 4.2.5.4 Beispiel 1 verwendet werden. Er hat eine Plattenfläche $A = 31{,}6\ \text{cm} \cdot 31{,}6\ \text{cm} = 1000\ \text{cm}^2 = 0{,}1\ \text{m}^2$. Beim Plattenabstand $l = 5$ mm und der Spannung $U = 300$ V hat er nach 4.2.5.3 Fall d die Ladung $Q = 52{,}5 \cdot 10^{-9}$ Cb. Daher folgt:

$$D = \frac{Q}{A} = \frac{52{,}5 \cdot 10^{-9}\ \text{Cb}}{0{,}1\ \text{m}^2} = 525 \cdot 10^{-9}\ \frac{\text{Cb}}{\text{m}^2}$$

$$E = \frac{U}{l} = \frac{300\ \text{V}}{5 \cdot 10^{-3}\ \text{m}} = 60000\ \frac{\text{V}}{\text{m}}$$

$$\varepsilon_0 = \frac{D}{E} = \frac{525 \cdot 10^{-9}\ \text{Cb/m}^2}{60000\ \text{V/m}} = 8{,}8 \cdot 10^{-12}\ \frac{\text{Cb}}{\text{V} \cdot \text{m}}$$

Präzisionsmessungen ergeben

$$\boxed{\varepsilon_0 = 8{,}86 \cdot 10^{-12}\ \frac{\text{Cb}}{\text{V m}} = \frac{1}{4\pi \cdot 9 \cdot 10^9}\ \frac{\text{Cb}}{\text{V m}}} \tag{4-29}$$

Besonders zweckmäßig [vgl. 4.2.2.1, Gl. (4-2a)] ist es, 1 V = 1 J/Cb einzusetzen, dann entsteht

$$\varepsilon_0 = 8{,}86 \cdot 10^{-12}\ \frac{\text{Cb} \cdot \text{Cb}}{\text{J} \cdot \text{m}}$$

Aus $C = Q/U$, $D = Q/A$ und $E = U/l$ erhält man für den Plattenkondensator

$$\boxed{C = \frac{D}{E} \cdot \frac{A}{l} = \varepsilon \cdot \frac{A}{l}} \tag{4-30}$$

Als Kapazität eines Plattenkondensators im Vakuum (und näherungsweise in Luft) ergibt sich somit

$$C = \varepsilon_0 \cdot \frac{A}{l} \qquad (4\text{-}30\,a)$$

4.2.6.2. Auseinanderziehen eines geladenen Plattenkondensators *F/L 4.1.9*

Beim Auseinanderziehen isolierter Kondensatorplatten bleibt deren Ladung konstant, die Spannung zwischen ihnen steigt.

Die Platten eines Plattenkondensators sollen einander im Abstand 5 mm gegenüber gestellt werden (Abb. 222), wobei zwischen 0 und P die Spannung U gelegt wird.

Unterbricht man die Verbindung zur Spannungsquelle und zieht die Platten auseinander, so erhöht sich dadurch die *Spannung* zwischen den Platten, dagegen bleibt die *Ladung* auf ihnen unverändert.

Aus Gl. (4-24) und (4-30a) entsteht durch Umordnen $U = \{Q/(\varepsilon_0 \cdot A)\} \cdot l$, d. h. U nimmt proportional l zu (solange l klein ist gegen die Abmessungen der Platten).

Zieht man jedoch die Platten auseinander, ohne vorher die Verbindung zur Spannungsquelle zu trennen, dann bleibt natürlich die Spannung konstant, die Ladung nimmt aber ab gemäß

$$Q = (U \cdot \varepsilon_0 \cdot A) \cdot \frac{1}{l}$$

Die Spannung mißt man mit einem angeschlossenen statischen Voltmeter, die Ladung jeweils über den Stoßausschlag eines Galvanometers, wie in 4.2.5.2.

4.2.6.3. Plattenkondensator mit Dielektrikum *F/L 4.1.10*

Bringt man einen Isolator in ein elektrisches Feld, so werden in seinem Inneren elektrische Ladungen verschoben. Dabei ist $D = \varepsilon_0 E + P = \varepsilon \cdot E$, wo P dielektrische Polarisation genannt wird.

Legt man eine feste Spannung U an einen Plattenkondensator (mit Abstand l der Parallelplatten), so wird dabei eine bestimmte Ladung Q verschoben und kann über ein Stoßgalvanometer (-amperemeter) z. B. in der Erdleitung gemessen werden (wie in 4.2.5.3d).

Wiederholt man den Versuch nach Einschieben
a) einer Metallplatte (parallel zu den Feldplatten),
b) einer Isolierplatte,

so wird in beiden Fällen eine größere Ladung verschoben als beim leeren Kondensator, also die Kapazität des Kondensators vergrößert.

Zu a). Schiebt man eine Metallplatte ein, so wird auf der eingebrachten Platte Ladung verschoben (Weiteres in 4.2.6.4). Das hat dieselbe Wirkung, wie wenn der Abstand d der Feldplatten um die Dicke der eingebrachten Platte vermindert wäre.

Hat die Metallplatte die Dicke $\alpha \cdot l$, wo $0 < \alpha < 1$ ist, dann wird eine $1/(1-\alpha)$-fach vergrößerte Ladung verschoben und die Kapazität um denselben Faktor vergrößert [nachzurechnen unter Benützung von Gl. (4-30)].

Zu b). Füllt man den gesamten Raum zwischen den Platten mit einem Isolator (Plexiglas, Isolieröl) aus und legt unveränderte elektrische Spannung U an, so ist, wie sich erweist, die Flächendichte der Ladung vergrößert. Den Vergrößerungsfaktor bezeichnet man mit ε_r. Dann gilt

$$\boxed{D = \varepsilon_0 \cdot \varepsilon_r \cdot E} \quad (4\text{-}31)$$

Da U unverändert ist, bleibt auch die Feldstärke $E = U/l$ unverändert. Die (absolute) Dielektrizitätskonstante D/E ist größer geworden, nämlich $\varepsilon_r \cdot \varepsilon_0$. Man nennt $\varepsilon/\varepsilon_0 = \varepsilon_r$ Dielektrizitätszahl (früher „relative Dielektrizitätskonstante") des eingeschobenen Isoliermaterials. Sie hat die Dimension Zahl. Die Isoliersubstanz nennt man auch ein „Dielektrikum". Die Kapazität des Kondensators hat sich dann erhöht auf

$$\boxed{C = \varepsilon_0 \cdot \varepsilon_r \cdot \frac{A}{l}} \quad (4\text{-}32)$$

Folgerung. Wenn man einen Isolator in ein elektrisches Feld bringt, werden in ihm elektrische Ladungen verschoben, jedoch nur über kleine Strecken von der Größenordnung Atomdurchmesser. Das ist anders als beim Einschieben einer Metallplatte, in der die Ladung um die ganze Dicke der Metallplatte verschoben würde. Die Materie wird – wie man sagt – elektrisch polarisiert.

Definition. Man setzt $D = \varepsilon \cdot E = \varepsilon_0 \cdot E + P$, wobei $\varepsilon_0 \cdot E$ die „Verschiebungsdichte" im leeren Raum ist. P ist die zusätzliche Verschiebung im Dielektrikum und heißt „Dielektrische Polarisation" oder – was dasselbe ist – elektrisches Dipolmoment je Volumen (vgl. dazu 4.2.7.6). Durch Einsetzen sieht man, daß

$$\boxed{P = \varepsilon_0 \cdot (\varepsilon_r - 1) \cdot E} \quad (4\text{-}33)$$

ist. Für die kohärenten Einheiten gilt einfach $[D] = [P]$. Im Regelfall ist P proportional E. Es gibt jedoch auch „ferroelektrische" Substanzen, bei denen P mit E ähnlich zusammenhängt wie M mit H in 4.4.3.1.

Das obige ε_r ist die Dielektrizitätszahl für statische, d. h. zeitlich unveränderte Feldverhältnisse. Bei zeitlich veränderlichen Feldern (Hochfrequenz, Licht) hängt ε_r von der Frequenz ab. Bei Licht mit großer Wellenlänge gilt dann $n = \sqrt{\varepsilon_r}$, wobei die Brechzahl $n = c/v$ charakteristisch von der Frequenz bzw. Wellenlänge $\lambda = c/v$ abhängt (vgl. 5.1.5, 5.6.7 und 4.4.6.3). Die Frequenzabhängigkeit von ε_r für sehr gut destilliertes Wasser ist schon bei Wechselstromfrequenzen beträchtlich.

4.2.6.4. Influenz, Verschiebungsfluß

Bringt man eine ungeladene Metallplatte in ein elektrisches Feld, so wird darin Ladung verschoben, bis die Flächendichte der Ladung $D = \varepsilon \cdot E$ erreicht ist. Der Verschiebungsfluß $\psi = \int D \cdot \mathrm{d}A$ ist gleich der Ladung auf den Feldplatten.

Wird Materie in ein elektrisches Feld gebracht, so wird in ihr elektrische Ladung verschoben. Auf einer Metallplatte, in der – wie erwähnt – Elektronen verschiebbar sind, entsteht dabei die Ladungsdichte $D = \varepsilon \cdot E$. Diesen Vorgang nennt man *Influenz*. Auf der

Oberfläche einer ins materiefreie Feld gebrachten Metallplatte ergibt sich die Ladungsdichte $D = \varepsilon_0 \cdot E$. Das Integral $\int D \cdot dA$ über die Querschnittsfläche A heißt Verschiebungsfluß ψ und ist nach seiner Definition gleich der verschobenen Influenzladung in dieser Fläche.

Der Verschiebungsfluß ψ wird auch elektrischer Fluß genannt. Er kann auch im materiefreien Raum $\neq 0$ sein (siehe dazu 4.4.6.1).

Zur experimentellen Untersuchung der Influenz wird zunächst das Volumen des Plattenfeldes von 4.2.5.3 vergrößert und außerdem D und E auf denselben Wert wie in 4.2.6.1 eingestellt. Dazu wird einerseits der Abstand der Feldplatten, andererseits die Spannung zwischen ihnen verzehnfacht (also künftig $l = 50$ mm und $U = 3000$ V). Zwischen den Platten herrscht dann die gegenüber 4.2.6.1 unveränderte Feldstärke 3000 V/50 mm = 300 V/5 mm. Die Spannung wird mit einer technischen Spannungsquelle erzeugt und nach 4.2.4.2d gemessen (Abb. 225). Bei Wiederholung des Versuches 4.2.5.3d, jedoch mit $l = 50$ mm, $U = 3000$ V, erhält man wieder $Q = 9 \cdot 5{,}8$ nCb $= 52{,}5 \cdot 10^{-9}$ Cb.

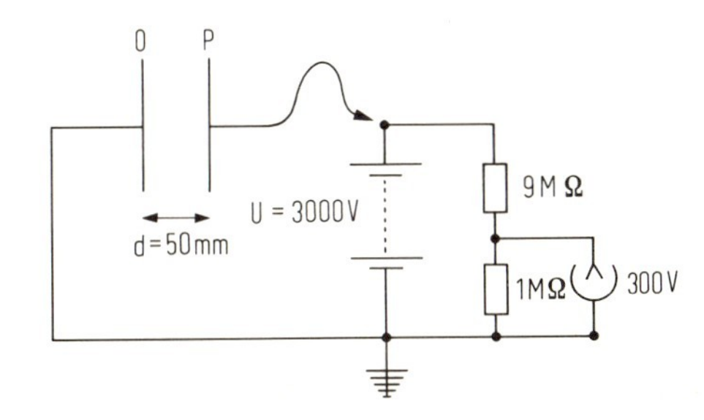

Abb. 225. Anordnung für die Influenzversuche. Die Feldstärke zwischen den Platten beträgt
$$E = \frac{U}{d} = \frac{3000\ \text{V}}{50\ \text{mm}} = \frac{300\ \text{V}}{5\ \text{mm}} = 60 \cdot 10^3\ \frac{\text{V}}{\text{m}}.$$

Wird dann eine elektrisch *ungeladene* Metallplatte an einem isolierenden Griff („Griffplatte“) in das elektrische Feld der „Feldplatten“ parallel zu diesen gebracht, so entsteht durch Ladungsverschiebung auf der einen Seite der Griffplatte eine positive, auf der anderen Seite eine negative (Überschuß-) Ladung.

Zum Nachweis benutzt man *zwei* sich berührende Griffplatten, die im folgenden immer parallel zu den Feldplatten gehalten werden sollen (Abb. 226). Die Griffplatten werden

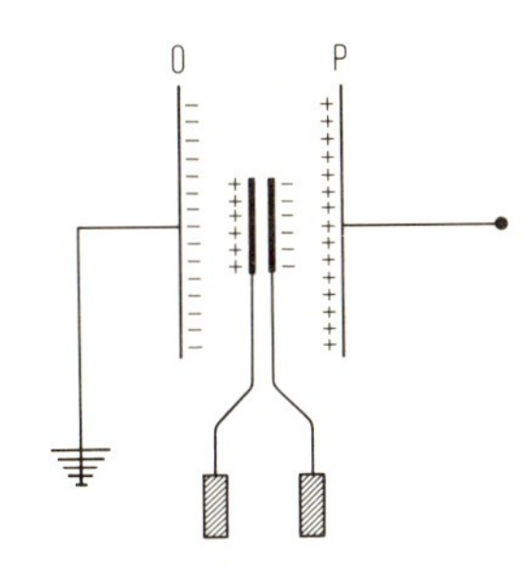

Abb. 226. Zur Influenz. Zwei elektrisch ungeladene „Griffplatten“ werden in das elektrische Feld der „Feldplatten“ 0, P gebracht. Dabei wird in den Griffplatten Ladung verschoben. Die Flächendichte der Ladung auf allen vier Platten ist dann dem Betrage nach gleich. Zwischen den Feldplatten herrscht elektrische Feldstärke. Sie wirkt auf die Elektronen, die in den hereingebrachten Griffplatten vorhanden und leicht verschieblich sind. Diese Elektronen wandern wegen ihres negativen Ladungsvorzeichens in Richtung zur positiven Feldplatte, und zwar *so*lange bis im Innern des Metalls die elektrische Feldstärke Null geworden ist (beschränkte Triftbewegung, vgl. dazu auch 4.3.1).

im Feld getrennt, dann ohne gegenseitige Berührung und ohne die Feldplatten zu berühren heraus genommen. Die auf jeweils einer der Griffplatten befindliche Ladung wird gemessen, indem man sie gemäß 4.2.5.3 über das Galvanometer zur Erde abfließen läßt. Wie man aus dem Richtungssinn des Galvanometerausschlages erkennt, trägt die Griffplatte, die der positiven Feldplatte gegenüber steht, eine negative Ladung. Die andere Griffplatte trägt eine positive Ladung. Beide Ausschläge ergeben denselben Betrag. Verwendet man Griffplatten, deren Fläche A_1 nur 1/4 der Fläche A_0 der Feldplatten haben, so erhält man 2,25 Sktl. Stoßausschlag entsprechend der Ladung $Q_1 = 13{,}1 \cdot 10^{-9}$ Cb $= 1/4 \cdot 52{,}5 \cdot$ nCb $= 13{,}1$ nCb. Mit den Griffplatten kann man auch Ladung von der Innenseite jeder der feldbegrenzenden Metallplatten „abheben".

Ergebnis. Die Flächendichte der durch Influenz auf den Griffplatten entstehenden Ladung, nämlich Q_1/A_1, und die Flächendichte der Ladung $Q_0/A_0 = D$ auf den Feldplatten sind *einander gleich*. Es gilt also

$$\frac{Q_1}{A_1} = \frac{Q_0}{A_0} = \varepsilon_0 \cdot E \tag{4-34}$$

Weiter gilt allgemein: In einem elektrischen Feld tragen einander gegenüberstehende Metallflächen (sowohl Feldplatten, als auch Influenzplatten) Ladung entgegengesetzten Vorzeichens (Abb. 226).

4.2.6.5. Faraday-Käfig

Statt einer Ladung Q kann man ihre Influenzladung Q' messen.

Eine nahezu geschlossene Metallfläche (mit einer kleinen Öffnung, durch die ein Träger der Ladung Q eingeführt werden kann, wird *Faraday-Käfig* genannt (auch die Bezeichnung „Faraday-Becher" ist gebräuchlich, englisch „Faraday-Cup"), Abb. 227a.

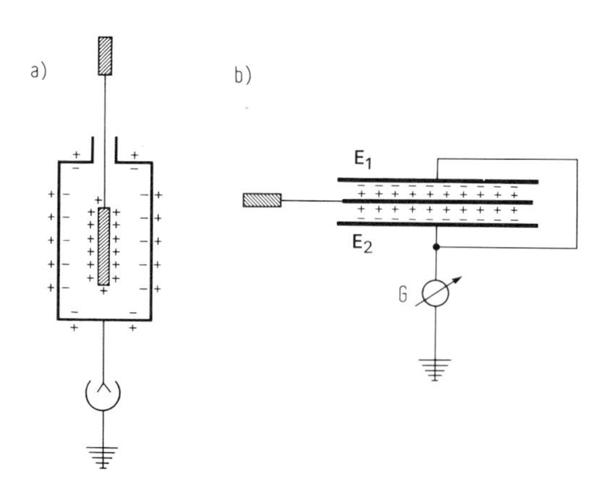

Abb. 227. Messung einer Ladung mit Hilfe der Influenz. Geladene Griffplatte
a) im Innern eines isoliert montierten Faraday-Käfigs;
b) zwischen zwei parallelen Metallplatten E_1, E_2.
Beim Berühren im Innern gleichen sich die Ladungen aus.

Wird eine Griffplatte mit der Ladung Q in das Innere eines geschlossenen Metallblechs gebracht, so wird durch Influenz eine Ladung vom Betrag Q von der Innenseite des Bleches zu seiner Außenseite verschoben. Innen sitzt dann die Ladung $Q' = \int D \cdot \mathrm{d}A = -Q$, außen die Ladung $Q'' = +Q$. Diese letztere kann man messen, indem man sie über das Stoßgalvanometer abfließen läßt. Die Ladung Q bleibt dabei unverändert auf der eingebrachten Griffplatte.

Ein Verschiebungsfluß kann auch in ladungsfreien elektrischen Ringfeldern (4.5.3.1, Induktion, elektromagnetische Wellen) auftreten. Er ist dann gleich der Ladung, die verschoben würde, wenn man eine Influenzplatte in das Ringfeld senkrecht zur elektrischen Feldstärke E hinein brächte.

Experimentelle Durchführung mit leicht veränderter Anordnung. Zwischen zwei engbenachbarten Platten E_1, E_2 (vgl. Abb. 227b), die über das Galvanometer geerdet sind, bringt man die Griffplatte mit der Ladung Q, ohne E_1 oder E_2 zu berühren. Durch Influenz wird dabei von E_1 und E_2 insgesamt $Q'' = Q$ über das Galvanometer zur Erde verschoben. Man hat damit die hereingebrachte Ladung über den Verschiebungsfluß $\int D \cdot \mathrm{d}A$ gemessen. Wird die Griffplatte wieder herausgenommen, so wird dadurch der ursprüngliche Zustand hergestellt (Stoßausschlag des Galvanometers in entgegengesetzter Richtung).

Soeben wurde die *Ladung Q* der Griffplatte über den *Stoßausschlag* ($Q'' = \int I \cdot \mathrm{d}t$) gemessen. Man kann sie aber auch mit Hilfe von $Q = C \cdot U$ messen: Taucht man eine Griffplatte mit der Ladung Q ohne Berühren tief in den Faraday-Käfig ein, dann entsteht – wie in Abb. 227a – durch Influenz auf der Außenseite $Q'' = +Q$. Der Käfig wird an ein statisches Voltmeter (Einfadenvoltmeter, Multizellularvoltmeter) angeschlossen. Ist die Gesamtkapazität C von Käfig und Voltmeter bekannt, so folgt durch Messung der Spannung U die *Ladung* aus $Q'' = C \cdot U$.

Wird die Griffplatte ohne vorheriges Berühren des Käfigs herausgenommen, so ist dadurch der Ausgangszustand wieder hergestellt; die Ladung Q befindet sich nach wie vor auf der Griffplatte. Das Vorzeichen der eingebrachten Ladung ergibt sich, wenn man ein Einfadenvoltmeter oder ein mit Vorspannung nach 4.2.2.2, Abb. 205a versehenes Multizellular-Voltmeter benützt.

Berührt man mit der eingetauchten Griffplatte *im Innern*, so geht deren *gesamte* Ladung auf den Käfig über. Im Endzustand ist die Griffplatte dann ungeladen. Weil gleichnamige Ladungen einander abstoßen (4.1 und 4.2.7.5), wird nämlich die Ladung auf die äußere Oberfläche des Käfigs gedrängt. Sie wird solange verschoben, bis im Innern die elektrische Feldstärke $E = 0$ geworden ist. Dann herrscht auf allen Teilen der Oberfläche des Metallkäfigs dieselbe Spannung gegen Erde.

Bringt man wiederholt Ladung ins Innere eines Käfigs, so wird seine Spannung U fortgesetzt erhöht, auch weit über die Spannung der Quelle hinaus, mit der die Griffplatte aufgeladen wird.

4.2.6.6. Bandgenerator nach van de Graaff

Die Hochspannung eines Bandgenerators nach van de Graaff wird dadurch erzeugt, daß fortgesetzt Ladung ins Innere eines Faraday-Käfigs transportiert wird.

Mit einem isolierenden „endlosen" Band, auf das elektrische Ladung aufgesprüht wird, kann fortgesetzt Ladung in das Innere eines Metallkäfigs transportiert werden (Abb. 228). Eine solche Vorrichtung dient zur Erzeugung von Hochspannung (Bandgenerator nach van de Graaff). Man kann dabei leicht erreichen, daß die eingebrachte Ladung im Inneren des Käfigs auch vollständig abgegeben wird. Die Spannung des Käfigs steigt, bis von seiner äußeren Oberfläche Ladung absprüht. Für die erreichbare Spannung ergibt sich dadurch eine obere Grenze.

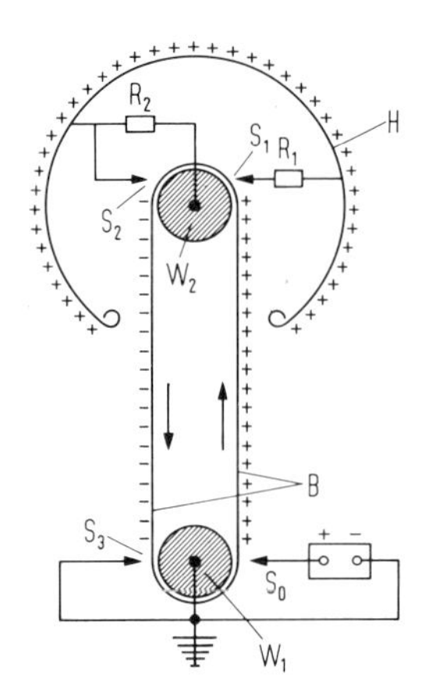

Abb. 228. Van-de-Graaff-Generator (schematisch). Ein endloses Band B aus isolierendem Material läuft über die Walzen W_1 und W_2. Die geerdete Walze W_1 wird von einem Motor angetrieben. W_2 ist über den Widerstand R_2 mit der Hochspannungselektrode H elektrisch verbunden. Über den Sprühkamm S_0 wird mit Hilfe einer Spannungsquelle (z. B. 20 kV) positive Ladung auf das Band aufgesprüht. Im Innern der Hochspannungselektrode H wird die Ladung über den Sprühkamm S_1 abgenommen. Wegen der Widerstände R_1 und R_2 bleibt die Walze auf etwas höherem positiven Potential als H. Dadurch wird über den Sprühkamm S_2 das Band negativ aufgeladen. Wenn der Generator in das Innere eines Behälters gestellt wird, der mit Druckgas (z. B. CO_2 + N_2 mit 16 bar) gefüllt wird, lassen sich viel höhere Spannungswerte erreichen, besonders dann, wenn SF_6-Gas beigemischt wird.

Hat das Band zwischen Erde und Hochspannungselektrode die Länge l und trägt es auf dieser Länge eine Ladung Q, so nennt man Q/l Ladungsbelag oder lineare Ladungsdichte. Im stationären Betrieb ist Q/l konstant. Eine geeignete Anordnung (vgl. Abb. 228) erlaubt, das Band im Innern des Käfigs sogar umzuladen. Dann wird die vom Band pro Zeit transportierte Ladung, also die elektrische Stromstärke, verdoppelt.

Technische Bandgeneratoren werden meist in einem Behälter mit getrocknetem Druckgas betrieben. Dadurch wird das Absprühen erschwert und es lassen sich viel höhere Spannungen erreichen. Solche Geräte liefern Spannungen von einigen Millionen Volt bei Stromstärken in der Gegend von 5 μA und mehr.

Beispiel. Die High Voltage Engineering Corporation (HVEC) in USA baut mehrere Typen solcher van-de-Graaff-Generatoren (samt Röhre zum Beschleunigen von Ionen). Typ NE liefert 5 bis 6 MV, Typ Emperor 10 bis 11 MV, Typ TU 15 MV. Beim sog. Tandembeschleuniger wird die Spannung zweimal ausgenutzt, weil die eingeschossenen negativen Ionen nach Erreichen der positiven Hochspannung in positive Ionen umgeladen werden.

4.2.7. Kraft und Energie im elektrischen Feld

4.2.7.1. Arbeit und Kraft

Bei der Verschiebung einer Ladung in einem elektrischen Feld wird die Arbeit $W = Q \cdot \vec{E} \cdot \vec{l}$ aufgewendet. Ladungswolken mit stationärer Längendichte der Ladung erfahren bei ihrer Bewegung im elektrischen Feld eine konstante Kraft.

Die Spannung U_{AB} zwischen zwei Punkten A und B wurde definiert durch W_{AB}/Q, wo W_{AB} die Energie ist, die benötigt wird, um die Ladung Q vom Punkt A zum Punkt B zu bewegen. Das elektrische Feld, in dem Q bewegt wird, rührt natürlich von anderen Ladungen als Q her. $F = Q \cdot E_0$ gilt nur, wenn bei der Verschiebung der Ladung Q die geometrische Verteilung der felderzeugenden Ladungen nicht verändert wird, wo E_0 die Feldstärke vor dem Einbringen von Q ist. Dies ist der Fall z. B. bei einem van-de-Graaff-Generator. Die Ladungen haften auf ihrem Weg von W_1 zu W_2 fest auf dem Band. Der Ladungsbelag (Q/l) auf dem Band bleibt beim stationären Betrieb ungeändert. Wenn zwischen Erde und Elektrode die Spannung U und zwischen W_1 und W_2 konstante Feldstärke herrschen, wirkt auf das Band mit dem Ladungsbelag Q/l die Kraft

$$F = \frac{Q}{l} \cdot U = Q \cdot \frac{U}{l} = Q \cdot E \tag{4-7a}$$

und bei der Bewegung des Bandes um l ist die Energie

$$W = F \cdot l = Q \cdot E \cdot l = Q \cdot U \tag{4-2b}$$

aufzuwenden.

Die in Gl. (4-2b) einzusetzende Ladung Q ist also die unten aufs Band gebrachte, oben abgestreifte. Die Verteilung der Ladung *auf* dem Band bleibt dabei „stationär".

Ebenso ist es, wenn Ladungswolken aus positiver und negativer Ladung durcheinander laufen, wie bei Elektrolytlösungen (vgl. 4.3.2.1).

Ähnlich ist es im Metall, jedoch sind dort +Ladungen fest, −Ladungen beweglich. In den beiden letztgenannten Fällen ist jedes makroskopische Volumenelement nach außen elektrisch neutral. Die Feldstärke E bleibt stationär und ist örtlich konstant, und die Gleichung $F = Q \cdot E$ gilt unbeschränkt.

Man kann zeigen, daß eine Platte mit der Ladung Q, wenn sie sich genau zwischen zwei Feldplatten mit der Spannung U befindet, die Kraft $F = Q \cdot U/l$ erfährt. Sobald man die Platte aus der Mitte weg verschiebt, herrscht diesseits und jenseits der Platte verschiedene elektrische Feldstärke. Bei der Überführung von 0 bis P bleibt die Kraft keineswegs konstant, insgesamt gilt jedoch $W = Q \cdot U$.

4.2.7.2. Energieinhalt eines Kondensators, Anziehungskraft zwischen den Platten

F/L 4.1.8

Ein aufgeladener Kondensator enthält Energie („elektrische Feldenergie"), und zwar $W = (1/2)\,C U^2$. Die Kraft F zwischen den Kondensatorplatten ergibt sich aus $F = -\mathrm{d}W/\mathrm{d}l$.

Beim Aufladen eines Kondensators (Plattenkondensator) wird Ladung $\mathrm{d}Q$ von der einen Platte zur anderen gebracht. Dabei erhöht sich die Spannung zwischen den Platten um $\mathrm{d}U$, wobei gilt $\mathrm{d}Q = C\,\mathrm{d}U$. Andererseits ist die zur Überführung aufgewendete Energie $\mathrm{d}W = U\,\mathrm{d}Q$. Einsetzen und Integrieren ergibt, wenn man vom ungeladenen Zustand ausgeht

$$W = \int_0^U U \cdot C \cdot \mathrm{d}U = \frac{1}{2} C \cdot U^2 = \frac{1}{2} \cdot \frac{Q^2}{C} \tag{4-35}$$

Es sei darauf hingewiesen, daß die Einheitengleichungen immer von den Dimensionsgleichungen auszugehen haben, also $[Q] = [C] \cdot [U]$; $[W] = [U] \cdot [Q]$. Der Faktor 1/2 kommt nur durch die Integration herein.

Beispiel. Um einen Kondensator mit $C = 0{,}01\ \mu\mathrm{F}$ auf 300 V aufzuladen, muß die Arbeit $W = (1/2) \cdot 0{,}01\ \mu\mathrm{F} \cdot (300\ \mathrm{V})^2 = 0{,}00045\ \mathrm{J}$ aufgewendet werden. Diese Energie wird der Spannungsquelle entnommen.

Für die Aufladung der Kugel ($C = 10$ pF) des van-de-Graaff-Modells (4.2.6.6) auf $U = 60$ kV ist die Energie $W = 1/2 \cdot 10$ pF $\cdot$ (60 kV)^2 = 0,018 J erforderlich. Sie muß als mechanische Arbeit aufgewendet werden, weil – abgesehen von Einflüssen der Reibung – auf die Ladung des Bandes eine rücktreibende Kraft nach 4.2.7.1 wirkt. (Von der Reibungskraft beim Bewegen des Bandes wird abgesehen.)

Zwischen den feldbegrenzenden Platten eines Plattenkondensators wirkt eine Kraft F. Man kann sie aus $F = -\mathrm{d}W/\mathrm{d}l$ berechnen. Andererseits kann man sie messen und daraus auf die elektrische Spannung U zwischen den Platten schließen (Thompsonsche Spannungswaage). Die eine Feldplatte wird an einen Waagebalken gehängt (Abb. 229). Legt man die Spannung U an, dann enthält das Plattenfeld die Energie $W = (1/2)CU^2 = (1/2)Q \cdot U = (1/2)D \cdot A \cdot E \cdot l$. Zwischen den Platten herrscht dann die Kraft

$$F = -\frac{\mathrm{d}W}{\mathrm{d}l} = (1/2)\, D \cdot A \cdot E = (1/2)\, Q \cdot E \tag{4-36}$$

Der Faktor 1/2 rührt davon her, daß bei Änderung von l sowohl D, als auch E geändert wird, während in Gl. (4-7) Verschiebung der Ladung Q bei konstantem E vorausgesetzt ist.

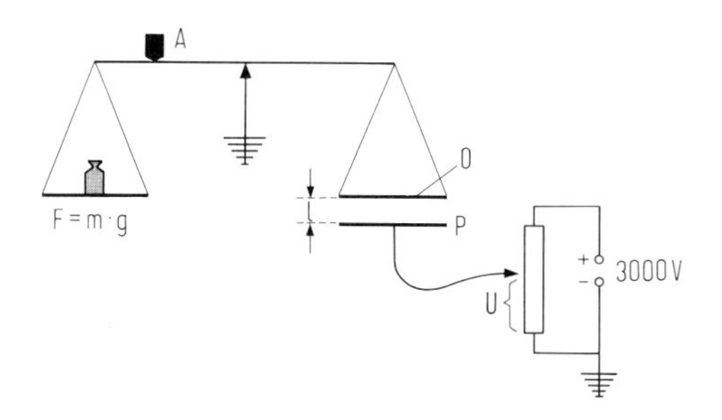

Abb. 229. Spannungswaage. An den einen Arm der Waage ist eine (geerdete) Platte 0 angehängt. Ihr gegenüber steht eine Platte P, deren Spannung U solange vermindert wird, bis die elektrische Anziehungskraft kleiner als $F = m \cdot g$ wird. Der Anschlag A sorgt dafür, daß der Plattenabstand nicht kleiner als l werden kann.

4.2.7.3. Energiedichte des elektrischen Feldes

Ein elektrisches Feld enthält Energie. Es gilt $W = \int w \cdot \mathrm{d}\tau$, wobei $w = (1/2)D \cdot E$ die Energiedichte des elektrischen Feldes im materiefreien Raum ist. Im allgemeinen Fall erhält man w aus einer Integration über $\mathrm{d}w = D\,\mathrm{d}E$.

Setzt man die drei Gleichungen $C = Q/U$, $Q = D \cdot A$, $U = E \cdot l$ in Gl. (4-35) ein, dann erhält man für den Energieinhalt eines Plattenkondensators

$$W = (1/2) \cdot \frac{D \cdot A}{E \cdot l} \cdot (E \cdot l)^2 = (1/2) D \cdot E \cdot A \cdot l \tag{4-37}$$

Darin ist $A \cdot l = V$ das (vom homogenen elektrischen Feld erfüllte) Volumen des Plattenkondensators.

Definition. Man nennt $w = W/V = (1/2) \cdot D \cdot E$ „Energiedichte" des elektrischen Feldes (gemeint ist Volumendichte der Energie). Der Faktor 1/2 rührt von einer Integration her (vgl. 4.2.7.2). Für die Dimensionen gilt

$$\dim w = \dim D \cdot \dim E \tag{4-37a}$$

Als kohärente Einheit ergibt sich

$$[w] = [D] \cdot [E] = 1\,\frac{\text{Cb}}{\text{m}^2} \cdot 1\,\frac{\text{V}}{\text{m}} = 1\,\frac{\text{Cb} \cdot \text{V}}{\text{m}^3} = 1\,\frac{\text{J}}{\text{m}^3} \qquad (4\text{-}37\,\text{b})$$

Der Energieinhalt W eines elektrischen Feldes ergibt sich, indem man $W = \int w \cdot \mathrm{d}\tau$ über das Volumen eines Feldes bildet. Das gilt auch, wenn w von Ort zu Ort verschieden ist. Auch bei Abwesenheit eines Dielektrikums (d.h. auch im materiefreien Raum) steckt die elektrische Energie allein in einer Veränderung des Zustandes des Raumes (Maxwell), vgl. auch den magnetischen Fall 4.4.5.7, ferner 4.4.6.1 Gl. (4-106) und 4.5.3.4 Gl. (4-136a).

Weiter unten wird gezeigt (vgl. 6.1.6), daß jede Energie W eine Masse $m = W/c^2$ besitzt. Man nimmt heute als sicher an, daß die Masse eines Teilchens (z. B. eines Elektrons) auf seiner Feldenergie beruht. Die Feldverteilung, aus der man durch Integration über die Energiedichte des elektrischen Feldes die Feldenergie erhalten würde, ist jedoch nahe dem Mittelpunkt des Teilchens noch nicht bekannt.

4.2.7.4. Elektrisches Feld um eine punktförmige Ladung, Kapazität eines Kugelkondensators *F/L 4.1.11*

Eine punktförmige Ladung Q_1 ist umgeben von einem elektrischen Feld mit der Feldstärke

$$E = \frac{Q_1}{\varepsilon_0 \cdot 4\pi r^2}$$

Wie in 4.1 gezeigt, herrscht in der Umgebung einer elektrischen Ladung ein elektrisches Feld. Um eine punktförmige Ladung $-Q_1$ denke man sich konzentrisch ein geerdetes, kugelförmiges Metallblech vom Radius r angebracht. Auf diesem beträgt die influenzierte Ladung $+Q_1$ und deren Flächendichte (Verschiebungsdichte)

$$D = \frac{Q_1}{4\pi \cdot r^2} \qquad (4\text{-}38)$$

Wegen $D = \varepsilon_0\, E$ herrscht dort die Feldstärke

$$E = \frac{Q_1}{\varepsilon_0 \cdot 4\pi\, r^2} \qquad (4\text{-}39)$$

Die beschriebene Anordnung läßt sich leicht erweitern zu einem Kugelkondensator, bestehend aus zwei konzentrischen voneinander isolierten Kugeln, die innere mit dem Radius r, die äußere mit dem Radius r'. Mit der Kenntnis der Feldstärke als Funktion des Abstandes r von der punktförmigen Ladung Gl. (4-39) bzw. vom Mittelpunkt einer (kleinen) geladenen Kugel läßt sich die Kapazität des Kugelkondensators sofort angeben.

Die Spannung zwischen den Kugeln ist $U = +\int_r^{r'} E \cdot \mathrm{d}r$. Einsetzen obiger Feldstärke E ergibt:

$$U = +\int_r^{r'} \frac{Q}{\varepsilon_0 \cdot 4\pi\, r^2}\,\mathrm{d}r = -\frac{Q}{4\pi\,\varepsilon_0}\,\frac{1}{r}\bigg|_r^{r'} = \frac{Q}{4\pi\,\varepsilon_0}\left(\frac{1}{r} - \frac{1}{r'}\right) \qquad (4\text{-}40)$$

$$C = \frac{Q}{U} = 4\pi\,\varepsilon_0 \cdot \frac{r \cdot r'}{r' - r} \tag{4-41}$$

Für $r' \longrightarrow \infty$ folgt:

$$C = 4\pi\,\varepsilon_0 \cdot r \tag{4-41 a}$$

Diese Formel gilt näherungsweise auch für eine Kugel, die im Hörsaal frei aufgestellt ist, obwohl die geerdeten Hörsaalwände nur in grober Näherung eine zu ihr konzentrische Kugel bilden (mit r' sehr groß).

Meßbeispiel. Die Kugel hat den Radius $r = 9$ cm. Wenn sie kurzzeitig mit $U = 3000$ V verbunden wird, trägt sie eine Ladung, die den Stoßausschlag 5,1 Skalenteile liefert. Also ist

$$C = \frac{Q}{U} = \frac{5{,}1 \cdot 5{,}8 \cdot 10^{-9}\ \text{Cb}}{3 \cdot 10^3} = 9{,}9\ \text{pF}$$

Einsetzen von $r = 9 \cdot 10^{-2}$ m in Gl. (4-41a) ergibt dagegen 10,0 pF. Die Übereinstimmung ist also überraschend gut.

Genau wie in 4.2.7.2 (Plattenkondensator) können der Energieinhalt und die Kraft der Kugelschalen aufeinander berechnet werden. Man erhält:

$$W = \frac{1}{2} \cdot Q \cdot U = \frac{1}{2} \cdot CU^2 = \frac{1}{2} \cdot \frac{Q^2}{C} \text{ und} \tag{4-35}$$

$$F = -\frac{\mathrm{d}W}{\mathrm{d}r'} = \frac{1}{2} \cdot \frac{Q \cdot Q}{4\pi\,\varepsilon_0 \cdot r'^2} \tag{4-41 b}$$

4.2.7.5. Coulombsches Gesetz

Zwei voneinander unabhängige Ladungen desselben Vorzeichens im Abstand r üben aufeinander die abstoßende Kraft aus, für die gilt

$$F = \frac{1}{\varepsilon_0} \cdot \frac{Q_1 \cdot Q_2}{4\pi\,r^2}.$$

Betrachtet werden zwei (nahezu punktförmige) kleine Kugeln mit den Ladungen Q_1 bzw. Q_2. Jede der beiden Ladungen erzeugt für sich allein eine elektrische Feldstärke nach 4.2.7.4. Beide Ladungen zusammen erzeugen eine Gesamtfeldstärke, die die Vektorsumme beider Beiträge ist. Daraus ergibt sich nach 4.2.7.3 die Energiedichte und nach Gl. (4-35) der Energieinhalt dieser Feldverteilung. Dann erhält man die Kraft, die beide Ladungen aufeinander ausüben, aus:

$$F = -\frac{\mathrm{d}W}{\mathrm{d}r}$$

Die Rechnung, die hier nicht durchgeführt wird, liefert, wenn Q_1 und Q_2 dasselbe Vorzeichen haben, die abstoßende Kraft

$$F = \frac{1}{\varepsilon_0} \cdot \frac{Q_1 \cdot Q_2}{4\pi\,r^2} \tag{4-42}$$

Diese wichtige Gleichung wird als *Coulombsches Gesetz* bezeichnet.

Man kann formal auch bilden:

$$\vec{F} = Q_2 \cdot \vec{E}_1 = Q_1 \cdot \vec{E}_2$$

Dabei ist $\vec{E}_1$ diejenige Feldstärke, die vor dem Einbringen von Q_2 durch Q_1 im Abstand r erzeugt wird, und umgekehrt.

Gl. (4-42) gibt also im Unterschied zu Gl. (4-41 b) die Kraft an, die zwei voneinander *unabhängige* Ladungen im Abstand r aufeinander ausüben.

Man kann fragen, wie groß die Energie ist, die aufgewendet werden muß, um eine Ladung Q_2 aus unendlicher Entfernung auf die Entfernung r heranzuführen. Sie beträgt

$$\boxed{W_{\text{pot}} = Q_2 \int_r^\infty \frac{Q_1}{\varepsilon_0\, 4\pi\, r^2}\, \mathrm{d}r}$$

Dies ergibt nach Gl. (4-40) sofort $W = Q_2 \cdot \{Q_1/\varepsilon_0 4\pi r)\}$. Man kann also die potentielle Energie W_{pot} relativ zu dem Ausgangszustand angeben, der darin besteht, daß die Ladung Q_2 in unendlicher Entfernung war.

Es erweist sich als möglich, alle von beliebigen Ladungsverteilungen erzeugten elektrischen Felder aus den kugelsymmetrischen Feldverteilungen von Punktladungen zusammenzusetzen. Deshalb wird in der Theoretischen Physik das Coulombsche Gesetz oft an den Anfang der Elektrizitätslehre gestellt.

4.2.7.6. Statischer elektrischer Dipol, elektrisches Moment

Auf einen elektrischen Dipol wirkt im homogenen elektrischen Feld ein Drehmoment, in einem inhomogenen Feld außerdem eine Kraft.

Zwei Ladungen $-Q$ und Q im festen Abstand $|\Delta \vec{r}\,|$ bilden einen permanenten elektrischen Dipol.

Definition: $\boxed{\vec{m}_e = Q \cdot \Delta \vec{r}}$ (4-43)

nennt man das *elektrische Moment* des Dipols. Es ist eine Vektorgröße. Die Richtung von $\Delta \vec{r}$ (Dipolachse) ist definiert von $-Q$ zu Q. Wir betrachten Q als Variable, die >0 oder <0 sein kann. Falls $Q < 0$ ist, ist $\vec{m}_e$ entgegengesetzt gerichtet wie $\Delta \vec{r}$, zeigt also auch hier von der Variablen mit negativem Wert zur anderen.

Für die Dimensionen gilt $\dim m_e = \dim Q \cdot \dim r$ (4-43 a)

Für die Einheit gilt $[m_e] = [Q] \cdot [l] = 1\ \text{Cb} \cdot 1\ \text{m} = 1\ \text{Cb m}$ (4-43 b)

a) Im *homogenen* elektrischen Feld erfährt der elektrische Dipol ein Drehmoment

$$\boxed{\vec{M} = \vec{m}_e \times \vec{E}} \quad (4\text{-}44)$$

Dieses Drehmoment erhält man wie folgt: Auf die beiden Ladungen $+Q$ und $-Q$ wirken entgegengesetzte Kräfte, die das Drehmoment $\vec{M} = \vec{r} \times \vec{F}$ bilden. Setzt man ein $\vec{F} = Q \cdot \vec{E}$ und beachtet $\vec{m}_e = Q \cdot \Delta \vec{r}$, so ergibt sich Gl. (4-44).

b) Im *inhomogenen* elektrischen Feld erfährt der elektrische Dipol einerseits eine Richtwirkung nach a), andererseits eine Kraft. Ist der Dipol frei drehbar und hat er sich bereits gleichsinnig parallel zur Feldstärke ausgerichtet ($\vec{m}_e \| \vec{E}$, vgl. Abb. 230), so erfährt der Dipol nunmehr eine Kraft $\vec{F} = \vec{m}_e \cdot \mathrm{d}\vec{E}/\mathrm{d}r$ in Richtung zunehmenden Feldstärkebetrages $|E|$.

Allgemein gilt im statischen Feld

$$\vec{F} = -\operatorname{grad}(-\vec{m}_e \cdot \vec{E}).$$

Herleitung. Am Ort der einen Ladung (1) herrscht eine kleinere Feldstärke als am Ort der anderen (2), die um Δr von der ersten entfernt ist (Abb. 230, unterer Teil). Nun ist

$$\vec{F} = +Q \cdot \vec{E}_1 - Q \cdot \vec{E}_2 = Q \cdot \Delta r \cdot \frac{\vec{E}_1 - \vec{E}_2}{\Delta r} \rightarrow m_e \cdot \frac{\mathrm{d}\vec{E}}{\mathrm{d}r}$$

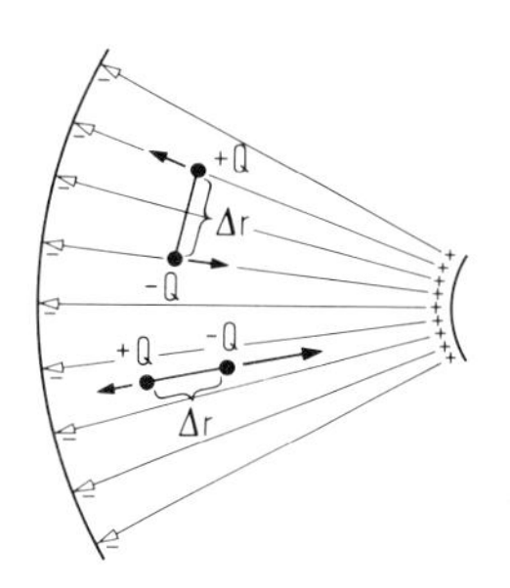

Abb. 230. Elektrischer Dipol im elektrischen Feld. Im elektrischen Feld erfährt ein elektrischer Dipol, der aus den Ladungen $+Q$ und $-Q$ im Abstand Δr besteht, ein Drehmoment. In einem inhomogenen Feld erfährt er außerdem eine Kraft in Richtung zunehmender Feldstärke. Die eingetragenen Kraftpfeile entsprechen der Voraussetzung, daß $Q > 0$ ist. Im Fall $\Delta\vec{r} \perp \vec{E}$ ergibt sich im dargestellten inhomogenen Feld eine Kraft senkrecht zu $\vec{E}$.

Jede der beiden Einzelladungen des (statischen) Dipols ist von einem elektrischen Feld umgeben. Beide Felder überlagern sich zum elektrischen Feld eines Dipols. In einer Entfernung $R \gg \Delta r$ vom Dipol unter dem Winkel 0° gegen die Dipolachse (1. Hauptlage) beträgt die elektrische Feldstärke

$$E = 2 \cdot \frac{m_e}{\varepsilon_0 \cdot 4\pi R^3} \tag{4-45}$$

Unter 90° gegen die Dipolachse (2. Hauptlage)

$$E = \frac{m_e}{\varepsilon_0 \cdot 4\pi R^3} \tag{4-46}$$

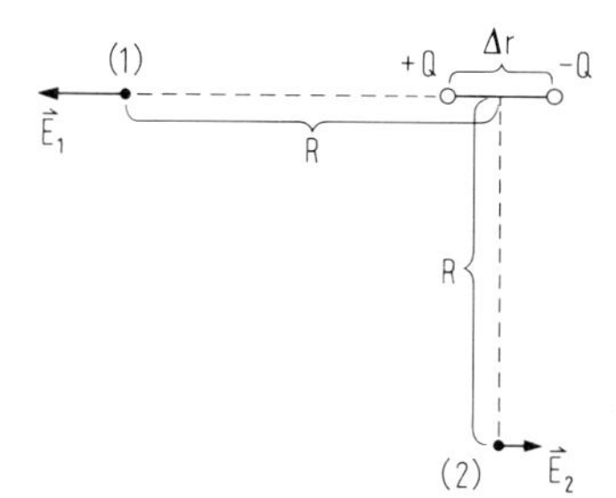

Abb. 230a. Elektrische Feldstärke E um einen elektrischen Dipol. Richtung (1) nennt man erste Hauptlage (0° gegen die Dipolachse), Richtung (2) zweite Hauptlage (90° gegen die Dipolachse). Bei gleichem Abstand R von der Dipolmitte ist $|E_1| = 2 \cdot |E_2|$.

Begründung. Die Feldstärke ist die Vektorsumme der Feldstärken, die von den beiden Ladungen des Dipols einzeln erzeugt werden. Für die 1. Hauptlage ist

$$|E| = \frac{Q_1}{\varepsilon_0 \cdot 4\pi R^2} - \frac{Q_2}{\varepsilon_0 \cdot 4\pi (R + \Delta r)^2} \approx \frac{Q_1}{\varepsilon_0 \cdot 4\pi} \frac{\mathrm{d}}{\mathrm{d}R}\left(\frac{1}{R^2}\right) \cdot \Delta r = -2 \cdot \frac{Q_1 \cdot \Delta r}{\varepsilon_0 \cdot 4\pi R^3}$$

Für die 2. Hauptlage ist

$$|E| = 2 \cdot \frac{Q_1}{\varepsilon_0 \cdot 4\pi R^2} \cdot \sin\alpha \approx 2 \cdot \frac{Q_1}{\varepsilon_0 4\pi R^2} \cdot \frac{\Delta r/2}{R} = \frac{Q_1 \cdot \Delta r}{\varepsilon_0 \cdot 4\pi R^3}$$

wobei $m_e = Q_1 \cdot \Delta r$ ist (Abb. 230a).

4.2.7.7. Arbeit und Leistung beim Ladungstransport *F/L 4.1.4*

Im Innern eines Metalls wird beim Stromdurchgang die Energie $W = U \cdot I \cdot t$ als Wärmemenge frei. Im supraleitenden Zustand entsteht beim Stromdurchgang keine Wärmemenge.

Legt man elektrische Spannung zwischen zwei Punkte eines Metalls, dann herrscht im Innern des Metalls eine elektrische Feldstärke. Dadurch werden die beweglichen Elektronen beschleunigt. Ihre kinetische Energie wird durch Zusammenstöße auf die Atome des Metalls übertragen. Dadurch stellt sich eine konstante mittlere Geschwindigkeit der Elektronen ein. Kraft mal Geschwindigkeit ist Leistung, das Metall erwärmt sich.

Das Analoge gilt auch für sonstige Leiter, insbesondere Halbleiter und Elektrolyte.

Nach 4.2.7.1 wird die Energie $W = F \cdot l = (Q/l) \cdot U \cdot l$ frei oder

$$W = Q \cdot U = U \cdot I \cdot t = R \cdot I^2 \cdot t = \frac{U^2}{R} \cdot t \tag{4-47}$$

Die kohärente Einheit der Energie ist bekanntlich (1.3.5)

$$[W] = [Q] \cdot [U] = 1\ \mathrm{J} = 1\ \mathrm{Cb} \cdot 1\ \mathrm{V} = 1\ \mathrm{VAs}$$

Oft benutzt man auch eine Kilowattstunde, d. h. 1 kWh = 3600000 Ws = 3600 kWs = 3,6 MJ. Hierzu sei noch angegeben 1 kWh = 860,4 kcal.

Bei der Bewegung der Elektronen durch einen (normal leitenden) Draht wird elektrische Energie $W = U \cdot I \cdot t$ in Wärmemenge umgesetzt. Nach 3.1.4 ist 1 cal aus 4,18 J = 4,18 VAs, oder 0,24 cal aus 1 J zu erhalten. Aus der freiwerdenden Energie W, der gemessenen Stromstärke I und der Zeitdauer t, während der sie fließt, kann man $U = W/(I \cdot t)$ erhalten und damit die in 4.2.2.1 auf „später" verschobene Messung der Spannung jetzt durchführen.

Beispiel. Ein Tauchsieder wird in 500 g Wasser getaucht und 60 s lang an eine konstante Spannung $U = 220$ V angeschaltet, wobei 2,6 A fließen. Das Wasser erwärmt sich dadurch um 17 K (z. B. von 20° auf 37 °C). Entstandene Wärmemenge

$$C_w \cdot \Delta T = 500\ \mathrm{g} \cdot 1\ \frac{\mathrm{cal}}{\mathrm{g \cdot K}} \cdot 17\ \mathrm{K} = 500\ \mathrm{g} \cdot 4{,}18\ \frac{\mathrm{J}}{\mathrm{g \cdot K}} \cdot 17\ \mathrm{K} = 35000\ \mathrm{J}$$

Daraus folgt: $U = \dfrac{W}{I \cdot t} = \dfrac{35000\ \mathrm{J}}{2{,}6\ \mathrm{A} \cdot 60\ \mathrm{s}} \approx 220\ \mathrm{V}$

Auf Einzelheiten, die bei einer Präzisionsmessung berücksichtigt werden müßten, kann hier nicht eingegangen werden.

Nach 1.3.5.7 ist Leistung P = Energie W/Zeit t, also ist die Leistung im elektrischen Fall

$$P = \frac{W}{t} = \frac{U \cdot I \cdot t}{t} = U \cdot I = R \cdot I^2 = U^2/R \tag{4-48}$$

Die kohärente Einheit der Leistung ist bekanntlich (1.3.5.7)

$$[P] = [U] \cdot [I] = 1 \text{ J/s} = 1 \text{ V} \cdot 1 \text{ A} = 1 \text{ W} \tag{4-48a}$$

Aus der in einem Draht umgesetzten Leistung kann man auf die durch den Draht gehende Stromstärke schließen (Ausnahme: wenn dieser supraleitend ist). Ein horizontal in Luft ausgespannter Draht wird beim Stromdurchgang erwärmt und dehnt sich aus. Mit Hilfe von Faden und Spannfeder kann diese Ausdehnung an einem Zeiger auf Drehachse abgelesen werden (Hitzdraht-Amperemeter, Abb. 230b). Das Instrument muß für jeden einzelnen Wert der Stromstärke geeicht werden. Sein Ausschlag ist unabhängig vom Richtungssinn (Vorzeichen) der Stromstärke und näherungsweise proportional zu I^2. Das Hitzdrahtamperemeter ist daher auch für Wechselstrom aller Frequenzen verwendbar.

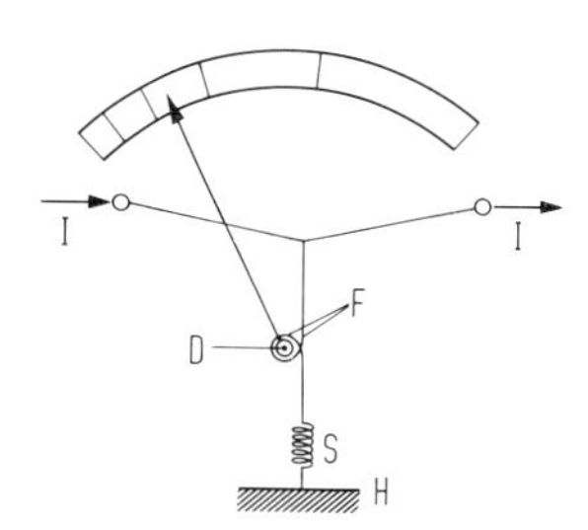

Abb. 230b. Prinzip des Hitzdrahtamperemeters. F: Faden, der um die Achse D des drehbaren Zeigers läuft, S: Spannfeder, H: mechanische Halterung, elektrisch isolierend. Der Ausschlag ist unabhängig vom Vorzeichen der Stromstärke.

Elektrische Energie kann stets vollständig in Wärmeenergie umgewandelt werden, umgekehrt aber nur beschränkt, vgl. 3.6.5. Dagegen sind mechanische und elektrische oder magnetische Energie in beiden Richtungen im Prinzip vollständig ineinander umwandelbar.

Beachte. Bei sehr tiefen Temperaturen gibt es eine grundsätzlich wichtige Erscheinung, die *Supraleitung*. Seit 1910 (Kamerling Onnes) wurde entdeckt, daß viele Stoffe unterhalb einer Sprungtemperatur, die meist wenige Grad über dem absoluten Nullpunkt liegt, supraleitend werden, d.h. ihr elektrischer Widerstand wird $R = 0$. Daher wird beim Stromdurchgang in ihnen keine Wärmemenge erzeugt. Die Supraleitung hängt mit der Bildung von Elektronenpaaren (mit Spin oben/Spin unten) zusammen (Cooper-Paare). Sie genügen der Bose-Statistik im Unterschied zu nichtgepaarten Elektronen, die der Fermi-Statistik unterliegen.

Beispiele. Man kennt etwa 25 chemische Elemente, die bei Temperaturen zwischen 9,09 K und 0,14 K supraleitend werden, z. B. Pb unterhalb 7,22 K, Sn unterhalb 3,72 K. Einen besonders hohen Sprungpunkt (18 K) hat die Verbindung Nb_3Sn.

Auch ein elektrischer Strom im Vakuum (Elektronen, Ionenstrahlen usw.) erzeugt keine Wärmemenge. Erst wenn diese Teilchen in Materie abgebremst werden, entsteht Wärme.

Der in vielen Büchern zu findende Satz: „Der elektrische Strom hat Wärmewirkung“ bezieht sich nur auf den Spezialfall normalleitender (nicht supraleitender) Materie.

4.3. Ladungstransport in verschiedenen Medien

Bringt man ein Metall, einen Halbleiter, eine Metallsalzlösung, einen beliebigen Körper in ein elektrisches Feld (Feldstärke E), so wirkt auf jeden darin enthaltenen Träger einer elektrischen Ladung Q eine Kraft $F = Q \cdot E$. Frei bewegliche Ladungsträger werden dadurch zu einer Triftbewegung veranlaßt. Im Inneren eines Metalls gilt das für Elektronen, im Inneren einer Elektrolytlösung für Ionen, in einem ionisierten Gas für Elektronen und Ionen, natürlich auch für freie geladene Teilchen in einem materiefreien Raum (Elektronen in einer Glühkathodenröhre, Ionen in einem Massenspektrometer oder in einem Teilchenbeschleuniger).

4.3.1. Elektronen in Metallen, Halbleitern und im leeren Raum

4.3.1.1. Mechanismus des Ladungstransportes

Bewegung einer Plus-Ladung nach der einen Richtung und einer Minus-Ladung nach der entgegengesetzten Richtung ergibt eine Stromstärke vom gleichen Vorzeichen.

In diesem Abschnitt werden folgende Fälle des Ladungstransports behandelt:

a) und b) Bewegung makroskopischer Ladungsträger (Griffplatten, Tischtennisbälle),
c) Bewegung von Elektronen und Ionen in den Flammengasen einer Kerze,
jeweils im elektrischen Feld zwischen zwei Platten.
d) Bewegung von Ionen in Flüssigkeiten. (Dieser Fall wird in 4.3.2.1 und 2 besprochen.)

Die dabei auftretende Stromstärke kann mit dem Galvanometer gemessen werden. Wegen der schnelleren Anzeige kann man auch mit der Anordnung Abb. 231 und der in Abb. 205a dargestellten Schaltung messen. Am Widerstand $R = 1000\ \text{M}\Omega$ entsteht bei einer Stromstärke von $10 \cdot 10^{-9}$ A gemäß der Gleichung $U = R \cdot I$ eine Spannungsänderung 10 V. Diese ist meßbar mit einem Multizellularvoltmeter mit der Vorspannung $U_0 = +200$ V (vgl. 4.2.2.2). Je nach der Stromrichtung ergibt sich dann $U_1 = 190$ V oder $U_2 = 210$ V, ohne Strom dagegen 200 V.

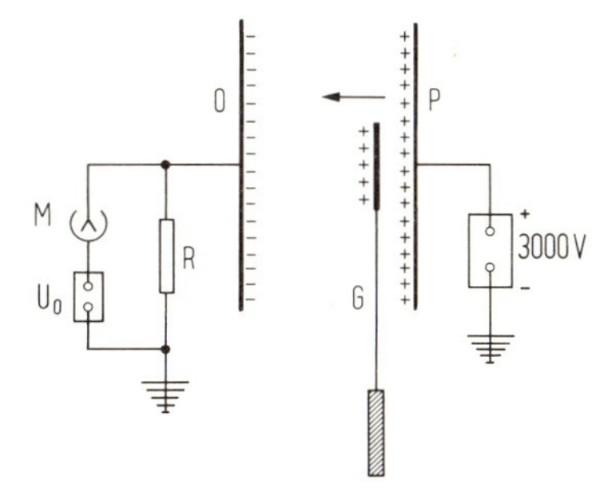

Abb. 231. Zum Mechanismus des Ladungstransports. M: Multizellularvoltmeter (elektrostatisch), U_0: Vorspannung, R: Hochohmwiderstand. Wurde mit der Griffplatte G die Feldplatte P berührt, so kann mit G Ladung nach 0 verschoben werden. Die Griffplatte kann durch einen metallisierten Tischtennisball, aufgehängt an einem (isolierenden) Nylonfaden, ersetzt werden.

Zu a). Makroskopische Ladungsträger (Griffplatten). Verschiebung einer positiven Ladung in der einen Richtung ist gleichwertig mit der Verschiebung einer negativen Ladung in entgegengesetzter Richtung.

Fall 1. Mit einer Griffplatte parallel zur Feldplatte (Abb. 231) wird die Feldplatte P (Spannung +3000 V) berührt, so daß sie positive Ladung trägt (rund 13,1 nCb nach 4.2.6.4). Während der Bewegung der Griffplatte zur Platte 0 hin (ohne Berührung) zeigt das Meßinstrument einen Ausschlag z. B. nach rechts. Wird die Platte 0 nicht berührt und dann die Griffplatte zu P zurück bewegt, dann erhält man einen Ausschlag nach links.

Fall 2. Wird der Versuch wiederholt, aber Platte 0 berührt, dann ergibt sich beim Zurückbewegen der Griffplatte ein Ausschlag nach rechts. Beim Berühren der Platte 0 wurde die Griffplatte nämlich umgeladen.

Fall 3. Man kann auch zwei ungeladene sich berührende Griffplatten in die Mitte des Feldes bringen und sie auseinander bewegen bis zur Berührung mit 0 bzw. P und sie wieder in die Ausgangsstellung zurückbewegen. Beide Male beobachtet man Ausschläge nach rechts. Wird die Ladung $+Q$ um den Weg $l/2$ nach rechts *und* die Ladung $-Q$ um $l/2$ nach links bewegt, so ist das gleichwertig mit der Bewegung von $+Q$ über $+l$ *oder* $-Q$ über $-l$.

Zu b). Als nächstes wird die Griffplatte durch einen *Tischtennisball* ersetzt, der mit Metall überzogen ist und an einem isolierenden Nylonfaden hängt. Bei jedem Hin- oder Hergang, wobei der Ball jeweils die Platte berührt (z. B. viermal je Sekunde), wird Ladung transportiert. Die Stromstärke hat beim Hin- und Hergang *dasselbe* Vorzeichen.

Beispiel. Das Voltmeter zeigt einen mittleren Ausschlag 30 V. Die Stromstärke beträgt dann

$$I = \frac{U}{R} = \frac{30\ \text{V}}{10^9\ \Omega} = 30 \cdot 10^{-9}\ \text{A}$$

n Bälle ergeben n-fache Stromstärke. Wenn man es erreicht, die Geschwindigkeit der Bälle auf ihren Weg von der einen Platte zur anderen um den Faktor k zu erhöhen, so erhöht sich dadurch auch die Stromstärke um den Faktor k.

Folgerung. Die Stromstärke hängt von der Zahl der Ladungsträger im betrachteten Raumbereich ab und von der Geschwindigkeit ihrer Bewegung. Quantitatives folgt in 4.3.2.3.

Zu c). Mikroskopische Ladungsträger. Analoge Versuche kann man mit unsichtbaren geladenen Teilchen ausführen: Die Flammengase einer Kerzenflamme bestehen zu einem Teil aus elektrisch geladenen Teilchen, und zwar Ionen (vgl. 4.3.2.3) und Elektronen (vgl. 4.3.1.4 und 6.1.4).

Man bringt eine Kerze zwischen die Feldplatten. Die aufsteigende heiße Luft ist in der Schattenprojektion sichtbar (Schlierenbild). Beim Anlegen von Spannung teilt sich die Flamme, die positiven bzw. negativ geladenen Teilchen werden von der negativen bzw. positiven Platte angezogen: Zwischen den Platten fließt ein elektrischer Strom.

Ergebnis. Damit ein elektrischer Strom fließen kann, müssen in einem elektrischen Feld freie*) geladene Teilchen vorhanden sein, und sie müssen beweglich sein. Elektrischer Strom fließt, sobald außerdem elektrische Feldstärke herrscht. Dabei hängt die Stromstärke von der Anzahl der eingebrachten (oder darin schon enthaltenen) elektrisch geladenen Teilchen und ihrer Beweglichkeit ab.

---

* Gemeint sind entweder Elektronen ohne Bindung an spezielle Atome (darunter fällt ein Teil der Elektronen im Metall oder Elektronen im Leitfähigkeitsband von Halbleitern) oder Ionen.

Erhöht man die Spannung zwischen den Platten, so nimmt die Stromstärke schließlich einen konstanten Höchstwert an („Sättigungsstromstärke"). Das Ohmsche Gesetz gilt *nicht*. Die Sättigungsstromstärke wird erreicht, wenn alle von der Kerze gelieferten geladenen Teilchen an die Platten gelangen.

4.3.1.2. Ladungsträger in Metallen (Elektronen)

Experimente mit kurzzeitiger Beschleunigung zeigen, daß in Metallen Träger negativer elektrischer Ladung mit $m/e \approx 5{,}7 \cdot 10^{-12}$ kg/Cb vorhanden sind.

Da Metalle elektrisch leitend sind, müssen in ihnen Ladungsträger beweglich sein. Welcher Art diese Ladungsträger sind, kann man entscheiden, wenn man deren Verhältnis m/e mißt, wo m ihre Masse, e ihre Ladung ist. Dazu dient folgendes Experiment: Ein auf einen Zylinder aufgespulter Draht wird um die Zylinderachse in schnelle Drehung versetzt (Bahngeschwindigkeit des Drahtes v_1) und plötzlich angehalten ($v_2 = 0$). Dann tritt an den Drahtenden für kurze Zeit elektrische Spannung U, d.h. $\int U \cdot \mathrm{d}t$ auf. Bei diesem Experiment rührt er davon her, daß die Träger der Ladung e eine Masse m und einen Impuls $m \cdot v$ besitzen. Während die Atome des Drahtes bereits angehalten sind, laufen die beweglichen Träger der Ladung, die Elektronen, noch weiter und stauen sich am einen Ende des Drahtes solange, bis sich dadurch eine elektrische Gegenspannung ausgebildet hat, die imstande ist, die im Metall beweglichen Ladungsträger anzuhalten. Das tritt bereits nach einer Verschiebungsstrecke ein, die kleiner ist als der Abstand benachbarter Atome in einem Kristallgitter. Quantitativ gilt nach Gl. (1-19) mit $v_1 - v_2 = \Delta v$ die Beziehung

$$m \cdot \Delta v = \int F \cdot \mathrm{d}t = \int e \cdot E \cdot \mathrm{d}t = e \cdot \int (U/l) \cdot \mathrm{d}t, \tag{4-49}$$

wo l die Drahtlänge ist. Daraus folgt für die beweglichen Ladungsträger

$$\left| \frac{m}{e} \right| = \frac{\int U \cdot \mathrm{d}t}{l \cdot \Delta v} \tag{4-49 a}$$

Aus dem Vorzeichen des hier beobachteten Spannungsstoßes folgt, daß die im Metall beweglichen Teilchen *negativ* geladen sind.

Das Experiment, das erheblichen Aufwand erfordert, wurde von Tolman 1916/26 ausgeführt. Es liefert

$$\left| \frac{m}{e} \right| = \left(5{,}7 \cdot 10^{-12} \frac{\mathrm{kg}}{\mathrm{Cb}} \right) = \left(\frac{1}{1840} \right) \cdot 10{,}36 \cdot 10^{-6} \frac{\mathrm{kg}}{\mathrm{Cb}}$$

Negativ geladene Teilchen mit diesem Wert von (m/e) nennt man Elektronen.

Im Innern des Metalls sind Elektronen beweglich; sie verhalten sich ähnlich wie Gasatome in einem porösen Material (3.4.3). Jedoch genügen Elektronen nicht der Boltzmann-Statistik wie Gasatome (3.4.1), sondern der Fermi-Statistik. Elektronen sind ein entartetes Gas und haben eine Geschwindigkeitsverteilung, bei der alle kinetischen Energien von Null bis zu einem Maximalwert (Fermi-Grenze) mit gleicher Wahrscheinlichkeit vertreten sind („Fermi-Verteilung"). Abb. 232a. Das gilt exakt bei der Temperatur 0 Kelvin. Bei höheren Temperaturen (vgl. 4.3.1.3) nimmt die kinetische Energie der Elektronen über die Fermigrenze hinaus allmählich zu.

Durchlaufen Elektronen Strecken, die groß sind im Vergleich zum Atomabstand, dann haben sie als Folge ihrer Wechselwirkung mit den Atomen effektive m/e-Werte, die manchmal erheblich vom Wert für freie Elektronen abweichen.

Die kinetische Energie der Elektronen im Metall reicht bis rund 4 eV (ihre Geschwindigkeit bis 1,2 km/s, siehe 6.1.4), andererseits ist die Triftgeschwindigkeit der Elektronen (4.2.1.1) unter üblichen Bedingungen nur von der Größenordnung 10^{-2} mm/s.

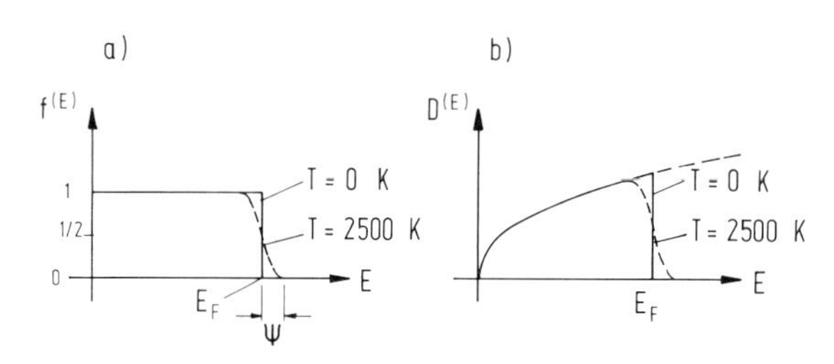

Abb. 232. Fermi-Verteilung für das Elektronengas.
a) f (E): „Fermi-Funktion". Sie gibt die Wahrscheinlichkeit an dafür, daß ein Zustand der Energie E besetzt ist.
b) $D(E)$: Dichteverteilung der Leitungselektronen in einem Metall in Abhängigkeit von der Elektronenenergie E. Die Dichte $\varrho(E)$ der verfügbaren Energiezustände für Elektronen wächst hier proportional zu $\sqrt{E}$, d. h. proportional zum Impuls. Es gilt: $D(E) = \varrho(E) \cdot \mathrm{f}(E)$. Bei $T = 0$ K hat die Fermi-Funktion zwischen $0 \leq E \leq E_{\mathrm{F}}$ den konstanten Wert 1 („entartetes Gas"). Man nennt die Grenzenergie E_{F} „Fermi-Energie". Bei höherer Temperatur gilt die gestrichelte Kurve. Bei genügend hoher Temperatur können Elektronen aus dem Körper austreten, wenn ihre Energie größer als $E_{\mathrm{F}} + \psi$ ist, wo ψ die Austrittsarbeit bedeutet (vgl. Glühemission und Photoeffekt).

Erst bei Temperaturen erheblich über Zimmertemperatur kommen zunehmend energiereichere Elektronen oberhalb der Fermi-Grenze vor. Solche können bei genügend hoher Temperatur aus der Oberfläche des Metalls austreten („Glühemission", 4.3.1.3).

Herrscht im Innern des Metalls eine elektrische Feldstärke, so überlagert sich der eben beschriebenen Eigenbewegung der Elektronen die von 4.2.1.1 an besprochene Triftbewegung.

4.3.1.3. Glühemission von Elektronen

Bei genügend hoher Temperatur treten freie Elektronen aus Elektronenleitern aus.

Aus einem glühenden Draht treten freie Elektronen aus (Glühemission), sie werden sogar mit kinetischer Energie (Größenordnung 0,1 bis 1 eV) ausgesandt. Daß es Elektronen sind, ergibt sich durch Messung von m/e nach 6.1.4. Es handelt sich um Elektronen aus dem temperaturabhängigen Ausläufer der Fermi-Verteilung, Abb. 232. Durch ein elektrisches Feld zwischen Glühdraht und einer weiteren Elektrode (Anodenblech) können die austretenden Elektronen weggezogen werden. Dann fließt ein elektrischer Strom zwischen Glühdraht und Anode – auch durch Hochvakuum. Um sekundäre Einflüsse zu vermeiden, beobachtet man die Glühemission am besten in einer Vakuumröhre (Abb. 233). Charakteristisch sind folgende Punkte:

1. Zwischen Glühdraht und Gegenelektrode fließt nur dann ein elektrischer Strom (und zwar Elektronenstrom), wenn der Glühdraht mit dem negativen Pol, die Gegenelektrode mit dem positiven Pol einer Spannungsquelle verbunden ist, d. h. wenn sie als Anode geschaltet ist.

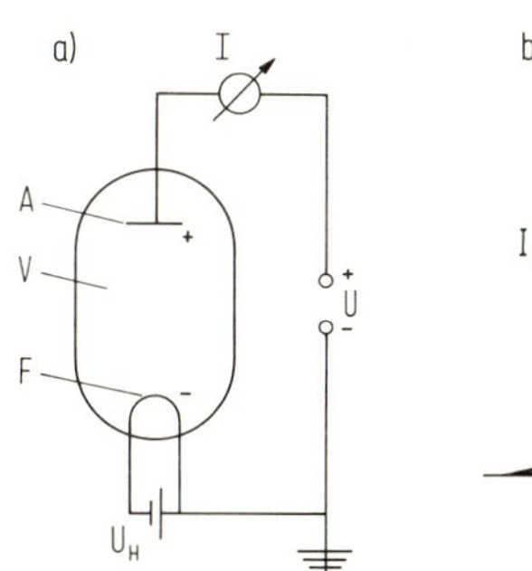

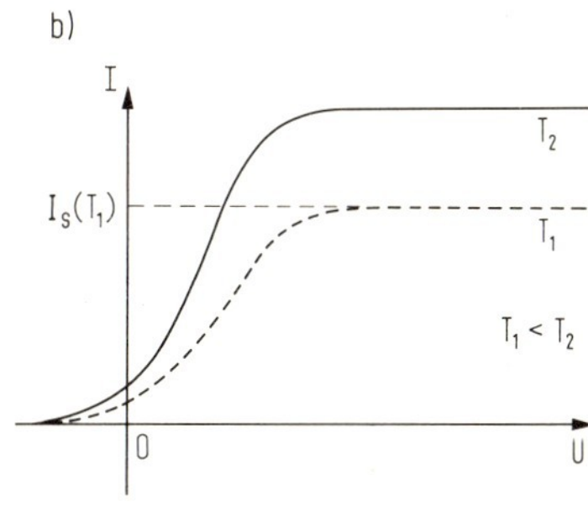

Abb. 233. Zur Glühemission.
a) U: Anodenspannung, I: Anodenstromstärke, U_H: Heizspannung. Aus dem Glühdraht F der (absoluten) Temperatur T_1 bzw. T_2 treten Elektronen in das Vakuum V aus und werden zur Anode A gezogen.
b) Für genügend große Werte von U (Anode positiv) erreicht die Anodenstromstärke I einen Sättigungswert (Sättigungsstromstärke I_s). Auch für $U < 0$ (rücktreibendes Feld) kann eine geringe Stromstärke vorhanden sein („Anlaufstrom").

Kehrt man das Vorzeichen der Spannung um, dann fließt kein Strom. Die Anordnung hat also Gleichrichterwirkung. Über die Verhältnisse bei sehr kleinen Spannungen vgl. weiter unten („Anlaufstrom").

2. Angelegte Spannung U (Ziehspannung) und durchgehende Stromstärke I (Anodenstromstärke) sind einander *nicht* proportional; das Ohmsche Gesetz gilt *nicht*. Vielmehr erreicht die **Stromstärke bei genügend hoher Ziehspannung einen *Sättigungswert*. Das bedeutet:** Alle aus dem Glühdraht austretenden Elektronen werden abgesaugt. Abb. 233b zeigt das Strom-Spannung-Diagramm.

3. Die erzielbare Sättigungsstromstärke hängt stark von der Temperatur des Glühdrahtes ab. Die bei gegebener absoluter Temperatur T von einem Glühdraht wegziehbare Sättigungsstromdichte beträgt (Richardson 1914)

$$j = c \cdot T^2 \cdot \exp\left(-\psi/kT\right) \tag{4-50}$$

k ist die Boltzmann-Konstante, c ist eine für alle Elektronenleiter (Metalle, Halbleiter) gültige Konstante. Sie beträgt

$$c = 60{,}2 \frac{\mathrm{A}}{\mathrm{cm}^2\,\mathrm{K}^2} \tag{4-50a}$$

Die Größe ψ im Exponenten von Gl. (4-50) ist die Arbeit, die aufgewendet werden muß, um ein Elektron der größten in der Fermi-Verteilung (4.3.1.2, Abb. 232a) vorkommenden Energie aus der Oberfläche des betreffenden festen, flüssigen Körpers abzulösen („Austrittsarbeit"). Diese Energie hat für jeden Stoff einen charakteristischen Wert. Für Wolfram ist $\psi = 4{,}5$ eV, andere Stoffe haben Werte etwa zwischen 2–4 eV. Die Austrittsarbeit hängt stark von der Reinheit der äußersten Oberflächenschicht ab und geht auch beim lichtelektrischen Effekt (6.3.1) ein. Hier wird erstmalig der in 4.2.2.1 eingeführte Energiebetrag 1 eV verwendet.

Wie erwähnt, kommen in einem Metall bei hoher Temperatur auch Elektronen vor mit Energien, die größer sind als die Fermi-Grenzenergie (4.3.1.2). Wenn die Energie der Elektronen die Fermi-Grenze um ψ überschreitet, können sie aus der Oberfläche des Metalls austreten (vgl. Abb. 232). Im allgemeinen ist das erst bei Temperaturen der Fall, bei denen der Draht glüht („Glühemission"). Um den Glühdraht bildet sich eine „Elektronenwolke", und damit eine Raumladung aus. Die energiereichsten der aus dem Draht austretenden Elektronen können diese Raumladung durchqueren und sogar gegen schwache negative Spannungen anlaufen. Dadurch entsteht der „Anlaufstrom", vgl. Abb. 233b. Umgekehrt kann man aus dem Anlaufstrom auf die Energieverteilung der Leitungselektronen schließen. Allerdings unterscheiden sich Fermi-Verteilung und Maxwell-Verteilung in diesem Ausläufer noch nicht merklich.

Auch bei Gegenwart von Gasen (z. B. Luft von Atmosphärendruck) treten Elektronen aus dem Glühdraht aus.

4.3.1.4. Elementarladung

Die elektrische Ladung ist gequantelt. Es gibt nur ganzzahlige Vielfache von $\pm 1{,}6 \cdot 10^{-19}$ Cb. Das Elektron besitzt auch Spin und magnetisches Moment.

Kleine Partikelchen (z. B. Öltröpfchen nach der Zerstäubung) erweisen sich manchmal als elektrisch geladen. Ihre Ladung beträgt $e = 1{,}6 \cdot 10^{-19}$ Cb oder ganzzahlige Vielfache davon (Millikan 1911). Kleinere Werte oder nicht ganzzahlige Vielfache von e wurden bisher niemals beobachtet*). Man nennt e daher „Elementarladung". Es gibt Teilchen mit positiver Elementarladung (z. B. Protonen) und solche mit negativer (z. B. Elektronen).

Die Ladung eines Tröpfchens läßt sich durch folgendes wichtige Experiment messen: Ein kleines, im Mikroskop noch erkennbares Flüssigkeitströpfchen der Masse m (z. B. aus Öl oder Wasser) fällt in Luft (oder anderes Gas) unter Wirkung seiner Gewichtskraft $G = m \cdot g$ mit konstanter Geschwindigkeit v. Falls es eine elektrische Ladung q trägt und sich in einem elektrischen Feld mit vertikaler elektrischer Feldstärke $\vec{E}$ (Abb. 234) befindet,

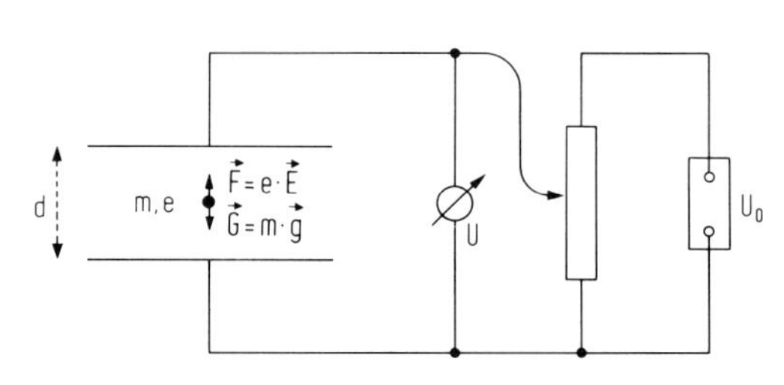

Abb. 234. Millikan-Versuch. Die Spannung U wird solange reguliert, bis $F = G$ ist und das Tröpfchen schwebt. Die Ladung des Tröpfchens $|q|$ erweist sich als ganzzahliges Vielfaches von $1{,}60 \cdot 10^{-9}$ Cb. Wenn im Kondensator die elektrische Feldstärke $E = 0$ hergestellt wird, sinken die Tröpfchen gemäß 1.6.4. Gl. (1-135) mit der beobachtbaren Geschwindigkeit v. Unter heranziehen der Dichte des Öls, aus dem die Tröpfchen bestehen, läßt sich Volumen und Masse des Tröpfchens ableiten.

wirkt darauf außerdem die Kraft $\vec{F} = q \cdot \vec{E}$. Man reguliert die elektrische Feldstärke $\vec{E} = U/d$ solange, bis $F = G$ wird. Dann bleibt das Tröpfchen (im Mittel) in Schwebe und es gilt:

$$-m \cdot \vec{g} = q \cdot \vec{E} \tag{4-51}$$

Aus $\vec{E}$, m und g kann man die Ladung q des Tröpfchens bestimmen. Es kommen positiv und negativ geladene Tröpfchen vor.

Die Masse des Tröpfchens ergibt sich aus $M = 4/3 \cdot r^3 \pi \varrho$, wo r der Radius, ϱ die Dichte des Öltröpfchens ist. Tröpfchen, mit denen sich dieser Versuch ausführen läßt, haben Radien, die klein gegenüber der Lichtwellenlänge sind, man sieht im Mikroskop also lediglich Beugungsscheibchen. Der Tröpfchendurchmesser muß daher indirekt über die konstante Fallgeschwindigkeit v bei $E = 0$ bestimmt wer-

* Gegenteilige Behauptungen aus der Zeit um 1920 haben sich als falsch erwiesen.

den (Stokessches Gesetz, 1.6.4). Man kennt die Zähigkeit η des verwendeten Gases (Luft) und die Dichte der Tröpfchenflüssigkeit. Der Radius des Tröpfchens ergibt sich aus

$$4/3\, r^3\, \pi\, \varrho\, g = 6\, \pi\, \eta\, r\, v \qquad (4\text{-}52)$$

Bei Präzisionsmessungen müssen noch der Auftrieb und auch das Verhältnis zwischen Tröpfchenradius und mittlerer freier Weglänge des Gases berücksichtigt werden. Der Korrekturfaktor ist im allgemeinen von 1 nur wenig verschieden.

Man findet für die Ladung q der Tröpfchen stets nur $q = \mathrm{n} \cdot e$ mit $\mathrm{n} = \pm 1, \pm 2, \pm 3 \ldots$. **Die Ladung 1 Cb besteht also aus $1/(1{,}6 \cdot 10^{-19}) = 6{,}25 \cdot 10^{18}$ Elementarladungen.**

4.3.2. Elektrizitätsleitung in flüssigen und festen Stoffen

4.3.2.1. Elektrolytische Dissoziation, Ionenleitung

In Lösungen kommen geladene Teilchen („Ionen") vor, die durch Dissoziation der Moleküle entstehen. Durch eine elektrische Feldstärke werden sie bewegt.

Werden zwei Elektroden aus Platin in sorgfältig destilliertes Wasser getaucht und elektrische Spannung angelegt, dann geht – wie die experimentelle Beobachtung zeigt – kein (merklicher) elektrischer Strom hindurch. Löst man jedoch ein Metallsalz in diesem Wasser, dann fließt ein elektrischer Strom (Abb. 235). Das elektrische Leitvermögen der Lösung nimmt proportional mit der Konzentration der Lösung zu. Daraus geht hervor: Die gelösten Moleküle zerfallen (dissoziieren) beim Auflösen in Wasser in elektrisch geladene Bestandteile. Diese nennt man *Ionen*. Den Vorgang des Zerfallens nennt man *elektrolytische Dissoziation*. Die Lösung bleibt nach außen elektrisch ungeladen, in ihr entstehen stets gleichviel positive und negative Ionen.

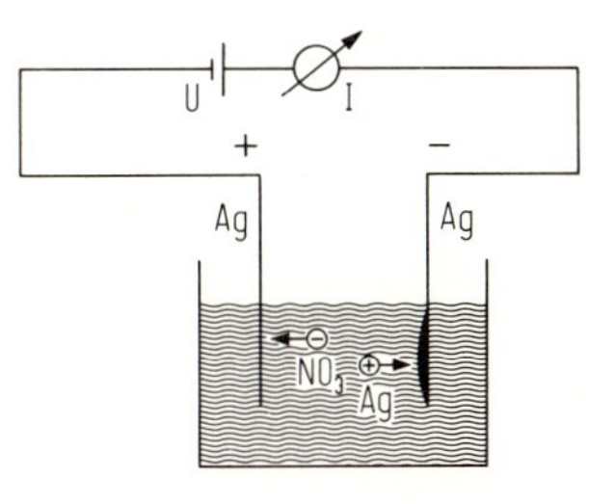

Abb. 235. Elektrolytische Leitung und Abscheidung von Materie an den Elektroden. Elektroden (hier aus Ag) tauchen in destilliertes Wasser. Erst wenn darin eine chemische Verbindung gelöst wird, die in geladene Bestandteile zerfallen kann (hier $Ag\,NO_3 \rightarrow Ag^+ + NO_3^-$), fließt ein elektrischer Strom, und es wird Ag an der negativen Elektrode abgeschieden und ebensoviel Ag an der positiven Elektrode abgelöst, vgl. Beispiel S. 326 unten.

Durch die elektrische Feldstärke zwischen den Elektroden werden die Ionen bewegt. Die positiven Ionen (Kationen) wandern zur Minuselektrode (Kathode). Die negativen Ionen (Anionen) zur Plus-Elektrode (Anode), vgl. dazu auch Abb. 194.

Wenn Ionen an eine Elektrode gelangen, finden an ihr oft chemische Reaktionen statt: Beispielsweise können die Ionen in elektrisch neutrale Atome verwandelt und abgeschieden werden.

Demonstration. Eine Küvette wird mit Bleiacetatlösung gefüllt, und zwei Bleielektroden werden eingetaucht. Beim Stromdurchgang entstehen an der Kathode verzweigte Kristallite aus metallischem Blei. Damit ist die Wanderung von Blei im elektrischen Feld zur Kathode hin nachgewiesen.

An der Elektrode ändert sich durch die Abscheidung die *Konzentration* der Lösung.

Bevor die Abscheidung quantitativ behandelt werden kann, muß der Begriff der (chemischen) Wertigkeit eingeführt werden:

Wertigkeit. Wenn in einer Wasserstoffverbindung (Säure) bei der Bildung eines Salzes n Wasserstoffatome durch eine andere Atomart ersetzt werden oder von ihr gebunden werden, dann ist n die Wertigkeit dieser anderen Atomart.

Beispiel. Bei der Bildung von $CuSO_4$ aus H_2SO_4 und Cu ersetzt Cu *zwei* Wasserstoffatome. In dieser Verbindung ist Cu also zweiwertig. Bei der Bildung von $AgNO_3$ aus HNO_3 und Ag ersetzt Ag *ein* Atom Wasserstoff. Silber ist einwertig.

Negative n-wertige Ionen tragen n Elektronen mehr als neutrale Atome, positive n-wertige Ionen tragen n Elektronen weniger als neutrale Atome. Beispiele in 4.3.2.2.

4.3.2.2. Faradaysches Äquivalentgesetz, m/q von Ionen, Wertigkeit

Ionenarten lassen sich durch m/q und ihr Ladungsvorzeichen kennzeichnen; für Ionen ist $m/q = (M_r/n) \cdot 10{,}38\ \mu g/Cb$, wo M_r ihre relative Atommasse und n ihre Wertigkeit bedeutet. m bedeutet die Masse, $q = n \cdot e$ die Ladung des einzelnen Ions.

Läßt man eine elektrische Ladung durch eine (dissoziierte) Lösung hindurchfließen, dann wird dadurch eine bestimmte Anzahl von geladenen Teilchen mit einer bestimmten Masse an die Elektroden verschoben, und zwar gilt das

Faradaysche Äquivalentgesetz (1833):

$n \cdot 96\,500$ Cb sind erforderlich um $M_r \cdot 1$ g, d.h. 1 mol einer n-wertigen Ionenart abzuscheiden. Der Quotient (abgeschiedene Masse)/(Ladung, die durch einen Querschnitt verschoben wurde) beträgt daher (die Ladung eines Ions ist das n-fache der Elementarladung e, also $q = n \cdot e$)

$$\frac{m}{q} = \frac{M_r \cdot 1\,g}{n \cdot 96\,500\,Cb} = \frac{M_r}{n} \cdot 10{,}38\,\frac{\mu g}{Cb} = \frac{m}{n \cdot e} \qquad (4\text{-}53)$$

Unter Benützung von Elementarladung (4.3.1.4) und 1 u (6.2.1) kann man auch schreiben

$$\frac{m}{q} = \frac{M_r}{n} \cdot \frac{1\,u}{1\,e} = \frac{M_r}{n} \cdot \frac{1{,}660277 \cdot 10^{-27}\,kg}{1{,}60210 \cdot 10^{-19}\,Cb}$$

1. Beispiel. In einer Küvette befinden sich zwei Silberelektroden in einer Silbernitratlösung (Abb. 235), die insgesamt z. B. 10 g $AgNO_3$ enthalten möge. Durch diese Lösung wird die Ladung 96 500 Cb geschickt, d. h. z. B. 1 A soll auf die Dauer von 26,8 Stunden hindurchfließen oder 10 A während 2,68 Stunden oder 96,5 A während 1 000 Sekunden. Dann beobachtet man:

1. Von der positiven Elektrode (Anode) werden 107,88 g Ag *abgelöst*.
2. An der negativen Elektrode (Kathode) wird 107,88 g reines Silber *abgeschieden*.
3. Die Konzentration der Lösung ist *unverändert* geblieben.

Hieraus folgt. Silber wird von der Anode zur Kathode transportiert, und zwar 107,88 g Silber durch 1 · 96 500 Cb. Das Verhältnis abgeschiedene Masse/hindurch gegangene Ladung beträgt in diesem Fall also

$$\frac{m}{q} = \frac{107{,}88\ \text{g}}{96\,500\ \text{Cb}} = 107{,}88 \cdot 10{,}38\ \frac{\mu\text{g}}{\text{Cb}} = 1{,}11811\ \text{mg/Cb}$$

Es handelt sich um denselben Vorgang wie bei 4.2.6.6: Die Längendichte der bewegten Ladung, also Q/l, bleibt stationär erhalten; nur derjenige Teil der Ladung, der am einen Ende in die Längendichte aufgenommen wird, und derjenige, der am anderen Ende aus der Längendichte abgegeben wird, spielt eine Rolle.

Anwendung. Elektrolytischer Silberüberzug, z. B. auf einem Kupferblech, das als Kathode verwendet wird.

2. Beispiel. Führt man den im 1. Beispiel beschriebenen Versuch mit Kupferelektroden und einer Kupfersulfatlösung durch, dann werden 63,54 g Cu, also 1 mol Cu durch 2 · 96 500 Cb abgeschieden. Kupfer ist hier zweiwertig, denn Kupfersulfat ($CuSO_4$) entsteht aus Cu und $H_2\ SO_4$ und das Kupferatom ersetzt zwei Wasserstoffatome.

3. Beispiel. Läßt man elektrische Ladung durch verdünnte Schwefelsäure gehen und verwendet Platinelektroden, vgl. Abb. 195, so wird durch Sekundär-Reaktion an der Anode Sauerstoff, an der Kathode Wasserstoff abgeschieden. 2 · 96 500 Cb scheiden an der Kathode 2 g Wasserstoff (H_2) und an der Anode 8 g Sauerstoff (0_2) ab. Dies stimmt mit den Angaben in 4.2.1.3 überein.

Diese Ergebnisse sind in der folgenden Tabelle zusammengestellt. In der letzten Spalte ist m/q als Vielfaches von $10{,}38 \cdot 10^{-6}$ μg/Cb angegeben. Relative Atommasse A_r (Atomgewicht) und das Reziproke der Wertigkeit sind als Faktoren abgespalten.

Tabelle 35. Elektrolytische Abscheidung.

Stoff	Relative Atommasse A_r	chem. Wertigkeit	$A_r \cdot 1$ g werden abgeschieden durch	(abgeschiedene Masse)/Ladung = (m/q)
Cu	63,54	2	2 · 96 500 Cb	63,54 · 1/2 · 10,38 μg/Cb
Ag	107,88	1	1 · 96 500 Cb	107,88 · 1 · 10,38 μg/Cb
H	1,008	1	1 · 96 500 Cb	1,008 · 1 · 10,38 μg/Cb
O	16,00	2	2 · 96 500 Cb	16,00 · 1/2 · 10,38 μg/Cb

Aus solchen und ähnlichen experimentellen Beobachtungen hat sich das Faradaysche Äquivalentgesetz ergeben.

Nun besteht 1 mol nach 3.3.1 aus $6{,}02 \cdot 10^{23}$ Teilchen (Atomen, Molekülen, Ionen). Da 1 mol n-wertiger Teilchen durch $n \cdot 96\,500$ Cb abgeschieden wird, besitzt ein einzelnes n-wertiges Teilchen (n-wertiges Ion) die Ladung

$$\frac{n \cdot 96\,500\ \text{Cb}}{6{,}02 \cdot 10^{23}} = n \cdot 1{,}6 \cdot 10^{-19}\ \text{Cb} = n \cdot e \tag{4-54}$$

wo e die Elementarladung ist. *Einwertige* Ionen ($n = 1$) tragen *eine* Elementarladung, n-wertige Ionen tragen n Elementarladungen. Es gibt positive und negative Ionen.

Beispiele. Einwertige Ionen sind: Ag^+, NO_3^-, Cl^-, K^+, Cu^+, MnO_4^- usw.
Zweiwertige Ionen sind: Cu^{++}, SO_4^{--}, Fe^{++} usw.
Dreiwertige Ionen sind: Fe^{+++}, Cr^{+++} usw.

An den Elektroden werden die Ionen entladen (1 Ion verwandelt sich dabei in 1 Atom), oder es treten andere Reaktionen auf.

Das soll durch zwei Beispiele erläutert werden. Im obigen Beispiel 2) wird Kupfer an der Kathode abgeschieden durch die Reaktion:

$$Cu^{++} + 2\,e^- \rightarrow Cu$$

An der Anode wird Kupfer aufgelöst nach der Reaktion:

$$SO_4^{--} + Cu \rightarrow Cu^{++} + SO_4^{--} + 2\,e^-$$

Die Kupferkonzentration und die SO_4-Konzentration bleiben erhalten. An der Kathode kommen pro Elementarreaktion zwei Elektronen *aus* dem Draht, an der Anode gehen zwei Elektronen *in* den Draht. Im obigen Beispiel 3) erfolgt an der Platinkathode die Reaktion

$$4\,H^+ + 4\,e^- \rightarrow 2\,H_2,$$

an der Platinanode die Reaktion

$$2\,SO_4^{--} + 2\,H^+ + 2\,(OH)^- \rightarrow 4\,H^+ + 2\,SO_4^{--} + O_2 + 4\,e^-$$

Die SO_4-Konzentration bleibt erhalten, an der Kathode kommen pro Elementarreaktion 4 Elektronen aus dem Platin und H_2 wird abgeschieden. Insgesamt wird lediglich Wasser zersetzt.

An der Grenzfläche zwischen einer Elektrode und einer Elektrolytlösung können noch zahlreiche Vorgänge auftreten, die hier nicht besprochen werden. Sie gehören in das Gebiet der *Elektrochemie.* Dazu gehören die Vorgänge in elektrochemischen Spannungsquellen (Batterie, Akkumulator), ferner das Auftreten einer Polarisationsspannung U_p zwischen zwei Elektroden, die in die Elektrolytlösung eingetaucht sind. In diesem Fall sind die beiden Elektroden nach Stromdurchgang unterschiedlich chemisch verändert worden. In einem Stromkreis muß U_p von sonstigen Spannungen abgezogen werden. Dann gilt also

$$(U - U_p) = R \cdot I$$

4.3.2.3. Geschwindigkeit von Ladungsträgern, Beweglichkeit, Ladungsdichte *F/L 4.1.5*

Für den Zusammenhang zwischen Ladungsdichte, Geschwindigkeit der Ladungsträger, Leitfähigkeit und elektrischer Feldstärke gilt:

$$\varrho_+ \vec{v}_+ + \varrho_- \vec{v}_- = \vec{j} = \varkappa \cdot \vec{E}$$

v/E heißt Beweglichkeit.

In einer nach außen *elektrisch neutralen* Elektrolytlösung entstehen durch elektrolytische Dissoziation zwei einander durchdringende Ladungswolken, bestehend aus positiven bzw. negativen Ionen.

Diese Überlegungen sind hier für Ionen einer Flüssigkeit (Lösung) durchgeführt, sie können aber ganz analog auf Ionen und Elektronen in einem „ionisierten" Gas oder Plasma angewendet werden (z. B. in einer Kerzenflamme oder in einer Ionisationskammer).

Definition. Den Quotienten aus der Ladung Q der Teilchen eines Ladungsvorzeichens und dem Volumen V, in dem diese geladenen Teilchen enthalten sind, nennt man *Ladungsdichte* (Raumladungsdichte)

$$\varrho = Q/V. \tag{4-55}$$

Für die kohärente Einheit gilt daher

$$[\varrho] = \frac{[Q]}{[V]} = \frac{1\ \text{Cb}}{1\ \text{m}^3} = 1\ \frac{\text{Cb}}{\text{m}^3} \tag{4-55a}$$

Definition. Den Quotienten aus Anzahl N der Teilchen und dem Volumen V, in dem diese Teilchen enthalten sind, nennt man Teilchendichte $\varrho^* = N/V$.
Für die kohärente Einheit gilt daher

$$[\varrho^*] = \frac{1}{[V]} = 1\ \text{m}^{-3}$$

Aufgrund der beiden Definitionen gilt $\varrho/\varrho^* = \nu \cdot e$, wo νe die Ladung pro Teilchen ist.

Man überlege, wie groß die Teilchendichte und die Ladungsdichte ist in einer Lösung mit 1 g $CuSO_4$ in 1000 cm^3 Wasser und in einer mit 1 g H_2SO_4 in 1000 cm^3 Wasser. Man beachte: $CuSO_4 \rightarrow Cu^{++} + SO_4^{--}$, aber $H_2SO_4 \rightarrow H^+ + H^+ + SO_4^{--}$.

In einer Elektrolytlösung (z. B. $AgNO_3$, $CuSO_4$, NaCl usw.) sei die Ladungsdichte der positiven Ladungsträger ϱ_+, die der negativen ϱ_-. Die Lösung ist nach außen neutral, d. h. es gilt

$$\varrho_+ + \varrho_- = 0. \tag{4-56}$$

Die im elektrischen Feld wandernden Ladungsträger (Ionen, Elektronen) legen in der Zeit t den Weg $l = v \cdot t$ zurück, wo v ihre mittlere Triftgeschwindigkeit ist. Durch eine Querschnittfläche A (siehe Abb. 236) bewegen sich also während dieser Zeit die in einem Volumen

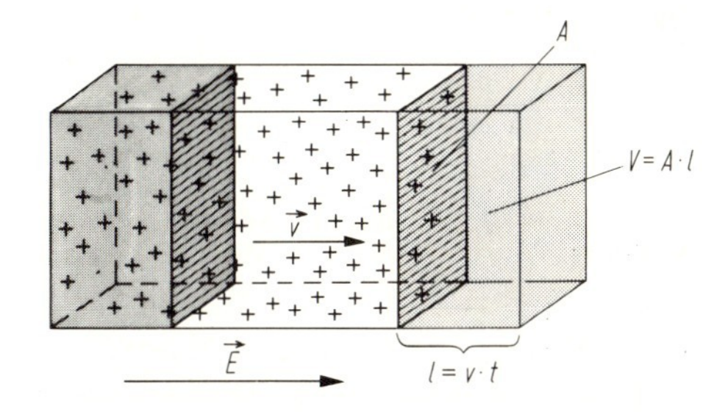

Abb. 236. Zur Ableitung der Gleichung $j = \varrho \cdot v$. Eine räumlich verteilte Ladung verschiebt sich als Ganzes mit der Triftgeschwindigkeit v, und zwar in der Zeitdauer t durch die Querschnittsfläche A um die Strecke l. Nur die positive Ladungswolke ist gezeichnet. Aus dem linken, grau gezeichneten Teil des Volumens wandert sie heraus, in den rechten hinein. Auch dieser ist erfüllt mit Ladung (hier nicht gezeichnet).

$V = A \cdot l = A \cdot v \cdot t$ befindlichen Ladungsträger. Im Volumen V ist jeweils die Ladung $Q_+ = \varrho_+ \cdot V$ und außerdem die Ladung $Q_- = \varrho_- \cdot V$ enthalten. Durch Einsetzen von Q_+ und Q_-, sowie von V in $I = Q/t$ und wegen $j = I/A$ folgt

$$j_+ = \varrho_+ \cdot v_+ \text{ und } j_- = \varrho_- \cdot v_- \tag{4-57}$$

Stets ist $|\varrho_+| = |\varrho_-|$. Dabei haben v_+ und v_- entgegengesetztes Vorzeichen und ebenso ϱ_+ und ϱ_-. Die Stromdichteanteile j_+ und j_- haben dagegen gleiches Vorzeichen. Daher ist die gesamte Stromdichte

$$j = \varrho_+ v_+ + \varrho_- v_- \tag{4-57a}$$

Andererseits gilt (4.2.3.4) $j = \varkappa \cdot E$, also

$$\varkappa \cdot E = j = \varrho_+ v_+ + \varrho_- v_-$$

$$\text{oder } \varkappa = \frac{\varrho_+ v_+ + \varrho_- v_-}{E} = \varrho_+ \cdot \frac{v_+}{E} + \varrho_- \cdot \frac{v_-}{E} \tag{4-58}$$

v/E nennt man *Beweglichkeit*. Die Leitfähigkeit $\varkappa$ hängt also von ϱ und von v/E ab. Für positive oder für negative Ionen können v und v/E unterschiedliche Werte haben, vgl. Abb. 237.

Demonstration. Die (recht kleine) Triftgeschwindigkeit der Ionen in einer Lösung läßt sich z. B. messen, wenn man eine scharfe geometrische Grenze zwischen KNO_3-Lösung (farblos) und $KMnO_4$-Lösung (violett) herstellt. Die violette Färbung rührt von den MnO_4^--Ionen her. Beim Anlegen der Spannung wandert die Grenze der violetten Wolke in der einen Richtung, beim Umpolen in entgegengesetzter Richtung.

Die Leitfähigkeit $\varkappa$ von Lösungen erweist sich bei konstanter Temperatur als konstant. Das Ohmsche Gesetz gilt also auch bei der elektrolytischen Leitung. Eine eventuelle Polarisationsspannung (4.3.2.2) an den Elektroden muß vorher berücksichtigt werden.

Die gesamte Ladungsdichte $\varrho_+ + \varrho_-$ ist immer Null, trotzdem kann v_+ von v_- verschieden sein. Man erhält v_+/v_- aus der Änderung der neutralen Konzentration Δc nahe bei den Elektroden*). Es ist

$$\frac{v_+}{v_-} = \frac{\Delta c_+}{\Delta c_-} \tag{4-59}$$

Die (neutralen) Konzentrationen an beiden Elektroden ändern sich wie das Verhältnis der Ionengeschwindigkeiten.
Auf das Auftreten von Konzentrationsänderungen wurde schon bei der Demonstration in 4.3.2.1 hingewiesen.

Zusammenfassung: Aus Leitfähigkeit $\varkappa$ und $|\varrho_+| = |\varrho_-|$ kann man auf die Summe $v_+ + v_-$ schließen, aus $\Delta c_+/\Delta c_-$ dagegen auf den Quotienten v_+/v_-.
Das Verhältnis

$$u_+ = \frac{v_+}{v_+ + v_-} \quad \text{bzw.} \quad u_- = (1 - u_+) = \frac{v_-}{v_+ + v_-}$$

nennt man Überführungszahl u der positiven bzw. negativen Ionen.

Bei Metallen ist $v_+/E = 0$, die positiven Ladungen sind unbeweglich. Dann ist v_-/E die Beweglichkeit der Elektronen. Diese kann mit Hilfe des Hall-Effekts (4.4.5.3) gemessen werden.

4.3.2.4. Dissoziationsgrad

Der Dissoziationsgrad gibt an, welcher Bruchteil der gelösten Moleküle dissoziiert ist.

Von den Molekülen gelöster Stoffe zerfällt in der Regel nur ein Teil in Ionen, d. h. die Dissoziation braucht nicht vollständig zu sein.

Definition. Unter dem Dissoziationsgrad α versteht man das Verhältnis der Teilchendichte ϱ_D^* der dissoziierten Moleküle zu der Teilchendichte ϱ_L^* der insgesamt gelösten Moleküle. Also ist

$$\varrho_D^* = \alpha \cdot \varrho_L^* \tag{4-60}$$

* Die Vorzeichen im Index der Δc weisen auf die betreffenden Elektrodenräume hin.

Man kann auch die Anzahl der gelösten Moleküle $n_L = \varrho_L^* \cdot V$ bzw. der dissoziierten $n_D = \varrho_D^* \cdot V$ einführen, dann ist $n_D = \alpha \cdot n_L$.

Verdünnte Salzlösungen sind in der Regel fast 100%ig dissoziiert (z. B. NaCl). Der Dissoziationsgrad kann von der Temperatur abhängen (Beispiel: Essigsäure).

Bei Kenntnis der Anzahl der insgesamt gelösten Moleküle läßt sich der Dissoziationsgrad α messen.

Beispiel. Eine Kochsalzlösung enthalte $10^{-1} \cdot M_r \cdot 1$ g/m³ NaCl. Bei vollständiger Dissoziation würde die Raumladungsdichte der Na^+-Ionen bzw. der Cl^--Ionen

$$|\varrho_+| = |\varrho_-| = \varrho_D^* \cdot |e| = 6{,}02 \cdot 10^{23} \cdot 10^{-1} \cdot 1{,}6 \cdot 10^{-19}\ \text{Cb/m}^3 = 9{,}65 \cdot 10^3\ \text{Cb/m}^3$$

betragen. Andererseits erhält man experimentell für die Beweglichkeit

$$\frac{v^+}{E} + \frac{v^-}{E} = 11{,}3 \cdot 10^{-8}\ \frac{\text{m/s}}{\text{V/m}} = 11{,}3 \cdot 10^{-8}\ \frac{\text{m}^2}{\text{Vs}}$$

und

$$\varkappa = 1{,}08 \cdot 10^{-3}\ \frac{\text{A}}{\text{Vm}} \quad \text{also folgt} \quad |\varrho_+| = |\varrho_-| = 9{,}55 \cdot 10^3\ \frac{\text{Cb}}{\text{m}^3}$$

Der Dissoziationsgrad beträgt daher $\alpha = \varrho_D^*/\varrho_L^* = (\varrho_+)_{\text{exp.}}/\varrho_L = 0{,}99$.

4.3.2.5. Temperaturabhängigkeit der elektrischen Leitfähigkeit in festen Stoffen

Die Leitfähigkeit $\varkappa$ von Stoffen wird bestimmt einerseits durch die Ladungsdichte ϱ, andererseits durch die Beweglichkeit v/E. Beide Größen hängen von der Temperatur (absoluten Temperatur T) ab.

In 4.2.3.3 wurde schon festgestellt, daß unterschiedliche Stoffe (bei Zimmertemperatur) sehr unterschiedliche Werte von $\varkappa$ haben können. In 4.3.1.2 wurde gefunden, daß in Metallen Elektronen beweglich sind, in 4.3.2.2, daß in anderen Stoffen die Elektrizitätsleitung durch Bewegung von Ionen erfolgt. Jetzt wird untersucht, wie sich die Beteiligung von Elektronen und Ionen in der Temperaturabhängigkeit von $\varkappa$ bemerkbar macht.

Ein elektrischer Strom fließt, wenn elektrisch geladene bewegliche Teilchen durch eine elektrische Feldstärke in eine Triftbewegung versetzt sind. In 4.2.3.3 wurde darauf hingewiesen, daß Metall, Halbleiter, elektrolytische Leiter sich durch ihr erheblich verschiedenes spezifisches Leitvermögen unterscheiden. Dieses hängt ab

1. von der Raumladungsdichte ϱ der Ladungsträger
2. von der Beweglichkeit der Ladungsträger, d. h. vom Quotienten v/E.

Es gibt Stoffe, in denen der Ladungsdurchgang *ohne* Materietransport erfolgt: in ihnen bewegen sich Teilchen mit negativer Ladung und $m/q = (1/1840) \cdot 10{,}36 \cdot 10^{-6}$ kg/Cb, also Elektronen. Man nennt sie deshalb *elektronische Leiter*. Zu ihnen gehören die Metalle und die elektronischen Halbleiter (z. B. die Elemente der Gruppe IV des Periodensystems der Elemente [Silicium Si, Germanium Ge] sowie Verbindungen aus Elementen der III. und V. Gruppe, z. B. Indiumantimonid InSb und ähnliche, sowie Kupfer (I)-oxid Cu_2O usw.).

Es gibt Stoffe, in denen der Ladungsdurchgang *mit* Materietransport verbunden ist, in ihnen bewegen sich Teilchen mit $m/q = (M_r/n) \cdot 10{,}36 \cdot 10^{-6}$ kg/Cb, also Ionen. Man nennt sie elektrolytische Leiter. Dazu gehören gewisse feste Stoffe (z. B. NaCl bei höherer Temperatur), ferner die in 4.3.2.3 besprochenen Lösungen.

Raumladungsdichte ϱ, Beweglichkeit v/E und damit auch $\varkappa$ hängen in Metallen, Halbleitern, Ionenleitern in unterschiedlicher Weise von der Temperatur T ab (Abb. 237).

Typ	Ladungsdichte	Beweglichkeit	Temperaturabhängigkeit von ρ und $\frac{v}{E}$	Temperaturabhängigkeit des elektr. Leitvermög.
Metalle	ρ = const.	$\frac{v}{E}$ abnehmend mit T	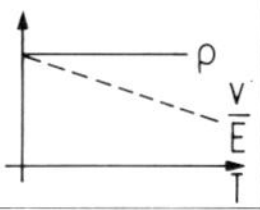 ρ, $\frac{v}{E}$, T	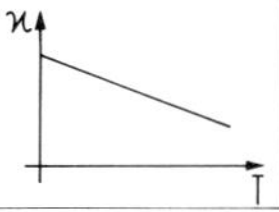 $\varkappa$, T
elektronische Halbleiter (Eigenhalbleitung)	$\rho \sim e^{-\frac{\Delta W}{kT}}$	$\frac{v}{E}$ wie Metall	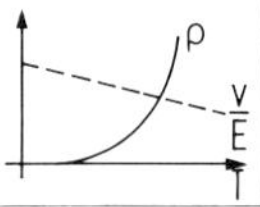 ρ, $\frac{v}{E}$, T	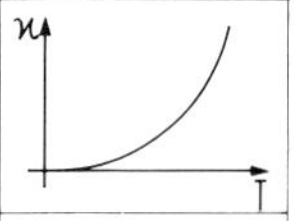 $\varkappa$, T
Feste Jonenleiter (Glas)	ρ = const.	$\frac{v}{E} \sim e^{-\frac{\Delta W}{kT}}$	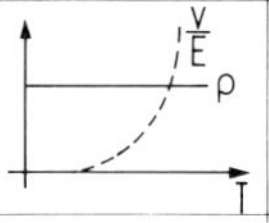 $\frac{v}{E}$, ρ, T	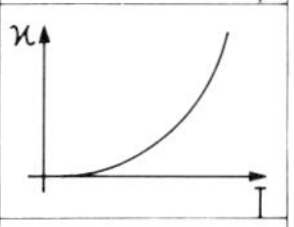 $\varkappa$, T
Elektrolytlösungen	$\rho \sim \alpha(T)$	$\frac{v}{E}$ abnehmend mit T	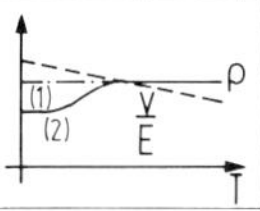 (1), (2), $\frac{v}{E}$, ρ, T	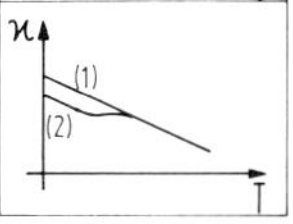 $\varkappa$, (1), (2), T

Abb. 237. Ladungsdichte, Beweglichkeit, Leitvermögen (grob schematisch). Ladungsdichte ϱ und Ladungsträgerbeweglichkeit v/E können in unterschiedlicher Weise von der Temperatur abhängen. Bei Elektrolytlösungen (letzte Zeile, Spalte 4) sind zwei Fälle eingezeichnet:
1. Dissoziationsgrad α = const., daher ϱ = const.
2. Dissoziationsgrad zunehmend mit der Temperatur, daher ϱ zunehmend (spezieller Fall).

Metalle sind – wie mehrfach erwähnt – Elektronenleiter. Bei ihnen ist die Ladungsdichte ϱ weitgehend unabhängig von der absoluten Temperatur T. Als Folge der thermischen Bewegung der Atome nimmt die Beweglichkeit v/E der Ladungsträger langsam mit steigender Temperatur ab, denn die mittlere freie Weglänge der beweglichen Elektronen im Metall wird mit zunehmender Wärmebewegung der Atome kleiner. Folge: Der Widerstand von Metallen nimmt mit zunehmender Temperatur langsam zu (Leitfähigkeit nimmt laufend ab).*)

In *elektronischen Halbleitern* ist ϱ proportional exp $(\Delta W_0/k\,T)$, nimmt also stark mit der Temperatur zu. Das ergibt sich wie folgt: Im Einzelatom sind nur diskrete (gequantelte) Energiewerte möglich (6.4.4). In Halbleitern (also in festen Körpern) liegen diese gequantelten Energiewerte nahezu kontinuierlich dicht, jedoch nur in begrenzten Energieintervallen mit Lücken dazwischen. Diese Energieintervalle nennt man „Bänder". Die Energielücke ΔW_0 (Bandabstand zwischen den obersten beiden Bändern) hat für unterschiedliche Halbleiter charakteristische Werte in der Größenordnung um 1 eV. Das oberste vollbesetzte Energieband wird *Valenzband* genannt. Elektronen, die ihm angehören, sind im Kristall *nicht* verschiebbar.

* In festen Körpern werden dabei so große Bezirke betrachtet, daß man von der atomaren Struktur absehen kann. Feste Körper werden deshalb hier wie ein Kontinuum behandelt.

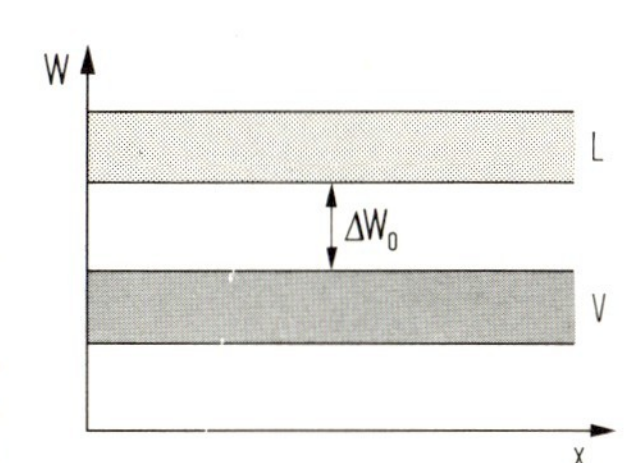

Abb. 238. Valenzband, Leitfähigkeitsband. W: Energie der Elektronen, x: Ortskoordinate beim Weiterschreiten in gerader Richtung im Kristall, L: Leitfähigkeitsband, V: Valenzband (voll besetzt), ΔW_0: Energielücke.

Das nächst höhere Band im Abstand ΔW_0 ist in Halbleitern bei genügend tiefer Temperatur unbesetzt. Dieses Band heißt *Leitfähigkeitsband*. Elektronen in diesem Band sind verschiebbar.

Erst wenn einem Elektron aus dem Valenzband die Energie $\Delta W \geq \Delta W_0$ (Abb. 238) zugeführt wird, gelangt es mit der Wahrscheinlichkeit $\exp(-\Delta W/k T)$ ins „Leitfähigkeitsband" und erhöht die Dichte ϱ der beweglichen Ladungsträger. Diese Exponentialfunktion nimmt mit der Temperatur *stark* zu und damit auch die Leitfähigkeit. Auch bei Halbleitern nimmt mit zunehmender Temperatur die Beweglichkeit ab wie bei Metallen. Das ist aber langsam im Vergleich zu dem exponentiellen Anstieg der Ladungsträgerdichte ϱ. Insgesamt nimmt der Widerstand der Halbleiter mit zunehmender Temperatur *stark* ab (die Leitfähigkeit zu).

Beispiel. Wird ein stromdurchflossener Metalldraht erhitzt, so sinkt die Stromstärke bei konstant gehaltener Spannung ab, beim Abkühlen in flüssiger Luft steigt sie an. Elektronische Halbleiter, z. B. InSb, verhalten sich umgekehrt.

In festen elektrolytischen Leitern (z. B. NaCl-Kristall) ist ϱ in der Regel unabhängig von T, dagegen steigt die Beweglichkeit v/E der Ionen mit der Temperatur ungefähr exponentiell an. Das rührt davon her, daß zum Weiterwandern eines Ions im Gitter, d. h. zum Erreichen des nächsten Gitterplatzes, eine Energieschwelle ΔW überwunden werden muß. Dies geschieht mit der Wahrscheinlichkeit $\exp(-\Delta W/k T)$. Die Beweglichkeit v/E nimmt daher mit T stark zu.

Zu den elektrolytischen Leitern gehört auch der „Isolator" Glas. In diesem sind Ionen vorhanden, die aber bei Zimmertemperatur nicht beweglich sind. Bei höherer Temperatur werden die Ionen beweglich, die Reibung der Ionen nimmt ab, das Glas wird elektrisch leitend.

Demonstration: Ein kurzer Glasstab zwischen Kupferelektroden wird mit einer Gebläseflamme erhitzt. Er leitet schließlich so gut, daß einige Ampere hindurchgehen und er sich ohne Mithilfe der Gebläseflamme durch im Innern des Glasstabes erzeugte Wärme weiter erhitzt und schließlich durchschmilzt.

4.3.3. Grenzschichten

4.3.3.1. Elektrische Felder in Grenzschichten, Kontaktpotential

An der Grenzfläche zwischen zwei Medien aus Material mit unterschiedlicher Austrittsarbeit entsteht ein elektrisches Feld.

Bei intensiver Berührung zweier Körper aus unterschiedlichem Material bildet sich an der Grenzschicht ein elektrisches Feld aus, es entsteht eine sogenannte „Elektrische Doppelschicht".

Eine solche Doppelschicht trat bereits in 4.1 zwischen dem erstarrten kristallinen Schwefel und der Aluminiumplatte auf. Eine elektrische Doppelschicht findet man auch in der Berührungsfläche von z. B. Wasser und Paraffin, Kolloid und Lösung, Metall und Metall, Metall und Lösung, zwei verschiedenen Lösungen, zwei Lösungen verschiedener Konzentration.

Früher glaubte man, die Ursache für das Auftreten solcher Felder z. B. zwischen Hartgummistab und Wollappen sei die „Reibung". Man sprach von „Reibungselektrizität". Das Reiben hat aber nur den Sinn, die Substanzen in intensive Berührung zu bringen. Berührung ohne Reibung gibt es insbesondere zwischen festen Stoffen und Flüssigkeiten.

Demonstration. Eine (elektrisch ungeladene) Paraffinkugel an einem isolierenden Griff wird in Wasser getaucht und wieder herausgezogen. Sie trägt dann eine negative Ladung. Das Wasser (in einem isolierenden Glasgefäß) trägt den gleichen Ladungsbetrag, aber mit umgekehrtem Vorzeichen (Nachweis mit Faraday-Becher und Fadenvoltmeter wie in 4.2.6.5). Hier ist nur Berührung, nicht etwa Reibung maßgebend.

Als besonders wichtig erweist sich die elektrische Doppelschicht an der Grenzfläche zweier Metalle. Sind zwei Metalldrähte am einen Ende miteinander verlötet, so herrscht in der Regel zwischen den einander ohne Berührung gegenüber stehenden Oberflächen der anderen Enden eine kleine Spannung (Größenordnung 0,1 bis 1 V). Man bezeichnet sie als „Voltaspannung" („Kontaktpotential"). Diese Spannung läßt sich wie folgt nachweisen (Abb. 239):

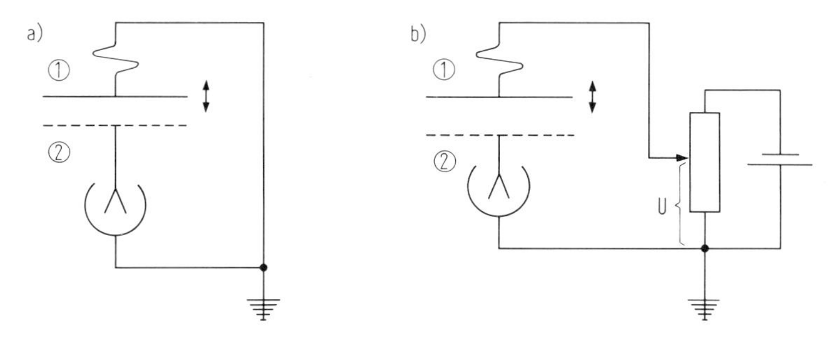

Abb. 239. Voltaspannung. (1): Platte aus Metall 1; (2): Platte aus Metall 2. Durch Verschieben von Platte (1) in Pfeilrichtung wird der Plattenabstand geändert. Wenn die Voltaspannung $\neq 0$ ist, zeigt in Anordnung a) das Einfadenvoltmeter einen Ausschlag. In Anordnung b) wird die Gegenspannung U solange verändert, bis bei Änderung des Plattenabstandes kein Ausschlag mehr auftritt.

Wenn man die anderen Enden der Drähte als Parallelplatten ausbildet, so kann man das elektrische Feld zwischen den Platten nachweisen, wenn die eine Platte isoliert aufgestellt und mit einem Fadenvoltmeter verbunden wird und die andere Platte parallel zu sich selbst weg verschoben werden kann. Beim Ausziehen des Plattenkondensators ändert sich nach (4.2.6.2) die Spannung und das Fadenvoltmeter zeigt einen Ausschlag.

Legt man eine Gegenspannung an und reguliert diese solange, bis beim Ausziehen kein Ausschlag mehr erfolgt, dann ist die Voltaspannung (Kontaktpotential) bis auf das Vorzeichen gleich der eingestellten Gegenspannung (U in Abb. 239b).

Die Voltaspannung, multipliziert mit der Elementarladung e ist die Differenz der Austrittsarbeiten $\Psi_a - \Psi_b$ der beiden Metalle. In einem geschlossenen Kreis aus zwei Drähten aus verschiedenen Metallen fließt trotzdem kein Strom, da die Summe der beiden Voltaspannungen

$$\frac{\Psi_a - \Psi_b}{e} \text{ und } \frac{\Psi_b - \Psi_a}{e}$$

im geschlossenen Kreis Null ist, wenn überall dieselbe Temperatur herrscht.

4.3.3.2. Thermospannung

Die Differenz der Voltaspannungen bei zwei verschiedenen Temperaturen ergibt eine Thermospannung. Sie verursacht in einem geschlossenen Kreis einen elektrischen Strom.

An einen Metalldraht seien an beiden Enden Drähte aus einem zweiten Metall angelötet. Zwischen den zwei Enden des zweiten Metalls herrscht keine elektrische Spannung, wenn beide Lötstellen sich auf derselben Temperatur befinden. Erwärmt man jedoch eine der Lötstellen, so tritt zwischen den Enden des zweiten Metalls eine elektrische Spannung („Thermospannung") auf. Ein solcher Kreis mit zwei Lötstellen wird *Thermoelement* genannt. Die elektrische Spannung an den Drahtenden kann mit einem Galvanometer gemessen werden; sie hängt von den beiden absoluten Temperaturen der Lötstellen *einzeln* ab. Sie rührt *nicht* her von einer Temperaturabhängigkeit der Austrittsarbeit, sondern von der Temperaturabhängigkeit der Geschwindigkeitsverteilung der Elektronen im Innern eines Metalls (vgl. Abb. 232). Diese ist für zwei voneinander verschiedene Elektronenleiter etwas verschieden.

Die Thermospannung ist in **Abb. 240b für eine Kombination Platin-Silber** im **Bereich** von −200 °C relativ zu 0 °C der anderen Lötstelle angegeben. Durch Kombination von geeigneten Metallen kann man erreichen, daß die Thermospannung in einem gewissen Temperaturbereich einigermaßen proportional zur Temperatur*differenz* der beiden Lötstellen ist. **Die Thermospannung liegt in der Größenordnung 10 bis 100 · μV/K, ist also durchweg sehr klein. (50 · 10^{-6} V/K = 50 μV/K = 0,05 mV/K = 5 mV/100 K.)**

Beispiel. Thermospannung von zwei gebräuchlichen Kombinationen (die eine Lötstelle auf 0 °C, die andere auf T_1

	Cu-Konstantan		Pt-Platinrhodium
T_1 = 0 °C	0 mV	0 °C	0 mV
100 °C	4,28 mV	400 °C	3,25 mV
200 °C	9,29 mV	800 °C	7,33 mV
300 °C	14,86 mV	1200 °C	11,93 mV
400 °C	20,87 mV	1600 °C	16,72 mV

Die Thermospannung ruft in einem geschlossenen Stromkreis einen elektrischen Strom hervor, dessen Betrag von der Thermospannung und vom Widerstand im Leiterkreis bestimmt wird. Trotz der relativ kleinen Thermospannungen können sich bei genügend kleinem Widerstand im Stromkreis große Stromstärken ergeben.

Demonstration. Ein Thermoelement, bestehend aus einem dicken Kupferbügel mit einem Wismutsteg, erregt bei Heizung der einen Lötstelle und Kühlung der anderen ein angepaßtes Eisenstück zu einem kräftigen Elektromagneten.

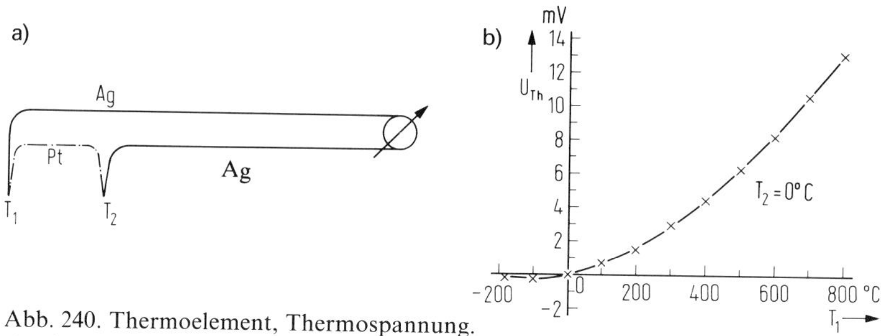

Abb. 240. Thermoelement, Thermospannung.
a) Thermoelement aus Platin-Silber, eine Lötstelle auf $T_2 = 0$ °C, andere Lötstelle auf T_1.
b) Aufgetragen ist die Thermospannung U_{Th} als Funktion von T_1.

4.4. Magnetischer Fluß, magnetisches Feld, Induktionsvorgänge

Es gibt magnetische Felder, z. B. überall auf der Erde, ferner in der Umgebung gewisser Mineralien wie Magneteisenstein, sowie in der Umgebung eines elektrischen Stromes. Ein Stabmagnet (z. B. Kompaßnadel) erfährt in einem magnetischen Feld (Feldstärke H) ein Drehmoment. Dieses ist gleich dem Produkt aus dem magnetischen Moment m_{m} des Stabmagneten und der Feldstärke H am Ort des Magneten, und zwar dem Vektorprodukt. Damit läßt sich H messen, vgl. 4.4.2.3.

Eine charakteristische Größe des magnetischen Feldes hat den historisch bedingten Namen „magnetischer Fluß ϕ“, obwohl nichts fließt. Früher sagte man dafür auch Magnetismusmenge oder auch Polstärke. Diese Worte vermeidet man heute aus guten Gründen. Magnetischer Fluß, magnetisches Moment und Länge eines Stabmagneten hängen eng miteinander zusammen. ϕ ist eine skalare Größe wie die elektrische Ladung Q.

Magnetische und elektrische Größen treten oft *verkettet* auf. Umfaßt eine Drahtschleife einen Stabmagneten und entfernt man ihn aus der Schleife, so tritt an den Enden der Schleife (während des Entfernens) eine zeitlich veränderliche elektrische Spannung $U(t)$ auf. Dieser Vorgang heißt *Induktion*. Die Änderung $\Delta\phi$ des von der Schleife umfaßten magnetischen Flusses ϕ ist proportional dem elektrischen Spannungsstoß $\int U(t) \cdot \mathrm{d}t$. Dies ist ein der Erfahrung entnommenes Naturgesetz.

Der Zusammenhang elektrischer und magnetischer Größen in ihrer Orts- und Zeitabhängigkeit läßt sich mit Hilfe der Maxwellschen Gleichungen quantitativ beschreiben.

4.4.1. Magnetisches Feld, Induktion

4.4.1.1. Elektrisches Feld, magnetisches Feld

Zu jeder elektrischen Größe gibt es eine analoge magnetische Größe.

Wie im folgenden gezeigt wird, existiert zu jeder elektrischen Größe eine analoge magnetische Größe. Die Größen der linken Spalte sind in 4.2 und 4.3 bereits eingeführt, die übrigen werden in 4.4 und 4.5 behandelt. Größen der linken Spalte und Größen der rechten Spalte (auf derselben Zeile) entsprechen einander.

Tabelle 36. Elektrische und magnetische Größen.

Elektrische Größen:	*Magnetische Größen:*
el. Ladung, el. Fluß Q, ψ,	magn. Fluß ϕ
el. Fluß $\psi = \iint D \cdot \mathrm{d}A$	magn. Fluß $\phi = \iint B \cdot \mathrm{d}A$
el. Verschiebungsdichte	magnetische Flußdichte
$D = \dfrac{\mathrm{d}Q}{\mathrm{d}A} = \varepsilon_0 E + P$	$B = \dfrac{\mathrm{d}\phi}{\mathrm{d}A} = \mu_0 H + J_m$
el. Stromstärke $I = \dfrac{\mathrm{d}Q}{\mathrm{d}t}$	zeitl. magn. Flußänderung $\dot{\phi} = \dfrac{\mathrm{d}\phi}{\mathrm{d}t}$
$= \iint j \cdot \mathrm{d}A \left(+ \dfrac{\mathrm{d}}{\mathrm{d}t} \iint D \cdot \mathrm{d}A \right)$	$= \dfrac{\mathrm{d}}{\mathrm{d}t} \iint B \cdot \mathrm{d}A$
el. Spannung $U = \int \vec{E} \cdot \mathrm{d}\vec{s}$	magn. Spannung $U_m = \int \vec{H} \cdot \mathrm{d}\vec{s}$
el. Feldstärke $\vec{E}$	magn. Feldstärke $\vec{H}$
el. Feldkonstante $\varepsilon_0 = D/E$	magn. Feldkonstante $\mu_0 = B/H$
$\varepsilon_0 = 8{,}86 \cdot 10^{-12} \dfrac{\mathrm{Cb} \cdot \mathrm{Cb}}{\mathrm{J} \cdot \mathrm{m}}$	$\mu_0 = 1{,}256 \cdot 10^{-6} \dfrac{\mathrm{Wb} \cdot \mathrm{Wb}}{\mathrm{J} \cdot \mathrm{m}}$
el. Energiedichte $w = (1/2)\, D \cdot E$	magn. Energiedichte $w = (1/2)\, B \cdot H$
el. Energie $W = \iiint w \cdot \mathrm{d}\tau =$	magn. Energie $W = \iiint w \cdot \mathrm{d}\tau =$
$= (1/2)\, Q \cdot U$	$= (1/2)\, \phi \cdot U_m$
el. Moment $m_e = Q \cdot l$,	magn. Moment $m_m = \phi \cdot l$
el. Moment allgemeiner $\iiint (D - \varepsilon_0 E) \cdot \mathrm{d}\tau$	magn. Moment allgem. $\iiint (B - \mu_0 H) \cdot \mathrm{d}\tau$
Drehmoment $\vec{M} = \vec{m}_e \times \vec{E}$	Drehmoment $\vec{M} = \vec{m}_m \times \vec{H}$

Verkettet treten auf (4.4.2.2 und 4.4.2.6):
zeitl. magn. Flußänderung und elektr. (Ring-) Spannung,
elektr. Stromstärke und magn. (Ring-) Spannung;

dabei gilt $\quad -\dot{\phi} = \gamma_{em} \int \vec{E}\, \mathrm{d}\vec{s}$

und $\quad I = \gamma_{em} \int \vec{H}\, \mathrm{d}\vec{s}$

mit der elektromagnetischen Verkettungskonstanten

$$\gamma_{em} = 1 \frac{\mathrm{Cb\,Wb}}{\mathrm{Js}} = 1 \frac{\mathrm{Cb/s}}{\mathrm{J/Wb}} = 1 \frac{\mathrm{Wb/s}}{\mathrm{J/Cb}}$$

Skalare Größen sind:

$$\psi = \iint D \cdot \mathrm{d}A = Q \quad \text{und} \quad \Phi = \iint B \cdot \mathrm{d}A.$$

Sie sind unabhängig vom Bezugssystem, auch bei relativistischen Transformationen, und sind daher als Basisgrößen für den Bereich Elektrizität bzw. Magnetismus bevorzugt geeignet.

4.4.1.2. Magnetische Feldlinien

Magnetische Feldlinien schneiden sich nicht. Ein stromdurchflossener Draht ist von einem magnetischen Ringfeld umgeben. In einer langen Stromspule herrscht ein homogenes magnetisches Feld.

Wie erwähnt, stellt sich ein frei drehbarer Stabmagnet (Magnetnadel) in die ungefähre Nord-Süd-Richtung ein. Das nach Norden zeigende Ende wird magnetischer Nordpol des Magneten genannt. Da sich (nach 4.1) ungleichnamige Pole anziehen, befindet sich in der Gegend des geographischen Nordpols der Erde ein magnetischer Südpol.

Das magnetische Feld wird gekennzeichnet durch eine magnetische Feldstärke. Sie ist eine Vektorgröße und läßt sich durch das Drehmoment auf eine Magnetnadel nachweisen.

Die Bahn, die durchlaufen wird, wenn man stets in der von einer eingestellten Magnetnadel angezeigten Richtung weiterschreitet, nennt man eine „*Feldlinie*". Die experimentelle Erfahrung zeigt: Magnetische Feldlinien schneiden sich niemals und bilden geschlossene, **in sich zurücklaufende Kurven. Es liegt ein *Ringfeld* vor.**

Die Feldlinien sind Orthogonal-Trajektorien zu Äquipotentialflächen; das sind Flächen, auf denen gleiche magnetische Spannung (4.4.2.6) herrscht.

Eine geschlossene Kurve, die in einer Ebene liegt, die nahezu senkrecht zu den Feldlinien verläuft, umfaßt einen sogenannten „magnetischen Fluß" (4.4.1.4). Magnetischer Fluß ϕ ist ein historisch entstandener Fachausdruck für $\iint B \cdot dA$. „Fluß" bedeutet hier nicht, daß eine Bewegung einer magnetischen Größe vorliegt*). (Anders ist es beim elektrischen Leitungsstrom. Wenn ein solcher „fließt", bewegen sich elektrische Ladungen.)

Legt man Feldlinien durch die Punkte der eben erwähnten geschlossenen Kurve und verschiebt die Punkte gleichsinnig entlang den Feldlinien, so entsteht eine Röhre (Flußröhre). Die experimentelle Erfahrung zeigt: Magnetische Flußröhren sind immer geschlossen, magnetischer Fluß ist immer Ringfluß. Oft ändert sich der Querschnitt der Flußröhre und damit die magnetische Fluß*dichte* B in ihr, vgl. (4.4.2.1). Der von der Flußröhre eingeschlossene magnetische Fluß $\iint B \cdot dA$ bleibt aber derselbe.

Eine Flußröhre mit endlichem Querschnitt läßt sich aus solchen mit kleineren Teilquerschnitten zusammensetzen, die nebeneinander angeordnet sind und jeweils einen Teil des magnetischen Flusses einschließen: Der gesamte Fluß ist die Summe seiner Teile. Größen mit dieser Eigenschaft werden von manchen Physikern „Quantitätsgrößen" genannt.

Eisenfeilspäne werden in einem Magnetfeld zu kleinen Magnetchen (4.4.3.1), sie ordnen sich daher in Richtung der Feldlinien an (nach Klopfen auf die Unterlage zur Überwindung der Reibung). In Abb. 241 sind die auf solche Weise sichtbar gemachten Feldlinien eines Stabmagneten zu sehen.

Ein Stabmagnet (Stromspule) mit einem zu Abb. 241 ähnlichen Feldlinienbild wird magnetischer Dipol genannt. Abb. 242 zeigt das Feld eines Hufeisenmagneten; zwischen seinen

---

* Statt magnetischer Fluß sagte man früher auch magnetischer Kraftfluß, kurz Kraftfluß, oder auch Magnetismusmenge oder magnetische Menge oder Kraftlinienzahl. Das Wort „Kraft"-Fluß kommt davon her, daß man statt magnetischer Feldstärke früher „magnetische Kraft" sagte und im CGS-System die Größen B und H einander gleich setzte. Heute wird das Wort Kraft nur mehr gebraucht, wenn Kraft im Sinn von 1.3.1.2 gemeint ist. Auch die Bezeichnung lebendige Kraft für kinetische Energie, elektrische Kraft für elektrische Feldstärke, Atomkraft für Atomenergie, Thermokraft für Thermospannung entsprechen nicht mehr dem heutigen Stand der Wissenschaft.

Polbereichen findet sich ein Bereich mit einigermaßen konstanter Feldstärke. Der Hufeisenmagnet hat ebenso wie der Stabmagnet einen Nord- und einen Südpol.

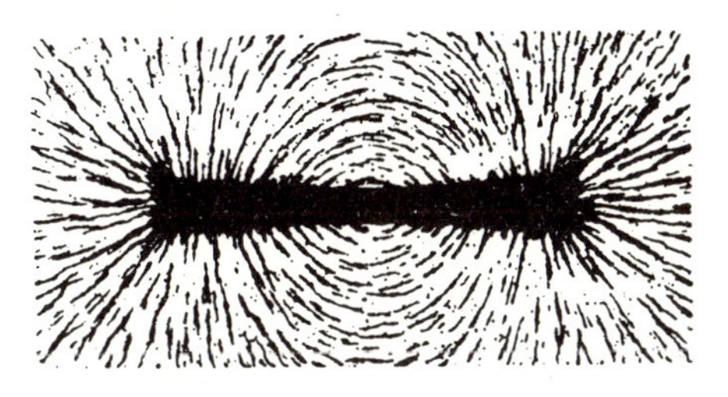

Abb. 241. Magnetische Feldlinien in der Umgebung eines magnetischen Dipols (Stabmagneten). Nach Pohl II, S. 58, Abb. 139.

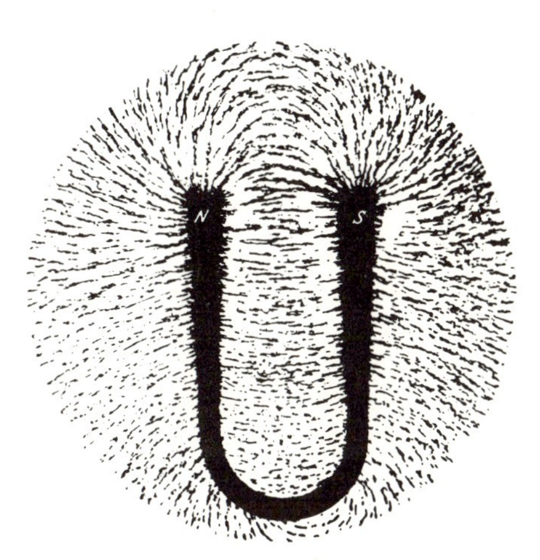

Abb. 242. Magnetische Feldlinien um einen Hufeisenmagneten. Nach Pohl II, S. 2, Abb. 1.

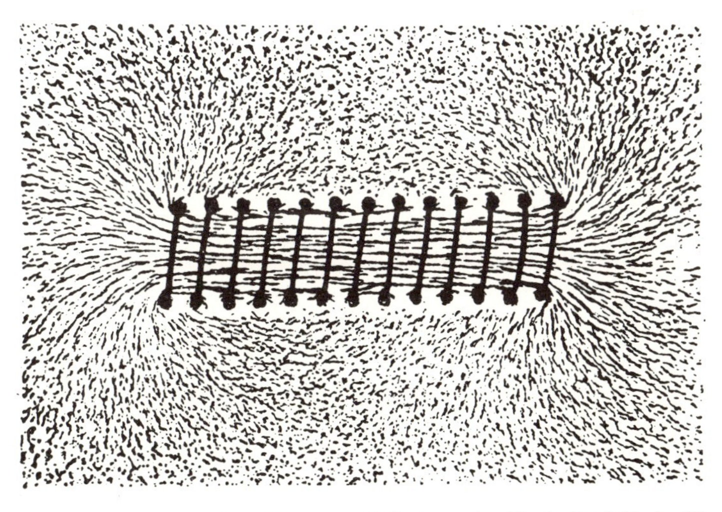

Abb. 243. Magnetische Feldlinien in einer stromdurchflossenen Zylinderspule. Nach Pohl II, S. 57, Abb. 134.

Im Innern einer sehr langen, gleichmäßig bewickelten stromdurchflossenen zylindrischen Spule (Länge $\gg$ Durchmesser) herrscht ein *homogenes* magnetisches Feld (Abb. 243). Homogen heißt: Die magnetische Feldstärke ist darin konstant nach Betrag und Richtung. In einem solchen sind die Feldlinien geradlinig und parallel zueinander. An der Außenseite einer sehr langen stromdurchflossenen Spule ist die magnetische Feldstärke nahezu $= 0$, solange man vom Bereich nahe den Spulenenden absieht. Weiteres folgt in 4.4.2.4.

Es gibt auch magnetische Ringfelder ohne Pol, und zwar solche ohne Eisen und solche mit Eisen. Ein gerader Metalldraht werde senkrecht durch eine Glasplatte geführt. Sobald elektrischer Strom durch den Draht fließt, herrscht in der Umgebung des Drahtes ein zylindersymmetrisches Magnetfeld mit kreisförmigen Feldlinien um den Draht als Achse, Abb. 244. Es handelt sich um ein *magnetisches Ringfeld* ohne Nord- und Südpol. Auch hier haben die Feldlinien einen Richtungssinn (Umlaufsinn), der aus der Einstellung einer drehbaren Magnetnadel erkennbar ist.

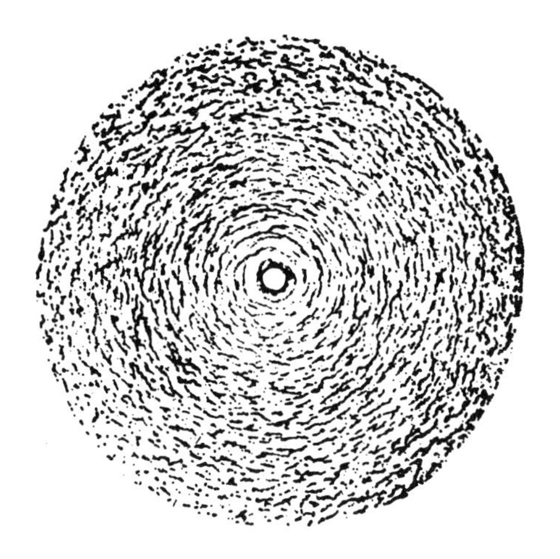

Abb. 244. Magnetische Feldlinien um einen stromdurchflossenen Draht. Nach Pohl II, S. 2, Abb. 4. Der stromführende Draht durchstößt dabei die Bildebene senkrecht.

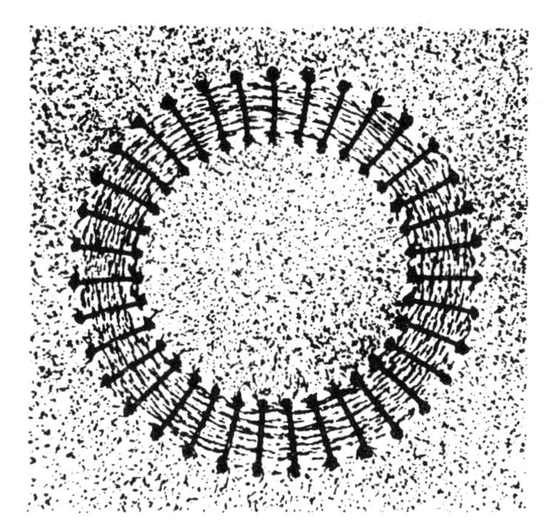

Abb. 245. Magnetische Feldlinien in einer Ringspule. Nach Pohl II, S. 58, Abb. 137.

Abb. 245 zeigt ein Ringfeld im Innern einer Toroidspule, d. h. einer zum Ring gebogenen Zylinderspule. Die Toroidspule erzeugt kein magnetisches Feld im Außenraum.

Es gibt auch Ringmagnete aus Eisen (vgl. 4.4.3.1 und 4.5.1.5).

Alle magnetischen Felder lassen sich aus (deformierten) Ringflußröhren zusammensetzen.

4.4.1.3. Eichung von Galvanometern für elektrische Spannungsstöße

Zu Eichzwecken kann ein elektrischer Spannungsstoß hergestellt werden, indem man einen Stromstoß $\int I \cdot \mathrm{d}t$ durch einen Draht mit dem Widerstand R hindurch schickt und $\int U \cdot \mathrm{d}t$ an den Enden des Widerstandes abgreift.

Bereits in 4.3.1.2, Gl. (4-49a), kam ein elektrischer Spannungsstoß $\int U \cdot \mathrm{d}t$ vor. Da im nächsten Abschnitt häufig Spannungsstöße auftreten, werden sie in diesem Abschnitt besprochen.

Spannungsstöße lassen sich messen entweder durch den Stoßausschlag (vgl. 4.2.5.2) eines schwach oder mäßig gedämpften Galvanometers, im folgenden als Galvanometer Nr. 1 (mit der Schwingungsdauer T) bezeichnet, oder
durch die Zeigerversetzung eines sehr stark gedämpften Galvanometers (Kriechgalvanometer), im folgenden als Galvanometer Nr. 2 bezeichnet.

1. Messung mit Stoßvoltmeter (Galv. Nr. 1). An die Klemmen des Galvanometers wird ein *Spannungsstoß* $\int U \cdot \mathrm{d}t$ gelegt. Dann ruft er wegen $U = R \cdot I$ einen Stromstoß $\int I \cdot \mathrm{d}t = (1/R) \int U \cdot \mathrm{d}t$ durch dieses hervor. Der Stromstoß kann wie in 4.2.5.2 durch einen Stoßausschlag („ballistischen Ausschlag") gemessen werden. Dabei muß wieder $\Delta t \ll T$ sein. Ein so verwendetes Galvanometer nennt man meist kurz ein „Stoßvoltmeter". Der Stoßausschlag des Galvanometers hängt vom Widerstand des verwendeten Stromkreises ab. Daher müssen bei der Eichmessung bereits alle später benötigten Drahtleitungen in den Galvanometerkreis einbezogen werden. Das ist anders als beim Stromstoß durch Leerlaufen eines Kondensators (vgl. 4.2.5.5). Bei der Schaltung Abb. 246a erhält man den Spannungsstoß $R \cdot \int I \cdot \mathrm{d}t$ mit

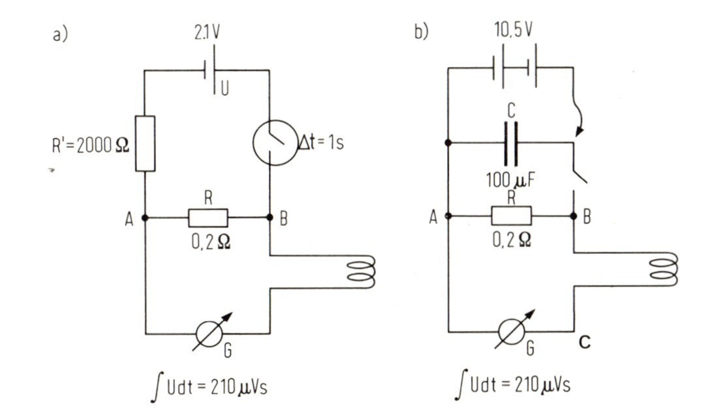

Abb. 246. Eichschaltung zur Messung von Spannungsstößen. a) Eichschaltung mit Zeitschalter und Stromverzweigung. Während der Schaltdauer $\Delta t = 1$ s liegt die konstante Spannung 210 μV zwischen A und B. b) Eichschaltung mit Kondensator und Widerstand. Während der Entladedauer des Kondensators liegt zwischen A und B eine (zeitlich exponentiell) abnehmende Spannung.

Schaltuhr und Stromverzweigung, bei der Schaltung Abb. 246b durch Abfließen der Ladung eines Kondensators über den Widerstand R. Im Fall der Abb. 246a ist es nicht ganz einfach, die Schaltdauer Δt, die *sehr klein* sein sollte, genau zu messen; im Fall *b*) entfällt diese Schwierigkeit.

Beispiel. In der Verzweigungsschaltung Abb. 246a wird der Spannungsstoß am Widerstand $R = 0{,}2\,\Omega$ abgegriffen. Weiter ist $R' = 2000\,\Omega$, $\Delta t = 1$ s, und die Schwingungsdauer des Galvanometers $T \approx 10$ s. Dann beträgt der Spannungsstoß am Galvanometer

$$\int U \cdot \mathrm{d}t = \int U_0 \frac{R}{R'} \cdot \mathrm{d}t = 2{,}1\ \mathrm{V} \cdot \frac{0{,}2\,\Omega}{2000\,\Omega} \cdot 1\ \mathrm{s} = 210\ \mu\mathrm{Vs}.$$

Mit dem speziellen Galvanometer Nr. 1 (Schwingungsdauer $T \approx 10$ s) erhält man einen Stoßausschlag 7 Sktl., also

$$1\ \text{Sktl. (Stoßausschlag)} \mathrel{\hat{=}} 30\ \mu\mathrm{Vs}$$

In der Schaltung Abb. 246b läßt man über den Widerstand $R = 0{,}2\,\Omega$ den Stromstoß $\int I \cdot \mathrm{d}t = Q = C \cdot \Delta U$ aus einem geladenen Kondensator abfließen. Also ist $\int U \cdot \mathrm{d}t = R \cdot C \cdot \Delta U$. Der Zeitablauf ist gemäß 4.2.5.5 durch $R \cdot C = \tau$ bestimmt. Solange $\tau \ll T$, ist der Stoßausschlag proportional dem Spannungsstoß.

Beispiel. Mit $R = 0{,}2\,\Omega$, $C = 100\ \mu\mathrm{F}$, $U = 10{,}5$ V ergibt sich

$$\int U \cdot \mathrm{d}t = 0{,}2 \frac{\mathrm{V}}{\mathrm{A}} \cdot 100 \cdot 10^{-6} \frac{\mathrm{As}}{\mathrm{V}} \cdot 10{,}5\ \mathrm{V} = 0{,}21 \cdot 10^{-3}\ \mathrm{Vs} = 210\ \mu\mathrm{Vs}$$

Man erhält wieder einen Stoßausschlag 7 Sktl., also wieder 1 Sktl. $\hat{=}$ 30 μVs.

2. *Messung mit Kriechgalvanometer (Galv. Nr. 2).* Mit einem sehr stark gedämpften Galvanometer lassen sich (etwas größere) Spannungsstöße messen. Der Stromkreis muß während der Messung (und der Eichung) dauernd geschlossen bleiben. Solange an ein solches Galvanometer eine kleine konstante Spannung gelegt wird, bewegt sich sein Lichtzeiger mit konstanter Geschwindigkeit, ohne angelegte Spannung bleibt er praktisch stehen. Ein so stark gedämpftes Galvanometer wird „Kriechgalvanometer" genannt. Ein elektrischer Spannungsstoß bewirkt in einem solchen eine Zeigerversetzung. Auch hier handelt es sich prinzipiell um einen Umkehrausschlag, nur erfolgt der Rückgang in die Ausgangsstellung außerordentlich langsam. Ein Hauptvorzug des Kriechgalvanometers ist seine fast momentane Anzeige des Spannungsstoßes. Es ist jedoch stets weniger empfindlich als ein ballistisch verwendetes Galvanometer. Daher wird in der Eichschaltung Abb. 246a der Widerstand R vergrößert und der Zeitschalter für ein gegenüber 1. vergrößertes Zeitintervall geschlossen.

Beispiel. Mit einem Galvanometer Nr. 2, das bei den unten beschriebenen Experimenten verwendet wird, erhält man mit $R = 1\,\Omega$ und $t = 5$ s eine Zeigerversetzung von 3,5 Skalenteilen. Hier ist

$$\int U \cdot \mathrm{d}t = 2{,}1\ \mathrm{V} \cdot \frac{1\,\Omega}{2000\,\Omega} \cdot 5\ \mathrm{s} = 5250\ \mu\mathrm{Vs}$$

Also 1 Sktl. (Versetzung) $\hat{=}$ 1500 μVs $=$ 1,5 mVs. Dieses Galvanometer Nr. 2 ist also auf Spannungsstöße 50mal weniger empfindlich als Galvanometer Nr. 1. Im folgenden wird je nach den Umständen das Stoßgalvanometer oder das Kriechgalvanometer verwendet.

4.4.1.4. Elektromagnetische Induktion, elektromagnetische Feldkonstante γ_{em}

Wird ein magnetischer Fluß ϕ mit einer Drahtspule dicht umfaßt und die Spule abgezogen, so tritt an ihren Drahtenden ein elektrischer Spannungsstoß $\int U \cdot dt = -\frac{n}{\gamma_{em}} \Delta\phi$ auf mit $\gamma_{em} = 1 \frac{Cb \cdot Wb}{J \cdot s} = 1 \frac{Wb}{Vs}$. Dabei bedeutet n die Windungszahl der Schleife.

Im folgenden werden lange, relativ dünne Stabmagnete vorausgesetzt, also mit $l \gg$ Durchmesser.

Man legt um einen Stabmagneten, Abb. 247, z. B. um seine Mitte, eine eng anliegende Drahtschleife (Induktionsschleife). Der Stabmagnet hat einen magnetischen Fluß, die Drahtschleife umfaßt diesen magnetischen Fluß. Wird die Drahtschleife abgezogen, so tritt an ihren Enden ein elektrischer Spannungsstoß $\int U \cdot dt$ auf. Genauere Beobachtung zeigt, daß elektrische Spannung entsteht, *während* die Schleife abgezogen wird. Diese Erscheinung nennt man *elektromagnetische Induktion* oder kurz Induktion. Sie wurde von Faraday im Jahre 1831 entdeckt.

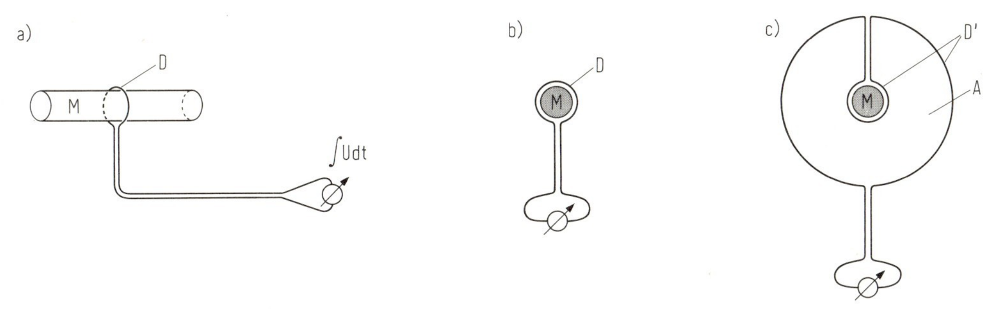

Abb. 247. Induktion.
a) Perspektivische Darstellung. Beim Abziehen der Drahtschleife D (hier eine einzige Windung) vom Stabmagneten M entsteht ein elektrischer Spannungsstoß $\int U dt$ (proportional $\Delta\phi = \phi_{anf} - \phi_{ende}$).
b) Wie a), jedoch in Magnetlängsrichtung projiziert.
c) In einer Induktionsschleife D', die den Außenbereich A umfaßt, wird ein Spannungsstoß induziert, welcher gegenüber b) das entgegengesetzte Vorzeichen hat.

Anmerkung. Man zieht die Schleife *rasch* ab, weil Spannungsstöße mit $\Delta t \ll T$ über den Stoßausschlag eines Galvanometers leicht gemessen werden können.

Anschließend soll gezeigt werden, daß der elektrische Spannungsstoß $\int U \cdot dt$ proportional $\Delta\phi = \phi_{anf} - \phi_{ende}$ ist.

Es seien m einander gleiche Magnete mit dem magnetischen Fluß ϕ_1 gegeben. Legt man sie gleichsinnig nebeneinander, d.h. Nordpol an Nordpol, Südpol an Südpol, so hat dieses Paket einen Gesamtfluß $m \cdot \phi_1$. Führt man den Induktionsversuch mit diesem Paket aus, dann ist der gesamte von der Drahtschleife umfaßte Fluß vor dem Abziehen $\phi_{anf} = m \cdot \phi_1$, nachher $\phi_{\text{ende}} = 0$. Die Flußdifferenz $\Delta\phi = \phi_{\text{anf}} - \phi_{\text{ende}} = m \cdot \phi_1$ bewirkt den Spannungsstoß $m \cdot \int U \cdot \mathrm{d}t$. Man sieht: *m-facher Fluß ergibt m-fachen elektrischen Spannungsstoß.*

Zieht man in einem zweiten Versuch nur einen Teil, etwa k ($< m$) der Magnete aus der Schleife, so ist der umfaßte Fluß am Anfang wieder $\phi_{\text{anf}} = m \cdot \phi_1$, dagegen am Ende $\phi_{\text{ende}} = (m - k) \cdot \phi_1$ und die Flußdifferenz ist $\Delta\phi = \phi_{\text{anf}} - \phi_{\text{ende}} = m \cdot \phi_1 - (m - \mathrm{k}) \cdot \phi_1 = k \cdot \phi_1$. Der Spannungsstoß erweist sich somit als *proportional zur Flußdifferenz $\Delta\phi$.*

Wird um einen Magneten (Paket von Magneten) mit dem gesamten Fluß ϕ eine Drahtschleife mit nur einer einzigen Windung gelegt (wie bisher), so erhält man einen Spannungsstoß $\int U \cdot \mathrm{d}t$. Wird um ihn ein Draht n-mal herumgeschlungen (Schleife mit n Windungen), so erhält man das n-fache des vorigen Spannungsstoßes.

Ergebnis. Der elektrische Spannungsstoß $\int U \cdot \mathrm{d}t$ ist proportional dem Produkt aus Windungszahl n der Schleife, die den magnetischen Fluß umfaßt, und der magnetischen Flußdifferenz $\Delta\phi = \phi_{\text{anf}} - \phi_{\text{ende}}$, also ist

$$\int U \cdot \mathrm{d}t \sim n\,\Delta\phi$$

Unter vielen experimentellen Bedingungen ist $\phi_{\text{ende}} = 0$. Nur in diesem Spezialfall kann $\Delta\phi$ durch ϕ ersetzt werden. Um Irrtümer zu vermeiden, schreibe man stets $\Delta\phi$.

In dieser Proportionalität steht links eine elektrische Größe, rechts das n-fache einer magnetischen Größe. Um daraus eine Gleichung zu machen, ist ein Proportionalitätsfaktor erforderlich. Er soll mit $1/\gamma_{em}$ bezeichnet werden. γ_{em} nennt man *elektromagnetische Verkettungskonstante* (auch elektromagnetische Feldkonstante), n/γ_{em} kann reziproke Verkettung genannt werden. In Form einer Gleichung lautet dann das *Induktionsgesetz* von Faraday (in Integralform):

$$\int U \cdot \mathrm{d}t = -\frac{n}{\gamma_{em}}\,\Delta\phi \qquad (\text{„Induktionsgesetz"}) \qquad (4\text{-}61)$$

Es ist ein Verkettungsgesetz, weil der magnetische Fluß und die Spulendrähte sich wie Glieder einer Kette umfassen (vgl. Abb. 273). Aus historischen Gründen wird es „zweites" Verkettungsgesetz genannt. Über das „erste" Verkettungsgesetz vgl. 4.4.2.6.

Wie bei jedem Übergang zu einem neuen „Bereich" tritt mit dem Übergang zu Größen des Magnetismus eine Gleichung (4-61) auf, in der *zwei neue* Größen, nämlich $\Delta\phi$ und γ_{em} und *eine* bereits definierte, nämlich $\int U \cdot \mathrm{d}t$, enthalten sind (vgl. Übergang Kinematik–Dynamik, 1.3.1.1; Mechanik-Elektrizität, 4.2.1). *Eine* dieser neuen Größen muß als gegeben registriert und ihre Dimension als neue Basisdimension festgestellt werden; man wählt dafür dim ϕ. Außerdem muß für sie eine Einheit $[\phi]$ von zweckmäßig gewählter, aber grundsätzlich willkürlicher Quantität festgesetzt werden (Basiseinheit), dann folgt die kohärente Einheit für jede weitere Größe des Bereichs aus der Definition der Größe.

Da nach der experimentellen Erfahrung γ_{em} einen universell konstanten Wert hat, (insbesondere auch dann, wenn relativistische Geschwindigkeiten auftreten), kann man festsetzen: Die elektromagnetische Verkettungskonstante γ_{em} wird als reproduzierbare Bezugsgröße für die Festlegung der magnetischen Größen herangezogen und ihr Betrag 1 Weber/Voltsekunde genannt. Damit ist $\gamma_{em} = 1 \cdot [\gamma_{em}] = 1$ Weber/Vs. Die Konstante γ_{em} ist also selbst die Einheit der elektromagnetischen Verkettung („gamma elektromagnetisch").

1 Wb ist dann also derjenige magnetische Fluß, der beim Abziehen einer Drahtschleife, die eine einzige Windung besitzt, in dieser einen elektrischen Spannungsstoß 1 Vs hervorruft. Man reproduziert 1 Wb mit Hilfe der Naturkonstanten γ_{em} über Gl. (4-61).

Für die Dimensionen folgt

$$\dim \phi = \dim \gamma_{em} \cdot \dim \left(\int U \cdot \mathrm{d}t\right) \tag{4-61 a}$$

und für die kohärenten Einheiten

$$[\Delta \phi] = [\gamma_{em}] \cdot \left[\int U \cdot \mathrm{d}t\right] = 1 \text{ Weber, Kurzzeichen } 1 \text{ Wb} \tag{4-61 b}$$

10^{-8} Wb wurde früher auch 1 Maxwell genannt.

Der magnetische Fluß erweist sich als ein Skalar, auch gegenüber relativistischen Transformationen. Er kommt in der Natur *gequantelt* vor, und zwar nur in ganzzahligen Vielfachen des „Flußquants" $\phi_0 = 2{,}07 \cdot 10^{-15}$ Wb. Daher wird er von nun an als *Basisgröße* verwendet und die Einheit 1 Weber als *Basiseinheit* gewählt. Wenn man beachtet, daß nach Gl. (4-2a) gilt 1 V = 1 J/Cb, so entsteht

$$\gamma_{em} = 1 \frac{\text{Wb}}{\text{Vs}} = 1 \frac{\text{Wb} \cdot \text{Cb}}{\text{Js}} = 1 \frac{\text{Wb/s}}{\text{J/Cb}} = 1 \frac{\text{Cb/s}}{\text{J/Wb}} \tag{4-62}$$

Beispiel. Ein Stabmagnet (mit $l = 12$ cm), der auch später in 4.4.2.6 und 4.4.5.1 verwendet wird, liefert $\phi = 6{,}5$ Sktl. $\cdot$ 30 μVs $\cdot$ 1 Wb/Vs = 195 μWb.

Auch die stromdurchflossene Spule (vgl. 4.4.1.4) hat einen magnetischen Fluß. Weiteres vgl. 4.4.2.1.

Beachte: Der Induktionsvorgang liefert einen Spannungsstoß $\int U \cdot \mathrm{d}t$. Der durch ihn in einem geschlossenen Stromkreis erzeugte Stromstoß $\int I \cdot \mathrm{d}t$ hängt vom Widerstand R im Stromkreis ab. Das ist anders als beim Entladen eines Kondensators (4.2.5.3 und 5), wo ein Stromstoß auftrat, der auch durch Einschalten von 10 MΩ nicht verändert werden konnte.

Beachte: Wenn der magnetische Fluß innerhalb eines Zeitintervalls von einem Anfangswert **ϕ_{anf} zunimmt auf ϕ_{max} und dann gleich wieder abnimmt auf ϕ_{anf}, so ist die magnetische Flußdifferenz für den Gesamtvorgang $\Delta \phi = 0$.**

Der magnetische Fluß im Gesamtquerschnitt eines Stabmagneten hat längs des Magneten nicht überall denselben Wert; er hat in der Mitte ein flaches Maximum und nimmt nach den Enden zu ab. Diesen Verlauf mißt man in der Anordnung Abb. 247, indem man eine Induktionsschleife an verschiedenen Stellen (Abstand x von der Mitte) um den Magneten legt, die Ruhelage des Meßinstruments abwartet und die Schleife abzieht. Dann erhält man Werte für den magnetischen Fluß, wie sie in Abb. 248 aufgetragen sind. Zum gleichen Ergebnis führt auch die Messung des magnetischen Flusses nach 4.4.5.1.

Auch bei einer Stromspule nimmt der magnetische Fluß zu den Enden hin ab, vgl. unten Abb. 252, die analog für die magnetische Feldstärke gilt.

Ein Stabmagnet mit dem Fluß ϕ hat in seiner Umgebung einen Fluß $-\phi$. Mit anderen Worten: Es gibt nur Ringfluß, aber keine „Quellen" des Flusses. Das ist das Ergebnis des folgenden Experiments: Verwendet man statt der Anordnung Abb. 247a, b eine mit einer Drahtschleife nach Abb. 247c, dann erhält man beim Hereinbringen des Magneten einen Spannungs-

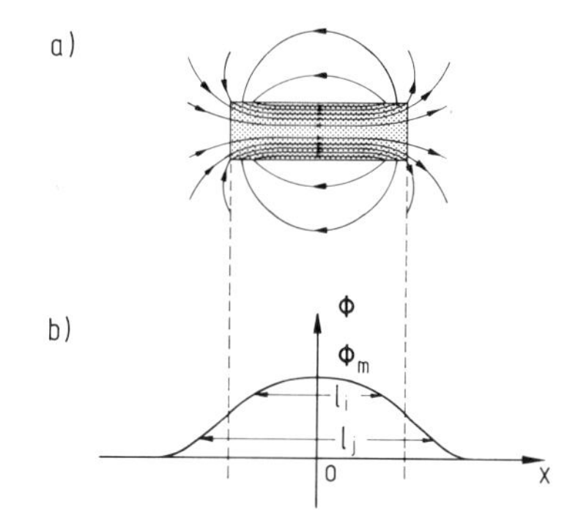

Abb. 248. Magnetischer Fluß.
a) Längsschnitt durch einen Stabmagneten. Ein Teil der Flußröhren tritt seitlich aus (schematische Darstellung).
b) Der magnetische Fluß ϕ durch den Querschnitt nimmt zu den Enden hin ab, weil seitlich Flußröhren austreten.
l_i bzw. l_j sind effektive Längen der Flußröhren, solange sie innerhalb des Querschnittes liegen.

stoß mit einem gegenüber Fall a, b entgegengesetzten Vorzeichen, beim Herausziehen kehrt sich das Vorzeichen noch einmal um.

Im CGS-System (vgl. 9.2.2) wird der nichtrationale magnetische Fluß $\phi/4\pi$ unter dem Namen „Polstärke“ verwendet. Es empfiehlt sich, das Wort Polstärke zu vermeiden und nur Aussagen über den magnetischen Fluß oder über das $(1/4\pi)$-fache des magnetischen Flusses zu machen.

Um das Verhältnis von magnetischem Fluß und elektrischem Spannungsstoß klar zu stellen, eignet sich folgendes Beispiel besonders gut. Fall 1 dieses Beispiels zeigt, daß $\int U \cdot \mathrm{d}t$ **und $\Delta\phi$ *nicht einander gleich* gesetzt werden dürfen, denn dabei ist $\int U \cdot \mathrm{d}t \neq 0$ und *gleichzeitig* $\Delta\phi = \phi_{\text{ende}} - \phi_{\text{anf}} = 0$.**

In der Schaltung Abb. 246b entsteht zwischen den Punkten A und C ein elektrischer Spannungsstoß entweder

1. wenn der aufgeladene Kondensator nach Schließen des Schalters „leerläuft“, oder
2. wenn ein Magnet in die Spule geschoben bzw. aus ihr gezogen wird.

Wenn beide Vorgänge gleichzeitig ablaufen, gilt

$$\int U \cdot \mathrm{d}t = -(n/\gamma_{\text{em}}) \cdot \Delta\phi + R \cdot \int I \cdot \mathrm{d}t \qquad \text{(4-62a)}$$

Fall 1. allein liefert 210 μVs. Dabei ist $\Delta\phi = 0$.
Fall 2. liefert mit einem Magneten mit $\phi = 105$ μWb und $n = 2$ ebenfalls 210 μVs. Dabei **ist $\Delta\phi \neq 0$, und zwar ist hier $\int U \cdot \mathrm{d}t$ proportional $\Delta\phi = \phi_{\text{ende}} - \phi_{\text{anf}}$.**

4.4.2. Magnetischer Fluß, magnetische Feldstärke

4.4.2.1. Magnetischer Fluß einer stromdurchflossenen Spule, Flußdichte

Der Differentialquotient magnetischer Fluß $\mathrm{d}\phi$ durch Querschnittsfläche $\mathrm{d}A$ heißt magnetische Flußdichte *B*.

Ein Stabmagnet hat einen magnetischen Fluß. Dasselbe gilt für eine stromdurchflossene Spule, solange ein elektrischer Strom durch den Draht der Spule hindurchgeht. Um ihren magnetischen Fluß zu messen, werden *m* Windungen um sie gelegt und dann der Spulenstrom eingeschaltet oder ausgeschaltet. Aus Gl. (4-61) ergibt sich ihr magnetischer Fluß ϕ unter Berücksichtigung von $\Delta\phi = \phi - 0$.

Beispiel. Im folgenden wird mehrfach eine zylindrische Spule der Länge $l = 1$ m, der Windungszahl $n = 1150$, dem Innendurchmesser $d = 10{,}1$ cm verwendet (Wicklungsdichte $n/l = 1150\ \mathrm{m}^{-1}$). Mit dieser Spule und $I = 2$ A beobachtet man mit einer Schleife mit $m = 10$ Windungen, welche die Mitte der Spule außen eng anliegend umfaßt, den Stoßausschlag 7,7 Sktl., also $\int U \cdot \mathrm{d}t = (m/\gamma_{\mathrm{em}})\, \Delta\phi = 231 \cdot 10^{-6}$ Vs, mit $\Delta\phi = \phi - 0$, woraus folgt $\phi_{\mathrm{Mitte}} = 23{,}1\ \mu$Wb.

Man kann lange Spulen mit verschiedenem Querschnitt, aber gleichem Strombelag $I \cdot n/l$ (4.4.2.4) untersuchen. In ihnen erweist sich ϕ als proportional zur Querschnittsfläche A, die senkrecht zur Spulenachse gemessen werden muß. Für den allgemeinen Fall muß man $\mathrm{d}\phi$ und $\mathrm{d}A$ zugrunde legen.

Definition. Den Quotienten aus magnetischem Fluß ϕ und Querschnittsfläche A dieses Flusses, bzw. aus $\mathrm{d}\phi$ und $\mathrm{d}A$ nennt man „magnetische Flußdichte" B, also

$$B = \phi/A \quad \text{bzw.} \quad B = \mathrm{d}\phi/\mathrm{d}A \tag{4-63}$$

Beachte: ϕ ist ein Skalar. Das Flächenstück A ist kein Skalar, man muß ihm eine Richtung im Raum zuordnen. Daher wird B oft wie ein Vektor behandelt.

Für die Dimension gilt

$$\dim B = \dim \phi/\dim A \tag{4-63a}$$

Für deren kohärente Einheit gilt daher

$$[B] = [\phi]/[A] = \frac{1\ \mathrm{Wb}}{1\ \mathrm{m}^2} = 1\ \frac{\mathrm{Wb}}{\mathrm{m}^2} \underset{\mathrm{def}}{=} 1\ \text{Tesla (Kurzzeichen 1 T)} \tag{4-63b}$$

$10^{-4}\ \mathrm{Wb/m^2} = 10^{-4}$ T wurde früher auch 1 Gauß genannt.

Beispiel. Die Spule mit $n/l = 1150\ \mathrm{m}^{-1}$ hat den Innendurchmesser 10 cm + 0,1 cm Drahtstärke, also ist $A = (5{,}05\ \mathrm{cm})^2\, \pi = 80\ \mathrm{cm}^2 = 0{,}0080\ \mathrm{m}^2$. Mit $I = 2$ A (vgl. obiges Meßbeispiel) hat sie die Flußdichte

$$B = \frac{\phi}{A} = \frac{2{,}31 \cdot 10^{-5}\ \mathrm{Wb}}{0{,}0080\ \mathrm{m}^2} = 2{,}89 \cdot 10^{-3}\ \frac{\mathrm{Wb}}{\mathrm{m}^2}$$

Die Lage von B im Raum ist durch die Lage der Querschnittsfläche A gegeben. B kann durch einen *Vektor* in der Spulenachse, als Normale der Querschnittsfläche, dargestellt werden, obwohl B das Transformationsverhalten eines orientierten Flächenstücks hat. Die Richtung dieses Vektors wird durch folgende Definition festgelegt: Werden die gekrümmten Finger der rechten Hand bei einer Stromspule in die Richtung des elektrischen Stromes der Wicklung gelegt, so gibt der Daumen die Richtung des Vektors an, durch den B gekennzeichnet wird (vgl. ω bei der Drehbewegung).

4.4.2.2. Varianten des Induktionsgesetzes

Wird eine Drahtschleife in einem Magnetfeld gedreht, dann entsteht elektrische Spannung an den Drahtenden (Drehachse senkrecht zur Spulenachse).

Der von einer Drahtschleife umfaßte magnetische Fluß ändert sich in folgenden Fällen:

1. Wenn die Schleife, die einen magnetischen Fluß umfaßt, z. B. einen Stabmagneten (Abb. 247), an einen magnetisch feldfreien Raum gebracht wird,

1a. wenn der Stabmagnet aus der Schleife herausgezogen wird,

2. wenn die Schleife um eine stromdurchflossene Spule gelegt ist und die Stromstärke in dieser geändert, z. B. ein- oder ausgeschaltet wird.

3. Wenn die Drahtschleife im ungeänderten magnetischen Feld so gedreht wird, daß sie einen größeren oder kleineren Fluß umfaßt. Dabei ist vorausgesetzt: Drehachse verschieden von der Richtung der magnetischen Feldstärke und senkrecht zur Spulenachse.

Kehrt man die Vorgänge 1 bis 3 um, so entsteht jeweils ein Spannungsstoß mit demselben Betrag, aber entgegengesetztem Vorzeichen.

Wird der von der Schleife umfaßte magnetische Fluß allmählich (zeitlich) geändert, so entsteht während der Änderung an den Spulenenden der Schleife eine elektrische Spannung. Differenziert man Gl. (4-61) nach der Zeit, so findet man $U_{\circ}$ (lies U-Ring), „Ringspannung".

$$U_{\circ} = -\frac{n}{\gamma_{em}} \cdot \frac{\mathrm{d}\phi}{\mathrm{d}t} \quad \text{(Induktionsgesetz in zeitlich differentieller Form)} \tag{4-64}$$

mit $U_{\circ} = \oint \vec{E} \cdot \mathrm{d}\vec{s}$. Setzt man dieses ein, so ergibt sich

$$-\frac{n}{\gamma_{em}} \dot{\phi} = \oint \vec{E} \cdot \mathrm{d}\vec{s} \tag{4-64a}$$

Dies ist das nach der Zeit differenzierte „zweite Verkettungsgesetz"*).

Die elektrische Feldstärke und eine von der Schleife umfaßte magnetische Flußröhre umfassen einander wie zwei Glieder einer aus Ringen bestehenden Kette. γ_{em} tritt immer dann auf, wenn man von einer Größe des einen Kettenglieds (z. B. des elektrischen) zum anderen (z. B. zum

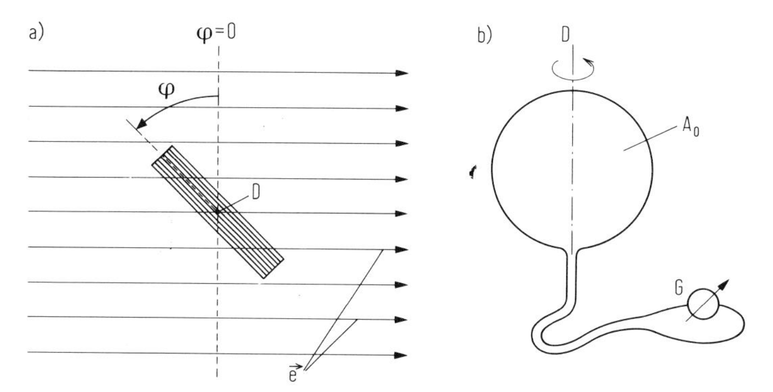

Abb. 249. Induktion beim Drehen einer Spule im (homogenen) magnetischen Feld.
a) Aufsicht in Richtung der Drehachse, senkrecht zu den Feldlinien.
b) Seitenansicht in Richtung der magnetischen Feldlinien; φ: Drehwinkel, $\vec{e}$: Vektor in Richtung der magnetischen Feldlinien, D: Drehachse, A_0: Fläche einer einzigen Windung. Die Spannung zwischen den Drahtenden der Spule mit n Windungen bei Drehung ist:

$$U(t) = -\frac{n}{\gamma_{em}} \cdot \frac{\mathrm{d}\phi}{\mathrm{d}t} = -\frac{n}{\gamma_{em}} \cdot B \cdot A_0 \cdot \frac{\mathrm{d}}{\mathrm{d}t}\{\cos\varphi(t)\}$$

---

* Das sog. „erste Verkettungsgesetz" ist in 4.4.2.6 angegeben.

magnetischen) übergeht oder umgekehrt (vgl. Abb. 273 in 4.4.6.1). γ_{em} kommt stets zusammen mit der Windungszahl n in der Verbindung n/γ_{em} oder $(n/\gamma_{em})^2$ vor. n gibt an, wie oft das andere Kettenglied umfaßt wird.

Eine wichtige Umformung von Gl. (4-64) wird in 4.4.5.2 behandelt.

Wird in der Anordnung Abb. 249 die Schleife um den Winkel φ aus der Ausgangsstellung $\varphi = 0°$ herausgedreht, dann ist der von der Schleife umfaßte Teil des magnetischen Flusses nur mehr $\phi_{eff} = \phi_0 \cdot \cos\varphi$, wo ϕ_0 der bei $\varphi = 0^0$ von der Schleife umfaßte magnetische Fluß ist. Wird die Schleife mit konstanter Winkelgeschwindigkeit ω gedreht, dann ist

$$\omega = \frac{d\varphi}{dt} = \frac{2\pi}{T}$$

und

$$\varphi = \omega \cdot t$$

Einsetzen in Gl. (4-64) ergibt („Wechselspannung" mit der Kreisfrequenz ω)

$$U(t) = -\frac{n}{\gamma_{em}} \cdot \frac{d\phi}{dt} = -\frac{n}{\gamma_{em}} \phi_0 \cdot \frac{d(\cos\omega t)}{dt} = \tag{4-65}$$

$$+\frac{n}{\gamma_{em}} \phi_0\, \omega \cdot \sin\omega t = U_0 \cdot \sin\omega t \quad \text{mit } U_0 = \frac{n}{\gamma_{em}} \phi_0 \cdot \omega \tag{4-65a}$$

4.4.2.3. Magnetisches Moment, magnetische Feldstärke *F/L 4.2.1*

Ein magnetisches Moment $\vec{m}_m$ erfährt durch die magnetische Feldstärke $\vec{H}$ ein Drehmoment, außer wenn $\vec{m}_m \parallel \vec{H}$. Darauf beruht das primäre Meßverfahren der magnetischen Feldstärke. Ein Stabmagnet, eine Stromwindung oder Stromspule, ferner manche Elementarteilchen besitzen ein magnetisches Moment.

Ein elektrischer Dipol wird durch das elektrische Moment gekennzeichnet $\vec{m}_e = Q \cdot \vec{l}$. Analog wird ein magnetischer Dipol durch sein magnetisches Moment gekennzeichnet. Es ist eine Vektorgröße.

Bei einem Stabmagneten ergibt sich in guter Näherung*) das magnetische Moment als das Produkt aus dem magnetischen Fluß des Magneten mit seiner Länge. Der magnetische Fluß im Querschnitt eines Magneten nimmt zu den Enden hin ab (4.4.1.4, Abb. 248), da Flußröhren auch auf der Seite austreten. Deshalb muß man den Fluß der einzelnen Röhren mit der jeweils zugehörigen Länge multiplizieren und darüber summieren, also bilden

$$m_m = \sum_i \phi_i \cdot l_i \tag{4-66}$$

Die Dimension des magnetischen Moments ist daher

$$\dim m_m = \dim \phi \cdot \dim l. \tag{4-66a}$$

---

* Genauer müßte man bilden $\int (B - \mu_0 H)\, d\tau$, vgl. 4.4.3.1.

Als kohärente Einheit des magnetischen Moments ergibt sich

$$[m_m] = [\phi] \cdot [l] = 1\ \text{Wb} \cdot 1\ \text{m} = 1\ \text{Wb} \cdot \text{m} \qquad (4\text{-}66\,\text{b})$$

Man kann eine effektive Länge l_{eff} des Stabmagneten definieren aus

$$m_m = \sum_i \phi_i\, l_i = \phi_{mitte} \cdot l_{\text{eff}} \qquad (4\text{-}67)$$

Die effektive Länge l_{eff} ist eine Funktion f der Länge l des Magneten und seines Querschnitts (Fläche A) und hängt außerdem von seiner Magnetisierungskurve (4.4.3.1) ab. Man kann setzen:

$$l_{\text{eff}} = l \cdot \text{f}\,(l/A)$$

Für dünne lange Magnete aus üblichen Eisensorten ist $\text{f}\,(l/A)$ ungefähr 5/6.

Beispiel. Ein Stabmagnet mit dem magnetischen Fluß $\phi_{\text{mitte}} = 195\ \mu\text{Wb}$ und der Länge $l = 0{,}12$ m hat das magnetische Moment $m_{\text{m}} = \phi_{\text{mitte}} \cdot 5/6 \cdot l = 19{,}5 \cdot 10^{-6}$ Wb m.

Man kann m_m nach 4.4.5.5. messen, ohne daß ϕ und l getrennt angebbar sein müßten.

Zwar kann man das magnetische Moment einer *stromdurchflossenen Spule* in ähnlicher Weise bilden. Wie aber in 4.4.5.4 gezeigt wird, erhält man es einfacher aus der Stromstärke, aus der Windungsfläche der Spule und aus Naturkonstanten.

Unter Heranziehen des magnetischen Momentes kann man die magnetische Feldstärke messen. Wie in 4.1 erwähnt, stellt sich eine drehbar montierte Magnetnadel (oder ein Stabmagnet) in die Richtung der magnetischen Feldstärke $\vec{H}$ ein. Das Nordende gibt die positive Richtung von $\vec{H}$ an. Wird ein solcher Magnet senkrecht zu seiner Gleichgewichtseinstellung gedreht, so erfährt er ein Drehmoment. Dieses hängt einerseits vom magnetischen Moment des Magneten ab, andererseits von der magnetischen Feldstärke am Ort des Magneten.

Definition. Diejenige magnetische Feldgröße, die beim Querstellen eines Magneten zur magnetischen Feldrichtung das Drehmoment $\vec{M}$ auf einen Stabmagneten bestimmt (außer seinem magnetischen Moment) heißt *magnetische Feldstärke* $\vec{H}$. Sie ist eine Vektorgröße*). Bei $\sphericalangle (\vec{m}_{\text{m}}, \vec{H}) = 90°$ gilt für die Beträge:

$$M = m_{\text{m}} \cdot H$$

Dabei ist H die ursprüngliche, d.h. vor Einbringen des Magneten vorhandene magnetische Feldstärke. Für andere Winkel zwischen $\vec{m}_{\text{m}}$ und $\vec{H}$ erweist sich $\vec{M}$ auch noch proportional zu $\sin(\vec{m}_{\text{m}}, \vec{H})$, solange $|m_{\text{m}}|$ nicht durch den veränderten Winkel zur äußeren magnetischen Feldstärke beeinflußt wird. Das ist der Fall bei magnetisch „harten" Stoffen (vgl. 4.4.3.1) und bei Elementarteilchen. Dann gilt:

$$\vec{M} = m_{\text{m}} \cdot H \cdot \sin(\vec{m}_{\text{m}}, \vec{H}) \quad \text{oder} \quad \vec{M} = \vec{m}_{\text{m}} \times \vec{H} \qquad (4\text{-}68)$$

---

* Die magnetische Feldstärke $\vec{H}$ ist eine *Vektor*größe, ebenso wie das magnetische Moment $\vec{m}_{\text{m}}$. Im folgenden bedeutet H (ohne Pfeil) den absoluten *Betrag* von $\vec{H}$. Mit Vektoren (etwa $\vec{H}$, $\vec{m}_{\text{m}}$, $\vec{l}$) kann man nicht dividieren. Um berechtigten mathematischen Einwänden zu entgehen, sind im folgenden oft nur Beträge von Vektoren verwendet. Zum „Vektor" $\vec{B}$ vgl. S. 347, zum „Vektor" $\vec{A}$ (Querschnittsfläche) vgl. S. 377.

Die Dimension von H ist daher

$$\dim H = \dim M / \dim m_{\mathrm{m}} \tag{4-68a}$$

Als kohärente Einheit der magnetischen Feldstärke H ergibt sich

$$[H] = \frac{[M]}{[m_m]} = \frac{1\ \mathrm{J}}{1\ \mathrm{Wb \cdot m}} = 1\ \frac{\mathrm{N}}{\mathrm{Wb}} \tag{4-68b}$$

Dieser Größe analog ist die elektrische Feldstärke E, für die nach 4.2.2.1 gilt

$$[E] = \frac{1\ \mathrm{J}}{1\ \mathrm{Cb \cdot m}} = 1\ \frac{\mathrm{N}}{\mathrm{Cb}} = 1\ \frac{\mathrm{V}}{\mathrm{m}}$$

Beispiel. Der Stabmagnet aus obigem Beispiel ($m_{\mathrm{m}} = 19{,}5 \cdot 10^{-6}$ Wb m) befinde sich in dem magnetischen Feld einer Spule. Bei Querstellung zur Feldrichtung sei das Drehmoment, das auf den Magneten wirkt, z. B. $M = 4{,}6 \cdot 10^{-3}$ Nm. Dann befindet sich der Magnet in einem magnetischen Feld der Feldstärke

$$H = \frac{M}{m_{\mathrm{m}}} = \frac{4{,}6 \cdot 10^{-3}\ \mathrm{Nm}}{19{,}5 \cdot 10^{-6}\ \mathrm{Wbm}} = 236\ \frac{\mathrm{N}}{\mathrm{Wb}}.$$

Definition. Ein Gebilde, das in einem magnetischen Feld ein Drehmoment nach Gl. (4-68) erfährt, besitzt ein magnetisches Moment m_{m} und wird ein „magnetischer Dipol" genannt. Diese Definition gilt auch, wenn ϕ und l nicht getrennt angegeben werden können.

Das magnetische Moment m_{m} eines magnetischen Dipols ist nach Gl. (4-68) n-mal so groß wie das eines anderen, wenn er bei Einwirken derselben magnetischen Feldstärke bei 90°-Stellung zu seiner Gleichgewichtseinstellung ein n-faches Drehmoment erfährt. Dies ist die primäre Methode zur Messung von m_{m}. Magnetische Momente lassen sich aber auch messen, wenn man die in 4.4.5.5 besprochenen Zusammenhänge heranzieht.

Messung der magnetischen Feldstärke. Die magnetische Feldstärke H ist nach Gl. (4-68) n-mal so groß, wenn derselbe magnetische Dipol das n-fache Drehmoment erfährt. Aufgrund dieser Tatsache kann man magnetische Feldstärken messen.

Zur Messung des Drehmoments verwendet man eine Magnetnadel aufgehängt an einem Torsionsfaden, dessen oberes Ende von Hand um den Winkel φ verdreht werden kann, Abb. 250. Gemessen wird dasjenige Drehmoment, das erforderlich ist, um die Magnetnadel in die Stellung 90° zu $\vec{H}$ zu bringen. Eine Vorrichtung, mit der die magnetische Feldstärke in dieser Weise über das Drehmoment gemessen werden kann, nennt man ein *Magnetometer*.

Beispiel. Im nächsten Abschnitt wird ein Magnetometer verwendet mit einem kleinen Stabmagneten ($m_{\mathrm{m}} = 50 \cdot 10^{-9}$ Wb · m) an einem Torsionsfaden ($l = 22$ cm, $D^* = 2{,}1 \cdot 10^{-5}$ N · m). Verdreht man den Aufhängestift um 90° rel. zum unteren Ende, dann wird ein Drehmoment $3{,}3 \cdot 10^{-5}$ N · m ausgeübt. Wenn dieses Drehmoment erforderlich ist, um den Magneten um 90° aus seiner Gleichgewichtsstellung herauszudrehen, herrscht am Ort des Magneten die magnetische Feldstärke $H = 740$ N/Wb, d. h. 1° Drehwinkel entspricht 8,2 N/Wb, da ja Drehwinkel und Drehmoment einander proportional sind (1.4.1.1).

Über das magnetische Moment ist noch folgendes zu sagen: Zerbricht man eine Magnetnadel (z. B. eine magnetisierte Stricknadel) aus magnetisch hartem Material (4.4.3.1 bis 3) etwa in drei gleiche Teile, so hat jeder Teil nur rund 1/3 des ursprünglichen magnetischen Moments, aber fast den unveränderten magnetischen Fluß wie die unzerbrochene Nadel.

Außer Stabmagneten haben auch eine stromdurchflossene Schleife oder eine Spule

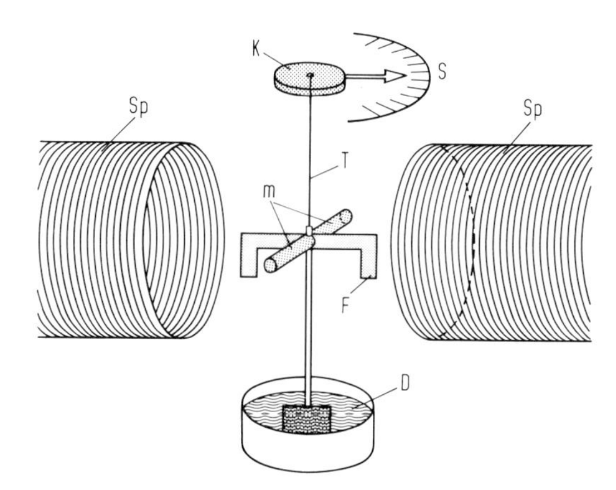

Abb. 250. Magnetometer. Sp: Spule, m: Magnetnadel, $\vec{m}$ ihr magn. Moment, F: Fahne (senkrecht zur Magnetnadel m), T: Torsionsfaden am Drehknopf K, S: Skala mit Winkeleinteilung, D: Öldämpfung.
Genau senkrecht zur Magnetnadel sind die Fahnen F angebracht. Beim Schattenwurf durch die Spulen hindurch decken sich beide Fahnen genau dann, wenn die Magnetnadel unter 90° zur magnetischen Feldstärke steht. Die stromlosen Spulen werden so aufgestellt, daß ihre Achsen senkrecht zu $\vec{m}$ stehen. Fließt elektrischer Strom durch die Spulen, so ist die durch ihn hervorgerufene magnetische Feldstärke $\vec{H}$ achsenparallel und $\vec{m}$ wird ausgelenkt. Man dreht am Drehknopf K bis $\vec{m}$ wieder $\perp$ $\vec{H}$ steht.

sowie einige der Elementarteilchen wie Elektron, Proton usw. ein magnetisches Moment. Bei diesen läßt sich das magnetische Moment jedoch nicht in ein Produkt aus magnetischem Fluß und Länge aufspalten.

Das magnetische Moment m_{m} eines schräg zur Feldstärke $\vec{H}$ stehenden eisenhaltigen Magneten kann durch die äußere Feldstärke abgeschwächt oder verstärkt werden. Dieser Einfluß entfällt, wenn der $\sphericalangle\,(\vec{m}_{\mathrm{m}}, \vec{H}) = 90°$ verwendet wird; daher diese Vorschrift über den Winkel in der Definition. Bei stromdurchflossenen eisenfreien Spulen (und auch bei Elektronen, Protonen usw., deren magnetisches Moment diskrete Werte hat) wird m_{m} nicht durch den Winkel und durch H beeinflußt.

Das magnetische Moment einer Stromspule als Funktion von I, $n \cdot A$ und Naturkonstanten wird in 4.4.5.4 besprochen. Jedoch sei bereits hier erwähnt: Legt man zwei gleich bewickelte lange dünne Stromspulen hintereinander und werden sie von einem gleich starken Strom mit gleichem Umlaufsinn durchflossen, dann addieren sich ihre magnetischen Momente, während der magnetische Fluß in beiden Spulen in Querschnitten, die fern vom Ende sind, unverändert bleibt.

4.4.2.4. Magnetische Feldstärke in einer langen Spule, elektrischer Strombelag

Im Innern einer langen zylindrischen Spule mit dem elektrischen Strombelag*) $g = ni/l$ herrscht ein homogenes magnetisches Feld der Feldstärke $H = ni/(\gamma_{\mathrm{em}} \cdot l)$. Dabei ist γ_{em} die in 4.4.1.4 eingeführte elektromagnetische Feldkonstante $\gamma_{\mathrm{em}} = 1$ Cb Wb/(Js).

Im Jahr 1820 entdeckte Oersted, daß ein stromdurchflossener Draht von einem magnetischen Feld umgeben ist. Man hat damit die Möglichkeit, magnetische Felder herzustellen, die ein- und ausgeschaltet werden können.

Es stellt sich heraus: Im Innern einer langen, engen, gleichmäßig bewickelten und vom Strom durchflossenen zylindrischen Spule herrscht ein *homogenes* Magnetfeld, d. h. ein solches, bei dem die magnetische Feldstärke gleichgerichtet und von gleichem Betrag ist. In einem solchen ist die magnetische Feldstärke H proportional dem Strombelag g. (Über die Randbereiche vgl. unten, Abb. 252) und parallel zur Zylinderachse gerichtet.

* In diesem Abschnitt wird für die Stromstärke im Einzeldraht einer Spule das Symbol i verwendet.

Zunächst muß der *elektrische Strombelag* g erläutert werden. Durch ein Metallband von konstanter Breite l fließe, gleichmäßig verteilt, ein elektrischer Strom mit der Stromstärke I (Abb. 251 a).

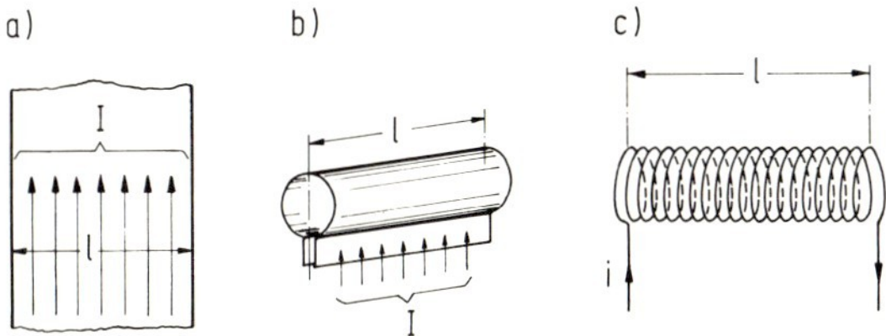

Abb. 251. Elektrischer Strombelag.
a) Metallband mit dem Strombelag $g = I/l$.
b) Metallband zum Zylinder gebogen, Strombelag $g = I/l$.
c) Zylinderspule mit n Windungen, Strombelag $g = (n \cdot i)/l$.

Definition. Unter dem Strombelag g versteht man den Quotienten aus der durch das Band fließenden Stromstärke I und der Breite l des stromdurchflossenen Bandes, also

$$g = I/l, \text{ bzw. } \frac{\mathrm{d}I}{\mathrm{d}l}. \tag{4-69}$$

Für die kohärente Einheit des Strombelages folgt:

$$[g] = \frac{[I]}{[l]} = \frac{1\ \mathrm{A}}{1\ \mathrm{m}} = 1\ \frac{\mathrm{A}}{\mathrm{m}} \tag{4-69 a}$$

Ein Metallband sei zu einem Zylinder gebogen und werde längs des Zylinderumfangs von Strom durchflossen (Abb. 251 b). Stattdessen kann auch eine zylindrische, mit Draht (n Windungen) dicht bewickelte Spule verwendet werden (Abb. 251 c); sie hat dann den Strombelag $g = ni/l$ (n Anzahl der Windungen, i Stromstärke im Einzeldraht, l Länge der Spule). Die „Länge" der Spule ist dasselbe wie die „Breite" des obigen Bandes. n/l nennt man Wickelungsdichte.

Hinweis: Im folgenden wird mehrfach die in 4.4.2.1 benützte Spule mit $n = 1150$ Windungen, $l = 1$ m, $d = 10{,}1$ cm, $A = 80\ \mathrm{cm}^2$ verwendet.

Beispiel. Folgende zylindrische Spulen haben denselben Strombelag $g = ni/l = 115$ A/m:

a) Eine Spule mit 1150 Wdg./m, durchflossen von der Stromstärke 0,1 A.
b) Eine solche mit 115 Wdg./m und 1 A.
c) Eine einzige Windung aus einem Blech mit 1 m Breite, durchflossen von 115 A.

Bei a) und bei b) können die Windungen in einer oder in mehreren Lagen übereinander angeordnet sein.

Magnetische Feldstärke H in der Stromspule. Die magnetische Feldstärke kann mit Hilfe des in 4.4.2.3 beschriebenen Magnetometers gemessen werden. Die folgende Tabelle zeigt Messungen in der Mitte der 1 m langen Spule mit $n/l = 1\,150\ \mathrm{m}^{-1}$.

Tabelle 37. Strombelag, Drehmoment, magnetische Feldstärke.

Stromstärke i durch die Spule	Strombelag $g = \frac{ni}{l}$	erforderlicher Rückdrehwinkel (prop. Drehmoment)	magn. Feldstärke $H = \frac{n \cdot i}{\gamma_{\mathrm{em}} \cdot l}$
0,1 A	115 A/m	14°	115 N/Wb
0,2 A	230 A/m	28°	230 N/Wb
0,3 A	345 A/m	42°	345 N/Wb

Aus diesen Beobachtungen ergibt sich:

1. Strombelag *auf* der Spule hat magnetische Feldstärke *im Innern* der Spule zur Folge
2. Strombelag und magnetische Feldstärke sind zueinander proportional. Zwischen beiden besteht also eine Gleichung $g = \gamma'_{em} \cdot H$. Der Proportionalitätsfaktor γ'_{em} erweist sich als *identisch* mit der elektromagnetischen Verkettungskonstante γ_{em} aus 4.4.1.4. Wenn man nämlich in die Gleichung $(g = \gamma'_{em} \cdot H)$ für Strombelag und magnetische Feldstärke ein Meßwertpaar aus obiger Tabelle einsetzt und 1 A = 1 Cb/s beachtet, so folgt

$$\gamma'_{em} = \frac{g}{H} = \frac{115\ \mathrm{A/m}}{115\ \mathrm{N/Wb}} = 1\ \frac{\mathrm{A \cdot Wb}}{\mathrm{N \cdot m}} = 1\ \frac{\mathrm{Cb \cdot Wb}}{\mathrm{J \cdot s}} = \gamma_{em}$$

also gilt

$$g = \gamma_{em} \cdot H \tag{4-70}$$

Umordnen und Einsetzen von $g = n\,i/l$ ergibt

$$H = \frac{n \cdot i}{\gamma_{em} \cdot l} \tag{4-70a}$$

1. Verkettungsgesetz (vorläufige Form ohne Verschiebungsstrom). Zur Ergänzung vgl. 4.4.6.1.

Magnetische Feldstärke H und elektrische Stromstärke $I = \mathrm{d}Q/\mathrm{d}t$ umfassen einander wie zwei Glieder einer aus Ringen bestehenden Kette, ähnlich wie E und $\mathrm{d}\phi/\mathrm{d}t$ in 4.4.6.2. Auch hier zeigt sich: γ_{em} kommt *stets* zusammen mit der Windungszahl n und *nur* in der Verbindung n/γ_{em} oder $(n/\gamma_{em})^2$ vor.

Beispiel. In der Mitte der langen Feldspule mit $n/l = 1150\ \mathrm{m}^{-1}$ herrscht bei $i = 2$ A die magnetische Feldstärke $H = 2{,}3 \cdot 10^3$ N/Wb.

Die Einheit der magnetischen Feldstärke $[H] = 1$ N/Wb, die im Innern einer langen Spule mit dem Strombelag 1 A/m herrscht, wird oft auch mit $1\ \frac{\text{Amperewindung}}{\text{m}} = 1\ \frac{\text{(Aw)}}{\text{m}}$ bezeichnet, und die Einheit der magnetischen Spannung $[U_m] = 1$ J/Wb mit 1 (Aw).

Die Bezeichnung Amperewindung ist unbefriedigend, weil Gefahr besteht, darin ein Produkt aus einer elektrischen Stromstärke und einer Anzahl zu sehen. Aus diesem Grund soll man wenigstens die Kurzbezeichnung (Aw) in Klammern setzen, um anzudeuten, daß der Wortteil Ampere in Amperewindungen nicht gegen die Einheit der Stromstärke 1 A weggekürzt werden darf.

Beachte. Strombelag und magnetische Feldstärke sind nur im Sonderfall der langen, engen Spule mit gleichmäßigem Strombelag einander proportional mit der universellen Proportionalitätskonstanten γ_{em}. Denn wenn man z. B. ein Metallband mit dem Strombelag I/l anders biegt, hängt die magnetische Feldstärke in der Umgebung des Metallbandes vom Ort ab.

Andererseits sind die elektrische Stromstärke und die durch Gl. (4-71 b) definierte magnetische Ringspannung um den Strom herum einander proportional mit der universellen Verkettungskonstanten γ_{em} als Proportionalitätskonstante.

In einer Spule mit großer, aber endlicher Länge erhält man durch Messung mit dem Magnetometer die in Abb. 252 wiedergegebene Feldstärkenverteilung. Die Feldstärke am Ende einer langen Spule hat genau die Hälfte des Wertes in der Mitte. Das ist verständlich, denn reiht man eine zweite gleiche Spule an die erste, so befindet sich die Anschlußstelle in der Mitte einer sehr langen Spule.

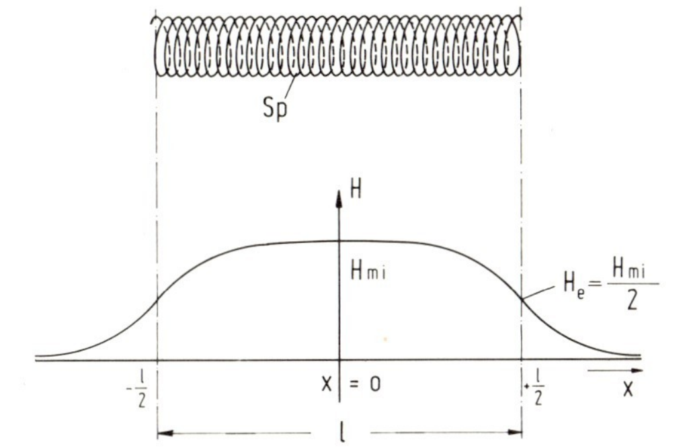

Abb. 252. Feldstärkenverteilung längs der Achse einer langen Spule. Sp: lange enge Stromspule, x: Ortskoordinate längs der Achse, H_{mi}: magnetische Feldstärke in der Mitte ($x = 0$), H_e: magnetische Feldstärke an den Enden ($x = \pm l/2$).

Wenn man ein homogenes Feld bis in die Nähe der Spulenenden erzielen will, muß die Wickelungsdichte gegen die beiden Enden hin zunehmen.

Bemerkung. Wenn ein Buch im CGS-System geschrieben ist, wird dort durchweg die zu H nichtrationale Größe $H' = 4\pi \cdot H$ verwendet. Man läßt aber den Apostroph weg. Das ist eine Quelle vieler Irrtümer. Vgl. dazu Anhang 9.2.2.

4.4.2.5. Addition von magnetischen Feldstärken

Magnetische Feldstärken addieren sich wie Vektoren. Davon kann man zur Feldstärkemessung Gebrauch machen.

Eine magnetische Feldstärke $\vec{H_1}$ kann gemessen werden, indem man eine bekannte, zu $\vec{H_1}$ senkrecht gerichtete Feldstärke $\vec{H_0}$ überlagert und die Richtung der Resultierenden mit Hilfe einer frei drehbaren Magnetnadel bestimmt. Wenn der Winkel zwischen der Resultierenden und $\vec{H_0}$ mit α bezeichnet wird, gilt $\tan \alpha = H_1/H_0$.

Die Kompaßnadel wird in eine stromlose Spule gebracht, deren Achse man senkrecht zur Richtung der zu messenden Feldstärke H_1 ausrichtet. Wird die Stromstärke in der Spule solange reguliert, bis die Magnetnadel um 45° abgelenkt ist, Abb. 253, dann ist $|H_1| = |H_0|$.

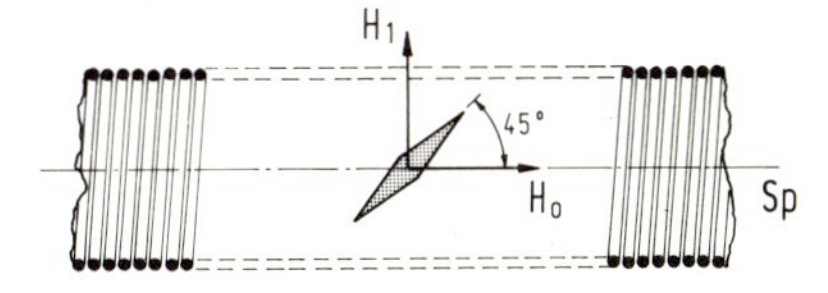

Abb. 253. Addition von magnetischen Feldstärken. Sp: Teil einer langen engen Stromspule im Längsschnitt, H_1: zu messende magnetische Feldstärke, H_0: durch den Spulenstrom einstellbare magnetische Feldstärke.
Wenn $|H_1| = |H_0|$ ist, steht die resultierende Feldstärke unter 45° zu H_1 und H_0.

Beispiel. Die magnetische Erdfeldstärke läßt sich zerlegen in eine Horizontalkomponente H_E und eine Vertikalkomponente H_V. Zur Messung der Horizontalkomponente H_E wird die Spulenachse horizontal und senkrecht zur Richtung von H_E gerichtet. Experimentell findet man: Im Hörsaal tritt die Ablenkung 45° ein, wenn die Spule mit der Wicklungsdichte 1150/m von $i = 16$ mA durchflossen wird, also ist

$$H_E = H_0 = \frac{1150 \cdot 16 \cdot 10^{-3}\ \text{A}}{1\ \text{Cb Wb/(Js)} \cdot 1\ \text{m}} = 18{,}4\ \frac{\text{N}}{\text{Wb}}$$

Im Hörsaal weicht die Horizontalfeldstärke von der im freien Gelände etwas ab, da sich im Gebäude Eisenträger befinden.

Die magnetische Feldstärke in der Umgebung eines magnetischen Dipols läßt sich in ähnlicher Weise messen (Weiteres in 4.4.5.5).

4.4.2.6. Magnetische Spannung, Integralform des 1. Verkettungsgesetzes *F/L 4.2.3*

Die magnetische Spannung zwischen zwei Punkten ist $U_m = \int_{P_1}^{P_2} \vec{H} \cdot d\vec{s}$. Um die elektrische Stromstärke I herum herrscht die magnetische Ringspannung $(U_m)_\circ = (1/\gamma_{em}) \cdot I$.

Im elektrischen Feld gilt: Die *elektrische Spannung* U_{AB} zwischen zwei Punkten A und B ist

$$U_{AB} = \int_A^B \vec{E} \cdot d\vec{s}$$

Ebenso kann man im magnetischen Feld die *magnetische Spannung* $(U_m)_{CD}$ einführen. Zwischen zwei Punkten C und D ist

$$(U_m)_{CD} = \int_C^D \vec{H} \cdot d\vec{s} \tag{4-71}$$

Unter dem Integral steht jeweils ein skalares Produkt.
Für die zugehörigen kohärenten Einheiten gilt

$$[U] = 1 \frac{J}{Cb} = 1 \text{ V} = [E] \cdot [l] = 1 \frac{V}{m} \cdot 1 \text{ m} = 1 \frac{N}{Cb} \cdot m$$

wegen 1 J = 1 N · m und

$$[U_m] = 1 \frac{J}{Wb} = 1 \text{ (Aw)} = [H] \cdot [l] = 1 \frac{N}{Wb} \cdot m \tag{4-71 a}$$

Man kann die magnetische Spannung $\int \vec{H} \cdot d\vec{s}$ auf einem geschlossenen Weg, z. B. entlang einer Feldlinie, bilden (z. B. in Abb. 254 entlang ABCA). Man nennt dies die *magnetische Ringspannung* und schreibt

$$\oint \vec{H} \cdot d\vec{s} = (U_m)_\circ \tag{4-71 b}$$

Die experimentelle Bestimmung dieser magnetischen Ringspannung liefert folgende Ergebnisse:

1. Bei einem Weg, der keinen elektrischen Strom umfaßt, ist $(U_m)_\circ = 0$.
2. Bei einem Weg, der einen einzelnen mit der Stromstärke I durchflossenen Draht *einmal* umfaßt, ist $(U_m)_\circ = (1/\gamma_{em}) \cdot I$. Auch bei beliebiger Wahl des Integrationsweges ergibt sich immer *derselbe* Wert für $(U_m)_\circ$, solange der stromdurchflossene Draht durch den Weg genau einmal umfaßt wird.
3. Wird der Draht k mal umfaßt, dann erhält man $(U_m)_\circ = (k/\gamma_{em}) \cdot I$.

4. Werden n Drähte einmal umfaßt, die von den Stromstärken $I_1, I_2, \ldots, I_n$ durchflossen werden, so erhält man $(U_m)_\circ = (1/\gamma_{em}) \sum_{\nu=1}^{n} I_\nu$. (Die Summe $\sum_{\nu=1}^{n} I_\nu$ wird manchmal *Durchflutung* genannt).

Die letztere Gleichung kann insbesondere auch auf eine stromdurchflossene Spule angewendet werden (n Windungen von derselben Stromstärke I durchflossen), dann wird $(U_m)_\circ = n \cdot I/\gamma_{em}$. Setzt man $(U_m)_\circ$ aus Gl. (4-71 b) ein, so entsteht

$$\frac{n}{\gamma_{em}} I = \oint \vec{H} \cdot d\vec{s} \qquad (4\text{-}72)$$

Dies ist die Integralform des ersten Verkettungsgesetzes (ohne Verschiebungsfluß), vgl. dazu 4.4.2.2, 4.4.6.1.

Im Fall einer engen langen Spule ergibt das Linienintegral (vgl. Abb. 254)

$$(U_m)_{AB} = \int_A^B \vec{H} \cdot d\vec{s} \qquad (4\text{-}71)$$

von Anfang bis Ende der Spule schon fast die gesamte magnetische Spannung $(U_m)_\circ$, denn $\oint \vec{H} \cdot d\vec{s} = \int (\text{innen}) + \int (\text{außen})$ und $\int (\text{innen}) \gg \int (\text{außen})$.

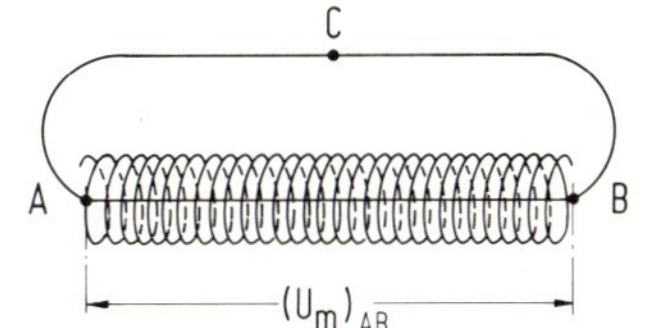

Abb. 254. Magnetische Spannung bei einer stromdurchflossenen Spule. Die magnetische Spannung $U_m = \oint \vec{H} \cdot d\vec{s}$ über einen geschlossenen Weg, A, B, C, A, der *einmal* durch eine Spule mit n Windungen führt, ist $U_m = \frac{n \cdot I}{\gamma_{em}}$. Dabei ist $\int_A^B (\text{innen}) \gg \int_B^A (\text{außen})$. Außen heißt: über den Weg BCA.

Beispiel. Für die Spule mit 1150 Windungen/1 m mit $I = 0{,}1$ A ist $H = 115$ N/Wb. Bei einer Spulenlänge $l = 1$ m liegt die magnetische Spannung $U_m = 115$ J/Wb nahezu zwischen den Spulenenden. Dabei gilt: Strombelag $g \cdot$ Länge $l = n \cdot i = 115$ A.

Der genaue Wert von U_m zwischen den Spulenenden ergibt sich, wenn man die Kurve Abb. 252 von $x = -l/2$ bis $x = +l/2$ integriert.

Bei einer viellagigen Spule (Abb. 255) nimmt die magnetische Feldstärke von r_i bis r_a vom Wert $H = \frac{n\,i}{\gamma_{em} \cdot l}$ nach außen bis auf $H = 0$ ab.

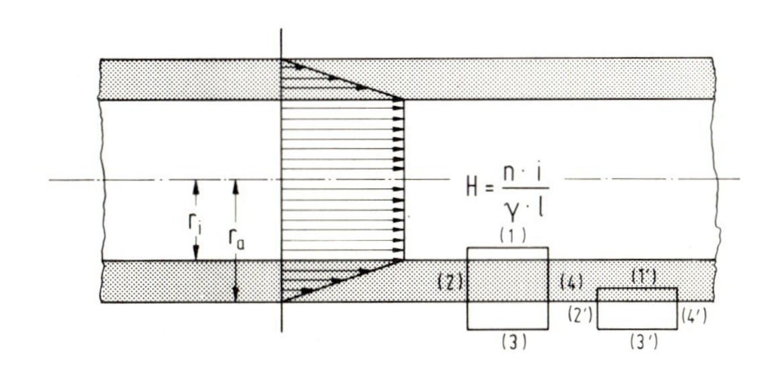

Abb. 255. Radiale Verteilung der magnetischen Feldstärke in einer viellagigen, langen Spule. Für den Weg (1, 2, 3, 4) ist $(U_m)_\circ = \oint \vec{H} \cdot d\vec{s} = \frac{\sum i}{\gamma_{em}}$, wobei die Integration für die Wege 2 und 4 Null ergibt, da $\vec{H}$ senkrecht $\vec{s}$ steht, und über den Weg 3 ebenfalls Null, da dort bei einer sehr langen Spule $H = 0$ ist. Für den Weg (1', 2', 3', 4') ist die Summe nur über diejenigen Stromstärken zu bilden, die umfaßt werden. So ergibt sich die gezeichnete radiale Verteilung von H.

Für einen kreisförmigen Weg (Radius r) um einen langen geraden stromdurchflossenen Draht gilt aus Symmetriegründen

$$(U_m)_\circ = \oint \vec{H} \cdot d\vec{s} = H \cdot 2\pi r = I/\gamma_{em}$$

Die magnetische Feldstärke im Abstand r vom Draht ist also

$$H = I/(\gamma_{em} \cdot 2\pi r) \tag{4-73}$$

4.4.2.7. Zusammenhang zwischen B und H im materiefreien Raum, magnetische Feldkonstante μ_0

Im materiefreien Raum ist $\mu_0 = B/H = 1{,}256 \cdot 10^{-6}$ Wb · Wb/(J · m) eine universelle Feldkonstante.

In einem magnetischen Feld interessieren vor allem zwei Größen: Die magnetische Feldstärke H und die magnetische Flußdichte B.

Definition. Den Quotienten B/H nennt man (absolute) Permeabilität μ. Der Wert von μ im materiefreien Raum wird mit μ_0 bezeichnet und *magnetische Feldkonstante* genannt.

Das Verhältnis $\mu/\mu_0 = \mu_r$ heißt Permeabilitätszahl (relative Permeabilität). Nur in isotropen und nichtferromagnetischen Stoffen hat μ_r einen konstanten, d. h. einen von H unabhängigen Wert.

Im materiefreien Raum gilt also

$$B = \mu_0 H \tag{4-74}$$

Im Induktionsgesetz (4.4.1.4) tritt n/γ_{em} zwischen $\int U\,dt$ und $\Delta\phi$ als Konstante auf, bei wechselseitiger und Selbstinduktivität (4.4.4.1) tritt μ_0/γ_{em}^2 auf (abgesehen von n^2). Es ist wissenschaftlich veraltet, μ_0 als Induktionskonstante zu bezeichnen.

Die magnetische Feldkonstante kann mit Hilfe der Feldspule von 4.4.2.1 und 4 gemessen werden. Nach 4.4.2.1 herrscht in dieser bei $I = 2$ A die Flußdichte $B = 2{,}89 \cdot 10^{-3}$ Wb/m². Nach 4.4.2.4 hat sie mit $I = 2$ A die magnetische Feldstärke $H = 2\,300$ N/Wb. Daher ist

$$\mu_0 = \frac{B}{H} = \frac{2{,}89 \cdot 10^{-3}\ \mathrm{Wb/m^2}}{2{,}300 \cdot 10^3\ \mathrm{N/Wb}} = 1{,}256 \cdot 10^{-6}\ \frac{\mathrm{Wb\ Wb}}{\mathrm{J\ m}} = 4\pi \cdot 10^{-7}\ \frac{\mathrm{Wb\ Wb}}{\mathrm{J\ m}} \tag{4-74c}$$

Veraltete Einheiten: Im CGS-System tritt die mehrdeutige Größe 1 $\mathrm{cm^{-1/2}\,g^{1/2}\,s^{-1}}$ auf. In der Bedeutung magnetische Flußdichte wird sie 1 Gauß genannt und entspricht 10^{-4} Wb/m² $= 10^{-4}$ T, in der Bedeutung magnetische Feldstärke wird sie 1 Oersted genannt und entspricht dann 10^3 N/Wb. Im CGS-System verwendet man jedoch stets nur $H' = 4\pi H$, dann gilt $H' = 1\ \mathrm{cm^{-1/2}\,g^{1/2}\,s^{-1}} \mathrel{\hat{=}} H = 10^3/4\pi$ N/Wb. Wegen des Faktors 4π nennt man H' eine nichtrationale Größe. Von der Verwendung mehrdeutiger Größen ist abzuraten, weil daraus fortgesetzt Schwierigkeiten entstehen, vgl. dazu Anhang 9. Gemäß Beschluß der Generalkonferenz der Meterkonvention und lt. Bundesgesetz vom 6. 7. 70 dürfen die Einheiten Gauß und Oersted im geschäftlichen Verkehr nicht mehr verwendet werden.

4.4.3. Materie im Magnetfeld, Ferromagnetismus

4.4.3.1. Zusammenhang zwischen B und H in Eisen, Hysteresis

F/L 4.2.7 u. 4.2.8

In Eisen ist B eine nichtlineare Funktion von H. Dabei hängt B auch noch von der Vorgeschichte des Eisens ab. Das gilt für ferromagnetische und auch einige andere Stoffe.

Qualitative Beobachtung: Gegeben sei ein geschlossener, zerlegbarer Eisenring (Querschnittsfläche A z. B. 3 cm · 2,75 cm = $0{,}825 \cdot 10^{-3}$ m²) mit einer Stromspule zur Erzeugung einer magnetischen Feldstärke im Eisen, sowie eine Drahtschleife zur Messung der Betragsänderung $\Delta\phi$ des magnetischen Flusses über $\int U \, \mathrm{d}t$, Abb. 256. Vor dem Einschalten des Spulenstromes ($I = 0$) sei das Eisen unmagnetisch (magnetischer Fluß $\phi_m = 0$, Flußdichte $B = 0$; der Index m bedeutet „mit Eisen").

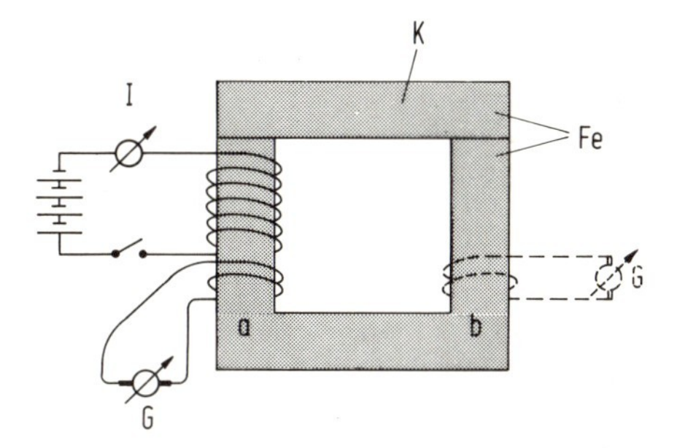

Abb. 256. Messung der magnetischen Flußänderung $\Delta\phi$ in einem Eisenring. I: Spulenstrom, G: Kriechgalvanometer, Fe: Eisenkern, K: abnehmbares Eisenjoch. Die Induktionsschleife kann an beliebiger Stelle (a oder b) um den Eisenkern gelegt werden.

1. Stellt man im Eisen durch Einschalten des Spulenstromes eine erregende äußere Feldstärke H_{aussen} her, so entsteht ein magnetischer Fluß ϕ_m (m bedeutet „mit Eisen"). Er wird über Drahtschleife und Kriechgalvanometer gemessen. Man erhält dasselbe Ergebnis, wenn die Drahtschleife an irgend einer Stelle um den Eisenring geschlungen ist.

Beispiel. 12 Sktl. (im Kriechgalvanometer) bei 20 Windungen

$$\phi_m = \frac{12 \cdot 1{,}5 \text{ m Wb}}{20} = 900\ \mu\text{Wb} \qquad \text{und} \qquad B_m = 900\ \mu\text{Wb}/0{,}825 \text{ m}^2 = 1{,}09 \text{ T}.$$

2. Wird die erregende magnetische Feldstärke ausgeschaltet ($H_{\text{aussen}} = 0$, $I = 0$), so geht der Lichtzeiger des Kriechgalvanometers nur teilweise (z. B. um 5 Sktl) zurück: Es verbleibt ein Teil des magnetischen Flusses, nämlich ϕ_r, im Eisen. Er wird remanenter magnetischer Fluß genannt; der Index r bedeutet remanent.

Beispiel. Es verbleiben 12 − 5 = 7 Skalenteile bei 20 Windungen,

$$\phi_r = \frac{7 \cdot 1{,}5 \text{ mWb}}{20} = 525\ \mu\text{Wb} \qquad \text{und} \qquad B_r = 525\ \mu\text{Wb}/0{,}825 \cdot 10^{-3} \text{ m}^2 = 0{,}64 \text{ T}$$

3. Nimmt man ein Teilstück des Eisenringes ab (Ring nicht mehr geschlossen), so wird $\phi = 0$. Versuch 2 besagt: Trotz Wiederherstellung von $H_{\text{aussen}} = 0$ ($I = 0$) sind ϕ und B nicht auf Null zurückgegangen, hängen also auch von der Vorgeschichte ab.

Wiederholt man Versuch 1) und 2) ohne Eisen (z. B. kann Eisen durch Holz ersetzt werden), so erhält man bei 1) einen sehr viel kleineren Fluß ϕ_0 und bei 2) *keinen* remanenten Fluß (0 bedeutet „ohne Eisen"). Natürlich gilt ohne Eisen $B_0 = \mu_0 \cdot H$.

Messung von ϕ_m und ϕ_0 als Funktion von H_{aussen}:

Zur quantitativen Untersuchung des Zusammenhangs von B und H werden zwei *Ringspulen* (Toroidspulen) verwendet. Die eine ist auf Holz, die andere auf Eisen gewickelt, alle anderen Daten (Querschnitt, Windungszahl, Durchmesser) stimmen überein (Abb. 257).

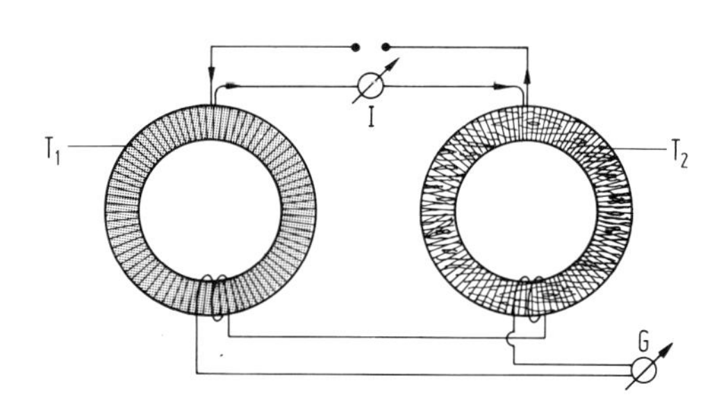

Abb. 257. Messung der magnetischen Polarisation J_m in Eisen. I: Stromstärke durch beide Spulen (regulierbar), T1: Toroidspule auf Fe-Ring, T2: Toroidspule auf Holzring, G: Kriechgalvanometer.
Die (gleichartig bewickelten) Ringspulen werden von der Stromstärke I gleichsinnig durchflossen. Die Induktionsschleifen sind gegensinnig geschaltet, so daß der Spannungsstoß an der einen Schleife von dem in der anderen Schleife subtrahiert wird.

Beide Spulen tragen gleiche Induktionsschleifen, mit deren Hilfe Flußänderungen in den beiden Ringspulen mit dem Kriechgalvanometer gemessen werden können. Die beiden Induktionsschleifen werden gegeneinander geschaltet. In einer stromdurchflossenen Ringspule gilt $H = \frac{n \cdot i}{\gamma_{em} \cdot l}$, gleichviel, ob sie Eisen enthält oder nicht. Das magnetische Feld einer solchen Toroidspule ist ein Ringfeld, es hat keinen Nord- und Südpol, jedoch einen Richtungssinn (Vorzeichen).

Genauer ist $H(r) = H(r_0) \cdot (r_0/r)$ mit $r_0 < r < r_1$, wobei r_0 den Ringradius innen, r_1 den Ringradius außen bedeutet. $l = 2r\pi$ ist also die Länge der in sich geschlossenen Feldlinien.

Begründung: Die magnetische Ringspannung $\oint \vec{H} \cdot d\vec{s}$ hat auf jedem innerhalb der Spule verlaufenden Weg, der alle Stromwindungen einmal umfaßt, unabhängig von r denselben Wert.

Experimentell stellt man fest: Stets ist $\phi_m = \int \vec{B}_m \cdot d\vec{A}$ wesentlich größer als $\phi_0 = \int \vec{B}_0 \cdot d\vec{A}$. Durch Gegeneinanderschalten der beiden Drahtschleifen subtrahieren sich die in beiden erzeugten Spannungsstöße (Abb.257). Man erhält daraus den allein vom Eisen verursachten Teil des magnetischen Flusses $\phi_m - \phi_0$. Er möge kurz „zusätzlicher Fluß" genannt werden. Mit zunehmendem H_{aussen} erreicht $\phi_m - \phi_0$ schließlich einen Sättigungswert, dagegen nimmt ϕ_0 mit H_{aussen} linear zu, bleibt dabei aber in üblichen Anordnungen in der Regel $\ll \phi_m - \phi_0$.

Definition: Zusätzliches magnetisches Moment/Volumen = zusätzlicher magnetischer Fluß/Querschnitt wird *magnetische Polarisation* J_m genannt (in Abb. 258–260 mit J bezeichnet).

Wegen $B_m \cdot A \cdot l = m_m$ ist

$$J_m = \frac{\phi_m - \phi_0}{A} = B_m - B_0 \tag{4-75}$$

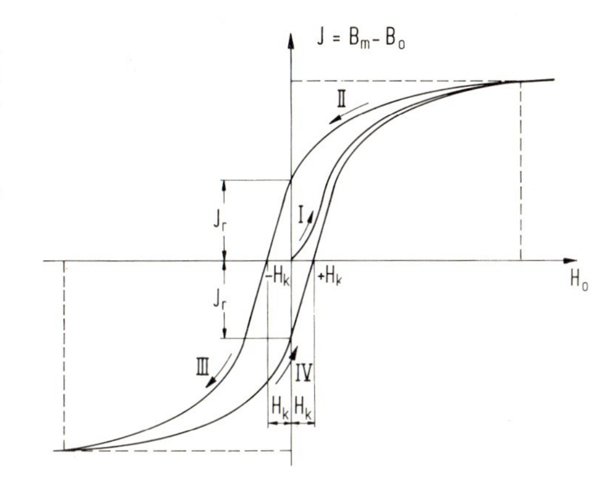

Abb. 258. Magnetische Polarisation als Funktion der erregenden magnetischen Feldstärke. Nach Lexikon der Physik, Frankhsche Verlagshandlung, Stuttgart, 3. Aufl. 1969, S. 483, Abb. 1.
B_m: magnetische Flußdichte im Eisen
$B_0 = \mu_0 H_0$: magnetische Flußdichte ohne Eisen
$J = B_m - B_0$: magnetische Polarisation
H_k: Koerzitiv-Feldstärke
J_r: Remanente Polarisation.
H_0: äußere magnetische Feldstärke
I: Neukurve
II: J geht vom Maximum bis Null
III: J von Null bis zum negat. Extremwert
IV: J geht vom negat. Extremwert zu Null
J der Abb. ist dasselbe wie J_m im Text.

Abb. 258 zeigt die magnetische Polarisation als Funktion der erregenden, d. h. der von außen angelegten magnetischen Feldstärke H_{aussen}. Das Diagramm wurde erhalten, in dem H_{aussen} durch Regelung der Stromstärke schrittweise immer nur erhöht wurde bis zum Maximalwert und dann schrittweise immer nur erniedrigt. Die Beobachtungen werden mit einem Kriechgalvanometer in rascher Folge durchgeführt, denn der Lichtzeiger des Galvanometers darf sich während der Beobachtungsdauer nicht merklich zum Nullpunkt hin verlagern.

Wenn der Eisenkern *vor* dem Versuch völlig unmagnetisch war, bekommt man zunächst die Kurve I (sogenannte *Neukurve*). Die magnetische Polarisation J_m nähert sich mit zunehmender magnetischer Feldstärke H asymptotisch einem Sättigungswert, bei weiterer Steigerung der magnetischen Feldstärke H nimmt J_m nicht mehr zu, wohl aber B. Bei Verringerung der (erregenden) magnetischen Feldstärke H beobachtet man höhere Werte von B als zuvor (siehe Kurve II). Bei $H = 0$ (Stromstärke Null) bleibt eine *Remanenzflußdichte* (oder $J_m)_r$ zurück. Damit wieder $J_m = 0$ wird, muß man eine magnetische Feldstärke H_K in *umgekehrter* Richtung wirken lassen. H_K bezeichnet man als „*Koerzitivfeldstärke*". Der weitere Verlauf (Kurve III und IV) ist aus der Abb. 258 zu ersehen. Insgesamt wird eine doppelte S-förmige Kurve, die sog. „*Hysteresis-Schleife*", durchlaufen. Sie unterscheidet sich für verschiedene Eisensorten durch Sättigungswert, Steilheit und umschlossene Fläche.

Durch wiederholte Umkehr der Magnetfeldstärke H_{aussen} unter systematischer Abnahme ihres Betrages kann man Eisen wieder in den unmagnetisierten Zustand ($J_m = 0$) überführen, d. h. „entmagnetisieren", Abb. 259.

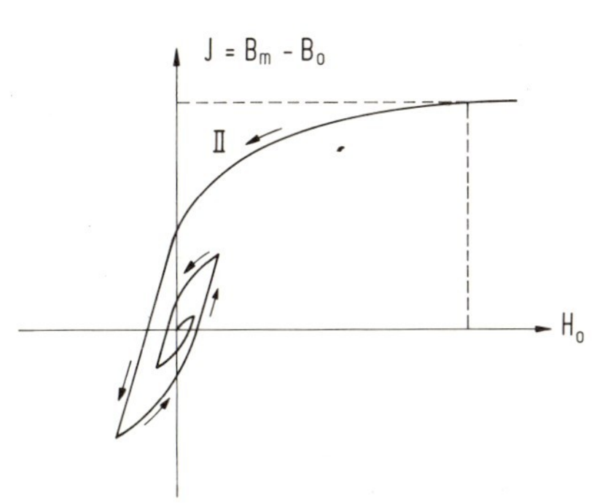

Abb. 259. Entmagnetisieren. Durch wiederholte Umkehr von H_0 bei gleichzeitiger Verminderung von H_0 kann die magnetische Polarisation zu 0 gemacht werden.

In Abb. 260 sind Hysteresisschleifen für weiches Eisen und für Stahl angegeben. Manche Zusätze zum Eisen, auch in kleinen Konzentrationen (insbesondere von Kohlenstoff, Silicium, Vanadium usw.) wirken sich in den magnetischen Eigenschaften des Materials und damit in der Gestalt der Hysteresisschleife auffällig aus. Permanentmagnete haben großes J_r und H_k.

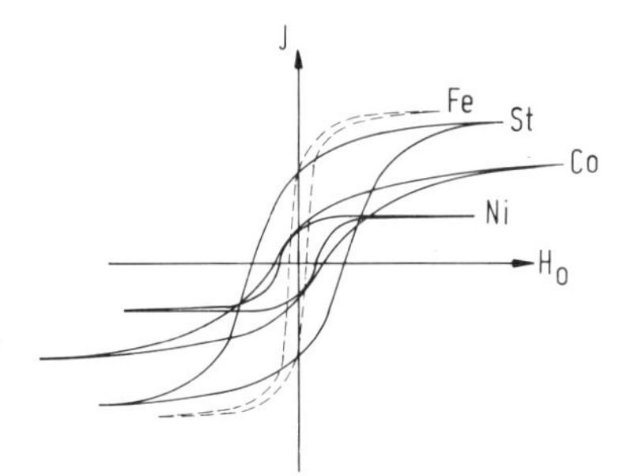

Abb. 260. Magnetische Polarisation für verschiedene ferromagnetische Metalle. Die Hysteresisschleifen können sich in allen charakteristischen magnetischen Größen unterscheiden. Fe: weiches Eisen, St: Stahl, Co: Cobalt, Ni: Nickel. Nach Lexikon der Physik, Frankhsche Verlagshandlung, Stuttgart, 3. Aufl. 1969, S. 483, Abb. 2.

Einen Stoff, der erhebliche magnetische Polarisation zeigt und außerdem Remanenz hat, nennt man „ferromagnetisch". (Beispiel: Eisen, Nickel, Cobalt, Gadolinium, gewisse Legierungen, auch aus nichtferromagnetischen Stoffen). Oberhalb einer bestimmten Temperatur verschwindet der Ferromagnetismus, insbesondere die Remanenz. Diese Grenztemperatur T_C, nennt man Curie-Temperatur. Für eine gebräuchliche Eisensorte liegt sie in der Gegend von 775 °C, für Gadolinium bei 16 °C. Auch durch bloßes Erhitzen über die Curie-Temperatur kann man Ferromagnete entmagnetisieren.

Stoffe mit hoher (niedriger) Koerzitivfeldstärke nennt man magnetisch hart (weich).

Beim Permanentmagneten herrscht zwischen den beiden Enden eine magnetische Spannung $U_m = \int \vec{H} \cdot d\vec{s}$. Die nähere Untersuchung zeigt, daß die magnetische Feldstärke H sowohl im Außenbereich als auch im Innenbereich des Magneten dieselbe Richtung hat. Das bedeutet: Im Inneren des Magneten ist H *entgegengesetzt* zu B gerichtet. Das Eisen im Magneten befindet sich dann (vgl. Abb. 258, oberer Zweig links) in einem Punkt, für den $B - B_0$ etwas unterhalb des Remanenzwertes B_r liegt und H etwas unterhalb von $H = 0$.

4.4.3.2. Atomare Vorgänge beim Ferromagnetismus

Der Ferromagnetismus entsteht durch die gleichsinnige Ausrichtung der magnetischen Eigenmomente von gewissen Elektronen des Atoms. Das magnetische Moment in einem Magneten setzt sich zusammen aus dem einzelner Kristallgitterbezirke.

Früher glaubte man, daß der Ferromagnetismus von Kreisströmen herrührt, die im Innern der Atome fließen. Heute ist bekannt, daß das Elektron einen Eigendrehimpuls („Spin") und ein magnetisches Moment (Eigenmoment) hat, vgl. 7.1.6. Man weiß ferner, daß der größte Teil der magnetischen Polarisation von dem magnetischen (Eigen-) Moment der Elektronen herrührt (dessen Betrag ist in 7.1.6 angegeben) und nur ein kleiner Teil von Kreisströmen im Innern der Atome. Bei den ferromagnetischen Stoffen sind jedoch nicht die einzelnen Atome, sondern kleine Bezirke des Kristallgitters Träger des Magnetismus (Weisssche

Bezirke). Die gegenseitige Ausrichtung innerhalb dieser Bezirke rührt von quantenmechanisch verständlichen Austauscheffekten her. In den ferromagnetischen Stoffen sind gewisse Elektronen durch gegenseitige Wechselwirkung gleichsinnig ausgerichtet (beim Eisen sind das wenige Elektronen der 3 d-Schale, bei Gadolinium solche der 4 f-Schale). Sättigung der magnetischen Polarisation ist erreicht, wenn alle Weissschen Bezirke (d. h. alle ausrichtbaren magnetischen Momente) in die Richtung des äußeren Feldes gebracht sind. Sie fügen in diesem Fall ihren eigenen magnetischen Fluß $\phi_m - \phi_0$ dem äußeren Fluß ϕ_0 hinzu, wie er im materiefreien Raum bestehen würde.

4.4.3.3. Permeabilität und Suszeptibilität

Die verschiedenen Stoffe unterscheiden sich in magnetischer Hinsicht in μ, χ_m, ferromagnetische Stoffe außerdem in μ_a, H_K, $(J_m)_r$.

Definition. Der Quotient $\mu_r = B_m/B_0$ wird „*Permeabilitätszahl*" genannt, sie ist eine unbenannte Zahl. $\mu_r \cdot \mu_0 = \mu$ heißt absolute Permeabilität.

μ_r ist bei ferromagnetischen Stoffen eine Funktion von H, da B_m eine solche ist (Abb. 258, 260). Den Wert von μ_r für kleine Werte von H nennt man Anfangspermeabilität μ_a. Bei manchen Trafoblechsorten hat μ_a Werte in der Gegend von einigen Hundert, in anderen Legierungen Werte bis Einhunderttausend. Dann ist jedoch schon bei recht geringen magnetischen Feldstärken (z. B. dem 5-fachen der Erdfeldstärke H_E von 4.4.2.5) Sättigung erreicht. Dies kann z. B. in magnetischen Speichern für elektronische Rechenmaschinen ausgenutzt werden.

Bei Stoffen, die nicht ferromagnetisch sind, unterscheidet sich μ_r nur sehr wenig von 1 und ist unabhängig von H. Daher ist es zweckmäßig, für $\mu_r - 1$ eine Bezeichnung einzuführen:

Definition. $\chi_m = \mu_r - 1$ wird (magnetische) *Suszeptibilität* des Stoffes genannt und hat die Dimension Zahl. χ_m läßt sich ausdrücken durch

$$\chi_m = \frac{\phi_m - \phi_0}{\phi_0} = \frac{B_m - B_0}{B_0} = \frac{J_m}{B_0} \tag{4-76}$$

Man nennt eine Substanz
diamagnetisch, wenn $\mu_r < 1$ ist. *Beispiel:* Wismut $\chi_m = \mu_r - 1 = -152 \cdot 10^{-6}$
paramagnetisch, wenn $\mu_r > 1$ ist. *Beispiel:* Aluminium $\chi_m = \mu_r - 1 = +20 \cdot 10^{-6}$
ferromagnetisch, wenn $\mu_r \gg 1$ ist und die Substanz außerdem Hysteresis und Remanenz zeigt. Oberhalb der Curie-Temperatur werden ferromagnetische Stoffe paramagnetisch.

Der *Diamagnetismus* rührt vom Bahnumlauf der Elektronen in der Elektronenhülle der Atome her. Er ist unabhängig von der Temperatur. Beim Einschalten des magnetischen Feldes werden atomare Kreisströme induziert. Sie erzeugen ein magnetisches Feld, das dem von außen angelegten Feld entgegengesetzt ist.

Die Atome *paramagnetischer* Stoffe enthalten ein permanentes magnetisches Moment m_m. Durch die Temperaturbewegung werden die Richtungen dieser Momente ohne magnetisches Feld statistisch verteilt, ein äußeres magnetisches Feld vermag sie jedoch zum Teil auszurichten. Die paramagnetische Suszeptibilität von $m_m \cdot H/kT$ ab, ist also umgekehrt proportional zur absoluten Temperatur.

Antiferromagnetismus. Es gibt Stoffe, in denen unterhalb einer gewissen Temperaturgrenze (Neél-Temperatur) die magnetischen Eigenmomente (und die Spins) wie in Abb. 261 b, c ausgerichtet sind. Man nennt sie *antiferro*magnetische bzw. *ferri*magnetische Stoffe.

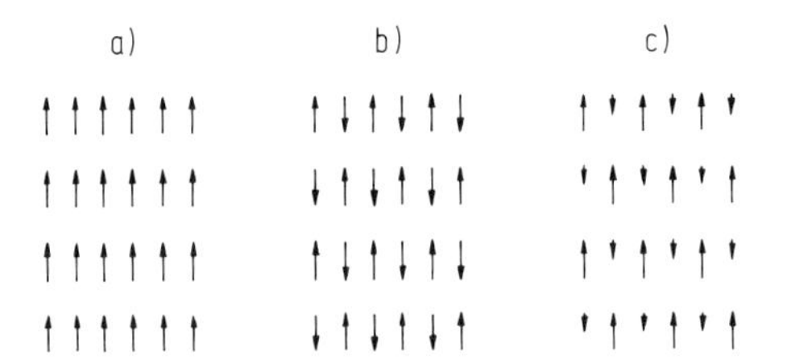

Abb. 261. Ferromagnetismus, Anti-Ferromagnetismus, Ferrimagnetismus. Anordnung von atomaren magnetischen Momenten (schematisch), jeweils innerhalb eines Weisschen Bezirkes:
a) In einem ferromagnetischen Gitter
b) In einem anti-ferromagnetischen Gitter
c) In einem ferrimagnetischen Gitter.

Auf Stoffe mit $\mu_r > 1$ (paramagnetische Stoffe) wirkt in einem inhomogenen Magnetfeld eine Kraft in Richtung zunehmender Feldstärke. Soweit sie beweglich montiert sind, werden paramagnetische Stoffe „in das Feld hinein gezogen". Auf Stoffe mit $\mu_r < 1$ (diamagnetische Stoffe) dagegen wirkt eine Kraft in Richtung abnehmender Feldstärke. Soweit sie beweglich montiert sind, werden diamagnetische Stoffe „aus dem Feld hinaus gedrückt" (4.4.5.1).

Tabelle 38. Permeabilität, Remanenz und Koerzitivfeldstärke für einige Materialien.

Material	Sättigung Wb/m^2	Remanenzflußdichte Wb/m^2	Koerzitivfeldstärke N/Wb	maximale relative Anfangspermeabilität
Holzkohlen-Eisen	2,0	1,2	79	5110
Dynamostahl	2,1	1,2	39,9	15000
Supermalloy 79% Nickel	0,87	—	0,16	1000000
Wolframstahl, gehärtet	—	1,08	5420	156

Für Transformatoren und Dynamomaschinen wünscht man Magnetmaterialien mit kleiner Koerzitivfeldstärke, kleiner Remanenz und hoher Anfangspermeabilität, für Permanentmagnete solche mit hoher Koerzitivfeldstärke und hoher Remanenz.

4.4.3.4. Dämpfung mit elektromagnetischen Mitteln, Wirbelstrom

Die elektromagnetische Dämpfung eines Drehspulinstrumentes, z. B. eines Galvanometers, hängt wesentlich vom Gesamtwiderstand R im Galvanometerkreis ab. Bei kleinem (großem) R ist die Dämpfung groß (klein).

Im Innern eines homogenen starken magnetischen Feldes, z. B. zwischen den horizontalen Polschuhen des Zyklotronmagneten (7.5.2), befinde sich ein ebenes Metallblech (z. B. eine kreisförmige Scheibe) mit seiner Ebene senkrecht zu den magnetischen Feldlinien. Bewegt man dieses im Innern des homogenen Feldes parallel zu sich selbst, und zwar zunächst in einer Richtung parallel zu den Feldlinien, also von unten nach oben oder umgekehrt, dann entsteht in ihm keinerlei Wirkung. Bewegt man es parallel zu sich selbst, aber senkrecht zu den Feldlinien, dann wird in ihm zwar eine elektrische Feldstärke induziert und es entsteht eine elektrische Spannung vom einen Rand des Bleches zum anderen, aber es fließt kein elektrischer Strom und das Blech erfährt *keine* Kraft. Anders wird es, wenn das Blech bei seiner Bewegung den Rand des Magnetfeldes erreicht, also in einen Bereich mit inhomogenem magnetischem Feld gelangt, dann wird durch die induzierte Spannung ein starker elektrischer Strom hervorgerufen, ein sog. Wirbelstrom. Dadurch entsteht jetzt eine Kraft, die die Bewegung des Bleches zu hindern sucht.

Stellt man dagegen ein Blech (z. B. eine Münze aus Silber oder Kupfer) im oben beschriebenen Feld in nahezu vertikaler Richtung auf und läßt es los, so daß es zu kippen beginnt, dann entsteht darin ein Wirbelstrom, und das Blech kippt nur langsam zur Seite.

Für die folgenden Experimente genügt der kleine Ringmagnet eines Drehspulgalvanometers. Wird in einem solchen Galvanometer die Drehspule, die ja zwischen den Polen eines Permanentmagneten steht, gedreht, so ändert sich der von der Drehspule umfaßte Teil des magnetischen Flusses (vgl. Abb. 249). Nach Gl. (4-64) wird daher eine elektrische Spannung U in der Drehspule induziert, sie ist an den Anschlußdrähten der Drehspule beobachtbar. Wenn sich das Galvanometer in einem geschlossenen Stromkreis befindet, entsteht dadurch eine Stromstärke I. Diese hängt wegen $I = U/R$ vom Wert des Gesamtwiderstandes $R = R_i + R_a$ des Galvanometerkreises ab. (R_i Innenwiderstand des Galvanometers, R_a Widerstand im übrigen Stromkreis.) Dabei wird die Leistung $P = \int U \cdot \mathrm{d}I = \int R \cdot I \cdot \mathrm{d}I = R \cdot I^2/2$ während der Zeit $\mathrm{d}t$, also die Energie $W = (1/2) \int R \cdot I^2 \cdot \mathrm{d}t$ in Wärme verwandelt.

Diese Energie wird der kinetischen Energie der Drehspule entnommen, sodaß das Galvanometer eine gedämpfte Schwingung ausführt, die nach 2.1.1 zu behandeln ist.

Die Spule eines Galvanometers werde (z. B. durch einen Stromstoß) ausgelenkt. Wenn man dann die Anschlußklemmen des Galvanometers durch eine Drahtleitung über einen Außenwiderstand vom Betrag R_a verbindet, führt die Drehspule eine gedämpfte Drehschwingung aus. Das Dämpfungsverhältnis $D_A = A_1/A_2 = A_2/A_3 = \ldots$ usw. hängt wesentlich von R ab. Kleines R ergibt große Stromstärke und damit starke Dämpfung (Dämpfungsverhältnis $D_A > 1$). Charakteristisch sind folgende Fälle (vgl. dazu Abb. 120):

a) $R_a = \infty$, unterbrochener Galvanometerkreis. Die dann vorhandene sehr geringe Dämpfung rührt von der Luftreibung der Drehspule her. Die Schwingung ist nahezu periodisch, das Dämpfungsverhältnis $\lesssim 1$. Verkleinert man R_a, so nimmt das Dämpfungsverhältnis zu. Schließlich gelangt man zu Fall b).

b) Bei einem bestimmten Widerstand $R_a = R_g = R_i + R_a$ ist die Bewegung gerade nicht mehr periodisch (aperiodischer Grenzfall). R_g heißt aperiodischer Grenzwiderstand. Bei dem im Beispiel 4.4.1.3.1 verwendeten Galvanometer ist $R_g = R_i + R_a = 400\ \mathrm{k\Omega}$ mit $R_i = 2\ \mathrm{k\Omega}$.

c) $R_a = 0$ (Galvanometer kurzgeschlossen). Dann ist das Galvanometer sehr stark gedämpft. Bei manchen Galvanometertypen bleibt im Fall c) der Lichtzeiger an jeder Stelle praktisch stehen. Ein Galvanometer, das sich so verhält und so verwendet wird, nennt man „Kriechgalvanometer“ (vgl. dazu 4.4.1.3).

Unterschiedliche Typen von Galvanometern haben eine unterschiedliche magnetische Flußdichte B in demjenigen Feld, in dem die Drehspule sich bewegt; außerdem unterscheiden sie sich in der Windungszahl n der Drehspule. Auch wenn die Spule solcher unterschiedlicher Galvanometer mit gleicher Winkelgeschwindigkeit gedreht wird, ergeben sich daher unterschiedliche Werte der induzierten Spannung. Wenn der Galvanometerkreis geschlossen ist, folgen daraus unterschiedliche Dämpfungsverhältnisse.

4.4.3.5. Vorzeichenregeln für elektrische und magnetische Größen

Einige Vorzeichendefinitionen werden zusammengestellt. Die rechtshändige Zuordnung von elektrischer Stromstärke und magnetischer Feldstärke usw. wird definiert.

Nach Definition in 4.2.1.2 fließt der elektrische Strom *vom Pluspol zum Minuspol.*

Nach Definition in 4.2.2.1 hat die elektrische Feldstärke $\vec{E}$ gleiche Richtung wie die Kraft auf eine *Plus*ladung.

Nach Definition in 4.1 hat die magnetische Feldstärke $\vec{H}$ die gleiche Richtung wie die Kraft auf das *Nord*ende einer Magnetnadel. Gleichwertig damit ist folgende Festlegung:

Wenn die gekrümmten Finger der *rechten* Hand in die Richtung des elektrischen Stromes in einer stromdurchflossenen Spule gelegt werden, dann gibt der Daumen die Richtung der magnetischen Feldstärke $\vec{H}$ an.

Die Richtung des Vektors der magnetischen Flußdichte $\vec{B}$ ist in 4.4.2.1 angegeben. Im materiefreien Raum hat dieser Vektor gleiche Richtung wie $\vec{H}$.

Im Draht, der einen magnetischen Fluß ϕ ringförmig umfaßt, entsteht bei zeitlicher Änderung von $\vec{B}$ eine elektrische Spannung. Ihre Umlaufrichtung wird durch das Vorzeichen eines Vektors in der Achse des Drahtringes gekennzeichnet. Die positive Richtung dieses Vektors liegt in der Richtung des Daumens der *rechten* Hand, wenn die gekrümmten Finger der rechten Hand in die Richtung der elektrischen Feldstärke (elektrischen Spannung) im Draht gelegt werden. Dieser Pfeil in der Achse hat entgegengesetzte Richtung wie der Vektor, der $\overrightarrow{\mathrm{d}B/\mathrm{d}t}$ kennzeichnet. Das wird durch das Minuszeichen im Induktionsgesetz Gl. (4-61) oder Gl. (4-64) ausgedrückt.

Daraus folgt auch: Die durch Induktion bei zunehmender Stromstärke in einer Spule durch Selbstinduktion (4.4.4.1) entstehende elektrische Feldstärke ist der Richtung des elektrischen Stromes entgegengesetzt. Oder anders ausgedrückt: Mit *zunehmender* Stromstärke I nimmt der magnetische Fluß ϕ in der Spule zu. Durch die Zunahme des magnetischen Flusses ϕ entsteht eine induzierte *Gegen*spannung im Draht. Die induzierte Feldstärke ist also entgegengesetzt gerichtet zu derjenigen elektrischen Feldstärke, durch die der ursprüngliche Strom zum Fließen gebracht wird (Lenzsche Regel). Dadurch wird der Stromstärkeanstieg nach dem Einschalten verlangsamt. Bei *abnehmender* Stromstärke hat die Selbstinduktionsspannung dagegen gleiches Vorzeichen wie die Stromstärke.
Das Vorzeichen des magnetischen Vektorpotentials ist in 4.4.5.6 besprochen.

4.4.4. Wechselseitige Induktion und Selbstinduktion

4.4.4.1. Koeffizient der wechselseitigen Induktion und der Selbstinduktion *F/L 4.2.6*

Ändert sich der magnetische Fluß in einer Spule, so wird in ihr eine elektrische Spannung induziert. Rührt die Flußänderung von der Spule selbst her, so spricht man von Selbstinduktion, rührt die Flußänderung von einer zweiten Spule her, dann spricht man von wechselseitiger Induktion. Wird die Stromstärke I in einer Selbstinduktionsspule zeitlich geändert, so entsteht in ihr die Gegenspannung $U = -L \cdot \mathrm{d}I/\mathrm{d}t$.

Man bringt auf einen Eisenring zwei Spulen. Ändert man die Stromstärke (z. B. ein- oder ausschalten) in der ersten Spule um ΔI_1, so entsteht in der zweiten ein Spannungsstoß $(\int U \cdot \mathrm{d}t)_2$, aber auch in der ersten ein Spannungsstoß $(\int U \cdot \mathrm{d}t)_1$, vgl. Abb. 262. Das folgt aus bereits besprochenen Tatsachen: ΔI bewirkt ΔH, dadurch entsteht ΔB. Nun ist $(\Delta B) \cdot A = \Delta\phi$. Dadurch wird in *jeder* der Spulen $-\int U \cdot \mathrm{d}t$ erzeugt.

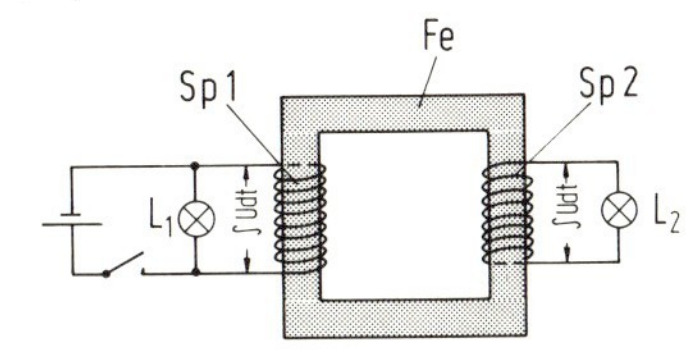

Abb. 262. Selbstinduktion und gegenseitige Induktion. Bei Änderung der Stromstärke in Spule Sp 1 (Ein- und Ausschalten) entsteht in Spule Sp 2 und in Spule Sp 1 jeweils ein Spannungsstoß $(\int U\,\mathrm{d}t)_2$ bzw. $(\int U\,\mathrm{d}t)_1$. Zum Nachweis dienen hier Glühlämpchen L, die jeweils aufblitzen. L_1 wird bei geschlossenem Schalter außerdem von einem (schwachen) Gleichstrom durchflossen.

Beispiel. Mit einem zerlegbaren, rechteckigen Eisenring, einer Erregungsspule mit 600 Windungen, einer Induktionsspule mit 600 Windungen, $\Delta I = 0{,}7$ A erhält man z. B. (vgl. 4.4.3.1)

$$\int U \cdot \mathrm{d}t = (600/\gamma_{\mathrm{em}}) \cdot 900\ \mu\mathrm{Wb} = 0{,}54\ \mathrm{Vs}$$

Definition. $$L_{12} = \left|\frac{\int U_2 \cdot \mathrm{d}t}{\Delta I_1}\right| \qquad (4\text{-}77)$$

heißt Koeffizient der wechselseitigen Induktion oder kurz *wechselseitige Induktivität.*

Definition. $$L = \left|\frac{\int U_1 \cdot \mathrm{d}t}{\Delta I_1}\right| \qquad (4\text{-}77\mathrm{a})$$

heißt Koeffizient der Selbstinduktion oder kurz *Selbstinduktivität.* Nur bei eisenfreien Spulen sind diese Koeffizienten unabhängig von ΔI_1.
Für die Dimensionen gilt

$$\dim L = \dim U \cdot \dim t / \dim I \qquad (4\text{-}77\mathrm{b})$$

Als kohärente Einheit der gegenseitigen und der Selbstinduktivität erhält man

$$[L] = \frac{[U] \cdot [t]}{[I]} = \frac{1\ \mathrm{V} \cdot \mathrm{s}}{1\ \mathrm{A}} = 1\ \frac{\mathrm{Vs}}{\mathrm{A}} = 1\ \text{Henry (Kurzzeichen 1 H)} \qquad (4\text{-}77\mathrm{c})$$

Durch Umordnen und Differenzieren nach der Zeit von Gl. (4-77a) entsteht die wichtige Gleichung

$$U = -L \cdot \frac{\mathrm{d}I}{\mathrm{d}t} \qquad (4\text{-}77\mathrm{d})$$

An einer Selbstinduktionsspule entsteht also während der zeitlichen Änderung der Stromstärke eine Gegenspannung U.

Man kann in der Definition von L_{12} und L den Spannungsstoß $\int U_2\,\mathrm{d}t$ und die Änderung der Stromstärke ΔI_1 durch $\Delta\phi$ bzw. ΔU_{m} ausdrücken und erhält

$$\left(\frac{n_2}{\gamma_{\mathrm{em}}}\,\Delta\phi\right)\Big/\left(\frac{\gamma_{\mathrm{em}}}{n_1}\,\Delta U_{\mathrm{m}}\right) = \frac{n_1 \cdot n_2}{\gamma_{\mathrm{em}}^2} \cdot \frac{\Delta\phi}{\Delta U_{\mathrm{m}}}$$

bzw.

$$\left(\frac{n}{\gamma_{\mathrm{em}}}\,\Delta\phi\right)\Big/\left(\frac{\gamma_{\mathrm{em}}}{n}\,\Delta U_{\mathrm{m}}\right) = \left(\frac{n}{\gamma_{\mathrm{em}}}\right)^2 \cdot \frac{\Delta\phi}{\Delta U_{\mathrm{m}}}$$

Ändert sich in einer stromdurchflossenen Spule die elektrische Stromstärke um ΔI, dann ändert sich auch der magnetische Fluß in dem von ihr umfaßten Querschnitt. Dadurch entsteht in der Spule selbst oder in der benachbarten ein Spannungsstoß. L und L_{12} verknüpfen also eine *elektrische* Größe ΔI mit einer *elektrischen* $\int U \cdot \mathrm{d}t$.

Bei eisen*freien* Spulen (vgl. 4.4.2.7 $B = \mu_0 H$) gilt: $\phi \sim U_\mathrm{m}$, daher hat L einen von ΔI unabhängigen konstanten Wert. In eisenhaltigen Spulen hängt L von den Stromstärken I_1 und I_2 einzeln ab, nicht nur von $\Delta I = I_2 - I_1$. Für genügend kleine Stromstärken kann man den Anstieg der Hysteresisschleife durch eine Gerade ersetzen, d. h. L hat einen einigermaßen konstanten Wert, solange die magnetische Polarisation in Eisen genügend weit unterhalb der Sättigung bleibt.

Beispiel. Die Selbstinduktivität einer großen Spule mit Eisenkern, Windungszahl $n = 6900$, soll bestimmt werden. Als Spannungsquelle dient ein Akkumulator mit der Spannung 2,1 V. Bei einer Stromstärkeänderung von $I_1 = 0$ bis $I_2 = 32$ mA ergibt sich mit 5 Drahtwindungen um den Eisenkern am Kriechgalvanometer von 4.4.1.3 eine Verschiebung des Lichtzeigers um 6 Sktl. Der magnetische Fluß ändert sich also um

$$\Delta\phi = \frac{6 \cdot 1{,}5\ \mathrm{mWb}}{5} = 1{,}8\ \mathrm{mWb}$$

Die Selbstinduktivität der Spule für die angegebene Stromstärkeänderung (32 mA) ist daher

$$L = \frac{6900 \cdot 1{,}8 \cdot 10^{-3}\ \mathrm{Wb}}{(1\ \mathrm{Wb/Vs}) \cdot 32 \cdot 10^{-3}\ \mathrm{A}} = 390\ \mathrm{Vs/A} = 390\ \mathrm{H}$$

Diese Ableitung ist nur als Näherung für den Spezialfall $L =$ const. gültig, d. h. für so kleine Stromstärken, daß μ des Eisenkerns als konstant angesehen werden kann. Wenn dies nicht mehr erfüllt ist, weicht der experimentelle Wert vom so berechneten ab.

Nachher wird auch noch der Widerstand der Spule gebraucht werden, er beträgt $R = 2{,}1$ V/32 mA $= 66\ \Omega$.

Für eine einlagige lange und eisenfreie Zylinderspule (Länge l, Querschnitt A) läßt sich L leicht berechnen. Es gilt:

$$\int U \cdot \mathrm{d}t = -\frac{n}{\gamma_\mathrm{em}} \Delta\phi; \quad \Delta\phi = \Delta B \cdot A; \quad \Delta B = \mu_0 \cdot \Delta H; \quad \Delta H = \frac{n \cdot \Delta I}{\gamma_\mathrm{em} \cdot l}$$

Durch Einsetzen ineinander und Einsetzen in die Definition von L folgt

$$L = \mu_0 (n/\gamma_\mathrm{em})^2 A/l \tag{4-77e}$$

Bei der Herleitung dieser Beziehung kommt der Übergang von einer elektrischen Größe zu einer magnetischen vor und dann umgekehrt. Dadurch tritt *zweimal* n/γ_em als Faktor auf und dazu der Faktor μ_0 wegen des Übergangs zwischen B und H.

4.4.4.2. Stromstärke in einem Kreis mit Selbstinduktivität *F/L 4.2.5*

Bei Gegenwart einer Selbstinduktivität im Stromkreis ändert sich die Stromstärke mit der Zeitkonstanten $\tau = L/R$.

In einer Selbstinduktionsspule hat die induzierte Spannung (oben U_1) entgegengesetztes Vorzeichen wie die an die Spule angelegte äußere Spannung. Daher steigt die Stromstärke in der Spule verlangsamt an. Falls die Selbstinduktivität L der Spule einen konstanten Wert hat, ändert sich die elektrische Stromstärke im Draht der Spule (und auch der magnetische Fluß im Innern der Spule) nach einer Exponentialfunktion mit der Zeitkonstanten

$$\tau = L/R \tag{4-78}$$

an und zwar nach der Gleichung

$$I = I_0\,[1 - \exp(-t/\tau)] \tag{4-78a}$$

Im Beispiel von 4.4.4.1 ist 32 mA der Endwert I_0 der Stromstärke. Er wird erst nach etwa 1 min erreicht.

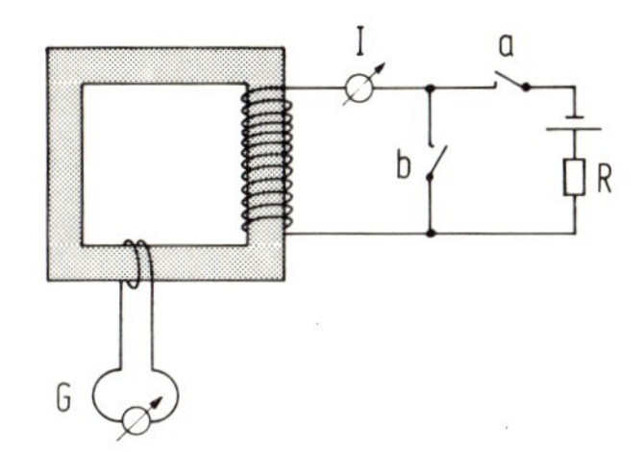

Abb. 263. Messung des zeitlichen Verlaufs der Stromstärke in einer Selbstinduktionsspule. Wenn der Schalter a geschlossen wird, nimmt die Stromstärke I gemäß Gl. (4-78a) zeitlich zu. Schließt man Schalter b (und öffnet danach Schalter a), so nimmt die Stromstärke gemäß Gl. (4-78b) ab. R ist ein kleiner Sicherheitswiderstand, z. B. 0,2 Ω. Am Kriechgalvanometer G wird die Änderung des magnetischen Flusses beobachtet.

Wird die vom Strom durchflossene Induktionsspule (Abb. 263) kurzgeschlossen und dann*) die Spannungsquelle abgetrennt, so nimmt die Stromstärke in der Spulenwicklung ab nach der Beziehung

$$I = I_0 \cdot \exp(-t/\tau) \tag{4-78b}$$

In der Zeit τ sinkt also die Anfangsstromstärke I_0 auf $(1/e) \cdot I_0$ ab, wobei $1/e = 0{,}368$ ist.

Der magnetische Fluß ϕ im Eisenkern der Selbstinduktionsspule nimmt mit derselben Zeitabhängigkeit zu und ab wie die elektrische Stromstärke (solange L als konstant behandelt werden darf).

Begründung: Allgemein gilt $U = R \cdot I$. Hier ist speziell $R \cdot I = L \cdot \mathrm{d}I/\mathrm{d}t$, oder umgeordnet und integriert $-\int_{I_0}^{I} (\mathrm{d}I/I) = \int_0^t (R/L) \cdot \mathrm{d}t$. Mit der Abkürzung $\tau = L/R$ entsteht $\ln(I/I_0) = -t/\tau$ und $I = I_0 \cdot \exp(-t/\tau)$.

Beispiel. Beim Kurzschließen einer großen Selbstinduktionsspule (Beispiel aus 4.4.4.1) mit $L = 390$ H und $R = 66\ \Omega$ sinkt experimentell die Stromstärke I von 32 mA auf $0{,}368 \cdot 32$ mA $= 11{,}8$ mA in 5,5 s ab. Andererseits erwartet man $\tau = L/R = (390\ \mathrm{Vs/A})/(66\ \mathrm{V/A}) = 6$ s.

* Trennt man zuerst die Spannungsquelle ab und schließt dann den anderen Schalter, so erhält man keinen Strom. Die Ausrichtung der Elementarmagnete zerfällt dann beim Abtrennen der Spannungsquelle, und die im Magneten steckende Energie geht in Wärmeenergie über.

4.4.5. Kraft und Energie im magnetischen Feld, magnetisches Moment

4.4.5.1. Kraft auf einen magnetischen Dipol, inhomogenes Magnetfeld

Jeder magnetische Dipol erfährt in einem inhomogenen Magnetfeld die Kraft $\vec{F} = -\overrightarrow{\text{grad}}\,(-\vec{m}_\text{m} \cdot \vec{H})$. In einer Feld*stufe* erleidet er die Kraft $\vec{F} = \phi \cdot \Delta H$, falls er die Feldstufe durchsetzt.

Ein *homogenes* magnetisches Feld übt auf einen magnetischen Dipol ein Drehmoment aus (4.4.2.3.), ebenso wie ein elektrisches Feld auf einen elektrischen Dipol (4.2.7.6). Es gilt

$$\vec{M} = \vec{m}_m \times \vec{H} \tag{4-68}$$

Dagegen ist die resultierende Gesamtkraft Null.

Steckt man jedoch einen Stabmagneten mit einem Teil seiner Länge in eine *Feldstufe*, d. h. in einen Raumbereich, in dem sich die Feldstärke quer zur Feldrichtung örtlich schnell ändert – ähnlich wie in Abb. 255 –, und ist außerdem die Länge l des Magnetstabes wesentlich größer als der Bereich, in dem sich die Feldstärke ändert, und montiert man den Magneten so, daß er nur ein kleines Stück parallel zu sich selbst verschoben, aber nicht verdreht werden kann (Abb. 264), so erleidet er die Kraft

$$\vec{F} = \phi \cdot \Delta\vec{H} \tag{4-79}$$

Diese Kraft kann gemessen werden, in dem man mit Hilfe eines Dynamometers eine entgegengesetzt gleiche Kraft anwendet (Rückführung in die zu $I = 0$, also auch $\Delta H = 0$ gehörende Ausgangsstellung.

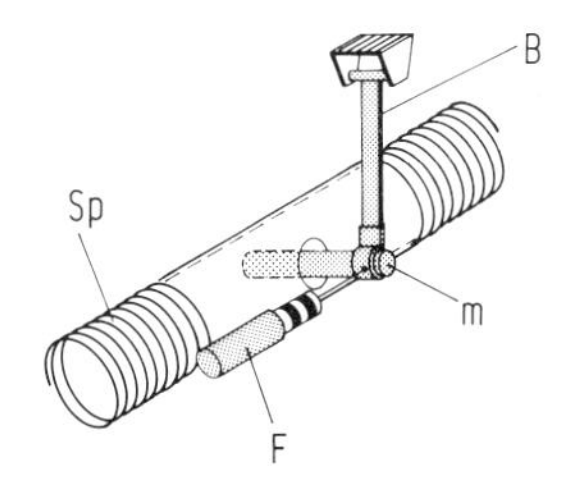

Abb. 264. Kraft auf einen magnetischen Dipol in einer Feldstufe. Innerhalb der langen Feldspule Sp herrscht die magnetische Feldstärke $H_\text{i} = \dfrac{n\,I}{\gamma_\text{em} \cdot l}$ (homogen), außerhalb ist $H_\text{a} \approx 0$, also ist: $\Delta H = H_\text{i} - H_\text{a} \approx H_\text{i}$ (Feldstufe). B: Halterung (Messingstreifen, oben drehbar gelagert), F: Dynamometer, m: magnetischer Dipol (Stabmagnet oder Stromspule). Die Spulenwicklung ist in der Gegend des Magneten aus Gründen der Übersichtlichkeit nicht gezeichnet.

Dabei ist $\phi = \phi(x)$ der magnetische Fluß in demjenigen Querschnitt des Magneten, der sich gerade in der Feldstufe befindet. Zum Flußverlauf vgl. Abb. 248 in 4.4.1.4.

Beispiel. Wird der Magnet von 4.4.1.4 (Beispiel) mit $\phi_\text{mitte} = 195\ \mu\text{Wb}$ und $l = 12$ cm zur Hälfte in die Feldspule von 4.4.2.4 mit $I = 2$ A eingetaucht, so erleidet er die Kraft

$$F = 195\ \mu\text{Wb} \cdot 2300\ \text{N/Wb} = 0{,}45\ \text{N}$$

Durch tieferes und weniger tiefes Eintauchen des Magneten läßt sich $\phi = \phi(x)$ (vgl. Abb. 248 b) längs des Magneten auch auf diese Weise ausmessen.

In einem *inhomogenen* Magnetfeld, d. h. einem solchen, in dem sich die magnetische Feld-

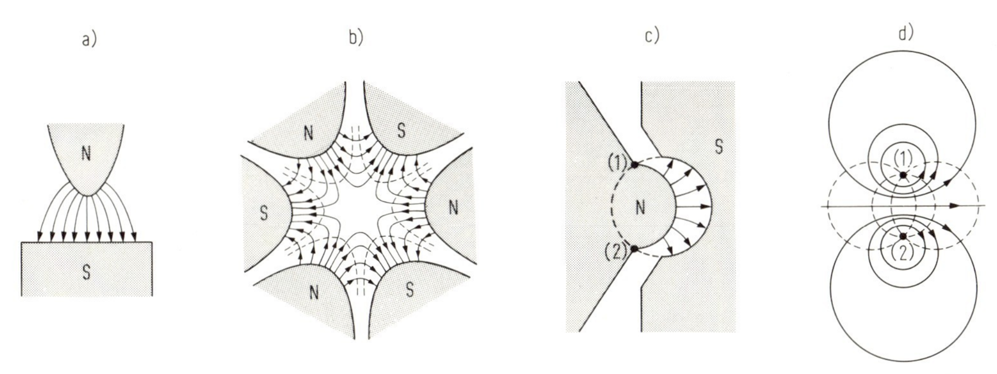

Abb. 265. Inhomogenes Magnetfeld (typische Feldanordnungen). Anordnung a) inhomogenes Zwei-Pol-Feld (Spitze gegen Platte, oder Schneide gegen Platte). Ein kleiner magnetischer Dipol wird in diesem Feld zur Spitze (Schneide) hingezogen. Die Anordnungen b), c), d) werden im Laboratorium oft verwendet, da deren Feldverteilungen besondere Symmetrieeigenschaften haben und gut berechenbar sind.
b) ist ein Sechs-Pol-Feld. Die Feldlinien sind ausgezogen, die darauf senkrecht stehenden Äquipotentiallinien gestrichelt;
d) für zwei parallele Drähte (1) und (2), die senkrecht zur Zeichenebene stehen, sind die Feldlinien und Äquipotentiallinien gezeichnet.
Legt man d) so auf c), daß die Punkte (1) und (2) aufeinander fallen, dann stimmt der Feldlinienverlauf zwischen den Polstücken N und S von c) genau mit dem von d) überein.

stärke von Ort zu Ort ändert (Abb. 265), erfährt ein magnetischer Dipol eine Kraft

$$\vec{F} = -\operatorname{grad}\,(-\vec{m}_m \cdot \vec{H}) \tag{4-80}$$

analog zu 4.2.7.6 (S. 316) Fall b). Dabei muß bei der Berechnung des grad darauf geachtet werden, daß m_m wie eine Konstante behandelt wird. Das Skalarprodukt $-(\vec{m}_m \cdot \vec{H})$ ist die potentielle Energie, die von der Orientierung des magnetischen Moments relativ zur magnetischen Feldstärke herrührt (siehe 4.4.5.7.5). Falls $\vec{m}_m$ nicht von der magnetischen Feldstärke $\vec{H}$ abhängt und gleichsinnig parallel zu $\vec{H}$ ausgerichtet ist, kann man schreiben

$$\vec{F} = +\vec{m}_m \cdot \{\overrightarrow{\operatorname{grad}}\,|\vec{H}|\} \tag{4-80a}$$

Dabei ist grad $|H|$ ein Vektor, der in Richtung der maximalen Zunahme von $|H|$ zeigt.
Eine Magnetnadel, die sich parallel zu $\vec{H}$ ausgerichtet hat, wird also in ein Gebiet mit größerer Feldstärke gezogen. Wenn die Achse des Dipols nicht parallel zu H steht, wirkt außerdem ein Drehmoment nach Gl. (4-68) auf den Dipol.

Die Verhältnisse sind analog zu 4.2.7.6 (elektrischer Dipol), wenn man den magnetischen Dipol nach 4.4.2.3 durch $+\phi_{\text{Mitte}}$ und $-\phi_{\text{Mitte}}$ im Abstand l_{eff} beschreibt.

Von der Kraft auf einen magnetischen Dipol im inhomogenen Magnetfeld wird in der Atomphysik häufig Gebrauch gemacht (z. B. Stern-Gerlach-Versuch).

Bringt man ein *unmagnetisches* Eisenstück in ein inhomogenes Magnetfeld, so erhält es durch magnetische Polarisation ein magnetisches Moment, das von der Feldstärke am Ort des Eisenstücks abhängt (vgl. 4.4.3.1, Hysteresis). Die Anziehungskraft hängt dann ab von diesem magnetischen Moment und dem Feldgradienten des inhomogenen Feldes, in das es gebracht wurde:

$$\vec{F} = -\overrightarrow{\operatorname{grad}}\,(-\overrightarrow{m_m(H)} \cdot \vec{H}) \tag{4-80b}$$

Jetzt kann man verstehen, warum – wie in 4.1 erwähnt – unmagnetisches Eisen von einem Magneten angezogen werden kann (vgl. auch bei Weicheiseninstrumenten, 4.5.1.4).

4.4.5.2. Kraft auf einen stromdurchflossenen Leiter in einem Magnetfeld, Lorentz-Kraft

F/L 4.2.3 u. 4.2.4

In einem Magnetfeld der Flußdichte B wirkt auf einen Draht der Länge $\vec{l}$, der von der Stromstärke I durchflossen wird, die Kraft $\vec{F} = (1/\gamma_{em})\, I\, \vec{l} \times \vec{B}$.

Es soll nun gezeigt werden, daß ein stromdurchflossener Draht, der $\perp$ zum Vektor $\vec{B}$ steht, eine Kraft $\vec{F} \perp \vec{B}$ und $\perp \vec{l}$ erfährt. Das läßt sich aus dem Induktionsgesetz und aus $W = U \cdot I \cdot t$ folgern und wird durch das Experiment bestätigt.

Gegeben sei ein homogenes, zeitlich konstantes Magnetfeld (z. B. zwischen den Polen eines Elektromagneten) mit $\vec{B} = \text{const.}$, also $\mathrm{d}B/\mathrm{d}t = 0$, und eine rechteckige Drahtschleife ($n = 1$), deren Ebene senkrecht zur magnetischen Feldstärke liegt (Abb. 266). In der x-Richtung habe sie die Breite l. Die Schleife, die einen Teil des magnetischen Flusses umfaßt, soll in

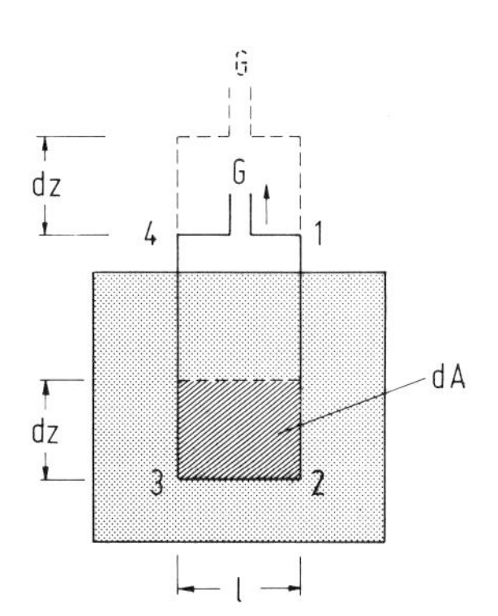

Abb. 266. Induktionsspannung beim Verschieben einer Schleife. G: zum Galvanometer. Das magnetische Feld (schraffierte Fläche) steht senkrecht zur Zeichenebene, die Schleife 1 2 3 4 umfaßt den magnetischen Fluß ϕ. Wird die (starre) Schleife parallel zu 3, 4 um $\mathrm{d}z$ verschoben, so wird der von ihr umfaßte magnetische Fluß kleiner. Das Galvanometer G zeigt einen elektrischen Spannungsstoß. Um $\mathrm{d}A$ wird die vom Draht umfaßte Fläche des magnetischen Flusses vermindert.

z-Richtung verschoben werden. Dadurch ändert sich der von der Schleife umfaßte Teil des magnetischen Flusses. Während der zeitlichen Verschiebung entsteht an den Enden der Schleife und damit am Galvanometer nach dem Induktionsgesetz eine Spannung

$$U = -\frac{1}{\gamma_{em}} \cdot \frac{\mathrm{d}\phi}{\mathrm{d}t} = -\frac{1}{\gamma_{em}} \frac{\mathrm{d}}{\mathrm{d}t}\left(\int \vec{B}\,\mathrm{d}\vec{A}\right) = -\frac{1}{\gamma_{em}}\left\{\int \frac{\mathrm{d}\vec{B}}{\mathrm{d}t}\,\mathrm{d}\vec{A} + \vec{B} \cdot \int \frac{\mathrm{d}}{\mathrm{d}t}(\mathrm{d}\vec{A})\right\} \tag{4-81}$$

Da $\mathrm{d}B/\mathrm{d}t = 0$ vorausgesetzt ist, entfällt das erste Glied. Nun ist $\mathrm{d}(\mathrm{d}A)/\mathrm{d}t = \mathrm{d}(\mathrm{d}A/\mathrm{d}t)$. Die von der Schleife umfaßte Fläche A ändert sich zeitlich. Da l konstant ist, gilt $\mathrm{d}A/\mathrm{d}t =$

$= l \cdot \mathrm{d}z/\mathrm{d}t = l \cdot v$ und auch $\mathrm{d}/\mathrm{d}t\,(\mathrm{d}A) = lv$. Einsetzen in die rechte Seite von Gl. (4-81) ergibt

$$U = -\frac{1}{\gamma_{\mathrm{em}}} \cdot \vec{B} \cdot \frac{\mathrm{d}\vec{A}}{\mathrm{d}t} = -\frac{1}{\gamma_{\mathrm{em}}} \cdot B \cdot l \cdot v \quad \text{mit} \quad v = \frac{\mathrm{d}z}{\mathrm{d}t} \tag{4-81a}$$

Nur im Drahtteil der Länge l entsteht die elektrische Spannung.

Schickt man mit Hilfe einer äußeren Spannungsquelle U_0 durch die ruhende Schleife einen elektrischen Strom der Stromstärke I, dann wird während der Zeitdauer $\mathrm{d}t$ darin die Energie $U_0 \cdot I \cdot \mathrm{d}t$ umgesetzt. Wird die Schleife außerdem bewegt, dann tritt in ihr eine zusätzliche elektrische (Gegen-)Spannung U auf. Dabei muß beim Verschieben der Schleife um $\mathrm{d}z$ eine zusätzliche Arbeit gegen diese Induktionsspannung.

$$\mathrm{d}W = U \cdot I \cdot \mathrm{d}t = \frac{1}{\gamma_{\mathrm{em}}} \cdot B \cdot l \cdot \frac{\mathrm{d}z}{\mathrm{d}t} \cdot I \cdot \mathrm{d}t = \frac{1}{\gamma_{\mathrm{em}}} \cdot I \cdot l \cdot B \cdot \mathrm{d}z \tag{4-82}$$

aufgewendet werden. Wenn die Energie $\mathrm{d}W$ beim Verschieben um $\mathrm{d}z$ aufgewendet wird, ist eine Kraft F wirksam, nämlich

$$F = \frac{\mathrm{d}W}{\mathrm{d}x} = \frac{1}{\gamma_{\mathrm{em}}} \cdot I \cdot l \cdot B \tag{4-83}$$

Wenn man nicht mehr voraussetzt $\vec{B} \perp \vec{v}$ und die Richtung der Vektorgrößen berücksichtig wird, wie man leicht überlegt, aus Gl. (4-83) die Gleichung

$$\vec{F} = \frac{I \cdot \vec{l} \times \vec{B}}{\gamma_{\mathrm{em}}} \tag{4-83a}$$

(Kraft auf stromdurchflossenen Leiter, „Lorentz-Kraft")

Sie hängt also insbesondere von $\sin \sphericalangle (\vec{l}, \vec{B})$ ab (vgl. Vektorprodukt 1.3.3.2).

Bei einem Drahtbügel 1, 2, 3, 4 (Abb. 267), dessen Ebene senkrecht zur magnetischen Feldrichtung liegt, rührt die Kraft nur vom Teilstück 2 3 mit der Länge l her. Die Kraftbeiträge auf die Teilstücke 1 2 und 3 4 heben sich schon deshalb auf, weil in ihnen der Strom in entgegengesetzter Richtung fließt.

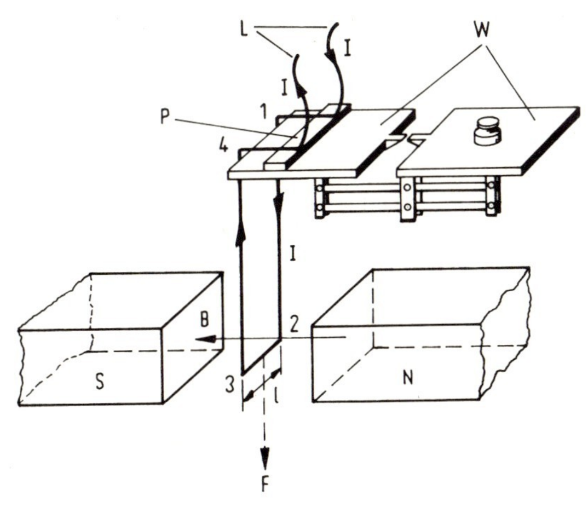

Abb. 267. Kraft auf einen stromdurchflossenen Leiter im Magnetfeld. Der Polschuhabstand ist wegen der Deutlichkeit sehr weit gezeichnet. Im Versuch muß er *sehr eng* gemacht werden, damit das magnetische Feld zwischen den Polschuhen hinreichend homogen ist. L: flexible Leitung von und zur Stromquelle, W: Platten einer Tafelwaage, Parallelplattenwaage (schematisch), P: Isolator, an dem die Drahtschleife 1, 2, 3, 4 montiert ist. Das Drahtstück 2, 3 erfährt eine Kraft gemäß Gl. (4-83a).

Wenn $\vec{l} \perp \vec{B}$ ist, dann ist $\sin(\vec{l}, \vec{B}) = 1$. Falls der Vektor $\vec{l}$ parallel der Achse von $\vec{B}$ (Richtung von $\vec{H}$) liegt, wird die Kraft $F = 0$ wegen $\sin(\vec{l}, \vec{B}) = 0$.

In der Anordnung Abb. 267 kann der obige Zusammenhang experimentell geprüft werden. Man findet, daß Gl. (4-83) erfüllt ist.

Beispiel. Ein Drahtbügel ist an der Waagschale einer Tafelwaage befestigt. Der magnetische Fluß des Magnetfeldes wird mit dem Kriechgalvanometer gemessen. Mit *einer* Induktionswindung erhält man 3 Sktl. Zeigerversetzung. Also ist

$$\phi = 3 \cdot 1{,}5 \text{ mWb} = 4{,}5 \text{ mWb}.$$

Die Querschnittsfläche der Polschuhe ist A = 60 cm², also

$$B = \frac{\phi}{A} = \frac{4{,}5 \text{ mWb}}{60 \cdot 10^{-4} \text{ m}^2} = 0{,}75 \frac{\text{Wb}}{\text{m}^2} = 0{,}75 \text{ T}.$$

1 T = 1 Tesla, vgl. 4.4.2.1.
Mit $l = 0{,}05$ m und $I = 10$ A erwartet man in der Anordnung Abb. 60

$$F = \frac{10 \text{ A} \cdot 0{,}05 \text{ m} \cdot 0{,}75 \text{ Wb/m}^2}{1 \text{ Wb/Vs}} = 0{,}37 \frac{\text{VAs}}{\text{m}} = 0{,}37 \text{ N}.$$

Experimentell beobachtet man: Die Tafelwaage kommt wieder ins Gleichgewicht durch Auflegen von 38 g; die Kraft ist daher $0{,}038 \text{ kg} \cdot 9{,}81 \text{ m/s}^2 = 0{,}37$ N, womit die obige Gl. (4-83) bestätigt ist.

Die *Kraft* auf den stromdurchflossenen Draht ergibt sich als *Summe* der Kräfte auf die einzelnen *bewegten Elektronen*. Auch wenn Elektronen sich im Vakuum bewegen, macht sich die Kraft nach Gl. (4-83a) geltend. Um das einzusehen, wird eine einfache Umformung durchgeführt. Da im Metall nur Elektronen beweglich sind, gilt Gl. (4-57a) in der Form $\vec{j} = \varrho_- \cdot \vec{v}_-$. Man kann die beiden Indizes weglassen und die Gleichung mit $V' = A' \cdot l$ auf beiden Seiten multiplizieren. Dabei ist A' der Querschnitt des *Drahtes* der Schleife und l hat die oben angegebene Bedeutung. Da $\varrho \cdot V' =$ Ladung q ist, entsteht $I \cdot l = q \cdot v$, und aus Gl. (4-83a) wird

$$\vec{F} = \frac{q \cdot \vec{v} \times \vec{B}}{\gamma_{\text{em}}} \quad \text{(Lorentzkraft)} \tag{4-83b}$$

In dieser Form ist die Gleichung auch auf einzelne Elektronen, Protonen usw. anwendbar. Die Kraft auf eine Ladung q ist nach Gl. (4-7) aber $\vec{F} = q \cdot \vec{E}$. Einsetzen und Kürzen mit q ergibt

$$\vec{E} = \frac{\vec{v} \times \vec{B}}{\gamma_{\text{em}}} \quad \text{(Lorentz-Feldstärke)} \tag{4-84}$$

Das bedeutet in Worten: Auf eine bewegte Ladung q in einem Magnetfeld der Flußdichte $\vec{B}$ wirkt gewissermaßen eine elektrische Feldstärke $\vec{E}$ gemäß Gl. (4-84).

Diese Gleichung soll nun auf ein einzelnes bewegtes Elektron angewendet werden. Im Magnetfeld unterliegt es einer Kraft nach Gl. (4-83b), die senkrecht steht auf der von seiner Geschwindigkeit $\vec{v}$ und vom Vektor $\vec{B}$ aufgespannten Ebene. Wählt man $\vec{v}$ senkrecht zum Vektor $\vec{B}$, so durchläuft das Elektron (Masse m, Ladung e) eine Kreisbahn mit dem Radius r.

Dabei gilt für die Beträge

$$|F| = \frac{m \cdot v^2}{r} = \frac{e \cdot v \cdot B}{\gamma_{em}} \tag{4-85}$$

$$|B| \cdot |r| = \frac{m}{e} \cdot |v| \cdot \gamma_{em} \tag{4-85a}$$

Dies läßt sich mit einem Elektronenstrahl in Edelgas von niedrigem Druck vorführen. Vergleiche auch 6.1.4. Im Sonderfall $\vec{v} \parallel \vec{B}$ tritt keine Kraft auf.

Von der Ablenkung eines Elektronenstrahls im elektrischen und (oder) magnetischen Feld machen Kathodenstrahl-Oszillograph (4.5.1.2) und Fernsehröhre Gebrauch.

4.4.5.3. Hall-Effekt

Auch im Innern eines Leiters werden bewegte Ladungsträger im Magnetfeld abgelenkt. Dies ist die Grundlage des Hall-Effekts. Aus ihm kann die Beweglichkeit der Ladungsträger abgeleitet werden.

Ein stromdurchflossenes dünnes Metallblech (Breite b, Länge l, Dicke d, vgl. Abb. 268), wird in ein Magnetfeld (Flußdichte $\vec{B}$) gebracht, und zwar so, daß Vektor $\vec{B}$ senkrecht zu der aus Breite b und Länge l gebildeten Ebene steht. Legt man an das Blech in Längsrichtung, d. h. parallel zu l, eine Spannung $U = \vec{E} \cdot \vec{l}$, dann beobachtet man als Wirkung des Magnetfeldes eine Querspannung $U_H = \vec{E}_H \cdot \vec{b}$. Diese Erscheinung wird „Hall-Effekt" genannt. Aus

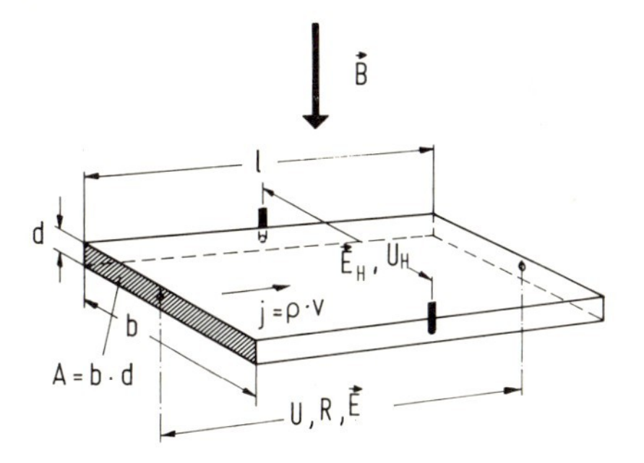

Abb. 268. Hall-Spannung. In einem Metall-(Halbleiter-) Blech der Länge l, Breite b, Dicke d herrscht die Stromdichte $\vec{j} = \varrho\, v = I/b \cdot d$. Quer zur Richtung von $\vec{B}$ und von $\vec{j}$ beobachtet man eine elektrische Spannung U_H (Hall-Spannung). Es gilt: $\vec{E}_H \cdot \vec{b} = U_H$; $\vec{E} \cdot \vec{l} = U$; $b \cdot d = A$.

ihm kann man auf die Beweglichkeit v/E von Ladungsträgern in Festkörpern schließen. Dies sieht man auf folgendem Weg ein: Durch die Spannung $U = \vec{E} \cdot \vec{l}$ werden im Metall Elektronen in Längsrichtung in Bewegung gesetzt. Im angelegten Magnetfeld erfahren sie quer zu ihrer Bewegungsrichtung die Kraft

$$\vec{F} = q \cdot \vec{E}_H = q \cdot \frac{\vec{v} \times \vec{B}}{\gamma_{em}} \tag{4-86}$$

Das verursacht eine Verschiebung von Ladungen. Dadurch wird eine elektrische Feldstärke $\vec{E}_H$ aufgebaut bis Kräftegleichgewicht herrscht, so daß dann gilt:

$$q \cdot \vec{E}_{\mathrm{H}} + q \cdot \frac{\vec{v} \times \vec{B}}{\gamma_{\mathrm{em}}} = 0; \quad \text{ferner}$$

$$\vec{E}_{\mathrm{H}} = -\frac{\vec{v} \times \vec{B}}{\gamma_{\mathrm{em}}} \quad \text{und} \quad U_{\mathrm{H}} = E_{\mathrm{H}} \cdot b = -\frac{v \cdot B}{\gamma_{\mathrm{em}}} \cdot b \tag{4-87}$$

Um die Größen hereinzubringen, die für den Stromdurchgang maßgebend sind, wird rechts mit $R \cdot I/U = 1$ multipliziert, wobei $R = (1/\varkappa) \cdot (l/A)$ eingesetzt, ferner $A = b \cdot d$ und $U = E \cdot l$ berücksichtigt wird. Dann entsteht

$$U_{\mathrm{H}} = \frac{v}{E} \cdot \frac{B}{\gamma_{\mathrm{em}}} \cdot \frac{1}{\varkappa} \cdot \frac{I}{d} = \frac{v}{E} \cdot \frac{\mu_0}{\gamma_{\mathrm{em}}} \cdot \frac{1}{\varkappa} \cdot \frac{I}{d} \cdot H \tag{4-88}$$

Wenn die übrigen Größen festgehalten werden, ist U_{H} proportional B und, falls $\mu_{\mathrm{r}} = 1$ ist, auch proportional H. Daher kann dieser Effekt zur Messung von B und H herangezogen werden („Hall-Sonde").

Der Hall-Effekt tritt bei allen elektrisch leitenden Stoffen auf, insbesondere auch bei Halbleitern. Als „Ladungsträger" kommen (in Halbleitern) auch „Defektelektronen" in Betracht. Dann hat die Hall-Spannung entgegengesetztes Vorzeichen. Mit Defektelektronen bezeichnet man Gitteratome, denen ein Elektron fehlt (Elektronenloch). Springt ein benachbartes Elektron (entgegengesetzt zu der in 4.2.1.2 definierten Stromrichtung) auf den unbesetzten Platz, so ist damit das positiv geladene Elektronenloch in Stromrichtung verschoben; die Atome (Ionen) bleiben dabei am Ort. Auch die Beweglichkeit von Defektelektronen läßt sich aus dem Hall-Effekt entnehmen.

4.4.5.4. Magnetisches Moment einer stromdurchflossenen Spule

Eine stromdurchflossene Spule der Querschnittsfläche A mit n Windungen hat das magnetische Moment

$$m_{\mathrm{m}} = \mu_0 \cdot \frac{n}{\gamma_{\mathrm{em}}} \cdot I \cdot A$$

$\vec{m}_{\mathrm{m}}$ ist eine Vektorgröße. Bei einer Stromspule ist sie unabhängig von der Länge der Spule. In einem homogenen Magnetfeld der Feldstärke $\vec{H}$ erfährt sie das Drehmoment $\vec{M} = \vec{m}_{\mathrm{m}} \times \vec{H}$.

Auf eine einzelne stromdurchflossene Drahtschleife wirkt im Magnetfeld ein Drehmoment. Ihr magnetisches Moment kann leicht berechnet werden.

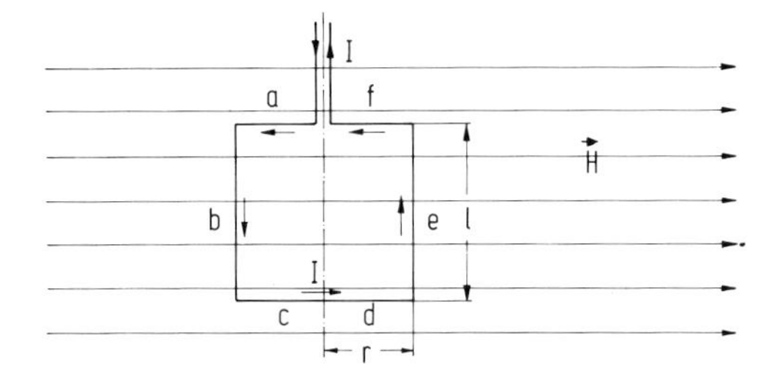

Abb. 269. Drehspule im Magnetfeld. Auf die Abschnitte b und e wirkt je eine Kraft senkrecht zur Zeichenebene, und zwar auf b nach vorn, auf e nach hinten.

Zunächst soll eine Schleife (Windung) mit rechteckigem Querschnitt im materiefreien Raum, wo $B \sim H$ ist, betrachtet werden. Die Schleife sei so gedreht, daß die Richtung des Vektors $\vec{B}$ in der Ebene der Schleife liegt, Abb. 269. Man kann auch n Windungen betrachten, dann addieren sich die Beiträge aller n Windungen. Auf den Abschnitt b wirkt eine Querkraft nach Gl. (4-83) $\vec{F} = nI/\gamma_{em} (\vec{l} \times \vec{B})$. Auf Abschnitt a, c, d, f wirkt keine Kraft, weil $\vec{l} \parallel \vec{B}$ ist. Da Abschnitt e vom elektrischen Strom in entgegengesetzter Richtung durchflossen wird, erfährt e eine Kraft von gleichem Betrag, aber entgegengesetzter Richtung wie die auf Abschnitt b. Damit erhält man ein Drehmoment

$$\vec{M} = 2(\vec{r} \times \vec{F})$$

Sein Betrag ist $2r\,(nI/\gamma_{em}) \cdot l \cdot B$. Ersetzt man $2r \cdot l$ durch die Fläche A, beachtet $B = \mu_0 H$, ersetzt A durch den *Orthogonalvektor* $\vec{A}$, so folgt nach Umordnen und Beachten der Richtungen

$$\vec{M} = \left(\mu_0 \frac{nI}{\gamma_{em}} \vec{A}\right) \times \vec{H}$$

Wegen Gl. (4-68) ist also das magnetische Moment einer stromdurchflossenen Spule

$$\vec{m}_m = \mu_0\,(n/\gamma_{em})I \cdot \vec{A} \tag{4-89}$$

Diese Gleichung gilt auch für eine Spule, deren Querschnittsfläche nicht rechteckig ist. (Um das einzusehen, zerlegt man in Längenabschnitte und integriert.)

4.4.5.5. Feld in der Umgebung eines magnetischen Dipols

Ein magnetischer Dipol ist von einem magnetischen Feld umgeben. Die magnetische Feldstärkeverteilung ist analog der elektrischen Feldstärkeverteilung bei einem elektrischen Dipol.

In der Umgebung eines magnetischen Dipols (z. B. Stabmagnet) herrscht ein magnetisches Feld mit einer charakteristischen räumlichen Verteilung der magnetischen Feldstärke. Zwischen dem magnetischen Moment des magnetischen Dipols einerseits und der magnetischen Feldstärke in seiner Umgebung andererseits besteht ein Zusammenhang, der an den beim elektrischen Moment (4.2.7.6) erinnert. In genügend großer Entfernung ($R \gg r$) vom magnetischen Dipol ist die magnetische Feldstärke analog zu 4.2.7.6 (Elektrischer Dipol) für die erste Hauptlage, vgl. Abb. 230a, d. h. in Richtung 0° gegen die Dipolachse

$$H = 2 \cdot \frac{m_m}{\mu_0 \cdot 4\pi R^3} \tag{4-90}$$

und für die zweite Hauptlage, d. h. in Richtung 90° gegen die Dipolachse

$$H = \frac{m_m}{\mu_0 \cdot 4\pi R^3} \tag{4-91}$$

Für einen Stabmagneten sieht man das auf folgende Weise ein: Vom Stabende des Magneten geht magnetischer Fluß aus. Er ist im (großen) Abstand R gleichmäßig über eine Kugeloberfläche um das Stabende verteilt, so daß sein Beitrag zur magnetischen Flußdichte $B = \mu_0 \cdot H$ näherungsweise $+\phi/4\pi R^2$ beträgt. Der Beitrag des anderen Endes ist $-\phi/4\pi R^2$. Als Abstand der beiden Endpunkte ist $l_{eff} = l \cdot f(l/A)$ anzusetzen, s. Gl. (4-67) in 4.4.2.3.

Das magnetische Moment des Stabmagneten läßt sich messen unter Benützung von (4.4.2.5), indem man eine drehbare Magnetnadel im Erdfeld aufstellt und den Stabmagneten in erster oder zweiter Hauptlage der Magnetnadel soweit nähert, daß sie um 45° aus ihrer ursprünglichen Ruhelage ausgelenkt wird. Das möge bei der Annäherung auf die Entfernung R eintreten. Dann ist in der Entfernung R vom Stabmagneten die von diesem herrührende magnetische Feldstärke dem Betrag nach gleich der Erdfeldstärke am Ort der Magnetnadel. Aus obiger Formel (4-90 oder 91) folgt m_m des Stabmagneten.
Aus m_m und ϕ_{mitte} läßt sich l_{eff} experimentell bestimmen.

Beispiel. Mit dem in 4.4.2.3 und 4.4.5.1 verwendeten Magneten ($\phi_{mitte} = 195\ \mu$Wb, $l = 0{,}12$ m) findet man in der 2. Hauptlage $R = 0{,}41$ m, also $m_m = 4\pi\ R^3 \cdot \mu_0\ H_E = 4\pi\ (0{,}41\ \text{m})^3 \cdot 1{,}256\ \text{Wb} \cdot \text{Wb/Jm} \cdot 18{,}4\ \text{N/Wb} = 19{,}7\ \mu\text{Wb} \cdot \text{m}$. Damit ergibt sich für diesen speziellen Magneten

$$l_{eff} = \frac{m_m}{\phi_{mitte}} = \frac{19{,}7 \cdot 10^{-6}\ \text{Wb} \cdot \text{m}}{195 \cdot 10^{-6}\ \text{Wb}} = 0{,}101\ \text{m},$$

also $l_{eff} \approx (5/6) \cdot l$ (vgl. 4.4.2.3).

Nach dem gleichen Verfahren kann man das magnetische Moment einer stromdurchflossenen Spule messen. Bei bekannter Stromstärke kann man so auch für eine Spule das Produkt aus Windungszahl mal Fläche, d. h. die „Windungsfläche“ $n \cdot A$ bestimmen. Man benützt dabei Gl. (4-89) und Gl. (4-90 oder 91).

4.4.5.6. Vektorpotential*)

Das magnetische Vektorpotential $\vec{A}_m$ an einem Punkt des Raumes kann aus der räumlichen Verteilung des magnetischen Flusses in der Umgebung dieses Punktes berechnet werden. Aus $(1/\gamma_{em})\ d\vec{A}_m/dt$ läßt sich die beim Induktionsvorgang an diesem Punkt auftretende elektrische Feldstärke $\vec{E}$ erhalten.

In 4.4.1.4 kam nur $\int U \cdot dt$, bzw. U vor, nicht aber die elektrische Feldstärke E an den verschiedenen Punkten im Draht. Um diese angeben zu können, muß man eine ortsabhängige Vektorgröße $\vec{A}_m$ einführen, die man *magnetisches Vektorpotential* nennt.

Es sei ein enger langer Eisenhohlzylinder gegeben, der in Richtung seines Umfangs gleichmäßig magnetisiert ist. Dann läßt sich das magnetische Vektorpotential für Punkte im *Innern* des Zylinders leicht angeben und anschaulich verstehen.

Zur Vorbereitung sei an den elektrischen Strombelag erinnert (vgl. 4.4.2.4). Bei einer engen langen stromdurchflossenen zylindrischen Spule wurde der elektrische Strombelag $g = ni/l = I/l$ definiert. Man kann nun einen Abschnitt aus dieser Spule betrachten, der durch zwei Ebenen E_1, E_2 senkrecht zur Zylinderachse eingegrenzt wird, wobei die Ebenen die

* Kann beim ersten Studium ausgelassen werden. Das Formelzeichen A bedeutet die Querschnittsfläche, A_m das magnetische Vektorpotential.

Zylinderachse in den Koordinaten l_2 und l_1 schneiden. Nun soll $I(l_2, l_1)$ die ringförmige Durchflutung (Gesamtstromstärke) zwischen E_1 und E_2 bedeuten, $l_2 - l_1$ ist die Länge dieses Zylinderabschnitts. $g = I(l_2, l_1)/(l_2 - l_1)$ ist dann der *Ringstrombelag*. In engem Zusammenhang damit steht das elektrische Vektorpotential $\vec{A}_e$ bzw. seine Ableitung nach der Zeit, vgl. unten Gl. (4-95).

Ganz ähnlich kann man bei einem engen langen Eisenzylinder, der in Umfangsrichtung gleichmäßig magnetisiert ist, den magnetischen *Ringflußbelag* $\phi(l_2, l_1)/(l_2 - l_1)$ einführen. Er steht in engem Zusammenhang mit dem magnetischen Vektorpotential $\vec{A}_m$. Dieses ist ein ortsabhängiger Vektor, der aus den Flußdichten $\vec{B}(\vec{r}')$ an den Orten $\vec{r}$ abgeleitet werden kann aus

$$\vec{A}_m(\vec{r}) = \int \frac{\vec{B}(\vec{r}') \times (\vec{r} - r')}{4\pi|\vec{r} - \vec{r}'|^3} \, d\tau' \tag{4-92}$$

$B = \phi/A = (\phi \cdot l)/(A \cdot l) = m_m/V$ kann als magnetischer Fluß/Querschnitt oder als magnetisches Moment/Volumen ausgedrückt werden.

Rechnet man das Integral Gl. (4-92) für den beschriebenen engen langen magnetischen Eisenzylinder aus, so ergibt sich: A_m hat überall *innerhalb* des Hohlzylinders (hinreichend entfernt vom Zylinder-Ende) denselben Betrag

$$A_m = \frac{\phi(l_2, l_1)}{l_2 - l_1}$$

und ist parallel zur Zylinderachse gerichtet. l_2 und l_1 sind wie oben beim Ringstromzylinder (Abb. 255 in 4.4.2.6) definiert.

Man findet weiter: Nur der den Punkt *außen* umfassende zylindrische Ringfluß trägt zum Vektorpotential bei. Für alle Punkte *außerhalb* des Zylinders ist $A_m = 0$. Der Betrag von A_m in einem Ringflußzylinder unendlicher Länge ist in Abb. 270 aufgetragen.

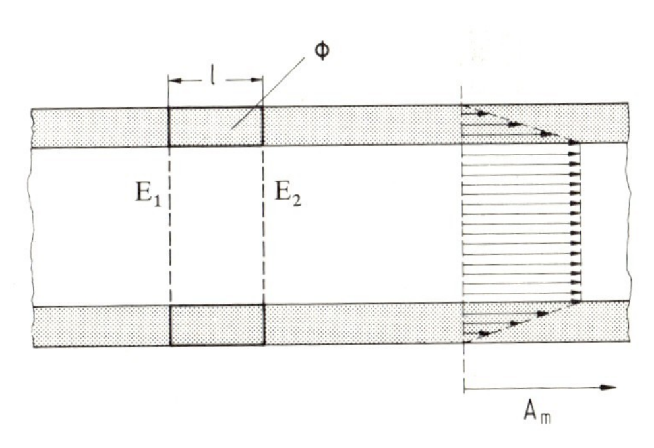

Abb. 270. Magnetisches Vektorpotential in einem Ringflußzylinder. Gezeichnet ist der Längsschnitt durch einen sehr langen Ringflußzylinder. Die Verteilung des magnetischen Vektorpotentials A_m ist rechts angegeben. ϕ bedeutet in dieser Abb. den im Text mit $\phi(l_1, l_2)$ bezeichneten Fluß und l die Länge des Zylinderabschnitts $l_2 - l_1$, der von den Ebenen E_1 und E_2 begrenzt wird.

Wird der Ringfluß im gesamten Zylindermantel zeitlich geändert, dann ist (wenn ϕ und U zwischen E_1 und E_2 gemeint sind)

$$1/\gamma_{em} \cdot d\phi/dt = -U = -E \cdot (l_2 - l_1)$$

Dividiert man durch $(l_1 - l_2)$, so entsteht, wenn man die zeitliche Änderung von A_m mit $\dot{A}_m$ bezeichnet und die Richtungen beachtet.

$$\dot{\vec{A}}_m = -\gamma_{em} \cdot \vec{E} \tag{4-93}$$

Integriert man nach der Zeit, so folgt

$$\vec{A}_m = -\gamma_{em} \int \vec{E} \cdot dt \qquad (4\text{-}93a)$$

Weiter ist das Linienintegral $\oint \vec{A}_m \cdot d\vec{s} = \phi$, wenn der Integrationsweg um den magnetischen Fluß ϕ einmal herumgeführt wird. Andrerseits gilt $\phi = \int B \cdot dA$. Durch Anwenden des Stokesschen Satzes, der eine rein mathematische Umformung ist, folgt (vgl. 4.4.6.2)

$$\oint \vec{A}_m \cdot d\vec{s} = \int \text{rot}\, A_m \cdot dA,$$

also $B = \text{rot}\, A_m$.

Mit Hilfe dieser Gleichung kann man aus A_m (bzw. aus seiner Ortsabhängigkeit) auf B schließen, jedoch gehen bei der Bildung von „rot" wirbelfreie Teile von A_m, d. h. grad A_m verloren.

Beispiel. In der Umgebung eines sehr langen geradlinigen stromdurchflossenen Drahtes (Länge l) kann man das magnetische Vektorpotential (fern vom Ende des geradlinigen Teils) durch folgende Überlegung erhalten: Der stromführende Draht ist von einem zylindersymmetrischen magnetischen Ringfluß umgeben. Zum Vektorpotential in einem Punkt P mit dem Abstand r vom Draht trägt nur derjenige Ringfluß bei, der *außerhalb* eines Zylinders mit dem Radius r um den Draht als Achse verläuft. Jeder Zylinderbereich im Abstand $r' > r$ mit der Dicke dr' trägt im Innern eines langen Zylinders (Länge l) zu ϕ den Beitrag bei $d\phi = B \cdot l \cdot dr'$, mit $B = \mu_0 H$ und H aus $2r'\pi \cdot H = I/\gamma_{em}$. Einsetzen und Integrieren über den Außenraum bis R ergibt für

$$A_m(r) = (\phi/l)_{\text{aussen}} = \int_r^R \frac{\mu_0}{\gamma_{em}} \frac{I\, dr'}{2r'\pi} = \frac{\mu_0}{\gamma_{em}} \frac{I}{2\pi} \ln r' \Big|_r^R \qquad (4\text{-}94)$$

Für die Richtung von $\vec{A}_m$ gilt: Legt man die gekrümmten Finger der rechten Hand in die Richtung des Vektors $\vec{B}$, dann ergibt der Daumen die Richtung und das Vorzeichen von $\vec{A}_m$.

Nach Gl. (4-94) sieht es so aus, als ob A_m unendlich werden könnte mit $R \to \infty$. Da aber alle elektrischen Ströme geschlossen sind, gibt es irgendwo im Raum insgesamt Strom vom selben Betrag, aber mit entgegengesetzter Richtung. In großer Entfernung von beiden ist das Vektorpotential die Differenz beider Summanden und wird nicht unendlich.

Allgemein kann man am Ort $\vec{r}$ den Betrag des magnetischen Vektorpotentials $A_m(\vec{r})$ einer elektrischen Stromdichteverteilung $\vec{j}(\vec{r'})$ erhalten, indem man bildet

$$A_m(\vec{r}) = \frac{\mu_0}{\gamma_{em}} \left| \int \frac{\vec{j}(\vec{r'})}{4\pi |\vec{r} - r'|} d\tau' \right| \qquad (4\text{-}95)$$

Man kann nun ähnlich wie beim magnetischen Vektorpotential A_m (es hat die Dimension ϕ/l) auch ein elektrisches Vektorpotential A_e einführen (es hat die Dimension Q/l). Es stützt sich auf den elektrischen Verschiebungsstrom im raumladungsfreien Fall und ist analog zu (4-92). Darauf soll hier aber nicht eingegangen werden.

4.4.5.7. Energieinhalt eines magnetischen Feldes

Der Energieinhalt eines magnetischen Feldes ergibt sich aus $W = \int w \cdot \mathrm{d}\tau$ mit $w = \int B \cdot \mathrm{d}H$.

Ein magnetisches Feld enthält die Energie

$$W = \int w \cdot \mathrm{d}\tau \tag{4-96}$$

wobei $w = \int B \cdot \mathrm{d}H$ (4-96a)

ist. Die kohärente Einheit der Energiedichte ist

$$[w] = 1\,\frac{\mathrm{J}}{\mathrm{m}^3} = [B] \cdot [H] = 1\,\frac{\mathrm{Wb}}{\mathrm{m}^2} \cdot 1\,\frac{\mathrm{J}}{\mathrm{Wb} \cdot \mathrm{m}} \tag{4-96b}$$

Folgende Fälle werden besprochen:

1. Energie in einer Stromspule
2. Stromdurchflossener Drahtbügel wird verschoben
3. Stromstärke im unverschobenen Drahtbügel wird geändert
4. Magnet wird in Feldstufe verschoben
5. Magnetnadel wird im homogenen Feld gedreht

zu 1. Stromspule):*

a) Im Innern einer engen eisenfreien Stromspule herrscht ein homogenes magnetisches Feld, für das gilt $B = \mu_0 H$. Bis auf die Spulenenden ist die Energiedichte ortsunabhängig und beträgt

$$w = \int B \mathrm{d}H = \int \mu_0 H \mathrm{d}H = \mu_0 \frac{H^2}{2} = \frac{1}{2} B \cdot H \tag{4-97}$$

Bis auf Randeinflüsse (Spulenenden) ist der Energieinhalt des Feldes

$$W = \int \frac{1}{2} B\, H\, \mathrm{d}\tau = \frac{1}{2}\, \phi \cdot U_\mathrm{m} \tag{4-98}$$

denn es wird über das Volumen $A \cdot l$ integriert und es ist $\phi = B \cdot A$ und $U_\mathrm{m} = H \cdot l$.
Gl. (4-97) und Gl. (4-98) gelten auch, wenn $B = \mu_\mathrm{r} \cdot \mu_0 H$ und $\mu_\mathrm{r} = \mathrm{const.}$ ist. Der Faktor 1/2 kommt herein durch die Integration unter der Nebenbedingung $B \sim H$.

b) Man kann auch $B = \mu_0 H$ und $H = ni/(\gamma_\mathrm{em} \cdot l)$ in Gl. (4-97c) einsetzen, dann entsteht:

$$w = \frac{1}{2} \mu_0 \left(\frac{n}{\gamma_\mathrm{em}}\right)^2 \frac{i^2}{l^2} \tag{4-99}$$

---

* Für die Stromstärke im Einzeldraht ist das Formelzeichen i verwendet.

und weiter wegen Gl. (4-77e)

$$W = \int w \cdot \mathrm{d}\tau = \mu_0 \left(\frac{n}{\gamma_{\mathrm{em}}}\right)^2 \frac{i^2}{l^2} \cdot (A \cdot l) = \frac{1}{2} \mu_0 \cdot \left(\frac{n}{\gamma_{\mathrm{em}}}\right)^2 \frac{A}{l} \cdot i^2 = \frac{1}{2} L i^2 \qquad (4\text{-}100)$$

Dasselbe Ergebnis erhält man, wenn man setzt $\phi = (\gamma_{\mathrm{em}}/n) \int U \mathrm{d}t$ und $U_{\mathrm{m}} = (n/\gamma_{\mathrm{em}}) \,\Delta i$. Aus Gl. (4-98) wird dann

$$W = \frac{1}{2} \phi \, U_{\mathrm{m}} = \frac{1}{2} \frac{\int U \mathrm{d}t}{\Delta i} \cdot (\Delta i)^2 = \frac{1}{2} L i^2 \qquad (4\text{-}100\,\mathrm{a})$$

Beispiel: Falls L = const. angenommen werden kann, erhält man mit $L = 390$ Vs/A und $i = 32$ mA für die magnetische Energie $W = (1/2)\ 390$ Vs/A $\cdot\ (32 \cdot 10^{-3}\ \mathrm{A})^2 = 0{,}200$ J. Man erhält sie auch aus dem Fluß $\phi = 1.8$ mWb und der magnetischen Spannung $U_{\mathrm{m}} = \int \vec{H}\, \mathrm{d}\vec{s} = n/\gamma_{\mathrm{em}}\ \Delta i = 6900 \cdot 32 \cdot 10^{-3}$ A/1 (Cb Wb)/(Js) = 221 J/Wb. Einsetzen ergibt $W = 1/2\ \phi \cdot U_{\mathrm{m}} = 0{,}20$ J. Man vergl. dazu Beispiel S. 368.

Es gibt magnetische Feldanordnungen, in denen ϕ unabhängig von U_{m} geändert werden kann, dann gilt

$$W = \int \mathrm{d}\,(\phi\, U_{\mathrm{m}}) = \int (\phi \cdot \mathrm{d}U_{\mathrm{m}} + U_{\mathrm{m}} \cdot \mathrm{d}\phi) \qquad (4\text{-}101)$$

Unter 2 und 4 ist je ein Fall behandelt, bei dem $\mathrm{d}U_{\mathrm{m}} = 0$ ist oder $\mathrm{d}\phi = 0$

Zu 2. Der Drahtbügel (Abb. 266), der von einer konstanten Stromstärke I durchflossen sei, um den also die magnetische Spannung U_{m} herrscht, unterliegt nach Gl. (4-83) in einem homogenen magnetischen Feld der Kraft F.

a) Wenn er um $\mathrm{d}x$ verschoben wird, umfaßt er einen um $\mathrm{d}\phi = B \cdot \mathrm{d}A$ veränderten Fluß. Also ist

$$\mathrm{d}W = U_{\mathrm{m}} \cdot \mathrm{d}\phi \qquad \text{und} \qquad \frac{\mathrm{d}W}{V} = \frac{U_{\mathrm{m}}}{l} \cdot \frac{\mathrm{d}\phi}{A} = H \cdot \mathrm{d}B$$

b) Man kann auch folgendermaßen überlegen: Wenn der Bügel um $\mathrm{d}x$ verschoben wird, wird die Energie aufgewendet:

$$\mathrm{d}W = F \cdot \mathrm{d}x = \frac{I}{\gamma_{\mathrm{em}}} B \cdot l \cdot \mathrm{d}x \qquad (4\text{-}82)$$

Wegen $I/\gamma_{\mathrm{em}} = U_{\mathrm{m}}$; $\mathrm{d}\phi = B \cdot \mathrm{d}A$ und $\mathrm{d}A = l \cdot \mathrm{d}x$ folgt $\mathrm{d}W = U_{\mathrm{m}} \cdot \mathrm{d}\phi$. Da U_{m} = const, ist $\mathrm{d}U_{\mathrm{m}} = 0$ und $\phi\, \mathrm{d}U_{\mathrm{m}} = 0$.

c) Wird der Bügel, der allgemein auch aus n Windungen bestehen kann, um $\mathrm{d}x$ verschoben, so umfaßt er einen um $B \cdot l \cdot \mathrm{d}x = \mathrm{d}\phi$ veränderten magnetischen Fluß. Daher entsteht in der Schleife ein Spannungsstoß $\int U \cdot \mathrm{d}t$. Gegen diesen muß der in der Schleife fließende elektrische Strom anlaufen. Im Draht der Schleife wird daher Energie umgesetzt, und zwar

$$\mathrm{d}W = I \cdot \{U \cdot \mathrm{d}t\} = \left\{\left(\frac{\gamma_{\mathrm{em}}}{n}\right) U_{\mathrm{m}}\right\} \cdot \left\{\left(\frac{n}{\gamma_{\mathrm{em}}}\right) \mathrm{d}\phi\right\} = U_{\mathrm{m}} \cdot \mathrm{d}\phi.$$

Man kann wegen $U = R \cdot I$ aber auch umwandeln in $\mathrm{d}W = R \cdot I^2 \cdot \mathrm{d}t$.

Zu 3. Schaltet man die Stromstärke I in der Schleife aus (also $\Delta I = I$), so ändert sich die magnetische Spannung um die Schleife um $\Delta U_m = \Delta I/\gamma_{em}$. Die Schleife umfaßt den magnetischen Fluß ϕ, die Energie ändert sich um

$$\mathrm{d}W = \phi \cdot \mathrm{d}U_m = B \cdot A \cdot \frac{\Delta I}{\gamma_{em}}. \tag{4-102}$$

Das ist gerade soviel, wie unter 2b), wenn die „Tauchtiefe" x des Bügels ins Feld bis auf Null verkleinert wird, denn damit ist $l \int_0^x \mathrm{d}x = l \cdot x = A$.

Zu 4. In der Anordnung 4.4.5.1, Abb. 264 wirkt auf einen Magneten mit dem Fluß ϕ_{mitte} in einer Feldstufe nach Gl. (4-79) die Kraft $F = \phi_{mitte}\,(H_i - H_a)$. Bei Parallelverschiebung des Magneten in H-Richtung um die (kleine) Wegstrecke $\mathrm{d}s$ muß die Arbeit $\mathrm{d}W = \phi \cdot H_i \cdot \mathrm{d}s = \phi \cdot \mathrm{d}U_m$ geleistet werden. Der Fluß des Magneten wird dabei nicht verändert, das Glied mit $\mathrm{d}\phi$ entfällt daher.

Zu 5. Ein Stabmagnet mit $m_m = \phi_{mitte} \cdot l_{eff}$ in einem äußeren homogenen Magnetfeld der Feldstärke H werde aus der Richtung von H in die Stellung 90° zu H gedreht. (Für das folgende sei vorausgesetzt, daß m_m seinen Betrag bei der Drehung im Magnetfeld nicht ändert.) Die Enden des Stabmagneten werden dabei um l_{eff} in Feldrichtung verschoben, und es wird die Arbeit $W = |m_m| \cdot |H|$ aufgewendet. Dieser Ausdruck für die Arbeit gilt auch dann, wenn das magnetische Moment nicht von einem Stabmagneten herrührt, sondern z. B. von einem Kreisstrom oder einem Elementarteilchen.

Begründung. Sei $\varphi = \sphericalangle(\vec{m}_m, \vec{H})$. Nach 1.4.1.1 ist die Arbeit aufzuwenden

$$W = \int_{0^\circ}^{90^\circ} M \cdot \mathrm{d}\varphi = \int_{0^\circ}^{90^\circ} |m_m| \cdot |H| \cdot \sin\varphi \cdot \mathrm{d}\varphi = |m_m| \cdot |H| \cdot (-\cos\varphi)\Big|_{0^\circ}^{90^\circ} = |m_m| \cdot |H|$$

Man kann ϕ_{mitte} und U_m einführen mit Hilfe der Gleichungen

$$m_m = \phi_{mitte} \cdot l_{eff} \quad \text{und} \quad (U_m)_{eff} = H \cdot l_{eff}$$

dann entsteht

$$W = \phi_{mitte} \cdot (U_m)_{eff} \tag{4-103}$$

Im Fall 5 ist $\phi = \text{const.}$; daher tritt kein Faktor 1/2 auf.

Zu 6. Im eisenhaltigen Feld wird beim Ummagnetisieren Energie umgesetzt, d. h. in Wärmeenergie verwandelt. Integriert man $B \cdot \mathrm{d}H$ über die von der Hysteresiskurve umschlossene Fläche, so erhält man die pro Volumen umgewandelte Energie. Multipliziert man außerdem mit dem Volumen des Magnetfeldes (im geschlossenen Eisenkern also über das Volumen des Eisens), so erhält man die beim Ummagnetisieren in Wärme umgewandelte Arbeit. Sie ist um so größer, je größer die von der Hysteresisschleife umschlossene Fläche ist. Daher wünscht man z. B. bei Transformatoren und ähnlichen Einrichtungen, bei denen häufig ummagnetisiert wird, Eisensorten mit schmaler Hysteresisschleife. Man vergl. auch S. 361.

4.4.6. Maxwellsche Gleichungen, Überblick

4.4.6.1. Verschiebungsstrom, die vollständigen Verkettungsgleichungen

Neben dem Leitungsstrom gibt es auch den Verschiebungsstrom. Er muß in die Verkettungsgleichung zusätzlich eingefügt werden.

Maxwell hat erkannt, daß das 1. Verkettungsgesetz (4.4.2.6) erweitert werden muß. Dahin führt folgende Überlegung:

Ein Draht, durch den die elektrische Stromstärke I fließt, ist von einer magnetischen Ringspannung $\oint H \cdot \mathrm{d}s$ umgeben. Dies wurde zunächst an geschlossenen Stromkreisen festgestellt (4.4.2.6). Während der Entladung eines Kondensators (Abb. 271) fließt ein elektrischer Strom in der Drahtleitung (in ihr wird elektrische Ladung verschoben), zwischen den Kondensatorplatten dagegen ändert sich lediglich das elektrische Feld. Wie steht es nun mit der räumlichen Verteilung der magnetischen Feldstärke und mit der magnetischen Ringspannung im Bereich um die Kondensatorplatten und zwischen ihnen?

Maxwell vermutete aufgrund von Stetigkeitsbetrachtungen, daß auch die zeitliche Änderung eines elektrischen Flusses zwischen den Feldplatten von einer magnetischen Ringspannung umgeben ist. Die zeitliche Änderung des elektrischen Flusses

$$\frac{\mathrm{d}}{\mathrm{d}t} \int D \cdot \mathrm{d}A = \frac{\mathrm{d}\psi}{\mathrm{d}t} = I_\mathrm{v} \tag{4-104}$$

nennt man einen *Verschiebungsstrom* und $\mathrm{d}D/\mathrm{d}t \underset{\mathrm{def}}{=} \dot{D}$ die Flächendichte des Verschiebungsstromes. Wie sich experimentell gezeigt hat, ist der Verschiebungsstrom tatsächlich von einer magnetischen Ringspannung $(1/\gamma_{\mathrm{em}}) \cdot I_\mathrm{v}$ umgeben. Um dies zu berücksichtigen, muß in die

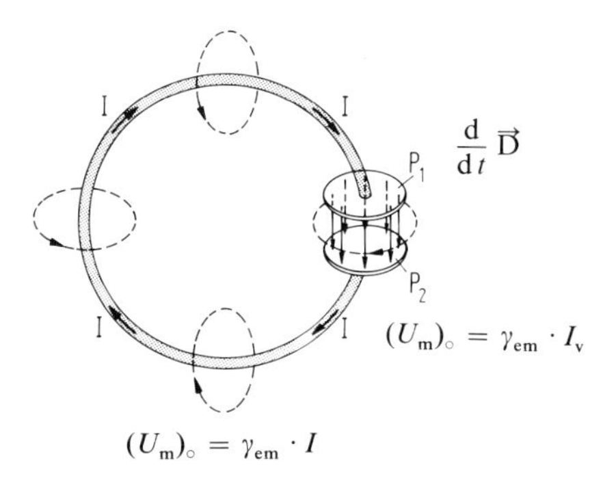

Abb. 271. Verschiebungsstrom. P_1 P_2 sind die Platten eines Kondensators. Die Feldlinien (Verschiebungslinien D) sind schematisch senkrecht zu den Feldplatten eingezeichnet, wie es bei sehr kleinem Plattenabstand der Fall wäre. Wenn man um den Rand der punktierten Flächen integriert, erhält man $(U_\mathrm{m})_\circ = \oint \vec{H}\,\mathrm{d}\vec{s}$, auch wenn die punktierte Linie nur das sich ändernde elektrische Feld zwischen den Kondensatorplatten umfaßt.

Verkettungsgleichung (4-72) als „gesamte" Stromstärke $I_{\mathrm{ges}} = I + I_\mathrm{v}$ eingesetzt werden. Dabei ist I die Stromstärke des bisher allein betrachteten Leitungsstromes. I_v muß auch in die Übersicht 4.4.1.1. eingefügt werden.

In einem Kondensator mit schwach leitendem Dielektrikum kann im selben Volumen gleichzeitig Leitungs- und Verschiebungsstrom vorhanden sein.

Die beiden Maxwellschen Verkettungsgleichungen in integraler Form (vgl. 4.4.2.2 und 6) lauten dann:

a) Eine elektrische Stromstärke $I + I_v = \int (\vec{j} \cdot d\vec{A}) + d/dt \int (\vec{D} \cdot d\vec{A})$ ist mit einer magnetischen Ringspannung $(U_m)_\bigcirc = \oint H \cdot ds$ verkettet. Es gilt

$$I + I_v = \gamma_{em} \cdot (U_m)_\bigcirc. \tag{4-105}$$

b) Die magnetische Verschiebungsstromstärke $\dot{\phi} = d/dt \int \vec{B} \cdot d\vec{A}$ ist mit einer elektrischen Ringspannung (Induktionsspannung) $U_\bigcirc = \oint \vec{E} \cdot d\vec{s}$ verkettet. Es gilt

$$-\dot{\phi} = \gamma_{em} \cdot U_\bigcirc. \tag{4-64}$$

$$\text{Dabei ist } \gamma_{em} = 1\,\frac{\text{Cb} \cdot \text{Wb}}{\text{Js}} = 1\,\frac{\text{Cb/s}}{\text{J/Wb}} = 1\,\frac{\text{Wb/s}}{\text{J/Cb}}. \tag{4-62}$$

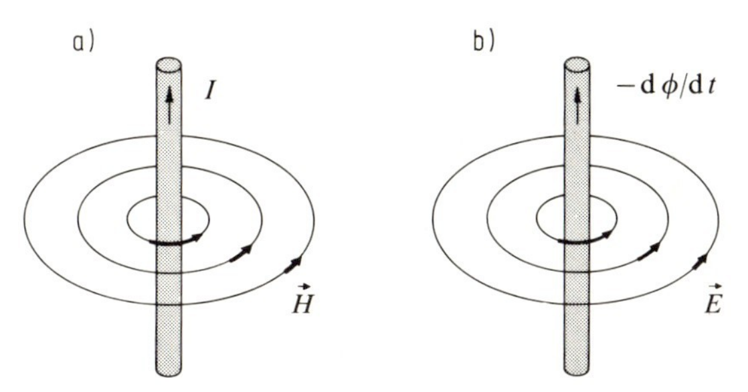

Abb. 272. Zu den beiden Verkettungsgleichungen.
a) Verkettung der elektrischen Stromstärke mit der magnetischen Ringspannung.
b) Verkettung der magnetischen Verschiebungsstromstärke mit der elektrischen Ringspannung. In b) ist $-d\phi/dt$ aufgetragen. Mit $+d\phi/dt$ müßte der Pfeil nach unten deuten.

Die elektrischen Größen U, E, D, dD/dt, j und die magnetischen Größen U_m, H, B, dB/dt sind miteinander verkettet, wie in Abb. 273 dargestellt ist. Längs eines Ringes tritt jeweils eine Größe auf, die sich wie ein Vektor transformiert (E, H). Ihr Linienintegral $U_\bigcirc = \oint \vec{E} \cdot d\vec{s}$, oder $(U_m)_\bigcirc = \oint \vec{H} \cdot d\vec{s}$ ist jeweils ein Skalarprodukt von zwei Vektoren *längs* eines Ringes (Abb. 272). Andererseits tritt im Ringquerschnitt jeweils eine Größe auf, die sich wie eine Fläche transformiert (D, B). Wenn man D, die *Flächen*dichte der Ladung, oder j, die *Flächen*dichte der Stromstärke („Stromdichte“) – das sind Größen *quer* zum Ring – durch einen darauf orthogonalen Vektor $\vec{D}$, oder $\vec{j}$ kennzeichnet, muß man auch die *Fläche* dA durch einen Orthogonalvektor $d\vec{A}$ wiedergeben. Dann sind $\int \vec{D} \cdot d\vec{A} = \Psi$ bzw. Q und $\int \vec{B} \cdot d\vec{A} = \phi$ auch Skalarprodukte.

Die drei Feldkonstanten der Maxwellschen Gleichungen ergeben sich als Quotienten jeweils einer Größe *quer* zum Ring und einer *längs* des Ringes.

$\varepsilon_0 = \dfrac{D}{E}$ ist der Quotient solcher Größen des elektrischen Ringes

$\mu_0 = \dfrac{B}{H}$ ist der Quotient solcher Größen des magnetischen Ringes

$$\gamma_{em} = \frac{\frac{d}{dt}(D \cdot A)}{H \cdot l} = -\frac{\frac{d}{dt}(B \cdot A)}{E \cdot l} \tag{4-62a}$$

ist der Quotient aus einer Größe, die sich auf den Querschnitt des *einen* Ringes und einer Größe, die sich auf die Längsrichtung des *anderen* Ringes bezieht. ε_0 ist also eine elektrische, μ_0 eine magnetische, γ_{em} eine elektromagnetische Größe.

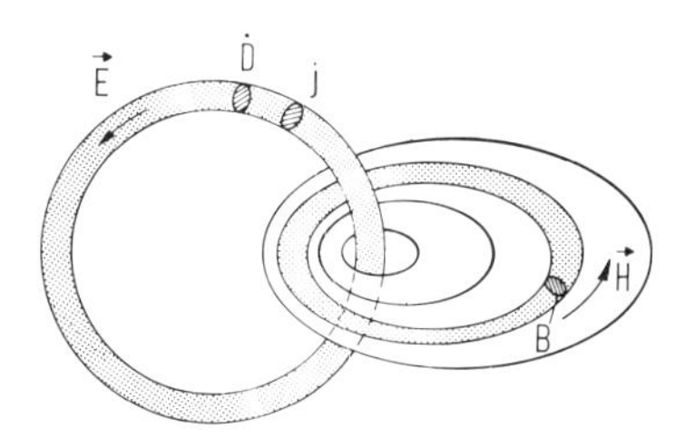

Abb. 273. Verkettung von elektrischen und magnetischen Größen. Es gilt: $U_\circ = \oint \vec{E} \cdot d\vec{s}$ und $(U_m)_\circ = \oint \vec{H} \cdot d\vec{s}$ (jeweils Integration längs eines Ring*umfangs*) und $Q = \int \vec{D} \cdot d\vec{A}$ und $\phi = \int \vec{B} \cdot d\vec{A}$ (Integration über einen Ring*querschnitt*). Die elektromagnetische Verkettungskonstante ist $\gamma_{em} = \dot{Q}/U_m = -\dot{\phi}/U$.
Der Stromkreis mit E, $\dot{D}$, j, sowie eine magnetische Feldröhre mit Flußdichte B sind angedeutet. Das Magnetfeld ist natürlich auch außerhalb der Flußröhre ausgebreitet.

Das Produkt (Integral) aus E und D oder aus H und B, d. h. einer Größe *längs* des Rings und einer *quer* zum Ring, ergibt Energiedichte w. Wenn man über die Querschnittsfläche oder über das Volumen integriert, entsteht Kraft F oder Energie W. Es gelten die Gleichungen (links gehen elektrische, rechts magnetische Größen ein)

$$\begin{aligned} W &= Q \cdot U & W &= \phi \cdot U_m \\ F &= -\frac{dW}{dx} & F &= -\frac{dW}{dx} \\ w &= \int D \cdot dE & w &= \int B \cdot dH \\ W &= \int w \, d\tau & W &= \int w \, d\tau \end{aligned} \tag{4-106}$$

Nach Maxwell steckt also die Energie im Feld.

Mit der Unterscheidung von Leitungsstrom und Verschiebungsstrom hängt auch zusammen, daß es *elektrischen* (Verschiebungs)-Fluß mit *Quellstellen* und solchen ohne Quellstellen gibt. Jedoch gibt es nur quellenfreien magnetischen Fluß.

Diese Aussagen können präzisiert und in Form von Gleichungen gebracht werden:

Integriert man die *elektrische* Verschiebungsdichte D (elektrische Flußdichte) über eine geschlossene Fläche (z. B. über die Oberfläche einer Kugel), so gibt es zwei Fälle:

1. Bei der Integration ergibt sich Null; dann hat der Fluß innerhalb dieser geschlossenen Fläche keine Quellen. Jeder Ringfluß, wie er auch in einem ladungsfreien Raum auftreten kann, ist quellenfrei.
2. Bei der Integration ergibt sich ein von Null verschiedener Wert Q. Dann sind innerhalb der geschlossenen Fläche Quellen vorhanden. Der Fluß dieser Quellstellen ist ihre Ladung Q.

Integriert man die *magnetische* Flußdichte B über eine geschlossene Fläche, so ergibt sich in jedem Fall Null, d. h. alle magnetischen Flüsse sind Ringflüsse. Es gibt keine Quellstellen des magnetischen Flusses, also keine magnetische Ladung.

Diese 3 Aussagen betreffen *Flächen*dichten integriert über *Flächen*. Sie lauten in Formelzeichen:

$$\int D \cdot dA = \begin{cases} 0 \\ Q \end{cases} \qquad \int B \cdot dA = 0 \tag{4-107}$$

4.4.6.2. Maxwellsche Gleichungen (differentiell)

Mit Hilfe des Stokesschen und des Gaußschen Integralsatzes gelangt man von den integralen Verkettungsgesetzen zu den (differentiellen) Maxwellschen Gleichungen.

Zum Umformen der Gleichungen (4-105, 4-64, 4-107) werden zwei mathematische Sätze verwendet:
Der Stokessche Satz verwandelt ein Linienintegral über die Umfangslinie einer Fläche in ein Flächenintegral über die von der Umfangslinie eingeschlossene Fläche.

Der Gaußsche Satz verwandelt ein Oberflächenintegral über eine geschlossene Oberfläche (z. B. Kugeloberfläche) in ein Volumenintegral über den von der Fläche umschlossenen Raum.

Stokesscher Satz: $\oint Y \cdot \mathrm{d}s = \iint \operatorname{rot} Y \cdot \mathrm{d}A$ (4-108)

Gaußscher Satz: $\oiint Z \cdot \mathrm{d}A = \iiint \operatorname{div} Z \cdot \mathrm{d}\tau$ (4-109)

Weiter wird ein mathematischer Satz über Bildung von div und rot eines Vektorfeldes benutzt. Er sei hier ohne Begründung mitgeteilt; er lautet

$$\operatorname{div} \operatorname{rot} \vec{Y} \equiv 0 \tag{4-110}$$

für beliebiges „Vektorfeld", d. h. Funktion des Ortes $Y(x, y, z)$.

Wendet man die oben besprochenen mathematischen Tatsachen an, insbesondere Gl. (4-108) auf die Verkettungsgleichungen und Gl. (4-109) auf Gl. (4-107), dann ergeben sich die ersten beiden Zeilen der folgenden Übersicht. In Zeile 3 sind noch hinzugefügt Gl. (4-33) und Gl. (4-74/75). Dadurch entsteht das *vollständige System der Maxwellschen Gleichungen:*

$$\left.\begin{array}{llll} j + \dot{D} = \gamma_{\mathrm{em}} \operatorname{rot} H & (\mathrm{a}_1) & -\dot{B} = \gamma_{\mathrm{em}} \operatorname{rot} E & (\mathrm{a}_2) \\ \operatorname{div} D = \varrho & (\mathrm{b}_1) & \operatorname{div} B = 0 & (\mathrm{b}_2) \\ D = \varepsilon_0 E + P_{\mathrm{e}} & (\mathrm{c}_1) & B = \mu_0 H + J_{\mathrm{m}} & (\mathrm{c}_2) \end{array}\right\} \tag{4-111}$$

$$\text{mit } \varepsilon_0 \mu_0 c^2 = \gamma_{\mathrm{em}}^2 \quad (\mathrm{d})$$

In der angegebenen Form bleiben die Gleichungen richtig, wenn man die physikalischen Größen in beliebigen Einheiten ausdrückt und einsetzt (vgl. 9.3.4, S. 633).

Wendet man die Operation div auf die erste Gleichung links an, so entsteht

$$\operatorname{div} j + \operatorname{div} \frac{\mathrm{d}D}{\mathrm{d}t} = \gamma_{\mathrm{em}} \operatorname{div} \operatorname{rot} H$$

Wegen $\operatorname{div} \operatorname{rot} \vec{Y} \equiv 0$ und $\operatorname{div} \frac{\mathrm{d}}{\mathrm{d}t} = \frac{\mathrm{d}}{\mathrm{d}t} \operatorname{div}$ folgt

$$\operatorname{div} j + \frac{\mathrm{d}\varrho}{\mathrm{d}t} = 0 \tag{4-112}$$

Das ist die sogenannte *Kontinuitätsgleichung*. Sie besagt nach Integration, daß Ladung nur verschoben, aber nicht vermehrt oder vermindert werden kann (Erhaltung der Ladung).

4.4.6.3. Elektromagnetische Wellen

Ausbreitungsgeschwindigkeit und Energiedichte elektromagnetischer Wellen ergeben sich aus den Maxwellschen Gleichungen.

Aus dem Gleichungssystem (4-111) hat Maxwell gefolgert: Es gibt elektromagnetische Wellen. Das sind elektrische und magnetische Felder, die miteinander in charakteristischer Weise verkoppelt sind, sich zeitlich hochfrequent ändern und dabei räumlich ausbreiten. Im materiefreien Raum pflanzen sie sich mit der Geschwindigkeit $c = 3 \cdot 10^8$ m/s fort. c ergibt sich aus

$$\varepsilon_0 \cdot \mu_0 \cdot c^2 = \gamma_{\text{em}}^2 \qquad \text{(4-111 d)}$$

Einsetzen liefert

$$c^2 = \frac{\gamma_{\text{em}}}{\varepsilon_0\,\mu_0} = \frac{1\,\dfrac{\text{Cb Wb}}{\text{Js}}\;1\,\dfrac{\text{Cb Wb}}{\text{Js}}}{8{,}86 \cdot 10^{-12}\,\dfrac{\text{Cb Cb}}{\text{Jm}} \cdot 1{,}256 \cdot 10^{-6}\,\dfrac{\text{Wb Wb}}{\text{Jm}}} = 9 \cdot 10^{16}\,\frac{\text{m}^2}{\text{s}^2}$$

also für elektromagnetische Wellen aller Wellenlängen die *Lichtgeschwindigkeit* (im materiefreien Raum)

$$c = 3 \cdot 10^8 \text{ m/s}.$$

Die elektromagnetischen Wellen transportieren Energie durch den leeren Raum. Den Quotienten Energie/(Fläche · Zeit) nennt man Energiestromdichte S, und zwar gilt

$$S = \frac{1}{A} \cdot \frac{\mathrm{d}W}{\mathrm{d}t} = \gamma_{\text{em}}\,\vec{E} \times \vec{H}$$

Die Beziehung wird in 4.5.3.4 begründet, Gl. (4-136b).

In den elektromagnetischen Wellen (im materiefreien Raum) stehen elektrische Feldstärke $\vec{E}$ und magnetische Feldstärke $\vec{H}$ senkrecht aufeinander und ändern sich *gleichphasig*. Der Quotient (Formelzeichen Z) aus beiden hat den Wert

$$Z = E/H = \frac{\mu_0\,c}{\gamma_{\text{em}}} = \frac{\gamma_{\text{em}}}{\varepsilon_0\,c} = 377\,\frac{\text{Wb}}{\text{Cb}}$$

Näheres vgl. 4.5.3.4, Gl. (4-135).

In einem von Materie erfüllten Raum breiten sich elektromagnetische Wellen mit einer Geschwindigkeit $v < c$ aus. Man erwartet, daß gilt

$$\varepsilon_r \cdot \varepsilon_0 \cdot \mu_r \cdot \mu_0 \cdot v^2 = \gamma_{\text{em}}^2 \qquad \text{(4-113)}$$

Dabei ist $c^2/v^2 = n^2$, wo n die Brechzahl (vgl. 5.1.3) ist. Die Atome und Moleküle, aus denen Materie besteht, enthalten schwingungsfähige Elektronen mit Eigenfrequenzen. Geht elektromagnetische Strahlung durch Materie, so werden diese Elektronen zu erzwungenen Schwingungen angeregt (vgl. 2.4.4). Deswegen werden n und ε_r frequenzabhängig.

Bei fast allen lichtdurchlässigen Stoffen ist $\mu_r \approx 1$. Für Lichtwellen mit Frequenzen, die kleiner sind als alle Eigenfrequenzen (das ist der Fall im Frequenzbereich des langwelligen Ultrarot und der Radiowellen), gilt

$$n^2 = \varepsilon_r \qquad (4\text{-}114)$$

Dies ergibt sich, wenn man Gl. (4-113) durch Gl. (4-111 d) dividiert und $n = c/v$ berücksichtigt. ε_r ist die statische Dielektrizitätszahl (4.2.6.3).

4.5. Wechselstrom, Wechselfelder

Die zeitlich wechselnde elektrische Stromstärke (*in* einem Draht) und die zeitlich wechselnde elektrische Spannung (*zwischen* zwei Punkten längs des Drahtes) sind im allgemeinen gegeneinander phasenverschoben. Dabei kann fortgesetzt elektrische Feldenergie in magnetische Feldenergie verwandelt werden und umgekehrt. Das ist ausgesprochen der Fall in einem elektrischen Schwingkreis. Von einem solchen werden unter vielen Bedingungen *elektromagnetische Wellen* ausgesandt.

4.5.1. Wechselspannung und -strom

4.5.1.1. Erzeugung von Wechselspannung durch Induktion

Durch gleichförmiges Drehen einer Spule in einem homogenen Magnetfeld erhält man eine periodisch, und zwar sinusförmig wechselnde elektrische Spannung zwischen den Drahtenden.

Bevorzugt hat man im folgenden mit Stromstärken und Spannungen zu tun, die sich zeitlich mit $\sin \omega t$ ändern.

Wird eine Induktionsspule der Fläche A in einem Magnetfeld der Flußdichte B gleichförmig gedreht, dann entsteht nach Gl. (4-65) die induzierte Spannung

$$U(t) = U_0 \cdot \sin \omega t \qquad \text{mit} \qquad U_0 = (n/\gamma_{em}) \cdot B \cdot A_0 \cdot \omega \qquad (4\text{-}65a)$$

Diese zeitlich veränderliche Spannung hat wechselndes Vorzeichen („Wechselspannung", Abb. 277). Die Amplitude U_0 der Wechselspannung wird Scheitelwert genannt.

Die Wechselspannung kann dabei über Kontakte an Schleifringen abgeführt werden, wie in Abb. 274a gezeichnet (Prinzip eines Wechselspannungsgenerators).

Durch einen unterteilten Schleifring, der die Anschlüsse an die Drehspule nach jeweils 180° Drehung vertauscht (Kommutator, Abb. 274b), erhält man eine pulsierende gleichgerichtete Spannung (vgl. Abb. 274c, Prinzip eines Gleichspannungsgenerators). Durch die in Abb. 274d gezeigte Anordnung (mehrere versetzte Spulen, Trommelläufer) erzeugt man Gleichspannung mit geringer Welligkeit.

Eine *Umkehrung* der eben besprochenen Generatoren sind in mancher Hinsicht die Elektromotore. Bei ihnen werden die Spulendrähte von einer von außen zugeführten elektrischen Stromstärke durchflossen. Auf die bewegten Ladungsträger (im Metall sind das Elektronen) wirkt die Kraft (Lorentzkraft) $\vec{F} = q \cdot \vec{v} \times \vec{B}/\gamma_{em} = I\vec{s} \times \vec{B}/\gamma_{em}$, wobei q die im Drahtstück s enthaltene bewegte Ladung ist [vgl. Gl. (4-83a und b)] und $q\vec{v} = I\vec{s}$ gilt. Dadurch entsteht im Magnetfeld ein Drehmoment auf den Läufer (Rotor) des Elektromotors, ähnlich wie bei der Drehspule eines Galvanometers.

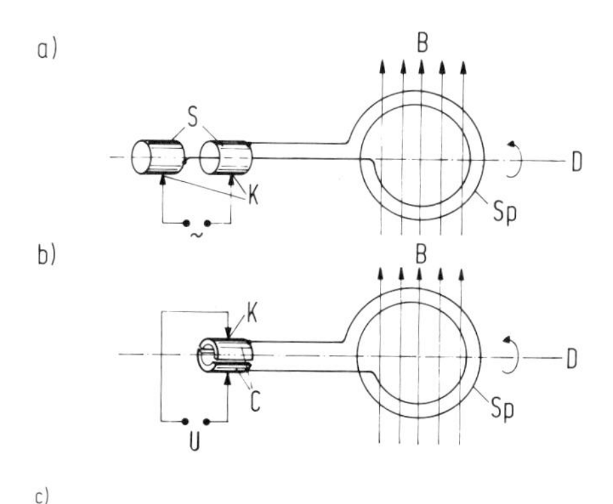

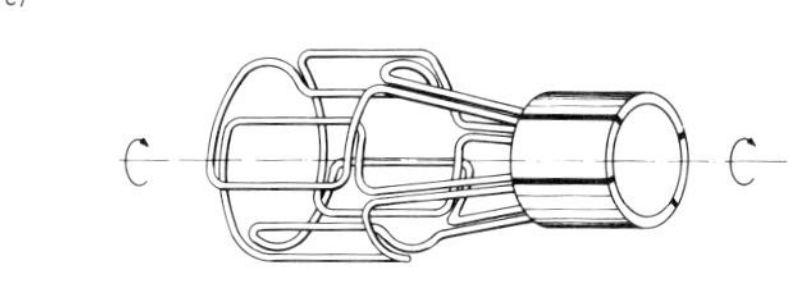

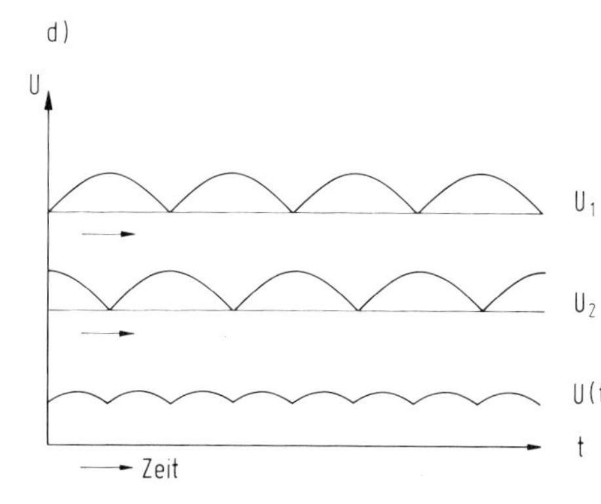

Abb. 274. Prinzip von Spannungsgeneratoren. S: Schleifringe, K: Schleifkontakte, Sp: Spule, C: Kollektorring, D: Drehachse.

a) Anordnung mit zwei Schleifringen zur Erzeugung von Wechselspannung.

b) Anordnung mit Kollektorring zur Abnahme von pulsierender Gleichspannung.

c) Trommelläufer mit zwei Spulenpaaren zur Erzeugung von Gleichspannung geringer Welligkeit. (Der schwarze Strich am Kollektorring bedeutet einen Isolator.

d) In der Anordnung c) liefert das eine Spulenpaar die Spannung $U_1(t)$, das andere Spulenpaar dagegen phasenverschobene Spannung $U_2(t)$. Die Summe der beiden Spannungen ergibt $U(t)$ mit relativ geringer Welligkeit. Diese kann weiter verkleinert werden durch Verwendung von vielen, regelmäßig gegeneinander verschobenen Spulen.

c) und d) nach Pohl II (15. Auflage), S. 98, Abb. 212/3.

4.5.1.2. Wechselspannung, Oszillograph

Der zeitliche Verlauf der Wechselspannung kann z. B. mit einem Kathodenstrahl-Oszillographen beobachtet werden.

Schließt man ein Multizellularvoltmeter an eine Steckdose des städtischen Wechselstromnetzes an, so erhält man die Anzeige 220 V. Unterbricht man am Instrument die Verbindung zur Steckdose, so bleibt es nicht auf 220 V stehen, wie es nach dem Anlegen von Gleichspannung selbstverständlich ist, sondern zeigt im Regelfall einen von 220 V verschiedenen Wert. An der Steckdose liegt Wechselspannung und das Instrument zeigt nach dem Abtrennen den momentanen Wert der Spannung im Augenblick der Kontaktunterbrechung an. Man erhält Spannungsanzeigen zwischen 0 und 311 V in statistischer Verteilung, Abb. 275, genauer zwischen −311 V und +311 V. Das Spannungsvorzeichen könnte bestimmt

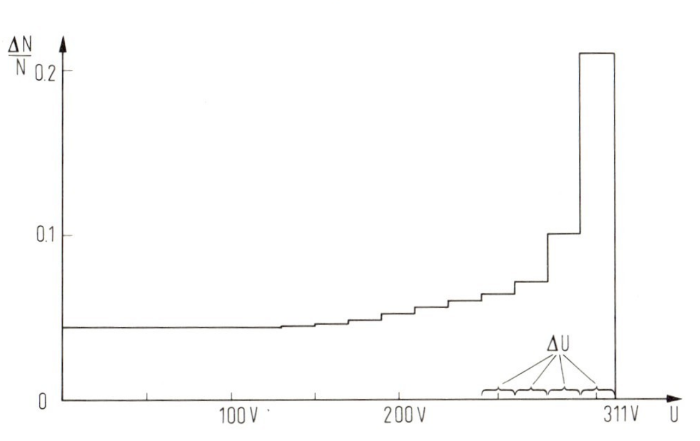

Abb. 275. Häufigkeit der Spannungsmomentanwerte bei Wechselspannung $U_{eff} = 220$ V. Aufgetragen ist jeweils die relative Anzahl der Fälle, in denen bei sehr häufiger Wiederholung des beschriebenen Verfahrens ein Spannungswert zwischen 311 V und 291 V, zwischen 291 V und 271 V usw. gefunden wird, also jeweils in Intervallen von $\Delta U = 20$ V.

werden, indem man eine nach 4.2.6.4 mit bekanntem Ladungsvorzeichen aufgeladene Griffplatte der Anschlußklemme des Instruments nähert. Wenn dessen Ausschlag zunimmt, haben Instrument und Griffplatte dasselbe Ladungsvorzeichen. (Man könnte die Griffplatte auch an der Spannungsklemme des Instruments aufladen und nach 4.2.6.5 drittletzter Absatz verfahren.)

Der genaue zeitliche Verlauf der Wechselspannung kann mit momentan anzeigenden Geräten (Oszillographen) untersucht werden.

Mit dem heute gebräuchlichen Kathodenstrahloszillographen kann man periodische und unperiodische Spannungsverläufe mit Zeitkonstanten bis unter 10^{-9} s sichtbar machen. Man findet beim technischen Wechselstrom $U(t) = U_0 \cdot \sin \omega t$. Legt man eine solche Wechselspannung an einen einfachen Drahtwiderstand, dann fließt in ihm die Stromstärke $I = I_0 \cdot \sin \omega t$. In Europa ist dabei $\nu = 50\ \mathrm{s}^{-1}$ (50 Hz) bzw. $\omega = 2\pi\nu = 2 \cdot 3{,}14 \cdot 50\ \mathrm{s}^{-1} = 314\ \mathrm{s}^{-1}$, in USA z. B. $\nu = 60\ \mathrm{s}^{-1}$. Über U_0 und U_{eff} vergleiche 4.5.1.4.

Elektrische Ströme mit ω in der Größenordnung um 10^8 bis $10^{12}\ \mathrm{s}^{-1}$ und mehr nennt man hochfrequente Wechselströme, kurz Hochfrequenzströme.

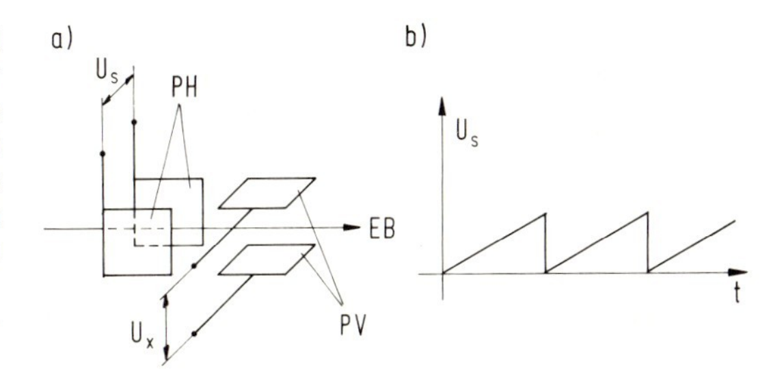

Abb. 276. Oszillograph (schematisch).
a) EB: Elektronenbündel, PH: Platten zur Horizontalablenkung, PV: Platten zur Vertikalablenkung.
An die Platten zur Horizontalablenkung wird die Spannung U_s gelegt. An den Platten zur Vertikalablenkung liegt die zu messende Spannung U_x. Auf dem (nicht gezeichneten) Bildschirm wandert der Auftreffpunkt des Elektronenstrahls proportional zu U_x nach oben oder unten und proportional zu U_s von links nach rechts.
b) Zeitlicher Verlauf der „Sägezahnspannung" U_s.

Ein *Kathodenstrahl-Oszillograph* ist folgendermaßen eingerichtet: Von einer Glühkathode geht ein Elektronenbündel mit kleinem Querschnitt aus, durchläuft elektrische Ablenkfelder (2 Plattenpaare, deren Feldstärken senkrecht zueinander und senkrecht zur Richtung des Elektronenstrahls stehen (Abb. 276). Der Elektronenstrahl erzeugt auf einem fluoreszierenden Bildschirm einen Lichtpunkt. Das eine Plattenpaar lenkt den Strahl von links nach rechts ab (mit Hilfe einer „Sägezahn"spannung U_s, vgl. Abb. 276b, Zeitdauer des Spannungsanstiegs wählbar). Das andere Plattenpaar ermöglicht eine Ablenkung nach oben oder unten. An diesem liegt die zu messende Spannung. Dadurch wird der zeitliche Verlauf der Spannung mit der Abszisse als Zeitachse und der Ordinate als Spannungsachse auf dem Bildschirm aufgezeichnet.

Beim *Schleifenoszillographen* fließt der zeitlich veränderliche Strom durch eine im Feld eines hufeisenförmigen Magneten befindliche kleine Drahtschleife, die ein Spiegelchen trägt und ein kleines Trägheitsmoment besitzt. Diese Anordnung befindet sich in Öl und kann (gedämpfte) Drehschwingungen ausführen, vgl. 2.1.3.1. Der Elektrokardiograph arbeitet nach diesem Prinzip.

4.5.1.3. Addition von Wechselspannungen, Zeiger, Drehstrom

Wechselspannungen lassen sich darstellen durch Zeiger in der (Gaußschen) komplexen Ebene. Die Summe von Wechselspannungen gleicher Frequenz ergibt sich aus der Vektorsumme der Zeiger.

In 1.3.4.4 wurde gezeigt, daß bei einer sinusförmigen Schwingung die Auslenkung durch seitliche Projektion eines Pfeiles vom Kreismittelpunkt zum Punkt P, der eine gleichförmige Kreisbewegung ausführt, dargestellt werden kann. Analog kann man den sinusförmigen Verlauf von $U(t)$ bzw. $I(t)$ bei Wechselstrom durch einen umlaufenden Pfeil darstellen. Seine Länge entspricht dem Scheitelwert U_0 bzw. I_0. Die seitliche Projektion des Pfeiles ergibt den zeitlichen Verlauf von U bzw. I, Abb. 277. Den Pfeil nennt man Zeiger.

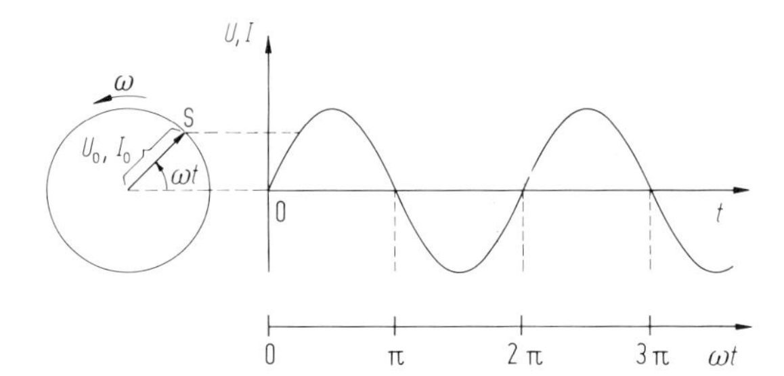

Abb. 277. Sinusförmige Zeitabhängigkeit als Projektion eines umlaufenden Zeigers. Der Zeiger kann entweder die Spannung $U = U_0 \cdot \sin \omega t$ oder die Stromstärke $I = I_0 \cdot \sin \omega t$ oder eine andere Größe mit derselben Zeitabhängigkeit darstellen, vgl. dazu Abb. 23, S. 49

Zwei Wechselspannungen gleicher Frequenz können sich, abgesehen von ihrer Amplitude, durch einen Phasenunterschied $\delta = \varphi_2 - \varphi_1$ unterscheiden, vgl. Abb. 278. Die Gesamtspannung beim Hintereinanderschalten dieser Spannungen ergibt sich aus der Vektoraddition der zugehörigen Zeiger. Man kann entweder die Zeiger zuerst projizieren und die Ordinantenwerte der beiden zeitabhängigen Funktionen addieren, oder die Zeiger addieren

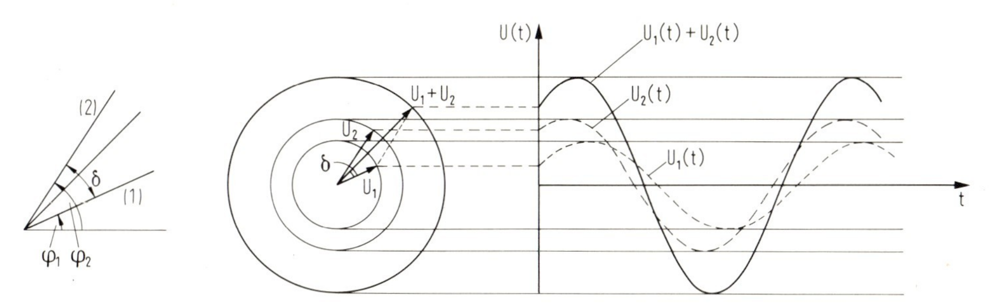

Abb. 278. Addition von Wechselspannungen. Die Summe der Spannungen $U_1(t)$ und $U_2(t)$ kann gebildet werden indem man
a) die Ordinatenwerte beider Kurven $U_1(t)$ und $U_2(t)$ addiert oder
b) die beiden Zeiger vektoriell addiert und den Summenzeiger projiziert.

und dann projizieren. Auf den Fall der Abb. 278 angewendet gilt: Herrscht zwischen den Punkten A und B eine Wechselspannung mit dem Scheitelwert U_1 und zwischen den Punkten B und C eine Wechselspannung mit dem Scheitelwert U_2, dann ergibt sich der Scheitelwert U_{AC} der Summenspannung als Vektorsumme der Zeiger von U_1 und U_2.

Beispiel. 1. U_1 stammt von einer Wicklung eines Generators, U_2 von einer anderen desselben Generators.
2. U_1 ist der Spannungsabfall in einem Teil eines Wechselstromkreises, U_2 der in einem anschließenden Teil.

Zwei zeitabhängige Sinusfunktionen seien gegeneinander phasenverschoben (z. B. $U(t)$ und $I(t)$). Die Phasenverschiebung δ für Funktion (2) möge relativ zu Funktion (1) angegeben werden. Dann kann man Funktion (2) in zwei Anteile (3) und (4) zerlegen, Abb. 279, deren einer, nämlich (3), phasengleich mit (1) gewählt wird und deren anderer, nämlich (4), gegenüber (3) und (1) die Phasenverschiebung $\delta = 90°$ hat. Die Zerlegung der Funktion (2) ergibt sich aus dem Zeigerdiagramm Abb. 279.

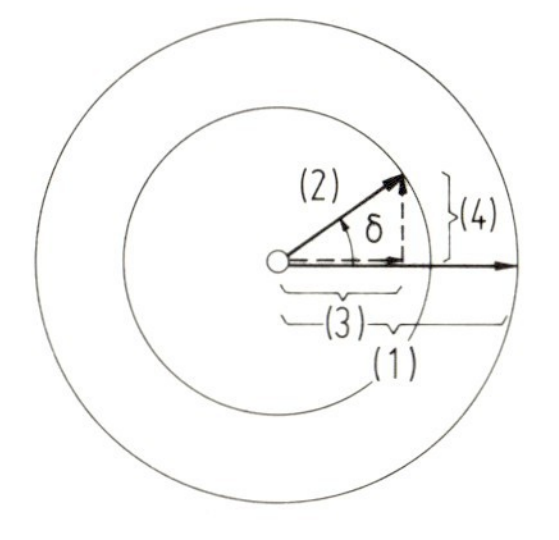

Abb. 279. Zur Zerlegung einer Sinusfunktion mit Hilfe von Zeigern. Nach Abb. 277 kann man Zeiger und Sinusfunktionen ineinander überführen. Davon wird hier Gebrauch gemacht.
Eine Sinusfunktion (2), die relativ zu einer Sinusfunktion (1) um δ phasenverschoben ist, kann in zwei Anteile zerlegt werden, deren einer (3) phasengleich zu (1) ist und deren anderer (4) um 90° phasenverschoben gegen (1) ist. (1) entspricht sin ..., (4) entspricht cos ....

Addiert man drei Sinusfunktionen gleicher Amplitude (1), (2), (3) jeweils mit Phasenverschiebungen $\delta = 120°$ zwischen (1) (2), (2) (3), (3) (1), so ergibt sich dauernd Null, wie man aus dem Zeigerdiagramm Abb. 280 erkennt. Diese Verhältnisse liegen beim technischen Drehstrom vor. Man baut Spannungsgeneratoren mit drei Wicklungen, die es gestatten, drei Wechselspannungen mit je 120° Phasenverschiebung zueinander abzunehmen, und führt drei Leitungen und eine Erdleitung zum Verbraucher. Solchen dreiphasigen Wechselstrom nennt man *Drehstrom*. Die Spannungsklemmen werden mit R, S, T bezeichnet, die Erdleitung mit 0. Zwischen

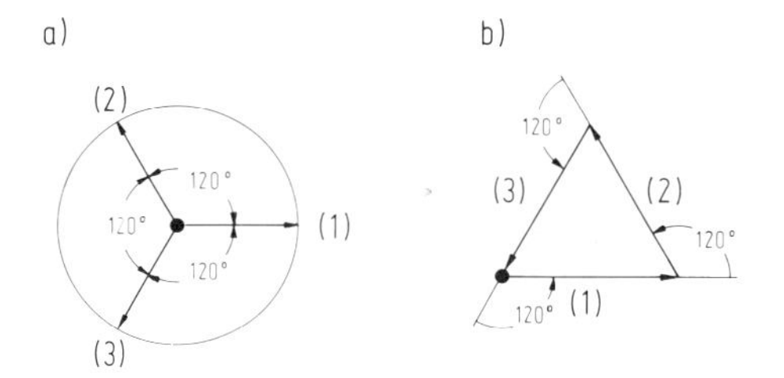

Abb. 280. Zeigerdiagramm des Drehstromes.
a) Zeiger der drei Einzelspannungen,
b) Die Summe der Zeiger beim Zusammenführen in Sternschaltung (Abb. 281a) ergibt 0.
(1), (2), (3) entspricht R, S, T, neuerdings wird empfohlen, dafür zu schreiben L_1, L_2, L_3.

RS, ST, TR liegen die Effektivspannungen 380 V. Dagegen kann man zwischen einer Phase (R oder S oder T) und Erde gewöhnlichen (einphasigen) Wechselstrom mit $U_{eff} = 220\ V = 380\ V \cdot \sqrt{3}/3$ entnehmen.

Die Wicklungen von Drehstromverbrauchern (z. B. Drehstrommotoren) können „im Stern" oder „im Dreieck" geschaltet werden (vgl. Abb. 281). In vielen Netzen liegt bei Sternschaltung an den Wicklungen die Effektivspannung 220 V, bei Dreieckschaltung die Effektivspannung 380 V. Drehstrommotore können in Sternschaltung angelassen und in Dreieckschaltung betrieben werden. Dazu dient ein Stern-Dreieck-Schalter. Auch mit Sternschaltung ist in der Erdleitung die Stromstärke ständig Null (falls in den 3 Zweigen dieselben Widerstandsverhältnisse herrschen).

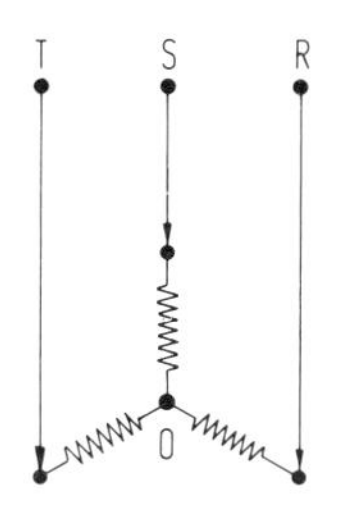

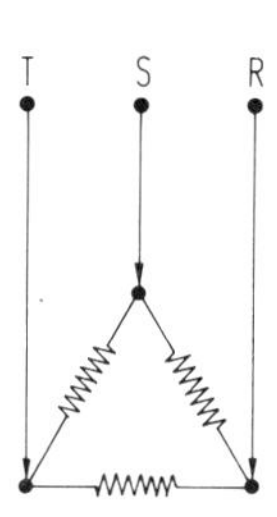

Abb. 281. Sternschaltung und Dreieckschaltung. Anlegen der Wicklungen
a) bei Sternschaltung. Zwischen R und 0, S und 0, T und 0 liegen jeweils $U_{eff} = 220$ V. Man kann 0 erden. Die Stromstärke in der Erdleitung ist Null (falls die 3 Zweige gleich belastet sind).
b) bei Dreieckschaltung. Zwischen R und S, S und T, T und R liegen jeweils $U_{eff} = 380$ V. Die Erdleitung wird nicht benutzt.

Zweidimensionale Vektoren und Zeiger lassen sich einfach behandeln, wenn man die Koordinatenachsen x und y der Zeichenebene, die bisher benutzt wurden, durch die komplexe Zahlenebene $(x, \mathrm{i}\,y)$ ersetzt. Dann kann man einen Zeiger der Länge r unter dem Phasenwinkel φ darstellen durch die komplexe Zahl

$$r \cdot e^{i\varphi} = r\,(\cos\varphi + i \cdot \sin\varphi) \qquad (4\text{-}115)$$

Wenn $\varphi = \omega \cdot t$ ist, wird daraus

$$r \cdot e^{i\omega t} = r \cdot (\cos\omega t + i \cdot \sin\omega t). \qquad (4\text{-}115a)$$

Speziell wird ein Pfeil der Länge $r = 1$ unter dem Winkel φ zur x-Achse durch $e^{i\varphi}$ beschrieben, ein solcher, der mit der Kreisfrequenz ω umläuft, durch $e^{i\omega t}$. Projiziert man ihn auf die reelle Achse, so entsteht $\cos\omega t$. Projiziert man ihn auf die imaginäre Achse, so entsteht $i \cdot \sin\omega t$.

Eine zweite sinus-Funktion, die gegen die erste sinus-Funktion phasenverschoben ist, enthält den Phasenwinkel δ. Wenn sie denselben Scheitelwert r wie die erste hat, ist sie gegeben durch

$$\tilde{r} = r \cdot e^{i(\omega t + \delta)} = r \cdot e^{i\omega t} \cdot e^{i\delta} = r\cos(\omega t + \delta) + i \cdot \sin(\omega t + \delta) \qquad (4\text{-}115b)$$

Ebenso wie man vorhin durch seitliche Projektion des Zeigers die Auslenkung als Funktion der Zeit erhalten hat, bekommt man sie jetzt durch Übergang zum Realteil der hingeschriebenen komplexen Größe, also $x = \mathrm{Re}\,(\tilde{r}) = r \cdot \cos(\omega t + \delta)$. Geht man stattdessen zum Imaginärteil über, $y = \mathrm{Im}(\tilde{r}) = r \cdot \sin(\omega t + \delta)$, so erhält man denselben Funktionsverlauf, jedoch mit einer Zeitversetzung von 1/4 Periode gegenüber dem Realteil.

Bei der Anwendung auf Wechselspannung und Wechselstrom treten an die Stelle von r die Scheitelwerte U_0 und I_0. Elektrische Wechselspannungen und -stromstärken werden daher oft in der Form

$$\left.\begin{aligned} \tilde{U}(t) &= U_0 \cdot e^{i\omega t + \delta} \\ \text{bzw.} \quad \tilde{I}(t) &= I_0 \cdot e^{i\omega t + \delta} \end{aligned}\right\} \qquad (4\text{-}116)$$

geschrieben („komplexe Schreibweise"). Bildet man $\mathrm{Re}\,\tilde{U}(t)$, so entsteht $U_0 \cdot \cos(\omega t + \delta)$ usw. Ein wichtiger Vorzug der komplexen Schreibweise liegt darin, daß Phasenwinkel δ (Phasenverschiebungen) im Exponenten addiert werden können.

Addiert man zwei Sinusschwingungen mit Scheitelwerten A und B und einer Phasenverschiebung δ gegeneinander, so erhält man wieder eine Sinusschwingung. Ihr Scheitelwert kann je nach der Phasenverschiebung alle möglichen Werte zwischen $A + B$ (bei $\delta = 0°$) und $A - B$ (bei $\delta = 180°$) annehmen. Welcher Wert sich genau einstellt, kann aus dem Zeigerdiagramm (Abb. 278) entnommen werden.

4.5.1.4. Effektivspannung und Effektivstromstärke

In einem Widerstandsdraht wird durch die Spannung $U = U_0 \cdot \sin \omega t$ die Stromstärke $I = I_0 \cdot \sin \omega t$ erzeugt und im zeitlichen Mittel die Leistung $(1/T) \int_0^T U \cdot I \cdot \mathrm{d}t = (U_0/\sqrt{2}) \cdot (I_0/\sqrt{2}) = U_{\mathrm{eff}} \cdot I_{\mathrm{eff}}$ umgesetzt. Die Auswertung des Integrals in dieser Form gilt nur für sinusförmigen Wechselstrom.

In einem einfachen Drahtwiderstand wird durch die Spannung $U = U_0 \cdot \sin \omega t$ die *gleichphasige* Stromstärke $I = I_0 \cdot \sin \omega t$ erzeugt. Im Draht wird daher die Momentanleistung

$$P(t) = U \cdot I = U_0 \cdot I_0 \cdot \sin^2 \omega t \qquad (4\text{-}117)$$

in Wärme verwandelt. Trotz der zeitlichen Veränderlichkeit von U und I hat der Widerstand $R = U/I = U_0/I_0$ einen zeitlich konstanten Wert.

Man kann daher die *mittlere Leistung*

$$P(t) = U_0 \cdot I_0 \cdot \overline{\sin^2 \omega t} = R \cdot I_0^2 \cdot \overline{\sin^2 \omega t} \qquad (4\text{-}117a)$$

einführen. Überstreichen bedeutet Bildung des zeitlichen Mittelwertes. $\overline{\sin^2}$ wird gelesen: „sinus Quadrat gemittelt". Man mittelt über eine Periode oder über m ganze Perioden, indem man von 0 bis mT integriert und durch mT dividiert, mit m ganzzahlig. Man integriert also über ganze Perioden. Die Bestimmung von $\sin^2 \omega t$ geht aus Abb. 282 hervor. Darin sind die

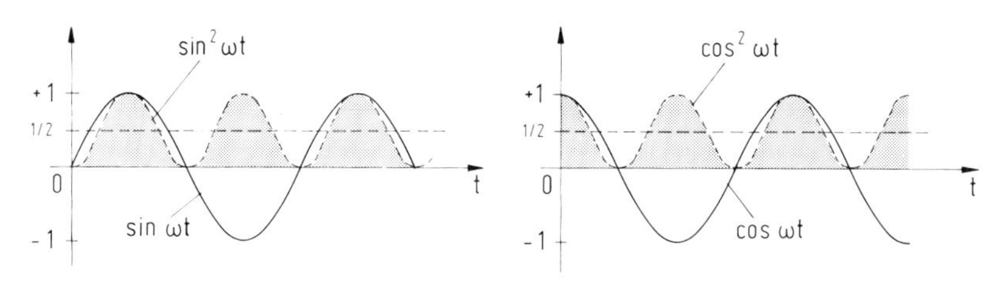

Abb. 282. Darstellung der Funktionen sin ωt, $\sin^2 \omega t$ und cos ωt, $\cos^2 \omega t$. Der zeitliche Mittelwert von sin ωt oder cos ωt ist 0. Man überzeugt sich leicht, daß an jeder Stelle gilt $1 - \sin^2 \omega t = \cos^2 \omega t$. Weiter ist $\overline{\sin^2 \omega t} = \overline{\cos^2 \omega t} = 1/2$.

Funktionen sin ωt, cos ωt, sowie $\sin^2 \omega t$ und $\cos^2 \omega t$ dargestellt. sin und cos unterscheiden sich ebenso wie $\sin^2$ und $\cos^2$ nur durch eine zeitliche Verschiebung: speziell für $\delta = 90°$ geht $\sin^2$ in $\cos^2$ über. Natürlich ist $\overline{\sin^2 (\omega t + \delta)} = \overline{\sin^2 \omega t}$, da die Phasenverschiebung δ lediglich eine Verschiebung des Zeitnullpunktes bedeutet. Man entnimmt daher aus Abb. 282

$$\overline{\cos^2 \omega t} = \overline{\sin^2 \omega t}$$

Nun ist bekanntlich $\sin^2 \omega t + \cos^2 \omega t = 1$. Hieraus folgt

$$\overline{\sin^2 \omega t} = \overline{\cos^2 \omega t} = 1/2$$

sin und $\sin^2$ unterscheiden sich außerdem noch durch die Halbierung der Periodendauer. Es ist $\sin^2 \omega t = (1/2)(1 - \cos 2\omega t)$.

Die mittlere Leistung kann dann als Produkt einer effektiven Spannung U_{eff} und einer effektiven Stromstärke I_{eff} ausgedrückt werden. Mit effektiver Spannung und effektiver Stromstärke meint man dabei diejenigen Mittelwerte, deren Produkt im Fall der Phasenverschiebung $\delta = 0$ zwischen I und U die mittlere Leistung $\overline{U \cdot I}$ ergibt. Für diese erhält man dann

$$P = U_0 \cdot I_0 \cdot \frac{1}{2} = \frac{U_0 \cdot I_0}{\sqrt{2} \cdot \sqrt{2}} = U_{\text{eff}} \cdot I_{\text{eff}} = R \cdot I_{\text{eff}}^2 \tag{4-118}$$

Bei *sinus*förmiger Wechselspannung ist also die Effektivspannung

$$U_{\text{eff}} = U_0 \sqrt{\overline{\sin^2 \omega t}} = U_0 \sqrt{\frac{1}{T} \int_0^T \sin^2 \omega t \, \mathrm{d}t} = U_0/\sqrt{2}$$

und die Effektivstromstärke (4-118a)

$$I_{\text{eff}} = I_0 \sqrt{\overline{\sin^2 \omega t}} = I_0 \sqrt{\frac{1}{T} \int_0^T \sin^2 \omega t \, \mathrm{d}t} = I_0/\sqrt{2}$$

Beide Effektivwerte lassen sich leicht messen mit Instrumenten, deren Anzeige vom Vorzeichen des Stromes bzw. vom Vorzeichen der Spannung unabhängig ist. Dazu gehören Hitzdraht-Amperemeter, Weicheisen-Amperemeter, statische Voltmeter ohne Hilfsspannung, z. B. das Multizellularvoltmeter (4.2.2.2). Bei ihnen ist der Ausschlag eine eindeutige monotone, aber nicht lineare Funktion der Stromstärke bzw. Spannung. Meist ist er näherungsweise proportional U^2, bzw. I^2. Sehr gebräuchlich sind heute Drehspulinstrumente, vor die ein Gleichrichter (Diode) geschaltet ist; für sie ist der Ausschlag nahezu linear.

Eine sinusförmige Wechselspannung (städtisches Netz) wird im allgemeinen charakterisiert durch U_{eff}. Für die Spannung der meisten städtischen Netze ist $U_{eff} = 220$ V, dagegen $U_0 = \sqrt{2} \cdot U_{eff} = 311$ V. Die erwähnten Wechselstrommeßinstrumente zeigen die Effektivwerte von Stromstärke und der Spannung an.

4.5.1.5. Transformator

Mit Transformatoren läßt sich die Wechselspannung im Verhältnis der Windungszahlen erhöhen oder erniedrigen. Dabei bleibt die übertragene Leistung (nahezu) konstant.

Auf einen geschlossenen Eisenring werden zwei Spulen (Primärspule, Sekundärspule) gebracht und durch die Primärspule Wechselstrom geschickt. Der magnetische Fluß ϕ im Eisenring ändert sich dann mit gleicher Frequenz wie die Stromstärke in der Primärspule. Dadurch wird in der Sekundärspule Wechselspannung (wieder mit derselben Frequenz) induziert. Diese Anordnung heißt *Transformator*.

Aus dem Induktionsgesetz

$$\frac{n}{\gamma_{em}} \cdot \frac{d\phi}{dt} = U$$

kann man folgern: Hat die Primärspule die Windungszahl n_1, die Sekundärspule die Windungszahl n_2 und wird an die Primärspule die Effektivspannung U_1 gelegt, so entsteht an der Sekundärspule die Effektivspannung U_2, wobei gilt

$$\frac{U_1}{n_1} = \frac{U_2}{n_2} \quad \text{oder} \quad \frac{n_2}{n_1} = \frac{U_2}{U_1} \tag{4-119}$$

n_2/n_1 heißt *Übersetzungsverhältnis* des Transformators.

Da außerdem die Energie $W = I \cdot U \cdot t$ erhalten bleibt, gilt aber außerdem: Die auf der Primärseite zugeführte Leistung ist gleich der Leistung auf der Sekundärseite, bis auf Verluste durch Ummagnetisieren im Eisen und bis auf Ohmschen Widerstand der Wicklung. Wenn man davon absieht, gilt daher

$$I_1 \cdot U_1 = I_2 \cdot U_2 \tag{4-120}$$

Die obige Betrachtung gilt nur, solange B prop. H angesetzt werden kann. Über Verluste beim Ummagnetisieren vgl. (4.4.3.1).

Die Sekundärspannung eines Transformators hat nur solange den gleichen sinusförmigen Verlauf wie die Primärspannung, wie im Eisenkern $\mu = $ const. gesetzt werden kann.

Beim Transformator müssen drei Fälle betrachtet werden:

Fall a). $n_2/n_1 > 1$. Die Spannung wird hinauf transformiert, d. h. die Sekundär*spannung* ist höher als die Primärspannung. Die *Stromstärke* auf der Sekundärseite ist um denselben Faktor niedriger in Übereinstimmung mit Gl. (4-120).

Fall b). $n_2/n_1 = 1$. Primärspannung gleich Sekundärspannung (1 : 1-Transformator). Wenn außerdem Eisenkern und Spulen sehr gut gegeneinander isoliert sind, kann man mit solchen Transformatoren elektrische Leistung von einem mit Erde verbundenen Stromkreis zu einem auf Hochspannung befindlichen Stromkreis übertragen. Davon macht man Gebrauch z. B. bei einem Teilchenbeschleuniger zum Betrieb einer Ionenquelle, die sich auf Hochspannung befindet oder dergleichen.

Fall c). $n_2/n_1 < 1$. Die Spannung wird herunter transformiert, d. h. die Sekundärspannung ist niedriger als die Primärspannung. Dann kann man an der Sekundärseite sehr hohe Stromstärken entnehmen. Dies wird verwendet z. B. beim Schweißen.

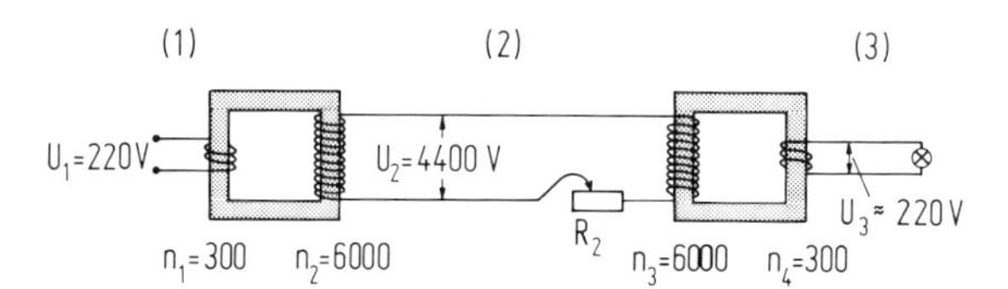

Abb. 283. Modell einer Überlandleitung. Die Verlustleistung ΔP im Widerstand R_2 beträgt: $\Delta P = R_2 \cdot I_2^2$. Im Kreis (2) ist die Spannung erhöht und die Stromstärke I_2 entsprechend verkleinert. Folge: kleinere Verlustleistung in R_2.

Überlandleitung. Wenn man zwei Transformatoren entsprechend Abb. 283 hintereinander schaltet, gilt für die Leistung in den Kreisen (1), (2), (3)

$$U_1 \cdot I_1 = U_2 \cdot I_2 = U_3 \cdot I_3$$

Diese Gleichung gilt nur näherungsweise, denn im stromdurchflossenen Draht wird die Leistung RI^2 in Wärme verwandelt und geht verloren (Verlustleistung ΔP). Diese Verlustleistung hängt von I^2 ab und wird relativ klein, wenn die Übertragung der Leistung P mit Hilfe großer Spannung und kleiner Stromstärke erfolgt. Deshalb benutzt man zur Fernübertragung elektrischer Energie Hochspannungsleitungen.

Demonstration. Bei 1 : 1-Transformation kann eine Glühlampe, die zum Betrieb mit der Spannung U_1 bestimmt ist, auch im Kreis 2 oder 3 betrieben werden. Fügt man einen geeigneten Widerstand R in einen der drei Kreise ein, so brennt die Glühlampe schwach. Beläßt man den Widerstand im Kreis 2, transformiert jedoch die Spannung zwischen 1 und 2 stark hinauf ($U_2 \gg U_1$) und zwischen 2 und 3 im gleichen Verhältnis wieder herunter, so daß $U_3 = U_1$ (Abb. 283) wird, so brennt die Glühlampe im Kreis 3 mit nahezu voller Lichtstärke.

Begründung. Der Teil der Leistung, der in Kreis 2 in Wärme umgesetzt wird, ist $\Delta P = R_2 \cdot I_2^2$. Das Verhältnis aus Verlustleistung ΔP und übertragener Gesamtleistung P beträgt

$$\frac{\Delta P}{P} = \frac{R_2 I_2^2}{U_2 I_2} = R_2 \cdot \frac{I_2}{U_2} \tag{4-121}$$

Dieser Bruchteil wird besonders klein, wenn die Spannung U_2 im Übertragungskreis hoch und damit die Stromstärke I_2 niedrig ist. Man beachte: U_2 ist die Hochspannung im Kreis 2, *nicht* der Spannungsabfall am Ohmschen Widerstand R_2.

Beispiel. Vorführung mit zwei Leybold-Transformatoren: $U_1 = 220$ V, $n_1 = n_4 = 300$, $n_2 = n_3 = 6000$, also $U_2 = 4400$ V und $U_3 \approx 220$ V. Als Verbraucher wird eine 50 W-Lampe für 220 V verwendet und $R = 700\,\Omega$.

4.5.2. Wechselstromkreis

4.5.2.1. Widerstand im Wechselstromkreis

Für Wechselstrom ist der effektive Widerstand zusammengesetzt aus Ohmschem Widerstand R, kapazitivem Widerstand $R_{cap} = 1/(\omega C)$ und induktivem Widerstand $R_{ind} = \omega L$. Die Phasendifferenz zwischen Stromstärke und Spannung beträgt bei ausschließlich Ohmschen Widerstand 0°, bei ausschließlich kapazitivem Widerstand +90°, bei ausschließlich induktivem Widerstand −90°.

Bei Gleichstrom versteht man unter Widerstand $R = U/I$, vgl. 4.2.3.1. In einem Wechselstromkreis kann zwischen $U(t)$ und $I(t)$ eine Phasenverschiebung bestehen. Der (effektive) Widerstand ist dann $R = U_{eff}/I_{eff}$. Die Stromstärke $I = I_0 \cdot \sin \omega t$ liefert die Bezugsphase.

Im folgenden werden nur Spannungen und Stromstärken mit sinusförmiger Zeitabhängigkeit behandelt. Dabei wird insbes. von folgenden elementaren Beziehungen Gebrauch gemacht:

$$\sin \omega t = \cos (\omega t - \pi/2) = -\cos (\omega t + \pi/2)$$

$$\cos \omega t = \sin (\omega t + \pi/2) = -\sin (\omega t - \pi/2)$$

Ein Schaltelement mit zwei Anschlüssen (Widerstandsdraht, Kondensator, Selbstinduktionsspule und Kombinationen daraus) bezeichnet man auch als „Zweipol", ein solches mit 2 mal 2 Anschlüssen (z. B. Transformator) als „Vierpol".

a) Ohmscher Widerstand. Legt man die Spannung $U = U_0 \sin \omega t$ an einen Draht, so fließt wie erwähnt die Stromstärke $I = I_0 \cdot \sin \omega t$ durch den Draht, und für den Widerstand des Drahtes ergibt sich

$$R = \frac{U}{I} = \frac{U_0}{I_0} = \frac{U_{eff}}{I_{eff}}. \qquad (4\text{-}122)$$

In diesem Fall hat der Widerstand denselben Wert wie bei Messung mit Gleichstrom. Man spricht von einem rein „Ohmschen Widerstand". Zwischen Stromstärke und Spannung besteht keine Phasenverschiebung, es ist also $\delta = 0$.

b) Kondensator. Wird Gleichspannung an einen Kondensator gelegt, so wird er aufgeladen; es fließt die Ladung $Q = C \cdot U$ in den Kondensator. Beim Entladen fließt sie wieder ab (4.2.5.4). Man beobachtet jeweils einen Stromstoß, der unter Umständen ausreicht, eine in die Leitung geschaltete Glühlampe kurz aufleuchten zu lassen.

Legt man an einen Kondensator Wechselspannung, dann fließt Ladung in jeder Periode einmal zu und ab. Die elektrische Stromstärke und ihr zeitlicher Verlauf ergibt sich aus

$$\left.\begin{array}{ll} I = \dfrac{dQ}{dt} & (4\text{-}1) \\ Q = C \cdot U & (4\text{-}24) \end{array}\right\} \quad I = C \cdot \frac{dU}{dt}$$

Wird die Spannung

$$U = U_0 \cdot \sin \omega t$$

an den Kondensator gelegt, dann folgt die Stromstärke durch Einsetzen dieser Gleichung in Gl. (4-24) und in Gl. (4-1), und es ergibt sich

$$I = \omega C \cdot U_0 \cdot \cos \omega t \tag{4-123}$$

Damit ist gleichwertig

$$I = \omega C \cdot U_0 \cdot \sin \left(\omega t + \frac{\pi}{2}\right) \tag{4-123a}$$

und es ist $I_0 = \omega C \cdot U_0$.

Da $\overline{\sin^2 (\omega t)} = \overline{\sin^2 (\omega t + \delta)}$, findet man für den *kapazitiven Widerstand*

$$R = \frac{U_{\text{eff}}}{I_{\text{eff}}} = \frac{U_0/\sqrt{2}}{I_0/\sqrt{2}} = \frac{1}{\omega C} = R_{\text{cap}} \tag{4-123b}$$

Zwischen Stromstärke und Spannung besteht eine Phasenverschiebung $+\pi/2$. Die Spannung bleibt hinter der Stromstärke zurück, Abb. 284a, d. h. die Spannung am Kondensator steigt auch dann noch, wenn die Stromstärke bereits wieder abnimmt (aber noch das alte Vorzeichen hat).

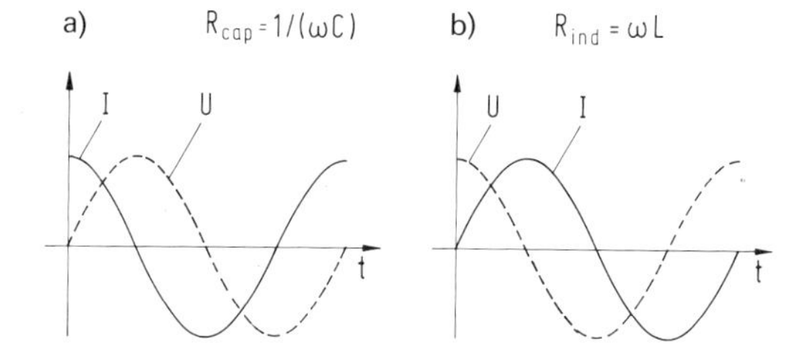

Abb. 284. Phasenverschiebung zwischen Stromstärke und Spannung.
a) Kapazitiver Widerstand
b) Induktiver Widerstand.
Bei einem kapazitiven Widerstand bleibt die Spannung hinter der Stromstärke zurück, bei einem induktiven Widerstand eilt die Spannung der Stromstärke voraus.

c) Selbstinduktionsspule. Wird *konstante* Spannung an eine Selbstinduktionsspule angelegt, so erreicht die Stromstärke erst nach einiger Zeit ihren vollen Wert, wie in 4.4.4.2 besprochen. Legt man an sie Wechselspannung, dann fließt daher nur geringerer Strom durch die Spule, als wenn dauernd Gleichspannung anliegen würde. Während sich die Stromstärke in der Selbstinduktionsspule ändert, entsteht an ihren Klemmen eine induzierte Gegenspannung

$$U_{\text{ind}} = -L \cdot \frac{\mathrm{d}I}{\mathrm{d}t} \tag{4-77d}$$

Die angelegte Spannung hat umgekehrtes Vorzeichen, also

$$U = +L \cdot \frac{\mathrm{d}I}{\mathrm{d}t} \tag{4-77e}$$

Angenommen es fließe die Stromstärke $I = I_0 \cdot \sin \omega t$, dann kann man durch Einsetzen dieser Gleichung in Gl. (4-77e) die Spannung berechnen, die dann an der Spule liegt, und man erhält

$$U = L\omega I_0 \cdot \cos \omega t = L\omega I_0 \cdot \sin\left(\omega t + \frac{\pi}{2}\right) \quad (4\text{-}124)$$

und es ist $U_0 = L\omega I_0$.
Für den *induktiven Widerstand* ergibt sich daher

$$R = \frac{U_{eff}}{I_{eff}} = \frac{L\omega I_0/\sqrt{2}}{I_0/\sqrt{2}} = \omega L = R_{ind} \quad (4\text{-}124a)$$

Zwischen Stromstärke und Spannung besteht auch hier eine Phasenverschiebung, nämlich $-\pi/2$. Die Spannung eilt der Stromstärke voraus, Abb. 284b.

Zusammenfassend kann man sagen: Wenn man die Phasen auf $I = I_0 \cdot \sin \omega t$ bezieht, ergibt sich bei den einzelnen Widerständen:

Ohmscher	$R = R_0$	$U = U_0 \cdot \sin \omega t$	$\delta = 0°$
kapazitiv	$R_{cap} = \frac{1}{\omega C}$	$U = U_0 \cdot \sin\left(\omega t - \frac{\pi}{2}\right)$	$\delta = -90°$
induktiv	$R_{ind} = \omega L$	$U = U_0 \cdot \sin\left(\omega t + \frac{\pi}{2}\right)$	$\delta = +90°$

4.5.2.2. Hintereinander- und Parallelschalten von Wechselstromwiderständen *F/L 4.2.9*

Durch Anwenden des Zeigerdiagramms auf die Addition von Spannungen und Stromstärken bei Phasenverschiebung erhält man die Wechselstromwiderstände für Hintereinander- und Parallelschaltung.

Auch für Wechselstrom gilt: Der unverzweigte Stromkreis wird auf seiner ganzen Länge von derselben Stromstärke durchflossen. Der gesamte Spannungsabfall ist die Summe der Spannungsabfälle an den Teilstücken. Man erhält hier den Zeiger des gesamten Spannungsabfalls als Vektorsumme der Zeiger der Teilspannungen.

Ebenso wie für Gleichstrom gilt:

1. Beim Hintereinanderschalten addieren sich die Widerstände, beim Parallelschalten addieren sich die Leitwerte.
2. Im verzweigten Kreis liegt an den Zweigen dieselbe Spannung.
3. Die gesamte Stromstärke ist die Summe der Teilstromstärken in den Zweigen.

Es sollen 3 Fälle betrachtet werden:

a) Hintereinanderschalten von Ohmschem, kapazitivem und induktivem Widerstand.

Zwischen A und B sind hintereinander eingeschaltet (vgl. Abb. 285a) ein Ohmscher Widerstand R, ein Kondensator mit dem kapazitiven Widerstand R_{cap} und eine Selbstinduktionsspule mit dem induktiven Widerstand R_{ind}.

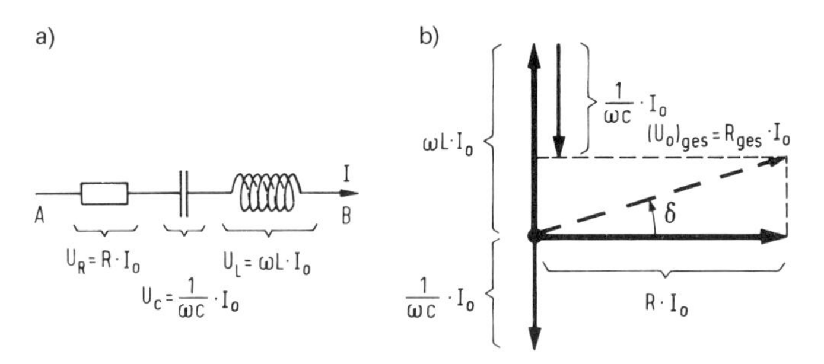

Abb. 285. Zeigerdiagramm der Spannungen (Widerstände) für Hintereinanderschalten von R, C, L. Beachte: Zeiger geben den Scheitelwert der zeitabhängigen Größe wieder. $\omega L \cdot I_0$ und $(1/\omega C) \cdot I_0$ werden addiert und dann mit $R \cdot I_0$ geometrisch zusammengesetzt. Es ergibt sich der gestrichelte Zeiger.

In Abb. 285b sind die Spannungsabfälle der Teile als Zeiger eingetragen. Die Vektorsumme der Zeiger ergibt den Zeiger der zwischen den Punkten A und B liegenden Spannung. Aus Abb. 285b entnimmt man

$$(U_0)_{\text{ges}} = \sqrt{(U_\text{R})^2 + (U_\text{kap} + U_\text{ind})^2} = I_0 \cdot \sqrt{R^2 + \left(\omega L - \frac{1}{\omega C}\right)^2} \qquad \text{(4-125)}$$

Geht man zu U_eff und I_eff über, so folgt

$$R_\text{ges} = \frac{U_0/\sqrt{2}}{I_0/\sqrt{2}} = \sqrt{R^2 + \left(\omega L - \frac{1}{\omega C}\right)^2} \qquad \text{(4-125a)}$$

Der Phasenwinkel δ ergibt sich aus

$$\tan \delta = \frac{|U_\text{kap} + U_\text{ind}|}{|U_\text{R}|} = \frac{\omega L - 1/(\omega C)}{R} \qquad \text{(4-125b)}$$

Dem Zeigerdiagramm völlig äquivalent ist die komplexe Schreibweise:

$$\widetilde{R}_\text{ges} = R + \widetilde{R}_\text{kap} + \widetilde{R}_\text{ind}$$

$$\widetilde{R}_\text{ges} = R + \frac{1}{\text{i}\omega C} + \text{i}\omega L = R + \text{i}\left(\omega L - \frac{1}{\omega C}\right)$$

und

$$R_\text{eff} = |\widetilde{R}_\text{ges}| = R_\text{ges} = \sqrt{R^2 + \left(\omega L - \frac{1}{\omega C}\right)^2} \qquad \text{(4-125a)}$$

Der Phasenwinkel ergibt sich wegen

$$\tan \delta = \frac{\sin \delta}{\cos \delta} = \frac{\text{Im}\,(\widetilde{R}_\text{ges})}{\text{Re}\,(\widetilde{R}_\text{ges})}$$

aus

$$\tan \delta = \frac{\omega L - 1/(\omega C)}{R} \qquad \text{(4-125b)}$$

b) Parallelschaltung von Ohmschem, kapazitivem und induktivem Widerstand.

Schaltet man die Widerstände parallel (Abb. 286a), so gilt

$$R_{\text{ges}} = \frac{1}{\sqrt{(1/R)^2 + (\omega C - 1/(\omega L))^2}} \tag{4-126}$$

Begründung.

$$\frac{1}{\widetilde{R}_{\text{ges}}} = \frac{1}{R} + \frac{1}{\widetilde{R}_{\text{kap}}} + \frac{1}{\widetilde{R}_{\text{ind}}}$$

$$\frac{1}{\widetilde{R}_{\text{ges}}} = \frac{1}{R} + \mathrm{i}\omega C + \frac{1}{\mathrm{i}\omega L} = \frac{1}{R} + \mathrm{i}\left(\omega C - \frac{1}{\omega L}\right)$$

$$\frac{1}{\widetilde{R}_{\text{ges}}} = \frac{1}{R_{\text{ges}}} = \sqrt{\left(\frac{1}{R}\right)^2 + \left(\omega C - \frac{1}{\omega L}\right)^2}$$

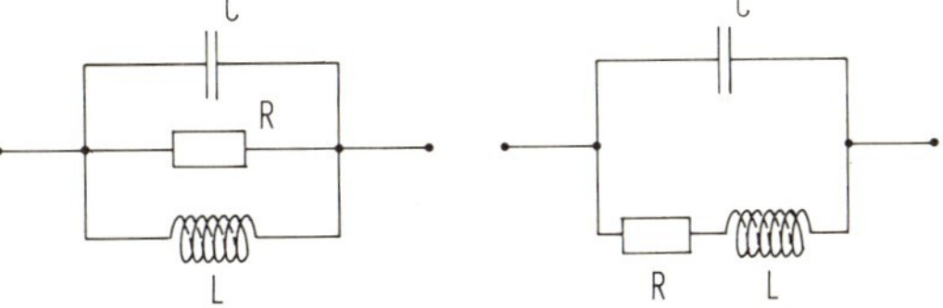

Abb. 286. Parallelschaltungen.
a) Hier addieren sich die Leitwerte, wie in Abb. 212b.
b) Im unteren Zweig addieren sich zuerst die Widerstände, für beide Zweige die Leitwerte.

c) Parallelschaltung von kapazitivem Widerstand einerseits und von induktivem mit Ohmschem Widerstand andererseits.

Besondere Bedeutung hat die Parallelschaltung von kapazitivem und induktivem Widerstand. Da man Induktionsspulen nicht ohne Ohmschen Widerstand herstellen kann, liegt dann die Schaltung Abb. 286b vor.

Für den Fall, daß der Ohmsche Widerstand R so klein ist gegenüber $R_{\text{ind}} = \omega L$, daß man ihn vernachlässigen kann, gilt

$$R_{\text{ges}} = \frac{1}{\omega C - \dfrac{1}{\omega L}} \tag{4-127}$$

Allgemeiner gilt:

$$\frac{1}{\widetilde{R}_{\text{ges}}} = \frac{1}{\widetilde{R}_1} + \frac{1}{\widetilde{R}_2} \quad \text{mit} \quad \widetilde{R}_2 = \widetilde{R}_{\text{kap}} \quad \text{und} \quad \widetilde{R}_1 = R + \widetilde{R}_{\text{ind}}$$

Nach einer Zwischenrechnung wie in a) und b) erhält man:

$$\frac{1}{R_{\text{ges}}} = \sqrt{\frac{R^2}{(R^2 + (\omega L)^2)^2} + \left(\omega C - \frac{\omega L}{R^2 + (\omega L)^2}\right)^2} \tag{4-127a}$$

4.5.2.3. Energie und Leistung bei Wechselstrom

Die bei Wechselstrom umgesetzte Leistung hängt vom Phasenwinkel zwischen Stromstärke und Spannung ab. Für sinusförmigen Wechselstrom gilt: $\overline{P} = I_{\text{eff}} \cdot U_{\text{eff}} \cdot \cos\delta$.

Allgemein gilt für die Leistung $P = U \cdot I$. Hängen U und I von der Zeit t ab, so ist P die Momentanleistung; auch sie hängt von der Zeit t ab.

Haben U und I einen sinusförmigen Verlauf und besteht zwischen ihnen die Phasenverschiebung δ, so muß nach 4.5.1.3 (Abb. 279) verfahren werden. Für den zeitlichen Mittelwert der Leistung gilt

$$\overline{P} = U_{\text{eff}} \cdot I_{\text{eff}} \cdot \cos\delta. \tag{4-128}$$

Begründung. Man mittelt die zeitlich veränderliche Leistung über eine Periode T, also

$$\overline{P} = \frac{1}{T}\int_0^T U_0 \cdot \sin(\omega t + \delta) \cdot I_0 \cdot \sin\omega t \cdot \mathrm{d}t$$

$$= \frac{1}{T}\int_0^T U_0 \cdot I_0 \,(\sin\omega t \cdot \cos\delta + \cos\omega t \cdot \sin\delta) \cdot \sin\omega t \cdot \mathrm{d}t$$

$$= \frac{1}{T}\int_0^T U_0 \cdot I_0 \cdot (\sin^2\omega t \cdot \cos\delta + \cos\omega t \cdot \sin\omega t \cdot \sin\delta) \cdot \mathrm{d}t$$

Das Mittelungsintegral über $\sin^2$ ergibt nach 4.5.1.4 den Wert 1/2. Das Mittelungsintegral über $\cos\omega t$ $\sin\omega t$ ergibt 0, weil $\sin\omega t \cdot \cos\omega t = (\sin 2\omega t)/2$ und $\overline{\sin} = 0$ ist.
Es entsteht also

$$\overline{P} = U_0 \cdot I_0 \cdot \left(\frac{1}{2}\cos\delta + 0\right) = U_{\text{eff}} \cdot I_{\text{eff}} \cdot \cos\delta$$

Bei rein kapazitivem Widerstand und bei rein induktivem wird daher wegen $\delta = +90°$ bzw. $-90°$ keine Energie „verbraucht“ (in Wärme verwandelt). Der Stromstärkeanteil mit Phasenverschiebung $\delta = \pm 90°$ gegenüber der Spannung wird Blindstrom genannt, das Produkt aus Blindstrom mal Spannung heißt Blindleistung. Der Stromstärkeanteil mit Phasenverschiebung $\delta = 0°$ gegenüber der Spannung wird Wirkstrom genannt, das Produkt Wirkstrom mal Wirkspannung heißt Wirkleistung.

Die Gesamtleistung setzt sich also aus Wirkleistung und Blindleistung zusammen. Nur die Wirkleistung wird in mechanische Arbeit oder in Wärme verwandelt. Dagegen dient die Blindleistung dazu, periodisch elektrische und magnetische Felder auf- und wieder abzubauen. Dazu muß Energie aus dem Generator periodisch ins Feld und gleich darauf vom Feld in den Generator transportiert werden.

Beispiel. In einem Elektromotor ist
a) im unbelasteten Zustand fast nur der Ohmsche Widerstand der Wicklungen wirksam;
b) im belasteten Zustand entsteht bei der Drehung des Läufers eine phasenverschobene induzierte Spannung und dadurch eine zusätzliche Phasenverschiebung zwischen Stromstärke und Spannung, welche die Wirkleistung erhöht.
Im Fall a) ist $\delta \lesssim 90°$.
Im Fall b) wird δ wesentlich kleiner.

4.5.2.4. Elektrischer Schwingkreis, Strom- und Spannungsresonanz F/L 3.1.6

Sind in einem Wechselstromkreis kapazitiver und induktiver Widerstand einander gleich, dann tritt beim Hintereinanderschalten Spannungsresonanz, beim Parallelschalten Stromresonanz auf.

Serienschaltung, Serienschwingkreis. Ein Ohmscher, kapazitiver und ein induktiver Widerstand seien *hintereinander* geschaltet und vom Wechselstrom durchflossen. Nach Gl. (4-125a) ist der Gesamtwiderstand

$$R_{ges} = \sqrt{R^2 + \left(\omega L - \frac{1}{\omega C}\right)^2}.$$

Für eine Frequenz ω_0, die sich aus $\omega_0 L = 1/(\omega_0 C)$ ergibt, fällt das zweite Glied unter der Wurzel weg, es ist $R_{ges} = R$ und $\delta = 0°$ (Fall der sog. *Spannungs*resonanz). Eine solche Reihenschaltung stellt ein Frequenzfilter dar. Sie läßt alle Frequenzen $\omega \approx \omega_0$ gut hindurch, Frequenzen, die von ω_0 wesentlich verschieden sind, viel weniger gut (vgl. Abb. 287a). Bei $\omega = \omega_0$ entsteht eine (elektrische) Schwingung. Bei dieser pendelt Energie zwischen Kondensator und Induktionsspule hin und her (Serienschwingkreis).

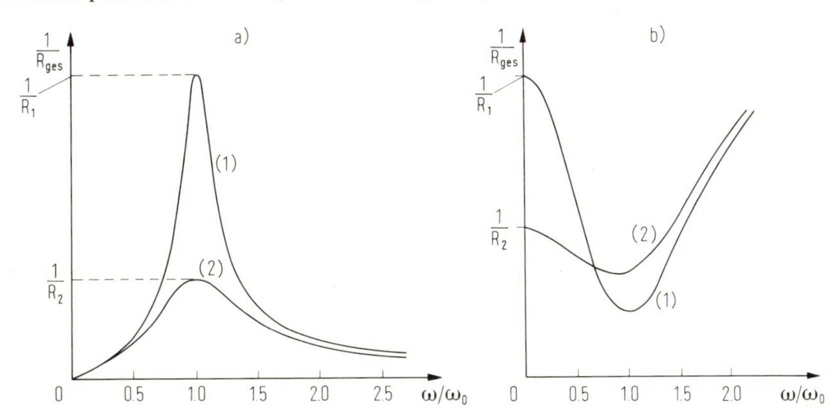

Abb. 287. Frequenzfilter und Frequenzsperre.
a) Filter: Der Leitwert $1/R_{ges}$ der Anordnung Abb. 285a) wird an der Stelle $\omega/\omega_0 = 1$ gleich $1/R_1$ bzw. $1/R_2$. Diese Schaltung läßt Ströme mit Frequenzen in der Nähe von ω_0 gut durch.
b) Sperre: Die Abhängigkeit des Leitwertes $1/R_{ges}$ von ω in der Anordnung (Abb. 286b) ist in Gl. (4-127a) angegeben. Diese Schaltung ist für Ströme mit Frequenzen in der Nähe von ω_0 ein hoher Widerstand.

Parallelschaltung, Schwingkreis. Ein Kondensator mit einer parallel geschalteten Selbstinduktionsspule bildet einen Schwingkreis. Bei gegebener Kapazität C und Induktivität L eines Schwingkreises hat der Kreis die Eigenfrequenz $\omega_0 = 2\pi/T$, wobei gilt

$$\omega_0^2 = 1/(LC) \tag{4-129}$$

Umordnen ergibt die Schwingungsdauer

$$T = 2\pi \cdot \sqrt{LC} \tag{4-129a}$$

Dies ist die sog. Thomsonsche Schwingkreisformel.

Man kann einen solchen Schwingkreis in eine Wechselstromleitung legen. Für die Frequenz ω_0, die sich aus $\omega_0 L = 1/(\omega_0 C)$ ergibt, wird R_{ges} sehr groß, s. Gl. (4-127a) (Fall der sog. *Strom*resonanz, Abb. 287b). Ein solcher auf Resonanz abgestimmter Schwingkreis dient als Frequenzsperre, er wird in der Funktechnik „Sperrkreis" genannt.

Für Frequenzen $\omega \neq \omega_0$ kann man oft $R \approx 0$ setzen und erhält dann nach Gl. (4-127)

$$R_{ges} \approx \frac{\omega L}{1 - \omega^2 L C}.$$

In einem elektrischen Schwingkreis aus Kondensator und Selbstinduktion (Abb. 288) pendelt Energie zwischen Kondensator und Spule hin und her. Zunächst soll der Grenzfall

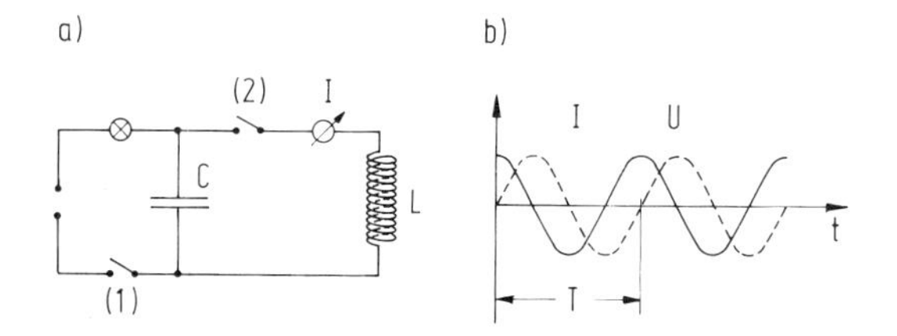

Abb. 288. Elektrischer Schwingkreis (ohne Dämpfung).
a) Schaltplan
b) Zeitlicher Verlauf von Stromstärke und Spannung (Phasenverschiebung $\delta = 90°$).
Es gilt $\omega_0^2 = 1/(LC)$ bzw. $T = 2\pi \cdot \sqrt{LC}$

$R = 0$ betrachtet werden: Wenn zu Beginn (Schalter 2 noch offen!) der Kondensator vollständig aufgeladen ist, beträgt sein Energieinhalt [seine elektrische Feldenergie gemäß Gl. (4-35)]

$$(W_{el})_{max} = (1/2)\, C \cdot U^2 \tag{4-130}$$

Öffnet man Schalter 1 und schließt danach Schalter 2, so entlädt sich der Kondensator und durch die Spule fließt ein Strom, der in ihr ein magnetisches Feld aufbaut. Dabei verwandelt sich die elektrische Feldenergie des Kondensators zunehmend in magnetische Feldenergie der Induktionsspule. Diese hat ihren Maximalwert, wenn die Stromstärke ihren Maximalwert erreicht. In dem Augenblick, in dem der Kondensator vollständig entladen ist, hat die elektrische Energie im Kondensator den Betrag Null. Dafür steckt in der Spule die Energie (magnetische Feldenergie)

$$(W_{magn})_{max} = (1/2) \cdot L \cdot I^2 \tag{4-131}$$

Danach nimmt die elektrische Stromstärke im Draht ab und damit auch der magnetische Fluß in der Spule. Dadurch wird in der Spule eine elektrische Spannung induziert, durch die der entladene Kondensator mit umgekehrtem Spannungsvorzeichen schließlich wieder vollständig aufgeladen wird. Das ist der Fall, wenn I gerade Null geworden ist. Dann wiederholt sich der beschriebene Vorgang in umgekehrter Richtung. Die Stromstärke in der Spule und die Spannung zwischen den Platten des Kondensators verlaufen sinusförmig, jedoch mit einer Phasenverschiebung $\delta = 90°$. Für die Momentanwerte der Energie gilt

$$W_{el}(t) + W_{magn}(t) = \text{const.} = W_{ges} \tag{4-132}$$

W_{el} und W_{magn} ändern sich mit der Frequenz $2\omega_0$ (Abb. 289), denn die *Quadrate* von I und U gehen ein.

Im Fall $R \neq 0$ wird ein Teil der Energie, nämlich $R \cdot I_{eff}^2 \cdot t$, in Wärme verwandelt. In gewissen Fällen (4.5.3.3) wird auch Energie abgestrahlt; davon sei jedoch zunächst abgesehen. Die einmal angesto-

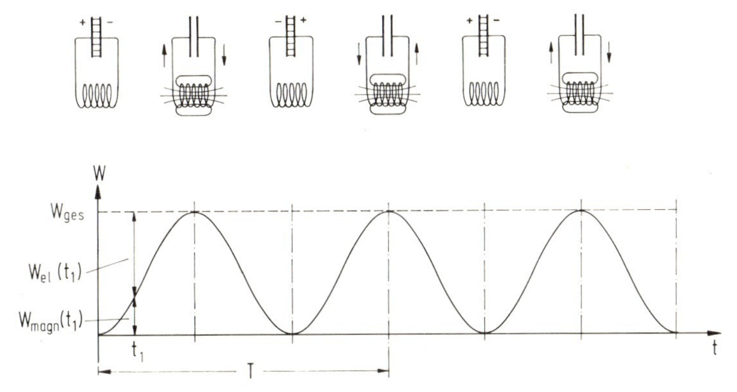

Abb. 289. Zeitlicher Verlauf der elektrischen und der magnetischen Energie im ungedämpften Schwingkreis. Elektrische und magnetische Feldenergie gehen periodisch ineinander über, und zwar zweimal während der Schwingungsdauer T (Feldlinien schematisch). Die Pfeile geben hier die Bewegungsrichtung der Elektronen an.

ßene Schwingung ist dann gedämpft mit dem Dämpfungsfaktor $e^{-(R/L)\cdot t}$ (vgl. 4.4.4.2). Die Beziehungen von 2.1.1 (Gedämpfte Schwingungen) sind anwendbar mit

$$\frac{R}{L} = \delta = \frac{\Lambda}{T}.$$

Dann ist

$$W_{el}(t) + W_{magn}(t) = \text{const} \cdot e^{-(R/L)\cdot t} = W_{ges}(t) \qquad \text{(4-132a)}$$

Beispiel. Beim Schwingkreis Abb. 288 ($C = 80\ \mu F$, $L = 390$ H) beobachtet man $T = 1{,}1$ s, $\nu = 0{,}9\ s^{-1}$. $\omega = 2\pi\nu = 5{,}65\ s^{-1}$. Andererseits ergibt die Thomsonsche Schwingkreisformel $T = 2\pi\sqrt{LC}$:

$$T = 2 \cdot 3{,}14 \cdot \sqrt{390\ \frac{Vs}{A} \cdot 80 \cdot 10^{-6}\ \frac{As}{V}} = 1{,}11\ s$$

Ersetzt man $C = 80\ \mu F$ durch $C = 8\ \mu F$, so wird T um den Faktor $1/\sqrt{10}$ kleiner und beträgt dann rund 0,35 s. Die Schwingung ist gedämpft.

4.5.3. Hochfrequenz (HF), elektromagnetische Wellen

4.5.3.1. Hochfrequente Schwingungen

Kleines $L \cdot C$ ergibt kleinere Schwingungsdauer. Hohe Energie in der Schwingung erfordert hohe Spannung.

Verkleinert man $L \cdot C$, so wird die Schwingungsdauer T, aber auch der Energieinhalt des Schwingkreises kleiner [s. Gl. (4-130/1) in 4.5.2.4]. Zum Ausgleich muß U_{max} vergrößert werden. Da dann auch I_{max} zunimmt, müssen die Verluste, insbesondere die durch Ohmschen Widerstand verursachten, verkleinert werden. Die Selbstinduktionsspule muß also eisenfrei sein und z. B. aus dickem Kupferdraht bestehen (R klein).

Bei den relativ hohen Spannungen kann eine Funkenstrecke zwischen kleinen Kugeln als Schalter verwendet werden (Abb. 290): Wird niederfrequente Wechselspannung $U(t) = U_0 \cdot \sin 2\pi\nu t$ mit genügend hohem Scheitelwert (z. B. $\nu = 50\ s^{-1}$, $T = (1/50)$ s, $U_0 = 5000$ V) an den Kondensator gelegt, dann schlägt zwischen beiden Kugeln ein Funke über, aber immer erst dann, wenn die Spannung $U(t)$ einen genügend großen Wert (z. B. $U' = 4000$ V) erreicht hat. Dann enthält der Kondensator die Ladung $C \cdot U'$. Durch den Funken wird die

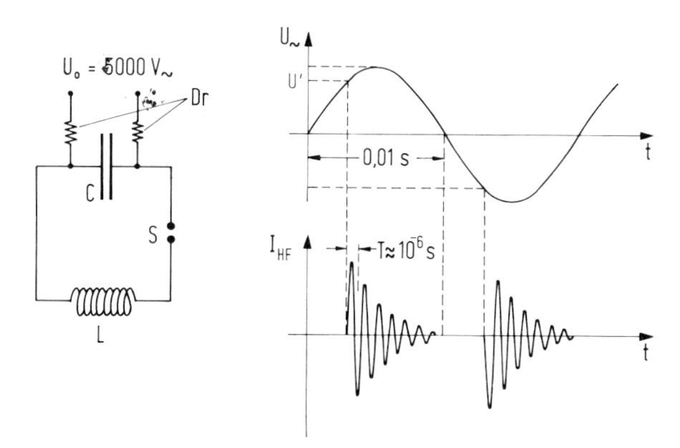

Abb. 290. Hochfrequenzschwingkreis mit Schaltfunkenstrecke. S = Funkenstrecke. Die Drosselspulen Dr haben den Wechselstromwiderstand ωL. Für Netzfrequenz ist dieser klein, für Hochfrequenz groß, daher wird die hochfrequente Stromstärke nicht nach außen abgeleitet. In der Zeichnung ist die Periodendauer der hochfrequenten Schwingung stark gedehnt, d. h. viel zu groß gezeichnet.

Luft zwischen beiden Kugeln ionisiert und hierdurch kurzzeitig elektrisch leitfähig. Dadurch ist die Funkenstrecke kurzgeschlossen. Im Schwingkreis entsteht eine hochfrequente Schwingung mit der Schwingungsdauer $T = 2\pi\sqrt{L \cdot C}$, die z. B. $T = 10^{-6}$ s beträgt. Geht die angelegte hohe Wechselspannung bei ihrer zeitlichen Änderung wieder durch 0, dann erlischt der Funke. Da man erreichen kann, daß die Ionen und Elektronen dann rekombiniert sind, bleibt der Schwingkreis unterbrochen. Darauf vollzieht sich derselbe Vorgang von neuem, nur mit umgekehrtem Spannungsvorzeichen. Beim Betrieb mit technischem Wechselstrom erhält man also jeweils nach $1/2 \cdot (1/50)$ s $= 0{,}01$ s einen hochfrequenten (gedämpften) Schwingungszug.

Diese Schwingungserzeugung mit Funkenstrecke ist zwar technisch überholt, aber physikalisch durchsichtig. Statt dessen verwendet man meist Schwingkreise, die mit Elektronenröhren mit Gitter und Rückkopplung arbeiten, und erhält dann *ungedämpfte* hochfrequente Schwingungen in einem Schwingkreis. Eine solche Rückkopplungsschaltung zeigt Abb. 291. Durch die wechselseitige Induktion der beiden Spulen (Schwingkreisspule, Rückkopplungsspule) wird phasenrichtig die Röhrenstromstärke gesteuert, dadurch werden die Verluste im Schwingkreis ausgeglichen. Die Energie wird der Spannungsquelle (z. B. Batterie) entnommen. Anstelle von Elektronenröhren mit Gittern können auch Halbleitertransistoren verwendet werden, wenigstens bei nicht zu hohen Werten der Spannung.

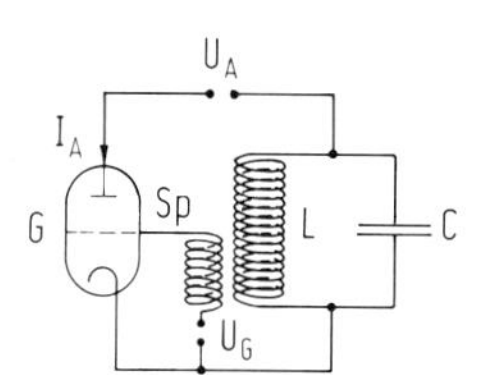

Abb. 291. Rückkopplungsschaltung zur Erzeugung ungedämpfter Schwingungen. U_A: Anodenspannung, U_G: Gittervorspannung.
Die Spannungsquelle für die Kathodenheizung ist nicht gezeichnet. Die Spule L des Schwingkreises erzeugt durch induktive Kopplung in der Spule Sp eine hochfrequente Spannung am Gitter und steuert damit die Anodenstromstärke hochfrequent. Zwischen Gitterspannung und hochfrequentem Anteil der Anodenstromstärke herrscht eine Phasendifferenz von 90°. Sender hoher Leistung arbeiten nach diesem Prinzip.

Wenn im Schwingkreis hochfrequenter Wechselstrom (Stromstärke $I = I_0 \cdot \sin \omega t$) fließt, entsteht in der Spule des Schwingkreises ein hochfrequenter magnetischer Fluß $\phi = (n\mu_0/\gamma_{em}) A \cdot I_0 \sin \omega t$ (ϕ ist klein, aber $d\phi/dt$ groß, weil ω groß ist). Zu seinem Nachweis bringt man eine Induktionsschleife in die Spule. In ihr fließt dann in Stellung a hochfrequenter Wechselstrom, Abb. 292a.

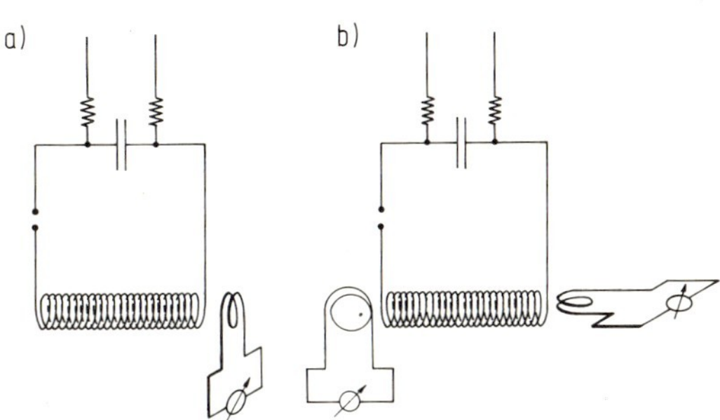

Abb. 292. Induktion bei hochfrequenter Änderung des magnetischen Flusses.
a) Die Induktionsschleife (perspektivisch) umfaßt den hochfrequenten magnetischen Fluß.
b) Die Induktionsschleife umfaßt in den beiden gezeichneten Stellungen den hochfrequenten magnetischen Fluß nicht.

Obwohl der magnetische Fluß, den die 2. Spule umfaßt, relativ klein ist (eisenfrei), wird eine hohe Leistung übertragen, da sich dieser magnetische Fluß wegen der hohen Frequenz außerordentlich schnell ändert. Die Anordnung bildet also in Stellung a einen eisenfreien Transformator. Ein solcher ist nur bei HF wirksam. Bei $n_1 = n_2$ erhält man $U_1 \approx U_2$.

Mit der unten im Beispiel angegebenen Anordnung erhält man in der Sekundärspule, die aus drei Windungen besteht, Stromstärken um maximal 0,5 A. Eine Glühlampe in der Sekundärspule leuchtet auf. Eine Schleife mit einer einzigen Windung aus Eisendraht (relativ hoher spezifischer Widerstand) kommt in Stellung a zum Glühen. Eine in die Spule gebrachte, mit Neon gefüllte Glaskugel (Gas-Druck einige Torr) leuchtet rot wie eine Neonglimmlampe. In ihr entsteht eine elektrodenlose Ringentladung. In Stellung b (Abb. 292b) fließt dagegen bei allen Versuchen kein Strom, denn die Spule umfaßt hier den sich ändernden magnetischen Fluß nicht.

Hochfrequente elektrische Stromstärken können mit Hitzdrahtamperemetern gemessen werden, Hochfrequenzspannungen mit statischen Voltmetern ohne Hilfsfeld (z. B. Multizellularvoltmeter). Man kann zur Stromstärke- und Spannungsmessung auch Drehspulinstrumente verwenden, wenn ein Gleichrichter (z. B. Diode, Detektor) vor das Instrument geschaltet wird.

Beispiel. Schwingkreis mit $C = 12$ nF, 6 Windungen aus Kupferrohr, 5 mm ∅ außen, Länge der Spule 20 cm, Spulendurchmesser 30 cm, also $L \approx 10$ μH, $R \approx 0$; dazu kommt jedoch der Widerstand der Löschfunkenstrecke aus 8 hintereinander geschalteten Funkenstrecken aus Kupferblech mit 0,2 mm Abstand, Funkenüberschlag z. B. bei 1500 V. Für die Energie im Hochfrequenzkreis erhält man eine obere Schranke durch folgende Abschätzung: Der aufgeladene Kondensator enthält die Energie $W = (1/2)\,CU^2 = 13{,}5$ mWs. Wird mit der Wiederholfrequenz 100 s^{-1} aufgeladen, so steht je Sekunde die Energie 1,35 Ws zur Verfügung. Schnelle Änderung des (relativ geringen) magnetischen Flusses $\phi = \phi_0 \cdot \sin \omega_{HF} t$ ergibt in der Induktionsspule (3 Windungen) beträchtliche Spannung und bewirkt hohe Leistungsübertragung. Die beiden Spulen bilden einen Transformator 6 : 3.

4.5.3.2. Resonanztransformator für hochfrequente Schwingungen (Tesla-Transformator)

Die Frequenz eines Schwingkreises und die stehende elektromagnetische Welle in einer langen Spule können aufeinander abgestimmt werden. Dann entsteht zwischen den Spulenenden hochfrequente Hochspannung.

In das Innere der Spule des Schwingkreises, die aus wenigen (dicken) Kupferwindungen besteht, wird eine lange Spule mit sehr vielen (dünnen) Windungen gestellt und einseitig geerdet, vgl. Abb. 293. Die Anordnung ist ein Transformator mit $n_2 \gg n_1$. Die Abmessungen des Drahtes der zweiten Spule sind so gewählt, daß sich eine stehende Welle ausbildet, die unten an der Erdung einen Knoten, oben einen Schwingunsbauch hat, ähnlich wie in der Hälfte eines elektrischen Dipols, 4.5.3.3. Am oberen Ende der Spule treten dann sehr hohe hochfrequente elektrische Spannungen auf, was zur Folge hat, daß Funkenbüschel davon ausgehen.

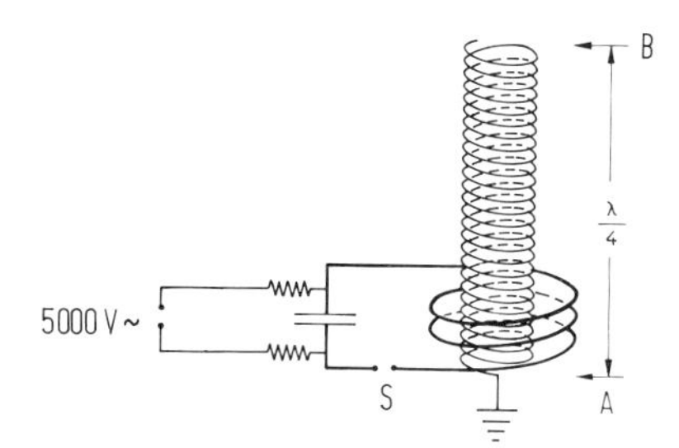

Abb. 293. Tesla-Transformator. S: Funkenstrecke. Am Ende A der langen Spule ist ein Spannungsknoten, am Ende B ist ein Spannungsbauch. Dabei handelt es sich um *hochfrequente* Hochspannung.

Hochfrequente Ströme sind physiologisch unwirksam, wenn sie durch Kontakte zugeleitet werden, bei denen für genügend niedrige Strom*dichte* und guten Kontakt gesorgt ist (große Kontaktfläche!). Sie bewirken dann lediglich eine Erwärmung.

Die vom Gleichstrom verschiedene Wirksamkeit versteht man folgendermaßen: Geht elektrischer Gleichstrom durch den menschlichen Körper, dann werden in den Zellen Ionen verschoben (4.3.2.3) und die entstehenden Konzentrationsänderungen führen zu Nervenreizungen. Man wird „elektrisiert" oder bekommt einen „elektrischen Schlag". Ebenso wirkt niederfrequenter Wechselstrom (z. B. mit der Frequenz $\nu = 50\ s^{-1}$ oder $500\ s^{-1}$). Dieser führt darüber hinaus zu einer Verkrampfung der Muskeln. Beim Durchgang eines hochfrequenten Wechselstromes (z. B. $\nu = 10^6\ s^{-1}$) dagegen wird die Ionenverschiebung, die während einer Halbperiode eintritt, bereits nach so kurzer Zeit in der nächsten Halbperiode rückgängig gemacht, daß noch keine merkliche Konzentrationsänderung eintreten konnte. Die elektrische Energie wird in Wärme verwandelt (Anwendung als Diathermie, „Kurzwelle").

Beachte: Metallgegenstände im Hochfrequenzfeld absorbieren die Energie bevorzugt und können dadurch hoch erhitzt werden. Man darf also unter keinen Umständen Diathermie oder „Kurzwelle" z. B. bei einem Patienten mit einem Metallnagel im Knochen oder dergleichen anwenden (Gefahr schwerer Verbrennungen!).

4.5.3.3. Offener Schwingkreis, Dipol, Verschiebungsstrom

In der Umgebung eines schwingenden linearen Dipols fließt ein hochfrequenter elektrischer Verschiebungsstrom. Er wird von denselben magnetischen Feldern begleitet wie ein Leitungsstrom. Leitungsstrom im Draht und Verschiebungsstrom im umgebenden Raum bilden zusammen einen geschlossenen Stromkreis.

Die Schwingungsdauer des Schwingkreises läßt sich noch weiter vermindern, wenn man die Kapazität des Kondensators einerseits und die Selbstinduktivität der Spule andererseits verkleinert. In Abb. 294a besteht die Spule nur noch aus einer einzigen Windung. In Abb. 294d ist der Schwingkreis schließlich zu einem aus zwei geraden Drahtstücken zusammengesetzten Gebilde, zu einem *„elektrischen Dipol"* geworden. Symmetrisch zur Mitte liegende Abschnitte

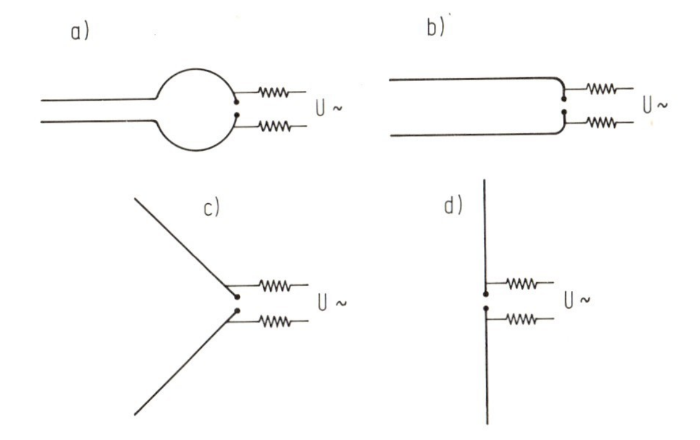

Abb. 294. Übergang vom Schwingkreis zum Dipol. Im Fall a) erkennt man noch getrennt Kondensator (2 Drähte) und Spule (2 halbe Windungen). Die Schwingkreise a) b) c) d) haben natürlich nicht dieselbe Eigenfrequenz.
Im Fall d) empfiehlt es sich, zwei relativ dicke zylindrische Stifte zu verwenden. Dann ist der Ohmsche Widerstand klein.

des Dipols haben Kapazität gegeneinander, und alle Teile der Dipoldrähte tragen zur Selbstinduktivität bei. In einem solchen Gebilde sind Kapazität und Induktivität nicht mehr örtlich getrennt. Auch bei diesem Gebilde regt ein Funkenüberschlag jeweils einen hochfrequenten Schwingungszug an. Während jedoch beim Schwingkreis aus 4.5.2.4 nur zwischen den Platten des Kondensators ein (räumlich eng begrenztes) hochfrequentes elektromagnetisches Feld auftritt, erfüllt es beim Dipol den gesamten umgebenden Raum. Dadurch wird beim schwingenden Dipol („Sendedipol") Energie in Form elektromagnetischer Wellen abgestrahlt (vgl. unten), während das beim Schwingkreis von z. B. Abb. 291 fast nicht der Fall ist.

Im Jahr 1888 gelang es Heinrich Hertz, solche elektromagnetische Wellen mit einer Anordnung ähnlich wie Abb. 294d zu erzeugen („Hertzscher Dipol") und experimentell nachzuweisen, daß sie sich frei in den Raum ausbreiten.

Im Dipol ändert sich die Verteilung von Spannung und Ladungsbelag einerseits und Stromstärke andererseits zeitlich periodisch. Abb. 295a und b zeigen die Verteilung von Spannung und Stromstärke (U und $\mathrm{d}Q/\mathrm{d}t$) während einer Schwingungsperiode als Funktion der Zeit. Gleiche Verteilung wie die Spannung U hat der Ladungsbelag $\mathrm{d}Q/\mathrm{d}l$ (Ladung/Längenabschnitt). Der Dipol hat ein elektrisches Moment, das sich zeitlich ändert.

In einem bestimmten Augenblick sei der Ladungsbelag auf dem Dipol von der Mitte nach den Enden zu sinusförmig verteilt (Abb. 295a). Gleichzeitig sei die Stromstärke auf dem ganzen Dipoldraht Null. Nach 1/4 der Periodendauer T ist die Ladungsverteilung ausgeglichen,

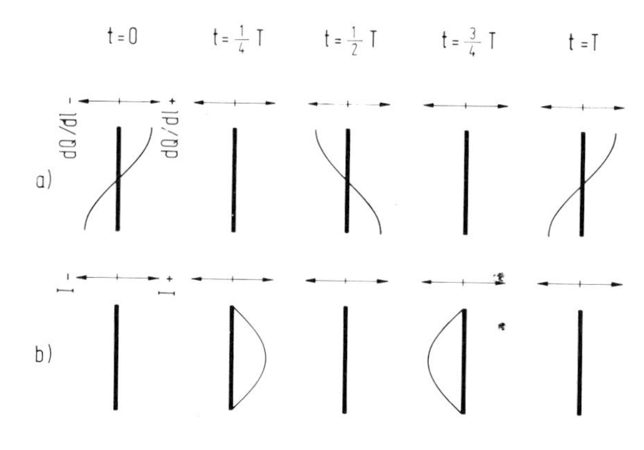

Abb. 295. Zeitliche Änderung der Ladungs- und Stromstärkeverteilung längs des
Zeile a) Ladungsbelag $\mathrm{d}Q/\mathrm{d}l$ (Werte nach rechts positiv, nach links negativ); sinusförmige Verteilung über die Länge (nach oben, unten) zu 4 verschiedenen Zeitpunkten (von links nach rechts);
Zeile b) dasselbe für die Stromstärke I.
Ladungsbelag $\mathrm{d}Q/\mathrm{d}l$ und elektrische Spannung U sind einander proportional.
Die Zeile a) Ladungsbelag könnte man also auch mit U (Spannung) beschriften.

dagegen hat die Stromstärke die Verteilung von Abb. 295b. Die maximale elektrische Stromstärke $I = \mathrm{d}Q/\mathrm{d}t$ des Leitungsstromes entsteht am Ort der größten Steilheit der Ladungs-(Spannungs)verteilung. Auch nach (2/4) T und (3/4) T sind die Verhältnisse in der Abb. 295 dargestellt.

Die Verteilung des Ladungsbelages und der Stromstärke ist vergleichbar mit der Druck- und Geschwindigkeitsverteilung in der Grundschwingung einer offenen Pfeife (2.2.3). Beide Verteilungen sind jeweils um 90° phasenverschoben.

Die Ladungsverteilung (für $t = 0$) erzeugt ein elektrisches Feld in der Umgebung mit einer Feldstärkeverteilung Abb. 296a. Nach 1/4 Schwingungsdauer ist $\mathrm{d}Q/\mathrm{d}l$ überall gleich Null, jedoch herrscht maximale Stromstärke in der Mitte des Dipoldrahtes. Dann ist der Dipol von ringförmigen magnetischen Feldlinien umgeben, Abb. 296b. In Höhe der Dipolmitte

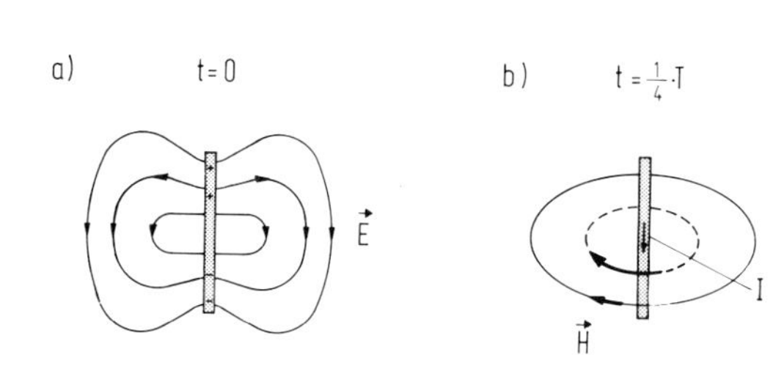

Abb. 296. Verteilung der elektrischen bzw. magnetischen Feldstärke um einen schwingenden elektrischen Dipol.
a) $t = 0$. Die Ladungsverteilung gemäß Abb. 295a), $t = 0$, erzeugt ein elektrisches Feld. Die räumliche Feldstärkeverteilung erhält man, indem man die gezeichnete Feldlinienverteilung um die Dipolachse rotieren läßt.
b) $t = T/4$. Die Stromstärkeverteilung erzeugt ein magnetisches Feld. Die magnetischen Feldlinien sind nur für die Mittelebene gezeichnet (perspektivisch). Dabei ist $(U_\mathrm{m})_\circ = \oint \vec{H}\,\mathrm{d}\vec{s}$.

herrscht die magnetische Ringspannung $\oint \vec{H}\,\mathrm{d}\vec{s} = (1/\gamma_\mathrm{em})\,\mathrm{d}Q/\mathrm{d}t$ um den Dipol herum. Mit dieser ist ein magnetischer Fluß ϕ verbunden (vgl. Abb. 272). Seine zeitliche Änderung hat eine elektrische Spannung $U = -(1/\gamma_\mathrm{em})\,\mathrm{d}\phi/\mathrm{d}t$ in der Dipolachse zur Folge.

Wie schon erwähnt (vgl. 4.4.6.1) hat Maxwell erkannt, daß auch die zeitliche Änderung eines elektrischen Flusses $\mathrm{d}/\mathrm{d}t \iint D\,\mathrm{d}A = \mathrm{d}\psi/\mathrm{d}t$ eine elektrische Stromstärke ist (sogenannter „Verschiebungsstrom"). Während der Verschiebungsstrom bei einem Plattenkondensator (Abb. 271) auf den engen Bereich zwischen den Platten beschränkt ist, reicht er bei einem Dipol (wegen dessen gestreckter Form) weit in den Raum hinaus.

Das elektrische und magnetische Feld in der Umgebung des Dipols bewegt sich weg vom Dipol, und zwar (im materiefreien Raum) mit der Lichtgeschwindigkeit c. Da der Dipol zeitlich periodisch schwingt, ändern sich – in einem festen Raumpunkt betrachtet – auch die weglaufenden elektrischen und magnetischen Felder zeitlich periodisch (Abb. 297). In einem festen Zeitaugenblick betrachtet, sind die elektrischen und magnetischen Felder in der Umgebung räumlich periodisch. Abb. 298 zeigt die magnetischen Feldlinien für die (zum Dipol

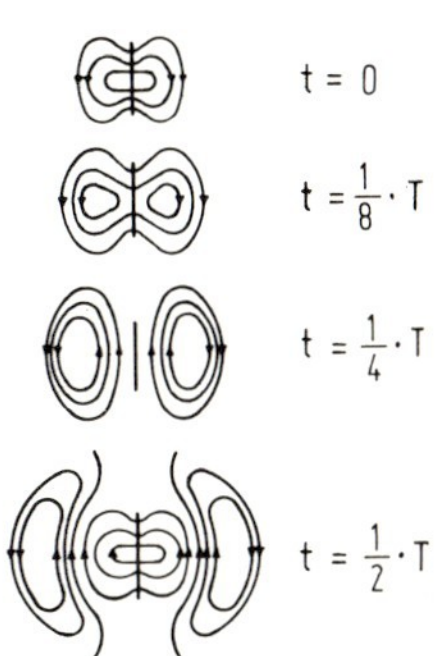

Abb. 297. Ausbreitung des elektrischen Feldes um einen schwingenden elektrischen Dipol (H. Hertz). Wenn man nur das elektrische Feld betrachtet, erhält man während einer halben Schwingung des Dipols nacheinander die dargestellten Feldstärkeverteilungen. Man erkennt, wie sich geschlossene elektrische Feldlinien bilden und vom Dipol entfernen. Das Feld trägt Energie
trische Feldlinien bilden und vom Dipol entfernen.
Gleichzeitig breitet sich ein magnetisches Feld aus (Abb. 298), der Dipol sendet ein „elektromagnetisches" Feld aus, das Energie mit sich trägt. Man sagt dafür auch: Vom Dipol gehen elektromagnetische Wellen aus.

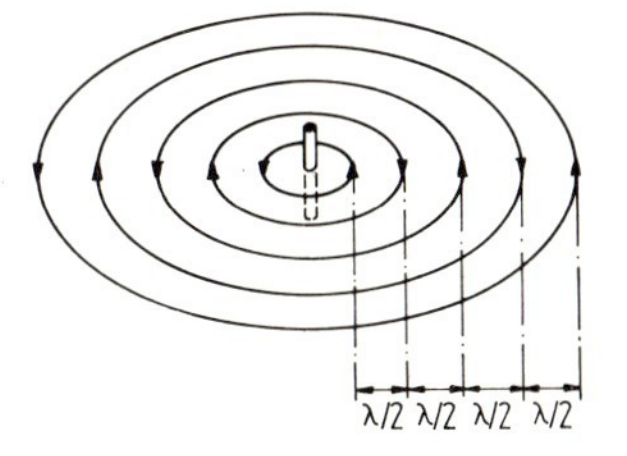

Abb. 298. Ausbreitung des magnetischen Feldes um einen schwingenden elektrischen Dipol (H. Hertz). Die magnetische Feldstärkeverteilung ist nur in der zum Dipol senkrechten Mittelebene gezeichnet, und zwar nur 0, $+H_{max}$, 0, $-H_{max}$, 0. Auch oberhalb und unterhalb herrscht ein magnetisches Feld. Das elektrische Feld ist nicht gezeichnet.

senkrecht stehende) Mittelebene für den Zeitpunkt nach $2\frac{1}{2}$ Schwingungen des Dipols. Diese weglaufenden zeitlich und räumlich periodischen Felder, die in bestimmter Weise miteinander gekoppelt sind, sind räumlich wellenartig verteilt. Man nennt sie „elektromagnetische Wellen". In großer Entfernung vom Dipol schwingen die (senkrecht zueinander stehenden) Feldstärken E und H *gleichphasig*.

4.5.3.4. Untersuchung des hochfrequenten Dipolfeldes, Nachweis der elektromagnetischen Wellen

F/L 4.2.10

Vom schwingenden linearen Dipol gehen linear polarisierte elektromagnetische Wellen aus, wobei ihre Strahlungsleistung proportional $\sin^2 \vartheta$ ist, mit $\vartheta = \sphericalangle$ (Dipolachse, Beobachtungsrichtung).

Die von einem Sendedipol ausgehenden hochfrequenten elektrischen und magnetischen Felder breiten sich mit der „Licht"-Geschwindigkeit $c = 3 \cdot 10^8$ m/s in den umgebenden Raum aus. Diese Geschwindigkeit gilt für elektromagnetische Wellen *aller* Wellenlängen.

Diese Felder enthalten die Energiedichte

$$w = (1/2) \cdot (D \cdot E + B \cdot H) \tag{4-133}$$

Da sie mit der Geschwindigkeit c weglaufen, tragen sie einen Energiestrom mit der Energiestromdichte $S = w \cdot c$ mit sich. Man spricht von einer elektromagnetischen Strahlung. Energiestromdichte ist – wie schon erwähnt – definiert als

$$\frac{\text{Energie}}{\text{Volumen}} \cdot \frac{\text{Länge}}{\text{Zeit}} = \frac{\text{Energie}}{\text{Fläche} \cdot \text{Zeit}}$$

Die Energiestromdichte ($\equiv$ Strahlungsleistung/Fläche) wird auch *Intensität* genannt.

Begründung. Wenn Felder durch den Querschnitt A mit der Geschwindigkeit c für die Zeitdauer t weglaufen, haben sie das Volumen $A \cdot ct$ mit Energiedichte erfüllt. Durch den Querschnitt ist daher Energie $W = w \cdot A \cdot ct$ hindurchgetreten und die Energiestromdichte S ist

$$S = \frac{W}{A \cdot t} = w \cdot c \tag{4-134}$$

Die räumliche und zeitliche Verteilung des elektromagnetischen Feldes soll nur für das „Fernfeld" besprochen werden, d. h. für Entfernungen vom Mittelpunkt des Dipols, die groß sind gegenüber der Wellenlänge, und zunächst nur für Raumbereiche nahe derjenigen Ebene, die den Mittelpunkt des Dipols enthält und senkrecht steht zur Dipolachse. Man beobachtet:
1. Eine hochfrequente elektrische Feldstärke $\vec{E} = \vec{E}_0 \cdot \sin \omega t$ in einer Richtung parallel zum Dipol, d. h. senkrecht zur angegebenen Ebene,
2. eine hochfrequente magnetische Feldstärke $\vec{H} = \vec{H}_0 \cdot \sin \omega t$, die senkrecht zur elektrischen Feldstärke steht, d. h. *in* der angegebenen Ebene liegt. Es ist also $\vec{E} \perp \vec{H}$ und beide $\perp \vec{r}$, wo $\vec{r}$ der Vektor vom Dipolmittelpunkt zum Beobachtungspunkt ist.

Die elektromagnetischen Wellen, die von einem schwingenden Dipol ausgehen, sind also transversal, E und H stehen senkrecht zueinander und schwingen gleichphasig.

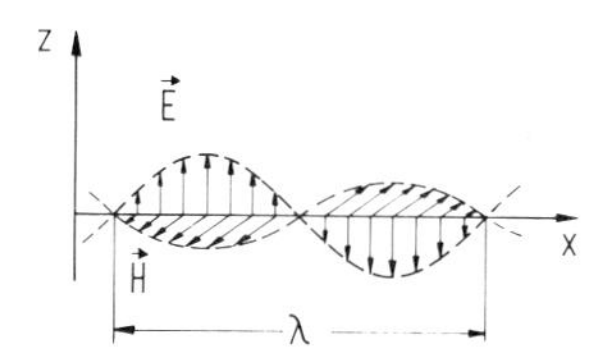

Abb. 299. $\vec{E}$ und $\vec{H}$ in einer elektromagnetischen Welle. z-Richtung = Richtung der Dipolachse und der elektrischen Feldstärke. x-Richtung = Ausbreitungsrichtung. Die elektrische Feldstärke $\vec{E}$ und die magnetische Feldstärke $\vec{H}$ (im Bild nach vorn und hinten) stehen (räumlich) aufeinander senkrecht und sind (zeitlich) gleichphasig (Ausschnitt aus einem längeren Wellenzug, perspektivisch).

Begründung: Die an jeder Stelle in der Welle gleichzeitig vorhandenen Feldstärken E und H sind einander proportional, Abb. 299. Wie schon in 4.4.6.3 erwähnt, gilt für die Beträge

$$E = \frac{\mu_0 c}{\gamma_{em}} \cdot H \qquad H = \frac{\varepsilon_0 c}{\gamma_{em}} E \tag{4-135}$$

Die Konstante $E/H = Z = \mu_0 c/\gamma_{em} = \gamma_{em}/\varepsilon_0 c = 377$ Wb/Cb wird aus historischen Gründen Wellenwiderstand des Vakuums genannt. Sie ist eine skalare Größe (auch relativistisch).

Der Name Wellenwiderstand kommt daher, daß $1/\varepsilon_0 c$ die Dimension eines elektrischen Widerstandes hat. Man kann statt 377 Wb/Cb auch 377 $\gamma_{em} \cdot \Omega$ schreiben, denn 1 Wb/Cb = $\gamma_{em} \cdot 1\,\Omega$ wegen $1\,\Omega = 1$ J/Cb · A.

Wenn man diese Werte einsetzt und nur die Beträge berücksichtigt, sieht man, daß für die Energiestromdichte S der elektromagnetischen Welle gilt:

$$S = c \cdot w = \gamma_{em} E \cdot H \tag{4-136}$$

Begründung. Einsetzen von (4-133 und 135) in (4-134) ergibt

$$S = c\left\{(1/2)\,D\,\frac{\mu_0 c}{\gamma_{\text{em}}}\,H + (1/2)\,B\,\frac{\varepsilon_0 c}{\gamma_{\text{em}}}\,E\right\}. \qquad (4\text{-}136\text{a})$$

Einsetzen von $D = \varepsilon_0 \cdot E$ und von $B = \mu_0 \cdot H$ und von $\varepsilon_0 \cdot \mu_0 \cdot c^2 = \gamma_{\text{em}}^2$ ergibt Gl. (4-136).

Eine genauere Betrachtung, die auch die Richtung der Vektorgrößen einbezieht, liefert für die Energiestromdichte

$$\vec{S} = \gamma_{\text{em}} \cdot \vec{E} \times \vec{H} \qquad \text{(Poyntingscher Vektor)} \qquad (4\text{-}136\text{b})$$

Die im folgenden besprochenen Beobachtungen können z. B. mit einem Dipol von 20 cm Länge ausgeführt werden. Die hochfrequent wechselnde elektrische Feldstärke E des elektromagnetischen Strahlungsfeldes kann man nachweisen und räumlich abtasten mit Hilfe eines Dipols (Empfangsdipols). In ihm entsteht ein hochfrequenter Wechselstrom, dessen Stromstärke proportional ist zur hochfrequenten elektrischen Feldstärke. Wirksam ist nur die Komponente der elektrischen Feldstärke in Richtung des Empfangsdipols. Diese Stromstärke läßt sich nachweisen, indem man in den Empfangsdipol (anstelle der Funkenstrecke Abb. 300)

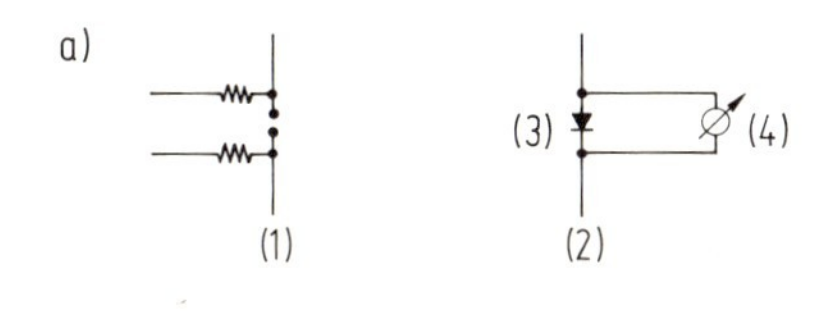

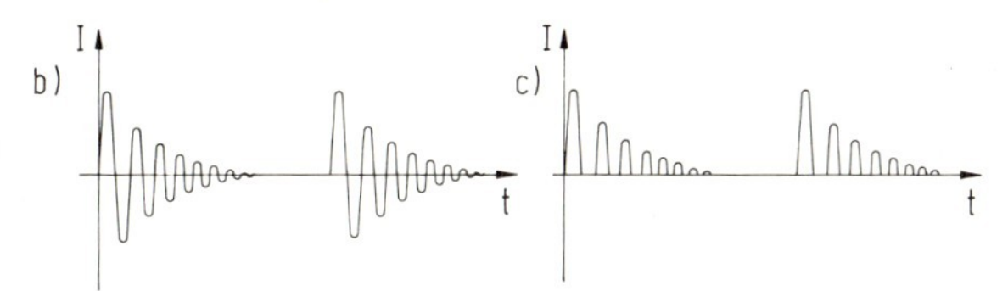

Abb. 300. Nachweis elektromagnetischer Wellen mit einem Empfangsdipol.
a) Anordnung: (1) Sendedipol, (2) Empfangsdipol, (3) Gleichrichter, (4) Galvanometer.
b) Stromstärke im Sendedipol,
c) Stromstärke durch das Galvanometer; dieses mittelt über den zerhackten Gleichstrom von vielen Schwingungszügen. Funkenfolge nicht maßstäblich, vgl. dazu Abb. 290. Hier ist T (Hochfreq.) $= 1{,}33 \cdot 10^{-9}$ s wegen $\lambda/2 = 0{,}20$ m, vgl. Abb. 295.

einen Gleichrichter (Detektor) einbaut, der jeweils nur die eine Stromrichtung durchläßt. Dann kann ein zerhackter Gleichstrom abgenommen und sein Mittelwert mit einem gewöhnlichen Galvanometer gemessen werden.

Man kann auch die magnetische Feldstärke $\vec{H}$ bzw. die magnetische Flußdichte B nachweisen, indem man eine Drahtschleife mit ihrer Ebene senkrecht zu $\vec{H}$ orientiert aufstellt (Rahmenantenne). In ihr wird ein Hochfrequenzstrom induziert, der wieder über Gleichrichter und Galvanometer nachgewiesen werden kann.

Dabei erhält man folgende Ergebnisse:

Die Richtung des *Sende*dipols sei durch den Vektor $\vec{a}_s$ gekennzeichnet, die des *Empfangs*dipols mit $\vec{a}_e$. Weiter sei $\vec{r}$ der Vektor vom Mittelpunkt des Sendedipols zum Mittelpunkt des Empfangsdipols. Die Strahlungsleistung soll in verschiedenen, durch den Winkel $\vartheta = \sphericalangle(\vec{a}_s, \vec{r})$ gekennzeichneten Richtungen untersucht werden, insbesondere unter $\vartheta = 90°$ und $\vartheta = 0°$. Dabei soll nur das „Fernfeld" behandelt werden, d. h. das Feld in genügender Entfernung vom Sendedipol, Abb. 301.

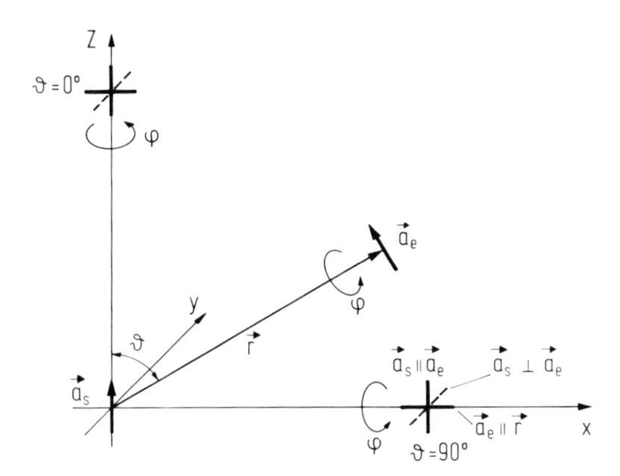

Abb. 301. Ausmessung der elektrischen Feldstärke in der ferneren Umgebung eines schwingenden elektrischen Dipols. Die Entfernung r des Empfangsdipols vom Sendedipol wird viel größer gewählt als die Wellenlänge. Die (dick-) gezeichneten Stellungen des Empfangsdipols liegen in der von $\vec{a}_s$ und $\vec{r}$ aufgespannten Ebene, d. h. in der Zeichenebene. Die gestrichelten Stellungen sind senkrecht zur Zeichenebene (perspektivisch angedeutet).

1. Unter $\vartheta = 90°$ und $\vec{a}_s \parallel \vec{a}_e$ findet man im Empfangsdipol ein Maximum der hochfrequenten Stromstärke, dabei ist $\vec{a}_e \perp \vec{r}$. Wird der Empfangsdipol jedoch um $\varphi = 90°$ gedreht, wobei gleichzeitig $\vec{a}_e \perp \vec{r}$ erhalten bleibt (d. h. $\vec{a}_s \perp \vec{a}_e$), dann beträgt die hochfrequente Stromstärke im Empfangsdipol 0. Daraus ist zu folgern: Die Strahlung des Dipols ist *linear polarisiert*. Auch wenn man den Empfangsdipol in die Richtung von $\vec{r}$ dreht, d. h. $\vec{r} \parallel \vec{a}_e \perp \vec{a}_s$, erhält man keinen „Empfang". Man erkennt daraus, daß die elektrische Feldstärke parallel zu $\vec{a}_s$ gerichtet ist und keine andere Komponente hat.
2. Unter $\vartheta = 0°$, d. h. in der Verlängerung der Achse des Sendedipols, ist die Stromstärke im Empfangsdipol immer $= 0$ gleich viel, ob der Empfangsdipol parallel oder senkrecht zu $\vec{a}_s$ steht.
3. Wenn ϑ beliebige Werte zwischen 0° und 90° hat und $\vec{a}_e \perp \vec{r}$ und $\vec{a}_e$ in der Ebene liegt, die von $\vec{a}_s$ und $\vec{r}$ aufgespannt wird, findet man

$$S \sim \sin^2 \vartheta. \tag{4-137}$$

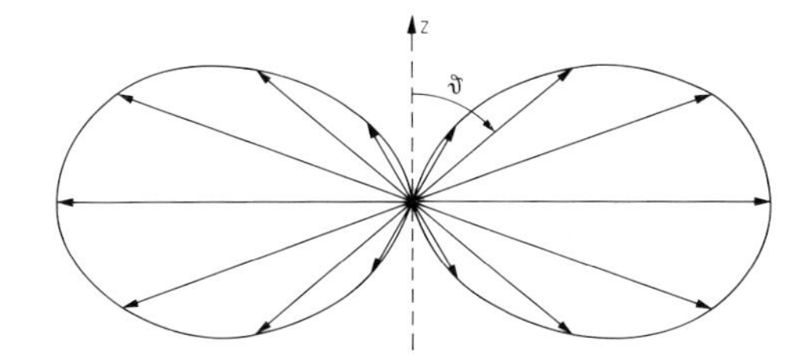

Abb. 302. Richtungsabhängigkeit der Abstrahlung eines schwingenden elektrischen Dipols. S: Strahlungsleistung pro Fläche als Funktion des Winkels ϑ. Es gilt: $S = \text{const.} \cdot \sin^2 \vartheta$.
Die Länge eines Pfeils in Richtung ϑ entspricht dem Betrag von S.

In Abb. 302 ist die Flächendichte S der Strahlungsleistung als Funktion von ϑ aufgezeichnet. Abb. 303 zeigt die Verteilung der elektrischen Feldstärke als Momentanbild samt der daraus folgenden Feldlinienverteilung. Auch hier (bei $\vartheta \neq 90°$) ist die Strahlung linear polarisiert: Dreht man den Empfangsdipol mit $\vec{r}$ als Achse um den Winkel φ, so ändert sich die Strahlungsleistung proportional $\cos^2 \varphi$, denn nur die Komponente der elektrischen Feldstärke in Richtung des Empfangsdipols wird von diesem nachgewiesen.
4. Wird der Abstand r geändert, so ändert sich die Strahlungsleistung mit

$$S \sim 1/r^2. \tag{4-138}$$

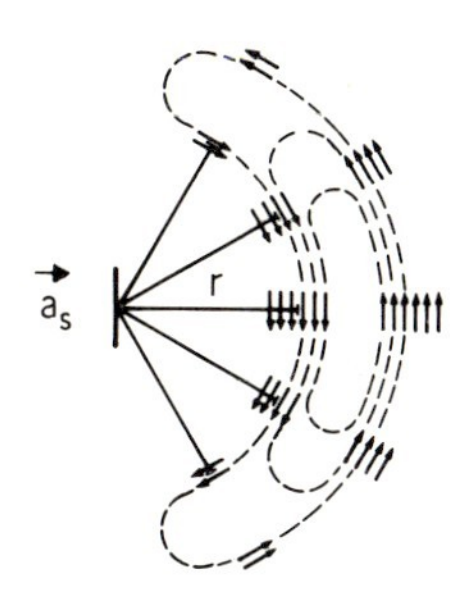

Abb. 303. Verteilung der elektrischen Feldstärke um einen schwingenden elektrischen Dipol (Momentanbild, nach Pohl). Die elektrische Feldstärke $\vec{E}$ ist proportional zur Anzahl der gezeichneten Pfeile. Die Feldverteilung auf der linken Seite ist nicht gezeichnet, sie müßte spiegelbildlich ergänzt werden. Die räumliche Verteilung erhält man durch Rotation der Figur um die Dipolachse $\vec{a}_s$. (Nach Pohl II, S. 140, Abb. 311.)

Während einer Schwingungsdauer T des Dipols breitet sich das elektromagnetische Feld um eine Strecke λ aus. Dabei gilt

$$c = \frac{\lambda}{T} = \lambda \cdot \nu \qquad \text{mit } T \text{ aus } \omega = \frac{2\pi}{T} = 2\pi \cdot \nu$$

λ ist die Wellenlänge der elektromagnetischen Wellen. Man kann sie mit Hilfe stehender Wellen (Abb. 305) messen, vgl. auch 2.2.3 und 2.4.3.

Elektromagnetische Wellen lassen sich an zwei parallelen Drähten führen (Lecher-Drähte). Wenn dabei Drahtlänge und Frequenz der elektromagnetischen Schwingungen passend gewählt sind, erhält man auch hier stehende elektromagnetische Wellen mit Schwingungsknoten wie bei mechanischen Schwingungen eines linearen Gebildes (2.2.1).

4.5.3.5. Identität der elektromagnetischen Wellen und der Lichtwellen

Elektromagnetische Wellen, Lichtwellen und γ-Strahlen unterscheiden sich in nichts anderem als in der Wellenlänge.

Aus der Maxwellschen Theorie (vgl. 4.4.6.3) ist es verständlich, daß elektromagnetische Wellen (wie sie in 4.5.3.4 beschrieben wurden) existieren. Es gibt solche mit Wellenlängen λ im Meter- und Dezimeterbereich (Wellen der drahtlosen Telegraphie), aber auch mit Wellenlängen um 0,5 μm (sichtbares Licht) oder herab bis unter 0,0001 μm = 1 Å (Röntgen- und Gammastrahlung), sie unterscheiden sich lediglich durch ihre Wellenlänge.

Die elektromagnetischen Wellen eines Hertzschen Dipols verhalten sich genau wie Lichtwellen der Optik (vgl. insbes. 5.3 und 5.4). Insbesondere verhalten sie sich gleich bei Reflexion, Bildung stehender Wellen, Streuung, Beugung, Brechung, Polarisation.

1. *Reflexion.* An einem Metallblech werden elektromagnetische Wellen reflektiert. Bei einem Blech, dessen Abmessungen wesentlich größer sind als die Wellenlänge λ, gilt: Einfallswinkel gleich Reflexionswinkel. Einfallendes Bündel, Einfallslot und reflektierendes Bündel liegen dabei in einer Ebene, Abb. 304. Spiegelnde Reflexion setzt voraus, daß die Unebenheiten der reflektierenden Fläche klein sind gegenüber der Wellenlänge. Bei Lichtwellen ist das z. B. erfüllt für Metall, das auf eine Glasplatte aufgedampft ist, also für einen „Spiegel", dagegen bei el.-magn. Wellen bereits bei einem einigermaßen ebenen Blech. Man kann mit parabolischen Spiegeln Parallelbündel herstellen (Strahlenquelle im Brennpunkt der Parabel) oder ein Parallelbündel mit einem Parabolspiegel auf einen „Punkt" vereinigen.

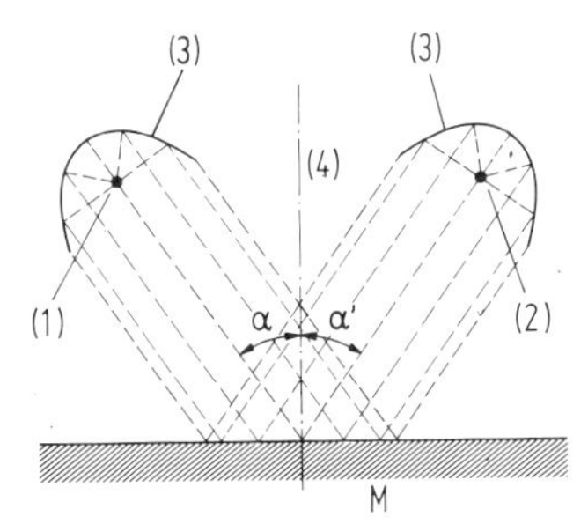

Abb. 304. Reflexion und Bündelung elektromagnetischer Wellen. (1): Sendedipol, (2): Empfangsdipol, M: Metallwand, (3): Hohlspiegel aus Metall, (4): Einfallslot. Bei der Reflexion ist der Einfallswinkel α gleich dem Reflexionswinkel α'. Verwendet man eine parabolische Fläche, so kann man damit ein Parallelbündel herstellen bzw. ein Parallelbündel in einen Punkt nahezu vereinigen.

2. *Stehende Wellen.* Werden Wellen irgendwelcher Art an einer Wand reflektiert, dann überlagern sich ankommende und reflektierte Wellen, so daß sich im Abstand von je einer halben Wellenlänge Maxima und Minima ausbilden. Das gilt auch bei Schallwellen (2.4.3) und bei Licht. Bei elektromagnetischen Wellen eines Dipols, die man an einer leitfähigen Schicht (z. B. Kupferblech) reflektieren läßt, erhält man ebenfalls stehende Wellen. Dabei lassen sich die Schwingungsknoten nachweisen, indem man mit einem Empfangsdipol den Raum vor der Wand abtastet, Abb. 305.

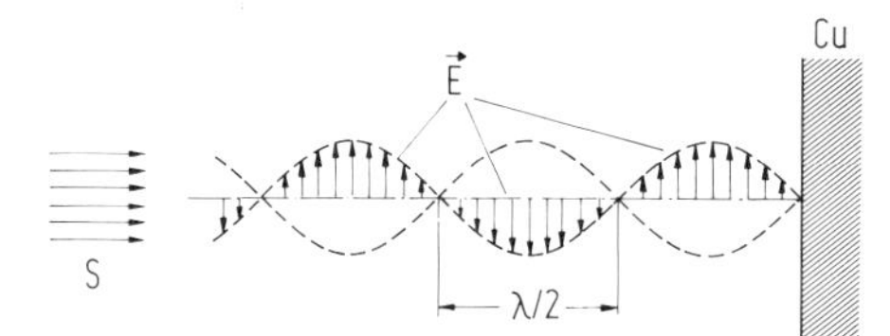

Abb. 305. Stehende elektromagnetische Welle. S: einfallende elektromagnetische Wellenstrahlung (Parallelbündel). Cu: reflektierendes Kupferblech. Die Verteilung der elektrischen Feldstärke $\vec{E}$ in einer stehenden Welle kann mit einem Empfangsdipol ausgemessen werden (Momentanbild).

Zwei aufeinander folgende Intensitätsmaxima haben den Abstand $\lambda/2$ (Methode zur Wellenlängenbestimmung). Dasselbe gilt für zwei aufeinander folgende Minima. Mit dem in 4.5.3.4 erwähnten Dipol mit 20 cm Länge erhält man $\lambda/2 = 20$ cm. Der Sendedipol schwingt also in der Grundschwingung.

3. *Absorption und Reflexion.* Ein Metallblech ist für die elektromagnetischen Wellen des Dipols undurchdringlich. Dabei wird nur ein kleiner Bruchteil der Strahlungsleistung absorbiert, der größte Teil wird reflektiert.

4. *Streuung.* Bringt man einen Kupferstab von der Länge des Sendedipols parallel zu diesem in die Nähe des Senders, dann wird dieser Kupferstab durch die elektrische Feldstärke der elektromagnetischen Wellenstrahlung zu erzwungenen elektrischen Schwingungen angeregt.

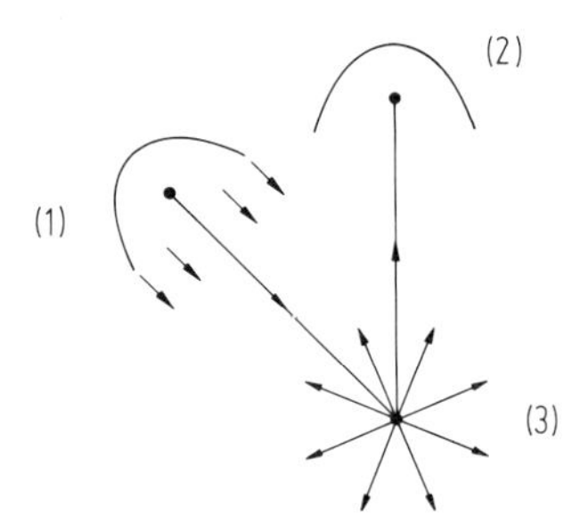

Abb. 306. Streuung von elektromagnetischen Wellen. (1): Sendedipol, (2): Empfangsdipol, (3): Metallstab als Streudipol. Ohne Streudipol gelangt keine Strahlung zum Empfangsdipol. Alle Dipole stehen senkrecht zur Zeichenebene.

Er wird selbst zu einem Sendedipol (Streudipol) und strahlt Leistung ab mit der gleichen Richtungsverteilung wie ein anderer schwingender Dipol, Abb. 306. (Nachweis entsprechend Abb. 301.) Sind Streudipol und Sendedipol um den Winkel φ gegeneinander verdreht, dann wird der Kupferstab nur durch die in Stabrichtung liegende Komponente der elektrischen Feldstärke ($E \cdot \cos \varphi$) zu elektromagnetischen Schwingungen angeregt.

5. *Beugung.* Hinter einer Öffnung in einer Metallwand beobachtet man die analogen Beugungserscheinungen wie bei allen Wellenerscheinungen (Wasseroberflächenwellen, Schallwellen, Lichtwellen).

6. *Brechung.* Fällt ein Bündel elektromagnetischer Wellenstrahlung auf ein Prisma aus Pech, so breitet sich die Wellenstrahlung darin mit verminderter Geschwindigkeit aus, und das Bündel wird um einen Winkel δ aus seiner Richtung abgelenkt (vgl. 5.1.4 und 5).

7. *Polarisation.* Die vom Sendedipol ausgehende Strahlung ist linear polarisiert; die elektrische Feldstärke dieser Strahlung liegt parallel zum Sendedipol.

8. *Reflexion an einem Drahtgitter.* Sendedipol und Empfangsdipol sollen einander parallel und beide senkrecht zu r aufgestellt sein. Stellt man senkrecht zur Fortpflanzungsrichtung der Wellen ein aus parallelen Drähten bestehendes Gitter auf, dann reflektiert es wie ein Blech, falls die Drähte parallel zur Dipolrichtung stehen (Azimutwinkel $\varphi = 0°$). Falls sie jedoch senkrecht dazu stehen (Azimutwinkel $\varphi = 90°$), wird Strahlung hindurch gelassen. Die elektromagnetischen Wellen werden also reflektiert, wenn in den Gitterdrähten durch die linear polarisierte Strahlung ein hochfrequenter Strom angeregt wird.

Wird das Drahtgitter um einen beliebigen Azimutwinkel φ (um die Verbindungslinie Sendedipol–Empfangsdipol) gedreht, dann verursacht nur die Feldstärkekomponente $E \cdot \cos \varphi$ im Draht einen hochfrequenten Wechselstrom, die Feldstärkekomponente $E \cdot \sin \varphi$ wird dagegen durchgelassen.

Werden Sendedipol und Empfangsdipol senkrecht zueinander und beide senkrecht zu r aufgestellt, so erhält man keinen Empfang. Das gilt sowohl, wenn das Gitter mit $\varphi = 0°$, als auch mit $\varphi = 90°$ zwischen Sendedipol und Empfangsdipol aufgestellt wird.

Stellt man das Drahtgitter aber mit $\varphi = 45°$ auf (Abb. 307), dann geht Strahlung durch das Gitter. Die elektrische Feldstärke einer ankommenden elektromagnetischen Welle wird

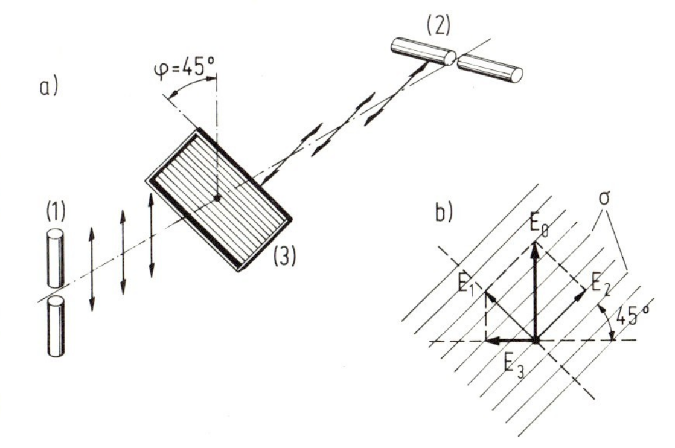

Abb. 307. Komponentenzerlegung der elektrischen Feldstärke einer elektromagnetischen Welle.
a) Versuchsanordnung. (1): Sendedipol (dicke zylindrische Stäbe), (2): Empfangsdipol, um 90° gegen (1) gedreht. (3): Gitter mit Azimutwinkel $\varphi = 45°$.
b) Einfallend: E_0, vom Gitter durchgelassen: $E_1 = E_0 \cdot \cos 45°$, vom Gitter reflektiert: $E_2 = E_0 \cdot \sin 45°$, im Empfangsdipol wirksam $E_3 = (E_0 \cdot \cos 45°) \cdot \cos 45°$.
Bei der Ausführung soll das Gitter wesentlich größere Abmessungen haben als die Dipole.

nämlich im Gitter in zwei aufeinander senkrechte Komponenten zerlegt. Die eine geht hindurch, die andere wird reflektiert. Die durchgehende ist unter 45° zum Sendedipol linear polarisiert.

Die Komponentenzerlegung eines Vektors (hier der elektrischen Feldstärke) nach vorgegebenen Richtungen ist also nicht eine bloße mathematische Beschreibungsweise, sondern entspricht der physikalischen Realität.

5. Optik

Unter den elektromagnetischen Wellen sind diejenigen mit Wellenlängen zwischen 0,4 und 0,76 μm für das Auge sichtbar. Daher konnte das Verhalten solcher Wellen schon seit Jahrhunderten untersucht werden. Streuung, Beugung, Brechung verlaufen nach dem Huygensschen Prinzip, wie bei anderen „Wellen".

Im Unterschied zu Schallwellen, die an den materieerfüllten Raum gebunden und longitudinale Wellen sind, gehen elektromagnetische Wellen auch durch den materiefreien Raum. Sie sind *Transversalwellen*; daher gibt es „polarisiertes" Licht. Beim Durchgang durch Materie (Glas, Nebel, Flüssigkeiten usw.) wird Licht in charakteristischer Weise beeinflußt, polarisiertes in Kristallen noch zusätzlich. Aus dieser Beeinflussung erhält man Information über Vorgänge im Inneren der Materie.

Bei der Lichtausbreitung hat man zuerst bemerkt, daß es in unserer Welt eine Grenzgeschwindigkeit gibt. Sie fällt mit der Fortpflanzungsgeschwindigkeit des Lichtes im materiefreien Raum zusammen.

5.1. Ausbreitung und Brechung von Licht

5.1.1. Abgrenzung des Gebietes Optik

Licht ist elektromagnetische Wellenstrahlung.

Maxwell hat von 1867 an erkannt, daß aus seinen Gleichungen (4.4.6.2) die Existenz elektromagnetischer Wellen mit der Fortpflanzungsgeschwindigkeit c gefolgert werden kann. Er gewann als erster die Einsicht, daß Licht elektromagnetische Strahlung ist.

Eine Strahlung, die sich von der in 4.5.3 besprochenen elektromagnetischen Wellenstrahlung nur durch die (viel kleinere) Wellenlänge der Größenordnung 0,1 bis 100 μm unterscheidet, wird als „Licht" bezeichnet. Auch die Lichtwelle ist eine elektromagnetische Welle mit einer zeitlich veränderlichen elektrischen Feldstärke $\vec{E}$ und einer zeitlich veränderlichen magnetischen Feldstärke $\vec{H}$. Oft wird $\vec{E}$ auch elektrischer Vektor genannt, $\vec{H}$ magnetischer Vektor. Wie in 4.5.3.4 ausgeführt, steht E senkrecht zu H und beide stehen senkrecht zur Fortpflanzungsrichtung. In einer Lichtwelle ist $E = E_0 \cdot \sin \omega t$ und $H = H_0 \cdot \sin \omega t$. Da im Regelfall E proportional H ist, ist die Lichtintensität $S = \gamma_{em} E \cdot H = c \cdot \varepsilon_0 E^2$. In manchen Büchern wird E oder H oder $\sqrt{S}$ als Lichtamplitude bezeichnet.

Ursprünglich verstand man unter „Licht" nur die für das menschliche Auge sichtbare elektromagnetische Wellenstrahlung. Heute spricht man von ultraviolettem und ultrarotem (infrarotem) „Licht", obwohl dieses Licht unsichtbar ist. Es gibt zahlreiche Physiker, die das Wort Licht auch für elektromagnetische Strahlung anderer, vor allem viel kürzerer, Wellenlänge gebrauchen und z. B. von Röntgenlicht sprechen. Dieser Wortgebrauch gilt auch für das vorliegende Buch. Dann werden auch elektromagnetische Strahlungsquanten $h\nu$ aller Frequenzen (von Radar bis zu harter γ-Strahlung) als *Photonen* (Lichtquanten) bezeichnet.

Es gibt elektromagnetische Wellenstrahlung mit Wellenlängen von über 10^4 m bis zu 10^{-14} m und darunter. Eine Übersicht über die Wellenbereiche gibt Abb. 308. Für das Auge sichtbar ist nur der Bereich von etwa 0,4 μm bis 0,76 μm. Im vorliegenden Kapitel 5 (Optik) wird sichtbares, ultraviolettes und ultrarotes Licht behandelt.

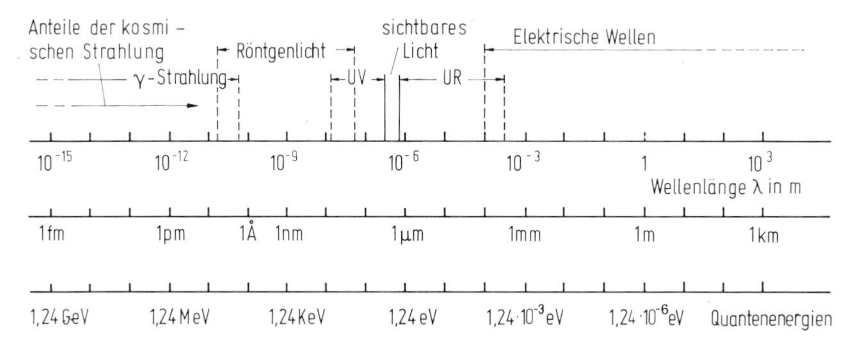

Abb. 308. Das gesamte elektromagnetische Spektrum. Die erste und zweite Skala gibt Wellenlängen in Meter, die dritte die Quantenenergien an.

An späterer Stelle (6.3.2) wird besprochen werden, daß jede elektromagnetische Strahlung in Form von *Quanten* (d. h. Energieportionen) emittiert wird. Diese Strahlung führt außer Energie auch Impuls mit. Bei Lichtaussendung aus Atomen und Atomkernen kann die Strahlung auch Drehimpuls übernehmen und übertragen.

Bei Licht gibt es alle bereits in (4.5.3.5) erwähnten Erscheinungen: Streuung, Beugung, Brechung, Reflexion, Polarisation.

Die Physik befaßt sich nur mit den Vorgängen der Erzeugung, Ausbreitung und dem Nachweis der elektromagnetischen Wellenstrahlung mit *objektiven* Methoden. Fragen der *subjektiven* Helligkeits*empfindung* des Auges gehören in das Gebiet der Physiologie bzw. Sinnespsychologie.

5.1.2. Fortpflanzung des Lichtes, geometrische Optik

Die geometrische Optik gilt, wenn die Abmessungen aller Bündelquerschnitte groß sind im Vergleich zur Wellenlänge. Sie ist ein Grenzfall der Wellenoptik.

Die Gesetze der Lichtfortpflanzung lassen sich aus den Maxwellschen Gleichungen folgern und mit Hilfe des Huygensschen Prinzips beschreiben. Wenn die Querschnitte von Lichtbündeln und die von Hindernissen groß sind im Vergleich zur Wellenlänge des Lichtes, dann breitet sich das Lichtbündel geradlinig aus und es entstehen scharfe Schatten. Das ist der Fall der „geometrischen Optik". Die geometrische Optik gilt, solange sich Beugungs- und Interferenzerscheinungen nicht bemerkbar machen, vgl. dazu Abb. 157.

Bei der zeichnerischen Wiedergabe kann ein Lichtbündel entweder durch die seitlich begrenzenden „Strahlen" oder durch die Bündelachse dargestellt werden. Auch enge Teilbündel werden oft „Strahlen" genannt. Parallellichtbündel, bei denen die Wellenlänge λ wesentlich kleiner ist als der Bündeldurchmesser d, bleiben beisammen. (Zur Begründung vgl. 2.3.6, insbes. Tab. 20.)

Gegeben sei vorerst eine möglichst punktförmige Lichtquelle, von der Licht nach allen Richtungen ausgeht. Durch eine Blende B kann man einen kegelartigen Bereich ausblenden; man nennt ihn ein „Lichtbündel". Meist verwendet man Lochblenden mit kreisförmigem Loch, dann erfüllt das Lichtbündel einen Kreiskegel. Den Winkel u zwischen der Achse des Kegels und einer Mantellinie nennt man „Öffnungswinkel" (s. Abb. 309). Die ein Lichtbündel

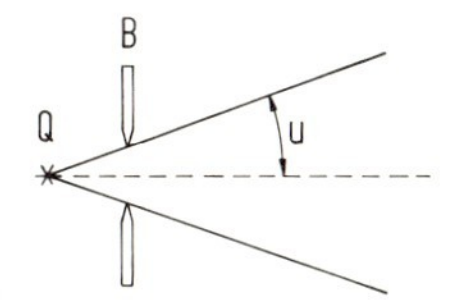

Abb. 309. Öffnungswinkel und Apertur. Q: Lichtquelle, u: Öffnungswinkel, B: Blende. $n \cdot \sin u$ heißt numerische Apertur des Bündels.

begrenzende Blende heißt „Aperturblende". Die Zahl $n \cdot \sin u$ heißt „numerische Apertur"; dabei ist n die in 5.1.4 erklärte Brechzahl des Mediums, in dem sich das Licht ausbreitet. Im Grenzfall einer unendlich fernen Lichtquelle bekommt man ein paralleles Bündel.

5.1.3. Fortpflanzungsgeschwindigkeit des Lichtes, Grenzgeschwindigkeit

Licht pflanzt sich wie alle elektromagnetische Wellen im materiefreien Raum nach allen Richtungen und relativ zu allen Bezugssystemen mit der Geschwindigkeit $c = 3 \cdot 10^8$ m/s $=$ $= 3 \cdot 10^{10}$ cm/s („Vakuum-Lichtgeschwindigkeit") fort. Diese Geschwindigkeit ist auch die höchste Geschwindigkeit, mit der sich materielle Körper und Energie relativ zu irgendeinem Bezugssystem in unserer Welt bewegen können („Grenzgeschwindigkeit").

Um eine Meßstrecke L eines Laboratoriums zu durchlaufen, benötigt ein Lichtsignal eine Zeitdauer t, die zwar klein, aber verschieden von Null ist. Um die Lichtgeschwindigkeit zu messen, läßt man z. B. ein von einem Spalt ausgehendes Lichtbündel an einem drehbaren

Spiegel reflektieren, sendet es über eine Strecke der Länge l, läßt es an deren anderem Ende reflektieren und die Strecke l rückwärts durchlaufen, so daß es die Meßstrecke $L = 2l$ zurückgelegt hat. Dann läßt man es nochmals am drehbaren Spiegel reflektieren, Abb. 310.

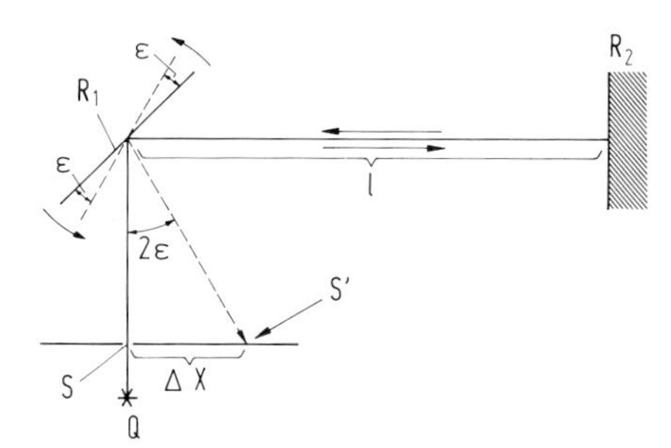

Abb. 310. Zur Messung der Lichtgeschwindigkeit. ε: Drehwinkel. Immer nur dann, wenn der Drehspiegel R_1 nahezu in der (ausgezogen) gezeichneten Stellung steht, geht für kurze Zeit Licht über die Strecke l zum festen Spiegel R_2 und zurück. Durch Einfügen von Linsen (nicht gezeichnet) erreicht man, daß ein scharfes Bild S' des durch Q beleuchteten Spaltes S aufgefangen werden kann. Δx ist die gemessene Verschiebung des Spaltbildes bei schnell rotierendem Drehspiegel.

Dreht sich der Spiegel sehr schnell, so findet ihn das zurückkommende Licht um den kleinen Winkel ε gedreht vor, daher wird das Spaltbild seitlich versetzt. Die Laufzeit des Lichtes für die Meßstrecke $L = 2\,l$ folgt aus der Winkelgeschwindigkeit ω des Spiegels und dem beobachteten Drehwinkel ε. Die Umdrehungsperiode des Spiegels ist $T = 2\pi/\omega$. Die Laufzeit des Lichtes folgt aus $\varepsilon/2\pi = t/T$. Man erhält c aus L/t.

Man kann c aus Meßstrecke L und Laufzeit t aber auch erhalten, indem man kurze Lichtblitze erzeugt und die Zeitdauer mißt, nach der die Lichtblitze von einem entfernt aufgestellten Spiegel zurückkehren. Die Lichtblitze erhält man z. B. mit Hilfe einer Kerr-Zelle durch Anlegen eines Spannungsstoßes, vgl. 5.5.4. Das Lichtbündel wird am Ende einer Strecke l reflektiert und sein Eintreffen am Anfangspunkt der Meßstrecke über eine Photozelle nachgewiesen. Da mit elektronischen Methoden Bruchteile von Mikrosekunden gut meßbar sind, läßt sich die Ausbreitungsgeschwindigkeit des Lichtes schon über relativ kleine Strecken messen. In Materie (Glas, Wasser usw.) ist die Ausbreitungsgeschwindigkeit des Lichtes kleiner als im materiefreien Raum.

Es gibt zahlreiche Messungen der Ausbreitungsgeschwindigkeit c elektromagnetischer Wellen aller Frequenzen. Sie zeigen, daß c im materiefreien Raum *un*abhängig von der Frequenz (Wellenlänge) ist und $c = 2{,}99792_5 \cdot 10^8$ m/s beträgt. Die Messungen sind ausgeführt von Frequenzen der Fernsehübertragung ($h\nu = 1{,}9 \cdot 10^{-7}$ eV) bis $h\nu \approx 170$ MeV, also für Frequenzen im Verhältnis $1 : 10^{15}$.

Häufig mißt man heute Entfernungen mit Hilfe der Laufzeit elektromagnetischer Wellen (Radar = *R*adio *d*etection *a*nd *r*anging); dabei macht man Gebrauch davon, daß c bekannt ist.

Beispiel. In 1 μs durchläuft das Licht eine Strecke von 300 m.

Zwischen zwei Bündeln, die in unterschiedlichen Medien verlaufen, bildet sich eine mit dem Laufweg zunehmende Phasenverschiebung (5.3.1) aus, die gemessen werden kann. Auch kleinere Geschwindigkeitsunterschiede können daraus leicht erhalten werden (vgl. 5.5.2). Daraus läßt sich dann das Verhältnis

$$n = c/v \qquad (5\text{-}1)$$

ableiten, wo c die Fortpflanzungsgeschwindigkeit im materiefreien Raum und v die Fortpflanzungsgeschwindigkeit im Medium bedeuten. n wird Brechzahl genannt.

Der Name „Brechzahl" und „Brechung" ist historisch entstanden. Im Grunde ist er irreführend, denn Brechung bedeutet Knickung des Strahlengangs. Bei Kristallen kann sich aber unterschiedliche „Brechzahl" auswirken, ohne daß der Strahlengang geknickt wird (vgl. 5.5.2).

Die Vakuumlichtgeschwindigkeit ist – wie sich experimentell herausstellt – die *Grenzgeschwindigkeit,* mit der sich Energie (Masse) fortpflanzen kann, die auch durch Addition von Geschwindigkeiten nicht überschritten werden kann (siehe unten). Sie ist weiter die Maximalgeschwindigkeit, mit der sich Teilchen (z. B. Elektronen, Elementarteilchen) in unserer Welt bewegen können. Aus dieser Tatsache folgt, daß ein Geschwindigkeits-Additionsgesetz gelten muß, das vom „klassischen" Gesetz $v_{ges} = v_1 + v_2$ verschieden ist. Es wurde schon in 1.4.4.2 angegeben.

Die Grenzgeschwindigkeit kann auch nicht überschritten werden, wenn Licht von einem schnell bewegten System ausgesandt wird. Folgendes Experiment zeigt das:

Relativ zum Laborsystem wird ein Proton in einem Beschleuniger auf den Impuls 19,2 GeV/c gebracht. Seine Geschwindigkeit ist dann nur wenig kleiner als die Ausbreitungsgeschwindigkeit c des Lichtes (vgl. 6.1.6). Das Proton stößt auf einen Kern, der im Laborsystem ruht. Bei diesem Stoß wird manchmal ein π^0-Meson gebildet. Dieses bewegt sich mit der Geschwindigkeit $\approx 0{,}999 \cdot c$ nach vorwärts und zerfällt bereits nach 10^{-16} s, also nach einem Weg von $10^{-16}\,\text{s} \cdot 3 \cdot 10^8\,\text{m/s} = 3 \cdot 10^{-8}\,\text{m} = 30\,\text{nm}$ in zwei γ-Quanten. Man interessiert sich nun insbesondere für die Geschwindigkeit der nach vorwärts ausgesandten γ-Quanten. Sie beträgt *nicht* etwa $0{,}999\,c + c = 1{,}999 \cdot c$, sondern $1 \cdot c$. Das besagt: Auch wenn die Quelle (hier das π^0-Meson) sich mit sehr hoher Geschwindigkeit ($\approx c$) bewegt, hat die nach vorwärts ausgesandte Strahlung relativ zum Laborsystem nur die Grenzgeschwindigkeit c, genau so, wie wenn die γ-Quanten von einer ruhenden Quelle ausgesandt würden.

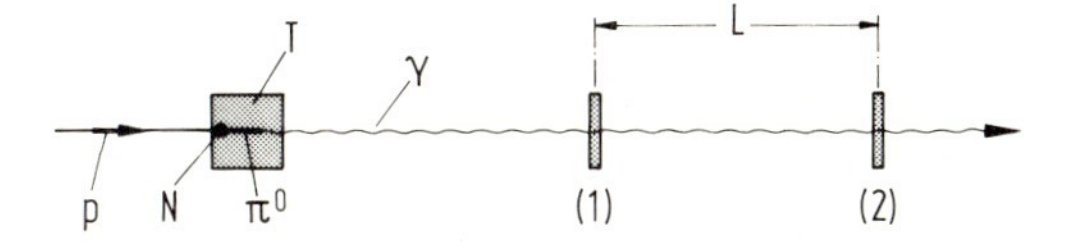

Abb. 311. Lichtgeschwindigkeit als Grenzgeschwindigkeit. p: gepulster Protonenstrahl (zeitlicher Pulsabstand 105 ns), T: Target, N: Ort der Entstehung des π^0-Mesons, (1) und (2) Zähler für γ-Quanten im Abstand L.

Die experimentelle Untersuchung wurde am Protonenbeschleuniger von CERN ausgeführt (Abb. 311). Der Protonenstrahl war gepulst: Alle 105 ns traf ein Protonenpuls von der Dauer von wenigen ns auf ein Berylliumtarget. Zwei Zähler in Vorwärtsrichtung im Abstand $l = 31{,}450$ m konnten Zählimpulse im Zeitabstand 105 ns nachweisen. Der Zeitabstand war aus meßtechnischen Gründen so gewählt, daß die Laufzeit der Quanten gerade mit der Pulsfrequenz des Protonenbeschleunigers übereinstimmt. Daraus folgt, daß die γ-Quanten, die aus dem Zerfall des schnell bewegten π^0 stammen und nach vorwärts ausgesandt werden, sich relativ zum Laborsystem mit der Geschwindigkeit 31,450 m/105,005 ns $= 2{,}9977 \cdot 10^8$ m/s bewegen, also genau mit der Lichtgeschwindigkeit, die nach den genauesten Messungen $(2{,}9979 \pm 0{,}0004) \cdot 10^8$ m/s beträgt. Trotz Aussendung von einem schnell bewegten System aus erreicht das Lichtquant relativ zum Laborsystem *keine größere Geschwindigkeit* als c. Es hat jedoch *stark vergrößerte Quantenenergie* gegenüber dem Fall, wenn es von einem ruhenden π^0-Meson ausgesandt würde.

Man kann Experimente ähnlicher Art statt mit Lichtquanten auch mit Teilchen ausführen. Mit Teilchen, die von einem mit $v \approx c$ bewegten System nach vorwärts ausgesandt werden, findet man, daß sie erhöhte Masse m, erhöhten Impuls mv und erhöhte kinetische Energie $(m - m_0)\,c^2 = m^2 v^2/(m + m_0)$ haben. Bei ihnen vergrößert sich m erheblich, dagegen nimmt v nur minimal zu. Weiteres folgt in 6.1.4.

Wenn ein Lichtquant in Materie eintritt, so entsteht ein kompliziertes Gebilde aus elektromagnetischem Feld des Lichtquants und aus orts- und zeitabhängiger dielektrischer Polarisation der Materie. Dies gilt insbes. auch für durchsichtige Materie.

In einem Medium, dessen Brechzahl n stark von der Wellenlänge λ abhängt, muß man grundsätzlich zwischen Gruppengeschwindigkeit, Phasengeschwindigkeit und Signalgeschwindigkeit unterscheiden (vgl. 5.6.7). Im materiefreien Raum sind diese drei Geschwindigkeiten einander gleich.

5.1.4. Reflexion und Brechung, ortsabhängige Brechzahl *F/L 3.3.1*

EinLichtbündel wird an der Grenzebene zweier (durchsichtiger) Medien gebrochen, und ein Teil des Bündels wird reflektiert. Es gibt einen Grenzwinkel der totalen Reflexion.

Das Verhalten von Lichtbündeln wurde schon vor Jahrhunderten phänomenologisch untersucht und das unten angegebene Brechungsgesetz Gl. (5-3) von Snellius (1591 bis 1626) aufgestellt. Später erkannte man, daß das Brechungsgesetz aus der Wellennatur des Lichtes und der unterschiedlichen Fortpflanzungsgeschwindigkeit gefolgert werden kann, vgl. Abb. 312.

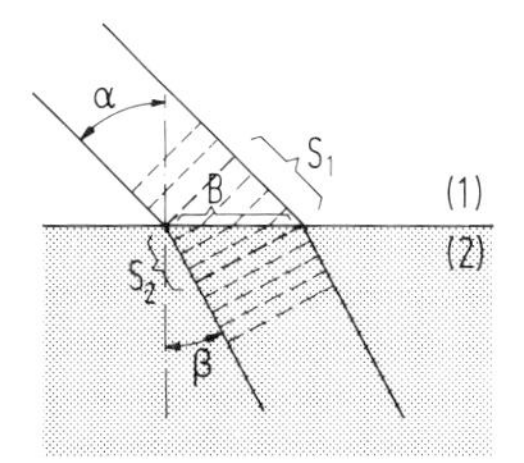

Abb. 312. Brechung eines Parallelbündels. Während der eine Bündelrand den Weg s_1 im Medium (1) (Luft) zurücklegt, schreitet der andere um s_2 im Medium (2) (Glas) fort.

Es gilt: $\frac{s_1}{s_2} = \frac{v_1}{v_2} = \frac{B \cdot \sin\alpha}{B \cdot \sin\beta}$

Eine ebene Oberfläche eines materiellen Körpers ist dann und nur dann ein Spiegel, wenn die Rauhigkeit der Oberfläche wesentlich kleiner ist, als die Wellenlänge des Lichtes, das daran reflektiert werden soll. Ein paralleles Wellenbündel (hier Lichtbündel) bleibt auch nach der Reflexion an einem Spiegel ein paralleles Wellenbündel. Das Lot auf die reflektierende Ebene am Ort des auftreffenden Bündels nennt man *Einfallslot*. Einfallendes Bündel und Einfallslot bestimmen die *Einfallsebene*, der Winkel zwischen Einfallslot und Bündel heißt *Einfallswinkel*. Licht, das senkrecht auf die Spiegelfläche trifft, hat also den Einfallswinkel 0°. Später wird auch der Winkel (90° – Einfallswinkel) benützt, er wird „Glanzwinkel" genannt.

Bei der Reflexion gilt das Gesetz: Einfallswinkel α = Reflexionswinkel α'. Dabei liegt auch das reflektierte Bündel in der Einfallsebene, vgl. dazu 2.3.1, Abb. 139c, ferner 2.4.1 sowie 4.5.3.5, insbes. Abb. 304.

Trifft ein Lichtbündel auf eine Trennfläche zweier Medien (z. B. Luft-Glas), so wird ein Teil der einfallenden Strahlung reflektiert. Der übrige Teil dringt ein und wird – wenn er schräg auftrifft – an der Grenzfläche geknickt, man sagt dafür „gebrochen". Der Winkel zwischen dem gebrochenen Bündel und dem Lot auf die Trennfläche bildet den Brechungswinkel β. Brechung tritt ein, wenn ein Bündel die Grenze zweier Medien überschreitet, in denen die Ausbreitungsgeschwindigkeit des Lichtes unterschiedlich ist.

Im Regelfall (genauer: bei isotropen Medien) liegt das gebrochene Bündel ebenfalls in der Einfallsebene. Es bildet mit dem Einfallslot einen Winkel β, den Brechungswinkel. Die Winkel α und β haben verschiedene Werte, außer wenn $\alpha = \beta = 0°$ ist. (Über nichtisotrope Medien, vgl. 5.5.) Mit zunehmendem Winkel α wird ein zunehmender Bruchteil der Strahlungsleistung des einfallenden Lichtes reflektiert (vgl. 5.6.2 und 5.6.5).

Die geometrische Optik ist ein Grenzfall der Wellenoptik, und zwar für den Fall, daß alle Abmessungen groß sind im Vergleich zur Wellenlänge. Aus dem Huygensschen Prinzip folgt, daß ein breites paralleles Bündel ($d \gg \lambda$) auch nach der Brechung ein Parallelbündel bleibt, vgl. 2.3.6, Tab. 20. Wenn man dies bereits weiß, läßt sich das Brechungsgesetz gemäß Abb. 312 aus der unterschiedlichen Fortpflanzungsgeschwindigkeit in beiden Medien erhalten: Während der eine Rand des Bündels um die Wegstrecke s_1 noch im ersten Medium fortschreitet, schreitet der andere bereits im zweiten Medium um s_2 fort. Zum Zurücklegen des Weges s_1 und s_2 benötigt das Licht eine gleichlange Zeitdauer t_0. Es gilt:

$$\frac{s_1}{s_2} = \frac{v_1}{v_2} = \frac{\mathrm{B} \cdot \sin \alpha}{\mathrm{B} \cdot \sin \beta} \qquad (5\text{-}2)$$

$v_1 = s_1/t_0$ ist die Fortpflanzungsgeschwindigkeit des Lichtes im Medium 1, $v_2 = s_2/t_0$ die im Medium 2. Wenn als Medium 1 der materiefreie Raum (Vakuum) gewählt wird, ist v_1 gleich der Vakuumlichtgeschwindigkeit $c = 3 \cdot 10^8$ m/s. In Luft ist v_2 um den Faktor 1 : 1,00028 kleiner als $v_1 = c$.

Definition. $n_{12} = v_1/v_2$ nennt man *Brechzahl* für den Übergang vom Medium 1 in das Medium 2. Dabei sind v_1 und v_2 die Ausbreitungsgeschwindigkeiten (genauer Phasengeschwindigkeiten) im Medium 1 und 2. Diese Definition gilt allgemein, insbesondere auch für Kristalle.

In isotropen Körpern (Gläser, Flüssigkeiten, Gase) gilt darüber hinaus

$$n_{12} = \frac{v_1}{v_2} = \frac{\sin \alpha}{\sin \beta} \qquad (5\text{-}3)$$

n_{12} hat (für zusammengehörige Werte von α und β) denselben Wert (Snelliussches Brechungsgesetz). n_{12} ist eine Konstante der Grenze der Medien 1, 2, hängt jedoch etwas von der Wellenlänge λ des Lichtes ab (vgl. 5.1.5 u. 5.6.7). Später (5.3.3) wird sich zeigen: Die Wellenlänge des Lichtes ist in verschiedenen Medien verschieden, und zwar gilt allgemein:

$$n_{12} = v_1 : v_2 = \lambda_1 : \lambda_2 \qquad (5\text{-}3a)$$

Wie in 2.2.2 ist auch hier $v = \nu \cdot \lambda$. Unter der Brechzahl n schlechthin versteht man die Brechzahl für den Übergang Vakuum-Medium. Die Fortpflanzungsgeschwindigkeit im Medium kann dann wiedergegeben werden durch $v = c/n$.

Der Zusammenhang zwischen α und β läßt sich leicht graphisch ermitteln (Abb. 313).

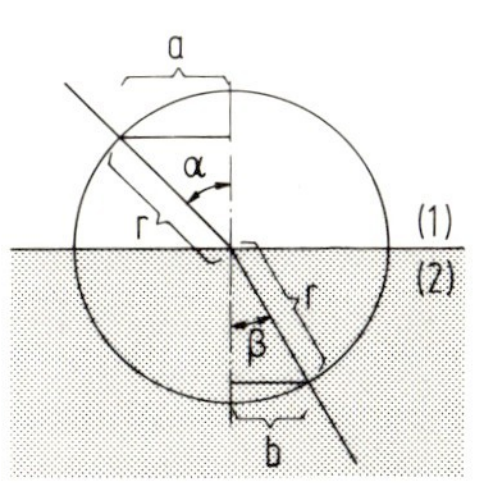

Abb. 313. Zum Brechungsgesetz. Medium (1) (Luft), Medium (2) (Glas). Wegen $a/r = \sin \alpha$, $b/r = \sin \beta$ ist das Verhältnis $a : b = n_{12}$.

Im Bereich der geometrischen Optik, d. h. wenn die Beugung keine wesentliche Rolle spielt, kann man den Strahlengang *umkehren*. Im Fall der Brechung bedeutet das eine Umnumerierung der Medien, d. h. Abb. 312 und 313 gilt auch, wenn β der Einfallswinkel und α der Brechungswinkel ist. Dabei ist α stets größer als β, und die Brechzahl ist

$$n_{21} = v_2/v_1 = 1/n_{12} = \frac{\sin \beta}{\sin \alpha} \tag{5-3b}$$

Man sieht: Wenn $n_{12} > 1$, dann $n_{21} < 1$.

Nun kann $\sin \alpha$ nicht größer werden als 1. Tritt Licht aus einem Medium, das durch eine ebene Fläche begrenzt ist, in Luft oder in Vakuum über, so gibt es daher nur für $\beta < \beta_T$ ein gebrochenes Bündel, wo β_T sich aus $n_{12} = 1/\sin \beta_T = 1/n_{21}$ bestimmt. Für $\beta > \beta_T$ tritt *Totalreflexion* innerhalb eines Mediums ein. β_T heißt Grenzwinkel der Totalreflexion. Abb. 314.

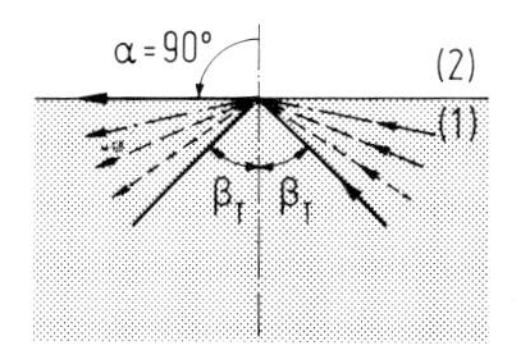

Abb. 314. Totalreflexion an einem Medium mit kleinerer Brechzahl. Ist die Brechzahl n_{01} des Mediums (1) größer als die Brechzahl n_{02} des Mediums (2) (z. B. n_{Glas} größer n_{Luft}), so tritt Totalreflexion ein für Einfallswinkel, die größer sind als der Grenzwinkel β_T.

Auch an der Grenze zwischen zwei Medien gibt es Totalreflexion mit einem Grenzwinkel β_T; für diesen gilt

$$n_{23} = 1/\sin \beta_T = 1/n_{32} \tag{5-4}$$

Zur *Messung der Brechzahl* kann man β_T bestimmen und Gl. (5-4) anwenden. Das Verfahren ist einfach und genau.

Beispiel. Wenn $\beta_T = 40°$, dann $n = 1{,}55$.

Mehrere Medien, ortsabhängige Brechzahl. Durchläuft das Licht (Abb. 315a) drei Medien (1), (2), (3), wobei die Brechzahl Vakuum gegen erstes Medium n_{01}, die Brechzahl Vakuum gegen zweites Medium n_{02} ist und die für Vakuum gegen drittes Medium n_{03}, so hat das Licht in (1) die Geschwindigkeit $v_1 = c/n_{01}$, in (2), die Geschwindigkeit $v_2 = c/n_{02}$, in (3) die Geschwindigkeit $v_3 = c/n_{03}$. Als Brechzahl für die Grenzfläche zwischen dem ersten und dem zweiten Medium ergibt sich dann

$$n_{12} = \frac{v_1}{v_2} = \frac{c}{n_{01}} \cdot \frac{n_{02}}{c} = \frac{n_{02}}{n_{01}}$$

und analog für n_{23}. Zwischen Medium (1) und Medium (3) ergibt sich dann

$$n_{13} = n_{12} \cdot n_{23}$$

Ortsabhängige Brechzahl. Es gibt Medien, in denen die Brechzahl, also auch die Fortpflanzungsgeschwindigkeit des Lichtes, eine Funktion des Ortes ist. Überschichtet man z. B. eine homogene Kochsalzlösung mit Wasser und läßt sie einige Stunden stehen, dann entsteht durch Diffusion ein Medium mit einer Brechzahl, die kontinuierlich mit der Höhe abnimmt. In einem solchen Medium verläuft auch ein nahezu horizontal einfallendes paralleles Lichtbündel auf einem gekrümmten Weg („Krumme Lichtstrahlen"), Abb. 315b. Auch ein horizontales oder von schräg unten zur Schichtungsebene eintretendes Lichtbündel krümmt sich nach unten. Das steht im Einklang mit dem Huygensschen Prinzip (2.3.4).

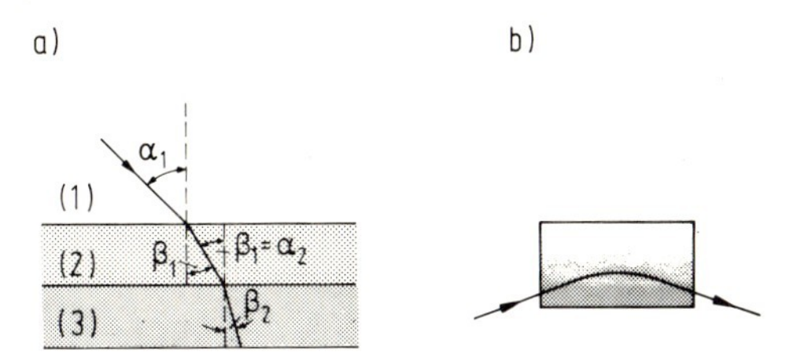

Abb. 315.
a) Brechung eines Lichtbündels durch mehrere aneinandergrenzende Medien. Medium (1): z. B. Luft, Medium (2): z. B. Glassorte 1, Medium (3): z. B. Glassorte 2.
b) „Gekrümmte Lichtstrahlen". Medium mit von unten nach oben kontinuierlich abnehmender Brechzahl (durch allmählich abnehmende Grautönung angedeutet), z. B. geschichtete Kochsalzlösung in einer Glasküvette.

Gekrümmte Lichtstrahlen in einem Medium mit örtlich veränderlicher Konzentration treten auf
1. im Facettenauge der Insekten,
2. in der Atmosphäre, wenn unter der kälteren Luft durch Sonneneinstrahlung direkt über einer Asphaltstraße oder über einer Sandebene warme Luft entsteht,
3. über dem kalten Meer, wenn darüber Warmluft vom Festland gelangt und die Luft dicht über dem Meer kalt bleibt.

Zu 1. Jede Facette enthält eine Konzentrationslinse.
Zu 2. Ein nahezu horizontales Lichtbündel wird nach oben gekrümmt. Es tritt eine Art Spiegelung direkt oberhalb des Erdbodens ein („fata morgana").
Zu 3. Ein Schiff, das sich unterhalb des normalen Horizontes befindet, scheint über dem Horizont zu schweben („fliegender Holländer").

5.1.5. Prisma, Dispersion (Brechzahldispersion) *F/L 3.4.2*

Ein Lichtbündel wird durch ein Prisma abgelenkt. Aus dem „minimalen" Ablenkwinkel und dem Prismenwinkel folgt die Brechzahl; sie hängt von der Wellenlänge ab. $dn/d\lambda$ heißt Brechzahldispersion.

Licht eines glühenden Körpers (Glühlicht, auch Licht der Sonne) ist zusammengesetzt aus Licht verschiedener Wellenlänge. Man nennt es Glühlicht. Den Ausdruck „weißes Licht" sollte man vermeiden, da die Farbempfindung „weiß" durch Licht mit sehr verschiedener Zusammensetzung hervorgerufen werden kann. Die Wellenlängenzusammensetzung von Glühlicht ist dagegen – insbesondere für einen „schwarzen Strahler" (vgl. 5.7) – gut definiert. Die Sonne strahlt ähnlich wie ein schwarzer Körper.

Ein Lichtbündel mit einheitlicher Wellenlänge wird „monochromatisch" genannt. Wenn ein Lichtbündel aus Licht mit verschiedenen Wellenlängen zusammengesetzt ist, dann wird seine Zusammensetzung durch eine Verteilungsfunktion beschrieben, die angibt, welcher Bruchteil der Strahlungsleistung in jeden Wellenlängenbereich $d\lambda$ fällt.

Ein Prisma ist ein Körper (in der Optik meist aus einer Glassorte oder aus Quarz), der durch zwei ebene Flächen begrenzt ist, die einen Winkel φ (Prismenwinkel) einschließen (siehe Abb. 316). Ein Parallelbündel falle unter dem Winkel α auf die eine Begrenzungsfläche, wobei die Einfallsebene senkrecht zur Prismenkante liegen soll. Beim Durchgang durch das Prisma erfährt ein Bündel aus Licht einheitlicher Wellenlänge eine Ablenkung um einen bestimmten Winkel δ. Dieser hängt, außer von λ und n, vom Einfallswinkel α ab. Der Ablenkwinkel δ erreicht seinen kleinsten Wert (Minimum der Ablenkung), wenn der Strahlengang

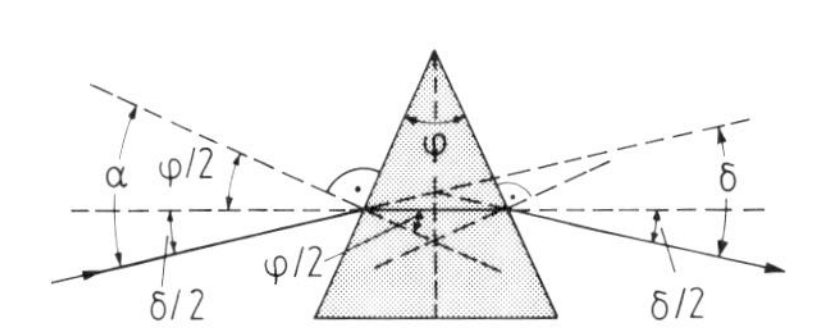

Abb. 316. Brechung in einem Prisma bei symmetrischem Strahlengang. Der Ablenkwinkel δ erreicht seinen minimalen Wert, wenn der Strahlendurchgang symmetrisch ist. Dann ist $\alpha = \varphi/2 + \delta/2$ und $\beta = \varphi/2$ und $n = \sin\alpha : \sin\beta$. Wenn der Prismenwinkel φ klein ist, gilt näherungsweise $\delta = (n - 1) \cdot \varphi$. Diese Gleichung gilt auch für nicht symmetrischen Strahlengang.

durch das Prisma symmetrisch ist (Abb. 316). Für symmetrischen Strahlengang gilt dann

$$n_{12} = \frac{\sin\alpha}{\sin\beta} = \frac{\sin\left(\dfrac{\varphi}{2} + \dfrac{\delta}{2}\right)}{\sin\dfrac{\varphi}{2}} \tag{5-5}$$

Durch Messung von φ und δ kann man die Brechzahl n_{12} für den Übergang Luft–Glas mit großer Genauigkeit erhalten.

Die Brechzahl n ist eine Funktion der Lichtwellenlänge, also $n = n(\lambda)$. Daher hängt auch der Ablenkwinkel δ in einem Prisma von der Wellenlänge des Lichtes ab. Um die Ablenkung zu beobachten, kann man entweder von einem Parallelbündel ausgehen und in genügend großer Entfernung beobachten, oder man kann von einer linienförmigen Lichtquelle (insbesondere einem beleuchteten Spalt) ausgehen, die mit einer Linse auf einen Schirm abgebildet wird (Prismenspektrograph 5.2.5). Licht verschiedener Wellenlängen erscheint dann auf dem Schirm räumlich nebeneinander, es entsteht ein „Spektrum".

Auch jenseits des sichtbaren Spektralbereiches gibt es „Licht". Den an das Violett anschließenden Wellenbereich nennt man Ultraviolett (UV), den an Rot anschließenden Bereich Ultrarot (UR) oder auch Infrarot (IR). Licht des ultravioletten Bereichs läßt sich sichtbar machen, indem man das Spektrum auf einem fluoreszierenden oder phosphoreszierenden Schirm auffängt. Genügend kurzwelliges Licht (blau, violett und besonders ultraviolett) erregt nämlich manche Stoffe zum Leuchten mit sichtbarem Licht (Fluoreszenz, Phosphoreszenz). Stoffe heißen fluoreszierend, wenn sie nur *während* der Einstrahlung Licht aussenden, phosphoreszierend, wenn sie nach Ende der Einstrahlung *nachleuchten* (unter Umständen über längere Zeit). Fluoreszenz- und Phosphoreszenzlicht hat größere Wellenlänge (kleinere*) Quantenenergie, vgl. 6.3.2) als das eingestrahlte Licht. Ultraviolettes Licht ist daher auf einem Fluoreszenzschirm erkennbar.

Ultra*rotes* Licht ist imstande, die Phosphoreszenz eines zum Nachleuchten angeregten Schirmes zu löschen. Davon kann man in folgender Weise Gebrauch machen: Man regt einen Schirm mit Hilfe von UV-Licht (z. B. einer Bogenlampe) zum Phosphoreszieren an, läßt dann auf Teile davon UR-Licht fallen. Die davon getroffenen Stellen werden nach kurzer Zeit dunkel, „die Phosphoreszenz ist gelöscht". Man kann auf diese Weise einen Teil des UR-Spektrums dunkel auf hell sichtbar machen.

Wie gezeigt, ist die Brechzahl eine Funktion der Wellenlänge, also $n = n(\lambda)$. Die Änderung der Brechzahl mit der Wellenlänge, also $\mathrm{d}n/\mathrm{d}\lambda$, nennt man Brechzahl*dispersion*. Je größer $\mathrm{d}n/\mathrm{d}\lambda$ ist, um so mehr wird das Spektrum unter sonst gleichen Verhältnissen auf dem

* Falls kinetische Energie der Wärmebewegung der Atome mit verwendet werden kann, ist eine geringe Überschreitung dieser Regel möglich.

Bildschirm auseinander gezogen. Bei zwei Substanzen, die für bestimmtes λ denselben Wert der Brechzahl n haben, kann trotzdem $\mathrm{d}n/\mathrm{d}\lambda$ recht verschieden sein. Wenn man zwei geeignete Prismen mit verschiedener Brechzahl und geeigneter Dispersion entsprechend Abb. 317 in den Strahlengang stellt, läßt sich a) Knickung des Strahlenganges ohne Dispersion oder b) Dispersion fast ohne Knicken des Strahlenganges erzielen.

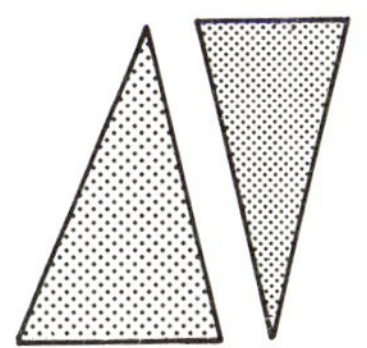

Abb. 317. Prismenkombination. Man kann Prismen mit relativ großer Dispersion bei kleiner Brechzahl mit solcher relativ kleiner Dispersion bei großer Brechzahl zu einem achromatischen oder zu einem geradsichtigen Prisma kombinieren.

a) Eine Prismenkombination, die ein Lichtbündel durch Brechung ablenkt, aber praktisch keine Dispersion hat, nennt man ein *achromatisches* Prisma.
b) Eine Prismenkombination, die Dispersion hat, das Bündel aber fast nicht ablenkt, nennt man ein *geradsichtiges* Prisma.

5.2. Linsen und optische Instrumente

5.2.1. Linsen

F/L 3.4.2

Ein Parallelbündel wird beim Durchgang durch eine sphärische Linse konvergent bzw. divergent (Sammellinse, Zerstreuungslinse).

Ein Glaskörper, der von zwei Kugelflächen (mit den Radien r_1 und r_2), oder von einer Kugelfläche und einer Ebene begrenzt wird, stellt eine *sphärische Linse* dar. *Symmetrieachse* der Linse ist die Verbindungslinie der Kugelmittelpunkte. Sie wird als z-Achse gewählt. Ihre positive Richtung ist durch die Lichtrichtung im Objektraum gegeben. Eine Linse hat zwei „brechende Flächen". Es gibt Sammellinsen – sie sind in der Mitte dicker als am Rand – und Zerstreuungslinsen – sie sind in der Mitte dünner. Die charakteristischen Größen einer Einzellinse sind: Brennweite, Öffnungsverhältnis (Quotient aus Durchmesser der Linse und deren Brennweite), Krümmungsradien r_1 und r_2 der Linsenflächen und deren relative Lage, Brechzahl und Dispersion des Materials der Linse. Im folgenden wird stets vorausgesetzt, daß ein Lichtbündel von links auf die Linse fällt.
Sammellinsen vereinigen ein achsenparalleles Lichtbündel (näherungsweise) in einem Punkt (Abb. 318). Dieser wird „Brennpunkt" genannt und mit F′ bezeichnet; sein Abstand von der Linsenmitte heißt Brennweite f'. Bei einer Sammellinse ist f' *positiv* (F′ rechts von der Linse).

Zerstreuungslinsen verwandeln ein achsenparalleles in ein divergentes Lichtbündel. Die *rückwärts* verlängerten Strahlen dieses Bündels schneiden sich in einem Punkt, der ebenfalls Brennpunkt F′ genannt wird. Die Brennweite f' der Zerstreuungslinse ist daher negativ (F′ links von der Linse).

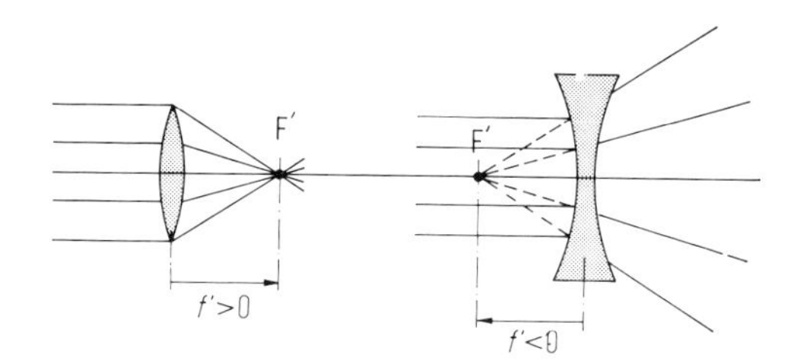

Abb. 318. Brennpunkt und Brennweite. Sammellinsen vereinigen ein Parallelbündel, das parallel zur Achse der Linse einfällt, in einen Brennpunkt F' bei der Koordinate $f' > 0$. Bei Zerstreuungslinsen entsteht ein divergentes Bündel, das von einem rückwärtigen Brennpunkt F' auszugehen scheint. Hier ist $f' < 0$. Eine brechende Fläche heißt konvex, wenn sie nach außen gewölbt ist, und konkav, wenn sie nach innen gewölbt ist.

Das Reziproke der Brennweite, also $1/f'$, nennt man „Brechkraft" der Linse. Die Brechkraft der Sammellinse ist >0, die der Zerstreuungslinse <0. Die kohärente Einheit der Brechkraft ist $1/(1\,\text{m}) = 1\,\text{m}^{-1}$, sie wird 1 Dioptrie genannt (Kurzzeichen 1 D).

Beispiel: Eine Linse mit $f' = 2\,\text{m}$ hat $1/f' = 0{,}5\,\text{D}$. Bei Brillen gibt man die Brechkraft an, nicht die Brennweite (vgl. dazu 5.2.3).

5.2.2. Abbildung durch dünne Linsen

Durch eine Linse wird eine *Ebene* näherungsweise auf eine *Ebene* abgebildet. Es gibt reelle und virtuelle Bilder.

Ein Parallelbündel, das schräg auf eine planparallele Platte fällt, wird beim Eintritt in die Platte gebrochen und beim Austritt in die ursprüngliche Richtung zurückgebrochen. Dabei wird es seitlich parallel versetzt.

Eine Linse wird dann als „dünn" bezeichnet, wenn ein schräg durch die Linse (etwa durch den Mittelpunkt der Linse) gehendes Lichtbündel nicht merklich seitlich versetzt wird. In 5.2.2 werden dünne Sammellinsen in Luft ($f' > 0$) betrachtet. Ihre Abbildungseigenschaften sind:

1. Parallelbündel→Punkt. Ein *achsenparalleles* Bündel wird in den auf der Achse liegenden Brennpunkt F' vereinigt (Abb. 318). Ein schräg einfallendes Parallelbündel wird ebenfalls in einem *Punkt* vereinigt. Dieser liegt (in guter Näherung) auf der sogenannten Brennebene, das ist die Ebene senkrecht zur Linsenachse im Brennpunkt F'.
2. Punkt→Punkt. Eine (dünne) Linse vereinigt alle Lichtbündel, die von einem *Punkt* ausgehen, in einem *Punkt*. Dabei braucht der Punkt nicht auf der Achse zu liegen.

(1) kann als Spezialfall von (2) angesehen werden: Ein Parallelbündel kommt von einem uneigentlichen (unendlich fernen) Punkt.

3. Ebene→„Ebene". Eine *Ebene* senkrecht zur Linsenachse wird Punkt für Punkt in eine Fläche, die näherungsweise eine *Ebene* senkrecht zur Linsenachse ist, abgebildet (Objektebene→Bildebene). Ein Objekt in der Objektebene wird dabei geometrisch ähnlich (lediglich vergrößert oder verkleinert) in der Bildebene wiedergegeben (Abb. 319). Durch das bloße Hinstellen einer Linse ist jeder Objektebene ein Bildebene zugeordnet und umgekehrt.

Fall (3) enthält (2) als Spezialfall.

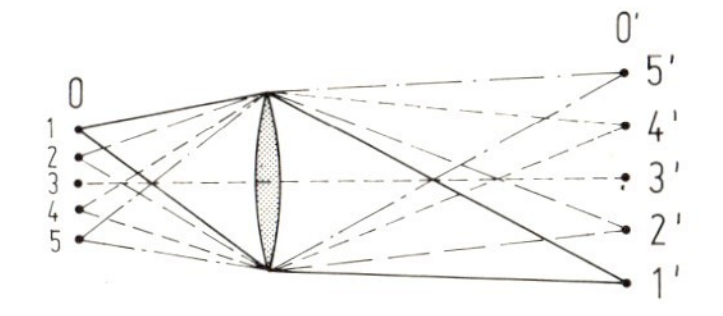

Abb. 319. Abbildung einer Objektebene O auf eine Bildebene O'. Der Objektpunkt 1 wird auf den Bildpunkt 1' abgebildet usw. Die nicht gezeichneten Verbindungslinien zwischen 1 und 1', 2 und 2' usw. gehen alle durch den Mittelpunkt der Linse. 3 – 3' ist die Symmetrieachse der Linse (z-Achse).

4. Der Strahlengang in den Fällen 1, 2, 3 gilt auch in umgekehrter Richtung, er ist „umkehrbar".

Zunächst bedarf es einiger Verabredungen und Vorzeichen-Festsetzungen. Das abzubildende Objekt (in der Objektebene) wird meist durch einen *Pfeil* symbolisiert. Die Abbildung liefert einen Pfeil in der Bildebene. Die Lichtrichtung wird in allen Zeichnungen eines Strahlengangs von links nach rechts angenommen, sie läuft also in $+z$-Richtung.

Punkte, die durch eine Linse aufeinander abgebildet werden, heißen konjugierte Punkte, z. B. Objektpunkt 1 und Bildpunkt 1' in Abb. 319. Nach der heutigen Norm werden die Entfernungen des Objekts, sowie die Entfernung des Bildes von der Linse als z-Koordinaten angegeben, Objektgröße und Bildgröße durch y-Koordinaten. Dabei ist $z = 0$, $y = 0$ der Mittelpunkt der Linse. Konjugierte Punkte (und deren Koordinaten) werden mit demselben Buchstaben bezeichnet, und zwar im Objektraum ohne ' („Strich"), im Bildraum mit Strich.

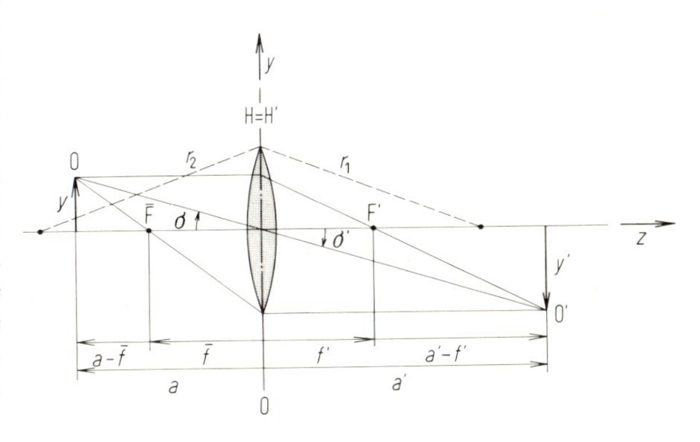

Abb. 320. Zum Auffinden des Bildpunktes O' und zur Ableitung der Abbildungsgleichung. y Objektgröße, y' Bildgröße, a Objektweite, a' Bildweite; gezeichnet ist Sammellinse und reelles Bild. Für dünne Linsen in Luft gilt $f' = -\bar{f}$ und H = H' (vgl. dazu 5.2.3). Die ungestrichenen Größen gehören zum Objektraum (links von der Linse), die gestrichenen zum Bildraum (im gezeichneten Fall rechts von der Linse). Man setzt den Winkel $\sigma > 0$, wenn der Strahl schräg oder vertikal die z-Achse von oben trifft. Hier ist also $\sigma = \sigma' > 0$, ferner $a < 0$, $a' > 0$; $f' > 0$, $\bar{f} < 0$; $r_1 > 0$, $r_2 < 0$ (vgl. Text).

Abb. 320 betrifft eine Sammellinse und das reelle Bild eines Objekts. Um zu einem Objekt (Pfeil) das Bild (den Bildpfeil) zu finden, genügt es, zur *Spitze* O des Objektpfeils die *Spitze* O' des Bildpfeils aufzusuchen. Dazu benützt man zwei Tatsachen (geometrische Örter):

1. Licht, das parallel zur Symmetrieachse der Linse einfällt („Parallelstrahl"), geht durch den Brennpunkt.
2. Licht, das durch die Linsenmitte verläuft („Mittelpunktstrahl") geht unabgelenkt durch die Linse hindurch.

Das abzubildende Objekt steht links von der Linse („im Objektraum"), seine Ortskoordinate (z-Koordinate) wird mit a bezeichnet und „Objektweite" genannt. Sie ist negativ, weil das Objekt links von $z = 0$ steht. Die Ortskoordinate des Bildes wird mit a' bezeichnet und wird Bildweite genannt. Sie ist im Fall der Abb. 320 positiv (rechts von $z = 0$). Die Länge y des Objektpfeils ist positiv (nach oben gerichtet), die des Bildpfeils y' im gezeichneten Fall negativ (nach unten gerichtet). Die Pfeilspitze, d. h. der Objektpunkt mit den Koordinaten (a, y) wird also in einen Bildpunkt mit den Koordinaten (a', y') abgebildet. Der Quotient $\beta' = y'/y$ heißt *Abbildungsmaßstab*. $\beta' > 0$ heißt aufrechtes, $\beta' < 0$ umgekehrtes Bild. Im Fall der Abb. 320 ist $a < 0$, $a' > 0$; $y > 0$, $y' < 0$; $\beta' < 0$, d. h. das Bild ist umgekehrt.

Ein Bild, das auf einem Schirm aufgefangen werden kann, nennt man ein *reelles* Bild, ein solches, das nur beim Hindurchblicken durch die Linse gesehen werden kann, ein *virtuelles* Bild. Ein reelles Bild kann, ohne daß sich ein Schirm am Ort des Bildes befindet, für eine weitere Linsenabbildung als Objekt behandelt und nochmals abgebildet werden, vgl. unten Abb. 329.

Es gibt Fälle, in denen man besser nur die absoluten Beträge der Koordinaten verwendet, also Abstände, z. B. $|a|$, vgl. Tabelle 39 zu Abb. 321 sowie Abb. 323.

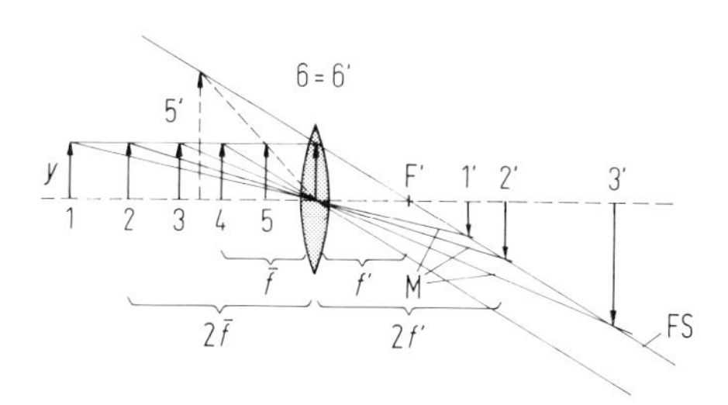

Abb. 321. Konstruktion des Bildes zu einem Objekt bei einer Sammellinse. FS: Brennstrahl, M: Mittelpunktstrahlen. Ist der Bildpunkt der Pfeilspitze gefunden, so ist damit das Bild des Pfeils nach Ort und Abbildungsmaßstab festgelegt. 1', 2', 3', sind reelle Bilder. 5' ist ein virtuelles Bild. 6' fällt mit 6 zusammen. 4' liegt im Unendlichen. Die für 1, 2, 3, 4, 5, 6 übereinstimmende Objektgröße y wird in die sehr unterschiedliche Bildgröße von 1', 2', 3' usw. überführt. $\beta' = y'/y$ ist der Abbildungsmaßstab, vgl. Abb. 320.

Der objektseitige Brennpunkt $\bar{\mathrm{F}}$ und der bildseitige Brennpunkt F' sind *nicht* konjugiert, denn sie können nicht aufeinander abgebildet werden, andererseits entsprechen sie sich aber als Brennpunkte. Das muß in der Bezeichnung berücksichtigt werden. Bei der Sammellinse liegt der Brennpunkt F' auf der rechten Seite, für die Brennweite gilt $f' > 0$. Bei der Zerstreuungslinse liegt F' links, und es ist $f' < 0$ (vgl. Abb. 322). Die objektseitige Brennweite (jeweils auf der anderen Seite) wird mit $\bar{f}$ bezeichnet. Die Beträge der beiden Brennpunkt-Entfernungen stimmen in Luft überein, es ist $f' = -\bar{f}$.

Das Vorzeichen des Krümmungsradius einer Linsenoberfläche (einer „brechenden Fläche") richtet sich nach der Lage ihres Krümmungsmittelpunktes zur Fläche. Der Radius einer Fläche ist negativ, wenn der Krümmungsmittelpunkt links von der Fläche liegt. In Abb. 320 ist $r_1 > 0$, $r_2 < 0$. In einer Folge von brechenden Flächen werden diese von links nach rechts durchnumeriert.

Charakteristische Fälle, die bei Abbildung durch eine Sammellinse auftreten, sind in Abb. 321 behandelt. Der Brennstrahl ist nur einmal gezeichnet, der Mittelpunktstrahl für jede Pfeilspitze eingetragen. Es werden sechs Fälle betrachtet:

Tabelle 39. Abbildungseigenschaften von Sammellinsen.

Fall	Objektweite	Abbildungs-maßstab	Vorzeichen von β'	Bild	Bildweite
(1)	$\infty > \lvert a\rvert > \lvert 2\bar{f}\rvert$	$0 < \lvert\beta'\rvert < 1$	negativ	umgekehrt, reell, verkleinert	$f < a' < 2f'$
(2)	$\lvert a\rvert = \lvert 2\bar{f}\rvert$	$\lvert\beta'\rvert = 1$	negativ	umgekert, gleich groß	$a' = 2f'$
(3)	$\lvert 2f\rvert > \lvert a\rvert > \lvert\bar{f}\rvert$	$\lvert\beta'\rvert > 1$	negativ	umgekehrt, reell, vergrößert	$2f' < a' < \infty$
(4)	$\lvert a\rvert = \lvert\bar{f}\rvert$		negativ	umgekehrt, im Unendlichen	$a' = \infty$
(5)	$\lvert\bar{f}\rvert > \lvert a\rvert > 0$	$\beta' > 1$	positiv	aufrecht, virtuell, vergrößert	$\lvert\infty\rvert > \lvert a'\rvert > 0$
(6)	$a = 0$	$\beta' = 1$	positiv	aufrecht, Objekt = Bild	$a' = 0$

Vom Fall (6) wird in optischen Instrumenten oft Gebrauch gemacht, vgl. Abb. 328. a und $\bar{f}$ sind <0, ebenso a' im Fall (5).

Allgemein gilt: *Reelle* Bilder sind *umgekehrt* ($\beta'<0$), *virtuelle aufrecht* ($\beta'>0$). Aufrechte reelle Bilder bekommt man, wenn man zweimal abbildet oder zweimal bei geeigneter Spiegelstellung spiegelt. Zerstreuungslinsen (s. unten) liefern nur virtuelle Bilder.

Aus den in Abb. 320 enthaltenen ähnlichen Dreiecken entnimmt man einige Streckenverhältnisse samt Vorzeichen, aus denen sich der Zusammenhang zwischen Abbildungsmaßstab β', Objektweite a, Bildweite a', Brennweite f' ergibt. Es ist

$$\beta' = \frac{y'}{y} = \frac{a'}{a} = \frac{a'-f'}{-f'} = \frac{\bar{f}}{\bar{f}-a} = \frac{-f'}{-f'-a} \qquad (5\text{-}6)$$

Darin ist $f' = -\bar{f} > 0$, $a<0$, $a'>0$, $y>0$, $y'<0$, $\bar{f}-a>0$, $a'-f'>0$ und $\beta'<0$. Wird in $(a'-f')/(-f') = -f'/(-f'-a)$ jeweils der Nenner auf die andere Seite gebracht und dann mit $a \cdot a' \cdot f'$ durchdividiert, so entsteht der Zusammenhang zwischen Brennweite f', Objektweite a und Bildweite a', die sog. *Abbildungsgleichung*.

$$\frac{1}{f'} = \frac{1}{a'} - \frac{1}{a} \qquad (5\text{-}7)$$

Im Fall (6) der Abb. 321 ist Gl. (5-6) anwendbar, nicht jedoch Gl. (5-7), weil mit $aa'f'$ dividiert wurde.

Die Abbildungsgl. (5-7), die für Sammellinsen abgeleitet wurde, *gilt genau so für Zerstreuungslinsen*, vgl. Abb. 322.

Die Brennweite einer Linse findet man nach Gl. (5-7) leicht, indem man das Bild eines fernen Gegenstandes (Landschaft) auf einem Schirm auffängt und dessen Abstand von der Linse mißt. Wegen $a \approx -\infty$ ist dann $(1/a') \approx (1/f')$, also $a' \approx f'$.

Gl. (5-7) ist ein Grenzgesetz für dünne Linsen (über dicke Linsen vgl. 5.2.3).

Beispiel: Von der Gültigkeit der Abbildungsgleichung (5-7) kann man sich an Hand folgender Tabelle überzeugen. Die Linse hat die Brennweite $f = 49$ cm.

Tabelle 40. Prüfung der Abbildungsgleichung (5-7).

Objektweite a	Bildweite a'	$\frac{1}{a}$	$\frac{1}{a'}$	$\frac{1}{f'} = -\frac{1}{a} + \frac{1}{a'}$
$-0{,}525$ m	7,20 m	$-1{,}90\ m^{-1}$	$0{,}14\ m^{-1}$	$2{,}04\ m^{-1}$
$-0{,}70$ m	1,64 m	$-1{,}43\ m^{-1}$	$0{,}61\ m^{-1}$	$2{,}04\ m^{-1}$
$-0{,}98$ m	0,98 m	$-1{,}02\ m^{-1}$	$1{,}02\ m^{-1}$	$2{,}04\ m^{-1}$
$-1{,}64$ m	0,70 m	$-0{,}61\ m^{-1}$	$1{,}43\ m^{-1}$	$2{,}04\ m^{-1}$
$-\infty$	0,49 m	$-0{,}00\ m^{-1}$	$2{,}04\ m^{-1}$	$2{,}04\ m^{-1}$

Die ersten vier Zeilen entsprechen den Fällen 3, 3, 2 und 1 der Tab. 39. Im Fall parallel einfallenden Lichtes ($a = -\infty$) gilt $1/a' = 1/f' = 2{,}04\ m^{-1}$, also $f' = 0{,}49$ m. Diesen Wert liefert auch die letzte Spalte.

Zerstreuungslinsen. Die Brennweite f' der Zerstreuungslinsen ist negativ, im übrigen gelten Bildkonstruktion und obige Abbildungsgleichung auch für Zerstreuungslinsen. Zerstreuungslinsen allein liefern in jedem Fall virtuelle Bilder, wie man aus der Bildkonstruktion (Abb. 322) sieht. Virtuelle Bilder sind, wie erwähnt, immer aufrecht.

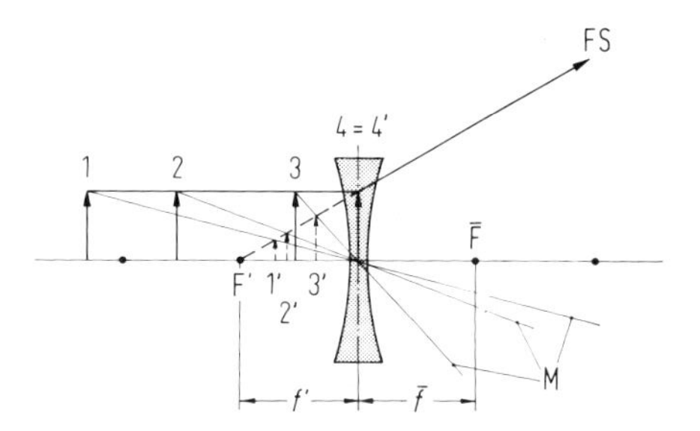

Abb. 322. Abbildung durch eine Zerstreuungslinse. Konstruktion eines (virtuellen) Bildpunktes zu einem Objektpunkt bei einer Zerstreuungslinse. FS: Brennstrahl. M: Mittelpunktstrahlen. 1′, 2′, 3′ sind virtuelle Bilder. 4 fällt mit 4′ zusammen.

5.2.3. Brechkraft von Linsen, dicke Linsen

Brennweite und Brechkraft einer Linse sind bestimmt durch Brechzahl und Krümmungsradien. Brechkräfte von dicht hintereinander stehenden dünnen Linsen addieren sich.

Brennweite bzw. Brechkraft einer Linse hängen von der Brechzahl n und den Krümmungsradien r_1 und r_2 der Linsenflächen ab. Für dünne Linsen (z. B. $r_1 > 0$, $r_2 < 0$ wie in Abb. 320, aber auch für den Fall der Abb. 322) gilt

$$\frac{1}{f'} = (n-1) \cdot \left(\frac{1}{r_1} - \frac{1}{r_2}\right) \tag{5-8}$$

Beispiel: Die Linse mit $r_1 = 1$ m, $r_2 = -2$ m hat bei Verwendung einer Glassorte mit $n = 1{,}533$ die Brennweite 1,25 m. Wenn ihre Mittelpunkte im Abstand 2,95 m liegen, ist ihr linsenförmiger Durchschnitt 5 cm dick.

Begründung: Für ein Bündel, das im Abstand h von der Linsenachse (Abb. 323) die Linse durchsetzt, wirkt die Linse wie ein Prisma mit dem Prismenwinkel φ aus ihren Tangentenflächen; dabei ist φ eine Funktion von h. Für ein Prisma mit kleinem Prismenwinkel φ gilt auch für nichtsymmetrischen Strahlengang

$$\delta = (n-1) \cdot \varphi \tag{5-9}$$

Einfache (hier nicht durchgeführte) geometrische Überlegungen liefern (5-8).

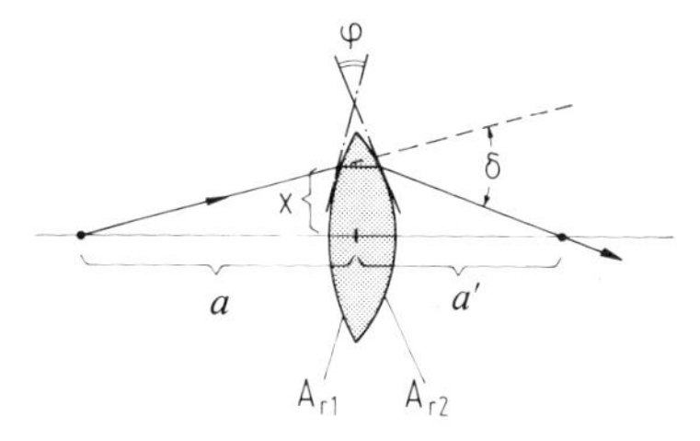

Abb. 323. Zur Brennweite sphärischer Linsen. A_{r1}: (Kugel-)Fläche mit Krümmungsradius $|r_1|$. A_{r2}: Fläche mit Krümmungsradius $|r_2|$. Der Winkel φ liegt zwischen den Tangentialebenen am Ein- und Austrittspunkt des Strahls. Die Ableitung gilt für dünne Linsen (hier der Deutlichkeit wegen übertrieben dick gezeichnet).

Lichtstrahlen, die auf verschiedenen Wegen von einem Objektpunkt zu einem Bildpunkt gelangen, werden nicht gegeneinander phasenverschoben, wenn $n \cdot l$, genauer $\sum n_i \cdot l_i$, für die verschiedenen Wege übereinstimmt. $n \cdot l$ nennt man optische Weglänge. Man kann zeigen, daß bei einer korrigierten Linse (vgl. 5.2.4) das Licht auf allen Wegen zwischen einem Objektpunkt O und einem Bildpunkt O′ *gleiche optische Weglängen* durchläuft, d. h. genau dieselbe Zeit für den Weg von O bis O′ benötigt.

Die Brechkräfte *dicht* hintereinander gestellter dünner Linsen addieren sich (z. B. Brille und Augenlinse). Die gesamte Brechkraft eines aus zwei Linsen bestehenden Linsensystem ist angenähert

$$\frac{1}{f'}=\frac{1}{f_1'}+\frac{1}{f_2'} \qquad (5\text{-}10)$$

Beispiel: $f_1'=0{,}49$ m, $f_2'=0{,}78$ m
Beim Hintereinanderstellen ist also $1/f'=1/(0{,}49\text{ m})+1/(0{,}78\text{ m})=2{,}04\text{ m}^{-1}+1{,}28\text{ m}^{-1}=3{,}32\text{ m}^{-1}$ oder $f'=0{,}301$ m.

Wenn zwei Linsen nicht ganz dicht hintereinander stehen, gilt

$$\frac{1}{f'}=\frac{1}{f_1'}+\frac{1}{f_2'}-\frac{e}{f_1'\cdot f_2'}=\frac{f_1'+f_2'-e}{f_1'\cdot f_2'} \qquad (5\text{-}11)$$

wobei e den Mittelpunktsabstand der beiden Linsen bedeutet.

Bei dünnen Linsen wird die Objekt- und Bildweite von der Linsenmitte aus gezählt (vgl. Abb. 320 und 321), bei dicken Linsen und Linsensystemen von zwei ausgezeichneten Ebenen, den sog. *Hauptebenen*. Sie brauchen nicht innerhalb der Linsen zu liegen. Abb. 324 zeigt einige dicke Linsen im Querschnitt samt den Hauptebenen. Bei dünnen Linsen ist H = H′. Wird bei dicken Linsen die Objektweite a von der „Hauptebene" H gezählt, die Bildweite a' von der Hauptebene H′, dann gilt wieder die Abbildungsgleichung (5-7). Abb. 325 zeigt die Konstruktion.

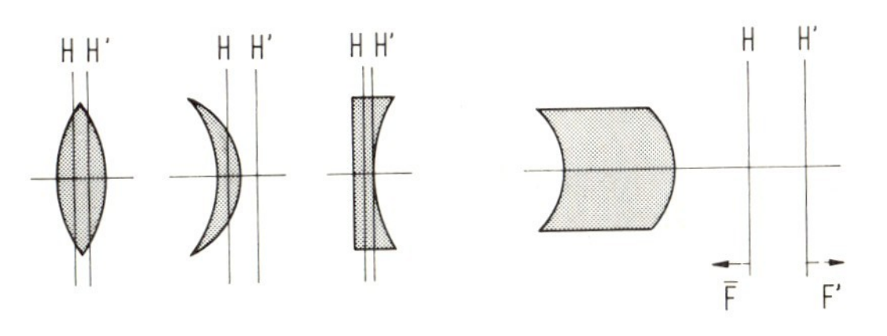

Abb. 324. Hauptebenen bei dicken Linsen. Lagen der Hauptebenen H und H′. Auch ein dicker Glaskörper (ganz rechts) mit zwei gleich gekrümmten Begrenzungsflächen ($r_1 = = r_2 < 0$) ergibt eine Sammellinse, deren Hauptebenen jedoch weit außerhalb des Glases liegen.

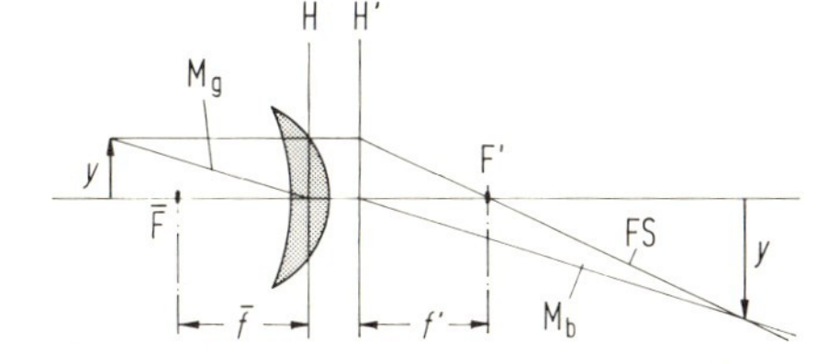

Abb. 325. Bildkonstruktion mit Hauptebenen. FS: Brennstrahl, M_a: objektseitiger Mittelpunktstrahl, $M_{a'}$: bildseitiger Mittelpunktstrahl. Beide Teile des Mittelpunktstrahls sind zueinander parallel, a ist von H aus, a' von H′ aus zu rechnen.

5.2.4. Abbildungsfehler von Linsen, Blenden

Linsenfehler können weitgehend durch Linsensysteme („korrigierte Linsensysteme") behoben werden. Blenden im Strahlengang beeinflussen die Abbildung.

Abweichungen von den obigen Abbildungsgesetzen, die Grenzgesetze für dünne Linsen sind, ergeben sich vor allem in vierfacher Hinsicht:

1. *Öffnungsfehler* (sphärische Aberration). Parallelbündel→Punkt gilt nicht streng. Durch geeignete Linsenkombinationen aus Sammel- und Zerstreuungslinsen läßt sich der Öffnungsfehler (weitgehend) beheben. Man nennt sie dann sphärisch korrigiert.

Zur besseren Beschreibung des Öffnungsfehlers betrachtet man „Zonen" der Linse. Man versteht darunter schmale ringförmige Bereiche der Linse, deren Mittelpunkte auf der Mittelachse der Linse liegen. Für die Zonen am Linsenrand kann die Brennweite etwas größer (oder kleiner) sein als für achsennahe Zonen.

2. *Astigmatismus*. Punkt→Punkt gilt nicht genau. Strahlen, die von einem außerhalb der Achse liegenden Objektpunkt ausgehen, werden nicht zu einem Bildpunkt vereinigt. Statt dessen entstehen in zwei verschiedenen Entfernungen von der Linse zwei zueinander senkrechte Striche (Astigmatismus). Linsensysteme, die den Astigmatismus ausgleichen, nennt man *Anastigmate*.

3. *Bildfeldwölbung*. Ebene→Ebene gilt nicht streng. Bei einer einfachen Linse liegen die Vereinigungspunkte der unter verschiedenen Winkeln zur Linsenachse einfallenden Bündel nicht exakt in einer Ebene, sondern auf einer gekrümmten Rotationsfläche um die Linsenachse (Abb. 326). Durch geeignete Linsensysteme kann man das Bildfeld ebnen. Solche Linsensysteme nennt man *Aplanate*.

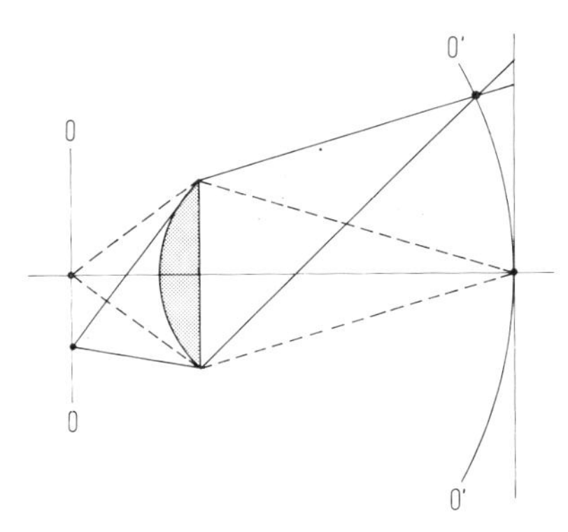

Abb. 326. Bildfeldwölbung. Wenn das Licht von der konvexen Seite auf eine plankonvexe Linse fällt, ist die Bildfeldwölbung besonders stark. GG: ebenes Objektfeld, BB: Bildfeld.

4. *Farbfehler* (chromatischer Fehler). Die Brennweiten für Licht mit verschiedenen Wellenlängen sind nach Gl. (5-8) etwas verschieden. Blaues Licht wird stärker gebrochen als rotes, daher ist die Brennweite für rotes Licht größer, für blaues Licht kleiner. Bei der Abbildung mit Linsen ergeben sich mit Glühlicht Bilder mit farbigen Rändern. Man kann Linsen für ein Linsensystem so auswählen, daß die Dispersion der einen die Dispersion der anderen ausgleicht. Solche Linsensysteme nennt man *Achromate*.

Linsensysteme können hinsichtlich eines oder mehrerer Fehler korrigiert sein. Man spricht kurz von korrigierten Linsen.

Um Gegenstände mit verschiedenem Abstand von der Linse innerhalb gewisser Grenzen zufriedenstellend auf eine Ebene abzubilden, ist Tiefenschärfe nötig. Man erhält sie, wenn man für die Abbildung nur die inneren Zonen der Linse (bzw. eines Linsensystems) verwendet. Dazu schiebt man eine Lochblende (kreisförmige Blende) vor der Linse oder im Innern eines Linsensystems ein.

Blenden im Strahlengang, die sich nicht direkt bei einer Abbildungslinse befinden, können *Verzeichnungen* hervorrufen (tonnenförmig oder kissenförmig).

5.2.5. Optische Instrumente

Objekt und Bild müssen aufeinander abgebildet werden (1. Abbildung). Außerdem müssen auch noch die Querschnittsflächen der Linsen der 1. Abbildung durch zusätzliche Linsen aufeinander abgebildet werden (2. Abbildung). Man kann die Linsen der 2. Abbildung so aufstellen, daß Bildort und Bildgröße der 1. Abbildung nicht beeinflußt werden.

In diesem Abschnitt werden zuerst einfache, dann zusammengesetzte optische Instrumente besprochen.

Fotoapparat. Der Fotoapparat bildet eine Objektebene auf den Film ab. Zur Abbildung verwendet man ein korrigiertes Linsensystem.

Prismenspektralapparat (Prismenspektrograph): Eine spaltförmige Lichtquelle, oder meist ein beleuchteter Spalt, soll auf einen Schirm abgebildet werden. Dazu ist eine Sammellinse erforderlich. Durch Einschieben eines Prismas wird das Lichtbündel um einen Winkel δ (5.1.5) zur Seite abgelenkt. Daher erscheinen die Spaltbilder für Licht verschiedener Wellenlängen und damit unterschiedlicher Brechzahl $n=n(\lambda)$ nebeneinander auf dem Schirm (oder der Photoplatte). Es entsteht ein „Spektrum". Da die Spaltbilder die Form von Linien haben, spricht man – insoweit Licht mit diskreten Wellenlängen vorliegt – von einem Linienspektrum (Beispiel in 6.3.3 und 6.4.1). Man verwendet zwei Linsen, damit das Prisma von einem Parallelbündel durchsetzt wird (Abb. 327). Dazu steht der Spalt Sp in der Brennebene von L_1, der Bildschirm in der Brennebene von L_2; diese steht für alle λ senkrecht zum Strahlengang, wenn man achromatische Linsen verwendet.

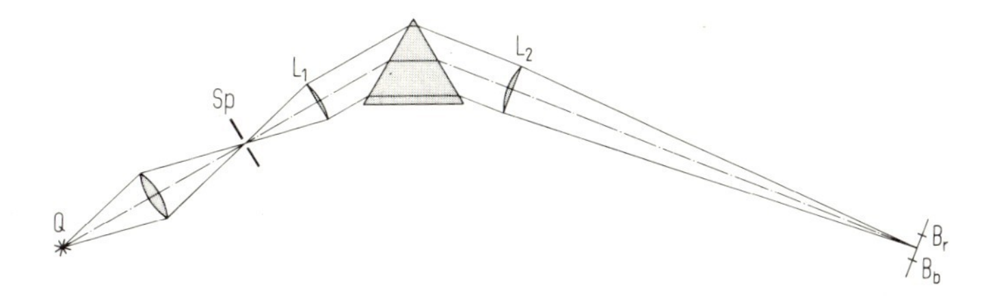

Abb. 327. Prismenspektralapparat (schematisch). Q: Lichtquelle, Sp: beleuchteter Spalt als Objekt, L_1 und L_2: abbildende Linsen, zwischen die das Prisma eingeschoben wird. Dieses ist um den halben Ablenkwinkel gedreht (symmetrischer Strahlengang, Minimum des Ablenkwinkels), B_r und B_b: Bilder des Spaltes, r für rot, b für blau. Der Abstand B_rB_b wird größer, wenn L_2 größere Brennweite hat. Die Abb. ist für $\varphi=60°$, $n=1{,}6$ gezeichnet.

Beachte: Die Linien sind Bilder des Spaltes. Ersetzt man den geraden Spalt durch einen zickzack-förmigen, dann sind die „Spektrallinien" zick-zack-förmig.

Das Wort „Spektrallinie" wird oft im übertragenen Sinn verwendet und bedeutet dann Licht mit bestimmter *einheitlicher* Wellenlänge. Zum Beispiel sagt man: Das Wasserstoffatom sendet mehrere Spektrallinien aus usw., vgl. dazu 6.4.1.

Die Bauelemente aller optischen Instrumente sind Linsen (Sammel-, Zerstreuungslinsen), Hohlspiegel, gelegentlich auch Prismen. Damit in einem zusammengesetzten optischen Instrument optimale Bilder erhalten werden, müssen *drei Gesichtspunkte* beachtet werden:
1. Man braucht Linsen mit der Aufgabe, Objektebene und Bildebene aufeinander abzubilden („Abbildungslinsen", 1. Abbildung).
2. Man braucht außerdem eine 2. Abbildung durch andere Linsen. Sie haben die Aufgabe, die Lichtquelle auf die erste Abbildungslinse abzubilden („Kondensor"), sowie die Öffnung (d. h. Querschnittsfläche) einer Abbildungslinse der 1. Abbildung auf die nächste Abbildungslinse der 1. Abbildung abzubilden („Kollektivlinse"). Ein Kondensor steht kurz vor dem Objekt, eine Kollektivlinse meist am Ort eines reellen Bildes. Wird sie so eingefügt, dann wird der Abbildungsmaßstab der Bilder und die Lage der Bildebenen der 1. Abbildung nicht beeinflußt (vgl. Abb. 321, Fall 6). Kollektivlinsen und Abbildungslinsen bilden in dieser Anordnung voneinander unabhängige Abbildungssysteme, die sich nicht stören (Abb. 327).
3. Die Wellennatur des Lichtes (der Einfluß der Beugung) muß beachtet werden (vgl. unten 5.3.5).

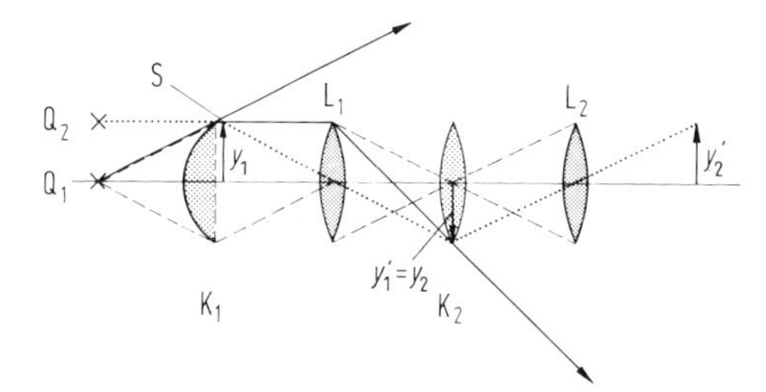

Abb. 328. Strahlengang mit Abbildungs- und Kollektivlinsen. L_1, L_2: Abbildungslinsen (dunkler), K_1, K_2: Kollektivlinsen (heller). In der Praxis können Kollektiv- und Abbildungslinsen an anderen Orten im Strahlengang aufgestellt werden. Die Kollektivlinsen beeinflussen dann aber die Abbildung. K_1 heißt Kondensor. Die Linsen K_1, K_2 bilden Q_1 auf L_1 und L_1 auf L_2 ab, die Linsen L_1, L_2 bilden dagegen y_1 auf $y_1' = y_2$ ab und y_2 auf y_2'.

Um dieses Programm durchzuführen, sei ein Objektpfeil der Länge y_1 gewählt, dessen Länge dem halben Linsendurchmesser gleich sein soll (Abb. 327); er wird im Abstand $2\bar{f}_1$ vor der Abbildungslinse L_1 aufgestellt. Die Bildkonstruktion liefert ein Bild in natürlicher Größe y_1' im Abstand $2f_1'$ hinter der Linse. In gleicher Weise gelangt man mit Hilfe der Abbildungslinse L_2 zum Bild y_2'. Als Lichtquelle soll der nahezu punktförmige Krater einer Bogenlampe verwendet werden. Mit dieser Anordnung kann nur die untere Hälfte des Gegenstandspfeiles abgebildet werden, denn das Lichtbündel Q_1S geht überhaupt nicht durch die Linse L_2. (Durch eine 2. Quelle Q_2 könnte zwar das Bild der Spitze S von y_1, also auch die Spitze von y_1' ausgeleuchtet werden, bis zur Spitze von y_2' würde aber trotzdem kein Licht gelangen).

Damit nun das Gesichtsfeld bis zur Spitze y_1, y_1', y_2' tatsächlich ausgeleuchtet wird, muß eine *zweite Abbildung* mit *zusätzlichen* Linsen („Kollektivlinsen") durchgeführt werden. Man stellt direkt vor y_1 eine Kollektivlinse K_1, die Kondensor genannt wird (Abb. 327) und die Q_1 (gegebenenfalls eine ausgedehnte Lichtquelle) auf die Linse L_1 abbildet. Dann macht man Gebrauch von Fall 6 in 5.2.2. Durch eine Kollektivlinse K_2 am Ort von y_1' bildet man die Querschnittsfläche von L_1 auf die Querschnittsfläche von L_2 ab. Dann entsteht Abb. 327. Kollektivlinsen in der Bildübertragung $y_1 \rightarrow y_2'$ müssen ebenso gut korrigiert sein, wie Linsen der 1. Abbildung, nicht jedoch K_1.

Alle optischen Instrumente mit großem Gesichtsfeld sind nach diesem Schema gebaut.

Bei Strahlengängen, in denen das Bild vergrößert oder verkleinert wiedergegeben wird, können die Kollektivlinsen vom Bildort der 1. Abbildung weg verschoben werden; dann wird auch die 1. Abbildung beeinflußt. Auf diesen Fall soll hier aber nicht eingegangen werden.

Die wichtigsten optischen Instrumente sind:

1. *Projektionsapparat.* Ein Kondensor K_1 erlaubt die Ausleuchtung des gesamten Gesichtsfeldes. Für L_1 wird eine Linse mit einer Brennweite z. B. etwa $f' = 10$ cm verwendet, der Abstand zwischen y und L_1 ist etwas größer als $|\bar{f}|$ gewählt. y' rückt dann in große Entfernung (auf den Schirm) (Abb. 328).

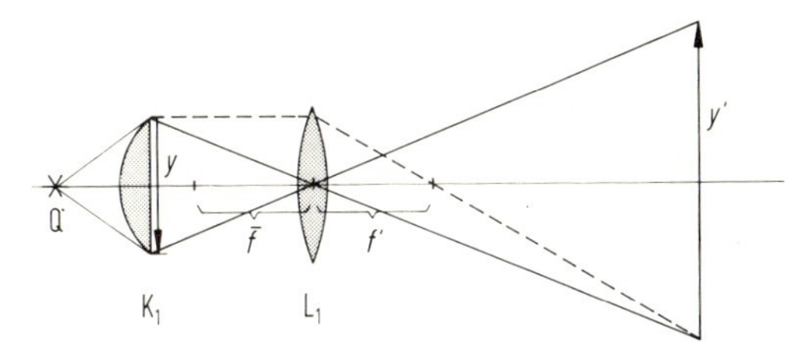

Abb. 329. Projektionsapparat. Q: Lichtquelle, K_1: Kondensorlinse, L_1: Abbildungslinse, y: Objekt (von $+y$ bis $-y$), y': reelles Bild (von $-y'$ bis $+y'$).

2. *Mikroskop.* In einem Mikroskop wird durch eine Linse kleiner Brennweite (Objektivlinse, „Objektiv") ein vergrößertes reelles Bild des Objektes erzeugt und dieses reelle Bild durch eine zweite Linse („Okular"), die als Lupe (vgl. 5.2.6) verwendet wird, betrachtet (Abb. 330). L_1 dient als Objektiv (seine Brennweite f_1' ist von der Größenordnung 5 mm), L_2 als Lupe. Man sieht durch die Lupe ein vergrößertes virtuelles Bild y_2' von $y_2 = y_1'$. Das reelle Bild y_2' des Schemas Abb. 329 entfällt unter diesen Umständen.

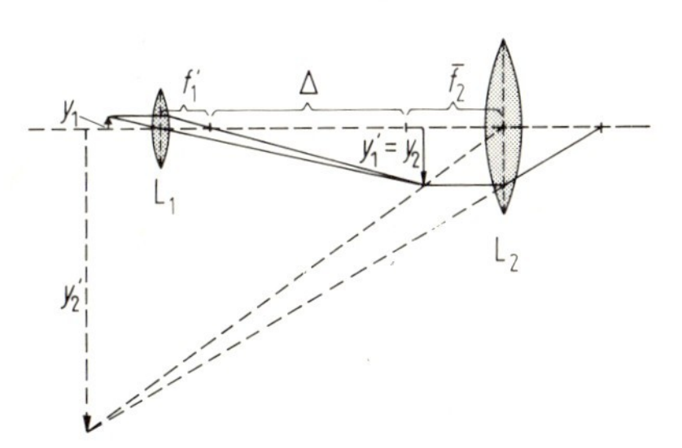

Abb. 330. Strahlengang beim Mikroskop. Man erhält das virtuelle Bild y_2'. In den Strahlengang kann eine Kollektivlinse eingefügt werden (nicht gezeichnet). Dann kann das Okular L_2 (als Lupe verwendet) einen kleineren Durchmesser haben als gezeichnet und trotzdem das Gesichtsfeld vergrößert werden. t: optische Tubuslänge.

3. *Mikroprojektion.* Im Unterschied zu 2. wird lediglich die kurzbrennweitige Linse L_2 so weit weggeschoben, daß y_1' noch außerhalb der Brennweite von L_2 liegt. $y_2' > 0$ entsteht aufrecht auf dem Projektionsschirm in einem Abstand a_2' und ist gegen y_1' nochmal vergrößert.

4. *Zystoskop, Periskop.* Bei diesen Instrumenten muß der Strahlengang in engen Röhren untergebracht werden und soll trotzdem ein großes Gesichtsfeld ergeben. Man geht wie beim Schema Abb. 328 vor und betrachtet y_2' noch durch eine Lupe.

5. *Fernrohr*. Durch eine langbrennweitige Linse L_1 wird ein reelles Bild y_1' erzeugt, das vom Auge mit Hilfe einer kurzbrennweitigen Lupe unter großem Sehwinkel betrachtet wird. Ein Kondensor K_1 fehlt, eine Kollektivlinse K_2 steht am Ort von y_1'. Dieses Fernrohr liefert ein umgekehrtes Bild. Es gibt auch Linsenkombinationen, die ein aufrechtes Bild liefern.

5.2.6. Vergrößerung in optischen Instrumenten

Die Abbildungsmaßstäbe der Linsen der 1. Abbildung multiplizieren sich. Die 2. Abbildung beeinflußt nur Gesichtsfeld und Helligkeit der Bilder.

Lupe. Unter einer Lupe versteht man eine Sammellinse kleiner Brennweite f', die zwischen Auge und Objekt eingeführt wird und deren Abstand vom Objekt $|a| \leq |\bar{f}|$ ist. Dadurch wird der Seh-Winkel σ vergrößert. Bei subjektiver Beobachtung durch eine Lupe (Okular) müssen die Eigenschaften der menschlichen Augenlinse beachtet werden: Gegenstände in unendlicher Entfernung werden mit entspannter Augenlinse deutlich gesehen. Um nähere Gegenstände zu betrachten, muß die Augenlinse dagegen angespannt werden. Ohne besondere Anstrengung können Gegenstände nur bis zu einem gewissen Mindestabstand vom Auge („Nahepunkt") gesehen werden. Dieser hängt vom Alter des Menschen ab und liegt im Mittel für Erwachsene bei 25 cm. Diese Entfernung wird als „deutliche Sehweite" $|a_s|$ bezeichnet und beim Bau von optischen Instrumenten oft zugrunde gelegt. Bei unseren Vorzeichenfestsetzungen ist $a_s < 0$. Die Einstellung des Auges auf verschiedene Entfernungen nennt man „Akkommodation", die Anpassung des Auges an verschiedene Helligkeiten dagegen „Adaption".

Will man zwei nahe beieinander liegende Punkte eines Objekts noch getrennt erkennen, so kann man zunächst näher heran gehen. Um die durch den Nahepunkt gegebene Grenze unterschreiten zu können, kann man eine Lupe einfügen. Dabei kann man ein virtuelles vergrößertes Bild in einer solchen Entfernung erhalten, daß sich das Auge darauf einstellen kann. Man wünscht ein (virtuelles) Bild entweder

a) in der deutlichen Sehweite $|a_s|$ (dann muß die Augenlinse angespannt werden), oder
b) im Unendlichen (dann bleibt die Augenlinse entspannt).

Das Objekt G (Größe y) erscheint *ohne* Lupe unter einem bestimmten Sehwinkel (Abb. 330), der mit σ bezeichnet werden soll, *mit* Lupe (Abb. 330 b) unter einem Sehwinkel σ'.

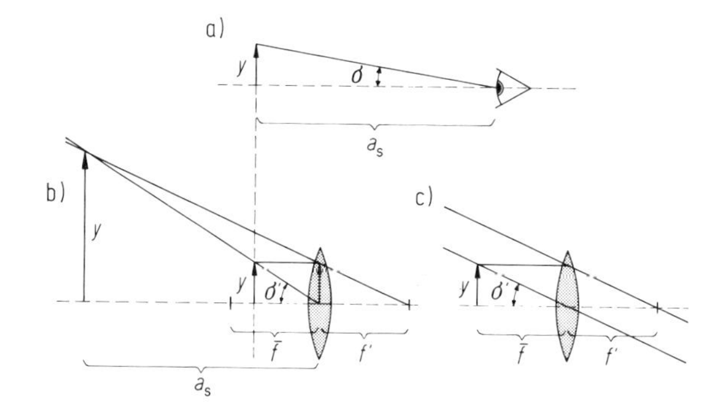

Abb. 331. Vergrößerung bei der Lupe.
a) Seh-Winkel σ ohne Lupe. Es gilt $\tan \sigma = y/(-a_s)$.
b) Seh-Winkel σ' mit Lupe, wobei das Bild y' in der deutlichen Sehweite a_s ist. Es gilt: $\beta' = y'/y = (f' - a_s)/f'$ und $\tan \sigma' = y'/(-a_s)$.
c) Befindet sich ein Objekt im Brennpunkt der Lupe, so ist das Bild im Unendlichen und es gilt: $\tan \sigma' = y/(-\bar{f})$.

Definition. Unter Vergrößerung Γ' versteht man das Verhältnis

$$\Gamma' = \frac{\tan \sigma'}{\tan \sigma} \tag{5-12}$$

Für kleine Winkel ist dies nahezu gleich dem Verhältnis der Seh-Winkel σ'/σ. Dies wird zunächst auf die Lupe angewandt, s. Legende zu Abb. 330a und b.

Durch Einsetzen aus der Legende zu Abb. 330a und b erhält man

$$\Gamma' = \frac{\tan \sigma'}{\tan \sigma} = \frac{y'/(-a_s)}{y/(-a_s)} = \frac{f' - a_s}{f'} = \beta' \tag{5-12a}$$

Aus der Legende zu Abb. 330a und c folgt

$$\Gamma' = \frac{\tan \sigma'}{\tan \sigma} = \frac{y/(-\bar{f})}{y/(-a_s)} = \frac{-a_s}{-\bar{f}} = \frac{-a_s}{f'} > 0 \tag{5-12b}$$

Wenn Γ' groß sein soll, muß also eine Linse mit kleiner Brennweite gewählt werden.

Beim *Mikroskop* ist der Abbildungsmaßstab des Objektivs allein $\beta_1' = \frac{y_1'}{y_1} = -\frac{t}{f_1'}$, wo $t(>0)$ der Abstand zwischen hinterem Objektivbrennpunkt und vorderem Okularbrennpunkt ist. Dieser Abstand wird *optische Tubuslänge* genannt und beträgt meistens 160 mm. Die Vergrößerung des Okulars (Lupe) ist $\Gamma_2' = \frac{-a_s}{f_2'}$ bei Akkommodation auf unendlich. Die Gesamtvergrößerung ist

$$\Gamma' = \beta_1' \cdot \Gamma_2' = -\frac{t}{f_1'} \cdot \frac{(-a_s)}{f_2'} = \frac{t \cdot a_s}{f_1' \cdot f_2'} \; (<0) \tag{5-13}$$

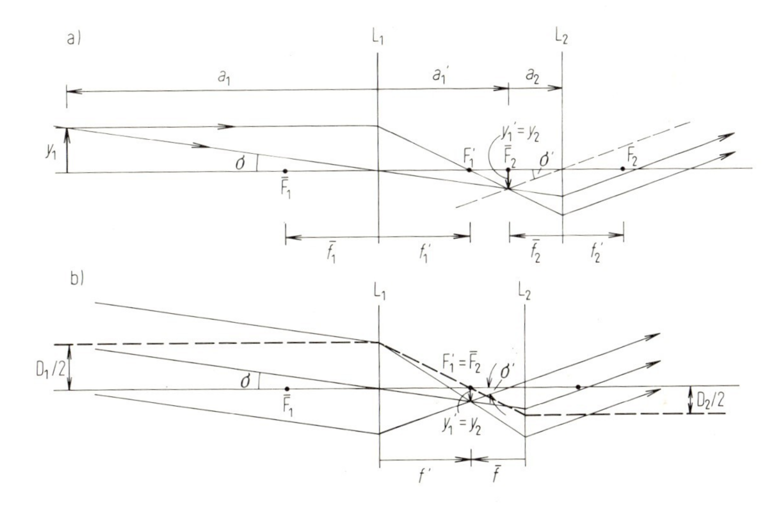

Abb. 332. Zur Vergrößerung durch das Fernrohr (mit afokalem Strahlengang).

Seh-Winkel σ ohne Fernrohr, σ' mit Fernrohr. Wenn das Objekt sich im Unendlichen befindet ($a_1 = -\infty$), fallen die Brennebenen $F_1' = \bar{F}_2$ zusammen. Es gilt $y_1' = y_2$. Dort befindet sich das Zwischenbild. Man erhält hinter dem Fernrohr ein Bild im Unendlichen, das mit entspanntem Auge zu betrachten ist. Ins Auge fällt ein Parallelbündel ein: $a' = +\infty$.

Beim *Fernrohr* wird durch eine langbrennweitige Linse ein Bild entworfen, das mit einer Lupe betrachtet wird (Abb. 331). Dann erhält man für die Fernrohr-Vergrößerung

$$\Gamma' = \frac{\tan \sigma'}{\tan \sigma} = \frac{y_2/\bar{f}_2}{y_1'/f_1'} = -\frac{f_1'}{f_2'},$$

da $\bar{f}_2 = -f_2'$.

Eintretendes und austretendes Lichtbündel bestehen aus Parallelstrahlen. Ein solcher Strahlengang heißt *afokal*.

Aus dem Verlauf des gestrichelt gezeichneten Strahles ersieht man, daß man Γ' auch aus dem Verhältnis $f_1'/f_2' = D_1/D_2$ erhalten kann, wo D_1 der Bündelquerschnitt vor dem Fernrohr und D_2 nach dem Fernrohr ist.

5.3. Licht als Wellenerscheinung

5.3.1. Wellennatur des Lichtes, Interferenz

Das Auftreten von Interferenzerscheinungen zeigt, daß Licht eine Wellenerscheinung ist.

Bisher wurde lediglich mitgeteilt, das Licht sei eine Wellenerscheinung. Zu dieser Erkenntnis gelangt man durch Beobachtung von Interferenz und Beugung.

Als *Interferenz* bezeichnet man (vgl. 2.3.3) die Überlagerung zweier (oder mehrerer) Wellenzüge gleicher Frequenz und zeitlich konstanter Phasenverschiebung δ. Für zwei Wellenzüge gleicher Amplitude können sich bekanntlich zwei Grenzfälle ergeben:

$\delta = 0°$. Zwischen beiden Wellenzügen besteht keine Phasenverschiebung; dann addieren sich die beiden Amplituden.
$\delta = 180°$. Zwischen beiden Wellenzügen besteht ein Phasenunterschied entsprechend einer halben Schwingung; dann löschen sich die Wellen aus.

Bei anderen Phasenunterschieden (und auch wenn die Wellen unterschiedliche Amplitude haben), tritt teilweise Auslöschung oder Verstärkung ein. Die Amplitude der Summe und ihr Phasenwinkel ergibt sich aus dem Zeigerdiagramm, vgl. 2.3.2.

Bei Licht ist es im Unterschied zu den mechanischen Beispielen in 2.3.3 keineswegs selbstverständlich, daß Wellenzüge dauernd gleichphasig schwingen und sich bei Überlagerung verstärken oder auslöschen. Falls zwei Lichtbündel zu interferieren vermögen, nennt man die Bündel „kohärent". Solche kohärente Bündel erhält man bei *gewöhnlichen* Lichtquellen (z. B. Glühlicht, Glimmlampe, Gasentladungsröhre) *nur* dann, wenn die beiden Bündel durch Aufspalten eines einzigen Bündels gewonnen worden sind. Licht zweier gleichartiger Quellen, das keine Interferenz ergibt, besteht aus vielen Anteilen mit statistisch verteilten Phasenunterschieden.

Seit 1960 ist es möglich, langzeitig phasengleich schwingendes Licht einer scharf festgelegten Frequenz über längere Zeit in zwei von einander unabhängigen Lichtquellen zu erzeugen. Das gelingt mit dem sogenannten *LASER* (Abkürzung für *l*ight *a*mplification by *s*timulated *e*mission of *r*adiation). In gewöhnlichen Lichtquellen wird Licht aus angeregten Atomen (vgl. 6.3.3) *spontan* ausgesandt, d. h. im wesentlichen ohne daß ein zeitlicher Zusammenhang zwischen verschiedenen Emissionsakten verschiedener Atome besteht. In einem

LASER dagegen werden angeregte Atome durch Licht zu *erzwungenen* Übergängen veranlaßt. Dabei müssen erzwungene Übergänge gegenüber spontanen Übergängen überwiegen. Der LASER liefert „kohärentes" Licht. Damit ist ein Jahrhunderte alter Lehrsatz, daß interferenzfähige Lichtbündel *nur* durch Abzweigen aus einem Bündel erhalten werden können, in dieser Allgemeinheit außer Kraft gesetzt. Licht „gewöhnlicher" Lichtquellen entspricht dem „Rauschen" einer elektrischen Verstärkerschaltung, das Licht des LASERS dagegen entspricht der Schwingung eines Röhrensenders. Bei einer Rauschquelle können nur Teile der Schwingung der gleichen Quelle zur Interferenz gebracht werden, dagegen bei Röhrensendern auch die Schwingungen zweier von einander unabhängiger Sender. Der LASER liefert stets ein streng monochromatisches Parallelbündel (vgl. die unten stehende Kohärenzbedingung d).

Zwei Lichtbündel können sich nur dann durch Interferenz vollständig auslöschen, wenn folgende *Kohärenzbedingungen* erfüllt sind:

a) Die Wellen müssen gleiche Amplitude und gleiche Wellenlänge besitzen,

b) sie müssen gleichen Polarisationszustand haben, vgl. dazu 5.4 (z. B. können beide in gleicher Ebene linear polarisiert oder beide unpolarisiert sein usw.).

c) Beide Anteile müssen mit festen Phasendifferenzen schwingen, also entweder aus derselben Lichtquelle abgezweigt sein oder von LASERN stammen.

d) Bei gewöhnlichen Lichtquellen müssen die beiden Wellenzüge vom gleichen Punkt der Lichtquelle und aus dem gleichen Ausstrahlungsakt entstammen. Da man es in der Praxis aber immer mit ausgedehnten Lichtquellen (Breite $2y$) zu tun hat, muß noch die geometrische Kohärenzbedingung $2y \cdot n \cdot \sin u \leq \lambda/2$ (siehe Abb. 333) beachtet werden. Sie besagt, daß

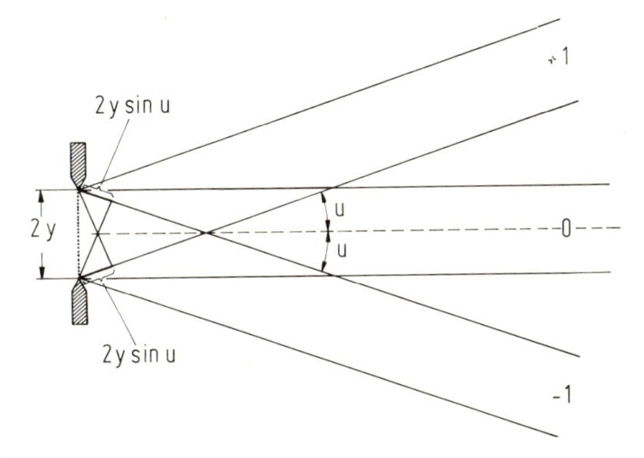

Abb. 333. Geometrische Kohärenzbedingung (nach Pohl). Der Spalt der Breite $2y$ kann als kontinuierliche Folge von Erregungszentren betrachtet werden (punktiert). In seitlichen Richtungen (Winkel u gegen die Mittelsenkrechte zur Ebene des Spaltes) haben dann die Wellen der verschiedenen Erregungszentren durch geometrische Wegunterschiede gegeneinander Phasenverschiebungen von 0 bis $2 \cdot y \cdot \sin u$. Um die Interferenzfähigkeit zu erhalten, muß diese Phasenverschiebung kleiner als $\lambda/2$ bleiben, d. h.: $2y \sin u \leq \lambda/2$. – Pohl III, S. 66, Abb. 153.

der Wegunterschied von beiden Rändern der Lichtquelle $\leq \lambda/2$ sein muß. $2y \cdot n \cdot \sin u$ ist die numerische Apertur, λ die Wellenlänge des ausgesandten Lichtes in Luft bzw. Vakuum. Man kann in der letzten Gleichung auch n auf die andere Seite schreiben, dann gilt

$$2y \sin u \leq \frac{\lambda'}{2} \tag{5-14}$$

wo $\lambda' = \lambda/n$ die Wellenlänge im Medium hinter der Lichtquelle ist. Licht, das die Bedingungen a, b, c, d erfüllt, nennt man kohärent, d.h. interferenzfähig. Das Licht des LASERS ist streng parallel und phasenstabil.

Mit gewöhnlichen Lichtquellen kann man keine beliebig langen, gleichphasig schwingenden Wellenzüge erzeugen, denn die Bedingung a) ist hinsichtlich der Wellenlängengleichheit in Strenge nicht erfüllbar. Man kann stets nur Licht herstellen, das einen gewissen Wellenlängenbereich $\lambda \pm \Delta\lambda$ enthält. Auch Licht aus einer Spektrallinie eines Linienspektrums hat eine gewisse Breite der spektralen Verteilung. Für solches Licht gilt eine „Kohärenzlänge“, die durch $\Delta\lambda$ bestimmt ist. Die Kohärenzlänge ist diejenige Länge des Fortpflanzungsweges, nach der Phasenvermischung eingetreten ist.

Wenn die relative Breite $\Delta\lambda/\lambda = 10^{-6}$ ist, sind nach 10^6 Wellenlängen (d. h. bei sichtbarem Licht nach ungefähr 0,5 m) gleichphasige Anteile mit λ und solche mit $\lambda \pm \Delta\lambda$ gegenphasig geworden. Bei gewöhnlichen Lichtquellen erreicht man in günstigen Fällen relative Linienbreiten bis 10^{-7}, beim LASER dagegen solche bis 10^{-10} und bei Gammastrahlen und Mößbauer-Effekt 10^{-14}.

Die *Wellennatur des Lichtes* läßt sich mit folgender einfachen Anordnung zeigen. Um aus dem Lichtbündel einer gewöhnlichen Lichtquelle zwei interferenzfähige Bündel herzustellen, kann man ein Fresnelsches Biprisma verwenden (Abb. 334). Dadurch wird ein von

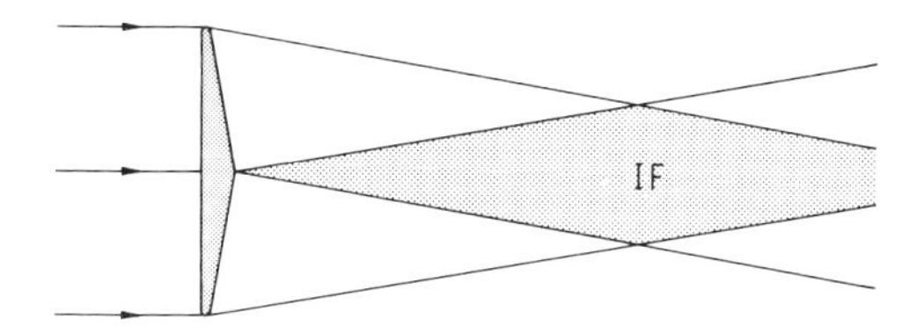

Abb. 334. Fresnelsches Bi-Prisma. IF: Interferenzfeld mit Überlagerung der beiden kohärenten Teilbündel. (Der Winkel zwischen den Teilbündeln muß in Wirklichkeit *viel* kleiner als gezeichnet gewählt werden, weil Wegunterschiede der Größenordnung 10^{-3} mm eine Rolle spielen.)

einer spaltförmigen Lichtquelle ausgehendes Bündel in zwei Teilbündel zerlegt, die sich unter kleinem Winkel überschneiden. Stellt man im Überschneidungsgebiet einen Schirm quer zur Lichtausbreitungsrichtung, so haben für jeden Beobachtungspunkt auf dem Schirm die dort zusammentreffenden Lichtwellen aus beiden Teilbündeln Wege unterschiedlicher Länge durchlaufen. Der Wegunterschied ist dabei proportional zum Abstand des Beobachtungspunktes von der Symmetrieebene. Man erhält dadurch abwechselnd helle und dunkle Streifen.

5.3.2. Interferenz an dünnen Plättchen, Interferometer *F/L 3.4.5*

Das an Vorder- und Rückseite einer dünnen Schicht (Brechzahl n) reflektierte Licht wird durch Interferenz ausgelöscht, wenn der Unterschied der optischen Weglänge ein ganzzahliges Vielfaches von $\lambda' = \lambda/n$ ausmacht.

Ein besonders einfaches Interferenz-Experiment ergibt sich, wenn man ein (nahezu) paralleles Lichtbündel an dünnen durchsichtigen Folien reflektiert. Bei diesem Experiment ist die Beugung nicht beteiligt. Licht, das an der Eintrittsfläche reflektiert wird, kann gegenüber demjenigen, das an der Austrittsfläche reflektiert wird, bei geeigneter Wahl der

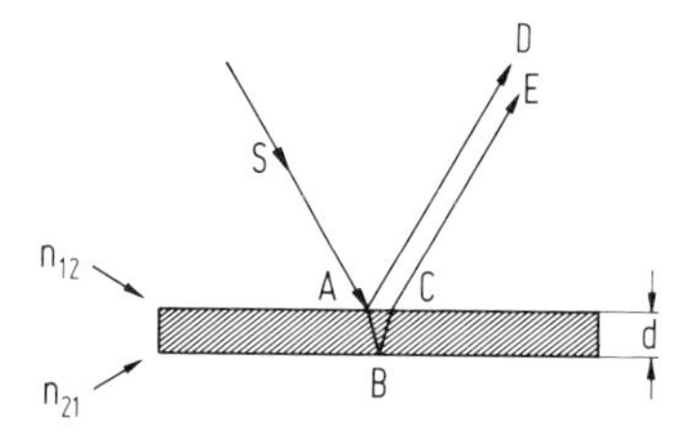

Abb. 335. Zur Interferenz an dünnen Plättchen. Das einfallende Bündel SA wird aufgespalten in ein direkt in A reflektiertes Teilbündel AD und in ein Teilbündel ABCE. Wenn n_{12} größer 1 ist, erfährt das bei A reflektierte Bündel einen Phasensprung um 180°, das bei B reflektierte nicht.

Schichtdicke gerade den Phasenunterschied $\lambda'/2$, $3\lambda'/2$, $5\lambda'/2, \ldots$ erhalten (Interferenz gleicher Dicke). Dabei ist λ' die Wellenlänge im Medium der Schicht, wobei $\lambda' = \lambda_{\text{vak}}/n$ ist und n die Brechzahl bedeutet (Abb. 335).

Man würde erwarten, daß Auslöschung stattfindet, wenn der Wegunterschied beider Bündel $\lambda'/2$ oder ungeradzahlige Vielfache von $\lambda'/2$ ausmacht, d. h. für $2\,d = (\mathrm{k}\,\lambda') + (\lambda'/2)$, wo $\mathrm{k} = 0, 1, 2, \ldots$ ist. Das ist aber nicht der Fall; vielmehr erhält man

$$\begin{aligned} &\text{Auslöschung bei } 2d = \mathrm{k}\,\lambda', \\ &\text{Verstärkung bei } 2d = (\mathrm{k} - 1/2)\cdot\lambda'. \end{aligned} \qquad (5\text{-}15)$$

Daraus erkennt man, daß bei einer der beiden Reflexionen ein Phasensprung $180^\circ \mathrel{\hat{=}} \lambda'/2$ stattfindet. Das geschieht (für die elektrische Feldstärke) bei der Reflexion am Medium mit der größeren Brechzahl (am „dichteren Medium"), vgl. dazu 5.6.2.

Beispiel. Eine Seifenblasenlamelle in vertikaler Stellung wird nach kurzer Zeit zu einer dünnen keilförmigen Schicht, da die Flüssigkeit infolge der Schwerkraft nach unten fließt. Wird sie mit Hilfe des von ihr reflektierten Lichtes genügend einheitlicher Wellenlänge (z. B. Rotfilterlicht) mit einer Linse auf einen Schirm an der Wand abgebildet, so beobachtet man ein Streifensystem aus hellen und schwarzen Streifen, die langsam nach unten wandern. Kurz vor dem Zerreißen der Lamelle wird am oberen Teil der Lamelle kein Licht mehr reflektiert. Sie ist dann so dünn, daß außer dem Phasensprung keine merkliche Phasenverschiebung zwischen dem vorn und dem hinten reflektierten Licht mehr besteht. Diese Tatsache *beweist direkt* das Vorhandensein eines *Phasensprungs von 180°* zwischen beiden Bündeln.

Die Streifenfolge für blaues Licht liegt dichter als für rotes, daraus geht hervor $\lambda_{\text{blau}} < \lambda_{\text{rot}}$. Das Verhältnis der Streifenabstände ist gleich dem Verhältnis der Wellenlängen für diese Lichtarten.

Man kann auch ein *divergierendes* Bündel, das von einer Lichtquelle mit einheitlicher Wellenlänge (Natriumlampe) oder einer solchen mit wenigen Wellenlängen (Quecksilberlampe) ausgeht, an einer Lamelle reflektieren lassen. Fängt man das reflektierte Licht auf einem Schirm (Wand) auf, so beobachtet man helle und dunkle Ringe. Für das vorn und hinten reflektierte Licht nimmt der geometrische Wegunterschied mit zunehmender Neigung des Bündels gegen die Lamelle ab, Abb. 336. (Als Lamelle kann man ein Glimmerblatt verwenden.)

Bei dieser Anordnung erhält man Interferenz auch bei Verwendung einer ausgedehnten Lichtquelle. Die Bedingung d) von 5.3.1 ist hier erfüllt, obwohl $2y$ relativ groß ist, weil $\sin u$ außerordentlich klein ist.

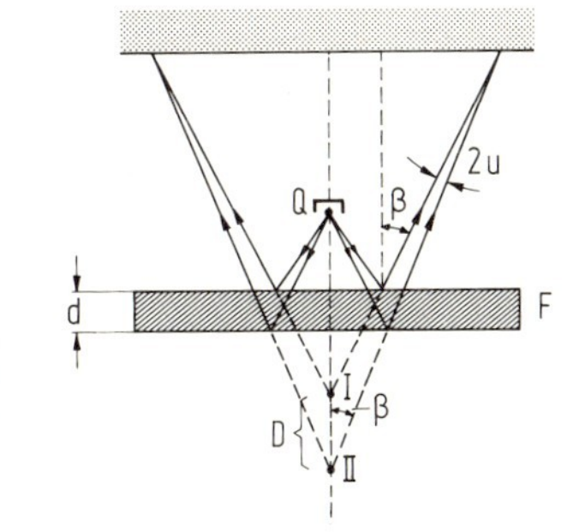

Abb. 336. Interferenz mit divergentem Licht (nach Pohl). Q: Lichtquelle (nach oben abgeschirmt), F: Folie oder dünnes Glimmerblatt (in der Zeichnung dick gezeichnet und schraffiert), I und II sind die zwei virtuellen Lichtquellen, die aus Q durch die Reflexion entstehen. Nach Pohl III, S. 69, Abb. 160.

Interferometer. Eine Anordnung, in der ein Lichtbündel in zwei gleichphasig schwingende aufgespalten und diese nach Wegstrecken von nahezu gleicher Länge wieder zusammengeführt werden, nennt man ein Interferometer. In einem solchen kann man den Unterschied der optischen Weglänge auf dem einen Zweig gegenüber dem anderen mit Hilfe der Phasenverschiebung zwischen beiden Bündeln beobachten. Meist werden Interferometer verwendet, bei denen die beiden Bündel schwach geneigt zueinander überlagert werden; dann zeigt das Gesichtsfeld ein Streifensystem. Dieses verschiebt sich bei einer Phasenverschiebung um 360° (entsprechend $1 \cdot \lambda$) jeweils um einen Streifenabstand. Man kann Interferometer aber auch so bauen, daß bei ihnen das gesamte Gesichtsfeld hell und dunkel wird. Das ist der Fall, wenn beide Bündel mit genau gleicher Ausbreitungsrichtung überlagert werden.

Eine Phasenverschiebung tritt auf entweder durch Ändern der Länge eines Zweiges bei unveränderter Brechzahl oder durch Ändern der Brechzahl bei unveränderter Länge. Das Letztere ist der Fall z. B. auf einer Gasstrecke, deren Druck verändert wird. Abb. 337 zeigt ein Interferometer nach Jamin.

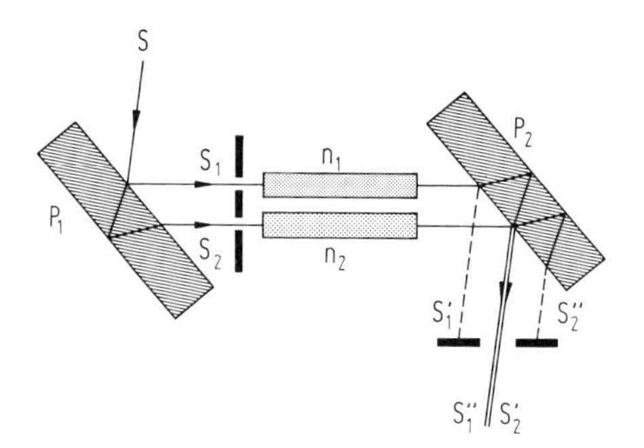

Abb. 337. Interferometer nach Jamin. Ein einfallendes Lichtbündel S spaltet an der Platte P_1 in zwei kohärente Teilbündel S_1 und S_2 auf, die wiederum an der Platte P_2 in je zwei Bündel aufgespalten werden. Die beiden Bündel S_1'' und S_2' interferieren je nach der Phasenverschiebung, welche die Bündel S_1 und S_2 z. B. durch gleichlange Wege in Medien mit verschiedenen Brechzahlen n_1 und n_2 erhalten haben.

Eine Doppelspaltanordnung wie Abb. 338b kann ebenfalls als Interferometer benutzt werden. Man schiebt die beiden Medien (z. B. zwei Gase in Küvetten) in den Strahlengang hinter S_1 und S_2 und beobachtet, wie sich die Interferenzstreifen innerhalb der eingezeichneten Hüllkurve verschieben.

Interferometer sind hochempfindliche Meßinstrumente, da sich bereits optische Wegunterschiede von $\lambda/2$, d. h. von rund 0,5 μm auffällig bemerkbar machen.

5.3.3. Beugung und Interferenz von Lichtwellen *F/L 3.4.3*

Die Ausbreitung von Licht wird wie jede Wellenausbreitung durch das Huygenssche Prinzip beschrieben. Beugungseffekte werden am deutlichsten, wenn die Abmessungen der Hindernisse bzw. Öffnungen im Strahlengang vergleichbar mit der Wellenlänge des Lichts sind. Licht, dessen Wellenlänge im leeren Raum λ ist, hat in einem Medium der Brechzahl n die Wellenlänge $\lambda' = \lambda/n$.

Wie in 2.3.3 bis 6 kann man Beugungserscheinungen mit parallelen Bündeln (in großem Abstand von der beugenden Öffnung) beobachten. Ein lichtstarkes Parallelbündel liefert vor allem der LASER. Hinter dem Spalt (Breite B) beobachtet man (mit Wellenlänge λ) Maxima in den Richtungen α_m, für die gilt (abgesehen vom direkten Bündel $\alpha = 0$)

$$\sin \alpha_m = \frac{2m + 1}{2} \cdot \frac{\lambda}{B} \quad \text{mit} \quad m = 1, 2, 3, \ldots \tag{5-16}$$

und Minima in den Richtungen, für die gilt

$$\sin \alpha_m = m \cdot \frac{\lambda}{B} \quad \text{mit} \quad m = 1, 2, 3, \ldots \tag{5-16a}$$

Allgemein gilt für die Intensitätsverteilung

$$I \sim A^2 \sim \frac{\sin^2 (\pi \cdot \Delta/\lambda)}{(\pi \cdot \Delta/\lambda)} \tag{5-16b}$$

Wie schon in 2.3.6 erwähnt, ist dabei Δ der Wegunterschied zwischen den Randstrahlen, also $\Delta = B \cdot \sin \alpha$.

In einem Medium der Brechzahl n beträgt die Wellenlänge $\lambda' = \lambda/n$, wenn λ die Wellenlänge im materiefreien Raum ist. Dies erkennt man aus folgendem Experiment: Ist hinter dem Spalt der Raum mit einem Medium der Brechzahl n ausgefüllt (z. B. Halbzylinder aus Glas), so gilt für die Maxima

$$\sin \alpha'_m = \frac{2\,m + 1}{2} \cdot \frac{\lambda}{n \cdot B} = \frac{2\,m + 1}{2} \cdot \frac{\lambda'}{B} \tag{5-16c}$$

und analog weiter.

Man sieht hier unmittelbar, wie in einem Medium die Wellenlänge verändert wird:

λ geht über in $\lambda/n = \lambda'$

Wegen $v = c/\lambda = v/\lambda'$ kann man auf das Geschwindigkeitsverhältnis $c/v = \lambda/\lambda' = n$ schließen. Da beim Übergang von Luft auf Glas die Frequenz ungeändert bleibt, folgt aus der Verkürzung der Wellenlänge, daß die Ausbreitungsgeschwindigkeit im Glas gegenüber der im Vakuum vermindert ist.

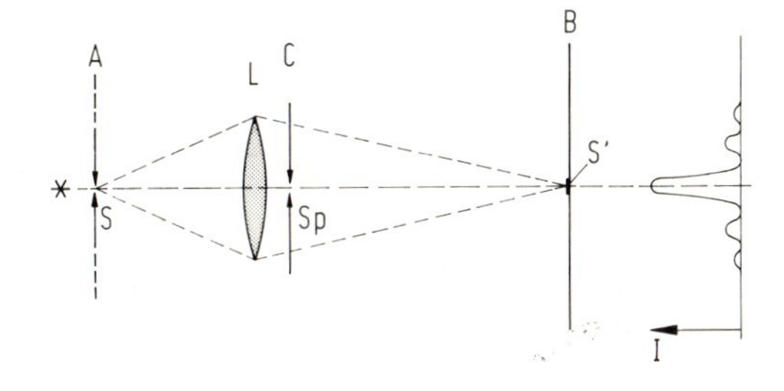

Abb. 338a. Zur Beugung von Licht. Strahlengang in der Versuchsanordnung. S: beleuchtete spaltfömige Öffnung als kohärente Lichtquelle in der Ebene A, L: Abbildungslinse, S': Bild der Öffnung S (in der Bildebene B). Nach Einbringen der beugenden Öffnung oder des beugenden Hindernisses Sp in die Ebene C entsteht in der Bildebene B eine Beugungsfigur. Ihre Intensitätsverteilung ist rechts daneben dargestellt.

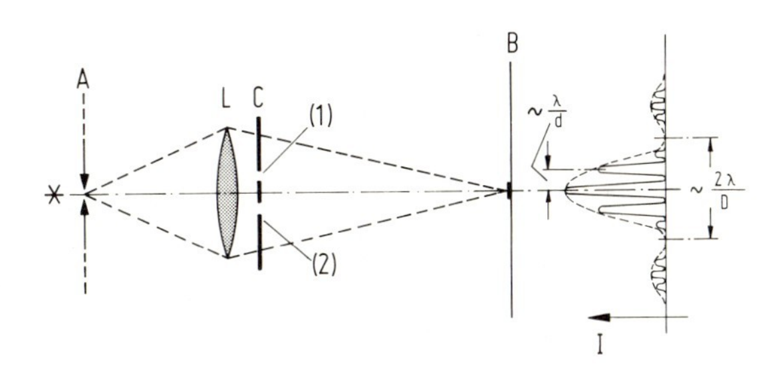

Abb. 338 b. Beugung am Doppelspalt. Als kohärente Lichtquelle S (wie in Abb. 338a) wird ein Spalt gewählt, als beugende Öffnung werden dicht hinter die Linse zwei eng benachbarte Spalte derselben Breite D (Doppelspalt) in die Ebene C gebracht. d ist der Abstand beider Spaltmitten voneinander. Dann beobachtet man in der Bildebene B die Beugungsfigur des Doppelspaltes. Die Intensitätsverteilung I in B ist rechts daneben dargestellt. Die Hüllkurve entspricht der Beugungsfigur jedes der einzelnen Spalte (1) und (2).

Ein Unterschied in den Beugungs- und Interferenzerscheinungen bei Licht gegenüber denen bei Wasserwellen und Schallstrahlen (2.3.3 und 4) besteht in folgendem: Eine Lichtquelle läßt sich mit Hilfe einer Linse auf eine Bildebene abbilden. Licht, das gleichphasig von einem Punkt ausgeht, gelangt dabei gleichphasig zum Bildpunkt (5.2.3). Die Beugungserscheinungen, die man mit einem Parallelbündel weit hinter dem beugenden Hindernis erhält, lassen sich unter Zwischenschalten einer Abbildungslinse in der Bildebene B erhalten. Sie sind dann meist auch lichtstärker; Abb. 338 zeigt die Anordnung.

In diesem Abschnitt 5.3.3. wird ein Überblick gegeben über verschiedene Beugungserscheinungen. Dabei wird eine Anordnung ähnlich wie in Abb. 338a und b vorausgesetzt.

1. Sei A eine kreisförmige Blende, aus der Licht austritt, und B ihr Bild. In der Ebene C werden kreis-(scheiben-)förmige Blenden oder Hindernisse aufgestellt.

a) Stellt man bei C eine Lochblende auf, dann erhält man bei B die Beugungsfigur Abb. 339. Wenn man innerhalb der Ebene C die Blende senkrecht zur Strahlrichtung verschiebt, hat das keinen Einfluß auf die Beugungserscheinung. Mehrere statistisch verteilte Löcher ergeben dieselbe Beugungsfigur, sie wird nur lichtstärker.

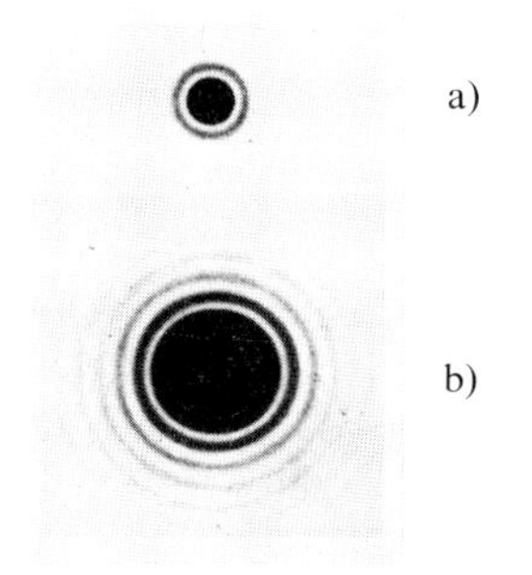

Abb. 339. Beugungsfigur einer Lochblende. In die Ebene C von Abb. 338a wird eine kreisförmige Öffnung gebracht. Man erhält bei Verwendung von langwelligem sichtbarem Licht (rot) die Beugungsfigur der Abbildung. Im Fall b) ist 5mal länger belichtet als bei a). Die Abbildung gibt das Negativ einer Aufnahme wieder. – Nach Pohl III, S. 25, Abb. 65.

b) Man kann statt der Lochblende ein scheibenförmiges Hindernis in die Ebene C stellen. Dann entsteht eine lichtschwache, zu a) komplementäre Beugungsfigur. Viele statistisch über C verteilte Scheibchen mit übereinstimmendem Durchmesser ergeben dasselbe, nur lichtstärker.

Die Erscheinung ist sehr deutlich zu beobachten, wenn man eine Glasplatte mit Lykopodiumsamen einstäubt und sie dann in die Ebene C bringt. Die Samenkörner sind kleine Kugeln mit recht einheitlichem Durchmesser von ungefähr 40 μm.

2. Statt Lochblenden und Scheiben werden Spalte und Spaltblenden (strichförmige Hindernisse) und bei A ein Eingangs*spalt* verwendet.

a) *Ein* Spalt als Blende in C (parallel zum Eingangsspalt bei A) ergibt in B die in 2.3.6 besprochene Beugungsfigur eines Spaltes, und es gelten die Gleichungen (5-16, 16a, 16b).

b) Ein Draht (parallel zu A) in C, also ein „spaltförmiges" Hindernis, ergibt eine lichtschwache, zu a) komplementäre Beugungsfigur. Viele über die Breite des Lichtbündels statistisch verteilte, gleich dicke Drähte ergeben dasselbe, nur lichtstärker.

c) *Zwei* schmale Spalte nebeneinander in geringem Abstand („Doppelspalt") in C erzeugen in B die in Abb. 338b wiedergegebene Beugungsfigur.

d) Wenn man in C ein *Strichgitter* (d. h. eine periodische Folge von sehr vielen engen Spalten) aufstellt, so erhält man in B eine Folge von scharfen Spaltbildern, wie sie in Abb. 153a und 154 dargestellt sind. Es gilt

$$\sin \alpha_m = \frac{m\lambda}{d}, \qquad \text{mit} \qquad m = 1, 2, 3, \ldots \tag{5-17}$$

Dabei ist d der Abstand der aufeinander folgenden Spalte. Verschiebt man das Gitter in der Ebene C parallel zu sich selbst, so bleibt das ohne Einfluß. In Abb. 340 ist der Strahlengang im *Gitterspektrographen* angegeben. Mit seiner Hilfe bestimmt man die Wellenlängen von Licht.

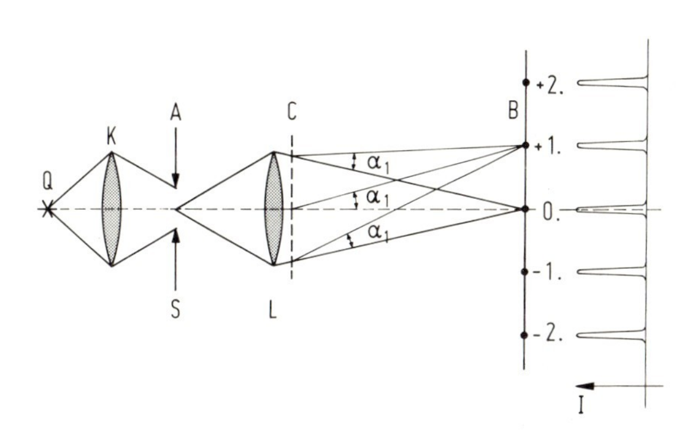

Abb. 340. Gitterspektrograph. S in Ebene A ähnlich wie in Abb. 338a) ist ein Spalt. Er wird durch die Lichtquelle Q und die Kondensorlinse K beleuchtet. In Ebene C wird ein Strichgitter aufgestellt. Die 0.te Ordnung entspricht dem Bild des in A stehenden Spaltes, wenn kein Gitter in C steht. Gebeugte Strahlen sind nur für die 1. Ordnung eingezeichnet, ebenso gehen Strahlen in die -1. Ordnung. Die Strahlen für die m. Ordnung sind jeweils um den Winkel $\pm \alpha_m$ geknickt. Alle Vereinigungspunkte liegen in der Bildebene B. Je schmaler der Spalt, um so schmaler die Linien, je feiner die Gitterteilung, um so größer der Abstand der Ordnungen auf dem Schirm.

Beispiel. Ein Spalt wird mit Rotfilterlicht beleuchtet und mit Hilfe einer langbrennweitigen Linse auf den Schirm abgebildet. Es wird ein Strichgitter verwendet mit 8 Strichen/mm, also mit einer Gitterperiode $d = (1/8)\,\text{mm} = 0{,}125 \cdot 10^{-3}\,\text{m}$. Man mißt d, indem man das Gitter über einen Glasmaßstab legt und unter dem Mikroskop abliest. Der Abstand g zwischen den Ebenen C und B sei $g = 8$ m, der Abstand zwischen 0. Ordnung und 1. Ordnung in der Ebene B beträgt $h = 4$ cm. Man erhält daraus $h/g = \tan \alpha_1 \approx \sin \alpha_1 = 1 \cdot (\lambda/\text{d})$. Daraus folgt $\lambda = d \cdot \sin \alpha_1 \approx d \cdot (h/g)$. Setzt man obige Werte ein, so ergibt sich $\lambda = 0{,}125 \cdot \cdot 10^{-3}\,\text{m} \cdot 0{,}04\,\text{m}/8\,\text{m} = 0{,}625 \cdot 10^{-6}\,\text{m} = 625\,\text{nm}$.

Amplitudengitter, Phasengitter. Hinter einem Gitter aus undurchsichtigen Streifen (sog. Amplitudengitter) hat die Lichtamplitude E_0 eine örtlich periodische Verteilung, die durch eine Funktion der Ortskoordinate x wiedergegeben wird. Sie hat die Eigenschaft $\text{f}(x - \text{m}p) = \text{f}(x)$, wo m ganzzahlig ist. Dabei ist p die Periodenlänge. Eine solche Funktion läßt sich nach 2.3.2 wiedergeben durch eine Fourier-Reihe

$$\sum_{m=0}^{\infty} \{a_m \cdot \sin(m \cdot 2\pi\, x/p) + b_m \cdot \cos(m \cdot 2\pi\, x/p)\}$$

Wenn die Amplitude hinter dem optischen Gitter durch eine Reihe mit durchweg $b_m = 0$ wiedergegeben werden kann, so ergeben sich aus den leicht meßbaren Amplituden der Beugungsordnungen gerade die a_m der Fourier-Reihe.

Beim *Amplituden*gitter wechseln lichtdurchlässige und lichtundurchlässige Bereiche örtlich periodisch, die *Phasen*gitter bewirken dagegen eine örtlich periodische Phasenverschiebung durch abwechselnd dickere und dünnere durchsichtige Bereiche.

Man erhält ein Amplitudengitter, wenn man z. B. auf eine Glasplatte eine Schicht aus stark absorbierendem Material (z. B. Metall) aufdampft und (mit Hilfe einer geeigneten Vorrichtung) periodisch Striche auskratzt. Man erhält dagegen ein Phasengitter, wenn man auf die Glasplatte eine nicht absorbierende Schicht (z. B. Lithiumfluorid) aufdampft und in gleicher Weise periodisch Striche auskratzt. Auch solche Phasengitter zeigen Beugungserscheinungen. Darauf kann hier aber nicht eingegangen werden.

Bei medizinisch-biologischen mikroskopischen Objekten treten häufig auch Phasenobjekte auf. Das sind Objekte, die lichtdurchlässig sind, aber sich in der Dicke oder in der Brechzahl von Ort zu Ort unterscheiden. Wie man solche Unterschiede im Mikroskopbild sichtbar macht, wird in 5.3.6 besprochen.

5.3.4. Beugung an Schichtgittern, Braggsche Reflexion *F/L 5.2.2*

An räumlichen Schicht- und Punktgittern führt Beugung und Interferenz zu Reflexen verschiedener Ordnung. Wellenlänge λ, Gitterkonstante d und Glanzwinkel α sind verknüpft durch die Braggsche Bedingung $\sin \alpha_m = m\lambda/(2d)$.

Mit Hilfe stehender Lichtwellen kann man in Fotoplatten eine in die Tiefe periodisch geschichtete Schwärzung erzeugen. Der Schichtabstand (= Gitterkonstante) beträgt dann $\lambda/2$, d. h. bei Rotlicht ungefähr 280 nm. Läßt man auf eine solche Platte Licht der Wellenlänge λ schräg einfallen, so wird jeweils ein Teil des Lichtes in der 1., 2., 3., ... Schicht (vgl. Abb. 341a) gestreut. In bestimmten Richtungen laufen alle Teilwellen gleichphasig. Es entsteht

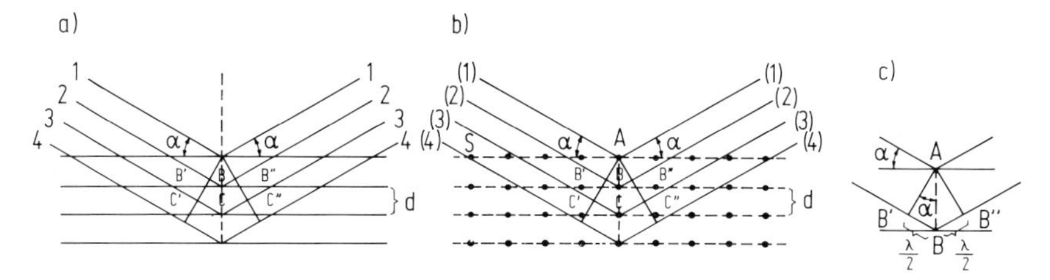

Abb. 341. Reflexion am Schicht- bzw. Punktgitter. a) Schichtgitter, b) Punktgitter, c) Detail A, B′, B, B″. Aufeinander folgende Strahlen (1), (2), (3), ... unterscheiden sich (nach der „Reflexion") in ihrer Weglänge jeweils um $2d \sin \alpha$. Wenn dieser Wegunterschied λ oder $m \cdot \lambda$ ist, verstärken sich die Streuintensitäten. Für die „Reflexion" kommt es nur auf die Abstände der Gitterebenen an, nicht auf die Lage der Punkte in der Ebene.

ein „reflektiertes" Bündel unter dem Glanzwinkel α_m, der bekanntlich $90° -$ (Einfallswinkel) ist. Die „Reflexion" tritt ein, wenn der Wegunterschied zwischen den einzelnen Bündeln $1\lambda, 2\lambda, 3\lambda, \ldots$ allgemein $m \cdot \lambda$ beträgt. Aus Abb. 341 entnimmt man die Bedingung für gleichphasiges Zusammentreffen des an zwei aufeinander folgenden Schichten gestreuten Lichtes:

$$m \cdot \lambda = 2d \cdot \sin \alpha_m$$

oder

$$\sin \alpha_m = \frac{m \cdot \lambda}{2d} \quad \textit{(Braggsche Beziehung)} \qquad (5\text{-}18)$$

wo d den Abstand der Schichtebenen und m = 1, 2, 3, ... die Ordnung des Reflexes bedeutet. Diese Beziehung wurde etwa 1912 von W. H. Bragg aufgestellt.

Läßt man Glühlicht auf ein solches Schichtgitter einfallen und variiert den Glanzwinkel α kontinuierlich von 0° an aufwärts, dann wird zunächst nur das violette, bei größeren Glanzwinkeln das blaue und schließlich das grüne und dann das gelbe Licht reflektiert. Haucht man nun das Schichtgitter an, so quillt die Schicht (der Schichtabstand wird größer), und es wird nun rotes statt gelbes Licht reflektiert usw.

Die Atome in einem Kristall befinden sich auf den Punkten eines räumlichen Punktgitters mit dem Netzebenen-Abstand d als Gitterkonstante, z. B. ist bei NaCl (Kristall des regulären Systems) $d = 2{,}81 \cdot 10^{-10}$ m. Da Beugungseffekte dann am auffälligsten in Erscheinung treten, wenn die Gitterkonstante von der Größenordnung der Wellenlängen des benutzten Lichts ist, tritt der Reflex im Wellenlängengebiet der Röntgenstrahlen auf. Trifft Röntgenstrahlung auf ein Kristallgitter, so wird jeder einzelne Gitterpunkt zum Zentrum einer Kugelwelle. Die Intensität des auslaufenden Röntgenlichts in irgend einer Richtung ist gegeben durch die Überlagerung dieser Kugelwellen unter Berücksichtigung ihrer Phasenverschiebungen. Ein Punktgitter verhält sich näherungsweise wie ein Schichtgitter. Auch hier gilt Gl. (5-17). An einem bestimmten Gitter wird unter einem bestimmten Winkel nur Röntgenstrahlung ganz bestimmter einheitlicher Wellenlänge sozusagen „reflektiert", und zwar Wellenlänge λ in 1. Ordnung, $\lambda/2$ in 2. Ordnung, $\lambda/3$ in 3. Ordnung usw. („Braggsche Reflexion").

Der Netzebenenabstand d kann bei einem Kristall des regulären Systems aus der Dichte ϱ des Kristalls und der Avogadroschen (Loschmidtschen) Konstante N_A (d. h. der Anzahl der Moleküle/mol) berechnet werden. Es gilt für NaCl

$$d = \sqrt[3]{\frac{m_m}{2N_A \cdot \varrho}}$$

wo m_m die molare Masse (vgl. 3.2.3) bedeutet.

Ist der Netzebenenabstand d also bekannt, so kann man mit Hilfe der Braggschen Reflexion die Wellenlänge von Röntgenlicht messen.

Beispiel: Für Steinsalz ist $m_m = 58{,}45$ kg/kmol, $\varrho = 2{,}16$ kg/m³, $N_A = 6{,}023 \cdot 10^{26}$ kmol^{-1}. Daraus folgt $d = 2{,}81 \cdot 10^{-10}$ m = 28,1 nm. Wird der Reflex 1. Ordnung unter $\alpha = 15°$ beobachtet, so beträgt die Wellenlänge des benutzten Röntgenlichts $\lambda = 2d \cdot 1 \cdot \sin\alpha = 5{,}63 \cdot 10^{-10}\,\text{m} \cdot 0{,}259 = 1{,}455 \cdot 10^{-10}$ m.

Umgekehrt kann man mit monochromatischem Röntgenlicht bekannter Wellenlänge den Netzebenenabstand d in Kristallen bestimmen. Wurde die Wellenlänge z. B. mit einem Strichgitter sehr kleiner Gitterkonstante und streifendem Einfall gemessen, so ergibt sich der Netzebenenabstand d aus $\sin \alpha_m = m\lambda/(2d)$. Zieht man noch die Dichte ϱ des Kristalls heran, so ergibt sich, bei regulären Kristallen in einfacher Weise, die Avogadrosche Konstante.

Für das Beispiel NaCl gilt: 1 mol NaCl = 1 mol Na + 1 mol Cl.
In 1 mol NaCl sind also zweimal N_A Atome enthalten. Wegen $\varrho_{NaCl} = 2{,}16$ g/cm³ hat 1 mol$_{NaCl}$ das Volumen $V = 1\,\text{mol} \cdot V_m = 1\,\text{mol} \cdot m_m/\varrho = (1\,\text{mol} \cdot 58{,}45\,\text{g/mol})/(2{,}16\,\text{g/cm}^3) = 26{,}9\,\text{cm}^3$.
Jedes einzelne Atom nimmt also das Volumen $V_a = V_m/(2\,N_A)$ ein. Aus dem Netzebenenabstand d ergibt sich andererseits, daß beim Würfelgitter für jedes Atom ein Volumen $V_a = d^3$ vorzusehen ist. Daraus folgt $N_A = V_m/(2\,V_a) = \{26{,}9\,\text{cm}^3/\text{mol}\}/\{2 \cdot (2{,}814 \cdot 10^{-10}\,\text{m})^3\} = 6{,}06 \cdot 10^{23}\,\text{mol}^{-1}$.

Man kann also entweder N_A aus 3.3.1 (Brownsche Bewegung) bestimmen und über Dichte ϱ und Volumen V zur Gitterkonstanten gelangen und mit dieser Kenntnis λ bestimmen. Oder man kann die Wellenlänge λ langwelliger Röntgenstrahlung aus der Beugung an einem Strichgitter mit besonders kleinem Strichabstand bei streifender Reflexion bestimmen und über die Gitterkonstante eines Kristalls und über ϱ und V die Avogadrosche Konstante N_A erhalten.

5.3.5. Einfluß der Beugung des Lichtes auf die mikroskopische Abbildung *F/L 3.4.1*

Das Auflösungsvermögen des Mikroskops wird begrenzt durch die Beugung am Objekt und durch die Beugung an der Objektivfassung.

Durch mehrfaches Hintereinanderschalten von vergrößernden Abbildungen scheint es denkbar, ein Mikroskop mit beliebig hoher Vergrößerung zu erhalten. Die Leistungsfähigkeit eines Mikroskops ist aber nicht durch die Vergrößerung, sondern durch das „Auflösungsvermögen" begrenzt. Das ist die Fähigkeit, zwei benachbarte Objektpunkte G_1 und G_2 der Objektebene noch getrennt erkennen zu können. Unterhalb eines bestimmten Abstands der Punkte ist dies infolge Beugung nicht mehr möglich.

Definition. Der kleinste Abstand a zweier benachbarter Objektpunkte, bei dem sie gerade noch als getrennt erkannt werden, heißt *Auflösungsvermögen* des Mikroskops.

Das Auflösungsvermögen des Mikroskops wird begrenzt:
a) durch die Beugung am beleuchteten Objekt;
b) durch die Beugung des vom Objekt kommenden Lichts an der Fassung der Objektivlinse.

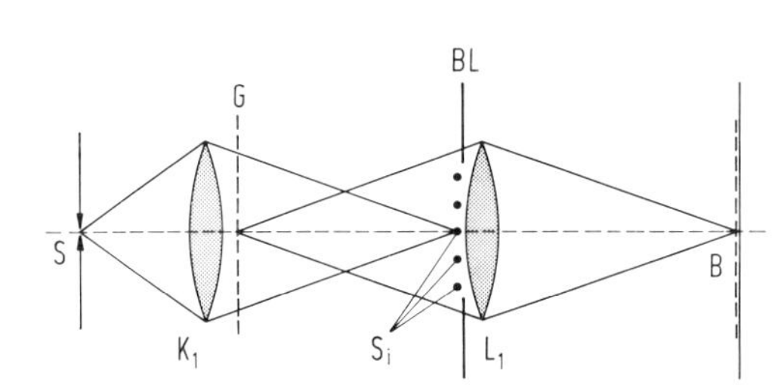

Abb. 342. Einfluß der Beugung bei der Abbildung eines Gitters. S: spaltförmige Lichtquelle (beleuchteter Spalt), G: Gitter als Objekt, S_i: Beugungsbilder des Spaltes S, entworfen von K_1 und G, B: Bild des Gitters G, entworfen von L_1, BL: variable Blende in der Eingriffsebene. Die Linse L_1 kann durch zwei benachbarte Linsen vor und nach BL ersetzt werden, die zusammen dieselbe Brechkraft haben wie L_1. Die Beugungsbilder S_i legt man dann in die Mitte zwischen diese Teillinsen, ebenso die Blende BL.

Zu a). Der Einfluß der Beugung am Objekt läßt sich mit folgender Anordnung (Abb. 342) übersichtlich demonstrieren: Man verwendet eine spaltförmige Lichtquelle (beleuchteten Spalt) und als Objekt G ein „Amplitudengitter" oder ein „Phasengitter".

Direkt hinter der Kondensorlinse K_1 befindet sich im Strahlengang das Objekt G. Von ihm wird durch die Linse L_1 ein Bild B entworfen. Andererseits wird durch den Kondensor K_1 ein Bild der spaltförmigen Lichtquelle in der Ebene der Linse L_1 entworfen. Da als Objektiv ein Gitter verwendet wird, erhält man in der Ebene der Linse L_1 die Beugungsbilder des Spaltes 0., 1., 2.,... Ordnung, denn Lichtquelle, Spalt, Linse K_1 und Gitter bilden dieselbe Anordnung wie Abb. 340. Bringt man in der Ebene der Linse L_1 eine Blende (hier Spaltblende) an, mit deren Hilfe man die verschiedenen Ordnungen aus dem Strahlengang ausblenden kann, so findet man:

Wenn mehrere Beugungsordnungen durch das Objektiv gehen, wird das Bild B des Gitters recht naturgetreu auf dem Schirm wiedergegeben, man erkennt die einzelnen Gitterstriche. Läßt man dagegen nur die 0. Beugungsordnung in das Objekt gelangen, dann entsteht anstelle von B ein gleichmäßig helles Gesichtsfeld ohne Gitterstriche. Daraus ist zu schließen:

Ein Eingriff in der Ebene des Objektivs L_1 („Eingriffsebene") beeinflußt die Bildwiedergabe. Die Beugungsordnungen in dieser Ebene sind an der Entstehung des Bildes B maßgebend beteiligt. Die nähere Untersuchung zeigt:

Man erhält ein dem Objekt einigermaßen ähnliches Bild nur dann, wenn mindestens zwei benachbarte Beugungsordnungen (z. B. 0. und 1.) durch die Objektivlinse L_1 gelangen. Die Struktur des Objekts wird umso besser wiedergegeben, je mehr Beugungsordnungen zur Abbildung benutzt werden, vgl. 2.3.2 (Fourier-Entwicklung). Bei einem Mikroskop hängt die Anzahl der durchgehenden Ordnungen einerseits vom Durchmesser der Linse, genauer vom Öffnungswinkel (Verhältnis Linsenradius r/Objektweite d), andererseits vom Abstand der Beugungsordnungen untereinander ab.

Wenn man unter dem Mikroskop z. B. eine stabförmige Bazille betrachtet, so beeinflussen die Beugungserscheinungen das Bild. Bei einem Amplitudengitter als Objekt mit der Gitterkonstanten A gilt für die Richtung des 1. Beugungsmaximums

$$\sin \alpha_1 = \frac{1 \cdot \lambda}{A}$$

Andererseits gilt für den Öffnungswinkel des ins Objektiv gelangenden Lichtbündels (vgl. Abb. 343)

$$\sin u = \frac{r}{d} \tag{5-19}$$

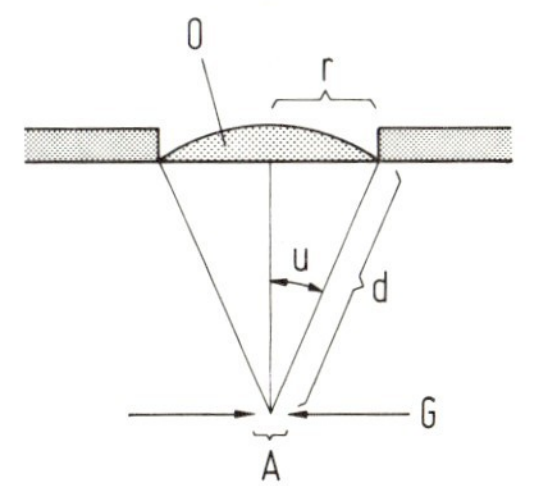

Abb. 343. Öffnungswinkel beim Mikroskop. Ein Punkt in der Gegenstandsebene G sieht die Objektivöffnung 0 unter dem Öffnungswinkel u, für den gilt $\sin u = r/d$. Die Strecke A ist z. B. der Abstand von zwei Strichen in einem Strichgitter.

Soll also neben der 0. noch die 1. Beugungsordnung mit ins Objektiv gelangen, so muß gelten: $\sin \alpha_1 \leq \sin u$ und damit $(\lambda/A) \leq \sin u$.

Der kleinste Strichabstand A, der diese Bedingung noch erfüllt, sei mit a bezeichnet. Er ergibt sich, wenn man das Gleichheitszeichen benutzt. Man erhält also für das Auflösungsvermögen:

$$a = \frac{\lambda}{\sin u} \tag{5-20}$$

Bringt man nun zwischen Objekt und Objektiv eine sog. *Immersionsflüssigkeit* mit der Brechzahl n, so hat das Licht die Wellenlänge $\lambda' = \lambda/n$, so daß entsteht (vgl. Abb. 343)

$$a = \frac{\lambda'}{\sin u} = \frac{\lambda}{n \cdot \sin u} \tag{5-20a}$$

Dann kann also ein noch kleinerer Abstand aufgelöst werden. $n \cdot \sin u$ wird als numerische Apertur bzeichnet, wie schon in Abschn. 5.1.2 erwähnt.

Was hier für ein Gitter beschrieben wurde, läßt sich auf punkt- und scheibenförmige Objekte übertragen. Aus der veränderten Geometrie ergibt sich noch ein Zahlenfaktor, so daß man für ein normales Mikroskopbild endgültig erhält:

$$a = 1{,}22 \cdot \frac{\lambda}{n \cdot \sin u} \tag{5-20b}$$

Ergebnis: *Je größer der Öffnungswinkel u* des vom Objektiv noch zur Abbildung erfaßten Lichtbündels ist und je kleiner die zur Beobachtung benutzte Wellenlänge ist, *um so geringere Abstände a* zwischen zwei Punkten können noch aufgelöst werden.

Zu b). Neben den Beugungserscheinungen am Objekt macht sich die Beugung an der Objektivfassung geltend (bei gewöhnlichen Mikroskopen hat diese ungefähr den Durchmesser 2 mm). Diese Beugung hat zur Folge, daß ein Punkt von G nicht in einen Punkt der Ebene B_1, sondern in ein Beugungsscheibchen mit Beugungsringen abgebildet wird, ähnlich wie in Abb. 340.

Das menschliche Auge nimmt zwei benachbarte Scheibchen mit ihren Beugungsringen noch einzeln wahr, wenn das erste Beugungsminimum des einen mit dem Zentralbild (0. Ordnung) des anderen zusammenfällt (Rayleighsche Grenzbedingung). In Abb. 344 ist die Intensitätsverteilung auf einer Geraden durch die Mittelpunkte ihrer Beugungsringe wiedergegeben.

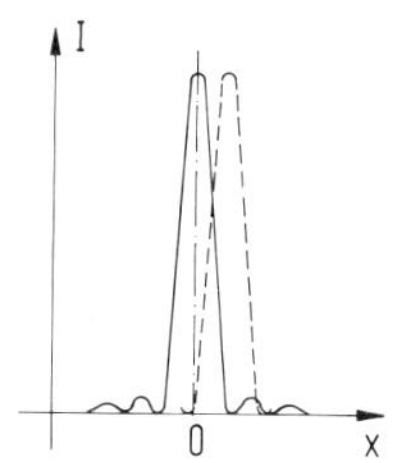

Abb. 344. Getrennte Wiedergabe zweier Beugungsbilder. Verteilung der Intensität I quer durch zwei noch getrennt erkennbare, benachbarte Beugungsscheibchen. Das Auge nimmt nur die Summe beider Intensitäten wahr.

5.3.6. Phasenkontrast-Mikroskopie

Objekte mit Phasenstruktur (dick-dünn) können mit einem Mikroskop wie Objekte mit Amplitudenstruktur (hell-dunkel) sichtbar gemacht werden, wenn man die Phase (und Amplitude) der 0. Beugungsordnung geeignet verschiebt.

Nichtabsorbierende Objekte mit unterschiedlicher Dicke d, d' oder unterschiedlicher Brechzahl n bewirken eine Phasenverschiebung $n(d - d')/\lambda$ zwischen den Teilbündeln (Phasenobjekt). Wenn man anstelle des Amplitudengitters ein Phasengitter (5.3.3) aufstellt, dann entstehen ebenfalls in der Ebene von L_1 die verschiedenen Ordnungen der Gitterbeugung.

In diese Beugungsfigur kann man auf 3 Arten eingreifen:

a) Man kann ein nichtabsorbierendes Blättchen mit bestimmter geringer Dicke (Phasenschiebeblättchen) in Abb. 342 in der Ebene BL an den Ort der 0. Ordnung bringen und dadurch deren Phase gegenüber den übrigen Ordnungen verschieben, z. B. um 90° $\hat{=}$ $\lambda/4$.

b) Man kann Phasenschiebeblättchen verwenden, die außerdem teilweise absorbieren. Dadurch wird die 0. Ordnung gegenüber den übrigen Ordnungen geschwächt und zusätzlich in der Phase verschoben.

c) Man kann mit Hilfe eines undurchsichtigen Blättchens die 0. Ordnung vollständig wegblenden.

Fall c) findet im Dunkelfeldmikroskop Anwendung; die Eingriffe nach a), b) haben die Wirkung, daß Phasenunterschiede eines Objekts G als Helligkeitsunterschiede im Bild B wiedergegeben werden.

Um optimale Helligkeitsunterschiede zu erhalten, verwendet man in der Praxis Fall b), also Phasenschiebeblättchen, die von der 0. Ordnung gleichzeitig einen Teil absorbieren und dabei die Phase um ungefähr 90° schieben. Für Demonstrationszwecke verwendet man Phasengitter, die durch den Eingriff in der Eingriffsebene als Schwarz-Weiß-Gitter im Bild wiedergegeben werden. In Mikroskopen werden dagegen punkt- und scheibenförmige Objekte beobachtet, und es wird ein ringförmiges Phasenschiebeblättchen verwendet.

Eine im durchscheinenden Licht unsichtbare Phasenstruktur kann also in eine Amplitudenstruktur verwandelt werden. Dieses Verfahren ist in der Mikroskopie biologischer Objekte wichtig, da z. B. Gewebeschnitte verschiedene optische Dicke haben ohne zu absorbieren. Man sagt dafür: Sie besitzen nur Phasenstruktur.

5.4. Polarisiertes Licht

5.4.1. Polarisation des Lichtes bei der Reflexion

F/L 3.4.6

Lichtwellen sind Transversalwellen. Linear polarisiertes Licht unterscheidet sich vom gewöhnlichen Licht durch sein Verhalten bei Streuung und Reflexion.

Die folgenden Experimente sollen zeigen, daß Licht aus Querwellen besteht und daß sich die beim elektrischen Dipol (4.5.3.4) besprochenen Gesetze über die räumliche Verteilung der Dipolstrahlung (Abb. 301, 302) bei der Streuung wiederfinden.

Läßt man ein paralleles Bündel von natürlichem Licht in vertikaler Richtung in ein Glasgefäß fallen, in dem sich eine (schwach) trübe Flüssigkeit befindet (Mastixsuspension, bestehend aus lauter kleinen Harzkügelchen mit Durchmessern kleiner als die Wellenlänge), dann wird dieses Licht nach allen Azimutwinkeln gleichmäßig gestreut, d. h. die Strahlungsleistung des gestreuten Lichtes ist unabhängig vom Azimutwinkel.

Läßt man jedoch ein Lichtbündel zuerst an einer Glasplatte reflektieren (Abb. 345a), – und zwar unter demjenigen Einfallswinkel α_p, der sich aus $\tan \alpha_p = n$ ergibt (für übliche Glassorten beträgt α_p um 55°), – und das reflektierte Bündel durch die trübe Flüssigkeit fallen (Abb. 345b), so hängt die Strahlungsintensität S des Streulichtes vom Azimutwinkel φ ab. Es ist $S \sim \sin^2 \varphi$, wenn man φ von der Einfallsebene der Reflexion an Glas zählt. Das ist dieselbe

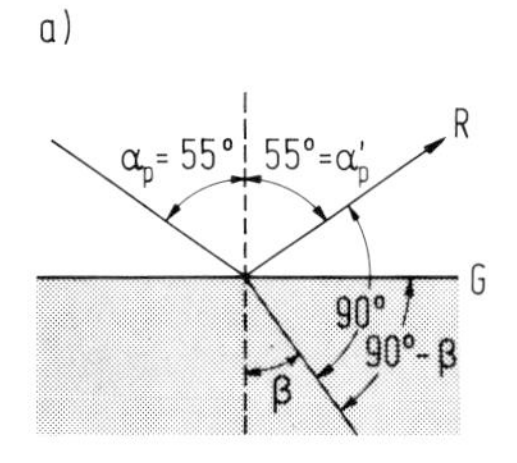

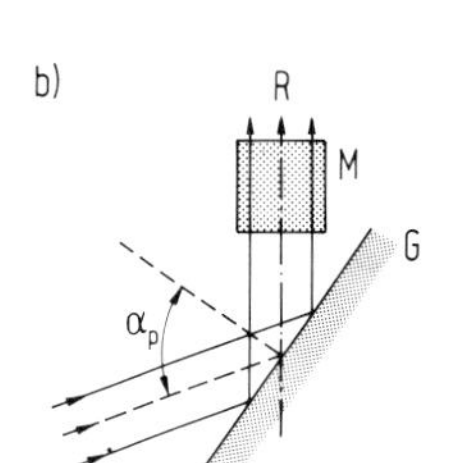

Abb. 345. Erzeugung und Nachweis von linear polarisiertem Licht.
a) Licht, das unter dem Winkel α_p (wobei tan $\alpha_p = n$) an einer Glasplatte G reflektiert wird, erweist sich als linear polarisiert. R ist der polarisierte Strahl. $\alpha_p = 55°$ gilt für $n = 1{,}43$.
b) Die Intensität des Lichtes, das unter 90° zur Strahlrichtung in der Mastixsuspension M gestreut wird, hängt vom Azimutwinkel φ ab. Um das zu sehen, dreht man die gesamte Anordnung (Drehwinkel φ) um die strichpunktierte vertikale Achse.

Linear polarisiertes Licht ist elektromagnetische Wellenstrahlung. Sie ist imstande, Elektronen in den Harzkügelchen der Suspension zu Dipolschwingungen anzuregen. Aus der Winkelverteilung des Streulichts, die der Abb. 302, S. 416 entspricht, ist die Richtung der elektrischen Feldstärke $\vec{E}$ im linear polarisierten Licht erkennbar. In nebenstehender Abb. b steht (nach der Reflexion des Lichtbündels an G) $\vec{E}$ senkrecht zur Zeichenebene (und auch senkrecht zur Richtung des Bündels) und fällt mit der z-Richtung der Abb. 302 zusammen.

Winkelverteilung wie beim schwingenden elektrischen Dipol für eine Ebene, die den Dipol enthält (Abb. 302).

Wird der Spiegel samt Lichtquelle um die strichpunktierte Achse des Streurohrs (Abb. 345b) gedreht, dann *dreht sich* die Streuverteilung *mit*.

In dem unter dem Winkel α_p reflektierten Bündel ist also eine Querrichtung ($\varphi = 0°$) im reflektierten Bündel ausgezeichnet. In ihr verschwindet die Strahlungsintensität S des Streulichtes völlig. Licht, das sich bei der Streuung so verhält, nennt man *linear polarisiert*.

Erklärung. Licht besteht aus elektromagnetischen Wellen. Die Kügelchen der Mastixsuspension werden durch sie wie Dipole zu elektrischen Schwingungen angeregt und strahlen wie Dipole (4.5.3.4). Diese Strahlung ist das Streulicht. Bei der Streuung von Licht spielen zwei Winkel eine Rolle (Abb. 346), der sog. „Streuwinkel" ϑ und das „Streuazimut" φ.

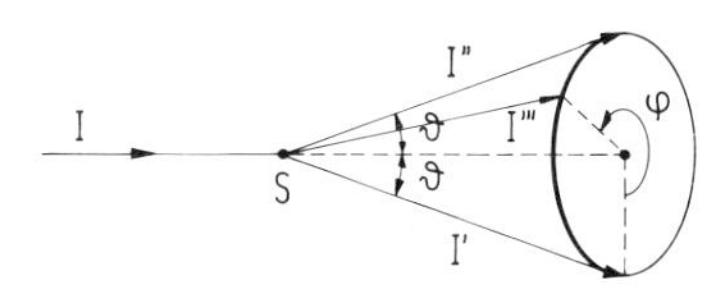

Abb. 346. Streuwinkel und Azimutwinkel. Ein einfallendes Primärbündel I wird am Streuzentrum S gestreut. Der Streuwinkel ϑ ist gleich für die gestreuten Strahlen I', I'', I''', ... Diese unterscheiden sich durch das Streuazimut $\varphi = 0°$, $\varphi = 180°$, $\varphi > 180°$, ...

Der Streuwinkel ϑ ist der Winkel zwischen Richtung des Primärbündels und Richtung des gestreuten Bündels. Das Streuazimut φ ist der Winkel, um den die aus Primärrichtung und Streurichtung gebildete Ebene um die Primärrichtung gedreht werden kann. Diese beiden Winkel spielen auch bei der Streuung von Teilchen (7.1.1) eine Rolle. Bei unpolarisiertem Licht ist die Streuintensität unabhängig vom Azimutwinkel. Dagegen wird polarisiertes Licht mit einer charakteristischen Azimutverteilung gestreut. Dasselbe gilt für einen Strahl aus polarisierten Teilchen. Wenn man findet, daß die Zahl der gestreuten Teilchen/Zeit nicht unabhängig von φ ist, so ist zu folgern: Die einfallenden Teilchen sind polarisiert. Über zirkular polarisiertes Licht vgl. unten.

Aus dem Vergleich von Abb. 302 mit der Intensitätsverteilung des Streulichtes in der Anordnung Abb. 345b kann man die Richtung der (zeitlich veränderlichen) elektrischen

Feldstärke, d. h. des elektrischen Lichtvektors E_0, in einem Bündel von linear polarisiertem Licht bestimmen. Diejenige Richtung senkrecht zur Ausbreitungsrichtung, in die *kein* Licht gestreut wird, ist die Richtung der elektrischen Feldstärke E. Die durch den elektrischen Vektor und die Fortpflanzungsrichtung des Lichtbündels festgelegte Ebene nennt man Ebene des elektrischen Vektors*). Diese Beobachtungen beweisen: Licht ist *elektromagnetische Wellenstrahlung.*

In dem unter dem Polarisationswinkel α_p reflektierten linear polarisierten Licht steht $\vec{E}$ senkrecht zur Einfallsebene, d. h. liegt in der reflektierenden Oberfläche. Der Vektor der magnetischen Feldstärke liegt senkrecht dazu, also in der Einfallsebene.

Genau dann, wenn das reflektierte Bündel auf dem gebrochenen senkrecht steht, erweist sich das reflektierte Bündel als vollkommen linear polarisiert, Abb. 345a. Das ist gleichbedeutend mit der Aussage

$$n = \tan \alpha_p \quad \text{(Brewstersches Gesetz)} \tag{5-21}$$

Begründung. Wenn $\alpha_p' + \beta = 90°$ und $\alpha_p = \alpha_p'$, dann gilt

$$n = \frac{\sin \alpha_p}{\sin \beta} = \frac{\sin \alpha_p}{\sin (90° - \alpha_p)} = \frac{\sin \alpha_p}{\cos \alpha_p} = \tan \alpha_p$$

Beispiel. Für Fensterglas mit $n = 1{,}52$ ist $\alpha_p = 56{,}7°$.
Mit Hilfe der Beziehung $\tan \alpha_p = n$ kann auch die Brechzahl n eines Stoffes gemessen werden.

Das auf die Glasplatte fallende Licht wird zum Teil reflektiert, zum Teil gebrochen (5.1.4). Wenn Licht aus der Bogenlampe auf die schräg gestellte Glasplatte fällt, dann wird es bei jedem Azimutwinkel φ mit demselben Bruchteil reflektiert; es ist daher unpolarisiert.

Läßt man linear *polarisiertes Licht,* das z. B. wie oben durch Reflexion an einer ersten Glasplatte unter dem Winkel α_p erhalten wurde, gleichfalls unter dem Winkel α_p auf eine zweite Glasplatte fallen, so wird es nur dann reflektiert, wenn der elektrische Vektor senkrecht zur Einfallsebene, d. h. parallel zur reflektierenden Oberfläche schwingt, wie in Abb. 347a dargestellt. Es wird dagegen überhaupt nicht reflektiert, wenn der Spiegel S_2 um die Achse BB gedreht wird, und zwar um den Azimutwinkel 90°. Dann schwingt der elektrische Vektor parallel zur Einfallsebene von S_2 (I. L. Malus 1808).

Aufgrund dieser Tatsache läßt sich die Richtung von $\vec{E}$ für ein linear polarisiertes Bündel leicht finden. Das Bündel fällt auf einen Glaskegel (Abb. 347b) mit dem Kegelwinkel $90° - \alpha_p$. Auf einem Schirm hinter dem Kegel sieht man die in Abb. 347b skizzierte Helligkeitsverteilung. Das Helligkeits*minimum* stimmt mit der Richtung von $\vec{E}$ im einfallenden

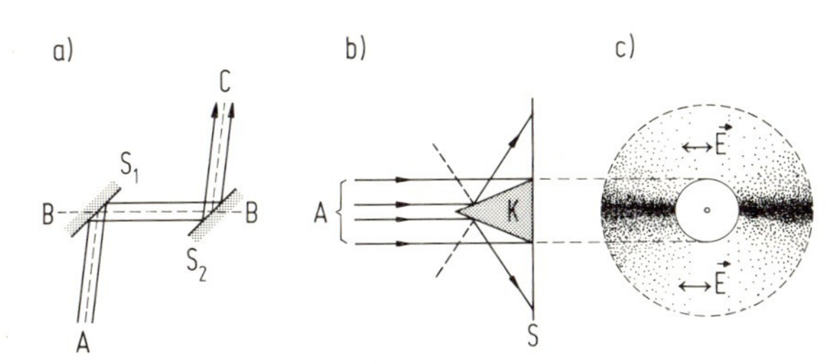

Abb. 347. Reflexion von linearpolarisiertem Licht an Glas.
a) S_1, S_2: reflektierende Glasplatten, C: an S_2 reflektiertes Bündel, BB: Achse, um die S_2 gedreht werden soll.
b) A: einfallendes Bündel, K: Glaskegel, S: Schirm
c) ungefähre Helligkeitsverteilung auf dem Schirm.

* Aus historischen Gründen wird die dazu senkrechte Ebene, in der maximale Streuung beobachtet wird (und in der der magnetische Vektor schwingt), „Polarisationsebene" genannt. Im vorliegenden Buch wird nur die Ebene des elektrischen Vektors verwendet.

Bündel überein. Ein unpolarisiertes (oder auch ein zirkular polarisiertes) einfallendes Lichtbündel ergibt auf dem Schirm gleichmäßige Helligkeit (über zirkular polarisiertes, vgl. 5.5.2).

Es gibt neben der Streuung und Reflexion auch andere Naturvorgänge, die polarisiertes Licht liefern. Sehr gebräuchlich sind technische Polarisationsfilter, die nur Licht bestimmter Schwingungsrichtung durchlassen. Sie bestehen aus einer durchsichtigen Folie, die lange, parallel ausgerichtete organische Moleküle enthält. Licht mit dem elektrischen Vektor parallel zur Längsausdehnung der Molekeln wird stark gedämpft (d. h. absorbiert). Licht mit dazu senkrechtem E geht nahezu unbeeinflußt hindurch. Solche Folien verhalten sich also ähnlich wie das Drahtgitter Abb. 307 in 4.5.3.5. Die Richtung des elektrischen Vektors des durchgelassenen Lichtes wird zweckmäßigerweise durch einen Pfeil an der Fassung bezeichnet.

Werden zwei Polarisationsfilter hintereinander in ein Lichtbündel gestellt und ihre Durchlaßrichtungen parallel zueinander gedreht, dann geht Licht hindurch (*parallele* Polarisatoren), werden sie um 90° gegeneinander gedreht, so geht kein Licht hindurch (*gekreuzte* Polarisatoren). Das erste Polarisationsfilter im Strahlengang nennt man Polarisator P, das zweite Analysator A. Ein LASER (5.3.1) sendet ein paralleles Bündel von kohärentem linear polarisiertem Licht aus.

In 4.5.3.5 wurde folgendes Experiment ausgeführt (Abb. 307): Ein Sende- und ein Empfangsdipol stehen senkrecht zueinander gerichtet einander gegenüber. Der Empfangsdipol zeigt keinen Empfang. Wird ein Gitter aus aufgespannten parallelen Drähten unter 45° zwischen Sender und Empfänger eingeschoben, so zeigt der Empfänger Strahlung an. Grund: Durch zweimalige Komponentenzerlegung geht ein Teil der Strahlung durch das Drahtnetz hindurch (4.5.3.5) und wirkt auf den Empfänger.

Licht (sichtbares und unsichtbares) läßt sich genau so zerlegen. Anstelle des Gitters mit aufgespannten Drähten tritt z. B. eine Polarisationsfolie. Ist deren Durchlaßrichtung B verschieden von A und P, so geht Licht hindurch. Der Winkel zwischen den Durchlaßrichtingen von P und B heiße φ. Genau wie in 4.5.3.5 wird auch hier von B die Komponente $E \cdot \cos\varphi$ und dann von A die Komponente $(E \cdot \cos\varphi) \cdot \cos(90° - \varphi)$, also $E \cos\varphi \cdot \sin\varphi$ hindurchgelassen. Ihr Quadrat ist proportional der Strahlungsintensität S, genauer $S = c\varepsilon_0 E \cdot E \cdot \cos^2\varphi \cdot \sin^2\varphi$.

5.4.2. Polarisieren durch Streuung

Licht, das in Richtungen genau senkrecht zur Primärstrahlrichtung gestreut worden ist, ist linear polarisiert.

Demonstration. Ein Parallelbündel von natürlichem Licht falle durch eine Küvette mit Mastixsuspension. Längs des Bündels entsteht Streulicht nach allen Richtungen. Licht, das in irgendeiner Richtung genau senkrecht zur primären Strahlrichtung gestreut worden ist, ist linear polarisiert. Das kann man experimentell leicht mit einem Polarisationsfilter nachweisen.

Dieser Befund läßt sich folgendermaßen einsehen: Der elektrische Vektor steht immer senkrecht zur Ausbreitungsrichtung. Läßt man Licht durch eine Mastixsuspension fallen, so werden die Mastixkügelchen wie Dipole senkrecht zur Ausbreitungsrichtung des Lichtes in Schwingungen versetzt. Die Dipole werden durch unpolarisiertes Licht mit allen möglichen

Schwingungsazimuten angeregt (Abb. 348). Für einen Beobachter, der von der Seite in einer Richtung senkrecht zum Primärbündel blickt (Beobachtungsrichtung unter beliebigem Azimut), liefert nur die Schwingungskomponente der Dipole senkrecht zur Blickrichtung des Beobachters einen Strahlungsbeitrag. Den größten Beitrag liefert ein Dipol || *z*. Das Licht in allen Beobachtungsrichtungen, die senkrecht zum Primärstrahl liegen, ist daher linear polarisiert, wobei der elektrische Vektor in der Ebene senkrecht zum Primärstrahl liegt.

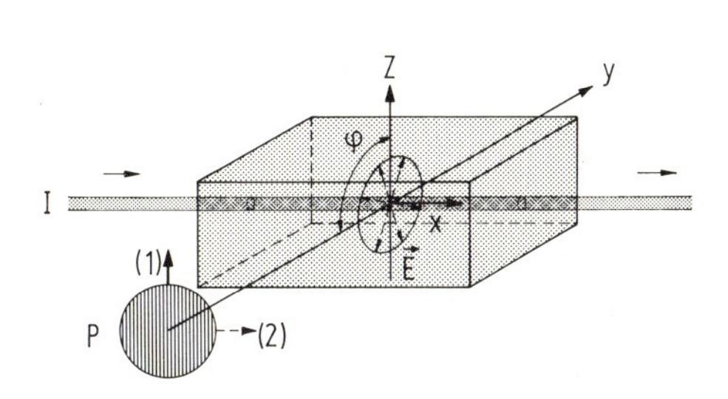

Abb. 348. Entstehung von linear polarisiertem Licht bei Streuung um 90°. Ein unpolarisiertes Primärbündel I durchsetzt eine Küvette mit Mastixsuspension. Der elektrische Vektor $\vec{E}$ am Streuort steht senkrecht auf I, kann jedoch einen beliebigen Azimutwinkel φ haben. Ein Beobachter, der in der *y*-Richtung blickt, empfängt linear polarisiertes Streulicht. Bei Stellung (1) des Polarisationsfilters P wird das Streulicht durchgelassen ($\vec{E}$ || (1)), bei Stellung (2) nicht. *Dasselbe* Ergebnis erhält der Beobachter, wenn er in der *z*-Richtung oder in einer anderen Richtung der *yz*-Ebene durch das Polarisationsfilter blickt.

Linear polarisiertes Licht *aller* Wellenlängen kann durch Streuung um 90° erhalten werden. Polarisierte Röntgenstrahlen erzeugt man stets durch Streuung, z. B. an Paraffin oder an anderen wenig absorbierenden Substanzen.

Licht wird auch in der Lufthülle der Erde gestreut. Die Ursache der Streuung sind Dichteschwankungen an den statistisch verteilten, weil in kinetischer Bewegung befindlichen (3.3.1) Molekülen der Luft. Die Strahlungsleistung des so entstehenden Streulichts ist proportional $1/\lambda^4$, wo λ die Wellenlänge des gestreuten Lichtes ist.

Beispiel. Blaues Licht (z. B. $\lambda = 450$ nm) wird fast zehnmal stärker gestreut als rotes ($\lambda = 650$ nm), denn $(650/450)^4 \approx 9{,}2$.

Der Himmel ist daher blau, und da das Himmelslicht Streulicht ist, ist es teilweise polarisiert. Maximale Polarisation erhält man in Beobachtungsrichtung unter 90° zur Sonnenrichtung entsprechend Abb. 348.

5.5. Doppelbrechung

5.5.1. Doppelbrechung in Kalkspat

Der elektrische Vektor von einfallendem linear polarisiertem Licht wird in einem doppelbrechenden Kristall in zwei Anteile zerlegt nach zwei Schwingungsebenen. Diese stehen 1) senkrecht zum einfallenden Strahl und enthalten 2) eine Richtung die sowohl kristalleigen als auch kristallfest ist. Dadurch entstehen zwei linear polarisierte Bündel, die senkrecht zu einander polarisiert sind und sich mit unterschiedlicher (Phasen-) Geschwindigkeit, nämlich c/n_1 und c/n_2 ausbreiten, wo n_1 und n_2 die beiden Brechzahlen sind.

Bei doppelbrechenden Kristallen gilt immer $n_i = c/v_i$, aber *nicht* allgemein $n = \sin\alpha/\sin\beta$.

Kalkspatprismen: Der in der Natur vorkommende Kalkspat ist rhomboedrisch kristalliertes Calciumcarbonat; er hat eine kristallographische Symmetrieachse. Aus einem solchen Kristall kann man ein Prisma so schneiden, daß die Prismenkante parallel zur kristallographischen Symmetrieachse des Kristalls liegt. Abb. 349a,b. Fällt unpolarisiertes („natürliches") Licht

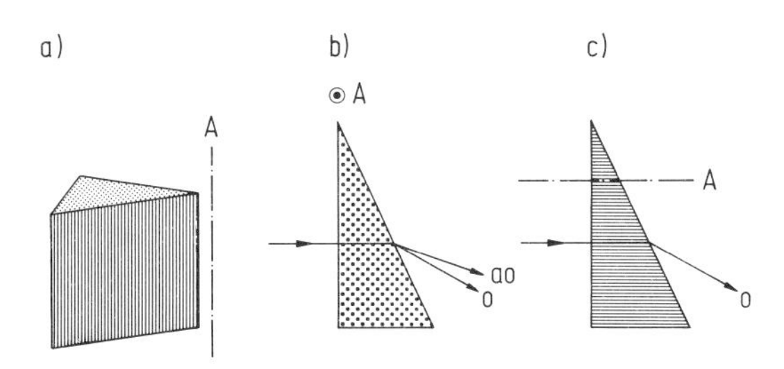

Abb. 349. Kalkspatprismen.
a und b) Prisma, bei dem die Symmetrieachse A des Kristalls mit der Prismenkante übereinstimmt;
a) perspektivisch, b) von oben: A senkrecht zur Zeichenebene, c) A parallel zur Zeichenebene. Die Symmetrie„achse" ist nur eine Richtung, d.h. eine Schar von parallelen Geraden. Bei b) und c) fällt das Licht senkrecht zur Prismenoberfläche ein.

einheitlicher Wellenlänge auf dieses Prisma (in einer Anordnung wie Abb. 328), dann beobachtet man überraschenderweise *zwei* Spaltbilder, also *zwei* gebrochene Bündel, das eine unter dem Winkel β_1, das andere unter β_2. Dem einen kommt eine Brechzahl n_1 zu, dem anderen n_2. Der Kalkspat wird daher *doppelbrechend* genannt. Wenn $n_2 - n_1$ relativ groß ist, nennt man die Substanz stark doppelbrechend, wenn $n_2 - n_1$ klein ist, schwach doppelbrechend. Mit einer Lichtquelle aus Glühlicht bekommt man zwei Spektren. Das Licht beider Bündel erweist sich jeweils als linear polarisiert, das eine parallel zur Symmetrieachse des Kristalls (hier Prismenkante), das andere senkrecht dazu. Beide Bündel haben unterschiedliche Fortpflanzungsgeschwindigkeit c/n_1 bzw. c/n_2.

Man kann linear polarisiertes Licht einfallen lassen (Polarisator vor dem Spalt oder dem Prisma), dann ist der Azimutwinkel noch wählbar. Der Azimutwinkel φ des einfallenden Lichtes ist der Winkel zwischen Prismenkante und Vektor $\vec{E}$ des einfallenden linear polarisierten Lichtes. Mit $\varphi = 0°$ tritt nur das eine, mit $\varphi = 90°$ nur das andere Bündel auf. Beim Kalkspat und $\lambda = 550$ nm ergibt sich für $\vec{E} \parallel$ Prismenkante $n_2 = 1{,}48$, für $\vec{E} \perp$ Prismenkante $n_1 = 1{,}66$. Für andere Azimutwinkel verhalten sich die Strahlungsleistungen der beiden gebrochenen Bündel wie $\cos^2 \varphi : \sin^2 \varphi$.

Schneidet man dagegen ein Prisma so aus einem Kalkspatkristall, daß die Prismenkante

1. senkrecht zur Symmetrieachse liegt, und
2. daß auch die eine Fläche des Prismas senkrecht zur Symmetrieachse liegt (vgl. Abb. 349c)

und untersucht es wie oben, dann erhält man nur *ein* gebrochenes Bündel mit $n_1 = 1{,}66$. Das Lichtbündel verläuft in diesem Fall im Innern des Kristalls in der kristallographischen Symmetrieachse. Hier erhält man also *keine* Doppelbrechung.

Kalkspatplatten verschiedener Orientierung. Der Kalkspatkristall ist leicht spaltbar. Abb. 350a, b, c zeigt ein passend aufgestelltes Spaltstück eines Kalkspatkristalls in Seitenansicht. Die strichpunktiert eingezeichnete Symmetrieachse steht vertikal. Man kann aus einem solchen Kristall auch Platten schneiden, die $\perp$A (senkrecht zur Achse), $\perp$B (senkrecht zur Spaltfläche), $\perp$S (Achse in der Fläche) aus dem Kristall herausgeschnitten sind.

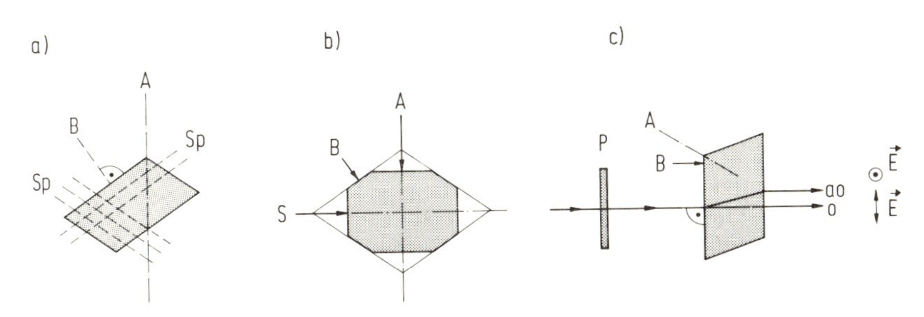

Abb. 350. Zur Doppelbrechung im Kalkspat.
a) Seitenriß einer Spaltplatte eines Kalkspatkristalls. Die Vorderfläche des Kristalls ist *nicht* parallel zur Zeichenebene. A ist die Symmetrieachse des Kristalls. Entlang den Richtungen Sp ist der Kristall leicht spaltbar.
b) Durch Anschleifen einer Spaltplatte senkrecht zu A und senkrecht zu S entsteht ein Kristall mit Begrenzungsflächen entsprechend Abb. b. Einander gegenüberliegende Flächen sind planparallel. B ist eine Senkrechte zur Spaltfläche.
c) Linear polarisiertes Licht (aus dem Polarisator P kommend) mit einem Azimut z. B. $\varphi = 45^\circ$ fällt in Richtung B auf eine Kalkspatplatte. Das Lichtbündel wird zerlegt in ein Bündel o (ordentliches Bündel; ungebrochen) und ein Bündel ao (außerordentliches Bündel; gebrochen). Der elektrische Vektor $\vec{E}$ von Bündel o liegt *in* der Zeichenebene (= Ebene BA), der von Bündel ao *senkrecht* dazu.

Ein Lichtbündel, das genau in *Richtung A* den Kristall (bzw. eine Kristallplatte) durchsetzt, erfährt *keine* Doppelbrechung. Sobald die Bündelachse von der Richtung A etwas abweicht, erfährt sie eine geringe Doppelbrechung, wobei $n_2 - n_1$ mit dem Neigungswinkel zunimmt (5.5.3).

Läßt man in *Richtung S* ein linear polarisiertes Bündel mit dem Azimutwinkel 45° einfallen, und zwar senkrecht zur Platte (Einfallswinkel $\alpha = 0^\circ$), so tritt es ,,ungebrochen", d. h. mit $\beta = 0^\circ$ in die Kristallplatte ein. Trotzdem wird es aufgespalten in zwei zueinander senkrecht schwingende Bündel, die sich in derselben Richtung, aber mit *unterschiedlicher Geschwindigkeit* ausbreiten. Weiteres über diesen Fall folgt in 5.5.2.

Ein unpolarisiertes Bündel, das in *Richtung B* (also senkrecht zur Spaltebene) unter $\alpha = 0^\circ$ einfällt, wird in zwei zueinander senkrecht polarisierte Bündel zerlegt. Dabei geht das eine Bündel mit der Geschwindigkeit $v_1 = c/n_1$ durch die Platte hindurch, und zwar *ungebrochen* ($\alpha = \beta = 0^\circ$) wie bei einer Glasplatte. Dieses Bündel nennt man das ordentliche Bündel (ordentlicher Strahl); n_1 ist die Brechzahl n_0 des ordentlichen Bündels. Das andere Bündel wird trotz des Einfallswinkels 0° gebrochen, tritt also *schräg* durch die Kristallplatte, kommt auf der anderen Seite seitlich versetzt heraus und verläuft dann parallel zum ordentlichen Bündel. Man nennt es das außerordentliche Bündel (außerordentlicher Strahl), es hat die Ausbreitungsgeschwindigkeit $v_2 = c/n_2$; dann ist n_{ao} die Brechzahl des außerordentlichen Bündels.

Man beachte, daß auch Licht, das unter 0° einfällt, in doppelbrechenden Kristallen manchmal in eine andere Richtung gebrochen wird. Das Brechungsgesetz von Snellius Gl. (5-1) gilt hier nicht allgemein, wohl aber gilt unverändert $n_1 = c/v_1$ und $n_2 = c/v_2$.

Eine aus einem Kristall schräg zur optischen Achse geschnittene, doppelbrechende Platte kann unter einem geeigneten Winkel zerschnitten und mit einem Material wieder zusammengekittet werden, dessen Brechzahl für die Richtung des einfallenden Bündels zwischen n_0 und n_{ao} des Kristalls liegt. An der Trennfläche ist dann für das eine Bündel der Grenzwinkel der totalen Reflexion bereits überschritten, für das andere noch nicht. Das hindurchgehende Licht ist daher linear polarisiert (Beispiele sind Nicolsches Prisma, Glan-Thompson-Prisma, Wollaston-Prisma). Beim Nicolschen Prisma („Nicol“) ist die kurze Diagonale die Richtung des elektrischen Vektors im durchgehenden Bündel.

Optische Achsen: Definition. Eine Richtung in einem doppelbrechenden Kristall, für die $n_1 - n_2 = 0$ ist, nennt man eine optische Achse. Sie ist eine Parallelenschar.

Es gibt doppelbrechende Kristalle mit *einer* optischen Achse, wie Kalkspat, und solche mit *zwei* optischen Achsen, die dann einen spitzen und stumpfen Winkel miteinander bilden. Einen nicht doppelbrechenden Kristall nennt man optisch isotrop; er verhält sich optisch ähnlich wie Glas oder Wasser, für ihn gilt Gl. (5-1).

Kristalle des kubischen Systems (z. B. NaCl) sind optisch *isotrop*, Kristalle des monoklinen, triklinen und rhombischen Systems sind optisch *zweiachsig* (z. B. Glimmer), die übrigen Kristalle sind optisch *einachsig* (z. B. Kalkspat, Quarz). Der isotrope Körper hat gewissermaßen unendlich viele optische Achsen.

Wichtig für die Lichtausbreitung in einem *ein*achsigen doppelbrechenden Kristall sind zwei Richtungen:

1. Die Bündelachse des Lichtbündels B,
2. die optische Achse des Kristalls A.

Diese beiden Richtungen spannen eine Ebene AB auf. Der elektrische Vektor eines linear polarisierten Bündels liegt immer senkrecht zum Bündel B, hat aber einen durch Drehen des Eingangspolarisators wählbaren Azimutwinkel. Dieser elektrische Vektor wird aufgespalten in einen Anteil in der Ebene AB und einen senkrecht dazu (Abb. 350). Diese Ebenen der Schwingungen werden im folgenden die *zulässigen Schwingungsrichtungen* genannt.

In einem *zwei*achsigen Kristall tritt für die Aufspaltung die Winkelhalbierende der beiden optischen Achsen an die Stelle von A. Auch im zweiachsigen Kristall wird das linear polarisierte Licht in zwei zueinander senkrecht schwingende Anteile zerlegt. Die beiden Anteile breiten sich mit unterschiedlichen Geschwindigkeiten c/n_1 und c/n_2 aus. Die Aufspaltung in zwei Anteile unterbleibt natürlich, wenn linear polarisiertes Licht mit dem Azimut $\varphi = 0°$ oder $\varphi = 90°$ einfällt.

Trägt man für einen *ein*achsigen Kristall von einem Punkt (als Mittelpunkt) aus in jeder Ausbreitungsrichtung die Brechzahlen des einen Bündels auf, so erhält man eine Kugel. Trägt man sie für das andere Bündel auf, so entsteht ein Rotationsellipsoid (Indexellipsoid), die mit der optischen Achse zusammenfallende Halbachse hat denselben Betrag wie der Kugelradius. Die andere Halbachse ist bei manchen Kristallen größer, bei anderen kleiner als der Kugelradius. Der Ausdruck Indexellipsoid rührt daher, daß die Brechzahl früher Brechungsindex hieß.

5.5.2. Kalkspatplatte parallel zur Symmetrieachse, zirkular polarisiertes Licht

Linear polarisiertes Licht mit dem Azimut $\varphi = +45°$, das in Richtung $\perp$S einfällt, wird in zwei Bündel mit senkrecht zueinander schwingenden Lichtvektoren zerlegt. Mit zunehmender durchstrahlter Schichtdicke entsteht zwischen ihnen zunehmender Phasenunterschied δ. Je nach dem Wert von δ tritt hinter einer Schicht elliptisch, zirkular oder linear polarisiertes Licht aus.

Man verwendet zwei Polarisatoren (als „Polarisator“ und „Analysator“). Läßt man ein paralleles Lichtbündel durch sie hindurch gehen und dreht die Azimutwinkel relativ zueinander um 90° („gekreuzte Polarisatoren"), so geht kein Licht mehr hindurch; ihre Azimutwinkel seien $\varphi = 0°$ und $\varphi = 90°$. Gegeben sei außerdem eine Platte aus einem *einachsigen* Kristall, die senkrecht zu S (vgl. Abb. 350) geschnitten ist, also parallel zur optischen Achse. Schiebt man die Kristallplatte zwischen die gekreuzten Polarisatoren ein und dreht die optische Achse der Kristallplatte parallel zum ersten *oder* zweiten Polarisator, so geht kein Licht hindurch. Das in die Kristallplatte einfallende linear polarisierte Licht mit $E\|$ (bzw. $E\perp$) ist nach dem Durchgang unverändert linear polarisiert mit $E\|$ (bzw. $E\perp$) zur Achse der Kristallplatte und wird daher vom Analysator nicht durchgelassen.

Dreht man die Kristallplatte um $\varphi = 45°$, so geht Licht durch die Anordnung hindurch. Das Licht wird nämlich im Kristall nach den beiden zulässigen Schwingungsrichtungen zerlegt. Die Intensität der beiden Bündel beträgt dann je 1/2 der Gesamtintensität. Die beiden (kohärenten) Anteile pflanzen sich in der selben Richtung, aber mit unterschiedlicher Geschwindigkeit fort. Nach Durchgang durch die Platte setzen sie sich mit einer Phasenverschiebung zusammen, die proportional der Laufweglänge und der Differenz der beiden Brechzahlen ist. Je nach der Phasenverschiebung vereinigen sich die beiden Bündel hinter der Platte zu linear, elliptisch oder zirkular polarisiertem Licht. Über die Zusammensetzung vgl. 1.3.4.7c. Abb. 351 erläutert die Zusammensetzung zweier senkrecht zueinander schwingender Lichtwellen mit Phasendifferenz 0° und 180°.

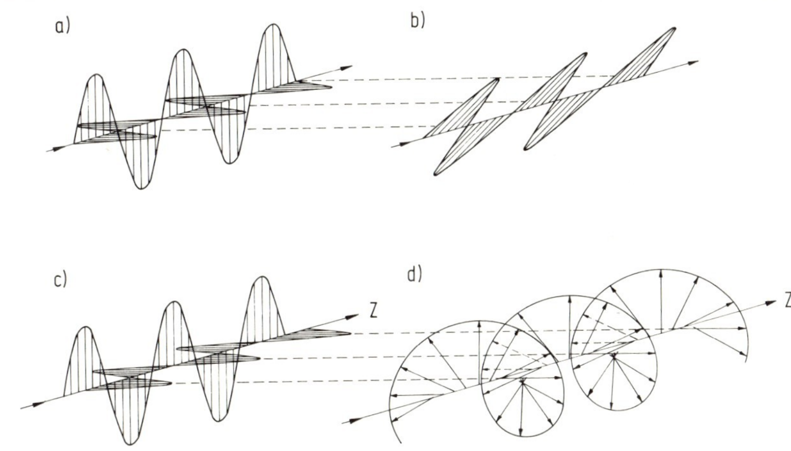

Abb. 351. Zusammensetzung zweier senkrecht zueinander schwingender Transversalwellen gleicher Amplitude (nach Pohl). Ortsverteilungen der elektrischen Feldstärke zu einem festen Zeitpunkt (Momentanbild). Linear polarisiertes Licht mit $\varphi = 45°$ fällt ein.
a) Zwei zueinander senkrecht schwingende (linear polarisierte) Lichtwellen mit Phasenverschiebung 0°.
b) Die Vektorsumme der beiden Wellen ergibt wieder eine linear polarisierte Welle mit Azimut $\varphi = 45°$.
c) Zwei Wellen, jedoch mit Phasenverschiebung 90° gegeneinander.
d) Die Vektorsumme ergibt eine zirkular polarisierte Welle (perspektivisch). Die Fußpunkte aufeinander folgender Pfeile auf der Geraden Z haben jeweils denselben Abstand voneinander.
(Nach Pohl III, S. 129, Abb. 290–293.)

Diese Beobachtungen lassen sich leicht auf einen optisch *zweiachsigen* Kristall übertragen, z. B. Glimmer. Er ist leicht spaltbar. Beide optische Achsen liegen in der Spaltebene und bilden bei Glimmer einen spitzen, sonst auch einen stumpfen Winkel miteinander. Die zulässigen Schwingungsrichtungen sind, wie erwähnt, bestimmt durch die Winkelhalbierende der optischen Achsen und senkrecht dazu, Abb. 352. Für Licht, das senkrecht auf eine Spaltplatte trifft, sind für $\lambda = 550$ nm und Glimmer die Brechzahlen $n_1 = 1{,}595$, $n_2 = 1{,}591$. Die Fortpflanzungsgeschwindigkeiten des Lichtes für beide, senkrecht zueinander stehende Schwingungsrichtungen verhalten sich also wie $1{,}591/1{,}595 = 0{,}997$, sind also um rund 1/4%

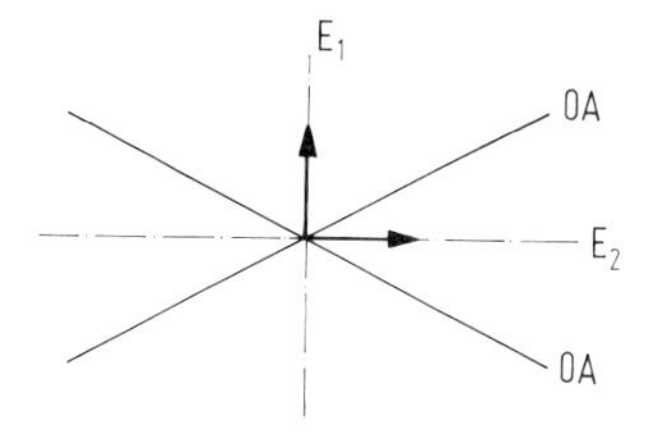

Abb. 352. Optische Achsen und zulässige Schwingungsrichtungen in Glimmer. OA: die zwei optischen Achsen. Durch die Winkelhalbierenden E_1 und E_2 werden die zulässigen Schwingungsrichtungen der elektrischen Feldstärke bestimmt.

voneinander verschieden. Nach rund 400 Wellenlängen, also nach $(550 \text{ nm}/1{,}59) \cdot 400 = 138000 \text{ nm} = 0{,}138$ mm Glimmerdicke unterscheidet sich der Laufweg der beiden Bündel gerade um eine Wellenlänge. Ein Plättchen von 1/4 der angegebenen Dicke ergibt $1/4 \cdot 2\pi$ Phasenunterschied ($\delta = 90°$, „λ/4-Plättchen"); dann wird linear polarisiertes Licht, das mit dem Azimut 45° relativ zu den zulässigen Schwingungsrichtungen einfällt, in *zirkular polarisiertes* Licht verwandelt. Durch die Anordnung geht wieder Licht hindurch. Das Bündel kann jetzt aber durch Drehen des zweiten Polarisators („Analysators") *nicht* ausgelöscht werden. Stellt man zusätzlich ein zweites λ/4-Plättchen zwischen die Polarisatoren z. B. hinter das erste λ/4-Plättchen, und zwar gleichorientiert mit dem ersten, dann entsteht dahinter linear polarisiertes Licht mit einer Polarisationsebene, die senkrecht zu derjenigen steht, die das Licht vor Eintritt in die Plättchen hatte. Das folgt aus der Tatsache, daß das durchgetretene Bündel bei Drehen des Analysators um 90° ausgelöscht wird.

Man kann zirkular polarisiertes Licht von unpolarisiertem Licht unterscheiden, indem man es durch ein λ/4-Plättchen gehen läßt. Wenn das Licht hinter diesem beim Drehen eines Analysators ausgelöscht werden kann, war es vorher zirkular polarisiert, wenn seine Intensität dabei nicht beeinflußt werden kann, war es vorher unpolarisiert.

Läßt man linear polarisiertes Licht einheitlicher Wellenlänge in ein Glimmerblatt eintreten mit dem Azimut 45° gegen beide zulässige Schwingungsrichtungen, dann haben die beiden Teilbündel gleiche Strahlungsleistung und sind beim Eintritt gleichphasig. Es gilt also $|E_x| = |E_y|$ und

$$E_x(t) = E_0 \cdot \sin \omega t \quad \text{und} \quad E_y(t) = E_0 \cdot \sin \omega t$$

Mit der Eindringtiefe nimmt der Phasenunterschied zwischen beiden zu und beträgt

$$\delta = d \cdot (n_x - n_y) \cdot \frac{2\pi}{\lambda} \tag{5-22}$$

Nachdem das Licht die Dicke d durchlaufen hat, gehören zusammen

$$E_x(t) = E_0 \cdot \sin \omega t \quad \text{und} \quad E_y(t) = E_0 \cdot \sin(\omega t + \delta) \tag{5-23}$$

Wenn E_x und E_y als Abszisse und Ordinate aufgetragen werden, erhält man einen Verlauf, wie in Abb. 30 angegeben.

Da die Strahlungsintensität $S = \gamma_{em} \cdot E \cdot H$ ist und gleichzeitig $H = \mu_0 \cdot c/\gamma_{em} \cdot E$, gilt auch $S = \varepsilon_0 \cdot E^2 \cdot c = (1/2\, \varepsilon_0 E^2 + 1/2\, \mu_0 H^2) \cdot c$

Wenn $\delta = 90°$ ist, wird $E_y(t) = E_0 \cdot \cos \omega t$.

Durch Quadrieren und Addieren erhält man

$$E_x^2(t) + E_y^2(t) = E_0^2 \qquad (5\text{-}23a)$$

also eine Kreisgleichung, d. h. der elektrische Vektor vom Betrag E_0 schwingt kreisförmig („zirkular polarisiertes Licht").

Es gibt auch *elliptisch polarisiertes* Licht. Dabei ist $E_x : E_y$ nicht 1 : 1. Der elektrische Vektor schwingt in einer Ellipse. Dann kann durch Drehen des zweiten Polarisationsfilters zwar eine Helligkeitsänderung, jedoch keine Auslöschung erreicht werden. Elliptisch polarisiertes Licht entsteht auch beim Durchgang von linear polarisiertem Licht durch ein $\lambda/4$-Plättchen ($\delta = 90°$), wenn die beiden zulässigen Schwingungsrichtungen nicht unter 45° zum elektrischen Vektor des einfallenden Lichtes gedreht sind, die beiden Anteile sich also nicht wie 1 : 1 verhalten.

Stellt man ein Plättchen mit $\delta = 180°$ ($\lambda/2$-Plättchen) zunächst so in den Strahlengang, daß eine zulässige Schwingungsrichtung mit der Richtung im Eingangspolarisator übereinstimmt, dann ist das durchgehende Licht linear polarisiert mit unveränderter Polarisationsrichtung. Dreht man 1) den Eingangspolarisator um den Winkel φ, dann dreht sich die Polarisationsebene hinter dem Plättchen um den Winkel $-\varphi$. Man überzeugt sich leicht, daß dies aus Gl. (5-23) folgt. Läßt man den Eingangspolarisator fest und dreht 2) das Plättchen um den Winkel φ, dann wird die Polarisationsrichtung hinter dem Plättchen um 2φ gedreht. Wählt man z. B. $\varphi = 45°$, dann wird also die Polarisationsebene des Lichtes um 90° gedreht. Vor und nach dieser Drehung ist das Licht kohärent. Davon wird in 5.6.4 Gebrauch gemacht.

5.5.3. Lichteinfall in Richtungen nahe der optischen Achse

Stellt man eine optisch einachsige Kristallplatte, die senkrecht zur optischen Achse geschnitten ist, zwischen gekreuzte Polarisatoren in ein konvergentes Lichtbündel, dann erhält man hinter der Anordnung auf dem Schirm eine charakteristische Interferenzerscheinung („Achsenbild").

Kalkspatplatte senkrecht zur optischen Achse. Bei Kalkspat fällt die kristallographische Symmetrieachse mit der optischen Achse, in der $n_1 - n_2 = 0$ ist, zusammen. Für eine von der optischen Achse wenig verschiedene Richtung nimmt die Differenz $n_1 - n_2$ mit dem Neigungswinkel ϑ nahezu linear zu.

Gegeben sei eine planparallele Platte eines *ein*achsigen Kristalls, die senkrecht zur Achse aus dem Kristall heraus geschnitten ist (so daß also deren optische Achse mit dem Lot auf die Platte übereinstimmt). Diese Platte soll zwischen gekreuzte Polarisatoren gestellt werden. Wenn linear polarisiertes Licht in einer von der optischen Achse verschiedenen Richtung einfällt, wird es zerlegt in eine Komponente mit $E\|$ und $E\perp$ zur Einfallsebene. Zwischen beiden Bündeln entsteht wegen der unterschiedlichen Ausbreitungsgeschwindigkeit eine Phasendifferenz δ. Diese ist proportional dem Neigungswinkel ϑ. Man läßt nun ein konvergentes Lichtbündel einfallen und erhält eine sehr charakteristische Beugungsfigur (sog. „Achsenbild", Abb. 353a und b). Ein „konvergentes" Lichtbündel enthält viele Teilbündel mit einem ganzen Bereich von ϑ-Werten. Der zu ϑ proportionale Phasenunterschied δ bestimmt den Polarisationszustand des Teilbündels nach dem Verlassen der Kristallplatte.

Mit zunehmendem Neigungswinkel folgen daher aufeinander linear, elliptisch, zirkular polarisiertes Licht usw. Diese Aufeinanderfolge entsteht hier durch Änderung des *Neigungswinkels,* während sie im vorigen Abschnitt bei Änderung der *Plattendicke* durchlaufen wurde.

Wenn man konvergentes Licht einheitlicher Wellenlänge (z. B. Rotfilterlicht) einfallen läßt, erhält man auf dem Schirm hinter dem Analysator helle und dunkle Ringe, da Teilbündel mit $\delta = (1, 2, 3, \ldots) \cdot 2\pi$ voll durchgelassen, solche mit $\delta = (1/2, 3/2, \ldots) \cdot 2\pi$ nicht durchgelassen werden (Abb. 353b).

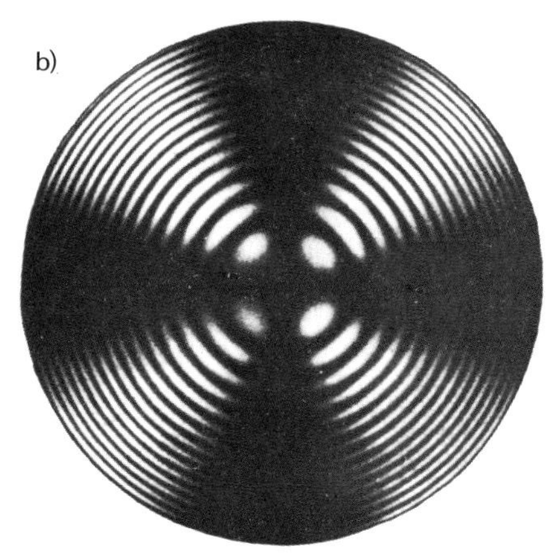

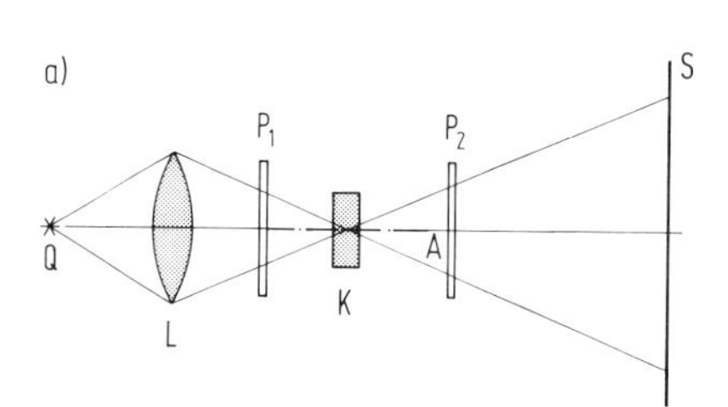

Abb. 353. Kristallplatte im konvergenten Licht zwischen gekreuzten Polarisatoren.
a) Anordnung. K: Platte eines optisch einachsigen Kristalls, A: optische Achse des Kristalls, Q: Lichtquelle, P_1, P_2: Polarisator und Analysator (gekreuzt), L: Linse, S: Schirm,
b) sog. Achsenbild auf dem Schirm S. Die aufeinander senkrechten schwarzen Bereiche entsprechen der Sperrichtungen der gekreuzten Polarisatoren P_1, P_2.

In einem optisch *zwei*achsigen Kristall (wie z. B. Glimmer) bilden die beiden optischen Achsen einen spitzen oder auch einen stumpfen Winkel. Eine Platte, die senkrecht zur Winkelhalbierenden der optischen Achsen geschnitten ist, ergibt im konvergenten Licht zwischen gekreuzten Polarisatoren ein etwas komplizierteres, aber sehr charakteristisches Achsenbild.

Es gibt auch doppelbrechende Kristalle, in denen linear polarisiertes Licht *einer* Schwingungsrichtung hindurchgelassen, das dazu senkrecht schwingende aber *absorbiert* wird (dichroitische Absorption, Beispiel Turmalin). Die in 5.4.1 eingeführten technischen Filter haben eine analoge Wirkung, obwohl sie keinen Kristall enthalten.

5.5.4. Doppelbrechung in Nichtkristallen

Durch mechanische Spannung werden nichtkristalline Stoffe doppelbrechend, viele Stoffe auch, wenn man sie in ein elektrisches Feld stellt.

a) *Spannungsdoppelbrechung.* Unterwirft man nichtkristalline Stoffe (z. B. Glas, Plexiglas) einer mechanischen Spannung, so werden sie doppelbrechend und verhalten sich wie optisch einachsige Kristalle (Spannungsdoppelbrechung). Die Richtung der mechanischen Spannung wird zur optischen Achse. Läßt man linear polarisiertes Licht mit dem Azimut 45° gegen die

Richtung der Spannung einfallen, so wird das Licht in Komponenten nach den zulässigen Schwingungsrichtungen aufgespalten. Zwischen den Komponenten entsteht dann eine Phasenverschiebung wie oben im Glimmerblatt, vgl. 5.5.2.

Der Unterschied der beiden Brechzahlen ist proportional der mechanischen Spannung, und die Phasenverschiebung wächst außerdem proportional der Schichtdicke [s. Gl. (5-22)]. Die Verteilung der mechanischen Spannung in einem durchsichtigen Körper kann durch die Spannungsdoppelbrechung sichtbar gemacht werden. Man beobachtet zwischen gekreuzten Polarisatoren (Abb. 354) und kann aus der Verteilung der hellen und dunklen Bezirke auf die örtliche Spannungsverteilung schließen. Abb. 354 zeigt einen Stab aus Plexiglas, ähnlich wie er in Abb. 87 betrachtet wurde.

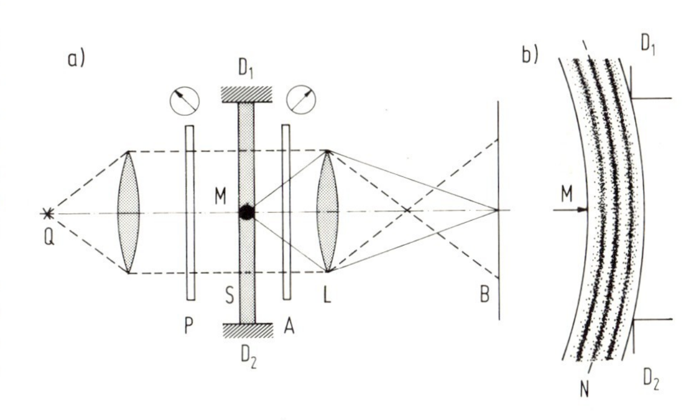

Abb. 354. Spannungsdoppelbrechung. a) Anordnung: Ein Stab S mit rechteckigem Querschnitt ist in D_1 und D_2 gelagert. Durch Druck auf die Mitte M (senkrecht zur Zeichenebene) kann er durchgebogen werden. Der Stab befindet sich zwischen gekreuzten Polarisatoren P und A (Azimut $\pm 45°$), die Linse L bildet den Stab auf den Schirm B ab. Die Lichtbündelbegrenzung ist gestrichelt gezeichnet.
b) Bild des gebogenen Stabes mit Interferenzstreifen, N: neutrale Faser. Diese ist bei Verwendung von Licht einheitlicher Wellenlänge und auch bei Verwendung von Glühlicht dunkel.

b) *Doppelbrechung im elektrischen Feld (elektrooptischer Kerr-Effekt)*. Es gibt nichtkristalline Stoffe, die im elektrischen Feld doppelbrechend werden, z. B. Nitrobenzol. Die Richtung der äußeren elektrischen Feldstärke $\vec{E}$ wird dabei zur optischen Achse. Diese Erscheinung wird elektrooptischer Kerr-Effekt genannt. Wählt man eine Anordnung mit gekreuzten Polarisatoren, wobei der erste Polarisator 45° Azimut gegen die elektrische Feldrichtung hat, so wird das linear polarisierte Licht beim Durchgang durch die Kerr-Zelle in elliptisch polarisiertes Licht verwandelt mit einer Phasenverschiebung δ proportional E und proportional der Schichtdicke d. Ein Bruchteil des elliptisch polarisierten Lichtes geht dann durch den Analysator. Mit Hilfe dieser Anordnung kann man große Lichtintensitäten schnell wechselnd steuern, indem man die elektrische Feldstärke entsprechend verändert.

5.5.5. Zirkulare Doppelbrechung, Drehung der Polarisationsebene

Es gibt Stoffe, in denen sich rechtszirkulares und linkszirkulares Licht mit verschiedenen Geschwindigkeiten ausbreitet. Solche Stoffe drehen die Polarisationsebene von linear polarisiertem Licht.

Manche Kristalle, z. B. Quarz, sind imstande, die Schwingungsebene von einfallendem linear polarisiertem Licht zu drehen, falls das Licht genau in der Symmetrieachse des Kristalls einfällt. Der Drehwinkel nimmt proportional mit der Dicke der Kristallplatte zu. Die Drehung beruht darauf, daß rechts-zirkulares Licht in diesem Kristall eine andere Ausbreitungsgeschwindigkeit hat als links-zirkulares. Stoffe, welche die Schwingungsebene von durchgehendem linear polarisiertem Licht drehen, nennt man optisch aktiv. Bei ihnen ist die Brechzahl für rechtszirkulares und linkszirkulares Licht etwas verschieden.

Beispiel. Eine senkrecht zur Achse geschnittene Quarzplatte der Dicke $d = 1$ mm dreht linear polarisiertes Licht der Wellenlänge $\lambda = 589$ nm um 21,73°, Licht der Wellenlänge $\lambda = 436$ nm um 41,55°. Es gibt rechtsdrehende und es gibt linksdrehende Quarzkristalle.

Es gibt auch nichtkristalline Stoffe, welche die Polarisationsebene drehen. Dazu gehören insbesondere Kohlenstoffverbindungen, wenn deren Molekül ein Kohlenstoffatom enthält, dessen vier chemische Valenzen vier verschiedene Atome oder Atomgruppen binden („asymmetrisches Kohlenstoffatom").

Gewisse nichtkristalline Substanzen, z. B. Glassorten, erlangen unter dem Einfluß eines magnetischen Feldes die Fähigkeit, die Polarisationsebene des Lichtes zu drehen, wenn sich das Licht in der Richtung der magnetischen Feldstärke ausbreitet. Man nennt diese Erscheinung „Faraday-Effekt". Der Drehwinkel ist proportional der Dicke und ist proportional $1/\lambda^2$, wo λ die Wellenlänge des Lichtes ist. Die Proportionalitätskonstante (Verdetsche Konstante) gibt Auskunft über gewisse elektromagnetische Eigenschaften des durchstrahlten Materials.

5.6. Optisches Verhalten von nichtabsorbierenden und absorbierenden Stoffen

5.6.1. Strahlungsleistung, Photoelemente

Licht transportiert Energie wie alle elektromagnetischen Wellen. Die Strahlungsleistung von sichtbarem und ultraviolettem Licht kann mit Hilfe von Photoelementen gemessen werden.

Elektromagnetische Wellen transportieren Energie (vgl. 4.5.3.4). Ein Körper, der Licht ausstrahlt, gibt Leistung ab. Wie erwähnt [Gl. (4-136)], beträgt die Energiestromdichte

$$S = \gamma_{em} E \cdot H = \gamma_{em} Z^{-1} \cdot E^2 = c \cdot \varepsilon_0 \cdot E^2$$

und im Medium mit der Brechzahl n und der Lichtgeschwindigkeit $v = c/n$ gilt

$$S = v \cdot \varepsilon_0 \cdot n^2 \cdot E^2 = c \cdot \varepsilon_0 \cdot n E^2$$

Die Strahlungsintensität ist also dem Quadrat der Feldstärkenamplitude proportional.

Es gibt sog. Lichtelemente (Photoelemente), die in einem geschlossenen Stromkreis einen elektrischen Strom erzeugen, sobald Licht auf sie fällt. Sie bestehen aus einem Halbleitermaterial, bedeckt mit einer noch lichtdurchlässigen aber elektrisch leitenden Deckschicht. Das älteste Beispiel eines Photoelements verwendet Cu_2O, CuO; andere Photoelemente verwenden Se oder andere Halbleiter, wie InSb usw. Die im Stromkreis des Photoelements durch den Lichteinfall ausgelöste Stromstärke kann mit einem Galvanometer gemessen werden. Sie ist proportional zu der auffallenden Strahlungsleistung (bzw. Strahlungsintensität), falls der elektrische Widerstand im Galvanometerkreis klein ist.

Beispiel. Ein Lichtbündel (Strahlungsleistung I_0), $\lambda = 546$ nm, ergebe am Galvanometer des Photoelements den Ausschlag 200 Sktl. Das unter dem Einfallswinkel $\vartheta = 0°$ an der Grenzschicht Glas/Luft reflektierte Bündel ergibt z. B. 8,4 Sktl., wird es jedoch an der Grenze Glas/Silber reflektiert, so erhält man 192 Sktl. Der Reflektionsbruchteil R beträgt im ersten Fall 4,2%, im zweiten Fall 96%.

5.6.2. Reflexion an Isolatoren, Einfluß von *n*, Phasenverschiebung *F/L 3.4.7*

Der reflektierte Bruchteil hängt vom Einfallswinkel, vom Polarisationszustand des einfallenden Lichtes und von den Brechzahlen ab. Bei der Reflexion an nichtabsorbierenden Stoffen kommt nur die Phasenverschiebung 0° und 180° vor. Bei Totalreflexion kann linear polarisiertes Licht in elliptisch polarisiertes verwandelt werden.

Wie in 5.1.4 bereits festgestellt, wird ein Bruchteil R der auf eine Isolatorfläche (Glasfläche) auffallenden Strahlungsleistung reflektiert. Dieser Bruchteil kann mit Hilfe eines Photoelements gemessen werden (Abb. 355). Beim Einfallswinkel $\alpha = 0°$ (senkrechte Inzidenz) ist:

$$R = \left(\frac{n-1}{n+1}\right)^2 = \left(\frac{E_r}{E_e}\right)^2 \tag{5-24}$$

Beispiel. Für Glas mit $n = 1{,}5$ wird z. B. $R = 0{,}04$, für Diamant mit $n = 2{,}5$ ist $R = 0{,}18$.

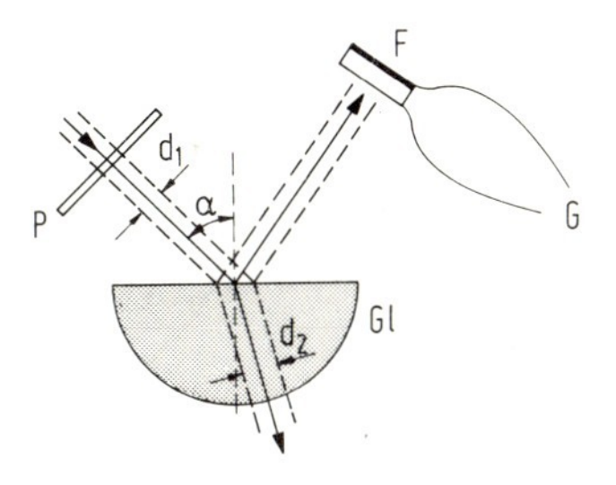

Abb. 355. Messung des reflektierten Bruchteils der Strahlungsleistung. Gl: Glaskörper, F: Fotoelement, G: zum Galvanometer, P: Polarisator, α: Einfallswinkel, d_1 : Durchmesser des einfallenden Bündels, d_2: Durchmesser des gebrochenen („durchgehenden") Bündels; elektrische Feldstärke im einfallenden Bündel E_e, im reflektierten E_r, im durchgehenden E_d.

Gl. (5-24) wird durch das Experiment bestätigt. Aufgrund der folgenden Überlegung erhält man Aussagen für alle Einfallswinkel von 0° bis 90°:

1. Einfallende Strahlungsintensität = Summe aus reflektierter und durchgelassener Strahlungsintensität.
2. Die Komponente der elektrischen Feldstärke E parallel zur Trennfläche zwischen beiden Medien hat in beiden Medien denselben Wert. Das bedeutet E tangential geht stetig von einem Medium ins andere über. Diese Stetigkeit ergibt sich aus der Tatsache, daß längs der Oberfläche keine elektrischen Ladungen verschoben werden.

In Form von Gleichungen bedeutet das:

$$S_{\text{einf}} = S_{\text{refl}} + S_{\text{durchg}} \tag{5-25}$$

$$c\,\varepsilon_0\,E_e^2 = c \cdot \varepsilon_0 \cdot E_r^2 + \frac{c}{n} \cdot n^2 \cdot \varepsilon_0 \cdot E_d^2 \tag{5-25a}$$

Man beachte: $n = \sqrt{\varepsilon_r}$, s. Gl. (4-114) in 4.4.6.3, und $\varepsilon = \varepsilon_0 \cdot \varepsilon_r$.

Kürzen mit $c\,\varepsilon_0$ und Umordnen ergibt $E_e^2 - E_r^2 = n\,E_d^2$ (5-25b)

Aus der Stetigkeitsbedingung folgt $E_e + E_r = E_d$ (5-26)

Division von Gl. (5-25b) durch Gl. (5-26) ergibt $E_e - E_r = n\,E_d$ (5-27)

Durch Addition und Subtraktion der Gl. (5-26) und Gl. (5-27) folgt

$$2\,E_e = (n+1)\,E_d$$
$$2\,E_r = E_d\,(1-n)$$

also

$$\frac{E_r}{E_e} = -\frac{n-1}{n+1} \tag{5-28}$$

und

$$\frac{E_d}{E_e} = \frac{2}{n+1} \tag{5-29}$$

Das bedeutet: Der elektrische Vektor E_r des reflektierten Bündels hat bei Reflexion am dichteren Medium, d. h. für $n > 1$ (z. B. Luft-Glas), relativ zu E_e entgegengesetztes Vorzeichen, d. h. einen Phasenunterschied von 180° gegenüber dem einfallenden Bündel, dagegen bei Reflexionen am dünneren Medium, d. h. für $n < 1$ (z. B. Glas-Luft), keinen Phasenunterschied. Für den reflektierten Bruchteil R der Strahlungsleistung unter dem Einfallswinkel $\alpha = 0$ folgt Gl. (5-24).

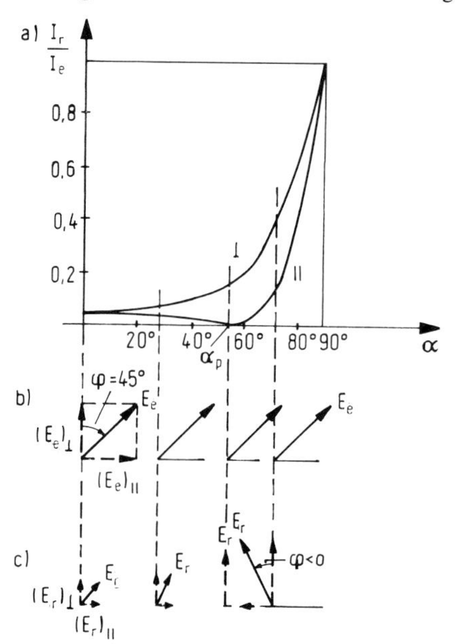

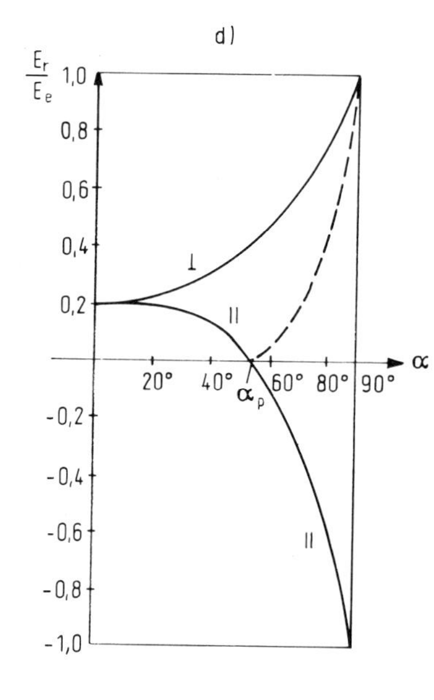

Abb. 356. Reflektierter Bruchteil an der Grenze Luft/Glas, Phasensprung.
a) I_r/I_e: reflektierter *Intensitäts*bruchteil (gemessen mit Photoelement). I ist proportional E^2. Die Zeichen $||$ und $\perp$ beziehen sich auf die Lage von $\vec{E}$ relativ zur Einfallsebene.
b) Man läßt linear polarisiertes Licht mit dem Azimut 45° einfallen, dann haben die Komponenten $(E_e)_{||}$ und $(E_e)_\perp$ gleichen Betrag.
c) Für $\alpha = 0$ bis $\alpha = \alpha_p$ geht das Azimut von E_r von 45° bis 0°, für $\alpha > \alpha_p$ bekommt es negative Werte. Die Komponente von E_r parallel zur Reflexionsebene kehrt ihr Vorzeichen um (Phasenverschiebung 180°).
d) E_r/E_e: reflektierter *Amplituden*bruchteil, zwischen α_p und 90° nach unten ausgezogen wegen Phasenverschiebung um 180°.

Bisher wurde Einfallswinkel $\alpha = 0°$ vorausgesetzt. Für andere Winkel hängt der reflektierte Bruchteil R der Strahlungsleistung nicht nur vom *Einfallwinkel* α ab, sondern außerdem in charakteristischer Weise davon, ob der elektrische Vektor des Lichtes *parallel* oder *senkrecht* zur Einfallsebene schwingt.

Abb. 356 zeigt den an der Grenzfläche Luft-Glas reflektierten Bruchteil der Leistung des einfallenden linear polarisierten Lichtes für die beiden Stellungen des elektrischen Vektors im Lichtbündel in Abhängigkeit vom Einfallswinkel nach experimentellen Untersuchungen. An dem in 5.4.1 schon erwähnten Polarisationswinkel α_p wird für Licht mit $\vec{E} \parallel$ Einfallsebene überhaupt kein Licht reflektiert.

Die gemessenen Kurven lassen sich berechnen, indem man bei Gl. (5-25) noch die Breite d_1 und d_2 des Bündels vor und nach der Brechung (Abb. 355) berücksichtigt („Fresnelsche Formel").

Läßt man linear polarisiertes Licht in umgekehrter Richtung auf die Grenzfläche Glas-Luft treffen, also von der Glasseite her, so beobachtet man eine ähnliche Abhängigkeit des reflektierten Bruchteils R vom Einfallswinkel, jedoch ist der ganze Kurvenverlauf auf den Bereich zwischen 0° und α_T (Grenzwinkel der Totalreflexion) zusammengeschoben (Abb. 357). Für $\alpha > \alpha_T$ wird das Licht 100%ig reflektiert, also „total".

Phasenbeziehungen. Läßt man linear polarisiertes Licht mit einem Azimut +45° von der Luftseite her auf die Grenzfläche *Luft–Glas* einfallen, dann bleibt linear polarisiertes Licht auch

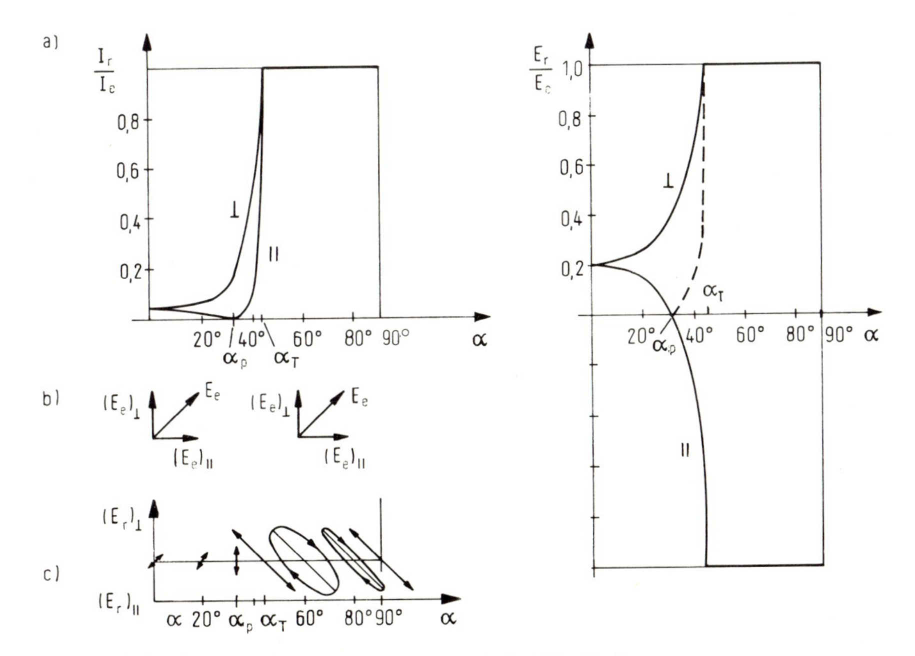

Abb. 357. Reflektierter Bruchteil an der Grenzfläche Glas/Luft.
a) und b) wie bei Abb. 356.
c) Für $\alpha > \alpha_T$ entsteht eine von 0° und 180° verschiedene Phasenverschiebung (elliptisch polarisiertes Licht)
d) wie bei Abb. 356.

nach der Reflexion linear polarisiert, jedoch hat es einen anderen Azimutwinkel, weil die Anteile des elektrischen Vektors ($E||$ und $E\perp$ zur Einfallsebene) zu einem unterschiedlichen Bruchteil reflektiert werden. Für Einfallswinkel kleiner als α_p liegt der Azimutwinkel des reflektierten Lichtes zwischen $+45°$ und $0°$, bei Einfallswinkeln größer als α_p dagegen zwischen $0°$ und $-45°$. *Daraus* erkennt man, daß für Reflexionswinkel größer als α_p eine Phasenverschiebung von 180° zwischen E|| und E⊥ eintritt. Für Reflexionswinkel kleiner als α_p dagegen nicht.

Läßt man linear polarisiertes Licht (wieder mit dem Azimutwinkel $+45°$) jetzt aber von der Glasseite her auf die Grenzfläche *Glas–Luft* einfallen, so ergeben sich für Einfallswinkel kleiner als α_T dieselben Phasenbeziehungen zwischen $E||$ und $E\perp$ wie bei der Reflexion an der Grenze Luft–Glas. Auch hier tritt ein Phasensprung 180° oberhalb α_p im Bereich bis α_T ein. Oberhalb α_T beobachtet man etwas Neues: Nach der Totalreflexion ist das Licht *elliptisch polarisiert*. Zwischen $E||$ und $E\perp$ entsteht ein Phasensprung, der von 0° und 180° verschieden ist und vom Einfallswinkel sowie von der Brechzahl des Glases abhängt. Durch zweimalige Totalreflexion unter einem geeigneten Einfallswinkel (und bei Verwendung üblicher Glassorten) erhält man zirkular polarisiertes Licht. Linear polarisiertes Licht, das mit den Azimuten 0° oder 90° einfällt, *bleibt* dagegen stets unverändert linear polarisiert auch nach Totalreflexion, weil in diesem Fall keine Zerlegung nach $E||$ und $E\perp$ stattfinden kann.

Die Phasenverschiebung zwischen $(E||)_{\text{refl}}$ und $(E||)_{\text{einf}}$ soll mit $\delta_{||}$ bezeichnet werden, die zwischen $(E\perp)_{\text{refl}}$ und $(E\perp)_{\text{einf}}$ mit $\delta_\perp$, die Differenz der beiden Phasenverschiebungen mit $\delta' = \delta_{||} - \delta_\perp$. In Abb. 358 sind diese Phasenverschiebungen in Abhängigkeit vom Einfallswinkel aufgetragen.

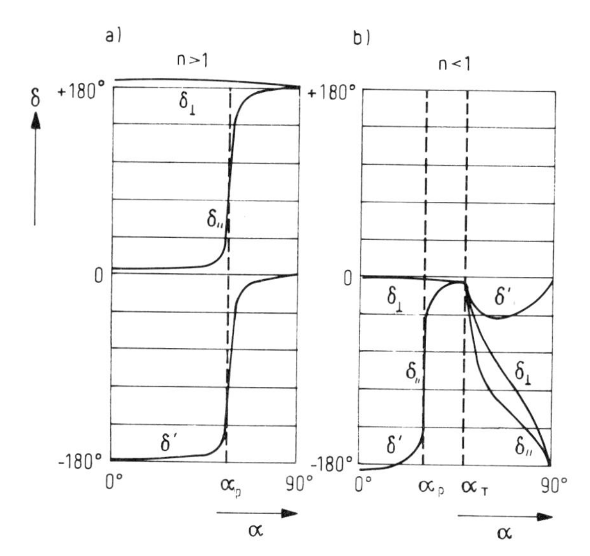

Abb. 358. Phasenverschiebung bei der Reflexion an Isolatoren.
a) $n > 1$: Reflexion an der Grenze Luft-Glas,
b) $n < 1$: Reflexion an der Grenze Glas-Luft.
α: Einfallswinkel = Reflexionswinkel, δ: Phasenverschiebung (vgl. Text) nach W. Voigt, Göttinger Nachrichten, Math.-Phys. Klasse, 1902, Heft 4, S. 259.

5.6.3. Absorption von Licht, Absorptionskoeffizient *k*

Fällt Licht der Wellenlänge λ auf eine absorbierende Substanz, so nimmt die eindringende Strahlungsleistung I_0 mit der Eindringtiefe d nach der Beziehung $I = I_0 \cdot e^{-Kd}$ ab. Man führt $k = (1/4\pi) \cdot \lambda \cdot K$ ein.

Die in eine absorbierende Schicht eindringende Strahlungsleistung nimmt mit der Eindringungstiefe x ab, und zwar proportional der jeweils vorhandenen Strahlungsleistung und der Zunahme der Eindringtiefe; als Formel lautet das

$$dI = -K \cdot I \cdot dx \tag{5-30}$$

Die Proportionalitätskonstante K heißt Absorptionskonstante. Aus Gl. (5-30) folgt:

$$\int_{I_0}^{I} \frac{dI}{I} = -\int_0^d K \cdot dx$$

oder

$$I = I_0 \cdot e^{-Kd} \tag{5-31}$$

Definition. $w = 1/K$ heißt mittlere Eindringtiefe des Lichtes. Man nennt die Absorption stark, wenn $w \leqslant \lambda$ ist, schwach, wenn $w > \lambda$ ist.

Die Erfahrung zeigt: Stark absorbierende Substanzen (z. B. Metallspiegel) reflektieren stark. Je größer die Absorptionskonstante, um so größer der reflektierte Bruchteil. I_0 in Gl. (5-31) ist also nur der in die Grenzfläche eindringende Teil der auffallenden Strahlungsleistung, also auffallender minus reflektierter Teil. Stark absorbierend heißt also nicht, daß ein großer Bruchteil des *aufffallenden* Lichtes absorbiert wird, sondern nur des *eindringenden* Lichtes.

Definition. $$k = \frac{1}{4\pi} \cdot \frac{\lambda}{w} = \frac{1}{4\pi} \cdot \lambda \cdot K \tag{5-32}$$

nennt man den Absorptionskoeffizienten.

Auch in absorbierenden Substanzen (mit $k \neq 0$) hat das Licht nach Eintritt eine andere Fortpflanzungsgeschwindigkeit und daher andere Wellenlänge als vor dem Eintritt. Deshalb hat auch eine absorbierende Substanz eine charakteristische Brechzahl n. Für eine absorbierende Substanz sind n und k die charakteristischen optischen Konstanten. Man setzt $k = n\varkappa$ und führt auf diese Weise den sog. Absorptionsindex $\varkappa$ ein. Dies hat den Sinn, eine Kenngröße zu haben, die mit $\lambda' = \lambda/n$ verglichen werden kann.

Bei stark absorbierenden Stoffen ist K bzw. k mit Hilfe von Gl. (5-31) nur sehr schwer meßbar. Ein besseres Meßverfahren wird in 5.6.6 angegeben.

Meßergebnisse für einige schwach und stark absorbierende Stoffe sind in Tab. 40 für die Wellenlänge $\lambda = 546$ nm zusammengestellt:

Tabelle 40. Optische Kenngrößen absorbierender Stoffe.

Stoff	K	$w = 1/K$	w/λ	k	n
„schwarzes Glas“	10 mm^{-1}	0,1 mm	180	$0{,}44 \cdot 10^{-3}$	1,5
Pech	140 mm^{-1}	$7 \cdot 10^{-3}$ mm	13	$6 \cdot 10^{-3}$	
Graphit	20000 mm^{-1}	$0{,}05 \cdot 10^{-3}$ mm	0,11	0,72	
Silber	71000 mm^{-1}	$0{,}013 \cdot 10^{-3}$ mm	0,024	3,3	0,11
Gold	83000 mm^{-1}	$0{,}012 \cdot 10^{-3}$ mm	0,022	3,6	0,59

Es stellt sich heraus: Schwach absorbierende Stoffe sind häufig elektrische Isolatoren, Stoffe mit hoher elektrischer Leitfähigkeit dagegen absorbieren stark. Das elektrische Leitvermögen macht sich durch eine hohe Absorptionskonstante k geltend, denn durch die elektrische Feldstärke im elektromagnetischen Feld der Lichtwellen werden die Leitfähigkeitselektronen in Bewegung gesetzt und geben kinetische Energie an das Kristallgitter ab.

5.6.4. Phasendifferenz δ, Interferenz mit Amplitudenausgleich

Interferenzen von Teilwellen mit unterschiedlichen Amplituden werden gut beobachtbar, wenn man polarisiertes Licht verwendet und die Teilwelle, die größere Amplitude hat, durch Hilfsmittel der Polarisationsoptik abschwächt. Zu Phasenmessungen ist der Dreispalt besonders geeignet.

Es gibt Fälle, in denen in einer Interferenzanordnung zwei kohärente Bündel mit wesentlich verschiedenen Amplituden zusammentreffen und ein Interferenzfeld bilden. Dieser Fall tritt z. B. auf, wenn in einer Doppelspaltanordnung 5.3.3, Fall 2c die beiden Bündel hinter C an einer Glasplatte reflektiert werden, und zwar das eine an einer versilberten Stelle der Glasplatte, das andere an einer unversilberten (vgl. Abb. 338b). Dann ist Bedingung a in 5.3.1 nicht erfüllt. Man kann die beiden Bündel aber (am Bildort B) auf gleiche Amplitude bringen, ohne dabei ihre Phasendifferenz zu verändern, wenn man bei A von linear polarisiertem Licht ausgeht, dieses bei C in zwei zueinander senkrecht polarisierte Bündel verwandelt und vor B eine Analysatorfolie einschaltet und sie geeignet dreht, bis nämlich beide Bündel auf gleiche Amplitude gebracht sind. Dann ist die Phasenverschiebung beider Bündel (z. B. mit Hilfe der Verschiebung von Interferenzstreifen) meßbar.

Besonders günstig für solche Phasenmessungen ist jedoch eine Anordnung mit *drei* Spalten in gleichem Abstand und mit gleicher Spaltbreite am Ort C, Abb. 359. Eine Interferenzfigur, mit der man gut messen kann, erhält man jedoch nur dann, wenn die drei Spalte im Verhältnis 1 : 2 : 1 zum Interferenzbild beitragen, wenn also ebenso viel Licht vom mittleren

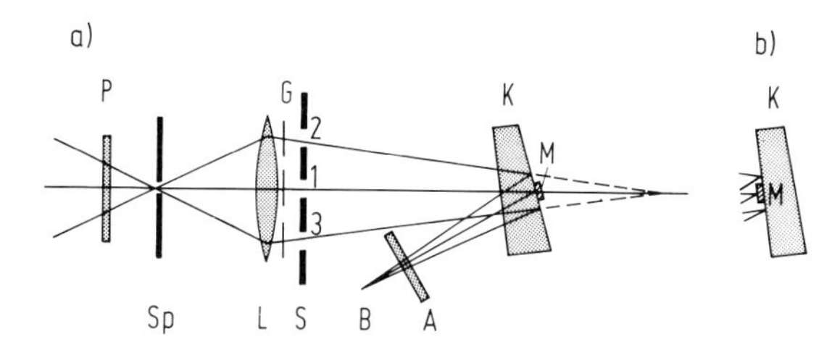

Abb. 359. Dreispalt-Interferometer mit Amplitudenausgleich. Linear polarisiertes Licht durchsetzt den Eingangsspalt Sp, eine Abbildungslinse L entwirft davon ein Bild B, zu dem nur Licht beiträgt, das durch die Spalte 1, 2, 3 geht und die gleichdicken $\lambda/2$-Glimmerblättchen G durchsetzt. Zwei davon (2, 3) sind so orientiert, daß sie die Polarisationsebene nicht beeinflussen. Das dritte (1) ist dagegen um $\varphi = 45°$ gedreht, so daß die Polarisationsebene um 90° gedreht wird.

a) M ist z. B. eine dünne Metallschicht, A eine Polarisationsfolie. K ist eine Glasplatte als Träger für M, sie ist keilförmig, damit das an ihrer Vorderseite reflektierte Licht (nicht gezeichnet) nicht nach B gelangt. Die Aufgabe besteht darin, die Phasenverschiebung zwischen den an M und den an der Glasrückseite reflektierten Bündeln 2 + 3 zu messen.

b) Zur Schichtdickenbestimmung von M wird die Messung wiederholt mit umgedrehter Platte K. Die Schichtdicke von M verursacht eine Phasenverschiebung (vgl. dazu 5.6.6).

Spalt herrührt, wie von den beiden äußeren zusammen. Um das zu erreichen, setzt man vor (oder hinter) jeden der drei Spalte je ein ($\lambda/2$)-Glimmerblättchen (exakt gleicher Dicke). Dasjenige vor dem Mittelspalt (1) hat seine zulässige Schwingungsrichtung (vgl. Abb. 352) unter 0° zu E_1, die beiden vor (2) und (3) unter 45° zu E_1; dann ist der letzte Absatz von 5.5.2 anwendbar. Der Polarisator P vor A wird um den Winkel φ gegen E_1 gedreht und φ wird so gewählt, daß $\tan\varphi = 0{,}5 = 1:2$ ist ($\varphi \approx 26{,}5°$; $90° - \varphi \approx 63{,}5°$). Dann trägt (1) ebenso viel zur Amplitude bei, wie (2) und (3) zusammen. Zwischen (1) und (2) + (3) herrscht am genauen Bildort B die Phasenverschiebung $\delta = 0°$. Verschiebt man die Beobachtungsebene B etwas nach vorn oder hinten in Strahlrichtung, dann herrschen an diesen Orten Phasenverschiebungen zwischen (1) und (2) + (3) von 0° bis ± 180° und darüber (Begründung im Kleindruck unten). Das Interferenzbild ändert dabei sein Aussehen auffällig. Abb. 360 a, b, c zeigt das. Man beobachtet die ziemlich eng liegenden Streifen des Interferenzbildes durch ein Okular direkt hinter B. Wenn (siehe unten) die Bildebene B infolge der Phasenverschiebung verschoben wird, muß das Okular entsprechend verschoben werden.

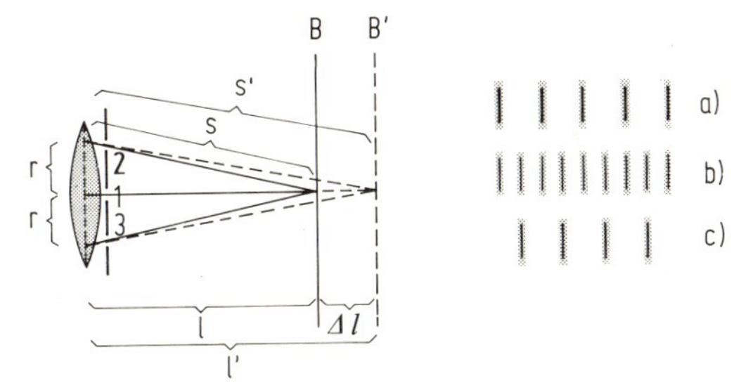

Abb. 360. Messung der Phase mit dem Dreispalt-Interferometer. Bei einer Phasenverschiebung $\delta = 0°$ zwischen 1 und (2 + 3) entsteht (schematisch) die Interferenzfigur a), bei $\delta = 90°$ entsteht b), bei $\delta = 180°$ entsteht c). Der Phasenunterschied δ kann durch Verschieben der Beobachtungsebene verändert werden. Man beginnt mit einer solchen Stellung der Beobachtungsebene, daß bei Reflexion aller drei Bündel an Glas das Streifenbild b) entsteht.

Man verschiebt B wieder, bis das Interferenzbild wie Abb. 360b hergestellt ist. Aus der dazu notwendigen Verschiebung von B um Δl gegenüber der Bezugseinstellung ergibt sich die gesuchte Phasenverschiebung.

Man kann das aus Abb. 360 einsehen. Beim Verschieben von B geht l in $l' = l + \Delta l$ über und s in s'. Wenn sich dabei $l' - l$ von $s' - s$ um $\lambda/2$ unterscheidet, dann bedeutet das eine Phasenverschiebung zwischen (1) und (2) + (3) um $\delta = 180°$ oder $\varepsilon = 0{,}5$, wenn man einführt $\varepsilon = \delta/360° \cdot \lambda$. Durch geometrische Überlegungen und näherungsweises Ausrechnen ergibt sich $\varepsilon \approx 1/2 \cdot (\Delta l/\lambda)\,(D^2/l^2)$.

Beispiel. Man kann einen Dreispalt verwenden mit Abstand der Spaltmitten $D = 2{,}7$ mm (Spaltbreite 1 mm). Als Abbildungslinse verwendet man ein gut korrigiertes Photoobjektiv (z. B. Tessar, Öffnungsverhältnis 1 : 4,5, $f = 21$ cm). Der Abstand vom Dreispalt bis zur Bildebene B (bzw. zum Okular) kann dann etwa 95 cm betragen. Bei $\lambda = 546$ nm muß die Bildebene B (bzw. das Okular) um $\Delta l = 7$ cm verschoben werden, damit man $\delta = 180°$ oder $\varepsilon = 0{,}5$ erhält. Man rechnet leicht nach, daß tatsächlich

$$\varepsilon \approx \frac{1}{2}\,\frac{7 \cdot 10^{-2}\,\mathrm{m}}{0{,}546 \cdot 10^{-6}\,\mathrm{m}}\left(\frac{2{,}7 \cdot 10^{-3}\,\mathrm{m}}{0{,}95\,\mathrm{m}}\right)^2 \approx 0{,}5$$

folgt.

Messung. Bei $\lambda = 546$ nm ergibt sich experimentell mit einer Trägerglasplatte mit $n = 1{,}58$ für die Grenze Glas–Silber $\varepsilon = 0{,}367$ bei Messung nach Abb. 359a.

Dieser Wert und $R = 0{,}92$ aus 5.6.2 werden in 5.6.4 für die Bestimmung der optischen Konstanten n und k von Silber herangezogen.

5.6.5. Reflexion an absorbierenden Stoffen

Bei absorbierenden Stoffen ist der reflektierte Bruchteil viel größer als bei nicht absorbierenden.

An der Grenze zweier *nicht*absorbierender Substanzen mit den Brechzahlen n_1 und n_2 wird ein kleiner Bruchteil R des einfallenden Lichtbündels reflektiert (z. B. an der Grenze Luft/Glas beim Einfallswinkel $\alpha = 0°$ rund 4% (vgl. 5.6.4)). Dabei hat das reflektierte Bündel gegenüber dem einfallenden entweder die Phasenverschiebung $\delta_r = 0°$ oder $\delta_r = 180°$.

Bei der Reflexion von Licht an *stark* absorbierenden Stoffen dagegen ist der Reflexionsbruchteil R viel größer, und die Phasenverschiebung δ_r liegt zwischen 0° und 180°.

Interessant sind folgende Fälle, die für den Einfallswinkel $\alpha = 0°$ gelten:

a) $R = (n_1 - 1)^2/(n_1 + 1)^2$ gilt, wenn ein nicht absorbierender Stoff (z. B. Glas) an den materiefreien Raum grenzt, vgl. 5.6.2, Gl. (5-24). Es gibt nur $\delta_r = 0°$ oder 180° (vgl. 5.6.2, Abb. 356).

b) $$R = \frac{(n_1 - n_2)^2 + k^2}{(n_1 + n_2)^2 + k^2} \tag{5-33}$$

gilt, wenn ein absorbierendes Medium (optische Konstanten n_1, k) an ein nichtabsorbierendes (optische Konstanten n_2, $k = 0$) grenzt. Für die Phasenverschiebung δ_r gilt dann

$$\tan \delta_r = \frac{2\, n_1\, k}{n_1^2 - n_2^2 - k^2} \tag{5-33a}$$

c) Wenn ein absorbierendes Medium an den materiefreien Raum grenzt, ist in den Formeln unter b) lediglich $n_2 = 1$ zu setzen.

Beispiel. Bei Metallen ist für $\lambda > 2\,\mu$m die Absorptionskonstante k so groß, daß mehr als 95% der einfallenden Strahlungsleistung reflektiert wird.

Winkelabhängigkeit des reflektierten Bruchteils für absorbierende Stoffe. Bei $k \neq 0$ und anderen Einfallswinkeln als $\alpha = 0°$ muß wieder der Fall $\vec{E}\|$ und $\vec{E}\perp$ unterschieden werden. R hängt in ähnlicher Weise vom Winkel ab wie bei der Reflexion an Isolatoren (Abb. 356), jedoch tritt im Fall $E\|$ nur ein mäßig ausgeprägtes Minimum auf. Abb. 361 zeigt in Abhängigkeit

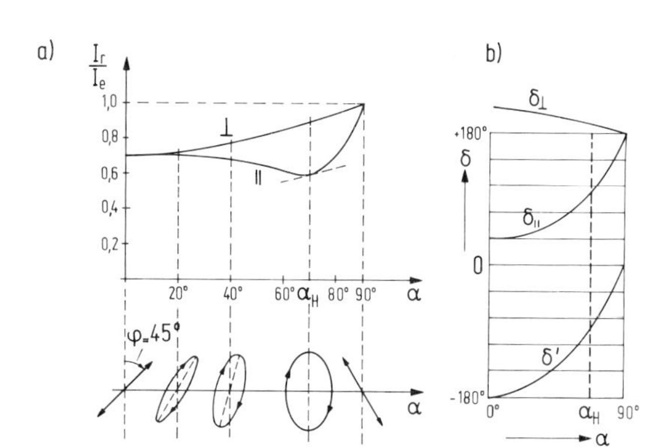

Abb. 361. Reflektierter Bruchteil und Phasenverschiebung bei der Reflexion von Licht an Metall.
a) Reflektierter Intensitätsbruchteil I_r/I_e in Abhängigkeit des Reflexionswinkels. Darunter gezeichnet ist die Polarisation des reflektierten Lichtes, wenn linear polarisiertes Licht mit Azimut $\varphi = 45°$ einfällt.
b) Phasenverschiebungen $\delta_\perp$, $\delta_{||}$, $\delta' = \delta_{||} - \delta_\perp$.

vom Einfallswinkel α den an der Grenzfläche Luft/Metall reflektierten Bruchteil R der Strahlungsleistung des einfallenden linear polarisierten Lichtes für die beiden Stellungen des elektrischen Vektors. Die bei der Reflexion auftretenden Phasenverschiebungen sind schon in 5.6.2 (Abb. 358) angegeben.

5.6.6. *n*- und *k*-Bestimmung aus A_r und δ_r, Dicke dünner Schichten

Aus der Phasenverschiebung δ_r bei der Reflexion und dem Reflexionsbruchteil R (beide für 0° Einfallswinkel) kann man die optischen Konstanten n und k bestimmen.

Die unten stehende Gl. (5-35) gibt an, wie man n und k aus R und δ_r bei Lichteinfall unter $\alpha = 0°$ erhält. Der Reflexionsbruchteil R wird nach 5.6.1 gemessen, die Phasenverschiebung nach 5.6.4.

Wie in 5.6.3 erwähnt, hat ein absorbierender Stoff außer einer Absorptionskonstante k auch eine Brechzahl $n = c/v$. Es erweist sich als zweckmäßig, die Brechzahl n und die Absorptionskonstante k zu einer sog. komplexen Brechzahl $\mathfrak{n} = n - \mathrm{i}k$ zusammenzufassen. Ebenso kann man die Reflexionsamplitude $\sqrt{R} = S_r = E_r/E_e$ und die Phasenverschiebung δ_r zu einer komplexen Reflexionsamplitude $A_r = S_r \cdot \mathrm{e}^{\mathrm{i}\delta_r}$ zusammenfassen. Zwischen $\mathfrak{n}$ und A_r bestehen einfache Zusammenhänge.

Ohne nähere Begründung sei mitgeteilt: Für absorbierende (und nichtabsorbierende) Stoffe gilt für den Einfallswinkel $\alpha = 0°$:

$$A_r = S_r \cdot \mathrm{e}^{\mathrm{i}\delta_r} = \frac{\mathfrak{n}_1 - \mathfrak{n}_2}{\mathfrak{n}_1 + \mathfrak{n}_2} \tag{5-34}$$

Umordnen ergibt

$$\frac{1 - A_r}{1 + A_r} = \frac{1 - S_r \mathrm{e}^{\mathrm{i}\delta_r}}{1 + S_r \mathrm{e}^{\mathrm{i}\delta_r}} = \frac{\mathfrak{n}_2}{\mathfrak{n}_1} \tag{5-34a}$$

Erweitert man links mit $1 + S_r \cdot \mathrm{e}^{-\mathrm{i}\delta_r}$, berücksichtigt $\mathrm{e}^{\mathrm{i}\delta_r} = \cos\delta_r + \mathrm{i}\sin\delta_r$ und faßt reelle und imaginäre Glieder zusammen, dann entsteht unter Spezialisieren auf $\mathfrak{n}_1 = n_1 - \mathrm{i}k$ und $\mathfrak{n}_2 = n_2$ schließlich

$$n_1 - \mathrm{i}k = \left(n_2 \frac{1 - S_r^2}{1 + 2\,S_r \cdot \cos\delta_r + S_r^2}\right) - \mathrm{i}\left(n_2 \cdot \frac{2\,S_r \cdot \sin\delta_r}{1 + 2\,S_r \cdot \cos\delta_r + S_r^2}\right) \tag{5-35}$$

Beispiel. Setzt man für Silber und $\lambda = 546$ nm die angegebenen Werte $R = S_r^2 = 0{,}961$, also $S_r = 0{,}98$, ferner $\delta_r = 0{,}367$ und für die Trägerglasplatte $n_1 = 1{,}58$ ein, so ergibt sich $n_2 = 0{,}11$, $k = 3{,}3$. Die Brechzahl von Silber und anderen stark absorbierenden Stoffen kann < 1 sein, wie in 5.6.3 erwähnt und in 5.6.7 besprochen.

Früher suchte man zur Bestimmung von n und k denjenigen Einfallswinkel α_H auf („Haupteinfallswinkel"), bei dem die Phasenverschiebung $\delta' = \delta_{\parallel} - \delta_{\perp} = 90°$ ist. Dieses Meßverfahren (von Drude), das erste, das n und k lieferte, wird durch Oberflächenschichten, vor allem wegen des schrägen Einfalls (z. B. $\alpha_H = 70°$), sehr gestört und liefert nur bei äußerster Reinheit der Oberfläche befriedigende Ergebnisse.

Bestimmung der Schichtdicke dünner Schichten. Wenn man die Platte Abb. 359a umdreht und nach Abb. 359b die Phasenverschiebung zwischen den Bündeln mißt, erhält man einen anderen Wert der Phasenverschiebung. Dies hat zwei Ursachen:

1. Jetzt geht die Phasenverschiebung δ_r' (Metall-Vakuum) ein; sie läßt sich aus der bereits gemessenen Phasenverschiebung δ_r (Metall–Glas) und der Brechzahl des Glases leicht berechnen.

2. Die Dicke d der Schicht bewirkt einen Wegunterschied $2d$ zwischen den Bündeln. Bei der Messung nach Abb. 359b geht also die Phasenverschiebung $\delta_r' + (2d/\lambda) + 0{,}5$ ein, denn das an der Grenze Luft–Glas reflektierte Bündel erfährt gemäß 5.6.2 einen zusätzlichen Phasensprung von 180°, entsprechend $\varepsilon = 0{,}5$.

Die Dicke dünner, stark absorbierender Schichten (z. B. aufgedampfter Metallschichten) von der Größenordnung $d \gtrsim \lambda$ läßt sich daher in sehr bequemer Weise messen. Solche Schichten kommen meßtechnisch häufig vor, da ja eine stark absorbierende Schicht (z. B. aus Gold oder Silber) der Dicke $0{,}05 \cdot \lambda$ eindringendes sichtbares oder ultrarotes Licht bereits vollständig absorbiert.

Dieses Meßverfahren wird durch Oberflächenschichten (aus Korrosion oder Adsorption) wenig beeinflußt, weil man mit Licht beobachten kann, das nahezu senkrecht zur Oberfläche einfällt.

5.6.7. Absorption und Dispersion, $n(\lambda)$ und $k(\lambda)$

Viele Stoffe besitzen charakteristische Frequenzen, bei denen Licht sehr stark absorbiert wird. In der Umgebung solcher Resonanzen hängt die Brechzahl in charakteristischer Weise von der Wellenlänge ab.

Untersucht man den Absorptionskoeffizienten k in Abhängigkeit von der Wellenlänge, so findet man bei manchen Stoffen in der Nähe bestimmter, charakteristischer Wellenlängen λ_i und in einem eng dazu benachbarten Wellenlängenbereich (vgl. Abb. 362) ein starkes Ansteigen von k. Als Beispiel sind n und k für festes NaCl (Einkristall) für $1\ \mu m < \lambda < 1$ mm angegeben.

Auch bei einem Gas, wie Na-Dampf, kann man in der Nähe einer Eigenfrequenz n (und k) untersuchen.

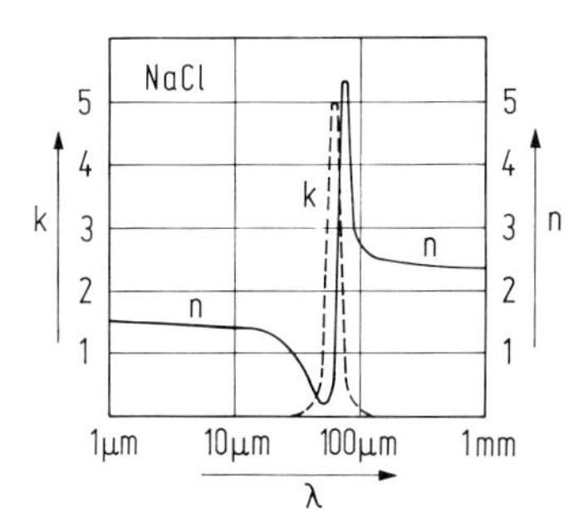

Abb. 362. Verlauf des Absorptionskoeffizienten k und der Brechzahl n in der Nähe einer optischen Eigenfrequenz. Absorptionskoeffizient k (gestrichelt) und Brechzahl n (ausgezogen) von NaCl in Abhängigkeit von der Wellenlänge λ (im Ultraroten). Für große Wellenlängen nähert sich n dem Wert 2,4. Andererseits hat NaCl die relative Dielektrizitätskonstante $\varepsilon_r = 5{,}8$. Es gilt also $n = \sqrt{\varepsilon_r}$.

Bestimmt man in einem solchen Bereich starker Absorption die Brechzahl n in Abhängigkeit von der Wellenlänge, so findet man (von kleinen Wellenlängen herkommend) erst eine Abnahme, dann einen sprungartigen Anstieg und schließlich wieder ein Abfallen, Abb. 363. Daraus kann man schließen: Natriumdampf hat $n \approx 1$ für alle Wellenlängen des sichtbaren Bereichs, ausgenommen für $\lambda = 0{,}589\ \mu m$ und Umgebung. Für $\lambda < 0{,}589\ \mu m$ ist $n < 1$, für $\lambda > 0{,}589\ \mu m$ ist dagegen $n > 1$. Die genaue Untersuchung ergibt eine Abhängigkeit der Brechzahl von der Wellenlänge wie in Abb. 363b dargestellt.

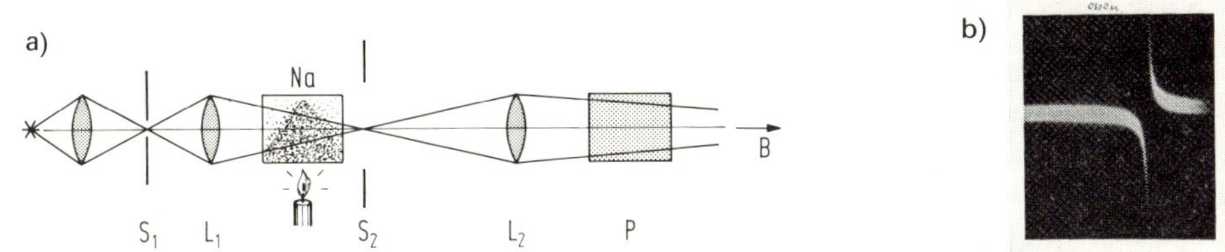

Abb. 363. Untersuchung der Brechzahl von Natriumdampf für Wellenlängen nahe $\lambda = 0{,}589$ nm.
a) Versuchsanordnung; S_1: horizontaler Spalt, S_2: vertikaler Spalt, P: gradsichtiges Prisma, Na: Na-Dampf-„Prisma" (Na-Dampf mit nach oben abnehmender Dichte bei Anwesenheit von nichtreagierendem Gas.
b) Bild auf dem Schirm B, die Abweichung des Lichtbandes nach unten bzw. oben entspricht der Änderung der Brechzahl im Natriumdampf von $n < 1$ auf $n > 1$. Das Lichtband ist infolge der starken Absorption bei λ_i unterbrochen. Der Brechzahlverlauf in der Nähe einer Eigenfrequenz ist ähnlich wie bei der in Abb. 362. Na-Dampf hat jedoch zwei eng benachbarte Eigenfrequenzen (in b) nicht aufgelöst.

Dieses Ergebnis kann man mit der im folgenden beschriebenen Anordnung erhalten:

Ein horizontaler, mit Glühlicht beleuchteter Spalt S_1 wird mit einer Linse L_1 auf einen vertikalen Spalt S_2 abgebildet und dieser mit einer Linse L_2 auf einen Schirm (vgl. Abb. 363a). Ein gradsichtiges Prisma zwischen L_2 und Schirm erzeugt ein Spektrum mit horizontal nebeneinander angeordneten Wellenlängen. Bringt man nun noch ein Natriumdampfprisma zwischen L_1 und S_2 in den Strahlengang (Prismenkante horizontal), so findet man im Spektrum auf dem Schirm eine Stelle ($\lambda \approx 0{,}589\ \mu$m), wo das Licht vom Natriumdampfprisma bei kleineren Wellenlängen nach unten, bei größeren nach oben abgelenkt wird, im übrigen ist das Spektrum unverändert. (In der Anordnung Abb. 363a wird durch eine zwischengeschaltete Linsenabbildung auf dem Bildschirm oben und unten vertauscht.)

Ein Natriumdampfprisma erhält man, indem man Natrium am Boden eines schwach gashaltigen Gefäßes unten heizt und das Gefäß oben kühlt. Unten verdampft Natrium und hat dort einen relativ hohen Partialdruck, oben ist infolge der Kondensation an der Wand der Partialdruck klein. Insgesamt erhält man eine Natriumdampfwolke, deren Dichteverteilung auf das Licht nahezu dieselbe Wirkung ausübt wie ein Prisma.

Erklärung. Natriumatome enthalten viele schwingungsfähige Elektronen mit einer charakteristischen Eigenfrequenz. Durch Licht mit beliebiger Frequenz werden sie zu erzwungenen Schwingungen angeregt, deren Amplitude von der Dämpfung und vom Frequenzunterschied zwischen Anregungsfrequenz und Eigenfrequenz abhängt (vgl. Abb. 122). Außerdem ist die erzwungene Schwingung gegenüber der anregenden phasenverschoben. Diese phasenverschobene Welle überlagert sich der ursprünglichen Welle. Die Brechzahl ist – wie betont – das Verhältnis zweier *Phasen*geschwindigkeiten und kann Werte unter 1, im Sonderfall sogar 0 annehmen. Die Phasengeschwindigkeit periodischer Wellen, nachdem bereits ein stationärer Ausbreitungszustand eingetreten ist, kann $> c$ sein. Sie hat für die Ausbreitung eines Wellenpulses jedoch keine unmittelbare Bedeutung. Der erste Vorläufer eines solchen Wellenpulses oder der Beginn einer periodischen Welle, der „Wellenkopf", pflanzt sich höchstens mit der Geschwindigkeit c fort. Seine Fortpflanzungsgeschwindigkeit heißt „Signalgeschwindigkeit".

Definition. Ein Bereich von $n(\lambda)$ mit $\mathrm{d}n/\mathrm{d}\lambda < 0$ wird ein Bereich *normaler* Dispersion, ein Bereich mit $\mathrm{d}n/\mathrm{d}\lambda > 0$ wird ein Bereich *anomaler* Dispersion genannt.

Die meisten Stoffe besitzen mehrere Eigenfrequenzen ν_i. Dann hängt die Brechzahl n von mehreren solchen Resonanzen ab. Ist ν die Frequenz des eingestrahlten Lichtes, so gilt:

$$\frac{n^2 - 1}{n^2 + 2} = \text{const} \cdot \sum_i \frac{b_i}{\nu_i^2 - \nu^2} \tag{5-36}$$

Die Konstanten b_i werden manchmal Oszillatorenstärken genannt und hängen mit der Zahl der Elektronen pro Molekül zusammen, die an der i-ten Eigenschwingung beteiligt sind.

Mit wachsender Wellenlänge nähert sich die Brechzahl, wie schon in 4.4.6.3 besprochen und in Abb. 362 gezeigt, dem Wert

$$n = \sqrt{\varepsilon_r} \tag{4-114a}$$

wo ε_r die statische Dielektrizitätskonstante ist.

Für sehr kleine Wellenlängen ($\lambda \approx 10^{-10}$ m, d. h. Röntgenlicht) wird die Brechzahl $n \approx 1$. In diesem Fall ist die Frequenz des Lichtes $\nu \gg \nu_i$, die Amplitude der erzwungenen Schwingung ist praktisch 0 (vgl. Abb. 122). Die Phasengeschwindigkeit v des Lichts wird deshalb nicht verändert, d. h. $n = c/v \approx 1$. Die genauere Untersuchung zeigt, daß n etwas kleiner ist als 1. Aus

$$R = \left(\frac{n-1}{n+1}\right)^2 \text{ und } n \approx 1 \text{ folgt,}$$

daß Röntgenlicht viele Grenzflächen praktisch ohne Reflexionsverluste durchdringen kann.

Substanzen mit Eigenfrequenz ν_i absorbieren Licht dieser Frequenz sehr stark. Nun entspricht hoher Absorptionskoeffizient stets hohem Reflexionsvermögen (vgl. 5.6.5), daher kann man auf Grund dieser Tatsache enge (ultrarote) Spektralbereiche aussondern. Dazu wird ein Lichtbündel mehrfach an Platten aus einem geeigneten Material reflektiert. Nur Licht mit $\nu \approx \nu_i$ ist dann in dem mehrfach reflektierten Licht enthalten („Reststrahlen").

5.7. Temperaturstrahlung eines schwarzen Körpers (Hohlraumstrahlung)

F/L 3.4.8 u. 3.4.9

Bei einem absolut schwarzen Körper hängt die emittierte Strahlungsleistung je Wellenlängenbereich nur von der Wellenlänge und von der absoluten Temperatur des Körpers ab. Wenn ein Körper für eine bestimmte Wellenlänge vom auffallenden Licht nur den Bruchteil A (z. B. 20%) absorbiert, also nicht absolut schwarz ist, dann emittiert er für die gleiche Wellenlänge auch nur den Bruchteil A der Strahlung eines schwarzen Körpers (z. B. 20%).

Ein heißer (schwarzer oder nicht schwarzer) Körper sendet elektromagnetische Strahlung mit den verschiedensten Wellenlängen vom fernen Ultrarot und bei hocherhitzten Körpern bis zum Ultraviolett aus. Wenn sichtbares Licht darin enthalten ist, sagt man, der Körper glüht.

Wenn Licht auf die Oberfläche eines absorbierenden Körpers fällt, dringt ein Bruchteil A in den Körper ein und wird in ihm absorbiert, während der Bruchteil $1 - A$ reflektiert wird.

Definition. Absorbierte Strahlungsleistung/einfallende Strahlungsleistung heißt Absorptionsvermögen A. Ein Körper, bei dem $A = 1$ ($= 100\%$) ist – und zwar für alle Wellenlängen – heißt ein vollkommen schwarzer Körper.

Die einzige bekannte Realisierung eines vollkommen schwarzen Körpers ist ein *Hohlraum* mit einer kleinen Öffnung. In einem solchen wird ein einfallendes Lichtbündel schließlich vollständig absorbiert, obwohl beim Auftreffen des Bündels auf eine innere Oberfläche jeweils nur ein Bruchteil absorbiert und ein Bruchteil reflektiert wird (Begründung: $\lim_{n\to\infty} (1 - A)^n = 0$).

Die von einem absolut schwarzen Körper ausgesandte Strahlungsleistung je Wellenlängenbereich hängt nur von der Wellenlänge λ und der absoluten Temperatur T des Körpers, sowie von universellen Konstanten ab.

Bemerkung. Der absorbierte Bruchteil A ist also etwas ganz anderes als die Absorptionskonstante K oder der Absorptionskoeffizient k von 5.6.3.

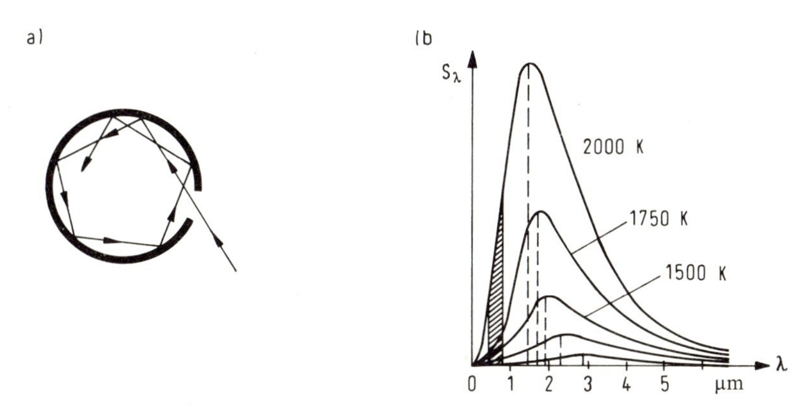

Abb. 364. Strahlung eines schwarzen Körpers (Hohlraumstrahlung).
a) Hohlraum mit kleiner Öffnung als Realisierung eines schwarzen Körpers.
b) Wellenlängenabhängigkeit der Strahlungsleistung eines schwarzen Körpers für verschiedene Temperaturen. Der Wellenlängenbereich des sichtbaren Lichtes ist schraffiert.

Es gelten 3 wichtige Zusammenhänge:

1. Die Frequenzabhängigkeit der „spektralen Strahlungsdichte" S_ν eines schwarzen Körpers (d.h. Energie pro Zeit und Fläche im Frequenzbereich zwischen ν und $\nu + \mathrm{d}\nu$) in den Raumwinkel 1 hängt allein von der thermodynamischen Temperatur T ab. Sie genügt der Beziehung („Plancksches Strahlungsgesetz")

$$S_\nu \mathrm{d}\nu = \frac{2h\nu^3}{c^2}\left\{\left(\exp\frac{h\nu}{kT}\right)-1\right\}^{-1}\mathrm{d}\nu \tag{5-37}$$

oder wegen $\nu = c/\lambda$ und daher $\mathrm{d}\nu = -(c/\lambda^2)\,\mathrm{d}\lambda$ im Bereich zwischen λ und $\lambda + \mathrm{d}\lambda$

$$S_\lambda \mathrm{d}\lambda = \frac{2hc^2}{\lambda^5}\left\{\left(\exp\frac{hc}{\lambda kT}\right)\quad\right\}^{-1}\mathrm{d}\lambda \tag{5-37a}$$

2. Die Wellenlänge λ_m des Maximums von S_λ (vgl. Abb. 364b) ist umgekehrt proportional zur thermodynamischen Temperatur T, und zwar gilt das „Wiensche Verschiebungsgesetz":

$$\lambda_\mathrm{m} = \frac{2880\ \mu\mathrm{m}\cdot\mathrm{K}}{T} \tag{5-38}$$

Es sei darauf hingewiesen, daß die Kurven in Abb. 364b sich nirgends überschneiden: Bei jeder Wellenlänge steigt die Strahlungsleistung bei Erhöhung der Temperatur. Qualitativ spricht das Wiensche Verschiebungsgesetz auch aus, daß ein Körper beim Erhitzen zunächst rot, dann gelb, dann weißglühend wird.

Beispiel. Die Sonne hat eine spektrale Verteilung mit einem Maximum bei $\lambda = 480$ nm entsprechend einer Oberflächentemperatur $T \approx 6000$ K.

3. Man kann sich für die Gesamtstrahlungsintensität interessieren, d. h. für die Flächendichte der Strahlungsleistung integriert über alle Wellenlängen. Dann ergibt sich aus dem Flächeninhalt der Kurve von Abb. 364b für die Gesamtstrahlungsintensität S_{total} das „Stefan-Boltzmannsche Gesetz“

$$S_{\text{total}} = \int S_\lambda \, \mathrm{d}\lambda = \sigma \cdot T^4 \tag{5-39}$$

mit

$$\sigma = 5{,}67 \cdot 10^{-8} \, \frac{\mathrm{W}}{\mathrm{m}^2 \, \mathrm{K}^2}$$

Beispiel: Von der Sonne (Radius $0{,}69 \cdot 10^9$ m, Entfernung $150 \cdot 10^9$ m, Oberflächentemperatur 6000 K) gelangen zur Erde (an der Grenze der Atmosphäre) fortwährend 1400 W/m² in größenordnungsmäßiger Übereinstimmung mit (5-39).

Strahlung eines nichtschwarzen Körpers. Ein Körper, der für irgendeinen Wellenbereich nur den Bruchteil A der auffallenden Strahlung absorbiert (und den Bruchteil $1 - A$ reflektiert), emittiert auch nur den Bruchteil A der Strahlung, die ein schwarzer Körper in diesem Wellenbereich emittieren würde. Qualitativ sieht man das aus dem in Abb. 365a beschriebenen

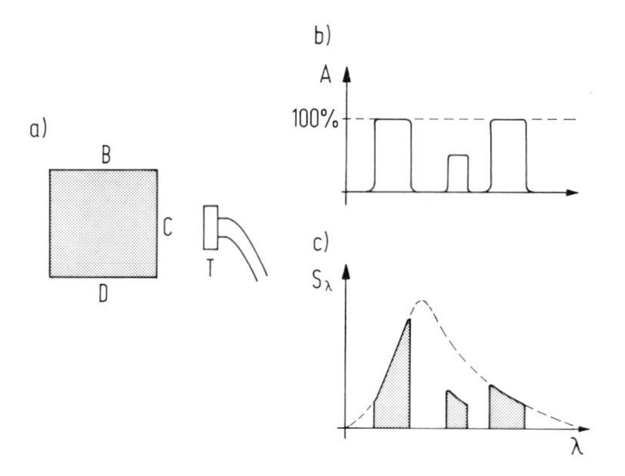

Abb. 365. Strahlung eines nicht schwarzen Körpers. Ein Messingwürfel mit einer polierten Seitenfläche B, einer weißen Fläche C und einer schwarzen Fläche D steht einer Thermosäule T gegenüber. Wird der Würfel mit heißem Wasser gefüllt, so strahlen die Seitenflächen C und D fast wie ein schwarzer Körper, die polierte Fläche B (zu 80% reflektierend) strahlt jedoch nur 20% der „schwarzen Strahlung“ ab. Die im sichtbaren Licht „weiße“ Fläche C ist im Ultraroten auch „schwarz“.
Ein nicht schwarzer Körper mit einem wellenlängenabhängigen Absorptionsvermögen $A(\lambda)$ (wie z. B. in b) (schematisch!)) emittiert nur $A(\lambda) \cdot S_\lambda$, wie z. B. in c).

Experiment. Um zu einer quantitativen Aussage zu gelangen, denkt man sich zwei Oberflächen, die sich auf gleicher Temperatur befinden, einander gegenüber gestellt. Oberfläche 1 strahlt in Richtung 2 bei der Wellenlänge λ ihre eigene Strahlungsleistung $W_1(\lambda)$, außerdem reflektiert sie von der Strahlung $W_2(\lambda)$, die von 2 herkommt, den Bruchteil $W_2(\lambda) \cdot (1 - A_1(\lambda))$. Oberfläche 2 strahlt in Richtung 1 bei der Wellenlänge λ ihre eigene Strahlungsleistung $W_2(\lambda)$, außerdem reflektiert sie von der Strahlung $W_1(\lambda)$, die von 1 herkommt, den Bruchteil $W_1(\lambda) \cdot (1 - A_2(\lambda))$. Im Gleichgewichtsfall müssen die Strahlungsleistung von $1 \to 2$ und die von $2 \to 1$ einander gleich sein. Also ist

$$W_1(\lambda) + W_2(\lambda) \cdot (1 - A_1(\lambda)) = W_2(\lambda) + W_1(\lambda) \cdot (1 - A_2(\lambda))$$

oder

$$\frac{W_1(\lambda)}{A_1(\lambda)} = \frac{W_2(\lambda)}{A_2(\lambda)} \tag{5-40}$$

Sei Oberfläche 1 vollkommen schwarz, d. h. $A_1 = 1$ für alle λ, dann folgt

$$W_2(\lambda) = A_2(\lambda) \cdot W(\lambda)_{\text{schwarz}} \tag{5-41}$$

Das heißt in Worten: Die Strahlungsleistung eines nichtschwarzen Körpers mit dem Absorptionsvermögen $A_2(\lambda)$ beträgt bei jeder Wellenlänge nur den jeweiligen Bruchteil $A_2(\lambda)$ der Strahlungsleistung eines schwarzen Körpers bei dieser Wellenlänge.

Der schwarze Körper hat also eine Sonderstellung. Wenn man die Verteilungsfunktion der emittierten Strahlungsleistung für den schwarzen Körper kennt, kann man für jeden anderen Körper, dessen Absorptionsvermögen $A(\lambda)$ als Funktion der Wellenlänge gemessen ist, die Verteilungsfunktion der Strahlungsleistung angeben (Abb. 365b und c). Man kann experimentell zeigen, daß Gl. (5-41) tatsächlich erfüllt ist.

Beispiel. Zusammensetzung der Strahlung der Bogenlampe. Mit einer Bogenlampe wird ein Spalt beleuchtet und dieser mit Linse und Prisma auf einen Wandschirm abgebildet (wie in Abb. 328). Es entsteht ein Spektrum. Dessen Verteilung der Strahlungsleistung läßt sich mit einer Strahlungsthermometersäule mit geschwärzter Oberfläche und Galvanometer messen. Die Thermosäule wird durch das Spektrum geschoben. Jenseits von Rot beobachtet man einen kräftigen Ausschlag (ultrarotes Licht). Die Verteilung der Strahlungsleistung auf die einzelnen Wellenlängen entspricht qualitativ der eines schwarzen Körpers.

Beispiel. Quarzglas bei 800 °C (1 072 K) absorbiert kein sichtbares Licht und sendet bei dieser Temperatur kein solches aus. Dagegen sendet eine flächenmäßig begrenzte Metallschicht auf diesem Quarz auch sichtbares Licht aus (glühender Körper).

Natriumdampf absorbiert im Sichtbaren nur die gelbe Natriumlinie. Er sendet auch nur diese aus, und zwar mit einer Strahlungsleistung, die nach oben hin durch das Plancksche Strahlungsgesetz begrenzt wird.

Zwei schwarze Körper mit gleicher Temperatur haben für *alle* Wellenlängen dieselbe Strahlungsleistung. Es genügt also, lediglich einen beliebigen engen Wellenlängenbereich (sichtbares Licht, z. B. Rotlicht) zu beobachten, um daraus auf die Temperatur des Körpers schließen zu können. Pyrometer arbeiten nach diesem Prinzip. Im Blickfeld eines solchen Instruments befindet sich vor dem Bild der zu untersuchenden glühenden Fläche ein elektrisch geheiztes Metallband. Der Heizstrom wird so einreguliert, daß Band und Fläche gleich hell erscheinen, das Band sich also nicht mehr von der Fläche abhebt. Da das Vergleichsband und auch der Körper, dessen Temperatur gemessen werden soll, nicht absolut schwarz sind, muß man dafür Korrektionen anbringen. Darauf kann hier nicht eingegangen werden.

Man muß beachten, daß ein Körper, z. B. einer von Zimmertemperatur, auch von seiner Umgebung Strahlung erhält. Hat die Umgebung die Temperatur T_0, dann wird aus $S = \sigma \cdot T^4$ die abgegebene Strahlungsleistung je Fläche

$$S = \sigma (T^4 - T_0^4) \tag{5-39a}$$

5.8. Wahrnehmung des Lichtes mit dem Auge

5.8.1. Helligkeitsempfindung

Mit Hilfe der Helligkeitsempfindung des menschlichen Auges kann Lichtquellen durch Vergleich mit einer festgelegten Normalquelle eine „Lichtstärke“ zugeordnet werden.

Man kann sich für die Helligkeits*empfindung* des menschlichen Auges interessieren. Nur ein äußerst kleiner Bruchteil aus dem gesamten Spektrum der elektromagnetischen Strahlung ruft im Auge eine „Helligkeitsempfindung“ hervor.

Lichtquellen, welche bei gleichem Abstand zum Auge die gleiche Helligkeits*empfindung* hervorrufen, wird die gleiche *„Lichtstärke“* zugeschrieben.

Die Einheit der Lichtstärke wird durch eine international vereinbarte Lichtquelle festgelegt und eine Candela (kurz cd) genannt. Als Normallichtquelle dient ein schwarzer Hohlraum mit einer Öffnung von $(1/62)\ \mathrm{cm}^2$ und einer Temperatur von 1 770 °C (Schmelzpunkt des Platins). (Candela wird betont candéla.)

Früher wurde die Einheit der Lichtstärke durch eine Lampe mit genau festgelegten Betriebsdaten definiert und als 1 Hefner-Kerze (HK) bezeichnet. Es gilt 1 Candela $\approx$ 1,15 Hefner-Kerzen, also 1 cd $\approx$ 1,15 HK.

Da die Lichtstärke mit Hilfe der Helligkeits*empfindung* des Auges definiert ist, besitzt (beliebig starke) elektromagnetische Strahlung, die nur Wellenlängen außerhalb des sichtbaren Bereichs hat, die Lichtstärke 0.

Für viele strahlende Körper kommt es nicht nur auf die Lichtstärke, sondern auf die *Leuchtdichte,* d.h. die Lichtstärke je strahlender Fläche an.

Definition. Leuchtdichte = Lichtstärke/scheinbare Strahlerfläche.

Unter scheinbarer Strahlerfläche wird dabei die Projektion der strahlenden Fläche in die Ebene $\perp$ zur Beobachtungsrichtung verstanden.

Beispiele für verschiedene Leuchtdichten gibt die Tabelle 41.

Tabelle 41. Leuchtdichten.

Glimmlampe	$0{,}1\ \mathrm{cd/cm^2}$
Gasglühlicht	$6\ \mathrm{cd/cm^2}$
Kohlebogenkrater	$18 \cdot 10^3\ \mathrm{cd/cm^2}$
Sonne	100 bis $150 \cdot 10^3\ \mathrm{cd/cm^2}$

Unter *Lichtstrom* versteht man das Produkt Lichtstärke · Raumwinkel, der betrachtet wird. Wird die Einheit des Raumwinkels mit 1 sterad bezeichnet, so ergibt sich als Einheit des Lichtstroms 1 cd · sterad, die auch 1 Lumen (kurz 1 lm) genannt wird.

Eine Lichtquelle kann eine Fläche stärker oder weniger stark beleuchten. Man definiert dafür die *Beleuchtungsstärke* als

$$\text{Beleuchtungsstärke} = \frac{\text{Lichtstrom}}{\text{Empfängerfläche}} = \frac{\text{Lichtstärke der Quelle}}{(\text{Abstand Quelle-Empfänger})^2}$$

Sie hängt ab von der Lichtstärke der benutzten Quelle und dem Abstand des beleuchteten Gegenstandes von dieser Quelle. Die Beleuchtungsstärke ändert sich umgekehrt proportional mit dem Abstand von der Quelle. Die Einheit der Beleuchtungsstärke wird durch eine Normalanordnung festgelegt: Man benutzt hierzu die Normallichtquelle mit der Lichtstärke 1 cd in 1 m Abstand. Die kohärente Einheit der Beleuchtungsstärke ist also 1 cd/m^2 und wird auch 1 Lux (kurz lx) genannt.

Ist eine Lichtquelle und eine von ihr beleuchtete Fläche im Abstand r_0 gegeben, so kann die Beleuchtungsstärke B_0 in dieser Anordnung wie folgt gemessen werden: Man ändert den Abstand der Fläche von der Lichtquelle solange (Abstand r_1), bis die Lichtquelle auf der Fläche dieselbe Beleuchtungsstärke hervorruft, wie eine in der Entfernung 1 m aufgestellte Normallichtquelle. Dann gilt

$$B_0 = 1\,\frac{\mathrm{cd}}{\mathrm{m}^2} \cdot \left(\frac{r_1}{r_0}\right)^2 = \left(\frac{r_1}{r_0}\right)^2 \cdot 1\ \mathrm{lx} \tag{5-42}$$

Oft ist es jedoch schwierig, Lichtquellen verschiedener spektraler Zusammensetzung miteinander zu vergleichen. Dabei spielen physiologische Effekte, die hier nicht besprochen werden können, eine große Rolle.

5.8.2. Farbempfindung

Aus der Farbe von Licht kann man im allgemeinen *nicht* auf seine spektrale Zusammensetzung schließen.

Die Netzhaut des menschlichen Auges enthält zwei Arten von Lichtwahrnehmungsorganen:

a) die für Helligkeit relativ unempfindlichen, aber farbempfindlichen Zapfen, und
b) die Stäbchen, die schon auf geringe Helligkeit ansprechen, aber keine Farben zu unterscheiden vermögen. („Bei Nacht sind alle Katzen grau".)

Die Farbwahrnehmung beruht auf 3 Empfindungsarten. Aus dem Farbeindruck im Auge kann man im allgemeinen *nicht* unterscheiden, ob Licht einheitlicher Wellenlänge vorliegt. Es stellt sich zwar heraus, daß die Farbeindrücke braun, purpur oder beige von einem spektralen Gemisch herrühren, aber bei vielen Varianten von rot, gelb, grün, blau kann man nicht erkennen, ob es sich um spektral einheitliches oder gemischtes Licht handelt. Der Farbeindruck „weiß" wird hervorgerufen durch eine Mischung von Licht aller sichtbaren Wellenlängen. Rosa ist ein „weißverhülltes" rot, d. h. eine Mischung aus rot und weiß. Das Licht von farbigen Gegenständen (z. B. von Autolack) besteht stets aus einem Gemisch aus Wellenlängenbereichen. Natriumlampen, die an manchen Stellen zur Straßenbeleuchtung herangezogen werden und die charakteristisch gelb leuchten, senden nur Licht eines ganz engen Wellenbereiches um $\lambda = 589$ nm aus.

Die physiologischen Vorgänge bei der Farbempfindung gehören in das Gebiet der Physiologie. Auf das in 1.1.2.3 besprochene Kontrastphänomen (Einfluß des Umfeldes) wird hingewiesen.

5.9. Lichtgeschwindigkeit und Frequenz relativ zu bewegten Bezugssystemen

5.9.1. Lichtgeschwindigkeit (Michelson-Versuch) *F/L 3.4.4*

Die Ausbreitungsgeschwindigkeit des Lichtes ist auch relativ zu gleichförmig gegeneinander bewegten Bezugssystemen unabhängig von der Richtung.

Auf einer beweglichen Plattform (z.B. Schiffsdeck), Abb. 366a, die sich mit der Geschwindigkeit v_A relativ zur ruhenden Luft bewegt, kann man mit einem *Schallgeber* bei Q und je einem Empfänger bei A, B, C die Schallgeschwindigkeit für die Schallausbreitung von Q nach A, Q nach B, Q nach C messen. Man erhält verschiedene Werte. Die Messung für QB entspricht der Schallgeschwindigkeit, wenn alles ruht. Aus dem Unterschied der Laufzeiten für die Wege QA und QC kann man auf die Geschwindigkeit der Plattform relativ zur ruhenden Luft schließen.

Dasselbe Ergebnis erhält man, wenn man Reflexionswände am Ort B und A oder C aufstellt und das Eintreffen des reflektierten Schalls am Ort Q mißt. Dann ist lediglich die Auswertung etwas komplizierter (vgl. Abb. 366a).

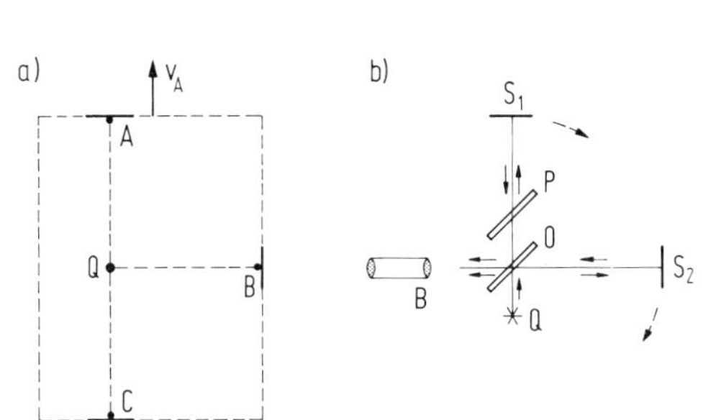

Abb. 366. Zum Michelson-Versuch.
a) Plattform mit Schallquelle in Q. An den Orten A, B, C können Empfänger oder Reflektoren aufgestellt werden.
b) Laufwege und Interferenzanordnung beim Michelson-Versuch. Q: Lichtquelle, O: Glasplatte, halbdurchlässig versilbert, S_1, S_2 : Spiegel, P Platte wie O, jedoch unversilbert zum Ausgleich des Glasweges in OS_2. B: Fernrohr zur Beobachtung der Interferenzfigur. (Die Brechung und die geringe seitliche Strahlversetzung in den Glasplatten O und P ist nicht gezeichnet).
Die Anordnung kann als Ganzes in der angegebenen Richtung um 90° gedreht werden, wobei die Strahlen dann $\|$ und $\perp$ zur Bewegung der Erde um die Sonne gestellt werden.

Bei Licht ist das nicht so. Licht pflanzt sich im materiefreien Raum relativ zu einem bewegten Bezugssystem nach allen Richtungen *mit derselben Geschwindigkeit* fort. Als Plattform dient die Erde, und man untersucht die Ausbreitungsgeschwindigkeit des Lichts in Richtung der Bewegung der Erde um die Sonne ($v = 30$ km/s) und senkrecht dazu, oder in Richtung der Driftbewegung des Sonnensystems relativ zum Sternbild des Schwanes und senkrecht dazu. Gemessen wird mit einer Interferenzanordnung, in der die beiden interferierenden Bündel in zwei zueinander senkrechten Richtungen verlaufen (vgl. Abb. 366b).

Die Interferenzanordnung kann als ganzes gedreht werden. Falls die Lichtgeschwindigkeit von der Ausbreitungsrichtung abhängen würde, müßte beim Drehen der Anordnung eine kleine, aber gut meßbare Streifenverschiebung zu beobachten sein. Experimentell findet man jedoch für die Wege QS_1OB und QOS_2B stets genau die gleiche Laufzeit des Lichtes (keine Streifenverschiebung). Das besagt: Die Lichtgeschwindigkeit c ist unabhängig von der Ausbreitungsrichtung, auch gegenüber gleichförmig zueinander bewegten Bezugssystemen; es gibt *kein* Medium, das die Lichtausbreitung vermittelt.

Dieser experimentelle Befund war die Veranlassung zur Aufstellung der (speziellen) Relativitätstheorie. Der Michelson-Versuch wurde in den vergangenen Jahren mehrfach wiederholt mit verbesserter Methode und immer größerer Genauigkeit. Das Ergebnis blieb unverändert.

Weiteres dazu und zur Relativitätstheorie in Anhang 9.5.

Beachte: Der Michelsonversuch vergleicht das arithmetische Mittel $(1/2) \cdot (c_{\rightarrow} + c_{\leftarrow})$ auf den beiden Wegen OS_1O und OS_2O.

5.9.2. Dopplereffekt

F/L 3.2.3

Die Frequenz (und Quantenenergie) von Licht eines sich entfernenden Körpers ist verkleinert gegenüber der eines ruhenden. Das Umgekehrte gilt bei einem sich nähernden.

Das Licht hat, wie in 5.1.3 und 5.9.1 betont, relativ zu allen geradlinig bewegten Bezugssystemen und nach allen Richtungen im materiefreien Raum dieselbe Fortpflanzungsgeschwindigkeit c. Wenn sich die Lichtquelle relativ zum Beobachter (Beobachter relativ zur Lichtquelle) annähert oder entfernt, beobachtet man eine Änderung der Frequenz (auch eine Änderung der Quantenenergie).

Hier wird der Fall besprochen, daß Lichtrichtung und Relativgeschwindigkeit einander parallel sind (gleichsinnig oder gegensinnig).

Sendet die Quelle Licht der Frequenz ν aus und *nähert* sich diese Quelle dem Beobachter mit der Relativgeschwindigkeit $v = \beta \cdot c$, so erhält dieser Licht der Frequenz ν', wobei gilt

$$\nu' = \nu \cdot \frac{1 + \beta}{\sqrt{1 - \beta^2}} = \nu \cdot \frac{\sqrt{1 - \beta^2}}{1 - \beta} = \nu \cdot \sqrt{\frac{1 + \beta}{1 - \beta}}.$$

Dies gilt auch für sehr hohe Geschwindigkeiten $v \lesssim c$. Wenn Quelle und Beobachter sich voneinander entfernen, ist β durch $-\beta$ zu ersetzen.

Auch wenn die Quelle sich senkrecht zur Lichtrichtung bewegt, ändert sich die Frequenz, jedoch nach einer anderen Beziehung, vgl. 9.5.9.

Beispiele. Lichtaussendende Atome (Moleküle), die sich in einem sehr heißen Gas befinden, zeigen im Ruhesystem (Spektrograph) verbreiterte Spektrallinien. Das rührt her vom Dopplereffekt zusammen mit der statistischen Geschwindigkeitsverteilung der Atome (Moleküle), vgl. 3.4.8. Aus der Verbreiterung kann die Temperatur des Gases bestimmt werden. Das Verfahren kann auch zur Temperaturbestimmung im Plasma verwendet werden. (Plasma = Gemisch aus Ionen und Elektronen, Beispiel: elektr. Flammenbogen).

Licht aus schnell bewegten Atomen (z. B. angeregten H-Kanalstrahlen) zeigt eine Dopplerverschiebung. Man kann damit zeigen, daß das Licht von bewegten Teilchen ausgesandt wird, und daraus deren Geschwindigkeit angeben.

Aus dem Dopplereffekt von Linien eines Sternspektrums kann man die Relativgeschwindigkeit des Sterns gegenüber dem Sonnensystem bestimmen.

6. Atomphysik

Die Atomphysik befaßt sich mit der Zusammensetzung der Materie sowie dem Aufbau der Atome aus kleineren Bestandteilen.

Das Verhältnis von Masse/Ladung und die Geschwindigkeit von schnell bewegten Elektronen und Ionen können angegeben werden, wenn man die Krümmung ihrer Bahn im elektrischen und magnetischen Feld ausgemessen hat. Wenn *Elektronen* durch ein verdünntes Gas gehen, führt oft unelastischer Stoß zu angeregten Atomen. Dann *sendet* das getroffene Atom *Licht* mit charakteristischer Zusammensetzung *aus*. Die Information über den Bau der Atome steckt vor allem in der Zusammensetzung dieses ausgesandten Lichtes. Seit etwa 1890 hat man die dabei auftretenden Gesetze enträtselt, zunächst beim Wasserstoff, dann vor allem bei den Elementen der ersten Spalte des Periodensystems (Li, Na, K, Rb, Cs), dann bei anderen. Je nach der kinetischen Energie der stoßenden Elektronen (z. B. 10 bis 20 eV oder 10000 bis 100000 eV und mehr) erhält man Informationen über unterschiedliche Teile des Atoms. Solchen Atomen, die von Elektronen gestoßen werden, können ein, zwei, ... Elektronen entrissen werden. Aus Atomen werden dadurch Ionen (einfach, zweifach, ... positiv geladen). Man kann Atome und Ionen außerdem noch einem Magnetfeld aussetzen, kann die Richtung und Feldstärke des magnetischen Feldes und die kinetische Energie der einfallenden Elektronen variieren und erhält jeweils neue Informationen. Die beobachteten Tatbestände glaubt man heute prinzipiell zu verstehen und kann sie zum Teil quantitativ berechnen.

Man kann auch *Licht* aller möglichen wählbaren Wellenlängen *auf Materie* fallen lassen. Wenn die Quantenenergie dieses Lichtes mindestens einige eV beträgt, *sendet* die bestrahlte Materie *Elektronen aus* (Photoeffekt). Aus dem Geschwindigkeitsspektrum dieser Elektronen (Impulsspektrum, Energiespektrum) erhält man zusätzliche Information über die aussendende Materie.

Es gibt noch eine Vielzahl von verschiedenartigen Beobachtungsmethoden und Beobachtungsergebnissen. Man kann *Atomstrahlen* durch homogene und inhomogene Magnetfelder senden, kann zusätzlich Hochfrequenzfelder auf sie wirken lassen. Dadurch ist es möglich, Frequenzen atominterner Vorgänge zu messen. Oft kann dasselbe Ergebnis auf mehreren unabhängigen Wegen erhalten werden.

6.1. Freie Elektronen

6.1.1. Übersicht

Freie Elektronen treten in der Gasentladung (als Kathodenstrahlen), bei der Glühemission, beim Photoeffekt und als β-Strahlen auf.

Bei der Untersuchung der *Gasentladung* bei niedrigem Gasdruck der Größenordnung 10 bis 0,01 mbar kann man Kathodenstrahlen und Kanalstrahlen beobachten. Sie bestehen aus schnell bewegten, geladenen Teilchen. Kathodenstrahlen sind schnell bewegte Elektronen (Ladung negativ), Kanalstrahlen schnell bewegte Atomionen (Ladung positiv), vgl. 6.1.2. Solche Teilchen lassen sich kennzeichnen durch ihr Verhältnis Masse/Ladung, ihre Ladung, ihre Geschwindigkeit, ihren Impuls und ihre kinetische Energie. β-Strahlen sind schnell bewegte Elektronen, α-Strahlen schnell bewegte Helium^{++}-Ionen.

Die Untersuchung der *Wechselwirkung von Licht und Materie* (Photoeffekt) führt zum Schluß, daß Lichtstrahlung aus Lichtquanten besteht mit einer Quantenenergie, die von der Lichtwellenlänge abhängt (6.3.1). Die Lichtquanten nennt man heute meist *Photonen.*

Wenn Elektronen auf Materie, insbesondere auf Gase treffen (Elektronenstoß), werden in vielen Fällen Atome „angeregt" und von diesen dann Photonen ausgesandt, und zwar mit diskreten Quantenenergien (Linienspektrum), vgl. 6.4.1 u. ff.

Schnelle Elektronen (z. B. β-Strahlen) und schnell bewegte Atomionen (Kanalstrahlen, α-Strahlen) werden *gestreut,* d. h. aus ihrer Richtung abgelenkt, wenn sie Materieschichten durchsetzen. Das bedeutet eine Änderung ihres Impulses nach Betrag und Richtung, vgl. 7.1 und 2. Es gibt dabei eine Häufigkeitsverteilung der Streuwinkel. Sie hängt unter Umständen von der Schichtdicke ab. Aus ihrer Untersuchung kann man schließen, daß jedes elektrisch neutrale *Atom* aus einer Elektronen*hülle* besteht und einem *Kern,* in dem fast die gesamte Masse des Atoms vereinigt ist. Die Elektronen der Hülle tragen Z negative Elementarladungen, der Kern Z positive. Dabei ist Z die Ordnungszahl im Periodensystem der chemischen Elemente.

6.1.2. Selbständige Gasentladung bei vermindertem Druck

In einer Gasentladung bei vermindertem Druck kann man Kathodenstrahlen und Kanalstrahlen beobachten. Sie bestehen aus schnell bewegten elektrisch geladenen Teilchen.

Ein luftgefülltes Glasrohr mit zwei plattenförmigen Elektroden wird mit Hilfe einer Vakuumpumpe ausgepumpt, während die Elektroden an eine Gleichspannungsquelle von einigen tausend Volt Spannung (oder einen Induktor) angeschlossen sind (Abb. 367). Bei Atmosphärendruck geht kein elektrischer Strom hindurch. Ist der Druck aber auf 30 mbar gesunken oder darunter bis auf Bruchteile von 1 mbar, so tritt ein elektrischer Strom auf, und man beobachtet im Rohr charakteristische Leuchterscheinungen.

Die negative Elektrode (Kathode) ist mit einer rosa leuchtenden Glimmhaut überzogen. Getrennt durch einen schmalen ersten Dunkelraum (Hittorfscher Dunkelraum) und scharfbegrenzt zur Kathode hin erscheint eine violette Glimmschicht. Darauf folgt ein zweiter Dunkelraum (Faradayscher Dunkelraum). Den Rest des Rohres füllt ein rotes Leuchten (positive Säule). Mit anderen Gasen als Luft oder bei

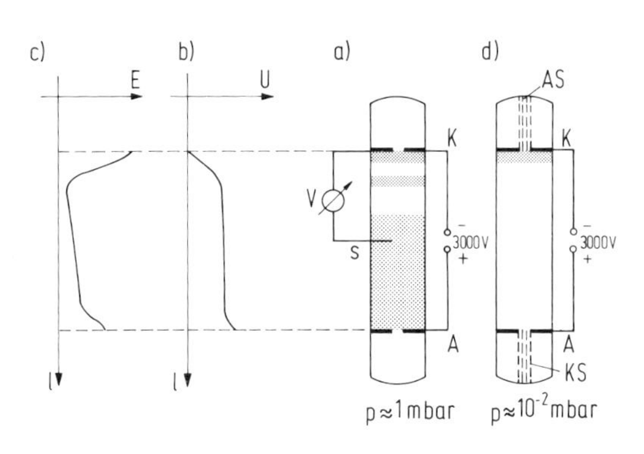

Abb. 367. Selbständige Gasentladung.
a) Gasentladungsrohr bei ungefähr 1 mbar (1 Torr) Druck (schematisch) K: durchbohrte Kathode, A: durchbohrte Anode, S: Sonde, V: Voltmeter.
b) Verlauf der elektrischen Spannung U längs des Rohres
c) Verlauf der elektrischen Feldstärke E längs des Rohres
d) Gasentladung bei einem Druck von etwa 10^{-2} mbar
Kathodenstrahlen (Elektronen) gehen vom Kathodenblech senkrecht aus und durchsetzen das Loch (Bündel KS) in der Anode. Kanalstrahlen (positive Ionen) entstehen direkt vor der Kathode aus Atomen durch den Stoß von Elektronen in grau gezeichneten Bereich in d), bewegen sich zum Kathodenblech hin und durchsetzen zum Teil ein Loch in der Kathode: Bündel AS.

Gasmischungen ändert sich lediglich die spektrale Zusammensetzung des Lichtes, das von der Entladung ausgesandt wird.

Zu übersichtlicheren Verhältnissen gelangt man durch weiteres Evakuieren auf etwa 10^{-2} oder 10^{-3} mbar. Dabei verblaßt das Glimmlicht und der erste Dunkelraum verbreitert sich. Von der Kathode breiten sich „Kathodenstrahlen“ aus, im feldfreien Raum geradlinig; Hindernisse werfen Schatten. Die Reichweite der Kathodenstrahlen entspricht etwa der Längsausdehnung des ersten Dunkelraums. Kathodenstrahlen sind durch magnetische und elektrische Felder ablenkbar. Sie bestehen – wie unten begründet wird – aus schnell bewegten Teilchen mit negativer Ladung vom Betrag $1{,}6 \cdot 10^{-19}$ Cb und dem Verhältnis $m/e = 5{,}65 \cdot 10^{-12}$ kg/Cb, also aus *Elektronen*. Diese Teilchen kamen schon vor in 4.3.1.2 und 4.

Wenn die Kathode mit Kanälen durchbohrt ist, treten durch die Kanäle (entgegengesetzt gerichtet zu den Kathodenstrahlen) „Kanalstrahlen“ aus. Sie bestehen aus einzelnen schnell bewegten positiv geladenen Atomen (Ionen), die aus der Gasfüllung der Röhre entstanden sind. Auch sie lassen sich durch elektrische und magnetische Felder ablenken, jedoch sind unter sonst ähnlichen Umständen hierzu wesentlich höhere Feldstärken notwendig als bei Kathodenstrahlen. Auch ist die Richtung der Ablenkung entgegengesetzt, Kanalstrahlen haben positives Vorzeichen der Ladung. Zur Bestimmung von m/e solcher Kanalstrahlen dienen die sog. Massenspektrometer (6.2.1). Wenn die Entladungsröhre beispielsweise nur Wasserstoffgas enthält, entstehen Kanalstrahlteilchen mit der Ladung $+1{,}60 \cdot 10^{-19}$ Cb und $m/e = 1{,}008 \cdot 1{,}038 \cdot 10^{-5}$ g/Cb (H^+-Kanalstrahlen). Ihre Masse ist also rund 1840mal größer als die der Elektronen.

Das Ladungsvorzeichen der Kanalstrahlen bzw. Kathodenstrahlen kann leicht gemessen werden: Man fügt in das Rohr von Abb. 367d *hinter der* Durchbohrung der *Kathode* einen Faraday-Käfig ein. Man findet, daß dieser positiv aufgeladen wird. Daraus folgt: Die Kanalstrahlteilchen tragen positive Ladung (Bündel AS).

Ebenso kann man *hinter der* Durchbohrung der *Anode* einen Faraday-Käfig einfügen. Dieser wird negativ aufgeladen. Daraus folgt: Die Kathodenstrahlteilchen tragen negative Ladung (Bündel KS).

Bewegte Ladungen (Kanalstrahlteilchen, Kathodenstrahlteilchen) stellen einen elektrischen Strom dar.

Mit Hilfe von Drahtsonden kann man den Spannungsverlauf in der Entladungsröhre zwischen Kathode und Anode ausmessen. Dabei ergibt sich der in Abb. 367b, c gezeigte Verlauf. Charakteristisch ist der starke Abfall der Spannung direkt vor der Kathode, der sog. „*Kathodenfall*“. Wegen dieses Spannungsverlaufes werden in einer Gasentladungsröhre die Elektronen (Kathodenstrahlen) senkrecht zur Oberfläche der Kathode ausgesandt, die positiven Ionen (Kanalstrahlen) dagegen zur Kathode hin und durch Löcher (Kanäle) des Kathodenbleches hindurch.

Treffen schnell bewegte Elektronen (Kathodenstrahlen) auf die Glaswand des Entladungsrohres, so wird diese zum Leuchten angeregt. Außerdem entsteht *Röntgenstrahlung*. Sie tritt besonders kräftig auf, wenn Kathodenstrahlen großer kinetischer Energie auf eine Platte (z. B. Metallplatte) aus Stoffen mit hoher Atommasse treffen. Die Röntgenstrahlung ist eine kurzwellige elektromagnetische Wellenstrahlung wie das Licht, jedoch mit Wellenlängen, die etwa 10000 bis 1000000 mal kleiner sind als die von sichtbarem Licht (vgl. 5.3.4).

6.1.3. Beobachtungen an Kathodenstrahlen

Kathodenstrahlen und β-Strahlen sind schnell bewegte Elektronen.

Durch folgende Beobachtungen kann man beweisen, daß die Kathodenstrahlen aus Elektronen bestehen.

1. Wie schon in 6.1.2 (Abb. 367d) besprochen, tragen die Kathodenstrahlen negative Ladung, und da sie geladene Teilchen in Bewegung sind, stellen sie einen elektrischen Strom dar.
2. Bei einem sehr schwachen Kathodenstrahlbündel kann man zeigen, daß dieses aus einzelnen Teilchen besteht, und man kann abzählen, wieviele Teilchen eine bestimmte Ladung tragen.

Dazu läßt man das Bündel in einen Faraday-Käfig fallen und einen sehr kleinen, gut definierten Bruchteil k davon in ein Zählrohr (vgl. 6.5.1.2). In diesem erhält man kurze Entladungen, die von der Durchquerung des Zählrohrs durch einzelne Teilchen herrühren. Bestimmt man einerseits die während einer Zeitdauer t auf den Faraday-Käfig treffende Ladung und andererseits die Anzahl der Teilchen, die während derselben Zeitdauer t in das Zählrohr gelangen, so kann man hieraus unter Berücksichtigung von k die Ladung des einzelnen Teilchens bestimmen.

Viele radioaktive Stoffe senden β-Strahlen aus. β-Strahlen sind wesensgleich mit Kathodenstrahlen. Sie unterscheiden sich von diesen durch die Art ihrer Entstehung. Messungen, wie unter 2. erwähnt, sind mit den β-Strahlen eines radioaktiven Präparates durchgeführt worden und haben für deren Ladung mit großer Genauigkeit $-1{,}6 \cdot 10^{-19}$ Cb ergeben.

Zur Messung wurde (von Ladenburg und Beers*) als Quelle der β-Strahlen $^{210}_{83}\mathrm{Bi}$ (= RaE), Halbwertzeit $T = 5{,}0$ d verwendet. Die Messung mit dem Zählrohr wurde rund 50 Tage nach der Messung mit der Ionisationskammer ausgeführt. Dann war vom $^{210}\mathrm{Bi}$ nur mehr der Bruchteil $\exp(-50\ \mathrm{d}/5\ \mathrm{d}) = e^{-10} = 0{,}45 \cdot 10^{-4}$ vorhanden.

Elektronen, die (z. B. in einer Vakuumröhre) aus einer Glühkathode austreten, und dann zu einer Anode hin beschleunigt werden, verhalten sich ebenso wie Kathodenstrahlen aus einer Gasentladung und ebenso wie β-Strahlen radioaktiver Kerne (letztere nur bis auf den Polarisationszustand, vgl. 7.2.1). Für alle diese Elektronen gilt 6.1.4.

Viele Stoffe fluoreszieren, wenn Elektronenstrahlen auf sie auftreffen, z. B. ZnS, NaJ (+Tl), Anthracen oder auch manche Gase.

Photoplatten werden durch schnelle Elektronen geschwärzt.

---

* Phys. Rev. *58*, 757, 1940 und *63*, 77, 1943.

Treffen Elektronenstrahlen auf Materie, so werden sie abgebremst; dabei wird ihre kinetische Energie zum weit überwiegenden Teil in Wärme verwandelt. Bei einem dünnen Metallblech kann dies dazu führen, daß das Blech in kurzer Zeit zu glühen beginnt oder sogar geschmolzen wird (Prinzip der Elektronenstrahlschweißung). Mit Elektronen aus einer Glühkathode läßt sich die Elektronenstromstärke über die Heizung der Glühkathode leicht regulieren.

Wird ein sehr enges Elektronenbündel (erzeugt durch verkleinernde elektronenoptische Abbildung) auf ein Blech gerichtet, so wird die getroffene Stelle bis zum Verdampfen erhitzt und das Blech „zerschnitten".

6.1.4. Masse und Ladung eines Teilchens, hier eines Elektrons

F/L 6.2 u. 6.6

Aus der Ablenkung in elektrischen und magnetischen Feldern kann man die Geschwindigkeit und den Quotienten Masse/Ladung für schnell bewegte Teilchen, hier Elektronen, bestimmen.

Die Elementarladung, d. h. den Betrag der Ladung einzelner Elektronen oder einfach geladener Ionen, kann man durch drei verschiedenartige Experimente bestimmen:

1. Durch den Millikan-Versuch (4.3.1.4)
2. Über das Faraday-Äquivalent $F = N_A \cdot e$ (4.3.2.2) und N_A (3.3.1).
3. Durch das Abzählverfahren (6.1.3).

Das Verfahren 2 liefert nur einen Mittelwert für viele Teilchen, die Verfahren 1 und vor allem 3 dagegen Aussagen für Einzelteilchen.

Das Elektron hat außer der *Ladung* auch eine *Masse*. Diese wurde für Elektronen im Metall in 4.3.1.2 bestimmt. Sie läßt sich, wie im folgenden gezeigt wird, auch für freie Elektronen messen. Man erhält dasselbe Ergebnis. Die Masse läßt sich mit Hilfe der Ablenkung bewegter Elektronen in einem elektrischen und magnetischen Feld über den Quotienten Masse/Ladung, also m/e, ermitteln. Hieraus erhält man m, wenn die Ladung e über einen der drei obigen Wege bekannt ist.

Das Teilchen wird auf eine Kreisbahn gelenkt. Dabei bleibt m und $|\vec{v}|$ unverändert. m erweist sich als Funktion der kinetischen Energie eU. Außerdem ergibt sich dabei die Geschwindigkeit v der Teilchen. Dazu dient folgende Anordnung:

Gegeben sei ein evakuiertes Gefäß, in dem Elektronen aus einer Glühkathode eine beschleunigende Spannung U durchlaufen. Die Elektronen erhalten dabei die kinetische Energie eU. Dann läßt man sie in einen feldfreien Raum laufen. Mit Hilfe von zwei Blenden erhält man ein paralleles Elektronenbündel. Es ist im Hochvakuum unsichtbar, aber man kann seinen Weg verfolgen durch Aufstellen eines Faradaykäfigs an verschiedenen Stellen. Das Elektronenbündel wird dann a) durch ein elektrisches, und b) ein magnetisches Feld gesandt und darin abgelenkt.

a) Ablenkung durch ein *elektrisches* Zylinderfeld. Die Verhältnisse sind am einfachsten, wenn die elektrische Feldstärke $\vec{E}$ dauernd senkrecht zur Geschwindigkeit $\vec{v}$ der Elektronen liegt. Man erreicht das durch ein zylindrisches Feld (vgl. Abb. 368). Nach 1.3.4.2 und 4.2.7.1 gilt dann

$$\frac{mv^2}{r_e} = F = eE \qquad (6\text{-}1)$$

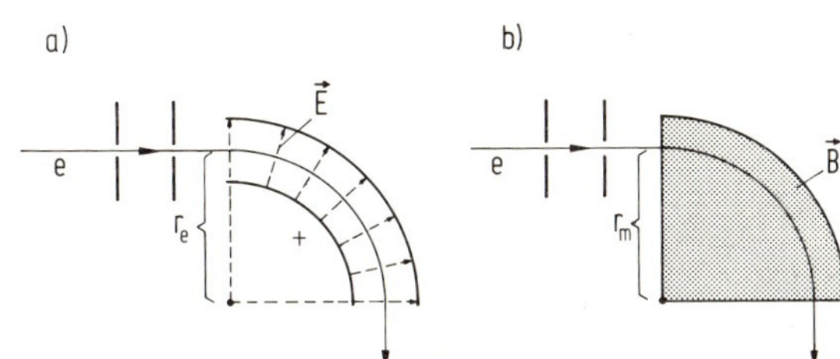

Abb. 368. Ablenkung von Elektronen in elektrischen und magnetischen Feldern.
a) Ablenkung im elektrischen Zylinderfeld. Die Geschwindigkeit $\vec{v}$ der Elektronen ist an jedem Ort ⊥ zur elektrischen Feldstärke $\vec{E}$. Es gilt $E \cdot r_e = (m/e) \cdot v^2$.
b) Ablenkung im homogenen magnetischen Feld. Die Geschwindigkeit $\vec{v}$ der Elektronen ist an jedem Ort ⊥ zum Vektor der magnetischen Flußdichte $\vec{B}$ (dieser ist ⊥ zur Zeichenebene). Es gilt: $B \cdot r_m/\gamma_{em} = (m/e) \cdot v$.

Dabei ist m die Masse, e die Ladung des Elektrons, E die wirksame elektrische Feldstärke und r_e der Radius der durchlaufenen Kreisbahn im elektrischen Feld. r_e ist durch die Krümmung des Zylinderkondensators vorgegeben. Daher muß die elektrische Feldstärke E so einreguliert werden, daß sich das Elektron gerade auf der Bahn mit dem durch die Krümmung des Zylinders vorgeschriebenen Radius bewegt.

b) Ablenkung im homogenen *magnetischen* Feld. Man läßt das Elektronenbündel senkrecht zum Vektor der magnetischen Flußdichte $\vec{B}$ einfallen. Dann wirkt auf die Elektronen eine Kraft $\vec{F}$ senkrecht zur Geschwindigkeit $\vec{v}$ (vgl. 4.4.5.2). Bei konstanter Geschwindigkeit läuft das Elektron auf einer Kreisbahn.

Dabei gilt (bei den Vektorgrößen werden nur Beträge geschrieben)

$$\frac{mv^2}{r_m} = F = \frac{ev \cdot B}{\gamma_{em}} \tag{6-2}$$

Dabei ist m wieder die Masse, e die Ladung des Elektrons, jedoch r_m der Radius der Kreisbahn im homogenen *magnetischen* Feld. Umordnen von Gl. (6-1) und Gl. (6-2) liefert

$$\frac{m}{e} \cdot v^2 = E \cdot r_e \tag{6-1 a}$$

$$\frac{m}{e} \cdot v = \frac{B \cdot r_m}{\gamma_{em}} \tag{6-2 a}$$

Das sind zwei Gleichungen mit den beiden Unbekannten m/e und v. Man erhält daraus

$$v = \frac{E \cdot r_e \cdot \gamma_{em}}{B \cdot r_m} \quad (6\text{-}3); \qquad \frac{m}{e} = \frac{(B \cdot r_m)^2}{\gamma_{em}^2 \cdot E \cdot r_e} \quad (6\text{-}4)$$

Auf diesem Weg läßt sich die Geschwindigkeit v eines schnell bewegten Teilchens bestimmen, aus der Richtung der Ablenkung auch das Vorzeichen seiner Ladung.

Die Gleichungen gelten auch für irgendwelche andere elektrisch geladene Teilchen (Kanalstrahlteilchen, Mesonen, Hyperonen usw.)

Demonstration. Elektronen werden mit einer Spannung $U = 400$ V beschleunigt und durchlaufen in einer schwach gashaltigen Röhre ein homogenes magnetisches Feld. Dieses wird erzeugt mit Hilfe von zwei Spulen (Abb. 369). Nach der Methode von 4.4.2.1 findet man in der benützten Spule bei der Stromstärke 1,5 A eine Flußdichte $B = 1{,}36 \cdot 10^{-3}$ Wb/m². Dabei ergibt sich der Bahnradius zu $r_m = 5{,}0 \cdot 10^{-2}$ m.

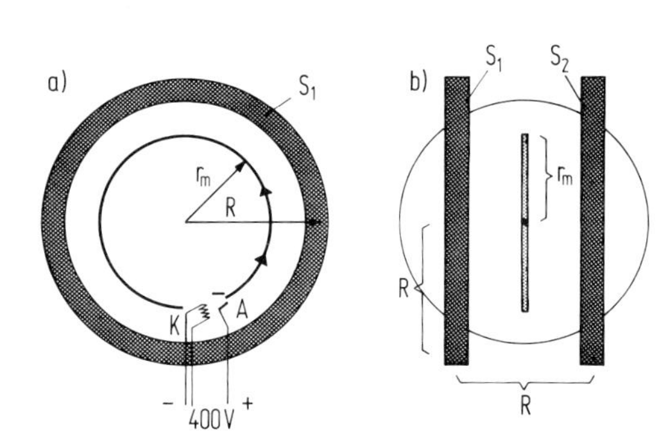

Abb. 369. Zur Messung von m/e von Elektronen. a) Ansicht von vorne, (in Wirklichkeit ist die Kreisbahn geschlossen).
b) Ansicht von der Seite. (Die Kreisbahn erscheint als leuchtendes Band der Länge $2\,r_m$)
Die Beschleunigungsspannung für die Elektronen liegt zwischen Glühdraht und trichterförmiger Anode A. Zwischen zwei Spulen S_1 und S_2 mit dem Radius R und im Abstand R voneinander herrscht ein (nahezu) homogenes Magnetfeld („Helmholtzsche Spulenanordnung"). Elektronen, welche den Anodentrichter durchsetzen, werden in der schwach gashaltigen kugelförmigen Röhre sichtbar. Unter dem Einfluß des homogenen magnetischen Feldes durchlaufen sie eine kreisförmige Bahn. Deren Bahnradius r_m wird gemessen. (In a) fällt der Kugelrand mit dem inneren Rand der Ringspulen zusammen).

Werden B und mv so gewählt, daß ein Elektron eine Bahn mit dem Drehimpuls $\hbar$ durchläuft („einquantige Bahn", vgl. 7.1.6), dann umschließt die Bahn gerade 1 Flußquant ϕ_0, das in 4.4.1.4 erwähnt wurde. Man kann zeigen, daß $\phi_0 = \gamma_{em} \cdot h/(2e)$ ist.
Hinweis. Einquantig heißt $r \cdot mv = h/(2\pi)$ (s. 7.1.6, Gl. (7-3), S. 549). Weiter gilt Gl. (6-2a), ferner $r^2 \pi B = \phi_0$. Einsetzen ergibt ϕ_0.

Durch Einsetzen obiger Werte in Gl. (6-4) erhält man

$$\frac{m}{e} = \frac{(1{,}36 \cdot 10^{-3}\ \mathrm{Wb/m^2} \cdot 5 \cdot 10^{-2}\ \mathrm{m})^2}{800\ \mathrm{V} \cdot \left(1\ \dfrac{\mathrm{Wb}}{\mathrm{Vs}}\right)^2} = 5{,}78 \cdot 10^{-12}\ \frac{\mathrm{kg}}{\mathrm{Cb}}$$

Präzisionsmessungen ergeben:

$$\frac{m}{e} = 0{,}56766 \cdot 10^{-11}\ \frac{\mathrm{kg}}{\mathrm{Cb}}; \quad \frac{e}{m} = (1{,}7588_8 \pm 0{,}0002) \cdot 10^{11}\ \frac{\mathrm{Cb}}{\mathrm{kg}}$$

Für die Ruhemasse m_0 des Elektrons erhält man daher

$$m_0 = 0{,}9109 \cdot 10^{-30}\ \mathrm{kg} = 0{,}9109 \cdot 10^{-27}\ \mathrm{g}$$

Für $v \ll c$ ist $eU = (1/2)\,m_0 v^2$ oder $(m/e) \cdot v^2 = 2\,U$ mit $m = m_0$.

Beispiel. Für $U = 400$ V ist $v = 1{,}2 \cdot 10^7$ m/s $= 0{,}04 \cdot c$

Für Elektronen mit verschiedenen Werten der kinetischen Energie (Spalte 1 der folgenden Tabelle) sind in Spalte 2 und 3 die experimentellen Werte für $E \cdot r_e$ und $B \cdot r_m$ eingetragen und in den folgenden Spalten Werte, die daraus ausgerechnet wurden.
Die kinetische Energie eines Elektrons, das die Spannung U durchlaufen hat, ist $W_{kin} = e \cdot U$. Sie ist in Spalte 1 der Tabelle in eV ausgedrückt. (1 e $= 1{,}6 \cdot 10^{-19}$ Cb; 1 eV $= 1{,}6 \cdot 10^{-19}$ J.)

In Spalte 4 ist die Geschwindigkeit angegeben, wie sie aus Gl. (6-3) folgt. Mit zunehmender kinetischer Energie strebt die Geschwindigkeit (nach Ausweis des Experiments) einem Grenzwert zu, und zwar der *Grenzgeschwindigkeit* $c = 3 \cdot 10^8$ m/s. Sie fällt mit der Lichtgeschwindigkeit im materiefreien Raum zusammen. Dasselbe findet man (ohne jede Ausnahme) bei allen anderen bekannten Teilchen. In Spalte 6 ist die Geschwindigkeit v in

Tabelle 42. Energie, Geschwindigkeit, Masse schneller Elektronen.

Energie eV	$E \cdot r_e$ V	$B \cdot r_m$ Wb/m	v m/s	$\frac{m}{e}$ kg/Cb	$\beta = \frac{v}{c}$	$\frac{m}{m_0} = \frac{1}{\sqrt{1-\beta^2}}$	$\frac{m}{m_0} - 1 = \frac{m - m_0}{m_0}$
0	0	0	0	$0{,}565 \cdot 10^{-11}$		1	0
1	2	$3{,}4 \cdot 10^{-6}$	$0{,}006 \cdot 10^{8}$	$0{,}565 \cdot 10^{-11}$	0,002	1	0,000002
5110	10080	$240 \cdot 10^{-6}$	$0{,}42 \cdot 10^{8}$	$0{,}570 \cdot 10^{-11}$	0,14	1,01	0,01
102000	186000	$1120 \cdot 10^{-6}$	$1{,}662 \cdot 10^{8}$	$0{,}675 \cdot 10^{-11}$	0,554	1,2	0,2
511000	766500	$2940 \cdot 10^{-6}$	$2{,}60 \cdot 10^{8}$	$1{,}128 \cdot 10^{-11}$	0,868	2,0	1
1020000	1367712	$4835 \cdot 10^{-6}$	$2{,}829 \cdot 10^{8}$	$1{,}709 \cdot 10^{-11}$	0,943	3,0	2,0
5110000	5335000	$18530 \cdot 10^{-6}$	$2{,}9876 \cdot 10^{8}$	$6{,}20 \cdot 10^{-11}$	0,99587	11	10
102000000	102000000	$340000 \cdot 10^{-6}$	$2{,}999 \cdot 10^{8}$	$113{,}4 \cdot 10^{-11}$	0,999987	201	200
∞	∞	∞	$3{,}0 \cdot 10^{8}$	∞	1	∞	∞

Bruchteilen der Vakuum-Lichtgeschwindigkeit c angegeben. Der Wert von m_0/e ist im Beispiel (Demonstration) bereits angegeben.

Das Verhältnis m/e ist überraschenderweise *nicht* konstant, sondern steigt mit zunehmender kinetischer Energie der Elektronen stark an. Um entscheiden zu können, ob mit der kinetische Energie die *Masse m zu*nimmt oder ob die *Ladung e ab*nimmt, muß ein *weiteres* unabhängiges Experiment herangezogen werden. Wie S. 498 gezeigt wird, ist die Ladung unabhängig von der Geschwindigkeit und der kinetischen Energie. Dann kann man schließen, daß allein die *Masse* mit der kinetischen Energie sich ändert (zunimmt).

Aus diesem Grund und da e die (konstante) Elementarladung (oder ein ganzzahliges Vielfaches davon) ist, ist es zweckmäßig m/e zu verwenden und nicht e/m, wie es aus historischer Gewohnheit noch weitgehend gebräuchlich ist.

Der Zusammenhang zwischen der kinetischen Energie $e \cdot U = q \cdot \int E \cdot dl$ und der Geschwindigkeit v der Elektronen wurde oben indirekt, nämlich über Gl. (6-3), erhalten. In der Physik ist man aber kritisch und versucht, solche auf einem Umweg erhaltenen Folgerungen auf einem möglichst direkten Weg nachzuprüfen. Daher wurde 1964 die *Geschwindigkeit* von Elektronen in Abhängigkeit von ihrer kinetischen Energie direkt gemessen. Es wurden Elektronenpulse von $3 \cdot 10^{-9}$ s Dauer verwendet. Die schnellen Elektronen lösten beim Eintritt in eine 8,4 m lange Strecke und beim Austritt aus dieser je einen elektrischen Spannungsstoß aus, der über gleichlange Leitungen zu einem Oszillographen geführt wurde. Die Geschwindigkeiten ergeben sich als Quotient der Weglänge zwischen den beiden Signalstellen (8,4 m) und den Laufzeiten (28 bis $32 \cdot 10^{-9}$ s). Man fand:

W_{kin} (in MeV) =	0,5	1,0	1,5	4,5	15
$\beta = v/c$ =	0,867	0,910	0,960	0,987	1

Wenn also die kinetische Energie von 0,5 MeV auf 15 MeV erhöht wird, steigt die Geschwindigkeit v nur um 13%.

Die Elektronen wurden mit Hilfe eines van-de-Graaff-Generators auf kinetische Energien bis 1,5 MeV gebracht. Im ersten Abschnitt eines Linac (1 m) konnten sie auf 4,5 MeV, beim Vollbetrieb des Linac auf 15 MeV gebracht werden. In diesen beiden Fällen wurden die Elektronen zum Teil noch innerhalb der Meßstrecke beschleunigt. Da sie beim Eintritt $v/c = 0{,}96$, beim Austritt fast 1,0 hatten, ergeben sich dafür nur geringe Korrekturen. Innerhalb der Meßgenauigkeit des Experiments stimmen die gemessenen Werte, die der Tab. 42 und die nach Gl. (6-3) zu berechnenden, überein. Die Abkürzung $\beta = v/c$ ist allgemein gebräuchlich.

6.1.5. Unabhängigkeit der elektrischen Ladung von der Geschwindigkeit und der kinetischen Energie der Teilchen

Die Ladung schnell bewegter Elektronen läßt sich mit Hilfe der Influenzladung messen, die bei ihrer Anwesenheit verschoben wird, und zwar senkrecht zur Richtung der schnellen Elektronen.

Um zu prüfen, ob die elektrische Ladung e bewegter Teilchen von deren Geschwindigkeit v abhängt, also eine Funktion $e(v)$ ist, kann die Anordnung Abb. 370 verwendet werden. Der Elektronenstrahl durchsetzt, ohne anzustreifen, zwei Zylinder gleicher Länge L, wird zwischen ihnen mit Hilfe einer Zusatzspannung U^* beschleunigt und wird schließlich in einem

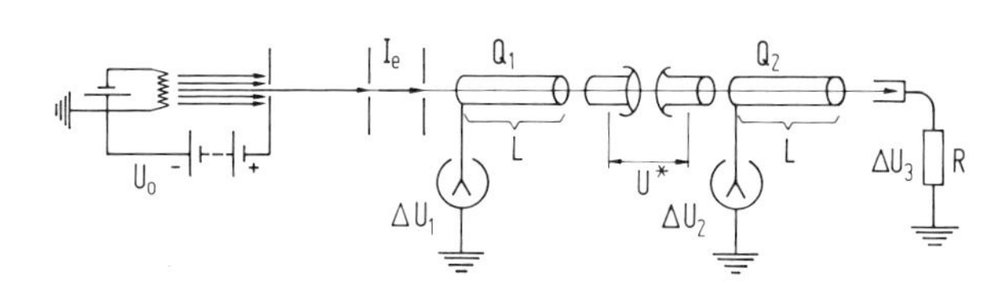

Abb. 370. Zur Unabhängigkeit der Ladung von der Geschwindigkeit. Beim Ein- und Ausschalten des Elektronenstromes I_e, der alle Blenden durchsetzt hat, wird die Influenzladung Q_1 bzw. Q_2 verschoben und ergibt die Spannungsänderung ΔU_1 bzw. ΔU_2. Am Widerstand R entsteht ΔU_3. Dabei ergeben ΔU_1 und ΔU_3 dieselbe Information, (sie rühren her von Elektronen mit kleiner Geschwindigkeit). Man wählt z. B. $U_0 = 2000$ V, $U^* = 200000$ V.

Faraday-Käfig aufgefangen. Die Elektronen durchlaufen den ersten Zylinder mit einer kleineren Geschwindigkeit v_1 und, nachdem sie zwischen den Zylindern beschleunigt wurden, den zweiten mit einer sehr viel größeren Geschwindigkeit v_2. Der Elektronenstrom wird regelmäßig ein- und ausgeschaltet. Bei jedem Ein- bzw. Ausschalten des Elektronenstrahls werden durch Influenz die Ladungen Q_1 und Q_2 zum Zylinder 1 bzw. 2 hin verschoben bzw. weg verschoben. Die Laufzeit der Elektronen in den Zylindern 1 bzw. 2 ist L/v_1 bzw. L/v_2. Es sei $\dot{n} = \mathrm{d}n/\mathrm{d}t$ die Anzahl je Zeit der durch den Bündelquerschnitt hindurchtretenden Elektronen. Da vorausgesetzt ist, daß die Elektronen nicht anstreifen, gilt dieser Wert auch für den zweiten Zylinder. Im Zylinder 1 ist die influenzierte Ladung

$$Q_1 = \dot{n} \cdot e(v_1) \cdot \frac{L}{v_1} \tag{6-5a}$$

im zweiten Zylinder

$$Q_2 = \dot{n} \cdot e(v_2) \cdot \frac{L}{v_2} \tag{6-5b}$$

Durch Messung der Influenzladungen Q_1 und Q_2 über $\Delta U_1 = Q_1/C$ und $\Delta U_2 = Q_2/C$, wie in 4.2.5.4, findet man *experimentell*

$$Q_1 \cdot v_1 = Q_2 \cdot v_2 \text{ oder } Q_1 : Q_2 = \left(\frac{1}{v_1}\right) : \left(\frac{1}{v_2}\right)$$

Da $\dot{n}$ und L für beide Zylinder denselben Wert haben, folgt aus Gl. (6-5a) und Gl. (6-5b)

$$e(v_1) = e(v_2),$$

d. h. die elektrische Ladung des Elektrons ist *unabhängig* von der *Geschwindigkeit*. Die Änderung von m/e mit der kinetischen Energie rührt also allein von der Änderung der Masse her.

Meßtechnisch einfacher ist es, auf den ersten Zylinder überhaupt zu verzichten. Die schließlich in den Faraday-Käfig treffenden Elektronen werden dort auf thermische Geschwindigkeit verlangsamt. Man läßt sie über einen Widerstand R abfließen. In diesem entsteht durch den Elektronenstrom ein Spannungsgefälle ΔU_3. Das Verhältnis ΔU_2 und ΔU_3 läßt sich dann leicht genau messen. Man schaltet ΔU_2 und ΔU_3 gegeneinander und reguliert R, bis die Spannung $\Delta U_2 - \Delta U_3 = 0$ wird.

6.1.6. Energie, Masse, Impuls, Geschwindigkeit in der relativistischen Mechanik

F/L 5.1.1, 5.1.5 u. 6.3

Mit wachsender kinetischer Energie wächst die Masse m. Es gilt $W_{\text{kin}} = c^2(m - m_0) = \{m^2/(m + m_0)\}\, v^2$. Die Geschwindigkeit v nähert sich mit zunehmender kinetischer Energie asymptotisch der Grenzgeschwindigkeit c, die mit der Vakuumlichtgeschwindigkeit zusammenfällt.

In Spalte 7 der Tabelle von 6.1.4 ist die experimentell gefundene Masse m in Vielfachen der Ruhemasse m_0 ausgedrückt. In Spalte 8 ist schließlich die Zusatzmasse $m - m_0$ in Vielfachen der Ruhemasse m_0 angegeben. Wie ein Vergleich der ersten und letzten Spalte zeigt, besteht strenge Proportionalität zwischen der *Zusatzmasse* und der *kinetischen* Energie. Es gilt

$$m - m_0 = k \cdot W_{\text{kin}}$$

Den Proportionalitätsfaktor k erhält man, indem man für eine bestimmte kinetische Energie die Zusatzmasse einsetzt. Für Elektronen mit

$$W_{\text{kin}} = 511\,000 \text{ eV} = 8{,}2 \cdot 10^{-14} \text{ J}$$

ist wegen $m/m_0 = 2$ die Zusatzmasse $m_0 = 0{,}911 \cdot 10^{-30}$ kg. Durch Einsetzen in die Gleichung und Beachten, daß 1 J = 1 kg · m²s⁻² ist, folgt

$$1/k = 9 \cdot 10^{16} \text{ m}^2/\text{s}^2 = c^2,$$

wo c die Grenzgeschwindigkeit ist. Dann entsteht

$$W_{\text{kin}} = c^2 \cdot (m - m_0) \qquad \text{(Einstein)} \tag{6-6}$$

Durch Umordnen folgt

$$m = m_0 + W_{\text{kin}}/c^2 \tag{6-6a}$$

Ergebnis: Kinetische Energie besitzt träge Masse! Die wirksame Gesamtmasse setzt sich aus der Ruhemasse und der Masse der kinetischen Energie zusammen.

Weitere Untersuchungen (6.2.3) zeigen, daß *jede* Änderung des Energieinhalts um ΔW eine Massenänderung um

$$\Delta m = \Delta W/c^2 \tag{6-7}$$

zur Folge hat. ΔW kann z. B. Bindungsenergie der Kernbestandteile, aber auch potentielle Energie, Gravitationsenergie, Wärmeenergie, elektrische, magnetische Energie usw. bedeuten. Die Gleichung ist auch umkehrbar: Eine Massenänderung ist mit einer Änderung des Energieinhalts verknüpft. Später zu besprechende Experimente (8.1) zeigen: Auch einem ruhenden Teilchen ($W_{kin} = 0$) muß die seiner Masse m_0 entsprechende Energie $W_0 = m_0 \cdot c^2$ zugeordnet werden (Ruheenergie).

Der Zusammenhang zwischen *Masse und Geschwindigkeit* (Spalte 7 der Tab. 42) läßt sich durch die Formel wiedergeben:

$$m = m_0 \Big/ \sqrt{1 - \left(\frac{v}{c}\right)^2} = \gamma \cdot m_0, \quad \text{wo} \quad \gamma = 1/\sqrt{1 - \beta^2} \tag{6-8}$$

Diese Beziehung kann folgendermaßen abgeleitet werden. Für die Beschleunigung von Teilchen, deren Masse sich ändert, gilt nach 1.3.1.7:

$$F = \frac{\mathrm{d}(mv)}{\mathrm{d}t} = m\frac{\mathrm{d}v}{\mathrm{d}t} + v\frac{\mathrm{d}m}{\mathrm{d}t}$$

Wegen $\mathrm{d}W_{kin} = c^2\,\mathrm{d}m$ und

$\mathrm{d}W_{kin} = F \cdot \mathrm{d}s$ mit $\mathrm{d}s = v \cdot \mathrm{d}t$ folgt

$$c^2\,\mathrm{d}m = F \cdot \mathrm{d}s = mv \cdot \mathrm{d}v + v^2\,\mathrm{d}m$$

$$(c^2 - v^2)\,\mathrm{d}m = \frac{m}{2}\,\mathrm{d}v^2 = m \cdot \mathrm{d}\left(\frac{v^2}{2}\right)$$

$$\frac{\mathrm{d}m}{m} = \frac{1}{2}\,\frac{\mathrm{d}(v^2)}{c^2 - v^2} = \frac{1}{2}\,\frac{\mathrm{d}(v^2/c^2)}{(1 - v^2/c^2)}$$

$$\ln m\Big|_{m_0}^{m} = -\frac{1}{2}\ln\left(1 - \frac{v^2}{c^2}\right)\Big|_0^v$$

$$\frac{m}{m_0} = \left(1 - \frac{v^2}{c^2}\right)^{-1/2} = (1 - \beta^2)^{-1/2}$$

Das ist obige Gl. (6-8).

Mindestens ebenso wichtig wie der Zusammenhang zwischen Masse und Geschwindigkeit ist der Zusammenhang zwischen *Energie und Geschwindigkeit* (6-10).

Man kann Gl. (6-8) quadrieren und umordnen in

$$m^2 v^2 = m^2 c^2 - m_0^2 c^2 \tag{6-9}$$

oder

$$m^2 v^2 = (m + m_0) \cdot (m - m_0) \cdot c^2$$

Wenn man $W_{kin} = (m - m_0)c^2$ einsetzt, ergibt sich die schon in 1.3.5.2 mitgeteilte Gleichung

$$W_{kin} = \frac{m^2}{m + m_0} \cdot v^2 = \frac{p^2}{m + m_0} \tag{6-10}$$

Erweitert man Gl. (6-9) mit c^2 und berücksichtigt $W_{ges} = mc^2$ und $p = mv$, so folgt

$$W_{ges}{}^2 = (m_0\, c^2)^2 + (p\, c)^2 \tag{6-11}$$

Diese Gleichungen (6-9, 10, 11) gelten universell, d. h. für alle Arten von Teilchen.

Für den Spezialfall $v \ll c$, also $m \approx m_0$, folgt

$$W_{kin} \approx \frac{1}{2}\, m_0\, v^2$$

Mit Hilfe von Gl. (6-10) kann man die Geschwindigkeit für alle Arten von Teilchen leicht angeben, wenn man ihre Masse m in Bruchteilen (Vielfachen) ihrer Ruhemasse m_0 ausdrückt. Man setzt

$$m = \alpha \cdot m_0 \qquad \text{und} \qquad W_{kin} = (m - m_0) \cdot c^2 = (\alpha - 1)\, m_0 \cdot c^2$$

Aus Gl. (6-10) und (6-6) wird dann

$$(m - m_0) \cdot c^2 = \frac{m^2}{m + m_0} \cdot v^2.$$

Umordnen und einsetzen von $m = \alpha \cdot m_0$ ergibt

$$v^2 = \frac{(\alpha - 1)(\alpha + 1)}{\alpha^2}\, c^2 \tag{6-12}$$

Tabelle 43. Massenzunahme und Geschwindigkeit schneller Teilchen.

α	1,001	1,01	1,1	1,5	2	5	10	100	1000
$W_{kin}/m_0\, c^2$	0,001	0,01	0,1	0,5	1	4	9	99	999
$\beta^2 = v^2/c^2$	0,002	0,02	0,174	0,555	0,75	0,96	0,99	0,9999	0,999999

Beispiel. Ein Elektron mit der kinetischen Energie 0,511 MeV hat die Masse $m = 2\, m_0$, ein Proton mit der kinetischen Energie 938 MeV hat die Masse $m = 2\, m_p$. Für beide Fälle gilt $\alpha = 2$ und $v^2 = 0{,}75 \cdot c^2$. Für Elektronen vom DESY-Beschleuniger mit der kinetischen Energie 6 GeV ist $\alpha \approx 12000$. Für Protonen vom CERN-Beschleuniger mit der kinetischen Energie 30 GeV ist $\alpha \approx 31{,}6$.

Elektronen von 15 MeV und solche von 5000 MeV unterscheiden sich in v/c um $5 \cdot 10^{-4}$. Sie haben nämlich $v/c = 0{,}9995$ und $0{,}99999995$. Die Geschwindigkeit der Erde auf ihrer Bahn ist ungefähr 30 km/s; das bedeutet $v/c \approx 10^{-4}$.

Die Abhängigkeit der Masse von der kinetischen Energie ist bei der Konstruktion von Teilchenbeschleunigern (Zyklotron, Betatron, Synchrotron usw.) von Bedeutung. Ein Proton mit der kinetischen Energie 10 MeV hat eine um rund 1%, eines mit 1000 MeV eine um rund 100% gegenüber der Ruhemasse vergrößerte Masse.

Bei magnetischer Ablenkung werden die Teilchen nach dem Impuls getrennt, bei elektrischer Ablenkung (näherungsweise) nach der Energie.

6.2. Freie Ionen

6.2.1. Ionenstrahlen, Massenspektrometer

F/L 5.2.4

Der Ladungszustand von Ionenstrahlen („Kanalstrahlen“) kann sich beim Durchgang durch Gase (allgemein Materie) ändern; es erfolgt „Umladung“. Mit dem Massenspektrometer kann m/e von Teilchen sehr genau bestimmt und daraus die genaue Masse des Teilchens abgeleitet werden.

Schnell bewegte Ionen („Kanalstrahlen“) können beim Durchgang durch das Gas *umgeladen* werden, d. h. sie können jeweils ein Elektron aufnehmen (angliedern) oder abgeben. Bei höherer Geschwindigkeit überwiegt das Abreißen eines Elektrons (ionisieren), bei niedriger wird Aufnahme (und Wiederabgabe) eines Elektrons häufig. Der Ladungszustand ändert sich fortgesetzt.

H^+-Kanalstrahlen (schnell bewegte Protonen) mit kinetischer Energie von der Größenordnung 10 keV verwandeln sich während des Durchgangs durch verdünntes Gas (Gasdruck z. B. 10^{-3} mbar, 1 mbar und höher) zwischendurch in H^0 (neutrale Wasserstoffatome) und sogar H^--Ionen und wieder zurück. Dies wird z. B. in 7.5.1 angewendet. He^{++}-Kanalstrahlen (natürliche α-Teilchen radioaktiver Stoffe) bleiben beim Durchgang durch ein Gas bei höherer kinetischer Energie (z. B. > 2 MeV) fast dauernd zweifach positiv geladen, im Energiebereich um 1 MeV und darunter verwandeln sie sich zunehmend auch in He^+ oder He^0 und zurück. „Schwere“ Ionen (z. B. Li bis Uran) können hoch ionisiert werden, z. B. Sauerstoffionen von 16 MeV bestehen im Umladungsgleichgewicht aus 14% O^{5+}, 47% O^{6+}, 33% O^{7+}, 6% O^{8+}. Je höher die Geschwindigkeit der Ionen, umso höher werden sie ionisiert.

An Ionenstrahlen kann man durch Ablenkung entsprechend Abb. 368, S. 495 den Quotienten m/e der Ionen messen. Apparaturen zur Messung von m/e von Ionenstrahlen (Kanalstrahlen) werden als Massenspektrometer oder Massenspektrographen bezeichnet, je nachdem der Nachweis der abgelenkten Teilchen elektrisch oder photographisch geschieht. Im Folgenden wird durchweg der Ausdruck „Massenspektrometer“ verwendet. Auch hier sind Gl. (6-1a) und (6-2a) gültig und anwendbar. Aus der Ionenstrahlquelle können einfach, zweifach, dreifach,... geladene Teilchen derselben Atomart kommen. Dafür ergeben sich m/e-Werte, die im Verhältnis m/e, $m/2e$, $m/3e$,... stehen.

Die Teilchen im Ionenstrahlbündel haben stets etwas verschiedene *Richtungen,* d. h. sie laufen nicht genau parallel zueinander und haben etwas verschiedene *Geschwindigkeiten,* da sie in verschiedenen Teilen der Ionenquelle entstehen. Ein Massenspektrometer, das Teilchen mit demselben m/e trotzdem auf dieselbe Stelle vereinigt, heißt fokussierend. Es heißt geschwindigkeitsfokussierend, wenn die Geschwindigkeitsunterschiede der Teilchen keine Rolle spielen, es heißt richtungsfokussierend, wenn die Richtungsunterschiede, doppelfokussierend, wenn beide Unterschiede keine Rolle spielen. Heute verwendet man durchweg doppelfokussierende Massenspektrometer.

Die zu untersuchenden Ionenstrahlen treten durch einen (Eingangs-) *Spalt* in das Massenspektrometer ein und beschreiben zylindersymmetrische Bahnen, die sich in einer „Linie“ vereinigen. Diese Linie ist ein ionenoptisches Bild des Eingangsspaltes.

Um die Richtungsfokussierung einzusehen, betrachtet man ein schwach divergentes Bündel, das senkrecht zur magnetischen Feldrichtung in ein homogenes Magnetfeld eintritt. Es wird nach Ablenkung um 180° vereinigt, im transversalen elektrischen Feld nach $180°/\sqrt{2}$ (Abb. 371 b). Im magnetischen Fall kann man drei Kreise mit demselben Krümmungsradius zeichnen, deren Mittelpunkte M_1, M_2, M_3 auf einer geraden Linie senkrecht zu AB liegen mit M_2 auf AB. Die drei Kreise schneiden sich nahezu in den Punkten A und B, sie divergieren im Punkt A und konvergieren im Punkt B. Es genügt, wenn die gekrümmten Bahnen nur auf einem Sektor im magnetischen Feld verlaufen (Abb. 371 a), dann werden die von A′ ausgehenden Teilchen in B′ vereinigt, wobei die Punkte A′ M_2 B′ auf einer geraden Linie liegen.

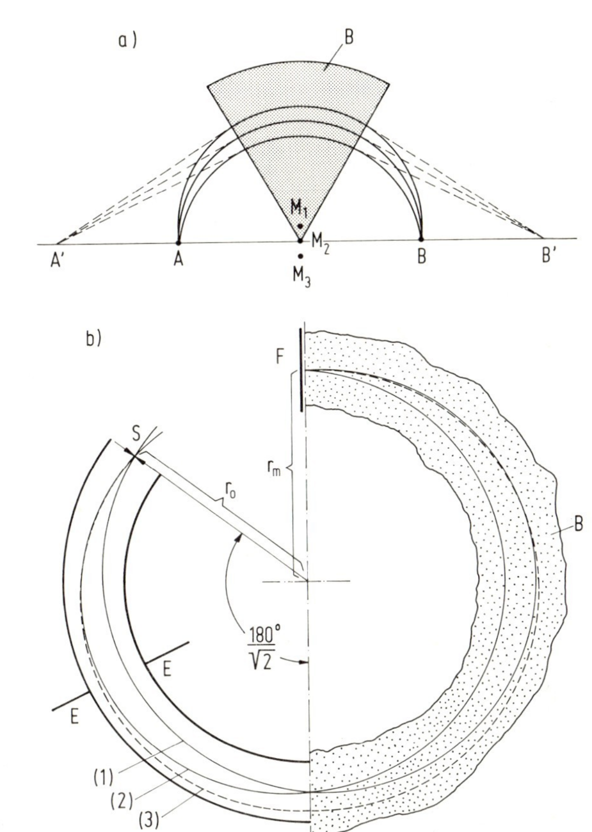

Abb. 371. Zur Doppelfokussierung.
a) Zur Richtungsfokussierung im magnetischen Sektorfeld (siehe Text).
b) Idealfall der Doppelfokussierung durch Kombination von Ablenkung im elektrischen und magnetischen Feld. F: Fokus (Photoplatte oder Austrittsspalt), S: Eintrittsspalt, E: Anschlüsse zu den Platten des elektrischen Zylinderfeldes, B: magnetische Flußdichte im homogenen magnetischen Feld. r_0: Krümmungsradius des elektrischen Zylinderfeldes in der Mitte zwischen den Feldplatten. Man stellt die elektrische Feldstärke E des Zylinderfeldes und B so ein, daß der Krümmungsradius r_e (im elektrischen Feld) und der Krümmungsradius r_m (im magnetischen Feld) gleich dem Krümmungsradius r_0 ist.

Diese Anordnung ist also richtungsfukussierend. Im elektrischen Feld (vgl. Abb. 371 b, linker Teil) tritt Richtungsfokussierung bereits nach $180°/\sqrt{2}$ ein. Doppelfokussierung wird erzielt mit einem elektrischen Zylinderfeld und einem homogenen magnetischen Feld, wie in Abb. 371 b dargestellt ist. Die ausgezogenen Linien 1, 2 gehören zu Teilchen, die bei S mit übereinstimmender Energie, jedoch unterschiedlicher Richtung eintreten; die gestrichelte Bahn 3 gehört zu Teilchen, die bei S mit einer Richtung wie Bahn 2 eintreten, aber etwas höhere kinetische Energie haben.

Als Beispiele sollen drei doppelfokussierende Feldanordnungen angegeben werden:

a) Idealfall der Doppelfokussierung (Abb. 371b),

b) die Anordnung von Mattauch und Herzog (1934),

Diese Anordnung war die erste doppelfokussierende und hat den Vorteil, daß die m/e-Skala auf der Platte linear ist.

c) Anordnung von Bainbridge (Nier) (Abb. 372).

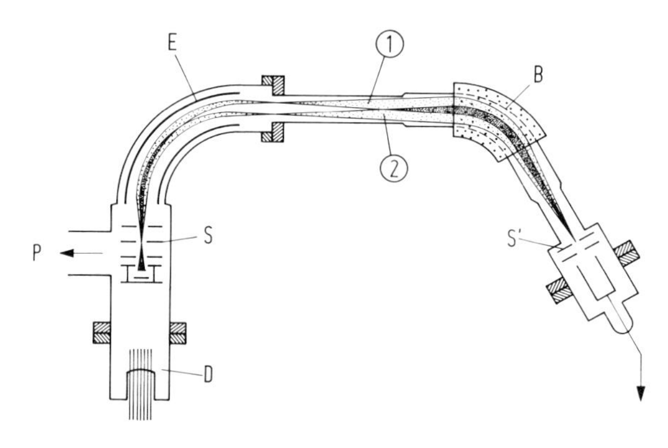

Abb. 372. Doppelfokussierendes Massenspektrometer nach Nier. S: Eintrittsspalt, S': Bild des Spaltes (Austrittsspalt), E und B: Ablenkfelder, P: zur Diffusionspumpe. D: Drahtdurchführungen, Verbindung zu den Elektroden der Ionenquelle (nicht gezeichnet).
Bündel (1) und (2): Bahnen von Teilchen gleicher Masse, aber etwas verschiedener kinetischer Energie.
Die eingezeichneten Elektroden werden benützt, um den Ionenstrahl zu erzeugen und seine Winkel- und Energieunschärfe in den gewünschten Schranken zu halten. (Nach A. Nier et al., Rev. Sci. Instr. *31*, 1128, (1960).)

Mit dem Massenspektrometer kann man zwei Aufgaben lösen:
1. Bestimmung des Häufigkeitsverhältnisses von Teilchenarten mit verschiedenen Massen
2. Präzisionsmessung von m/e und damit genaue Bestimmung der Masse bzw. der relativen Atommasse.

Definition. Unter der relativen Atommasse (früher „Atomgewicht") A_r versteht man die relative Masse des Atoms bezogen auf ^{12}C = 12,000000. Man setzt $m\,(^{12}\mathrm{C}) = 12\,u$. Daraus folgt $c^2 \cdot 1\,\mathrm{u} = 931{,}48$ MeV. Ein Atom mit der relativen Atommasse A_r hat die Masse*)

$$A_r \cdot \frac{1}{12}\,(\text{Masse von }^{12}\mathrm{C}) = A_r \cdot \frac{1}{12} \cdot \frac{12\ \mathrm{g}}{6{,}022 \cdot 10^{23}} = A_r \cdot 1{,}66 \cdot 10^{-27}\ \mathrm{kg}$$

A_r ist eine reine Zahl. Die Normierung auf C-12 wurde 1962 eingeführt. Dadurch wurde das frühere Nebeneinander einer chemischen Skala mit O (natürliche Isotopenmischung) = 16 und einer physikalischen Skala mit O-16 (Reinisotop) = 16 beseitigt.

Atommassen werden stets für *elektrisch neutrale* Atome angegeben. Aus m/e für einfach positiv geladene Ionen ergibt sich durch Multiplikation mit der Elementarladung die Masse des Ions und durch Addition der Masse des Elektrons die Masse des ungeladenen Atoms.

Wie die experimentelle Erfahrung zeigt, weichen die genauen „Atomgewichte" nur wenig von ganzen Zahlen ab. Die durch Abrunden (Aufrunden) des „Atomgewichts" A_r entstehende ganze Zahl nennt man Massenzahl M. Man gebraucht dafür heute lieber den Ausdruck Nukleonenzahl. Diese gibt an, aus wieviel Nukleonen der Atomkern besteht (7.3.3). Es gibt zwei Arten von Nukleonen, nämlich Protonen und Neutronen. Die Ordnungszahl Z, das ist die Nummer im Periodensystem der Elemente, ist die Anzahl der Protonen im Kern, $N = M - Z$ die Anzahl der Neutronen im Kern. Atome (Isotope, Nuklide) werden bezeichnet $^{M}_{Z}\mathrm{X}^{++}_{N}$. Dabei bedeutet X das Symbol des Elements (z. B. N, O, Cl usw.).

Historische Bemerkung: J. J. Thomson wies 1913 durch elektrische und magnetische Ablenkung von Ionenstrahlen nach, daß das Element Neon ($A_r = 20{,}2$) die Bestandteile ^{20}Ne und ^{22}Ne enthält.

Ein wichtiger Fortschritt war (ab 1920) der geschwindigkeitsfokussierende Massenspektrograph von Aston, der damit die Isotopenzusammensetzung der meisten chemischen Elemente erstmalig untersuchte.

---

* Man überlegt: 1 mol C-12 hat die Masse 12 g und besteht aus $6{,}06 \cdot 10^{23}$ Atomen.

6.2.2. Isotopie

Messungen von m/e an Ionenstrahlen zeigen, daß viele chemische Elemente Isotopengemische sind.

Das Verhältnis m/e für Ionen in Lösungen ist bereits bei der Elektrolyse angegeben worden (4.3.2.2). Man kann m/e aber auch an Ionenstrahlen desselben chemischen Elements im Massenspektrometer messen. Die auf beiden Wegen bestimmten m/e-Werte stimmen bei manchen chemischenElementen überein (Reinelemente), bei anderen dagegen *nicht* (Isotopengemische). Tab. 44 enthält einige Ergebnisse nach beiden Methoden.

Tabelle 44. Elektrolytische und massenspektroskopische Werte von m/e.

Element	elektrolytisch bestimmtes m/e	mit Ionenstrahlen bestimmtes m/e	Häufigkeitsanteil
H	1,008 · 10,36 μg/Cb	1,008 · 10,36 μg/Cb	99,9%
Na	22,99 · („)	23 · („)	100 %
Cu	63,54 · („)	63 · („)	70 %
		65 · („)	30 %
Ag	107,87 · („)	107 · („)	52,5%
		109 · („)	47,5%

Die Werte in Spalte 2 entsprechen der Atomgewichtstabelle der Chemiker, die ganzzahligen Werte in Spalte 3 sind Näherungswerte.

Von den m/e-Werten ist der Faktor 10,36 μg/Cb wie in 4.3.2.2 abgespalten. Der dabei entstehende andere Faktor ist A_r/n. Für $n = 1$ (bei einfach geladenen Ionen) wird daraus die relative Atommasse A_r (genauer: Atommasse minus Masse eines Elektrons).

Aus den Werten für m/e erhält man leicht die genaue Masse der Atomart. Man gibt stets die Masse des *elektrisch neutralen* Atoms an. Bei einem Atom der Ordnungszahl Z setzt sich seine Masse zusammen aus der Masse des Atomkerns und aus der Masse der Elektronen, deren Anzahl Z beträgt.

Die verschiedenen Arten von Atomen (nicht Atomkernen!) nennt man *Nuklide*. Das Nuklid besteht aus Atomkern und der vollständigen Elektronenhülle. Atomarten, die zum selben chemischen Element gehören, nennt man *Isotope* des Elements; sie enthalten gleichviele Protonen (7.3.3). „Isotop" bedeutet am selben Platz des Periodensystems der chemischen Elemente stehend. Isotope unterscheiden sich wesentlich in ihren Atom*kernen*, aber nicht im Aufbau ihrer Elektronenhüllen. Das ergibt sich, wenn man ihre chemischen Eigenschaften und ihr spektroskopisches Verhalten untersucht.

Beispiel. $^{107}_{47}Ag$, $^{109}_{47}Ag$ sind zwei (stabile) Isotope des Elements Silber.

Nuklide mit derselben Massenzahl nennt man *Isobare*.

Beispiel. Die stabilen Nuklide $^{130}_{52}Te$, $^{130}_{54}Xe$, $^{130}_{56}Ba$ sind isobar.

Nuklide, bei denen die Differenz Massenzahl minus Ordnungszahl (= Neutronenzahl N) gleich ist, heißen *Isotone*.

Beispiel. $^{86}_{36}Kr$, $^{87}_{37}Rb$, $^{88}_{38}Sr$, $^{89}_{39}Y$, $^{90}_{40}Zr$, $^{92}_{42}Mo$.

Nach Ausweis der m/e-Messungen an Ionenstrahlen besteht z. B. Silber aus zwei, Kupfer aus zwei, Zink aus fünf, Quecksilber aus acht, Xenon aus neun (stabilen) Isotopen.

Es gibt auch chemische Elemente, die keine Isotopengemische sind, man nennt sie *Reinelemente*. Es gibt 22 Reinelemente, dazu gehören z. B. Natrium, Phosphor, Aluminium, Jod, Gold.

An Silber-Ionenstrahlen beobachtet man Teilchen mit den Massenzahlen 107 und 109, mit den Häufigkeiten 51,35% und 48,65%. Die relative Atommasse der Mischung ergibt sich zu

$$0{,}5135 \cdot 106{,}90509 + 0{,}4865 \cdot 108{,}90476 = 107{,}870$$

in Übereinstimmung mit dem bei der elektrolytischen Messung gefundenen Wert.

Die Masse des Atomkerns $^{107}_{47}\mathrm{Ag}$ erhält man, indem man von der Atommasse 106,90509 u die Masse von 47 Elektronen, also $47 \cdot 0{,}0005486$ u abzieht.

Durch künstliche Kernumwandlung lassen sich weitere Nuklide (Isotope) herstellen, bei Silber z. B. die radioaktiven Nuklide $^{106}\mathrm{Ag}$, $^{108}\mathrm{Ag}$, $^{110}\mathrm{Ag}$, oder bei $^{23}\mathrm{Na}$ die radioaktiven Nuklide $^{22}\mathrm{Na}$ und $^{24}\mathrm{Na}$, usw.

Weiteres Beispiel: An Ionenstrahlen von Molybdän ergeben sich die

Massenzahlen:	92	94	95	96	97	98	100
mit den Häufigkeiten in Prozenten:	15,84	9,04	15,72	16,53	9,46	23,78	9,63

6.2.3. Relative Atommasse, Massendefekt

Wenn beim Zusammensetzen eines Atomkerns (oder eines Atoms) aus seinen elementaren Bestandteilen Energie frei wird, dann geht damit auch Masse verloren. Massendekrement multipliziert mit c^2 ergibt die Bindungsenergie des Kerns (Atoms).

Die relative Atommasse nannte man früher „Atomgewicht“. Sie kann durch Wägung bestimmt werden. Heute verwendet man dazu bevorzugt das sehr genaue und empfindliche massenspektroskopische Verfahren. Wegen Gl. (1-22) erhält man auf beiden Wegen eine Information derselben Art.

Wie erwähnt, weichen die genauen relativen Atommassen nur wenig von ganzen Zahlen ab. Diese Abweichungen ermöglichen wegen Gl. (6-7) Schlüsse auf die Bindungsenergie der Kerne. Tab. 59 in 9.6.3 enthält genaue Massenwerte für 20 ausgewählte Nuklide.

Da die elektrische Ladung nur in (exakt) ganzzahligen Vielfachen der Elementarladung auftritt, sollten $^{20}\mathrm{Ne}^+$ (einfach geladen) und $^{40}\mathrm{Ar}^{++}$ (doppelt geladen) dasselbe m/e ergeben. Dies ist zwar auch näherungsweise der Fall. Aus Messungen in hochauflösenden Massenspektrometern zeigt sich jedoch, daß die Masse von $^{40}_{18}\mathrm{Ar}^{++}$ etwas kleiner ist als das doppelte der Masse von $^{20}_{10}\mathrm{Ne}^+$, auch wenn man bei Ne die Masse von einem, bzw. bei Ar die Masse von zwei Elektronen addiert, um auch die Anzahl der Elektronen auf 10 : 20 zu bringen. Daraus folgt: Die Masse des Atom*kerns* von $^{40}\mathrm{Ar}$ ist kleiner als das doppelte der Masse des Atomkerns von $^{20}\mathrm{Ne}$. Man spricht von einem „Massendefekt“, vgl. dazu Abb. 373.

Dieser Massendefekt hängt damit zusammen, daß nach 6.1.6 kinetische Energie Masse besitzt. Diese Beziehung läßt sich – wie das folgende zeigt – auf andere Energieformen übertragen. Man findet: Wenn Nukleonen im Atomkern vereinigt werden, wird bei ihrer Zusammenführung Bindungsenergie W frei. Da eine Energie W die Masse W/c^2 hat, geht

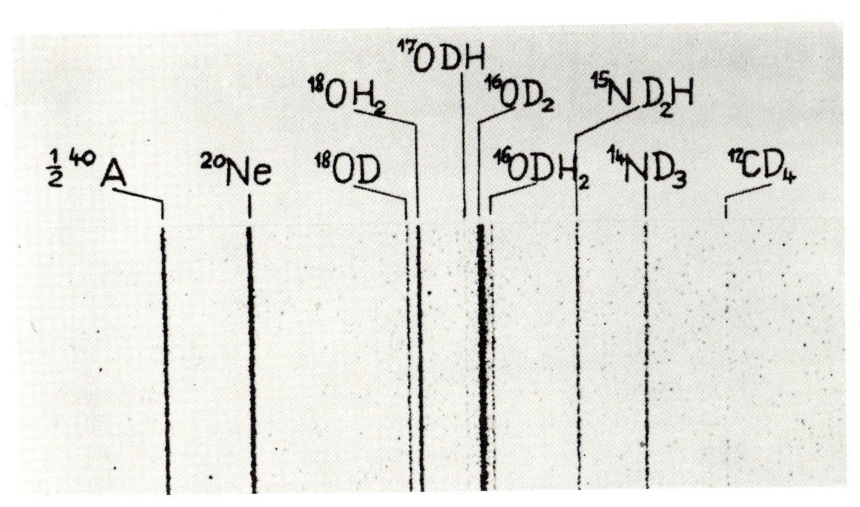

Abb. 373. Zum Massendefekt bei Atomen und Molekülen mit $(A_r/e) \approx 20$. Im hochauflösenden Massenspektrometer erweist sich die Masse von $(1/2) \cdot {}^{40}Ar^{++}$ als kleiner als die von ${}^{20}Ne^{+}$ und diese wiederum als kleiner als die von $({}^{18}OH_2)^{+}$ usw. Beim Einbau eines Nukleons in den Kern (z. B. von ${}^{12}CD_4$ zu ${}^{14}ND_3$ zu ${}^{16}OD_2$ usw.) wird viel Energie frei (die Masse nimmt ab). Chemische Bindungsenergien sind demgegenüber klein, der Chemiker muß daher nicht mit Massendefekten rechnen. – Nach R. Bieri, F. Everling u. J. Mattauch, Z. Naturforsch. *10a*, 666a (1955).

damit auch Masse weg. Das „Atomgewicht" wird um 0,001 erniedrigt, wenn eine (Bindungs-) Energie 0,931 MeV abgegeben worden ist.

Begründung. Masse $0{,}001 \cdot 1{,}66 \cdot 10^{-30}$ kg $= 0{,}931 \cdot 10^{6} \cdot 1{,}6 \cdot 10^{-19}$ Cb $\cdot$ 1 V/$(3 \cdot 10^{8}$ m/s$)^2$, da 1 V Cb $=$ 1 N $\cdot$ m $=$ 1 kg (m/s)^2 ist.

Zur Beschreibung werden einige neue Begriffe benötigt: Die Summe der Massen der nichtgebundenen Bestandteile eines Atoms soll mit Σ bezeichnet werden, mit A dagegen die genaue Masse des Atoms, in dem die Bestandteile gebunden sind, und mit M die Massenzahl. Man nennt $\delta = \Sigma - A$ Massendekrement

$\Delta = M - A$ Massendefekt

Das Massendekrement ist der Bindungsenergie proportional. Der Massendefekt, der ja ziemlich willkürlich normiert ist, kann besonders bei Kernen mit Massenzahlen $\lesssim 12$ auch negativ sein.

Abb. 373 zeigt (vgl. die Legende), daß das Massendekrement der Kerne umso größer ist, je mehr Teilchen in einem Kern vereinigt sind, nicht nur in einem Molekül.

Beispiel. Für das Atom des gewöhnlichen elektrisch neutralen ${}^{4}_{2}He$ ist $Z = 2$, $A = 4{,}002\,603$, $M = 4$

$$\Sigma = 2 \cdot 1{,}007\,825 + 2 \cdot 0{,}000\,548 + 2 \cdot 1{,}008\,665 = 4{,}034\,076$$

Massendekrement $\quad \delta = \Sigma - A = 4{,}034\,076 - 4{,}002\,603 = 0{,}031\,473$

Massendefekt $\quad \Delta = M - A = -0{,}002\,603$

Bindungsenergie $\quad W = 31{,}473 \cdot 0{,}931$ MeV $\approx 29{,}2$ MeV

Die genauen Massen einiger Nuklide (Isotope) kann man aus Tab. 59 (Seite 656) entnehmen.

6.3. Wechselwirkung von Lichtquanten und Elektronen

F/L 5.1.2

6.3.1. Lichtelektrischer Effekt (Photoeffekt)

Die maximale kinetische Energie von Elektronen, die durch Licht einheitlicher Frequenz aus einer Metalloberfläche ausgelöst werden, beträgt

$$W_{\text{kin}}\,(\text{max}) = h \cdot (\nu - \nu_0) = h\nu - P$$

P heißt Bindungsenergie (der ausgelösten Elektronen). W_{kin} ist unabhängig von der einfallenden Strahlungsleistung.

Trifft kurzwelliges Licht (z. B. Licht eines elektrischen Funkens oder einer Quecksilberlampe) auf eine blanke Metalloberfläche (z. B. aus Zink), so werden aus dieser Oberfläche während der Belichtung Elektronen ausgesandt (Hallwachs 1888). Das Experiment kann in Luft oder in Vakuum durchgeführt werden. Man nennt diese Erscheinung (äußeren) lichtelektrischen Effekt oder (äußeren) *Photoeffekt.*

Bei der systematischen Untersuchung dieser Erscheinung findet man folgende Tatsachen:

1. Während der Einstrahlung geht negative Ladung von der bestrahlten Platte weg.
2. Es handelt sich um Teilchen mit $m/e = 5{,}65 \cdot 10^{-12}$ kg/Cb, also um Elektronen.
3. Es gibt eine „langwellige Grenze“ λ_0, d. h. nur Licht mit Wellenlängen kleiner als λ_0, d. h. Frequenzen größer als $\nu_0 = c/\lambda_0$, vermag Elektronen auszulösen. Verschiedene Oberflächen haben verschiedene langwellige Grenzen.
4. Zwischen der maximalen kinetischen Energie der ausgesandten Elektronen und der Frequenz des eingestrahlten Lichtes besteht ein linearer Zusammenhang, der wiedergegeben wird durch

$$(W_{\text{kin}})_{\text{max}} = h\,(\nu - \nu_0) = h\nu - P \tag{6-13}$$

Man nennt $P = h\nu_0$ die Ablösearbeit der Elektronen.

5. Die kinetische Energie der ausgesandten Elektronen ist unabhängig von der Strahlungsleistung (Intensität) des einfallenden Lichtes.

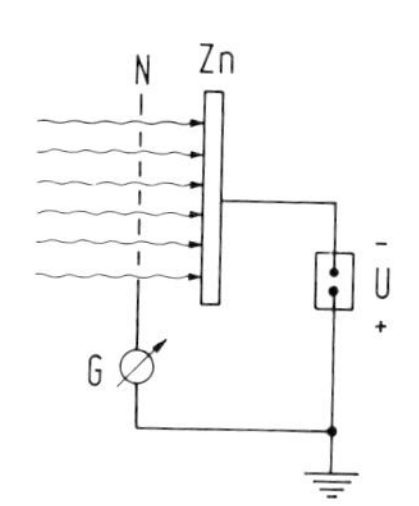

Abb. 374. Lichtelektrischer Effekt (äußerer Photoeffekt). N: Gitter, Zn: Zinkplatte, G: Galvanometer, U: Spannungsquelle. Wenn Licht genügend kleiner Wellenlänge auf die Zinkplatte fällt, treten Elektronen aus. Diese werden zum Gitter gezogen, wenn die Spannungsquelle wie gezeichnet geschaltet ist.

Zu 1. Die Metallplatte (Zinkplatte) wird über ein Galvanometer geerdet und ihr ein Drahtnetz gegenübergestellt (Abb. 374). Wird die Platte an negative Spannung gelegt (z. B. −100 V im Abstand von 1 cm), dann fließt während der Bestrahlung elektrischer Strom. Wird die Platte jedoch an positive Spannung (z. B. +100 V) gelegt, dann fließt kein Strom.

Folgerung. Von der Platte geht negative Ladung aus. Mit dem Zählrohr (6.5.1.2) kann man nachweisen, daß es sich um Einzelteilchen handelt und kann diese – wenn gewünscht – zählen.

Zu 2. Bestimmt man m/e der Teilchen, die von der bestrahlten Platte weggehen, nach 6.1.4, dann erhält man den für Elektronen charakteristischen Wert.

Zu 3. Strahlt man mit $\lambda = 600$ nm (Rotlicht) auf Zn ein, so werden keine Elektronen ausgesandt. Strahlt man Ultraviolettlicht (z. B. $\lambda = 250$ nm) ein, so werden Elektronen ausgesandt. Zwischen diesen Werten von λ gibt es eine wohl definierte „langwellige Grenze" λ_0; nur Einstrahlen von Licht mit Wellenlängen kleiner als λ_0 bewirkt Elektronenaussendung. Man nennt λ_0 die langwellige Grenze des Photoeffekts. Es erweist sich als zweckmäßig, statt der Wellenlänge die Frequenz einzuführen.

Die langwellige Grenze λ_0 (die Grenzfrequenz $\nu_0 = c/\lambda_0$) hängt ab vom Material der Oberfläche und deren Oberflächenzustand (Oxid- oder Wasserhaut, adsorbiertes und gelöstes Gas).

Zu 4. Die ausgesandten Elektronen haben kinetische Energien von Null bis zu einer Maximalenergie. Diese letztere kann gemessen werden durch Bestimmung der Gegenspannung, gegen die solche Elektronen gerade noch (gerade nicht mehr) anlaufen können. Dazu eignet sich eine Anordnung wie in Abb. 375.

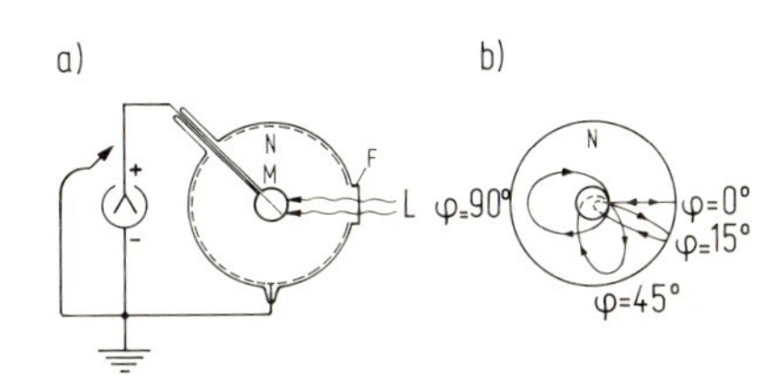

Abb. 375. Messung der kinetischen Energie von Photoelektronen.
a) M: Aluminiumkugel mit oxidfreier Oberfläche, Drahtverbindung nach außen. N: Glaskugel, innen mit aufgedampfter Silberschicht, die über einen eingeschmolzenen Draht geerdet ist, F: Fenster, L: Lichtbündel.
Läßt man kurzwelliges Licht genügend hoher Frequenz auf die Al-Kugel M fallen, so lädt sie sich positiv auf.
b) Elektronenbahnen für verschiedene Austrittswinkel φ, nachdem die maximale Spannung U fast erreicht ist (Keplerellipsen).

Die Außenkugel ist geerdet. Die innere Kugel ist mit einem statischen Voltmeter verbunden, sie wird bei Beginn des Versuches kurz geerdet und dann wieder von der Erde getrennt. Wenn Licht auf die innere Kugel fällt, werden von ihr Elektronen ausgesandt. Sie lädt sich dadurch positiv auf. Dadurch wird ein rücktreibendes elektrisches Feld erzeugt. Wenn schließlich die Maximalspannung U erreicht ist, werden auch die energiereichsten ausgesandten Elektronen gerade noch (gerade schon) auf die Innenkugel zurückgeholt.

Dann ist $e\,U$ die kinetische Energie der energiereichsten ausgesandten Elektronen. An der Außenkugel sollen dabei möglichst keine Elektronen ausgelöst werden (etwa durch Streulicht); sonst muß man den „Rückstrom" berücksichtigen.

Die meisten der ausgesandten Elektronen haben geringere als die maximale Energie, weil sie im Innern der bestrahlten Schicht ausgelöst werden und auf ihrem Weg zur Oberfläche mit Atomen oder Elektronen zusammenstoßen und dabei Energie verlieren.

Zu 5. Man kann Licht mit großer oder kleiner Intensität S einfallen lassen. Da die elektrische Feldstärke $\vec{E}$ in elektromagnetischen Wellen mit der Intensität S nach

$$|\vec{S}| = \gamma_{\mathrm{em}} \, |\vec{E} \times \vec{H}| = c \cdot \varepsilon_0 \, E^2$$

zusammenhängt [vgl. 4.5.3.4, Gl. (4-136b)], hatte man zur Zeit der Entdeckung des äußeren Photoeffekts erwartet, daß mit zunehmender Strahlungsleistung S (bei unveränderter Frequenz des Lichtes) die kinetische Energie der ausgesandten Elektronen zunimmt. Die experimentelle Untersuchung lieferte aber ein ganz anderes Ergebnis (Lenard 1902): Erhöht man die Intensität des Lichtes, z. B. auf das zehnfache, so werden 10mal *mehr Elektronen* ausgesandt, deren *kinetische Energie* bleibt aber *unverändert*. Daraus ist zu schließen: Jedes ausgesandte Elektron hat aus der Strahlung dieselbe Energiemenge erhalten: Es hat ein *Lichtquant* absorbiert. Die Lichtabsorption (und nach 6.3.3 auch die Emission) von Licht erfolgt *quantenhaft*. Einstein stellte daher 1905 die Hypothese auf, daß nicht nur der Absorptionsakt quantenhaft erfolgt, sondern daß das Licht schon in der Strahlung *in Form von Lichtquanten vorliegt*. Die Intensität S ist dann bestimmt durch die Anzahl von Lichtquanten je Fläche und Zeit. Aus photochemischen Beobachtungen und aus dem Compton-Effekt geht hervor (6.3.2), daß diese Aussage Einsteins der Wirklichkeit entspricht. Für *diese* Arbeit erhielt Einstein den Nobelpreis.

Wird nacheinander Licht verschiedener einheitlicher Frequenzen eingestrahlt, so ergibt sich experimentell (Millikan 1911) der aus Abb. 376 (unten), Tab. 45 ersichtliche lineare Zusammenhang zwischen (maximaler) kinetischer Energie der Elektronen und Frequenz ν des Lichtes. Er läßt sich, wie bereits notiert [Gl. (6-13)], wiedergeben durch

$$W_{\text{kin}} = eU = h(\nu - \nu_0) = h\nu - P \quad \text{mit} \quad h = \text{const.}$$

$P = h\nu_0$ ist die ebenfalls schon erwähnte Ablösearbeit der Elektronen. Sie ist auch schon bei der Glühemission (4.3.1.3) aufgetreten. Eine Lichtenergie vom Betrag $h\nu$ nennt man ein *Photon*, oder ein Lichtquant.

Die hier auftretende universelle Konstante h spielt bei allen gequantelten Vorgängen die maßgebende Rolle. Sie wurde von M. Planck 1900 in anderem Zusammenhang entdeckt (vgl. 5.7). Sie hat die Dimension „Wirkung" = (Energie · Zeit) und wird Plancksche Konstante oder *Plancksches Wirkungsquantum* genannt.

Am besten ist die Messung mit monochromatischem Licht in der Anordnung Abb. 375 auszuführen. Die Messungen der Tab. 45 sind mit unzerlegtem Licht und mit Lichtfiltern ausgeführt, die nur Licht bis zu einer Maximalfrequenz (Spalte 2) durchlassen. Größere Frequenz liefert größere Maximalenergie der Elektronen. Die Anwesenheit kleinerer Frequenzen im Filterlicht hat keinen Einfluß.

Tabelle 45. Photoeffekt an einer Metalloberfläche.

minimale Wellenlänge λ	Frequenz $\nu = c/\lambda$	Quanten-energie $h\nu$	abgelesene Gegenspannung	tatsächliche Gegenspannung	$W_k = eU$ aus $h\nu - h\nu_0$
490 nm	$6{,}10 \cdot 10^{14}\ \text{s}^{-1}$	2,52 eV	0,80 V	1,00 V	1,00 eV
550 nm	$5{,}45 \cdot 10^{14}\ \text{s}^{-1}$	2,25 eV	0,55 V	0,75 V	0,75 eV
600 nm	$5{,}00 \cdot 10^{14}\ \text{s}^{-1}$	2,06 eV	0,35 V	0,55 V	0,55 eV
670 nm	$4{,}47 \cdot 10^{14}\ \text{s}^{-1}$	1,85 eV	0,15 V	0,35 V	0,35 eV
825 nm	$3{,}63 \cdot 10^{14}\ \text{s}^{-1}$	1,50 eV	−0,20 V	0	0

Ausrechnung: $\lambda = 490\ \text{nm};\ \nu = c/\lambda = (3 \cdot 10^8\ \text{m/s})/(0{,}490 \cdot 10^{-6}\ \text{m}) = 6{,}10 \cdot 10^{14}\ \text{s}^{-1}$
$h\nu = 6{,}62 \cdot 10^{-34}\ \text{Js} \cdot 6{,}10 \cdot 10^{14}\ \text{s}^{-1} = 0{,}404 \cdot 10^{-18}\ \text{J}$

$\lambda_0 = 825\ \text{nm};\ \nu_0 = 3{,}63 \cdot 10^{-14}\ \text{s}^{-1};\ h\nu_0 = 0{,}240 \cdot 10^{-18}\ \text{J} = 1{,}50\ \text{eV}$

Die Werte der Spannung U sind in Abb. 376 in Abhängigkeit von der Frequenz des Lichtes aufgetragen.

Abb. 376. Maximale kinetische Energie der Photoelektronen in Abhängigkeit von der Frequenz des einfallenden Lichtes.
W_{kin} ist die (maximale) kinetische Energie der Elektronen,
U ist die am Instrument abgelesene Maximalspannung,
ν ist die Frequenz des einfallenden Lichtes,
U_{kont} ist die Kontaktspannung (4.3.3.1) zwischen den beiden Metallen (hier $U_{\text{kont}} = 0{,}2$ eV $= (h\nu_0' - h\nu_0)$,
ν_0 ist die Grenzfrequenz des Photoeffekts für das Metall der Innenkugel,
ν_0' für das Material der Auffängerkugel.
Die Steigung der Geraden $U = f(\nu)$ ergibt h/e.

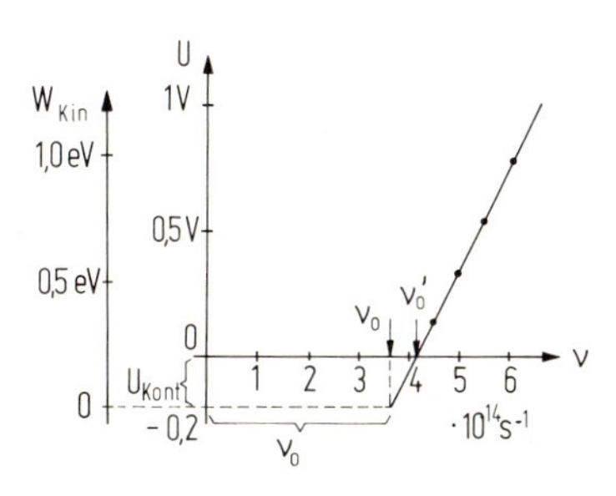

Man erhält eine Gerade, deren Steigung die Plancksche Konstante h liefert. Mit Werten aus der Tab. 46 erhält man

$$h = \frac{\Delta W_{\text{kin}}}{\Delta\nu} = \frac{e\cdot\Delta U}{\Delta\nu} = \frac{e\cdot(0{,}8 - 0{,}15)\text{ V}}{(6{,}1 - 4{,}5)\cdot 10^{14}\text{ s}^{-1}} = \frac{1{,}6\cdot 10^{-19}\text{ As}\cdot 0{,}65\text{ V}}{1{,}6\cdot 10^{14}\cdot\text{s}^{-1}} = 6{,}5\cdot 10^{-34}\text{ Js.}$$

Präzisionsmessungen ergeben den Wert

$$h = 6{,}6256\cdot 10^{-34}\text{ Js} = 6{,}6256\cdot 10^{-27}\text{ erg}\cdot\text{s}$$

Wenn man Licht einer bestimmten einheitlichen Quantenenergie von wenigen eV auf Metalloberflächen fallen läßt, werden Leitfähigkeitselektronen (Fermi-Verteilung, Abb. 232) ausgelöst. Ausgesandt werden dann, selbst bei dünnsten Schichten, Elektronen mit einer kontinuierlichen Energieverteilung von einem Maximalwert bis zu Null. Wenn man dagegen Lichtquanten mit einheitlicher Quantenenergie der Größenordnung 10 keV, 100 keV oder darüber einstrahlt, bekommt man Elektronen mit diskreten einheitlichen Werten der kinetischen Energie, und zwar treten kinetische Energien $eU_1 = h\nu - P_1$, $eU_2 = h\nu - P_2$, $eU_3 = h\nu - P_3$ usw. auf, wo $P_1, P_2, P_3 \ldots$ die Ablösearbeiten für Elektronen aus verschiedenen Bindungszuständen bedeuten, vgl. weiter unten Niveaus, Abb. 385.

6.3.2. Quantenstruktur des Lichtes, Compton-Effekt, Paarbildung *F/L 5.1.3 u. 5.1.4*

Licht der Frequenz ν besteht aus *Photonen* der Energie $h\nu$. Beim Comptoneffekt stoßen Photonen gegen (nahezu) freie Elektronen.

Das Ergebnis des folgenden Paragraphen lautet: In elektromagnetischer Wellenstrahlung (Licht) ist die Energie zerlegt in Energieportionen, die sich fast wie Teilchen verhalten. Diese Energieportionen nennt man *Photonen* oder Lichtquanten. Sie besitzen auch Impuls. Ein einzelnes Lichtquant hat die Energie $h\nu = hc/\lambda$, den Impuls $h\nu/c$, die Masse $h\nu/c^2$, im materiefreien Raum bewegt es sich mit der Geschwindigkeit c. Langwelliges Licht besteht aus energiearmen Photonen, kurzwelliges aus energiereichen.

Aus dem Gesetz Gl. (6-13)

$$eU = h(\nu - \nu_0) = h\nu - P$$

geht hervor, daß im günstigsten Fall die Energie eines einzigen Lichtquants (abzüglich der Austrittsarbeit P) als kinetische Energie eU auf ein einziges Elektron vollständig übertragen wird. In vielen Fällen (z. B. beim Photoeffekt an Metalloberflächen) erhält das austretende Elektron nur einen Teil davon.

Durch eine bestimmte Strahlungsenergie W wird eine bestimmte Anzahl Z von Elektronen ausgesandt. Erhöht man W, so wird die Anzahl Z erhöht. Deshalb kann man ansetzen

$$Z = k\,\frac{W}{h\nu} \tag{6-14}$$

wo W die eingestrahlte Energie, ν die Frequenz des eingestrahlten Lichtes ist. k heißt *lichtelektrische Ausbeute.* Man findet tatsächlich unter besonderen Umständen (z. B. Photoeffekt an Gasen durch Röntgenstrahlen) als Grenzfall $k = 1$. Dann gilt

$$Z = \frac{W}{h\nu} \quad \text{(Einsteinsches Äquivalentgesetz)} \tag{6-14a}$$

Für $\nu < \nu_0$ bzw. $\lambda > \lambda_0$ ist $k = 0$ („kein Photoeffekt"). Dadurch sind λ_0 und ν_0 definiert.

Beim äußeren Photoeffekt im Ultraviolett (z. B. Zink), nimmt k von der langwelligen Grenze an nach kleineren Wellenlängen monoton zu und erreicht bei $\lambda = 200$ nm Werte um 10^{-4} bis 10^{-3}, d. h. der größte Teil des Lichtes wird absorbiert, *ohne daß* ein Elektron aus der Oberfläche ausgesandt wird. An dünnen Cäsiumschichten auf geeigneter Unterlage ergeben sich im Sichtbaren ($\lambda \approx 500$ nm) unter Umständen maximal 10^{-2}. Das ist für sichtbares Licht und für äußeren Photoeffekt ein relativ hoher Wert.

Ein wichtiger Hinweis für die Quantenstruktur des Lichtes sind *photochemische Umsetzungen.* Sie treten nur ein, wenn eine Mindestfrequenz ν_0 überschritten ist und damit eine Mindestenergie $h\nu > h\nu_0$ zur Verfügung steht. Es gibt also auch bei photochemischen Umwandlungen eine *langwellige Grenze.* Man bewahrt daher lichtempfindliche Chemikalien in Gläsern auf, die das kurzwellige (blaue, violette) Licht nicht durchlassen (gelbes oder braunes Glas).

Für die Anzahl Z der durch die Energie W beim Einstrahlen mit Licht einer Frequenz ν ($> \nu_0$) umgesetzten Moleküle gilt ebenfalls

$$Z = k \cdot \frac{W}{h\nu} \quad \text{mit} \quad 1 > k > 0. \tag{6-14b}$$

Es gibt photochemische Reaktionen, bei denen $k = 1$ ist. Dann wird ein *einziges* Molekül durch ein *einziges* Photon zerlegt. Die Anzahl der absorbierten Photonen ist dann gleich der Anzahl der zerlegten Moleküle. Auch hieraus ist zu schließen: Die Lichtenergie wird in „Quanten" absorbiert; die in elektromagnetischer Strahlung übertragene Energie ist gequantelt. Wenn jedes Photon (Lichtquant) vollständig absorbiert wird, liegt „Photoeffekt" vor.

Wenn 1 eV je Atom (Molekül) übertragen wird, so sind das 23,1 kcal/mol.

Beweis.

$$1\ \text{eV} \cdot 6{,}02 \cdot 10^{23} = 1{,}6 \cdot 10^{-19}\ \frac{\text{J}}{\text{Teilchen}} \cdot 6{,}02 \cdot 10^{23}\ \frac{\text{Teilchen}}{\text{mol}} \cdot 0{,}24\ \frac{\text{cal}}{\text{J}} = 23{,}1\ \frac{\text{kcal}}{\text{mol}}$$

Der Energieinhalt der Lichtquanten $h\nu$ ist, wie gesagt, proportional zur Frequenz $\nu = c/\lambda$. Die folgende Tab. 46 enthält in Zeile 2 bestimmte Wellenlängen, in Zeile 3 die Energien, die in einem einzigen Lichtquant dieser Wellenlängen vereinigt sind.

Strahlt man die Energie 1 J als Licht ein, so besteht sie bei einer Wellenlänge $\lambda = 1\ \mu$m (nahes Ultrarot) aus rund $4{,}8 \cdot 10^{18}$ Photonen, bei $\lambda = 0{,}1$ Å (Röntgengebiet) nur noch aus

Tabelle 46. Quantenenergie und Wellenlänge von Photonen (Lichtquanten).

Strahlenart	nahes Ultrarot	sichtbares Rotlicht	Ultraviolett	weiche Röntgenstrahlen	Röntgenstrahlen	harte γ-Strahlen
Wellenlänge λ	1 μm	620 nm	254 nm	0,1 nm 1 Å	0,01 nm 0,1 Å	0,00047 nm 0,0047 Å
Quantenenergie						
in J	$1{,}98 \cdot 10^{-18}$	$3{,}2 \cdot 10^{-19}$	$7{,}76 \cdot 10^{-19}$	$1{,}98 \cdot 10^{-15}$	$1{,}98 \cdot 10^{-14}$	$4{,}15 \cdot 10^{-13}$
in eV	1,241	2	4,85	12410	124100	2620000

$4{,}8 \cdot 10^{13}$ Photonen. Quantenenergie und zugehörige Wellenlänge kann man leicht ineinander umrechnen, denn das Produkt aus Wellenlänge λ mal Quantenenergie $h\nu$ ergibt eine Konstante, nämlich $1{,}241$ eV $\cdot$ 1 μm $= 12{,}41$ keV $\cdot$ 1 Å.

Beweis. $\lambda \cdot h\nu = h \cdot c = 6{,}62 \cdot 10^{-34}$ Js $\cdot\ 3 \cdot 10^8$ m/s $= 19{,}8 \cdot 10^{-26}$ J m
$1{,}241$ eV $\cdot$ 1 μm $= 1{,}241 \cdot 1{,}6 \cdot 10^{-19}$ J $\cdot\ 10^{-6}$ m $= 19{,}8 \cdot 10^{-26}$ J m.

Außer der Absorption von Licht gibt es den Stoß eines Lichtquants gegen ein (nahezu freies) Elektron („Compton-Effekt"), entdeckt von A. H. Compton 1922. Dieser Effekt spielt gegenüber dem Photoeffekt mit zunehmender Quantenenergie eine zunehmende Rolle, vgl. Abb. 394. Für eine bestimmte Quantenenergie, die von Z abhängt, sind beide Prozesse gleich häufig.

Ein Lichtquant hat außer seiner Energie wegen $W = m \cdot c^2$ die Masse $m = h\nu/c^2$. Da seine Geschwindigkeit c ist, hat es den Impuls $m \cdot v = h\nu/c^2 \cdot c = h\nu/c$. Der Stoß des Lichtquants und des Elektrons erfolgt dabei ähnlich wie der Stoß materieller Körper (z. B. von Stahlkugeln 1.3.6.2). Auf das gestoßene Elektron wird ein Teil der Energie des Lichtquants übertragen. Das gestreute Lichtquant hat eine je nach dem Streuwinkel verminderte Quantenenergie (größere Wellenlänge λ'). Beim Compton-Effekt bleiben Energie und Impuls erhalten. Daher gilt

$$h\nu_0 = h\nu' + (m - m_0)\,c^2 \qquad \text{(Energieerhaltung)}$$

$$h\nu_0/c = mv\cos\phi + \frac{h\nu'}{c}\cos\Theta \qquad \text{(Impulserhaltung} \leftarrow\ \rightarrow)$$

$$0 = mv\sin\phi + \frac{h\nu'}{c}\sin\Theta \qquad \text{(Impulserhaltung} \updownarrow)$$

Durch Umformen erhält man

$$\Delta\lambda = (\lambda' - \lambda_0) = \lambda_c\,(1 - \cos\Theta) \tag{6-15}$$

$\lambda_c = h/(m_0\,c) = 24{,}262$ mÅ wird Compton-Wellenlänge des Elektrons genannt (dazu Abb. 377a und Abb. 377b); dabei ist 1 mÅ $= 10^{-13}$ m $= 0{,}1$ pm $= 100$ fm.

Die Besonderheit dieses Stoßes ist, daß das Massenverhältnis $h\nu/c^2$ zu m hier nicht konstant ist, d. h. nicht unabhängig von $h\nu$ und vom Winkel.

Ein weiterer Quanteneffekt ist die *Paarbildung*. Lichtquanten genügend hoher Quantenenergie ($h\nu \geq 1{,}02$ MeV) können ein Elektron-Positron-Paar erzeugen, d. h. es entstehen ein Elektron und ein Positron. Das Positron (e_+) ist ein Teilchen, das dieselbe Masse hat wie das Elektron (e_-). Seine Ladung hat denselben Betrag $|e|$, wie beim Elektron, aber entgegengesetztes Vorzeichen. Es ist das *Antiteilchen* zum Elektron. Beim Paarbildungsprozeß wird

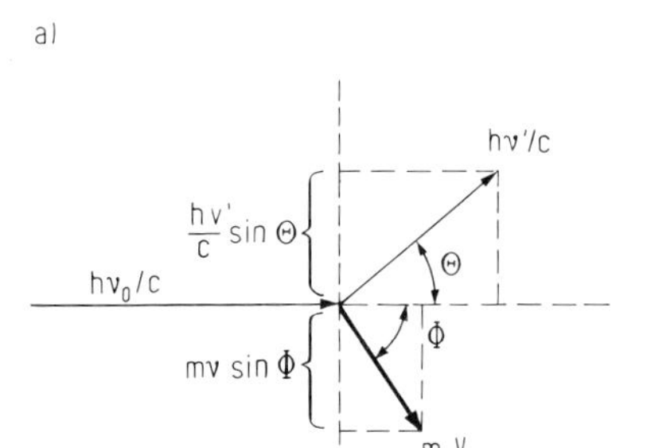

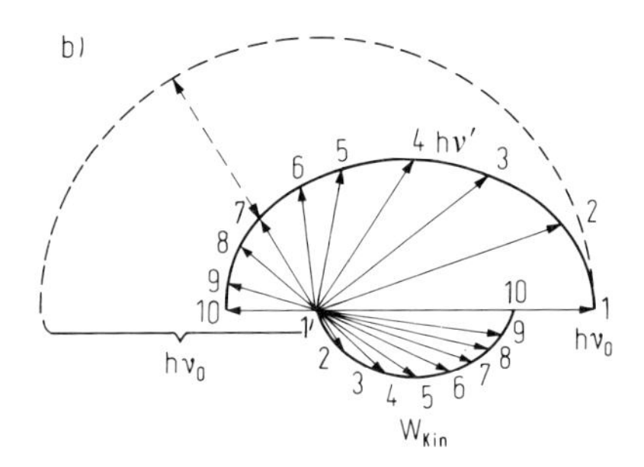

Abb. 377. Comptoneffekt. a) Impulsdiagramm. b) Aufteilung der Energie $h\nu_0$ auf das gestreute Lichtquant $h\nu'$ und das Elektron W_{kin} für verschiedene Streuwinkel. Richtung und Energie des gestreuten Quants und des dazugehörigen Elektrons sind jeweils mit derselben Nummer versehen. Es gilt $h\nu_0 = W_{kin} + h\nu'$. Im Fall 7 ist W_{kin} als Verlängerung von $h\nu'$ gestrichelt eingetragen.

die Ladung erhalten ($+e+(-e) = 0$) und es wird die Masse $2\,m_e$ erzeugt, und zwar muß dafür die Energie

$$2\,m_e \cdot c^2 = 1{,}02 \text{ MeV}$$

aufgewendet werden. Der darüber hinaus gehende Bruchteil der Quantenenergie wird als kinetische Energie auf die beiden Teilchen verteilt. Anders als beim Compton-Streuprozeß verschwindet hier das Photon vollständig (Photoeffekt). Für die Energie gilt

$$h\nu = m_{e+} \cdot c^2 + m_{e-} \cdot c^2 + W_{kin} \tag{6-16}$$

Wie schon erwähnt, werden einerseits Energie + Masse und andererseits Ladung erhalten. Gleichzeitige Impulserhaltung ist jedoch nur möglich, wenn ein weiterer Stoßpartner Impuls übernimmt. Daher erfolgt die Paarbildung nur in nächster Nähe eines Atomkerns.

Umgekehrt verwandeln sich ein Elektron und ein Positron in *zwei* Lichtquanten mit je $m_e \cdot c^2 = 511$ keV. Die beiden Photonen fliegen unter 180° auseinander. Nur so kann der Impuls erhalten werden ($h\nu/c - h\nu/c = 0$). Diese Strahlung nennt man „Vernichtungsstrahlung“.

Durch das Plancksche Wirkungsquantum wird auch die *Quantelung des Drehimpulses* geregelt und die seiner Komponente in Richtung eines magnetischen Feldes. Der Drehimpuls eines atomaren Systems kann nur um den Betrag $\hbar = h/2\pi$ geändert werden, oder um ganzzahlige Vielfache davon ($\hbar$: lies h quer).

6.3.3. Anregung und Ionisierung von Atomen durch Elektronenstoß

Durch den Stoß von Elektronen der kinetischen Energie eU können Atome (Moleküle) aus dem Grundzustand in einen angeregten Zustand gelangen und können dann Licht der Quantenenergie $h\nu \leq eU$ aussenden. Durch Stoß mit Elektronen genügend großer Energie können sie ionisiert werden („Stoßionisation“).

Gasatome oder Moleküle, die von Elektronen gestoßen werden, werden zum Leuchten angeregt. Die spektrale Zusammensetzung des von ihnen ausgesandten Lichtes liefert wichtige Informationen über den Bau der Atome (Moleküle).

Wenn Elektronen der kinetischen Energie eU auf Atome (Moleküle) treffen, können Lichtquanten mit $h\nu \leq W_{\text{kin}} = eU$ ausgesandt werden. Umgekehrt gilt: Wenn Licht mit der Quantenenergie $h\nu$ auf Materie fällt, können nach 6.3.1 Elektronen mit $eU = W_{\text{kin}} \leq h\nu$ ausgesandt werden.

Besonders übersichtliche Verhältnisse entstehen, wenn Elektronen mit einer kinetischen Energie zwischen 5 bis 9 eV durch Hg-Dampf laufen (Franck und Hertz, 1913). Man findet: Ein Elektron verliert bei einem unelastischen Stoß gegen ein Quecksilberatom genau die Energie 4,9 eV. Diese Energie wird auf das Atom übertragen, und das Atom geht dadurch aus dem „Grundzustand" in einen „angeregten" Zustand über. Nach sehr kurzer Zeit ($\approx$ 10 ns) sendet es Licht mit der Quantenenergie 4,9 eV ($\lambda = 253{,}6$ nm) aus. Ein Elektron, das vor dem Stoß 5,2 eV hatte, hat nach dem Stoß 5,2 eV − 4,9 eV = 0,3 eV. Mit dieser kinetischen Energie kann es gegen die angelegte Gegenspannung nicht mehr anlaufen und erreicht A (in Abb. 378)

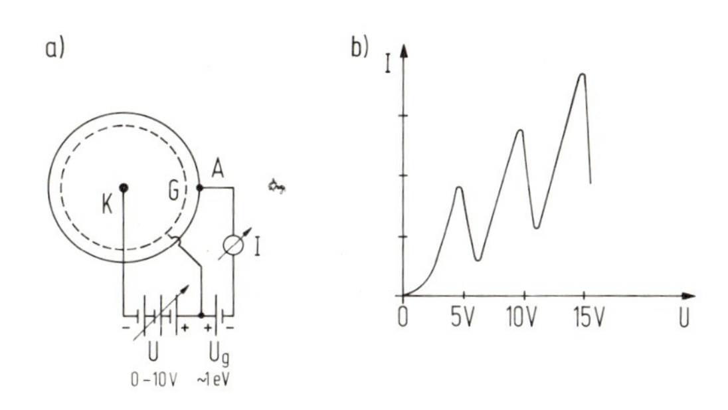

Abb. 378. Franck-Hertz-Versuch.
a) Grundriß einer zylindrischen Versuchsanordnung mit vertikaler Achse, schematisch. K: Kathode, G: Gitter, A: Anode.
b) Stromstärke I in Abhängigkeit von U. Im Vakuum erreichen Elektronen am Ort des Gitters G die kinetische Energie z. B. 5,5 eV. Im Hg-Dampf (z. B. 10 mbar) verlieren viele von ihnen durch unelastischen Stoß 4,9 eV. Mit ihrer verminderten kinetischen Energie (hier z. B. (5,5 − 4,9) eV = 0,6 eV) können sie die Gegenspannung $U_g \approx 1$ V zwischen G und A nicht mehr überwinden. Das vermindert die Stromstärke.

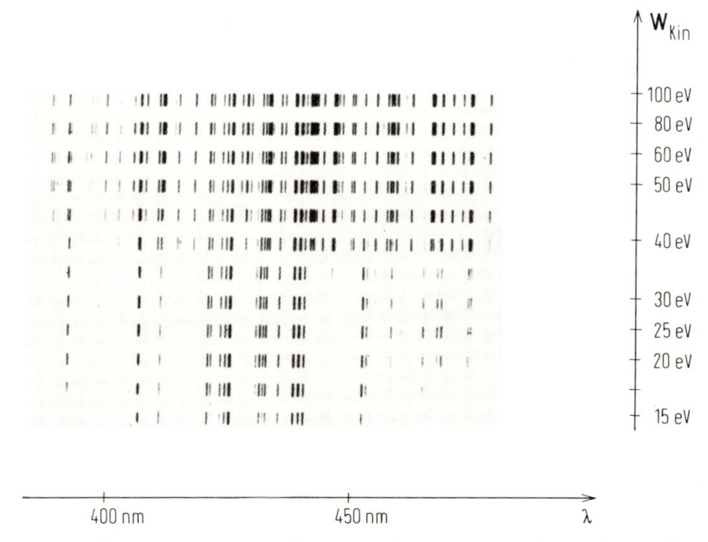

Abb. 379. Anregung von Linien und Liniengruppen durch Elektronen. Photographische Aufnahme der Spektren, die beim Durchgang von Elektronen mit bestimmten kinetischen Energien in einem bestimmten Gasgemisch angeregt werden. Nach O. Fischer u. W. Hanle, Z. wissensch. Photographie *30*, 141 (1932).

nicht mehr. Man sieht: Beim unelastischen Stoß *eines* Elektrons wird *ein* Lichtquant ausgesandt. Das Elektron gibt beim Stoß einen vom Atom aufnehmbaren Energiebetrag ab und behält den Rest als kinetische Energie.

In Abb. 378 ist die Stromstärke als Funktion der angelegten Spannung für eine Glühkathodenröhre mit Hg-Dampf $\approx$ 10 mbar wiedergegeben.

Werden Elektronen durch irgendein verdünntes Gas geschickt, so werden in ihm Linien und *Liniengruppen* angeregt. Um diesen Vorgang quantitativ zu untersuchen, beginnt man mit Elektronen mit wenigen eV und steigert deren kinetische Energie. Beim Überschreiten ganz bestimmter Werte der angelegten Spannung (und damit der kinetischen Energie der Elektronen) setzt die Emission bestimmter einzelner Linien oder ganzer Liniengruppen ein, Abb. 379. Die Anregung einer bestimmten Linie (oder Liniengruppe) erfordert also eine Mindestenergie des stoßenden Elektrons. Ein einfacher Zusammenhang zwischen der Energie der stoßenden Elektronen und den im Linienspektrum ausgesandten Lichtquanten ist zunächst nicht zu erkennen. Er wird verständlich, wenn das Niveauschema analysiert wird.

Demonstration. Das Auftreten ganzer Liniengruppen kann man in manchen Fällen schon ohne Spektrometer beobachten: Beim Überschreiten gewisser Elektronenenergien ändert sich die Farbe des ausgesandten Lichtes (Leybold-Röhre), z. B. in einer Röhre, die als Füllung Ne und Ar enthält.

Elektronen mit genügend großer kinetischer Energie reißen beim Stoß gegen ein Atom (Molekül) ein Elektron aus der Elektronenhülle ab („Stoßionisation"). Bei noch höheren Energien kann durch *ein* stoßendes Elektron *mehr als* ein Elektron abgerissen werden.

Auch durch Stoß anderer geladener Teilchen kann ein Atom ionisiert werden.

6.4. Spektren angeregter Atome

6.4.1. Spektrum von atomarem Wasserstoff

Spektrallinien lassen sich in Serien ordnen. Beim atomaren Wasserstoff gibt es einfache Seriengesetze. Eine Spektrallinie wird ausgesandt, wenn ein Atom aus einem angeregten Zustand in einen weniger hoch angeregten oder in den Grundzustand übergeht.

Schon um das Jahr 1890 hatte man erkannt, daß aus der Struktur der Linienspektren der Atome die wesentliche Information über Zusammensetzung und Aufbau der Atome zu erhalten sein müsse. In den Jahren zwischen 1890 und etwa 1930 gelang es dann, diese Gesetzmäßigkeiten aufzuklären.

Das einfachste Spektrum hat atomarer Wasserstoff (s. Abb. 380). Es besteht aus Linien im sichtbaren und (nahen) ultravioletten Spektralgebiet mit einer Linienfolge, die sich mit steigender Frequenz einer Häufungsstelle nähert. Eine solche Folge von Spektrallinien bezeichnet man als „Serie" und die Häufungsstelle als „Seriengrenze".

Im Jahr 1885 hat Balmer als erster eine Formel angegeben, die auf 10^{-7} genau die Wellenlängen der einzelnen Linien dieser Serie liefert, wenn man der Reihe nach die ganzen Zahlen 3,4,5,... einsetzt (Balmer-Serie). Neben dieser Serie gibt es noch andere Serien mit kleineren bzw. größeren Quantenenergien. Sie sollen jetzt analysiert werden.

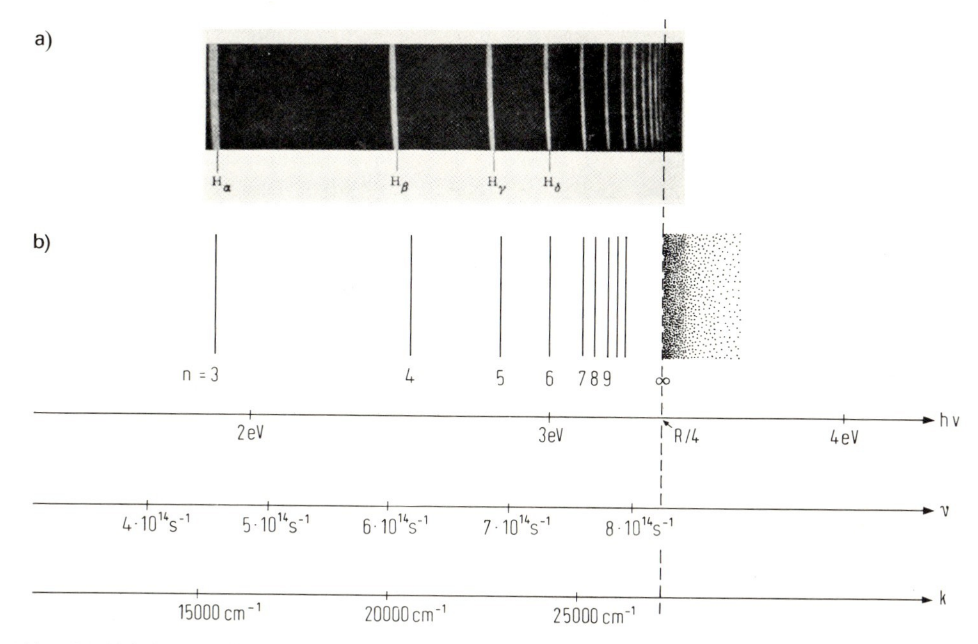

Abb. 380. Sichtbarer Teil des Wasserstoffspektrums (Balmer-Serie).
a) Photographische Aufnahme des Spektrums von atomarem Wasserstoff (aufgenommen mit Prismenspektrograph). Man erkennt die systematische Verringerung des Abstands aufeinander folgender Linien. Die Linien bilden eine Serie.
b) Hier sind die Linien nach ihren *Frequenzen* aufgetragen. Die Systematik wird dann einfach. $n = \infty$ entspricht der Seriengrenze, dahinter Kontinuum. Die Linien mit $n \geq 12$ sind in der Zeichnung weggelassen. $n = 3$ (Quantenzahl des Ausgangsniveaus) entspricht der Linie H_α.

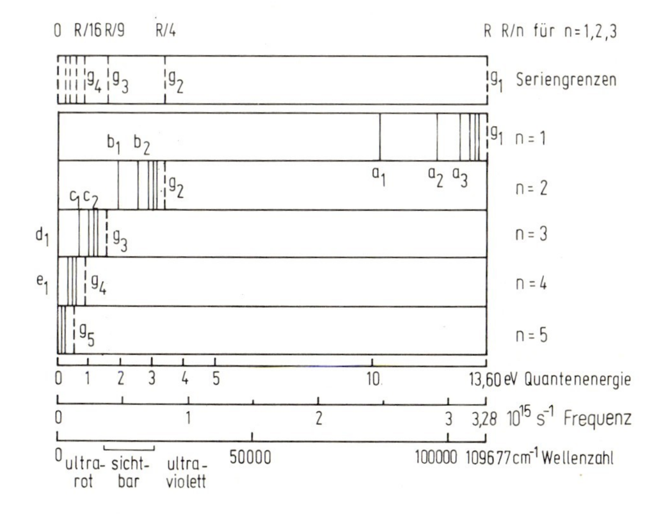

Abb. 381. Linien und Seriengrenzen des Spektrums von atomarem Wasserstoff. Die Linien des Spektrums von atomarem Wasserstoff sind nach Serien geordnet. Die Seriengrenzen (gestrichelt) sind im obersten Bild zusammengestellt. Die Serie, für die $n_1 = 1$ ist, wird nach ihrem Entdecker Lyman-Serie genannt, die für $n_1 = 2$ Balmer-Serie.

Man kann Spektrallinien als Funktion ihrer Wellenlänge λ oder ihrer Frequenz ν bzw. ihrer Quantenenergie $h\nu$ auftragen. Nur wenn man sie als Funktion von ν oder $h\nu$ ausdrückt, erhält man übersichtliche Gesetzmäßigkeiten. Abb. 381 zeigt die gesamten Wasserstofflinien, geordnet nach den Quantenenergien und aufgeteilt in mehrere Serien. Jede Serie besitzt eine *Seriengrenze* als Häufungspunkt der Linien. Die Quantenenergie aller Seriengrenzen (in Abb. 381 gestrichelt) sind in der folgenden Tab. 47 zusammengestellt. Man findet eine einfache Gesetzmäßigkeit: Die Quantenenergien der 1., 2., 3.,... n-ten Serien*grenze* betragen R, $R/4$, $R/9$,... R/n^2. Man nennt n „Hauptquantenzahl". Dabei ist $R = 13{,}60$ eV („Rydberg-Energie")*), $R/h = 3{,}288\,046 \cdot 10^{15}\ s^{-1}$ heißt Rydberg-Frequenz*), $hc/R = 109\,677{,}578\ cm^{-1}$ nennt man Rydberg-Wellenzahl*).

Tabelle 47. Seriengrenzen bei atomarem Wasserstoff.

Seriennummer	1	2	3	4	5	6
Seriengrenze	g_1	g_2	g_3	g_4	g_5	g_6
in eV	13,60	3,40	1,51	0,85	0,544	0,378
mit $R = 13{,}60$ eV	R	$\frac{1}{4} \cdot R$	$\frac{1}{9} \cdot R$	$\frac{1}{16} \cdot R$	$\frac{1}{25} \cdot R$	$\frac{1}{36} \cdot R$

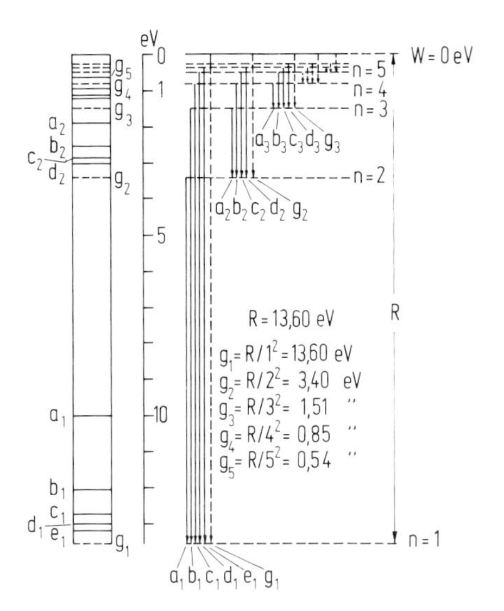

Abb. 382. Niveauschema (Termschema) des atomaren Wasserstoffs. Die Quantenenergien der Seriengrenzen ergeben den Abstand der (gestrichelten) Niveaus n = 1, 2, 3,... von der Bezugslinie $W = 0$ eV. (Aus Gründen der Übersichtlichkeit sind nur die Niveaus bis n = 7 eingetragen.

In Abb. 382 links sind (quergestellt) alle Linien und Seriengrenzen zusammengezeichnet. Überträgt man sie auf durchscheinendes Papier und legt dieses über die ursprüngliche Zeichnung, bis die Grenze g_2 mit der Grenze g_1 des Deckblattes übereinstimmt, dann stimmen

* Für das Wasserstoffatom mit der relativen Massenzahl 1 (^{1}H). Das Spektrum von Deuterium (^{2}H) weicht davon ein klein wenig ab. Man kann daraus weitere Schlüsse ziehen über Vorgänge im angeregten Atom, vgl. 7.1.6., S. 549.

alle übrigen Linien der Serie exakt überein (a_2 aus Abb. 382 fällt mit b_1 zusammen, b_2 mit c_1 usw.). Ähnliches gilt, wenn man g_1 auf g_3, oder auf g_4 usw. schiebt. Alle Serien des atomaren Wasserstoffs sind also gleichartig aufgebaut.

Man kann auch den Abstand der Linien einer Serie von ihrer eigenen Seriengrenze messen. Diese Abstände lassen sich wieder exakt durch $R/4$, $R/9$, usw. ausdrücken, wie die folgende Tab. 48 für einige Linien der ersten Serie zeigt:

Tabelle 48. Aufbau der ersten Wasserstoff-Serie.

in eV	10,20	12,09	12,75	13,056	$13{,}22_2$
Abstand von der Grenze in eV	3,40	1,51	0,85	$0{,}54_4$	$0{,}37_8$
$R = 13{,}60$ eV	$\frac{1}{4}R$	$\frac{1}{9}R$	$\frac{1}{16}R$	$\frac{1}{25}R$	$\frac{1}{36}R$
$h\nu$ ausgedrückt durch R	$R - \frac{R}{4}$	$R - \frac{R}{9}$	$R - \frac{R}{16}$	$R - \frac{R}{25}$	$R - \frac{R}{36}$

Entsprechendes gilt für alle Serien des atomaren Wasserstoffs. Man sieht: Die Quantenenergie jeder Linie des Wasserstoffspektrums ergibt sich als Differenz zweier Quotienten der Form R/n^2, wo n eine ganze Zahl ist, die man „Hauptquantenzahl" nennt. Die Quantenenergien sämtlicher experimentell beobachteten Linien lassen sich dann durch

$$h\nu = R\left(\frac{1}{n_1^2} - \frac{1}{n_2^2}\right) \qquad (6\text{-}17)$$

mit n_1, $n_2 = 1, 2\ldots$ ausdrücken, wobei $n_2 \geq (n_1 + 1)$. Die einzelnen Spektralserien erhält man also, indem man setzt

$n_1 = 1$ und $n_2 = 2, 3, 4, \ldots$
$n_1 = 2$ und $n_2 = 3, 4, 5, \ldots$
$n_1 = 3$ und $n_2 = 4, 5, 6, \ldots$ usw.

Alle *Atome* senden *Linien*-Spektren aus; sie sind aus Serien zusammengesetzt. Die experimentelle Beobachtung ergibt weiter: Im Anschluß an eine Seriengrenze (hin zu kürzeren Wellenlängen) wird Licht mit kontinuierlichem Spektrum ausgesandt.

Moleküle senden dagegen *Banden*-Spektren aus. Unter einer Bande versteht man eine Gruppe vieler eng zusammenliegender Spektrallinien mit einer eigenen Gesetzmäßigkeit der Linienfolge.

6.4.2. Spektralserien in Absorption, Energieterme

Die Bindungsenergie des Elektrons im Wasserstoffatom (Grundzustand) ist $R = 13{,}60$ eV.

Man kann fragen, ob auch in Absorption Linienspektren auftreten. Läßt man Licht mit einem kontinuierlichen Spektrum durch *atomaren* Wasserstoff gehen, dann findet man experimentell: Es werden nur die Linien der ersten Serie (Lyman-Serie) herausabsorbiert.

Trifft Licht mit $h\nu > R$ auf H-Atome, dann werden sie „ionisiert", d. h. es wird durch Absorption eines einzigen Lichtquants jeweils ein einziges H-Atom in H^+ und e^- verwandelt (Photoeffekt). Die ausgesandten Elektronen haben dann die kinetische Energie $eU = h\nu - R$.

Folgerung. Es gibt in H-Atomen Elektronen mit der Bindungsenergie R. Dabei ist R die Ablösearbeit des Elektrons aus dem *Grund*zustand des H-Atoms.

Alle experimentellen Erfahrungen lassen sich folgendermaßen zusammenfassen: Das H-Atom enthält ein einziges Elektron. Das Atom befindet sich normalerweise im „Grundzustand" (n = 1). Bei der Absorption eines Lichtquants aus der sog. Lyman-Serie wird die Anregungsenergie $R - (R/n^2)$ auf das H-Atom übertragen, wo n die ganzzahligen Werte 2, 3, 4,... haben kann. Man sagt auch: Das Elektron wird auf ein höheres Niveau gehoben. Dadurch gelangt das Atom in einen angeregten Zustand, der durch die Quantenzahl n gekennzeichnet werden kann. Im angeregten Zustand enthält das Atom mehr Energie als im Grundzustand.

Aus einem angeregten Zustand fällt das Elektron des H-Atoms nach sehr kurzer Zeit (Größenordnung 10^{-8} s, Lebensdauer des angeregten Zustandes) entweder direkt oder über verschiedene Zwischenstufen unter Aussendung der entsprechenden Lichtquanten in den Grundzustand zurück.

In Abb. 382 ist R/n^2 von der höheren Ausgangslinie $W = 0$ nach unten aufgetragen. So entsteht eine Niveauleiter. Die Energieabstände R/n^2 der Niveaus von $W = 0$ nach unten nennt man „Energieterme".

Auch bei anderen Atomen können Elektronen durch Lichtquanten ausgelöst werden. Diese Atome enthalten jedoch mehrere Elektronen mit unterschiedlichen Ablösearbeiten, wie schon am Ende von 6.3.1 erwähnt.

Auch durch Elektronenstoß kann das Elektron des Atoms in einen der angeregten Zustände überführt werden vgl. 6.3.3. Die übertragene Energie ist dabei $\lesssim$ kinetische Energie des stoßenden Elektrons.

6.4.3. Wasserstoffgleiche Spektren, Moseleysches Gesetz *F/L 5.2.3*

Die Quantenenergien der Spektrallinien von $(Z - 1)$-fach ionisierten Atomen lassen sich wiedergeben durch $h\nu \approx Z^2 \cdot R\,(1/n_1^2 - 1/n_2^2)$.

Es gibt eine Reihe von Spektren, die ebenso aufgebaut sind wie das Spektrum von $_1H$, nämlich die Spektren von $_2He^+$, $_3Li^{++}$, $_4Be^{+++}$, $_5B^{++++}$ usw. Die Zahlen links unten an den Symbolen der chemischen Elemente sind die Ordnungszahlen Z im Periodensystem der Elemente. Es handelt sich also um $(Z - 1)$-fach ionisierte Atome. Die experimentell gefundenen Energieterme lassen sich mit großer Genauigkeit wiedergeben, wenn man in der für H aufgestellten Formel statt R jeweils $Z^2 \cdot R$ setzt. Damit werden die Quantenenergien

$$h\nu = Z^2 \cdot R \cdot \left(\frac{1}{n_1^2} - \frac{1}{n_2^2}\right) \tag{6-18}$$

mit $n_2 > n_1$. Die erste Linie der ersten Serie ($n_1 = 1$, $n_2 = 2$) hat bei $_1H$ die Quantenenergie 10,20 eV, bei $_2He^+$ 40,6 eV, bei $_3Li^{++}$ 91,35 eV usw.

Man kann eine Extrapolation zu großen Ordnungszahlen Z versuchen und fragen, ob es auch bei Elementen mit hoher Ordnungszahl eine Linie der Quantenenergie

$$h\nu = Z^2 \cdot R \cdot (1 - 1/4) = Z^2 \cdot 10{,}20 \text{ eV} \quad \text{(6-18a)}$$

gibt.

Experimentell findet man: Es gibt eine solche Linie im Röntgengebiet; sie wird K_α-Linie genannt. Ihre Emissionsbedingungen sind zwar anders (vgl. 6.5.3) als im optischen Gebiet, auch wird sie von neutralen (nicht von $(Z-1)$-fach ionisierten) Atomen ausgesandt, aber trotzdem ergibt Gl. (6-18a) selbst beim Element $_{92}U$ nur einen um 18% zu kleinen Wert. Die Existenz dieser Linie und die Z^2-Abhängigkeit ihrer Quantenenergie wurde von Moseley 1913 experimentell entdeckt.

6.4.4. Wasserstoffähnliche Spektren, Quantenzahlen für die Energieniveaus

Zur vollständigen Beschreibung von Atomspektren benötigt man vier Quantenzahlen (bei Berücksichtigung des Kernspins fünf).

Besonders übersichtlich sind die Spektren von Alkalimetallen, sie sind wasserstoffähnlich, weil bei ihnen – wie beim Wasserstoffatom – nur *ein* Elektron („Leuchtelektron") an der Lichtaussendung beteiligt ist. Auch bei ihnen gibt es Spektralserien. Diese lassen sich jedoch erst in einem Niveauschema mit *mehreren* Niveauleitern unterbringen, die durch weitere Quantenzahlen unterschieden werden. Das wird weiter unten anhand einiger Spektren gezeigt werden. Um alle Linien bezeichnen zu können, werden für die Systematik folgende Quantenzahlen*) benötigt:

a) die schon besprochene Hauptquantenzahl n. Sie kann die Werte 1, 2, 3,... annehmen.

b) Eine Quantenzahl $l = 0, 1, 2, 3, \ldots$. Sie hängt, wie die weitere Untersuchung zeigt, vom *Bahn*drehimpuls des „Leuchtelektrons" ab, d. h. des Elektrons, dessen Übergang von einem Niveau zu einem anderen die Aussendung des Lichtquants bewirkt.

c) Eine Quantenzahl $\mathrm{j} = l \pm \mathrm{s}$. Dabei ist s durch den *Eigen*drehimpuls und j durch den *Gesamt*drehimpuls des Leuchtelektrons bestimmt.

In dem hier zunächst besprochenen Fall der wasserstoffähnlichen Spektren ist $\mathrm{s} = 1/2$ und j kann die Werte $l \pm 1/2$, also $\mathrm{j} = 1/2, 3/2, 5/2, \ldots$ annehmen.

d) Eine Quantenzahl m. Im Magnetfeld spalten die durch n, l, j bestimmten Energieterme in $2\mathrm{j} + 1$ benachbarte Niveaus auf, die durch die Quantenzahl m unterschieden werden (magnetische Aufspaltung, Richtungsquantelung von j). m variiert in ganzzahligen Intervallen von $-\mathrm{j}$ bis $+\mathrm{j}$.

e) Eine weitere Quantenzahl f, die von j und i abhängt. Dabei ist i durch den Eigendrehimpuls des Atomkerns, f durch den Gesamtdrehimpuls von Elektronenhülle und Kern bestimmt. f kann folgende Werte annehmen:

$$\mathrm{f} = |\mathrm{j} - \mathrm{i}|, |\mathrm{j} - \mathrm{i}| + 1, \ldots, \mathrm{j} + \mathrm{i}$$

---

* Die Quantenzahlen sind als Zahlen steil gedruckt. Im folgenden Abschnitt ist aber l zunächst kursiv gedruckt, weil es sich sonst nicht genügend deutlich von der Zahl 1 unterscheidet.

Mit den erwähnten Drehimpulsen ist jeweils ein magnetisches Moment verbunden. Damit hängt die Aufspaltung der Spektralterme zusammen. Die mit s zusammenhängende Aufspaltung wird Feinstruktur, die durch i bewirkte Aufspaltung Hyperfeinstruktur (hfs) genannt.

Ein Elektron (allgemeiner ein Elementarteilchen) hat
mit der Quantenzahl l den Bahndrehimpuls $\sqrt{l(l+1)} \cdot \hbar$.
mit der Quantenzahl s den Eigendrehimpuls (Spin) $\sqrt{s(s+1)} \cdot \hbar$
mit der Quantenzahl j den Gesamtdrehimpuls $\sqrt{j \cdot (j+1)} \cdot \hbar$
mit der Quantenzahl m eine Drehimpulskomponente*) in Magnetfeldrichtung $m \cdot \hbar$
mit der Quantenzahl f einen Gesamtdrehimpuls des Atoms (Elektronenhülle + Kern) $\sqrt{f(f+1)} \cdot \hbar$.

In einem atomaren System (z. B. Elektronenhülle eines Atoms) können *mehrere* Elektronen zu einem Teilsystem zusammengekoppelt sein. Ihm werden Quantenzahlen L, S, J, F zugeordnet. Sie treten an die Stelle von l, s, j, f. Statt *zwei* Niveauleitern wie bei $s = 1/2$ treten $(2S + 1)$ Niveauleitern auf, wo S ganzzahlige oder halbzahlige Werte haben kann.

Alle Spektrallinien lassen sich als Differenzen von Energietermen wiedergeben. Jedoch kommen nicht alle denkbaren Übergänge (Differenzen) zwischen den Niveaus vor. Vielmehr gelten Auswahlregeln, und zwar:

1. Für die Quantenzahl l die Auswahlregel $\Delta l = \pm 1$. Es sind also z. B. nur Übergänge von einem Niveau der Niveauleiter mit $l = 0$ zu einem Niveau der Niveauleitern mit $l = 1$ möglich oder Übergänge von der Niveauleiter $l = 1$, entweder zur Niveauleiter $l = 0$ oder $l = 2$ usw. Die Leiter mit $l = 0$ beginnt mit $n = 1$, die Leiter mit $l = 1$ mit $n = 2$ usw., vgl. Abb. 385 (Niveauschema Kalium). Für die Quantenzahl l gilt also die Einschränkung $l \leq n - 1$.

2. Für j gilt die Auswahlregel $\Delta j = \begin{cases} +1 \\ 0, \text{ wobei } j = 0 \rightarrow j = 0 \text{ verboten ist.} \\ -1 \end{cases}$

3. Für m gilt die Auswahlregel $\Delta m = \begin{cases} +1 \\ 0 \\ -1 \end{cases}$

4. Für f gilt die Auswahlregel $\Delta f = \begin{cases} +1 \\ 0, \text{ wobei } f = 0 \rightarrow f = 0 \text{ verboten ist.} \\ -1 \end{cases}$

Alle diese Tatsachen können zunächst nur der experimentellen Beobachtung entnommen werden. Auf Grund der gefundenen Gesetzmäßigkeiten kann man ein *Modell* aufstellen, das anschaulich oder mathematisch die Tatsachen beschreibt. Ein Modell ist ein nützliches Hilfsmittel bei der Aufklärung von Naturzusammenhängen und erleichtert oft das Verständnis. Das Modell ist verwendbar, solange es nicht in Widerspruch zu beobachteten Tatsachen gerät. Wenn das eintritt, muß das Modell geändert werden. Die zuverlässig festgestellten experimentellen Tatsachen sind dagegen unantastbar. (Zum Atommodel vgl. 7.1.6.)

Zu der obigen Systematik gelangt man durch folgende Beobachtungen zunächst an den Spektren der Elemente H, Li, Na, K, Rb, Cs aus der ersten Spalte des Periodensystems.

Das Wasserstoffspektrum ist in Abb. 381 in Serien zerlegt. In analoger Weise kann man das Lithium-Spektrum zerlegen (Abb. 383). Man findet hier *zwei* Serien mit der selben Seriengrenze, jedoch mit Linien, die gegeneinander verschoben sind. Um sie und weitere solche Serien im Niveauschema unterzubringen, benötigt man mehrere Leitern, die durch eine weitere Quantenzahl l unterschieden werden, welche die Werte 0, 1, 2, ... (n − 1) annehmen kann.

---

* *nicht* etwa $\sqrt{m(m+1)}$.

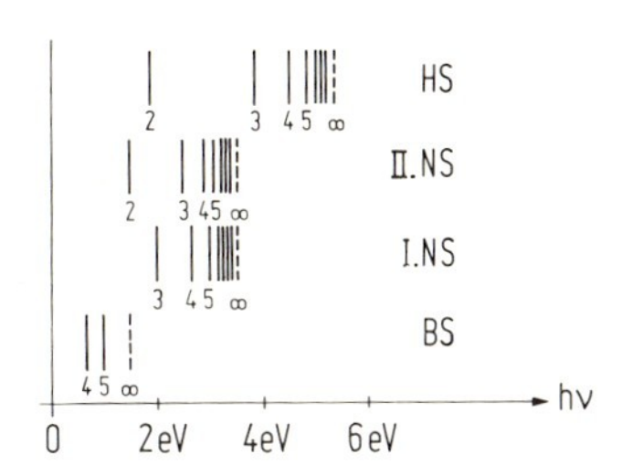

Abb. 383. Linien und Seriengrenzen des Lithiumspektrums. Das Spektrum von (nicht ionisiertem) Lithium enthält zwei Serien (1. und 2. NS) mit übereinstimmender Seriengrenze.
HS: Hauptserie, 1. NS: erste Nebenserie, 2. NS: zweite Nebenserie, BS: Bergmann-Serie. Statt dieser veralteten Namen zieht man heute die Angabe der entsprechenden Quantenzahlen vor.

Man hat seinerzeit versucht, die Energieterme durch Formeln auszudrücken. Das gelingt näherungsweise, wenn man R/n^2 ersetzt durch $R/(n + \text{const})^2$. Die Konstante bezeichnet man für die Leitern

mit

l	= 0	1	2	3	4	.....
const	= s	p	d	f	g	(dann alphabetisch).

s, p, d stehen für die alten Bezeichnungen sharp, principal, diffuse und bedeuteten ursprünglich bestimmte Zahlenwerte. Die Leitern werden daher auch heute noch oft mit diesen Buchstaben bezeichnet. Ein s-Term ist also einer mit der Quantenzahl $l = 0$, ein p-Term einer mit $l = 1$ usw.

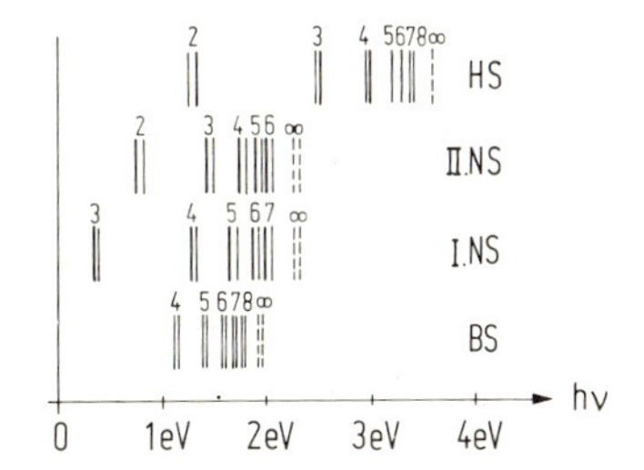

Abb. 384. Linien und Seriengrenzen des Cäsiumspektrums. Das Spektrum von Cäsium enthält Linien*paare* (jeweils zwei eng benachbarte Linien). In der Hauptserie (HS) streben alle Linien zur selben Seriengrenze (bei 5ff nicht mehr aufgelöst), in den übrigen Serien zu zwei benachbarten Seriengrenzen. In der HS ist jeweils die rechte Linie eines Linienpaares stärker, in den beiden Nebenserien (NS) jeweils die linke. In der HS nimmt der Abstand der Doppellinien systematisch ab, in den NS bleibt er konstant.

Das Spektrum von Cäsium (Abb. 384) besteht aus lauter *Linienpaaren*. Man beachte: Die Linienpaare streben teilweise der gleichen Seriengrenze, teilweise zwei benachbarten Seriengrenzen zu. Um diese Linien im Niveauschema unterzubringen, müssen die Niveauleitern (außer der für $l = 0$) im Fall der Alkaliatome durch zwei, allgemein durch $2s + 1$, wenig voneinander verschiedene ersetzt werden („Feinstruktur"), die durch die Quantenzahl j unterschieden werden. Welchen j-Wert eine bestimmte Leiter bekommt, hängt ab von ihrer Aufspaltung im Magnetfeld. Wenn j gefunden ist und s aus der Multiplizität $(2s+1)$ bekannt ist, folgt auch l aus $j = l \pm s$. Daraus ergibt sich auch, daß der ersten Leiter $l = 0$ zuzuordnen ist.

Das vollständige Niveauschema von Kalium bei Berücksichtigung der bisher erwähnten Quantenzahlen n, l, j zeigt Abb. 385 bei Benützung einer logarithmischen Energieskala. Einige nach den Auswahlregeln erlaubte Übergänge sind eingetragen. Alle Atomarten der ersten Spalte des Periodensystems haben diese Struktur, auch H, wenn man mit der größten erreichbaren Auflösung beobachtet.

Bringt man ein Atom in ein *Magnetfeld*, so tritt eine weitere Aufspaltung ein. Jedes *Niveau* wird in $(2j + 1)$ benachbarte Energiewerte aufgespalten; sie werden durch die Quantenzahl m unterschieden. Aus dieser Aufspaltungsanzahl folgt der Wert von j. Dabei kann m die Werte $j, j-1, j-2, \ldots -j+1, -j$ annehmen, s. S. 521.

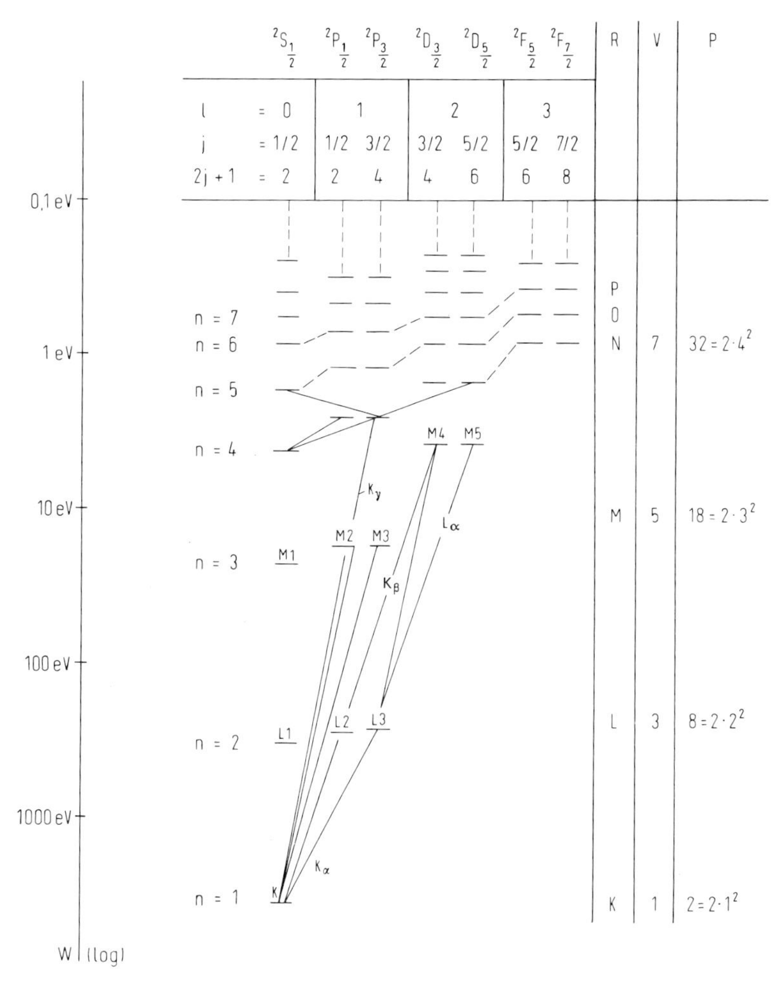

Abb. 385. Niveauschema von Kalium. Die Niveaus im Niveauschema des Kaliums sind mit den Quantenzahlen n, *l*, j gekennzeichnet. (2j + 1) ist die Anzahl der Niveaus, die im Magnetfeld durch Aufspaltung der ursprünglichen Niveaus entstehen. Zu deren Unterscheidung dient die weitere Quantenzahl m. Die Röntgenlinien K_α, L_α, ... werden später besprochen (6.5.3.). Niveaus mit derselben Hauptquantenzahl *n* gehören derselben *Schale* an. R: Benennung der Schale, V: Anzahl der Unterschalen, P: Anzahl aller möglichen Zustände, gekennzeichnet durch n, *l*, j, m in den Schalen K, L, M, ..., vgl. dazu auch Pauli-Prinzip in 6.5.4.

Man beachte: Nicht die Linien, sondern die Energieniveaus werden im Magnetfeld aufgespalten. Welche Linien dann ausgesandt werden, hängt auch noch von Auswahlregeln ab. Die Aufspaltung der Niveaus im Magnetfeld und die damit zusammenhängende Veränderung der Linien heißt Zeeman-Effekt.

Bei ihm spielen auch noch die Beobachtungsrichtung relativ zur magnetischen Feldrichtung und der Polarisationszustand des ausgesandten Lichtes eine Rolle. Darauf kann hier nicht eingegangen werden.

Ein Niveauschema, bei dem jede durch einen von Null verschiedenen *l*-Wert gekennzeichnete Leiter in je *zwei* aufgespalten ist, nennt man ein Dublettsystem. Das Niveauschema von K, von Cs... (Abb. 384, 385) ist jeweils ein Dublettsystem.

Wenn mehr als *ein* Elektron die Energie und den Drehimpuls bestimmt, schreibt man L, S, J statt der entsprechenden kleinen Buchstaben. Dann treten bereits durch die Feinstrukturaufspaltung (ohne Magnetfeld) je nach dem Wert von S jeweils 1, 2, 3,... allgemein $2S + 1$ Leitern auf. Diese Erscheinung nennt man Multiplizität der Spektralterme.

Für $S = 0 \quad \frac{1}{2} \quad 1 \quad \frac{3}{2} \quad 2 \quad \frac{5}{2} \ldots\ldots$

ergeben sich 1 2 3 4 5 6... $(2S + 1)$ Leitern. Für kleine Werte von l sind sie nicht vollständig ausgebildet; für $l = 0$ gibt es nur eine einzige Leiter.

Man spricht von einem

Singulett Dublett Triplett Quartett Quintett Sextett...System

Wasserstoff und die Alkalien haben wie besprochen ein Dublettsystem. (S bzw. $s = 1/2$).

Die Quantenzahl j nimmt ganzzahlige, halbzahlige, ganzzahlige, halbzahlige Werte an. Das tritt ein bei Elementen der 0ten, 1ten, 2ten, 3ten,... Spalte des Periodensystems der Elemente. Aus der Regelmäßigkeit, mit der solche Systeme bei Spektren verschiedener chemischer Elemente auftreten, kann man das Periodensystem der Elemente aufstellen, ohne auf die analytisch-chemischen Eigenschaften Bezug nehmen zu müssen. Dabei muß jedoch noch das Pauli-Prinzip (siehe 6.5.4) herangezogen werden.

Das Dublettsystem hat eine gewisse Sonderstellung, weil es nur durch ein einziges Elektron bestimmt ist. Wenn man die vollständige Struktur eines solchen Dublettsystems kennt, kann man fragen, wieviele Niveaus übereinstimmende Quantenzahl n haben. Für $n = 1, 2, 3, \ldots$ findet man 2, 8, 18, 32,... mögliche Niveaus, vgl. den rechten Teil der Abb. 385. Diese Zahlen stimmen mit der *Periodenlänge* $P = 2 \cdot n^2$ des Perioden-Systems der chemischen Elemente überein. Die Niveaus mit $n = 1, 2, 3, 4,$ werden als K-, L-, M-, N- usw. Niveaus bezeichnet. Es gibt 1 K-Niveau, 3 L-Niveaus, 5 M-Niveaus usw., wenn man von der (äußerst geringen) Aufspaltung im magnetischen Feld absieht. Zum Atommodell vgl. 7.1.6 und 9.6.2.

6.5. Ionisierende Strahlung

6.5.1. Nachweis ionisierender Strahlung, Stoßionisation

F/L 6.7 u. 6.9

Durch Photonen hinreichender Quantenenergie werden aus Materie schnelle Elektronen ausgelöst. Diese schnellen Elektronen und andere schnell bewegte geladene Teilchen erzeugen beim Durchgang durch Materie Ionen (Stoßionisation). Die gebildeten Ionenpaare können zum Nachweis der primären ionisierenden Strahlung verwendet werden. Es gibt Anordnungen, mit denen die einzelnen ionisierenden Teilchen gezählt werden können.

Im folgenden Abschnitt wird besprochen, wie man
a) schnell bewegte geladene Teilchen und
b) elektromagnetische Strahlung genügender Quantenenergie nachweisen kann.

Zu a). Stoßionisation: Schnell bewegte elektrisch geladene Teilchen können durch Stoß gegen Atome diese ionisieren (vgl. 6.3.3). Dadurch entstehen einerseits positive Ionen, andererseits freie Elektronen, die sich dann meist an andere Atome anlagern und somit negative Ionen bilden. Dies kann in verschiedener Weise zur Messung ausgenutzt werden. Zur Bildung der Ionen müssen in Luft im Durchschnitt 35 eV/Ionenpaar aufgewendet werden. Diese Energie wird der kinetischen Energie des stoßenden Teilchens entnommen. Ein Teilchen mit 35000 eV erzeugt also bis zu seiner vollständigen Abbremsung 1000 Ionenpaare.

Zu b). Elektromagnetische Wellen genügend großer Quantenenergie erzeugen durch Wechselwirkung mit Materie schnelle Elektronen, und zwar durch Photoeffekt (6.3.1), Compton-Effekt und Paarbildung (6.3.2). Deshalb kann diese Strahlung durch Stoßionisation wie unter a) nachgewiesen werden.

Läßt man Lichtquanten oder schnelle geladene Teilchen zwischen die Platten eines gasgefüllten Kondensators eintreten, so wird das Gas ionisiert, und zwar durch Photoeffekt oder Comptoneffekt oder sogar Paarbildung. Liegt zwischen den Platten Spannung, so können

die Ionen herausgezogen werden (Ionisationskammer).

Bei hinreichend hoher Spannung können die gebildeten Ionen im elektrischen Feld des Plattenkondensators beschleunigt werden, so daß sie ihrerseits Stoßionisation auslösen und dadurch weitere Ionen bilden (Verstärkung durch Stoßionisation). Diese gelangen schließlich an die Platten.
Bei hinreichend hoher Spannung läßt sich bei einem einzelnen primären Teilchen so hohe Vervielfachung der Ionen bewirken, daß eine bequem meßbare Ladung übergeht (Ionenlawine).

1. Ionisationskammer. Bewegen sich diese Ionen in einem Gas zwischen Kondensatorplatten (Abb. 386) oder zwischen den Elektroden einer Ionisationskammer, an denen elektrische

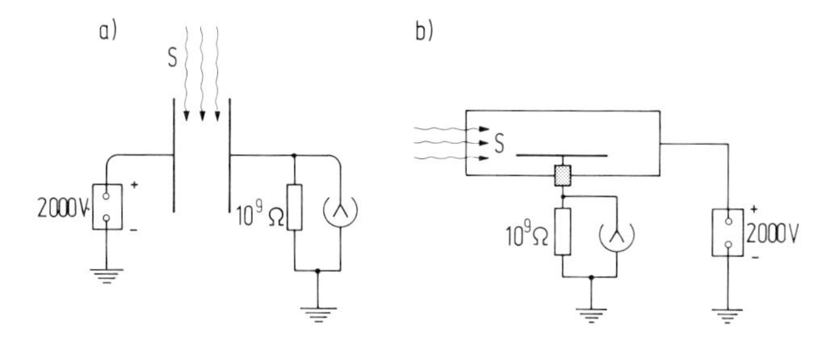

Abb. 386. Ionisationskammer. Zwei Anordnungen zum Nachweis ionisierender Strahlung S. a) einfaches Kondensatorfeld, b) geschlossene Ionisationskammer. Druck und Gasart im Inneren können der Quantenenergie der Strahlung angepaßt werden.

Spannung liegt, dann werden die Elektronen und negativ geladene Ionen durch das elektrische Feld zur einen, die positiv geladenen Ionen zur anderen Elektrode bewegt. Es fließt ein schwacher elektrischer Strom, dessen Stromstärke proportional der Strahlungsleistung der einfallenden Strahlung ist. Die Stromstärke kann nach 4.2.4.2 gemessen werden.

Auf dem Weg zu den Elektroden tritt teilweise Rekombination positiver und negativer Ladungen ein.

Erhöht man die angelegte Spannung, dann wird die Stromstärke durch Stoßionisation erhöht und nimmt bei unveränderter Strahlung mit zunehmender Spannung schnell zu. Bei weiterer Spannungssteigerung entsteht eine selbständige Entladung, d. h. eine solche, die nicht von selbst erlöscht.

2. Zählrohr. Das Zählrohr ist imstande, auch außerordentlich schwache ionisierende Strahlung nachzuweisen, z. B. die Gammastrahlung, die von 1 kg gewöhnlichem KCl ausgeht. Die außerordentlich hohe Nachweisempfindlichkeit beruht darauf, daß jedes das Zählrohr durchquerende geladene Teilchen *einzeln* nachgewiesen und gezählt werden kann. Das Zählrohr (H. Geiger und W. Müller 1928) (englisch tube counter) besteht aus einem Metallrohr mit einem konzentrisch ausgespannten und isoliert montierten dünnen Draht in einem Gas mit vermindertem Druck (z. B. 100 mbar Argon mit Methanoldampf), siehe Abb. 387. Zwischen Draht und Wand liegt eine so hohe elektrische Spannung, daß gerade *noch keine* Glimmentladung auftritt. Durchquert ein einziges schnelles geladenes Teilchen, z. B. ein Photoelektron, das Zählrohr, so erzeugt es in der Gasfüllung Ionen und Elektronen; diese werden wegen der anliegenden Spannung beschleunigt. Durch nochmaligen Stoß der gebildeten Ionen und Elektronen mit dem Gas, wie unter b) besprochen, werden weitere Ionen gebildet, so daß eine *Ionenlawine* entsteht. Wenn sie abfließt, so ist das ein Stromstoß. Er kann durch Spannungsmessung an einem Ableitwiderstand beobachtet werden, z. B. in einer Anordnung wie Abb. 214, 386, 387. Man kann ihn über Verstärker und Lautsprecher hörbar machen und mit einem Zählwerk („Zähler") registrieren. (Kurze „Totzeit" nach Zählung!)

Mit dem Zählrohr kann man auch einen sehr schwachen elektrischen Strom, der aus freien geladenen Teilchen (Elektronen, Kanalstrahlteilchen) besteht, durch Zählen der Teilchen messen ($1{,}6 \cdot 10^{-18}$ A $\triangleq$ 10 Teilchen/s). Dazu muß man diese Teilchen durch ein dünnes Fenster in das Zählrohr eintreten lassen.

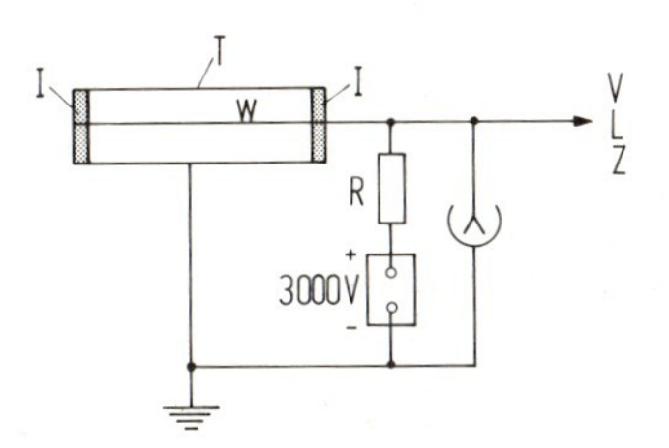

Abb. 387. Zählrohr (nach Geiger-Müller). T: zylindrisches Rohr, I: Isolator, W: Draht, V: Verstärker, L: Lautsprecher, Z: Zählwerk. Jedes einzelne ionisierende Teilchen, das ins Innere des Zählrohres gelangt, löst eine Ionenlawine aus und erzeugt einen Spannungsstoß am Ableitwiderstand *R*. Gasdruck (z. B. 40 mbar), Draht- und Rohrradius und angelegte Spannung müssen passend gewählt sein. Nach Abfluß der Ionenlawine ist die Anordnung erneut zählbereit.

3. Mit denselben physikalischen Grundlagen wie Zählrohre arbeiten *Funkenkammern*. Sie werden zum Nachweis hochenergetischer geladener Teilchen verwendet. Bei geeigneter Konstruktion können damit aus der räumlichen Anordnung von ausgelösten Funken Teilchenbahnen photographierbar gemacht werden.

4. Nebelkammer. Ähnlich wie die Bahn eines hoch fliegenden, nicht mehr erkennbaren Flugzeugs manchmal durch einen Kondensstreifen sichtbar wird, kann ein schnell bewegtes geladenes Teilchen (Elektron, Kanalstrahlteilchen usw.) in der Nebelkammer durch eine Kette von Nebeltröpfchen sichtbar gemacht werden. Die Nebelkammer besteht aus einem zylindrischen Gefäß (Abb. 388), in dem sich ein Gas (z. B. Luft) gesättigt mit Wasserdampf befindet. Vergrößert man ruckartig das Volumen *V* („expandiert man das Gas"), so wird das Gas dadurch adiabatisch abgekühlt und deshalb mit Wasserdampf übersättigt. Jedes einzelne elektrisch geladene, durch Stoßionisation gebildete (ruhende) Ion oder Elektron, oder auch

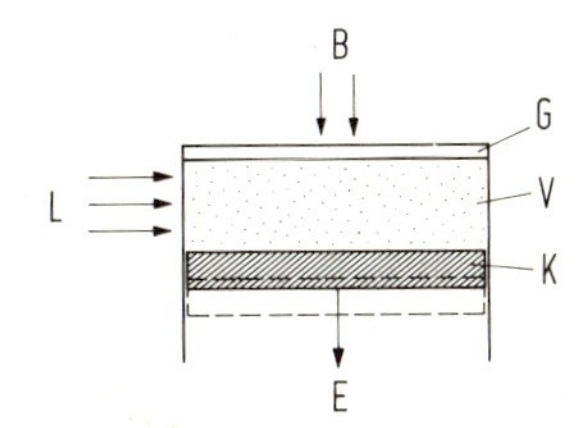

Abb. 388. Nebelkammer. Schnitt durch das zylindrische Gefäß einer Nebelkammer (Seitenansicht).
G: Glasplatte, K: Kolben, E: Expansionsrichtung, B: Beobachtungsrichtung, L: beleuchtendes Lichtbündel. Im Volumen *V* befindet sich ein Gas, das mit einem Dampf, z. B. Wasserdampf, gesättigt ist.
Beispiele von Nebelkammerbildern Abb. 398, 399, 404, 405, 414.

ein Staubkörnchen im Gas wirkt jeweils als Kondensationskern für ein Nebeltröpfchen. Ein schnelles geladenes Teilchen erzeugt längs seiner Bahn in einem Gas eine Kette von Ionen. Bei Expansion des Gases wird die Spur als Kette von Nebeltröpfchen sichtbar. Wird die Spur direkt nach der Expansion (z. B. nach 1/50 Sekunden) von der Seite beleuchtet und von oben photographiert, so erhält man ein Bild der Bahn des schnellen geladenen Teilchens.

Wenn man aus zwei benachbarten Richtungen photographiert, bekommt man ein stereoskopisches Bild. Die Nebelkammer kann auch in einem Magnetfeld betrieben werden.

5. *Bläschenkammer.* In analoger Weise arbeitet die Bläschenkammer (bubble chamber). Statt des übersättigten Wasserdampfes in einem Gas enthält sie eine Flüssigkeit nahe dem kritischen Zustand. Bei ruckartiger Expansion will sich ein Teil der Flüssigkeit in Gas verwandeln und es bilden sich Gasbläschen an den Ionen und Elektronen. Man photographiert die Bahn wie bei der Nebelkammer – gegebenenfalls in einem Magnetfeld – und komprimiert anschließend wieder, um den Ausgangszustand herzustellen vgl. Abb. 426, 428.

6. *Szintillationsdetektor.* Zur Zählung von ionisierenden Teilchen und von Gammaquanten wird häufig ein Szintillationskristall mit einer Photokathode und einem nachgeschalteten Sekundärelektronenvervielfacher verwendet, Abb. 389. Bei der Absorption von Gammaquanten entstehen schnelle Elektronen, deren Energie von der Quantenenergie und vom

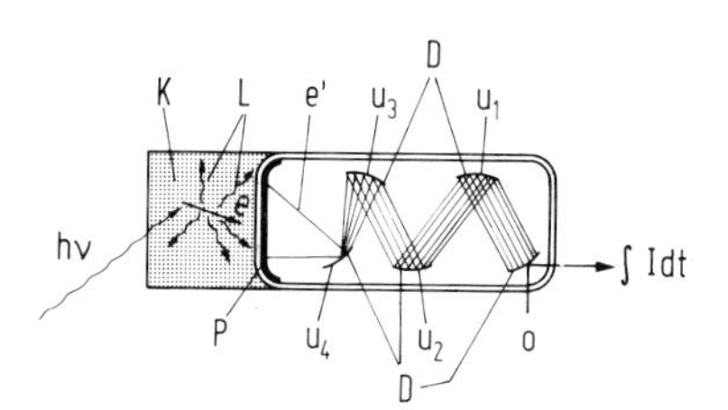

Abb. 389. Szintillationsdetektor mit Sekundärelektronen-Vervielfacher. Nachweis eines γ-Quants ($h\nu$), das in einem Kristall K ein Elektron e ausgelöst hat. (Bahn des Elektrons hier gerade gezeichnet, in Wirklichkeit vielfach geknickt).
L: Szintillationslicht (kleine Wellenlinien mit Pfeil), P: dünne (durchsichtige) Photokathode, e′: Photoelektronen, D: Elektroden („Dynoden") in einem Glasrohr (Hochvakuum), $U_4 - U_3$, $U_3 - U_2, \ldots$ Beschleunigungsspannungen, $\int I \, \mathrm{d}t$: Stromstoß.

Entstehungsprozeß (Photoeffekt, Comptoneffekt, Paarbildung) abhängt. In einem Einkristall aus NaJ mit geringem Thalliumzusatz (0,1 bis 0,5% TlJ) wird durch *ein* schnelles Elektron *ein* Lichtblitz (eine „Szintillation") erzeugt. Die Lichtsumme ist dabei der Energie der Elektronen nahezu proportional. Lichtsumme bedeutet soviel wie Strahlungsleistung integriert über die Dauer des Lichtblitzes. Der Lichtblitz löst im Inneren eines sog. Photomultipliers einen Stromstoß aus. Das geschieht auf folgende Weise: Derjenige Teil des Lichtblitzes, der aus Raumwinkelgründen die Photokathode erreicht, löst aus einer dünnen Cs-Schicht (Photokathode), die dicht neben dem Kristall im Innern eines Vakuumrohres angeordnet ist, durch Photoeffekt mehrere Elektronen aus. Ihre Anzahl N_0 hängt von der eintreffenden Lichtsumme ab. Diese Photoelektronen werden beschleunigt, prallen auf eine Elektrode (Dynode) auf und lösen $\alpha \cdot N_0$ Sekundärelektronen aus, wo α eine Zahl der Größenordnung 3 ist. Dieser Vorgang wird mehrmals wiederholt. Eine solche Röhre (Sekundärelektronenvervielfacher mit Photokathode) wird als Photomultiplier bezeichnet. Man erhält Stromstöße („Pulse"), deren Anzahl von der Zahl der absorbierten Gammaquanten abhängt und deren Strom-Zeit-Integral („Pulshöhe") von der Energie der durch die Gammaquanten jeweils ausgelösten Elektronen bestimmt wird.

Der radioaktive Kern ^{60}Co zerfällt durch β^--Emission in den zweiten angeregten Zustand von ^{60}Ni (vgl. Abb. 390). Beim Übergang in den Grundzustand über den ersten angeregten Zustand werden γ-Quanten der Quantenenergien $h\nu = 1{,}17$ MeV und 1,33 MeV ausgesandt. Wenn diese Strahlung auf einen Szintillationszähler fällt, erhält man die in Abb. 390b dargestellte Pulshöhenverteilung.

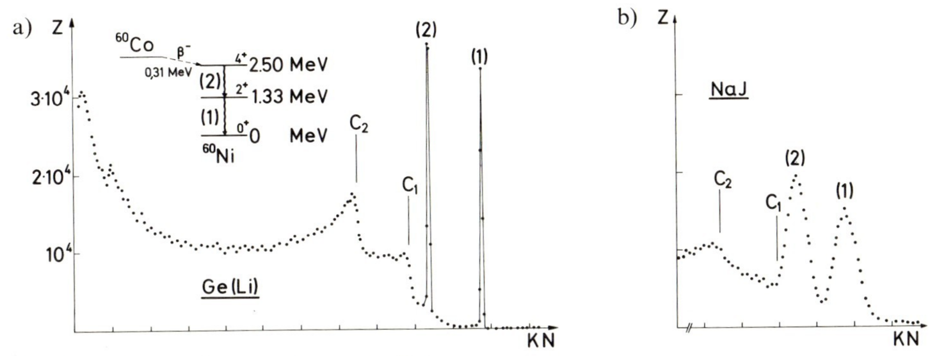

Abb. 390. Pulshöhenverteilung. Spektrum von $^{60}_{27}$Co.
a) mit Ge(Li)-Halbleiterdetektor,
b) mit Szintillationsdetektor.
Aufgetragen ist Z, die Anzahl der Stromstöße je Energiebereich, in Abhängigkeit von der Kanalnummer KN (Pulshöhe). In a) erkennt man die Photolinien (1) und (2), links daneben die Kante C_1 bzw. C_2 des zu (1) bzw. (2) gehörigen Compton-Kontinuums.
In b) ist nur der rechte Teil des Spektrums wiedergegeben. Man erkennt die Photolinien (1) und (2). Sie haben viel größere Halbwertbreite (Unschärfe). Weiter sieht man C_2, dagegen ist C_1 nicht von (2) getrennt.

Die Elektronen aus dem Photoeffekt ergeben eine Linie mit der Breite $\Delta W/W \approx 10\%$, diese Linienbreite rührt von statistischen Schwankungen von α her. Die Elektronen aus dem Compton-Effekt ergeben ein Kontinuum. Diese Überlagerung erschwert die genaue Analyse zusammengesetzter Gammaspektren. Für Quantenenergien $h\nu > 1{,}02$ MeV werden die Pulshöhenspektren infolge der Paarbildung noch komplizierter.

Häufig werden auch Szintillationsdetektoren aus organischem Material verwendet. Sie zeichnen sich durch besonders hohes zeitliches Auflösungsvermögen aus.

7. *Halbleiter- oder Sperrschichtdetektor.* Seit etwa 1958 werden zur Spektroskopie in der Niederenergie-Kernphysik im zunehmenden Maß Halbleiterzähler verwendet. Sie zeichnen sich aus durch gutes Energie- und auch Zeitauflösungsvermögen, durch kleine Abmessungen und einfache Handhabung; dafür ist ihre Nachweiswahrscheinlichkeit gering.

Der Halbleiter-Sperrschichtzähler ist eine Halbleiterdiode. In der Umgebung eines p-n-Übergangs in einem Halbleiterkristall entsteht eine Verarmungsschicht, in der die Konzentration beweglicher Ladungsträger stark vermindert ist. Gleichzeitig bildet sich eine Raumladungsdoppelschicht aus, in der sich ein elektrisches Feld aufbaut. Durch Anlegen einer Sperrspannung an die (isolierende) Verarmungsschicht kann diese vergrößert werden (Sperrschicht). In extrem reinem Silicium- oder Germaniumeinkristallen können Sperrschichttiefen von einigen Millimetern erreicht werden.

Die Arbeitsweise des Halbleiter-Sperrschichtzählers ist mit der Funktion der Ionisationskammer vergleichbar. Durch ein ionisierendes Teilchen werden im Kristallgitter bewegliche Ladungsträger erzeugt, hier Elektron-Loch-Paare. In der Sperrschicht erzeugte Ladungsträgerpaare werden durch das elektrische Feld getrennt und an die Grenzen der Feldzone verschoben. Diese Ladungsverschiebung ist meßbar durch den entstehenden Spannungsabfall an einem Vorwiderstand. Die Zahl der erzeugten Ladungsträgerpaare hängt nur von der Energie ab, die ein Teilchen oder γ-Quant in der Sperrschicht verliert. Alle Ladungsträger in der Feldzone können quantitativ herausgezogen werden. Damit ist Energiespektroskopie unabhängig von der Teilchenart möglich. Abb. 390a zeigt die Pulshöhenverteilung für γ-Strahlung, die nach dem Zerfall von ^{60}Co (siehe oben) auftritt.

Im Mittel sind zur Erzeugung eines Elektron-Loch-Paares in Silicium 3,6 eV, in Germanium 2,8 eV nötig. Ionisierende Teilchen erzeugen also im Halbleiterzähler ca. zehnmal mehr Ladungsträgerpaare als in der Ionisationskammer.

Entsprechend der höheren Zahl der (primär gebildeten) Ladungsträgerpaare ist die relative statistische Schwankung kleiner. Daraus erklärt sich die prinzipiell bessere Energieauflösung von Halbleiterzählern. Sie beträgt für Ionenstrahlen etwa 10 keV, für Elektronen und Gammaquanten wenige keV. Das zeitliche Auflösungsvermögen von Halbleiterzählern geht bis in den Nanosekundenbereich.

8. Auch *Photoplatten* können zum Nachweis der Bahnen geladener Teilchen verwendet werden, da geladene Teilchen – ebenso wie Licht – in Photoemulsionen chemisch entwickelbare Körner erzeugen.

9. Elektronische Zähler. Es gibt Bauelemente (z. B. Schalter oder Schaltkreise) mit zwei Schaltzuständen (z. B. Strom eingeschaltet, Strom ausgeschaltet), die durch einen Spannungs- oder Stromstoß aus dem jeweils vorliegenden Schaltzustand in den anderen überführt werden (flip-flop-Schaltungen). Mit zwei solchen Schaltkreisen kann man vier Schaltstellungen, mit n Schaltkreisen 2^n Schaltstellungen herstellen. Damit lassen sich auch sehr hohe Pulsraten zählen. Man kann auch erreichen, daß z. B. jedes 10. oder 100. oder 1000. Ereignis usw. ein mechanisches Zählwerk betätigt („Untersetzer").

Solche Kreise mit zwei Schaltstellungen sind die Grundbausteine eines Computers (erste Ausführung K. Zuse, 1941).

6.5.2. Röntgenstrahlen

Röntgenstrahlung entsteht, wenn schnelle Elektronen gebremst werden, sie hat eine charakteristische spektrale Verteilung mit $h\nu_{\text{Grenz}} = eU$.

Wenn schnelle Elektronen auf Materie treffen und dadurch abgebremst werden, entstehen Röntgenstrahlen. Elektronen, die im Hochvakuum aus einer Glühkathode austreten, werden durch Anlegen einer Spannung U zwischen Glühkathode und Anode in schnelle Bewegung versetzt und treffen mit der kinetischen Energie eU auf die Anode (Abb. 391), die im Regelfall aus einem Metallklotz besteht. Der größte Teil der kinetischen Energie der Elektronen wird in Wärme verwandelt. Die Anode einer Röhre mit hoher Strahlungsleistung muß daher gekühlt werden. Für den Zusammenhang zwischen Stromstärke und Spannung in der Röhre gilt 4.3.1.3. Ein kleiner Bruchteil der kinetischen Energie der Elektronen wird bei der Bremsung in der Anode in elektromagnetische Strahlung (Röntgenstrahlung) umgesetzt mit Quantenenergien $h\nu \leq eU$ (Bremskontinuum) und bei dicker Anode *allseitig* ausgesandt. Die größte auftretende Quantenenergie

$$h\nu_{\text{Grenz}} = eU \tag{6-19}$$

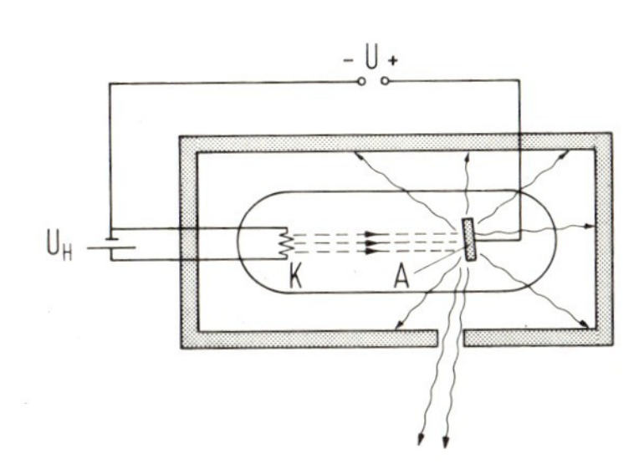

Abb. 391. Röntgenröhre (schematisch) zur Erzeugung von Röntgenstrahlen. K: Glühkathode, U_H: Heizspannung, A: Anode, U: Hochspannung (z. B. 100000 V). Die Röntgenstrahlen werden nach allen Richtungen ausgesandt (auch entgegen der Richtung der einfallenden Elektronen). Erst eine Abschirmung (z. B. aus Pb mit einer Öffnung) erzeugt ein Bündel. Das bandförmige Elektronenbündel, das die linienförmige Kathode verläßt, erzeugt Röntgenstrahlen auf einem bandförmigen Bereich der Anode. Die breite Seite des Bandes liegt parallel zur Zeichenebene. Das Röntgenbündel, das in der Abbildung nach unten austritt und fast tangential die Anode verläßt, scheint nahezu von einem Punkt zu kommen („Strichfokus"). Es erzeugt daher ein besonders scharfes Schattenbild von einem durchstrahlten Gegenstand.

wird erreicht, wenn ein Elektron seine gesamte kinetische Energie in einem einzigen Bremsakt vollständig in ein Lichtquant umsetzt.

Allgemein gilt: Jedes beschleunigte Elektron sendet elektromagnetische Wellenstrahlen (Lichtquanten) aus, z. B. die Elektronen auf der Kreisbahn in einem Elektronensynchrotron, 7.5.4b (auch dann, wenn sie mit $|\vec{v}| =$ const. umlaufen).

Aus Gl. (6-19) rechnet man durch Einsetzen der Konstanten leicht nach, daß bei 12,41 kV an der Röhre die Grenzwellenlänge 1 Å beträgt, bei 124,1 kV dagegen 0,1 Å = = 0,01 nm.

Bei unveränderter Röhrenspannung ist die Strahlungsleistung proportional der Stromstärke durch die Röhre. Diese kann über die Temperatur des Glühfadens geregelt werden (4.3.1.3). Die spektrale Zusammensetzung der Strahlung hängt von der angelegten Röhrenspannung ab, nicht aber von der Röhrenstromstärke. Bei nichtgeheizter Kathode fließt kein Elektronenstrom durch die Röhre.

Daß Röntgenstrahlen Licht (Querwellen) sind, geht aus der Möglichkeit der *Polarisation* durch Streuung hervor: Ebenso wie man bei sichtbarem Licht durch Streuung um 90° linear polarisiertes Licht erhalten kann, ist das auch bei Röntgenstrahlen möglich. Der Nachweis der Polarisation geschieht auch hier durch nochmalige Streuung um 90°, genau wie in 5.4.2 beschrieben.

6.5.3. Spektrale Zusammensetzung von Röntgenlicht *F/L 5.2.5 u. 5.2.6*

Die von einer Röntgenröhre emittierte Strahlung besteht aus einem Bremskontinuum und einem Linienspektrum, dessen Quantenenergien von der Ordnungszahl Z des Anodenmaterials abhängen.

Röntgenlicht wird von Kristalloberflächen, bzw. dem Schichtgitter darunter nur in Richtung des Glanzwinkels „reflektiert", vgl. 5.3.4. Dabei gilt

$$2d \cdot \sin \alpha_m = m \cdot \lambda \qquad (5\text{-}18)$$

wo α_m der Glanzwinkel für die m-te Ordnung, λ die Wellenlänge und m = 1, 2, 3, . . . ist. Beim Drehen des Kristalls werden also nacheinander die verschiedenen Wellenlängen aus dem

Bündel heraus reflektiert. Man findet: Die Röntgenstrahlung ist zusammengesetzt aus zwei Anteilen

1. einem kontinuierlichen Spektrum (Bremskontinuum). Es wird bei der Bremsung der Elektronen erzeugt,
2. einem Linienspektrum (charakteristische Strahlung). Es tritt nur auf, wenn ein Elektron durch Elektronenstoß aus einer inneren Schale eines Atoms im Anodenmaterial herausgeschlagen wurde. Das Atom ist dadurch ionisiert. Zu Schalen vgl. 7.1.6, 6.4.4 und 6.5.4.

Zu 1. Das Bremsspektrum ist vom Anodenmaterial unabhängig und enthält Quantenenergien $h\nu \leq eU$, wo U die Beschleunigungsspannung ist. Abb. 392 zeigt die Existenz einer Grenzfrequenz, die Häufigkeitsverteilung der Photonen über verschiedene Quantenenergien, sowie die Veränderung des Bremsspektrums mit der Spannung. Wird bei konstanter Stromstärke durch die Röhre die Beschleunigungsspannung erhöht oder erniedrigt, dann verschiebt sich die Grenzfrequenz des Kontinuums gemäß $h\nu_{\text{grenz}} = eU$, und gleichzeitig ändert sich die spektrale Verteilung. Die Strahlungsleistung erhöht sich dabei für alle Frequenzen. Erhöht man (bei unveränderter Spannung) die Stromstärke, dann wird die Strahlungsleistung erhöht, aber die spektrale Verteilung bleibt unverändert.

Wie erwähnt, wird der größte Teil der kinetischen Energie der auf die Anode auftreffenden Elektronen in Wärme verwandelt, nur ein geringer Bruchteil in Strahlung. Dieser Bruchteil (Nutzeffekt) beträgt bei den üblichen Werten der Röhrenspannung für dicke Anoden $(10^{-9}\,\text{V}^{-1}) \cdot Z \cdot U$; er kann natürlich 100% nicht überschreiten.

Beispiel. Mit einer Wolframanode ($Z = 74$) und der Beschleunigungsspannung $U = 100\,000$ V beträgt der Nutzeffekt

$$(10^{-9}\,\text{V}^{-1}) \cdot 74 \cdot 0{,}1 \cdot 10^6\,\text{V} = 7{,}4 \cdot 10^{-3} = 0{,}74\%.$$

Zu 2. Das charakteristische Spektrum besteht aus einzelnen Liniengruppen mit bestimmten Quantenenergien. Erhöht man die Röhrenspannung oder die Röhrenstromstärke, so ändern sich deren Frequenzen (Quantenenergien) nicht. Nur die relativen Strahlungsleistungen (Intensitäten) ändern sich (Abb. 392). Man bezeichnet die Liniengruppen beginnend von denen mit größten Quantenenergien mit K, L, M,...

Die einzelnen Linien werden mit K_α, K_β,..., L_α, L_β,... bezeichnet. Die K_α-Linie entspricht einem Übergang vom Niveau mit n = 2 zum Niveau mit n = 1, vgl. Abb. 382, 385. Bei genügend hoher Auflösung des verwendeten Spektralapparates zeigt sich, daß die K_α-Linie aus zwei benachbarten Linien ($K_{\alpha 1}$, $K_{\alpha 2}$) besteht, vgl. z. B. Abb. 385 für Kalium.

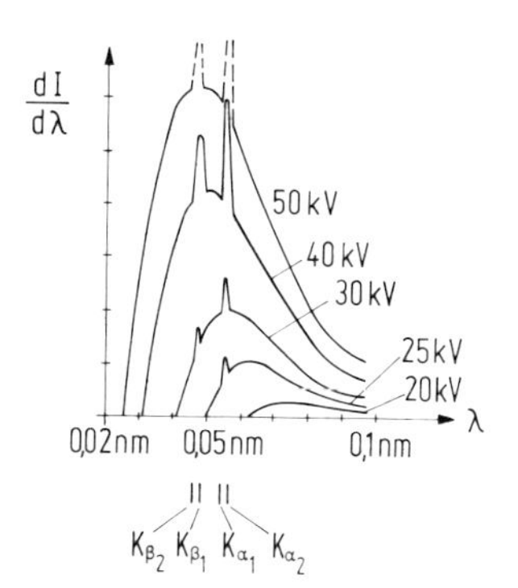

Abb. 392. Spektrum der Röntgenstrahlung, die von einer Röntgenröhre emittiert wird. Intensitätsverteilung in Abhängigkeit von der Wellenlänge. Es existiert eine kurzwellige Grenze λ_{gr}, die von der Röhrenspannung abhängt. Es gilt $h\nu_{\text{grenz}} = eU$.

Beispiel: $U = 25$ keV, $\lambda_{\text{grenz}} = 0{,}495$ Å $= 0{,}0495$ nm, $\nu_{\text{grenz}} = c/\lambda_{\text{grenz}}$. Auf das kontinuierliche Emissionsspektrum sind Linien aufgelagert, die umso stärker angeregt werden, je höher die kinetische Energie eU der Elektronen ist (Linien von Ag, Z = 47, sind eingetragen, vgl. dazu auch Abb. 395a und b).

Demonstration. Ein Bleispalt blendet aus der Strahlung einer Röntgenkugel (60 kV) ein Bündel aus, das unter dem (kleinen) Glanzwinkel α auf die Oberfläche eines NaCl-Kristalls trifft. Auf einem Schwenkarm, dessen Drehachse durch den NaCl-Kristall geht, steht unter dem Winkel 2α zum Primärstrahl ein Zählrohr zum Nachweis der „reflektierten" Strahlung. Eine mechanische Vorrichtung sorgt dafür, daß der Kristall um α gedreht wird, wenn der Schwenkarm um 2α gedreht wird (Halbwinkelablenkung). Der Kristall reflektiert dann jeweils nur eine Wellenlänge aus dem Röntgenspektrum, und zwar ist α näherungsweise proportional λ. Werden 60 kV an die Röhre gelegt, so ist $h\nu_{\text{grenz}} = 60$ keV und $\lambda_{\text{grenz}} = 0{,}2$ Å $= 0{,}02$ nm. Der zugehörige Glanzwinkel ist $\alpha = 2°$ für NaCl, da für diesen Kristall $d = 2{,}814 \cdot 10^{-10}$ m $= 0{,}2814$ nm ist, wo d der Abstand zweier benachbarter Netzebenen ist. (Die Gitterperiode Na bis Na in der Netzebene – oder senkrecht zur Netzebene – ist $2\,d$). Bei kleineren Winkeln ist die Zählrate $= 0$ (bis durch die Anordnung in der Nähe von 0° der direkte Strahl hindurch geht). Durch Bewegen des Schwenkarms kann die spektrale Verteilung der Röntgenstrahlung (Abb. 392) aufgenommen werden.

Von den optischen Spektren unterscheiden sich die Röntgenspektren durch vier Eigenschaften:

a) Sie sind für alle chemischen Elemente gleichartig aufgebaut. Die Frequenzen einander entsprechender Linien verschieben sich mit steigender Kernladung systematisch gegen höhere Werte (siehe Abb. 393). Für die Frequenzen der K_α-Linie verschiedener Elemente (mit verschiedenem Z) gilt

$$h\nu_{K_\alpha} = Z^2 \cdot R \cdot \left(\frac{1}{1^2} - \frac{1}{2^2}\right) = Z^2 \cdot 13{,}60 \text{ eV} \cdot \frac{3}{4} = Z^2 \cdot 10{,}20 \text{ eV}.$$

(Moseley, siehe Abb. 393). Analoges gilt, wenn auch nicht mehr ganz so streng, für die Linien der L, M,... Gruppe (siehe Abb. 385), zum Beispiel

$$h\nu_{L_\alpha} \approx Z^2 \cdot R \cdot \left(\frac{1}{2^2} - \frac{1}{3^2}\right) \text{ usw.}$$

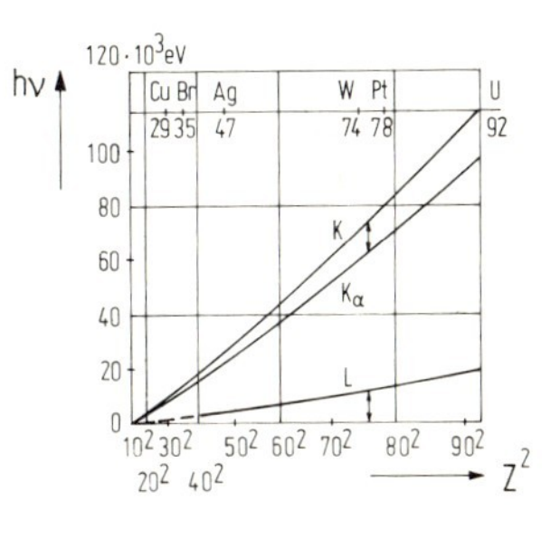

Abb. 393. Quantenenergien der K_α-Linien, K-Kanten und L-Kanten. Quantenenergien $h\nu$ der K_α-Linien, K-Absorptions- und L-Absorptionskante als Funktion des Quadrats der Ordnungszahl (Z^2). Die eingezeichneten Quantenenergien der K_α-Linie sind Mittelwerte aus $h\nu\,(K_{\alpha 1})$ und $h\nu\,(K_{\alpha 2})$. (Sie unterscheiden sich bei Uran um 3,5%.) Als L-Kante ist der Mittelwert aus L_{II} und L_{III} eingetragen. Diese unterscheiden sich bei Uran um 19,5%. Die Differenz der Quantenenergien der K-Kante und der L_{II}/L_{III}-Kante ist gleich der Quantenenergie der $K_{\alpha_{1,2}}$-Linie. Nach Pohl III, S. 244, Abb. 458.

b) Die Röntgenspektren der Atome sind unabhängig von der chemischen Bindung der Atome. Die dem Blei zugehörigen Röntgenlinien stimmen für Bleimetall, Bleioxid oder eine andere Bleiverbindung bis auf äußerst geringe Abweichungen überein. Erst bei kleinen Quantenenergien, d. h. in den oberen Niveaus im Niveauschema (Abb. 385), macht sich die chemische Bindung bemerkbar. Das ist verständlich, denn die Bindungsenergien in der Chemie sind von der Größenordnung 1 bis 5 eV/Molekül gegenüber $h\nu_{K_\alpha} \approx 100$ keV bei Pb.

c) Die *Linien*spektren im Röntgengebiet sind *nur in Emission* beobachtbar. In der Absorption beobachtet man nur Kanten. Sie entsprechen der Ionisation des Atoms durch Herausschlagen eines Elektrons aus einer inneren Schale. Die Quantenenergie der K_α-Linie beträgt 3/4 der Quantenenergie der K-Kante. Für das Nichtauftreten von Absorptionslinien vgl. 6.5.4.

d) Das Röntgen-Linienspektrum tritt nur auf, wenn vorher ein Elektron aus einer inneren Schale herausgeschlagen wurde. So tritt die K_α-Linie der Quantenenergie $\approx Z^2 \cdot (3/4) \cdot R$ nur auf, wenn vorher in einem Quantenübergang die Energie $\approx Z^2 \cdot 1 \cdot R$ vom Atom aufgenommen, d. h. ein Elektron der K-Schale entfernt worden ist.

6.5.4. Absorption von energiereichen Photonen (Lichtquanten) beim Durchgang durch Materie, Pauli-Prinzip

F/L 5.2.7

Für die Absorption von Röntgenlicht (und Gammastrahlung) gilt $I = I_0 \cdot e^{-kd}$. Dabei ist die Absorptionskonstante k eine Funktion der Wellenlänge mit charakteristischen Sprüngen („Kanten"). In Absorption treten nur Kanten auf, in Emission dagegen diskrete Linien (abgesehen vom kontinuierlichen Spektrum). Diese Tatsache führt zur Aufstellung des Pauli-Prinzips.

Lichtquanten werden beim Durchgang durch Materie absorbiert nach dem Gesetz $\mathrm{d}I/I = -k \cdot \mathrm{d}x$, in Worten: Die Strahlungsleistung (oder auch Quantenanzahl/Zeit) wird auf jedem Wegstück $\mathrm{d}x$ durch die Materie um denselben Bruchteil geschwächt; also gilt für die Strahlungsleistung I der primären Lichtquanten nach Durchdringen einer Schicht der Dicke d

$$I = I_0 \cdot e^{-k \cdot d} \tag{6-20}$$

wobei I_0 die einfallende Strahlungsleistung ist. k heißt Absorptionskonstante. Sie ist eine Funktion der Wellenlänge und hängt außerdem vom Absorbermaterial ab. Die Absorption beruht teils auf Photoeffekt, bei höheren Quantenenergien bevorzugt auf Compton-Effekt, bei noch höheren Quantenenergien oberhalb 1 MeV auch noch auf Paarbildung. Für die Absorptionskonstante gilt (vgl. Abb. 394)

$$k = k_{\mathrm{Ph}} + k_{\mathrm{Compton}} + k_{\mathrm{Paar}} \tag{6-21}$$

Häufig wird k/ϱ angegeben und Massenabsorptionskoeffizient genannt; dabei ist mit ϱ die Dichte (1.5.2.5) gemeint.

Der Photoeffekt bewirkt Absorption der Lichtquanten, d. h. das Photon verschwindet ganz und dafür wird ein Elektron mit $W_{\mathrm{kin}} = h\nu -$ (Ablösearbeit) ausgesandt. Der Compton-Effekt bewirkt eine Streuung des Lichtquants unter Verminderung seiner Quantenenergie. Dabei geht $h\nu - h\nu'$ auf ein Elektron über (6.3.2). Bei der Paarbildung (6.3.2) verschwindet ein Lichtquant; ein Elektron und ein Positron (Paar) werden ausgesandt, deren kinetische Energien zusammen $h\nu - 1{,}02$ MeV ausmachen.

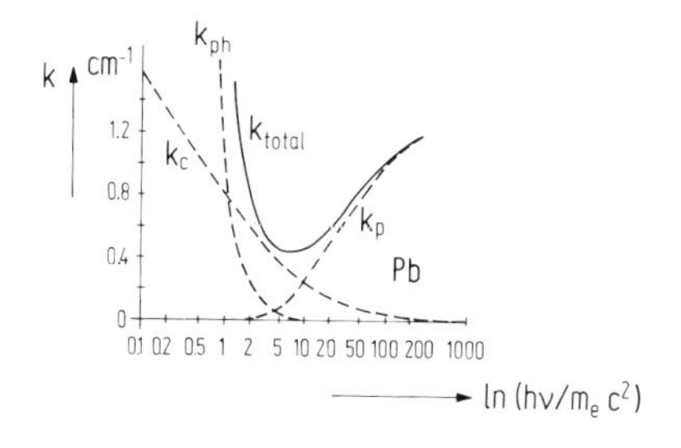

Abb. 394. Absorptionskonstante von Blei für energiereiche Lichtquanten. Zur Absorptionskonstanten k tragen der Compton-Effekt (k_c), der Photoeffekt (k_{ph}) und die Paarbildung (k_p) bei. $k_{\mathrm{total}} = k_c + k_{\mathrm{ph}} + k_p$. (Hier bedeutet m_e die Ruhemasse des Elektrons.) Es ist auch üblich k_{tot} als Schwächungskoeffizient (μ) zu bezeichnen. Dann wird k_{ph} (Photo-) Absorptionskoeffizient (τ), k_e Streukoeffizient (σ) genannt.

Die Absorptionskonstanten k_{Ph}, k_{Compton}, k_{Paar} hängen ab
1. von der Wellenlänge λ bzw. Quantenenergie der Röntgenstrahlung und
2. von der Ordnungszahl Z der im Absorbermaterial enthaltenen Atome *unabhängig* von ihrer chemischen Bindung. (Das ist anders als bei sichtbarem Licht.)

So absorbieren z. B. n Moleküle/cm² Bleisulfid (PbS) genau so wie eine homogene Mischung aus n Atomen/cm² Blei (Pb) + n Atome/cm² Schwefel (S). Die Beiträge zur Absorption superponieren sich also ohne gegenseitige Beeinflussung. Das gilt für alle Verbindungen und Mischungen, jedenfalls für Quantenenergien oberhalb von wenigen keV. Man kann die Absorption durch die Halbwertdicke $d_{1/2} = (\ln 2)/k$ charakterisieren. Man versteht darunter diejenige Dicke, nach der die in die Schicht eindringende Strahlungsleistung zur Hälfte absorbiert ist.

k ändert sich mit der Quantenenergie der Photonen. Für energiereiche Quanten (z. B. mit Quantenenergien $h\nu \approx 200$ keV) ist k klein. Verringert man die Quantenenergie, so steigt k monoton an, und zwar näherungsweise proportional mit $Z^3 \lambda^3$. Beim Unterschreiten einer bestimmten Quantenenergie, die von der Ordnungszahl Z des Absorbers abhängt, springt k auf 1/6 bis 1/8 seines bisherigen Wertes („K-Kante"). Verringert man die Quantenenergie weiter, dann steigt k wieder monoton an (proportional mit $Z^3 \lambda^3$). Bei weiterer Verringerung beobachtet man bei etwa 1/4 der Quantenenergie der K-Kante kurz hintereinander drei weitere Sprünge ziemlich benachbart zueinander, und später fünf Sprünge (Abb. 395a und c).

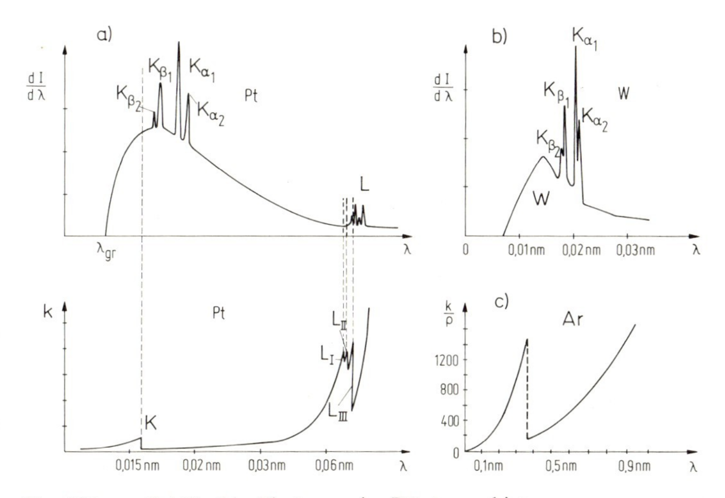

Abb. 395. Absorptionskanten für „Röntgenlicht", d.h. Photonen des Röntgengebietes
a) Vergleich eines Röntgenemissionsspektrums $\mathrm{d}I/\mathrm{d}\lambda$ einer Platinanode (mit Linien) und der Absorptionskonstanten $k(\lambda)$ für Platin (mit Kanten!). Die Quantenenergie der K_α-Linie ist 3/4 der Quantenenergie der K-Kante.
b) Gemessenes Emissionsspektrum von Wolfram,
c) Massenabsorptionskoeffizient. k/ϱ von Argon im Bereich der K-Kante in cm²/g.

Diese Sprungstellen nennt man *Kanten*. Die erste heißt K-Kante, die drei folgenden L-Kanten, die nächsten M-Kanten usw. Die K-Kante liegt für Stoffe mit der Ordnungszahl Z ziemlich genau bei der Quantenenergie

$$h\nu_{\text{K-Kante}} = Z^2 \cdot R \tag{6-22}$$

die L-Kanten näherungsweise bei

$$h\nu_{\text{L-Kanten}} \approx (1/4)\, Z^2 \cdot R \tag{6-22a}$$

Beim Einstrahlen von Lichtquanten einheitlicher Quantenenergie erhält man Photoeffekt. Dabei treten nach 6.3.1 Elektronen aus, deren kinetische Energie $= h\nu$ − (Ablösearbeit) ist. Mit Quanten genügend großer Quantenenergie (z. B. $h\nu > h\nu_{\text{K-Kante}}$) stellt man experimentell aber Photoelektronen mit *mehreren* kinetischen Energien fest, nämlich $h\nu - W_{\text{K}}$, $h\nu - W_{\text{LI}}$, $h\nu - W_{\text{LII}}$, $h\nu - W_{\text{LIII}}$ usw. Also muß es im Atom Elektronen mit *mehreren* Ablösearbeiten geben (drei Unterschalen der L-Schale der Elektronenhülle).

Das Niveauschema für $_{39}$K zeigt Abb. 385. Für alle anderen Atomarten ist es ähnlich. Der Übergang (n = 1) → (n = ∞) entspricht jeweils der K-Kante, die drei Übergänge mit (n = 2) → (n = ∞) den 3 L-Kanten usw.

Tab. 49 enthält einige experimentell bestimmte Werte der Quantenenergien der Kanten bzw. der Ablösearbeiten der Elektronenschalen K, L, M, bzw. der Unterschalen K, LI, LII, LIII, MI usw.

Tabelle 49. Quantenenergien einiger Kanten in keV (experimentelle Werte).

	K-Kante	LI	LII	LIII	MI	MII	MIII	MIV	MV
$_{6}$C	0,2845								
$_{13}$Al	1,5624			0,0685					
$_{42}$Mo	20,046	2,8903	2,6313	2,5282					
$_{74}$W	69,577	12,1495	11,5734	10,2332	2,841	2,583	2,285	1,911	1,850

Lichtquanten, die mindestens die Energie $h\nu_{\text{K-Kante}}$ haben, ionisieren ein Atom, indem sie (anders als im Regelfall von 6.3.3) ein Elektron bevorzugt aus dessen innerster Schale ($n = 1$) abspalten (vgl. dazu Abb. 385). Nach dieser Ionisierung geht ein locker gebundenes Elektron z. B. aus der L, oder M- usw. Schale auf den leeren Platz, und es wird ein Linienspektrum (diskrete Quantenenergien) emittiert.

Die Röntgen*linien* treten *nur* in *Emission* auf. Bei der *Absorption* beobachtet man *nur* die *Kanten*. Die Quantenenergien der Kanten sind größer als die ihnen zuzuordnenden Emissionslinien. So ist z. B.

$$h\nu_{\text{K}_{\alpha\,1,2}} = h\nu_{\text{K-Kante}} - h\nu_{\text{LII,III-Kante}} \approx \left(1 - \frac{1}{4}\right) h\nu_{\text{K-Kante}}$$

$$h\nu_{\text{K}_\beta} = h\nu_{\text{K-Kante}} - h\nu_{\text{MII,III-Kante}} \approx \left(1 - \frac{1}{9}\right) h\nu_{\text{K-Kante}}$$

In einem Atom höherer Ordnungszahl kommt es also (anders als bei Wasserstoff) *nicht* vor, daß ein Elektron durch Absorption eines Lichtquants z. B. von der K-Schale (n = 1) in die L-Schale (n = 2) gehoben wird.

Deutung: Die untersten Niveaus sind vollständig besetzt. Nur wenn ein Platz frei geworden ist, kann er neu besetzt werden, und zwar durch ein schwächer gebundenes Elektron. Die dabei frei werdende Energie wird als Röntgen-Linienstrahlung ausgesandt. Diese Beobachtung führte zur Aufstellung des *Pauli-Prinzips*. Es sagt: Jeder der durch die vier Quantenzahlen beschriebenen Zustände kann nur mit einem *einzigen* Elektron besetzt sein, d. h. zwei verschiedene Elektronen eines Atoms können nicht in allen vier Quantenzahlen übereinstimmen. Damit erklärt sich, daß in Absorption keine Linien auftreten. Das Lichtquant mit ausreichender Quantenenergie kann ein Elektron einer inneren Schale ganz aus dem Atom entfernen, dieses also ionisieren, nicht aber das Elektron auf ein energetisch benachbartes Niveau heben, wenn (solange) dieses besetzt ist.

Ist eine solche Ionisation eingetreten, so geht ein Elektron von einem höheren Niveau in den frei gewordenen, energetisch tiefer liegenden Zustand über. Die Differenzenergie wird als Lichtquant ausgesandt („Linien").

Nach dem *Pauli-Prinzip* sind 2, 8, 18, 32, ... Plätze für Elektronen in den Schalen $n = 1, 2, 3, \ldots$ vorhanden. Wie das Niveauschema des Kaliums (Abb. 385) erkennen läßt, wird die M-Schale ($n = 3$) zunächst nur mit 8 Elektronen besetzt, weil in der N-Schale ($n = 4$) für die weiteren Elektronen zunächst energetisch niedrigere Niveaus zur Verfügung stehen als in der M-Schale. In einem elektrisch neutralen Atom mit der Ordnungszahl Z sind genau die Z energetisch tiefsten Plätze mit Elektronen besetzt. Mit zunehmendem Z verschiebt sich die Lage der Niveaus systematisch. Die chemischen Eigenschaften eines Atoms sind nur durch die Besetzung der obersten Niveaus bestimmt. In einem Atom, das in ein Molekül eingebaut ist, sind nur die obersten Niveaus gegenüber dem freien Atom geändert, d. h. die Niveaus, die mit der Aussendung „kleiner" Quanten (sichtbares Licht) verbunden sind, nicht aber die mit „großen" Quanten (Röntgenstrahlen) zusammenhängenden.

In der Wellenmechanik führt das Pauli-Prinzip zu der Aussage: Die Gesamtwellenfunktion eines Atoms ist vollkommen antisymmetrisch.

Die Absorptionskonstante steigt ungefähr mit Z^3 an. Das ist bedeutsam für die medizinischen Anwendungen des Röntgenlichts. Die Röntgenaufnahmen sind Schattenbilder einer möglichst punktförmigen Quelle und beruhen auf der unterschiedlichen Absorptionskonstanten der Stoffe. Der menschliche Körper, allgemein das organische Gewebe besteht hauptsächlich aus $_1H$, $_6C$, $_7N$, $_8O$, während die Knochen zu einem wesentlichen Teil $_{20}Ca$ enthalten. Calcium absorbiert 40 mal stärker als Kohlenwasserstoff-Verbindungen, denn $(20/\sim 6)^3 \approx 40$. Das chemische Element Jod ($_{53}J$) ergibt gegenüber $_{20}Ca$ noch einmal eine fast 20-fach stärkere Absorption, denn $(53/20)^3 \approx 20$. Daher werden Jodverbindungen bei Kontrastaufnahmen verwendet.

Die Röntgenstrahlung ionisiert beim Durchgang die Materie. Das bedeutet unter anderem: Aus Molekülen werden Ionen oder Radikale. Diese fügen sich zu neuen Verbindungen zusammen, d. h. im biologischen Gewebe können irreparable Schädigungen auftreten (vgl. 9.4).

6.6. Wellen als Teilchen und Teilchen als Wellen

6.6.1. Experimenteller Nachweis der de-Broglie-Wellenlänge, Notwendigkeit einer Wellenmechanik

F/L 3.4.1, 5.1.6 u. 5.2.1

Bewegte Teilchen haben u. U. Welleneigenschaften. Teilchen mit dem Impuls $m \cdot v$ haben die de-Broglie-Wellenlänge $\lambda_{\mathrm{de\ Br}} = h/mv$.

Läßt man ein Teilchenstrahlbündel (Elektronenstrahl, Atomstrahl, Neutronenstrahl) auf kristalline Materie treffen, so zeigt sich experimentell, daß das Bündel gerade so abgelenkt (gebeugt) wird wie ein Bündel einer Wellenstrahlung. Umgekehrt verhalten sich elektromagnetische Wellen u. U. wie Teilchen (Photonen, vgl. 6.3.2). Es besteht also ein *Dualismus zwischen Wellen und Korpuskularstrahlen.*

Bewegte Teilchen haben also Welleneigenschaften. Und zwar stellt sich heraus, daß Teilchen mit einem Impuls mv sich wie Wellen mit der Wellenlänge $\lambda = h/mv$ verhalten. Dabei ist m die (geschwindigkeitsabhängige) relativistische Masse. Dieses Wellenverhalten hat nichts mit der elektrischen Ladung der Teilchen zu tun, denn geladene Teilchen (Elektronen, Protonen) und ungeladene Teilchen, etwa Atomstrahlen (z. B. He) und Neutronenstrahlen (z. B. thermische Neutronen) zeigen gleichartige Beugungserscheinungen immer dann, wenn die Wellenlänge h/mv der Teilchen denselben Betrag haben.

Die Wellennatur von Teilchenstrahlen (vgl. unten) wurde 1925 von L. de Broglie aufgrund theoretischer Überlegungen vermutet. Zur damaligen Zeit wußte man, daß Photonen der Wellenlänge λ, also der Frequenz $\nu = c/\lambda$ den Impuls

$$p = \frac{h\nu}{c} = \frac{h}{\lambda} = mc \tag{6-23}$$

haben, wo $m = h\nu/c^2$ ist (vgl. 6.3.2). De Broglie nahm an, daß diese Beziehung zwischen Impuls und Wellenlänge nicht nur auf Lichtquanten, sondern auch auf Teilchen (bewegte Elektronen, Atome usw.) anwendbar sei. Der Impuls p solcher Teilchen ist mv, und es sollte nach de Broglie $p = mv = h/\lambda_{\text{de Br}}$ gesetzt werden können. $\lambda_{\text{de Br}}$ wird de-Broglie-Wellenlänge genannt. Sie müßte sich bei gewissen Beugungsexperimenten nachweisen lassen. Die Experimente von Davison und Germer (1927/28) haben diese Vermutung bestätigt und sind eine der experimentellen Grundlagen der Wellenmechanik (Quantenmechanik); diese berücksichtigt die Wellennatur der Teilchenstrahlen.

Davison und Germer experimentierten mit Elektronenbündeln. Die Elektronen werden durch eine Spannung U beschleunigt und haben dann einheitlichen Impuls und damit einheitliche de-Broglie-Wellenlänge.

Beispiel. Elektronen der kinetischen Energie 10 keV haben den Impuls $55 \cdot 10^{-24}$ kg m/s und die de-Broglie-Wellenlänge 0,12Å = 0,012 nm.

Man läßt das ausgeblendete Elektronenbündel auf ein äußerst dünnes Spaltstück eines Glimmerplättchens oder auf eine äußerst dünne polykristalline Metallschicht fallen, wie man sie durch Aufdampfen auf eine dünne nicht kristalline Trägerfolie erhalten kann. Dann beobachtet man auf dem Schirm ein Bild wie bei der Beugung eines Röntgenstrahlbündels, vgl. Abb. 396a und b. Die Elektronenbeugung kann als Hilfsmittel herangezogen werden, um Eigenschaften kristalliner Materie zu untersuchen.

Wenn ein Atomstrahl von Helium auf eine Spaltfläche von LiF fällt, beobachtet man experimentell (Estermann und Stern 1930) im reflektierten Strahl ein kräftiges Beugungsmaximum auf beiden Seiten des reflektierten Strahls.

Beispiel. He-Atomstrahlen, die aus einem „Ofen" der Temperatur 295 K kamen, fielen unter dem Glanzwinkel 18,5° ein. Der Atomstrahl hat die häufigste Geschwindigkeit $v_h = 1{,}65 \cdot 10^3$ m/s. Die (mittlere) de-Broglie-Wellenlänge betrug 0,057 nm. Die Gitterkonstante von LiF-Kristallen ist 2,845 Å = 0,2845nm. Das erste Beugungsmaximum wurde unter $\pm 12°$ gefunden, unter $\pm 11{,}75°$ erwartet.

Thermische Neutronen aus einer Bremssubstanz mit $T = 80$ K haben die häufigste

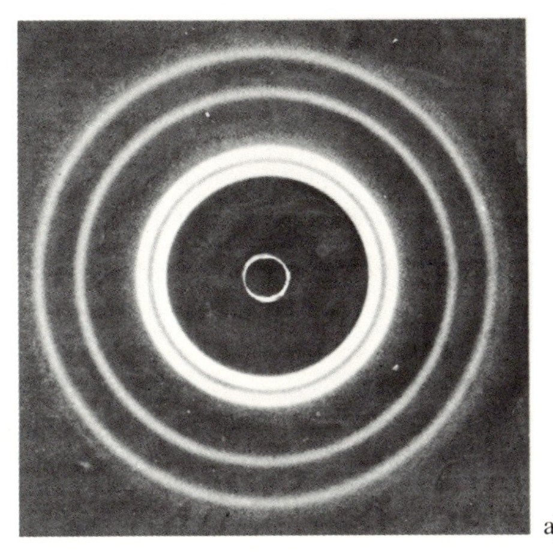
a)

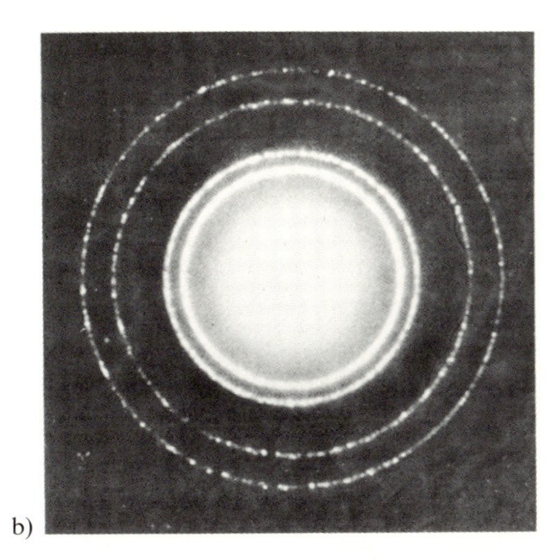
b)

Abb. 396. Beugung von Röntgenstrahlen und Elektronen.
a) Beugungsbild von Röntgenstrahlen ($h\nu = 178$ eV, $\lambda = 7{,}1$ nm) nach Durchgang durch eine dünne Aluminiumfolie.
b) Beugungsbild eines Elektronenstrahls ($W_{\text{kin}} = 600$ eV, $\lambda_{\text{de Br.}} = 5$ nm) nach Durchgang durch eine dünne Aluminiumfolie.

Geschwindigkeit $v_{\text{h}} = 1{,}14 \cdot 10^3$ m/s und die de-Broglie-Wellenlänge $\lambda_{\text{de Br}} = 3{,}45$ Å $= 0{,}345$ nm. Auch mit ihnen hat man Beugungsversuche ausgeführt, vgl. auch 7.3.4.

Ebenso wie Lichtmikroskope sind auch Elektronenmikroskope grundsätzlich in ihrer Auflösung durch die Wellennatur der verwendeten abbildenden Strahlen beschränkt. Man rechnet leicht nach, daß Elektronen der kinetischen Energie 50 keV die Wellenlänge 0,055 Å = = 0,0055 nm haben. Sie ist also 100000 mal kleiner als die mittlere Wellenlänge des sichtbaren Lichtes (550 nm). Ein mit solchen Elektronen arbeitendes Mikroskop könnte also rund 100000 mal höhere Auflösung erreichen als ein Lichtmikroskop, falls es in der Zukunft einmal gelingen sollte, die Abbildungsfehler der im Elektronenmikroskop benötigten elektrischen oder magnetischen Abbildungslinien genügend klein zu halten und die Bündelöffnung genügend groß zu machen.

Sobald gesichert war, daß Teilchenstrahlen sich unter Umständen wie Wellenbündel verhalten, mußte an die Stelle der klassischen Mechanik die Wellenmechanik treten. Unterschiede ergeben sich jedoch – wie die nähere Diskussion zeigt – nur in solchen Fällen, in denen die physikalische Größe „Wirkung" in der Größenordnung $h = 6{,}62 \cdot 10^{-34}$ Js auftritt. Diese Abänderung gegenüber der klassischen Mechanik wirkt sich für Teilchen kleiner Masse (Elektronen, Atome, Atomkerne, Elementarteilchen) stark aus, nicht jedoch für materielle Körper mit einer Masse der Größenordnung Tonnen, Kilogramm, Gramm oder Milligramm. Für Körper dieser Masse wird die de-Broglie-Wellenlänge so klein, daß keine Beugungserscheinungen bemerkbar sind.

Das Wasserstoffatom, das einen positiv geladenen Atomkern und ein Elektron enthält, kann nur mit Hilfe der Wellenmechanik widerspruchsfrei behandelt werden. Wenn man sich im klassischen Sinn das Elektron im Grundzustand auf einer Kreisbahn um den Kern bewegt vorstellt, dann ist die de-Broglie-Wellenlänge des Elektrons gerade gleich dem Umfang dieses Kreises. Dieses Bild ist aber falsch (vgl. 7.1.6 Atommodell), denn das Wasserstoffatom im

Grundzustand hat den Drehimpuls Null, wie aus experimentellen Beobachtungen folgt. Es müßte dagegen den Drehimpuls $1 \cdot h/2\pi$ haben, wenn das Elektron auf einer Kreisbahn umliefe.

6.6.2. Heisenbergsche Unschärferelation (Ungenauigkeitsrelation, Unbestimmtheitsrelation)

Ort und Impuls eines Teilchens können nicht gleichzeitig scharf angegeben werden. Das Produkt beider Unschärfen ist von der Größenordnung h. Analoge Unschärferelationen gelten für Energie und Zeit, Drehimpuls und Winkel.

Aus der Wellennatur der bewegten Materie ist weiter zu folgern, daß die Ortskoordinate x eines bewegten Teilchens nur bis auf eine Ortsunsicherheit Δx festlegbar ist, wobei Δx nahezu gleich der de-Broglie-Wellenlänge des Teilchens ist, oder der Impuls $p = mv$ des bewegten Teilchens kann nur bis auf eine Unschärfe Δp angegeben werden, wobei gilt

a) $$\Delta p \cdot \Delta x \geqq h \tag{6-24a}$$

Dies ist die sog. *Unschärfe-Relation* von W. Heisenberg. Das Gleichheitszeichen ist nur beim harmonischen Oszillator gültig.

Außerdem gelten noch folgende Unschärferelationen:

b) $$\Delta W \cdot \Delta t \geqq h \tag{6-24b}$$

c) $$\Delta L \cdot \Delta \varphi \geqq h \tag{6-24c}$$

Dieses bedeutet im Einzelnen:

a) Wenn durch ein Experiment der Impuls eines Teilchens sehr genau bestimmt wird, d. h. wenn $\Delta p \to 0$, ist der Ort des Teilchens völlig unbestimmt, da $\Delta x = (h/\Delta p) \to \infty$ geht.

Das Analoge gilt, wenn der Ort des Teilchens sehr genau festgelegt wird, d. h. wenn $\Delta x \to 0$ (der Teilchenstrahl wird z. B. durch eine sehr enge Blende geschickt), dann geht $\Delta p = (h/\Delta x) \to \infty$. Man vergleiche in 2.3.6 den Fall $d \ll \lambda$.

b) Wenn der angeregte Zustand eines Atoms oder eines Kerns mit dem Energieinhalt W für unbeschränkte Zeitdauer existiert, dann läßt sich sein Energieinhalt beliebig genau festlegen, d. h. es ist $\Delta W = 0$. Hat er jedoch eine beschränkte Lebensdauer τ, dann liegt sein Energieinhalt nicht fest, und zwar um $\pm \Delta W$, wobei gilt $\Delta W \cdot \tau \geqq h$, vgl. dazu 7.2.5.

c) Wenn ein Körper, z. B. ein zweiatomiges Molekül, senkrecht zur Verbindungsachse der beiden Atome rotiert, läßt sich der Drehimpuls L dieses rotierenden Gebildes genau festlegen. Der Drehwinkel, unter dem es steht, ist dagegen völlig unbestimmt. Eine Unschärfe des Winkels im Bogenmaß um 2π ist eine völlige Unschärfe des Winkels.

In der Regel liefert die Wellenmechanik (Quantenmechanik) nur eine Wahrscheinlichkeitsverteilung für den Aufenthaltsort des Elektrons, oder für seinen Impuls.

7. Kernphysik

Information über den Atom*kern* erhält man, wenn man Ionen hinreichender kinetischer Energie (z. B. 10 keV bis 100 MeV und mehr) auf dünne Folien oder auf Gasschichten treffen läßt. Die auftreffenden Teilchen werden am Kern entweder elastisch gestreut, unelastisch gestreut (jeweils mit bestimmter Winkelverteilung) oder dringen in den Kern ein. Dadurch wird er umgewandelt und sendet meist ein oder mehrere andere Teilchen aus. Meist bleibt der Kern (auch schon nach unelastischem Stoß) angeregt zurück und sendet dann γ-Strahlung aus. Man erhält daraus Information über die möglichen Anregungszustände des Kerns.

Weiter kann man die Gleichzeitigkeit *(Koinzidenz)* oder Nichtgleichzeitigkeit *(Antikoinzidenz)* der Aussendung von γ-Quanten und Umwandlungsteilchen heranziehen. Durch Zusammenfügen aller bekannten Teilinformationen lassen sich die im Atomkern ablaufenden Vorgänge von Jahr zu Jahr besser verstehen. γ-Quanten sind Photonen, die aus einem (angeregten) Kern ausgesandt wurden.

7.1. Atome und Atomkerne

Auskunft über das Atominnere bekommt man, wenn man schnell bewegte Teilchen, die kleiner sind als ein Atom, als Sonden verwendet. Durch Elektronen erhält man andere (Teil-) Auskünfte als durch α-Teilchen. Da α-Teilchen eine 7300 mal größere Masse haben als Elektronen, können sie nur durch Teilchen relativ großer Masse abgelenkt werden. Die Seltenheit solcher Ablenkungen (Knicke in der Bahn) zeigt, daß die ablenkenden Zentren („Atomkerne“) nur einen kleinen Bruchteil des Atomquerschnitts ausmachen.

7.1.1. Durchgang von Elektronen durch Materie, Streuung von Röntgenstrahlen

Nur ein sehr kleiner Bruchteil des Atomquerschnitts vermag schnelle Elektronen aus ihrer Richtung abzulenken. Materie enthält Z Elektronen je Atom (rund $A_r/2$).

Fällt ein ausgeblendetes fadenförmiges Bündel von schnellen Elektronen, also von Teilchen der Ruhemasse $m_0 = 0{,}911 \cdot 10^{-30}$ kg, auf eine Al-Folie, die etwa 1000 Atomlagen*) dick ist, so gehen die allermeisten Elektronen fast unabgelenkt hindurch. Daraus folgt: Der größte Teil des von einem Atom eingenommenen Volumens ist *leer*. Dies fand qualitativ bereits H. Hertz 1892.

In den folgenden Jahren untersuchte Lenard das Absorptions- und Streuvermögen der Materie für Kathodenstrahlen (Größenordnung 10 bis 100 keV). Er fand:

1. Elektronen, die eine Folie durchsetzen, werden meist nur wenig aus ihrer Richtung abgelenkt („gestreut“), ihre Geschwindigkeit wird dabei aber nur wenig vermindert. Die Folie verhält sich ähnlich wie ein trübes Medium für Licht.
2. Die (Streu-) Absorption der Elektronen hängt in erster Näherung von der Massenbelegung der Schicht (Masse/Fläche) ab, nicht aber von der chemischen Natur oder der chemischen Bindung des streuenden Materials.

Aus der Anzahl der Atome in der Folie und aus dem weggestreuten Bruchteil läßt sich wenigstens der Größenordnung nach abschätzen, welcher Bruchteil des Atomquerschnitts undurchdringlich für Elektronen ist; man findet 1/1000 bis 1/10000 für Elektronen um 50 keV. Weiter fand Lenard:

3. Ein atomdurchquerendes Elektron (Primärelektron) veranlaßt manchmal den Austritt eines zweiten Elektrons (Sekundärelektron) aus dem durchquerten Atom. Dies ist der direkteste Beweis dafür, daß Elektronen Bestandteile elektrisch neutraler Atome sind.

Die Ergebnisse von Lenard wurden durch Messung mit Ionisationskammern erhalten. Eine weitergehende Aufklärung des Atominneren mit Elektronen als Sonden gelang erst, als Zähl- und Koinzidenzmethoden herangezogen werden konnten.

Auf Nebelkammeraufnahmen beobachtete man gelegentlich (wenn auch selten) Stöße, bei denen zwei Elektronen (ein stoßendes und ein gestoßenes) unter 90° wegfliegen. Das ist genau wie beim Stoß (1.3.6.2, Fall $m_1 = m_2$) zweier Körper mit übereinstimmender Masse, von denen der eine vor dem Stoß in Ruhe war.

Da die Materie als Ganzes elektrisch neutral ist, muß das neutrale Atom gleichviel positive und negative Ladung enthalten. Man vermutete schon damals, daß die positiven Ladungen mit der Masse des Atoms verbunden sind.

Thomson untersuchte 1906 den Streuquerschnitt der Atome für Röntgenstrahlen. Er sah dabei die Elektronen der Materie wie Dipole an, die zu erzwungenen Schwingungen angeregt werden, ähnlich wie die Dipole in 4.5.3.5.4, und berechnete dafür die Streuintensität.

---

* 2,7 g Al (0,1 mol) bestehen aus $0{,}6 \cdot 10^{23}$ Atomen und nehmen 1 cm³ ein. 1 Atom hat dann das Volumen $1\ \text{cm}^3/0{,}6 \cdot 10^{23} = 16{,}6 \cdot 10^{-24}\ \text{cm}^3$. Das entspricht einem Würfel der Seitenlänge $\sqrt[3]{16{,}6 \cdot 10^{-24}\ \text{cm}^3} = 2{,}55 \cdot 10^{-8}$ cm. 1000 Atomlagen haben die Dicke $0{,}25\ \mu\text{m} = 0{,}25 \cdot 10^{-4}$ cm und die Schicht dann die Massenbelegung $2{,}7\ \text{g/cm}^3 \cdot 0{,}25 \cdot 10^{-4}\ \text{cm} = 0{,}06\ \text{mg/cm}^2$.

Bei Gold ergeben 1000 Atomlagen die Massenbelegung 0,5 mg/cm².

Er fand so: Für Elemente mit kleiner Atommasse ist die Anzahl der Elektronen je Atom etwa halb so groß wie die relative Atommasse.

Beispiel. Kohlenstoff ($A_r = 12{,}00$) hat 6 Elektronen/Atom; Calcium ($A_r = 40{,}08$) hat 20 Elektronen/Atom.

A. von den Broek ergänzte das Periodensystem der Elemente durch neu gefundene radioaktive Elemente, führte 1913 die *Ordnungszahl* Z ein und ordnete ihr die Anzahl der positiven und negativen Ladungen im Atom zu.

In unserer heutigen Ausdrucksweise bedeuten die Ergebnisse von Thomson: In Materie von der relativen Atommasse A_r sind etwa $A_r/2 \approx Z$ Elektronen je Atom enthalten.

Die Streuung der Elektronen in Materie wurde vor allem unter Verwendung von schnellen Elektronen mit Teilchenenergien bis 1 MeV und mehr, vor allem mit β-Strahlen, aufgeklärt (vgl. 7.1.3).

Wesentlich andere Ergebnisse liefert die im nächsten Abschnitt behandelte Streuung von α-Teilchen in Goldfolie. Dort fand man schon in dünnsten Schichten Ablenkwinkel bis 180°, es handelt sich dabei um Einzelstreuung an Atombestandteilen mit sehr großer Masse (Atomkernen).

7.1.2. Streuung von Ionenstrahlen in dünnen Folien, Existenz des Atomkerns

Nur in einem verschwindend kleinen Bruchteil des Atomkerns werden Ionenstrahlen beliebiger Herkunft (Kanalstrahlen, α-Teilchen) aus ihrer Richtung abgelenkt. Solche Teilchen werden beim Durchgang durch dünne Folien mit charakteristischer Winkelverteilung gestreut, und zwar durch einen Einzelprozeß. Aus dem Streuquerschnitt kann man auf die Ordnungszahl Z des streuenden Kernes schließen.

Bisher wurde festgestellt: Atome enthalten Elektronen, also negativ geladene Teilchen. Da Materie (im Regelfall) elektrisch neutral ist, enthält sie gleich viel negative und positive Ladung. Sie enthält außerdem Masse, und zwar viel mehr Masse als die Masse der Z Elektronen des Atoms ausmacht. Daher hat man auch Kanalstrahlen als Sonden verwendet, bevorzugt He^{++}-Ionen (α-Teilchen). Man läßt sie auf eine sehr dünne Schicht fallen (z. B. wieder 1000 Atomlagen).

Die ersten Beobachtungen führte Rutherford (1911) mit Hilfe von α-Teilchen radioaktiver Substanzen aus. Trifft ein ausgeblendetes Parallelbündel von ihnen auf eine dünne Goldfolie (z. B. Blattgold mit 0,5 mg/cm^2), dann geht der weitaus überwiegende Teil der α-Teilchen praktisch unabgelenkt hindurch. Daraus folgt wieder: Der größte Teil des Atoms ist *leer*. Dieser Befund bezieht sich aber (im Unterschied zu 7.1.1) auf Bestandteile, die ein anfliegendes Teilchen der relativ großen Masse $A_r \cdot 1{,}66 \cdot 10^{-27}$ kg abzulenken vermögen (im Fall von α-Teilchen ist $A_r = 4$).

Weiter fällt auf, daß ein sehr kleiner Bruchteil der α-Teilchen

1. schon in den allerdünnsten Folien um Winkel bis zu 180° abgelenkt wird, und daß diese
2. danach nahezu unveränderte kinetische Energie haben (jedenfalls bei Goldfolien).

Eine solche Ablenkung kann nur durch Bestandteile des Atoms bewirkt werden, deren Masse groß ist gegenüber der der α-Teilchen. Die nähere Untersuchung zeigt, daß die Verhältnisse bei Gold genau so sind wie beim Stoß (1.3.6.2) im Fall $m_1 \ll m_2$. Wenn m_2 relativ zu m_1

nicht groß ist, läßt sich sogar m_2/m_1 bestimmen. Man findet: Nahezu die gesamte Masse des Atoms ist in einem einzigen Kern („Atomkern“, engl. nucleus) vereinigt. Das Teilgebiet der Physik, das sich mit den Atomkernen befaßt, wird Kernphysik genannt (engl. nuclear physics).

Wie Rutherford fand, haben die relativ wenigen *abgelenkten Teilchen* eine charakteristische Winkelverteilung, wie sie vorher nirgends in der Physik aufgetreten war. Wenn man die Dicke d der Streufolie, die kinetische Energie der einfallenden Teilchen, die Ordnungszahl Z der streuenden Atome und die Ordnungszahl Z' der einfallenden Teilchen ändert, ergibt sich eine auffällige Tatsache: Zwar ändert sich dadurch die Anzahl der gestreuten Teilchen, aber ihre Winkelverteilung wird *nicht* beeinflußt. Genau so ist es, wenn man Streufolien aus Materialien mit anderer Ordnungszahl, oder Teilchen mit anderer kinetischer Energie einfallen läßt.

Die experimentellen Feststellungen kann man quantitativ in der unten angegebenen Gl. (7-1) zusammenfassen.

Dazu ist noch zu bemerken: Durch die Z Elektronen des Atoms werden die α-Teilchen nicht merklich aus ihrer Richtung abgelenkt, obwohl sie aus den Atomen Elektronen abreißen (vgl. 1.3.6.2, Fall $m_1 \gg m_2$). Dabei werden sie allmählich verlangsamt.

Im einzelnen wurde gefunden: Die Wahrscheinlichkeit, daß das Teilchen um den Winkel ϑ in den Raumwinkel $d\Omega = 2\pi \cdot \sin\vartheta \cdot d\vartheta$ gestreut wird, ist proportional $1/\sin^4(\vartheta/2)$.

Beispiel. Die Häufigkeit der um 10° gestreuten Teilchen verhält sich zur Häufigkeit der um 90° gestreuten, zu der um 180° gestreuten wie 17550 : 4,1 : 1.

Stellt man eine halb oder doppelt so dicke Folie in das Bündel, so erhält man genau dieselbe Winkelverteilung der gestreuten Teilchen wie bei der ursprünglichen Folie, nur ist die Anzahl der gestreuten Teilchen unter sämtlichen Winkeln halb oder doppelt so groß. Daraus folgt: Die Ablenkung um große Winkel erfolgt durch *Einzelstreuung,* nicht etwa durch mehrere kleine Ablenkungen.

Dünne Folien aus chemischen Elementen mit verschiedenen Ordnungszahlen Z, aber gleicher Atomzahl/Fläche ergeben exakt die gleiche Winkelverteilung, jedoch ist die Häufigkeit der gestreuten Teilchen für alle Winkel proportional zu Z^2. Daher kann man durch solche Streuuntersuchungen das Verhältnis der Ordnungszahlen $Z_1 : Z_2$ zweier Atomarten experimentell bestimmen.

Beispiel. Bei gleicher Atomzahl/Fläche streut eine dünne Goldfolie (z. B. 0,5 mg/cm², $Z = 79$) unter allen Winkeln genau 36mal soviel Teilchen wie eine Aluminiumfolie ($Z = 13$).

Die von Rutherford mit α-Teilchen ($Z' = 2$) ausgeführten Experimente können auch mit Protonen ($Z' = 1$) oder mit schnellen Ionen anderer Ordnungszahl Z' ausgeführt werden. (Vgl. z. B. Abb. 414, dort Streuung der Spaltstücke aus Uran; sie haben Werte Z', die zwischen 36 und 56 liegen können.)

Diese experimentellen Befunde werden quantitativ durch die Rutherfordsche Streuformel wiedergegeben:

$$\frac{dn_\vartheta}{d\Omega} = n \cdot N_v \cdot d \cdot \left(\frac{1}{4} \frac{Ze \cdot Z'e}{4\pi\varepsilon_0} \cdot \frac{1}{W_{kin}}\right)^2 \cdot \frac{1}{\sin^4(\vartheta/2)} \qquad (7\text{-}1)$$

wobei n die Anzahl der einfallenden Teilchen, dn_ϑ die Anzahl der in den Raumwinkelbereich $d\Omega$ unter dem Winkel ϑ gestreuten Teilchen ist. N_v ist die Anzahl der Atome/Volumen in der Streufolie, d deren Dicke, $N_v \cdot d$ die Anzahl der Atome im Strahlenbündel/Fläche, W_{kin} die kinetische Energie der einfallenden Teilchen. Z und Z' sind die Ordnungszahlen der streuenden und der gestreuten Teilchen. Diese Formel gibt quantitativ die Streuhäufigkeit. Oft ist es zweckmäßig, sie durch einen Wirkungsquerschnitt (WQ) auszudrücken (vgl. 7.3.5).

Wenn Z und Z' ähnliche Werte haben, dann gilt Gl. (7-1) nur relativ zum Schwerpunktsystem.

Wenn α-Teilchen an He gestreut werden ($Z = Z' = 2$), bewegen sich die beiden Teilchen nach dem Stoß unter 90° weiter, wie es für zwei (kugelsymmetrische) Teilchen gleicher Masse zu erwarten ist (vgl. 1.3.6.2).

Aufgrund aller dieser Befunde hat Rutherford folgendes „Modell" aufgestellt: Das Atom hat einen Kern mit der Ladung $+Z \cdot e$, welcher nahezu die gesamte Masse des Atoms enthält und umgeben ist von einem elektrischen Feld (Coulombfeld) der Feldstärke $E = Z \cdot e/(\varepsilon_0 \cdot 4\pi\, r^2)$. Das Atom enthält eine ebenso große negative Ladung $-Z \cdot e$, herrührend von Z Elektronen in der Elektronenhülle, vgl. 7.1.6 und Abb. 385 in 6.4.4.

Für ein solches Modell kann man die Bahnen der anfliegenden α-Teilchen ausrechnen. Die Teilchen bewegen sich dann auf Hyperbeln. Ein Teilchen, das im seitlichen Abstand x („Streuparameter x") auf einen Kern anfliegt, wird um einen bestimmten Winkel ϑ abgelenkt (Abb. 397). Sind die anfliegenden α-Teilchen über den Bündelquerschnitt gleichmäßig verteilt, dann läßt sich die Streuverteilung berechnen. Es ergibt sich genau die obige Streuformel Gl. (7-1).

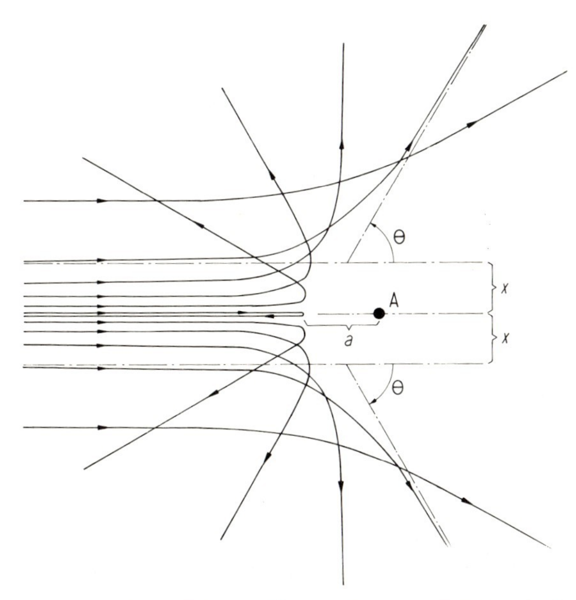

Abb. 397. Streuung von α-Teilchen durch Atomkerne. Bahnen (Hyperbeln) von α-Teilchen im Coulombfeld eines schweren Atomkerns A. Dabei ist ϑ der Streuwinkel, x der Stoßparameter eines bestimmten Teilchens. Der kleinste Abstand, den ein anfliegendes Teilchen beim zentralen „Stoß" erreichen kann, ist mit a bezeichnet. Es gilt:

$$x = \frac{a}{2} \operatorname{ctg} \frac{\vartheta}{2} = \frac{a}{2} \left(\tan \frac{\vartheta}{2} \right)^{-1}$$

7.1.3. Bremsung schneller geladener Teilchen

Elektrisch geladene Teilchen (Elektronen, α-Teilchen) ionisieren, d. h. erzeugen beim Durchgang durch Materie Ionenpaare. Bei derselben Teilchenenergie ist die spezifische Ionisierung (Ionenpaare/Länge) klein für Elektronen, groß für α-Teilchen, noch größer für Schwerionen.

Längs der Bahn eines α-Teilchens (oder eines anderen elektrisch geladenen Teilchens) durch Materie werden Ionen und freie Elektronen gebildet, vgl. 6.5.1.4 u. Abb. 399. Man kann einerseits Masse, Impuls und Energie des Teilchens bestimmen und andererseits die Ladung der gebildeten Ionen und Elektronen (vgl. 4.3.1.1, Fall b und c) und daraus auf die Anzahl der gebildeten Ionenpaare schließen. Man findet, daß beim Durchgang durch Luft im Mittel 35 eV/Ionenpaar aufgewendet werden. Diese Energie wird der kinetischen Energie des Teilchens entnommen, es wird „abgebremst". α-Teilchen haben im Regelfall eine geradlinige Bahn und eine wohldefinierte Reichweite. Diese ist eine monotone Funktion ihrer kinetischen Energie, sie unterliegt aber einer gewissen Reichweitenstreuung.

Tabelle 50. Reichweite von α-Teilchen, Protonen und Elektronen.

α-Teilchen	Energie in MeV	2,0	5,3	16	32	80	160
	mittl. Reichweite in Luft in cm	1,05	3,8	22,2	77	600	1 300
Protonen*)	Energie in MeV	2,0	4,0	8,0	20	40	120
	mittl. Reichweite in Luft in cm	7,5	22	77	600	1 300	9 800
Elektronen*)	Energie in MeV		0,023	0,08	0,3	2	10
	ungef. mittl. Reichw. in Al in g/cm²		0,001	0,01	0,1	1	5
	in Luft in cm		0,7	7	70	700	

Der obige Wert 35 eV/Ionenpaar darf nicht mit der Ablösearbeit eines Elektrons in einem bestimmten Bindungszustand gleichgesetzt werden. Es finden nämlich vielfältige Prozesse nebeneinander statt, darunter auch solche mit Anregung der durchstrahlten Atome und Moleküle. Die „Ionisierungsdichte je Bahnlänge" (Anzahl der gebildeten Ionenpaare je Länge) hängt von der Geschwindigkeit v des Teilchens und von seiner Ladung ab (das Elektron hat 1 Elementarladung, das α-Teilchen 2 Elementarladungen usw.). Man sieht die Abhängigkeit von v qualitativ leicht ein (vgl. 1.3.1.7), wenn man sich klar macht, daß ein bewegtes geladenes Teilchen auf ein im Atom enthaltenes geladenes Teilchen eine Kraft F ausübt (4.2.2.1) und daß

* An der Bremsung ist eine große Anzahl von Einzelprozessen beteiligt, daher zeigen Protonen und α-Teilchen eine beträchtliche Reichweitenstreuung: bei p (20 MeV) ≈ 20%, bei p (200 MeV) ≈ 10%. Die Reichweitenstreuung heißt engl. straggling im Unterschied zur Richtungsstreuung (engl. scattering).
Die Elektronen erfahren vielfache Richtungsstreuung, dadurch ist die Entfernung zwischen Ausgangs- und Endpunkt der verknitterten Bahn (die „mittlere" Reichweite) wesentlich kleiner als die Summe aller Wege von einer Richtungsstreuung bis zur nächsten (die „wahre" Reichweite). Die tatsächliche Reichweite für das einzelne Elektron kann beträchtlich von der mittleren Reichweite abweichen.

diese während einer Zeitdauer $\Delta t = \Delta x/v$ wirksam ist. Während des Vorbeifliegens (bzw. Hindurchfliegens) des schnellen Teilchens durch das Molekül oder Atom wird der Impuls $p = \int F \cdot dt$ und damit auf ein Teilchen der Masse m die Energie $W = p^2/(m + m_0)$ übertragen. Schnelle Teilchen (v groß) haben daher geringe Ionisierungsdichte, langsame (v klein) Teilchen eine große.

Ein α-Teilchen von $^{210}_{84}Po$ mit 5,3 MeV hat in Normalluft die mittlere Reichweite 3,80 cm, ein Elektron derselben kinetischen Energie dagegen eine mittlere Reichweite von mehreren Metern. Die wahre Reichweite, d. h. die Summe der Längen aller Wegstücke zwischen je zwei Streuungen entlang der ganzen verknitterten Bahn des Elektrons, ist wesentlich größer.

Noch größere Ionisierungsdichte als α-Teilchen haben Schwerionen, z. B. Uran-Bruchstücke bei der U-Spaltung, vgl. Abb. 414. Das Endergebnis lautet also: Ionenstrahlteilchen (z. B. α-Teilchen) werden durch die Elektronen des Atoms gebremst, aus ihrer Bewegungsrichtung abgelenkt (gestreut) werden sie jedoch nur durch Atomkerne.

7.1.4. Streuung von schnellen Elektronen

Elektronen werden 1. am Kern gestreut, ähnlich wie α-Teilchen, 2. an den Z Elektronen der Hülle des Atoms.

Die Untersuchungen von Lenard wurden mit Elektronenstrahlteilchen, in der Regel unter 100 keV, ausgeführt mit der Ionisationskammer als Meßinstrument. Im Zeitabschnitt ungefähr 1920 bis 1930 wurde die Nebelkammer, das Zählrohr und das Koinzidenzmeßverfahren entwickelt (7.3.2). Dadurch gelang es, Einzelprozesse zu verfolgen. Beobachtungen mit Hilfe von Elektronen (vor allem β-Strahlen) mit kinetischen Energien 150 keV bis über 1 MeV sowie die gute Kenntnis der Streuung von α-Strahlen erleichterten die Aufklärung der Elektronenstreuung in Materie. Oberhalb von 150 keV haben die verwendeten Elektronen eine kinetische Energie, die auf jeden Fall größer ist als die Ablösearbeit auch der am festesten gebundenen Elektronen der Atome [für Uran rund 135 keV, vgl. 6.4.3, Gl. (6-18a)].

Man fand: Elektronen ($Z' = 1$) werden analog wie α-Teilchen ($Z' = 2$) gestreut, und zwar proportional Z^2. Außerdem werden Elektronen an den Z Elektronen der Elektronenhülle gestreut. Dieser zweite Vorgang folgt zwar relativ zum gemeinsamen Schwerpunkt der streuenden und gestreuten Elektronen den selben Gesetzen wie die α-Streuung, jedoch ist die Masse der Streuzentren (nämlich Elektronen) gleich der Masse der zu streuenden Teilchen (Elektronen, z. B. β-Strahlen). Dieser gemeinsame Schwerpunkt bewegt sich nach vorwärts, so daß streuendes und gestreutes Elektron Streuwinkel $< 90°$ zur Primärrichtung haben, sie laufen also alle in den vorderen Halbraum.

Das Streuvermögen eines solchen Atom-Elektrons ergibt sich, wenn man in die Streuformel anstelle von Z^2 einsetzt 1^2. Nun sind aber Z Elektronen im Atom vorhanden. Das Streuvermögen des Atoms ist daher Z mal größer als das Streuvermögen eines Elektrons. Wie schon gesagt, hängt das Streuvermögen des Kerns von Z^2 ab.

Beispiel. Im Element Kohlenstoff ($Z = 6$) werden von den daran gestreuten Elektronen 6 an den Elektronen, 36 am Kern gestreut.

Phänomenologisch unterscheiden sich β-Strahl- und α-Strahlstreuung auffällig. Das hängt von der im Abschnitt 7.1.3 besprochenen Bremsung ab. α-Strahlen werden so schnell gebremst, daß sie keine Chance haben, noch einmal gestreut zu werden. β-Strahlen laufen dagegen relativ weit, sie werden daher mehrfach gestreut.

Beim Durchgang eines Elektronenbündels durch dünne Folien sind kleine Ablenkwinkel häufig (wie bei α-Teilchen), wiederholte Ablenkung um kleine Winkel („Mehrfachstreuung") ergibt eine Zunahme des mittleren Streuwinkels mit der durchstrahlten Schichtdicke.

Bei der Elektronenstreuung und grundsätzlich auch bei der Streuung von α-Teilchen entsteht noch etwas Röntgenbremsstrahlung bei der Knickung der Bahn.

7.1.5. Kernradius

F/L 5.2.1

Der Kernradius ist näherungsweise $r_K = (1{,}2 \text{ bis } 1{,}5)\ \text{fm} \cdot \sqrt[3]{A_r}$.

Solange Gl. (7-1) experimentell bestätigt wird, kann man schließen, daß in der Kernumgebung bis zum Abstand $a = Z \cdot Z' \cdot e^2/(4\pi\varepsilon_0 \cdot W_{\text{kin}})$ die gestreuten α-Teilchen in einem elektrischen Feld mit $E \sim 1/r^2$ auf einer Hyperbelbahn gelaufen sind. Dieser Abstand a wird erreicht, wenn das Teilchen genau auf den Mittelpunkt des Kerns zuläuft und dann unter 180° nach rückwärts gestreut wird.

Wenn man α-Teilchen genügend großer Energie verwendet, so treten schließlich Abweichungen von der Winkelverteilung Gl. (7-1) auf, und zwar bei Cu unterhalb des Abstandes $a \approx 13$ fm, bei Au unterhalb $a \approx 32$ fm. Bei weiterer Annäherung des α-Teilchens an den Kern nehmen die Abweichungen schnell zu; vor allem nach rückwärts werden dann weniger Teilchen gestreut. Man schließt daraus, daß von dieser Entfernung an anziehende „Kernkräfte" geringer Reichweite sich geltend machen. Sie können aber nicht elektromagnetischer Natur sein (zu Kernkräften vgl. 7.3.3). Die abstoßende, zu r^{-2} proportionale elektrostatische Kraft wirkt außerdem.

Man kann den Kernradius definieren als den Radius desjenigen Bereichs, in dem die Abweichungen von Gl. (7-1) erheblich werden; dann erhält man einen (natürlich nicht genau festgelegten) „Kernradius". Es gibt noch mehrere andere Verfahren, diesen Radius abzuschätzen. Je nach der verwendeten Methode erhält man Werte, die sich annähern lassen durch

$$r_K = 1{,}5\ \text{fm} \cdot \sqrt[3]{A_r} \tag{7-2}$$

oder

$$r_K = 1{,}2\ \text{fm} \cdot \sqrt[3]{A_r} \tag{7-2a}$$

wo A_r die relative Atommasse (Atomgewicht) ist. Einige experimentelle Werte sind in 7.3.6 angegeben, man kann daraus die Größenordnung der Kernradien und Kernquerschnitte entnehmen.

Wenn r_K proportional $\sqrt[3]{A_r}$ ist, ist das Kernvolumen proportional A_r, also näherungsweise proportional der Anzahl der Nukleonen im Kern. Die Kernmaterie hat daher für alle Kerne eine nahezu konstante Dichte der Größenordnung $(A_r \cdot 1{,}66 \cdot 10^{-27}\ \text{kg})/((4/3) \cdot \pi r_K) = 0{,}118 \cdot 10^{18}\ \text{kg/m}^3 = 0{,}118 \cdot 10^{15}\ \text{g/cm}^3 \approx 10^{14}\ \text{g/cm}^3$. Dabei wurde Gl. (7-2) benützt.

7.1.6. Aufbau des Atoms, Rutherford-Bohrsches Atommodell

Atome bestehen aus einem positiv geladenen Atomkern und der negativ geladenen Elektronenhülle, deren Drehimpuls einen gequantelten Wert hat. Der Atomkern ist aufgebaut aus Protonen und Neutronen, er enthält fast die gesamte Masse des Atoms.

Bei dem von Rutherford angegebenen Modell (vgl. 7.1.2) blieb ungeklärt, wieso die positiven und negativen Ladungen im Atom sich in einer Gleichgewicht-Konfiguration befinden können, trotz gegenseitiger Anziehung.

Im Jahr 1913 stellte dann Niels Bohr folgendes Modell für das Wasserstoffatom ($Z = 1$) auf: Um den Kern (Masse 1 u, elektrische Ladung $+e$) bewegt sich ein Elektron der Ladung $-e$ auf einer Kreisbahn (ähnlich wie die Erde um die Sonne). Nach Bohr sind hierbei folgende Bedingungen erfüllt:

1. *Quantenbedingung.* Die Kreisbahnen des Elektrons dürfen nicht beliebigen Radius haben. Zulässig sind vielmehr nur solche Werte des Bahnradius r und der Geschwindigkeit v, für die gilt

$$\mathrm{n} \cdot h = 2\pi \cdot r_\mathrm{n} \cdot m v_\mathrm{n} \tag{7-3}$$

wo n nur die ganzzahligen Werte 1, 2, 3, ... n annehmen kann. Dafür kann man auch sagen: Der Bahndrehimpuls $r_\mathrm{n} \cdot m v_\mathrm{n}$ ist ein ganzzahliges Vielfaches von $h/2\pi = \hbar$. Man kann die Quantenbedingung aber auch in der Form ausdrücken: Die de-Broglie-Wellenlänge $\lambda = h/(mv)$ des umlaufenden Elektrons ist gleich $= U_\mathrm{n}/n$, wo $U_\mathrm{n} = 2\pi r_\mathrm{n}$ der Umfang der vom Elektron durchlaufenen Kreisbahn ist.

2. *Energiebedingung.* Die Summe der kinetischen und potentiellen Energie des umlaufenden Elektrons auf der Grundbahn ($\mathrm{n} = 1$) ist gleich der Ablösearbeit R des Elektrons, wo $R = 13{,}60\ \mathrm{eV} = 0{,}218 \cdot 10^{-21}$ J die Rydbergenergie ist.

3. *Lichtaussendung.* Wenn ein Elektron von einer nach 1.) zulässigen Umlaufbahn in eine andere (mit niedrigem Energieinhalt) springt, wird ein Photon $h\nu$ ausgesandt, sein Energieinhalt ist gleich der Differenz der Energie in den entsprechenden Bahnen.

Dieselben Bedingungen können auch verwendet werden, wenn $Z > 1$ ist.

Die weitere Durchführung dieser Überlegungen ergibt: Beim Übergang des Elektrons von einer Quantenbahn mit $\mathrm{n} = \mathrm{n}_1$ zu einer anderen mit $\mathrm{n} = \mathrm{n}_2$ wird im Fall des H-Atoms ($Z = 1$), bzw. für beliebiges Z, die Energie ausgesandt

$$h\nu = Z \cdot R(1/\mathrm{n}_1^2 - 1/\mathrm{n}_2^2) \quad \text{mit} \quad R = \left(\frac{\mathrm{e}^2}{4\pi\varepsilon_0}\right)^2 \frac{m_0}{2h^2}. \tag{7-4}$$

Diese Formel stimmt mit der Erfahrung sehr gut überein. Die Berechnung von R aus anderen bekannten Konstanten gemäß Gl. (7-4) war ein großer Erfolg Bohrs, vgl. 6.4.1.

Spätere Untersuchungen zeigten, daß zwischen dem an ^{1}H gemessenen R und dem berechneten ein geringer Unterschied besteht. Er rührt davon her, daß nicht das Elektron um einen feststehenden Kern sich bewegt, sondern Kern und Elektron um ihren gemeinsamen Schwerpunkt. Die Bohrsche Überlegung gilt, wenn der gemeinsame Schwerpunkt exakt mit dem Schwerpunkt des Kerns zusammenfallen würde, also für den Grenzfall $m_\mathrm{Kern} = \infty$. Den Bohrschen Wert nennt man daher of R_∞. Es gilt, wobei R_p den an ^{1}H (mit Proton als Kern) gemessenen Wert bedeutet:

$$R_\infty = R_\mathrm{p} \cdot (1 + m_\mathrm{e}/m_\mathrm{p})$$

Das Atommodell unterliegt allerdings folgenden kritischen Einwänden:
1. Es widerspricht den Aussagen der Maxwellschen Theorie, denn Bohr mußte postulieren: Obwohl das Elektron auf seiner Bahn um den Kern eine beschleunigte Bewegung ausführt, sendet es keine Strahlung aus.
2. Experimentell ergab sich aus der Aufspaltung der Spektrallinien im Magnetfeld und aus der Messung des magnetischen Moments, daß das H-Atom im Grundzustand (n = 1) den *Bahndrehimpuls Null* hat und nicht $1 \cdot \hbar$.

Trotzdem ist es zweckmäßig, sich einige Größen nach dem Bohrschen Atommodell auszurechnen, um eine Vorstellung von den Größenordnungen zu bekommen. Wenn man Z = 1 setzt, ergeben sich die Werte für Wasserstoff.

$$\text{Bahnradius: } r_n = \frac{n^2}{Z} \frac{4\pi\varepsilon_0}{e^2} \frac{\hbar^2}{m_0} = \frac{n^2}{Z} \cdot 53{,}2 \cdot 10^{-12}\ \text{m} = \frac{n^2}{Z} \cdot 53{,}2\ \text{pm} \tag{7-5}$$

$$\text{Geschwindigkeit auf der Bahn: } v_n = \left(\frac{e^2}{4\pi\varepsilon_0}\right) \frac{1}{\hbar} \frac{Z}{n} = \alpha \cdot c \frac{Z}{n} = \frac{Z}{n} \cdot 2{,}19 \cdot 10^6\ \text{m/s} \tag{7-6}$$

Das Elektron auf der Grundbahn von Wasserstoff läuft mit der Frequenz $\nu = v_1/U_1 = 6{,}55 \cdot 10^{15}\ \text{s}^{-1}$ um. Es stellt einen elektrischen Strom mit der Stromstärke $I = e \cdot \nu = 1{,}05$ mA dar. Es umkreist eine Fläche $A = r_1^2\pi = 8900 \cdot 10^{-24}\ \text{m}^2$. Dadurch entsteht ein magnetisches Moment

$$\mu_B = \frac{\mu_0}{\gamma_{em}} \cdot I \cdot A = \frac{\mu_0}{\gamma_{em}} \frac{e}{m_0} \frac{\hbar}{2} = 1{,}16530 \cdot 10^{-29}\ \text{Wb m}. \tag{7-7}$$

Man nennt μ_B Bohrsches Magneton.

A. Sommerfeld entwickelte die Bohrschen Vorstellungen weiter. Er fand insbesondere, daß der Quotient aus Bahngeschwindigkeit v_1 in der Bohrschen Grundbahn und Lichtgeschwindigkeit c, d. h. die Zahl

$$\alpha = v_1/c = \frac{e^2}{\hbar c} \cdot \frac{1}{4\pi\varepsilon_0} = \frac{1}{137{,}03_{60}} \tag{7-8}$$

bei der Aufspaltung von Spektrallinien (Feinstruktur) und an anderen Stellen der Physik eine wichtige Rolle spielt. Man nennt α daher „Sommerfeldsche Feinstrukturkonstante".

Das Modell läßt sich auch auf Atome mit anderem Z übertragen. Deren Elektronenhülle enthält Z Elektronen in verschiedenen Schalen (6.4.4 und 6.5.4), die gekennzeichnet sind durch die Quantenzahl n. Die Schale mit n = 1 heißt K-Schale, mit n = 2 L-Schale, mit n = 3, 4, 5, 6, M-, N-, O-, P-Schale. In jeder Schale gibt es $2 \cdot n^2$ Elektronen. Ihre Energiezustände werden ieden durch die Quantenzahlen n, l, j, m (vgl. 6.4.4, insbes. Abb. 385).

Nach der Wellenmechanik ergibt sich der Bahndrehimpuls für H und n = 1 richtig, d. h. in Übereinstimmung mit dem experimentellen Befund bei magn. Aufspaltung, zu Null.

Im Jahr 1928 wurde von Uhlenbeck und Goudsmit der Einfluß eines Magnetfeldes auf die Aussendung von Spektrallinien untersucht. Aus ihren Beobachtungen (und späteren Messungen nach anderen Verfahren) konnte man ableiten, daß das Elektron einen Eigendrehimpuls $(1/2) \cdot \hbar$ („Spin") $= 1/2 \cdot 1{,}0544 \cdot 10^{-34}$ Js und ein magnetisches Moment $1{,}00115962 \cdot \mu_B$ besitzt, wobei μ_B das Bohrsche Magneton ist (vgl. 9.7.4). Der experimentell gefundene Faktor 1,00115962 ist näherungsweise gleich $1 + \alpha/(2\pi)$, wo α die Sommerfeldsche Feinstrukturkonstante ist. Man beachte die außerordentlich hohe experimentelle Meßgenauigkeit.

Beim einzelnen Elektron im Atom kann der Eigendrehimpuls parallel oder antiparallel zum Bahndrehimpuls des Elektrons stehen. Die beiden Anteile setzen sich nach den Regeln der Richtungsquantelung zum Gesamtdrehimpuls (Quantenzahl j) zusammen.

In der (nichtrelativistischen) Wellenmechanik kann der Elektronenspin nicht erklärt und nicht untergebracht werden, dagegen ergibt die relativistische Wellenmechanik nach Dirac (1929) den Elektronenspin als notwendigen Bestandteil der Theorie und liefert den vollständigen Satz der Quantenzahlen. Für das Wasserstoffatom ergaben sich alle Energiezustände richtig.

Eine Verbesserung der Meßgenauigkeit (Lamb und Retherford 1948) zeigt allerdings, daß die beiden Niveaus $^2S_{1/2}$ und $^2P_{1/2}$, die nach der Diracschen Theorie exakt gleichen Energieinhalt haben sollten, sich um $4{,}38 \cdot 10^{-6}$ eV, also einen außerordentlich geringen Betrag unterscheiden (Lamb-shift). Um diesen Unterschied verstehen zu können, wurde die Quantenelektrodynamik entwickelt.

Der angegebene Unterschied bezieht sich (vgl. Abb. 385) auf $Z = 1$ und die Niveaus $n = 2$, $l = 0$, $j = 1/2$ und $n = 2$, $l = 1$, $j = 1/2$. Mit zunehmendem Z rücken diese aus *anderen* Gründen auseinander, vgl. dazu 6.4.4 und 6.5.4.

Die oben erwähnte Sommerfeldsche Feinstrukturkonstante α scheint eine viel weiter gehende Bedeutung zu haben. Es gibt vier Größen der Atomphysik, deren Quotient jeweils α ergibt. Es sind dies das 2π-fache des klassischen Elektronenradius r_e, die Comptonwellenlänge λ_C, das 2π-fache des Bohrschen Radius r_B des H-Atoms und die Hälfte der Rydbergwellenlänge λ_∞. Für diese Größen gilt die Proportion (vgl. 9.7.4)

$$\left(\frac{\lambda_{R\infty}}{2}\right) : (2\pi r_B) : \lambda_C : (2\pi r_e) = 1 : \alpha : \alpha^2 : \alpha^3 \qquad \text{(7-8a)}$$

(Beweis durch Einsetzen der in 9.7.4 angegebenen Werte dieser Größen.)

Zwei von ihnen, λ_C und λ_R, sind exakt definiert. Dagegen wurden r_e und r_B mit Hilfe hypothetischer Überlegungen eingeführt, die *nicht ganz richtig* sein können. Das Elektron ist keine Kugel mit dem Radius r_e, und im Grundzustand des H-Atoms hat das Elektron den Bahndrehimpuls 0, während bei der Berechnung von r_B ein Umlauf der Elektronenladung mit dem Bahndrehimpuls $\hbar$ vorausgesetzt wurde. Wegen des Bestehens von (7-8a) scheinen r_e und r_B trotzdem sinnvolle Kenngrößen der Atomphysik zu sein.

Empirisch gilt auch $\alpha = 2\, m_e/m_\pi$ (Fehler 0,34%) und $\alpha = 1{,}5\, m_e/m_\mu$ (Fehler 0,59%), wo m_e, m_π, m_μ die (Ruhe-)Massen von Elektron, π-Meson und Myon (vgl. dazu 8.2) sind.

Die chemischen Eigenschaften eines Atoms werden durch die Elektronen der Hülle bestimmt, und zwar durch die Elektronen der äußersten Schale und der direkt darunter liegenden. Die Anordnung der Elektronen in den Schalen ist durch die Ordnungszahl Z und das Pauliprinzip festgelegt, nicht aber durch die Atommasse A_r. Allerdings ist die Ordnungszahl näherungsweise halb so groß wie die Atommasse, daher konnte das Periodensystem der Elemente schon vor Kenntnis der Ordnungszahl aufgrund der „Atomgewichte" aufgestellt werden. Z kann gemessen werden über die Rutherford-Streuung (7.1.1) oder über die Z-Abhängigkeit der K_α-Linien oder der K-Kanten (6.4.3 und 6.5.4). Der letztere Weg ist bequemer und genauer. Den Zusammenhang Ordnungszahl–Kernladung erkannte van den Broek 1913.

Im folgenden sollen einige Eigenschaften der Atomkerne angegeben werden. Die Begründung dieser Aussagen folgt in 7.2 bis 7.4. Es wird sich herausstellen: Atomkerne sind zusammengesetzt aus Protonen und Neutronen. Zwischen ihnen wirken spezifische anziehende Kernkräfte geringer Reichweite, man nennt sie „Kräfte der starken Wechselwirkung". Diese sind auf Entfernungen von Bruchteilen eines Kerndurchmessers viel stärker als die elektrostatische Abstoßungskraft zwischen Protonen. Die Kräfte der starken Wechselwirkung sind verschieden von elektrischen, magnetischen oder Gravitationskräften.

Die Kernbestandteile können sich in sehr verschiedenen Konfigurationen befinden mit unterschiedlichem Energieinhalt des Kerns. Die Energieinhalte werden ähnlich wie in der Elektronenhülle des Atoms durch Niveaus (Anregungsniveaus) beschrieben. Auch diese Niveaus lassen sich durch Quantenzahlen kennzeichnen und unterscheiden. Beim Übergang zwischen den Niveau werden Photonen mit diskreten Quantenenergien ausgesandt. Durch Stoß von Teilchen können Kerne in andere Kerne (anderes Z, anderes A_r bzw. M) umgewandelt werden („Kernreaktion").

7.1.7. Die ungefähren Abmessungen der Atomkerne und Atome

Wasserstoff bis Uran haben Atomradien von etwa 0,05 nm = 50000 fm bis 0,17 nm = = 170000 fm, dagegen Kernradien von etwa 1 fm bis 5 fm

Nach verschiedenen Methoden erhält man für den Radius des Wasserstoff*kerns* Werte zwischen 0,9 fm und 1,3 fm, für Uran zwischen 5,4 fm und 7,2 fm. Daraus errechnet sich als Querschnitt für den Wasserstoffkern ein Wert von einigen 0,01 b = einigen fm², für den Urankern (1 bis 1,8 b) = (100 bis 180 fm²). Der Kern hat wie in 7.1.5. begründet wurde, die Dichte $\approx 0{,}1 \cdot 10^{18}$ kg/m³.

Die den positiv geladenen Kern umgebende Elektronenhülle, die beim elektrisch neutralen Atom aus Z Elektronen besteht, enthält insgesamt die elektrische Ladung $-e \cdot Z$ und die Masse $Z \cdot (1/1840) \cdot 1{,}66 \cdot 10^{-27}$ kg. Beim Uran ($Z = 92$) macht die Masse der 92 Elektronen der Hülle nur 0,021% der Masse des Uranatoms aus.

Der Durchmesser eines *Atoms* läßt sich z. B. aus dem Volumen eines Gases im kritischen Zustand (3.3.3) abschätzen, oder aus dem Volumenbedarf eines Mol eines festen Körpers. Als Radius des Wasserstoff*atoms* kann der Radius der Grundbahn des Elektrons im Bohrschen Atommodell angenommen werden, er beträgt 0,53 Å $= 0{,}53 \cdot 10^{-10}$ m = 53000 fm, der eines Uranatoms kann aus der Dichte von U abgeleitet werden. Das Volumen eines U-Atoms erhält man aus folgender Überlegung: $6{,}02 \cdot 10^{23}$ Atome oder 238 g nehmen 12,5 cm³ ein, ein Atom also das Volumen $21{,}0 \cdot 10^{-30}$ m³. Wenn das Atom Kugelgestalt hat, folgt $r = 1{,}7 \cdot 10^{-10}$ m = 170000 fm. Für die Querschnitte eines H-Atoms erhält man also $0{,}9 \cdot 10^{-20}$ m² = $= 0{,}9 \cdot 10^{8}$ b, eines Uranatoms $9{,}2 \cdot 10^{8}$ b $= 920 \cdot 10^{8}$ fm².

Der Querschnitt des *Kerns* verhält sich zum Querschnitt des *Atoms* etwa wie der Querschnitt einer Erbse zu einem Kreis, dessen Durchmesser der Höhe des Kölner Doms entspricht.

Ausrechnung. Für Uran ist 100 fm² : $920 \cdot 10^{8}$ fm² $= 1 : (9{,}2 \cdot 10^{8})$, andererseits Erbse ($2r \approx 5$ mm, $r^2\pi \approx 19 \cdot 10^{-6}$ m²), Kölner Dom ($2r \approx 156$ m; $r^2\pi \approx 19 \cdot 10^{3}$ m²), Verhältnis $1 : (10 \cdot 10^{8})$.

7.2. Radioaktive und angeregte Kerne

Es gibt Kerne, die spontan Strahlung aussenden. Man kann daraus Information über den Kern entnehmen, indem man fragt: Welche Strahlung wird ausgesandt, welche Zusammensetzung hat sie, mit welchem zeitlichen Ablauf (Abklingzeit nach Anregung) wird sie ausgesandt? Wird Teilchenstrahlung (Elektronen, α-Teilchen), wird γ-Strahlung (Photonen) ausgesandt?

7.2.1. Radioaktive Kerne

Gewisse Arten von Atomkernen wandeln sich spontan durch Aussendung von α-Teilchen, Elektronen oder Positronen (bzw. durch K-Einfang) in andere Atomkerne um. Zwischen „natürlichen" und „künstlichen" radioaktiven Stoffen besteht in physikalischer Hinsicht kein Unterschied. α-Teilchen haben im Nebelkammerbild im Regelfall geradlinige Bahnen mit definierter Reichweite. β-Teilchen (ähnlicher Energie) haben dünne verknitterte Bahnen.

Im Jahre 1896 entdeckte Becquerel, daß von Uran eine Strahlung ausgeht, die Luft und andere Gase ionisiert. Uran wird daher „radioaktiv" genannt. Vom Jahr 1898 an konnte das Ehepaar Curie von Uran (und Thorium) mehrere von den Ausgangssubstanzen chemisch verschiedene radioaktive Stoffe abtrennen. Diese hatten durchwegs Ordnungszahlen $Z \geq 81$. Inzwischen kennt man viele weitere radioaktive Substanzen mit Ordnungszahlen $Z = 1$ (^3H, Tritium) bis über 100 (Transurane). Sie entstehen durch Umwandlung von Atomkernen der verschiedensten chemischen Elemente beim Stoß energiereicher Teilchen (z. B. p, d, α, n) gegen diese Atomkerne (7.3.1). Die energiereichen Teilchen dafür werden mit Hilfe von Beschleunigern (7.5) erzeugt. Auch mit natürlichen α-Teilchen, wie sie von gewissen Stoffen ausgesandt werden, kann man Kerne umwandeln (Rutherford 1919).

Die nähere Untersuchung hat gezeigt: Die Radioaktivität beruht auf einer spontanen (d. h. von außen nicht beeinflußbaren) Umwandlung von Atomkernen unter Aussendung jeweils eines geladenen Teilchens (oder K-Einfang, vgl. unten). Die von radioaktiven Kernen ausgesandte ionisierende Strahlung ist je nach der betrachteten radioaktiven Substanz unterschiedlich zusammengesetzt. Sie kann bestehen aus

a) α-Strahlen, $m/e = 2{,}02 \cdot 10{,}38\ \mu g/Cb = 2{,}02 \cdot 10{,}38 \cdot 10^{-9}$ kg/Cb, wesensgleich mit den Teilchen der Helium-Kanalstrahlen.
b) β^--Strahlen mit $m/e = -0{,}578 \cdot 10^{-11}$ kg/Cb, wesensgleich mit den Teilchen der Kathodenstrahlen (Elektronenstrahlen).
c) β^+-Strahlen mit $m/e = +0{,}578 \cdot 10^{-11}$ kg/Cb, Positronenstrahlen.
d) γ-Strahlen, das heißt Photonen (Lichtquanten).

Der radioaktive Zerfall kann mit außerordentlich großer Empfindlichkeit nachgewiesen werden, weil es Methoden gibt, um jedes einzelne ausgesandte Teilchen zu zählen, vgl. 6.5.1.

Zur Bestimmung von Impuls bzw. Energie schneller Elektronen, α-Teilchen usw. dient vor allem deren Krümmungsradius r im Magnetfeld. Zum Ausrechnen des Zusammenhangs zwischen W_{kin}, Impuls $p = mv$, und Krümmungsradius r benötigt man [vgl. Gl. (6-10) und (6-2a)] die Beziehungen $p^2 = W_{kin} \cdot (m + m_0)$ und $r = mv\gamma_{em}/(e \cdot B)$. Dabei ist B vorzugeben. (Es ist nicht zweckmäßig, die Geschwindigkeit in die Rechnung einzuführen.)

Beispiel. Die kinetische Energie soll vorgegeben und der Krümmungsradius ausgerechnet werden. Bei Forschungsarbeiten kommt häufiger die umgekehrte Aufgabe vor. Dann muß man in den Gleichungen lediglich umordnen. Für ein α-Teilchen ist $m_0 = 4{,}0026$ u $= 3727{,}2$ MeV/c^2, für Elektronen $m_0 = 0{,}00055$ u $= 0{,}511$ MeV/$c^2 \approx 0{,}5$ MeV/c^2.
Berechnung des Impulses bei vorgegebener kinetischer Energie und Ruhemasse:

Für ein natürliches α-Teilchen von 5,30 MeV (^{210}Po) ist $W_{kin} = 5{,}30 \cdot 10^6 \cdot 1{,}6 \cdot 10^{-19}$ J $= 0{,}848 \cdot 10^{-12}$ J und $p^2 = 0{,}848 \cdot 10^{-12}$ J $\cdot (3732{,}25 + 3727) \cdot 10^6 \cdot 1{,}6 \cdot 10^{-19}$ J/$(9 \cdot 10^{16}$ m^2/s$^2) = 112 \cdot 10^{-40}$ (Js/m)^2, also $p = 10{,}6 \cdot 10^{-20}$ Js/m

Für ein Elektron mit 200 MeV ist $W_{kin} = 0{,}32 \cdot 10^{-10}$ J und $p^2 = 0{,}32 \cdot 10^{-10}$ J $(200{,}5 + 0{,}5) \cdot$ $\cdot\, 10^6 \cdot 1{,}6 \cdot 10^{-19}$ J/$(9 \cdot 10^{16}$ m^2/s$^2) = 144 \cdot 10^{-40}$ (Js/m)^2, also $p = 10{,}7 \cdot 10^{-20}$ Js/m. Diese beiden Teilchen haben fast denselben Impuls.

Für ein Elektron mit 5,30 MeV ergibt sich $p = 0{,}308 \cdot 10^{-20}$ Js/m.

Berechnung der Bahnkrümmung:

Benützt man ein homogenes Magnetfeld mit der Flußdichte $B = 1$ T $(= 1$ Wb/m$^2)$, dann ergibt sich der Krümmungsradius $r = p\gamma_{em}/(eB)$ mit $\gamma_{em}\,(eB) = 1$ Wb · Cb/Js · $0{,}625 \cdot 10^{19}$ Cb^{-1} · Wb^{-1} · m^2 = $= 6{,}25 \cdot 10^{18}$ m^2/Js. Einsetzen des Impulses p für α-Teilchen mit 5,30 MeV ergibt $r = 10{,}6 \cdot 10^{-20}$ Js/m · $\cdot\, 6{,}25 \cdot 10^{18}$ m^2/Js $= 66 \cdot 10^{-2}$ m $= 66$ cm und fast genau so groß für Elektronen mit 200 MeV.

Für ein Elektron mit 5,30 MeV erhält man dagegen $r = 0{,}308 \cdot 10^{-20}$ Js/m · $6{,}26 \cdot 10^{18}$ m^2/Js = $= 1{,}92 \cdot 10^{-2}$ m $= 1{,}92$ cm.

Wie in 6.5.1 erwähnt, entstehen durch den Stoß elektrisch geladener Teilchen Ionenpaare und können in einer Nebelkammer als Tröpfchenspuren sichtbar gemacht werden.

α-Teilchen erzeugen in Gasen auf einer bestimmten kleinen Wegstrecke sehr viele Ionenpaare, β^+ und β^- derselben kinetischen Energie im gleichen Gas bei gleichem Gasdruck auf der gleichen Strecke nur wenige Ionenpaare. Allgemein gilt: Je kleiner die Masse und je größer die Geschwindigkeit der Teilchen ist, desto dünner sind die Sekundärionen entlang der Bahn des Teilchens verteilt. γ-Strahlen lösen Sekundärelektronen aus, die ihrerseits durch Stoß ionisieren (6.5.1).

α-Strahlen radioaktiver Substanzen haben diskrete Energiewerte, oft nur einen einzigen. Trotzdem haben α-Teilchen mit einheitlichem Energiewert nicht genau dieselbe Reichweite in Gasen oder sonstiger Materie. Es besteht eine „Reichweitenstreuung“ (s. Fußnote S. 546). α-Teilchen laufen in der Regel auf einer geradlinigen Bahn, Richtungsstreuung ist selten, vgl. Nebelkammerbild, Abb. 398.

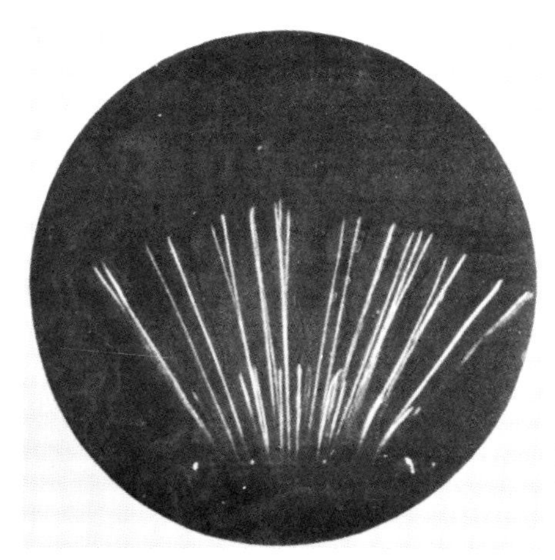

Abb. 398. Bahnen von α-Teilchen in der Nebelkammer. Die α-Teilchen werden von zwei radioaktiven Substanzen ausgesandt (im Bild unten). Aufnahme L. Meitner und K. Freitag, Z. Physik *37*, 481 (1926).

Nur am Ende der Bahn, wenn die kinetische Energie der α-Teilchen schon stark vermindert ist, wird die Richtungsstreuung der α-Teilchen häufiger, in Übereinstimmung mit Gl. (7-1).

Elektronen, die von einem Atom*kern* ausgesandt sind, nennt man Beta-Strahlen (Beta-Teilchen). Sie erzeugen in der Nebelkammer sichtbare Spuren, vgl. Abb. 399.

Es gibt auch Elektronen (Beta-Strahlen), die aus der Elektronenhülle stammen. Sie werden nur dann ausgesandt, wenn Energie aus dem angeregten Kern auf Elektronen der Hülle

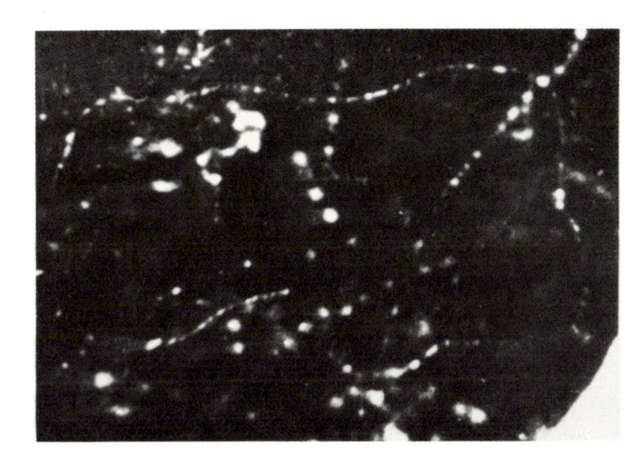

Abb. 399. Bahnen von β-Teilchen in der Nebelkammer. Die Ionisierungsdichte von β-Strahlen (Elektronen, Positronen) ist geringer als die von α-Strahlen (He-Ionen). Daher liegen die Nebeltröpfchen im allgemeinen weiter auseinander. Wegen ihrer kleinen Masse werden β-Teilchen leicht abgelenkt, so daß Bahnen mit vielen Richtungsänderungen entstehen. – Aufnahme H. Klarmann, aus: Atlas typischer Nebelkammerbilder, herausgeg. von W. Gentner, H. Maier-Leibnitz u. W. Bothe. Springer Verlag, Berlin 1940.

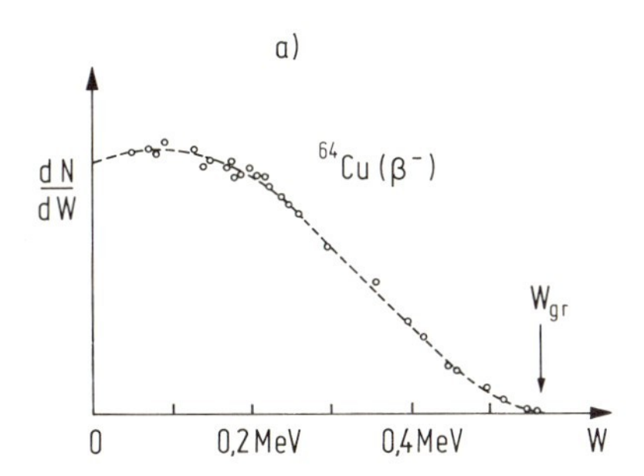

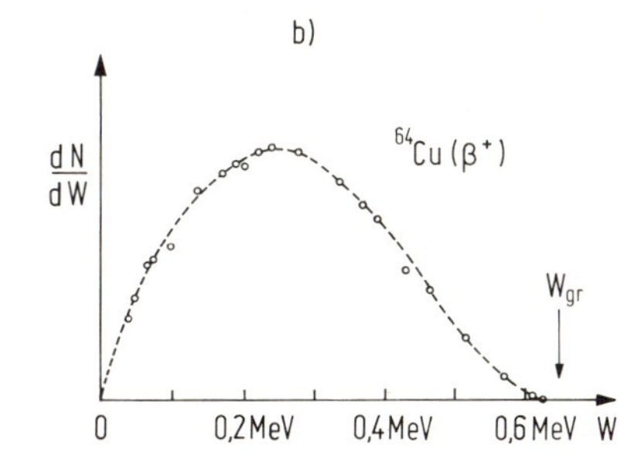

Abb. 399a. Kontinuierliches β-Spektrum. Aufgetragen ist die β-Zählrate dN pro Energieintervall dW in Abhängigkeit von der kinetischen Energie W der β-Teilchen. ${}^{64}_{29}Cu$ ist ein uu-Kern mit verzweigtem Zerfall (7.2.2).
a) Erlaubter β^--Zerfall des ^{64}Cu, Grenzenergie $W_{gr} = 0{,}57$ MeV.
b) Erlaubter β^+-Zerfall des ^{64}Cu, Grenzenergie $W_{gr} = 0{,}66$ MeV.
Meßpunkte nach L. M. Langer et al., Phys. Rev. *76* (1925) 1949, eingezeichnete Kurven berechnet, einschließlich der für β^- bzw. β^+ unterschiedlichen Coulombkorrekturen. Bei besonderer Auftragsweise („Kurie-Plot") ergibt sich eine gerade Linie, deren Schnittpunkt mit der Abszisse die Grenzenergie W_{gr} recht genau abzulesen gestattet.

übertragen wird (sog. „innere Umwandlung", engl. internal conversion). Beta-Teilchen, die aus dem Kern stammen, haben kinetische Energie mit einer *kontinuierlichen* Verteilung. Sie haben kinetische Energien zwischen Null und einer definierten Grenzenergie*) (kontinuierliches Betaspektrum). Abb. 399a.

Beim β^--Zerfall eines Atomkerns wird außer dem Elektron auch noch ein Antineutrino ausgesandt. Dabei ist die Summe aus der kinetischen Energie des Elektrons und der des Antineutrinos gleich der Grenzenergie des Betaspektrums. Elektron und Antineutrino sind Teilchen mit der Spinquantenzahl 1/2.

---

* Man vermeide dafür den Ausdruck „Energiemaximum", um Verwechslung mit dem Häufigkeitsmaximum der Energieverteilung auszuschließen.

Die aus dem Kern ausgesandten β-Teilchen (Elektronen) sind, wie man seit 1957 weiß, teilweise longitudinal polarisiert, d. h. der Spin dieser Elektronen liegt (bei der üblichen Vorzeichenfestsetzung) antiparallel zur Geschwindigkeit.

Der Polarisationsgrad $P = (N_\uparrow - N_\downarrow)/(N_\uparrow + N_\downarrow)$ beträgt für β-Teilchen in der Regel v/c. Er ist also nicht einheitlich für Kerne aus demselben Kern. Man kann v nach 6.1.6 aus der kinetischen Energie ausrechnen. Der experimentell bestimmte Polarisationsgrad stimmt (bei der Mehrzahl der Kerne) mit v/c überein.

Tabelle 51. Polarisationsgrad von β-Teilchen.

W_{kin}	m/m_0	v^2/c^2	$P = v/c$
51,1 keV	1,1	0,189	0,435
255,5 keV	1,5	0,555	0,74
511 keV	2	0,75	0,865

γ-Strahlen werden von angeregten Kernen ausgesandt. Solche entstehen entweder als Folge einer spontanen Kernumwandlung oder einer Kernumwandlung durch Stoß eines Teilchens, oder durch unelastischen Stoß ohne Umwandlung des getroffenen Kerns.

Die γ-Strahlung besteht aus Photonen mit diskreten Quantenenergien (Linienspektrum), vgl. Abb. 482. Sie erfahren an Kristallen Braggsche Reflexion (5.3.4), sind durch Streuung polarisierbar oder evtl. als linear polarisiert erkennbar (5.4.2 und 6.5.2) und lösen Sekundärelektronen (6.3.1) aus. Die γ-Strahlen werden nicht direkt, sondern über Sekundärelektronen nachgewiesen (über Photoeffekt und Compton-Effekt), Lichtquanten über 1 MeV auch durch „Paarbildung" (8.1).

Radioaktive Kerne mit Ordnungszahlen von $Z = 1$ bis $Z < 83$ und $Z > 92$ kennt man erst seit 1934. Da diese radioaktiven Kerne bis auf wenige Ausnahmen nicht in der Natur gefunden werden, sondern nur bei Kernumwandlung durch Stoß schneller Teilchen (Protonen, Deuteronen, α-Teilchen, Neutronen) entstehen, werden sie oft künstliche radioaktive Kerne genannt. Es gibt darunter zahlreiche Kerne, die Positronen aussenden (Joliot-Curie 1934). Ein Positron ist (vgl. 6.3.2) ein Teilchen mit der gleichen Masse $m_0 = 0{,}911 \cdot 10^{-30}$ kg wie ein Elektron, es trägt jedoch eine positive Elementarladung $e = +1{,}6 \cdot 10^{-19}$ Cb. Das Positron ist das „Antiteilchen" des Elektrons (zu Antiteilchen vgl. 8.2). Auch die Positronen aus β^+-strahlenden radioaktiven Kernen haben kontinuierliche Energieverteilung mit einer genau definierten Grenzenergie. Auch sie sind teilweise polarisiert. Mit dem Positron gleichzeitig wird ein Neutrino ausgesandt. Es hat im wesentlichen dieselben Eigenschaften wie das Antineutrino, nur hat sein Spin umgekehrtes Vorzeichen (parallel zur Geschwindigkeit).

Zwischen natürlichen und künstlichen radioaktiven Substanzen besteht physikalisch *kein* Unterschied. Auf der Erde findet man nur solche radioaktive Stoffe, die wegen ihrer großen Halbwertzeit seit Entstehung der Erde vor einigen 10^9 Jahren noch nicht vollständig zerfallen sind. (Eine Ausnahme ist ^{14}C, das in den oberen Atmosphäreschichten unter der Einwirkung von kosmischer Strahlung ständig aus ^{14}N gebildet wird, s. S. 562.) In Sternen oder in der Sonne entstehen sie laufend neu. Auf der Erde erhält man „kurzlebige" radioaktive Kerne nur durch „künstliche" Kernumwandlung.

7.2.2. Radioaktiver Zerfall, Nachweis der Kernumwandlung

Atomkerne, die ein α-Teilchen oder ein Elektron oder ein Positron aussenden, verwandeln sich dadurch in den Kern eines anderen chemischen Elements, das unter Umständen chemisch abgetrennt werden kann. α-Teilchen sind zweifach ionisiertes Helium.

Hat man eine radioaktive Substanz („Ausgangssubstanz") zunächst chemisch rein aus einem Mineral oder einem chemischen Präparat gewonnen, so kann man bei manchen Substanzen nach einiger Zeit eine von der Ausgangssubstanz in analytisch-chemischer Hinsicht verschiedene Substanz abtrennen.

Diese neue Substanz ist dadurch entstanden, daß aus Atom*kernen* der Ausgangssubstanz jeweils ein geladenes Teilchen ausgesandt wurde. Durch diesen „radioaktiven Zerfall" wird die Kernladung Z des Kerns der Ausgangssubstanz geändert. Dadurch entsteht eine andere Atomart mit anderen chemischen Eigenschaften, denn sie hat eine andere Ordnungszahl Z und daher eine andere Elektronenhülle. Es gibt drei (vier) Zerfallstypen:

1. α-Zerfall. Ein Kern ${}^{M}_{Z}X$ (Ordnungszahl Z, chemisches Symbol X, Massenzahl M) sendet ein α-Teilchen aus und geht dadurch in einen Kern Y mit einer um 2 kleineren Ordnungszahl und um 4 kleineren Massenzahl über, also

$$ {}^{M}_{Z}X \rightarrow {}^{M-4}_{Z-2}Y + {}^{4}_{2}\alpha \tag{7-9}$$

2. β^--Zerfall. Ein Atomkern sendet ein Elektron ${}_{-1}e$ und ein Antineutrino $\bar{\nu}$ aus. Er geht dadurch in einen Kern mit einer um 1 größeren Ordnungszahl und unveränderter Massenzahl (Nukleonenzahl) über, also

$$ {}^{M}_{Z}X \rightarrow {}^{\ M}_{Z-1}Y + {}_{+1}e + \bar{\nu} \tag{7-10}$$

Das ausgesandte Elektron ist vor der Aussendung *nicht* im Kern enthalten, sondern wird erst im Augenblick der Aussendung gleichzeitig mit dem Antineutrino gebildet, und zwar durch Umwandlung eines im Kern enthaltenen Neutrons in ein Proton. Dabei wird die Masse des Kerns geringfügig verändert. Außer dem Elektron ${}_{-1}e$ wird ein Antineutrino $\bar{\nu}$ ausgesandt. Dieses ist schwer nachweisbar wegen seiner extrem kleinen Wechselwirkung mit anderen Teilchen. Zur Begründung für $\bar{\nu}$ vgl. 7.4.7, Abb. 418b.

3. a) β^+-Zerfall. Ein Atomkern sendet ein Positron ${}_{+1}e$ und ein Neutrino ν aus. Er geht dadurch in einen Kern mit einer um 1 kleineren Ordnungszahl und unveränderter Massenzahl über, also

$$ {}^{M}_{Z}X \rightarrow {}^{\ M}_{Z+1}Y + {}_{+1}e + \nu \tag{7-11}$$

Das ausgesandte Positron wird erst im Augenblick der Aussendung gleichzeitig mit dem Neutrino gebildet, und zwar bei der Umwandlung eines im Kern enthaltenen Protons in ein Neutron. Anstelle des Antineutrinos wird hier ein Neutrino ν ausgesandt, im übrigen gilt dasselbe wie unter 2.

b) Elektronen-Einfang. In manchen Fällen wird statt der Aussendung eines Positrons aus dem Kern ein Elektron bevorzugt aus der K-Schale des Atoms in den Kern eingefangen (K-Einfang). Auch in diesem Fall wird ein Neutrino ausgesandt.

4. Spontane Spaltung. Es gibt Kerne, die spontan in zwei Bestandteile gleicher Größenordnung zerfallen, z. B. $^{235}_{92}U$. Näheres in 7.4.4.

Beim radioaktiven Zerfall wird also die Massenzahl (Nukleonenzahl) erhalten, die genaue Masse m ändert sich jedoch entsprechend der umgesetzten Energie W, wobei gilt $\Delta W = c^2 \cdot \Delta m$.
Der *radioaktive Zerfall* erfolgt *spontan* mit einer bestimmten Halbwertzeit (vgl. 7.2.3). Es ist nicht möglich, diesen Zerfall zu beeinflussen; insbesondere läßt sich die Halbwertzeit nicht verändern*). Eine Auswahl radioaktiver Nuklide enthält Tab. 60 in 9.6.4, S. 656.

Außer dem spontanen Zerfall gibt es auch die Kernumwandlung durch Stoß eines Teilchens (7.3.1). Auch bei diesem Vorgang entsteht aus einem Atomkern ein anderer (sowie meist noch ein oder auch mehrere Teilchen), und die Summe aus Masse und Massenäquivalent der umgesetzten Energie wird „erhalten". Der entstandene Kern kann stabil oder radioaktiv sein.

Die Umwandlung von *einem* chemischen Element in ein *anderes* läßt sich in vielen Fällen mit den Methoden der analytischen Chemie nachweisen. Falls der Folgekern radioaktiv ist, genügt es, geringste unwägbare Mengen chemisch abzutrennen und durch ihre Strahlung nachzuweisen.

a) Chemisch reines Radium ($^{226}_{88}Ra$) entwickelt durch α-Zerfall fortgesetzt ein radioaktives Edelgas, nämlich Radon ($^{222}_{86}Rn$), das abgepumpt und – da es ebenfalls radioaktiv ist – durch seine Strahlung (und die seiner ebenfalls radioaktiven Folgeprodukte) leicht nachgewiesen werden kann.
b) Ursprünglich bleifreie Uranmineralien (99,3% ^{238}U; 0,7% ^{235}U), die in geologischen Zeiträumen von äußeren Einflüssen verschont geblieben sind, enthalten $^{206}_{82}Pb$, das aus ^{238}U entstanden ist, sowie etwas $^{207}_{82}Pb$ aus ^{235}U, sie enthalten aber nicht $^{208}_{82}Pb$. Dagegen enthält das sonst in der Natur gefundene Blei diese drei Isotope in wohl definierter Mischung und außerdem noch etwas ^{204}Pb.
c) Durch das Auftreffen von Neutronen auf $^{238}_{92}U$ entsteht in Reaktoren (über Zwischenstufen) $^{238}_{94}Pu$ und
d) ^{114}Cd aus ^{113}Cd.

Wegen des besonders hohen Wirkungsquerschnitts (WQ) von ^{113}Cd für thermische Neutronen lassen sich Uran-Reaktoren, die mit thermischen Neutronen arbeiten, leicht steuern, indem man Cd-Stäbe tiefer oder weniger tief in den Reaktor taucht. So verwendete Cd-Stäbe enthalten nach entsprechender Betriebsdauer einen übernormalen Bruchteil an ^{114}Cd, vgl. Abb. 413a.

Zu 1. Der α-Zerfall tritt fast nur bei Stoffen mit Ordnungszahlen $Z \geq 83$ auf, (d. h. bei natürlichen radioaktiven Stoffen $_{83}Bi$ bis $_{92}U$ und darüber hinaus bei Transuranen).

Beispiele von α-Strahlern sind: $^{238}_{92}U$, $^{235}_{92}U$, gewöhnliches Thorium $^{232}_{90}Th$ und als Sonderfall $^{152}_{62}Sm$.

Zu 2. Der β^--Zerfall tritt im Bereich aller chemischen Elemente auf. Bei vielen Elementen gibt es mehrere Nuklide mit β^--Zerfall.

Beispiele. ^1_0n, ^3_1H, $^{24}_{11}Na$, $^{32}_{15}P$, $^{33}_{15}P$, $^{34}_{15}P$, ... usw., auch $^{210}_{83}Bi$(= RaE).

Zu 3a). Die ersten, im Jahre 1934 vom Ehepaar Joliot-Curie durch Bestrahlen mit α-Teilchen (vgl. 7.3.1) – also „künstlich" – hergestellten radioaktiven Substanzen waren β^+-Strahler. Sie

* Diese Aussage gilt bei K-Einfang nicht in aller Strenge.

wurden analytisch-chemisch abgetrennt. Aus ihrem chemischen Verhalten folgt ihre Ordnungszahl Z. Bei den von Joliot-Curie bestrahlten Reinelementen Na und P mußte die Massenzahl A_r der radioaktiven Kerne um 3 größer sein als die des Ausgangskerns, weil nur (α, p)- oder (α, n)-Prozesse in Betracht kamen.

Beispiele von β^+-Strahlern. $^{22}_{11}Na$, $^{30}_{15}P$.

Beispiel zu 3b). K-Strahler $^{49}_{23}V$ (Halbwertszeit $T = 330$ d).

Es gibt auch *verzweigten Zerfall* eines Kerns in zwei verschiedene Endkerne, wobei der eine Zerfall mit der Wahrscheinlichkeit w, der andere mit der Wahrscheinlichkeit $(1 - w)$ abläuft. Zu nennen sind zwei wichtige Verzweigungstypen:

1. teils β^-, teils β^+ (oder K),
2. teils β^-, teils α-Zerfall.

Der Typ (1) kommt nur vor bei Kernen mit ungerader Neutronenzahl und ungerader Protonenzahl (uu-Kerne, vgl. 7.3.3).

Beispiel. $^{64}_{29}Cu$ zerfällt zu 2/3 in $^{64}_{30}Zn + \beta^- + \bar{\nu}$, zu 1/3 in $^{64}_{28}Ni + \beta^+ + \nu$. Das Isotop $^{40}_{19}K$, das 0,01% des natürlichen Kaliums ausmacht, zerfällt teils in $^{40}_{18}Ar$, teils in $^{40}_{20}Ca$.

Die β^--α-Verzweigung kommt vor allem bei $Z \geq 83$ vor.

Beispiel in Abb. 402.

Experimentell wurde auch gezeigt, daß die α-Teilchen ihrer chemischen Natur nach *Helium* sind. Wenn die von einem Atomkern ausgesandten α-Teilchen weitgehend abgebremst sind, fangen sie schließlich zwei Elektronen ein und können als neutrale Helium-Atome nachgewiesen werden.

Zum Nachweis hat Lord Rutherford (1910) Radium in ein dünnwandiges Glasröhrchen eingeschlossen, dessen Wandstärke so gering war, daß es von den α-Teilchen des Radiums durchdrungen werden konnte. Das Radium befand sich in einem zweiten Glasröhrchen. Der Zwischenraum zwischen beiden Röhrchen wurde mit einem leicht kondensierbaren heliumfreien Gas gefüllt. In diesem kamen die α-Teilchen zur Ruhe. Nach 1 oder 2 Jahren wurde das Gas des Zwischenraumes untersucht und darin Helium festgestellt. Quantitativ wurde gefunden: *Ein* α-Teilchen ergibt *ein* Heliumatom. Damit ist auch nachgewiesen, daß α-Teilchen Heliumionen sind. Diese Nachweismethode ist unabhängig von den Methoden von 6.2.1. Beide Methoden führen zum selben Ergebnis.

7.2.3. Halbwertzeit, Lebensdauer (Zerfallsreihen) *F/L 6.4*

Radioaktive Substanzen lassen sich kennzeichnen durch eine Halbwertzeit T oder die Zerfallskonstante $\lambda = \ln 2/T$ oder die mittlere Lebensdauer $\tau = 1/\lambda$. Der entstehende Kern kann entweder stabil oder radioaktiv sein.

Von N radioaktiven Kernen zerfallen im Zeitabschnitt $\mathrm{d}t$ jeweils $-\mathrm{d}N$ Kerne. Den Quotienten $-\mathrm{d}N/\mathrm{d}t$ nennt man Zerfallsrate, $+\mathrm{d}N/\mathrm{d}t$ wird manchmal auch Aktivität genannt. Die Zerfallsrate ist proportional der Anzahl N der vorhandenen Kerne und abhängig von einer charakteristischen Konstanten λ, die man Zerfallskonstante nennt. Quantitativ gilt

$$\frac{\mathrm{d}N}{\mathrm{d}t} = -\lambda N \tag{7-12}$$

Diese Beziehung läßt sich anwenden

1. auf radioaktive Kerne, bei denen der Zerfall in der Aussendung eines α-, β^-- oder β^+-Teilchens aus dem Kern nach 7.2.2 besteht,
2. auf angeregte Kerne, bei denen der „Zerfall" im Übergang aus einem höher angeregten in einen niedriger angeregten Zustand (z. B. Grundzustand) besteht. Durch Integration erhält man

$$\ln(N/N_0) = -\lambda(t - t_0)$$

oder

$$N = N_0 \cdot \mathrm{e}^{-\lambda t} = N_0 \exp(-\lambda t) \tag{7-13}$$

wo N_0 die Anzahl der Atome im Augenblick $t_0 = 0$ ist. Die Anzahl der radioaktiven bzw. der angeregten Kerne nimmt also exponentiell mit der Zeit ab (Abb. 400).

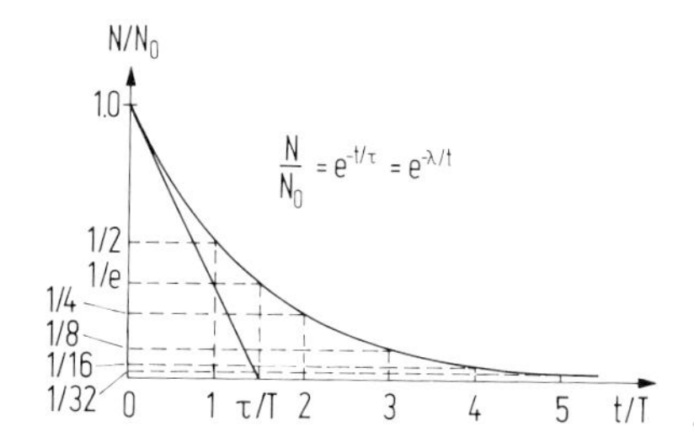

Abb. 400. Abnahme der Teilchenzahl beim radioaktiven Zerfall. Die anfangs vorhandene Anzahl N_0 der radioaktiven Kerne nimmt exponentiell mit der Zeit ab, jeweils während der Zeitdauer T auf die Hälfte. Die Tangente bei $t = 0$ an die Abklingkurve schneidet die Abszisse bei $t = \tau = 1/\lambda = T/\ln 2 = 1{,}44 \cdot T$.

Man kann auch fragen, nach welcher Zeit t die Hälfte der Kerne zerfallen sind. T heißt Halbwertzeit. Um sie bei bereits bekanntem λ zu erhalten, setzt man in Gl. (7-13) ein

$$N/N_0 = 1/2 \qquad \text{und} \qquad t = T$$

und erhält

$$T = \ln 2/\lambda \qquad \text{mit} \qquad \ln 2 = 0{,}693. \tag{7-13a}$$

Außerdem führt man die „mittlere Lebensdauer" τ ein. Wenn Gl. (7-13) als bereits bekannt vorausgesetzt werden kann, ergibt eine einfache Integration

$$\tau = 1/\lambda \tag{7-14}$$

also gilt

$$T = 0{,}693 \cdot \tau; \qquad \tau = 1{,}443 \cdot T$$

und

$$-\mathrm{d}N/\mathrm{d}t = N/\tau \tag{7-12a}$$

λ, T und τ sind charakteristisch für den jeweils betrachteten radioaktiven Zerfall oder Übergang. Es kommen Werte der mittleren Lebensdauer vor von 10^{-10} s bis 10^{20} s $\approx 31{,}8 \cdot 10^{11}$ a.

Eine Substanz mit der Zerfallsrate $3{,}700 \cdot 10^{10}$ Zerfallsakte/s wurde früher 1 Curie (Kurzzeichen: Ci) genannt. 1 g Ra hat näherungsweise diese Zerfallsrate. Gebräuchlich waren 10^{-3} Ci = 1 mCi und 10^{-6} Ci = 1 μCi.

Bei bekannter Loschmidtscher (Avogadroscher) Konstanten N_A kann man aus der Zerfallsrate auf die Halbwertzeit schließen. Diesen Weg kann man verwenden, wenn sehr große Halbwertzeiten bestimmt werden sollen.

Beispiel. 1 g Ra (rel. Atommasse 226) besteht aus $N = 6{,}02 \cdot 10^{23}/226$ Atomen und sendet α-Teilchen mit der Zerfallsrate $\mathrm{d}N/\mathrm{d}t = 3{,}7 \cdot 10^{10}\,\mathrm{s}^{-1}$ aus, also zerfallen ebenso viele Ra-Atomkerne/Zeit. Also gilt

$$3{,}7 \cdot 10^{10}\,\mathrm{s}^{-1} = -\lambda \cdot \frac{6{,}02 \cdot 10^{23}}{226}$$

Daraus folgt

$$\lambda = 1{,}39 \cdot 10^{-11}\,\mathrm{s}^{-1}; \quad T = \frac{0{,}693}{1{,}39 \cdot 10^{-11}\,\mathrm{s}^{-1}} = 0{,}5 \cdot 10^{11}\,\mathrm{s} = 1\,590\,\mathrm{a}$$

In ähnlicher Weise findet man für $^{238}\mathrm{U}$ die Halbwertzeit $T = 4{,}5 \cdot 10^9$ Jahre.

Man kann das Verfahren auch umkehren und mit einer radioaktiven Substanz, die in wägbarer Menge vorliegt, N_A experimentell bestimmen. Dieses Verfahren ist unabhängig von den in 3.3.1 angegebenen Methoden zur Bestimmung von N_A. Es führt zum selben Ergebnis.

Beispiel: Die Strahlung eines Ra-Präparates und damit die Anzahl der darin enthaltenen Ra-Atome nimmt experimentell in einem Jahr um den Bruchteil 0,000438 ab. Die Zerfallsrate für 1 g Ra beträgt $3{,}7 \cdot 10^{10}$ α-Teilchen/s = $1{,}167 \cdot 10^{18}$ α-Teilchen/Jahr. Dann gilt $N_A \cdot 0{,}000438\ \mathrm{Jahr}^{-1} = 226\ \mathrm{g\ mol}^{-1} \cdot 1{,}167 \cdot 10^{18}\ \mathrm{g}^{-1}\ \mathrm{Jahr}^{-1}$ und daher $N_A = 6{,}022 \cdot 10^{23}\ \mathrm{mol}^{-1}$.

Zerfallsreihen. Viele radioaktive Zerfallsprozesse führen von einem radioaktiven zu einem stabilen Kern (Beispiel: $^{24}_{11}\mathrm{Na} \rightarrow {}^{24}_{12}\mathrm{Mg} + {}_{-}\mathrm{e} + \bar{\nu}$). Manchmal entsteht auch ein radioaktiver Kern. Im Bereich der Ordnungszahlen $Z \geq 81$ (bei den „natürlichen radioaktiven" Stoffen) gibt es radioaktive Zerfallsreihen, in denen mehrere α- und β-Zerfälle aufeinander folgen. Bei den Produkten der Uranspaltung gibt es auch Zerfallsreihen $\beta \rightarrow \beta \rightarrow \beta \ldots$

Bald nach der Entdeckung der natürlichen Radioaktivität fand man drei Zerfallsreihen:

1. Die Uran-Radium-Reihe führt von $^{238}_{92}\mathrm{U}$ unter anderem über $^{226}_{88}$Radium, $^{222}_{86}$Radon, ... $^{210}_{82}$Polonium schließlich zu $^{206}_{82}\mathrm{Pb}$. Alle dieser Reihe angehörenden Kerne haben Massenzahlen 4n + 2.
Anwendung der Zerfallsgesetze 7.2.2 zeigt, daß acht α-Zerfälle, entsprechend $238 - 206 = 8 \cdot 4$ notwendig sind, und sechs β-Zerfälle, um vom Ausgangskern der Reihe zum Endkern zu gelangen; denn acht α-Zerfälle vermindern die Kernladung um 16, sechs β-Zerfälle erhöhen sie um 6.
2. Die Actinium-Reihe führt von $^{235}_{92}\mathrm{U}$ unter anderem über $^{227}_{89}\mathrm{Ac}$ zu $^{207}_{82}\mathrm{Pb}$. Zu ihr gehören nur Kerne mit Massenzahlen 4n + 3. Sie enthält sieben α-Zerfälle entsprechend $235 - 207 = 7 \cdot 4$.
3. Die Thorium-Reihe führt von $^{232}_{90}\mathrm{Th}$ über $^{228}_{90}\mathrm{Th}$ (RdTh) zu $^{208}_{82}\mathrm{Pb}$. Zu ihr gehören nur Kerne mit Massenzahlen 4n. Sie enthält sechs α-Zerfälle entsprechend $232 - 208 = 6 \cdot 4$.

Bei Kernen mit $40 < Z < 70$, die insbesondere durch Uranspaltung entstehen, gibt es auch viele Zerfallsreihen mit mehreren β-Zerfällen nacheinander.

Beispiel. $^{144}_{54}\mathrm{Xe} \rightarrow \ldots \rightarrow {}^{144}_{60}\mathrm{Nd}$ (stabil). In dieser Zerfallsreihe folgen lediglich β^--Zerfälle aufeinander.

Säkularer Zerfall. In der Uran-Radium-Zerfallsreihe haben alle Folgeprodukte von $^{238}_{92}\mathrm{U}$ kleinere Halbwertzeiten als der Ausgangskern. Dann bildet sich ein Zerfallsgleichgewicht unter den Folgeprodukten (i = 2, 3, ...) aus. Von jeder Substanz in der Zerfallsreihe werden ständig ebenso viele Atome nachgebildet, wie zerfallen. Schließlich wird ein stabiler Endkern erreicht. Im Zerfallsgleichgewicht haben alle Substanzen der Zerfallsreihe gleiche Zerfallsrate:

$$-\frac{\mathrm{d}N}{\mathrm{d}t} = \lambda_1 \cdot N_1 = \lambda_i \cdot N_i = \ldots \tag{7-15}$$

Beispiel. In einem Uranmaterial ist im Gleichgewicht auf 1 kg Uran ($T = 4{,}5 \cdot 10^9$ Jahre) nur 0,36 mg Radium ($T = 1\,680$ Jahre) und 0,08 μg Polonium ($T = 140$ Tage) enthalten. Um 1 g Radium zu gewinnen, müssen also mindestens 2,8 t Uran chemisch aufgearbeitet werden. Beim Zerfall entsteht schließlich $^{206}_{82}\mathrm{Pb}$. Bei ungestörter Lagerung nimmt die Anzahl dieser Atome laufend zu.

Diese Tatsachen ermöglichen eine *Altersbestimmung* von Uranerz, d. h. eine Angabe der Zeit, wie lange das Erz an seinem Fundort – von Mineralumbildungsprozessen unberührt – gelegen war. Die ältesten Uranerze findet man am großen Bärensee in Kanada. In diesen Erzen trifft auf 3 ^{238}U-Atome 1 ^{206}Pb-Atom, aber kein ^{204}Pb oder ^{208}Pb. Man schließt daraus, daß dieses ^{206}Pb durch radioaktiven Zerfall über die U-Ra-Zerfallsreihe aus ^{238}U entstanden ist und daß das Mineral seit rund 0,5 Halbwertzeiten von ^{238}U, also rund $2{,}2 \cdot 10^9$ Jahre unverändert dort lagert. Die Uranerze von Joachimstal in Böhmen haben dagegen nur ein Alter von $0{,}3 \cdot 10^9$ a.

Man kann auch den radioaktiven Zerfall von einigen anderen Substanzen zur Altersbestimmung heranziehen, z. B. ^{14}C ($T = 5760$a), ^{3}H ($T = 12{,}26$a), ^{87}Rb ($T = 4{,}7 \cdot 10^{10}$a).

7.2.4. Angeregte Atomkerne

F/L 6.11

Atomkerne können in angeregte Zustände gelangen. Sie gehen durch Aussendung von Photonen (γ-Quanten, Quantenenergie $W = h\nu$) in den Grundzustand über.

Ebenso wie die Elektronenhülle von Atomen – z. B. durch Stoß von Elektronen – in einen angeregten Zustand gelangen kann und schließlich Photonen aussendet (mit Quantenenergien um 1 eV bis etwa 100 keV), gibt es auch in Atomkernen angeregte Zustände bis 17 MeV (und darüber, vgl. unten). Diese gehen anschließend in den Grundzustand des Atomkerns über, ebenfalls unter Aussendung von Lichtquanten. Solche aus dem Kern kommende Lichtquanten (Photonen) werden auch γ-Quanten (γ-Strahlung) genannt.

In den angeregten Zustand können stabile und radioaktive Atomkerne gelangen

1. als Folge eines radioaktiven Zerfalls,
2. durch unelastischen Stoß von Teilchen (z. B. von Protonen, Deuteronen, Schwerionen),
3. als Folge einer Kernumwandlung.

Kerne, die sich in einem angeregten Zustand befinden, gehen meist innerhalb einer sehr kurzen Zeit (Lebensdauern z. B. von 10^{-3} s bis 10^{-12} s und kürzer) in den Grundzustand über. Es gibt auch angeregte Zustände mit großer Lebensdauer (Sekunden, Minuten Stunden). Man nennt sie *isomere* Zustände der Kerne. Die γ-Strahlung hat stets *diskrete* Quantenenergien, der Kern sendet also ein „Linienspektrum" aus. Die Anregungsenergie des Kerns kann dabei in einem einzigen Lichtquant ausgesandt werden (direkter Übergang in den Grundzustand) oder, wenn die Rückkehr zum Grundzustand über Zwischenniveaus erfolgt, in mehreren Lichtquanten, deren Gesamtenergie gleich der Anregungsenergie ist (Abb. 401).

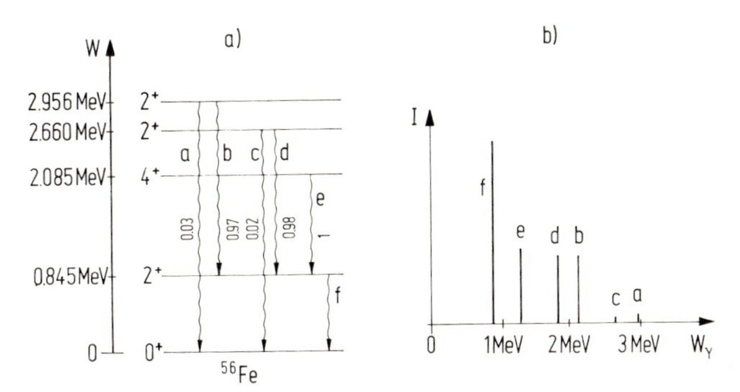

Abb. 401. Aussendung von γ-Strahlung aus angeregten Zuständen des ^{56}Fe. Im Niveauschema a) ist angegeben, mit welcher Wahrscheinlichkeit die Übergänge zu tieferen Niveaus erfolgen. Ist z. B. das Niveau 2,956 MeV angeregt, so geht der Bruchteil 0,03 direkt in den Grundzustand über ($h\nu = 2{,}956$ MeV), der Bruchteil 0,97 sendet erst ein Photon $h\nu = 2{,}111$ MeV und anschließend $h\nu = 0{,}845$ MeV aus und analog für die anderen Anregungszustände. Die Aufteilung auf die Quantenenergien wird durch Quantenzahlen der Niveaus geregelt.
Falls die Ausgangs-Niveaus gleich stark bevölkert werden, entsteht etwa die im Spektrum b) angedeutete Intensitätsverteilung mit $I = 1$ für e und a + b, sowie $I = 2{,}95$ für f.

Eine Aufeinanderfolge von jeweils drei Kernumwandlungsprozessen, die auf zwei Zerfallswegen von $^{212}_{82}$Pb zu $^{208}_{82}$Pb führen, ist in Abb. 402 dargestellt. Von links nach rechts steigt die Ordnungszahl. Der Kern $^{212}_{82}$Pb zerfällt unter Aussendung eines β-Teilchens in $^{212}_{83}$Bi. Dieser Kern entsteht in mehreren angeregten Zuständen, die durch Niveaus wiedergegeben werden. Die angeregten Zustände gehen durch Aussenden von γ-Quanten (3 Übergänge sind durch Pfeile eingezeichnet) in den Grundzustand von $^{212}_{83}$Bi über. Dieser Kern ist aber selbst wieder radioaktiv und zerfällt verzweigt entweder unter Aussenden eines β-Teilchens in $^{212}_{84}$Po oder durch Aussenden eines α-Teilchens in $^{208}_{81}$Tl.

Der eine Zerfallsweg führt über $^{212}_{84}$Po. Dieser Kern ist wieder radioaktiv und zerfällt unter Aussenden eines α-Teilchens in $^{208}_{82}$Pb. Es entstehen mehrere hoch angeregte Zustände. Diese gehen nun zwar größtenteils unter Aussendung von γ-Quanten in den Grundzustand über, worauf der α-Zerfall mit der Umwandlungsenergie 8,945 MeV erfolgt; manchmal jedoch zerfällt dieser Kern von einem angeregten Zustand aus. Dann treten α-Teilchen mit kinetischen Energien mit mehr als 8,945 MeV auf.

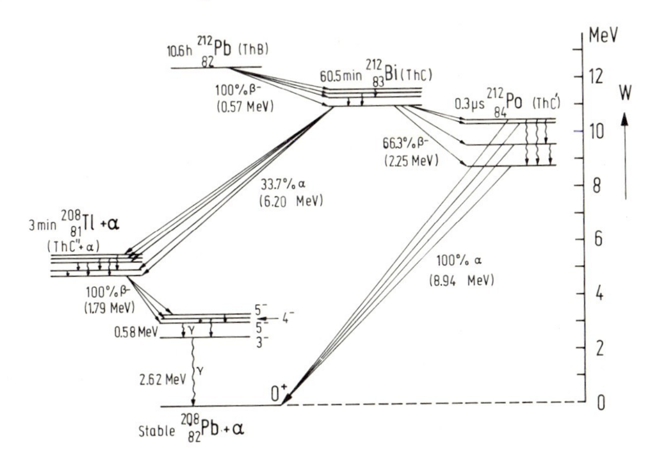

Abb. 402. Verzweigtes Zerfallsschema für die Umwandlung ^{212}Pb $\rightarrow$ ^{208}Pb.
^{212}Bi kann entweder über einen β^-- und anschließenden α-Zerfall oder über einen α- und anschließenden β^--Zerfall in ^{208}Pb übergehen. (Diese Kerne sind die letzten Glieder der Thorium-Zerfallsreihe. Man bezeichnete sie früher mit Th A, B, C, C′, C″, D). W: Energieinhalt über $\{m\,(^{208}_{82}\text{Pb, Grundzustand}) + m\,(^{4}_{2}\text{He})\} \cdot c^2$.
— Nach R. D. Evans, The Atomic Nucleus, S. 516. McGraw Hill, New York 1955.

Der andere Zerfallsweg führt zu mehreren angeregten Zuständen des $^{208}_{81}$Tl. Erst nach einem Übergang in den Grundzustand unter γ-Aussendung zerfällt dieser Kern vom Grundzustand aus und gelangt durch β-Zerfall zu hoch angeregten Zuständen von $^{208}_{82}$Pb. Schließlich führen γ-Übergänge zum Grundzustand. Dabei wird unter anderem die Linie $h\nu = 2{,}62$ MeV ausgesandt. Dies ist die größte Quantenenergie, die von natürlichen radioaktiven Kernen ausgesandt wird.

Die gesamte Zerfallsenergie beträgt auf jedem der beiden Zweige 11,19 MeV. Aus dem Niveauschema solcher verzweigten Zerfälle kann man ableiten, daß die Zerfallsenergie bei einem β-Zerfall gleich der Grenzenergie W_{grenz} des β-Spektrums ist (vgl. Abb. 402).

Die aus Kernen ausgesandten γ-Strahlen haben Quantenenergien von der Größenordnung 1 keV bis zu einigen MeV. Besonders hohe Quantenenergie tritt auf beim Stoß eines Protons (von mindestens 0,44 MeV) gegen einen $^{7}_{3}$Li-Kern. Dabei wird die Quantenenergie $h\nu = 17$ MeV ausgesandt.

Es gibt nicht nur Kerne, die wie erwähnt aus einem hoch angeregten Zustand ein α-Teilchen aussenden, sondern auch Kerne, die ein *Neutron* aussenden. Solche Neutronen aussendende angeregten Kerne entstehen als Folge eines β-Zerfalls. Diese Erscheinung ist vor allem bei den Folgeprodukten der Uranspaltung bekannt. Sie spielt bei der Steuerung eines Reaktors (7.4.4) eine wichtige Rolle. Man nennt solche Neutronen auch „verzögerte Neutronen".

Beispiel. $^{137}_{53}$J zerfällt unter β-Strahlaussendung ($T = 22$ s) in $^{137}_{54}$Xe. Der entstehende Kern ist hoch angeregt und sendet (momentan) ein Neutron aus; es entsteht $^{136}_{54}$Xe. Für den Zeitablauf ist die Halbwertzeit des β-Zerfalls maßgebend. Die Neutronenaussendung klingt daher mit der Halbwertzeit ($T = 22$ s) des *Ausgangs*kerns ab.

Es gibt auch radioaktive Zerfallsprozesse, bei denen der Folgekern im Grundzustand entsteht. Dann wird keine γ-Strahlung ausgesandt.

Beispiel. $^{3}_{1}$H, $^{32}_{15}$P u. a.

7.2.5. Linienbreite und Lebensdauer, Mößbauereffekt

Die natürliche Energieunschärfe ΔW der ausgesandten Quanten und die Lebensdauer τ eines angeregten Zustandes sind durch die Beziehung verbunden $\Delta W \cdot \tau \gtrsim \hbar$. Mit rückstoßfrei ausgesandter γ-Strahlung beobachtet man im selben Kern Resonanzabsorption. Diese kann bereits durch kleine Relativgeschwindigkeit zwischen Emitter und Absorber gestört werden.

Photonen, die aus der Elektronenhülle oder aus dem Atomkern mit diskreten Quantenenergien ausgesandt werden („Spektrallinien"), haben eine gewisse *Linienbreite*, d.h. die ausgesandte Quantenenergie ist um ΔW unscharf. ΔW setzt sich im allgemeinen zusammen aus den Unschärfen des Ausgangs- und Endniveaus („*natürliche* Linienbreite") einerseits und aus der Dopplerverschiebung andererseits („Dopplerbreite"). Von der letzteren soll zunächst abgesehen werden. Die nähere Untersuchung zeigt: Niveaus mit großer (kleiner) Lebensdauer sind scharf (unscharf) und führen zur Aussendung einer Linie mit geringer (größerer) Linienbreite. Das Produkt aus (natürlicher) Energieunschärfe ΔW und Lebensdauer τ ist mit dem Planckschen Wirkungsquantum verbunden (vgl. 6.6.2) durch die Beziehung

$$\Delta W \cdot \tau \gtrsim \hbar \qquad (7\text{-}16)$$

Größenordnung. Die Energieunschärfe (Halbwertbreite) $\approx 10^{-7}$ eV entspricht der Lebensdauer $\approx 10^{-8}$ s (vgl. dazu Abb. 403).

Zu dieser „natürlichen" Unschärfe kommt die *Dopplerverbreiterung* hinzu. Ebenso, wie der Hupton eines sich nähernden Autos höher, eines sich entfernenden tiefer klingt, hat auch das Licht, das von einem sich nähernden Atom ausgesandt wird, für den ruhenden Beobachter eine etwas höhere Frequenz, oder wenn es sich entfernt, eine niedrigere Frequenz (Dopplereffekt 2.4.6). Gasatome befinden sich in ungeordneter Bewegung in allen Richtungen (3.4). Die von solchen Atomen (Atomkernen) ausgesandten Linien zeigen daher zusätzlich eine Doppelerverbreiterung.

Bei Licht großer Quantenenergie muß noch folgendes berücksichtigt werden: ein Photon der Energie $h\nu$ hat den *Impuls* $p = h\nu/c$. Der aussendende Atomkern erhält einen entgegengesetzt gleichen Impuls $p' = -m_{\text{atom}} \cdot v$. Da das Photon die Masse $h\nu/c^2$ hat, nimmt auch der Kern eine geringe kinetische Energie (Rückstoßenergie) auf, nämlich $p^2/2m_{\text{atom}} = (h\nu)^2/(2m_{\text{atom}} \cdot c^2)$.

Ist nun ein radioaktives Atom in einen Kristall eingebaut, so kann u. U. seine Bindung an das Kristallgitter so fest sein, daß bei der Aussendung eines Photons der Rückstoß vom gesamten Kristall mit seiner riesigen Masse übernommen wird. Das Photon wird „*rückstoßfrei*" ausgesandt, und seine Quantenenergie ist gleich der vollen Anregungsenergie des aussendenden Kerns. In einem Kern der gleichen Art kann ein solches Quant resonanzartig absorbiert werden. Bewegt man nun den strahlenden Kern und den absorbierenden Kern gegeneinander, so tritt eine Verstimmung durch Dopplereffekt ein, ähnlich wie beim hupenden Auto. Viele γ-Linien sind so scharf, daß schon bei Relativgeschwindigkeiten der Größenordnung 1 cm/s und weniger die Resonanzabsorption unterbleibt. Abb. 403b zeigt diesen Sachverhalt. Man kann dadurch Linienbreite und Hyperfeinstruktur von γ-Linien quantitativ ausmessen. Diese Erscheinung wurde von Mößbauer 1957 entdeckt.

Beispiel. Aus radioaktivem ^{57}Co entsteht angeregtes ^{57}Fe das $h\nu = 14{,}4$ keV aussendet. Dieses Photon hat den Impuls $h\nu/c = 7{,}7 \cdot 10^{-24}$ kg m/s. Denselben Impuls erhält das ^{57}Fe-Atom, wenn es frei be-

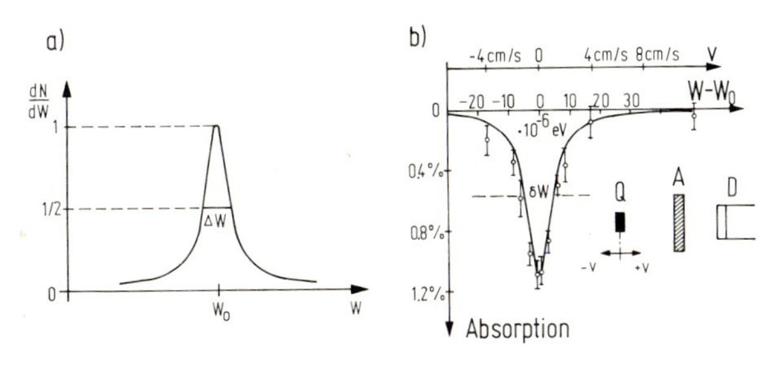

Abb. 403. Energieunschärfe eines Zustandes.
a) Schematische Darstellung. dN/dW: Anzahl der ausgesandten Quanten je Energieintervall dW (dabei sei $dW \ll \Delta W$). W_0 ist die Anregungsenergie eines Zustands, ΔW seine Halbwertbreite (Energieunschärfe). Für die Lebensdauer τ des Zustandes gilt: $\Delta W \cdot \tau \approx \hbar$.
b) Mößbauereffekt: Scharfe Resonanzabsorption. Relativ zu Absorber A und γ-Strahldetektor D wird die Quelle Q (^{191}Ir, $W_0 = 129$ keV) mit der Geschwindigkeit v bewegt. Die Breite δW der Absorptionslinie ist beim Mößbauereffekt gleich der doppelten natürlichen Linienbreite der γ-Strahlung ($\approx 6 \cdot 10^{-6}$ eV) bei Verwendung dünner Schichten. — Nach R. L. Mößbauer, Z. Naturforschung *14a*, 215 (1959).

weglich ist, als Rückstoß. Seine kinetische Energie beträgt dann $p^2/2\, m_{\text{atom}} = 0{,}2 \cdot 10^{-2}$ eV. Diese Energie geht dem Photon verloren. Wenn jedoch ^{57}Fe in metallisches Eisen eingebaut ist, werden bei Zimmertemperatur 80% der γ-Quanten rückstoßfrei ausgesandt und können in ^{57}Fe, das 2,2% des natürlichen Eisens ausmacht, resonanzartig absorbiert werden. Nach Ausweis elektronischer Messungen hat der Anregungszustand 14,4 keV die Lebensdauer $\tau = 10^{-7}$ s, seine natürliche Linienbreite beträgt $\Delta W = h/\tau = 4{,}6 \cdot 10^{-9}$ eV. Bei Relativbewegung von Emitter und Absorber mit $v = 1$ cm/s beträgt die Dopplerverschiebung bereits 14,4 keV. (1 cm/s) : ($3 \cdot 10^{10}$ cm/s) $= 4{,}8 \cdot 10^{-7}$ eV, sie ist also wesentlich größer als die Linienbreite.

7.3. Wechselwirkung und Eigenschaften von Atomkernen

Laufen schnelle Teilchen (Protonen, α-Teilchen) durch Materie, dann treffen manche von ihnen einen Atomkern. Dieser wird entweder angeregt oder umgewandelt oder beides. Er sendet manchmal ein anderes als das stoßende Teilchen aus, manchmal z. B. ein Neutron. Aus solchen und anderen Beobachtungen kann man ableiten, daß Atomkerne aus Protonen und Neutronen bestehen. Weil die Neutronen elektrisch ungeladen sind, treten sie ungehindert in andere Kerne ein, auch wenn sie nur sehr geringe kinetische Energie besitzen. Dann werden sie meist angelagert. Bei solchen Umwandlungsprozessen entstehen stabile oder auch radioaktive Kerne.

7.3.1. Kernumwandlung und Kernanregung durch Stoß schneller Teilchen

Schnelle α-Teilchen dringen u. U. in einen Kern ein und lösen eine Kernumwandlung aus. Solche Reaktionen können als Einzelprozeß in der Nebelkammer untersucht werden und führen oft zu einem angeregten Endkern.

Im Jahre 1919 beobachtete Rutherford zum ersten Mal einen Kernumwandlungsprozeß, und zwar beim Beschießen von Stickstoff mit natürlichen α-Teilchen mit der kinetischen Energie 5–8 MeV. Etwa 1930 gelang es Cockroft und Walton, Protonen auf hinreichend große kinetische Energie zu bringen (bis etwa 700 keV), so daß dadurch Kernumwandlungsprozesse ausgelöst werden konnten. Heute gibt es Beschleuniger, mit denen Protonen auf mehr als 10000 mal höhere kinetische Energie gebracht werden können (7.5.4). Diejenige Substanz („Auffänger"), die zwecks Kernumwandlung usw. mit Teilchen beschossen wird, nennt man heute meist „Target" (sprich Target, mit g wie im Deutschen, englische Bedeutung Zielscheibe).

In 7.3 und 7.4 soll zunächst eine Teilchenenergie von der Größenordnung 0,5 bis 50 MeV vorausgesetzt werden.

Kernumwandlungsprozesse werden am direktesten in der Nebelkammer (oder in der Bläschenkammer) sichtbar gemacht.

In einer Nebelkammer mit Heliumfüllung, in der sich ein α-Strahler befindet, kann man manchmal den Zusammenstoß eines α-Teilchens mit einem Kern eines Heliumatoms beobachten. In diesem Fall stehen die beiden Teilchenbahnen unter 90° zueinander. Das zeigt, daß es sich tatsächlich um einen elastischen Stoß zwischen zwei Teilchen gleicher Masse handelt (Abb. 404).

Bei Nebelkammern mit Stickstoff-Füllung beobachtet man manchmal den elastischen Stoß zwischen α-Teilchen und Stickstoffkern. Er erfolgt so, wie man es für zwei Teilchen mit

Abb. 404. Elastischer Stoß eines α-Teilchens gegen einen ^{4}He-Kern. Aufnahme in einer mit He gefüllten Nebelkammer. Ein α-Teilchen (^{4}He-Kern) ist elastisch gegen einen ^{4}He-Kern gestoßen. Da die Stoßpartner gleiche Masse besitzen, bilden die beiden Teilchenbahnen einen Winkel von 90° gegeneinander. (Die scheinbare Abweichung von 90° im Bild rührt daher, daß die Streuebene nicht ⊥ zur Blickrichtung stand). – Aufnahme P. M. S. Blackett, Proc. Roy. Soc. London A *107*, 349 (1925).

dem Massenverhältnis 14 : 4 erwartet, und mit einer Häufigkeitsverteilung der Ablenkwinkel, die 7.1.2 entspricht, wenn man den Vorgang relativ zum gemeinsamen Schwerpunkt der beiden Teilchen beschreibt.

Manchmal beobachtet man aber auch verzweigte Bahnen mit einem kurzen stark ionisierenden und einem schwächer ionisierenden sehr langen, weit über die Reichweite der ursprünglichen α-Teilchen hinausgehenden Ast (Abb. 405). Er rührt von einem H^+-Teilchen her, wie durch m/e-Messung festgestellt wurde. Dieses Wasserstoffteilchen entsteht durch *Umwandlung* des getroffenen ^{14}Stickstoff-Kerns nach der Gleichung

$$^{14}_{7}\mathrm{N} + {}^{4}_{2}\mathrm{He} \rightarrow {}^{17}_{8}\mathrm{O} + {}^{1}_{1}\mathrm{H} + Q \tag{7-17}$$

Dieser Kernumwandlungsprozeß war der erste, den Rutherford (allerdings mit anderen Hilfsmitteln) 1919 beobachtet hat. Aus Stickstoff und α-Teilchen sind also ein Sauerstoff-Isotop und ein Proton entstanden. Die nähere Untersuchung zeigt: Kernladung und Massenzahl bleiben erhalten, hier $7 + 2 = 8 + 1$ und $14 + 4 = 17 + 1$. Ebenso bleibt der Impuls (und der Drehimpuls) der beteiligten Stoßpartner und auch die Summe aus Masse und Massenäquivalent der Energie erhalten. E. Rutherford, Phil. Mag. *37*, 571 (1919) und *42*, 809 (1920).

Definition. Die Differenz (kinetische Energie der beteiligten Teilchen nach der Umwandlung, f für final) minus (kinetische Energie vor der Umwandlung, i für initial) wird *Energietönung* der Umwandlung genannt und mit Q bezeichnet, also

$$Q = (W_{\mathrm{kin}})_{\mathrm{f}} - (W_{\mathrm{kin}})_{\mathrm{i}} \tag{7-18}$$

Die Energietönung ist > 0, wenn die gesamte kinetische Energie des Systems durch die Um-

Abb. 405. Künstliche Kernumwandlung. Nebelkammeraufnahme des Prozesses ${}^{14}_{7}\mathrm{N} + {}^{4}_{2}\mathrm{He} \rightarrow {}^{17}_{8}\mathrm{O} + {}^{1}_{1}\mathrm{H}$ – Aufnahme P. M. S. Blackett und D. S. Lees, Proc. Roy. Soc. A *136*, 325 (1932).

wandlung zugenommen hat. Q/c^2 ist daher auf der *rechten* Seite der Massengleichung eines Umwandlungsprozesses zu addieren.

Beispiel. Beim Prozeß Gl. (7-17) kann die Umwandlung durch den Stoß eines α-Teilchens mit $W_{\text{kin}}(\alpha) = 5$ MeV gegen einen ruhenden Kern, d.h. mit $W_{\text{kin}}({}^{14}\mathrm{N}) = 0$, bewirkt werden. Dann beobachtet man

$$W_{\text{kin}}({}^{1}\mathrm{H}) + W_{\text{kin}}({}^{17}\mathrm{O}) = 3{,}7 \text{ MeV}.$$

Hieraus folgt: $Q = -1{,}3$ MeV. Beim Prozeß Gl. (7-17) hat sich also die kinetische Energie des Systems durch die Umwandlung vermindert.

Der Schwerpunkt des aus dem anfliegenden α-Teilchen und dem ruhenden ${}^{14}\mathrm{N}$-Atom bestehenden Systems bewegt sich im Laborsystem. Das System, das nach der Umwandlung aus ${}^{17}\mathrm{O}$ und ${}^{1}\mathrm{H}$ besteht, hat denselben Schwerpunkt wie das Ausgangssystem. Dieser bewegt sich relativ zum Laborsystem unverändert weiter. Die kinetische Energie (3,7 MeV) verteilt sich wegen Impulserhaltung relativ zum Schwerpunkt auf ${}^{17}\mathrm{O}$ und ${}^{1}\mathrm{H}$ im Verhältnis (1/18) : (17/18). Relativ zum Laborsystem hängt die Aufteilung der kinetischen Energie auf ${}^{1}\mathrm{H}$ und ${}^{17}\mathrm{O}$ davon ab, unter welchem Winkel gegen die Schwerpunktsbewegung die beiden Teilchen ausgesandt werden.

Da Energie Masse besitzt, muß auch gelten:

$$Q = \{m({}^{14}\mathrm{N}) + m({}^{4}\mathrm{He}) - m({}^{17}\mathrm{O}) - m({}^{1}\mathrm{H})\} \cdot c^2 \tag{7-19}$$

Diese Gleichung ist experimentell erfüllt. Wie in 6.2.2 betont, rechnet man stets mit der Masse der *elektrisch neutralen* Atome, bei denen ein Atom mit der Ordnungszahl Z auch Z Hüllenelektronen besitzt.

Beispiel. $m\,(^{14}\mathrm{N}) = 14{,}003\,074_4$ u; $m\,(^{17}\mathrm{O}) = 16{,}999\,13_2$ u
$m\,(^{4}\mathrm{He}) = 4{,}002\,603_1$ u; $m\,(^{1}\mathrm{H}) = 1{,}007\,825_2$ u
(1 u und $c^2 \cdot 1$ u sind in 6.2.1 angegeben.)

Daraus erwartet man $Q = (18{,}005677\ \mathrm{u} - 18{,}006957\ \mathrm{u})\,c^2 = -\,0{,}001380\ \mathrm{u} \cdot c^2 = -\,1{,}3$ MeV. Das stimmt überein mit dem obigen experimentellen Wert.

Eine Umwandlung kann auch zu einem angeregten Kern führen. Das ist z. B. der Fall, wenn α-Teilchen z.B. mit 5 MeV auf eine dünne Schicht des Elements Bor auftreffen. Verwendet man eine Borschicht mit einer solchen Dicke, daß die α-Teilchen gerade nicht mehr hindurch gehen, dann kann man auf der Rückseite der Borschicht Protonen mit zwei verschiedenen Geschwindigkeitsgruppen beobachten. Wie die nähere Untersuchung zeigt, wird dabei das Isotop $^{10}_{5}\mathrm{B}$ umgewandelt. Die Reaktionsgleichung lautet:

$$^{10}_{5}\mathrm{B} + {}^{4}_{2}\mathrm{He} \rightarrow {}^{13}_{6}\mathrm{C} + {}^{1}_{1}\mathrm{H} + Q_i \qquad (7\text{-}20)$$

Den beiden Reichweitengruppen entsprechen zwei Energietönungen Q_1 und Q_2. Es war zu vermuten, daß der Endkern $^{13}_{6}\mathrm{C}$ beim Aussenden eines Protons der hohen Energie im Grundzustand entsteht, dagegen beim Aussenden eines solchen mit kleinerer Energie in einem angeregten Zustand. Weiter war zu vermuten, daß der angeregte Kern anschließend unter Aussendung von γ-Strahlung in den Grundzustand übergeht. Dies war die Veranlassung für Bothe, nach einer („künstlich" ausgelösten) Kern-γ-Strahlung zu suchen (1929/30). Er fand γ-Strahlung beim Beschießen von Li, B, Be, F mit α-Teilchen. Zum ersten Nachweis dieser Strahlung diente ein Zählrohr (bzw. Spitzenzähler), zur Abschätzung der *Quantenenergie* dagegen die Anordnung Abb. 406. Mit dieser fand Bothe für die Quantenenergie bei $\mathrm{B} + \alpha \approx$ ≈ 3 MeV, bei $\mathrm{Li} + \alpha \approx 0{,}5$ MeV, bei $\mathrm{Be} + \alpha \approx 5$ MeV. Die letztere Strahlung stammt aus angeregtem $^{12}\mathrm{C}$ und besteht – wie man jetzt weiß – aus einheitlicher Strahlung der Quantenenergie von genau 4,44 MeV. Daß bei $\mathrm{Be} + \alpha$ außerdem auch Neutronen ausgesandt werden, wurde später von Chadwick entdeckt (7.3.3).

In vielen Büchern findet sich noch immer die irrige Behauptung, Bothe habe Neutronen beobachtet, sie aber für γ-Strahlen gehalten. Bothes Anordnung Abb. 406 spricht *ausschließlich* auf γ-Quanten an, sie ist vollkommen unempfindlich gegen die damals noch nicht entdeckten Neutronen. In Wirklichkeit erhielten andere Forscher, die beabsichtigten, Bothes Befunde nachzuprüfen, abweichende Ergebnisse, die von ihnen falsch gedeutet wurden. Sie arbeiteten nämlich mit einer Hochdruckionisationskammer als Nachweisinstrument, und diese sprach relativ schwach auf γ-Quanten, aber stark auf die damals noch unbekannten Neutronen an.

7.3.2. Koinzidenzverfahren

Aus der Gleichzeitigkeit von Zählerausschlägen kann man auf ursächlichen Zusammenhang der auslösenden Strahlung schließen und oft auch Aussagen über den Entstehungsvorgang der Strahlung daraus ableiten.

Ein ionisiertes Teilchen mit hoher kinetischer Energie ist bekanntlich imstande, eine Materieschicht zu durchdringen (7.1.3). Wenn das Teilchen vor und nach der Schicht ein dünnwandiges Zählrohr durchsetzt, erzeugt es in *beiden* Zählrohren einen Puls (einen „Ausschlag"), und zwar gleichzeitig; man sagt, die Ausschläge „koinzidieren" zeitlich. Mit Hilfe einer geeigneten elektronischen Schaltung kann man die Zählanordnung unempfindlich für „Einzelausschläge" machen und nur „*Koinzidenzen*" zählen.

Mit Hilfe von Koinzidenzen kann man auch nachweisen, daß zwei gleich- oder verschiedenartige Teilchen (oder Quanten) gleichzeitig auftreten, z. B. beim Compton-Effekt (6.3.2) Streuquant und Streuelektron (Bothe und Geiger 1924), oder bei einem Kernumwandlungsprozeß Proton und γ-Quant (Beispiel $^{13}_{6}$C-Kern unten), oder γ-γ in einer Kaskade (7.2.4, Abb. 401/2), oder β-γ-Koinzidenzen (7.2.4, Abb. 402). Man benützt auch Antikoinzidenzschaltungen. Sie unterdrücken die Teilchenanzeige, falls zwei bestimmte Zähler gleichzeitig ansprechen. Auch in der Hochenergiephysik (8.2) spielen Koinzidenz- und Antikoinzidenzschaltungen eine große Rolle. γ-Quant ist ein Ausdruck für Photon aus einem Atomkern.

Mit der in Abb. 406 wiedergegebenen Anordnung erhielt Bothe die am Ende von 7.3.1 angegebenen Quantenenergien. Durch die γ-Quanten werden am Blech Sekundärelektronen ausgelöst. Die Absorbierbarkeit dieser Sekundär-*Elektronen* wurde durch Einschieben von Absorberblechen (0,1 bis einige mm Al) *zwischen* die beiden Zählrohre gemessen und daraus auf die Quantenenergie der auslösenden γ-Strahlung geschlossen. (Näheres in der Legende der Abb. 406.)

Beim Prozeß Gl. (7-20) mit α-Teilchen von 5,3 MeV ergab sich $Q_1 = 3{,}1$ MeV, $Q_2 = 0{,}4$ MeV (diskrete Protonengruppen). Der $^{13}_{6}$C-Kern kann in angeregten Zuständen entstehen. Mit Umwandlungsprotonen der *kleineren* kinetischen Energie werden γ-Quanten koinzidierend ausgesandt, nicht aber mit denen der großen kinetischen Energie.

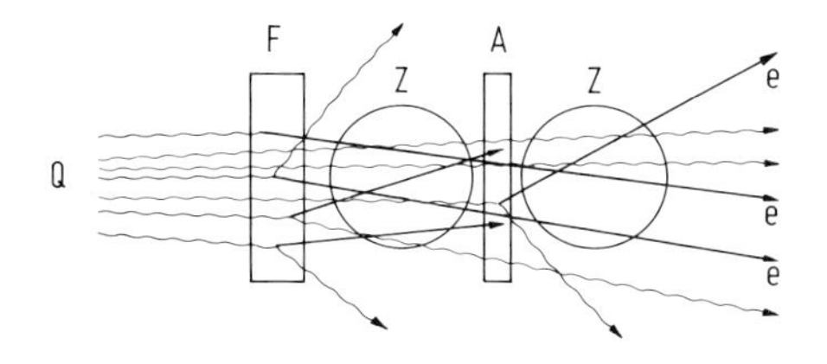

Abb. 406. Anordnung zur Abschätzung der Quantenenergie von γ-Strahlen. Q: Einfallende γ-Quanten, F: relativ dicke Schicht, in der die γ-Quanten durch Compton-Effekt (und Photoeffekt) Elektronen e^- auslösen. A: Absorber für Elektronen, Z: dünnwandige Zählrohre in Koinzidenzschaltung. Primär wird die kinetische Energie der in F in Vorwärtsrichtung ausgelösten Elektronen durch ihre Absorbierbarkeit in A (z. B. in Aluminium) abgeschätzt. Die Elektronenbahnen sind (schematisch) geradlinig gezeichnet. Die einfallenden γ-Quanten brauchen nicht parallel zu laufen. Eingezeichnet sind 4 Elektronen aus F. Davon bleiben 2 Comptonelektronen in A stecken, 1 Compton- und 1 Photoelektron durchsetzen *beide* Zählrohre. Elektronen aus A (eines gezeichnet) durchsetzen stets nur *ein* Zählrohr (keine Koinzidenz!). Diese Anordnung spricht *überhaupt nicht* auf Neutronen an. Nach H. Becker und W. Bothe, Z. Physik *76*, 421, 1932.

7.3.3. Nachweis und Eigenschaften des Neutrons

F/L 6.1

Das Neutron ist ein elektrisch ungeladenes Elementarteilchen mit der Massenzahl 1. Neutronen entstehen bei vielen Kernumwandlungsprozessen. Nur wenn sie mit Atomkernen zusammenstoßen, können sie nachgewiesen werden.

Für die Entwicklung der Kernphysik war Entdeckung und Verständnis des folgenden Umwandlungsprozesses außerordentlich wichtig:

$$^{9}_{4}\mathrm{Be} + ^{4}_{2}\mathrm{He} \rightarrow \overline{^{12}_{6}\mathrm{C}} + ^{1}_{0}\mathrm{n}; \ \overline{^{12}_{6}\mathrm{C}} \rightarrow ^{12}_{6}\mathrm{C} + \gamma \qquad (7\text{-}21)$$

Dabei bedeutet $\overline{^{12}_{6}\mathrm{C}}$ einen angeregten Zustand von $^{12}_{6}\mathrm{C}$. Im Regelfall hat er die Anregungsenergie 4,44 MeV, die niedrigste dieses Kerns. Die davon ausgehende γ-Strahlung wurde im vorangehenden Abschnitt besprochen. Die ausgeschleuderten Neutronen wurden 1932 von Chadwick mit Nebelkammer-Untersuchungen aufgefunden (Nature *129*, 312, 1932).

Neutronen sind elektrisch ungeladen; sie stoßen insbesondere aus der Elektronenhülle keine Elektronen heraus, verursachen also keine Stoßionisation. Neutronen selbst hinterlassen daher in der Nebelkammer keine Spur. Infolge ihrer elektrischen Ladungslosigkeit können sie ungehindert durch Materie laufen, bis sie einen Atomkern treffen.

Stößt jedoch ein (schnell bewegtes) Neutron auf den Kern eines Wasserstoffatoms, so wird dieser in Bewegung gesetzt und das Elektron abgerissen, falls sich der Kern (Proton) durch Materie bewegt. Da er elektrisch geladen ist, erzeugt er längs seiner Bahn durch Stoßionisation eine Kette von Ionen und Elektronen: In der Nebelkammer entsteht eine Nebelspur (vgl. dazu die vielen Spuren in Abb. 414).

Wenn ein schnelles Neutron auf einen anderen Kern stößt (z. B. auf einen Stickstoffkern), wird dieser samt dem hinreichend fest gebundenen Teil seiner Elektronenhülle in Bewegung gesetzt und erzeugt auch eine Nebelspur.

Auf diese indirekte Weise lassen sich Neutronen in der Nebelkammer oder in einer Ionisationskammer mit Wasserstoff-Füllung unter hohem Druck nachweisen.

In homogenen elektrischen und magnetischen Feldern sind Neutronen nicht ablenkbar. Daraus kann man schließen, daß sie elektrisch neutral sind, daher der Name Neutronen. Sie gehören gewissermaßen zu einem, im Periodensystem noch vor dem Wasserstoff einzuordnenden Element der Ordnungszahl $Z = 0$. Man kann sie durch das Symbol $^{1}_{0}\mathrm{n}$, kurz n, bezeichnen.

Neutronen mit nicht zu großer kinetischer Energie stoßen gegen einen Atomkern meist elastisch. Man beobachtet eine Impulsübertragung und Richtungsänderung wie beim elastischen Stoß von Stahlkugeln. Läßt man Neutronen

1. gegen Wasserstoffkerne,
2. gegen Kerne mit etwas größerer Masse, z. B. Stickstoffkerne

stoßen und bestimmt im Fall eines Vorwärtsstoßes (also beim zentralen Stoß) die Geschwindigkeit der gestoßenen Teilchen, so kann man aus Anwendung der Gleichungen (in 1.3.6.2) Masse und Geschwindigkeit des stoßenden Neutrons ableiten. Dabei wird als bekannt vorausgesetzt, daß der Wasserstoffkern die Masse $\approx 1 \cdot 1$ u, Stickstoff die Masse $\approx 14 \cdot 1$ u hat. Chadwick untersuchte die gestoßenen Teilchen in der Nebelkammer. Einmal war sie gefüllt mit Wasserstoff, einmal mit Stickstoff. Er fand 1932 auf diesem Weg für die Masse des Neutrons

$\approx$ 1,15 u. Dann bestimmte er die kinetische Energie der Neutronen aus ^{11}B (α, n) ^{14}N und konnte unter Heranziehen der genauen Massen von ^{11}B, ^{14}N, α für die Masse des Neutrons ableiten $m = 1{,}0067$ u. Neuere Messungen ergaben für das Neutron 1,008665 u. Andererseits hat das Proton 1,007276 u. Die Masse des ^{1}H-Atoms ist die Summe aus der Masse eines Protons und eines Elektrons (0,0005486 u), also $1{,}007824_6$ u.

Beispiel. Chadwick fand mit Neutronen, die beim Stoß von α-Teilchen aus ^{210}Po auf Be nach vorwärts ausgesandt worden waren, $v_H = 3{,}3 \cdot 10^7$ m/s, $v_N = 0{,}47 \cdot 10^7$ m/s. Diese Werte wurden aus der Luftreichweite (7.1.3) abgeleitet. Er hatte gefunden $R_H = 40$ cm, $R_N = 3{,}5$ mm. Sei M und V Masse und Geschwindigkeit der Neutronen, v_H, v_N die Geschwindigkeit der Rückstoßatome und m_H und m_N deren Massen, dann ist $v_H = (2\,M/(M + m_H)) \cdot V$; $v_N = (2\,M/(M + m_N)) \cdot V$. Einsetzen ergibt $(M + 14\text{ u}) : (M + 1\text{ u}) = 3{,}3 : 0{,}47$, also $M = 1{,}15$ u. Ferner ergibt sich $V = 3{,}3 \cdot 10^7$ m/s. Daraus folgt die kinetische Energie der Neutronen aus dieser Quelle

$$\frac{1}{2} M \cdot V^2 = \frac{1}{2} 1{,}67 \cdot 10^{-27}\ \text{kg} \cdot (3{,}3 \cdot 10^7\ \text{m/s})^2 = 5{,}7 \cdot 10^6\ \text{eV}.$$

Vorwärts-Neutronen von α + Be haben viel größere Geschwindigkeit als Rückwärtsneutronen. Man kann daraus die Schwerpunktsgeschwindigkeit entnehmen. Mit α-Strahlen aus ^{210}Po fand Chadwick:

Vorwärtsneutronen haben $v = 3{,}3 \cdot 10^7$ m/s; $W = 5{,}7 \cdot 10^6$ eV

Rückwärtsneutronen haben $v = 2{,}74 \cdot 10^7$ m/s; $W = 3{,}95 \cdot 10^6$ eV

(wiederum ermittelt aus der Reichweite der Rückstoßprotonen in Luft $R_H = 40$ cm bzw. 22 cm). Daraus folgt die Geschwindigkeit des Schwerpunktes zu $(3{,}3 - 2{,}74/2) \cdot 10^7$ m/s $= 0{,}28 \cdot 10^7$ m/s. J. Chadwick, Proc. Roy. Soc. London A *136*, 692, 1932.

Das Neutron hat eine um 0,14% größere Masse als das Proton. Das freie Neutron ist radioaktiv, es zerfällt unter Aussendung eines Elektrons und eines Antineutrino mit einer Halbwertzeit von $10{,}80 \pm 0{,}16$ Minuten, innerhalb des Kerns ist es stabil. Freie Neutronen entstehen nur durch Kernumwandlungsprozesse. Die allermeisten von ihnen lösen eine Kernreaktion aus, bevor sie Zeit haben, sich durch radioaktiven Zerfall in ein Proton, ein Elektron und ein Antineutrino zu verwandeln.

Das Neutron hat ebenso wie das Proton und wie das Elektron einen Kernspin (d. h. Eigendrehimpuls) $1/2 \cdot h/2\pi$. Das Neutron besitzt – wie man seit 1936/1939 weiß – ein magnetisches Moment vom Wert $-1{,}91298 \cdot \mu_N$, wobei (nach 7.4.1) das Kernmagneton $\mu_N = 6{,}33 \cdot 10^{-33}$ Wb · m ist. Das ist besonders deshalb bemerkenswert, weil das Neutron keine Ladung besitzt. Das negative Vorzeichen bedeutet, daß sein magnetisches Moment relativ zum Spinvektor entgegengesetzte Richtung hat, verglichen mit der des Protons (über das Vorzeichen vgl. 7.4.1).

Eine wirksame Neutronenquelle erhält man durch Mischen eines α-Strahlers, z. B. ^{239}Pu oder ^{226}Ra, oder ^{210}Pb (RaD) samt seinem Folgeprodukt Po, mit ^{9}Be. Dann wird der Umwandlungsprozeß Gl. (7-21) ausgelöst. Als Neutronenquelle wird oft benützt: Die Beschießung von Deuterium mit Deuteronen (vgl. 7.4.3) und die Uranspaltung im Reaktor (vgl. 7.4.4).

7.3.4. Eigenschaften der Kerne, Aufbau aus Protonen und Neutronen

Atomkerne sind aus Protonen und Neutronen zusammengesetzt, zwischen ihnen wirken spezifische anziehende Kernkräfte mit kurzer Reichweite (Kräfte der starken Wechselwirkung).

Experimentell hat man gefunden:
1. Das Atom hat einen Kern, der fast die gesamte Masse des Atoms enthält (7.1.2).
2. Die ungefähren Abmessungen des Kerns können abgeschätzt werden (7.1.7).
3. Die Massen von Kernen sind (bezogen auf m (^{12}C) = 12 u) nahezu ganzzahlig. Zu einer Ordnungszahl Z (zu einem chemischen Element) gibt es mehrere Kerne mit unterschiedlichen Massenzahlen A (Isotope). Auch findet man zur selben Massenzahl A Kerne mit unterschiedlichem Z (Isobare) (vgl. 6.2.1 und 2).
4. Die Kerne haben einen Eigendrehimpuls (Spin). Er kann ein ganzzahliges oder halbzahliges Vielfaches von $\hbar$ sein, oder er kann Null sein.
5. Alle Kerne, deren Kernspin verschieden von Null ist, haben ein magnetisches Moment in der Größenordnung von 0,1 bis zu einigen Kernmagnetonen (7.4.1).

Kernspin und magnetisches Moment machen sich z. B. in der Hyperfeinstruktur der Atomspektren (6.4.4) und bei der Aufspaltung von Atomstrahlen in inhomogenen Magnetfeldern (4.4.5.1) bemerkbar.

Auf Quadrupolmoment, Parität (und weitere Eigenschaften) der Kerne wird hier nicht eingegangen.

6. Es existiert das Neutron (7.3.3), ein elektrisch ungeladenes Teilchen mit der Masse ≈ 1 u, dem Spin $(1/2) \cdot \hbar$ und einem von Null verschiedenen magnetischen Moment (vgl. 7.4.1).
7. Atomkerne sind zerlegbar in Teile (7.2.1/2, spontaner radioaktiver Zerfall). Sie lassen sich umwandeln insbes. durch Beschießen mit schnellen Teilchen (7.3.1), langsamen Neutronen oder γ-Strahlen genügend hoher Quantenenergie. Dabei werden insbes. Protonen, Neutronen, α-Teilchen und andere ausgestoßen (7.4.1 bis 4).
8. Der Kern kann in einen angeregten Zustand gelangen (7.2.4 und 7.3.1).
9. Für Kerne mit kleinem Z ist $A \approx 2\,Z$ (Beispiel: $^{20}_{10}$Ne)
   Für Kerne mit großem Z ist $A > 2\,Z$ (Beispiel: $^{209}_{83}$Bi)
10. Die Masse eines Kerns ist kleiner als die Summe der Massen seiner Teile. Aus dem Massendefekt (6.3.2) kann man auf die Bindungsenergie des Kerns schließen.

Aus der Gesamtheit der experimentellen Tatsachen schloß Heisenberg (Z. Physik *77*, 1, 1932): Kerne sind zusammengesetzt aus Protonen und Neutronen. Ihre Ordnungszahl Z stimmt mit der Anzahl der Protonen im Kern überein, $N = A - Z$ ist die Anzahl der Neutronen im Kern. Es gibt im Kern keine Elektronen. Sowohl Protonen als auch Neutronen werden *Nukleonen* genannt.

Atome mit unterschiedlichem Kern nennt man unterschiedliche *Nuklide*.

Zwischen Protonen und Neutronen wirken spezifische anziehende Kernkräfte geringer Reichweite. Man nennt sie Kräfte der starken Wechselwirkung. Sie sind auf Entfernungen von Bruchteilen eines Kerndurchmessers viel stärker als die elektrostatischen Abstoßungskräfte zwischen Proton und Proton. Durch den Überschuß an Neutronen, die nur anziehende Kräfte ausüben, wird die Abstoßungskraft zwischen Protonen kompensiert. So besteht z.B. der $^{209}_{83}$Bi-Kern aus 83 Protonen und 116 Neutronen. Der Neutronenüberschuß beträgt 33 Neutronen.

Die Reichweite der anziehenden Kräfte beträgt etwa 1 bis 2 fm. Das ist wesentlich weniger als z. B. der Durchmesser des Urankerns, der zwischen 11 fm und 14,5 fm liegt. Nach unserer heutigen Kenntnis handelt es sich um Austauschkräfte.

Weitere experimentelle Tatsachen sind:

11. Man kann vier Arten von stabilen oder auch radioaktiven Nukliden unterscheiden:

    Kerne mit Z gerade, N gerade
    Kerne mit Z gerade, N ungerade
    Kerne mit Z ungerade, N gerade
    Kerne mit Z ungerade, N ungerade.

Kerne der ersten Art nennt man doppelt gerade Kerne, kurz gg-Kerne. Sie haben gerade Massenzahl A und den Kernspin Null und (vermutlich) $\mu = 0$. Kerne der zweiten und dritten Art nennt man ungerade Kerne, kurz gu- bzw. ug-Kerne. Sie haben ungerade Massenzahl, halbzahligen Kernspin und $\mu \neq 0$. Kerne der vierten Art nennt man doppelt ungerade Kerne, kurz uu-Kerne. Sie haben gerade Massenzahl, ganzzahligen Kernspin und $\mu \neq 0$.

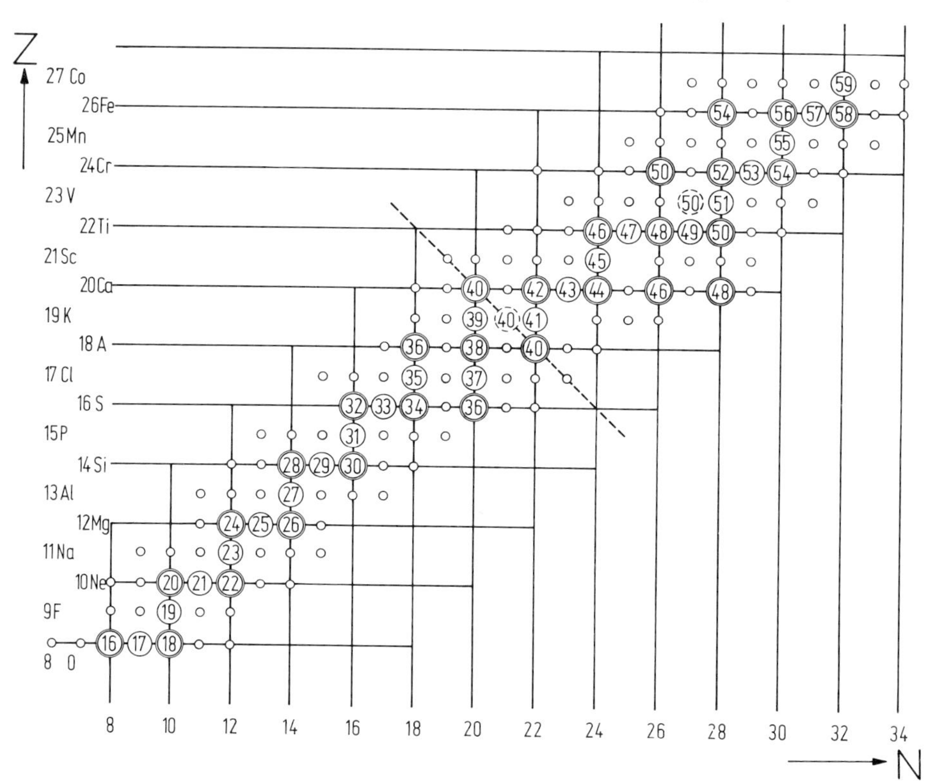

Abb. 407. Ausschnitt aus der Nuklidkarte. Gerade Anzahlen der Protonen und Neutronen sind durch Liniennetz hervorgehoben. Isobare liegen auf 45°-Linien (bei $A = 40$ eingezeichnet). Nuklide, die durch β^-- oder β^+-Zerfall auseinander hervorgehen, liegen auf den 45°-Linien der Isobaren. Doppelt umrandete Massenzahlen bedeuten stabile gg-Kerne, einfach umrandete stabile ug- und gu-Kerne, gestrichelt umrandete uu-Kerne. Kleine Kreise bezeichnen β^-- und β^+-Strahler. Rechts unterhalb der stabilen Kerne liegen bei der gewählten Auftragung β^--Strahler, links oberhalb β^+-Strahler.

12. Die stabilen Kernarten sind verschieden häufig:

Auf der Erde findet man 275 verschiedene Nuklide (Abb. 407). Klassifiziert man sie nach gg, gu und ug, uu-Kernen und untersucht ihre geochemische Häufigkeit und ihre Bindungsfestigkeit gegenüber (γ, n)- und (γ, p)-Prozessen sowie ihren Kernspin, so ergibt sich folgende Systematik:

Tabelle 52. Kerne mit geradem oder ungeradem Z und A.

Anzahl der Kernarten	geochemische Häufigkeit	Bindung	Kernspin in $\hbar$
gg 163	groß	sehr fest	Null
ug 57, gu 50 } 107	mittel	weniger fest	halbzahlig
uu 5	klein	schwach	ganzzahlig

Man sieht, daß es besonders viele verschiedene gg-Kerne gibt, daß sie besonders häufig und besonders fest gebunden sind.

Man kennt heute weit über 1000 radioaktive Kernarten. Die Einteilung in gerade, ungerade und doppelt ungerade Kerne kann auch auf die radioaktiven Kerne übertragen werden.

Beispiele. gg-Kerne sind z. B. die stabilen Kerne $^{4}_{2}$He, $^{16}_{8}$O, $^{40}_{20}$Ca usw., ferner die radioaktiven $^{14}_{6}$C, $^{226}_{86}$Ra, $^{238}_{92}$U usw.; gu- und ug-Kerne sind z. B. die stabilen $^{19}_{9}$F, $^{21}_{10}$Ne; auch das Proton und Neutron gehören dazu, ferner die radioaktiven $^{3}_{1}$H, $^{137}_{55}$Cs, $^{235}_{92}$U.

Bei den uu-Kernen gibt es nur die folgenden stabilen: $^{2}_{1}$H, $^{6}_{3}$Li, $^{10}_{5}$B, $^{14}_{7}$N. Zu diesem Typ gehören auch die radioaktiven Isotope $^{40}_{19}$K, $^{176}_{71}$Lu, die in der Natur vorkommen, ferner künstlich hergestellte Isotope wie $^{32}_{15}$P, $^{64}_{29}$Cu usw.

13. Kerne, bei denen Z oder N die folgenden Werte 2, 8, 20, (28,) 50, 126 („magische Zahlen“) hat, sind gegenüber den anderen ausgezeichnet.

Wenn Z (bzw. N) „magisch“ ist, gibt es mehr stabile Isotope (bzw. Isotone) als bei Kernen mit benachbarten Z und N (z. B. hat $_{50}$Sn zehn stabile Isotope), und diese Kerne sind geochemisch besonders häufig. Die Bindungsenergie des letzten Nukleons zeigt bei den magischen Werten von Z und N einen Sprung. Es gibt noch weitere Besonderheiten. Doppelt magisch sind z. B. $^{16}_{8}$O ($Z = 8$, $N = 8$) oder $^{208}_{82}$Pb ($Z = 82$, $N = 126$). Die Besonderheiten der Kerne mit magischen Z oder N kann auf der Grundlage des Schalenmodells der Atomkerne verstanden werden.

Aus der Systematik der obigen Tab. 52 und anderen Erfahrungen, die hier nicht besprochen werden, kann man weiter schließen:

In einem gg-Kern bilden sowohl Protonen als auch Neutronen jeweils Paare mit paarweiser Absättigung (siehe unten) des Spins. Das ergibt den Kernspin Null.

In gu- und ug-Kernen bilden sich in gleicher Weise Paare, jedoch bleibt ein unpaariges Nukleon übrig. Da es eine halbzahlige Spinquantenzahl hat und da der Bahndrehimpuls nur ganzzahlige Quantenzahl (oder auch 0) haben kann, ist die Quantenzahl des Gesamtdrehimpulses des Kerns halbzahlig.

In uu-Kernen gibt es sowohl ein unpaariges Proton als auch ein unpaariges Neutron. Der Gesamtdrehimpuls I des Kerns ist die Vektorsumme der halbzahligen Gesamtdrehimpulse der unpaarigen Nukleonen und somit ganzzahlig (z. B. $5/2 - 3/2 \leq I \leq (5/2 + 3/2)$).

Die paarweise Spinabsättigung bedeutet folgendes: Die Nukleonen haben Spin und magnetisches Moment. In einem Magnetfeld kann das magnetische Moment (und damit auch der Spin) entweder in Richtung des Magnetfeldes oder entgegen zur Richtung des Magnetfeldes ausgerichtet sein. Man sagt dafür kurz „Spin nach oben" oder „Spin nach unten". Zwei Teilchen mit entgegengesetztem Spin werden durch die kurzreichweitige Kernkraft-Wechselwirkung antiparallel aneinander gebunden. Man sagt „der Spin ist abgesättigt". Das System, das aus beiden aneinander gebundenen Teilchen besteht, hat den Spin 0. Solche Paare befolgen dann die Bose-Statistik. Daher können auf einen energetisch niedrigen Zustand mehrere Paare gleichzeitig kommen. Daraus ergibt sich, daß die gg-Kerne am festesten gebunden sind.

Auch bei Elektronen gibt es solche Paare mit abgesättigtem Spin. Diese Elektronenpaare (Cooper-Paare) spielen bei der Supraleitung die maßgebende Rolle.

Protonen und Neutronen können sich im Innern des Kerns bewegen, insbesondere um den gemeinsamen Schwerpunkt oder den Schwerpunkt des Kerns. Sie können zusätzlich zu ihrem Eigendrehimpuls $(1/2) \cdot \hbar$ noch einen Bahndrehimpuls vom Betrag $l \cdot \hbar$ besitzen mit $l = 0, 1, 2, \ldots$

Wegen der Gültigkeit des Pauliprinzips können bewegte Nukleonen nicht in einen der bereits besetzten Zustände mit geringerer kinetischer Energie gelangen, sie können daher keine Energie verlieren und können sich ungehindert bewegen.

Die Kernbestandteile können sich in sehr verschiedenen Konfigurationen befinden. Dem entspricht ein unterschiedlicher Energieinhalt des Kerns. Die Energieinhalte werden – ähnlich wie in der Elektronenhülle – in einem Termschema durch Niveaus (Anregungsniveaus) beschrieben. Auch die Niveaus der Kerne lassen sich durch Quantenzahlen unterscheiden und kennzeichnen. Beim Übergang zwischen den Niveaus werden γ-Quanten, also Photonen mit diskreten Quantenenergien ausgesandt (oder absorbiert).

7.3.5. Langsame Neutronen, Messung ihrer Geschwindigkeit

Schnelle Neutronen können durch elastische Stöße gegen Kerne, vor allem solche mit kleiner Massenzahl, verlangsamt werden. Die Geschwindigkeit von Neutronen kann bestimmt werden aus Laufzeitmessung, bei langsamen Neutronen auch über Bragg-Reflexion an Kristallen.

Bei Kernreaktionen, insbesondere auch im Uranreaktor, entstehen Neutronen mit kinetischen Energien von einigen MeV. Läßt man sie durch Materie gehen, dann setzen sie durch elastische Stöße andere Atomkerne in Bewegung und verlieren dabei jeweils einen Bruchteil ihrer kinetischen Energie.

Sollen Neutronen verlangsamt werden, so läßt man sie durch wasserstoffhaltige Materie gehen. Wenn man von dem geringen Unterschied der Masse von Proton und Neutron absieht, gilt: Beim zentralen Stoß gegen ein Proton (Massenzahl $A_r = 1$) wird die gesamte kinetische Energie W_0 und der gesamte Impuls des Neutrons (Massenzahl $A_r = 1$) auf das Proton übertragen, wie beim Stoß zweier Billardkugeln. Bei einem zentralen Stoß gegen einen Kern größerer Masse (Massenzahl A_r) ist der auf den gestoßenen Kern übertragene Energiebruchteil $W_0 \, [1 - \{(A_r - 1)/(A_r + 1)\}^2]$.

Die meisten Zusammenstöße erfolgen aber nicht zentral. Im Durchschnitt erhält der gestoßene Kern die Hälfte dieser Energie, wie man zeigen kann.

Läßt man Neutronen auf Substanzen fallen mit kleinen Massenzahlen (z. B. Wasser, D_2O, Paraffin, Kohlenstoff und dergleichen), so werden sie zu „langsamen" Neutronen und kommen schließlich ins thermische Gleichgewicht mit den Atomen der „Bremssubstanz". Dadurch werden sie „thermische Neutronen" und haben dann dieselbe Geschwindigkeitsverteilung (3.4.8) wie ein ideales Gas mit dem Atomgewicht 1 und der Temperatur der Bremssubstanz. Hinter einer hinreichend dicken Schicht aus Wasser, Paraffin, Graphit treten also thermische Neutronen aus.

Ihre Geschwindigkeit und Geschwindigkeitsverteilung läßt sich mit folgenden zwei Methoden messen:

1. Laufzeitmessung an gepulsten Neutronenquellen,
2. Neutronenbeugung an Kristallen.

Zu 1. Gegeben seien zwei zueinander parallele Scheiben aus einem für thermische Neutronen undurchlässigen Material (z. B. 0,5 mm Cd) mit regelmäßig angeordneten Schlitzen (Abb. 408).

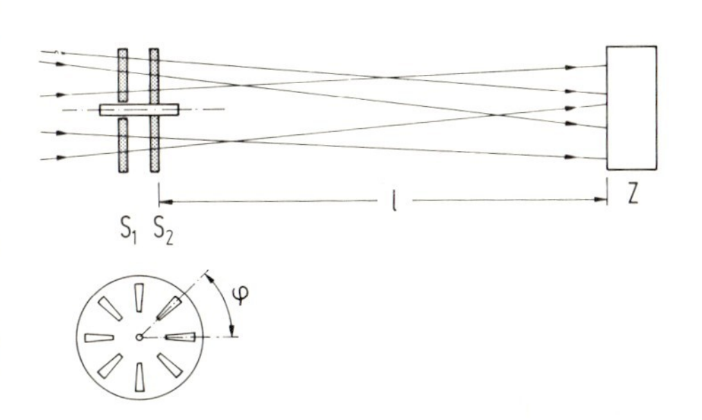

Abb. 408. Prinzip einer Laufzeitanordnung für thermische Neutronen. S_1 und S_2 sind zwei gleichartige Scheiben (aus neutronenabsorbierendem Material) mit regelmäßig angeordneten Schlitzen. S_1 ruht, S_2 rotiert mit konstanter Winkelgeschwindigkeit ω. Es entstehen Neutronenblitze mit dem Zeitabstand φ/ω. Neutronen unterschiedlicher Geschwindigkeit v_i durchlaufen die Strecke l zum Zähler Z in unterschiedlichen Zeiten t_i. Dann ist $v_i = l/t_i$ die Geschwindigkeit des jeweils nachgewiesenen Neutrons. (Die einfallenden Neutronen brauchen nicht parallel zu laufen).

Die eine der Scheiben soll ruhen, die andere sich drehen. Diese Anordnung läßt jeweils nur für ein kurzes Zeitintervall Neutronen hindurchtreten („Chopper"), wenn nämlich Schlitz auf Schlitz fällt. Dadurch wird ein kontinuierlicher Neutronenstrom (z. B. aus einem Reaktor) zu einem gepulsten. Man kann in einem Abstand l von den Scheiben einen Neutronenzähler (vgl. unten) aufstellen und den Zeitabstand t zwischen Öffnungszeit der Scheibenanordnung und Eintreffzeit der Neutronen am Zähler messen. l/t ergibt die Geschwindigkeit v der langsamen Neutronen.

Beispiel. Die Bremssubstanz befinde sich auf Zimmertemperatur (293 K). Die häufigste Geschwindigkeit ist (wenn m die Masse eines Teilchens der Massenzahl 1 bedeutet) $v_h = \sqrt{2\,k\,T/m} = 2200$ m/s, die zugehörige kinetische Energie ist 0,025 eV.
Neutronen mit 0,025 eV legen in 1 ms 2,2 m zurück,
Neutronen mit 2,5 eV legen in 1 ms 22 m zurück,
Neutronen mit 2,5 MeV legen in 1 μs 22 m zurück.

Zu 2. Man kann aus dem Geschwindigkeitsgemisch thermischer Neutronen, das z. B. aus einem Reaktor austritt, Neutronen einer bestimmten kinetischen Energie (besser eines bestimmten Impulses) für Meßzwecke aussondern, indem man ein gut ausgeblendetes Bündel langsamer

Neutronen auf einen geeigneten Kristall, z. B. LiF, fallen läßt. Man erhält durch Bragg-Reflexion in 1. Beugungsordnung nur Neutronen mit einer bestimmten de-Broglie-Wellenlänge

$$\lambda_{\text{d.B.}} = 2\,d \cdot \sin\vartheta, \qquad (7\text{-}22)$$

wobei

$$\lambda_{\text{d.B.}} = \frac{h}{mv} \quad \text{ist.}$$

Beispiel. LiF hat ein kubisches Gitter. Bei Bragg-Reflexion in der (1 1 1)-Ebene beträgt $d = 2{,}32$ Å $= 2{,}32 \cdot 10^{-10}$ m. Unter dem Glanzwinkel

$\vartheta = 3{,}5°$ erhält man Neutronen mit $\lambda_{\text{d.B.}} = 0{,}287$ Å, sie haben die Energie 1 eV
$\vartheta = 0{,}35°$ Neutronen mit $\lambda_{\text{d.B.}} = 0{,}028$ Å, sie haben die Energie 100 eV

Stößt das Neutron elastisch mit einem Kern großer Masse zusammen (z. B. mit einem Bleikern), dann verliert es dabei nur einen geringen Bruchteil seiner kinetischen Energie (vgl. oben).

Thermische Neutronen, oder auch solche, deren W_{kin} einige MeV beträgt, sind daher in der Lage, dicke Bleischichten (z. B. mit 1 m Dicke und mehr), wenn auch geschwächt, zu durchdringen.

7.3.6. Wirkungsquerschnitt (WQ)

Wenn durch Kernprozesse Teilchen aus einem Strahl entfernt werden, kann die Schwächung des Strahls quantitativ beschrieben werden entweder durch einen Absorptionskoeffizienten, oder durch einen Wirkungsquerschnitt (WQ). Der totale WQ ist die Summe der WQ der einzelnen beteiligten Prozesse.

Aus einer Neutronenquelle treten (schnelle) Neutronen im Regelfall nach allen Seiten aus. Dicke neutronenabsorbierende und reflektierende Materieschichten hindern die Neutronen am Austritt (Reaktor mit Abschirmung). Durch einen materiefreien Kanal, der ins Innere der Abschirmung führt, kann man Neutronen als nahezu paralleles Bündel austreten lassen und die Eigenschaften der Neutronen bzw. ihre Wechselwirkung mit anderen Stoffen untersuchen.

Ein so hergestelltes Neutronenbündel falle auf eine dünne Schicht eines Stoffes. Wenn ein Neutron auf einen Atomkern in diesem Stoff trifft, kann es gestreut werden, d. h. es verläßt das Parallelbündel unter einem Winkel, oder es kann absorbiert werden, d. h. es verläßt die Schicht nicht mehr, oder es bewirkt eine Kernumwandlung unter Aussendung eines oder mehrerer anderer Teilchen.

Unter der Teilchenstromdichte I eines Teilchenbündels versteht man Teilchenzahl/(Zeit · Querschnitt). Die Teilchenstromdichte I kann man auch ausdrücken durch $n \cdot v$, wo v die Geschwindigkeit der Teilchen und n ihre Volumendichte im Strahl ist. Dann ist $I = n \cdot v$. In einem absorbierenden Stoff nimmt I mit zunehmender Eindringtiefe dx ab nach dem Gesetz

$$-\frac{\mathrm{d}I}{I} = k \cdot \mathrm{d}x \qquad (7\text{-}23)$$

k heißt Absorptionskonstante.

Bei dieser Überlegung ist vorausgesetzt, daß ein Teilchen aus dem Bündel herausgestreut oder absorbiert wird. Diese einschränkende Voraussetzung entfällt, wenn man diesen Tatbestand folgendermaßen ausdrückt: Man ordnet jedem Atomkern in einer absorbierenden Schicht eine Querschnittsfläche σ zu von der Eigenschaft, daß jedes (punktförmig gedachte) Neutron, das auf diese Querschnittsfläche fällt, absorbiert wird („Wirkungsquerschnitt", abgekürzt WQ). Diesen Querschnitt nennt man den Absorptionsquerschnitt des Atomkerns (WQ für Absorption)*). Dann liegen die Verhältnisse wie in Abb. 409 vor, und es ist

$$-\frac{\mathrm{d}I}{I} = \frac{\text{Summe der Querschnittsflächen der Atomkerne}}{\text{Querschnitt des Bündels}}$$

Die Summe der Querschnittsflächen aller Atomkerne einer Schicht, die innerhalb des Strahlquerschnitts A liegen, ist $\sigma \cdot N \cdot A \cdot \mathrm{d}x$, wo N die Anzahl der Atomkerne/Volumen und $A \cdot \mathrm{d}x$ das Volumen der durchstrahlten Schicht der Dicke $\mathrm{d}x$ ist. Dann gilt

$$-\frac{\mathrm{d}I}{I} = \frac{\sigma \cdot N \cdot A \cdot \mathrm{d}x}{A} = k \cdot \mathrm{d}x, \qquad \text{also} \qquad k = \sigma \cdot N$$

und

$$-\mathrm{d}I = (n \cdot v) \cdot \sigma \cdot N \cdot \mathrm{d}x \tag{7-23a}$$

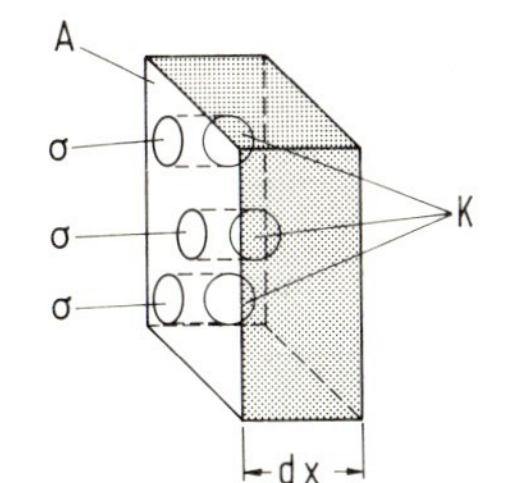

Abb. 409. Zum Wirkungsquerschnitt. Gegeben sei eine Schicht der Dicke dx, welche Atomkerne K enthält (als Kugeln eingezeichnet). Die Schicht wird von Teilchen getroffen, die von links, senkrecht zur Querschnittsfläche A einfallen. Jedem Atomkern K wird der Querschnitt σ zugeordnet.

Bei dickeren Schichten muß die integrierte Gleichung

$$I = I_0 \cdot \mathrm{e}^{-kx} = I_0 \cdot \mathrm{e}^{-\sigma N x} \tag{7-23b}$$

verwendet werden. N ergibt sich aus folgender Überlegung:

$$N = \frac{\varrho \cdot N_\mathrm{A}}{A \cdot 1\,\mathrm{g}},$$

denn

$$\varrho = \frac{\text{Masse}}{\text{Volumen}}$$

und das Verhältnis

$$\frac{\text{Teilchenzahl im Mol}}{\text{Masse eines Mols}} = \frac{N_\mathrm{A}}{A \cdot 1\,\mathrm{g}}.$$

* Solche Wirkungsquerschnitte wurden bisher oft in 1 barn = 1 b = 10^{-24} cm^2 angegeben. 1 b = = 100 fm^2 = 10^{-4} pm^2.

Ähnlich wie bei Röntgenstrahlen kann man anstelle der Absorptionskonstante k und der Schichtdicke $\mathrm{d}x$ auch einführen $(k/\varrho) \cdot \varrho\,\mathrm{d}x$. Man nennt k/ϱ den Massenabsorptionskoeffizienten und $\varrho \cdot \mathrm{d}x$ = Flächendichte der Masse = Masse/Querschnitt.

Beispiel. Ein Neutronenstrahl mit 10^{10} Neutronen/(s · cm²) und der kinetischen Energie 0,1 eV ($v =$ = 4400 m/s) fällt auf eine Indiumfolie ($\varrho = 7{,}3$ g/cm³, $A_r = 115$). Sie habe die Flächendichte der Masse

$$\varrho \cdot \mathrm{d}x = 0{,}5 \text{ g/cm}^2\text{; also } \mathrm{d}x = \frac{1 \text{ cm}^3}{7{,}3 \text{ g}} \cdot \frac{0{,}5 \text{ g}}{\text{cm}^2} = \frac{0{,}5}{7{,}3} \text{ cm} = 0{,}0685 \text{ cm}$$

Durch die Folie gehen 75% hindurch. Dann ist $k = 0{,}416 \text{ cm}^{-1}$.

$$N = \frac{\varrho \cdot N_A}{A_r \cdot 1 \text{ g}} = \frac{7{,}3 \text{ g/cm}^3 \cdot 6{,}02 \cdot 10^{23}}{115 \cdot 1 \text{ g}} = 0{,}382 \cdot 10^{23} \text{ cm}^{-3}$$

$$\sigma = \frac{k}{N} = \frac{4{,}16 \text{ cm}^{-1}}{0{,}382 \cdot 10^{23} \text{ cm}^{-3}} = 109 \cdot 10^{-24} \text{ cm}^2 = 109 \text{ b} = 10900 \text{ fm}^2$$

Man kann die eben eingeführten Begriffe $k = \sigma \cdot N$ und σ auch übertragen auf die Streuung von Teilchen, auf die Absorption von anderen (z. B. geladenen) Teilchenstrahlen, oder auf die Absorption von Photonen. Wenn Neutronen aus dem Strahl entfernt werden, kann man setzen (zur Schreibweise vgl. Seite 582):

$$\sigma_{\text{tot}} = \sigma_{\text{n},\gamma} + \sigma_{\text{n,p}} + \sigma_{\text{n,n}'} + \ldots \tag{7-24}$$

Man führt also einen totalen WQ ein, der sich additiv zusammensetzt aus den partiellen WQ für die einzelnen Wechselwirkungsprozesse.

Der Wirkungsquerschnitt eines Atomkerns gegenüber elastischer Streuung von Neutronen (n, n-Prozeß) hängt nur von den Kräften der starken Wechselwirkung, den spezifischen Kernkräften, ab. Er wird nicht beeinflußt durch elektrostatische Abstoßungskräfte, wie sie z. B. bei der Streuung von α-Teilchen an Atomkernen wirksam sind. Daher kann man den Wirkungsquerschnitt der Neutronenstreuung für schnelle Neutronen (14 MeV) als Querschnitt des Kerns betrachten und daraus einen Kernradius r_K definieren. Die folgende Tabelle enthält einige gemessene totale Wirkungsquerschnitte für Neutronen mit der kinetischen Energie 10 MeV. Sie sind natürlich größer als die Streuquerschnitte. σ wurde $= 2 \cdot r_K{}^2 \cdot \pi$ gesetzt, um die hier nicht besprochene Beugung am Kern zu berücksichtigen. Dadurch werden die Wirkungsquerschnitte nämlich ungefähr 1–3mal größer als nach der in 7.1.1 angegebenen Interpolationsformel.

Tabelle 53. Kernquerschnitt (-radius) für Neutronen von 10 MeV.

	$^1_1$H	$^{12}_6$C	$^{52}_{24}$Cr	$^{238}_{92}$U
σ_{tot} in barn	0,94	1,17	2,94	5,60
r_K in fm	3,85	4,3	6,82	9,4

Bei vielen Prozessen (z. B. Streuung) hängt die Zahl der auslaufenden Teilchen von der Beobachtungsrichtung ϑ und von dem erfaßten Raumwinkelbereich $\mathrm{d}\Omega$ ab, vgl. Abb. 410. Deshalb führt man den differentiellen Wirkungsquerschnitt $\mathrm{d}\sigma/\mathrm{d}\Omega$ ein. Dieser kann vom Streuwinkel ϑ abhängen und, falls polarisierte Teilchen einfallen, auch vom Azimutwinkel φ. Dabei gilt

$$\sigma_{\text{tot}} = \int \frac{\mathrm{d}\sigma}{\mathrm{d}\Omega} \cdot \mathrm{d}\Omega \tag{7-25}$$

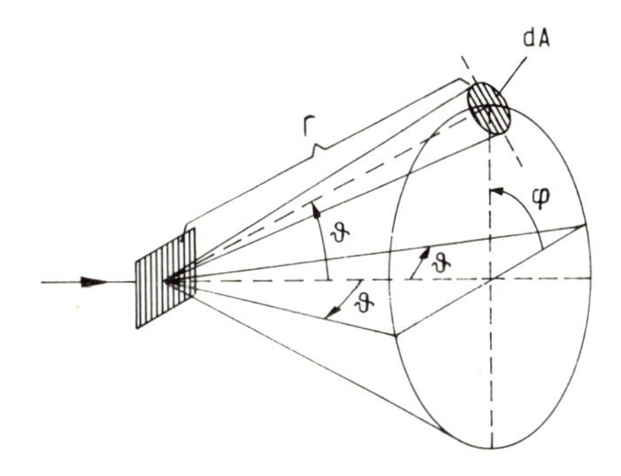

Abb. 410. Zum differentiellen Wirkungsquerschnitt. ϑ: Streuwinkel, φ: Azimutwinkel, ϑ und φ bestimmen zusammen die Beobachtungsrichtung, $\mathrm{d}A$ ($\perp r$): Fläche der Blendenöffnung vor dem Teilchenzähler, $\mathrm{d}A/r^2 = \mathrm{d}\Omega$ ist der vom Teilchenzähler erfaßte Raumwinkelbereich.

Bemerkung. Der Wirkungsquerschnitt für Coulomb-Streuung an Kernen (7.1.1) wird unendlich, falls auch eine Ablenkung um die kleinsten Streuwinkel (beim Vorbeifliegen eines Teilchens in großer Entfernung vom Kern) als Streuvorgang gewertet wird. Bei der Coulomb-Streuung ist es daher nur sinnvoll, Wirkungsquerschnitte für Streuung um Winkel größer als ein vorgegebener Winkel ϑ', z.B. 5° oder 10°, anzugeben.

Beispiel. Der Wirkungsquerschnitt für die Streuung von α-Teilchen mit 5 MeV an Kernen von Gold unter Winkeln $>90°$ beträgt 16,2 b = 1620 fm^2.

7.4. Spezielle Kernprozesse, Kernspaltung

Es gibt viele Typen der Kernumwandlung. Besonderes Interesse verdienen Umwandlungsprozesse durch langsame Neutronen. Dazu gehört insbesondere die Kernspaltung von Kernen wie Uran. Bei dieser ergab sich die Möglichkeit, Energie aus Kernen technisch auszunützen, allerdings auch die Möglichkeit, Atombomben zu bauen. Auch bei solchen Kernprozessen gelten die aus der Mechanik bekannten Erhaltungsgesetze für Impuls, Energie, Drehimpuls.

7.4.1. Kernumwandlungsprozesse allgemein

Information über Eigenschaften des Kerns erhält man aus Streu- und Umwandlungsreaktionen. Die dabei bevorzugt auftretenden Teilchen unterscheiden sich in Ladung, Spin und magnetischem Moment.

Wenn Teilchen (Protonen, Neutronen, Ionen, Schwerionen) mit hoher kinetischer Energie auf einen anderen Atomkern treffen, kann entweder ein elastischer Stoß oder ein unelastischer Stoß oder eine Kernumwandlung eintreten, und zwar nach einem unter verschiedenen möglichen Typen.

Beim *elastischen* Stoß wird das einlaufende Teilchen lediglich aus der Richtung abgelenkt und der nach den Stoßgesetzen notwendige Teil des Linearimpulses auf den gestoßenen Kern übertragen. Der Stoß heißt elastisch, wenn die kinetische Energie des Gesamtsystems erhalten bleibt (wie in 1.3.6.2 Stoß).

Beim *unelastischen* Stoß bleibt nur der Impuls erhalten, aber ein Bruchteil der kinetischen Energie wird zu einer Anregung des gestoßenen Kerns verwendet.

Bei einer *Kernumwandlung* dringt (in der Regel) das stoßende Teilchen in den gestoßenen Kern ein. Dieser wird hoch angeregt und sendet mit sehr kurzer Halbwertzeit (z. B. $\approx 10^{-20}$ s) ein oder mehrere Teilchen aus. Wenn diese Zeitdauer größer ist als die Zeitdauer, die das stoßende Teilchen benötigen würde, um den Durchmesser des gestoßenen Kerns zu durchfliegen (vgl. Beispiel unten), dann sagt man, es sei ein *Zwischenkern* (compound nucleus) gebildet worden. Wenn diese Zeitdauern dagegen ungefähr gleich sind („vergleichbar") und nach dem Eintritt des stoßenden Teilchens sofort ein anderer Kernbestandteil ausgesandt wird, spricht man von einem *direkten Prozeß*. Der bei einer Kernumwandlung entstehende Kern kann entweder stabil oder radioaktiv sein.

Beispiel. Ein Neutron mit 2,5 eV legt 15 fm (ungefähr Durchmesser des U-Kerns) in $0{,}7 \cdot 10^{-12}$ s zurück, ein solches mit 2,5 MeV in $0{,}7 \cdot 10^{-15}$ s.

Durch Beobachtung und Analyse der besprochenen Prozesse erhält man Informationen über die Vorgänge im Kerninneren. Der Informationsgehalt steckt bei der elastischen und unelastischen Streuung in der Winkelverteilung des gestreuten Teilchens, in seinem Impuls und in seiner kinetischen Energie nach der Streuung. Ferner im Impuls, der kinetischen Energie und der Anregungsenergie des gestoßenen Kerns und u. U. auch im Polarisationszustand des einfallenden Teilchens, des Targetkerns, des auslaufenden Teilchens und des entstandenen Kerns.

Für Kernreaktionen – wie Gl. (7-20) – wird heute meist eine abgekürzte Schreibweise verwendet:

$$A\ (b,\ c)\ D$$

Vor der Klammer steht der Ausgangskern (Targetkern), nach der Klammer der Endkern. In der Klammer steht an erster Stelle das einlaufende, an zweiter Stelle das auslaufende Teilchen. Diese Schreibweise erleichtert die Übersicht über die häufigsten Umwandlungstypen.

Bei vielen Prozessen treten als ein- und auslaufendes Teilchen die folgenden auf:

$${}^1_0\mathrm{n} \quad {}^1_1\mathrm{H} \quad {}^2_1\mathrm{H} \quad {}^3_1\mathrm{H} \quad {}^3_2\mathrm{He} \quad {}^4_2\mathrm{He} \quad \gamma\text{-Quant (Photon)}$$

Dafür schreibt man kürzer

$$\mathrm{n} \quad \mathrm{p} \quad \mathrm{d} \quad \mathrm{t} \quad \mathrm{h} \quad \alpha \quad \gamma$$

Den Kern des gewöhnlichen (leichten) Wasserstoffs ^{1}H nennt man Proton, den des schweren Wasserstoffs ^{2}H (auch Deuterium ^{2}D genannt) Deuteron, den des überschweren Wasserstoffs ^{3}H (auch Tritium ^{3}T genannt) Triton, den des He-Isotops der Massenzahl 3 Helion, den des gewöhnlichen He α-Teilchen. Dann schreibt sich der Prozeß Gl. (7-20)

$${}^{10}_{5}\mathrm{B}\ (\alpha,\ \mathrm{p})\ {}^{13}_{6}\mathrm{C}$$

n, p, t, h haben alle den Kernspin (1/2) $\hbar$, sie haben außerdem ein (unterschiedliches) magnetisches Moment, vgl. die folgende Tab. 54. Beim Proton hat es positives Vorzeichen, d. h. es ist so gerichtet, wie wenn eine positiv geladene Massenverteilung rotiert (zu Vorzeichen vgl. 4.4.3.5). Dagegen hat das α-Teilchen den Kernspin Null und kein magnetisches Moment.

(Zum Neutron vgl. 7.3.3. Über magnetisches Moment des Elektrons, siehe 7.1.6.)

Tabelle 54. Spin und magnetisches Moment von Kernen mit $A \leq 4$.

Teilchen	n	p	d	t	h	α
Ladung in e	0	1	1	1	2	2
Spin in $\hbar$	1/2	1/2	1	1/2	1/2	0
magn. Moment in μ_N	−1,91	+2,79	+0,86	+2,98	−2,13	0

Hierin wird $\mu_N = \mu_B/1836 = 6{,}33 \cdot 10^{-33}$ Wb · m als Kernmagneton (1 KM) bezeichnet. μ_B ist das Bohrsche Magneton (7.1.6). Von manchen Physikern wird auch $\mu_N/\mu_0 = 5{,}05 \cdot 10^{-27}$ A · · m² verwendet und Vielfache davon. (Beachte: μ_0 ist die magnetische Feldkonstante (4.4.2.7), nicht etwa ein magnetisches Moment.)

7.4.2. Kernumwandlungsprozesse mit langsamen Neutronen

Thermische Neutronen werden in vielen Stoffen mit hohem WQ absorbiert, (n, γ)-Prozeß. Es gibt außerdem schmale Resonanzabsorptionsgebiete.

Neutronen werden bei der Annäherung an einen Kern nicht durch das elektrische Feld des Kerns beeinflußt. Erst wenn sie sich ungefähr bis auf den Kernradius genähert haben, werden sie durch die Kräfte der starken Wechselwirkung beeinflußt.

Langsame, insbesondere thermische Neutronen werden von vielen Kernen mit großem Wirkungsquerschnitt eingefangen. Dabei wird Bindungsenergie frei, und es entsteht jeweils ein angeregter Kern, der „prompt" γ-Strahlung aussendet, (n, γ)-Prozeß. Dabei können stabile oder radioaktive Kerne entstehen.

Beispiel. Der (n, γ)-Prozeß führt zu einem stabilen Endkern bei $^1_1$H(n, γ)$^2_1$H oder bei $^{113}_{48}$Cd(n, γ)$^{114}_{48}$Cd. Zu einem radioaktiven Endkern führen die (n, γ)-Prozesse bei In, Ag, Rh, Au usw. Die Bindungs-(Anregungs-)energie beträgt bei H(n, γ) 2,24 MeV, die ausgesandte γ-Strahlung hat $h\nu = 2{,}24$ MeV. Bei Kernen mit $Z > 12$ werden etwa 7,5 bis 8,5 MeV beim (n, γ)-Prozeß frei.

Der Wirkungsquerschnitt hängt in charakteristischer Weise von der kinetischen Energie der Neutronen ab. Meßergebnisse für B + n zeigt Abb. 411. Der WQ ist in diesem Fall proportional $1/v$, wo v die Geschwindigkeit des einlaufenden Neutrons ist. Diese Abhängigkeit von $1/v$ versteht man wie folgt:

Wenn ein Neutron nahe dem Kern vorbeifliegt, befindet es sich auf einer Strecke Δs in Reichweite der Kernkräfte und durchläuft diese Strecke in der Zeit Δt. Dabei ist $\Delta s/\Delta t = v$. Nur während der Zeit $\Delta t = \Delta s/v$ kann Wechselwirkung mit dem Kern eintreten. Daher ist der Wirkungsquerschnitt proportional $1/v$.

Neutronen lösen in B den Prozeß $^{10}_5$B (n, α) $^7_3$Li aus. Die α-Teilchen aus diesem Prozeß können zum Nachweis vor allem langsamer Neutronen verwendet werden (Bortrifluorid-Zählrohr). Man kann Gründe dafür angeben, daß dieser Prozeß – außer über die Aufenthaltsdauer Δt des Neutrons in Kernnähe – nicht von der Energie des Neutrons abhängt.

Anders ist es bei vielen Einfangprozessen. Abb. 412 zeigt das Meßergebnis für In (n, γ). Der Wirkungsquerschnitt nimmt proportional $1/v$ ab, jedoch ist ein schmales „Resonanzgebiet" mit Maximum bei 1,44 eV aufgelagert. Solche Resonanzgebiete treten bei vielen (n, γ)-Prozessen auf und sind eine auffällige Erscheinung. Jedes dieser Gebiete ist durch

3 Größen gekennzeichnet: durch diejenige Neutronenenergie W_0, bei der das Maximum auftritt, durch den maximalen Wert des WQ und durch die Halbwertbreite Γ der Resonanz. Dabei wird der größte Teil der Neutronen absorbiert und nur ein kleiner Teil gestreut. Bei

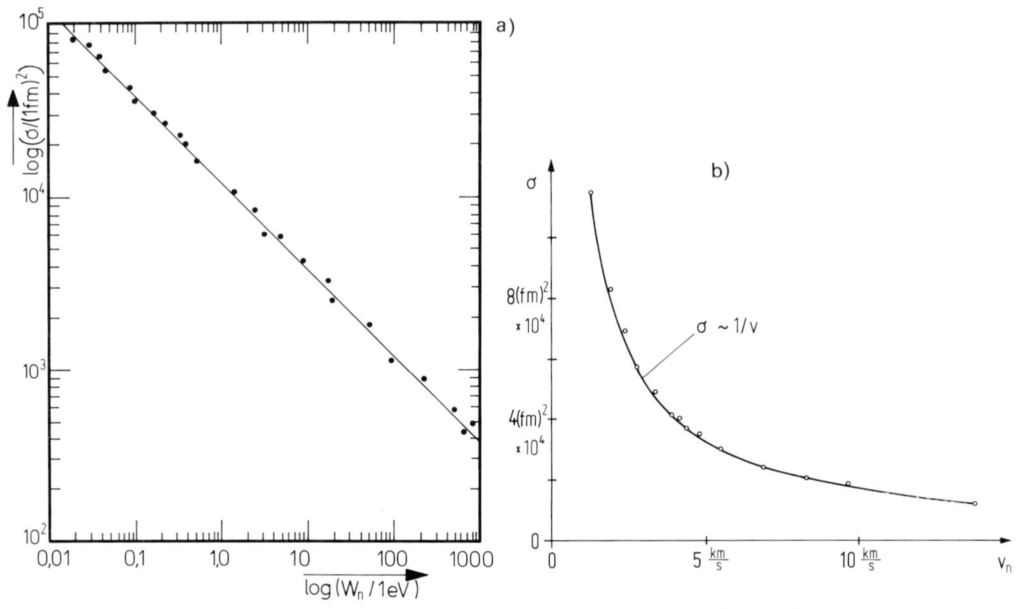

Abb. 411. $1/v$-Abhängigkeit des Wirkungsquerschnitts σ für die Reaktion ${}^{10}_{5}B(n, \alpha){}^{7}_{3}Li$.
a) σ in Abhängigkeit von der Energie $W_n = (1/2)\,mv^2$ der Neutronen (beide Skalen logarithmisch). Aufgetragen sind $\log(W_n/1\ \text{eV})$ und $\log(\sigma/1\ \text{fm}^2)$.
b) σ in Abhängigkeit von der Geschwindigkeit v der Neutronen. 10 km/s entspricht bei Neutronen 0,52 eV. Es gilt $100\ \text{fm}^2 = 1\ \text{b}$ („barn") $= 10^{-24}\ \text{cm}^2$.

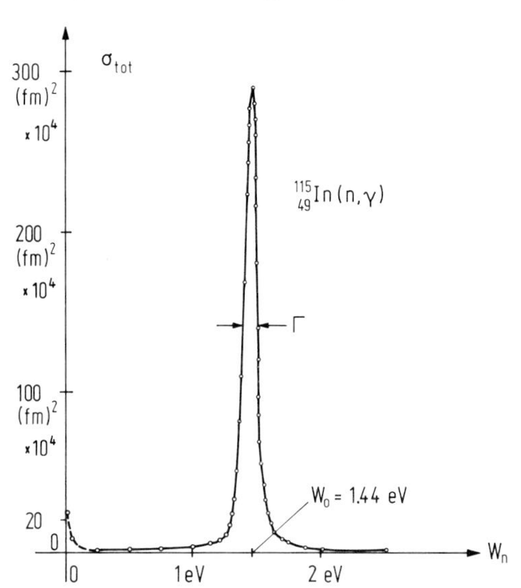

Abb. 412. Resonanz beim Neutroneneinfang-Prozeß. Totaler Wirkungsquerschnitt σ_{tot} von Indium als Funktion der Neutronenenergie W_n (linearer Maßstab). Im Bereich 0,01 bis 0,2 eV ist $\sigma_{tot} \sim 1/v$. Bei $W_0 = 1{,}44$ eV liegt eine ausgeprägte Resonanzstelle mit der Halbwertbreite Γ.

genauerer Untersuchung erweist sich der WQ in diesem Fall darstellbar als ein Produkt aus $1/v$ und einem (oder mehreren) Resonanzgliedern, also

$$\sigma = \frac{1}{v} \sum \frac{\text{const.}}{(W - W_0)^2 + (\Gamma/2)^2} \quad \text{mit} \quad \text{const.} = \sigma_0 v_0 \Gamma^2/4. \tag{7-26}$$

Man kann die gesamte Halbwertbreite Γ zerlegen in $\Gamma_n + \Gamma_\gamma$. Dabei ist $\Gamma_n : \Gamma_\gamma$ = der Bruchteil der gestreuten zum Bruchteil der absorbierten Neutronen. Man nennt Γ_n Neutronenbreite (für Streuung), Γ_γ die Gammabreite (für Einfang). σ_0 ist der WQ an der Resonanzstelle, v_0 die zu W_0 gehörende Geschwindigkeit.

Beispiel. Bei In (Abb. 412) ist $W_0 = 1{,}44$ eV. Dort ist $\sigma_{max} = 28000$ b, $\Gamma_\gamma = 0{,}08$ eV, $\Gamma_n = 1{,}3 \cdot 10^{-3}$ eV. Mit einer dünnen Indiumfolie kann man aus einem kontinuierlichen Geschwindigkeitsspektrum langsamer Neutronen einen Geschwindigkeitsbereich in der Nähe von 1,44 eV selektiv herausabsorbieren.

In Abb. 413a, b sind die Wirkungsquerschnitte für Cd und In (n, γ) in doppellogarithmischer Auftragung wiedergegeben. Bei Cd (n, γ) liegt das Resonanzmaximum, wenn man die außerdem vorhandene $1/v$-Abhängigkeit rechnerisch berücksichtigt hat, bei 0,176 eV, $\Gamma =$ $= 0{,}115$ eV. Dadurch entsteht ein Verlauf des WQ wie Abb. 413a. Man kann mit Hilfe von Cd thermische Neutronen mit $\lesssim 0{,}5$ eV bereits durch 0,3 mm Cd Blech abschirmen. Den größten bekannten WQ hat der radioaktive Kern ^{135}Xe ($\sigma = 26$ Megabarn) $= 26 \cdot 10^8$ (fm)^2.

Demonstration. Ähnlich wie In verhält sich auch Rh. Bei diesem ist $W_0 = 1{,}25$ eV, $\Gamma = 0{,}1$ eV, $\sigma_{max} =$ $= 45000$ b. Die Kernreaktion lautet $^{103}_{45}$Rh(n, γ)$^{104}_{45}$Rh. Der Endkern ist radioaktiv (β^--Zerfall mit $T = 41{,}8$ s). Der *WQ* des Prozesses ist für langsame Neutronen sehr viel größer als für schnelle Neutronen. Bestrahlt man Rh-Blech direkt mit den Neutronen aus RaD (20 m Ci) + Be aus 5 cm Abstand,

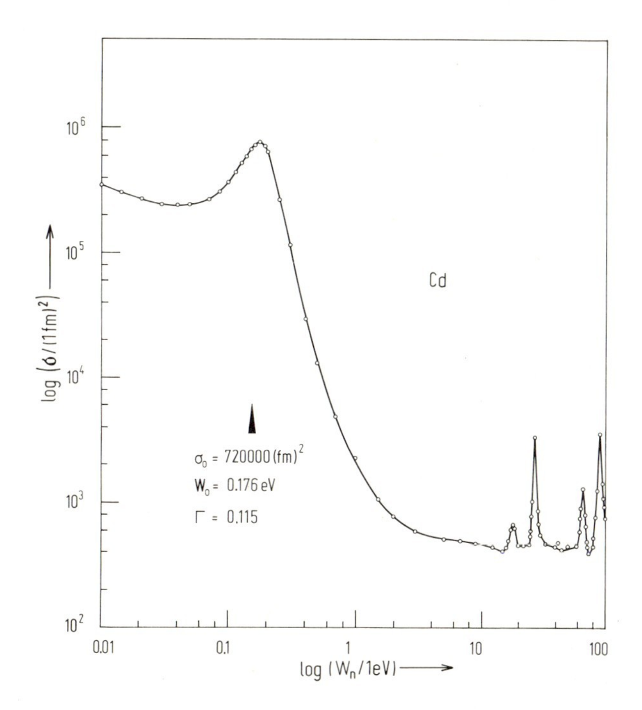

Abb. 413. σ(n, γ) als Funktion der kinetischen Energie W_n der Neutronen (beide Skalen logarithmisch).
a) für Cadmium (natürliches Isotopengemisch). In die $1/v$-Abhängigkeit ist ein Resonanzmaximum bei 0,176 eV eingelagert. Es rührt vom Isotop ^{113}Cd her.

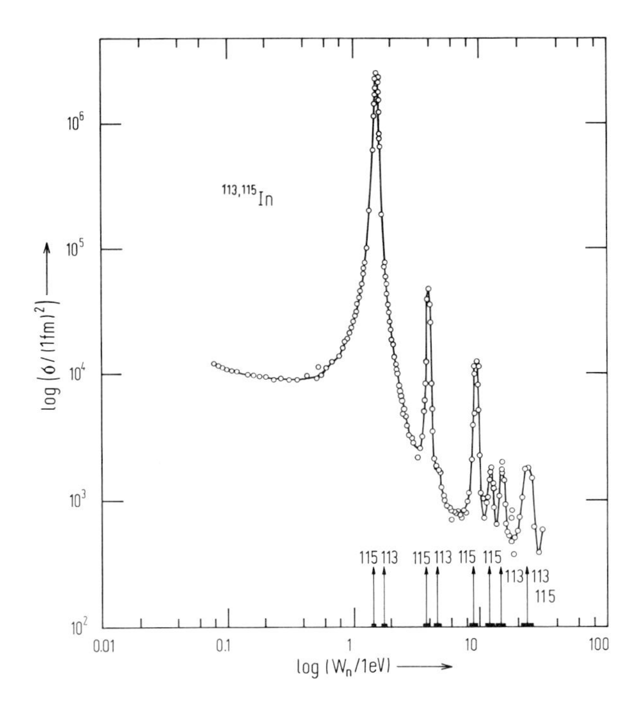

b) Für Indium (natürliches Isotopengemisch). Die Zugehörigkeit der einzelnen Resonanzmaxima zu den Isotopen 113 (4,28%) und 115 (95,72%) ist unten angegeben.
Aufgetragen sind $\log(W_n/1\ \text{eV})$ und $\log(\sigma/1\ \text{fm}^2)$. Die Abszisse 0,01 entspricht 0,01 eV, die Ordinate 10^2 entspricht 100 fm². Es gilt 100 fm² = 1 b („barn").

so entstehen nur wenige radioaktive ^{104}Rh-Kerne. Stellt man jedoch 5 cm Paraffin zwischen Präparat und Rh-Blech und gegebenenfalls noch 5 cm Paraffin hinter das Präparat und hinter das Blech zwecks Rückwärtsstreuung der Neutronen, dann wird das Rh radioaktiv. Mit $T = 41{,}8$ s sendet es Elektronen aus, außerdem tritt noch eine geringe Radioaktivität mit $T = 4{,}2$ min auf, die von einem langlebigen angeregten („isomeren") Zustand herrührt. Man erhält Anfangszählraten von 150 in 30 s.

Wenn man drei Rh-Bleche von z. B. 1 mm Dicke aufeinander legt und die Bleche wie beim letzten Versuch bestrahlt, so ist das mittlere der Bleche (fast) nicht radioaktiv. Die beiden äußeren Bleche haben die thermischen und die Resonanzneutronen bereits wegabsorbiert.

7.4.3. Weitere ausgewählte Kernumwandlungsprozesse

Einige Einfang-, Austausch-, Transferreaktionen, sowie Kernphotoeffekt werden besprochen.

Resonanzeinfang von Protonen. In gewissen Kernen werden Protonen einer geeigneten, scharf definierten kinetischen Energie resonanzartig mit hohem Wirkungsquerschnitt absorbiert.

Beispiel. $^7_3\text{Li}\ (\text{p}, \gamma)\ ^8_4\text{Be}; \quad ^8_4\text{Be} \rightarrow \alpha + \alpha$ (7-27)

Dieser Prozeß hat einen hohen Wirkungsquerschnitt für Protonen der kinetischen Energie 0,44 MeV; es entsteht Gammastrahlung mit der Quantenenergie 17 MeV. Der Endkern $^8_4$Be zerfällt sofort in zwei α-Teilchen.

Kernphotoeffekt (γ, n), (γ, p). Bei diesem Prozeß wird ein Photon im Kern absorbiert. Seine Quantenenergie muß mindestens so groß sein wie die Bindungsenergie des abzulösenden Teilchens.

Beispiel. $^2D\ (\gamma, n)\ ^1H$. Dieser Prozeß erfordert Lichtquanten mit mindestens 2,225 MeV. Bei den meisten Kernen sind rund 8 MeV notwendig, um das am schwächsten gebundene Nukleon abzutrennen.

$^{63}Cu\ (\gamma, n)\ ^{62}Cu$. Hier ist der Endkern radioaktiv.

Austauschprozesse mit Neutronen. Durch schnelle Neutronen werden viele Kerne umgewandelt.

Beispiel.
$$\begin{array}{ll} {}^{27}_{13}Al\ (n, \alpha)\ {}^{24}_{11}Na & (T = 14{,}8\ h) \\ {}^{27}_{13}Al\ (n, p)\ {}^{27}_{12}Mg & (T = 10\ min) \\ {}^{27}_{13}Al\ (n, \gamma)\ {}^{28}_{13}Al & (T = 2{,}3\ min) \end{array} \tag{7-28}$$

Alle drei hier entstehenden Kerne sind β^--Strahler. Ihre Halbwertzeiten sind in Klammern hinzugefügt. Der letztgenannte Prozeß kann auch durch langsame Neutronen ausgelöst werden.

Transferreaktionen (Stripping und Pick-up-Reaktionen). Wenn die einlaufenden Teilchen zusammengesetzt sind (Beispiel: d, t) kann ein Nukleon von dem einfallenden Teilchen in den Targetkern übergehen und der Rest des Projektils wieder auslaufen. Man nennt das eine *Stripping*reaktion (Stripping = Abstreifen).

Beispiel. ${}^{23}_{13}Na\ (d, p)\ {}^{24}_{13}Na$. Das im Deuteron enthaltene Neutron erfährt bekanntlich keine elektrostatische Abstoßung; es wird vom Targetkern aufgenommen, das Deuteron zerreißt dabei.

Weitere Reaktionen liefert d + d, wobei die Umwandlung nach zwei Gleichungen erfolgen kann.

$$\begin{array}{lll} {}^2_1H\ (d, p)\,{}^3_1H + 4{,}04\ MeV & \text{gleichbedeutend mit} & D\ (d, p)\ T \\ {}^2_1H\ (d, n)\,{}^3_2He + 3{,}26\ MeV & \text{gleichbedeutend mit} & D\ (d, n)\ {}^3He \end{array} \tag{7-29}$$

Diese beiden Reaktionen laufen nebeneinander ab und sind etwa gleich häufig. Sie werden – wenn auch mit sehr geringer Ausbeute – schon durch Deuteronen mit kinetischen Energien um 20 keV ausgelöst. Bei D (d, p) T entsteht der Kern des überschweren Wasserstoffs (Halbwertzeit 12,26 a). D (d, n) ist eine bequeme Neutronenquelle.

Auch mit Schwerionen (z. B. ^7Li, ^{14}N, ^{12}C usw.) kann man *Transfer*-Reaktionen ausführen.

Es gibt auch den Fall, daß das einfallende Teilchen aus dem Targetkern ein Proton oder Neutron an sich zieht und mit diesem ausläuft (*pick-up*-Reaktion).

Beispiele sind die Reaktionen (p, d), (d, t), (d, h), (h, α).

Umwandlung unter Aussendung von mehreren Teilchen. Wenn die Energie des einfallenden Teilchens (Proton oder Neutron oder Deuteron usw.) größer als etwa 10 MeV ist, schlägt das einfallende Teilchen unter Umständen zwei oder mehrere andere aus dem Kern heraus (n, 2n), (n, 3n)..., (p, 2p),....

Wenn die Energie des einfallenden Teilchens in der Größenordnung 100 MeV und darüber ist, so werden häufig viele Kernbestandteile aus dem getroffenen Kern ausgeschleudert (Kernzersplitterung, Spalation).

7.4.4. Kernspaltung, Reaktor

F/L 6.10 u. 6.11

Wenn ein Neutron in einen Uran-Kern eintritt, zerplatzt er in zwei große Bruchstücke und in 2 bis 3 Neutronen. Die dabei frei werdende Energie von 200 MeV je gespaltenen Urankern kann im Reaktor gewonnen und als Energiequelle (Wärmeenergie) ausgenützt werden.

Beim Beschießen von Uran mit Neutronen entstehen radioaktive Stoffe. Hahn und Straßmann entdeckten 1939 auf analytisch-chemischem Weg, daß durch Bestrahlen von

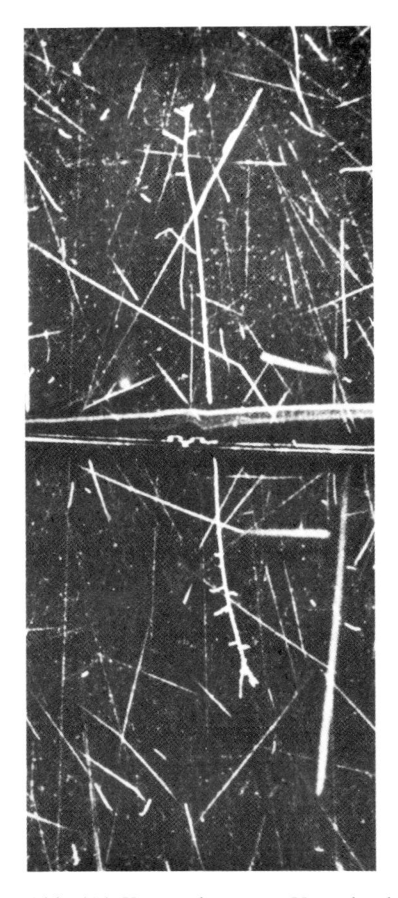

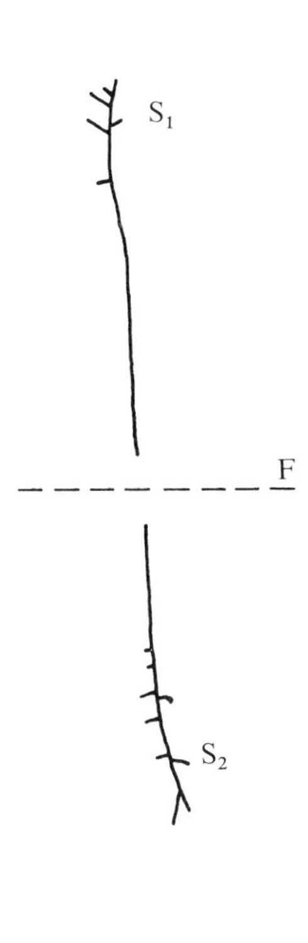

Abb. 414. Kernspaltung von Uran durch Neutronen. Eine dünne Folie F trägt Uran. Durch ein Neutron (im Bild unsichtbar) wurde ein Urankern in zwei geladene Bruchstücke mit großer Masse gespalten (S_1, S_2). Diese stoßen auf ihrem Flugweg gegen Kerne der Gasfüllung der Nebelkammer ohne selbst erheblich abgelenkt zu werden. Daraus erkennt man, daß die Bruchstücke S_1 und S_2 sehr viel größere Massen haben als die Gasatome. Die zahlreichen anderen Spuren rühren von Atomen des Gases der Nebelkammer her, die durch unsichtbare Neutronen angestoßen worden sind. *Links:* Nebelkammeraufnahme (Ausschnitt), *rechts:* herausgezeichnet: die Spuren von S_1 und S_2 mit den von ihnen angestoßenen Gasatomen. – Nach I. K. Bogghild, Phys. Rev. *76*, 988 (1949).

$_{92}$Uran mit Neutronen ein radioaktives Isotop des Elements $_{56}$Ba gebildet wird. Bei allen vor 1939 beobachteten Kernumwandlungsprozessen wurden nur Protonen oder Neutronen oder α-Teilchen ausgesandt, so daß die Kernladung nur um 1 oder 2 geändert wurde. Hier jedoch lag ein Umwandlungsprodukt vor mit einer um $92 - 56 = 36$ verminderten Ordnungszahl. Man mußte daher auf einen vorher noch nicht bekannten Kernumwandlungsprozeß schließen. Kurz darauf konnte (von mehreren Forschern gleichzeitig) nachgewiesen werden, daß zwei Teilchen gleichzeitig in entgegengesetzter Richtung auseinander fliegen, wenn ein Neutron in den Urankern eintritt. Der Urankern wird also *gespalten.* Abb. 414 zeigt eine Nebelkammeraufnahme des Vorgangs. Außerdem entstehen (in der Nebelkammer unsichtbar) 2 bis 3 Neutronen. Die kinetische Energie der Spaltstücke einschließlich der Neutronen beträgt zusammen ungefähr 185 MeV.

Das in der Natur vorkommende Uran besteht zu 99,3% aus dem Isotop $^{238}_{92}$U, zu 0,7% aus $^{235}_{92}$U. Es stellte sich bald heraus, daß ^{238}U nur durch schnelle Neutronen gespalten wird (mit $\sigma_{2\,\mathrm{Mev}} = 0{,}4$ b), dagegen ^{235}U schon durch thermische Neutronen ($\sigma_{\mathrm{therm}} = 698$ b), aber auch durch schnelle Neutronen (mit $\sigma_{2\,\mathrm{Mev}} = 1$ b). Die Massen der beiden großen Bruchstücke verhalten sich etwa wie 2 : 3. Bei einem Spaltprozeß entstehen Kerne, deren Kernladungszahlen zusammen 92 ergeben (Erhaltung der Kernladung), z. B. $_{36}$Kr – $_{56}$Ba oder $_{37}$Rb – $_{55}$Cs oder $_{38}$Sr – $_{54}$X usw. Ihr Massenverhältnis ist im Mittel etwa 95 : 140. Ein möglicher Prozeß ist z. B.:

$$^{235}_{92}\mathrm{U} + {}^{1}_{0}\mathrm{n}_{\mathrm{therm}} \rightarrow {}_{38}\mathrm{Sr} + {}_{54}\mathrm{X} + 3\,\mathrm{n} + Q \tag{7-30}$$

Die kinetische Energie der rechtsstehenden Bruchstücke ist ungefähr 200 MeV. Das ist etwa 1000000 mal mehr als die Energie, die bei einer chemischen Reaktion je Einzelprozeß frei wird. Solche chemische Reaktionen setzen einige eV/Einzelprozeß frei, die Reaktion $C + O_2 \rightarrow CO_2$ z. B. +4,2 eV/Einzelprozeß = 97000 cal/mol. Die Häufigkeit, mit der die Spaltbruchstücke entstehen, als Funktion der Massenzahl A dieser Spaltstücke ist in Abb. 415 wiedergegeben. Bei ^{235}U + n beträgt die Summe der Massenzahlen der Spaltstücke sowie der zwei oder drei Neutronen natürlich 236. Ein Vergleich mit den Massenzahlen und Ordnungszahlen der stabilen Nuklide zeigt, daß die entstehenden Bruchstücke z. B. $_{38}$Sr und $_{54}$X eine wesentlich höhere Massenzahl haben müssen, als die stabilen Kerne des gleichen Elements. In der

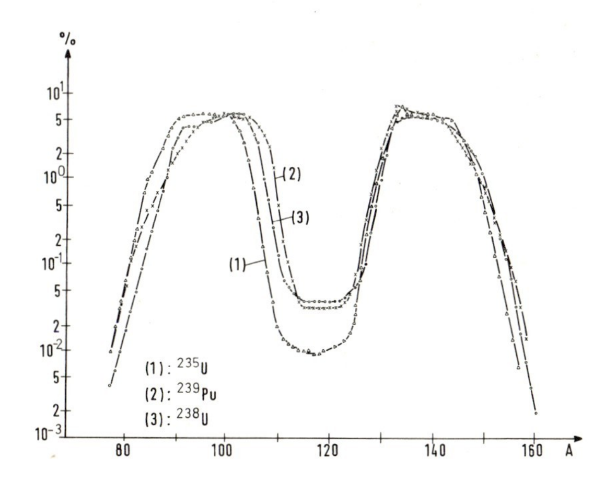

Abb. 415. Zur Kernspaltung. Prozentuale Häufigkeit von Bruchstücken der Massenzahl A bei der Spaltung von ^{235}U und ^{239}Pu durch thermische Neutronen (Kurve 1 und Kurve 2), sowie von ^{238}U durch schnelle Neutronen (Kurve 3). Kerne gleicher Masse, aber unterschiedlicher Kernladung Z sind jeweils zusammengefaßt. Spaltung in Bruchstücke, deren Massenzahlen sich etwa wie 100 : 135 verhalten, ist häufig. Spaltung in Bruchstücke mit nahezu Übereinstimmung der Massenzahl (z. B. 236/2 = 118) ist selten, jedoch ist bei Spaltung durch schnelle Neutronen (z. B. mit 14 MeV) das Minimum weniger ausgeprägt. – Nach W. H. Walker, Report AECL-1537 (1962) und und Report AECL-1054 (1960).

obigen Gleichung könnte primär z. B. $^{92}_{38}Sr$ und $^{141}_{54}Xe$ entstehen und dazu 3 Neutronen (Kernladungssumme 92, Massensumme 236). Nun haben die stabilen Nuklide bei Sr Massenzahlen bis 88, die bei Xe bis 136. Die primären Bruchstücke haben also einen hohen Neutronenüberschuß, zerfallen daher mehrfach unter Aussendung eines Elektrons, bis schließlich ein stabiler Endkern erreicht ist. Auch dabei wird Energie frei. Gegebenenfalls kommt auch ein Prozeß vor, wie er in 7.2.4 erwähnt wurde, bei dem ein Neutron aus einem hoch angeregten Kern ausgesandt wird.

Beispiel: Das Bruchstück $^{140}_{54}Xe$ zerfällt in folgender Zerfallsreihe:

$$^{140}_{54}\mathrm{Xe} \xrightarrow[(T=16\,\mathrm{s})]{} {}^{140}_{55}\mathrm{Cs} \xrightarrow[(T=66\,\mathrm{s})]{} {}^{140}_{56}\mathrm{Ba} \xrightarrow[(T=12{,}8\,\mathrm{d})]{} {}^{140}_{57}\mathrm{La} \xrightarrow[(T=40\,\mathrm{h})]{} {}^{140}_{58}\mathrm{Ce}_{(\mathrm{stabil})} \tag{7-31}$$

Die bei der Spaltung frei werdende Energie stammt aus einem kleinen Teil Δm der Masse m der beteiligten Kerne unter Einhaltung der Beziehung $\Delta W = c^2 \cdot \Delta m$. Die Summe aus der Masse des Urans und des Neutrons, also rund $(235 + 1)$ u, wird durch die Reaktion um rund 0,2 u vermindert. Dem entspricht die Energie von ungefähr 200 MeV, denn 0,93 MeV $= c^2 \cdot 0{,}001$ u. Falls man die genauen Massen der primär entstehenden Nuklide kennt, kann man diese Massenänderung des Systems nachrechnen. Man kann die Zerfallsenergie jedoch auch wie folgt abschätzen:
Bei hohen Ordnungszahlen (z. B. $Z = 92$) ist die mittlere Bindungsenergie eines Nukleons $-7{,}55$ MeV/Nukleon, bei den Ordnungszahlen 40 oder 60 (Spaltprodukte) ist die mittlere Bindungsenergie dagegen $-8{,}4$ MeV. Bei der Uranspaltung sind 236 Nukleonen beteiligt, deshalb wird $235\,(8{,}4 - 7{,}55) \approx 200$ MeV frei.

Bei dieser Überschlagsrechnung kann man nur die Größenordnung erhalten. Experimentell findet man rund 180 MeV/gespaltenes U-Atom.

Bei der Spaltung von 1 kg ^{235}U entstehen daher $20 \cdot 10^6$ kWh in Form von Wärmeenergie*). Ein mit 1000 kW betriebener Reaktor hat dann einen Abbrand von 1,2 g ^{235}U pro Tag.

Die bei der Spaltung entstehenden Neutronen (durchschnittlich 2–3) haben kinetische Energien der Größenordnung 1–2 MeV. Wenn es gelingt, diese wieder zur Spaltung von Urankernen zu verwenden (dazu müssen genügend große Uranmengen in der Umgebung des zuerst gespaltenen U-Kerns vorhanden sein), dann entsteht eine Kettenreaktion, bei der riesige Energien in Form von Wärme freigesetzt werden. Darauf beruht der *Reaktor*.

Der erste von E. Fermi gebaute Reaktor wurde am 2. Dezember 1942 kritisch.

Hier soll nur ein mit *thermischen* Neutronen und mit Natururan arbeitender Reaktor kurz besprochen werden. Die bei der Spaltung entstehenden Neutronen werden durch eine Bremssubstanz (z. B. Graphit, schweres Wasser) schließlich auf thermische Energien verlangsamt (wie in 7.3.5 besprochen). Wenn jeweils genau *ein* Neutron unter den zwei bis drei bei der Kernspaltung entstehenden wieder einen ^{235}U Kern spaltet, dann wird im Reaktor laufend Energie erzeugt, und die Anzahl der Neutronen im Reaktor bleibt konstant. Da im Durchschnitt z. B. 2,5 Neutronen je Spaltung frei werden, müssen 1,5 Neutronen davon aus dem Neutronenzyklus entfernt werden. Das geschieht durch mehrere Einflüsse.

1. Von selbst, weil der Reaktor endliche Größe hat und deshalb Neutronen nach außen unbenützt entweichen (hinausdiffundieren).

---

* Ausrechnung: $(10^3 \cdot 6 \cdot 10^{23}/235) \cdot 180\ \mathrm{MeV} = 4{,}5 \cdot 10^{26} \cdot 10^6 \cdot 1{,}6 \cdot 10^{-19}\ \mathrm{VAs} = 7{,}2 \cdot 10^{13}\ \mathrm{J} = (7{,}2 \cdot 10^{13}\ \mathrm{Ws})/(10^3 \cdot 3600\ \mathrm{s/h}) = 20 \cdot 10^6\ \mathrm{kWh}$.

2. Der Reaktor enthält (schon aus mechanischen Gründen) Bauteile aus verschiedenen Materialien, die einen Bruchteil der Neutronen lediglich absorbieren, meist durch (n, γ)-Prozesse.
3. Die im natürlichen Uran vorhandenen ^{238}U-Atome absorbieren in einem Resonanzgebiet Neutronen um 7 bis 8 eV, wobei $^{239}_{92}$U, dann $^{239}_{93}$Np, dann $^{239}_{94}$Pu entsteht.
Der Reaktor muß so gebaut sein, daß trotz dieser drei Einflüsse immer noch mehr als ein Neutron je gespaltenem Urankern übrig ist. Dann kann man
4. Stäbe aus Material, das Neutronen absorbiert (Cd), in den Reaktor einfahren, und zwar so weit, daß gerade noch *ein* Neutron je Primärspaltprozeß für eine neue Spaltung übrig bleibt. *Ein thermisches* Neutron spaltet also genau *einen* ^{235}U Kern, es entstehen einige schnelle Neutronen, die im thermischen Reaktor durch die Bremssubstanz verlangsamt werden und die verschiedene Schicksale nach 1. bis 4. erfahren.

Um diese Vorgänge des thermischen Reaktors rechnerisch behandeln zu können, führt man einen Reproduktionsfaktor k ein.

Definition. Der Neutronenreproduktionsfaktor k gibt an, wieviele thermische Neutronen, die wieder eine Spaltung hervorrufen können, aus einem ursprünglichen thermischen Neutron entstehen. Ein Reaktor heißt „kritisch", wenn $k \geq 1$ erreicht ist. Beim stationären Betrieb eines Reaktors muß auf $k = 1$ einreguliert werden (Abb. 416).

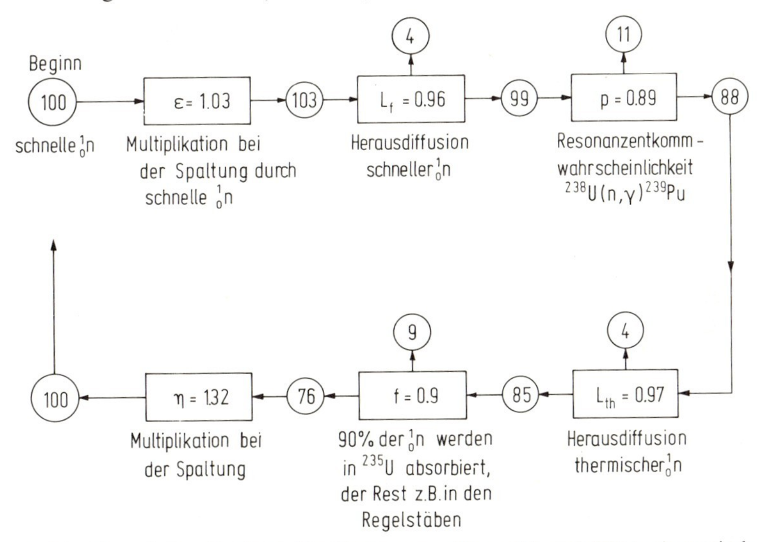

Abb. 416. Neutronenhaushalt im thermischen Reaktor. Ein Neutronenzyklus mit $k = 1{,}00$ ist schematisch dargestellt. Es gilt: $k = \varepsilon \cdot p \cdot f \cdot \eta \cdot L_f \cdot L_{th}$. Die Faktoren, um die sich jeweils die Neutronenanzahl vermehrt bzw. vermindert, hängen stark von Typ und Bauart des Reaktors ab. $^{238}_{92}$U (n, γ) ergibt zunächst $^{239}_{92}$U, dann $^{239}_{93}$Np, schließlich $^{239}_{94}$Pu.

Bedeutungsvoll für den Betrieb eines Reaktors ist die in 7.2.4 erwähnte Existenz der Aussendung von Neutronen aus hochangeregten Kernen. In einem thermischen Uranreaktor stammen ungefähr 0,7% der entstehenden Neutronen aus hochangeregten Kernen und werden mit mehreren Halbwertzeiten in der Größenordnung 1 bis 100 Sekunden verzögert ausgesandt. Dadurch wirken sich kleine Über- und Unterschreitungen des gewünschten Reproduktionsfaktors $k = 1$ nur verhältnismäßig langsam aus. Der Reaktor ist dadurch leicht in stationärem

Betrieb zu halten. Es ist möglich, auf $k - 1 = 10^{-6}$ einzustellen. Wenn k zwischen 1,0000 und 1,0006 gehalten wird, ist stationärer Betrieb in allen Reaktortypen mit ^{235}U gesichert. Auch ^{239}Pu und ^{233}Th sind bereits mit thermischen Neutronen spaltbar.

Den Innenteil des Reaktors nennt man Core. Dort entsteht Energie als Wärmemenge. Damit man sie für Wärmekraftmaschinen nutzbar machen kann, muß sie nach außen gebracht werden. Als Wärmeträger kommen z. B. Wasserdampf, Natriummetall und andere in Betracht, d. h. Substanzen, die sehr kleinen Reaktionsquerschnitt für Neutronen haben.

Im Reaktor wird aber auch neues spaltbares Material gebildet. Im Reaktor mit Natururan wird, wie oben unter 3. bereits erwähnt, ein Bruchteil der verlangsamten Neutronen mit kinetischen Energien von etwa 7 bis 8 eV im Isotop $^{238}_{92}$U eingefangen. Dieser Kern wird dadurch aber nicht gespalten. Vielmehr entsteht das Isotop $^{239}_{92}$U, das mit der Halbwertzeit $T = 23{,}5$ min durch β-Zerfall in $^{239}_{93}$Np (Neptunium) übergeht. Dieses verwandelt sich mit der Halbwertzeit $T = 2{,}3$ Tage durch β-Zerfall in $^{239}_{94}$Pu (Plutonium), einen α-Strahler mit der recht großen Halbwertzeit $T = 24000$ a. Plutonium ^{239}Pu kann auf diese Weise heute

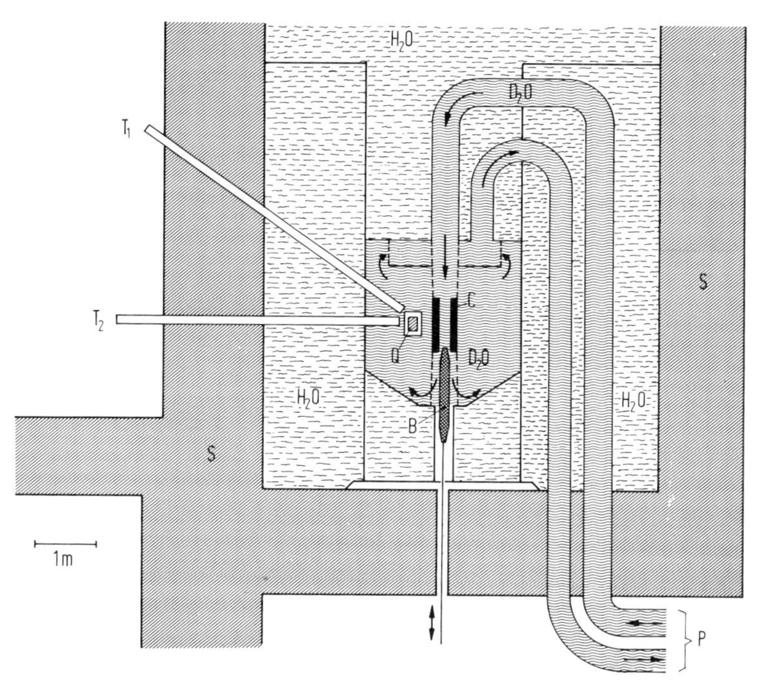

Abb. 417. Höchstfluß-Reaktor des deutsch-französischen Instituts Laue-Langevin in Grenoble (schematisiert). C: zylindrisches Brennelement, 33%iges ^{235}U in Form eines Hohlzylinders (Höhe 0,80 m, Durchmesser 0,28 bis 0,39 m), B: zylindrischer Regelstab, der ins Innere des Brennelements eingeschoben werden kann. Stäbe aus neutronenabsorbierendem Material zur Notabschaltung („Sicherheitsstäbe"), die von oben eingeschossen werden können, sind nicht gezeichnet. D_2O: Kühlsubstanz und Moderator, H_2O: zusätzlicher Moderator und Strahlenschutz, S: Wand aus Schwerbeton zur Abschirmung der γ-Strahlen. P: zum Wärmeaustauscher und zur Umwälzpumpe. T_1, T_2: Strahlrohre (nur 2 von 15 sind eingezeichnet), Q: flüssiges D_2 (Temperatur 25 K) als Moderator und damit als Quelle für „kalte" Neutronen. Mechanische Einzelheiten, Durchführungen, Tragekonstruktion usw. sind stark vereinfacht oder weggelassen.

kilogrammweise produziert werden. Es läßt sich – ebenso wie $^{235}_{92}U$ (und $^{233}_{92}U$, $T = 160000$ a) – durch thermische Neutronen spalten, kann also auch in einem Reaktor, der mit thermischen Neutronen arbeitet, verwendet werden. Soviel über thermische Reaktoren mit Natururan.

Abb. 417 zeigt einen Forschungsreaktor. Er ist so konstruiert, daß er für Forschungszwecke einen möglichst hohen Fluß an thermischen Neutronen liefert ($1{,}5 \cdot 10^{15}$ Neutronen/$cm^2 \cdot s$). Es handelt sich um den deutsch-französischen Höchstflußreaktor in Grenoble, der 1971 in Betrieb kam. Dabei wird angereichertes Uran (33% ^{235}U) verwendet. Man kommt dann mit einem relativ kleinen „Inventar" an Brennstoff aus. Weitere Einzelheiten sind der Beschriftung der Abb. 417 zu entnehmen. Auf die unzähligen Varianten von thermischen Reaktoren kann in diesem Rahmen nicht eingegangen werden.

Man strebt heute Reaktoren an, in denen für jedes „verbrannte" ^{235}U oder ^{239}Pu-Atom mehr als ein ^{238}U in ^{239}Pu umgewandelt wird (oder ^{232}Th in ^{233}U) („Brutreaktoren"). Dadurch wird mehr neuer Brennstoff gebildet als verbraucht, und die 99,3% ^{238}U des natürlichen U, die im thermischen Reaktor nicht verbrannt werden können, werden verwertbar. Aussichtsreich erscheinen Brutreaktoren, die mit schnellen Neutronen arbeiten (schnelle Brüter), ferner Hochtemperaturreaktoren, weil die damit betriebene Wärmekraftmaschine höheren thermischen Wirkungsgrad liefert.

7.4.5. Atombombe, Wasserstoffbombe

Die Atombombe benötigt nahezu reines ^{235}U oder ^{239}Pu. An der Kettenreaktion sind nur *schnelle* Neutronen beteiligt.

Die „Atombombe" funktioniert nur mit schnellen Neutronen und erfordert $k \gg 1$. Eine Bombe benötigt als wirksamen Teil etwa 12 kg nahezu reines ^{235}U, oder rund ebenso viel ^{239}Pu. Das reine ^{235}U muß durch aufwendige Isotopentrennanlagen gewonnen werden, ^{239}Pu entsteht zwar von selbst aus ^{238}U im Reaktor in geringer Konzentration, kann aber erst durch äußerst komplizierte chemische Prozesse in umfangreichen Anlagen hinter Strahlenschutzwänden abgetrennt werden.

Bei der Spaltung entstehen schnelle Neutronen mit 1 bis 2 MeV. Der Spaltquerschnitt von ^{235}U und ^{239}Pu für diese Neutronen ist groß genug, daß bereits in einer Kugel aus Spaltmaterial vom Durchmesser eines Fußballs $k > 1$ erreicht wird. Die Neutronen laufen dabei bis zur nächsten Spaltung nur kurze Wege, und die Zeitdauern zwischen zwei Spaltungen sind *viel* kleiner als beim thermischen Reaktor. Die Kettenreaktion läuft daher *sehr schnell* ab und führt zu einer Explosion, falls es gelingt, eine hinreichende Menge Spaltmaterial in äußerst kurzer Zeit auf genügend kleinen Raum zusammenzubringen. Das läßt sich erreichen, indem man unterkritische Teile, für die der Reproduktionsfaktor $k < 1$ ist, unter Verwendung herkömmlicher Sprengstoffe ineinander schießt; insbesondere kann man eine Kugelschale aus Spaltmaterial gegen ihren Kugelmittelpunkt schießen. Das führt zu forcierter Kompression mit einer Verminderung der Atomabstände des Spaltmaterials. Dadurch wird der Reproduktionsfaktor k beträchtlich erhöht.

Durch die Schnelligkeit des Reaktionsablaufes verwandelt sich die Vorrichtung „momentan" in einen Gasball von vielen Millionen Kelvin und sehr hohem Druck („Atombombe"), und der heiße Gasball dehnt sich schnell aus. Dadurch wird das Spaltmaterial rasch soweit von einander entfernt, daß $k < 1$ wird und die Reaktion endet. Ungeheure Mengen radioaktiver Stoffe werden verstreut, je nach Wind auch auf weite Entfernungen.

Wird die Atombombe mit einem Mantel aus Tritium, Deuterium und Lithium umgeben, dann reagieren deren Kerne und heizen die Bombe weiter gewaltig auf („Wasserstoffbombe"). Sie strahlt „heller als tausend Sonnen" (Buchtitel von R. Jungk).

Die Atombombe von Hiroshima hatte eine Sprengkraft wie 20000 t Trinitrotoluol (TNT), außerdem wirkte sie durch Wärmestrahlung (Entzünden von Holz, Verbrennung dritten Grades der menschlichen Haut auf 800 m Entfernung) und durch radioaktive Strahlung. Der Staubregen der Wasserstoffbombe von Eniwetok (1.4.1964, 1 Million t TNT) fiel in 240 km Entfernung auf ein japanisches Fischereischiff. Durch die Strahlenwirkung der darin enthaltenen radioaktiven Stoffe wurden elf Fischer getötet.

7.4.6. Energieproduktion in Sonne und Sternen *F/L 6.12*

Die von der Sonne (und von Sternen) ausgestrahlte Energie entsteht in ihrem Inneren durch Kernumwandlungsprozesse, insbesondere Kernfusion aus Wasserstoff.

Die Sonne strahlt ständig Energie aus, ähnlich wie ein schwarzer Körper der Oberflächentemperatur 6 200 K. Die Temperatur im Innern der Sonne ist wesentlich höher, es gibt Gründe, sie auf über $20 \cdot 10^6$ K zu schätzen. Bei einer solchen Temperatur sind alle Stoffe gasförmig, und die mittlere kinetische Energie der Atome beträgt $(3/2 \cdot k \cdot (20 \cdot 10^6 \text{ K}) \approx 2{,}6 \cdot$ $\cdot 10^3$ eV. Viele unter ihnen haben ein Vielfaches dieser kinetischen Energie (vgl. 3.4.8). Das sind bereits kinetische Energien, bei denen Kernumwandlungsprozesse ablaufen, wenn auch mit geringem Wirkungsquerschnitt. Da ein hoher Bruchteil der Atome ständig solche Energien besitzt, kommt trotzdem eine merkliche Umwandlungsrate zustande. Dadurch wird die ausgestrahlte Energie laufend ergänzt, so daß die Sonne langfristig (Milliarden Jahre lang) ihre Temperatur aufrecht zu halten vermag. Dasselbe gilt für die meisten Sterne.

Die Sonne besteht zum überwiegenden Teil aus Wasserstoff. Man kennt zwei Folgen („Zyklen") von Kernumwandlungsprozessen, die – wie die nähere Diskussion zeigt – an der Energieerzeugung in Sonne und Sternen maßgebend beteiligt sind. In 9.6.5 sind sie angegeben. Durch diese Zyklen werden (über Zwischenstufen) vier Wasserstoffkerne in einen Heliumkern + zwei Positronen verwandelt, wobei je gebildetes He-Atom 26,2 MeV frei werden, wie man auf Grund der genauen Massen leicht nachrechnet. Der eine Zyklus (Kohlenstoff-Stickstoff-Zyklus, von Bethe und Weizsäcker 1936 gefunden) besteht darin, daß in einen ^{12}C-Kern nacheinander drei Protonen eingebaut werden mit zwischengeschalteten radioaktiven Zerfällen. Schließlich wird durch eine (p, α)-Umwandlung ein He-Kern frei. ^{12}C wirkt dabei lediglich wie ein Katalysator. Dieser Zyklus überwiegt bei $T > 15 \cdot 10^6$ K.

Der andere (p-p-Zyklus samt Varianten) läuft über ^{1}H, ^{2}H, ^{3}He, ^{7}Be, ^{7}Li-Kerne und überwiegt bei $T < 15 \cdot 10^6$ K. Beide Zyklen sind in 9.6.5 aufgeführt.

Man kann abschätzen, daß seit Entstehung der Sonne vor $\approx 5 \cdot 10^9$ Jahren erst 10% des auf der Sonne vorhandenen Wasserstoffs in He verwandelt worden sind. Die Sonne kann also noch sehr lange die Erde mit Licht und Wärme versorgen.

7.4.7. Erhaltungssätze bei Kernumwandlungsprozessen

F/L 6.1

Bei Kernumwandlungsprozessen bleibt 1. die Ladung, 2. die Masse und Energie, 3. der Impuls, 4. der Drehimpuls für das aus den beteiligten Kernen bestehende System „erhalten", d. h. es besteht für jede dieser vier Größen ein Erhaltungssatz.

Auch bei Kernumwandlungsprozessen gelten die in der Mechanik und Elektrizität besprochenen vier Erhaltungssätze, nämlich für

a) Ladung
b) Masse und Energie
c) (Linear)-Impuls
d) Drehimpuls.

Zu a). Bei radioaktiven Zerfällen ist die Kernladung des Ausgangskerns und die Summe der Kernladungen nach dem Zerfall einander gleich. Bei künstlichen Umwandlungen stimmt die Summe der Kernladungen vor und nach der Umwandlung überein.

Beispiel. ${}^{226}_{88}\mathrm{Ra} \rightarrow {}^{222}_{86}\mathrm{Rn} + {}^{4}_{2}\mathrm{He}$; hier ist $88 = 86 + 2$. – Beispiel einer künstlichen Umwandlung: Gl. (7-17).

Zu b). Wenn bei der spontanen Umwandlung eines radioaktiven Atomkerns z. B. ein α-Teilchen ausgesandt wird, dann geht vom Kern 1. Masse, 2. Energie weg. Da Energie Masse besitzt (6.1.6), muß auch deren Betrag berücksichtigt werden. Die Energie Q hat die Masse Q/c^2. Demnach hat die Energie 0,93 MeV die Masse 0,001 u und umgekehrt.

Begründung.

$$0{,}931\ \mathrm{MeV}/c^2 = \frac{0{,}931 \cdot 10^6 \cdot 1{,}60 \cdot 10^{-19}\ \mathrm{VAs}}{9 \cdot 10^{16}\ \mathrm{m^2/s^2}} = 0{,}001 \cdot 1{,}66 \cdot 10^{-27}\ \mathrm{kg} = 0{,}001\ \mathrm{u}.$$

Der Erhaltungssatz für Masse m und Energie Q lautet für einen Umwandlungsprozeß allgemein:

$$m_\mathrm{i} = m_\mathrm{f} + Q/c^2 \qquad (7\text{-}33)$$

m_i ist die Masse des (elektrisch neutralen) Ausgangsatoms (i für initial), m_f die Masse des (elektrisch neutralen) Endatoms (f für final). Zur Masse des elektrisch neutralen Atoms mit der Ordnungszahl Z tragen die Masse des Atomkerns und die Masse von Z Elektronen bei.

Wie bereits in 7.3.1 besprochen, ist

$$Q = (W_\mathrm{kin})_\mathrm{f} - (W_\mathrm{kin})_\mathrm{i} \qquad (7\text{-}18)$$

die „Energietönung" der Umwandlung. Beim radioaktiven Zerfall ist $(W_\mathrm{kin})_\mathrm{i} = 0$. Beim Stoß eines Teilchens gegen einen ruhenden Kern ist $(W_\mathrm{kin})_\mathrm{i}$ die kinetische Energie des die Umwandlung auslösenden Teilchens.

Zu c). Relativ zum Schwerpunktsystem (1.4.1.2) ist die Summe der Linearimpulse gleich Null, und zwar vor der Umwandlung und nach der Umwandlung.

Beim spontanen Zerfall ruht der Schwerpunkt des zerfallenden Teilchens relativ zum Laborsystem.

Beispiel. ${}^{222}_{86}\mathrm{Rn} \rightarrow {}^{218}_{84}\mathrm{Po} + {}^{4}_{2}\alpha$
${}^{6}_{2}\mathrm{He} \rightarrow {}^{6}_{3}\mathrm{Li} + {}_{-1}\mathrm{e} + \bar{\nu}$

vgl. dazu die zwei Abb. 418a, b.

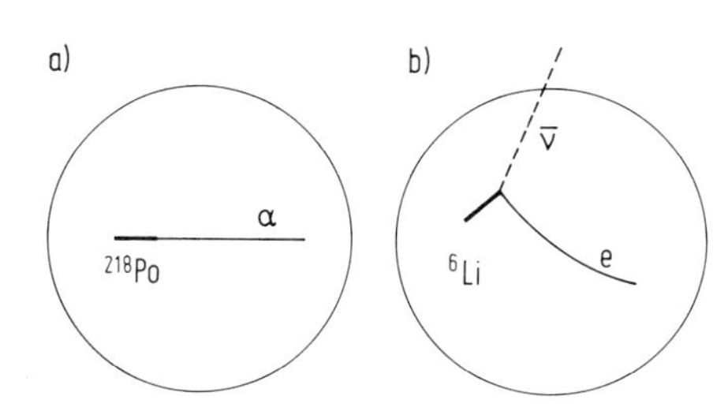

Abb. 418. Erhaltung des Schwerpunkts beim radioaktiven Zerfall. Nebelkammeraufnahme bei stark vermindertem Druck (≈ 10 mbar, schematisch nachgezeichnet).
a) α-Zerfall des ${}^{222}_{86}\mathrm{Rn} \rightarrow {}^{218}_{84}\mathrm{Po} + \alpha$. Die beiden Spuren haben entgegengesetzte Richtung. Wegen seiner kleinen Geschwindigkeit und großen Ladung erzeugt das rückgestoßene Po eine dichte Ionenspur. Der historische Name von ${}^{218}_{86}\mathrm{Po}$ ist RaA.
b) β^--Zerfall des ${}^{6}_{2}\mathrm{He} \rightarrow {}^{6}_{3}\mathrm{Li} + {}^{0}_{-1}\mathrm{e} + \bar{\nu}$. Die sichtbaren Bahnen bilden einen Winkel $< 180°$ miteinander. Daraus erkennt man, daß ein in der Nebelkammer unsichtbares Teilchen weggeflogen ist, das Antineutrino. Seine Flugrichtung ist in der Zeichnung durch eine gestrichelte Linie markiert. Die Nebelkammer befand sich in einem homogenen Magnetfeld, daher ist die Bahn des Elektrons kreisförmig gekrümmt. – Schematische Nachzeichnung einer Aufnahme von J. Csikay und A. Szalay, Nuovo Cimento *4*, 1011 (1957).

Bei künstlicher Kernumwandlung ist der Impuls des Systems gleich dem Impuls des stoßenden Teilchens, Abb. 419 und 420. Der Schwerpunkt bewegt sich dann relativ zum Laborsystem.

Beispiel. ${}^{10}_{5}\mathrm{B} + {}^{4}_{2}\alpha \rightarrow {}^{13}_{6}\mathrm{C} + {}^{1}_{1}\mathrm{p} + Q_{1,2}$, dazu Abb. 420.

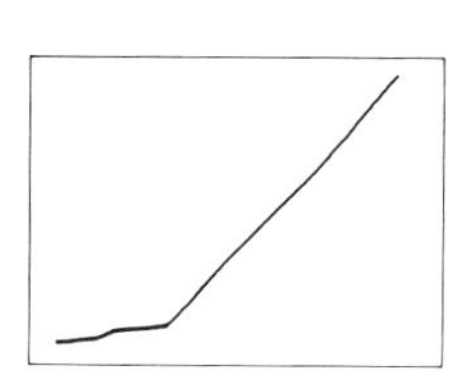

Abb. 419. Kernreaktion, ausgelöst durch ein schnelles Neutron. In einer Nebelkammer, gefüllt mit Neon, trifft ein schnelles Neutron, im Bild von unten kommend, auf einen ^{20}Ne-Kern. Er wird umgewandelt in einen ^{17}O- und ^{4}He-Kern. Der Impuls des Neutrons wird auf beide Teilchen übertragen, genauer auf den Schwerpunkt beider Teilchen. Ihre Bahnen verlaufen dann unter einem von 180° verschiedenen Winkel. – Schematische Nachzeichnung einer Nebelkammeraufnahme nach W. D. Harkins, D. M. Gans u. H. W. Newson, Phys. Rev. *44*, 237 (1933).

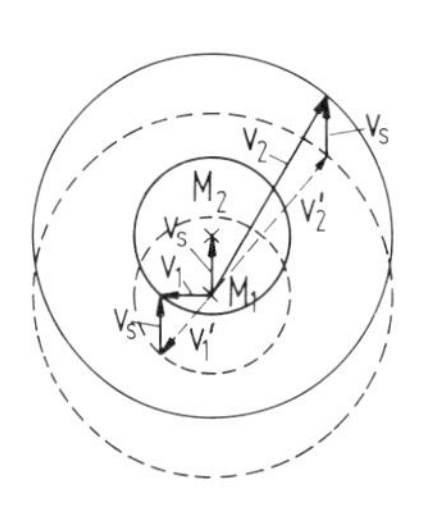

Abb. 420. Impulse bei Kernreaktionen relativ zum Schwerpunktsystem bzw. Laborsystem. Im Schwerpunkt des Systems laufen zwei Teilchen mit den Geschwindigkeitswerten v_1' bzw. v_2' auseinander. Die Spitzen der Geschwindigkeitspfeile müssen auf den gestrichelten Kreisen liegen. Wenn der Schwerpunkt des Systems die Geschwindigkeit v_s hat, so addiert sich diese vektoriell zu den Teilchengeschwindigkeiten v_1' bzw. v_2'. Man beobachtet im Laborsystem die Geschwindigkeiten v_1 bzw. v_2 (Pfeilspitzen auf den argezogenen Kreisen), nach W. Bothe, Z. Physik *51*, 613, 1928.

Zu d). Auch die Reaktionsprodukte einer Kernumwandlung können einen Bahndrehimpuls relativ zum Schwerpunktsystem haben und außerdem viele von ihnen (z. B. p, n) einen Eigendrehimpuls (Spin). Der Gesamtdrehimpuls, d. h. die Summe aus den Bahndrehimpulsen und den Eigendrehimpulsen der beteiligten Teilchen, bleibt bei Umwandlungsprozessen ungeändert.

Beim β^- (oder β^+)-Zerfall wird ein Elektron (Positron) ausgesandt. Der Gesamtdrehimpuls des Ausgangskerns und der des Endkerns unterscheiden sich stets um *ganz*zahlige Vielfache von $\hbar$. Das Elektron (Positron) kann mit einem Bahndrehimpuls $\mathrm{n} \cdot \hbar$ ausgesandt werden, wo n *ganz*zahlig ist, es besitzt aber eine *halb*zahlige Spinquantenzahl und den Eigendrehimpuls $(1/2) \cdot \hbar$. Bei der Umwandlung scheint daher mit dem Elektron ein Drehimpuls wegzugehen, der ein *halb*zahliges Vielfaches von $\hbar$ ist. Da jedoch in der ganzen Physik der Drehimpuls erhalten wird, stellte W. Pauli 1925 die Hypothese auf, daß außer dem Elektron (Positron) ein weiteres Teilchen mit dem Spin $(1/2)\,\hbar$ ausgesandt wird. Er nannte es *Neutrino*. Diese Vermutung hat sich bestätigt. Man weiß heute, daß mit dem Elektron ein Antineutrino $\bar{\nu}$, mit dem Positron ein Neutrino ν ausgesandt wird. Beim β-Zerfall ist die Summe aus der Energie des Elektrons (Positrons) und der Energie des Neutrinos (Antineutrinos) stets gleich der Grenzenergie W_{gr}. Neutrino ν und Antineutrino $\bar{\nu}$ haben eine außerordentlich geringe Wechselwirkung mit anderen Teilchen. Sie sind daher sehr durchdringend und schwer nachweisbar.

Beispiel.	$^{20}_{9}F$	$\rightarrow$	$^{20}_{10}Ne$	+	e^-	+	$\bar{\nu}$
Kernspin	1	$\rightarrow$	0	+	1/2	+	1/2
in Vielfachen von $\hbar$	ganzzahlig		ganzzahlig		halbzahlig		halbzahlig

7.5. Teilchenbeschleuniger

F/L 6.5 u. 6.7

Teilchenbeschleuniger sind Geräte, die es erlauben, geladene Teilchen (freie Elektronen, freie Ionen) auf hohe kinetische Energie zu bringen.

Man kann mit technischen Geräten, die nach unterschiedlichem Prinzip arbeiten, Protonen, Elektronen, α-Teilchen, Schwerionen mit riesigen Teilchenenergien erhalten und damit Kerne umwandeln und Elementarteilchen erzeugen, wie π-Mesonen, K-Mesonen und Hyperonen. In der Umgebung solcher Geräte kann beträchtliche Strahlung entstehen. Dem Strahlenschutz muß besondere Aufmerksamkeit zugewendet werden.

Ionenbeschleuniger bestehen aus einer Ionenquelle, einer Vakuumröhre (Vakuumkammer), in der die Teilchen laufen, und aus einer Anordnung, mit der Energie auf die Teilchen übertragen wird. Es gibt sehr verschiedene Typen von Teilchenbeschleunigern.

1. Ionenstrahlröhre und Hochspannung. Protonen mit kinetischen Energien bis 700 keV wurden erstmalig von Cockroft und Walton (1931/32) erhalten. In einer Ionenquelle (Gasentladung in Wasserstoff bei z. B. 1 Torr) werden H^+-Ionen erzeugt, und zwar im Innern einer Hochspannungselektrode. Die Ionen läßt man dann innerhalb einer Hochvakuumröhre von der Hochspannung bis auf Erdpotential laufen. Die Hochspannung kann mit einem Kaskadengenerator (oder auch mit einem Bandgenerator nach van de Graaff) erzeugt werden.

Wenn man eine Hochspannungsanlage in atmosphärischer Luft aufstellt, benötigt man einen genügend großen Raum, damit Funkenüberschläge von der Hochspannungselektrode zur Wand vermieden werden. Heute baut man solche Anlagen in der Regel in einen Druckkessel ein, der mit komprimiertem Gas gefüllt wird (z. B. 80% N_2 + 20% CO_2 mit 16 atm). Technische Anlagen mit Hochspannungserzeugung nach van de Graaff im Druckkessel erreichten 1950 bis 3 MV, 1970 bis 15 MV an der Hochspannungselektrode, vgl. dazu Abb. 228.

Eine Variante eines solchen Teilchenbeschleunigers ist der sog. Tandemgenerator. Eine Ionenquelle auf Erdpotential erzeugt *negative* Ionen, z. B. negative Wasserstoffionen H^-. Die Teilchen werden in einer Vakuumröhre zur positiven Hochspannungselektrode, mit z. B.

$+6$ MV beschleunigt. Sie haben dann die kinetische Energie 6 MeV, durchsetzen ein enges Rohr, in das dauernd ein wenig Gas einströmt (Stripperkanal). Dabei werden den H^--Ionen die beiden Elektronen der Hülle abgerissen. Sie werden dadurch zu H^+-Ionen (Protonen) umgeladen. Auf dem Weg von der Hochspannungselektrode zur Erde gewinnen sie nochmal 6 MeV, verlassen also das Gerät auf Erdpotential als H^+ mit 12 MeV. Man kann mit dem Tandemgenerator auch die verschiedenartigsten negativen Ionen beschleunigen, z. B. einfach negativ geladene Sauerstoffionen O^-. Beim Zusammenstoß mit den Gasmolekeln im Stripperkanal entsteht dann O^{3+}, O^{4+}, O^{5+}. Diese Ionen gewinnen dann insgesamt $(6 + 3 \cdot 6)$ MeV, $(6 + 4 \cdot 6)$ MeV, $(6 + 5 \cdot 6)$ MeV, also 24 MeV, 30 MeV, 36 MeV.

2. *Das Zyklotron.* Das erste Zyklotron wurde 1932 von Lawrence und Livingston gebaut und betrieben. Es lieferte Protonen mit 1,2 MeV. Das Zyklotron ist ein Kreisbeschleuniger und enthält eine zylindrische Vakuumkammer, die sich zwischen den Polschuhen eines kreisförmig begrenzten homogenen Magnetfeldes befindet. Nahe der Mitte sitzt die Ionenquelle (zur Erzeugung von p, d, α usw.). Im Innern der Vakuumkammer befinden sich zwei D-förmige, von einander isoliert montierte Halbdosen (vgl. Abb. 421) in deren Inneren die Ionen umlaufen sollen. Zwischen den Halbdosen wird hochfrequente Hochspannung $U_H = U_0 \cdot \sin \omega_H t$ angelegt. Dabei ist $\omega_H = 2\pi/T_H$. Die Laufzeit, welche die Teilchen zum Durchlaufen der Halbkreisbahn benötigen, ist $T_H/2$. Man wählt B so, daß gilt $T_H/2 = r\pi/v$. Dann laufen die Teilchen mit der Geschwindigkeit $v = 2r\pi/T_H$ und mit dem Radius $r = (1/B)\,(mv/e)\gamma_{em}$. Jeweils nach der Zeitdauer $T_H/2$ ist das Vorzeichen der Spannung zwischen den Halbdosen umgepolt. Dadurch werden die Ionen bei jedem Übertritt von einer Halbdose in die andere beschleunigt; im Innern der Dose wirken auf sie keine elektrischen Kräfte (Faradaykäfig!). Das Zyklotron ist ein Resonanzbeschleuniger mit der Resonanzbedingung

$$B = \gamma_{em} \frac{m}{e} \omega_H . \qquad (7\text{-}34)$$

Bei jedem Übertritt des Teilchens aus der einen D-Elektrode in die andere erhöht sich seine kinetische Energie um eU. Damit nimmt auch der Impuls mv des umlaufenden Teilchens zu und damit sein Bahnradius, wobei für nichtrelativistische Teilchen $r \sim v$ ist. Wenn der Radius der Teilchenbahn die Radien der Vakuumkammer bzw. des Magnetfeldes nahezu erreicht hat, können die Teilchen durch ein elektrostatisches Feld gemäß Abb. 421 aus der Zyklotronkammer herausgelenkt werden. Das Gerät liefert nur Teilchen einer bestimmten kinetischen Energie, und zwar gepult mit T_H.

Beispiel. Führt man in Gl. (7-34) ein $\omega = 2\pi \cdot c/\lambda$ und setzt (m/e) für Protonen und $\gamma_{em} = 1$ Cb · Wb/Js ein, so entsteht die Resonanzbedingung $B \cdot \lambda = 19{,}67$ Wb/m $\cdot (m/e)/(m/e)_{Prot}$. Mit $B = 1{,}5$ $T =$

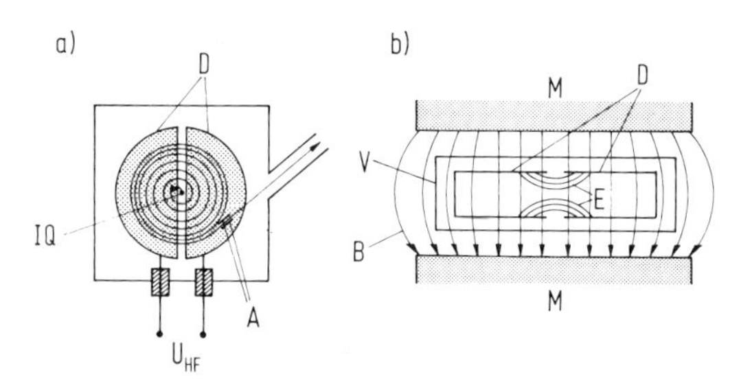

Abb. 421. Zyklotron schematisch.
a) IQ: Ionenquelle, U_{HF}: hochfrequente Hochspannung (von einem Röhrensender), D: D-förmige Elektroden („Dees"), A: Anschluß für hohe Gleichspannung für Ablenk-Elektrode zum Auslenken des Strahles.
b) E: hochfrequente elektrische Feldstärke zwischen den D-Elektroden, B: Feldlinien des magnetischen Feldes, M, M: Polstücke des Elektromagneten. In Wirklichkeit liegen die Polstücke dicht an der Vakuumkammer V.

$=(1{,}5\ \mathrm{Wb/m^2})$ und Protonen folgt $\lambda=(19{,}67\ \mathrm{Wb/m})/(\mathrm{m^2})=13{,}1$ m oder $\nu=c/\lambda=(300\cdot 10^6\ \mathrm{m/s})/13{,}1\ \mathrm{m}=$ $=22{,}9\cdot 10^6\ \mathrm{s^{-1}}=22{,}9$ MHz, für α^{++}-Teilchen folgt $\lambda=26$ m oder $\nu=11{,}56$ MHz.

Wenn das homogene Magnetfeld bis zum Radius $r=0{,}333\ldots$m nutzbar ist, erreicht das Proton nach Gl. (6-2a) den Impuls $mv=rBe/\gamma_{\mathrm{em}}=0{,}333\ \mathrm{m}\cdot 1{,}5\ \mathrm{Wb/m^2}\cdot 1{,}6\cdot 10^{-19}\ \mathrm{Cb/(1\ Cb\ Wb/Js)}=$ $=0{,}8\cdot 10^{-19}$ Js/m.

Nach Gl. (6-10) ist die erreichte kinetische Energie dann $W=(mv)^2/(m+m_0)$. Man kann leicht nachrechnen, daß $v\ll c$, also $m+m_0\approx 2m_0$. Dann folgt

$$W=(0{,}8\cdot 10^{-19}\ \mathrm{Js/m})^2/(2\cdot 1{,}66\cdot 10^{-27}\ \mathrm{Js/m^2})=$$
$$=0{,}64\cdot 10^{-38}\ \mathrm{J^2\,s^2}/3{,}32\cdot 10^{-27}\ \mathrm{J\,s^2}=1{,}93\cdot 10^{-12}\ \mathrm{J}=$$
$$=1{,}92\cdot 10^{-12}\ \mathrm{J}/1{,}60\cdot 10^{-19}=12{,}1\ \mathrm{MeV}.$$

Die Bahnen der Teilchen müssen möglichst in der Mittelebene zwischen den Polschuhflächen verlaufen, damit sie nicht schließlich an den D-Elektroden anstreifen. Teilchen, deren Bahnen von der Mittelebene abweichen, unterliegen durch den Verlauf des elektrischen Feldes auf ihrem Wegstück zwischen den D-Elektroden einer zur Mittelebene gerichteten Kraftkomponente, solange sie noch niedrige kinetische Energie haben. Auf Teilchen, die schon eine hohe kinetische Energie erreicht haben, wirkt nahe dem Rand ebenfalls eine zur Mitte gerichtete Kraftkomponente: Die auf die umlaufenden Teilchen wirkende Lorentzkraft hat infolge der nach außen gebogenen Feldlinien eine kleine zur Mittelebene gerichtete Komponente.

Wenn die Teilchen so hohe Geschwindigkeit erreicht haben, daß dadurch ihre Masse merklich zugenommen hat, sind zusätzliche Maßnahmen erforderlich, um die Resonanzbedingung einzuhalten.

Ohne zusätzliche Vorkehrungen kann man mit einem Zyklotron z. B. Protonen auf 20 MeV bringen. Für diese ist m/m_0 dann 1,02. Eine Änderung von Frequenz und magnetischer Flußdichte zwecks Änderung der Teilchenart oder Teilchenenergie erfordert viel Justieraufwand.

Man kann heute ähnliche Geräte mit bestimmten Feldformen bauen (mit sektorartig profilierten Polstücken), in denen die Teilchen für den Umlauf trotz zunehmender Teilchenmasse dieselbe Umlaufdauer benötigen („Isochronzyklotron“). Bei einem solchen Gerät kann die Endenergie der Teilchen auch kontinuierlich variiert werden.

3. Linac. Statt die zu beschleunigenden geladenen Teilchen auf Kreisbahnen laufen zu lassen, kann man sie auch in einer geradlinigen Anordnung unter Benützung von Hochfrequenzspannung beschleunigen (Linearbeschleuniger, englisch linear accelerator, zusammengezogen zu Linac). In einem Vakuumrohr sind zylindrische Elektroden mit gesetzmäßig zunehmender Länge geradlinig hintereinander angeordnet (Abb. 422). Zwischen den Elektroden 1, 3, 5, 7,... einerseits und den Elektroden 2, 4, 6, 8,... andererseits liegt hochfrequente Wechselspannung. Ihre Kreisfrequenz sei $\omega=2\pi/T_{\mathrm{H}}$. Es wird der Fall betrachtet, daß ein Teilchen beim ersten Übertritt von einer Elektrode in die nächste beschleunigende Spannung vorfindet. Im Innern der Elektrode bewegt es sich in elektrisch feldfreiem Raum. Die Länge der Elektroden muß so gewählt werden, daß das Teilchen zum Durchlaufen jeder Elektrode immer $T_{\mathrm{H}}/2$ benötigt. Dann findet es bei jedem Übertritt wieder beschleunigende Spannung vor, denn während es einen Zylinder durchlaufen hat, hat sich das Spannungsvorzeichen gerade

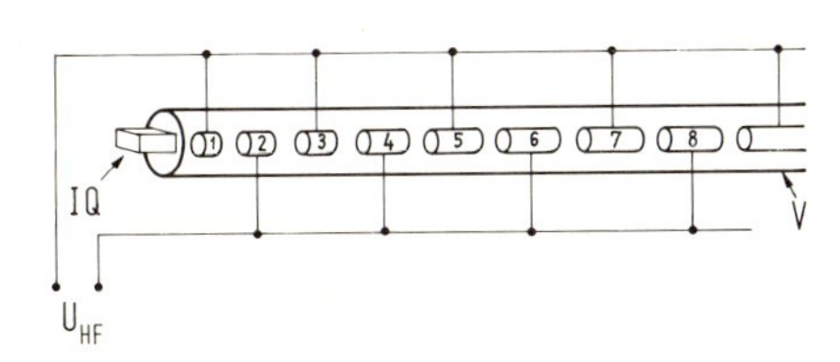

Abb. 422. Linearbeschleuniger (Linac). IQ: Ionenquelle, V: Vakuumrohr aus Isoliermaterial, U_{HF}: zur hochfrequenten Hochspannungsquelle (Röhrensender). Die HF-Spannung liegt jeweils zwischen aufeinander folgenden Zylindern.

umgekehrt. Die Länge der Zylinderelektroden muß entsprechend der Teilchengeschwindigkeit zunehmen.

Ein Linearbeschleuniger kann für den Betrieb mit Elektronen oder Protonen oder Schwerionen ausgelegt werden. Nach diesem Prinzip können damit Elektronen auf kinetische Energien in der Größenordnung 10 MeV bis 3000 MeV gebracht werden, oder Protonen auf kinetische Energien von Hunderten oder Tausenden MeV. Man kann ihn auch für Ionen sehr großer Masse auslegen, z. B. für Uranionen.

4. Synchrotron. Wollte man Teilchen, die schon nahezu Lichtgeschwindigkeit erreicht haben, nach dem einfachen Linac-Prinzip weiter beschleunigen, so würden sich sehr lange Röhren ergeben. Man kann dieses Beschleunigungsprinzip aber auf einen Kreisbeschleuniger übertragen. Dann können die zu beschleunigenden Teilchen eine geschlossene Bahn vielfach durchlaufen und gewinnen dabei weitere kinetische Energie. Dies geschieht folgendermaßen: Die Teilchen bewegen sich in einem Vakuumrohr, das aus geraden und gekrümmten Stücken besteht (Abb. 423). In den kreisförmig gekrümmten Stücken unterliegen die Teilchen einem

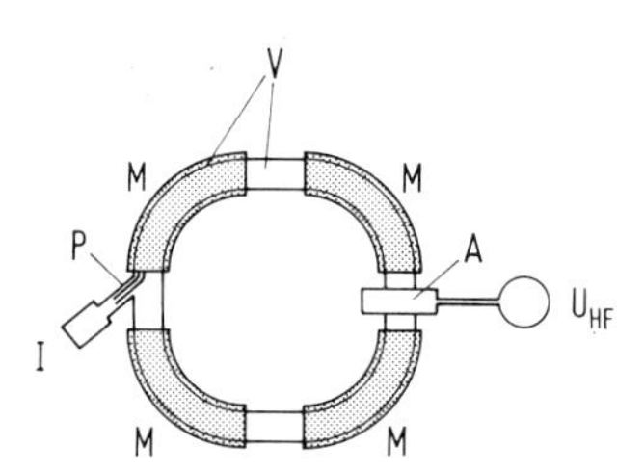

Abb. 423. (Protonen-) Synchrotron. Vorbeschleunigte Ionen aus der Ionenquelle I werden bei P eingelenkt, laufen im Magnetfeld M auf Kreisbahnstücken und werden bei A mit HF beschleunigt. Gezeichnet ist ein Synchrotron mit einer einzigen Beschleunigungsstrecke und vier Magneten mit 90° Ablenkwinkel. Man kann 2n Magnete mit Ablenkwinkel 360°/(2n) verwenden und bis zu 2n Beschleunigungsstrecken.
Beim Genfer Protonen-Synchrotron z. B. haben die Teilchenbahnen im Magnetfeld einen Krümmungsradius 86 m und es werden 38 Beschleunigungsstrecken längs der nahezu kreisförmigen Bahn verwendet.

ablenkenden magnetischen Feld, befinden sich aber in einem elektrisch feldfreien Raum. Sie laufen darin mit konstanter kinetischer Energie. Auf den geraden Stücken werden die Teilchen wie beim Linac beschleunigt. Da die Teilchen bereits nahezu Vakuumlichtgeschwindigkeit c haben, kommen sie auch bei mehrmaligem Durchlaufen immer phasenrichtig über die Grenze zwischen zwei Elektroden. Die Vermehrung ihrer kinetischen Energie beruht im wesentlichen in der Vergrößerung ihrer Masse, jedoch fast nicht ihrer Geschwindigkeit (vgl. 6.1.4). Die magnetische Feldstärke in den gekrümmten Stücken muß man zeitlich so ansteigen lassen, daß die Teilchen auch bei zunehmender Energie immer auf derselben Bahn laufen. Auch bei diesem Beschleuniger muß Gl. (7-34) gelten.

Das Protonensynchrotron des *C*onseil *E*uropeen pour la *R*echerche *N*ucleaire (CERN) in Genf-Meyrin (seit 1962) beschleunigt Protonen auf 28000 MeV = 28 GeV. In solchen Geräten erhält man immer nur einen „Puls" von Teilchen in regelmäßigen Zeitabständen. Alle 5 s werden 10^{11} Protonen auf diese Energie gebracht. Die Protonen werden zunächst durch einen van-de-Graff-Generator auf 0,5 MeV, dann durch einen Linac auf 50 MeV beschleunigt. Erst dann bewirkt das beschriebene Prinzip die weitere Erhöhung der Teilchenenergie. Inzwischen gibt es seit 1977 in CERN und in Batavia (USA) eine 400 GeV-Maschine.

Ein Synchrotron kann auch so ausgelegt werden, daß damit Elektronen auf sehr hohe Energie gebracht werden können, z. B. auf 7,5 GeV beim *D*eutschen *E*lektronen *S*ynchrotron

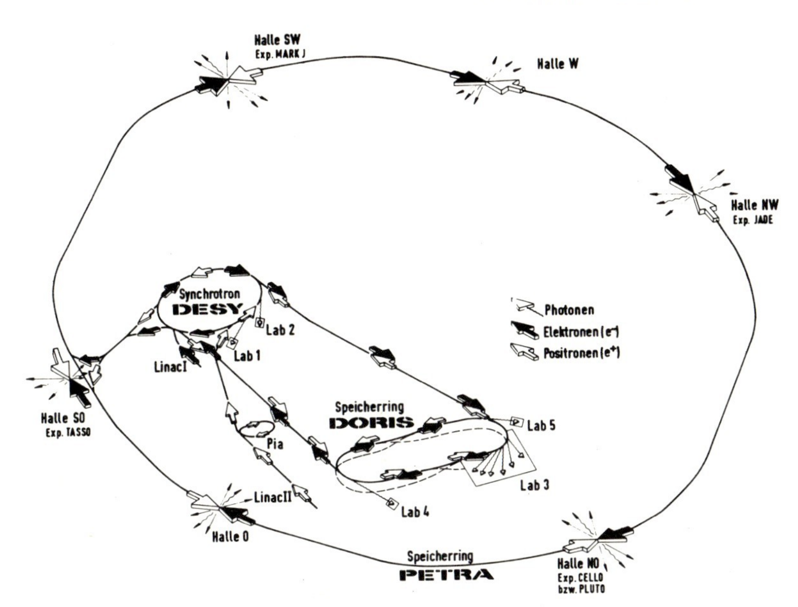

Abb. 423a. DESY, DORIS, PETRA samt Verbindungswegen (perspektivistisch). Der Durchmesser von DESY beträgt 100 m, der von PETRA 734 m. Die Teilchenbahn von PETRA besteht aus Geraden und Kreisstücken. Während des Laufes geladener Teilchen auf einer gekrümmten Bahn wird tangential elektromagnetische Wellenstrahlung ausgesandt („Synchrotronstrahlung“). Ihre Wellenlängenverteilung reicht vom MHz-Bereich über UV bis in den Bereich der Röntgenstrahlung. Sie ist die wichtigste Quelle für Photonen mit Quantenenergien der Größenordnung 10 eV bis 1000 eV. Der Energieverlust durch diese Strahlung erfordert laufende Energiezufuhr an die umlaufenden Teilchen und begrenzt deren erreichbare Höchstenergie.

(DESY) in Hamburg, das 1964 den Betrieb aufnahm. Die hohen Teilchenenergien werden in der Elementarteilchenphysik benötigt (vgl. 8.2).

Ein wesentlicher Fortschritt konnte durch den Bau von *Speicherringen* erzielt werden. In ihnen laufen Elektronen und Positronen mit entgegengesetztem Umlaufsinn zwischen Strahlführungsmagneten um. An den Kreuzungszonen beider Teilchenarten treten bei Zusammenstößen Umwandlungen ein. Dabei steht die *gesamte* Teilchenenergie zur Verfügung. Der Ringspeicher DORIS (*Do*ppel*ri*ng-*S*ystem) erreichte im Frühjahr 1978 $2 \cdot 5$ GeV, der Speicherring PETRA (*P*ositron-*E*lektron-*T*andem-*R*ing*a*nlage) kam 1978 in Betrieb und ist für $2 \cdot 19$ GeV ausgelegt. Das sind 10 bzw. 38 GeV relativ Massenzentrum.

Die Positronen werden in einem Linac II durch Aufprall eines Elektronenstrahls auf Wolframdraht erzeugt. Sie gelangen zunächst in einen kleinen Hilfsspeicher PIA (*P*ositronen-*I*ntensitäts-*A*kkumulator) und werden dort für die Speicherringe vorbereitet. Die Elektronen stammen aus einem Linac I. Man speist Pakete von Elektronen und Positronen getrennt und gegenläufig in das DESY-Synchrotron ein. Dort werden sie beschleunigt und gelangen dann mit passender Injektionsenergie über magnetische Weichen in DORIS oder PETRA. Diese Speicherringe bilden einen komplizierten Verband mit DESY, PIA, Linac I und II (Abb. 423a).

5. *Betatron.* Die elektrische Feldstärke E zur Beschleunigung der Elektronen rührt im Betatron vom zeitlichen Anstieg des magnetischen Flusses im Innern der (nahezu kreisförmigen)

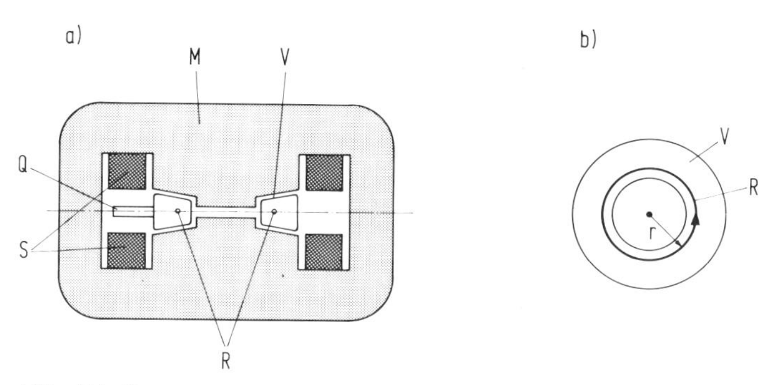

Abb. 424. Betatron.
a) Seitenansicht: Die elektrische Stromstärke in den Feldspulen S des Magneten steigt zeitlich an. Im Innenbereich des Magneten herrscht eine höhere, im Bereich der Elektronenbahnen eine geringere magn. Flußdichte. Bei jedem Anstieg wird ein Elektronenpuls erzeugt; das kann z. B. 50 mal je Sekunde geschehen, wenn man für den Magneten lamelliertes Eisen verwendet. Die Elektronen aus der Quelle führen Schwingungen um die Sollbahn R aus. Der Sollbahnradius kann z. B. 25 cm sein bei 30 MeV Endenergie und der maximalen Flußdichte am Sollkreis 0,4 T. Der Anschluß Q führt zur Quelle nahe dem Sollkreis.
b) Grundriß: Vakuumröhre mit Sollkreis R mit dem Radius r.

Elektronenbahn her. Sie entsteht ähnlich wie in der Wicklung eines Transformators (vgl. 4.5.1.5). Jedoch laufen die Elektronen im Betatron in einem ringförmigen Feldbereich des Magneten in einer Vakuumröhre auf einer Kreisbahn. Damit das möglich ist, muß am Ort der Bahn ein magnetisches Feld (Führungsfeld) senkrecht zur Bahn vorhanden sein. Dieses muß zeitlich ansteigen, wenn der Impuls (und damit auch die kinetische Energie) der Elektronen zeitlich zunimmt. Der Mittelpunkt der Elektronenbahn fällt mit der Symmetrieachse des zylindersymmetrischen magnetischen Führungsfeldes zusammen. Abb. 424 zeigt eine dafür geeignete Anordnung.

Die Teilchenbahnen umfassen einen induzierenden magnetischen Fluß, der sich zusammensetzt aus dem Fluß im Innenbereich des Doppeljochmagneten und einem Teil des Flusses im Bereich der Bahn der Elektronen (Außenbereich). Wird der umfaßte magnetische Fluß zeitlich erhöht, dann entsteht längs der Bahn der Elektronen die elektrische Feldstärke E parallel zur Bewegung der Elektronen. Zu einer bestimmten kinetischen Energie der Elektronen gehört eine bestimmte magnetische Flußdichte im Bahnbereich. Man muß dort die magnetische Flußdichte B proportional dem Impuls mv der Elektronen ansteigen lassen, so daß der Sollbahnradius der umlaufenden Elektronen trotz ihrer Beschleunigung ungeändert bleibt. Die Bedingung dafür lautet: Die Flußdichte des Führungsfeldes am Sollkreis muß halb so groß sein wie die mittlere induzierende Flußdichte innerhalb des Sollkreises. Man nennt das 1 : 2-Bedingung.

Verwendet man im Bereich der Elektronenbahnen ein Magnetfeld, dessen Feldstärke nach außen proportional $(R/R_0)^n$ mit $0{,}5 < n < 1$ abfällt, so pendelt ein Elektron, dessen Richtung von der Sollbahn nach oben/unten oder nach außen/innen abweicht, auf einer kreisähnlichen Bahn um den Sollkreis.

Die gesamte Beschleunigung der Elektronen findet während 1/4 der Periodendauer des durch die Magnetspulen gehenden Wechselstroms statt. Wenn der nahezu maximale magnetische Fluß im Magneten und damit nahezu die maximale kinetische Energie der Elektronen in der Vakuumröhre erreicht ist, wird durch eine Zusatzwicklung die Feldstärke im Führungsfeld vergrößert (oder abgeschwächt). Dann verkleinert (oder vergrößert) sich der Radius der Elektronenbahnen; die Elektronen werden dann entweder nach innen auf ein Target gelenkt, damit Röntgenstrahlung gebildet wird, oder nach außen auf ein dünnes Fenster, wenn man die Elektronen außerhalb der Röhre verwenden will.

Mit dieser Methode kann man Elektronen mit kinetischen Energien z. B. von 30 MeV oder auch von 300 MeV erzeugen, je nach der Größe des Betatrons. Zur Beschleunigung von Ionen eignet sich dieses Verfahren nicht.

7.6. Strahlendosis, Strahlenschäden

Korpuskularstrahlung und ionisierende elektromagnetische Wellenstrahlung können in Organen und Geweben des menschlichen Körpers erhebliche Schäden verursachen.

Korpuskularstrahlen (z. B. α-, β- und andere Teilchenstrahlen aus Beschleunigern oder radioaktiven Präparaten) und elektromagnetische Strahlung hinreichender Quantenenergie (z. B. Röntgenstrahlung, γ-Strahlung) können in Materie Veränderungen verursachen. Ein Teil der Strahlungsenergie wird absorbiert, und dabei werden Moleküle des organischen Gewebes in Teile (Ionen, Radikale) zerlegt. Sie verbinden sich kurz darauf wieder, zum Teil in andere, dem Körpergewebe fremde Moleküle, die schädlich sind und die der Körper nicht oder nur zum Teil abzubauen vermag. Zwei Gruppen von biologischen Strahlenschäden sind für die Festlegung der Dosisgrenzwerte zu beachten: 1) Spätschäden, insbes. Entstehung von Krebs, 2) Erbmutationen durch Strahlung.

Definition. Den Quotienten (Energie W_D, die auf das Material durch die ionisierende Strahlung übertragen wurde)/(Masse m, in die sie übertragen wurde) nennt man Energiedosis D, also

$$D = \frac{\mathrm{d}W_D}{\mathrm{d}m} = \frac{1}{\varrho} \frac{\mathrm{d}W_D}{\cdot \mathrm{d}V}$$

Einheit: $[D] = 1$ Gray $= 1$ J/kg, Kurzzeichen Gy

Früher war gebräuchlich 1 Rad = 1 rd = 10^{-2} Joule/kg = 10^{-2} Gy

Die Energiedosis ist nicht einfach meßbar. Deshalb wählt man eine andere physikalische Größe, die man leichter direkt messen kann:

Definition. Unter der Ionendosis J versteht man (die durch die Strahlung gebildete Ladung Q aller Ionen eines Vorzeichens in Luft)/(Masse m_L der Luft, in der sie gebildet wurde), also

$$J = \frac{\mathrm{d}Q}{\mathrm{d}m_L}$$

Als Einheit der Ionendosis wurde festgelegt

$[J] = 1$ Cb/kg.

Noch gebräuchlich ist 1 Röntgen = 1 R = $2{,}58 \cdot 10^{-4}$ Cb/kg (Luft)

Man findet, daß Energiedosis und Ionendosis einander proportional sind, also $D = g \cdot J$ und weiter, daß für organisches Gewebe $g \approx 1$ rd/R. Die Umrechnung hängt etwas von Quantenenergie und Gasart ab.

Die verschiedenen Strahlungsarten besitzen verschiedene biologische Gefährlichkeit, hauptsächlich wegen der verschiedenen Ionendichte und deren unterschiedlicher Rekombinationsgeschwindigkeit. Bei gleicher Ionendosis kommt es also noch auf die Ionisierungsdichte an. α-Strahlen erzeugen z. B. längs eines kurzen Weges viel mehr Ionenpaare als β-Strahlen. Jeder Strahlungsart ordnet man deshalb einen experimentell ermittelten (biologischen) Bewertungsfaktor q zu.

Definition. Das Produkt aus dem (biologischen) Bewertungsfaktor q und der Energiedosis D heißt Äquivalentdosis H, also

$$H = q \cdot D$$

Die Einheit der ¨quivalentdosis H wird mit 1 Sievert bezeichnet (Kurzzeichen Sv) und durch folgende Vereinbarung festgelegt:

Definition. 1 Sv ist die Äquivalentdosis von 1 Gy Röntgenstrahlung der Quantenenergie 200 keV. Dies ist gleichbedeutend mit der Festlegung: $q = 1$ Sv/Gy für 200 keV-Röntgenstrahlung.

Noch befristet zugelassen ist die Einheit Rem (Kurzzeichen rem), 1 rem $= 10^{-2}$ Sv.

Für andere Strahlungen findet man

Strahlungsart	(biologischer) Bewertungsfaktor q
Röntgenstrahlung	1
γ-Strahlung	1
Elektronen	1
thermische Neutronen	≈ 2
schnelle Neutronen	≈ 10
α-Teilchen	≈ 20
Schwerionen (z. B. ^{16}O)	≈ 25

Die Äquivalentdosis genau zu messen ist nicht einfach. Sie muß aus der Kenntnis des Strahlenfeldes ermittelt werden.

Die biologischen Strahlenschäden ergeben sich wie folgt: Jeder Organismus baut sich auf aus Zellen, die bestimmte Funktionen ausüben müssen. Dazu sind umfangreiche Regelvorgänge nötig. Außerdem enthalten die Zellen verschiedene Arten komplizierter Moleküle (Eiweiß, Desoxyribonucleinsäure = DNS). Außerdem ist in jeder Zelle der Bauplan des Körpers gespeichert (sog. genetischer Code). Durch die Einwirkung von ionisierender Strahlung kann die Struktur von Molekülen verändert werden. Die Regelungsvorgänge werden gestört, giftige Stoffe werden gebildet, und die Funktion der geschädigten Zelle fällt aus oder verläuft gestört. Das hat die Gefahr einer späteren Krebsentstehung zur Folge, außerdem können Erbmutationen bewirkt werden. Besonders strahlenempfindlich sind die Augen (Augenlinse), die Keimdrüsen und alle blutbildenden Organe, sowie andere Organe, bei denen die Erzeugung von Krebs durch Strahlung nachgewiesen wurde.

Beispiel. Die Augenlinse wird trüb (grauer Star) durch 0,2–0,5 Gy Neutronen; es findet keine Erholung des Gewebes statt, die Wirkung ist additiv, auch über viele Jahre. Auch durch Röntgenstrahlung wird die Linse getrübt, aber erst durch mindestens 2 Gy.

Bei ionisierender Strahlung aller Art ist deshalb größte Vorsicht geboten. Auch Röntgenstrahlung darf nur mit Vorsicht verwendet werden. Nutzen und Schaden sind gegeneinander abzuwägen.

Beispiel. Für eine Röntgenaufnahme des Magen-Darm-Kanals (1 Bild) ist eine Ionendosis (Oberflächendosis) $J \approx 0{,}6$ R erforderlich. Hierbei ist $H = q \cdot D = q \cdot g \cdot J = (1\ \text{Sv/Gy}) \cdot (1\ \text{Gy/R}) = 6$ mSv.

Jeder, der mit Strahlung zu tun hat, muß sich über die einschlägigen Strahlenschutzvorschriften informieren. Personen, die in Einrichtungen arbeiten, in denen es Präparate oder Geräte gibt, die Strahlen aussenden, stehen unter Strahlenschutzüberwachung. Sie dürfen aus diesen Strahlenquellen höchstens 0,5 mSv/Jahr erhalten. Dabei wird vorausgesetzt, daß diese Personengruppe im Mittel nur etwa 1/10 des Dosisgrenzwertes von 50 mSv/Jahr erhält.

8. Physik der Elementarteilchen

Wenn schnelle Teilchen, vor allem Protonen oder Neutronen (mit kinetischen Energien um 100 MeV bis 100 GeV und mehr), auf Materie (Atomkerne) fallen, dann entstehen verschiedenartige sog. *Elementarteilchen.* Sie werden mit großem Impuls und großer kinetischer Energie ausgesandt. Wichtige Informationen können beim Erzeugungs- und Zerfallsprozeß gewonnen werden, da man auch hier Erhaltung der Ladung, des Impulses, des Drehimpulses, der Energie voraussetzen darf. Es ergeben sich weitere neue Erhaltungsgrößen. Die Meßmethoden sind ähnlich denen in der Kernphysik, jedoch den riesigen kinetischen Energien der Teilchen angepaßt.

8.1. Vernichtungsstrahlung, Paarbildung

F/L 6.8

Elektron und Positron können sich vereinigen. Relativ zu ihrem Schwerpunkt zerstrahlen sie dann in 2 Lichtquanten jeweils der Quantenenergie 0,511 MeV mit entgegengesetzten Richtungen. Aus einem Photon mit $h\nu \geq 1{,}022$ MeV kann ein Elektron-Positron-Paar gebildet werden.

Das Positron (Zusammenziehung aus positiv electron) wurde erstmalig von Anderson 1932 als (sekundärer) Bestandteil der kosmischen Ultrastrahlung beobachtet und als neues Teilchen erkannt.

Wie in 7.2.2 erwähnt, senden gewisse radioaktive Kerne Positronen aus (Beispiel $^{22}_{11}$Na). Etwa 1934 wurde entdeckt, daß in der Umgebung von Positronenstrahlern stets eine γ-Strahlung mit der Quantenenergie 0,511 MeV auftritt. Koinzidenzuntersuchungen zeigten, daß zwei γ-Quanten gleichzeitig in genau entgegengesetzte Richtungen ausgesandt werden. Jedes der beiden Photonen hat die Quantenenergie 0,511 MeV. Andererseits haben Elektron und Positron jeweils den Energieinhalt $m_0 \cdot c^2 = 0{,}511$ MeV. Diese Energie stimmt mit der ausgestrahlten Quantenenergie überein. Man schließt daraus: Wenn ein Positron, Masse m_0, (fast) zur Ruhe gekommen ist, vereinigt es sich*) mit einem Elektron, Masse m_0, bevorzugt mit einem (nahezu) ruhenden. Dabei verschwinden beide Teilchen. Die Plusladung und die Minusladung vernichten sich zu Null (Erhaltung der Ladung), die Masse beider Teilchen verwandelt sich in Strahlung, sie „*zerstrahlen*". Diese Strahlung heißt daher „Vernichtungsstrahlung" (engl. annihilation-radiation). Der Gesamtimpuls der beiden Teilchen vor der Zerstrahlung und der Gesamtimpuls der beiden Photonen nach der Zerstrahlung ist Null, weil beide nach entgegengesetzten Richtungen ausgesandt werden.

Mit sehr geringem Wirkungsquerschnitt gibt es auch „Zerstrahlung im Flug", d. h. ein schnelles Positron vereinigt sich mit einem (ruhenden) Elektron der Materie. Dann ist der Schwerpunkt nach vorwärts bewegt, man bekommt in Vorwärtsrichtung γ-Strahlung mit einheitlicher Quantenenergie („monochromatische" Strahlung) größer als 0,511 MeV.

Demonstration. $^{22}_{11}$Na sendet Positronen aus und eine relativ starke Vernichtungsstrahlung mit $h\nu = 0{,}511$ MeV (ferner eine schwache γ-Strahlung aus dem angeregten Folgekern $^{22}_{10}$Ne). Man setzt ein ^{22}Na-Präparat in die Achse eines Gestells mit einem festen und einem schwenkbaren Arm, auf denen im gleichen Abstand vom Präparat je ein Szintillationsdetektor montiert ist. Die von der γ-Strahlung herrührenden Zählimpulse beider Zähler werden einer Koinzidenzstufe zugeleitet. Man erhält nur dann koinzidierende Zählimpulse, wenn die beiden Zähler unter genau 180° zum Präparat angeordnet sind. Ändert man diesen Winkel nur um 1/2°, so unterbleiben die Koinzidenzen (Abb. 425).

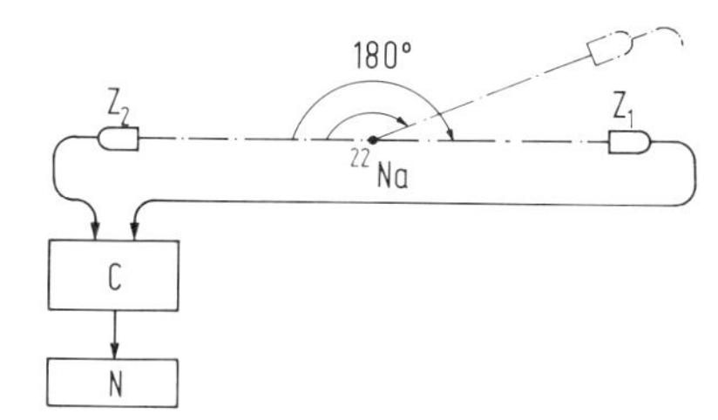

Abb. 425. Meßanordnung zur Vernichtungsstrahlung. Z_1, Z_2: Detektor für γ-Strahlung, C: Koinzidenzstufe, N: Zählwerk. Der eine Detektor befindet sich auf einem Schwenkarm, die Positronenquelle (^{22}Na-Präparat) im Drehmittelpunkt. Koinzidenzen erhält man nur, wenn Z_1 und Z_2 unter 180° stehen.

Bei sehr präziser Justierung beobachtet man Koinzidenzen noch bei Winkeln, die um etwa 1/4° von 180° abweichen. Das rührt davon her, daß die zur Ruhe gekommenen Positronen sich mit Elektronen der umgebenden Materie vereinigen. Diese Elektronen haben z. B. im Metall einen von Null verschiedenen Impuls, vgl. 4.3.1.2. Man kann so z. B. die Impulsverteilung der Leitfähigkeitselektronen in Metall ausmessen (Praktikumsversuch).

Wie in 6.3.2 erwähnt, können Lichtquanten mit genügend hoher Quantenenergie (außer durch Photoeffekt und Compton-Effekt) auch unter „Paarbildung" absorbiert werden: Ein Photon mit hinreichend hoher Quantenenergie $h\nu$ verschwindet, und dafür werden ein Positron und ein Elektron ausgesandt. Dieser elektromagnetische Prozeß kann nur in der Nähe eines (geladenen) Teilchens ablaufen, das dann Impuls übernimmt, und zwar die Differenz zwischen dem Impuls $h\nu/c$ des Photons und dem Gesamtimpuls $mv_1 + mv_2$ des Elektron-Positron-Paares.

---

* Zuerst umkreisen sich Positron und Elektron ähnlich wie ein Proton und Elektron im H-Atom relativ zum gemeinsamen Massenmittelpunkt (sie bilden „Positronium"). Wenn ihre Spins antiparallel stehen, zerstrahlen sie mit der Halbwertzeit $T \approx 10^{-10}$ s, wenn sie parallel stehen mit $\approx 10^{-7}$ s $= 0{,}1$ μs in 3 Lichtquanten.

Besonders häufig tritt die Paarbildung in der Nähe eines Atomkerns ein. Wegen seiner großen Masse übernimmt er nur Impuls, aber fast keine Energie. Dieser Prozeß benötigt mindestens 1,02 MeV $= 2\,m_e \cdot c^2$. Dabei erhalten Positron und Elektron zusammen die Energie $h\nu - 1{,}02$ MeV. Sie wird auf beide Teilchen verteilt, aber nicht gleichmäßig. Abb. 426 zeigt dazu eine Bläschenkammeraufnahme im Magnetfeld.

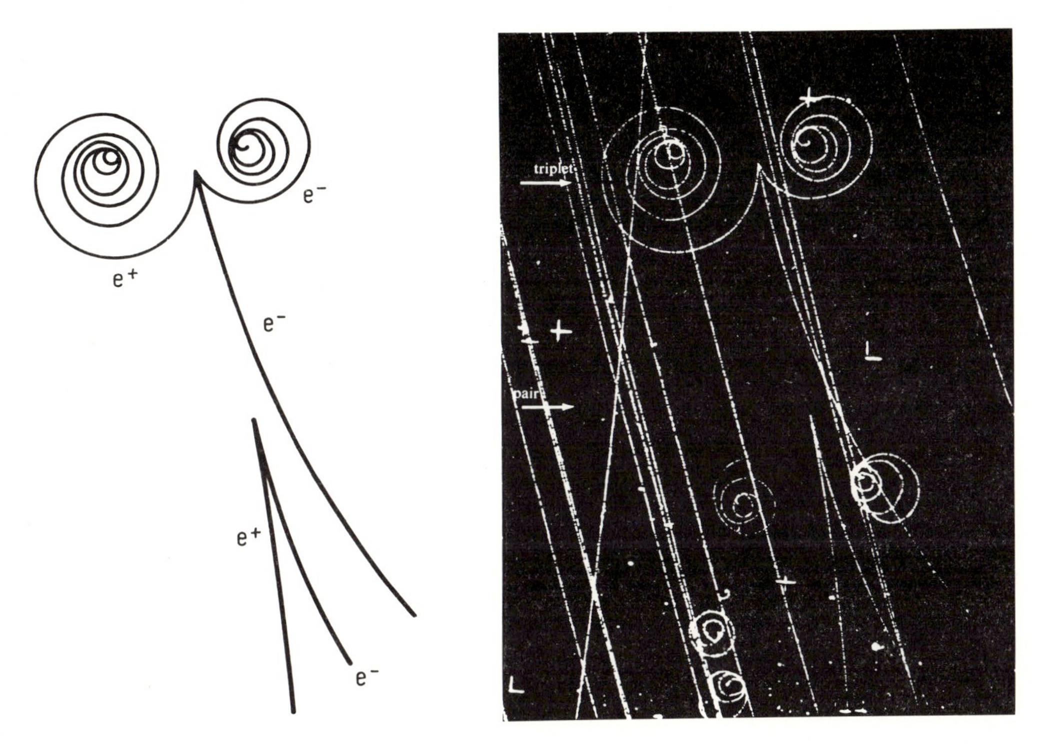

Abb. 426. Paarerzeugung. Blasenkammeraufnahme im Magnetfeld samt Nachzeichnung. Von oben fällt γ-Strahlung genügender Quantenenergie ein, unten im Bild Paarbildung an einem Atomkern (dieser bleibt unsichtbar). Oben im Bild Paarbildung an einem Elektron, das dabei nach vorwärts gestreut wird. Elektron und Positron lassen sich durch die Krümmungsrichtung unterscheiden. – Aufnahme Lawrence Radiation Lab., Berkeley, nach: E. Segrè, Nuclei and Particles, p. 56, W. A. Benjamin, Inc., New York 1965.

Der Paarbildungsprozeß kann aber auch in der Nähe eines Elektrons ablaufen. Wegen dessen kleiner Masse übernimmt das Elektron außer Impuls auch beträchtliche Energie (vgl. Abb. 426). Für diesen Prozeß sind mindestens $4\,m_e c^2$ erforderlich.

8.2. Elementarteilchen

Man kennt eine Vielzahl von Elementarteilchen, die sich außer durch Masse, elektrische Ladung, magnetisches Moment auch durch die Art ihrer Wechselwirkung unterscheiden. Es gibt auch angeregte Zustände von Elementarteilchen.

Elementarteilchen sind Teilchen, die nach unserer heutigen Kenntnis nicht aus anderen Teilchen zusammengesetzt sind*). Zu jedem Elementarteilchen gibt es ein Antiteilchen. Als Symbol für das Antiteilchen verwendet man das Symbol des Teilchens mit Überstreichen.

Beispiel. Proton p, Antiproton $\overline{\mathrm{p}}$.

Teilchen und Antiteilchen können miteinander zerstrahlen, z. B. ist das Positron das Antiteilchen zum Elektron, und beide zerstrahlen nach 8.1.

Nach unserer heutigen Kenntnis gibt es außer den Kräften der elektromagnetischen Wechselwirkung**) und der Gravitation noch die Kräfte der sog. „*starken Wechselwirkung*", die *Kernkräfte*. Sie wirken z.B. zwischen Proton und Neutron. Außerdem gibt es die Kräfte der sog. „*schwachen Wechselwirkung*"; sie treten insbesondere beim β-Zerfall auf und wirken z.B. zwischen Elektron und Antineutrino.

Die Elementarteilchen können charakterisiert werden durch ihre Ruhemasse, ihren Spin, ihre elektrische Ladung usw. Je nach der Art ihrer Wechselwirkung werden sie zu den Leptonen gerechnet oder zu den Hadronen. Leptonen haben nur schwache Wechselwirkung, Hadronen starke.

Leptonen sind also Teilchen, die nur schwache Wechselwirkung zeigen, außer elektromagnetischer Wechselwirkung und Gravitation. Dazu gehören das Elektron und dessen Antiteilchen, das Positron, ferner Myon, Elektronen-Neutrino (ν), Myonen-Neutrino (ν_μ) und deren Antiteilchen, vgl. Abb. 427. Man ordnet dem Lepton eine besondere Quantenzahl, die Leptonenzahl 1 zu, und zwar den „Teilchen" $+1$, den „Antiteilchen" -1. Bei allen Umwandlungsprozessen bleibt die Leptonenzahl „erhalten", d.h. sie bleibt ungeändert. Das negative Myon hat die Lebensdauer $\tau \approx 2{,}2\ \mu\mathrm{s}$ und zerfällt durch den Prozeß

$$\mu^- \longrightarrow \mathrm{e}^- + \overline{\nu} + \nu_\mu$$

Leptonen haben den Spin 1/2, folgen also der Fermi-Statistik. Die Ruhemasse der Myonen ist $105{,}66\ \mathrm{MeV}/c^2 = 207\ m_\mathrm{e}$, wo m_e die Ruhemasse des Elektrons ist. Ein weiteres Lepton wurde 1977 an DORIS nachgewiesen. Es wird τ-Teilchen (τ-Lepton) genannt und hat die Ruhemasse $(1807 \pm 20)\ \mathrm{MeV}/c^2 = (3540 \pm 40) \cdot m_\mathrm{e}$. Damit ist seine Masse größer als die des Protons. Es gibt τ^-, ein weiteres Neutrino ν_τ, sowie deren Antiteilchen.

Negative Myonen können ebenso wie Elektronen in Atomen gebundene Zustände besetzen, sie bilden „myonische Atome".

Mesonen gehören zu den Hadronen. Sie sind Teilchen, die der starken Wechselwirkung unterworfen sind, außer elektromagnetischer Wechselwirkung und Gravitation. Dazu gehören die

---

* Heute wird die Vermutung diskutiert, daß auch Elementarteilchen zusammengesetzt sind (Quark-Hypothese).

** Gemeint sind Kräfte, die durch die elektrische oder magnetische Feldstärke auf elektrische Ladung oder magnetischen Fluß (bzw. magnetisches Moment) ausgeübt werden.

π-Mesonen und K-Mesonen (auch Pionen und Kaonen genannt). Das negative π-Meson ist das Antiteilchen des positiven. Typische, aber nicht die einzigen Zerfallsprozesse sind

$$\left.\begin{array}{l}\pi^+ \rightarrow \mu^+ + \nu_\mu \\ \\ \pi^- \rightarrow \mu^- + \overline{\nu_\mu}\end{array}\right\} \quad \text{mit} \quad \tau = 0{,}025\ \mu\text{s}$$

Es gibt auch ein elektrisch ungeladenes π-Meson: π^0. Das π^0 ist sein eigenes Antiteilchen, es zerfällt mit der mittleren Lebensdauer $2{,}2 \cdot 10^{-16}$ s in zwei Lichtquanten von je 133 MeV (relativ zum Schwerpunktsystem). Dieser Zerfall wurde in 1.4.4.1.1 benützt, aber nicht im Schwerpunktsystem.

Das negative K-Meson ist das Antiteilchen des positiven K-Mesons. K-Mesonen zerfallen mit $\tau \approx 10^{-8}$ s.

Da Mesonen keine schwache Wechselwirkung zeigen, haben sie alle die Leptonenzahl 0. Mesonen haben den Spin 0, gehorchen also der Bose-Statistik. In Atomen können negative π-Mesonen wie Elektronen gebundene Zustände besetzen; sie bilden „π-mesonische Atome".

Freie Mesonen entstehen, wenn Protonen und Neutronen mit sehr hoher kinetischer Energie in Wechselwirkung treten. Dies läßt sich realisieren, indem man mit sehr energiereichen Protonen auf Atomkerne schießt. Die kinetische Energie muß so groß sein, daß die äquivalente Ruhemasse des zu erzeugenden Mesons verfügbar ist. Bei π-Mesonen liegt diese Energie bei $0{,}14 \cdot 10^9$ eV $= 0{,}14$ GeV. Protonen von einigen 10^9 eV erzeugen π-Mesonen mit Wirkungsquerschnitten von einigen 10^{-31} m^2 je Nukleon, unabhängig davon, ob das stoßende Teilchen ein Proton oder ein Neutron ist. Beim Zusammenstoß eines Protons und eines Neutrons entstehen π^+, π^0, π^- mit gleicher Wahrscheinlichkeit. Bei p+p können keine π^--Mesonen erzeugt werden wegen Erhaltung der elektrischen Ladung. Die Bläschenkammeraufnahme Abb. 428 zeigt den Stoß eines π^--Mesons samt Sekundärvorgängen.

Nukleonen. Die Nukleonen (Proton und Neutron) unterliegen den Kräften der „starken Wechselwirkung", vgl. 7.3.4 und haben den Spin 1/2; man ordnet ihnen die Baryonenzahl +1 zu. Das Proton ist stabil, das freie Neutron zerfällt mit $\tau \approx 10$ min (vgl. 7.3.3). Das Antiteilchen des Protons wird Antiproton $\overline{\text{p}}$ genannt. Es hat die Spinquantenzahl 1/2 (wie das Proton), aber die elektrische Ladung $-1 \cdot e$. Beim Stoß von Nukleonen hinreichend hoher kinetischer Energie gegeneinander kann $\text{p}+\overline{\text{p}}$ bzw. $\text{n}+\overline{\text{n}}$ gebildet werden. Das Antiteilchen des Neutrons ist das Antineutron $\overline{\text{n}}$. Es unterscheidet sich vom Neutron dadurch, daß sein magnetisches Moment umgekehrtes Vorzeichen (relativ zum Spin) hat.

Die Kernkräfte werden durch das π-Mesonenfeld vermittelt. Man kann sagen, das Mesonenfeld ist identisch mit dem Kernfeld.

Hyperonen. Die Hyperonen haben größere Masse als Neutron oder Proton. Sie haben halbzahligen Spin, meist 1/2. Nukleonen und Hyperonen zusammen nennt man *Baryonen* und ordnet ihnen eine besondere Quantenzahl zu, die Baryonenzahl. Die Baryonenzahl eines Atomkerns ist gleich der Anzahl der Nukleonen im Kern. Die Hyperonen (bzw. ihre Antiteilchen) zeigen „starke Wechselwirkung" und haben die Baryonenzahl +1 (bzw. −1).

Hyperonen haben Lebensdauern von der Größenordnung 10^{-10} s, jedoch Σ^0 nur 10^{-16} s. Σ^+ hat die elektrische Ladung $+1 \cdot e$ Elementarladung, sein Antiteilchen $\overline{\Sigma^-}$ hat die Ladung $-1 \cdot e$. Analoges gilt für die übrigen Teilchen, vgl. Abb. 427.

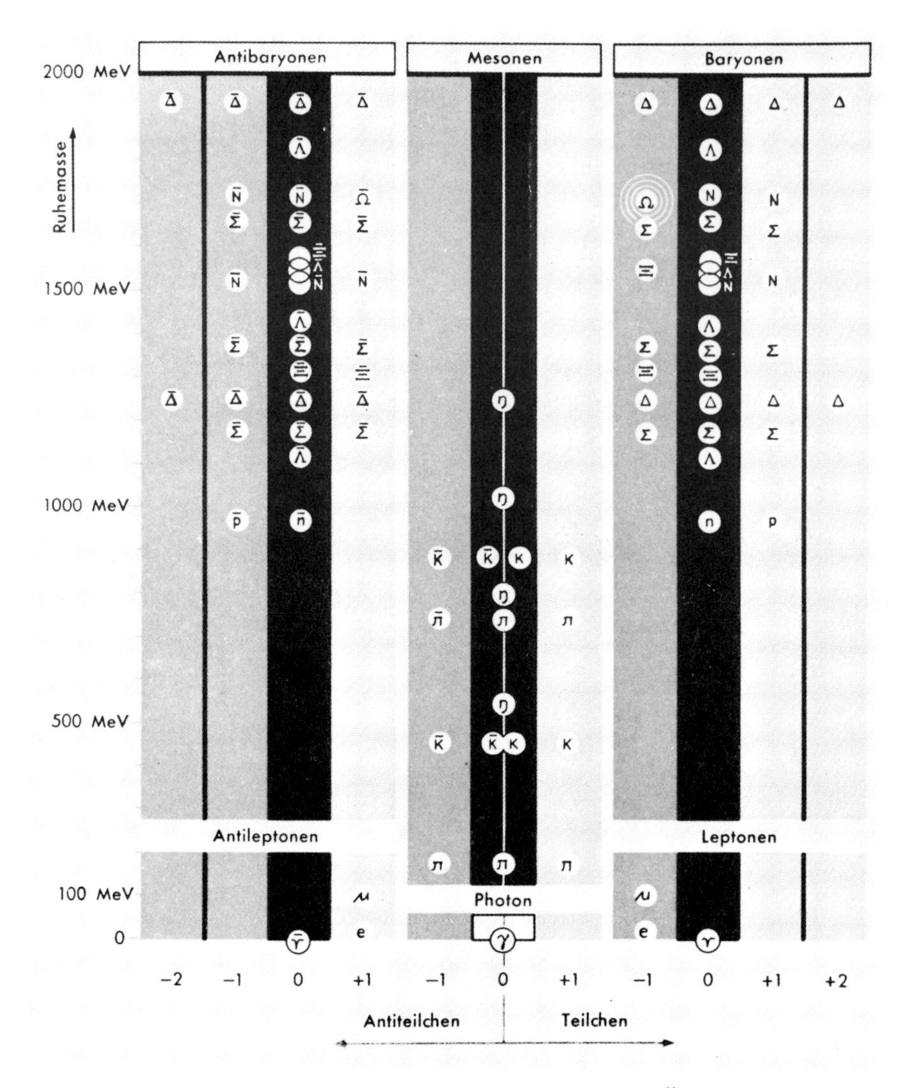

Abb. 427. Systematische Zusammenstellung von Elementarteilchen. Übersicht über etwa 80 Elementarteilchen. Nach oben aufgetragen ist ihr Energieinhalt (Ruheenergie $= m_0 \cdot c^2$). In der rechten Hälfte sind die „Teilchen", in der linken die „Antiteilchen" eingetragen. Die Zahlen (samt Vorzeichen) am unteren Rand bedeuten die Ladung des Teilchens in Vielfachen der Elementarladung. Manche Teilchen kommen in mehreren Ladungszuständen vor, z. B. das Σ-Baryon als Σ^+, Σ^0, Σ^-. Manche kommen in verschiedenen Anregungszuständen vor, z. B. Λ mit den Massenwerten 1120 MeV/c^2, 1420 MeV/c^2, 1550 MeV/c^2 und 1810 MeV/c^2. Analog sind die Verhältnisse bei den Antiteilchen. – Nach W. R. Fuchs, Knaurs Buch der Modernen Physik, S. 351. Droemersche Verlagsanstalt, München–Zürich 1971. Zu ergänzen ist das τ-Lepton (S. 608).

Das Λ^0-Teilchen hat seinen Namen von den charakteristischen Spuren in Bläschen- oder Nebelkammern: Eine nahezu geradlinige Bahn endet plötzlich, und in ihrer Verlängerung tritt eine gegabelte Spur auf, die wie ein großes griechisches Lambda (Λ) aussieht. Das Λ-Teil-

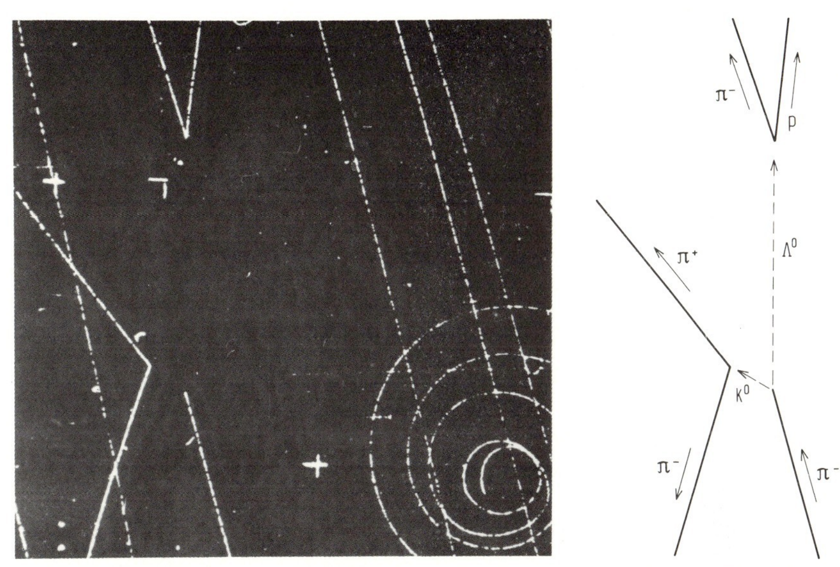

Abb. 428. Bläschenkammer-Aufnahme im Magnetfeld. Von unten kommen π^--Mesonen. Ihre Bahnen sind schwach nach links gekrümmt. In der linken Hälfte verschwindet eine Spur plötzlich, und an zwei anderen Stellen tauchen zwei verzweigte Spuren auf. Aus einer sorgfältigen Analyse aller Spuren und ihrer Krümmungen unter Beachtung von Energie- und Impulserhaltungssatz ergibt sich ein Reaktionsschema, wie es rechts herausgezeichnet ist. Ein π^--Meson trifft einen Wasserstoffkern der Kammerfüllung. Durch die Reaktion $p^+ + \pi^- \rightarrow K^0 + \Lambda^0$ entstehen zwei neutrale Teilchen, die selbst keine Spur erzeugen. Das eine Teilchen zerfällt nach kleiner Flugstrecke in ein $\pi^+ + \pi^-$. Deren sichtbare Spuren bilden einen spitzen Winkel, der typisch für den Zerfall eines Λ^0-Teilchens ist. Auch das K^0-Teilchen zerfällt später, und zwar in $\pi^+ + \pi^-$. – Nach E. R. Huggins, Physics, p. 347. Benjamin, New York 1968.

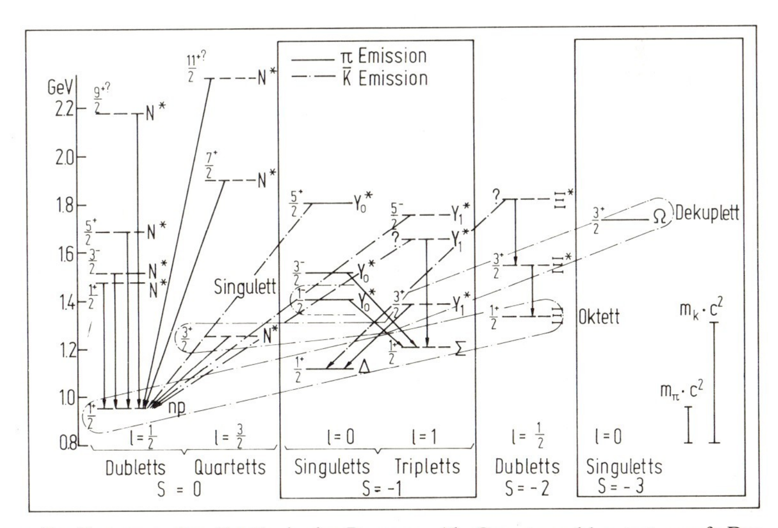

Abb. 429. Niveauschema für die angeregten Zustände des Baryons. Als Quantenzahlen treten auf: Der Isospin I und die „Hyperladung“ = „Strangeness“ S, auf die hier nicht eingegangen werden kann. – Nach V. Weisskopf, Science *149*, 1181 (1965).

chen mit der Masse 1 120 MeV/c^2 hat die angeregten Zustände Λ^*, Λ^{**}, Λ^{***} mit den Massen 1 420 MeV/c^2, 1 550 MeV/c^2 und 1 810 MeV/c^2.

Die Baryonen dürfen heute wohl als angeregte Zustände des Nukleons bezeichnet werden. Abb. 429 zeigt ein Spektrum, in dem diese angeregten Zustände mit Hilfe von Quantenzahlen geordnet sind. Die angeregten Zustände kehren in einem oder mehreren Schritten in den Grundzustand zurück unter Emission von π-Mesonen, K-Mesonen, Lichtquanten oder Elektron-Antineutrino (d. h. Lepton-) Paaren. Die „Elementarteilchen" sind also nicht elementar im Sinne von unveränderlichen letzten Bausteinen.

Es existieren gruppentheoretische Symmetriebetrachtungen, die die Zusammenfassung solcher Energiezustände in acht (Oktett) oder in zehn (Dekuplett) zusammengehörige nahelegen (vgl. Abb. 429).

9. Anhang

9.1. Physikalische Größen, Einheiten, Dimensionen*)

Physikalische Größen wurden schon in 1.1.3 eingeführt und im ganzen Buch gebraucht. Wie mit ihnen umzugehen ist, wird in 9.1.1 und 2 im Zusammenhang erläutert.

Bevor man mit „Größen" rechnet, muß man abstrahieren

1. vom Sachbezug,
2. vom Vektorcharakter.

Abstraktion 2) führt zu *skalaren* Größen, für deren Multiplikation unbeschränkt das kommutative Gesetz $a \cdot b = b \cdot a$ gilt.

Das Rechnen mit Vektoren usw. kann hier nicht vollständig behandelt werden. Dabei treten nichtkommutative Produkte auf und „antikommutative", bei denen $a \cdot b = -b \cdot a$ ist. Einiges darüber ist in 9.4 enthalten.

9.1.1. 27 Leitsätze zur quantitativen Beschreibung physikalischer Tatbestände**)

Begriffserklärungen.

1. Bei der Naturbeobachtung hat man mit *Objekten* zu tun, dazu gehören stoffliche und unstoffliche Objekte.

2. Objekte haben *Merkmale* (Einzelmerkmale); sie sind Merkmalträger. Ein Merkmal ist eine auf ein Objekt sachbezogene Eigenschaftsaussage.

3. Man kann Merkmale (Eigenschaftsaussagen) mit einem *Sachbezug* verbunden betrachten oder von ihm losgelöst (abstrahiert). Man spricht kurz von Merkmalen „mit Sachbezug" und Merkmalen „ohne Sachbezug".

4. Eine quantitative Angabe über ein Merkmal (mit oder ohne Sachbezug) nennt man eine *Größe*. Die vom Sachbezug abstrahierte Größe wird *physikalische Größe* genannt. Eine Größe ist eine Variable (Größenvariable), die verschiedene Werte annehmen kann. Eine Größenvariable nennt man auch „allgemeine Größe", einen Wert, den eine allgemeine Größe im speziellen Fall annimmt, „Größenwert" (Wert einer Größe), früher „spezielle Größe".

---

* vgl. dazu DIN 1313

** Beispiele in 9.1.2.

Nur solche Merkmale liefern eine physikalische Größe, bei denen das n-fache eines Wertes der Größe definiert ist, ohne daß eine willkürliche Verabredung getroffen werden müßte.

Buchstaben („Formelzeichen"), die „Größen" bedeuten, werden *kursiv gedruckt*. Größen mit unterschiedlichem Sachbezug erhalten in der Regel unterschiedliche Formelzeichen, z. B. Formelzeichen mit unterschiedlichen Indizes.

5. Eindeutigkeitsforderung: Merkmale und Größen müssen so definiert sein, daß sie eine *eindeutige* Bedeutung haben. Wenn diese Forderung beachtet wird, werden alle physikalischen Gleichungen einheiteninvariant. Der Ausdruck Einzelmerkmal weist auf die eindeutige Bedeutung hin.

6. In 6), 7), 8), 9), 10) werden solche Werte von Größen betrachtet, die sich auf dasselbe (Einzel-)Merkmal beziehen und sich nur in ihrer *Quantität* unterscheiden. Der Quotient aus zwei solchen Werten einer (allgemeinen) Größe ergibt eine Zahl. Umgekehrt kann man eine Größe (Wert der Größe) *mit einer Zahl multiplizieren.*

7. Eine *Einheit* ist ein Größenwert gut reproduzierbarer Quantität, der aus dem Wertebereich solcher physikalischer Größen ausgewählt wird, die dasselbe Merkmal beschreiben.

Neben den Einheiten selbst können dezimale Vielfache und dezimale Bruchteile der Einheiten unter Heranziehen von Vorsätzen benützt werden. Vorsatz und Einheit bilden ein unteilbares Ganzes.

8. Man definiert: Der Quotient (Wert der Größe/gewählte Einheit) heißt *Zahlenwert der Größe* relativ zur gewählten Einheit, also Zahlenwert = (Größe)/(Einheit). Das Ziel einer Messung besteht in der Regel darin, einen solchen Zahlenwert angeben zu können.

9. Wählt man X als Formelzeichen für eine Größe, dann bezeichnet man den Größenwert mit X, die gewählte Einheit mit $[X]$, den dazu gehörigen Zahlenwert mit $\{X\}$. Durch Umkehren der Definitionsgleichung aus 8. entsteht dann die Gleichung

Größenwert = Zahlenwert mal Einheit

oder

$$X = \{X\} \cdot [X], \text{ wobei } 0 < |\{X\}| < \infty$$

Bemerkung. $\{X\}$ lies: Zahlenwert von X

$[X]$ lies: Einheit von X

X und $[X]$ sind Größen, $\{X\}$ ist dagegen eine Zahl.

X und $\{X\}$ sind Variable, dagegen ist die Einheit $[X]$ als konstante Größe anzusehen.

10. Man kann eine Einheit von beliebiger Quantität (ausgenommen Null und unendlich) wählen und zugrunde legen. Der Wert der *Größe X* ist *invariant* gegenüber der Wahl der Quantität der Einheit, d. h.: Bei jeder Größe X darf ein Zahlenfaktor a vom Zahlenwert zur Einheit verschoben werden oder umgekehrt, ohne daß sich der Wert der Größe ändert

$$\{\mathrm{a}X\} \cdot [X/\mathrm{a}] = \{X\} \cdot [X]$$

Es handelt sich um dieselbe Größe in *unterschiedlicher „Darstellung"*.

11. Eine Größen*gleichung* darf dann und nur dann *einheiteninvariant* genannt werden, wenn ihre Gültigkeit nicht beeinflußt wird durch Verschieben eines Zahlenfaktors vom Zahlenwert zur Einheit und umgekehrt, und zwar bei *jeder* in der Gleichung enthaltenen Größe *unabhängig* von allen übrigen Größen. In einer solchen Gleichung entstehen die bei Änderung der Einheiten erforderlich werdenden Zahlenfaktoren zwangsläufig.

12. Physikalische Größen, die sich nur um einen Zahlenfaktor voneinander unterscheiden, also Größen und Größenwerte wie $X = \{X\} \cdot [X]$ mit $0 < |\{X\}| < \infty$ bilden eine *Klasse*. Diese Klasse nennt man eine *Dimension*. Die Dimension von X bezeichnet man mit dim X.

Bemerkung: dim X lies „Dimension von X".

Wenn man $[X]$ durch das a-fache ersetzt, wobei $0 < a < \infty$, erhält man *dieselbe* Klasse.

Es ist falsch, Einheiten als Dimensionen zu bezeichnen. Mit der Einheit ist zwar auch die Dimension festgelegt, aber man kann unbeschränkt viele Einheiten unterschiedlicher Quantität im Bereich einer Dimension wählen, z. B. im Bereich der Dimension Zeitdauer 1 s, 1 min, 1 h, 1 d, 1 a usw.

Eine (allgemeine) Größe hat eine *unbestimmte* Quantität, ein Größenwert hat eine *bestimmte* Quantität, eine Klasse hat *keine* Quantität.

Hinweis: Eine Klasse von Größen *mit* bestimmten Sachbezug wird von manchen Physikern eine „Größenart" genannt. Andere Physiker verwenden das Wort Größenart für Dimension.

13. Alle Größen derselben Dimension können in derselben Einheit ausgedrückt werden, auch wenn sie unterschiedlichen Sachbezug oder unterschiedlichen Vektorcharakter haben.

Rechnen mit physikalischen Größen, Einheiten, Dimensionen.

Vorbemerkung: Es gibt physikalische Größen mit unterschiedlichem Vektorcharakter (Richtungscharakter): nämlich solche, die *Skalare* sind, solche, die *Vektoren*, und solche, die *Tensoren* sind. Man kommt zu unterschiedlichen Aussagen, wenn der Richtungscharakter einbezogen wird oder wenn sich die Aussagen auf die vom Richtungscharakter abstrahierten physikalischen Größen beziehen.

Das Besondere beim Rechnen mit Vektoren und Tensoren ist das Auftreten einer *nicht*-kommutativen Multiplikation. Darüber findet sich einiges in 1.3.3.2 und 3 und in 9.4.

Im folgenden werden nur die vom Sachbezug und vom Vektorcharakter abstrahierten physikalischen Größen betrachtet.

14. *Größen* können miteinander *multipliziert* und durcheinander *dividiert* werden.
a) Aus zwei Größen X und Y kann man das Produkt U bilden

$$U = X \cdot Y = Y \cdot X$$

und dadurch U mit Hilfe von X und Y definieren.
b) Die Division wird ersetzt durch zwei Schritte. Man bildet zu einer Größe Y die zu ihr reziproke Y^{-1}, d. h. diejenige, für die gilt $Y \cdot Y^{-1} = 1 = Y^{-1} \cdot Y$. Dann multipliziert man $X \cdot Y^{-1} = V$ und erhält damit den Quotienten $V = X/Y$. Dieses Verfahren kann – modifiziert – auf das hier nicht behandelte Rechnen mit gerichteten Größen übertragen werden.

Im einfachsten Fall kann eine Größe U definiert werden aus $U = X \cdot Y$. Da Größen aber Variable sind oder sein können, wird die Definition besser differentiell formuliert:

$$\mathrm{d}U = \mathrm{d}(X \cdot Y) = \mathrm{d}(Y \cdot X)$$

15. Wegen 12. und 14. gilt für die *Klassen*
$\dim U = \dim (X \cdot Y) = \dim X \cdot \dim Y = \dim Y \cdot \dim X$
$\dim V = \dim X \cdot \dim(Y^{-1}) = \dim X \cdot (\dim Y)^{-1}$
16. Für die *Einheit* einer nach 14. durch ein Produkt oder einen Quotienten definierten Größe kann man vorschreiben

$$[U] = [X] \cdot [Y] \text{ bzw. } [V] = [X] / [Y]$$

Die nach dieser Vorschrift (also ohne Zahlenfaktor) eingeführten Einheiten [*U*] und [*V*] nennt man: zu [*X*] und [*Y*] *kohärente* Einheiten.

17. Es gibt auch sog. *Zahlengrößen.* Sie sind definiert als Quotienten aus Größen gleicher Dimension, aber mit unterschiedlichem Sachbezug. Sie sind Zahlen mit Sachbezug.

Größen, Einheiten, Dimensionen jeweils als Elemente einer Gruppe.

In 18. wird der Begriff ,,Gruppe", in 19. der Begriff ,,Basis" einer Gruppe erläutert. In 20. wird gezeigt, daß die physikalischen *Größen* (die Größenvariablen) Elemente einer Gruppe sind, in 21., daß die kohärenten *Einheiten* Elemente einer Gruppe sind, in 22., daß die *Klassen* (Dimensionen) Elemente einer Gruppe sind. Die Gruppen in 21, 22, 23 haben *dieselbe* mathematische Struktur.

18. Eine Gesamtheit von ,,Elementen" bildet bekanntlich eine Gruppe, wenn es

a) eine ,,Verknüpfung" zwischen jeweils zwei Elementen X und Y der Gruppe gibt, bei deren Anwendung ein Element entsteht, das wieder der Gruppe angehört; es sei mit Z bezeichnet. (In unserem Fall wird als Verknüpfung die Multiplikation verwendet, also $X \cdot Y = Z$).

b) Es gibt ein Eins-Element, Bezeichnung (1), das mit irgend einem Element X der Gruppe verknüpft (multipliziert) wieder dieses Element X liefert, also $X \cdot (1) = X$. (Einselement sind unten in 20. die Zahlen, in 21. die Zahl 1, in 22. die Klasse der Zahlen.)

c) Es gibt zu jedem Element X ein Element X^{-1}, das auch der Gruppe angehört und das mit X verknüpft das Einselement der Gruppe ergibt, also $X \cdot X^{-1} = (1)$.

d) Die Verknüpfung ist assoziativ, d. h. $A \cdot (B \cdot C) = (A \cdot B) \cdot C$

Wenn diese vier Aussagen erfüllt sind, bilden die Elemente eine Gruppe. Im folgenden wird eine Gruppe verwandt, die noch zusätzlich spezielle Eigenschaften hat:

e) Die Gruppe ist kommutativ (,,Abelsche Gruppe"), d.h. stets gilt $A \cdot B = B \cdot A$.

f) Die Gruppe ist torsionsfrei (keine Drehgruppe), d. h. $A \cdot A \cdot A \ldots$ ergibt niemals das Einselement.

g) Obwohl nach a) unendlich viele Elemente gebildet werden können, reichen *endlich viele* Elemente aus, um daraus alle übrigen Elemente der Gruppe durch wiederholte Verknüpfung zu erhalten.

Eine Gruppe, für die a) bis g) gilt, nennt man eine freie (Abelsche) Gruppe.

19. Eine Gruppe nach 18. besitzt eine *,,Basis".* Man sagt dafür auch Basissystem und versteht darunter eine Auswahl von n Elementen $B_1, B_2, \ldots, B_n$, gekennzeichnet durch folgende 3 Eigenschaften:

a) *Alle* Elemente lassen sich damit ausdrücken.

b) Das muß möglich sein *nur durch* die Gruppenverknüpfung (Multiplikation und Division), und geht

c) nur auf eine einzige Weise, d. h. *eindeutig* in der Form

$$X = B_1^{\alpha_1} \cdot B_2^{\alpha_2} \ldots B_n^{\alpha_n}$$

Beachte: Die Zahlen unten (1, 2, ..., n) sind Indizes, die Zahlen oben ($\alpha_1, \alpha_2, \ldots, \alpha_n$) dagegen Exponenten.

Mit Division durch X ist in b) gemeint: Bildung von X^{-1} und Multiplikation damit (vgl. 14.).

Wegen Bedingung b) müssen alle α_i ganzzahlige positive oder negative Werte oder den Wert Null annehmen.

Wegen Bedingung c) ist *n* die minimale Anzahl von Elementen, die gerade ausreicht, um alle anderen Elemente der Gruppe eindeutig wiedergeben zu können.

Beachte. n von einander algebraisch unabhängige Elemente brauchen noch kein Basissystem zu bilden.

Wie man eine Basis aufsucht und die Anzahl n der eine Basis bildenden Elemente abzählt, ist in 9.3 anhand der Tab. 55 gezeigt.

20. *Größenvariable* bilden eine Gruppe mit den Eigenschaften nach 18. und 19. mit der Multiplikation als Verknüpfung, denn jede Größenvariable ist nach 14. mit zwei anderen verknüpft (vgl. Tab. 55 Spalte 2), und man kann diese Verknüpfungsgleichungen so lange ineinander einsetzen, bis eine Größe nur mehr durch Basisgrößen B_1, $B_2, \ldots B_n$ ausgedrückt ist. Dann entsteht

$$X = B_1^{\alpha_1} \cdot B_2^{\alpha_2} \cdot \ldots \cdot B_n^{\alpha_n}$$

ebenso wie in 19., wobei aber jetzt die X, $B_1, \ldots$ Größenvariable bedeuten.

21. Um ein kohärentes Einheitensystem zu erhalten, muß man für jede Basisgröße eine spezielle Größe (willkürlicher Quantität) als Einheit festsetzen $[B_1]$, $[B_2], \ldots [B_n]$. Wegen 16. bilden auch die *kohärenten Einheiten* eine Gruppe mit den Eigenschaften 18. und 19., und es gilt

$$[X] = [B_1]^{\alpha_1} \cdot [B_2]^{\alpha_2} \cdot \ldots \cdot [B_n]^{\alpha_n}$$

22. Wegen 15. bilden auch die *Klassen* (Dimensionen) eine Gruppe mit den Eigenschaften 18. und 19., und es gilt

$$\dim X = (\dim B_1)^{\alpha_1} \cdot (\dim B_2)^{\alpha_2} \ldots (\dim B_n)^{\alpha_n}$$

23. Für Gruppen nach 18. und 19. gibt es *unbeschränkt viele* einander *gleichwertige* Basissysteme, sofern $n \geq 2$ ist.

Unmittelbar aus dem Begriff der Basis folgt der mathematische *Satz:* Wenn $B_1, \ldots,$ B_n eine Basis ist, so bilden die Elemente

$$\overline{B}_i = B_1^{c_{i1}} B_2^{c_{i2}} \ldots B_n^{c_{in}}$$

dann und nur dann auch eine Basis der ganzen Gruppe, wenn sich die Potenzprodukte B_k wieder aus den $\overline{B}_i$ mit ganzzahligen Exponenten d_{kl} kombinieren lassen:

$$B_k = \overline{B}_1^{d_{k1}} \overline{B}_2^{d_{k2}} \ldots \overline{B}_n^{d_{kn}}$$

Es ist dann $\det(c_{ik}) = \det(d_{kl}) = \pm 1$.

Dieser Satz kann auf die Gruppe der Größen (20.), auf die Gruppe der kohärenten Einheiten (21.) und auf die Gruppe der Dimensionen (22.) angewendet werden.

Kennt man von einer Gruppe eine Basis und sind n beliebig ausgewählte Elemente der Gruppe gegeben, so kann man mit Hilfe dieses Satzes leicht entscheiden, ob diese n Elemente entweder algebraisch abhängig oder unabhängig sind, oder selbst eine Basis bilden. Wenn $\det(\ldots) = 0$, sind sie abhängig, wenn $\det(\ldots) \neq 0$ unabhängig, *nur* wenn $\det(\ldots) = \pm 1$ sind sie selbst eine Basis.

24. Wenn Größen, Einheiten, Dimensionen nach 14., 16., 10. auf eine Basis nach 19. gegründet werden, sind alle Gleichungen zwischen physikalischen Größen *einheiteninvariant* (vgl. oben 11.).

Weitere Punkte.

25. Gelegentlich werden nichtkohärente (systemfremde) *Einheiten* verwendet. Wenn sich diese von den entsprechenden kohärenten Einheiten *nur* um einen Zahlenfaktor unterscheiden, entsteht durch ihre Verwendung keine Schwierigkeit.

26. Gelegentlich werden nichtrationale *Größen* verwendet. Das sind Größen, die von den gemäß 14. miteinander verknüpften sog. rationalen Größen um einen Zahlenfaktor 2π, 4π, $\sqrt{4\pi}$, $(2\pi)^{-1}$, $(4\pi)^{-1}$, $(\sqrt{4\pi})^{-1}$ usw. verschieden sind. Der Zahlenfaktor 4π, 2π rührt von einem Raumwinkel 4π her oder einem ebenen Winkel 2π. Rationale und nichtrationale Größen unterscheiden sich in den Zahlenwerten, nicht in den Einheiten.

In Gleichungen müssen rationale und nichtrationale Größen im Formelzeichen unterschieden werden. Leider geschieht das in der gegenwärtigen wissenschaftlichen Literatur nicht durchweg. Wenn die rationale Größe mit X bezeichnet wird, schreibt man für die nichtrationale Größe X'.

27. Wenn man Dimensions- und Einheitensysteme zuläßt, die sich *nicht* auf ein *Basis*system stützen, entstehen mehrdeutig definierte Größen und Einheiten mit *nicht* umkehrbaren Zuordnungen zueinander; die sog. Maßsystemschwierigkeiten sind die Folge.

9.1.2. Beispiele zu 9.1.1

Zu 1. Beispiele von stofflichen Objekten sind: Ein Stück Kupferdraht, die Flüssigkeit in einem Becherglas, ein Plattenkondensator. Beispiele von unstofflichen Objekten sind: Ein Lichtbündel, das elektrische Feld einer Punktladung und dergleichen.

Zu 2. Einzelmerkmale eines Stückes Kupferdraht sind: Länge, Volumen, Temperatur, elektrisches Leitvermögen, Wärmeleitvermögen usw.

Zu 3. Merkmale *mit* Sachbezug sind:
1.a) Volumeninhalt eines Becherglases,
1.b) Volumen des Glases, aus dem das Becherglas besteht.
2.a) Masse der Füllung des Becherglases,
2.b) Masse des Glases, aus dem das Becherglas besteht;
3.a) elektrische Spannung einer Taschenlampenbatterie
3.b) elektrische Spannung des städtischen Netzes
3.c) elektrische Spannung am Fahrdraht der Eisenbahn.
4.a) Kapazität eines Plattenkondensators mit Luft zwischen den Platten
4.b) Kapazität eines Plattenkondensators mit Dielektrikum zwischen den Platten
4.c) Kapazität eines Zylinderkondensators mit Luft zwischen den Platten
4.d) Kapazität eines Zylinderkondensators mit Dielektrikum zwischen den Platten.

Merkmale *ohne* Sachbezug sind:
1. Volumen
2. Masse
3. elektrische Spannung
4. elektrische Kapazität.

Zu 4. Kapazität C ist eine Größenvariable (allgemeine physikalische Größe), 2,7 μF ist ein Wert, den diese Größenvariable im speziellen Fall annimmt, ein Größenwert.

Die Spektralfarbe (rot, gelb, grün, blau, violett) ist keine Größe, weil das n-fache einer Farbe nicht definiert ist und ohne reine Willkür auch nicht definiert werden kann.

U ist ein Formelzeichen für die physikalische Größe (Größenvariable) elektrische Spannung. Im Sachbezug unterscheiden sich: U_B Batteriespannung, U_N Netzspannung, U_F Spannung am Fahrdraht (vgl. zu 3.). t ist ein Formelzeichen für die Größenvariable „Zeitdauer".

Zu 5. Die CGS-Größe $3 \cdot 10^9$ cm$^{3/2}$ g$^{1/2}$ s^{-1} (vgl. 9.2.1) entspricht nicht der Eindeutigkeitsforderung, denn sie kann *entweder* die elektrische Ladung 1 Cb *oder* den magnetischen Fluß 30 Wb bedeuten (vgl. 9.3, Tab. 58).

Zu 6. Die Größenvariable t kann z. B. den Wert t_1 = Umdrehungsdauer der Erde („Sterntag") annehmen oder t_2 = Zeitdauer bis zur Rückkehr eines am Mond reflektierten Radarpulses. Beide Größenwerte beziehen sich auf dasselbe Merkmal Zeit(-dauer), haben dieselbe Dimension Zeit(-dauer), unterscheiden sich aber in ihrer Quantität. Ihr Quotient ist $t_1/t_2 = 34{,}2 \cdot 10^3$. Das ist eine Zahl. Es ist also $t_1 = 34{,}2 \cdot 10^3 \cdot t_2$.

Zu 7. Gut reproduzierbar ist die Zeiteinheit $1\ \text{s} = 9\,192\,631\,770 \cdot T_0$, wobei T_0 die Periodendauer der Strahlung eines bestimmten Hyperfein-Übergangs im Cs-133 bedeutet (vgl. 1.2.1.2).

Gut reproduzierbar ist auch die international eingeführte Längeneinheit $1\ \text{m} = 1\,650\,763{,}73 \cdot \lambda_0$, wobei λ_0 die Wellenlänge der Strahlung eines bestimmten Übergangs in Kr-86 bedeutet (vgl. 1.2.1.1). Über Vorsätze zu Einheiten vgl. 1.1.3.

Zu 8. $\dfrac{\text{Umdrehungsdauer der Erde}}{1\ \text{s}} = 86164$ (vgl. 1.2.1.2)

Betrag der $\dfrac{\text{Ladung des Elektrons}}{1\ \text{Cb}} = 1{,}602 \cdot 10^{-19}$ (vgl. 4.3.1.4).

Zu 9. $t_3 = 35 \cdot 1$ s ist ein Größenwert, 35 ein Zahlenwert. 35 s ist lediglich eine Kurzschreibweise für das Produkt aus der *Zahl* 35 und der *Größe* 1 s.

Zu 10. Umdrehungsdauer der Erde („Sterntag") $t_1 = 86\,164 \cdot 1\ \text{s} = 1\,436{,}1 \cdot 1\ \text{min} = 23{,}893 \cdot 1\ \text{h}$. Was links und rechts vom Gleichheitszeichen steht, ist jeweils dieselbe Größe in unterschiedlicher Darstellung.

Zu 11. In einer einheiteninvarianten Größengleichung $A = C \cdot B$, oder ausführlich geschrieben $\{A\} \cdot [A] = \{C\} \cdot [C] \cdot \{B\} \cdot [B]$, darf bei jeder der darin vorkommenden Größen ein Zahlenfaktor a, b, c zwischen Zahlenwert und Einheit verschoben werden und umgekehrt.

$$\{\text{a}\,A\} \cdot \frac{[A]}{\text{a}} = \{\text{c}\,C\}\,\frac{[C]}{\text{c}} \cdot \{\text{b}\,B\}\,\frac{[B]}{\text{b}}$$

Die in einer einheiteninvarianten Größengleichung durch Einheitenwechsel erforderlich werdenden Zahlenfaktoren ergeben sich *zwangsläufig* in der Form

$$[A] : \frac{[A]}{\text{a}} = \text{a usw., z. B.}\ \frac{1\ \text{h}}{1\ \text{min}} = 60;\ \frac{1\ \text{h}}{1\ \text{s}} = 3600;\ \frac{1\ \text{min}}{1\ \text{s}} = 60;$$

$$\frac{1\ \text{m}}{1\ \text{inch}} = 39{,}4; \qquad \text{also} \quad 1\,\frac{\text{m}}{\text{s}} = \frac{1\ \text{m}}{1\ \text{s}} = 39{,}4\,\frac{\text{inch}}{\text{s}} = 60 \cdot 39{,}4\,\frac{\text{inch}}{\text{min}}$$

Zu 12. $2 \cdot 10^{-18}$ s, 1 s, 3000 s, $3 \cdot 10^{10}$ s usw. gehören zur Klasse Zeit (-dauer), sie haben die Dimension Zeit. Auch Einheiten haben eine Dimension, denn sie sind „Größen".

$|\{X\}| \cdot 1$ s, $|\{X\}| \cdot 1$ h ergeben dieselbe Klasse (Dimension) Zeitdauer. Hier ist a = = 3600.

Es gilt: Dimension Geschwindigkeit = Dimension (Länge/Zeit) = Dimension Länge/ Dimension Zeit. Obwohl m/s oder cm/s oder km/h die Dimension Geschwindigkeit haben, darf die Dimension Geschwindigkeit nicht als Länge*einheit*/Zeit*einheit* definiert werden.

Zu 13. Geschwindigkeit 50 km/h = 13,9 m/s einerseits, Erneuerungsrate eines Überlandnetzes 75 km/Jahr = $2{,}38 \cdot 10^{-3}$ m/s andererseits, haben beide die Dimension Länge/Zeit. Jedoch unterscheiden sich ihr Sachbezug und ihr Vektorcharakter.

Zur Vorbemerkung. Die elektrische Ladung Q ist eine skalare Größe, die Geschwindigkeit v ist eine Vektorgröße, das Drehmoment M ist ein antisymmetrischer Tensor 2. Stufe, das Trägheitsmoment eine Tensorgröße.

Zu 14. Das Produkt elektrische Ladung $Q \cdot$ elektrische Spannung U = Energie W. Der Quotient elektrische Ladung Q/elektrische Spannung U heißt Kapazität C, also $Q/U = C$. Über die differentielle Gleichung $\mathrm{d}U = \mathrm{d}(R \cdot I)$ s. Gl. (4-14) in 4.2.3.2, über $\mathrm{d}W = C \cdot U \cdot \mathrm{d}U$ s. Gl. (4-35) in 4.2.7.2.

Zu 15.

$$\dim W = \dim Q \cdot \dim U$$
$$\dim C = \dim Q / \dim U$$
$$\dim v \cdot \dim t = \dim \text{Zahl}$$

Zu 16. Kohärent: 1 J = 1 Cb · 1 V
1 F = 1 Cb/1 V
1 J = 1 N · 1 m

nicht kohärent: 1 kp · m = 9,81 J, dabei ist 1 kp = 9,81 N.

Zu 17.

$$\frac{\text{Lichtgeschwindigkeit im Medium}}{\text{Lichtgeschwindigkeit im Vakuum}} = \text{Brechzahl}$$

$$\frac{\text{Ausgenützte Energie}}{\text{zugeführte Energie}} = \text{Nutzeffekt}$$

Solche Zahlengrößen unterscheiden sich von Zahlen durch ihren Sachbezug.

Zu 18., 19., 20. Vergleiche 9.3, Tabelle 55.

Zu 20. Für die physikalischen Größen der Geometrie ist l (Länge) eine Basis, hier ist n = 1,
für die Größen der Raum-Zeit-Geometrie l und t, dann ist n = 2,
für die Größen der Dynamik l, t, W, also n = 3,
für die Größen von Dynamik, Elektrizität, Magnetismus ist l, t, W, Q, ϕ eine Basis, dann ist n = 5.
Anstelle von W kann auch $S = W \cdot t$ eingeführt werden.

Bezieht man Gravitationsfeldstärke, Temperatur ein, so benötigt man jeweils eine weitere Basisgröße usw., vgl. 9.3 Tabelle.

Zu 21. Analoge Aussagen wie zu 20. gelten auch für die Basiseinheiten und

zu 22. für die Basisdimensionen.

Zu 23. Länge l, Masse m, Zeit t sind eine Basis (B_k) für die Dynamik, dagegen sind Länge l, Masse m, Leistung P *keine* Basis, obwohl sie voneinander unabhängig sind. (Man versuche durch wiederholte Multiplikation und Division daraus die Zeit auszudrücken!). Dagegen sind Wirkung S, Impuls p, Energie W *auch* eine Basis ($\overline{B}_i$). Zum Beweis drückt man die $\overline{B}_i$ durch die B_k aus und bildet det (c_{ik}). Umgekehrt kann man die B_k durch die $\overline{B}_l$ ausdrücken und det (d_{kl}) bilden.

$$\overline{B}_i \begin{cases} S = \overbrace{l^2\, m^1\, t^{-1}}^{B_k} \\ p = l^1\, m^1\, t^{-1} \\ W = l^2\, m^1\, t^{-2} \end{cases} \qquad \text{also det}\,(c_{ik}) = \begin{vmatrix} 2 & 1 & -1 \\ 1 & 1 & -1 \\ 2 & 1 & -2 \end{vmatrix} = -1$$

$$B_k \begin{cases} l = \overbrace{S^1\, p^{-1}\, W^0}^{\overline{B}_l} \\ m = S^0\, p^2\, W^{-1} \\ t = S^1\, p^0\, W^{-1} \end{cases} \qquad \text{det}\,(d_{kl}) = \begin{vmatrix} 1 & -1 & 0 \\ 0 & 2 & -1 \\ 1 & 0 & -1 \end{vmatrix} = -1$$

Das Vorzeichen der Determinante hängt lediglich von der Reihenfolge der Zeilen oder Spalten ab. Mit der Zeilenfolge S, W, p wäre det (c_{ik}) $= +1$, mit l, t, m wäre det (d_{kl}) $= +1$.

Obwohl die Länge l, Masse m, Leistung P algebraisch unabhängig sind, bilden sie *keine* Basis.

$$\begin{aligned} l^0 &= l^1\, m^0\, t^0 \\ m &= l^0\, m^1\, t^0 \\ P &= l^2\, m\, t^{-3} \end{aligned} \qquad \text{det}\,(c'_{ik}) = \begin{vmatrix} 1 & 0 & 0 \\ 0 & 1 & 0 \\ 2 & 1 & -3 \end{vmatrix} = -3$$

Zu 24. Wenn eine Gleichung einheiteninvariant ist, muß nach 11. *jede* Einheit *unabhängig* von den anderen geändert werden dürfen und die Gleichung muß dabei gültig bleiben. Ein Beispiel ist in Gl. (4-62a) in 4.4.1.4 erwähnt. Wenn dort 1 s = (1/60) min eingesetzt wird, verwandelt sich $\gamma_{em} = 1$ Wb/V s in 60 Wb/(V min), und die Gleichung bleibt gültig. Wenn dagegen (wie im Vierersystem) $\gamma_{em} = 1$ gesetzt wird, also gleich einer Zahl, dann müssen die Einheiten des magnetischen Flusses und die des elektrischen Spannungsstoßes *gekoppelt* verändert werden, vgl. dazu auch 9.2.1.

Zu 25. Wie schon erwähnt wurde, ist 1 kp = 9,81 N eine nichtkohärente Einheit. In diesem Fall unterscheiden sich die Einheiten links und rechts vom Gleichheitszeichen *nur* um einen Zahlenfaktor. Anders ist es bei den in 9.2.1 besprochenen Fällen.

Zu 26. Die Frequenz des technischen Wechselstroms ist $\nu = 50\ \text{s}^{-1}$. Seine nichtrationale Frequenz, die „Kreisfrequenz", ist $\nu' = 2\pi \cdot \nu = 2\pi \cdot 50\ \text{s}^{-1}$. Statt ν' ist das Formelzeichen ω üblich. Die rationale Frequenz ν und die Kreisfrequenz ω haben dieselbe Einheit $1\ \text{s}^{-1}$. Es ist *nicht* etwa $\omega = 50$ (nichtrationale Sekunden)$^{-1}$.

In den drei CGS-Systemen werden ausschließlich die nichtrationalen Größen $D' = 4\pi \cdot D$ und $H' = 4\pi \cdot H$ verwendet, jedoch wird D statt D' und H statt H' geschrieben.

Zu 27. Das CGS-System verwendet mehrdeutige Größen als Folge der Zerlegung $w = \sqrt{w} \cdot \sqrt{w}$, vgl. 9.2. Weiteres dazu in 9.3.5.

Statt des Gleichheitszeichens (=) muß das Entsprichtzeichen (≙) geschrieben werden, wenn sonst Gleichungen entstehen würden, bei denen aus a = c und b = c *nicht* gefolgert werden kann a = b.

Beispiel. 1 cm (CGS) ≙ 1,11 pF; 1 cm (CGS) ≙ 10^{-2} m;
jedoch 1,11 pF ≠ 10^{-2} m.

In allen Fällen, in denen das Entsprichtzeichen (≙) zwischen einer eindeutig und einer mehrdeutig definierten Größe stehen könnte oder sollte, läßt sich die Aussage präzisieren, indem man $\overset{\rightarrow}{=}$ bzw. $\overset{\leftarrow}{=}$ schreibt. Das ist im vorliegenden Buch getan, wo immer es sachlich berechtigt ist.

Beispiel. 1 cm (CGS) $\overset{\leftarrow}{=}$ 1,11 pF; 1 cm (CGS) $\overset{\leftarrow}{=}$ 10^{-2} m.

9.2. Historische Entwicklung der elektromagnetischen Begriffe

Die drei CGS-Systeme und das internationale System unterscheiden sich in erster Linie durch die darin verwendeten *Begriffe*. Gebräuchlich ist nur mehr das sog. konventionelle CGS-System. Dieses zerlegt die (elektrische oder magnetische) Energiedichte w in $\sqrt{w} \cdot \sqrt{w}$, d. h. in zwei *einander gleiche* Faktoren. Dabei entstehen die problematischen Symbole $\sqrt{\text{Länge}}$, $\sqrt{\text{Masse}}$ und bei den Einheiten $\sqrt{1\ \text{cm}}$ und $\sqrt{1\ \text{g}}$. Die damit ausgedrückten physikalischen Größen sind mehrdeutig. Die Größen D, E, B, H erscheinen dann als Vielfache von 1 $\text{cm}^{-1/2}\ \text{g}^{1/2}\ \text{s}^{-1}$, obwohl sie Unterschiedliches bedeuten. Wenn man von CGS-Einheiten zu anderen übergehen will, muß man daher die augenblickliche Bedeutung der CGS-Größe berücksichtigen.

G. Mie (1905) zerlegte Energie und Energiedichte in zwei *voneinander verschiedene* Faktoren. Die elektrische Energie W wird dann in $Q \cdot (Q^{-1} \cdot W)$ zerlegt und w in $D \cdot E$. Analoges gilt bei der magnetischen Energie.

9.2.1. Begriffe und Größen der CGS-Systeme

Es gibt *drei CGS-Systeme*, das elektrische (elektrostatische), das magnetische (magnetostatische) und das konventionelle (elektromagnetische) System. Wenn man bloß „CGS-System" sagt, ist das konventionelle gemeint; es wird manchmal auch Gaußsches System genannt.

In sämtlichen Begriffssystemen (eindeutigen und nichteindeutigen) gilt: soll ein elektrischer Plattenkondensator aufgeladen werden, so muß elektrische Ladung von der einen Platte zur anderen verschoben werden. Dabei muß Energie aufgewendet werden (vgl. 4.2.7.2). Die Energie W steckt im Feld zwischen den Platten. Dieses hat das Volumen $V = A \cdot l$. Man bildet die Energiedichte $w = W/V$ (vgl. 4.2.7.3). Analog ist es im magnetischen Feld (4.4.5.7).

Das konventionelle CGS-System postuliert nun den Begriff $\sqrt{w} = \sqrt{\text{Energiedichte}} = \sqrt{\text{Energie}}/\sqrt{\text{Volumen}}$ und nennt diesen Ausdruck „Feld".

Als Einheit der Energie wird verwendet $[W] = 1\ \mathrm{cm^2\ g\ s^{-2}} = 1\ \mathrm{erg} = 10^{-7}\ \mathrm{J}$ und als Einheit der Energiedichte $[w] = 1\ \mathrm{cm^{-1}\ g\ s^{-2}} = 10^{-1}\ \mathrm{J/m^3}$. Dann entsteht für das elektrische und für das magnetische Feld

$$[D] = [E] = [\sqrt{w}] = 1\ \mathrm{cm^{-1/2}\ g^{1/2}\ s^{-1}}$$

$$[B] = [H] = [\sqrt{w}] = 1\ \mathrm{cm^{-1/2}\ g^{1/2}\ s^{-1}}$$

Wegen Gl. (4-28) und Gl. (4-63) folgt

$$[Q] = 1\ \mathrm{cm^{3/2}\ g^{1/2}\ s^{-1}} \qquad \text{und} \qquad [\phi] = 1\ \mathrm{cm^{3/2}\ g^{1/2}\ s^{-1}}$$

Die elektrischen und magnetischen Größen und Einheiten des CGS-Systems sind *zweifach mehrdeutig*; daher lassen sie sich nicht durch bloßes Einsetzen in andere umwandeln. Die Konstante $\gamma_{\mathrm{em}} = \Delta\,\phi / \int U\,\mathrm{d}t$ wird im konventionellen CGS-System $3 \cdot 10^{10}\ \mathrm{cm\ s^{-1}}$ und „gleich" der Lichtgeschwindigkeit c. Im magnetischen CGS-System ist dagegen $\gamma_{\mathrm{em}} = 1$, also $\gamma_{\mathrm{em}} \neq c$.

Die Gültigkeit von Gleichungen des CGS-Systems *hängt* von der Wahl der Einheiten *ab*. Das rührt von unterdrückten physikalischen Konstanten her. Zum Beispiel wird das Coulombsche Gesetz im CGS-System durch die Gleichung $F = Q \cdot Q/r^2$ wiedergegeben. Wenn man von der Längeneinheit 1 cm zu 1 m übergehen wollte, also die Längeneinheit im Verhältnis 1 : 100 vergrößern würde, müßte man die Einheit der elektrischen Ladung genau im Verhältnis 1 : 1000 vergrößern, *wenn* die Gleichung *gültig* bleiben soll. Einheiten unterschiedlicher physikalischer Größen müssen also im CGS-System (bzw. in einem System, das nichteindeutige Größen enthält) *gekoppelt* verändert werden. Immer wenn das der Fall ist, fehlt in den Gleichungen eine (konstante) physikalische Größe, die beim Ändern der Quantität einer Einheit ihren Zahlenwert entsprechend verändert [vgl. Gl. (4-62a) in 4.4.1.4 und 9.1.2 zu 24)].

Die Aussagen der anderen CGS-Systeme sind aus Tab. 56 (9.3.2) zu entnehmen.

Die CGS-Systeme verwenden drei Ausgangsgrößen l, m, t und die Ausgangseinheiten 1 cm, 1 g, 1 s („Dreiersystem"). Diese bilden für Dynamik und Elektromagnetismus *keine* Basis im Sinn von 9.1.1.19 und 9.1.1.20.

9.2.2. Nichtrationale Größen in den CGS-Systemen

In allen drei CGS-Systemen wird im Bereich der elektrischen und magnetischen Größen ein Faktor 4π in einige Größendefinitionen einbezogen. Man verwendet in diesen Systemen ausschließlich

$$D' = 4\pi \cdot D; \qquad H' = 4\pi \cdot H$$

und als Folge davon

$$\varepsilon_0' = \frac{D'}{E}; \qquad \mu_0' = \frac{B}{H'}$$

Es ist also

$$\varepsilon_0' = 4\pi \cdot \varepsilon_0; \qquad \mu_0' = \frac{1}{4\pi}\,\mu_0$$

Man beachte, daß 4π einmal als Faktor, einmal dagegen als Divisior auftritt.

Auch das magnetische Moment muß dann nichtrational definiert werden, denn $W = (m_m/4\pi) \cdot (4\pi \cdot H) = m'_m \cdot H'$. In den CGS-Systemen wird neben dem magnetischen Fluß ϕ noch das $1/4\pi$-fache davon eingeführt unter dem Namen Polstärke $P = \phi/4\pi$.

Beachte. B und E sind auch in den CGS-Systemen rational definiert. Im Konventionellen CGS-System (und *nur* in diesem) ist $B = H'$ und $D' = E$.

Die Faktoren 4π gelangen in die Gleichungen durch einen Raumwinkel. Seinerzeit erschien es zweckmäßig, ihn mit D bzw. H zusammenzufassen. Weil π eine nichtrationale Zahl ist, nennt man D', H', ε'_0, μ'_0 „nichtrationale Größen". Größensysteme, bei denen ein solcher Faktor in die Definition einiger Größen aufgenommen ist, nennt man „nichtrationale Systeme". Da in solchen Systemen die nichtrationalen Größen (nahezu) ausschließlich verwendet werden, wird dann der Apostroph weggelassen. Obwohl D, H, m_m usw. geschrieben wird, sind in einem „nichtrationalen System" damit stets D', H', m_m' usw. gemeint.

Es gibt (gab) auch Systeme, in denen $\sqrt{4\pi}$ und $(\sqrt{4\pi})^{-1}$ auftritt, oder solche, in denen 4π an anderen Stellen eingeführt ist.

9.2.3. Das internationale System

Das internationale Volt-Ampere-System wurde durch Beschlüsse der internationalen Elektrizitätskongresse von 1881 und 1889 begründet, ausgebaut von der internationalen Konferenz für elektrische Einheiten und Normale von 1908 und durch spätere Beschlüsse verschiedener internationaler Gremien. (Näheres findet man in U. Stille, Messen und Rechnen in der Physik, Vieweg u. Sohn, Braunschweig.)

Man ging vom *magnetischen* CGS-System aus (vgl. unten Tab. 57 u. 58). Die wichtigsten Änderungen diesem gegenüber sind:

1. Bei den Einheiten änderte man Zehnerpotenzen.
2. Die Faktoren 4π wurden von den Größen D' und H' wieder getrennt.
3. Man führte für die neuen Einheiten der elektrischen Ladung bzw. der elektrischen Stromstärke, Spannung, Kapazität usw. neue Namen ein (Coulomb, Ampere, Volt, Farad, usw.).

Daß das internationale System aus dem magnetischen CGS-System entwickelt wurde, sieht man durch Vergleich der Zahlenwerte von ε_0 im internationalen und im magnetischen CGS-System nach Tab. 56. Der Faktor 10^{11}, um den sich die beiden Zahlenwerte unterscheiden, rührt von $1\ \mathrm{J}/1\ \mathrm{erg} = 10^7$ und $1\ \mathrm{m}^2/1\ \mathrm{cm}^2 = 10^4$ her.

Durch die Änderung 2. wurde aus dem „nichtrationalen" System ein „rationales". Man nahm diese Änderung vor, weil durch Zusammenfassen von 4π mit D bzw. H Systematik und Übersicht erschwert werden.

Zur Weiterentwicklung und Verbreitung des internationalen Systems trug insbesondere der Italiener *Giorgi* bei. Er wies vor allem darauf hin, daß man durch Übergang von Gramm auf Kilogramm *und* cm auf m zwischen mechanischen und elektrischen Einheiten von $1\ \mathrm{g\ cm^2/s^2} = 1\ \mathrm{erg} = 10^{-7}\ \mathrm{J}$ zur Beziehung gelangt

$$1\ \mathrm{kg\ m^2/s^2} = 1\ \mathrm{J} = 1\ \mathrm{N} \cdot \mathrm{m} = 1\ \mathrm{V} \cdot \mathrm{Cb} = 1\ \mathrm{V\,A\,s}.$$

Die „namenlose" Krafteinheit 1 J/1 cm (von Mie mit 1 Sthen bezeichnet) wurde überflüssig, die Krafteinheit 1 J/m wurde eingeführt und erhielt schließlich den Namen 1 Newton.

9.2.4. Das Miesche Begriffssystem

Zur Weiterbildung des internationalen Begriffs- und Einheitensystems tat *G. Mie* in seinem Lehrbuch der Elektrizität und des Magnetismus 1905 einen wichtigen Schritt. Er erkannte, daß die Energie W in zwei *voneinander verschiedene* Faktoren zerlegt werden muß, im elektrischen Fall in elektrische Ladung Q und elektrische Spannung $U = Q^{-1} \cdot W$, im magnetischen Fall in magnetischen Fluß ϕ und magnetische Spannung $U_{\mathrm{m}} = \phi^{-1} \cdot W$. Das Volumen V wird in Fläche A und Länge l aufgespalten. Die Energiedichte wird dann zerlegt in $(Q/A) \cdot$ $\cdot\, (Q^{-1}\; W/l)$. Mit einem Faktor 1/2, der von einer Integration herrührt (vgl. 4.2.7.2) folgt

$$w = \frac{1}{2} \cdot \frac{Q \cdot U}{A \cdot l} = \frac{1}{2} D \cdot E \qquad \text{vgl. (4-37)}$$

und im magnetischen Fall

$$w = \frac{1}{2} \cdot \frac{\phi \cdot U_{\mathrm{m}}}{A \cdot l} = \frac{1}{2} B \cdot H \qquad (4\text{-}97)$$

Damit entfielen die problematischen Begriffe $\sqrt{1\ \mathrm{cm}}$, $\sqrt{1\ \mathrm{g}}$ und ähnliches.

Nun glaubte sich Mie berechtigt, den Proportionalitätsfaktor γ_{em} der Maxwellschen Gleichungen gleich der Zahl 1 setzen zu dürfen wie im magnetischen CGS-System. Da Mie von $[Q] = 1$ Cb ausgeht, ist damit gleichbedeutend $[\dot{\phi}] = [U] = 1$ Volt. Elektrische und magnetische Größen und Einheiten werden dadurch aber mehrdeutig. Diese Mehrdeutigkeit entfällt, wenn für $[\phi]$ ausschließlich die internationale Einheit 1 Wb verwendet wird, nicht aber 1 V s, (vgl. dazu die Tatbestände von 4.4.1.3 und 4).

Mie verwendet als Ausgangsgrößen l, m, t, Q („Vierersystem"). Im vorliegenden Buch werden dagegen eindeutige Größen verwendet, also $\dot{\phi}$ und U als von einander verschiedene Größen behandelt.

9.2.5. Die gesetzlichen Einheiten seit 1970 (SI)

Gegen Ende der französischen Revolution wurden die ersten „metrischen" Einheiten geschaffen, die Längeneinheit 1 m und die Masseneinheit 1 kg. Sie wurden 1868 vom norddeutschen Bund, 1871 vom deutschen Reich übernommen. 1875 wurde in Paris die Meterkonvention als Staatsvertrag von 17 Staaten unterzeichnet. Das ausführende Organ der Meterkonvention ist die Vollversammlung der bevollmächtigten Vertreter der Signatarstaaten, die „Generalkonferenz für Maß und Gewicht". Die Bundesrepublik Deutschland wird darin vertreten durch den Präsidenten der Physikalisch-Technischen Bundesanstalt, Braunschweig.

Die 10. Generalkonferenz 1954 nahm die unten genannten 6 Basiseinheiten als „Internationales Einheitensystem" (Système international d'Unités) an. Die 11. Generalkonferenz 1960 vereinbarte die Abkürzung SI für dieses Einheitensystem, außerdem wurden die Vorsätze zur Kennzeichnung von dezimalen Vielfachen und dezimalen Teilen von Einheiten (Tab. 1 in 1.1.3) verabschiedet. Die Basiseinheiten des SI-Systems sind:

Einheit	Einheitenzeichen	physikalische Größe
das Meter	1 m	Länge
das Kilogramm	1 kg	Masse
die Sekunde	1 s	Zeit
das Ampere*)	1 A	elektrische Stromstärke
das Kelvin**)	1 K	thermodynamische Temperatur
die Candela	1 cd	Lichtstärke (Helligkeitsempfindung des menschlichen Auges).

* Ampere als Einheit wird ohne è geschrieben.
** Es heißt K, nicht mehr °K (13. Generalkonferenz 1967/68).

Von 162 Ländern benützen z. Zt. 136 die SI-Einheiten, 17 Länder, darunter England und die früher von ihm abhängigen Länder, haben mit der Umstellung auf SI-Einheiten begonnen (auch USA), 7 kleine Länder haben noch keinen Beschluß gefaßt.

In der BRD sind die z. Zt. gültigen Beschlüsse der Generalkonferenz übernommen worden durch Bundesgesetz über „Einheiten im Meßwesen" vom 2. 7. 1969 und die zugehörige Ausführungsverordnungen. Nach Übergangsfristen, die mit dem 31. 12. 77 ausgelaufen sind, dürfen im geschäftlichen Verkehr nur mehr gesetzliche Einheiten verwendet werden. In diesem Gesetz werden außer den 6 Basiseinheiten des SI noch als gesetzliche Einheiten erklärt:
Einheit der Stoffmenge: das Mol (Einheitenzeichen 1 mol)
die atomare Masseneinheit: 1 u (unified atomic mass unit)
die atomare physikalische Energieeinheit: Elektronenvolt
(Einheitenzeichen 1 eV, gesprochen 1 e-Volt).
Auch die Vorsätze sind in das Gesetz übernommen, und es wird vorgeschrieben, daß jede Einheit nicht mehr als einen Vorsatz erhalten darf.

Bemerkung. „Menge" ist eine Anzahl atomarer (molekularer) Teilchen, also 1 mol $= 6{,}02\ldots \cdot 10^{23}$ Stück.
„Nicht mehr als *ein* Vorsatz" wirkt sich insbesondere aus bei kg und g. Es heißt 1 Mg (1 Megagramm $= 10^6$ g $= 1$ t $= 1000$ kg). Obwohl 1 kg die Basiseinheit ist, sind die Vorsätze vor Gramm (g) zu setzen.

Durch dieses Gesetz samt Ausführungsverordnung sind zahlreiche ältere Einheiten abgeschafft, so z. B. at, atm, Torr, pond, kp, Pfund, Gauß, Oersted, dyn, erg, Angström, PS (Pferdestärke), Rad, Rem, R für Röntgendosis, barn, Grad für Temperaturdifferenzen und verschiedene andere, insbesondere alle CGS-Einheiten. Ferner darf Quadratmeter, Quadratkilometer, Kubikzentimeter usw. nicht mehr mit qm, qkm, ccm usw. abgekürzt werden. Stattdessen ist zu schreiben m^2, km^2, cm^3 usw. Vorsatz und Einheiten bilden ein untrennbares Ganzes. Der Exponent bezieht sich auf dieses Ganze. Beispiel in 1.1.3.

Für die Aufstellung von Normen aller Art ist in der BRD zuständig der Deutsche Normenausschuß, für Begriffe, Größen, Einheiten der Physik und Technik der AEF (Ausschuß für Einheiten und Formelgrößen im deutschen Normenausschuß)*). Er gibt Normblätter heraus. Sie werden mit den Buchstaben DIN (Deutsches Institut für Normung) und einer Nummer bezeichnet.

* Für den Physiker von Bedeutung ist das DIN-Taschenbuch 22, Größen und Einheiten in der Naturwissenschaft, AEF Taschenbuch, Beuth-Verlag, Berlin.

Aus den Basiseinheiten werden abgeleitete Einheiten gebildet. Die wichtigsten von ihnen sind in der Ausführungsverordnung genannt. Sie sind großenteils in der nachfolgenden Tabelle (in 9.3.1) enthalten. In dieser sind die meisten der im vorliegenden Buch vorkommenden Größen zusammengestellt, meist samt ihrer Definitionsgleichung.

Da ein Größen- und Einheitensystem nicht beeinflußt wird, wenn man statt eines Basissystems ein anderes *Basis*system verwendet (vgl. 9.1.2.23), ist aus Gründen, die am Beginn von 9.3 angegeben sind, für die systematische Ordnung der Tabelle die Basis zugrunde gelegt: Länge, Zeit, Wirkung, elektrische Ladung, magnetischer Fluß, Entropie mit den gesetzlichen Einheiten 1 m, 1 s, 1 J s, 1 Cb, 1 Wb, 1 J/K.

9.3. Übersicht über die gebräuchlichsten Größen

In der Physik kennt man viele Vektor- und Tensorgrößen, aber nur relativ wenige Lorentz-Skalare (relativistische Skalare), d. h. Größen, die auch durch eine Lorentztransformation (1.4.4.1) nicht beeinflußt werden. Dazu gehören: Wirkung S, elektrische Ladung Q, magnetischer Fluß ϕ, Entropie S_{th}. Sie treten in der Natur gequantelt auf. Ihre Quantenwerte sind: Das Plancksche Wirkungsquantum h, die elektrische Elementarladung e, das magnetische Flußquant ϕ_0 und die Boltzmannsche Entropiekonstante k. Auch Produkte und Quotienten aus ihnen sind Lorentz-Skalare. Die internationalen (gesetzlichen) Einheiten dieser vier Skalare sind 1 Js, 1 Cb, 1 Wb, 1 J/K.

Wegen dieser bevorzugten Stellung ist in der folgenden Tab. 55 als Basis diejenige verwendet, die diese vier Skalare und außerdem Länge und Zeit (mit den Einheiten 1 m, 1 s) enthält. Dieses Ordnungsprinzip erweist seine Tragfähigkeit vor allem, sobald eine Systematik der Vektor- und Tensorgrößen benötigt wird. Das Produkt Grenzgeschwindigkeit mal Zeit, also $c \cdot t$ ist eine Länge.

9.3.1. Physikalische Größen (Definitionen, Dimensionen, Einheiten)

Die nachfolgende Tab. enthält in Spalte 1a die „Bereiche" (Geometrie, Kinematik usw.), in Spalte 1b die Namen zahlreicher in den Abschnitten 1. bis 7. dieses Buches definierter Größen. In Spalte 1c Formelzeichen und Definitionsgleichung der links stehenden Größe (vom Sachbezug ist abstrahiert), in Spalte 2 das Zitat des Abschnitts im vorliegenden Buch, in dem die Definition steht; in Spalte 3 die Dimensionsprodukte bezogen auf die Basis dim l, dim t, dim S, dim Q, dim ϕ, dim S_{th}. In dieser Spalte ist dim vor allen Formelzeichen weggelassen. In Spalte 4 enthält die Tabelle die Basiseinheiten 1 m, 1 s, 1 Js, 1 Cb, 1 Wb usw. und die dazu kohärenten Einheiten.

Im vorliegenden Buch ist das internationale Einheitensystem (Système international d'Unités), abgekürzt SI, als „Fünfersystem" behandelt, d.h. *alle drei* Größen ε_0, μ_0, γ_{em} werden als Größen eingeführt (*keine* als Zahl). Dann sind *alle* Gleichungen des Elektromagnetismus einheiteninvariant und der Übergang zu *jedem* der übrigen Systeme ist durch bloßes Ersetzen möglich (Beispiel S. 633).

Tab. 55. Definitionen, Dimensionen, Einheiten (Auswahl).

1a Bereich	1b Physikalische Größe	1c Definitions-grundlage*	2 Zitat	3 Dimensionsprodukt (dim u. Multipl. Zeichen weggel.)	4a Basis-einheit	4b kohärente Einheit	4c eigener Name der Einheit
Geometrie	Länge l		1.2.1.1	l	1 m		1 m
	Fläche	$A = l \cdot l$	1.2.1.1	l^2		1 m²	
	Volumen	$V = A \cdot l$	1.2.1.1	l^3		1 m³	
Kinematik	Zeit t		1.2.1.2	t	1 s		1 s
	Geschwindigkeit	$v = l \cdot t^{-1}$	1.2.2.1	$l\ t^{-1}$		1 m/s	
	Beschleunigung	$a = v \cdot t^{-1}$	1.2.2.4	$l\ t^{-2}$		1 m/s²	
Dynamik	Wirkung S			S	1 Js		
	Impuls	$p = S \cdot l^{-1}$	1.3.1.7	$l^{-1}\ S$		1 J s/m	
	Energie	$W = S \cdot t^{-1}$	Fußnote 1	$t^{-1}\ S$		1 J s/s	= 1 J
	Kraft	$F = W \cdot l^{-1}$	Fußnote 2	$l^{-1}\ t^{-1}\ S$		1 J/m	= 1 N
	Masse	$m = p \cdot v^{-1}$	Fußnote 3	$l^{-2}\ t\ S$		1 J s²/m²	= 1 kg
	Leistung	$P = W \cdot t^{-1}$	1.3.5.7	$t^{-2}\ S$		1 J/s	= 1 W
	Energiedichte	$w = W \cdot V^{-1}$	Fußnote 4	$l^{-3}\ t^{-1}\ S$		1 J/m³	
	Energiestromdichte	$S_w = W \cdot A^{-1} t^{-1}$	4.4.6.3	$l^{-2}\ t^{-2}\ S$		1 W/m²	
Wärme	Entropie S_{th}			S_{th}	1 J · K⁻¹		
	Entropiestrom	$\dot{S}_{th} = S_{th} \cdot t^{-1}$	3.6.9	$t^{-1}\ S_{th}$		1 W/K	
	Temperatur	$T = W \cdot S_{th}^{-1}$	3.6.4	$t^{-1}\ S\ S_{th}^{-1}$		1 K	
	Wärmeenergiestrom	$I_q = W \cdot t^{-1}$	3.2.1	$t^{-2}\ S$		1 J/s	= 1 W
	Wärmeenergiedichte	$j_q = I_q \cdot A^{-1}$	3.2.1	$l^{-2}\ t^{-2}\ S$		1 W/m²	
	Wärmeleitvermögen	$\lambda = j_q \cdot (\mathrm{d}T/\mathrm{d}x)^{-1}$	3.2.1	$l^{-1}\ t^{-1}\ S_{th}$		1 W/(K m)	
Elektrizität	el. Ladung Q			Q	1 Cb		1 Cb
	el. Stromstärke	$I = Q \cdot t^{-1}$	4.2.1.3	$t^{-1}\ Q$		1 Cb/s	= 1 A
	Flächendichte der Ladung	$D = Q \cdot A^{-1}$	4.2.6.1	$l^{-2}\ Q$		1 Cb/m²	
	el. Spannung	$U = W \cdot Q^{-1}$	4.2.2.1	$t^{-1}\ S\ Q^{-1}$		1 J/Cb	= 1 V
	el. Feldstärke	$E = U \cdot l^{-1}$	4.2.2.1	$l^{-1}\ t^{-1}\ S\ Q^{-1}$		1 N/Cb	
	el. Feldkonstante	$\varepsilon_0 = D \cdot E^{-1}$	4.2.6.1	$l^{-1}\ t\ S^{-1}\ Q^2$		1 Cb²/(J m)	
	el. Spannungsstoß	$S_e = U \cdot t$	4.4.1.3	$S\ Q^{-1}$		1 J s/Cb	
	el. Widerstand	$R = U \cdot I^{-1}$	4.2.3.1	$S\ Q^{-2}$		1 V/A	= 1 Ω
	Kapazität	$C = Q \cdot U^{-1}$	4.2.5.4	$t\ S^{-1}\ Q^2$		1 Cb/V	= 1 F

Magnetismus	magn. Fluß ϕ			ϕ	1 Wb		1 Wb
	el.-magn. Verkettung	$\gamma_{em} = \phi \cdot S_e^{-1}$	4.4.1.4	$S^{-1}\ Q\ \phi$		1 Cb Wb/(Js)	
	zeitl. Flußänderung	$\dot{\phi} = \phi \cdot t^{-1}$	4.4.2.2	$t^{-1}\ \phi$		1 Wb/s	
	magn. Flußdichte	$B = \phi \cdot A^{-1}$	4.4.2.1	$l^{-2}\ \phi$		1 Wb/m²	= 1 T
	magn. Spannung	$U_m = W \cdot \phi^{-1}$	Fußnote 5	$t^{-1}\ S\ \phi^{-1}$		1 J/Wb	
	magn. Feldstärke	$H = U_m \cdot l^{-1}$	Fußnote 5	$l^{-1}\ t^{-1}\ S\ \phi^{-1}$		1 N/Wb	
	magn. Feldkonstante	$\mu_0 = B \cdot H^{-1}$	4.4.2.7	$l^{-1}\ t\ S^{-1}\ \phi^2$		1 Wb²/(J · m)	
	Induktivität	$L = S_e \cdot I^{-1}$	4.4.4.1	$t\ S\ Q^{-2}$		1 V s/A	= 1 H
Gravitation	Quotient (m_s/m)		1.2.2.2	(m_s/m)	1 kg$_s$/kg		
	Gravitationsladung	$m_s = (m_s/m) \cdot m$	1.3.2.1	$l^{-2}\ t\ S\ (m_s/m)$		1 kg$_s$	
	Gravitationsfeldstärke	$H_g = F \cdot m_s^{-1}$	1.3.2.1	$l^{-3}\ t^{-2}\ (m_s/m)^{-1}$		1 N/kg$_s$	

Fußnote 1: 1.3.5.8 und 1.3.5.1
Fußnote 2: 1.3.1.5, 1.3.1.7 und 1.3.5.1
Fußnote 3: 1.3.1.7 und 1.3.1.8
Fußnote 4: 4.2.7.3 und 4.4.5.7
Fußnote 5: 4.4.2.6 und 4.4.5.1

* Viele der in Spalte 1c angeführten Größen sind allgemein durch Differentialquotienten oder durch Integrale definiert. Zur Erleichterung der Übersicht sind nur Quotienten oder Produkte eingesetzt und nur skalare Beträge berücksichtigt, es heißt z.B. $v = l \cdot t^{-1}$ statt $\vec{v} = \mathrm{d}\vec{l}/\mathrm{d}t$.

Außerdem zu erwähnen sind der Winkel und der Raumwinkel.

1. Winkel	$\varphi = \dfrac{b}{r}$	1.3.4.1	dim Zahl	1 radiant
2. Raumwinkel	$\Omega = \dfrac{A}{r^2}$	3.7.6	dim Zahl	1 steradiant

Zu 1: Winkel (ebener Winkel), engl. angle.

Zwei Radien, die vom Mittelpunkt eines Kreises ausgehen, schneiden ein Teilstück b des Kreisumfangs $U = 2\pi \cdot r$ heraus und schließen einen Winkel ein. Dieser Winkel läßt sich durch das Verhältnis $\varphi = b/r$ quantitativ erfassen. Wenn das Teilstück b gerade das $(1/2\pi)$-fache des Umfangs U ausmacht, wird $b = r$ und $b/r = 1$. Der zugehörige Winkel wird 1 Radiant (1rad) genannt. Diese Recheneinheit (1 rad) ermöglicht es, den Winkel als Größe der Dimension „Zahl" in Größengleichungen zu behandeln. Dabei sollte jedoch nicht übersehen werden, daß der Winkel eine geometrische Größe eigener Art (schiefsymmetrischer Tensor) ist, denn $\mathrm{d}\vec{b}$ und $\vec{r}$ sind Längen unterschiedlicher Richtung.

Zu 2: Raumwinkel, engl. solid angle.

Alle diejenigen Radien, die vom Mittelpunkt einer Kugel ausgehen und dann eine Teilfläche $\mathrm{d}A$ der Kugeloberfläche $(4\pi \cdot r^2)$ treffen (vgl. Abb. 410, S. 581), erfüllen den Raumwinkel $\mathrm{d}\Omega = \dfrac{\mathrm{d}A}{r^2}$. Ersetzt man $\mathrm{d}A$ durch das $(1/4\pi)$-fache der Kugeloberfläche, so erhält man die Einheit des Raumwinkels $\Omega = \dfrac{(1/4\pi) \cdot 4\pi r^2}{r^2} = 1$. Diesen Raumwinkel nennt man 1 Steradiant (1 sterad). Der Raumwinkel ist eine Größe der Dimension „Zahl", hängt jedoch von drei Längen unterschiedlicher Richtung ab.

Nur wenn man – wie im vorliegenden Buch – magnetischen Fluß ϕ einerseits und elektrischen Spannungsstoß $\int U \mathrm{d} t$ andererseits systematisch auseinanderhält, sind *einheiteninvariante* Größengleichungen auch im Bereich der elektromagnetischen Erscheinungen möglich. (Zur Einheiteninvarianz vgl. 9.3.4.)

Wenn das Volt-Ampere-System als Vierersystem im Sinn von Mie aufgefaßt wird, ist jeweils an die Stelle von 1 Wb einzusetzen 1 V s = 1 J s/Cb. Die Einheiten des Vierersystems werden dadurch mehrdeutig.

In den Spalten 1c, 3, 4b darf man beliebig ineinander einsetzen. Aus $p = S \cdot l^{-1}$; $W = S \cdot t^{-1}$; $F = W \cdot l^{-1}$ folgt $p = F \cdot t$. Bei den Einheiten ist $[p]$ = 1 J s/m = 1 N s; $[S_e]$ = 1 J s/Cb = 1 V s; $[\varepsilon_0]$ = 1 Cb²/(J m) = = 1 A s/(V m).

Leider sind für die SI-Einheiten der Wirkung und der Entropie bis jetzt keine eigenen Namen eingeführt.

Der Übergang zu anderen Einheiten ist in 9.3.4 behandelt.

9.3.2. Abzählen der erforderlichen Basiselemente

Zum Abzählen der Basisgrößen kann man sich auf Tab. 55 stützen.

Spalte 1c der voranstehenden Tabelle enthält die Definitionsgleichungen in einer bestimmten Anordnung. Die Gleichungen sind so geordnet, daß in der nachfolgenden Gleichung – soweit möglich – jeweils *eine* „neue“ Größe definiert wird mit Hilfe von zweien, die schon vorher in der Tabelle vorgekommen sind. Dort, wo das nicht möglich ist, entsteht ein neuer „Bereich“. Am Beginn eines solchen steht ausnahmslos eine Gleichung, in der *zwei* „neue“ Größen enthalten sind. Eine davon muß als Basisgröße gewählt werden. Die Anzahl der Gleichungen mit *zwei* „neuen“ Größen liefert die *Anzahl n* der erforderlichen Basisgrößen. (Vgl. Z. Physik *129*, 377, 1951 und *138*, 301, 1954.)

Man könnte auch zahlreiche Gleichungen aufstellen, in denen *drei* bereits vorgekommene Größen verknüpft sind. Solche Gleichungen sind aber für die Abzählung ohne Bedeutung, weil sie zurückgeführt werden können auf das Einsetzen von zwei vorausgehenden Gleichungen ineinander.

Durch das Abzählen findet man das in 9.1.2, zu 20) vorweg mitgeteilte Ergebnis.

Aus den Gleichungen, die in der vorliegenden Tabelle am Beginn eines Bereiches stehen, kann *eine* der beiden neuen Größen als Basisgröße *ausgewählt* werden. Jede von beiden ist gleichberechtigt. (Ausnahme: Bei $l \cdot l = A$ kann nur l gewählt werden, weil in der Gruppe (vgl. 9.1.1.3. 18) nur Multiplikation und Bildung des „reziproken“ Elements als Rechenoperationen zur Verfügung stehen.) Eine Basis für die ersten 6 Bereiche der Tabelle sind z. B.

(1) $l, \; t, \; S, \; S_{\mathrm{th}}, \; Q, \; \phi,$ ebenso
(2) $l, \; v, \; p, \; T, \; I, \; \int U \mathrm{d} t.$

Außerdem gibt es nach 9.1.1.23 noch unbeschränkt viele Möglichkeiten, eine Basis zu wählen. Dazu braucht man lediglich die *Reihenfolge* der Gleichungen innerhalb eines Bereichs umzustellen und dann wie oben zu verfahren.

Wenn man zusätzlich die (vernünftige) Forderung stellt, daß – abgesehen von l und t (oder l und v) – *nur Skalare* in der Basis vorkommen dürfen, wird die Anzahl der zulässigen Basissysteme stark beschränkt. Man könnte z. B. in (1) die beiden letzten Größen Q, ϕ ersetzen durch Q, γ_{em} oder durch Γ, ϕ, aber nicht durch Γ, γ_{em}.

Tabelle 56. Elektromagnetische Feldkonstanten ε_0, μ_0, γ_{em}, Γ.

Größe	einheiteninvariant	Vierersystem	konv. CGS	el. CGS	magn. CGS
ε_0	$\frac{1}{4\pi \cdot 9 \cdot 10^9} \frac{\text{Cb Cb}}{\text{J m}} = 8{,}86 \cdot 10^{-12} \frac{\text{Cb Cb}}{\text{J m}}$	$8{,}86 \cdot 10^{-12} \frac{\text{Cb Cb}}{\text{J m}}$ *)	$\frac{1}{4\pi}$ (Zahl)	$\frac{1}{4\pi}$ (Zahl)	$\frac{1}{4\pi \cdot 9 \cdot 10^{20}} \frac{\text{s}^2}{\text{cm}^2}$
μ_0	$4\pi \cdot 10^{-7} \frac{\text{Wb Wb}}{\text{J m}} = 1{,}256 \cdot 10^{-6} \frac{\text{Wb Wb}}{\text{J m}}$	$1{,}256 \cdot 10^{-6} \frac{\text{V s}}{(\text{A w}) \cdot \text{m}}$	4π (Zahl)	$\frac{4\pi}{9 \cdot 10^{20}} \frac{\text{s}^2}{\text{cm}^2}$	4π (Zahl)
γ_{em}	$1 \frac{\text{Cb Wb}}{\text{J s}} = 1 \frac{\text{Cb Wb}}{\text{J s}}$	1 (Zahl)	$3 \cdot 10^{10} \frac{\text{cm}}{\text{s}}$	1 (Zahl)	1 (Zahl)
Γ	$4\pi \cdot 10^{-7} \cdot 3 \cdot 10^8 \frac{\text{Wb}}{\text{Cb}} = 376{,}991 \frac{\text{Wb}}{\text{Cb}}$	$376{,}991 \frac{\text{V s}}{\text{Cb}}$ **)	$\frac{1}{4\pi}$	$\frac{4\pi}{3 \cdot 10^{10}} \frac{\text{s}}{\text{cm}}$	$4\pi \cdot 3 \cdot 10^{10} \frac{\text{cm}}{\text{s}}$

Stets gilt $\varepsilon_0 \cdot \mu_0 \cdot c^2 = \gamma_{em}^2$ und $\Gamma = \frac{\mu_0 c}{\gamma_{em}} = \frac{\gamma_{em}}{\varepsilon_0 c}$ (Wellenwiderstand des materiefreien Raumes)

Die Größen γ_{em} und Γ sind Skalare.

Die Systeme rechts vom Doppelstrich enthalten mehrdeutige Größen.

* Üblicherweise wird J/Cb durch V ersetzt und Cb durch A · s; dann wird daraus A s/V m. (Wegen der Abkürzung Cb für Coulomb statt C vgl. 4.2.1.3, Fußnote).

** Häufig wird Cb durch A s und V/A durch Ω ersetzt. Das ist natürlich ein anderes „Ohm".

9.3.3. Feldkonstanten des elektromagnetischen Feldes

In den Maxwellschen Gleichungen treten die Feldkonstanten ε_0, μ_0, γ_{em} und $\Gamma = \mu_0 c/\gamma_{em} = \gamma_{em}/\varepsilon_0 c$ auf. In obiger Tab. 56 sind diese für die wichtigsten Begriffs- und Einheitensysteme angegeben.

Die CGS-Systeme führen die *nichtrationalen* Größen $D' = 4\pi \cdot D$ und $H' = 4\pi \cdot H$ ein und verwenden sie ausschließlich („nichtrationale Systeme"). Dadurch entstehen auch noch andere nichtrationale Größen wie $\varepsilon_0' = D'/E = 4\pi\, \varepsilon_0$ und $\mu_0' = B/H' = \mu_0/(4\pi)$, sowie mehrere andere. Auch in den drei rechten Spalten von Tab. 56 sind die Werte der rationalen Größen ε_0, μ_0, angegeben, nicht die von ε_0', μ_0', Γ'.

Beachte. $\Gamma' = \mu_0' \, c/\gamma_{em} = \gamma_{em}/(\varepsilon_0' \, c) = \Gamma/(4\pi)$.

Die Werte der obigen drei nichtrationalen Größen (zusammen mit der rationalen Größe γ_{em}) sind in folgender Tab. 57 zusammengestellt. Statt $3 \cdot 10^{10}$ cm/s ist c geschrieben ohne Rücksicht auf den Vektorcharakter der hier gemeinten Größe. Wie betont, sind γ_{em} und Γ skalare Größen.

Tabelle 57. Nichtrationale Feldkonstanten in den CGS-Systemen.

Größe	konv. CGS	el. CGS	magn. CGS
ε_0'	1	1	$1/c^2$
μ_0'	1	$1/c^2$	1
γ_{em}	c	1	1
Γ'	1	$1/c$	c
also:	$\varepsilon_0' = \mu_0' = 1$ $\gamma_{em} = c$	$\varepsilon_0' = \gamma_{em} = 1$ $\mu_0' = 1/c^2$	$\mu_0' = \gamma_{em} = 1$ $\varepsilon_0' = 1/c^2$

9.3.4. Beispiele zur Einheiteninvarianz

Die nach den Definitionen von Tab. 55, Spalte 1c eingeführten Größen liefern *einheiteninvariante* Gleichungen. Das bedeutet: Diese Gleichungen gelten auch dann unverändert, wenn man die Größen in *beliebigen* Einheiten ausdrückt; die Größe muß stets als Produkt Zahlenwert mal Einheit eingesetzt werden. Beliebig heißt: Es können Einheiten eines beliebigen Einheiten*systems*, aber auch *systemfremde* Einheiten eingesetzt werden. Diese dürfen sich natürlich nur um einen Zahlenfaktor von den Systemeinheiten unterscheiden, (nicht um $\sqrt{1\ \text{cm}}$ oder $\sqrt{1\ \text{g}}$ und dergl.). Dann faßt man die Zahlenwerte für sich zusammen und ebenso die Einheiten. Die Umrechnungsfaktoren der Zahlenwerte ergeben sich *automatisch* als Quotienten gleichdimensionierter Einheiten, z. B. 1 min/1 s = 60, oder 1 inch/1 cm = 2,54 usw.

Einheiteninvarianz einer *Größe:* 2 inch/s^2 oder 7200 inch/min^2 oder 5,08 cm/s^2 oder 0,0508 m/s^2 oder 182,88 m/min^2 ist ein und dieselbe physikalische Größe, lediglich in unterschiedlicher Darstellung, denn 1 inch = 2,54 cm = 0,0254 m und 1 min = 60 s oder (1 min)^2 = 3600 s^2.

Einheiteninvarianz einer *Gleichung:* Für die gleichförmig beschleunigte geradlinige Bewegung aus der Ruhe wird der Zusammenhang zwischen dem durchlaufenen Weg s, der dazu erforderlichen Zeitdauer t und der Beschleunigung a durch die einheiteninvariante Größengleichung $s = (1/2)\, a \cdot t^2$

ausgedrückt. Diese Gleichung ist z. B. erfüllt mit $t = 0{,}5$ min, $a = 2$ inch/s², $s = 2286$ cm $= 22{,}86$ m. Zum Beweis setzt man die im vorausgehenden Beispiel stehenden Gleichungen ein. Dann ergibt sich $(1/2) \cdot 2 \cdot 2{,}54\ \mathrm{cm/s^2} \cdot (30\ \mathrm{s})^2 = 2286\ \mathrm{cm} = 22{,}86\ \mathrm{m}$.

Beim Übergang in die *CGS-Systeme* müssen zunächst die in diesen Systemen *nichtrational* eingeführten Größen (vgl. 9.2.2) aufgesucht und in die Gleichungen eingeführt werden. Man ersetzt dann in allgemeinen Gleichungen ε_0, μ_0, γ_{em} gemäß Tab. 56, 57. Bei speziellen Größen ersetzt man 1 Cb, 1 Wb, 1 m, 1 J nach der folgenden Tab. 58.

Tabelle 58. Umrechnung von Basisgrößen (-einheiten) in andere Systeme.

	Vierersystem	konvent. CGS	elektr. CGS	magn. CGS
1 Cb	—	$3 \cdot 10^9\ \mathrm{cm^{3/2}\ g^{1/2}\ s^{-1}}$	$3 \cdot 10^9\ \mathrm{cm^{3/2}\ g^{1/2}\ s^{-1}}$	$10^{-1}\ \mathrm{cm^{1/2}\ g^{1/2}}$
1 Wb	1 V s (= 1 J s/Cb)	$10^8\ \mathrm{cm^{3/2}\ g^{1/2}\ s^{-1}}$	$(1/300)\ \mathrm{cm^{1/2}\ g^{1/2}}$	$10^8\ \mathrm{cm^{3/2}\ g^{1/2}\ s^{-1}}$
1 m	—	100 cm	100 cm	100 cm
1 J	—	$10^7\ \mathrm{cm^2\ g\ s^{-2}}$	$10^7\ \mathrm{cm^2\ g\ s^{-2}}$	$10^7\ \mathrm{cm^2\ g\ s^{-2}}$

Die Größen der Spalte 1 sind zum Übergang in eines der anderen Systeme (Spalte 2, 3, 4, 5) durch die in der entsprechenden Spalte auf derselben Zeile stehenden Werte zu ersetzen. 9.2.2 ist zu beachten.

Beispiel. $\gamma_{em} = 1\ \dfrac{\mathrm{Cb\ Wb}}{\mathrm{J\ s}}$ ergibt im konvent. CGS-System

$$\frac{3 \cdot 10^9\ \mathrm{cm^{3/2}\ g^{1/2}\ s^{-1}} \cdot 10^8\ \mathrm{cm^{3/2}\ g^{1/2}\ s^{-1}}}{10^7\ \mathrm{cm^2\ g\ s^{-2}} \cdot 1\ \mathrm{s}} = 3 \cdot 10^{10}\ \frac{\mathrm{cm}}{\mathrm{s}}$$

Weitere Beispiele vgl. unten 9.3.4 und 5.

Die einheiteninvariante relativistische Gleichung für den Krümmungsradius r eines elektrisch geladenen Teilchens der elektrischen Ladung q, der kinetischen Energie W_{kin}, der Ruheenergie $W_0 = m_0 \cdot c^2$ in einem magnetischen Feld der Flußdichte B lautet

$$r = \frac{1}{B} \cdot \frac{\gamma_{em}}{q\,c} \cdot \sqrt{W_{kin}{}^2 + 2\,W_{kin} \cdot W_0}$$

Diese Gleichung ergibt sich aus Gl. (4-85a) unter Berücksichtigung von (6-10) und (6-6a).

Beispiel. Der Krümmungsradius eines α-Teilchens (elektrische Ladung $q = 2e$), der kinetischen Energie $W_{kin} = 100$ MeV, der Ruhenergie $m_0 c^2$ in einem magnetischen Feld mit $B = 1{,}8$ Wb/m² ($\triangleq$ 1800 Gauß) soll ausgerechnet werden.

In dieser Gleichung kommen keine Größen vor, die in den CGS-Systemen nichtrational definiert sind. Man kann daher ohne weiteres entweder internationale Einheiten einsetzen oder CGS-Einheiten. Man erhält auf beiden Wegen dasselbe Ergebnis, nämlich $r = 0{,}80$ m $= 80$ cm.

Man setzt ein:

mit internationalen Einheiten,	mit (konv.) CGS-Einheiten
$B = 1{,}8\ \mathrm{T} = 1{,}8\ \mathrm{Wb/m^2}$	$1{,}8 \cdot 10^4\ \mathrm{cm^{-1/2}\ g^{1/2}\ s^{-1}}$
$\gamma_{em} = 1\ \dfrac{\mathrm{Cb\ Wb}}{\mathrm{J\ s}}$	$3 \cdot 10^{10}\ \mathrm{cm\ s^{-1}}$
$c = 3 \cdot 10^8\ \mathrm{m/s}$	$3 \cdot 10^{10}\ \mathrm{cm\ s^{-1}}$

$q = 2 \cdot 1{,}6\ 10^{-19}$ Cb	$2 \cdot 4{,}80\ 10^{10}$ cm$^{3/2}$ g$^{1/2}$ s^{-1}
$W_{kin} = 100$ MeV $=$	
$= 10^8 \cdot 1{,}6 \cdot 10^{-19}$ J	
$= 1{,}6 \cdot 10^{-11}$ J	$1{,}6 \cdot 10^{-4}$ cm^2 g s^{-2}
$W_0 = c^2 \cdot 4{,}004$ u	
$= 0{,}598 \cdot 10^{-9}$ J	$0{,}598 \cdot 10^{-2}$ cm^2 g s^{-2}

Die nachfolgenden Beispiele in 9.3.5 zeigen, wie man die nichtrationalen Größen der CGS-Systeme einführt und die Werte für ε_0', μ_0', γ_{em} einsetzt, sowie für D' und H'.

Beachte: $\varepsilon_0' = 4\pi\varepsilon_0 \qquad \mu_0' = \dfrac{\mu_0}{4\pi}$

$$D' = 4\pi D \qquad H' = 4\pi H$$

$$Z_0' = \frac{\mu_0' c}{\gamma_{em}} = \frac{\gamma_{em}}{\varepsilon_0' c}$$

$$Z_0 = \frac{\mu_0 c}{\gamma_{em}} = \frac{\gamma_{em}}{\varepsilon_0 c} = 4\pi Z_0'$$

9.3.5. Umwandlung von Gleichungen in solche des CGS-Systems

einheiteninvariant		im konvent. CGS-System ($\varepsilon_0' = \mu_0' = 1$; $\gamma_{em} = c$)
Kraft	$F = \dfrac{e \cdot e}{\varepsilon_0 \cdot 4\pi r^2}$	$F = \dfrac{e \cdot e}{(\varepsilon_0'/4\pi) \cdot 4\pi r^2} = \dfrac{e \cdot e}{r^2}$
Kraft	$F = \dfrac{\phi \cdot \phi}{\mu_0 \cdot 4\pi r^2}$	$F = \dfrac{\phi \cdot \phi}{4\pi \mu_0' \cdot 4\pi r^2} = \dfrac{P \cdot P}{r^2}$
Kraft	$F = \dfrac{e\, v \times B}{\gamma_{em}}$	$F = \dfrac{e\, v \times B}{c}$
Flächendichte d. Strahl.-Leist.	$S = \gamma_{em} E \times H$	$S = c\, E \times (H'/4\pi) = (c/4\pi)\, E \times H'$
Drehmoment	$M = m_e \times E$	$M = m_e \times E$
Drehmoment	$M = m_m \times H$	$M = 4\pi\, m' \times (H'/4\pi) = m' \times H'$
Maxwellsche Gleichungen	$j + \dot{D} = \gamma_{em}$ rot H	$j + (\dot{D}'/4\pi) = c$ rot $(H'/4\pi) = (c/4\pi)$ rot H'
	$-\dot{B} = \gamma_{em}$ rot E	$-\dot{B} = c \cdot$ rot E
	div $D = \varrho$	div $(D'/4\pi) = \varrho$ od. div. $D' = 4\pi\varrho$
	div $B = 0$	div $B = 0$
	$D = \varepsilon_0 E$	$\dfrac{D'}{4\pi} = \dfrac{\varepsilon_0'}{4\pi} \cdot E$ oder $D' = E$
	$B = \mu_0 H$	$B = 4\pi \mu_0' \cdot (H'/4\pi)$ oder $B = H'$

9.3.6. Umwandlung von Einheiten in CGS-Einheiten

In allen drei CGS-Systemen gilt

$$[W] = 1\,\mathrm{J} = 10^7\,\mathrm{cm^2\,g\,s^{-2}} \underset{\mathrm{def}}{=} 10^7\,\mathrm{erg}$$

$$[F] = 1\,\mathrm{N} = 10^5\,\mathrm{cm\;\;g\,s^{-2}} \underset{\mathrm{def}}{=} 10^5\,\mathrm{dyn}$$

$$[l] = 1\,\mathrm{m} = 10^2\,\mathrm{cm}$$

Links und rechts vom Gleichheitszeichen stehende Größen sind einander gleich. Bei den nachfolgenden (elektrischen und magnetischen Größen) gilt nur mehr $\overset{\rightarrow}{=}$. Die rechts vom Pfeil stehenden CGS-Größen sind mehrdeutig. „Nichtrational" sind die Größendefinitionen, *nicht* die Einheiten!

Umwandlung in Größen des *konventionellen* (elektromagnetischen) CGS-Systems. In diesem gilt $\varepsilon_0' = \mu_0' \overset{\rightarrow}{=} 1$; $\gamma_{\mathrm{em}} \overset{\rightarrow}{=} \mathrm{c}$

$$[Q] = 1\,\mathrm{Cb} \overset{\rightarrow}{=} 3\cdot 10^9\,\mathrm{cm^{3/2}\,g^{1/2}\,s^{-1}}$$

$$[\phi] = 1\,\mathrm{Wb} \overset{\rightarrow}{=} 10^8\,\mathrm{cm^{3/2}\,g^{1/2}\,s^{-1}}$$

$$[I] = 1\,\mathrm{A} = 1\,\mathrm{Cb/s} \overset{\rightarrow}{=} 3\cdot 10^9\,\mathrm{cm^{3/2}\,g^{1/2}\,s^{-2}}$$

$$[U] = 1\,\mathrm{V} = \frac{1\,\mathrm{J}}{1\,\mathrm{Cb}} \overset{\rightarrow}{=} \frac{10^7\,\mathrm{cm^2\,g\,s^{-2}}}{3\cdot 10^9\,\mathrm{cm^{3/2}\,g^{1/2}\,s^{-1}}} = \frac{1}{300}\,\mathrm{cm^{1/2}\,g^{1/2}\,s^{-1}}$$

$$[C] = 1\,\mathrm{F} = \frac{1\,\mathrm{Cb}}{1\,\mathrm{V}} \overset{\rightarrow}{=} \frac{3\cdot 10^9\,\mathrm{cm^{3/2}\,g^{1/2}\,s^{-1}}}{\frac{1}{300}\,\mathrm{cm^{1/2}\,g^{1/2}\,s^{-1}}} = 9\cdot 10^{11}\,\mathrm{cm}$$

$$[\dot{\phi}] = \frac{1\,\mathrm{Wb}}{1\,\mathrm{s}} \overset{\rightarrow}{=} \frac{10^8\,\mathrm{cm^{3/2}\,g^{1/2}\,s^{-1}}}{1\,\mathrm{s}} = 10^8\,\mathrm{cm^{3/2}\,g^{1/2}\,s^{-2}}$$

$$[U_\mathrm{m}] = \frac{1\,\mathrm{J}}{1\,\mathrm{Wb}}{}^{*)} \overset{\rightarrow}{=} \frac{10^7\,\mathrm{cm^2\,g\,s^{-2}}}{10^8\,\mathrm{cm^{3/2}\,g^{1/2}\,s^{-1}}} = 10^{-1}\,\mathrm{cm^{1/2}\,g^{1/2}\,s^{-1}}$$

$$[L] = 1\,\mathrm{H} = \frac{1\,\mathrm{V\,s}}{1\,\mathrm{A}} \overset{\rightarrow}{=} \frac{\frac{1}{300}\,\mathrm{cm^{1/2}\,g^{1/2}}}{3\cdot 10^9\,\mathrm{cm^{3/2}\,g^{1/2}\,s^{-2}}} = \frac{1}{9\cdot 10^{11}}\,\mathrm{cm^{-1}\,s^2}$$

$$[D] = \frac{1\,\mathrm{Cb}}{1\,\mathrm{m^2}} \overset{\rightarrow}{=} \frac{3\cdot 10^9\,\mathrm{cm^{3/2}\,g^{1/2}\,s^{-1}}}{10^4\,\mathrm{cm^2}} = 3\cdot 10^5\,\mathrm{cm^{-1/2}\,g^{1/2}\,s^{-1}}$$

$$[E] = \frac{1\,\mathrm{N}}{1\,\mathrm{Cb}} \overset{\rightarrow}{=} \frac{10^5\,\mathrm{cm\,g\,s^{-2}}}{3\cdot 10^9\,\mathrm{cm^{3/2}\,g^{1/2}\,s^{-1}}} = \frac{1}{3\cdot 10^4}\,\mathrm{cm^{1/2}\,g^{1/2}\,s^{-1}}$$

$$[B] = 1\,\mathrm{T} = \frac{1\,\mathrm{Wb}}{1\,\mathrm{m^2}} \overset{\rightarrow}{=} \frac{10^8\,\mathrm{cm^{3/2}\,g^{1/2}\,s^{-1}}}{10^4\,\mathrm{cm^2}} = 10^4\,\mathrm{cm^{-1/2}\,g^{1/2}\,s^{-1}} = 10^4\,\mathrm{Gauß}$$

$$[H] = \frac{1\,\mathrm{N}}{1\,\mathrm{Wb}}{}^{**)} \overset{\rightarrow}{=} \frac{10^5\,\mathrm{cm\,g\,s^{-2}}}{10^8\,\mathrm{cm^{3/2}\,g^{1/2}\,s^{-1}}} = \frac{1}{10^3}\,\mathrm{cm^{-1/2}\,g^{1/2}\,s^{-1}} = 10^{-3}\,\mathrm{Oersted}$$

---

* 1 J/Wb wird oft auch 1 Amperewindung, abgekürzt 1 (Aw) genannt, vgl. jedoch 4.4.2.4, S. 354.

** 1 N/Wb = 1 J/(m · Wb) wird oft auch 1 (Aw)/m genannt.

Beachte. Das CGS-System verwendet $D' = 4\pi D$ und $H' = 4\pi H$. Daher wird in manchen Darstellungen die Umrechnung $H'_{\text{CGS}} \leftrightarrow H$ angegeben usw., also 4π in den Umrechnungsfaktor einbezogen. Dann entsteht

bei D: $1\ \text{Cb/m}^2 \mathrel{\overset{\rightarrow}{=}} 4\pi \cdot 3 \cdot 10^5\ \text{cm}^{-1/2}\ \text{g}^{1/2}\ \text{s}^{-1}$

bei H: $1\ \text{N/Wb}^{**}) \mathrel{\overset{\rightarrow}{=}} 4\pi \cdot 10^{-3}$ Oersted

bei U_{m}: $1\ \text{J/Wb}^{*}) \mathrel{\overset{\rightarrow}{=}} 4\pi \cdot 10^{-1}\ \text{cm}^{1/2}\ \text{g}^{1/2}\ \text{s}^{-1}$

Elementarladung $e = 1{,}602 \cdot 10^{-19}\ \text{Cb} \mathrel{\overset{\rightarrow}{=}} 1{,}602 \cdot 10^{-19} \cdot 3 \cdot 10^{10}\ \text{cm}^{3/2}\ \text{g}^{1/2}\ \text{s}^{-1} = 4{,}80 \cdot 10^{-10}\ \text{cm}^{3/2}\ \text{g}^{1/2}\ \text{s}^{-1}$

$$\text{Bohrsches Magneton } \mu_{\text{B}} = 11{,}6530 \cdot 10^{-30}\ \text{Wb m} = \frac{\mu_0}{\gamma_{\text{em}}} \cdot \frac{e}{m_0}\,\frac{\hbar}{2} = \frac{\mu_0}{\gamma_{\text{em}}} \cdot 9{,}2732 \cdot 10^{-24}\ \text{A m}^2$$

$$\mu'_{\text{B}} \mathrel{\overset{\rightarrow}{=}} \frac{\mu_{\text{B}}}{4\pi} = \frac{1}{4\pi} \cdot \frac{4\pi}{c} \cdot \frac{e}{m_0} \cdot \frac{\hbar}{2} = \frac{e\hbar}{2m_0c} = 9{,}2732 \cdot 10^{-21}\ \text{cm}^{5/2}\ \text{g}^{1/2}\ \text{s}^{-1} = 9{,}2732 \cdot 10^{-21}\ \text{Gauß} \cdot \text{cm}^3$$

Umwandlung in Größen des *elektrischen* (elektrostatischen) CGS-System. In diesem gilt $\varepsilon'_0 = \gamma_{\text{em}} \mathrel{\overset{\rightarrow}{=}} 1$; $\mu'_0 \mathrel{\overset{\rightarrow}{=}} 1/c^2$

$$[Q] = 1\ \text{Cb} \mathrel{\overset{\rightarrow}{=}} 3 \cdot 10^9\ \text{cm}^{3/2}\ \text{g}^{1/2}\ \text{s}^{-1}$$

$$[\phi] = 1\ \text{Wb} \mathrel{\overset{\rightarrow}{=}} \frac{1}{300}\ \text{cm}^{1/2}\ \text{g}^{1/2}$$

$$[U] = 1\ \text{V} = \frac{1\ \text{J}}{1\ \text{Cb}} \mathrel{\overset{\rightarrow}{=}} \frac{10^7\ \text{cm}^2\ \text{g s}^{-2}}{3 \cdot 10^9\ \text{cm}^{3/2}\ \text{g}^{1/2}\ \text{s}^{-1}} = \frac{1}{300}\ \text{cm}^{1/2}\ \text{g}^{1/2}\ \text{s}^{-1}$$

$$[U_{\text{m}}] = \frac{1\ \text{J}}{1\,\text{Wb}} \mathrel{\overset{\rightarrow}{=}} \frac{10^7\ \text{cm}^2\ \text{g s}^{-2}}{\frac{1}{300}\ \text{cm}^{1/2}\ \text{g}^{1/2}} = 3 \cdot 10^9\ \text{cm}^{3/2}\ \text{g}^{1/2}\ \text{s}^{-2}$$

$$[C] = 1\ \text{F} = \frac{1\ \text{Cb}}{1\ \text{V}} \mathrel{\overset{\rightarrow}{=}} \frac{3 \cdot 10^9\ \text{cm}^{3/2}\ \text{g}^{1/2}\ \text{s}^{-1}}{\frac{1}{300}\ \text{cm}^{1/2}\ \text{g}^{1/2}\ \text{s}^{-1}} = 9 \cdot 10^{11}\ \text{cm}$$

Umwandlung in Größen des *magnetischen* (magnetostatischen) CGS-Systems. In diesem gilt $\mu'_0 = \gamma_{\text{em}} \mathrel{\overset{\rightarrow}{=}} 1$; $\varepsilon'_0 = 1/c^2$

$$[Q] = 1\ \text{Cb} \mathrel{\overset{\rightarrow}{=}} 10^{-1}\ \text{cm}^{1/2}\ \text{g}^{1/2}$$

$$[\phi] = 1\ \text{Wb} \mathrel{\overset{\rightarrow}{=}} 10^8\ \text{cm}^{3/2}\ \text{g}^{1/2}\ \text{s}^{-1}$$

---

* 1 J/Wb wird oft auch 1 Amperewindung, abgekürzt 1 (Aw) genannt.

** 1 N/Wb = 1 J/(m · Wb) wird oft auch 1 (Aw)/m genannt.

$$[U] = 1\,\mathrm{V} = \frac{1\,\mathrm{J}}{1\,\mathrm{Cb}} \rightrightarrows \frac{10^7\,\mathrm{cm^2\,g\,s^{-2}}}{10^{-1}\,\mathrm{cm^{1/2}\,g^{1/2}}} = 10^8\,\mathrm{cm^{3/2}\,g^{1/2}\,s^{-2}}$$

$$[U_\mathrm{m}] = \frac{1\,\mathrm{J}}{1\,\mathrm{Wb}} \rightrightarrows \frac{10^7\,\mathrm{cm^2\,g\,s^{-2}}}{10^8\,\mathrm{cm^{3/2}\,g^{1/2}\,s^{-1}}} = 10^{-1}\,\mathrm{cm^{1/2}\,g^{1/2}\,s^{-1}}$$

$$[L] = 1\,\mathrm{H} = \frac{1\,\mathrm{V\,s}}{1\,\mathrm{A}} \rightrightarrows \frac{10^8\,\mathrm{cm^{3/2}\,g^{1/2}\,s^{-1}}}{10^{-1}\,\mathrm{cm^{1/2}\,g^{1/2}\,s^{-1}}} = 10^9\,\mathrm{cm}$$

9.4. Zur Vektor- und Tensorrechnung

9.4.1. Vektoren und Tensoren (symmetrisch, antisymmetrisch)

Ein Vektor $\vec{x}$ läßt sich im *drei*dimensionalen Raum nach 1.3.3.1 aufspalten in eine Summe aus *drei* Komponenten

$$\vec{x} = x_1 \cdot \vec{e_1} + x_2 \cdot \vec{e_2} + x_3 \cdot \vec{e_3} = \sum x_i \cdot \vec{e_i}$$

Die x_1, x_2, x_3 sind Koordinaten des Vektors relativ zu den Basisvektoren $\vec{e_1}$, $\vec{e_2}$, $\vec{e_3}$. Die Produkte $x_1 \cdot \vec{e_1}$, $x_2 \cdot \vec{e_2}$, $x_3 \cdot \vec{e_3}$ sind Komponenten. (Statt x_1, x_2, x_3 schreibt man oft x, y, z.)

Ein *Vektor* hat eine von der speziellen Wahl der Basis $\vec{e_1}$, $\vec{e_2}$, ... unabhängige Bedeutung. Er verhält sich wie eine gerichtete Strecke mit Durchlaufungssinn („Pfeil“).

Vektoren, die auf dasselbe System von Basisvektoren bezogen sind, können nach 1.3.3 addiert oder subtrahiert werden, indem man die entsprechenden Koordinaten addiert oder subtrahiert. Das gilt auch im affinen Raum, d. h. wenn die Basisvektoren schiefwinkelig sind und wenn kein übereinstimmendes Längenmaß in Richtung unterschiedlicher Basisvektoren existiert, wenn also keine „Metrik“, d.h. keine g_{ik}, kein „metrischer Fundamentaltensor“ eingeführt werden.

Der euklidische Raum unterscheidet sich vom affinen Raum dadurch, daß die Basisvektoren senkrecht aufeinander stehen und daß für Basisvektoren unterschiedlicher Richtung das Längenmaß übereinstimmt. Ein System von Basisvektoren mit diesen beiden Eigenschaften nennt man ein orthonormales System.

In einem euklidischen Raum gilt der Satz des Pythagoras. Ferner gilt: Jeder Vektor läßt sich zerlegen in einen skalaren Betrag $|\vec{x}|$ des Vektors und einen Einheitsvektor $\vec{e_x}$ vom Betrag 1 in Richtung von $\vec{x}$. Dieser Einheitsvektor $\vec{e_x}$ hat die Koordinaten $\cos(\vec{x}, \vec{e_1})$, $\cos(\vec{x}, \vec{e_2})$, $\cos(\vec{x}, \vec{e_3})$, also

$$\vec{x} = |\vec{x}| \cdot \vec{x}/|\vec{x}| = |\vec{x}| \cdot \vec{e_x}$$

Der Betrag $|\vec{x}|$ hat eine (physikalische) Dimension wie die Koordinaten x_1, x_2, ... (z. B. dim Geschwindigkeit, dim Kraft usw.). Der Einheitsvektor hat die dim Zahl.

Ein Vektor ist ein Tensor 1. Stufe, ein Skalar ist ein Tensor 0. Stufe.

Ein *Tensor 2. Stufe* im dreidimensionalen Raum ist (vgl. 1.3.3.1) durch $3^2 = 9$ Koordinaten und 9 Basiselemente festgelegt (im n-dimensionalen Raum durch n^2). Wenn man die Vektorbasis ändert – sie kann euklidisch oder affin sein –, transformieren sich seine Koordinaten in charakteristischer Weise.

Im folgenden sei der affine Fall vorausgesetzt. Aus zwei Vektoren $\vec{x}$ und $\vec{y}$ mit den Koordinaten x_i bzw. y_j relativ zu den Basisvektoren $\vec{e_i}$ bzw. $\vec{e_j}, \ldots$ kann man einen Tensor 2. Stufe bilden:

$$T = \sum_{\substack{1 \le i \le n \\ 1 \le j \le n}} x_i\, y_j\, \vec{e_i} \otimes \vec{e_j} = \sum_{\substack{1 \le i \le n \\ 1 \le j \le n}} t_{ij} \tag{9-1}$$

Das Symbol $\otimes$ bezeichnet die Tensormultiplikation. Die Summe erstreckt sich über alle Kombinationen der Indizes i j, für $n = 3$ also über 11, 12, 13, 21, 22, 23, 31, 32, 33. Das Tensorprodukt ist *nicht* kommutativ, d.h. man darf die Reihenfolge der Faktoren nicht vertauschen. Die Tensormultiplikation bezieht sich auf die *Vektoren*, in diesem Fall also auf $\vec{e_i}$ und $\vec{e_j}$. Die Koordinaten x_i, y_j dagegen sind *Zahlen*. Die Multiplikation von Zahlen ist kommutativ. Die t_{ij} in (9-1) sind Tensoren, wie T selbst.

Ein nichtkommutatives Tensorprodukt kann man zerlegen gemäß $T = T^{(s)} + T^{(a)}$ in einen symmetrischen Tensor

$$T^{(s)} = \sum t_{ij}^{(s)}, \qquad \text{wo} \qquad t_{ij}^{(s)} = \frac{t_{ij} + t_{ji}}{2} \tag{9-2}$$

und einen schiefsymmetrischen

$$T^{(a)} = \sum t_{ij}^{(a)}, \qquad \text{wo} \qquad t_{ij}^{(a)} = \frac{t_{ij} - t_{ji}}{2} \tag{9-3}$$

$T^{(s)}$ wird symmetrisch genannt, weil $t_{ij}^{(a)} = t_{ji}^{(s)}$ ist. Der Tensor $T^{(a)}$ heißt schiefsymmetrisch, weil $t_{ij}^{(a)} = -\, t_{ji}^{(a)}$ ist. Außerdem sind bei ihm natürlich alle $t_{ii}^{(a)} = -\, t_{ii}^{(a)} = 0$.

Ein schiefsymmetrischer Tensor 2. Stufe $t_{ij}^{(a)}$, der aus den Vektoren $\vec{x}$ und $\vec{y}$ gebildet ist, verhält sich wie ein Flächenstück mit Orientierung (vgl. 9.4.2).

Der schiefsymmetrische Teil entsteht, indem man bildet*):

$$\begin{aligned} \vec{x} \wedge \vec{y} = {} & \{(x_1\vec{e_1} + x_2\vec{e_2} + \ldots) \otimes (y_1\vec{e_1} + y_2\vec{e_2} + \ldots)\} \\ & - \{(y_1\vec{e_1} + y_2\vec{e_2} + \ldots) \otimes (x_1\vec{e_1} + x_2\vec{e_2} + \ldots)\} \end{aligned} \tag{9-4}$$

Die Ausrechnung ergibt

$$\vec{x} \wedge \vec{y} = \sum_{1 \le i \le j \le n} \begin{vmatrix} x_i & x_j \\ y_i & y_j \end{vmatrix} \vec{e_i} \wedge \vec{e_j} \tag{9-5}$$

Dabei ist*)

$$\vec{e_i} \wedge \vec{e_j} = \{\vec{e_i} \otimes \vec{e_j}\} - \{\vec{e_j} \otimes \vec{e_i}\} \tag{9-6}$$

(äußeres Produkt, auch Dachprodukt), wie bereits in 1.3.3.2 erwähnt. Die Summe erstreckt sich hier nur auf *aufsteigende* Indizes, im dreidimensionalen Raum auf ij = 12, 13, 23, im vierdimensionalen Raum auf 12, 13, 23, 14, 24, 34.

Das vielverwendete Vektorprodukt $\vec{x} \times \vec{y}$ ist ein Vektor *senkrecht* zu dem von $\vec{x} \wedge \vec{y}$ aufgespannten orientierten Flächenstück.

---

* Hier ist { } lediglich eine Klammer zum Zusammenfassen und bedeutet nicht etwa, wie in 9.1.1.9, den Zahlenwert einer physikalischen Größe. Statt schiefsymmetrisch sagte man früher auch antisymmetrisch, daher der obere Index (a) bei $t_{ij}^{(a)}$.

Wie betont, ist das Tensorprodukt nicht kommutativ. Das wirkt sich in charakteristischer Weise beim Dachprodukt aus. Um das sichtbar zu machen, soll geschrieben werden:

$$e_i \wedge f^j = \{e_i \otimes f^j\} - \{e_j \otimes f^i\} \tag{9-7}$$

Man erkennt, daß die beiden Glieder auf der rechten Seite auseinander hervorgehen, indem man ihre *Indizes* vertauscht, *nicht* jedoch die *Reihenfolge* der Faktoren. Dieser Unterschied bekommt große Bedeutung, wenn Produkte aus Vektoren und Linearformen vorkommen, d. h. wenn e_i ein Basiselement aus dem Raum der Vektoren und f^j ein Basiselement aus dem davon verschiedenen, dazu „dualen" Raum der Linearformen ist. (Deshalb sind in obiger Gl. (9-7) die Pfeile weggelassen.)

Ein Tensor hat eine von der Wahl der speziellen Basis $\vec{e}_1, \vec{e}_2, \ldots$ unabhängige Bedeutung. Auch die Zerlegung in einen symmetrischen und einen schiefsymmetrischen Teil ist von der Wahl der Basis unabhängig.

Man kann auch Tensorprodukte aus *mehreren* Faktoren bilden. p Faktoren ergeben einen Tensor p-ter Stufe. Dann ist die Zerlegung in symmetrischen und schiefsymmetrischen Anteil jeweils nur hinsichtlich eines einzigen Index möglich.

Parität. Wenn im n-dimensionalen Raum die Richtung aller Basisvektoren umgekehrt („gespiegelt") wird, wenn also $\vec{e}_i$ ersetzt wird durch $(-1) \cdot \vec{e}_i$, dann ändern die Koordinaten eines *Vektors* ihr Vorzeichen (Parität -1, „ungerade Parität"). Dagegen ändern die Koordinaten eines Tensors 2. Stufe ihr Vorzeichen *nicht*, weil $(-1) \cdot \vec{e}_i \otimes (-1) \cdot \vec{e}_j = \vec{e}_i \otimes \vec{e}_j$ ist (Parität $+1$, „gerade Parität"). Im n-dimensionalen Raum ändern bei Umkehr aller Basisvektoren die Koordinaten von Tensoren 1., 3., 5.,...-Stufe ihr Vorzeichen, die Tensoren 0., 2., 4.,...-Stufe dagegen nicht. Tensoren p-ter Stufe haben also die Parität $(-1)^p$.

Das orientierte Volumen hat also die Parität $(-1)^3 = (-1)$; es ist daher *kein Skalar*.

9.4.2. Orientiertes Flächenstück (Bivektor)

Ein orientiertes Flächenstück ist dasselbe wie ein schiefsymmetrischer Tensor 2. Stufe. Orientiert heißt: Es ist ein Umlaufsinn festgesetzt, und das Flächenstück hat eine bestimmte Lage im Raum. Im Fall von Abb. 430 wird der *Umlaufsinn* durch die *Reihenfolge* der Vektoren $\vec{x}$, $\vec{y}$, ausgedrückt, der entgegengesetzte durch die Reihenfolge $\vec{y}$, $\vec{x}$. Es gilt $x \wedge y = -y \wedge x$. Der Umlaufsinn des Flächenstücks Abb. 430a ist von oben gesehen gegen den Uhrzeigersinn, von unten gesehen im Uhrzeigersinn. Die Vorstellung „von oben gesehen", „von unten gesehen" setzt voraus, daß das Flächenstück (ein zweidimensionales Gebilde) in einen dreidimensionalen Raum eingebettet ist. Bei zweidimensionaler Betrachtung gibt es nur den Unterschied der Reihenfolge. Dieser allein bestimmt den Umlaufsinn.

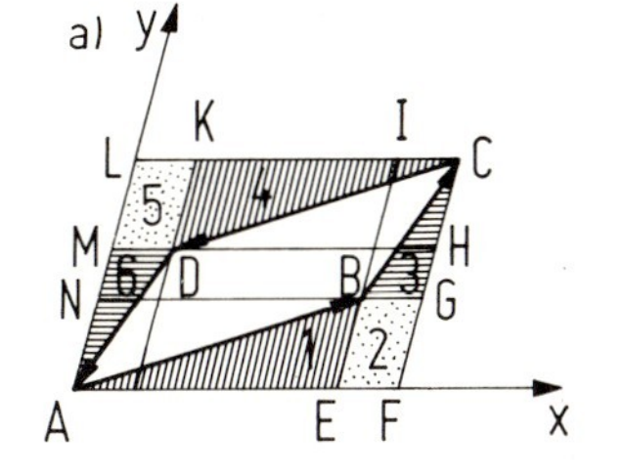

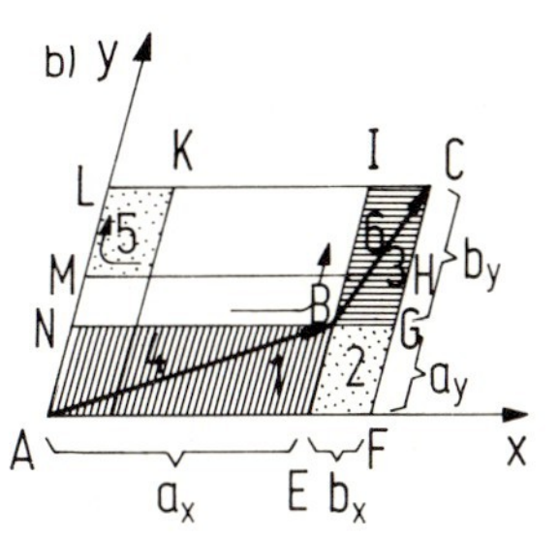

Abb. 430. Orientiertes Flächenstück. ABCD ist gleich der Differenz $a_x \wedge b_y - b_x \wedge a_y$, vgl. Text.

Ein schiefsymmetrischer Tensor 2. Stufe (Flächenstück) wird in der Physik oft durch den dazu orthogonalen Vektor ersetzt („achsialer Vektor" mit gerader Parität). Ein solcher muß vom gewöhnlichen Vektor („polaren Vektor") unterschieden werden, weil dieser ungerade Parität hat.

Die vom Flächenstück ABCD aufgespannte Fläche soll ausgedrückt werden mit Hilfe von Vektorkomponenten des Bezugssystems (x, y). Dieses Flächenstück ist zerlegungsgleich mit der Differenz {Fläche AFCL} − {Fläche (1, 2, 3, 4, 5, 6)}. Diese letzteren Flächenstücke kann man anders zusammensetzen, wie Abb. 430b zeigt. Der Randstreifen entlang NBI umfaßt die Flächen (1, 2, 3, 4, 6), jedoch nicht (5). Die gesuchte Fläche ist also NBIL − (5) = = NBIL − (2) = NBIL − EFGB.

Bei der Zerlegung werden nur die Begriffe zerlegungsgleich und parallel, nicht aber der Begriff orthogonal benützt. Diese Zerlegung ist daher auch in einem affinen Raum mit nicht-orthogonalen Basisvektoren möglich.

Wenn der Begriff orthogonal eingeführt wird, kann man das Flächenstück ABCD auch ausdrücken durch $a_x\, b_y \cos(x, y) - a_y\, b_x \cos(x, y)$.

9.4.3. $\partial v_i / \partial x_k$ in einem Vektorfeld

In der Physik gibt es Vektorfelder. Ein solches liegt vor, wenn eine Vektorgröße eine Funktion der Ortskoordinaten x, y, z ist. Beispiele sind die elektrische Feldstärke in einem elektrischen Feld, oder die magnetische Feldstärke in einem magnetischen Feld.

Auch ein Geschwindigkeitsfeld ist ein Beispiel. Ein solches hat den Vorzug, daß gewisse Begriffe sofort anschaulich erfaßbar sind.

In einem Geschwindigkeitsfeld

$$\vec{v}\,(x, y, z) = v_x\,(x, y, z) \cdot \vec{e_x} + v_y\,(x, y, z) \cdot \vec{e_y} + v_z\,(x, y, z) \cdot \vec{e_z}$$

oder anders geschrieben

$$\vec{v}\,(x_1, x_2, x_3) = v_1\,(x_1, x_2, x_3) \cdot \vec{e_1} + v_2\,(x_1, x_2, x_3) \cdot \vec{e_2} + v_3\,(x_1, x_2, x_3) \cdot \vec{e_3}$$

kann man fragen, wie die Geschwindigkeit sich – für einen festen Zeitpunkt – mit den Ortskoordianten ändert. Man fragt also nach den Ableitungen $\partial v_i / \partial x_k$. Setzt man i, k = 1, 2, ..., n ein, so erhält man ein quadratisches Schema. Für n = 3 lautet es:

$$D = \begin{pmatrix} \dfrac{\partial v_1}{\partial x_1} & \dfrac{\partial v_2}{\partial x_1} & \dfrac{\partial v_3}{\partial x_1} \\[2ex] \dfrac{\partial v_1}{\partial x_2} & \dfrac{\partial v_2}{\partial x_2} & \dfrac{\partial v_3}{\partial x_2} \\[2ex] \dfrac{\partial v_1}{\partial x_3} & \dfrac{\partial v_2}{\partial x_3} & \dfrac{\partial v_3}{\partial x_3} \end{pmatrix}$$

Diese 9 partiellen Differentialquotienten sind die Koordinaten eines Tensors 2. Stufe. Wie diesen kann man auch die Koordinaten in einen symmetrischen Teil $D^{(s)}$ und einen schiefsymmetrischen Teil $D^{(a)}$ zerlegen. Nur die ersten 4 Glieder in der linken oberen Ecke sind geschrieben, und der vorgezogene Faktor 1/2 gehört zu jedem der Glieder. Man erhält:

$$D^{(s)} = \frac{1}{2} \cdot \begin{pmatrix} \frac{\partial v_1}{\partial x_1} + \frac{\partial v_1}{\partial x_1} & \frac{\partial v_2}{\partial x_1} + \frac{\partial v_1}{\partial x_2} & \dots \\ \frac{\partial v_1}{\partial x_2} + \frac{\partial v_2}{\partial x_1} & \frac{\partial v_2}{\partial x_2} + \frac{\partial v_2}{\partial x_2} & \dots \\ \vdots & \vdots & \end{pmatrix}; \tag{9-8}$$

$$D^{(a)} = \frac{1}{2} \cdot \begin{pmatrix} 0 & \frac{\partial v_2}{\partial x_1} - \frac{\partial v_1}{\partial x_2} & \dots \\ \frac{\partial v_1}{\partial x_2} - \frac{\partial v_2}{\partial x_1} & 0 & \dots \\ \vdots & \vdots & \end{pmatrix} \tag{9-9}$$

Der symmetrische Teil $D^{(s)}$ ist maßgebend bei der inneren Reibung. Gleichung (1-129) in 1.5.3.4 heißt verallgemeinert

$$\tau = \eta \cdot \left(\frac{\partial v_2}{\partial x_1} + \frac{\partial v_1}{\partial x_2} \right) \tag{9-10}$$

Im Fall von 1.5.3.4 Abb. 103 ist nur

$$\frac{\partial v_2}{\partial x_1} = \frac{\partial v_y}{\partial x} \neq 0; \qquad \text{dagegen} \qquad \frac{\partial v_1}{\partial x_2} = \frac{\partial v_x}{\partial y} = 0$$

Wählt man dort ein anderes Koordinatensystem, bei dem nicht $\vec{v} \| \vec{x}$ ist, so muß die obige Formel verwendet werden.

Der schiefsymmetrische Teil $D^{(a)}$ ist maßgebend für die „Wirbelstärke" der Strömung. Im Fall einer ebenen Strömung in der x-y-Ebene ($v_z = 0$) versteht man darunter

$$(\text{rot } \vec{v})_{xy} = \frac{\partial v_y}{\partial x} - \frac{\partial v_x}{\partial y} \tag{9-11}$$

Diese Wirbelstärke einer ebenen Strömung hat folgende anschauliche Bedeutung: Ein kleines schwimmendes Blättchen, das mit der Flüssigkeit durch innere Reibung verbunden ist, dreht sich mit der Winkelgeschwindigkeit $\omega = 1/2\,(\text{rot } v)_{xy}$. Mathematisch ist $(\text{rot } v)_{xy}$ ein antisymmetrischer Tensor und kann durch ein orientiertes Flächenstück (einen Bivektor) wiedergegeben werden. Wie in 9.4.2 erwähnt, ist es in der Physik üblich, ein solches orientiertes Flächenstück durch den dazu orthogonalen Vektor zu ersetzen $\overrightarrow{(\text{rot } v)_z}$, einen „achsialen" Vektor.

* rot v wird gelesen „rotation v".

Eine kreisförmige (zylindrische) Strömung hat zwei charakteristische Grenzfälle:

1. Rotation wie ein starrer Körper Abb. 431a
2. drehfreier Wirbel Abb. 431b

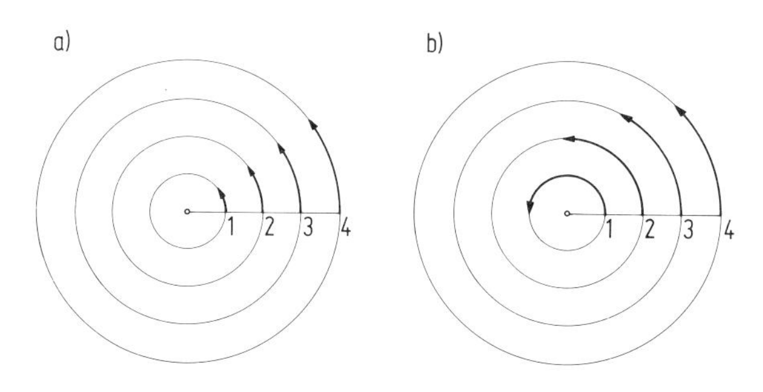

Abb. 431. Kreisförmige Strömungen. Die Pfeile geben die Geschwindigkeitswerte der Strömung in den Flüssigkeitslamellen 1, 2, 3, 4 an.
a) Strömung wie ein rotierender fester Körper, hier gilt
$D^{(s)} = 0$, $D^{(a)} = (1/2) \cdot \mathrm{rot}\,\vec{v} = \omega$.
b) Drehfreier Wirbel. Hier gilt
$D^{(s)} \neq 0$, $D^{(a)} = 0$.
Der Drehimpuls eines Flüssigkeitsmoleküls ist hier in b) auf allen Bahnen (1, 2, 3, 4) gleich groß.

Zu 1. Beim starren Körper ist $v_i = \omega \cdot r_i$; $\quad \omega = v_i/r_i = \mathrm{const.}$

Zu 2. Beim drehfreien Wirbel ist $v_i = \alpha \cdot (1/r_i)$; mit $\alpha = \mathrm{const.}$, dagegen $\omega_i = v_i/r_i = \alpha/r_i^2$. Im Fall 1 wirkt zwischen Flüssigkeitslamellen (-Zylindern) keine Schubspannung durch innere Reibung, im Fall 2 ist Schubspannung zwischen benachbarten Lamellen (Zylinderflächen) wirksam. In einer reibenden Flüssigkeit geht der Fall 2 allmählich in den Fall 1 über.

Ist die Strömung *räumlich*, so benötigt man zur quantitativen Beschreibung weitere Komponenten

$$(\mathrm{rot}\, v)_y = \frac{\partial v_x}{\partial z} - \frac{\partial v_z}{\partial x}$$

und (9-11a)

$$(\mathrm{rot}\, v)_x = \frac{\partial v_z}{\partial y} - \frac{\partial v_y}{\partial z}$$

Für die „Rotation" (engl. curl) eines Vektorfeldes gilt

$$\int_G \mathrm{rot}\, v \cdot \mathrm{d}A = \oint_{\partial G} \vec{v} \cdot \mathrm{d}\vec{s} \qquad \text{(Stokesscher Satz)} \tag{9-12}$$

In Worten: Die Integration von rot v über ein Flächenstück (Gebiet G) liefert dasselbe, wie die Integration von v entlang dem Umfang dieses Flächenstücks (Rand ∂G).

Dieser mathematische Satz läßt sich auf n Raumdimensionen übertragen. Wenn er geeignet formuliert wird, gilt er affininvariant und ändert seine Aussage nicht, wenn das Koordinatensystem einer affinen Transformation unterzogen wird. Dieser Stokessche Satz wird bei elektrischen und magnetischen Feldern häufig verwendet, die ja gleichfalls Vektorfelder sind.

9.5. Postulate und experimentelle Grundlagen der speziellen Relativitätstheorie

Behandelt werden hier nur die Grundpostulate der Relativitätstheorie, der wichtige Begriff „gleichzeitig" und das Einsteinsche Geschwindigkeits-Additionsgesetz. Zum Schluß sind die hauptsächlichen relativistischen Effekte zusammengestellt.

9.5.1. Grundpostulate

Die Relativitätstheorie geht von zwei Postulaten („Axiomen") aus:

1. Relativitätsprinzip,
2. Universalität der Lichtgeschwindigkeit;

sie betrachtet vor allem Aussagen relativ zu unterschiedlichen Inertialsystemen.

Ein Inertialsystem (1.4.4.1) kann auch beschrieben werden als ein Bezugssystem (Raumschiff, Koordinatensystem), das sich geradlinig (und drehfrei) mit konstanter Geschwindigkeit in einem gravitationsfreien Raum bewegt.

Zu 1.: Relativitätsprinzip nennt man die Aussage: „Relativ zu allen Inertialsystemen gelten dieselben Naturgesetze", oder in Einsteins Originalformulierung [Ann. Phys. *18*, 936 (1905)] des Postulats 1: „Die Gesetze, nach denen sich die Zustände der physikalischen Systeme ändern, sind unabhängig davon, auf welches von zwei relativ zueinander in gleichförmiger Parallel-Translationsbewegung befindlichen Koordinatensystemen diese Zustandsänderungen bezogen werden".

Darin ist die Aussage enthalten: Es gibt nur *Relativ*-Geschwindigkeit, relativ zu einem *wählbaren* Bezugssystem, nicht aber „Geschwindigkeit" in einem absoluten, universellen Sinn.

Schon Galilei (1626) hat das Relativitätsprinzip für alle Vorgänge der *Dynamik* ausgesprochen, ihm folgte auch Newton (1686). Als (durch Maxwell und Heinrich Hertz) die elektromagnetischen Erscheinungen aufgeklärt und das Licht als ein elektromagnetischer Vorgang erkannt worden waren, erschien es denkbar, daß durch Messungen mit Licht „absolute Geschwindigkeiten" festgestellt werden könnten. Diese Frage bedurfte der experimentellen Klärung.

Ein bewegtes System in diesem Sinn ist unsere Erde auf ihrer Bahn um die Sonne. Der Michelson-Versuch (5.9.1) lieferte 1881, in verbesserter Ausführung 1887, die Antwort: Auch durch Untersuchung der Lichtgeschwindigkeit in einem „bewegten" System läßt sich eine Geschwindigkeit des Bezugssystems nicht nachweisen. Eine „absolute" Geschwindigkeit, deren Betrag auch ohne Bezugssystem definiert wäre, gibt es nicht.

Zu 2.: Universalität der Lichtgeschwindigkeit. Um das Jahr 1880 war die Fortpflanzungsgeschwindigkeit des Lichtes recht genau bekannt. Für den materiefreien Raum fand man $c = 300\,000$ km/s $= 0{,}3$ Gm/s. Dabei ist 1 Gm (Gigameter) $= 10^9$ m. Der heutige Präzisionswert (vgl. 9.7.1) beträgt $c = 0{,}299\,792_5$ Gm/s.

Zur Messung hatte man teils solche Verfahren verwendet, bei denen die Meßstrecke vom Licht nur *einmal*, teils andere, bei denen die Strecke *hin und zurück* durchlaufen wird. Beide Methoden lieferten übereinstimmend $c = 0{,}3$ Gm/s. Wenn $c_{\rightarrow}$ die Lichtgeschwindigkeit, gemessen mit einmaligem Durchlaufen der Meßstrecke (hinwärts), und $c_{\leftarrow}$ bei Durchlaufen in umgekehrter Richtung bedeutet, dann ergibt der Vergleich der Verfahren $c_{\rightarrow} = (1/2)\,(c_{\rightarrow} + c_{\leftarrow})$, woraus auch folgt $c_{\rightarrow} = c_{\leftarrow}$.

Das älteste und wichtigste Verfahren mit einmaligem Durchlaufen der Meßstrecke ist das Verfahren von Olaf Römer (1676). Hier diente als „Uhr" der Umlauf der Jupitermonde um den Jupiter. Vier der Monde (die Galilei endeckt hatte) lassen sich gut beobachten. Sie benötigen für den Umlauf um ihren Planeten zwischen 1,8 und 16,7 Tagen. Festgestellt wurde jeweils der Zeitpunkt, zu dem ein bestimmter Mond hinter dem Jupiter verschwindet. Aus jahrelang geführten Beobachtungsreihen entnahm O. Römer, daß regelmäßig eine Verspätung von mehr als 15 Minuten beobachtet wird, wenn durch den jährlichen Umlauf der Erde um die Sonne der Abstand Jupiter-Erde sich von der Minimal- auf die Maximalentfernung vergrößert. Bei *allen* Jupitermonden ergab sich *dieselbe* Verspätung. Wie O. Römer erkannte, rührt diese von der Laufzeit des Lichtes her. Die Differenz zwischen Minimal- und Maximalentfernung ist gleich dem Durchmesser der Erdbahn auf ihrem Weg um die Sonne. Dieser beträgt 2 · 149,5 Gm. Mit verbesserten Hilfsmitteln wurde die Verspätung zu 16 min 37,4 s = 498,7 s bestimmt. Daraus folgt

$$c_{\rightarrow} = \frac{2 \cdot 149{,}5\ \text{Gm}}{498{,}7\ \text{s}} = 0{,}29978\ \text{Gm/s}.$$

Beim Laufzeitversuch (5.1.3, Abb. 310) und ähnlichen Verfahren wird die Meßstrecke dagegen *hin und zurück* durchlaufen. Dabei verwendet man eine Längenmessung und eine ortsfeste Uhr am Ort der Absendung und Rückkehr des Signals. Zwei Ablesungen dieser Uhr ergeben die Laufdauer des Signals. Solche Methoden liefern das arithmetische Mittel der Geschwindigkeit hinwärts und rückwärts, also $(1/2)\,(c_{\rightarrow} + c_{\leftarrow})$.

Auch der Michelson-Versuch benützt Lichtbündel, die *hin und zurück* laufen; er beweist, daß das *Mittel* aus $c_{\rightarrow}$ und $c_{\leftarrow}$ unabhängig von der Richtung zur Bewegung ist.

Einstein formuliert „Postulat 2" in seiner ersten Arbeit [Ann. Phys. *17*, 891 (1905)] so: „Jeder Lichtstrahl bewegt sich im ‚ruhenden' Koordinatensystem mit der bestimmten Geschwindigkeit c, unabhängig davon, ob dieser Lichtstrahl von einem ruhenden oder bewegten Körper emittiert ist. Hierbei ist Geschwindigkeit = Lichtweg/Zeitdauer".

Der Zusatz „unabhängig davon ..." ist Einsteins Zusatz aufgrund des Relativitätsprinzips.

Daß die Lichtgeschwindigkeit nicht von der Geschwindigkeit der Lichtquelle abhängt, war seinerzeit (1905) eine Hypothese; heute hat sich Einsteins Vermutung bestätigt. Der überzeugendste Beweis ist das π^0-Mesonenexperiment (1.4.4.2 und 5.1.3).

Nicht die Geschwindigkeit, wohl aber die Frequenz des Lichtes hängt von der Geschwindigkeit der Quelle ab, s. „Dopplereffekt" (5.9.2).

Im Verlauf seiner Überlegungen erkannte Einstein, daß c *Grenz*geschwindigkeit ist (9.5.8).

9.5.2. Raumschiffe als Inertialsystem

Als Inertialsystem stellt sich der Mensch unserer Zeit am besten ein unbeschleunigtes Raumschiff in einem gravitationsfreien Raum vor, ausgerüstet mit drahtlosen Sende- und Empfangseinrichtungen und allen elektronischen Hilfsmitteln, die für einen Nachrichtenaustausch infrage kommen, sowie mit einer Atomuhr als Borduhr.

Man denke sich z. B. eine NH_3-Uhr, bei der das N-Atom senkrecht zu der von den drei H-Atomen aufgespannten Ebene schwingt. Die Anzahl der Schwingungen wird untersetzt gezählt. Solche Uhren müssen sich nach Axiom 1 identisch verhalten.

Einstein spricht von Lichtsignalen. Heute darf man sich statt dessen Signale mit Radarwellen vorstellen. Bei diesen kann man die Frequenz wählen, ankommende Signale selektiv nach Frequenzen aufnehmen, verstärken und den Zeitpunkt des Abgehens oder Eintreffens eines Radarpulses mühelos und sehr genau nach der Borduhr bestimmen.

9.5.3. Ereignis, Weltpunkt, „Zeit"

Im folgenden ist mehrfach die Rede von einem oder mehreren „Ereignissen". Ein Ereignis ist z. B. die Aussendung, der Empfang, die Reflexion eines Radarpulses, die Aussendung eines Neutrons aus einem Kern, die Absorption eines Neutrons in einem (anderen) Kern.

Ein Ereignis findet an einem bestimmten Ort zu einer bestimmten Zeit statt. Diese Formulierung muß aber noch ergänzt werden durch Angabe des Bezugssystems. Es muß also heißen: *Relativ* zu einem *bestimmten* Bezugssystem (Koordinatensystem) findet das Ereignis an einem Ort mit der Orts*koordinate* x_1 und zu einem Zeitpunkt mit der Zeit*koordinate* t_1 statt. Die Redeweise wird später erleichtert, wenn man sagt: Orts- und Zeitkoordinate legen zusammen einen „Weltpunkt" mit den Koordinaten (x_1, t_1) fest.

Das Wort „Zeit" wird manchmal in zweierlei Bedeutung verwendet:

1. für Uhrstand (Zeitkoordinate, abgelesen an einer Uhr),
2. für Zeitdauer (Differenz zweier Zeitkoordinaten derselben ortsfesten Uhr). Diese beiden Bedeutungen müssen klar auseinander gehalten werden (vgl. auch 1.2.1.3).

9.5.4. Gleichzeitigkeit, Synchronisieren von Uhren

In seiner ersten Arbeit [Ann. Phys. *17*, 891 (1905)] sagt Einstein: „Wir haben zu berücksichtigen, daß alle unsere Urteile, in welchen die Zeit eine Rolle spielt, immer Urteile über *gleichzeitige Ereignisse* sind". Probleme treten auf (wie Einstein weiter sagt), „sobald es sich darum handelt, an verschiedenen Orten stattfindende Ereignisreihen miteinander zeitlich zu verknüpfen, oder – was auf dasselbe hinausläuft – Ereignisse zeitlich zu werten, welche an von den Uhren entfernten Orten stattfinden".

Über die *Gleichzeitigkeit* von Ereignis a, Ereignis b, Ereignis c gilt (glz = gleichzeitig):

1. Wenn a glz mit b, dann auch b glz mit a.
2. Wenn a glz mit b und b glz mit c, dann auch a glz mit c.

Um die Gleichzeitigkeit von Ereignissen (Uhrständen) an weit entfernten (in konstantem Abstand befindlichen) Orten P und Q *festzustellen,* definiert Einstein folgendes Verfahren (Abb. 432): Von P aus wird ein Radarsignal zu Q hin ausgesandt. Wenn es den Ort Q überstreicht, wird es zum Teil reflektiert, und der Reflex kehrt zu P zurück. Die Zeitkoordinate der

Absendung in P soll t'_P heißen, die der Rückkehr t''_P, das arithmetische Mittel aus beiden $t_P^{(m)} = (1/2) \cdot (t''_P + t'_P)$, immer nach der Uhr am Ort P. Einstein sagt nun: Das *Reflexions*ereignis am Ort Q ist *gleichzeitig* mit $t_P^{(m)}$. Es ist zweckmäßig (Abb. 432a), als Ordinate ct – gegen die Ortskoordinate x der Bewegung – aufzutragen. Dann laufen Radarsignale (Lichtsignale) auf ansteigenden Geraden (z. B. auf 45°-Linien bei dieser Wahl der Maßstäbe).

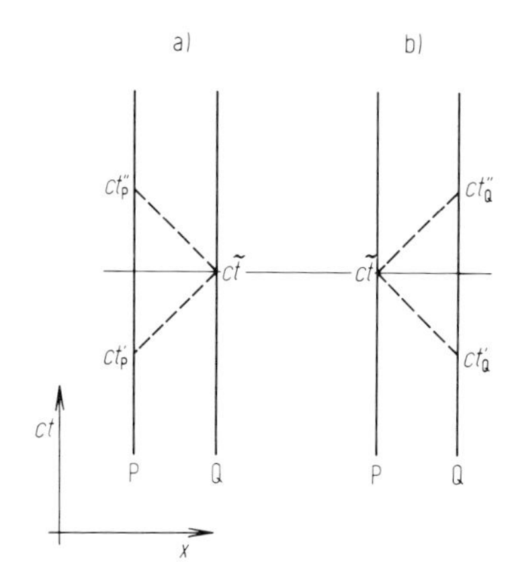

Abb. 432. Feststellung der Gleichzeitigkeit. Der Zeitaugenblick $c\tilde{t}$ der Reflexion am fernen Ort ist *gleichzeitig* mit dem arithmetischen Mittel $ct^{(m)} = (ct'' + ct')/2$ am Ort des Senders und der Uhr, Fall a) mit Signal von P aus, Fall b) mit Signal von Q aus.

Wenn man die eben aufgeführten Formelzeichen verwendet und den Zeitpunkt der Reflexion $\tilde{t}$ nennt, schreiben sich die Gleichungen aus Einsteins Originalarbeit

$$t''_P - \tilde{t} = \tilde{t} - t'_P \tag{9-13}$$

oder umgeordnet

$$\tilde{t} = \frac{1}{2}(t''_P + t'_P). \tag{9-13a}$$

Wenn die Uhr in Q im Augenblick der Reflexion (und auch bei oftmaliger Wiederholung) jeweils dieselbe Zeitkoordinate zeigt wie das zugehörige $t_P^{(m)}$, wenn also stets gilt

$$\tilde{t}_Q = t_P^{(m)}, \tag{9-14}$$

dann gehen die beiden Uhren in P und in Q *synchron* (gleichschnell mit übereinstimmender Anzeige).

Um diese Feststellung treffen zu können, muß jeweils ein Nachrichtenaustausch zwischen P und Q stattfinden. Q muß an P melden: Im Augenblick, in dem das Signal eintraf, zeigte meine Uhr $\tilde{t}_Q$. Dann stellt P fest: Das stimmt mit $t_P^{(m)}$ meiner Uhr überein, und meldet diese Feststellung zurück an Q. Ein solcher Nachrichtenaustausch kann natürlich jeweils erst nach t''_P erfolgen.

Wenn die Uhr in Q zwar gleich schnell läuft wie die in P, aber nicht dieselben Zeitkoordinaten zeigt, kann man sie synchronisieren, indem man vorschreibt, der Uhrzeiger in Q soll so gestellt werden, daß dem Augenblick der Reflexion die Zeitkoordinate $t_P^{(m)}$ entspricht.

Dieselben Beobachtungen kann man natürlich auch mit Signalen machen, die von Q ausgehen und an P reflektiert werden. Dann muß in den eben ausgeführten Überlegungen lediglich P durch Q ersetzt werden und umgekehrt (Abb. 432b).

Der besprochene Uhrenvergleich entspricht genau dem Verfahren, das zwischen den nationalen Staatsinstituten (Physikalisch-Technische Bundesanstalt in Braunschweig für die Bundesrepublik Deutschland und den analogen Instituten anderer Länder) üblich ist.

Wie man sieht, setzt das Synchronisierungsverfahren nur Signale voraus, die hinwärts und rückwärts mit *derselben* Geschwindigkeit ($|c_{\rightarrow}| = |c_{\leftarrow}|$) laufen, nicht etwa Signale mit unendlicher Geschwindigkeit.

9.5.5. Längenmessung, Entfernungsmessung

Da die Relativitätstheorie von der Universalität der Lichtgeschwindigkeit c ausgeht, genügen in ihr *Zeit*messungen. Der Abstand zweier Punkte (Antennen) wird mit Hilfe von hin und zurück laufenden Radarpulsen aus einer Zeitdauer multipliziert mit c abgeleitet. Längenmaßstäbe werden nicht benötigt, und man verwendet sie am besten auch im Gedankenversuch nicht. Zur Entfernungsmessung zwischen P und Q genügt der Signallauf gemäß Abb. 432a. Man erhält für den Abstand (die Länge)

$$\Delta x_{\mathrm{PQ}} = \frac{1}{2}\,(t''_{\mathrm{P}} - t'_{\mathrm{P}}) \cdot c. \qquad (9\text{-}15)$$

Die Entfernungsmessung mit Hilfe von Radarpulsen wurde von Milne eingeführt; sie wird insbesondere zwischen der Erde einerseits, Raumschiffen, Mond und Planeten andererseits laufend verwendet.

Zusammenfassung: Der Zeitpunkt der Reflexion am fernen Ort ergibt sich aus der halben Summe $(1/2)\,(t'' + t')$, die Entfernung, in der die Reflexion erfolgt ist, aus der halben Differenz multipliziert mit c, d.h. aus $(1/2)\,(t'' - t') \cdot c$.

9.5.6. Relativbewegung (eindimensional)

Die Relativitätstheorie befaßt sich mit Inertialsystemen (Inertialschiffen) mit hoher Relativgeschwindigkeit. Zur Vereinfachung der Überlegungen soll im folgenden nur der Spezialfall der Bewegung *entlang einer geraden Linie* besprochen werden. Wir betrachten also eine „Welt", in der es außer der Zeit nur eine einzige Raumdimension gibt. Schon in einer solchen „Welt" treten die „relativistischen" Besonderheiten im wesentlichen auf.

Die $+x$-Achse wird definiert durch zwei Punkte (Raumschiffe) P, Q und die Durchlaufungsrichtung $\overrightarrow{\mathrm{PQ}}$.

Relativ zu einem Bezugsschiff kann ein anderes Schiff eine Geschwindigkeit v im Bereich $-c < v < +c$ haben. Es ist zweckmäßig, alle diese Geschwindigkeiten in Bruchteilen der Grenzgeschwindigkeit c auszudrücken, sie also durch den Zahlenwert $\beta = v/c$ zu kennzeichnen. Gleichzeitig empfiehlt es sich, statt der Zeitkoordinate t regelmäßig das Produkt ct zu verwenden. Relativ zum Bezugssystem kann ein materielles Schiff dann β-Werte im Bereich $-1 < \beta < +1$ haben. Radarsignale verhalten sich in mancher Hinsicht wie nichtmaterielle Raumschiffe, reisen aber mit $\beta = \pm 1$.

Die Geschwindigkeit ist eine *Vektorgröße,* sie hat nicht nur einen Betrag, sondern auch eine Richtung. Im Fall der „eindimensionalen Welt" gibt es $+v$ und $-v$, und als Grenzgeschwindigkeit $+c$ und $-c$, bzw. $\beta = +1$ und -1. Zwei Raumschiffe können, wenn sie relativ zum Bezugssystem sich in entgegengesetzten Richtungen bewegen daher Geschwindigkeits-*Differenzen* $\Delta\beta$ bis $1 - (-1) = 2$ haben. Das ist kein Widerspruch zu Axiom 2, sondern die Folge davon, daß die Geschwindigkeit eine Vektorgröße ist.

9.5.7. Geschwindigkeits-Addition (klassisch und relativistisch)

Das Problem der Geschwindigkeitsaddition tritt auf, wenn eine Geschwindigkeitsangabe, die relativ zu *einem* Bezugssystem gegeben ist, umgerechnet werden soll auf ein *anderes,* gegen das Bezugssystem bewegtes System.

Wir betrachten drei Raumschiffe A, B, C und wählen vorerst B als Bezugssystem. Schiff C soll in $+x$-Richtung, Schiff A in $-x$-Richtung laufen. Diese drei Schiffe sollen einander im selben Augenblick begegnet sein. Dieser Augenblick dient als Nullpunkt der Zeitkoordinaten ($t = 0$ und $ct = 0$). Außerdem soll im Augenblick der Begegnung je ein Radarpuls in $+x$- und $-x$-Richtung ausgegangen sein (Abb. 433).

Es ist zweckmäßig, Geschwindigkeiten v (auch β-Werte) *stets mit zwei Indizes* zu versehen. Der zweite Index bezeichnet das Bezugsschiff (Bezugssystem), der erste das betrachtete Schiff. Relativ zu B hat Schiff C dann den β-Wert $(\beta_C)_B (>0)$, Schiff A den β-Wert $(\beta_A)_B (<0)$. Außerdem gilt $(\beta_A)_B = -(\beta_B)_A$ und analog $(\beta_C)_B = -(\beta_B)_C$. Meist kann die Klammer zwischen den Indizes weggelassen werden, man kann dann also schreiben $\beta_{AB} = -\beta_{BA}$ usw.

Klassischer Fall: Vom klassischen Fall spricht man, wenn die vorkommenden Geschwindigkeiten klein sind im Vergleich mit der Grenzgeschwindigkeit c. Dann kann man (in dem von uns betrachteten eindimensionalen Fall) Geschwindigkeiten einfach addieren unter Berücksichtigung des Vorzeichens für $+x$- und $-x$-Richtung. Die Addition wird nötig, wenn man den Tatbestand der Abb. 433 statt relativ B, wie gezeichnet, relativ A, oder relativ C beschreiben will.

Wenn alle $|\beta| \ll 1$ sind, gilt das „klassische" (Galileische) Additionsgesetz

$$(\beta_C)_A = (\beta_C)_B + (\beta_B)_A \tag{9-16}$$

Relativistischer Fall: Der relativistische Fall liegt vor, wenn β nicht mehr sehr klein gegenüber 1 ist. In Abb. 433 ist der Fall $\beta_{CB} = 0{,}6$, $\beta_{AB} = -0{,}5$ in einem (x, ct)-Diagramm mit B als Bezugssystem aufgetragen. Weil ct als Ordinate gewählt ist, laufen Licht-(Radar-)pulse auf Linien unter 45°. Diese Linien beschreiben die Grenzgeschwindigkeit.

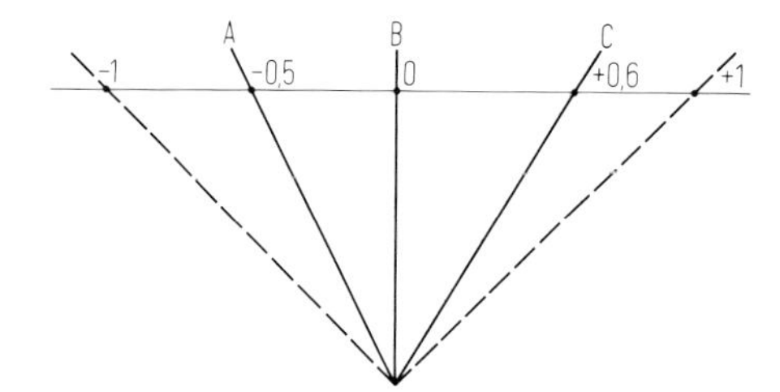

Abb. 433. Drei Raumschiffe A, B, C und zwei Photonenpakete, die im selben Zeitpunkt einander begegnet sind, gezeichnet relativ B als Bezugssystem, wobei $\beta_{AB} < 0$, $\beta_{BB} = 0$, $\beta_{CB} > 0$. Photonen laufen mit $\beta = -1$ oder $\beta = +1$, im Diagramm unter 45°. Abszisse = Weg x; Ordinate Lichtweg ct.

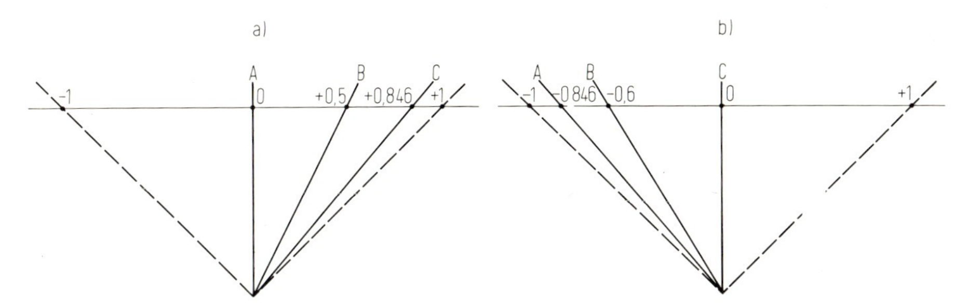

Abb. 434. Die Raumschiffe und Photonenpakete von Abb. 433, jedoch mit anderem Bezugssystem, nämlich a) relativ A, b) relativ C. Die Geschwindigkeiten sind nach (9-17) umgerechnet.

Gefragt wird wieder nach der Geschwindigkeit von C relativ A, also nach β_{CA}. Bei „klassischer" Addition würde man für C relativ A den Wert $+1{,}1$ und für A relativ C den Wert $-1{,}1$ erhalten. Da eine Geschwindigkeit β in unserer Welt nicht größer sein kann als die Grenzgeschwindigkeit $\beta = 1$, *muß ein anderes Additionsgesetz* für Geschwindigkeit *gelten.*

9.5.8. Einsteinsches Geschwindigkeits-Additionsgesetz

Das von Einstein (1905) gefundene Geschwindigkeits-Additionsgesetz soll hier nicht abgeleitet, sondern nur mitgeteilt werden. Es lautet:

$$\beta_{CA} = \frac{\beta_{CB} + \beta_{BA}}{1 + \beta_{CB} \cdot \beta_{BA}}. \qquad (9\text{-}17)$$

Dieses Gesetz wird durch die Erfahrung bestätigt.
Einsetzen der oben angegebenen Werte ergibt (wegen $\beta_{BA} = -\beta_{AB}$)

$$\beta_{CA} = \frac{0{,}6 + 0{,}5}{1 + 0{,}30} = \frac{11}{13} = 0{,}846.$$

Bei der Einsteinschen Formel (9-17) kann für β in der Tat nie eine Summe größer als der Wert der Grenzgeschwindigkeit $\beta = 1$ herauskommen. Um das einzusehen, betrachten wir wieder Schiff B und A, ersetzen aber Schiff C durch ein Photonenpaket L_+ mit $(\beta_{L+})_B =$ $= +1$. In diesem Fall ergibt sich

$$(\beta_{L_+})_A = \frac{1 + \beta_{BA}}{1 + 1 \cdot \beta_{BA}} = 1$$

unabhängig davon, wie groß β_{BA} gewählt worden war. Die Lichtgeschwindigkeit ist also *Grenz*geschwindigkeit. Diese bleibt immer dieselbe, wenn man von einem Bezugssystem zu einem anderen übergeht, dagegen ändern sich *alle* anderen Geschwindigkeitswerte und damit auch die Geschwindigkeits-*Differenzen* $\Delta\beta$. Die letzteren können, wie schon erwähnt, Werte im Bereich $0 < \Delta\beta < 2$ annehmen.

Die Bewegung der drei Raumschiffe ist in Abb. 433 relativ System B gezeichnet, in Abb. 434a, b wird sie relativ A und relativ C dargestellt.

Man beachte: *Bezugssystem* ist immer dasjenige, das im Diagram durch eine Gerade in Ordinatenrichtung dargestellt ist.

9.5.9. Hauptaussagen der Relativitätstheorie

Einstein gelangte zu folgenden Aussagen:

1. Zeittransformation: Wenn man von einem Bezugssystem S zu einem Bezugssystem S′ übergeht, das mit der (konstanten) Geschwindigkeit $v = \beta \cdot c$ gegen S bewegt ist, müssen nicht nur die Ortskoordinaten x, y, z, sondern auch die Zeitkoordinate t transformiert werden. Er leitet dann für den Fall $y = z = 0$ die Transformationsgleichungen ab

$$\left.\begin{aligned} x' &= \gamma(x - \beta c t) \\ c t' &= \gamma(c t - \beta x) \end{aligned}\right\} \text{ mit der Umkehrung } \left\{\begin{aligned} x &= \gamma(x' + \beta c t') \\ c t &= \gamma(c t' + \beta x') \end{aligned}\right. \tag{9-18}$$

wo $\gamma = \dfrac{1}{\sqrt{1 - \beta^2}}$ bedeutet. Die Verwendung von ct statt t macht den symmetrischen Bau der Gleichungen deutlich.

Hieraus wird gefolgert: Im schnell bewegten System ist der Zeitablauf gedehnt, die Länge ist kontrahiert. Wenn von Zwillingsbrüdern der eine auf der Erde bleibt, der andere eine Reise in einer schnellen Rakete unternimmt, so ist er nach der Rückkehr weniger gealtert als der zurückgebliebene Bruder („Zwillingsparadoxon“).

2. Energie und Masse: Energie W (kinetische Energie und außerdem jede andere Art von Energie) besitzt träge und schwere Masse. Es gilt $m = m_0 + (W/c^2)$. Zum Nachweis bei träger Masse, vgl. 6.1.6, bei schwerer Masse 7.4.7 und 9.6.3, Tab. 59. Hiermit hängt die Gewinnung von Energie aus Atomkernen zusammen (Uranspaltung 7.4.4, Freiwerden von Energie in Sternen 9.6.5).

3. Geschwindigkeitsabhängigkeit der Masse:

$$m = \frac{m_0}{\sqrt{1 - \beta^2}} \qquad \text{(6-8), S. 500}$$

4. Lebensdauer schnell bewegter Myonen: Aus den höchsten Schichten der Atmosphäre treffen sehr schnelle Myonen auf die Erde. Ruhende Myonen zerfallen mit der Halbwertzeit $\tau_0 \approx$ $\approx 2{,}2\ \mu s$ (8.2).

Mit einer bestimmten Apparatur hat man in 2000 m Meereshöhe jeweils 568 einfallende ausgefilterte schnelle Myonen/Stunde beobachtet. Wenn dieselbe Apparatur auf Meeresniveau gebracht wurde, beobachtete man $\approx$400 Myonen/Stunde. Die durch das Vorfilter gehenden Myonen hatten eine Geschwindigkeit $\beta \approx 1$, langsame Myonen blieben im Vorfilter stecken.

Um die Meereshöhe zu erreichen, benötigen Teilchen mit $\beta \approx 1$ die Zeitdauer ≈ 2000 m/(0,3 Gm/s) $\approx 6{,}7$ μs. Aufgrund der Halbwertzeit sollten dort aber nur noch $\approx 568 \cdot \exp(-6{,}7/2{,}2) = 27$ Myonen/Stunde ankommen. Daraus wird geschlossen: Die Myonen sind mit einer fast 9 mal größeren Halbwertzeit τ zerfallen, wo $\tau = \tau_0 \cdot \frac{1}{\sqrt{1-\beta^2}} = \tau_0 \cdot 9$ die Halbwertzeit des schnell bewegten, τ_0 die des ruhenden Myons ist. Dann ist nämlich $568 \cdot \exp(-6{,}7/19{,}8) = 405$. Die Geschwindigkeit der Myonen läßt sich rückwärts aus $\tau_0 \cdot 9$ berechnen; man erhält $\beta = 0{,}994$. Der bei der Berechnung der Laufzeit angenommene Wert $\beta \approx 1$ war also berechtigt. Man sagt: Relativ zur Erde geht die bewegte Uhr langsamer, relativ zum Myon ist die durchlaufene Strecke verkürzt.

Weiter kann an dieser Stelle nicht darauf eingegangen werden.

5. Für den *Dopplereffekt* (Rotverschiebung der Spektrallinien bei Entfernung der Quelle, 5.9.2) gilt

$$\nu' = \nu \cdot \sqrt{\frac{1-\beta}{1+\beta}} = \nu \frac{1-\beta}{\sqrt{1-\beta^2}} = \nu \cdot \frac{\sqrt{1-\beta^2}}{1+\beta} \tag{9-19}$$

wo $\beta > 0$ eine sich entfernende Lichtquelle beschreibt.

Diese Beziehung ist erfüllt, wenn die Lichtquelle genau in der Richtung der Relativgeschwindigkeit einfällt ($\alpha = 0$). Wenn jedoch die Verbindungslinie Lichtquelle – Beobachter den Winkel α mit der Geschwindigkeitsrichtung bildet, gilt

$$\nu' = \nu \frac{1-\beta \cdot \cos\alpha}{\sqrt{1-\beta^2}}. \tag{9-20}$$

Für die Relativitätstheorie charakteristisch ist der Umstand, daß auch dann, wenn die Geschwindigkeit senkrecht zur Blickrichtung gelegen ist ($\alpha = 90°$, $\cos\alpha = 0$), der Dopplereffekt nicht verschwindet (transversaler Dopplereffekt). Dann ist

$$\nu' = \nu \frac{1}{\sqrt{1-\beta^2}}. \tag{9-21}$$

Dieser „transversale Dopplereffekt“ wurde auf verschiedenen experimentellen Wegen bestätigt (seit 1938).

9.5.10. Träge Masse und schwere Masse (Gravitationsladung)

In manchen Büchern liest man: Einstein habe gezeigt, daß träge und schwere Masse dasselbe seien. Das ist ein Irrtum.

Einstein verwendet (wie das zu seiner Zeit üblich war) Zahlenwertgleichungen. In solche werden *nur Zahlenwerte* (reine Zahlen) eingesetzt. Man kann diese willkürlich um einen Faktor ändern, indem man eine Einheit von anderer Quantität einführt, und kann dadurch einen Proportionalitätsfaktor zur Zahl 1 machen. *Davon* hat Einstein Gebrauch gemacht.

Hier eine Originalformulierung von Einstein (Über die spezielle und die allgemeine Relativitätstheorie, 12. Auflage 1921, Verlag F. Vieweg und Sohn, Braunschweig, Seite 44):

— 44 —

dann hieraus durch das Gesetz bestimmt, welches die räumlichen Eigenschaften der Gravitationsfelder selbst beherrscht.

Das Gravitationsfeld weist im Gegensatz zum elektrischen und magnetischen Felde eine höchst merkwürdige Eigenschaft auf, welche für das Folgende von fundamentaler Bedeutung ist. Körper, die sich unter ausschließlicher Wirkung des Schwerefeldes bewegen, erfahren eine Beschleunigung, welche weder vom Material noch vom physikalischen Zustande des Körpers im geringsten abhängt. Ein Stück Blei und ein Stück Holz fallen beispielsweise im Schwerefelde (im luftleeren Raume) genau gleich, wenn man sie ohne bzw. mit gleicher Anfangsgeschwindigkeit fallen läßt. Man kann dies äußerst genau gültige Gesetz auch noch anders formulieren auf Grund folgender Erwägung.

Nach Newtons Bewegungsgesetz ist

$$(\text{Kraft}) = (\text{träge Masse}) \,.\, (\text{Beschleunigung}),$$

wobei die „träge Masse“ eine charakteristische Konstante des beschleunigten Körpers ist. Ist nun die beschleunigende Kraft die Schwere, so ist andererseits

$$(\text{Kraft}) = (\text{schwere Masse}) \,.\, (\text{Intensität des Schwerefeldes}),$$

wobei die „schwere Masse“ ebenfalls eine für den Körper charakteristische Konstante ist. Aus beiden Relationen folgt:

$$(\text{Beschleunigung}) = \frac{(\text{schwere Masse})}{(\text{träge Masse})} \cdot (\text{Intensität des Schwerefeldes})$$

Soll nun, wie die Erfahrung ergibt, bei gegebenem Schwerefelde die Beschleunigung unabhängig von der Natur und dem Zustande des Körpers stets dieselbe sein, so muß das Verhältnis der schweren zur trägen Masse ebenfalls für alle Körper gleich sein. Man kann also dies Verhältnis bei passender Wahl der Einheiten zu 1 machen; dann gilt der Satz: Die schwere und die träge Masse eines Körpers sind einander gleich.

Die bisherige Mechanik hat diesen wichtigen Satz zwar registriert, aber nicht interpretiert Eine befriedigende

Einstein sagt also in Übereinstimmung mit Abschnitt 1.3.2.2 des vorliegenden Buches: Körper aus unterschiedlichem Material fallen im luftleeren Raum gleich schnell. Das ist eine höchst merkwürdige Erfahrungstatsache von fundamentaler Bedeutung. Aus ihr ist zu schließen, daß das *Verhältnis* aus träger und schwerer Masse für alle Körper denselben Wert hat. Dies ist ein äußerst genau gültiges Gesetz.

Dann sagt er: Durch geeignete Wahl des Betrages der Einheiten kann man dieses Verhältnis $=1$ machen und dann sagen: träge und schwere Masse sind einander gleich. (Gemeint sind aber *nur deren Zahlenwerte.*)

Er schlägt dann eine Interpretation vor: „Dieselbe Qualität des Körpers äußert sich je nach Umständen als „Trägheit" oder als „Schwere"."

Das ist eine *Interpretation.* Der *Befund* lautet dagegen: Beide Größen sind einander *proportional.*

Im vorliegenden Buch werden (anders als zu Einsteins Zeiten) einheiteninvariante Größengleichungen verwendet; man gewinnt dadurch Unabhängigkeit von der Quantität der Einheiten, die ja willkürlich wählbar ist (vgl. 9.3.4). Im obigen Fall muß dann auch der Quotient (Einheit der trägen Masse)/(Einheit der schweren Masse) in den Gleichungen auftreten, vgl. 1.3.2.2, Gl. (1-23).

Um Verwechslungen zu vermeiden, ist für „schwere Masse" das Wort „Gravitationsladung" verwendet, für „träge Masse" einfach Masse. Dem Ausdruck „Gravitationsfeldstärke" (1.3.2.3) entspricht bei Einstein „Intensität des Schwerefeldes".

9.6. Periodensystem der chemischen Elemente, Atomkerne

9.6.1. Übersicht

Die Anordnung der chemischen Elemente im Periodensystem hängt ab von der Anzahl Z der Elektronen in der Hülle des neutralen Atoms bzw. von der Struktur der Hülle. Diese Struktur wird durch die Quantenzahlen (6.4.4) geregelt. Die Anzahl Z ist gleich der Anzahl Z der positiven Elementarladungen im Atomkern. Z heißt Ordnungszahl und läßt sich nach (6.5.3 und 4 und nach 7.1.2) messen.

	1	2												3	4	5	6	7	0
1	$_1$H																		$_2$He
2	$_3$Li	$_4$Be												$_5$B	$_6$C	$_7$N	$_8$O	$_9$F	$_{10}$Ne
3	$_{11}$Na	$_{12}$Mg												$_{13}$Al	$_{14}$Si	$_{15}$P	$_{16}$S	$_{17}$Cl	$_{18}$Ar
	1a	2a	3a		4a	5a	6a	7a		8		1b	2b	3b	4b	5b	6b	7b	0
4	$_{19}$K	$_{20}$Ca	$_{21}$Sc		$_{22}$Ti	$_{23}$V	$_{24}$Cr	$_{25}$Mn	$_{26}$Fe	$_{27}$Co	$_{28}$Ni	$_{29}$Cu	$_{30}$Zn	$_{31}$Ga	$_{32}$Ge	$_{33}$As	$_{34}$Se	$_{35}$Br	$_{36}$Kr
5	$_{37}$Rb	$_{38}$Sr	$_{39}$Y		$_{40}$Zr	$_{41}$Nb	$_{42}$Mo	$_{43}$Tc	$_{44}$Ru	$_{45}$Rh	$_{46}$Pd	$_{47}$Ag	$_{48}$Cd	$_{49}$In	$_{50}$Sn	$_{51}$Sb	$_{52}$Te	$_{53}$J	$_{54}$Xe
6	$_{55}$Cs	$_{56}$Ba	$_{57}$La	58 bis 71	$_{72}$Hf	$_{73}$Ta	$_{74}$W	$_{75}$Re	$_{76}$Os	$_{77}$Ir	$_{78}$Pt	$_{79}$Au	$_{80}$Hg	$_{81}$Tl	$_{82}$Pb	$_{83}$Bi	$_{84}$Po	$_{85}$At	$_{86}$Rn
7	$_{87}$Fr	$_{88}$Ra	$_{89}$Ac	90 bis 103	$_{104}$Ku														

$_{58}$Ce	$_{59}$Pr	$_{60}$Nd	$_{61}$Pm	$_{62}$Sm	$_{63}$Eu	$_{64}$Gd	$_{65}$Tb	$_{66}$Dy	$_{67}$Ho	$_{68}$Er	$_{69}$Tm	$_{70}$Yb	$_{71}$Cp
$_{90}$Th	$_{91}$Pa	$_{92}$U	$_{93}$Np	$_{94}$Pu	$_{95}$Am	$_{96}$Cm	$_{97}$Bk	$_{98}$Cf	$_{99}$Es	$_{100}$Fm	$_{101}$Md	$_{102}$No	$_{103}$Lw

Abb. 435. Periodensystem (einfache Form). Das Periodensystem der Elemente ist hier wiedergegeben in der einfachen, oft benützten Form mit 8 Gruppen und „langen" Perioden. Die seltenen Erden und die Actiniden sind gesondert aufgeführt. Am oberen Rand stehen die Nummern der „Gruppen" (Spalten), am linken Rand die der Perioden. Die Isotopenzusammensetzung der Elemente $_8$O bis $_{27}$Co ist aus Abb. 407 qualitativ zu entnehmen.

Die relative Atommasse („Atomgewicht") steigt zwar mit wenigen Ausnahmen monoton mit der Ordnungszahl an, ist aber für das Periodensystem *nicht* die maßgebende Größe, obwohl man das früher glaubte. Das „Atomgewicht" war meßbar, lange bevor man etwas von der Ordnungszahl wußte. Daher wurde das Periodensystem im vorigen Jahrhundert mit seiner Hilfe aufgestellt. Daß es Isotope gibt, war unbekannt.

9.6.2. Auffüllung der Elektronenhülle

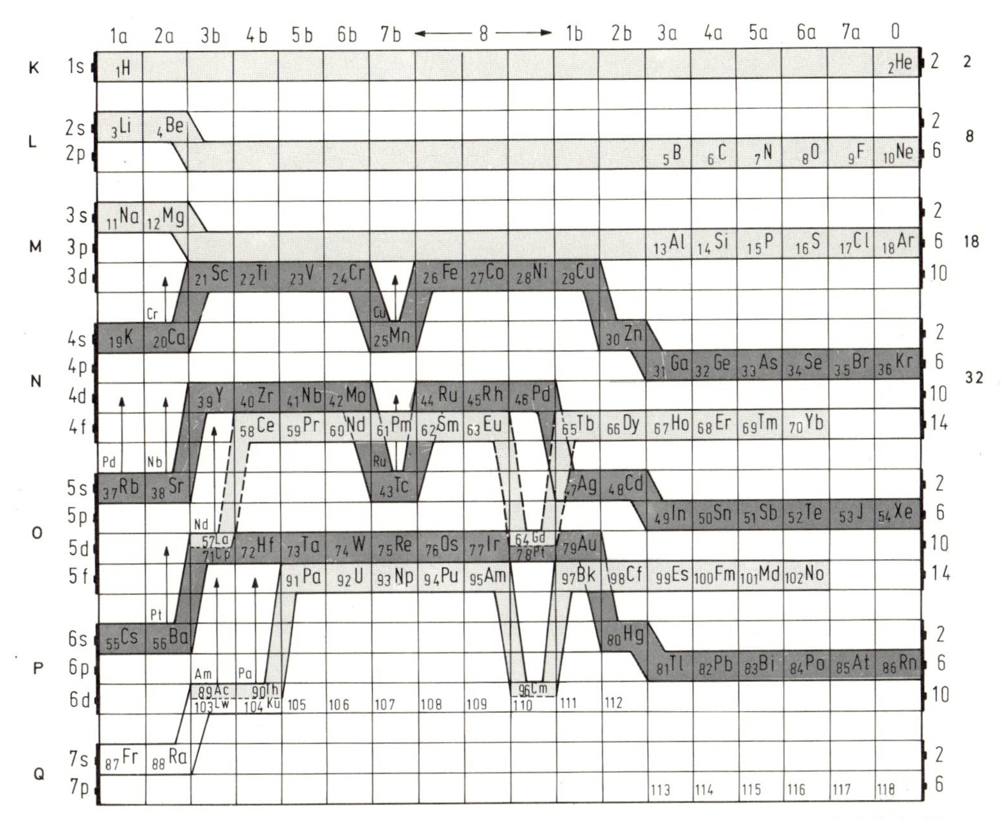

Abb. 436. Periodensystem (mit Aufbau der Elektronenhülle). Hier ist angegeben, in welche Schale (Unterschale) das zusätzliche Elektron beim Übergang von der Ordnungszahl Z → (Z+1) eingebaut wird. Es gelangt stets in das energetisch tiefste Niveau. Aus Abb. 385, die für 19 K gilt, kann man entnehmen: Das 19. Elektron (K) und das 20. (Ca) werden in die 4s-Schale eingebaut, das 21. (Sc), 22. (Ti), 23. (V) dagegen in die 3d-Schale.
Durch diesen Einbau hat sich die relative Lage der Niveaus gegenüber Abb. 385 verschoben. Beim Einbau des 24. Elektrons (Cr) werden zwei Elektronen in die 3s-Schale eingebaut, und dafür enthält die 4s-Schale nur mehr 1 Elektron. Bei 29 (Cu) sind schließlich 10 Elektronen in der 3d-Schale, die damit voll aufgefüllt ist und nur eines bleibt in der 4s-Schale.
Der Pfeil bei 20 Ca in der Zeile 4s mit dem Zusatz Cr bedeutet, daß dieses 4s-Elektron beim Übergang zu Cr in ein 3d-Elektron umgewandelt wird, so daß bei 25 Mn wieder ein Elektron in die 4s-Unterschale eingebaut werden kann. Analoges gilt für die sonstigen Pfeile. – Nach Keßler, Physikal. Bl. *17*, 270 (1961).

9.6.3. Genaue relative Masse ausgewählter Nuklide

Nuklide sind elektrisch neutrale Atome mit jeweils bestimmter Ordnungszahl Z und bestimmter Massenzahl M. Die genauen relativen Massen beruhen im wesentlichen auf massenspektroskopischen Messungen. Man beachte die hohe Meßgenauigkeit. Eine Änderung der 6. Dezimale um ± 1 entspricht einer Änderung des Energieinhaltes $\pm 0{,}93$ keV.

Tabelle 59. Genaue relative Masse A_r einiger ausgewählter Nuklide. (Diese Massen gelten für elektrisch neutrale Atome.)

$_0n^1$	$1{,}008\,665_2$	$_{20}Ca^{40}$	39,962 59
$_1H^1$	$1{,}007\,825_2$	$_{36}Kr^{86}$	85,910 62
$_1D^2$	$2{,}014\,102_2$	$_{47}Ag^{107}$	106,905 09
$_2He^3$	$3{,}016\,049_7$	$_{47}Ag^{109}$	108,904 76
$_2He^4$	$4{,}002\,603_1$	$_{56}Ba^{138}$	137,9050
$_6C^{12}$	12,000 000 (Standard)	$_{71}Lu^{175}$	174,9406
$_8O^{16}$	$15{,}994\,915_0$	$_{82}Pb^{208}$	207,976 65
$_{10}Ne^{20}$	19,992 440	$_{92}U^{235}$	235,043 92
$_{18}Ar^{40}$	$39{,}962\,38_4$	$_{92}U^{238}$	238,050 77
$_{19}K^{40}$	39,964 00	$_{94}Pu^{239}$	239,052 10

Die relative Masse ist der Zahlenwert der Masse relativ zur Masseneinheit $1\ u = 1{,}6605 \cdot 10^{-27}$ kg.

9.6.4. Halbwertzeit usw. für einige ausgewählte radioaktive Nuklide

Man kennt heute über 1 000 radioaktive Kerne (Nuklide). Fast zu jeder Massenzahl von 1 bis etwa 250 gibt es mehr als ein, durchschnittlich vielleicht 6 radioaktive Nuklide (wenn man von den niedrigsten Massenzahlen absieht). Die radioaktiven Nuklide sind in Tabellen verzeichnet. Außer ihrer Halbwertzeit ist die Zerfallsenergie ein wichtiges Charakteristikum. Die meisten Nuklide senden auch ein charakteristisches Gammaspektrum aus.

Tabelle 60. Zerfallsart und Halbwertzeit einiger radioaktiver Nuklide.

Z	Symbol	M	Zerfallsart	Halbwertzeit	β-Grenze
0	n	1	β^-	11,7 min	0,79 MeV
1	H	1	β^-	12,3 a	0,018 MeV
6	C	11	β^+	20,5 min	0,96 MeV
6	C	14	β^-	5 570 a	0,16 MeV
11	Na	22	β^+	2,6 a	0,54 MeV
11	Na	24	β^-	15,0 h	1,39 MeV
15	P	32	β^-	14,2 d	1,71 MeV
23	V	49	K-Einfang	330 d	—
27	Co	60	β^-	5,3 a	0,31 MeV
29	Cu	64	β^+ und β^-	12,8 h	0,66 und 0,57 MeV
38	Sr	90*)	β^-	28 a	0,54 (2,27) MeV
53	J	131	β^-	8 d	0,61 MeV
55	Cs	137	β^-	30 a	0,52 MeV
92	U	238	α	$4{,}5\ 10^9$ a	(α-Energie) 4,19 MeV
94	Pu	239	α	$2{,}4 \cdot 10^4$ a	(α-Energie 5,15 MeV)

* Befindet sich in der Regel im radioaktiven Gleichgewicht mit $_{39}$Y-90 ($T = 64$ h, β-Grenze 2,27 MeV).

Die Zerfallsenergie ist bei β-Strahlern $\approx$ β-Grenzenergie. (Unterschied: die geringe Rückstoßenergie des Kerns.) Tab. 60 enthält Angaben über einige ausgewählte radioaktive Nuklide. Eine vollständige Tabelle findet sich im Physikalischen Taschenbuch, herausgegeben von H. Ebert, Verlag Friedr. Vieweg u. Sohn, Braunschweig.

9.6.5. Zur Energieerzeugung auf Sonne und Sternen

Zu 7.4.6.
Bei untenstehenden Umwandlungen wird jeweils in einem Zyklus aus 4 Protonen ein α-Teilchen gebildet: $\alpha + 2\,e^+ + 2\,\nu + 26{,}2$ MeV. Neben den Prozessen sind in Klammer die ungefähren Fristen angegeben, nach denen der Prozeß bei $15 \cdot 10^6$ K einmal abläuft. Wegen der riesigen Anzahl der Wasserstoffkerne auf Sonne und Sternen wird trotz der teilweise sehr langen Zeitdauern genügend viel Energie freigesetzt, um die Temperatur der Sonne (Sterne) aufrechtzuerhalten.

Der C-N-Zyklus:

$$
\begin{array}{lll}
{}^{12}_{6}C + p & \rightarrow {}^{13}_{7}N + \gamma & (10^6\ a) \\
{}^{13}_{7}N & \rightarrow {}^{13}_{6}C + e^+ + \nu & (10\ min) \\
{}^{13}_{6}C + p & \rightarrow {}^{14}_{7}N + \gamma & (2 \cdot 10^5\ a) \\
{}^{14}_{7}N + p & \rightarrow {}^{15}_{8}O + \gamma & (2 \cdot 10^7\ a) \\
{}^{15}_{8}O & \rightarrow {}^{15}_{7}N + e^+ + \nu & (2\ min) \\
{}^{15}_{7}N + p & \rightarrow {}^{12}_{6}C + \alpha & (10^4\ a)
\end{array}
$$

Der p-p-Zyklus (davon gibt es mehrere Varianten, die hier nicht besprochen werden):

$$
\begin{array}{lll}
p + p & \rightarrow {}^{2}_{1}H + e^+ + \nu & (7 \cdot 10^9\ a) \\
{}^{2}_{1}H + p & \rightarrow {}^{3}_{2}He + \gamma & (4\ sec) \\
{}^{3}_{2}He + {}^{3}_{2}He & \rightarrow 2p + \alpha & (4 \cdot 10^5\ a)
\end{array}
$$

außerdem

$$
\begin{array}{lll}
 & {}^{3}_{2}He + \alpha & \rightarrow {}^{7}_{4}Be + \gamma \\
 & {}^{7}_{4}Be + e^- & \rightarrow {}^{7}_{3}Li\ (\text{K-Einfang}) \\
\text{oder} & {}^{3}_{2}He + \alpha & \rightarrow {}^{7}_{3}Li + e^+ + \nu \\
 & {}^{7}_{3}Li + p & \rightarrow \alpha + \alpha \\
\text{und} & {}^{7}_{4}Be + p & \rightarrow {}^{8}_{5}B + \gamma \\
 & {}^{8}_{5}B & \rightarrow {}^{8}_{4}Be + e^+ + \nu \\
 & {}^{8}_{4}Be & \rightarrow \alpha + \alpha
\end{array}
$$

9.7. Naturkonstanten und dergleichen

Der folgende Abschnitt enthält universelle Naturkonstanten, sonstige wichtige Konstanten, Größenordnungen und Werte von Größen, vor allem der Atom- und Kernphysik. Während in den übrigen Teilen des Buches für alle Konstanten nur Näherungswerte verwendet sind, werden in 9.7 Präzisionswerte angegeben. Da die direkte Messung oft nur Kombinationen aus zwei oder mehr Konstanten ergibt, erhält man einen Satz von Präzisionswerten nur nach Durchführung einer komplizierten Ausgleichsrechnung mit Berücksichtigung der Fehlergrenzen aller Einzelmessungen. Die in 9.7 mitgeteilten Werte sind der Arbeit von Taylor, Parker und Langenberg, Rev. Mod. Phys. *41*, 375 (1969), und zwar der Tabelle Seite 477 bis 479 entnommen. In der Regel sind 5 Ziffern genau und die nächsten Dezimalstellen unsicher.

Alle untenstehenden Größen kann man sofort in anderen Einheiten ausdrücken, indem man 1 J s, 1 Cb, 1 m usw. ersetzt, z. B. 1 m durch 39,4 inch, 1 s durch (1/3600) Stunden usw. Für CGS-Einheiten ist hinsichtlich nichtrationaler Größen 9.2.2 zu beachten. Wenn das geschehen ist, kann nach Tab. 58 eingesetzt werden.

Die Zahlenwerte sind so geschrieben, daß bevorzugt Zahlenfaktoren 10^n auftreten mit

	n = ..	−12,	−9,	−6,	−3,	0,	3,	6,	9,	12, ..
entsprechend den Vorsätzen		p	n	μ	m		k	M	G	T

1 Coulomb ist mit Cb abgekürzt, vgl. Fußnote in 4.2.1.3

9.7.1. Lorentzinvariante Konstanten

a) *Grenzgeschwindigkeit*

$$c = 2{,}99792_5 \cdot 10^8 \text{ m/s} = (1{,}000000 - 0{,}000694) \cdot 3 \cdot 10^8 \text{ m/s}$$

Die Grenzgeschwindigkeit (1.4.4.1) fällt zusammen mit der Fortpflanzungsgeschwindigkeit der elektromagnetischen Wellen im materiefreien Raum, der „Lichtgeschwindigkeit".

b) *Skalare universelle Konstanten.*

Plancksches Wirkungsquantum	$h = 6{,}6261_{96} \cdot 10^{-34}$ J s
Elektrische Elementarladung	$e = 1{,}60219_{17} \cdot 10^{-19}$ Cb
Magnetisches Flußquant	$\phi_0 = 2{,}06785_{38} \cdot 10^{-15}$ Wb
Boltzmannsche Entropiekonstante	$k = 1{,}380_{622} \cdot 10^{-23}$ J/K
Sommerfeldsche Feinstrukturkonst.	$\alpha = (1/137{,}03_{60}) = 7{,}2973_{51} \cdot 10^{-3}$

9.7.2. Weitere Konstanten

Drehimpulsquant $\quad \hbar = h/(2\pi) = 1{,}0545_9 \cdot 10^{-34}$ J s

Die Konstanten des elektromagnetischen Feldes sind

Elektrische Feldkonstante $\quad \varepsilon_0 = 8{,}8541_{85} \cdot 10^{-12} \dfrac{\text{Cb} \cdot \text{Cb}}{\text{J} \cdot \text{m}}$

Magnetische Feldkonstante $\quad \mu_0 = 1{,}2566_4 \cdot 10^{-6} \dfrac{\text{Wb} \cdot \text{Wb}}{\text{J} \cdot \text{m}}$

Elektromagn. Feldkonstante (= Verkettungskonstante) $\quad \gamma_{\text{em}} = 1 \dfrac{\text{Cb} \cdot \text{Wb}}{\text{J} \cdot \text{s}}$

Sogenannter Wellenwiderstand des Vakuums $\quad \Gamma = 376{,}73_{04} \dfrac{\text{Wb}}{\text{Cb}} = \dfrac{\mu_0 c}{\gamma_{\text{em}}} = \dfrac{\gamma_{\text{em}}}{\varepsilon_0 c}$

Es gilt

$$\varepsilon_0 \mu_0 c^2 = \gamma_{em}^2; \quad \gamma_{em} = 2e\phi_0/h; \quad \phi_0 = \frac{h\gamma_{em}}{2e}$$

$$1\,\frac{\text{Cb Cb}}{\text{J}\cdot\text{m}} = 1\,\frac{\text{Cb}}{\text{V}\cdot\text{m}} = 1\,\frac{\text{F}}{\text{m}} = 1\,\frac{\text{A s}}{\text{V m}}$$

$$1\,\frac{\text{Wb}\cdot\text{Wb}}{\text{J}\cdot\text{m}} = \gamma_{em}\cdot 1\,\frac{\text{V s}}{(\text{J/Wb})\cdot\text{m}}$$

$$1\,\frac{\text{Wb}}{\text{Cb}} = \gamma_{em}\cdot 1\,\Omega; \quad 1\text{ Wb} = \gamma_{em}\cdot 1\text{ V s}$$

Zahlenwerte relativ zu 1 Cb, 1 Wb, 1 J, 1 m

$$\{\varepsilon_0\} = \frac{10^7}{4\pi\cdot 9\cdot 10^{16}}; \quad \{\mu_0\} = \frac{4\pi}{10^7}; \quad \{\Gamma\} = \frac{4\pi\cdot 3\cdot 10^8}{10^7}$$

Genau genommen muß $2{,}997925 \cdot 10^8$ anstelle von $3 \cdot 10^8$ gesetzt werden und das Quadrat davon anstelle von $9 \cdot 10^{16}$.

Gesamtstrahlungsdichte eines „schwarzen Körpers"

$$S = \sigma\cdot T^4 \text{ mit } \sigma = 5{,}669_6\cdot 10^{-8}\text{ W/(m}^2\cdot\text{K}^4)$$

Wiensches Verschiebungsgesetz (Strahlungsformel in 5.7) $\lambda_{max}\cdot T = b$ mit $b = 2897{,}8\ \mu\text{m}\cdot\text{K}$

Gravitationskraft $F = f'\dfrac{m_{s1}\cdot m_{s2}}{r^2}$ mit $f' = 66{,}7_{32}\cdot 10^{-12}\dfrac{\text{J m}}{\text{kg}_s\cdot\text{kg}_s}$

$$= \frac{m_{s1}\cdot m_{s2}}{G^*\cdot 4\pi r^2} \quad \text{mit } G^* = \frac{1}{4\pi f'} = 1{,}19\cdot 10^9\,\frac{\text{kg}_s\,\text{kg}_s}{\text{J}\cdot\text{m}}$$

Avogadro-Konstante $N_A = 6{,}0221_{69}\cdot 10^{23}\text{ mol}^{-1}$

Anzahl molekularer Teilchen in 1 mol
(d.h. auch in $M_r\cdot 1$ g) $N_A\cdot 1\text{ mol} = 1\text{ g}/1\text{ u}$

Faradayäquivalent $F = e\cdot N_A = 96486{,}_{70}\text{ Cb mol}^{-1}$

Universelle (molare) Gaskonstante $R = k\cdot N_A = 8{,}314_{34}\text{ J mol}^{-1}/\text{K}$

Molares Normvolumen $V_{mn} = 22{,}41_{36}\cdot 10^{-3}\text{ m}^3\text{ mol}^{-1}$

9.7.3. Größenordnungen und atomare Größen

Zahlen:

$10^6 =$ 1 Million	$10^9 =$ 1 Milliarde*
$10^{12} = (10^6)^2 =$ 1 Billion (Bi-Million)*	$10^{15} =$ 1 Billiarde
$10^{18} = (10^6)^3 =$ 1 Trillion (Tri-Million)	$10^{21} =$ 1 Trilliarde

* In USA wird 10^9 Billion genannt.

$10^{24} = (10^6)^4 = 1$ Quadrillion (Quadri-Million)
$10^{30} = (10^6)^5 = 1$ Quintillion (Quinti-Million)
usw.

$10^{27} = 1$ Quadrilliarde
usw.

Diese Namen großer Zahlen wurden eingeführt durch die französische Akademie der Wissenschaften um das Jahr 1800.

Länge: 1 parsec $= 3{,}26$ Lichtjahre $\approx 30 \cdot 10^{15}$ m
Zeit: 10^3 s $= 16\,^2/_3$ min
10^6 s $= 27{,}8$ h   1 h $= 3{,}60 \cdot 10^3$ s
10^9 s $\approx 31{,}6$ a   1 a $= 31{,}5569 \cdot 10^6$ s

Energie: 1 J $=$ 1 N · m $=$ 1 kg $\text{m}^2/\text{s}^2 = 10^7$ erg $= 9{,}87 \cdot 10^3$ l · atm $= 0{,}427$ kp · m $=$
$= 0{,}239$ cal $= (1/4{,}18)$ cal (Näherungswerte).
1 kWh $= 3{,}6 \cdot 10^6$ J $= 859{,}84_{52}$ kcal
1 eV $= 1{,}60219_{17} \cdot 10^{-19}$ J
1 eV$/_{\text{Atom}} = 23045{,}_{45}$ cal/mol
1 cal $=$ 1 internationale Dampftafel-Kalorie $= 4{,}186\underline{8}$ J
1 J $= 0{,}238\,84_6$ cal

Mittlere thermische Geschwindigkeit $v_m = \sqrt{3\,k\,T/m}$ bei $T = 300$ K.
Mittlere thermische Geschwindigkeit für Stickstoffmoleküle $0{,}515 \cdot 10^3$ m/s
Mittlere thermische Geschwindigkeit für Neutronen $2{,}74 \cdot 10^3$ m/s
Mittlere thermische Geschwindigkeit für Elektronen $1{,}117 \cdot 10^6$ m/s

Mittlere thermische Energie $(3/2)\,k\,T$
bei 300 K   0,0387 eV $\approx$ (1/25) eV
bei 7750 K   1 eV

Masse und Energie $m = W/c^2$
1 kg $= 6{,}0221_{69} \cdot 10^{26}$ u $= 0{,}56095_{37} \cdot 10^{30}$ MeV$/c^2 = 89{,}8755_{43} \cdot 10^{15}$ J$/c^2$
1 u $= 1{,}6605_{31} \cdot 10^{-27}$ kg $= 0{,}93148_{12}$ GeV$/c^2 = 14{,}924_{11} \cdot 10^{-9}$ J$/c^2$

1 u (unified mass unit) $= (1/12)$ m(^{12}C)
Früher wurde verwendet
1 amu (atomic mass unit) $= (1/16)$ m(^{16}O)
1 amu $= 1{,}003179$ u
Durch Einführung von 1 u entfällt der Unterschied zwischen der früheren physikalischen Atomgewichtsskala (bezogen auf (1/16) m(^{16}O)) und chemischen Atomgewichtsskala (bezogen auf (1/16) · mittlere Masse der natürlichen Isotopenmischung von Sauerstoff).

Ruhemasse
des Elektrons $m_e = 0{,}000\,548\,59_3$ u $= 0{,}91095_{58} \cdot 10^{-30}$ kg $= 0{,}511\,004$ MeV$/c^2$
des Protons $m_p = 1{,}007\,276_6$ u
des ^{1}H-Atoms $m_H = 1{,}007\,825_2$ u
des Neutrons $m_n = 1{,}008\,665_2$ u
$m_p : m_e = 1836{,}1_1$

Masse und Ladung
Elektron $m/e = 5{,}68568 \cdot 10^{-12}$ kg/Cb
$e/m = 0{,}175\,88_{028} \cdot 10^{12}$ Cb/kg

Ion (n-wertig, rel. Atommasse A_r) $m/q = \dfrac{A_r}{\text{n}} \cdot 10{,}364_{12}$ µg/Cb mit $q = \text{n} \cdot e$

Quantenenergie und Wellenlänge
Es gilt

$$W = eU = h\nu = hc/\lambda$$
$$(h\nu)\cdot\lambda = hc = 1{,}2398_{54}\ \mu\text{m}\cdot\text{eV}$$

Beispiel. Wenn $h\nu = 1$ eV, dann $\lambda = 1{,}24\ \mu$m; wenn $h\nu = 1$ MeV, dann $\lambda = 1{,}24$ pm (abgerundet)

Weiter gilt:

Wenn $\Delta(h\nu) = 1$ eV, dann $\Delta(1/\lambda) = 0{,}806\,54_{65}\cdot 10^6\ \text{m}^{-1}$

de-Broglie-Wellenlänge $\lambda_{\text{de Br}} = h/mv$

für Elektronen mit 0,15 keV	$\lambda_{\text{de Br}} = 0{,}1$ nm = 1 Å
für Elektronen mit 15 keV	= 0,01 nm = 10 pm
für Elektronen mit 511 keV	= 1,40 pm
für Elektronen mit 50 MeV	= 0,024 pm

9.7.4. Konstanten der Atomphysik

n Hauptquantenzahl, Z Ordnungszahl
Rydberg-Energie, experimenteller Wert für ^{1}H ($m_{\text{Kern}} = m_{\text{p}}$)

$$W_{\text{R}} \underset{\text{def}}{=} R = 13{,}598_{44}\ \text{eV} = 2{,}178\,7_{31}\cdot 10^{-18}\ \text{J}$$

Rydberg-Wellenzahl, experimentell für ^{1}H

$$(1/\lambda)_{\text{R}} = 109\,677{,}759\ \text{cm}^{-1} = R/(hc)$$

Für den Grenzfall $m_{\text{Kern}} = \infty$ liefert die Bohrsche Theorie folgende Werte (vgl. dazu 7.1.6).
Rydberg-Energie ($m = \infty$)

$$R_\infty = \frac{1}{2}\cdot\left(\frac{e^2}{4\pi\varepsilon_0}\right)^2\frac{m_0}{\hbar^2} = \alpha^2\frac{m_0\,c^2}{2} = R\,(1 + m_{\text{e}}/m_{\text{p}}) = 13{,}605_{82}\ \text{eV}$$

Rydberg-Wellenzahl ($m = \infty$)

$$(1/\lambda)_{\text{R}\infty} = 109\,737{,}3_{12}\ \text{cm}^{-1} = R_\infty/(hc)$$

Bei den folgenden Werten, die sich alle auf $m = \infty$ beziehen, sind meist nur wenige Dezimalen angegeben und der Index ∞ ist weggelassen. 1 nm = 10^{-9} m.

Rydberg-Frequenz	$\nu_{\text{R}} = 3{,}27_5\cdot 10^{15}\ \text{s}^{-1} = R/h$
Rydberg Kreisfrequenz	$\omega_{\text{R}} = 2\pi\nu_{\text{R}} = 20{,}5\cdot 10^{15}\ \text{s}^{-1} = R/\hbar$
Rydberg-Wellenlänge	$\lambda_{\text{R}} = 91{,}126_{71}\ \text{nm} = c/\nu_{\text{R}} = hc/R$

Radius der Bohrschen Bahn $r_{\text{B}} = (0{,}052\,917_7\ \text{nm})\cdot \text{n}^2/Z^2 = \dfrac{4\pi\varepsilon_0}{e^2}\cdot\dfrac{\hbar^2\,\text{n}^2}{m_0\,Z}$

($m = \infty$, n = 1 Grundbahn, $Z = 1$ Wasserstoff)

Umfang der Bohrschen Grundbahn $2\pi r_{\text{B}} = 0{,}332\,491_9$ nm

Geschwindigkeit auf Bohrscher Bahn

$$v_B = (2{,}18769_1 \cdot 10^6 \text{ m/s}) \cdot Z/n = \alpha \cdot c\,(Z/n)$$

elektr. Stromstärke auf Bohrscher Grundbahn in H

$$I = e \cdot v_R = 1{,}05 \cdot 10^{-3}\text{ A}$$

Bohrsches Magneton (magn. Moment auf Bohrscher Grundbahn in H)

$$\mu_B = 11{,}6530 \cdot 10^{-30}\text{ Wb} \cdot \text{m} = \frac{\mu_0}{\gamma_{em}}\,\frac{e}{m_0}\,\frac{\hbar}{2} = \frac{\mu_0}{\gamma_{em}} \cdot 9{,}274\,096 \cdot 10^{-24}\text{ A m}^2$$

magn. Moment des Elektrons

$$\mu_e = 1{,}001\,159\,62 \cdot \mu_B$$

klassischer Radius des Elektrons

$$r_e = 2{,}8179_{39} \cdot 10^{-15}\text{ m} = \frac{e^2}{4\pi\,\varepsilon_0} \cdot \frac{1}{m_0\,c^2}$$

klassischer Umfang des Elektrons $2\pi r_e = 0{,}0177056$ pm

Comptoneffekt am Elektron.

Comptonwellenlänge	λ_C	$= 2{,}4263_{09} \cdot 10^{-12}$ m	$= h/(m_0 c)$
Comptonfrequenz	ν_C	$= 1{,}2355_{90} \cdot 10^{20}\text{ s}^{-1}$	$= c/\lambda_C$
Compton-Quantenenergie	$h\nu_C$	$= 0{,}5100_{41}$ MeV	$= m_0 c^2$

Thomsonscher Streuquerschnitt für $h\nu$-Strahlung je Elektron

$$\sigma_{\text{Thomson}} = \frac{8}{3}\pi\,(r_e)^2 = 66{,}516 \cdot 10^{-30}\text{ m}^2 \approx 66\text{ fm}^2 = 0{,}66 \cdot 10^{-24}\text{ cm}^2$$

Die Sommerfeldsche Feinstrukturkonstante $\alpha = \dfrac{1}{137{,}03_{60}}$ läßt sich ausdrücken durch

$$\alpha = \frac{e^2}{\hbar c \cdot 4\pi\varepsilon_0} = \frac{\Gamma e^2}{2\,h\gamma_{em}} = \frac{\Gamma e}{4\,\phi_0}$$

und es besteht die Beziehung (7-8 a) (Zahlenwerte in Picometer)

$$\frac{\lambda_{R\infty}}{2} : (2\pi r_B) : \lambda_C : (2\pi r_e) = 1 : \alpha : \alpha^2 : \alpha^3 =$$

$$= 45\,563{,}3_{55} : 332{,}491_{86} : 2{,}42631_{03} : 0{,}0177056_4$$

Dann gilt auch

$$\mu_B = \phi_0 \cdot 2\,r_e = \frac{\mu_0}{\gamma_{em}}\,\frac{e}{2}\,v_B \cdot r_B = \Gamma \cdot \frac{e}{2}\,\alpha \cdot r_B = \Gamma \cdot \frac{e}{2}\,\lambda\!\!\!^{-}_C$$

$$= \frac{h}{e}\,\gamma_{em} r_e = \frac{h}{e}\,\gamma_{em}\,\alpha\,\lambda\!\!\!^{-}_C = \frac{e}{4\pi\varepsilon_0}\,\frac{h\gamma_{em}}{m_0 c^2} = \frac{\mu_0}{\gamma_{em}}\,\frac{e}{m_0}\,\frac{\hbar}{2}$$

Kernphysik.

Der Kern ist zusammengesetzt aus den Nukleonen: Proton und Neutron

Massendifferenz von Neutron gegen Proton + Elektron: $m_n - (m_p + m_e) \approx 0{,}79\ \text{MeV}/c^2$

Das Neutron ist radioaktiv ($\tau = 11{,}7$ min).

Das magnetische Moment der Kerne wird meist in Vielfachen des „Kernmagnetons" $\mu_K = (1/1836{,}1_1) \cdot \mu_B$ angegeben:

Magnetisches Moment des Protons	$\mu_p = +2{,}79276\ \mu_K$
Magnetisches Moment des Neutrons	$\mu_n = -1{,}913148\ \mu_K$
Magnetisches Moment des Deuterons	$\mu_d = 0{,}857393\ \mu_K$
Kernradius	$R \approx (1{,}5 \cdot 10^{-15}\ \text{m}) \cdot \sqrt[3]{A_r}$
Mittlere Bindungsenergie eines Nukleons im Kern	≈ 8 MeV

Kernenergie.

1 g natürliches Uran im Gleichgewicht mit seinen Folgeprodukten gibt die Leistung $0{,}95 \cdot 10^{-7}$ J/s $= 0{,}095\ \mu$W ab, 1 g Thorium $0{,}027\ \mu$W.

Uran macht $5 \cdot 10^{-6}$, Thorium macht 10^{-5} der Erdkruste aus.

Reaktor.

Bei Abbrand von 1 g ^{235}U im Reaktor entsteht die Energie $20 \cdot 10^3$ kWh.

Bei Abbrand von 1,2 g/Tag ^{235}U im Reaktor wird die (Wärme-) Leistung 1000 kW abgegeben.

Stichwortverzeichnis

Vorbemerkung

Bei zusammengesetzten Stichworten suche man zuerst unter dem *kennzeichnenden* Substantiv bzw. Adjektiv. Beispiel: mittlere freie Weglänge unter *Weglänge,* Atomradius unter *Atom-,* kritischer Druck (Temperatur, Volumen, Punkt) unter *kritisch.*

In der Regel sind elektrische (magnetische, Gravitations-) Größen unter *elektrisch (magnetisch, Gravitations-)* zu suchen, daneben sind aber z. B. Stromkreis, -verzweigung, -masche, -stoß auch unter *Strom-* usw. aufgeführt.

Von zwei aufeinanderfolgenden zu zitierenden Seiten ist nur die erste angegeben, z. B.

Eigenschwingung 163, statt 163, 164
Kathodenstrahlen 492, statt 492, 493

Wenn von dieser Regel abgewichen ist, steht auf der zweiten Seite eine neue Aussage.

ff. bedeutet und folgende
s. bedeutet siehe
vgl. bedeutet vergleiche auch

Präzisionswerte der Naturkonstanten und der Umrechnungsfaktoren sind in Abschn. 9.7, S. 658ff. angegeben. In der Regel werden in den übrigen Teilen des Buches Näherungswerte verwendet.

Abbildung durch (dünne) Linsen 432, 434
— durch dicke Linsen 437
—, erste (Objekt, Bild) 433–436, 440
—, zweite (Linsenöffnungen) 440
—, mikroskopische (u. Beugung) 454
—, s. auch Bild
Abbildungsfehler 437
Abbildungsgleichung 433, 435
— -maßstab 434
Abklingzeit (elektr. Entladung) 302
Ablenkung im magnetischen Feld 495
Ablösearbeit 323, 334, 508, 520, 536
— (Kern) 587
absolute Temperatur, s. thermodynamische Temperatur 209
Absorption elektromagnetischer Wellen 418
—, dichroitische 468
Absorption u. Dispersion 480
—, Lichtabsorption 475
—, von Röntgenstrahlen 534
Absorptionsvermögen 482
Abstrahlung (Schall) 198
Achromat 438
achromatisch (Prisma) 431
— (Linsen) 438
Achse (Kristall) 109, 111
—, optische 464, 467
Adaptation 442
Addition
— von Vektoren 38, 40
— von Schwingungen 53, 174
— von Wechselspannung 392
adiabat(isch) 125, 170, 251
Adiabatengleichung 125, 227, 251

AEF 6, 625
afokal (Strahlengang) 444
Äquivalentladung 326
Äquivalentmasse 595
Akkomodation 442
Akustik (Raum-) 205
—, s. auch Schall
Alpha(α)-Teilchen (-Strahlen) 553, 559
— Zerfall 553
Altersbestimmung, radioaktive 562
Ampere (1 A) 274
Amperewindung 354
Amplitude 49, 151
Amplitudengitter 451
angeregte Atome 515 ff.
angeregte Kerne 556, 562 ff.
angular momentum 85
Analysator (polarisiertes Licht) 460
Anastigmat 438
Anion 325
Anlaufstrom (Glühemission) 323
Anode 273, 326, 492
Anregung von Atomen 515
— von Kernen 556, 562, 566, 569, 571
Antineutrino 555, 557, 597
Antiproton 608
Antiteilchen 608
aperiodischer Grenzfall 154
Apertur, numerische 423
Aplanat 438
Aräometer 129
Arbeit, s. Energie, vgl. auch Wärme
—, Hub-, Spann-, Beschleunigungs- 57
—, Reibungs- 63, 135 ff.
Archimedisches Prinzip (Auftrieb) 128
Atom
— -anregung 490, 515 ff.
— -aufbau 549
— -bombe 593
— -gewicht, s. rel. Atommasse
— -gitter 114
— -kern, s. Kern
— -masse, rel. 218, 504, 506
— —, -skalen 219
—, mesonisches 608
— -modell 539, 549
—, myonisches 608
— -physik 490 ff.
— -radius 552
— -strahl 239
— — -beugung 538
— -wärme 220
Auflösungsvermögen (Mikroskop) 454
Auftrieb 128
Auge 486
Auge, vgl. Helligkeits- u. Farbempfindung
Auslenkung 49, 151
Austrittsarbeit (Ablösearbeit) 323, 334, 508, 520, 536
Auswahlregeln 522
Avogadro-Konstante N_A 219, 223
— aus Brownscher Bewegung 243
— aus λ (Röntg.) und d (Gitter) 453
— aus radioaktiver Umwandlung 561
Aw (Amperewindung) 354
Azimut, Streu- 459

B, magnetische Flußdichte 338, 346, 358, 363, 366, 368
ballistische Verwendung, s. Stoßausschlag 71, 296, 341
Band, Leitfähigkeits-, Valenz- 333
bar (Druckeinh.) 117
Barometer 117, 127
Baryonen 609
Basis (Elementarzelle) 107
— (einer Gruppe) 616
— -system 621, 630
Becquerel 553
Begriffssysteme 622, 625 ff.
Beleuchungsstärke 486
Bernoullische Gleichung 142
Beschleuniger, s. Teilchenbeschleuniger
Beschleunigung, lineare a 18, 24
—, radiale a_r 45, 48
—, Winkel- (Dreh-) α 42, 78
Bessel, Friedrich Wilhelm (1784–1846) 31
Beta(β)-Teilchen (-Strahlen) 553
— -Spektrum 555
— (β^-)-Zerfall 557
— (β^+)-Zerfall 557
Betatron 601
Beugung (Huygens) 183, 419, 448
—, bei Abbildung 440, Mikroskop 454
—, Doppelspalt 449
—, Elektronenstrahl- 538
—, Lochblende 450
—, Röntgenstrahl- 539
—, Schichtgitter (115), 452
—, Spalt 176, 182, 187–190, 449
—, Strichgitter 185, 451
—, Überblick (Fälle) 450
Beweglichkeit (Ionen, Elektronen) 330, 332, 375
Bewegung, beschleunigte, lineare 18, 92
—, beschleunigte Drehbewegung 78, 92
—, gleichförmige, lineare 18, 14, 17, 92
—, gleichförmige Drehbewegung 17, 92
—, kinetische (Wärmebewegung) 224, 230

Bezugssystem 97ff., 643ff.
—, abhängig vom 14, 25, 29, 38, 46
—, beschleunigtes 99
— bei Kernreaktionen 596
—, spezielle Relativitätstheorie 643ff.
—, unabhängig vom (Skalare) 65, 262, 271, 345, 627
Biegung 121
bifilar 55
Bild 433
—, (aufrecht, umgekehrt) 435
—Fehler (Abbildungsfehler) 437
Bildfeldwölbung 438
Bildkonstruktion (dicke Linsen) 437
—, (dünne Linsen) 433, 436
—, reelles, virtuelles 432, 434
— -raum 433
Bindungsenergie 322, 506, 520, 536
Binnendruck 227
Bivektor 639
Blackett, P. M. S. 567, 568
Bläschen-(Blasen-)kammer 528
Blättchen, s. Plättchen
Blenden (optischer Strahlengang) 437
Blindleistung 404
Blindstrom 404
Bohr, Niels (1885–1962)
Bohr, Frequenzbedingung 549
—, Magneton 550, 660
— -Rutherfordsches Atommodell 549, 659
Boltzmann, Ludwig (1844–1906)
— -(Entropie-)Konstante k 240, 244, 264
— -Statistik 231, (240), 264
—, Stefan-Boltzmannsches Gesetz 484
Bothe, W. (1891–1957) 569, 596
Boyle-Mariotte (um 1670) 125, 226
Bragg-Reflexion 115, 452
brechende Fläche 431
Brechkraft f^{-1} 432 (Dioptrie), 435, 437
Brechung 192, 419, 426ff., (Doppel-) 462
Brechzahl n 424, 426–430
— dispersion 429
— und Dielektrizitätskonstante 482
— und Wellenlänge 449
Bremsung von Teilchen 546
Brennpunkt 432
Brennweite f 431, 436
Brewster (Totalreflexion) 459
Brownsche Bewegung 223, 244
Brückenschaltung (Wheatstone) 294
Bündel, o., ao. 463

C_p, C_v 245
Carnot, Sadi N. L. (1796–1832)
—, s. Kreisprozeß 253ff., 263
CERN 600
CGS-System, ϕ 338, 346
—, H 355
—, H, H', B 358
—, allgemein 622ff.
—, Umrechnungen 634ff.
Chadwick, J. (geb. 1891) 521
Clausius-Clapeyron 259
Comptoneffekt (Comptonstreuung) 513
Computer 530
Conversion, internal 555
Corioliskraft 101, 103
Cortisches Organ (Ohr) 203
Coulomb (1 Cb) 273
—, Cb statt C 273 (Fußnote), 313
— -gesetz 313
— -streuung 543ff.
Curie, Marie (1867–1934)
Curie (Radioaktivität) 553
Curietemperatur 362
Cyclotron, s. Zyklotron 598

D, Flächendichte der verschobenen Ladung 303
Dämpfung, aperiodischer Grenzfall 365
Dämpfung, elektromagnetische 364
Dämpfungsverhältnis 151, 365
Dampfdruck, s. Sättigungsdruck 261
Darstellung einer Größe 614
Davison, C., und Germer, L. H. 538
de Broglie-Wellenlänge 537
Defektelektron 376
Deformierbarkeit, s. Elastizität 119
Dehnung 118, 121
Dekrement, logarithmisches 151
desublimieren 221
DESY 600
Detektor (Gleichrichter) 415
— (Strahlungsempfänger) 529, 606
Deuteron 582
deutliche Sehweite 442
Diamagnetismus 363
Diathermie 410
dichroitisch 464
Dichte (m/V) 122ff., 130
—, Ladungs-, Strom-, s. unter elektrisch
Dicke dünner Schichten, Messung 446, 479
Dielektrikum 306
dielektrische Polarisation P 306
Dielektrizitätskonstante
— (Dielektrizitätszahl) ε 306
—, vgl. elektrische Feldkonstante ε_0 304
Diffusion in Gasen 232
Diffusionsgeschwindigkeit 232, 234
Diffusionspumpe 237

Dimension physikalischer Größen 5, 15, (Basissatz) 516, 615, 621
Dimension, Raum- 7
DIN (Deutsches Institut für Normung) 6, 626
Dioptrie 432
Dipol-Moment, elektrisches m_e 315
— -Moment, magnetisches m_m 351
—, Sende- 411, 415
Dirac, Paul A. M. (geb. 1902) 551
Dispersion (Wasserwellen) 196, (Brechzahl) 429
— u. Absorption 480
—, anomale 481
Dissoziation, elektrolytische 325, 330
Doppelbrechung (Kristall) 461 ff.
— (Nichtkristall) 468
—, zirkulare 469
Doppelfokussierung (Massenspektrom.) 502
Dopplereffekt (-verschiebung) 197, 489, 565, 651
—, transversaler 651
— -verbreiterung 565
DORIS 601
Dosis (Röntgen-, Strahlen-) 602, 604
Drall, s. Drehimpuls
Dreh-beschleunigung α 78
— -bewegung 42, 92
— -impuls L 85, 89, 93
— -impuls im Atom 522
— -inversion 109
— -moment M 72, 75
— -schwingung 81
— -spiegel 12
— -spule (Stromspule) 277
— -stuhl 93, 101
Drehung der Polarisationsebene 470
Drillachse 73
Drosseleffekt, isenthalper 252
Druck p 115, 118, 126, 128, 230
— durch kinetische Bewegung 230
— -einheiten 117 (Tab. 17)
— -knoten 166
—, kritischer 228
—, osmotischer 235
—, Partial- 231, 235
—, Sättigungs- 261
— -Spannung, s. Normalspannung 118, 120
Druck in einer schwingenden Luftsäule 165
—, statischer, Stau-, Gesamt- 142
Dualität, Dualismus Welle - Korpuskel 539
Dublettsystem 524
Dulong-Petit 220, 248
Dunkelfeld-Mikroskop 457
Dunkelraum 491
Durchflußrate 142
Durchflutung 357
durchschnittl. Geschw. 241
dyn 26, 635
Dynamik 21 ff., 45, 50, 78–80, 137 ff.
Dynamometer 24

E, elektrische Feldstärke, s. unter elektrisch
e/m 497, s. m/e, m/q 326, 495, 505
e unabhängig von v 498
eV (e-Volt) 280, 626
Effektiv-Spannung, -Stromstärke 395
Effusion 233–235
Eigendrehimpuls (Spin) 521
Eigenfrequenz 163
Eigenschwingung, flächenhafte 171
—, lineare 163
Eigenvolumen, spez. 227
Einfang
— von Neutronen 583
—, Resonanz- 584
Einfallsebene, -lot, -winkel 426
Einheiten 6, 614
—, abgeleitete 14, 628
—, Ausgangs-, Basis- 617, 628
—, gesetzliche s. auch SI
—, gesetzliche seit 1969 625
—, kohärente 15
—, mehrdeutige 16, 623, 630
— -system 7, 624, 632
— -umrechnung 633 ff.
—, veraltete 626
—, veraltete, vgl. auch CGS
einheiteninvariant (Größengl.) 16, 617, 619, 630
—, Beispiele 632
Einstein, Albert (1879–1955)
—, kinetische Bewegung 224
—, Masse–Energie 499
—, Photoeffekt 510, 512
—, Relativitätsprinzip, -theorie 79, 643 ff.
—, träge, schwere Masse 31, 651
Elastizität 118 ff.
— bei Gaszylindern 125
— -modul E 118
— -grenze 118
elektrisch. Dipol
— —, statischer, Feld um 315
elektrisch. Dipol, HF, Feld um 411
elektrische Energie W 317
— — -dichte w 312, 625
elektrisches Feld 268, 279
— —, homogenes 280
— — um Punktladung 313
elektr. Feldstärke E 268, 271, 279, 280, 414
— Feldkonstante ε_0 304
— Fluß 307, 412
— Grenzschicht 328, 334
— Größen, Übersicht 337

elektr. Kapazität C 300
elektr. Ladung Q 268, 271, 273
— — (im Atom) 491, (m/e) 494, (u. Massenspektrom.) 502, (Photoeff.) 508, (Z-Abhängigkeit) 520, 533
— — (im Atomkern) 545 ff.
— — auf Feldplatte 298
— —, Belag (lineare Dichte) Q/l 309, 411
— —, Flächendichte D 303
— —, Messung einer 296, 309
— —, Punktladung 313
— —, unabhängig von v 498
— —, Volumendichte ϱ 329
elektr. Leistung P 281, 317
— Leitfähigkeit κ 288, 328–333
— Leitwert G 285
— Moment m_e 315
— Ringfeld 348, 385
— Ringstrombelag 379
— Schwingkreis 405
— Spannung U 272, 279
— Spannungsgenerator 389
— Spannungsstoß $S_e = \int U \cdot dt$ 295, 341 ff.
— —, verschieden vom magn. Fluß 346
elektr. Strom 270, 272, 492
— — -belag g 352
— — -dichte j 289
— — -kreis 272, 275
— — -stärke I 268, 271, 273, 279, 414
— — -stoß $\int I \cdot dt = Q$ 295
— —, Verschiebungsdichte 303
— —, Widerstand R 285, 294
— —, Widerstand, spez. σ 288
Elektrolyse (Abscheidung) 327
elektrolytische Dissoziation 325
elektrolytische Leitung 325, 333
elektromagnetische Begriffe (historisch) 622 ff.
— Erscheinungen (Übersicht) 384 ff.
— Spektrum 422
— Verkettungskonst. γ_{em} 345, 354, 384 ff., 633 (vgl. Gamma, elektromagnetisch)
— Wellenstrahlung 388, 413 ff., 417, 458
Elektromotor 389
Elektron
—, Atombestandteil 542
—, Defekt- 376
—, (Elementar-)Ladung e 324, 494
—, Leucht- 521
—, m/e und Masse m 494
—, magnetisches Moment 550
—, Spin 550
Elektronen-Einfang 557
—, freie 322, 491 ff.
— -Gas (entartet) 321
Elektronen-Hülle 536, 549, 655
Elektronen im Halbleiter 332
— im Magnetfeld 374, 495
— im Metall 317, 321, 332
— -Loch (Defektelektronen) 376
— -Mikroskop (Auflösung) 539
— -Paare (e^+, e^-) 513, 606
— -Paare (↑, ↓) 318, 576
—, polarisierte 556
—, -Schleuder = Betatron 601
—, schnell bewegte 493, 542, 546, 597 ff.
— -speicher 601
— -stoß 492, 514
— -Streuung 542, 547
— -Wolke 323
Elementarladung, elektrische e 324, 494, 656
Elementarteilchen 605 ff.
Elementarzelle (Kristall) 107, 112
Elemente der Chemie, s. Periodensystem 652, 653
—, Nachweis der Umwandlung 557
Elemente, Symmetrie- 109
elliptisch polarisiertes Licht 467
Empfangsdipol 415
Energie (Arbeit) W 56, 61
—, Bindungs- 322, 506, 520, 536
—, elektrische 311, 317, 413
—, elektromagnetische 388, 413
—, Gravitations- (Hub-) 57
— aus Kernen (Sonne) 594, 657
— aus Kernspaltung (Reaktor) 589 ff.
—, innere 220, 242, 247, 249
—, kinetische (Beschleunigungs-) 58, 84, 500
—, magnetische 381
—, potentielle 61, 315
—, relativistische 499 ff.
—, Ruhe- 500
— -term 520
— -tönung (Kern) 567
— und Masse 507, 650
—, Wärme- (Wärmemenge) 212
—, Wärme-, innere 221, 242, 247, 249
Energie, vgl. auch Leistung
Entdämpfung 151, 154
Entfernungsmessung (Radar) 647
Enthalpie 221 (Definition), 249, 252
—, Schmelz- 222, 223
—, Umwandlungs- 221, 223, 261
—, Verdampfungs- 221, 259, 260
Entladung, selbständige (Gas-) 491
Entropie S_{th} 207, 210, 212, 227, 253, 256, 258, 262
—, Formelzeichen 207 (Fußnote)
— -inhalt 222, 245
—, —, ungeändert 256, 258, 262
— -pumpe 262

Entropie, skalare Größe 3/4, 262, 627, 658
— -strom 263
—, unzerstörbar 213, 250, 263
—, vermehrbar (erzeugbar) 63, 215, 262, 263
— und Wahrscheinlichkeit 263, 264
entspricht (≙) 210, 622
Eötvös, Roland von (1848–1919) 31
Erbmutation durch Strahlung 602, 604
Erde
—, Alter 562
— als beschleunigtes Bezugssystem 102ff.
—, Masse 34
—, Präzession 89
Ereignis (Relativitätstheorie) 644
erg 624, 635
Erhaltung
— des Drehimpulses 93
— der Energie 57, 62
— von Energie u. Masse 506
— des Impulses 29
— der Ladung 274, 300
Erhaltungssätze bei Kernumwandlungen 595
erstarren 222
Estermann, I. 538
Expansion (isotherm, adiabat) 256

Fall, freier (Beschleunigung) 20
Farad (1 F) 301
Faraday, Michael (1791–1867)
—, Äquivalenzgesetz 326
— -becher 308
— -effekt 470
— -käfig 308, 598
Farbempfindung (Auge) 487
Farbfehler (Linse) 438
Fata Morgana 429
Feder, Schrauben- (Kraft) 22ff.
— -koeffizient D (Richtgröße) 24
—, Spiral- (Drehmoment) 73
—, —, Winkelrichtgröße (Richtmoment) D^* 74
Feinstruktur 523
— -konstante α 550, 662
Feldkonstante, elektrische ε_0 304, 385
—, magnetische μ_0 358, 385
—, elektromagnetische γ_{em} 344, 354, 385
—, Tabelle, auch CGS 631, 632
Feldplatten 307ff., 319
Feldstärke, s. elektr., magn. Gravitat.
Fermi, Enrico (1901–1954)
— (Reaktor) 590
— -statistik (Elektronengas) 231, 322, 511
Fernfeld 414
Fernrohr 441
ferrimagnetisch 363
ferroelektrisch 306
ferromagnetisch 359ff., 363
Filter, Polarisations- 460
Fixpunkte der Temperatur 210
Flächendichte der elektrischen Ladung (D) 303
Flächendichte des magnetischen Flusses (B) 338ff.
Flächensatz, s. 2. Keplersches Gesetz 96
Flächenstück, orientiertes 639
Flammenrohr 166
„fliegender Holländer“ 429
Flüssigkeitsströmung 137ff.
Fluoreszenz 430
Fluid 137
— -dynamik 137ff.
Fluß, magnetischer ϕ, s. magn. Fluß 336ff., 344ff.
— -quant, magnetisches ϕ_0 345, 496, 657, 660
Formanten 205
Fortpflanzungsgeschwindigkeit (Schwingungen, Wellen) 160ff., 167, 169, 196
—, s. auch elektromagnetische Wellen, Licht
Foto-, s. Photo-
Foucault, J. B. L. (1819–1868)
— (Pendel) 102
Fourier-Zerlegung 174
Franck, J. (1882–1964)
— -Hertz-Versuch 515
Fraunhofer, J. (1787–1826)
— -Beugung 185
Freiheitsgrade (Wärmebewegung) 242, 244, 246–248
Fremdsteuerung 154
Frequenz 43
— -analyse 157, 177, 204
Fresnel, A. J. (1788–1827)
— -Beugung 185
— (Lichtreflexion) 473ff.
Funkenkammer 527

Galilei, G. (1564–1642) 20, 643
Galvanometer (Drehspul-) 277
— —, ballistisch verwendet 296
Gamma, elektromagnetisch γ_{em} 337, 344, 348, 354, 495
—, — (Maxw. Gl., Feldkonst.) 385
—, — (el. magn. Wellen) 388, 414, 415
—, — (vermeidet mehrdeut.) 623
—, — (Umrechnung in andere Syst.) 633
Gammastrahlen, -quanten 529, 553, 556, 563
Gas
— -dichte 218, 225
— -entladung 491
— -gemisch 231
— -gleichung, allg. 225, 243
—, ideales 208, 223, 225

Gas-Konstante, allg. molare R 225
— — —, spezif. R_s 225, 228
—, reales 208, 223, 227
— -theorie, kinetische 223
— -thermometer 208
— -verflüssigung 227, 260
— -zustand, idealer 208, 225
—, Zustandsgleichung, allgemeine 225, 243
Gauß, Carl Friedrich (1777–1855)
Gauß (1 Gauß = 10^{-4} T) 347, 358, 635
Gaußscher Satz 387
Geiger u. Müller (Zählrohr) 527
Generator (v. d. Graaff) 310
geometrische Optik 423
geradsichtig (Prisma) 431
Geräusch 203
Gesamtstrahlung (schwarzer Körper) 484
Geschwindigkeit v 14
—, Additionsgesetz (Einstein) 98, 648, 649
—, Fortpflanzungs-, s. dort
—, Grenz- 98, 423, 425, 496, 644, 648
—, Gruppen-, Phasen-, Signal- 197, 426, 481
Geschwindigkeitsverteilung (Gas) 240
— (schwingende Luftsäule) 165
Gewicht, statistisches 265
Gewichtskraft 30, 34, 47, 52
Gezeiten 31
gg-, gu-Kerne 574
Gitter
—, Atom-, Ionen- 114
—, räumliches Punkt- 106, 108
— -struktur 109, 112
— -systeme 106, 109
—, Strich- (optisches), vgl. Beugung 185
Glanzwinkel 115, 426, 452, 531
Gleichgewicht (Drehung) 73 ff.
—, indifferentes, labiles, stabiles 62
—, radioaktives (säkulares) 561
—, thermisches 250
gleichförmig (gleichmäßig) beschleunigt 18
Gleichheit (Axiome) 3
Gleichrichtung 323, 415, 529
Gleichzeitigkeit (Relativitätstheorie) 645
Gleitspiegelung 109
Glühemission 322
Goudsmit und Uhlenbeck 550
Gradient (grad) 215, 281, 371, 380
Gravitation 30 ff.
Gravitationsladung m_s 30, 31, 506, 651
—, -waage 33
Grenzflächenspannung ζ (neuerdings σ) 131, 196
Grenzfrequenz (Photoeffekt) 308
Grenzgeschwindigkeit c 98, 423, 496, 644, 648
Grenzschicht (elektr. Doppel-) 328
— (Flüssigkeitsströmung) 138
Grenzwinkel (Totalreflexion) 428
Griffplatten 307, 319
Größe (physikalische) 5, 611, 613, 627
—, abgeleitete 14
—, Ausgangs-, Basis- 8, 10, 616, 627
Größen
— -gleichung 16
— —, einheiteninvariante 387, 617, 632, 652
— -ordnungen 659
— -wert (spez. Wert einer veränderl. Größe) 614
Grundschwingung 164
Grundzustand (Atom) 515, 520
Gruppe (mathem.), freie Abelsche 616
Gruppe der Größen, Klassen, Einheiten 617
Gruppen, 32 Punkt-, 230 Raum- 106
— -geschwindigkeit 197

H, magnetische Feldstärke, s. magnetisch
Hagen-Poiseuille 141
Halbwertsbreite Γ 585
halbdurchlässig 236
Halbwertzeit T 559, 560, 656
Halbleiter 289, 331
— -diode 529
Halleffekt, -sonde 375
Hand-Regel, Rechte- 37
Hauptebene 437
Hauptlagen beim Dipol 316
Hauptquantenzahl 518, 521
Hauptsatz der Wärmelehre, 1. 249
—, 2. 257, 263
—, 3. 262
Hebel 75
Heisenberg, Werner (1901–1976)
—, Unschärferelation 540
—, Aufbau der Atomkerne 573
Helion 582
Helligkeitsempfindung 422, 486
Helmholtzspule 496
Henry, J. (1797–1878)
— (1 H) 367
Hertz, Heinrich (1857–1894)
—, (1 Hz) Frequenzeinheit 43
— -scher Dipol (Heinrich Hertz) 411
—, Gustav (1887–1975)
—, Franck u. 515
hfs = Hyperfeinstruktur 522
Himmelslicht 461
Hintereinanderschaltung (= Serienschaltung) 284, 291, 401
— von Kapazitäten 301
Hitzdraht-Amperemeter 318
Hochfrequenz 407 ff.
hochfrequent schwingender Dipol 411 ff.
hochfrequente Feldstärke E, H 414

hochfrequente Strahlung 416
Hohlpfeil 36, 41, 43, 73, 85
Hohlraumstrahlung (schwarzer Körper) 482
Hookes'sches Gesetz 118
Huyghens, Christian (1629–1695)
Huygenssches Prinzip 180, 183
Hyperladung = strangeness 609
Hyperonen 609
Hyperfeinstruktur (hfs) 522
Hysteresisschleife 361

Immersion (Mikroskop) 455
Impuls (= Kraftstoß), linearer p 27, 29, 89
— aus Bahnkrümmung 554
—, Dreh- L 85, 89, 93
—, fälschlich für Puls 528
— bei Kernreaktionen 596
— von Photonen, Comptoneffekt 513, 606
Impulsmoment, s. Drehimpuls L 85
Index ellipsoid 464
Induktion, elektromagnetische 343, 348, 372
induktiver Widerstand 400
Induktivität, Selbst- L 366, 368
—, wechselseitige 366
Inertialsystem 98
Influenz 306
— -fluß 306
— -gesetz 308
— -konstante ε_0 304, 375
Infrarot (IR) = Ultrarot 482
innere Reibung (Zähigkeit) 135, 238
innere Energie 221, 242, 247, 249
Intensität = Strahlungsleistung/Fläche 414
Instrumente, optische 439ff.
Interferenz 178, 444, 446
— gleicher Dicke 447
— — Neigung 447
— mit Amplitudenausgleich 476
Interferometer 194, 447, 448
internationales Einheitensystem (SI = système international d'unités) 7, 625ff.
invariant gegen Einheitenwechsel 617
invariant gegen Lorentztransformation 3, 98, 627
Inversion (Gittersymmetrie) 109
Inversionstemperatur (reales Gas) 252
Ionen
— -gitter 114
— -lawine 527
— -leitung 326, 329
— -strahlen (Kanalstrahlen) 492, 502, 543ff., 597
Ionisationskammer 526
ionisierende Strahlung 523
IR (Infrarot) = Ultrarot 482
irreversibel 250, 252, 264
isenthalp 226
isentrop 213, 226, 227, 251
isobar 226
isochor 226
isotherm 125 (Kompression)
isoton 505
isotop 505, vgl. Nuklide

Josephson-Kontakt 281
Joule (1 J = 1 Nm = 1 Ws) 56, 658
Joule-Thomson-Effekt 252

K-Einfang 557
K-Kante 534
K-Linien 532
K-Meson 609
K-Schale 537, 549
Kältemaschine 258
Kalorie 212
Kalorimeter 217
Kalkspatplatte 463
Kanalstrahlen, s. Ionenstrahlen
Kanten 535
Kapazität, elektrische 300
Kapillaren, Steighöhen in 132, 134
Kapillarität, s. Grenzflächenspannung 131
Karman (Wirbelstraße) 139
Kathode 273, 326, 492
Kathodenfall 493
Kathodenstrahl (= Elektronenstrahl) 492
— -oszillograph 12, 392
Kation 325
Kelvin (1 K) 208
Keplersche Gesetze 95
Kern
— -anregung 541, 556, 562, 564, 566
— -aufbau (Zusammensetzung) 573ff.
— -fusion 594, 657
— -kräfte 551
— -ladung 545ff.
—, magnetisches Moment 583
— -niveau 552
— -photoeffekt 587
— -physik 541 ff.
—, radioaktiver 553, 556
— -radius, -volumen 548, 552, 580
— -reaktionen 556, 566, 568, 581, 583, 586
— —, Kurzschreibweise 581
— -reaktor, s. Reaktor 590ff.
— -spaltung, spontane 558
— — durch Neutronen 588, 592 (Pu, Th)
— -spin 583
— -streuung (Streuung am Kern) 543 ff., 547, 580
— -umwandlung, chem. Nachweis 557
—-zersplitterung (spalation) 587
Kerreffekt 469

Kettenreaktion, s. Reaktor 590ff.
Kilogramm (1 kg) 25
Kilopond 26, 30, 58, 129
Kinematik 8 (Fußnote), 17, 18, 20, 21, 42–45, 48, 78
kinematische Zähigkeit ν 137
kinetische Bewegung (Wärmebewegung) 224, 230ff.
— Energie W_{kin} 58/59, 84
— — (relativistisch) 59, 425, 499ff.
— — mittlere 224, 231, 234, 242
— Gastheorie 223, 230ff.
Kirchhoff
—, 1. Gesetz 275
—, 2. Gesetz 294
Klang 203
Klasse von physikal. Größen 6, 615
Knoten (Stromverzweig.) 275
— -linie (Eigenschwingung) 171
— -punkt (Eigenschwingung) 164ff.
Koeffizient der wechselseitigen und Selbstinduktion 366
Koerzitivfeldstärke 361, 364
kohärente Einheiten 15, 617
kohärente Lichtquellen 444
Kohärenzlänge 446
— -bedingungen 445
Koinzidenzverfahren 569
Kollektivlinsen (zweite Abbildung) 440
Kollergang 89
kolloidale Suspension (Mastix) 460
Komplementarität (Dualismus) 538
komplexe Schreibweise (Wechselstrom) 395, 402
Komponentenzerlegung (Geschwindigkeit, Kraft) 38ff.
— (elektromagnetische Feldstärke) 419
Kompressibilität 124, 227
Kompression 119, 120, 125, 126
—, Modul K 118ff., 124
Kondensator
—, Kugel- 313
Kondensator, Platten- 298, 300, 305
kondensieren 222, 227
Kondensor 440
konjugierte Punkte 433
Kontaktpotential, s. Voltaspannung 333
Kontinuitätsgleichung 387
Kontraktion, Quer- 120
Konstanten
— der Atomphysik 660ff.
— der Kernphysik 663
—, Natur- (allgemein) 658ff.
Konvektion 222
Korpuskularstrahlen = Elektronen-, Ionen-, Neutronenstrahlen, auch Elementarteilchen
Kräftepaar, s. Drehmoment 72, 75
Kraft F 22, 24, 26
—, Coriolis- 101, 103
— auf elektr. Ladung (Feldplatten) 311
— auf elektr. Strom 372
—, Lorentz- 372, 374
— auf magnetischen Dipol 370
—, Radial- 45, 47, 59
—, Zentrifugal- 101
— zwischen Atomen (Anziehung, Abstoßung) 105
Kraftfluß (veraltet für magnetischer Fluß ϕ) 336, 338 (Fußnote)
Kraftlinienzahl (veraltet für magnet. Fluß) 338
Kraftstoß, s. Impuls 27, 29, 89
Krebsentstehung durch Strahlung 602
Kreisel 87–92
— -Kompaß 103
Kreisfrequenz 43
Kreisprozeß 249, 253ff., 258, 260, 264
Kriechgalvanometer 342, 365
Kristall
— -gitter 105
—, optisch ein-, zweiachsiger 464
— -systeme 109
kritischer Druck, Temperatur, spezif. Volumen 228
kritischer Punkt 228, 259
Krümmungsradius 434, 436
Kryo- = Kälte-
Kühlfalle 237
Kugelkondensator 313
Kugelpackung, dichteste 113
Kundtsches Rohr (Staubfiguren) 166
Kurzwellen, s. HF 410

L-Kanten, -Linien 533, 535
L-Schale 537
Ladung, s. elektrische
—, s. Gravitations-
Ladungstransport 319
Lambda(Λ)-Teilchen 610
Lambshift (Lamb u. Retherford) 551
laminare Strömung 137
Länge l 8
Längenkontraktion 651
langwellige Grenze (Photoeffekt) 508
— — (photochemisch) 512
LASER 444
Lautstärkeempfindung 202
Lebensdauer (Zustand, Kern) 559
—, schnell bewegter Myonen 650
Lebensdauer u. Linienbreite 564
Lecherdrähte 417
Leistung P 64
—, elektrische 281, 317

Leistung, Strahlungs- 413, 482, 484
Leiter
—, elektrolytischer 325, 333
—, elektronischer Halb- 331
—, metallischer 289
Leitvermögen, elektr., s. Leitfähigkeit κ 289
—, Wärme- λ 215, 238
Leitfähigkeitsband 333
Lenard 542
Lenzsche Regel 366
Leptonen (Elektron, Myon, τ-Lepton) 608
Leuchtelektron 521
Leuchtdichte 486
Licht 421 ff.
— -amplitude 422
— -brechung 426
— -beugung 448 ff.
— -bündel 423
— elektrischer Effekt, s. Photoeffekt 508, 512
— -geschwindigkeit (im leeren Raum) 423
— — (in Materie) 427, 643
— —, Messung 424, 644
— -intensität = Energiestromdichte, vgl. 414
—, kohärentes 444
—, polarisiertes 457, 464, 466
— -quanten, Photonen 422, 510, 511
— -quelle (kohärent, gewöhnl.) 444
— -reflexion 426
— -stärke 486
— -strahlen 423
— —, gekrümmte 428
— -strom 486
—, unsichtbares 430
—, Wahrnehmung (Auge) 486
— -weg (optische Wellenlänge) 436, 445 ff., 452, 466, 477
—, weißes 429
—, Wellennatur 417, 444, 446
Linac 599
Linear- und Drehbewegung, Gegenüberstellung 92
Linie (Spektral-), Begriff 439
Linienbreite u. Lebensdauer 564
Linienspektrum 517, 523, 563
Linksschraube 111
Linsen 431 ff.
— -dicke 437
— -fehler 437 ff.
— -gleichung, s. Abbildungsgleichung 433 ff.
— -scheibe 12
Lissajous-Figuren 55
longitudinal 160
Lorentzkraft (-feldstärke) (147), 372, 374
Lorentztransformation 98, 650
Loschmidkonstante, s. Avogadrokonstante N_A

Lumen 486
Lumineszenz, s. Fluoreszenz, Phosphoreszenz 430
Lupe 441
Lux 487
Lyman(-serie) 517

M-Kanten, -Linien 532, 536
mCi = milli Curie 561
m/e, m/q 321, 326, 495, 505, 658
magnetischer Dipol 338, 351, 377
magnet. Energieinhalt 381
magnet. Feld 267
— —, Dipol- 377
— —, homogenes 340
— —, inhomogenes 371
— —, Ring- 340, 356, 360, 385
magnet. Feldkonstante μ_0 358
— Feldlinien 338
— Feldstärke H 267, 275, 350, 353, 355, 414
— Feldstufe 370
magn. Fluß ϕ
—, skalar 336, 345
—, historische Bezeichnungen 338 (Fußnote)
—, (nichts fließt) 336, 345
—, hochfrequenter 409
— und Induktionsgesetz 344, 345
— und mechan. Kraft 370
—, verschieden von elektr. Spannungsstoß 346
— Flußdichte B 338, 346, f (H) 358, 359
— — -differenz 344
— — -quant ϕ_0 345, 496
— — -röhren 338
magnet. Größen, Übersicht 337
magnet. Moment m_m 349, 376
— — des Elektrons 550
— — von Atomen 522
— — von Kernen 583
magnet. Polarisation J_m 360
— Quantenzahl m 521
— Ringflußbelag 379
— Spannung U_m 275, 356
— Suszeptibilität 363
— Vektorpotential A_m 378 ff.
Magnetismus (Dia-, Para-, Ferro-, Ferri-, Antiferro-) 363
Magnetometer 351
Magneton, Bohrsches μ_B 550, 660
—, Kern- 583
Manometer 117
Masche, Strom- 295
Masse, träge m 25, 31, 497, 499 ff., 507, 561
—, schwere, s. Gravitationsladung m_s 30, 31, 506, 561
— und Energie 507, 650
— und Geschwindigkeit 497, 500, 501, 650

Masse der Lichtquanten 513
—, molare 123
—, relative Atom- („Atomgewicht“) 506, 654, 656
—, relative Atom-, Einheit 1 u 219
—, Ruhe- 25, 499
Massen
— -absorptionskoeffizient k/ϱ 534, 580
— -defekt, -dekrement 506
— -einheit, atomare (1 u) 219
— -mittelpunkt 76
— -spektrometer 502
— -trägheitsmoment, s. Trägheitsmoment 78 ff.
— -verhältnis, Messung 26
— -zahl M 504, 506
Maßzahl, s. Zahlenwert 6, 614
Materiewellen, s. de Brogliewellen 537
Maxwell, James Clerk (1831–1879)
Maxwell (veraltet 1 Maxwell = 10^{-8} Wb) 345
—, Geschwindigkeitsverteilung 240
—, Gleichungen (elektromagnet.) 384, 387
Maxwellsche Regel (reale Gase) 228
Mechanik 22 ff.
—, relativistische 499 ff.
Membran, halbdurchlässige 236
—, schwingende 171
Menge, Stoffmenge 218
Merkmal 5, 613, 614, 618
—, Eindeutigkeitsforderung 614
Mesonen 608
Messung, Messen (Begriff) 6
Meter (1 m), Definition 8
Metrik (g_{ik}) 637
metrische Einheiten, s. SI 7, 625
Michelson-Interferometer, -Versuch 99, 488
Mikroskop 440
—, Phasenkontrast- 456
Mikroprojektion 441
Millersche Indizes 108
Millikan 324
Mischungskalorimetrie 217
mittlere freie Weglänge 232
—, Geschwindigkeit 231, 234, 239, 242
—, kinetische Energie 224, 231, 234, 242
—, Ortsversetzung 224
Modul (Dehnungs-, Schub-, Kompressions-) 119
Mol 219
—, Basisgröße 219
—, Definition 218, 219
— -volumen 225
— -wärme 220
— -zahl 219
molar (= stoffmengenbezogen) 219
Molekülmasse, relative 123, 218
— -zahl, molekulare 224
Molekularstrahlen, s. Atomstrahlen 239
Moment, s. Dreh-, elektr., magnet., Trägheitsmomentum, engl. für Impuls 27
—, angular, engl. für Drehimpuls 85
monomolekulare Schichten 135
Moseley 521
Mößbauer 564
Multiplier 528
Multiplizität 525
Multizellular-Voltmeter 282, 396
Myonen 608

n- und k-Bestimmung 479
Nachhalldauer 205
Naturkonstanten 658 ff.
Nebelkammer (Wilson) 527
Nebenschluß (shunt) 293
Nebenserien 523
Neukurve 361
neutrale Faser 121, 468
Neutrino 557, 596, 597, 608
Neutron 571 ff., 576
Newton, Isaac (1643–1727)
—, (actio = reactio) 23
—, ($F = dp/dt$) 25, 28
—, (Gravitation) 30, 32
—, Krafteinheit (1 N = 1 J/m = 1 kg m/s^2) 26, 56, 628
—, (Relativitätsprinzip) 643
N/mm^2 für K, E, G bevorzugt 120
nichtrationale physikalische Größen 618, 634 ff.
Nicolsches Prisma 464
Niveau, Anregungs- 518, 524, 552
— -schema 5
Nordpol, magnetischer 338
Normalspannung 118, 120
Nukleon 573, 609
Nuklid 505
—, radioakt. 573, 654, 656
Nullpunkt, absol. d. Temperatur 209, 247
Nutation 90
Nutzeffekt (Photoeffekt) 512
— (Röntgenstrahlerzeugung) 532
— (Wärmekraftmaschine) 257

Oberflächenspannung, s. Grenzflächenspannung
Oberflächenarbeit 131
Oberschwingung 165
Objekt u. Merkmal 5, 613
Objekt (in der Optik) 433
— -raum 433
— -weite 433
Objektivlinse 441
Öffnungsfehler 438
Öffnungswinkel 423, 455

Oersted 275, 358 (Fußnote), 635
Ohm (1 Ω) 285
Ohmsches Gesetz 286
Ohr 201
Okularlinse 441
Optik 421 ff.
—, geometrische 423
—, vgl. auch Licht-
—, Wellen- 444
optische Achse 464
— Aktivität 470
— Instrumente 439 ff.
— Konstanten *n* und *k* 479
— Weglänge 436
ordentlicher Strahl 463
Ordnung der Interferenz 185 ff., 447 ff., 451, 453
Ordnungszahl *Z* 520, 533, 544, 652
Orientierung (Umlaufsinn) 38, 639
Osmose, osmotischer Druck 235
Oszillograph 156, 391

Paarbildung 513, 606
Parallelogram der Kräfte, s. Addition von Vektorgrößen 38
Parallelschaltung 275, 285, 291, 403
paramagnetisch 363
Parität 639
Pascal (1 Pa), Druckeinheit 116
Pauli, Wolfgang (1900–1958)
Pauliprinzip 536
Pendel, elastisches, = Feder- 51
—, Faden- 52
—, physikalisches 82
—, vgl. Schwingung
Periodensystem (aus Spektren) 525
— (Kernladung, Atomgewicht) 551
— (Übersicht) 654, 655
Periskop 441
Permeabilität 358, 364
Perpetuum mobile, 1. Art. 249
—, 2. Art. 257
PETRA 601
Pfeil (für Vektor) über Formelzeichen 35
—, hohler 36, 41, 43
Phasen (Thermodynamik) 221, 259
— -übergänge 221, 259 ff.
— -geschwindigkeit 197
— -gitter 451
— -kontrast (Mikroskop) 456
— -schiebeplättchen 457
Phasenverschiebung (mech. u. akkust. Schwing.) 50, 54, 155, 161 ff.
— (Wechselstrom) 400
— (el.-magn. Welle) 414
Phasenverschiebung (Optik) 444, 476
— — bei Reflexion 447, 473, 478
Phosphoreszenz 430
Photoeffekt 508, 512; (Kern-) 587
Photoelement 470
Photomultiplier 528
Photon (Lichtquant) 422
—, Quantenenergie 513, Tab. 46
Photozelle 509
Pi-null (π^0)-Mesonenexperim. 99, 425, 644
PIA 601
pick up-Prozeß 587
Pitotrohr 143
Planck, Max (1858–1947)
Plancksches Strahlungsgesetz 483
Plancksches Wirkungsquantum *h* 510
Planetenbewegung 95
Plasma 489
Plättchen, dünne 446, 457, 466
Poissonzahl 118, 120
Polarisation, dielektrische 306
Polarisationsebene 161
— -filter 460
— -spannung (elektrische) 330
— -winkel (Brewster) 459
Polarisator 460
polarisierte Elektronen 556
— elektromagnetische Wellen 419
polarisiertes Licht (auch Röntgenstrahlen) 457, 460, 463, 466, 531
— —, Drehung 469
Polstärke 346
Pond, s. Kilopond 30, 58
Positron 513, 557, 605
Postulate der Relativitätstheorie 643
Potential 62
—, elektr. 279
—, magn. Vektor- 378
— -differenz, elektr. 279–281, 313
potentielle Energie 61, 315
Potentiometerschaltung 290
Potenz, gebrochene nur von Zahlen 125
— von Dimensionen u. Einheiten 616 ff., 620 ff., 628 (Tab. 55)
Poyntingvektor 415
Präzession, Kreisel 88
—, Erde 89
Prandtl-Staurohr 143
Prisma 430, 431
—, Nicolsches 464
Prismenspektrograph, -spektrometer 439
Produkte von Vektoren 36, 638
Projektionsapparat 441
Proton 582
PTB = Physikal.-Techn.-Bundesanstalt 10, 625

Pulshöhe 528
Pumpen, Vakuum- 236
Punkt, kritischer, Tripel-, s. dort
—, Siede-, Schmelz- 221, 259
— — von Wasser 208, 210
pV-Diagramm 226, 228, 253
Pyrometer 212, 485

Quanten (elektromagnetische Strahlung), s. Lichtquanten
— -elektrodynamik (Lambshift) 551
— -energie (Licht) 513
— -zahl 518, 521
quasistatische Zustandsänderung 250, 253
Quellstellen (elektrischer Fluß) 386
quellenfrei (magnetischer Fluß) 345
Querkontraktion 120

Radar (RADAR) 424, 643 ff.
Radialbeschleunigung 45, 48
Radialkraft 46, 47, 59
Radiant (Winkel im Bogenmaß 1) 42
Radioaktivität 553 ff.
Radiowellen, s. elektromagnetische Wellen
Radius, Kern-, Atom- 552
— -vektor (Leitstrahl) 96
Randwinkel 133
Randbedingung (Eigenschwingung) 164
—, bei Biegung 121
Raumakustik 205
Raumgitter 107
Reaktor 590 ff.
reales Gas 227
Rechtsschraube 111
Rechte-Hand-Regel 37, 347, 366, 380
Reflexion 173, 191, 417–419, 426
—, Bruchteil 191, 471, 472, 478
Reibung 63, 143, 154
—, innere (Zähigkeit, Viskosität) η 135, 238
Reibungselektrizität, s. elektr. Grenzschicht 334
Reichweite (α, p, e) 546
Reihenfolge von Faktoren 37, 615, 639
Reihenschaltung = Hintereinanderschaltung 284, 291, 401
— von Kondensatoren 301
Reinelement 506
relative Atommasse 654
Relativbewegung 647
Relativitätsprinzip, -theorie 97, 643 ff., 650
Remanenz 361, 364
Resonanz
—, Amplituden- 155
—, Einfang- 583
—, Energie- 156
—, Spannungs-, Strom- 405
Resonanztransformator (HF) 410
— -überhöhung 155
Reststrahlen (UR ≡ IR) 482
reversibel 250, 263
Reynolds'sche Zahl 140
Richardson 323
Richtgröße (Federkoeffizient) 24
— -moment (Richtmoment) 74
Richtungshören 203
Ringfeld, elektr. 348, 385
—, magn. 338, 340
Ringflußbelag 379
— -spannung, elektr. 348, 385
— —, magn. 356, 385
— -strombelag 379
Ringspeicher (PETRA, DORIS) 601
Römer, Olaf (Olaus) (1644–1710) 644
Röntgen, Wilhelm Conrad (1845–1923)
Röntgenstrahlen 493, 530 ff.
—, Schädigung durch 537, 602
Röntgen (1 R) 603
Rosesche Legierung 223
Rotation (rot) 136, 641
Rotationsdispersion, s. Faradayeffekt 470
Rubens, Flammenrohr 166
Rückkopplung 408
Ruhemasse (Elektron) 496, 499
Rutherford, Ernest (Lord Rutherford of Nelson) (1871–1937)
—, Atomkern 543 ff.
—, Atommodell 549
—, Kernumwandl. 566
Rydberg-Energie 518, 549

Sachbezug 613
Sägezahnspannung 392
Sammellinse 431
Sättigungsdruck, f(T) 261
Sättigungsstrom 323
Scattering (Reichweitenstreuung) 554
Schalen der Elektronenhülle 524 (Abb. 385)
— und Atommodell 550
—, Auffüllung 655 (Tab. 436)
— und Röntgenliniengruppen 532, 536
Schall
— -absorption 200
— -abstrahlung 198
— -ausbreitung 199–201
— -empfindung (Ohr) 201
— -geschwindigkeit 166, 170, 193, 198, 488
— -scheinwerfer 173
— -welle, Wärmeleitung in der 200, 239
Schaltung von Spannungsquellen 284
Schaltung, Stern-Dreieck 394
Scheitelwert (= Amplitude) 151

Scherspannung, s. Schubspannung
Schicht, Dickenmessung von dünner 479
Schiebung γ 118, 120, 122
schlichte Strömung, s. laminar 137
Schmelzen 221
schnell ablaufende Vorgänge 12
Schraubenfeder 24
Schraubung (Kristall) 109
Schubmodul G 118–122
Schubspannung τ 118–122
—, in bewegten Flüssigkeiten 136
schwache Wechselwirkung, Kräfte der 555, 608
Schwankung, statistische 560, 530
schwarzer Körper = Hohlraum 482ff.
Schwebekondensator (Millikan) 324
Schwebung (Frequenzdifferenz) 54, 159
schwer, Schwerkraft, s. Gravitation 30ff.
Schwerpunkt 76
— — -system 71, 596
Schwingkreis, elektr. 405, 411ff.
Schwingung (harmonische) 48, 50
—, Addition überlagerter 53
—, Dreh- 81
—, Eigen- 163
—, erzwungene 154
—, flächenhaftes Gebilde 171
—, Fourierzerlegung 174, 177, 204
—, gedämpfte 151
—, gekoppelte 157
—, lineare, elliptische, zirkulare 48, 53
—, lineares Gebilde 160
—, longitudinale 160
Schwingung, Pendel- 51, 82
—, polarisierte 161
—, Schall- 166, 191, 198ff.
Schwingungsanalyse 177, 204
Schwingungsdauer 43, 48, 152
Sehweite, deutliche 442
Seh-Winkel 442
Seismograph 157
Sekundärelektronen (durch Stoß) 514, 516, 527, 542, 546
— -Vervielfacher (-Multiplier) 528
Sekunde (1 s), Definition 10
Selbstinduktion 366ff.
Selbststeuerung 154
semipermeable (halbdurchlässig) 236
Sendedipol 41, 415
Sender, Röhren- 408
Serie
—, Spektral- 516, 523, 532
—, Röntgen- 532
—, Wasserstoff- 519
in Serie, s. hintereinander
Serienschwingkreis 405
Shunt 293
SI (= Système international d'unités) 7, 625ff.
Sieden, Siedepunkt 221, 259, 261
Signalgeschwindigkeit 426, 481
Singulettsystem 525
Sinneswahrnehmung 4, 201, 486
Sinusschwingungen 48, 174, 177
Skalar 34
skalare physikal. Größen 3, 4, 627
— — 65 (Wirkung), 262 (Entropie), 271 (Q), 336 (ϕ), 337 (Tab. 36)
skalares Produkt 36
Sollkreis (Betatron) 601
Sommerfeld, Arnold (1868–1951)
—, Feinstrukturkonst. α 550
Sonne, Energieerzeugung 594, 655
—, Gesamtstrahlung 484
—, Masse 34
Smoluchowski, Marian von (1872–1917) 224
Spalation (Zersplitterung) 587
Spaltbeugung, s. Beugung
Spannung, s. elektr., magnet., Elastizität
Spannungsgenerator 390
— -messer 282, 292
— -resonanz 405
— -stoß, elektr. 295, 341ff.
— -teiler (Potentiometer) 290
— -tensor 118, 120
— -waage 312
Speicherringe (PETRA, DORIS) 601
Spektrale Zerlegung 439, 451, 452, 531
Spektral-„Linie" 439, 562
— -Serie 517, 523
Spektrograph (Spektrometer), Prismen- 439
—, Gitter- 451
—, Massen- 502
Spektrum
—, Alphastrahl- 563
—, Banden- 519
—, Betastrahl- 555
—, elektromagnetisches 422
—, Frequenz- (Fourier) 177, 204
—, Gammastrahl- 529, 563
—, Kalium- 524
—, Linien- 519
—, optisches 430, 439
—, Röntgen- 530ff.
—, Wasserstoff- 516ff.
Sperrkreis, elektrischer 406
Sperrschichtdetektor 529
spezielle Relativitätstheorie 98, 499ff., 643ff.
spezifisch (= massenbezogen) 219
spezif. Gewicht, s. Dichte
— Ladung, s. m/e
— Leitvermögen, s. elektr. u. Wärme-

spezif. Wärmekapazität 217
sphärisch, Linse 431, (korrigiert) 438
Spiegelablesung (Lichtzeiger) 33, 277
Spiegelung an Ebenen, am Punkt 109
Spin (Elektron) 362, 550
— -absättigung 576
— -quantenzahl s 521
Spiralfeder 74
Spreitung 135
Sprungtemperatur (Supraleitung) 318
starke Wechselw. (Kräfte d.) 551, 573, 580, 608
Statistik, Boltzmann- 231, 240, 264
—, Bose-Einstein- 231, 576
—, Fermi- 322
statistische Schwankung 560, 530, 546
Staubfiguren (Kundt) 166
Staurohr, -druck 142
Stefan-Boltzmann Gesetz 484
Steighöhe 132, 134
Steinerscher Satz 83
Sterad 629
Stern-Dreieck-Schaltung 394
Stern, Otto (1888–1969)
—, Atomstrahl 224, 239, 538
Stern-Gerlach-Versuch 371
Sterne, Energieproduktion 594, 655
Sterntag 9
Stoffmenge 218
Stokes, George Gabriel (1819–1903)
— -sches Gesetz (innere Reibung) 145
—, Integralsatz 387, 642
Stoß
— -anregung, Atom 515
— -anregung, Kern 562
— -ausschlag, (ballistischer) 71, 297, 341
—, elastischer, unelastischer 65–68, 70
— zwischen Elektron u. Lichtquant 513
— — von Atomkernen 566, 571, 576–581
— -ionisation 516, 525
— -querschnitt, s. WQ 578ff.
— -voltmeter 341
Straggling (Reichweitenstreuung) 554
Strahlen (Licht) 423
— -dosis 603
— -gang, afokal (telezentrisch) 443
— — umkehren 428
— -schäden 603
— -schutzüberwachung 604
Strahlungsgesetz (Plancksches) 482, 484
— -druck (durch Stoß von Photonen) 513
— -leistung S 413
— -quanten, elektromagnet. 510ff.
Streuazimutwinkel 458, 581
Streuung von
— Elektronenstrahlen 542, 547
Streuung von
— HF Wellen 418
— Ionenstrahlen 543
— Licht 458, 460
— Röntgenstrahlen 542
Streuung, Reichweiten- (straggling) 554
—, Richtungs- (scattering) 554
Stripping 587
stroboskopische Beleuchtung 13
Strömung, laminare, turbulente 137, 139
— durch Rohr 141
Strömungswiderstand 145, 146, 148
Strom
— -dichte, s. elektr., Wärme-, Entropie
— -kreis 272, 275
— -linien (früher -fäden) 137
— -masche 295
— -messer 292, 318, 396
— -resonanz 405
— -stoß, elektr. 295
— -Spannungskurve 287
Struktur, Gitter- 109
sublimieren 221, 261
Südpol, magnetischer (im geograph. Norden) 338
Superposition 54
Supraleitung 318, 576
Suszeptibilität 363
Symmetrieoperationen 109
symmetrischer (u. schiefsym.) Tensor 35, 637
Synchronisieren (Uhren) 645
Synchrotron (DESY, CERN) 600
— -strahlung 601
System (Dreier-, Vierer-, Fünfer-) 623–627
Szintillationsdetektor 528

Tandembeschleuniger 309
Target (= Auffänger) 566
Teilchen als Wellen 537
Teilchenbeschleuniger 597–603
— -dichte N_V 231
telezentrisch (afokal) 443
Temperatur T 207ff.
—, absol. Nullpunkt 209, 247
—, thermodynamische (absolute) 209, 213, 264 (dQ/dS_{th})
— -fixpunkte 208 (Wasser), 210
— -gefälle (-gradient) 215
—, kritische 228, 259
— -messung 211, 212
—, „schwarze“ 485
— -skala 208, thermodyn. 257, u. H_2-Thermometer 258
— -sprung (Grenzflächen) 215
— -verhältnis 208, 210
Tensor 34, 82, 637

Term, Spektral- 518, 520
—, s-, p-,... 523
Tesla (1 T), Einheit für *B* 347
Teslatransformator 410
thermisch, thermodynamisch, s. Wärme-
Thermoelement 335
Thermometer (Gas-) 208, 257
Thermospannung 335
Thomson, J. J. 542
Toleranzdosis 604
Tolman 321
Ton 203
Toroidspule 341
torque (Drehmoment) 72
Torr 117
Torsion 122
Totalreflexion 193, 428
Totzeit 527
Tragflügel 140, 148
Trägheits-achsen 82
— -ellipsoid 83
— -kraft 99
— -moment 78–82, 85
— -radius 80
Transferprozesse 587
Transformator 397, 410
Translation 109
Transport, Ladungs- 317, 319ff.
transversal (Schwingung) 160
Triftbewegung 270
Triftgeschwindigkeit 329
Tripelpunkt 259
Triplettsystem 525
Triton 582
Tropfengröße 132
Tubuslänge (optische) 443
turbulent 137, 140

u, atomare Masseneinheit 219, 660
Überführungszahl 330
Überhitzung (Siedeverzug) 222
Überlandleitung 398
Übersetzungsverhältnis (Trafo) 397
ug-Kerne 574
Uhlenbeck u. Goudsmit 550
Uhrstand 10
ultrarot (infrarot), ultraviolett 422, 430, 482
Umdrehung 42
Umeichen (Volt- u. Amperemeter) 292
umkristallisieren 223
Umladung 502
Umwandlung
— in CGS-Einheiten 635ff.
—, innere 555
—, Kern-, s. Kern-
Unabhängigkeit
— der Ladung von der Geschwindigkeit 498
— der Lichtgeschw. v. Bezugssystem 488, 643
—, vgl. auch Erhaltungssätze
Unbestimmtheitsrelation 540
unelastischer Stoß 70
unelastische Streuung
— am Atom 515
— am Kern 562, 581
Unschärfe-(Ungenauigkeits)Relation 540
Unterkühlung 222
Untersetzer 530
UR (Ultrarot) 422, 430, 482
Uranspaltung 588ff.
uu-Kerne 574
UV (Ultraviolett) 422, 430, 482

Vakuum (Vor-, Haupt-, Hoch-) 236
— -pumpen 236, 238
Valenzband 333
van de Graaff Generator 269, 309
van der Waals Gleichung 227, 229
Vektor 34, 38ff., 637
— -feld ($\partial v_i/\partial v_k$) 640
— -potential 378
— -produkte 36, 637, 639
— mit Hohlpfeil 43, 44
Verbreiterung, Doppler- 565
Verdampfungswärme, f(T) 260
Verdetkonstante 470
Verflüssigung von Gasen 227
Verformung (elast.) 118
Vergrößerung (optisch) 442
Verkettung, elektromagn. 386 (Abb. 273)
s. auch Gamma elektromagn. γ_{em}
Verkettungsgesetz, erstes 354, 357
—, zweites 344, 348, (mit $\dot{D}$) 384
—, Überblick 385–387
Verkürzung u. Dehnung von Koordinatendifferenzen (Länge, Zeit) 650
Verlustleistung 398
Vernichtungsstrahlung 514, 606
Verschiebungsdichte *D* 303
— -fluß 307
— -gesetz (kurzwellige Röntgengrenze) 530
— -gesetz (Wiensches) 483
— -strom 384, 411
Verteilung, Geschwindigkeits- (Gasatome) 240
— (Elektronen) 322
Verteilungszustand (Wärmelehre) 265
Verzeichnung 439
verzweigter radioaktiver Zerfall 555, 559, 563
verzweigter Stromkreis 275
Viertelwellenlängenplättchen 466
virtuelles Bild 434

Viskosität, s. Zähigkeit, innere Reibung 135, 238
Vollwinkel 42
Volt (1 V) 280
Voltaspannung 333
Voltmeter 282, 293, 396, 409
Volumen 8
—, Änderung, relative 120, 125, 208
—, Ausdehnungskoeffizient 210
—, molares m_m 219, 224, 225
—, Norm- 123, 218
—, spezifisches V_s 225
— bei elast. Verformung 119
Volumenarbeit (Bernoulli) 143
Vorsätze zu Einheiten 7
Vorzeichenregeln (elektromagnet. Größen) 366

Waage 75
Wärme
— -äquivalent 212, 214, 244, 246
—, Atom-, s. Wärmekapaz. 220
— -bewegung 224, 230
— -energie (-„menge“) Q 207, 212
— — u. mechan. Arbeit 248
— kapazität
— —, Formelzeichen C_w 216
— —, molare 219, 220, Gas 242–248
— —, spezifische c 216–219, 226, 242–246
— — je Molekül (Boltzmannkonst.) 244
— -konvektion 216
— -kontakt 214
—, Kraftmaschine (ideale) 253, 257
—, latente 221, s. Enthalpie
— -leitfähigkeit 215, 216 (Wiedemann-Franz)
— -leitung 207, 214, 222
— — in Gasen 238
— —, irrevers. 264
— — und Schalldämpfung 200, 239
— Mol-, s. Wärmekapazität, molare 220
— -pumpe 258
—, Schmelz- 222
— -speicher 253
—, spezif., s. Wärmekapazität, spez. 216–219
— -strahlung, s. Temperaturstrahlung 222, 483
— -strom 214
— -tod 266
— -übergangskoeffizient 215
—, Umwandlungs- 223
—, Verdampfungs- 222, 261
Wahrscheinlichkeit u. Entropie 264
wahrscheinliche (häufigste) Geschwindigkeit 240
Wasserstoffbombe 594
Wasserstoffspektrum 516ff.
Watt (1 W) 64, 318
1 Wattsekunde = 1 Joule 56, 317
Weber (1 Wb), magnetischer Fluß 345
Weber-Fechnersches Gesetz 202
Wechsellicht 13
— -strom u. -spannung 389, 391, 405
— -stromleistung 404
— -stromwiderstand 399, 401
wechselseitige Induktion 367
Wechselwirkung, schwache 555, 608
—, starke 551, 573, 580, 608
Weglänge, mittlere freie 232
—, optische 436
Weicheiseninstrument 372, 396
Weiss-sche Bereiche 362
Wellen
— -ausbreitung 160ff., 179ff., 444ff.
—, elektromagnetische 388, 413, 417, 421
—, fortschreitende, stehende 161, 163
— -gleichung 163, 174
— -gruppe 197
— -kopf 481
— -länge (Messung) 162, 167, 185–187, 195, 447, 449, 451, 452, 538
— -mechanik 539
— -optik 444
— -wanne 172
— -wellenstrahlung, el.-magn. (Licht) 458
— —, (drahtlose) 417
— -widerstand, elektromagnetischer 414
Wert einer Größe 613
Wertigkeit 327
Weston-Normalelement 281
Wheatstonesche Brückenschaltung 294
Widerstand, elektr., Gleichstrom- R 285, 294
—, induktiver, kapazitiver 399, 401
—, spezifischer σ 288
—, Strömungs- 145
—, Wellen- (elektromagnet.) 414
Wicklungsdichte 353
Wiedemann-Franz 216
Wiensches Verschiebungsgesetz 483
Wilsonsche Nebelkammer 527
Windungszahl 344
Windungsfläche (messen) 378
Winkel, Dreh- 42
—, Glanz- 452
—, Grenz- 428
—, Raum- 629
— -richtgröße 74
— -steifigkeit 120
Wirbel 139, 642
— -anregung 146
— -ring 148
— -stärke 147, 641
— -straße 139
— -strom 364
Wirkung S 64

Wirkungsgrad, idealer thermodyn. 253, 256, 260
Wirkungsquantum (Planck) h 483, 510
Wirkungsquantum u. Drehimpuls 514
Wirkungsquerschnitt (WQ) 578, 581, 585
Wirk-Leistung, -Strom 404
WQ, s. Wirkungsquerschnitt

X-Strahlen, s. Röntgenstrahlen

Zähigkeit (innere Reibung), Viskosität 135ff., 238
—, dynamische 136
—, kinematische 137
Zahlenwert 6, 614
Zahlenwertgleichung 16
Zähler, Zählrohr = Detektor 526ff.
Zähler = Zählwerk 530
Zeiger (Addition von sinus-Schwingungen) 175, 392–394, 402
Zeit (Zeitdauer) t 9, 645
— -dehnung (Relat. Theor.) 651
— -konstante ($\tau = R \cdot C$) 302
— -konstante ($\tau = L/R$) 368
Zentralbewegung 95
Zentrifugalkraft 101
Zerfall von angeregten Zuständen 562, 564
—, radioaktiver 553, 557
—, verzweigter 559, 563
Zerfallskonstante, radioaktive 560
— -reihen 559, 561
— -typen 557
Zerlegung periodischer Schwingungen 174
Zerstrahlung von Masse 606ff.
Zerstreuungslinse 431, 435
zirkular polarisiertes Licht 464
zirkulare Doppelbrechung 469
Zirkulation 147
Zusammendrückbarkeit 124
Zusammensetzung (Addition) von Schwingungen 174
Zustand, Aggregat- (fest, flüss., gasf.) 221–223
—, angeregter 515, 520, 562
—, Grund- 515, 520
—, isomerer 562
Zustandsänderung, adiabat. 227, 246, 251, 253
—, isotherm 226, 251, 253
—, s. auch isenthalp, isentrop, isochor, isobar
—, reversibel, irreversibel 250, 251
Zustands-diagramm 226, 259
— -gleichung, ideales Gas 224, 226, 243
— —, adiabat 125, 251
— —, van der Waals 227, 229
— — —, reduziert 229
— -größen 226, (inn. Energie) 249, (Entropie) 264
zweiachsig (optisch) 468
zweifädig (bifilar) 55
Zwillingsparadoxon 650
Zweipol 399
Zystoskop 441
Zyklotron 598